国外经典教材译丛

Plant Physiology
植物生理学

（第五版）

〔美〕Lincoln Taiz　Eduardo Zeiger　著

宋纯鹏　王学路　周　云等　译

科学出版社

北　京

图字：01-2013-4555号

内 容 简 介

本书英文版（第五版）由国际著名植物学家Lincoln Taiz和Eduardo Zeiger等著，Sinauer Associates 公司出版，是当今国际上植物生物学领域的重要教科书。全书围绕植物对水分和矿质营养的吸收和转运，光合作用、呼吸作用等植物体内的生化和代谢过程，以及植物生长发育及其调控3个单元精心组织内容，共计26章。

本书内容体系结构合理，图文并茂，反映了植物生理学领域各个方向的研究内容和最新进展，适合植物科学领域的教学和研究参考。

Lincoln Taiz, Eduardo Zeiger
Plant Physiology（Fifth Edition）
This translation of *Plant Physiology* is published by arrangement with Sinauer Associates, Inc., Publishers.

图书在版编目（CIP）数据

植物生理学：第5版/（美）泰兹（Taiz，L.），（美）奇格尔（Zeiger，E.）著；宋纯鹏，王学路，周云等译. —北京：科学出版社，2015.4
（国外经典教材译丛）
书名原文：Plant physiology
ISBN 978-7-03-044040-2

Ⅰ.①植…　Ⅱ.①泰…②奇…③宋…　Ⅲ.①植物生理学　Ⅳ.①Q945

中国版本图书馆CIP数据核字（2015）第067281号

责任编辑：刘　畅　王国栋 / 责任校对：郑金红
责任印制：赵　博 / 封面设计：铭轩堂

科学出版社出版
北京东黄城根北街16号
邮政编码：100717
http://www.sciencep.com
北京汇瑞嘉合文化发展有限公司印刷
科学出版社发行　各地新华书店经销
*
2015年6月第　五　版　开本：880×1230　A4
2024年12月第十三次印刷　印张：40
字数：1 295 000

定价：228.00元

（如有印装质量问题，我社负责调换）

译校者名单

主　译　宋纯鹏（河南大学）
　　　　王学路（华中农业大学）
　　　　周　云（河南大学）

主　校　宋纯鹏　　王学路　　周　云　　董发才　　王学臣

参译和参校人员（以姓氏笔画为序）

河南大学

王　伟　　王　苹　　王道杰　　王棚涛　　艾鹏慧
白　玲　　刘　浩　　刘凌云　　江　静　　安国勇
李　坤　　李文娆　　李保珠　　张　骁　　宋文颉
苗雨晨　　赵　翔　　赵孝亮　　郝福顺　　郭敬功
董发才

华中农业大学

王海娇　　孙世勇

复旦大学

王　园　　朱文姣　　杨苍劲　　张珊珊　　苏　伟
林　娟　　葛晓春　　蒋建军

序

我国的植物生理学教学起步于20世纪20~30年代，当时从海外留学回国的张挺、钱崇澍、李继侗等先后在武昌高等师范学校、清华大学等讲授植物生理学并编写讲义，开启了我国植物生理学作为一门独立的植物生物学学科的教学历程。

1952年石声汉先生编撰的《植物生理学》（西北农学院出版）是新中国成立初期第一部国内自编的植物生理学教材。90余年来，我国的植物生理学自编教材建设得到了飞速的发展，从全国统编到各高校自编，教材的数量和种类快速增加，其中潘瑞炽等（1958，1979…2012）编著的师范类院校教材；曹宗巽和吴相钰（1979）合编综合性大学选用的教材；娄成后、阎龙飞（1980）编著的农业类院校教材；王沙生和高荣孚合编的适用于林业院校的教材；武维华等（2003，2008）编著的教材；李合生编著的《现代植物生理学》（2002，2006，2012）等均是国内具有较大影响力的优秀教材。

教材建设是一项非常艰巨的工作，总览我国当前的植物生理学自编教材，不难发现我们的不少教材存在着内容和体系原创性少，同类型教材重复出版、内容雷同，特点不明显，教材的插图大多援引自国外图书或国内教材之间相互引用等一系列缺憾。

近30余年来，随着拟南芥分子生物学和遗传学的迅猛发展，植物生理学所涉猎的内容发生了巨大变化，与分子生物学、细胞生物学、微生物学、遗传学以及生物化学等学科的交叉渗透已经使植物生理学研究的深度和广度今非昔比。所有这些变化对我国植物生理学教材建设提出了更高、更新的要求。

相对于自编教材，我国在植物生理学引进教材方面一直不尽如人意。娄成后等翻译的前苏联鲁宾（1956）编著的《植物生理学》是我国第一部引进教材，前苏联马克西莫夫（1957）编著的《植物生理学简明教程》(刘富林译)曾在高校广泛使用过，随后引进的教材寥寥无几。由Lincoln Taiz和Eduardo Zeiger主编，许多著名的植物生理学家参与完成的《植物生理学》（Plant Physiology）是一部国际经典的植物生理学教材。自1991年第一版问世到如今的第五版，每一版的更新和修订不仅较全面、科学、系统地总结和反映本领域的最新进展和最新成果，同时又保持了其作为优秀教科书的特色。

感谢河南大学和复旦大学几位长期从事植物生理学教学和科研的老师们，在繁忙的教学和科研之余，经过艰苦努力于2009年完成了《Plant Physiology》（第四版）的翻译工作，首次将这部著名教科书以中文版形式带给我们的教学科研人员，更为可贵的是他们坚持不懈地进行着随后的翻译工作。第五版中文版即将于近期付梓印刷，我们相信本书不仅是一本优秀的植物生理学教材，更是植物科学领域从事教学和科研工作的教师与学者的一本很有价值的参考书，必将对促进国内植物生理学教学和科研工作、推动我国植物生物学的进一步发展发挥积极作用。

许智宏

武维华

2015年4月15日

译者的话

Lincoln Taiz和Eduardo Zeiger主编的《植物生理学》第五版中文译本即将问世，译者虽如释重负，却倍感惶恐，其忐忑不安心情，甚于第四版译本出版之前，好似交了卷的考生，等待评判。

Taiz和Zeiger的植物生理学，由许多国际上享有盛名的植物生理学家共同撰写，已成为本领域的经典教材，产生了广泛的影响。2009年，我和时在复旦大学工作的王学路教授策划完成了第四版的中文译本，成为本书第10种语言发行的版本。说实话，翻译这样涵盖多学科的鸿篇巨著，如履薄冰，好似炼狱一样的经历和煎熬，内心深处视为畏途，并暗自发誓不再重蹈覆辙。

但是，当第五版问世时，由于基因组学所带来的巨大冲击，尤其是利用拟南芥和水稻模式植物取得的突破性进展，植物生理学领域内容和面貌又发生了许多根本性变化，一些新的科学进展进入了教材，产生了巨大的吸引力。与此同时，第四版出版之后，许多同行不吝赐教，并屡屡索要译本。由于当时印数有限，且又有新版发行，出版社鼓励并敦促启动第五版翻译工作。更为重要的是，正像作者在为中文版写序时指出那样：世界农业和环境问题极其重要，中国尤甚，需要培养造就成千上万新一代植物生理学工作者，中文版的问世是这本教材出版史上“一个真正具有里程碑意义的事件”，必将裨益于植物生理学的教学和科研。因此，最终我们没有禁住诱惑，又一次踏上了炼狱之旅。

原以为有第四版中文版作为基础，第五版的翻译工作应该轻而易举。但是，当真正着手工作时，译者发现新版的翻译仍然是一项宏大的工程。尽管同以前的版本一样，全书仍然是3个单元，共分26章。但是，编者增删易改，几乎更新了每一章内容，有些章节甚至重新谋划。为了保证那些细微变化不被遗漏和忽略，最后译者决定彻底抛开第四版，逐字逐句重新翻译和校对。因此，其工作量浩繁和细节精微，远远超出了我们凭一时冲动做出决定时的想象力。

如今英文版第五版已经问世4年有余，第六版也于2015年1月与读者见面。由于工作忙碌和译者自身懈怠，第五版中文版没能与英文版及时同步，为此我们内心常感自责。同时，英文版第六版的内容和章节，已经发生实质性改变，并由原来的Plant Physiology更名为Plant Physiology and Development，以《植物生理学》命名的第五版教课书成为绝版。再者，在近两年内出版商可能不会授权第六版中文翻译版权。因此，第五版《植物生理学》作为该领域的一部优秀教课书和工具书，其出版依然具有很大的价值。

在第五版付梓之际，首先感谢河南大学、复旦大学以及华中农业大学的一批年青同事，先后有数十人慷慨贡献科研和教学工作之外的闲暇时间，立志为植物生理学教学尽绵薄之力，他们无私奉献，参与了本书的翻译和校阅工作。自第四版翻译伊始译者相互之间建立了良好的合作关系和友谊，是他们的执着和坚持最终完成了这项浩大的工程。

其次，感谢本书的主编Lincoln Taiz和Eduardo Zeiger，他们深谋远虑，不断慷慨支持和鼓励，才使本书中文译本诞生成为现实，这大大扩展了本书的影响力。

我们诚挚感谢北京大学许智宏院士和中国农业大学武维华院士为本书欣然作序。感谢王学臣、袁明（中国农业大学）、黄荣峰（中国农业科学院）、张继澍（西北农林科技大学）、刘萍（河南师范大学）和王小菁（华南师范大学）六位教授，在百忙中以他们丰富教学经验和渊博的专业基础，对全部书稿进行了认真地校阅。他们精益求精的工作精神令人敬佩。

感谢科学出版社的周辉、席慧、包志虹、王国栋、刘畅等诸位编辑和校对人员付出了大量心血。周辉代表科学出版社签署了第四版委托翻译合同，从此开始了这次信任之旅。翻译过程中，我们一再推迟交稿日期，是他们的理解和体谅，促成了中文版第四版和第五版的最终问世。他们编排上专业水准的艺术再创造，使得译本更加生动美观，甚至超越了原著。

第五版中文版翻译工作终于完成了。回首往事，几度寒暑，难以忘怀每个工作细节。尽管译者以一贯之，以敬畏的心态和认真负责的态度，几易其稿。但是，由于译者的学术水平和中英两种语言的修养所限，译著中疏漏，甚至错误之处，仍然在所难免，我们恳请有关专家、学者以及广大读者批评指正。

宋纯鹏

2015年春于河南大学

前　　言

非常荣幸可以再一次将新版本的*Plant Physiology*展示给植物生物学界。自1991年第一版发行到如今的第五版问世已经20年了，这一版包含了这20年来植物科学的巨大进展。1999年公布的拟南芥基因组信息启动了基因组学的研究，基因组学又推动了生物信息、基因组分析、分子进化、信号转导和系统生物学的发展。同时植物生理学的许多领域也取得了令人振奋的进展，包括生物能学、光合作用、环境胁迫，以及植物-微生物、植物-病毒互作等研究领域，这些领域的重大进展推动了植物科学进入生命科学研究的最前沿。一直以来，人们面临的挑战就是如何在紧抓学科发展前沿的同时保证教学水平，提供给学生重要的基础知识，以便于他们更好地理解植物生物科学这门学科特有的理论和实验技术。

第五版的完成，再次受惠于绝对杰出的创作团队和专业出版人士。所有的作者不仅是各自研究领域获得开创性研究成果的参与者，而且具有很高的教学理念，他们把学生的需求与科学融合在一起。依赖于大家的努力，通过生动地描述并配以饱含高度科学性和艺术性的绘图和显微图片，才得以把本学科领域的新进展整合到第五版。与以前的版本一样，本书强大的审稿团队的意见和读者的大量建议，使得我们在努力使本书的每一章在具有科学权威性的同时又更易于被不同生物学背景的学生所接受。

同以前的版本相比，第五版具有其独特的特点。这一版新增加两章，分别是第2章“基因组结构与基因表达”和第14章“信号转导”。精简了植物激素的章节，简化了植物激素生物合成内容，将精细的合成途径内容移到附录3“激素合成途径”。附录还包含了以前仅在本书网站出现的“生物能学”和“植物运动学”概念部分内容。通过配以更好的显微图片和图表，第1章植物细胞的内容被全面修订和更新。为了反映研究领域新的研究进展，第26章“非生物胁迫的应答与适应”更是被全面重写。实际上，每一章的内容都或多或少地被更新，以便能更好地反映各自领域的现状并更适用于教学。与之前的版本相同的是，网页（www.plantphys.net/）提供全书的补充材料，包括Web Topics和Web Essays。网站会不断地更新和扩充内容，并提供相关链接增强学生的认知。

除第26章由Lincoln Taiz和Eduardo Zeiger共同编辑外，和前几版一样，我们两个人分工负责其他章节内容之间的衔接和整合。Eduardo Zeiger 负责第3~12章，第18章和第26章；Lincoln Taiz 负责第1~2章，第13~17章，第19~26章和附录1~3。

衷心感谢本书的出版商 Sinauer Associates组建的杰出专业团队，尤其是两位出版编辑Laura Green和 Kathaleen Emerson。Laura Green运用她深厚的植物生物学知识和对细节的敏锐判断，一直热忱、积极地指导着本书的完成。Kathaleen Emerson从第三版的编写就开始与我们合作，她不厌其烦、耐心细致，尤其是她高超的编辑技能使得本书更加光彩夺目。在本书的文字编辑James Funston的长期帮助下，本书更加适合教学，成为了一本高标准的教科书。James Funston的坚强努力保证了每一章在写作上更加清晰，内容体系组织得更好，易于理解，他所做的这些都是本书得以成功出版的基本组成条件。感谢Elizabeth Morales，从第一版开始她就为本书制作了美观的插图。我们也一并感谢文稿编辑Carrie Crompton、摄影技师David McIntyre、网站制作和管理者Jason Dirks、营销专家Susan McGlew 和 Marie Scavotto，以及为本书的出版作出贡献的Joanne Delphia和Chris Small。

在此，将最特别的感谢献给出版商Andy Sinauer，正是在他的监督和指导下，本书才成为非常优秀的，达到最高行业标准的教科书。

最后，诚挚感谢Lee Taiz和Yael Zeiger-Fischman，他们自始至终热心、积极地支持本书的编写和出版。

Lincoln Taiz
Eduardo Zeiger
2010年5月
（宋纯鹏　译）

作者简介

Lincoln Taiz，加州大学圣克鲁兹分校的分子、细胞及发育生物学名誉教授。1971年在加州大学伯克利分校获得植物学博士学位。Taiz博士主要从事液泡H^+-ATP酶的结构、功能和进化研究，同时还开展赤霉素、细胞壁机械特性、金属毒性、生长素运输及气孔开放等领域的研究。

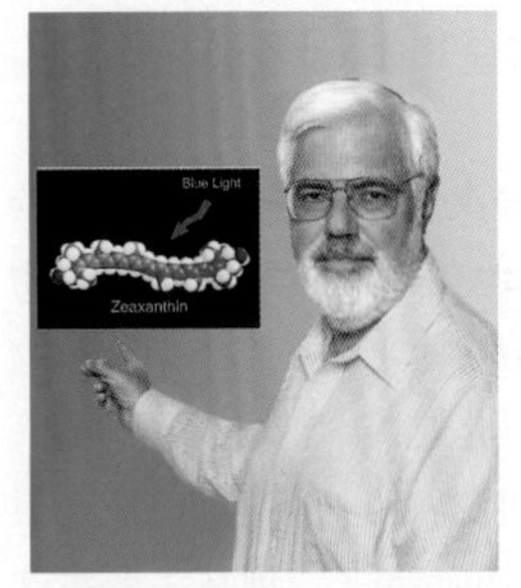

Eduardo Zeiger，加州大学洛杉矶分校的生物学名誉教授。1970年在加州大学戴维斯分校获得植物遗传学博士学位。他的研究领域包括气孔功能、蓝光反应的感受转导机制及与作物增产相关的气孔驯化等。

主要撰稿人

Richard Amasino，威斯康星大学生物化学系教授。1982年在印第安纳大学的卡洛斯米勒实验室获得生物学博士学位，从那时起他就对开花诱导机制的研究有了强烈的兴趣，也使得其在此后的工作中对植物开花起始时间调控机制进行了持续的研究（第25章）。

Sarah M. Assmann，宾夕法尼亚州立大学生物系教授。她在斯坦福大学获得了生物科学博士学位。Assmann博士目前的研究主要集中在细胞信号的系统生物学，尤其是保卫细胞功能调节机制，以及植物生长、可塑性和对环境响应过程中异源三聚体G蛋白的作用机制等领域（第6章）。

Malcolm J. Bennett，英国诺丁汉大学植物科学教授。1989年在华威大学获得生物学博士学位。他的研究领域集中在利用分子遗传学和系统生物学方法研究激素对根发育的影响（第14章）。

Robert E. Blankenship，圣路易斯华盛顿大学生物学和化学教授。他于1975年在加州大学伯克利分校获得化学博士学位。他的研究领域包括光合器官中的能量和电子转移机制及光合作用的起源和早期进化（第7章）。

Arnold J. Bloom，加州大学戴维斯分校科学系教授。1979年在斯坦福大学获得生物学博士学位。主要从事植物-氮关系的研究，尤其是植物对氨和硝酸盐这两种氮源反应的差异研究。他和Emanuel Epstein共同编写了《植物矿质营养》教材，也是教材《全球气候变化：学科收敛》的作者（第5章和第12章）。

John Browse，华盛顿州立大学生物化学学院教授。1977年在新西兰的奥克兰大学获得博士学位。他的研究领域包括脂代谢的生物化学和植物对低温的响应机制（第11章）。

Thomas Brutnell，康奈尔大学Boyce Thompson 植物研究所的副研究员。1995年在耶鲁大学获得博士学位。他的研究领域集中在玉米的C_4光合作用和玉米及其他重要的与农业相关的杂草中光敏色素作用的机制（第17章）。

Bob B. Buchanan，加州大学伯克利分校的植物和微生物学教授。他一直从事光合作用、种子萌发及相关过程中硫氧还蛋白的作用机制研究。他关于谷类的一些研究发现有望产生社会应用价值（第8章）。

Joanne Chory，霍华德·休斯医学研究所的调查员，萨克生物研究院的教授及加州大学圣地亚哥分校的生物学兼职教授。她在伊利诺伊大学香槟分校获得微生物学博士学位。她的研究领域主要集中于植物对光环境的响应机制。她的团队利用遗传学方法鉴定出了激素受体和一些激素信号途径中的组分（第24章）。

Daniel J. Cosgrove，宾夕法尼亚州立大学帕克校区的生物学教授，他在斯坦福大学获得生物学博士学位。Cosgrove 博士的研究集中在植物生长相关领域，尤其是监控细胞增大和细胞壁扩展的生化和分子机制。他的研究团队发现了细胞壁松弛蛋白（expansin），现在主要对这个基因家族的结构、功能及进化开展研究工作（第15章）。

Susan Dunford，辛辛那提大学生物学副教授。1973年在代顿大学做植物特化和细胞生理学研究并获得博士学位。Dunford博士主要从事植物中长距离运输尤其是韧皮部运输和植物水分关系相关领域的研究（第10章）。

James Ehleringer，犹他大学杰出的生物学教授，还担任环境研究中稳定同位素比率实验机构（SIRFER）主任。他的研究主要集中在通过稳定同位素、气体交换、生物大气圈交换和水文关系等技术研究了解陆地生态系统过程，以及稳定同位素在国土安全的应用等领域（第9章）。

Jiirgen Engelberth，得克萨斯州大学圣安东尼奥分校植物生物化学副教授。1995年在德国波鸿鲁尔大学获得植物生理学博士学位，随后在马克斯普朗克化学生态学研究所、USDA、ARS、盖恩斯维尔的CMAVE，以及宾夕法尼亚州立大学做博士后研究，主要从事与植物-昆虫及植物-植物间信号传递相关的研究（第13章）。

Ruth Finkelstein，加州大学圣巴巴拉分校分子、细胞和发育生物学系教授。1986年在印第安纳大学获得分子、细胞和发育生物学博士学位。她的研究包括脱落酸响应机制，以及其与其他激素、环境和营养信号途径之间的相互作用等领域（第23章）。

Lawrence Griffing，得克萨斯州农工大学生物学系副教授，在斯坦福大学获得生物学博士学位。他主要从事植物细胞生物学研究，关注于内膜网络的动态调控机制（第1章）。

Paul M. Hasegawa，普渡大学植物生理学教授。他在加州大学河滨分校获得植物生理学博士学位。他的研究主要集中于植物形态学发生和植物的遗传转化领域，在这些专业领域对许多植物胁迫抗性尤其是离子平衡方向做了很多研究（第26章）。

N. Michele Holbrook，哈佛大学有机和进化生物学系教授。1995年在斯坦福大学获得博士学位。Holbrook博士的研究团队主要从事水分关系和木质部中的水分运输领域的研究（第3章和第4章）。

Joseph Kieber，北卡罗来纳州大学教堂山分校生物系教授。1990年在麻省理工学院获得生物学博士学位。Kieber博士的研究领域为植物发育过程中的激素作用，主要是乙烯和细胞分裂素信号途径及乙烯生物合成的回路调节（第21章和第22章）。

Andreas Madlung，普及海湾大学生物学系教授。2000年在俄勒冈州立大学获得分子与细胞生物学博士学位。他的实验室主要关注基因组结构尤其是多倍性对植物生理和进化影响方面的基本问题（第2章）。

Michael V. Mickelbart，普渡大学副教授。他在普渡大学获得植物生理学博士学位。Mickelbart博士主要从事植物水分利用和非生物胁迫抗性的遗传和生理学基础研究（第26章）。

Alistair Middleton，在英国诺丁汉植物整合生物学中心做博士后研究，2007年在英国诺丁汉大学获得数学博士学位。Middleton博士主要从事激素反应网络中数学模型的建立工作（第14章）。

Ian M. Moller，丹麦奥胡斯大学遗传与生物技术学系教授。他在英国帝国理工学院获得植物生物化学博士学位。他曾先后在瑞典隆德大学、丹麦的里索国家实验室与哥本哈根的皇家兽医和农业大学工作。Moller教授一直从事植物呼吸作用的研究工作，近来从事植物细胞中活性氧转化和蛋白氧化作用相关领域的研究（第11章）。

Angus Murphy，普渡大学园艺和景观建筑系教授。1996年在加州大学圣克鲁兹分校获得生物学博士学位。Murphy 博士从事生长素运输调节及可塑性植物生长中转运蛋白的调节机制研究（第19章）。

Benjamin Peret，英国诺丁汉植物整合生物学中心Malcolm Bennett实验室的玛丽居里项目研究人员。他在法国蒙彼利埃大学获得植物生理学博士学位。Peret博士的博士后研究工作主要是建立侧根发生时生长素响应的多重尺度模型（第14章）。

Allan G. Rasmusson，瑞典隆德大学的植物生理学教授，1994年在该校获得植物生理学博士学位。Rasmusson博士目前的研究集中在呼吸代谢中的活性氧平衡及调节，尤其是能量旁路酶的作用机制领域（第11章）。

David E. Salt，普渡大学植物生物学教授。1989年在英国利物浦大学获得植物生物化学博士学位。他关注于植物中矿质离子动态平衡调节网络相关基因及这种调节机制形成的进化动力相关研究。目前，结合高通量生物信息学和基因组学分析技术对拟南芥不同生态型吸收和积累矿物离子差异的遗传学机制进行研究（第26章）。

Darren Sandquist，加州州立大学富尔顿分校生物学教授。他在犹他大学获得博士学位。他主要从事植物对干扰、侵染、气候变化和半干旱生态系统的生理生态学响应相关领域的研究（第9章）。

Sigal Savaldi-Goldstein，以色列理工学院的课题负责人。2003年在以色列魏茨曼研究所获得植物学博士学位，并在萨克生物研究院做博士后研究。Savaldi-Goldstein博士的研究专注于对植物激素尤其是油菜素内酯相关领域的研究，他们主要从事不同组织对激素刺激的响应差异形成的机制研究，以及这些过程是如何与不同的生长环境整合在一起来保证生长的连贯性研究（第24章）。

Wendy K. Silk，加州大学戴维斯分校的教授和定量植物生物学家。1975年在加州大学伯克利分校获得植物学博士学位。她从事植物-环境间相互作用的研究，包括对不同环境的生长反应、营养循环和根际生物学等。积极参加戴维斯艺术-科学融合项目，她常常让学生写歌曲或诗歌作为学习和交流科学的方式（附录2）。

Valerie Sponsel，得克萨斯州大学圣安东尼奥分校生物系副教授。1972年在英国威尔士大学获得博士学位，并于1984年在英国布里斯托大学获得理学博士学位。她的研究方向是赤霉素的生物合成和代谢，最近集中在赤霉素的生物合成及信号途径与生长素的相互作用方向（第20章）。

Bruce Veit，新西兰北帕默斯顿AgResearch 研究所资深科学家。1986年在华盛顿大学西雅图校区获得遗传学博士学位，随后在加州奥尔巴尼植物基因表达中心从事博士后研究。他目前的研究领域集中于影响和决定细胞命运的机制。他对梅西大学分子生物科学学院的Paul Dijkwel 博士在衰老章节更新中提供的帮助表示感谢（第16章）。

Philip A. Wigge，英国诺维奇John Innes Centre的课题负责人，2001年在英国剑桥大学获得细胞生物学博士学位。在加州萨克研究所的Detlef Weigel实验室，Wigge博士关注于开花素调控植物发育相关研究。他的研究团队对植物是如何感知气候变化并对其作出反应的机制非常感兴趣（第25章）。

Ricardo A. Wolosiuk，布宜诺斯艾利斯大学教授，也是布宜诺斯艾利斯Instituto Leloir的资深科学家。1974年在布宜诺斯艾利斯大学获得化学博士学位。他目前的研究集中在光合过程中CO_2同化的调节剂及植物蛋白结构和功能领域（第8章）。

审稿人

Nick Battey
University of Reading
Magdalena Bezanilla
University of Massachusetts, Amherst
Ildefonso Bonilla
Universidad Autonoma de Madrid
Federica Brandizzi
Michigan State University
Thomas Buckley
Sonoma State University
Xumei Chen
University of California, Riverside
Asaph Cousins
Washington State University
Emmanuel Delhaize
CSRIO
Donald Geiger
University of Dayton
William Gray
University of Minnesota
Philip Harris
University of Auckland
Peter Hedden
Rothamsted Research
J. S. Heslop-Harrison
University of Leicester
John Hess
Virginia Tech University
Theodore Hsaio
University of California, Davis
Nick Kaplinsky
Swarthmore College
Eric Kramer
Simon's Rock College of Bard
Jianming Li
University of Michigan
David Macherel
Universite d'Angers
Massimo Maffei
University of Turin
Julin Maloof
University of California, Davis
Maureen McCann
Purdue University
Peter McCourt
University of Toronto
Sabeeha Merchant
University of California, Los Angeles
Jan Miernyk
University of Missouri
Don Ort
University of Illinois at Urbana Champaign
Zhi Qi
University of Connecticut
Hitoshi Sakaibara
RIKE N Plant Science Center
George Schaller
Dartmouth College
Kathrin Schrick
Kansas State University
Julian Schroeder
University of California, San Diego
Johannes Stratmann
Universit y of South Carolina
Tai-Ping Sun
Duke University
Sakis Theologis
USDA Plant Gene Expression Center
E. G. Robert Turgeon
Cornell University
John Ward
University of Minnesota
Philip A. Wigge
John Innes Centre
Yanhai Yin
Iowa State University

Chapter and Appendix Histories

由于有相当多的同行为这本植物生理学教材的各个版本慷慨地付出了他们的时间和专业知识，我们只有将他们所有人的名字列出来才能表示谢意。因此，我们在正文前面增加了这个重要部分，在这里标示出了这本教材从第一版到第五版整个编写历程中所有章节的作者。这里的每一位杰出学者都为这本目前已经有了10种语言版本的植物生理学教材在世界范围内的成功作出了重要的贡献。

L.T.

E.Z.

CHAPTER 1 *Plant Cells* Stephen M. Wolniak，马里兰大学植物学教授（1E）；Lincoln Taiz，加州大学圣克鲁兹分校分子、细胞和发育生物学教授（1~4E）；Lawrence R. Griffing，得克萨斯州农工大学副教授（5E）。

CHAPTER 2 *Genome Organization and Gene Expression* Lincoln Taiz，加州大学圣克鲁兹分校分子、细胞和发育生物学教授（1~4E）；Andreas Madlung，菩及海湾大学生物学系教授（5E）。

CHAPTER 3 *Water and Plant Cells* Daniel Cosgrove，宾夕法尼亚州立大学生物学教授（1E和2E）；Michele Holbrook，哈佛大学有机和进化生物学系教授（3~5E）。

CHAPTER 4 *Water Balance of Plants* Daniel Cosgrove，宾夕法尼亚州立大学生物学教授（1E和2E）；Michele Holbrook，哈佛大学有机和进化生物学系教授（3~5E）。

CHAPTER 5 *Mineral Nutrition* Donald P. Briskin，伊利诺伊大学厄本那香槟分校作物科学教授（1E）；Arnold Bloom，加州大学戴维斯分校科学系教授（2~5E）。

CHAPTER 6 *Solute Transport* George W. Bates，佛罗里达州立大学生物学教授（1E）；Ronald J. Poole，麦吉尔大学生物学教授（2E和3E）；Sarah M. Assmann，宾夕法尼亚州立大学生物系教授（4E和5E）。

CHAPTER 7 *Photosynthesis：The Light Reactions* Robert E. Blankenship，圣路易斯华盛顿大学生物学和化学教授（1~5E）。

CHAPTER 8 *Photosynthesis：The Carbon Reactions* George H. Lorimer，马里兰大学化学与生物化学系教授（1E）；Bob B. Buchanan，加州大学伯克利分校的植物和微生物学教授；Ricardo A. 布宜诺斯艾利斯大学教授，布宜诺斯艾利斯Instituto Leloir资深科学家（2~5E）。

CHAPTER 9 *Photosynthesis：Physiological and Ecological Considerations* Thomas Sharkey，密歇根州立大学生物化学与分子生物学系教授（1E）；Thomas Vogelmann，佛蒙特大学植物生物学教授（2E和3E）；James Ehleringer，犹他大学生物学教授（4E和5E）；Darren Sandquist，加州州立大学富尔顿分校生物学教授（5E）。

CHAPTER 10 *Translocation in the Phloem* Susan Dunford，辛辛那提大学生物学副教授（1~5E）。

CHAPTER 11 *Respiration and Lipid Metabolism* James Siedow，杜克大学生物学教授（1E）；James Siedow和John Browse，华盛顿州立大学生物化学学院教授（2E）；Ian M. Moller，丹麦奥尔胡斯大学遗传与生物技术系主任；Allan G. Rasmusson和John Browse，瑞典隆德大学的植物生理学教授（3~5E）。

CHAPTER 12 *Assimilation of Mineral Nutrients* Donald P. Briskin，伊利诺伊大学厄本那香槟分校作物科学教授（1E）；Arnold Bloom，加州大学戴维斯分校科学系教授（2~5E）。

CHAPTER 13 *Secondary Metabolites and Plant Defense* Jonathan Gershenzon，马克斯-普朗克化学生态学

研究所主任（1~3E）；Jiirgen E. Engelberth，得克萨斯州大学圣安东尼奥分校植物生物化学副教授（4E和5E）。

CHAPTER 14 *Signal Transduction* Lincoln Taiz，加州大学圣克鲁兹分校分子、细胞和发育生物学教授（1~4E）；Malcolm Bennett与诺丁汉大学的Benjamin Peret 博士和Alistair Middleton博士，英国诺丁汉大学植物科学教授（5E）。

CHAPTER 15 *Cell Walls：Structure，Biogenesis and Expansion* Daniel Cosgrove，宾夕法尼亚州立大学帕克校区的生物学教授（2~5E）。

CHAPTER 16 *Growth and Development* Donald E. Fosket，加州大学欧文分校发育与细胞生物学教授（1~3E）；Adrienne Hardham，堪培拉澳大利亚国立大学植物细胞生物学组研究员（1E）；Wendy Kuhn Silk，加州大学戴维斯分校的教授和定量植物生物学家（2E和3E）；Bruce Veit，新西兰北帕默斯顿AgResearch 研究所资深科学家（4E和5E）。

CHAPTER 17 *Phytochrome and Light Control of Plant Development* Stanley Roux，得克萨斯州大学奥斯汀分校植物学教授（1E）；Jane Silverthorne，加州大学圣克鲁兹分校生物学教授（2E和3E）；Thomas Brutnell，康奈尔大学 Boyce Thompson 植物研究所的副研究员（4E和5E）。

CHAPTER 18 *Blue-Light Responses：Morphogenesis and Stomatal Movements* Eduardo Zeiger，加州大学洛杉矶分校的生物学教授（1~5E）。

CHAPTER 19 *Auxin：The First Discovered Plant Growth Hormone* Richard G. Stout，蒙大拿州立大学生物学教授（1E）；Paul Bernasconi，北卡罗来纳州三角研究园先正达生物技术公司生物化学主任（2E）；Angus Murphy，普渡大学园艺和景观建筑系教授（3~5E）。

CHAPTER 20 *Gibberellins：Regulators of Plant Height and Seed Germination* Peter J. Davies，康奈尔大学植物生理学教授（1~3E）；Valerie Sponsel，得克萨斯州大学圣安东尼奥分校生物系副教授（4E和5E）。

CHAPTER 21 *Cytokinins：Regulators of Cell Division* Donald E. Fosket，加州大学欧文分校发育与细胞生物学教授（1E和2E）；Joseph Kieber，北卡罗来纳州大学教堂山分校生物系教授（3~5E）。

CHAPTER 22 *Ethylene：The Gaseous Hormone* Shimon Gepstein，以色列理工学院生物学教授（1E）；Joseph Kieber，北卡罗来纳州大学教堂山分校生物系教授（2~5E）。

CHAPTER 23 *Abscisic Acid：A Seed Maturation and Stress-Response Hormone* Shimon Gepstein，以色列理工学院生物学教授（1E）；Joseph Kieber，北卡罗来纳州大学教堂山分校生物系教授（2E）；Ruth Finkelstein，加州大学圣巴巴拉分校分子、细胞和发育生物学系教授（3~5E）。

CHAPTER 24 *Brassinosteroids：Regulators of Cell Expansion and Development* Sigal Savaldi-Goldstein，Principal Investigator in the Faculty of Biology，Technion，Israel；Joanne Chory，霍华德・休斯医学研究所的调查员，萨克生物研究院的教授及加州大学圣地亚哥分校的生物学兼职教授（4E和5E）。

CHAPTER 25 *The Control of Flowering* Daphne Vince-Prue，英格兰雷丁大学植物学教授（1E）；Donald E. Fosket，加州大学欧文分校发育与细胞生物学教授（2E）；Richard Amasino，威斯康星大学生物化学系教授（3~5E）。

CHAPTER 26 *Responses and Adaptations to Abiotic Stress* John Radin，美国农业部研究负责人，已故（1E）；Ray Bressan，普渡大学植物生理学教授；Malcom C. Drew，得克萨斯州农工大学植物生理学教授；Paul M. Hasegawa，普渡大学植物生理学教授（2E）；Robert Locy，Paul M. Hasegawa和Ray Bressan，奥本大学生物学教授（3E和4E）；Michael V. Mickelbart，普渡大学副教授；Paul M. Hasegawa和David E. Salt，普渡大学植物学教授（5E）。

APPENDIX 1 *Energy and Enzymes* Frank Harold，科罗拉多州立大学生物化学教授（1~5E）。

APPENDIX 2 *The Analysis of Plant Growth* Wendy Kuhn Silk，加州大学戴维斯分校的教授和定量植物生物学家（5E）。

APPENDIX 3 *Hormone Biosynthetic Pathways* Angus Murphy，Valerie Sponsel，Joseph Kieber，Ruth Finkelstein，Sigal Savaldi-Goldstein，Joanne Chory（5E）。

目　录

单元Ⅲ 生长和发育

第1章

植物细胞

细胞（cell）一词源于拉丁文*cella*，意为贮藏室或小室。1665年，英国科学家罗伯特·胡克（Robert Hook）首次在生物学领域用该词描述在一台复式显微镜下观察到的软木中的单个蜂窝状单元。胡克当时看到的细胞实际上是一些被细胞壁所包围的死细胞空腔，但是这个命名相当贴切，因为细胞就是构成整个植物体的基本结构单元。

植物生理学是研究植物在与其物理（非生物）及生物环境相互作用过程中如何行使功能的一门学科。虽然本书将重点讲述植物的生理和生化功能，但是认识实现这些功能的结构基础是非常重要的。不管是叶片中的气体交换、木质部中的水分运输、叶绿体中的光合作用、跨膜的离子运输过程，还是涉及光和激素的信号转导通路，都依赖于结构。在每个水平上，结构和功能都代表了一个生物功能单位的独特框架。

本章将概述植物的基本解剖结构，包括从器官水平到细胞器水平的超显微结构。在随后的几章中，将根据植物生命周期中这些结构各自所具有的生理功能，对其进行更加具体的讲述。

1.1 植物生命：一些统一的原理

众所周知，植物的大小和形态丰富多样。植物体的高度从小于1 cm直到大于100 m。植物形态，或者说形状，也有惊人的多样性。小小的浮萍（*Lemma*）似乎和巨大的仙人掌或红杉树没什么相似之处。没有一种植物能够表现出地球上的植物对于环境所具有的全部适应性，因此植物生理学家选择研究**模式生物（model organism）**。那些生长周期短、基因组小的植物被选为模式植物（参见Web Topic1.1）。这些模式植物非常有用，如果不考虑它们各自的适应性，所有植物基本都进行着相似的活动，并且基于相同的结构模式。可以将决定植物生活方式的主要因素概括如下。

（1）作为地球上的初级生产者，绿色植物是太阳能最终的收集者。它们通过转化光能为化学能来收集太阳能，化学能储存在二氧化碳和水合成碳水化合物时形成的化学键中。

（2）除了一些生殖细胞，植物是不移动的。为了弥补这一不足，植物进化出了在生命周期中向重要资源（如光、水和矿质营养）生长的能力。

（3）陆生植物在向光生长时，通过增强结构来支撑其质量，以对抗向地的重力。

（4）陆生植物具有将土壤中的水分和矿物质运输到光合作用和生长所需要地方的机制，以及将光合作用产物转移到非光合作用器官和组织的机制。

（5）陆生植物通过蒸腾作用连续失水，并进化出防止脱水的机制。

1.2 植物结构总览

虽然外观各异，但是所有种子植物（参见Web Topic1.2）都有相同的基本形体轮廓（图1.1）。营养体由3种器官组成：叶、茎和根。叶的主要功能是光合作用，茎用于支撑，根起固定及吸收水分和矿质营养的作用。叶在节上和茎相连，两个节之间的区域称为节间，茎和叶一起统称为地上部。

种子植物有两类：裸子植物和被子植物。**裸子植物（Gymnosperm）**（来自于希腊文，是种子裸露之意）较低等，已知的大约有700种。裸子植物中最大的类群

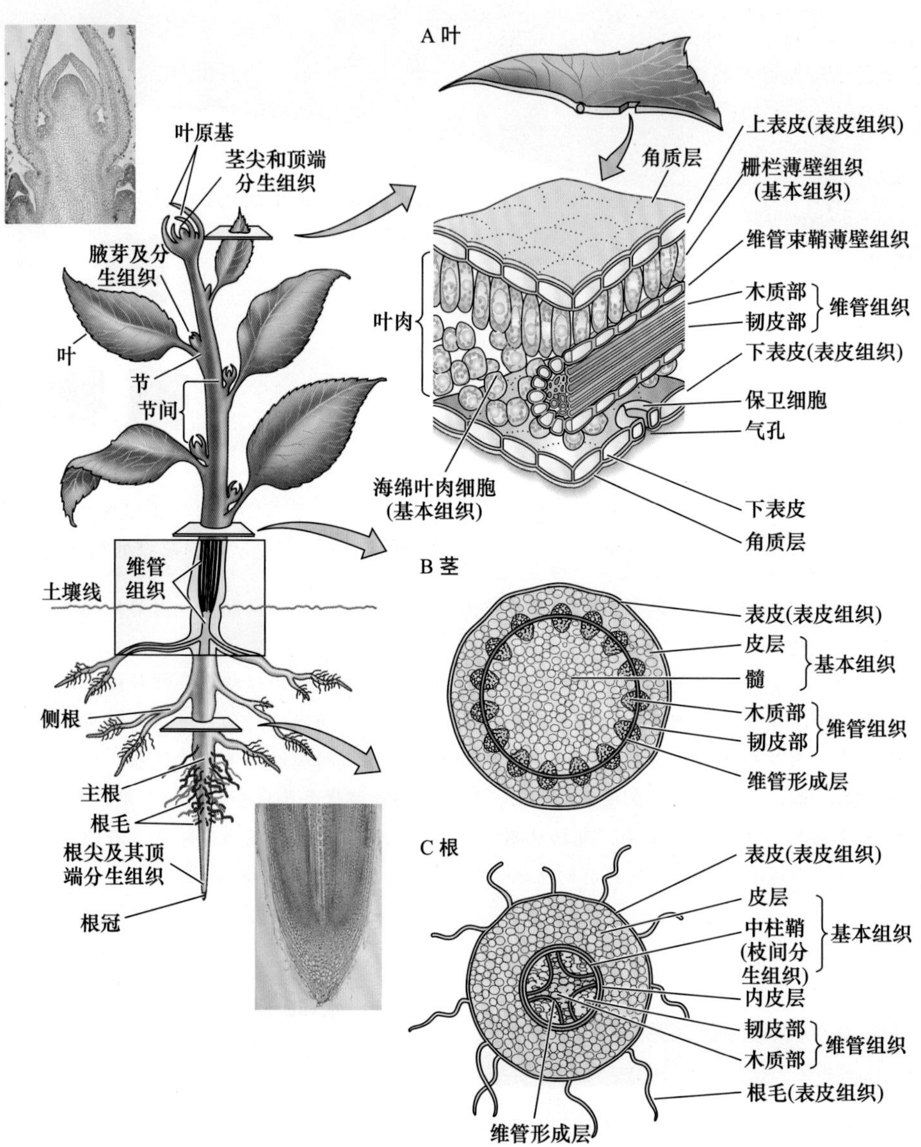

图1.1　典型双子叶植物的示意图。叶（A）、茎（B）和根（C）的横切面示意图。插图是亚麻（*Linum usitatissimum*）的茎尖和根尖的纵切面，表示顶端分生组织[图片引自Jubal Harshaw/Shufferstock（上）和Visuals Unlimited/Alamy（下）]。

是松类（“松果产生者”），包括一些重要的经济森林树种，如松树、枞树、云杉和红杉。

被子植物（Angiosperm）（来自于希腊文，是种子在罐中之意），是种子植物中较高等的，在1亿年前的白垩纪开始大量出现。现在它们在植被中占有绝对优势，远胜于裸子植物。已知的约有25万种，但是还有许多没有进行分类。种子植物的主要进化是出现了花，因此也称为**开花植物（flowering plant）**（参见Web Topic 1.3）。

 1.2.1　植物细胞被坚硬的细胞壁包围

植物和动物的一个基本区别是每个植物细胞被一层坚硬的**细胞壁（cell wall）**包围。在动物中，胚性细胞能从一个位置移动到另一个位置，因此发育中的组织和器官可以包含起源于生物体不同部位的细胞。而在植物体中没有这样的细胞移动。每个带细胞壁的细胞与相邻细胞都由**胞间层（middle lamella）**粘合起来，因此，不同于动物发育，植物发育只依赖细胞分裂和细胞增大的模式。

植物细胞有两种细胞壁：**初生细胞壁（primary cell wall）**和**次生细胞壁（secondary cell wall）**（图1.2）。初生细胞壁通常很薄（小于1 μm），通常存在于幼嫩和正在生长的细胞中。次生细胞壁比初生细胞壁更厚，更强韧，并且在大多数细胞增大终止后沉积。次生细胞壁的强度和韧性是由**木质素（lignin）**决定的，木质素是一种易碎的、胶状的物质（见第15章）。次生细胞壁上

的圆形豁口形成了**单纹孔（simple pit）**，并且一个细胞的单纹孔经常和相邻细胞壁上的单纹孔相对。相连的单纹孔称为**纹孔对（pit-pair）**。

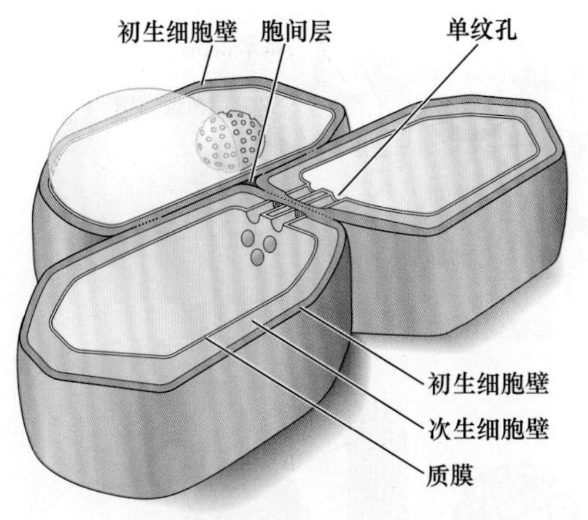

图1.2　图示初生细胞壁和次生细胞壁及其与细胞其他部分的关系。

木质化次生细胞壁的出现使植物结构得到强化，使得植物能够在土壤之上进行垂直生长并且定植于土壤中。而缺少木质化细胞壁的苔藓植物，如苔藓和地钱，在地面生长高度则不超过几厘米。

1.2.2　新细胞产生于分生组织

植物生长主要集中于特定的细胞分裂区域，这些区域称为**分生组织（meristem）**。几乎所有的核分裂（有丝分裂）和细胞分裂（胞质分裂）都发生于这些分生区域。在幼嫩植物中，最活跃的分生组织称为**顶端分生组织（apical meristem）**，它们位于茎尖和根尖（图1.1）。在节上，**腋芽（axillary bud）**包含侧枝的顶端分生组织。侧根产生于**中柱鞘（pericycle）**，这是一个内部的分生组织（图1.1C）。靠近（相邻）分生区并与之重叠的区域是细胞伸长区。在伸长区中细胞的长度和宽度大幅度增加。细胞通常在它们伸长后分化成特定的类型。

产生新器官和形成基本植物模式的发育期称为**初生生长（primary growth）**。初生生长是顶端分生组织活动的结果，在此期间细胞进行分裂，紧接着是细胞逐步增大，主要是细胞伸长，产生轴向（基-顶）的极性。当某个区域中的伸长完成后，可能发生**次生生长（secondary growth）**，产生径向（内-外）的极性。次生生长有两种侧生分生组织参与：**维管形成层（vascular cambium，复数cambia）**和**木栓形成层（cork cambium）**。维管形成层产生次生木质部（木材）和次生韧皮部。木栓形成层产生周皮，主要由木栓细胞组成。

1.2.3　三种主要组织系统组成了植物体

三种主要组织系统存在于所有的植物器官：表皮组织、基本组织和维管组织。图1.3中简明地标出了这些组织。关于这些植物组织更详细的描述参见Web Topic1. 4。

1.3　植物细胞器

所有植物细胞都具有真核细胞所共有的细胞器，包括一个细胞核、细胞质和亚细胞器，并且它们被包被在作为边界的膜中，除此之外，还有富含纤维素的细胞壁（图1.4）。某些结构，包括细胞核，在细胞成熟过程中可能消失，但是所有的植物细胞开始时都含有相似的细胞器。这些细胞器根据它们的产生方式主要被分为以下三大类。

（1）内膜系统：指内质网、核膜、高尔基体、内体和质膜。内膜系统在分泌、膜再循环及细胞周期等过程中有着重要的作用。质膜调控着细胞运输的整个过程。内体就是来源于质膜的囊泡并且对囊泡中的内含物进行加工和再循环。

（2）起源于内膜系统的能独立分裂的细胞器：包括油体、过氧化物酶体，以及在脂类储藏和碳循环中发挥作用的乙醛酸循环体。

（3）能独立分裂的半自主型细胞器：包括质体和作用于能量代谢和储藏的线粒体。

由于所有的这些细胞器都是膜构成的区室，因此先从膜的结构和功能开始描述。

1.3.1　生物膜由含有蛋白质的磷脂双分子层构成

所有细胞被包裹于作为外部边界的质膜中，质膜将胞质和外界环境隔离。这层**质膜（plasma membrane）（也称plasmalemma）**使得细胞能吸收和保留某些物质而排出其他物质。各种镶嵌在质膜上的转运蛋白负责溶质、水溶性离子和不带电荷的小分子的选择性跨膜运输。通过转运蛋白而在胞质中积累离子和分子的过程需要消耗能量。膜同样也为特化的胞内细胞器划定了边界，并能够调控离子和代谢产物进出这些区域。

根据**流动镶嵌模型（fluid-mosaic model）**，所有的生物膜都有相同的基本分子结构。它们由蛋白质镶嵌于其中的磷脂（在叶绿体中为糖基甘油酯）双分子层（bilayer）构成（图1.5A，C）。每一层称为双分子层中的层（leaflet）。在大部分质膜中，蛋白质占据了其中的一半。但是，各种膜的脂类成分和蛋白质性质不尽

A 表皮组织：表皮细胞

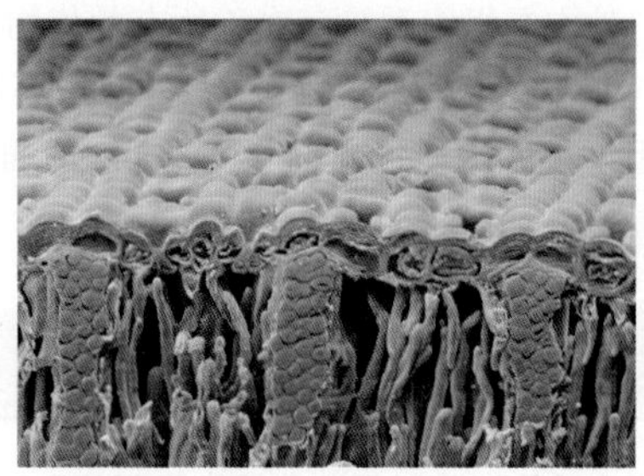

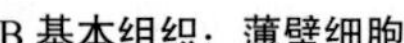

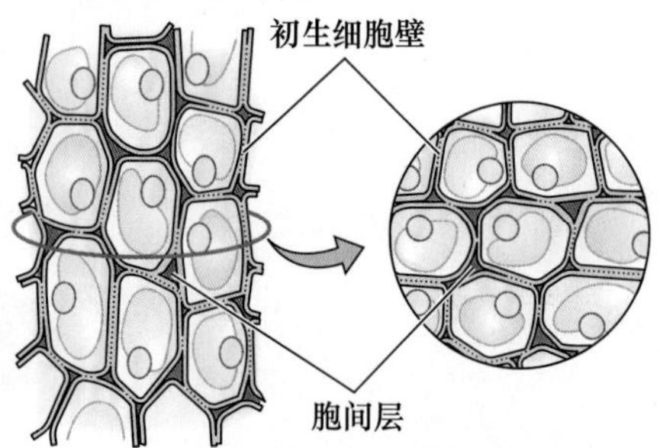

C 基本组织：厚角组织细胞

D 基本组织：厚壁组织细胞

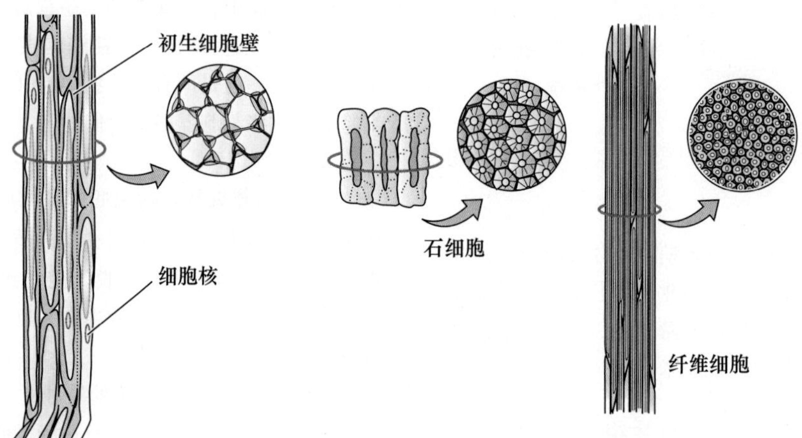

E 维管组织：木质部和韧皮部

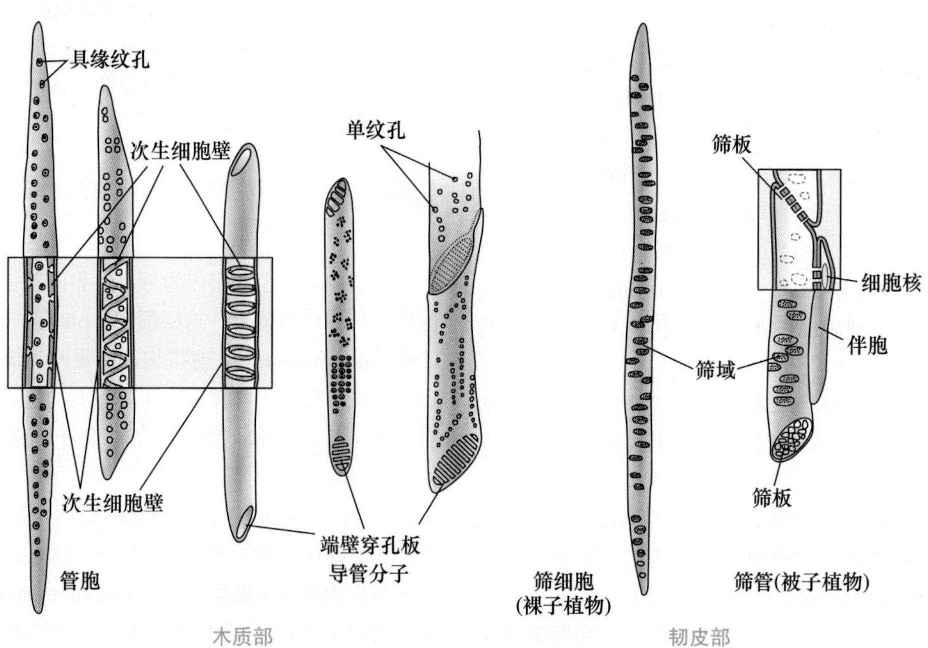

图1.3　百岁兰（*Welwitschia mirabilis*）叶片的外表皮（表皮组织）（120×）（A）。3种基本组织的示意图：薄壁组织（B）、厚角组织（C）、厚壁组织（D）与木质部和韧皮部的运输细胞（E）（A©Meckes/Ottawa/Photo Researchers，Inc）。

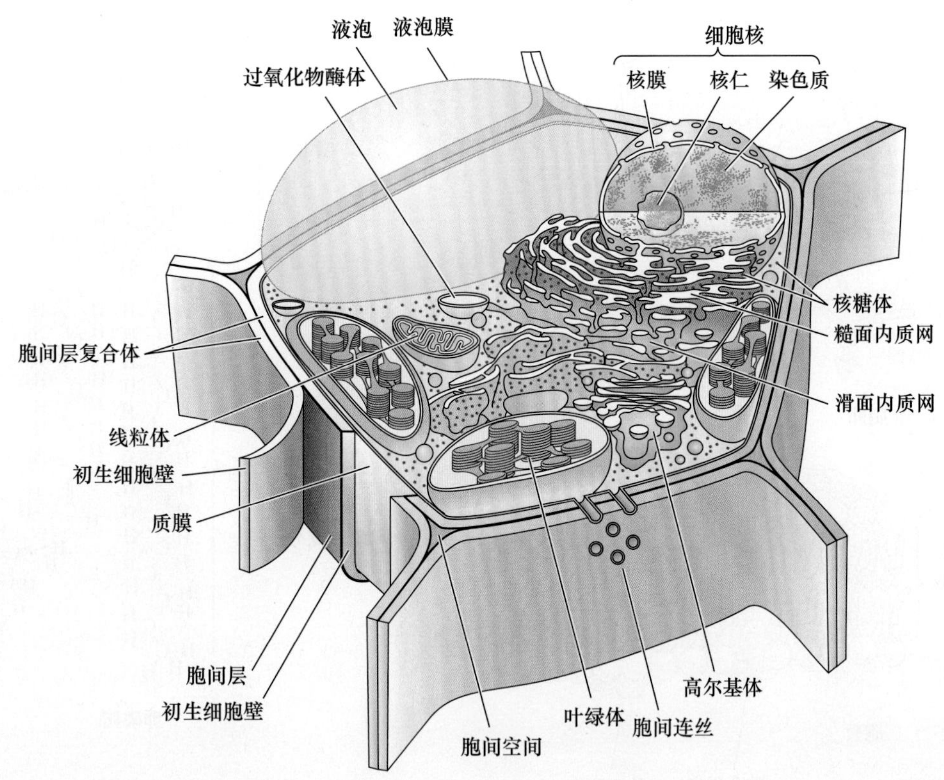

图1.4 植物细胞示意图。许多细胞器由它们各自的膜分开，如液泡膜、核膜和其他细胞器膜。相邻的初生细胞壁和胞间层形成了一个称为复合胞间层的复杂结构。

相同，使得每种膜具有独特的功能特征。

1. 磷脂

磷脂（phospholipid）是一种由两个脂肪酸和甘油共价结合形成的脂类，其中的甘油又和一个磷酸基团共价结合。另外有一些可变的成分与磷酸基团相连，称为头部基团（head group），如丝氨酸、胆碱或肌醇（图1.5C）。脂肪酸的非极性碳水化合物链形成一个疏水区域。与脂肪酸不同，头部基团呈高度极性，因此磷脂分子是兼性分子（amphipathic），同时具有亲水性和疏水性。各种磷脂不对称地镶嵌在质膜中，赋予了质膜方向性。对着细胞外侧的质膜层与对着胞质的质膜层的磷脂构成是不同的。

一类称为**质体（plastid）**（它是包括叶绿体在内的一类膜包围的细胞器）的特化细胞器的膜脂成分几乎都是**糖基甘油酯（glycosylglyceride）**而不是磷脂。在糖基甘油酯中，极性的头部集团由半乳糖、双半乳糖或硫化半乳糖组成，而没有磷酸基团（参见Web Topic 1.5）。

虽然磷脂和糖基甘油酯的脂肪酸链长度是可变的，但是它们通常由14~24个碳组成。如果碳原子之间由单键连接，脂肪酸链则是饱和的（带有氢原子），如果含有一个或多个双键，该链则称为不饱和脂肪酸链。

脂肪酸链中的双键能在链中旋转形成一个结节，从而防止双分子层中磷脂的紧密堆积（例如，这些键采用了结节状的顺式构象，而不是非结节状的反式构象）。这些结节增加了膜的流动性。而流动性又在膜的许多功能中起到重要作用。温度也强烈影响膜的流动性。因为植物基本不能调控体温，而低温会降低膜的流动性，所以它们经常存在如何维持低温下膜的流动性的问题。为此，植物磷脂中含有大量不饱和脂肪酸，如十八烯酸（oleic acid）（一个双键）、亚油酸（linoleic acid）（两个双键）和α-亚麻酸（α-linolenic acid）（3个双键），从而增强膜的流动性（见第26章）。

2. 蛋白质

和脂类双分子层相结合的蛋白质主要有3种类型：整合蛋白、外周蛋白和锚定蛋白。另外，蛋白质和脂类能在膜中形成暂时的聚集体，称为脂筏（lipid raft）。

整合蛋白（integral protein）嵌在双层脂中。多数整合蛋白横跨磷脂双分子层，因此蛋白质的一部分与细胞外部互作，一部分与膜的疏水核心互作，还有一部分与细胞内部——胞质部分互作。作为离子通道的蛋白质（见第6章）都是整合蛋白，并作为参与某些信号转导途径的受体（见第14章）。在质膜外表面的一些受体样蛋白识别并紧密结合细胞壁组分，使质膜和细胞壁有效交联。

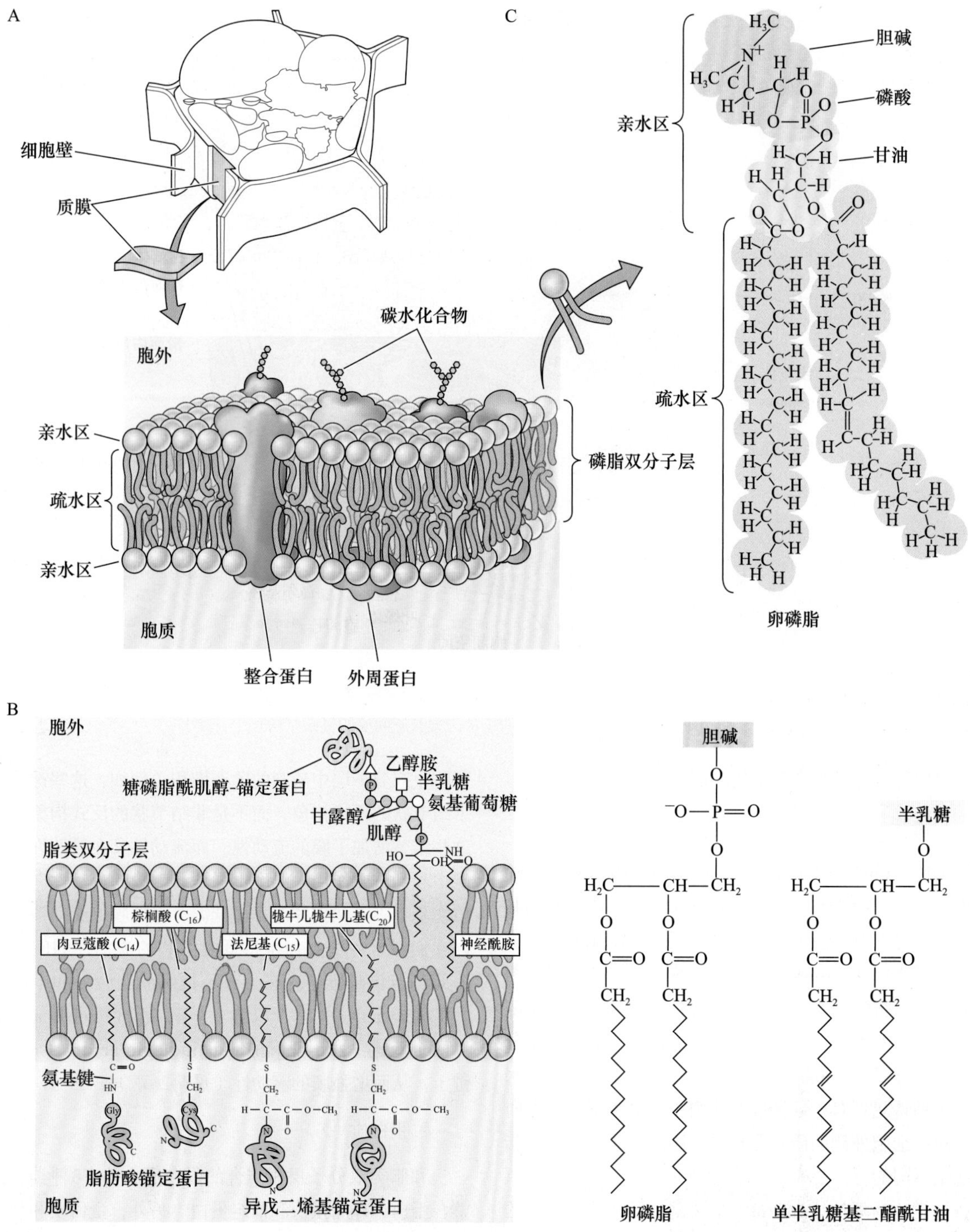

图1.5 A. 质膜、内质网和由镶嵌在磷脂双分子层中的蛋白质组成的植物细胞的其他内膜。B. 透射电子显微照片表明水芹（*Lepidium sativum*）根尖分生组织的质膜。质膜的全厚度，两条粗线之间的距离为8 nm。C. 典型的磷脂化学结构和空间结构模型，卵磷脂和单半乳糖基二酯酰甘油（改编自Gunning and Steer，1996）。

外周蛋白（peripheral protein）通过非共价键（如离子键和氢键）和质膜表面相连。它们会被高盐溶液或促溶剂（chaotropic agent）从膜上分离，前者打破离子键，后者打破氢键（图1.5A）。外周蛋白在细胞中起着很多作用，有些参与形成质膜和细胞骨架，如微管和微丝的互作。这将在本章后面讨论。

锚定蛋白（anchored protein）通过脂类分子和质膜表面共价相连。这些脂类包括脂肪酸（肉豆蔻酸和棕榈酸），源于类异戊二烯途径的异戊二烯基团（法尼基和牻牛儿牻牛儿基）和糖磷脂酰肌醇（GPI）-锚定蛋白

（图1.5B）。这些蛋白质的脂锚定位点在面对胞质一侧主要为脂肪酸和异戊二烯基团，在细胞外侧为糖磷脂酰肌醇，因此造成了膜两侧的差异性。

1.4　内膜系统

真核细胞的内膜系统指细胞内部膜结构的总称，它将细胞分为具有功能性和结构性的区室，并通过囊泡运输将膜和蛋白质分配在各细胞器中。由于细胞器是负责器官合成的遗传信息的主储存场所，因此从细胞核开始对内膜系统进行讨论，接着将对独立分裂的内膜细胞器和半自主型细胞器进行讨论。

1.4.1　细胞核含有细胞的大部分遗传物质

细胞核（nucleus，复数nuclei）是包含主要负责调控细胞代谢、生长和分化遗传信息的细胞器。所有这些基因和它们的内含序列为**核基因组（nuclear genome）**。植物的核基因组大小差别很大，从双子叶植物拟南芥（*Arabidopsis thaliana*）的1.2×10^8个碱基对到百合（*Fritillaria assyriaca*）的1×10^{11}个碱基对。一个细胞的其他基因信息存在于两个半自主细胞器——叶绿体和线粒体中，这些将在稍后讨论。

细胞核由称为**核膜（nuclear envelope）**的双层膜包围（图1.6A），是内质网的一个子区域。核孔（nuclear pore）在两层膜之间形成选择性通道连接核质（细胞核内部区域）和细胞质（图1.6B）。每个核膜上的核孔可以从一千个到数千个，它们可以排列成高度有序的聚集体（图1.6B）（Fiserova et al.，2009）。

核"孔"事实上是一个复杂的结构，它是由100多个不同的**核孔蛋白（nucleoporin）**呈八边形排列而组成直径约105 nm的**核孔复合体（nuclear pore complex，NPC）**。核孔蛋白在40 nm的NPC通道排列形成网状结构，构成一个超分子筛（Denning et al.，2003）（参见Web Topic 1.6）。蛋白质进入细胞核需要一个称为核定位信号（nuclear localization signal）的特定氨基酸序列。一些负责细胞核输入和输出的蛋白质已经得到鉴定（参见Web Topic 1.6和Web Topic 1.7）。

细胞核是染色体（chromosome）储存和复制的场所，染色体由DNA及其互作蛋白组成（图1.7）。这种DNA蛋白质复合体统称为**染色质（chromatin）**。任何植物基因组的所有DNA的线性长度通常是它所在核直径的几百万倍。为了解决染色体DNA在核内组装的问题，线性双螺旋DNA在8个组**蛋白（histone）**分子组成的圆柱上绕了两圈，形成**核小体（nucleosome）**。核小体像珠子一样位于染色体长线上。

在有丝分裂中，染色质首先通过紧密地盘绕浓缩成直径**30 nm的染色质纤维（30 nm chromatin fiber）**，其中每两圈有6个核小体，然后经过蛋白质和核酸的相互作用继续折叠和压缩（图1.7）。在细胞分裂的间期，根据浓缩的程度，可以观察到两种染色质：异染色质和常染色质。大约10%的DNA组成了**异染色质（heterochromatin）**，这是一种高度紧密和无转录活性的染色质。多数异染色质集中在靠近核膜的地方，并和基本上不含基因的染色体区域相连，如端粒和着丝点。其余的DNA组成了**常染色质（euchromatin）**，分散在染色体上，是具有转录活性的形式。只有10%的常染色质在任何时期都有转录活性。余下的处于半浓缩状态，介于异染色质和具有转录活性的常染色质之间。位于核

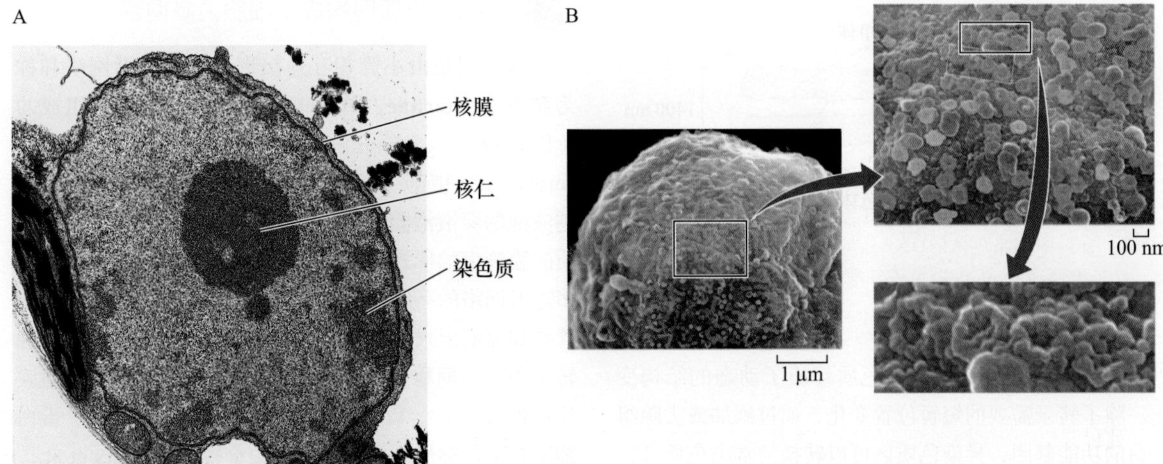

图1.6　A. 植物细胞的透射电镜图，显示细胞核和核膜。B. 烟草细胞核表面核孔复合体（NPC）的组织结构。褐色所示为NPC间相接触的部分；剩余部分用蓝色所示。第一幅图（右上方）显示大多数NPC紧密相连，形成包含5~30个NPC的一列NPC结构。第二幅图（右下方）所示为紧密相连的NPC（A由R. Evert惠赠；B引自Fiserova et al.，2009）。

质的特定区域可能会对染色体的调控产生影响。

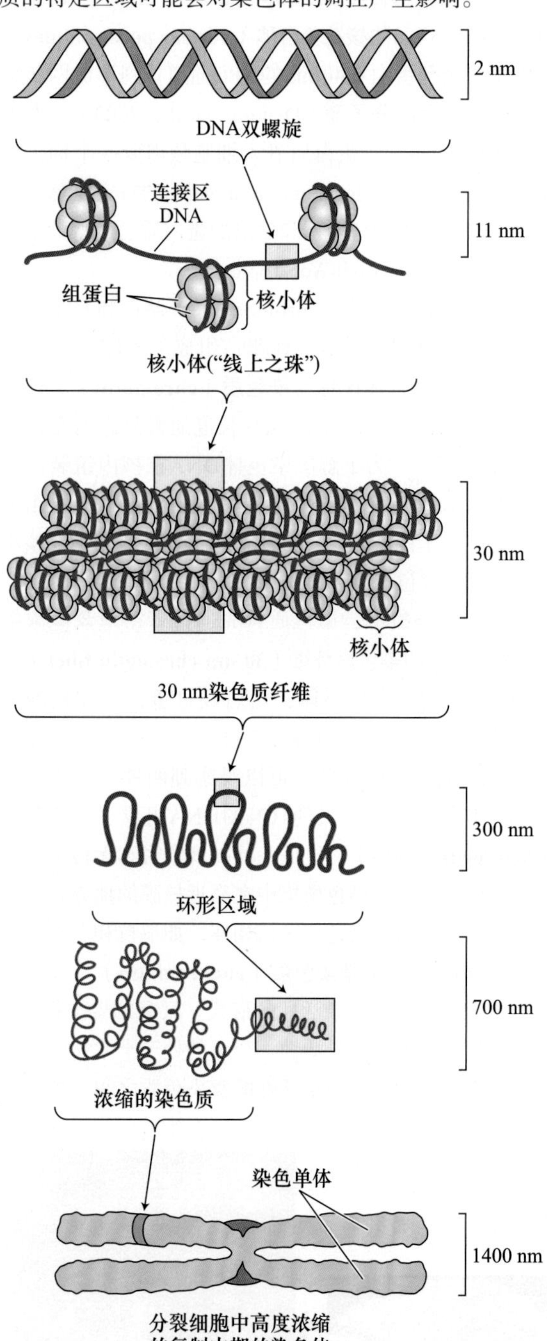

图1.7　分裂中期染色体的DNA压缩。DNA首先堆积成核小体，随后缠绕成30 nm的染色质纤维。继续缠绕形成浓缩的中期染色体（改编自Alberts et al.，2002）。

在细胞分裂周期中，染色质经历了动态的结构变化。除了转录需要的短暂位置变化，通过添加或去除组蛋白的功能基团，异染色质区可以转换为常染色质区，反之亦然。这些基因组的整体变化，能引起稳定的基因表达的变化（见第2章）。一般来说，不通过改变DNA的序列而导致的基因表达的稳定变化称为表观遗传调控（epigenetic regulation）。

细胞核同样含有高密度的颗粒区域，称为核仁（nucleolus，复数nucleoli），这是核糖体合成的区域（图1.6A）。典型细胞的每个核含有一个或多个核仁。核仁包含了一条或多条染色体的部分，其中核糖体RNA基因成簇而形成一个称为**核仁组织区（nucleolar organizer region）**的结构。核仁将核糖体蛋白和rRNA组装成大、小两个亚基，分别从核孔中运输出来。这两个亚基在胞质中完成完整核糖体的组装（图1.8A）。组装好的核糖体是合成蛋白质的机器。那些从核和胞质产生，负责"真核"蛋白质合成的80S核糖体要比在线粒体和质体中组装和保留的"原核"蛋白质合成场所——70S核糖体大。

 1.4.2　基因表达包括了转录和翻译

蛋白质合成的复杂过程始于**转录（transcription）**，它是合成一条碱基序列与特定基因互补的RNA长链的过程。初始的RNA转录形成了信使RNA（mRNA），它通过核孔从细胞核移动到细胞质。在细胞质中，mRNA首先依附在核糖体的小亚基上，随后附着在大亚基上起始翻译（图1.8A）。

翻译（translation）是一个根据mRNA编码的序列信息，将氨基酸合成特定蛋白质的过程。一连串的核糖体经过mRNA的全部序列，它是按照mRNA的碱基序列合成肽链的场所（图1.8B）。在细胞质和膜结合的多聚核糖体中进行的翻译过程产生了蛋白质的一级序列，其中不仅包括蛋白质功能信息，也包括像"入场券"一样的序列信息决定着蛋白质在细胞中的最终定位（参见Web Topic 1.8）。

 1.4.3　内质网构成了细胞内膜网络

内质网是由小管相互连接形成的多边形网络和称为**潴泡（cisternae，单数cisterna）**的平面囊所组成的（图1.9A）。大部分内质网位于称为细胞周质（cell cortex）的细胞质外层，但是内质网也可以通过形成穿越液泡的穿液泡膜管（transvacuolar strands）以含细胞质的膜管束的形式穿过细胞。这些管状网络通过连接到多边形网络的一些交叉点上而与质膜相连（图1.9B）。管状和潴泡形式的内质网可以快速地相互转变。而这种转变则是由**网格蛋白（reticulon）**所控制的，它能使膜片层形成小管。以后章节中会讲到的肌动（球）蛋白细胞骨架能够促进内质网小管的重排（Sparkers et al.，2009）。

表面有很多膜结合核糖体的内质网称为**糙面内质网（rough ER，RER）**，这些核糖体的结合使得内质网

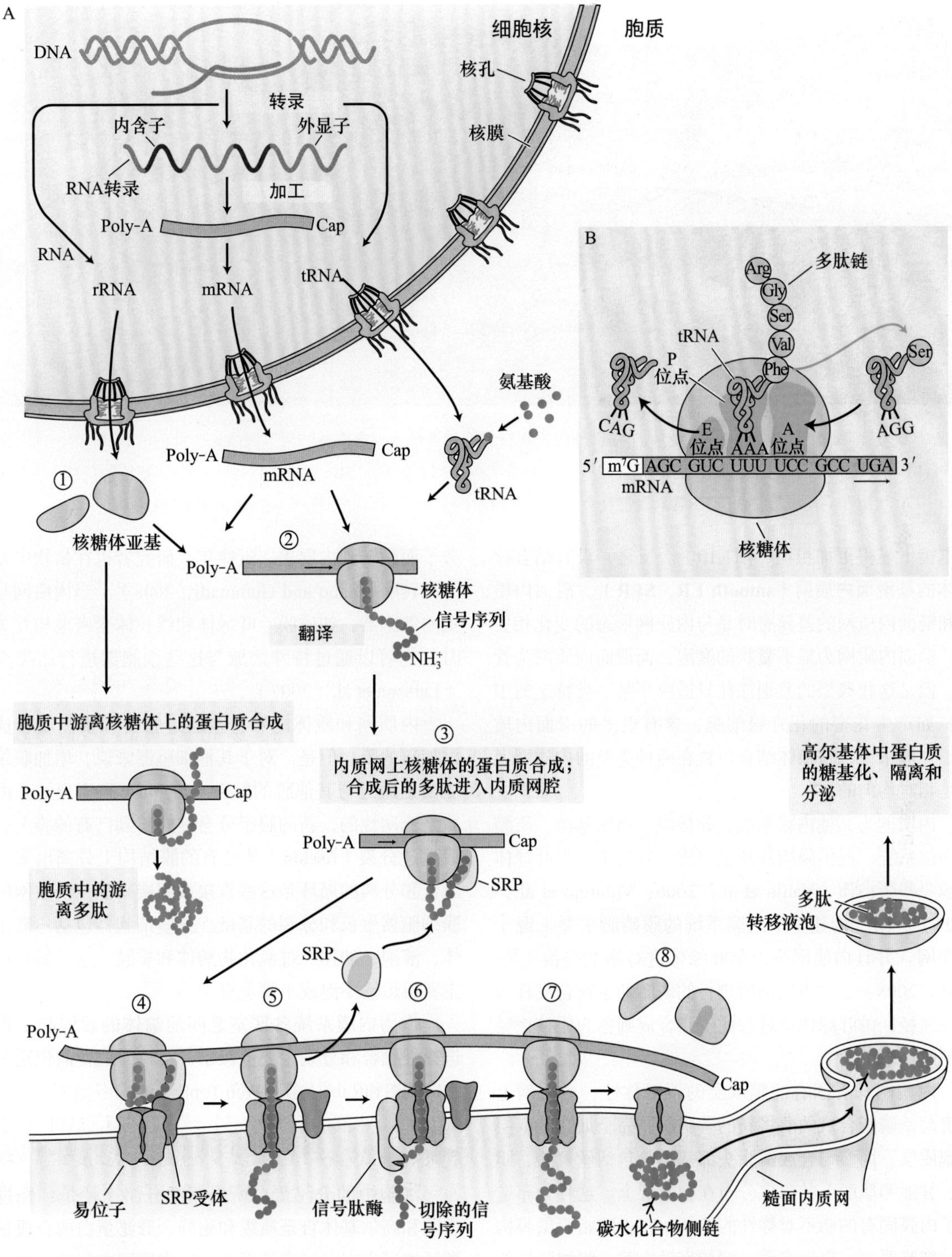

图1.8　A. 基因表达的基本步骤，包括转录、转录后处理、运输到胞质和翻译。①、②蛋白质可通过自由的或结合在内质网上的核糖体合成。③分泌蛋白在糙面内质网上合成，并含有一个疏水的信号序列。一个信号识别颗粒（SRP）与信号肽和核糖体结合，阻断翻译。④SRP受体和称为易位子的蛋白质运输通道相连，核糖体-SRP形成的复合体与ER膜上的SRP受体结合，核糖体停靠在易位子上。⑤易位子孔打开，SRP被释放出来，延长的多肽进入内质网内腔。⑥翻译重新开始。一旦进入ER的内腔，信号序列就被膜上的信号肽酶切掉。⑦、⑧在添加碳水化合物和链折叠以后，新合成的多肽通过小泡被运到高尔基体。B. 在tRNA的帮助下，氨基酸在核糖体上聚合，形成延长的多肽链。

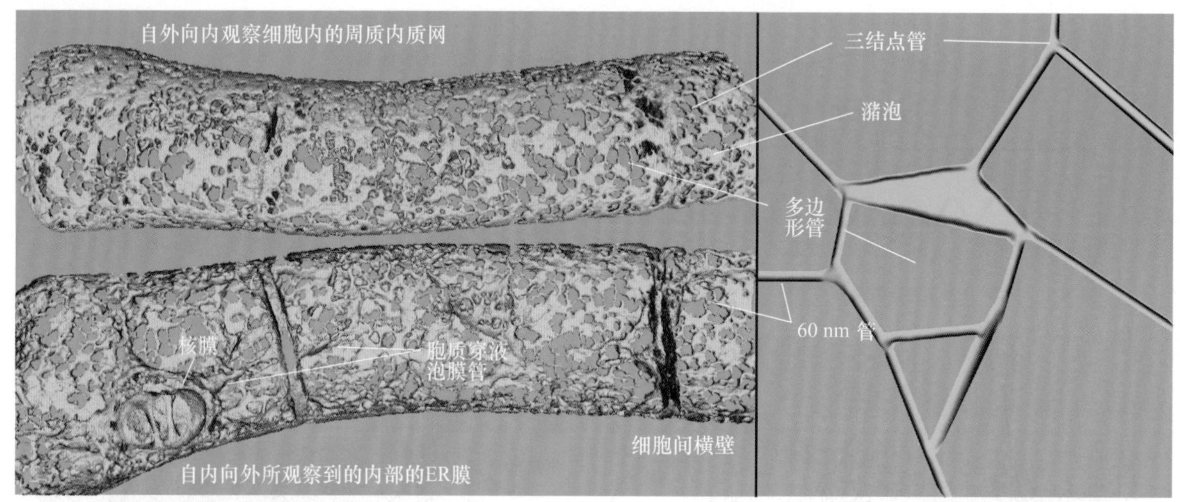

图1.9　烟草悬浮细胞中内质网的三维结构。A. 自外向内观察细胞（上部），内质网的周质网络是由潴泡区和多边形的管状区构成。自内向外观察细胞（下部），能看到穿液泡膜管含有管状内质网及核膜（内质网的子区域）。在细胞核的核膜上有穿核通道和内陷区域。B. 示ER管和潴泡在典型的周质内质网多边形网络中的排列（由 L. R. Griffing惠赠）。

在电镜下显得更加粗糙（图1.10）。反之，没有结合核糖体的是**滑面内质网（smooth ER，SER）**。滑面内质网和糙面内质网的差异有时是与内质网形态的变化相关的：糙面内质网为扁平囊状的潴泡，而滑面内质网为管状。但是这些典型的差别往往只适应于某一类特定的细胞：如产生花蜜的花卉腺细胞，含有更多的滑面内质网。一般来说，核糖体结合位置在两种类型的内质网上都是相对均匀的。

内质网为其他内膜系统，如核膜、高尔基体、质膜和内体系统，提供膜构件和蛋白质。它甚至会为叶绿体运输一些蛋白质（Nanjo et al.，2006；Villarejo et al.，2005）。用于构建整个内膜系统的膜磷脂主要来源于内质网。并且内质网可以与叶绿体进行脂类交换（Xu et al.，2008）。由内质网所进行的磷脂的生物合成称为真核途径，由叶绿体所进行的磷脂合成则称为原核途径（见第11章）。

内质网具有固有的膜双层的不对称性。内质网上负责起始磷脂合成的酶将新的磷脂前体完全加在膜双层的胞质层。而参与合成磷脂头部基团（包括丝氨酸、胆碱、甘油和肌醇）的酶也分布在胞质层上。这种分布造成了内膜固有的脂不对称性的特征。在由磷脂双层膜构成的细胞器中，靠近胞质一侧与靠近内腔一侧的膜层的构成是不同的。靠近内腔的膜层最终会变成细胞质膜的外层。进一步对脂头部基团不对称修饰，以及将脂类和碳水化合物共价连接到蛋白质上进行转录后修饰加剧了膜的不对称性（图1.5）。

在动物细胞中，膜的不对称性能被**翻转酶（flippase）**所抵消，这种酶可以将新合成的磷脂跨过脂双层分子而翻转到内层去。近些年，研究者也在植物中发现了翻转酶（Sahu and Gummadi，2008）。当内质网与其他的细胞器，如质膜、叶绿体和线粒体紧密地相互关联时，它可以通过特殊区域与这些细胞器进行脂类交换（Larsson et al.，2007）。

内质网和质体能够直接通过脂类和蛋白质合成来添加新的膜。但是，对于其他细胞器来说，增加膜结构主要是通过与其他膜的**融合（fusion）**来实现的。由于膜是流动性的，新的膜组分会被转移到已有的膜上，随后通过**分裂（fission）**从已有的膜结构上分离出来。膜融合和分离的循环是这些直接或间接来源于内质网的内膜细胞器生长和分裂的基础。这些细胞器包括：高尔基体、液泡、油体、过氧化物酶体和质膜。这一循环过程主要由运输小泡或小管负责。

作为内膜系统各区室之间运输体的囊泡和小管的选择性融合和分裂主要依赖于一类特异的靶向识别蛋白SNARES和Rabs（参见Web Topic 1.9）。

 1.4.4　细胞的蛋白质分泌开始于糙面内质网

细胞中的分泌蛋白所采用的分泌途径是：经过内质网和高尔基体直至质膜和胞外。分泌蛋白的合成是在翻译的过程中穿过膜进而被插入内质网内腔的。这一过程涉及核糖体，编码分泌蛋白的mRNA，以及位于糙面内质网表面的核糖体和已被部分合成的蛋白质的特异受体（图1.8）。所有的分泌蛋白和分泌途径中大部分的膜整合蛋白都有一个位于氨基端的含有18~30个氨基酸的疏水前导序列，称为**信号肽（signal peptide）**（参见Web Topic 1.8）。在翻译过程中，由RNA和蛋白质组成

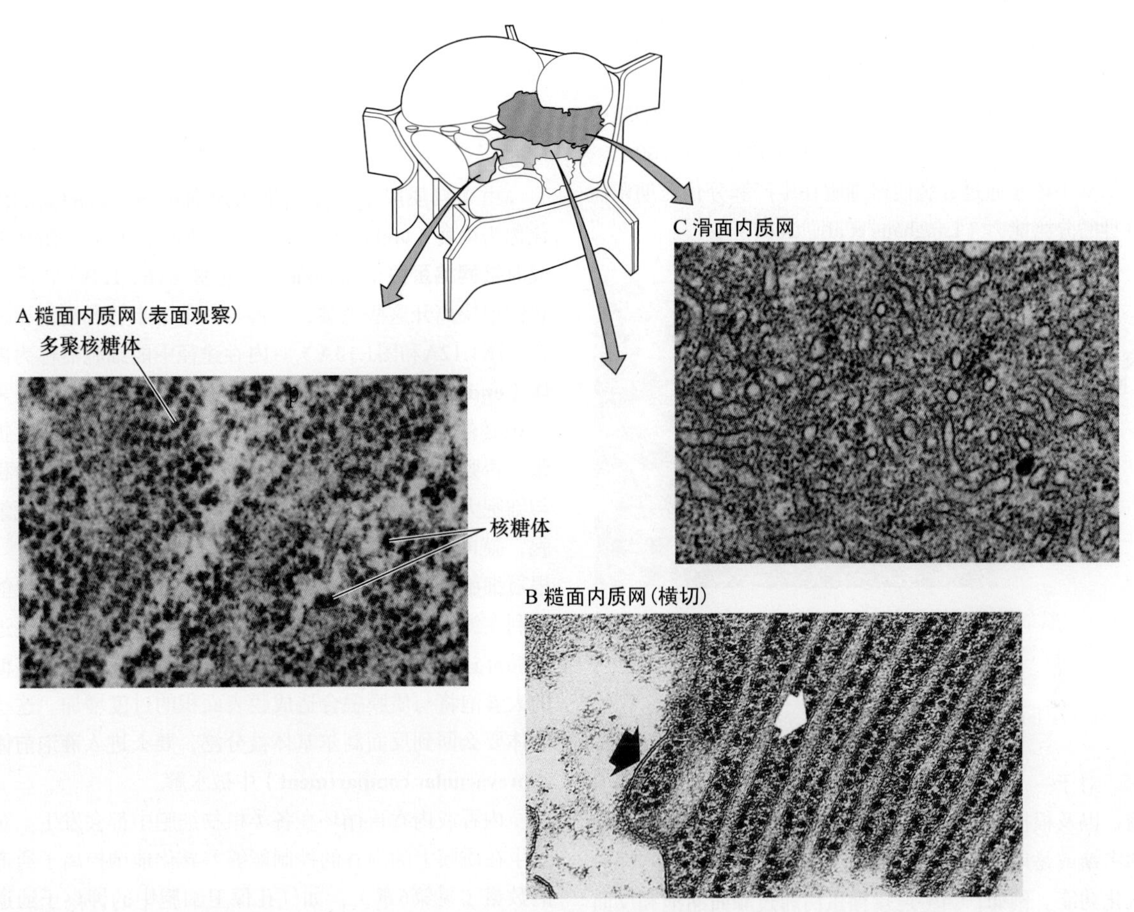

图1.10　内质网。A. 毛鞘藻（*Bulbochaete*）中糙面内质网的显微俯视图。糙面内质网上的多聚核糖体（核糖体串附在mRNA上）清晰可见。多聚核糖体也会出现在核膜的外表面上（75 000×）。B. 彩叶草（*Coleus blumei*）的腺状毛状体中规则排列的ER堆（白色箭头）。质膜由黑色箭头表示，质膜外的物质是细胞壁（75 000×）。C. 滑面内质网经常形成管状网络，图中所示是一个*Primula kewensis*的幼嫩花瓣的透视电镜图（45 000×）（显微图片引自Gunning and Steer，1996）。

的**信号识别颗粒**（**signal recognition particle，SRP**）能够同时结合在蛋白质的信号肽和核糖体上来中断翻译过程。内质网膜**含有SRP受体**（**SRP receptor**），该受体能和称为**易位子**（**translocon**）的蛋白质通道相连（图1.8）。

胞质中的核糖体——SRP复合体和ER膜上的SRP受体结合，核糖体停靠在易位子上。这种停靠使易位子孔打开，SRP被释放，翻译重新开始，延长的多肽进入ER的内腔。一旦进入ER的内腔，信号序列就被膜上的信号肽酶切掉（图1.8）。对于膜整合蛋白来说，只有一部分的多肽链能够穿过膜。整个蛋白则通过一个或多个疏水跨膜区锚定在膜上。

许多位于内膜系统腔内的蛋白质为**糖蛋白**（**glycoprotein**），这些蛋白质通过共价键与小的糖链相连，它们最终被细胞分泌出去或运输到其他的内膜中。

大量事实表明，由*N*-甲壳胺、甘露糖和葡萄糖组成的带有分支的寡糖和内质网分泌蛋白的一个或多个天冬酰胺残基的自由氨基结合。这种***N*-连接糖原**（***N*-linked glycan**）首先聚集在一个嵌在内质网膜上的脂类分子——**长醇二磷酸**（**dolichol diphosphate**）上（见第13章）。随着新合成的多肽进入内质网内腔，已加工完成的14糖结合到新生多肽上。像在动物细胞中，这种所谓的***N*-连接糖蛋白**（***N*-linked glycoprotein**）通过囊泡或小管运到高尔基体（见第2章）。但是，在高尔基体中，这种多糖要以植物特异的方式进行进一步的加工。使得糖蛋白在脊椎动物的免疫系统中具有高度的抗原特性（能够被识别为外来蛋白）。

1.4.5　高尔基体负责加工用于分泌的蛋白质和多糖

高尔基体（在植物中也称为分散型高尔基体）是一个极化的囊堆，较为肥大的潴泡产生于**顺面**（***cis***）或者说高尔基体的形成面，以接受来自内质网的囊泡和小管（图1.11）。而高尔基体的**反面**（***trans***）（成熟面）则由扁平的潴泡和称为**反面高尔基体网络**（***trans*-Golgi-network，TGN**）的管状网络构成。TGN和反面潴泡上会出芽产生分泌囊泡。在分生细胞中，高尔基体（Golgi apparatus，包含所有的高尔基小体）中含有高达100个高尔基小体（Golgi body）。其他类型的细胞中高尔基小体含量各不相同，但一般来说都少于100个。高尔基小体能通过分裂使得细胞在生产和分化时期调控自身的分泌能力（Langhans et al.，2007）。

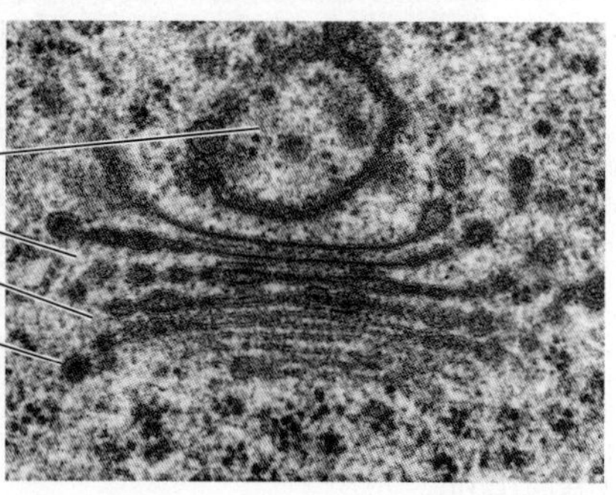

图1.11 烟草（*Nicotiana tabacum*）根冠细胞的高尔基体电镜图片。图中标出了顺面（*cis*）、中间（medial）和反面（*trans*）潴泡。反面高尔基体网络和反面潴泡相连（60 000×）（引自Gunning and Steer，1996）。

对于一个高尔基体来说，不同的潴泡中含有不同的酶，以及根据它们所加工的多聚体的类型（用于细胞壁的多糖或是用于液泡和细胞壁的糖蛋白）而具有不同的生化功能。例如，当*N*-连接糖蛋白通过顺面潴泡和反面潴泡时，它们分别被位于高尔基体3个部分的特定的酶修饰。某些糖，如甘露糖，从寡糖链上被移除，同时其他的糖又加到寡糖链上。除了这些修饰，脯氨酸、丝氨酸、苏氨酸和酪氨酸残基的羟基上的糖基化[***O*-连接寡糖**（***O*-linked oligosaccharide**）]也发生在高尔基体中。高尔基体中参与多糖生物合成的酶各不相同，但是它们总是与糖蛋白修饰酶一起出现。

来源于内质网的膜及其内含物被运输到高尔基体中常常发生在特殊的**ER退出位点**（**ER exit site，ERE**）。而ERE则是由一种称为**COPⅡ的包被蛋白**（**coat protein**）的存在决定的。这种表面蛋白包被与跨膜受体（结合有将要被运送到高尔基体的特异底物）相关。相关的膜区域然后以出芽的方式形成包被囊泡，并最终在与目的地的靶膜融合前丢弃COPⅡ包被蛋白。同时使用ERE和高尔基体的荧光标签可以看到ERE随着高尔基体移动，就像高尔基体流穿过细胞（参见Web Topic 1.10）。囊泡从ER开始经过高尔基体的顺面、反面，接着运输到质膜或液泡前体，这种移动方式称为**顺向**（**anterograde**）（正向）移动。相反，从高尔基体到内质网，或者从高尔基体的反面到顺面的囊泡**再循环**（**recycling**）称为**逆向**（**retrograde**）（反向）运动。COPⅠ包被囊泡参与这种在高尔基体内部或者从高尔基体到内质网的逆向运动。如果没有膜的再循环逆向运动，高尔基体将很快因为顺向运动而被消耗殆尽。

 1.4.6 质膜上的特殊区域参与膜的再循环

由来自质膜上的小囊泡的逆向运动引起的膜的内化称为**内吞**（**endocytosis**）。小囊泡（100 nm）最初形成时被**网格蛋白**（**clathrin**）所包裹（图1.12B），之后它们很快离开这些包被，并再与其他的小管和囊泡相融合（图1.12A和图1.13A）。内吞途径中的细胞器称为**内体**（**endosome**）。当分泌的囊泡与质膜相融合，膜表面积必然会增大。那么，除非细胞也以同样的速度扩张，否则它需要通过一些膜再循环的途径使得膜表面积与细胞大小保持平衡。在分泌旺盛的细胞中，如根冠细胞，膜再循环的重要性得到了最好的诠释（图1.13）。根冠细胞分泌大量的黏多糖（黏液）作为润滑剂使根能顺利在泥土中生长。如果没有内吞作用使质膜不断通过再循环进入**早期内体**（**early endosome**），含有黏多糖的大囊泡将与质膜融合造成膜表面积的过度增加。这些内体要么回到反面高尔基体被分泌，要么进入**液泡前体**（**prevacuolar compartment**）中被水解。

内吞或内吞再循环在各类植物细胞中都会发生。对发生在质膜上的内吞的控制能够差异化地调控离子通道的数量（见第6章），如气孔保卫细胞中的钾离子通道和根中的硼转运体。在植物的向地性作用中，特定的生长素转运体的内化能导致根中生长素含量的改变，从而引起根的弯曲（见第19章）。

 1.4.7 植物细胞的液泡具有多种功能

对于植物液泡的最初界定是源于其在显微镜下所表现的外观——由膜包围的一个不含胞质的闭合区室。与细胞质不同，在液泡内充斥着由水和溶解物组成的**液泡液**（**vacuolar sap**）。在细胞生长过程中，液泡液体积的增长先于细胞体积的增加而发生。一个成熟细胞的中央大液泡能够占95%的细胞体积。有时一个细胞中还会出现两个或多个大液泡，就像在某些花瓣中会同时含有有色素液泡和无色素液泡（参见Web Topic 1.9）。这些液泡在尺寸和外观上的不同也暗示了它们在形式和功能上的差异。其中一些差异是由于液泡的成熟度不同。例如，分生细胞只有许多小液泡而没有中央大液泡。而当细胞成熟时，这些小液泡会融合成中央大液泡。

含有蛋白质和脂类的**液泡膜**（**tonoplast**）最初合成于内质网。除了在细胞增大中的作用外，液泡还可以作为一个储存容器来储存植物用于抵御草食动物的次生代谢物（见第13章）。由于有了各种各样的膜转运体，无机离子、糖、有机酸和色素这些溶解物能够在液泡中富

A

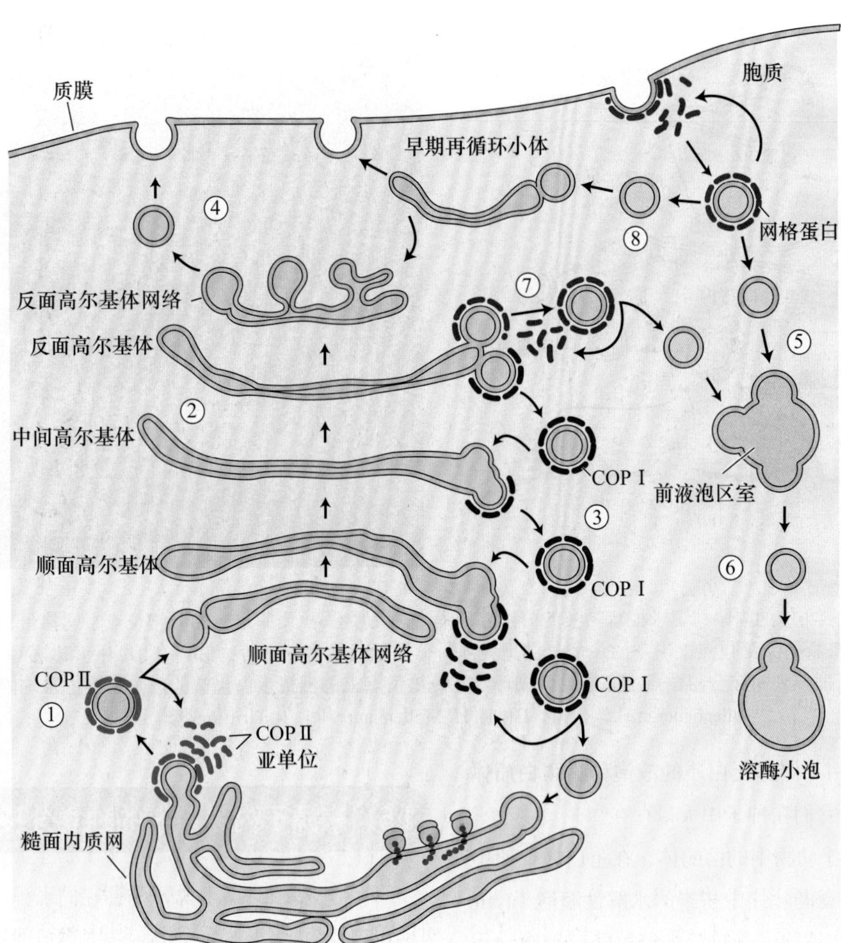

① COPⅡ包被小泡从ER上萌发，并转运到高尔基体的顺面

② 潴泡带着它们的内含物顺向经过高尔基体垛堆

③ COP Ⅰ包被小泡的逆向运动保证了酶在顺面、中间和反面潴泡堆的正确分布

④ 未包被的小囊泡从反面高尔基膜萌发，并与质膜融合

⑤ 内吞的网格蛋白包被小泡与前液泡区室融合

⑥ 未包被的小泡从前液泡区室脱离，并将内含物带到溶酶小泡

⑦ 最终到达溶酶小泡的蛋白质通过网格蛋白包被小泡，从反面高尔基体分泌到液泡前体（PVC），然后被重新包装运送到溶酶小泡

⑧ 内吞作用形成的网格蛋白包被小泡也可以脱离包被和通过早期循环小体进行再循环。通过早期循环小体直接与质膜融合或与反面高尔基体直接融合形成囊泡

B

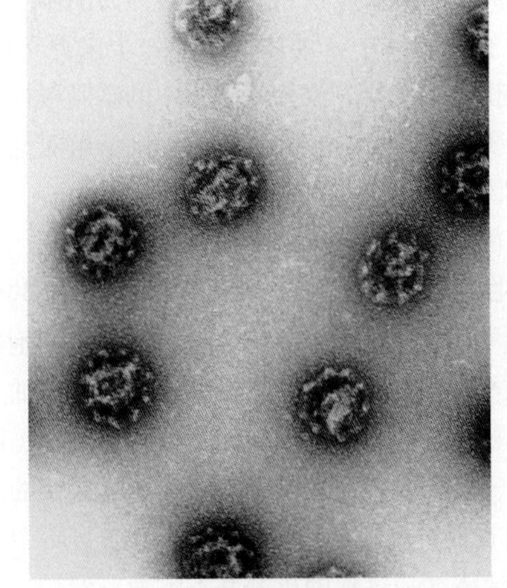

图1.12　三种衣被蛋白调节蛋白质分泌和内吞通路的小泡运输。A. COPⅡ用绿色标记，COPⅠ用蓝色标记，网格蛋白用红色标记。B. 从豆叶中分离的网格蛋白包被小泡电子显微镜照片（102 000×）（B由D. G. Robinson惠赠）。

A

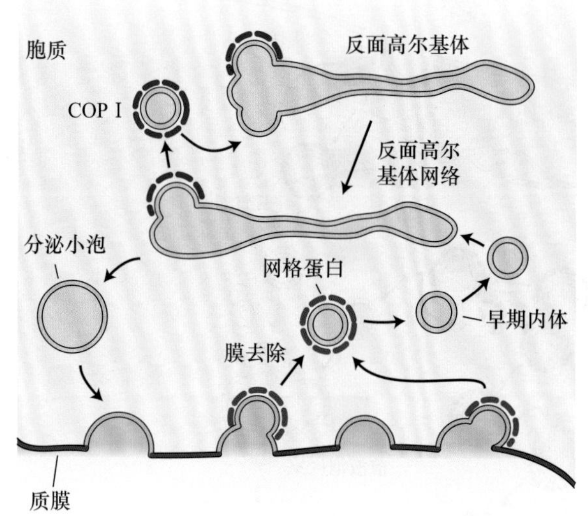

B

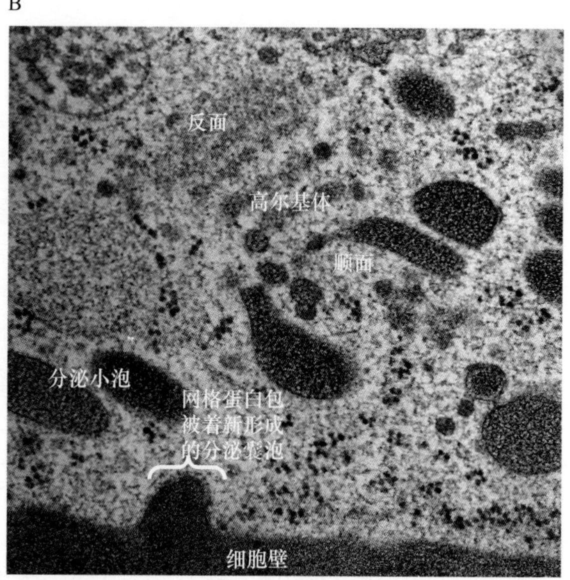

图1.13　网格蛋白包被小泡的内陷与玉米根冠黏液的分泌有着紧密的关系。A. 质膜最新的分泌位点上网格蛋白包被囊泡所介导的膜的循环。B. 最新的分泌位点上出现的一个分泌型囊泡，分泌型囊泡将其内溶物储存在细胞壁和网格蛋白包被的细胞膜内陷中，后者则帮助细胞膜在分泌位点上完成膜的循环。在分泌位点上的网格蛋白包被的内陷是膜上平均内陷水平的20倍（Mollenhauer et al.，1991；B由H. H. Mollenhauer和 L. R. Griffing惠赠）。

集（见第6章）。用于储存蛋白质的液泡称为**蛋白质体（protein body）**，它们在种子中大量存在。

液泡也可类似于动物中的溶酶体，在蛋白质代谢中发挥作用。就像在衰老叶片中积累的**水解性液泡（lytic vacuoles）**，它能在细胞衰老过程中释放降解细胞结构物的水解酶。膜经过分选进入液泡和动物溶酶体具有不同的发生机制。虽然在这两种情况下，它们被分选进入液泡前体这一过程都发生在高尔基体中，但是识别过程中涉及的分选受体和加工蛋白是不同的。在哺乳动物细胞内，内质网中的酶能够识别并将甘露糖-6-磷酸加到许多溶酶体蛋白上，这些蛋白质进而能被高尔基体中的分选受体所识别。这一途径并不存在于植物中。另外，一些植物水解性液泡完全避开高尔基体直接起始于内质网，这是一种动物细胞中缺失的途径。

从高尔基体到液泡的囊泡运输是间接的。如上所述，细胞中存在多个液泡区室，并不是所有都能作为高尔基体囊泡的目标。这些接受来源于高尔基体囊泡的液泡需要经历一个中间的液泡前体（prevacuolar compartment，PVC）阶段。PVC作为分选细胞器也在质膜的内吞中发挥作用。在一些情况下，PVC，包括**多泡体（multivesicular body，MVB）**也作为后液泡区室（postvacuolar compartment）作用于液泡及其膜的降解（Otegui et al.，2006）。

1.5　来源于内膜系统的独立分裂的细胞器

对于一些细胞器来说，尽管它们来源于内膜系统，但是能够独立地生长和增殖。其中包括油体、过氧化物酶体和乙醛酸循环体。

 1.5.1　油体是脂类储存的细胞器

很多植物在种子发育时期需要合成和储藏大量的油类物质。这些负责油类物质积累的细胞器称为油体（oil body）。在所有细胞器中，油体是唯一一个来源于ER的磷脂“单层膜”细胞器。位于单层膜中的磷脂极性头朝向液态的胞质，而对着内腔的脂肪酸尾则溶解于储藏在其中的油类物质中。

油体最初的形成是作为ER中一个分化的区域。其中的储存物质**甘油三酯（triglyceride）**（3个脂肪酸共价地连接在一个丙三醇骨架上）的特性显示了这个细胞器拥有一个疏水的内腔。一个合乎逻辑的推论是，甘油三酯似乎最初是被储存于ER双层膜之间的疏水区域（图1.14）。甘油三酯并不含有像膜磷脂那样富有极性的头部基团，因此它们并不直接暴露在亲水的细胞质中。尽管出芽产生油体这一过程的机制并不清楚，但是，已经明确的是，当从ER分离出来时油体被一个含有**油体蛋白（oleosin）**的磷脂单层膜包裹着。油体蛋白合成于胞质的多核糖体，并在翻译后被插入油体的磷脂单层膜

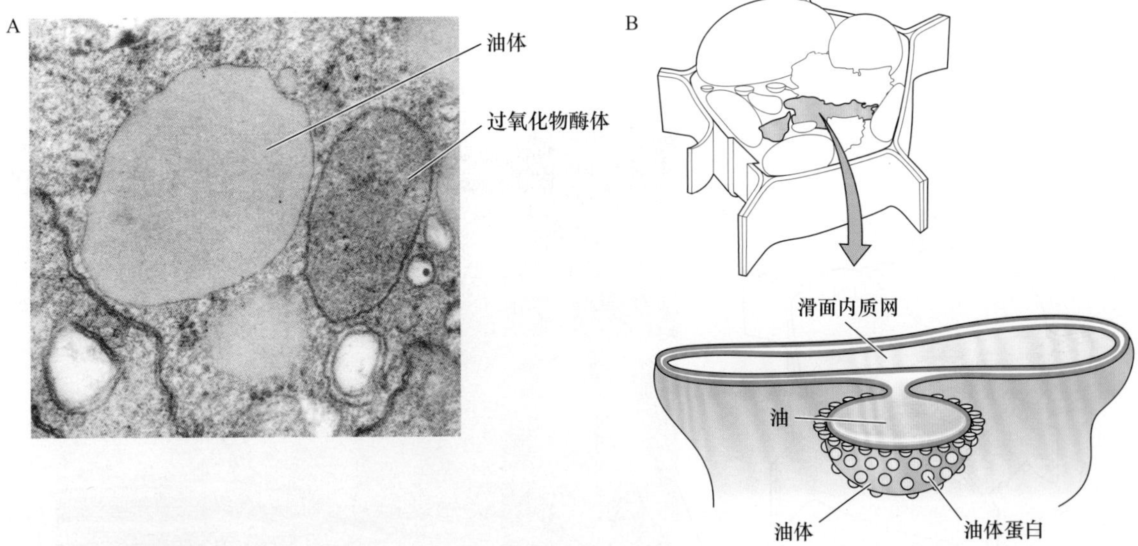

图1.14　A. 过氧化物酶体旁一个油体的电镜照片。B. 模式图表明在ER的磷脂双分子层中合成和堆积的油类形成油体的过程。从ER脱离后，油体由含有油体蛋白的磷脂单分子层包围（A改编自Huang，1987；B引自Buchanan et al.，2000）。

中。这类蛋白质含有一个类发夹结构的中央疏水区域，这个区域能被插入富含油类物质的油体内腔，而两个亲水的末端则留在油体外部（Alexander et al.，2002）。当种子萌发时，油体开始分解并与那些富含脂类氧化酶的细胞器，如乙醛酸循环体有着紧密的联系。

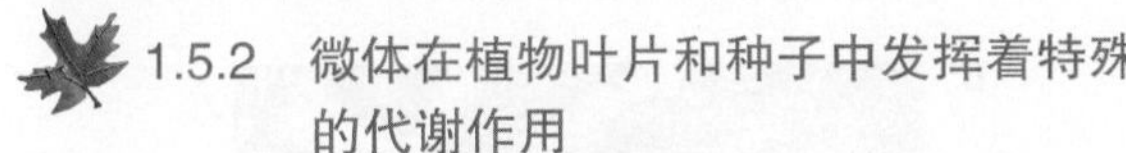

1.5.2　微体在植物叶片和种子中发挥着特殊的代谢作用

微体（microbody）是一类由单层膜包裹的球型细胞器，它具有一种特定的代谢功能。**过氧化物酶体（peroxisome）**和**乙醛酸循环体（glyoxysome）**是特异地负责脂肪酸的**β-氧化（β-oxidation）**及**乙醛酸（glyoxylate）**代谢的微体（见第11章）。微体不含DNA，并且与其他的细胞器紧密地联系，共享一些中间代谢产物。乙醛酸循环体与线粒体和油体相关，而过氧化物酶体则与线粒体和叶绿体相关。

最初，人们认为过氧化物酶体和乙醛酸循环体都是直接产生于ER的独立型细胞器。但是，利用细胞器的特异抗体进行检测，证明至少转绿的子叶中过氧化物酶体是由乙醛酸循环体直接发育而来。例如，在黄瓜幼苗中，还未变成绿色的子叶细胞最初含有乙醛酸循环体，过氧化物酶体则是在转绿之后才出现。在转绿过程中，微体可以对两者的标记物都作出反应，说明乙醛酸循环体正在向过氧化物酶体转化（Titus and Becker，1985）。

在过氧化物酶体中，光呼吸作用的一个二碳氧化产物——羟乙酸盐会被继续氧化形成酸性乙醛酸。这种转变伴随着过氧化氢的形成，它的形成会氧化和破坏其他化合物。但是，过氧化物酶体中含量最多的蛋白质却是过氧化氢酶（catalase），这种酶能将过氧化氢分解成水。它在过氧化物酶体中的大量存在并形成以晶体结构排列的蛋白晶体（图1.15）。

乙醛酸循环体能够转变为过氧化物酶体这一现象虽然能够解释后者在子叶的发育中出现这一现象，但却并不能说明其究竟在其他的组织中是如何产生的。如果它们是在细胞分裂过程中得以遗传下来的，那么过氧化物酶体则独立于其他的细胞器，利用类似于参与线粒体分裂的那些蛋白质来进行生长和分裂（Zhang and Hu，2008）。大部分的蛋白质在胞质转录后进入过氧化物酶体都需要特异的靶序列，这个靶序列是由位于蛋白质羧基端的丝氨酸-赖氨酸-丝氨酸排列组成（参见Web Topic 1.8）。

1.6　能独立分裂的半自主型细胞器

一个典型的植物细胞具有两种类型的产能细胞器，即叶绿体和线粒体。它们都由双层膜（内膜和外膜）与胞质隔离，并含有自己的DNA和核糖体。

线粒体（mitochondria，单数mitochondrion）是细胞内呼吸作用的场所。呼吸就是用糖代谢中释放的能量将ADP（腺苷二磷酸）和无机磷酸（P_i）合成ATP（腺苷三磷酸）的过程（见第11章）。

线粒体是一种不断进行分裂和融合的高度动态结构。线粒体融合能产生长的管状结构，它能分支并形成线粒体网络。若不考虑形状，所有的线粒体都具有一个光滑的外膜和一个高度折叠的内膜（图1.16）。内膜上

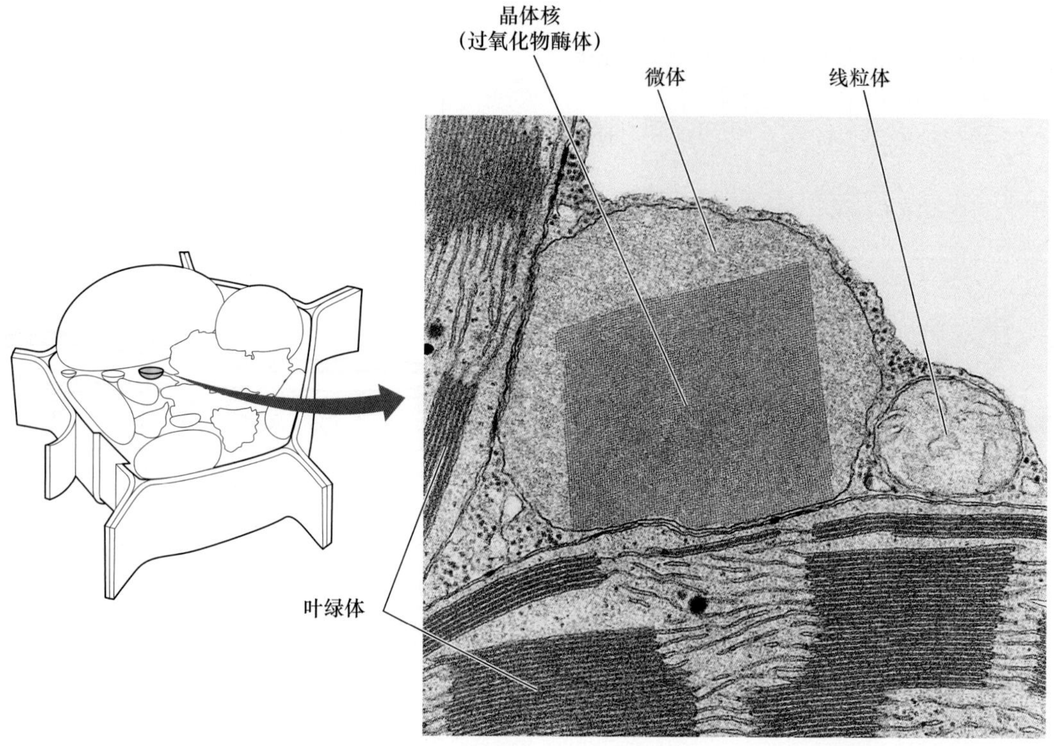

图1.15　成熟叶片中一个过氧化物酶体中的过氧化氢酶晶体。图中过氧化物酶体与两个叶绿体和一个线粒体紧密相连，这些细胞器与过氧化物酶体拥有共同的代谢物。

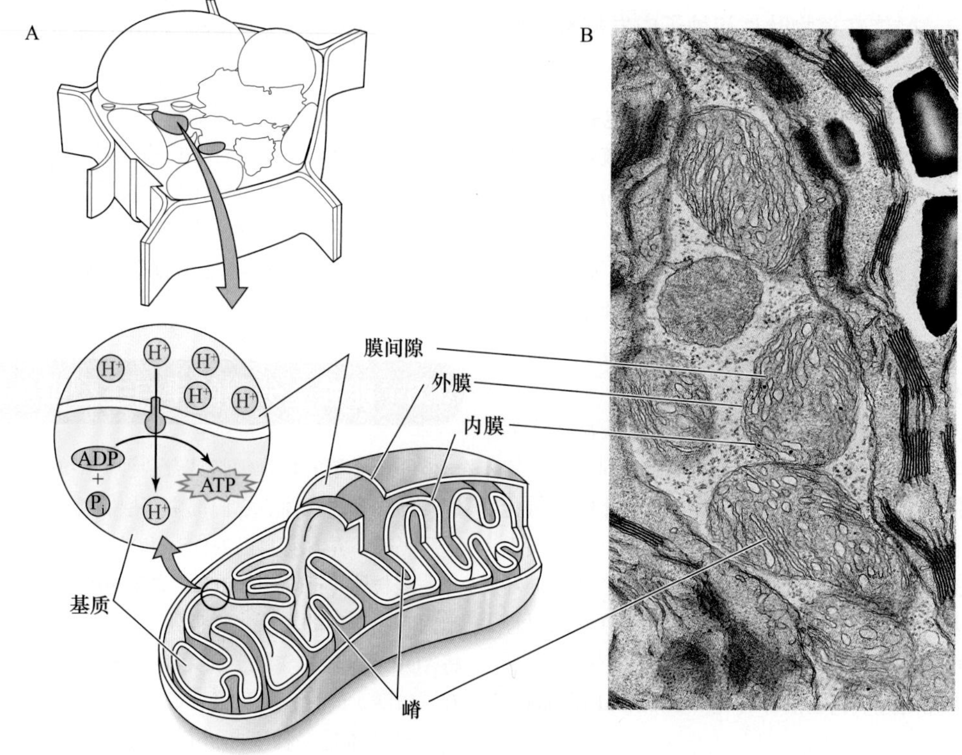

图1.16　A. 线粒体的示意图，有内膜上参与ATP合成的H^+-ATP酶的位置。B. 一种百慕大草（*Cynodondactylon*）的叶细胞中的线粒体电镜图（26 000×）（显微图片引自S. E. Frederick，由E. H. Newcomb惠赠）。

含有**ATP合酶（ATP synthase）**质子泵，能够利用质子梯度为细胞合成ATP。**质子梯度（proton gradient）**的形成是通过包埋于内膜或位于内膜外周的被称为**电子传递链（electron transport chain）**的电子运输载体的协同作用而完成的。

内膜的向内褶皱称为**嵴（cristae，单数crista）**。被内膜包围的区室，称为**线粒体基质（matrix）**，包含了称为Krebs循环的中间代谢途径所需的酶。

叶绿体（chloroplast）（图1.17A）属于另一种称为**质体（plastid）**的双膜包被的细胞器。叶绿体膜富含糖基甘油酯（参见Web Topic 1.5）。叶绿体膜含有叶绿素及其相关蛋白质，是光合作用的场所。除了内膜和外膜，叶绿体具有称为**类囊体（thylakoid）**的第三种膜系统。一堆类囊体构成一个**基粒（granum，复数grana）**（图1.17B）。光合作用中起光化学反应作用的蛋白质和色素（叶绿素和类胡萝卜素）嵌在类囊体膜中。环绕类囊体的液态部分，称为**基质（stroma）**，它和线粒体的基质很相似。相邻的基粒通过被称为**基质片层（stoma lamellae，单数lamella）**的非堆积膜连接起来。

光合作用所需的不同成分位于基粒和基质片层

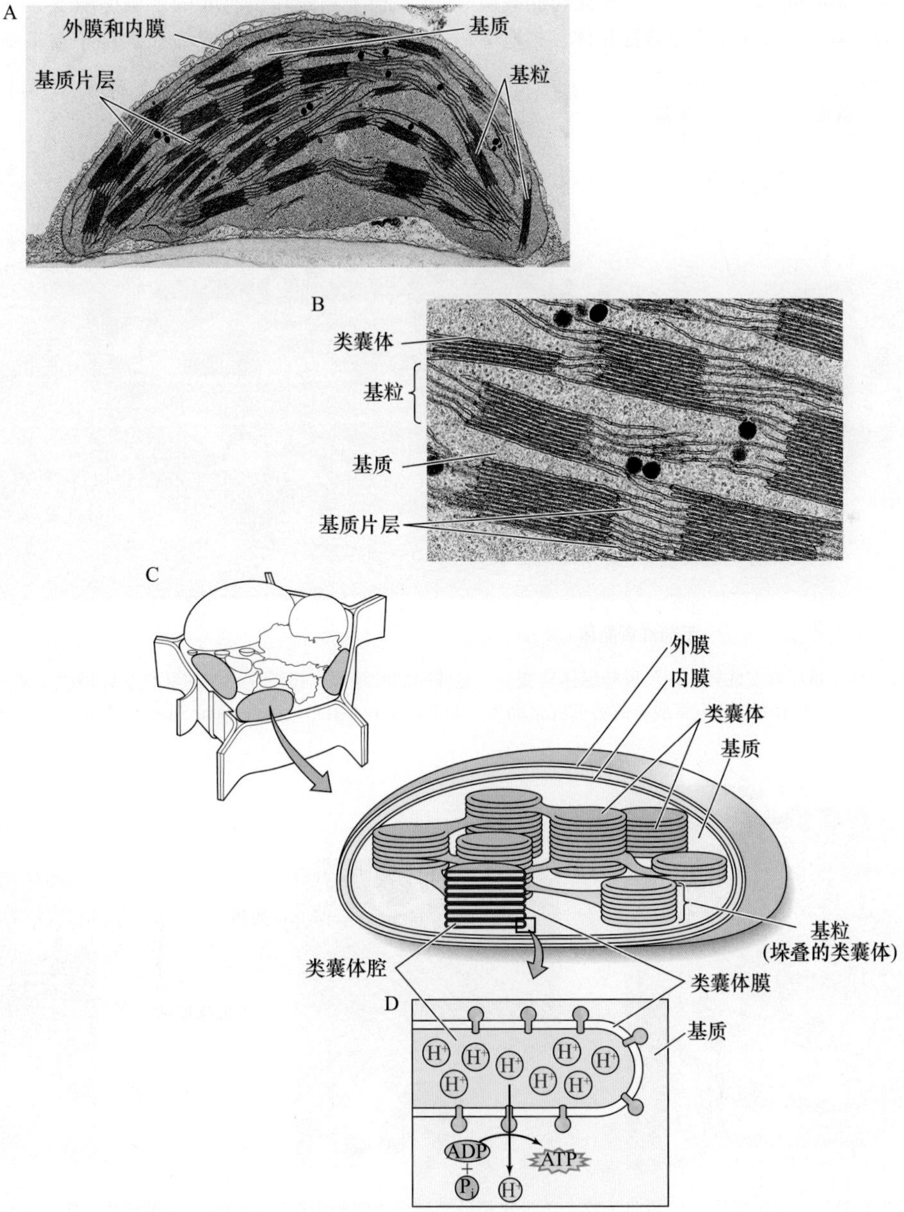

图1.17　A. 梯牧草（*Phleum pretense*）叶子中叶绿体的电镜照片（180 000×）。B. 同一个叶绿体的更高倍数电镜照片（520 000×）。C. 一个基粒垛堆和基质片层的三维视图，表明该组织的复杂性。D. 叶绿体的模式图，表明H^+-ATP酶在类囊体膜上的位置（显微图片引自W. P. Wergin，由E. H. Newcomb惠赠）。

的不同区域。叶绿体的ATP合酶位于类囊体膜上（图1.17C）。在光合作用中，光驱动的电子传递反应建立了一个跨类囊体膜的质子梯度（图1.17D）。和线粒体中一样，ATP合酶在消除质子梯度的同时合成ATP。但是，叶绿体并不将自身合成的ATP运输到胞质中，而是利用其来进行许多基质的反应，包括固定大气中二氧化碳的碳元素（见第8章）。

包含高浓度类胡萝卜素而非叶绿素的质体称为**有色体（chromoplast）**。它们是很多水果、花及秋叶呈黄色、橙色或红色的原因之一（图1.18）。

非色素质体称为**白色体（leucoplast）**。最重要的白色体是**淀粉体（amyloplast）**，它是一种淀粉储藏质体。茎秆和根的储藏组织及种子中富含淀粉体。根冠中特化的淀粉体也可作为重力感受器，指导根在土壤中的向地性生长（见第19章）。

1.6.1 原质体在不同的植物组织能转化为特定的质体

分生组织细胞含有**原质体（proplastid）**，它们很少或完全没有内膜，没有叶绿素，并且光合作用所需的酶也不完全（图1.19A）。在被子植物和一些裸子植物中，光诱导原质体转变为叶绿体。在光照下，酶在原质体中合成，或者从胞质中运入，产生光吸收色素，膜快速产生，从而形成基质片层和基粒垛堆（图1.19B）。

种子一般在没有光的土壤中萌发，而叶绿体只在幼芽受光照的时候形成。如果种子在暗中萌发，原质

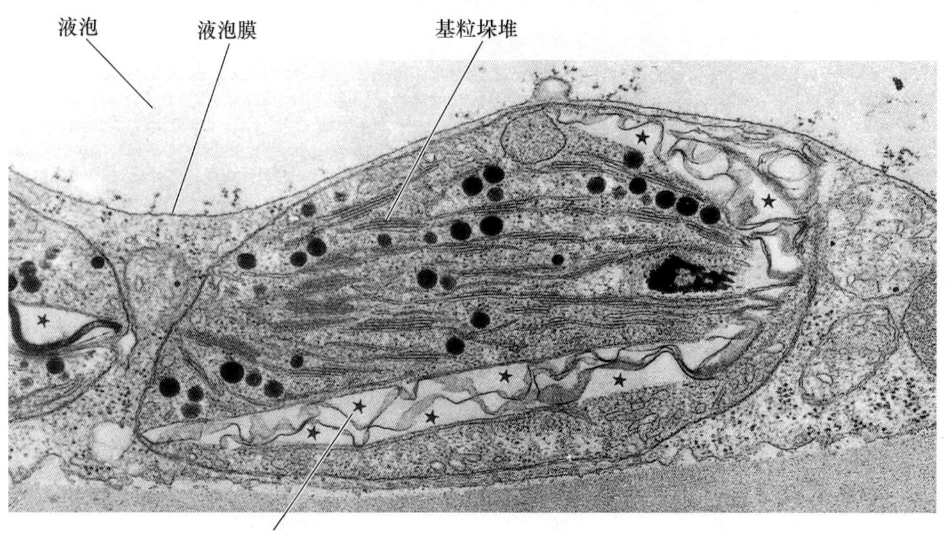

图1.18 番茄果实成熟早期阶段叶绿体转变为有色体时的叶绿体电镜图片。小的垛叠基粒仍然可见，星号表示类胡萝卜素成分的番茄红素晶体（27 000×）（引自Gunning and Steer，1996）。

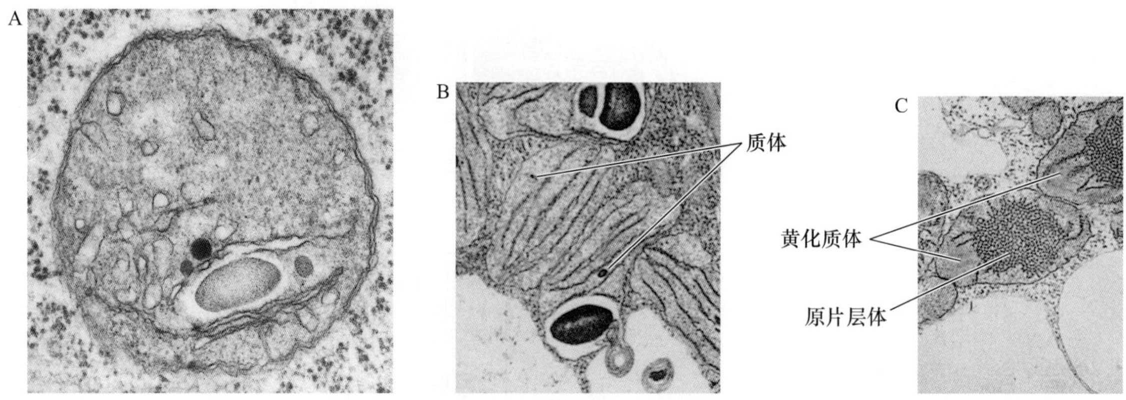

图1.19 质体发育阶段的电镜照片。A. 蚕豆（*Vicia faba*）根的顶端分生组织中原质体的高倍电镜照片。内膜系统为主，基粒还未形成（47 000×）。B. 光下生长的燕麦（*Avena sativa*）幼叶分化初期的叶肉细胞。质体发育成基粒垛堆。C. 黑暗中生长的燕麦苗幼叶中的细胞。质体发育为黄化质体，以及称为原片层体的复杂半晶体结构的膜管。光照下，黄化质体通过原片层体的解体和基粒的形成，转变为叶绿体（7200×）（引自Gunning and Steer，1996）。

体分化为**黄化质体（etioplast）**，黄化质体含有膜的半晶体管状序列，称为**原片层体（prolamellar body）**（图1.19C）。黄化质体不含叶绿素，而是含有淡黄绿色的前体色素，称为原叶绿素。

光照几分钟内，黄化质体分化，原片层体转为类囊体和基质片层，原叶绿体素变为叶绿素（关于叶绿素合成的讨论参见Web Topic 7. 11）。要维持叶绿体的结构需要光的存在，并且成熟的叶绿体在长期黑暗下可以变为黄化质体。同样的，在不同的环境条件下，正如在秋叶和成熟的果实中，叶绿体能转变为有色体（图1.18）。

1.6.2 叶绿体和线粒体的分裂不依赖于核分裂

如前所述，质体和线粒体的分裂源于裂殖的过程，这点也符合它们的原核起源。细胞器DNA复制和分裂的调控独立于核的分裂而进行。例如，每个细胞内的叶绿体的数量依赖于细胞发育的过程和它所处的环境。因此，叶片内侧的叶肉细胞含有比外侧更多的叶绿体。

尽管叶绿体和线粒体的分裂并不受细胞分裂的时间所决定，但它们的分裂过程仍需要细胞核编码的蛋白质的参与。细菌和半自主型细胞器中，在膜内部即将产生分裂板的位置，蛋白质形成环状促进分裂过程的进行。在植物细胞中，这些促进分裂的蛋白质是由核基因编码。线粒体和叶绿体也可选择增大体积而不进行分裂的策略来满足能量和光合作用的需要。例如，如果参与线粒体分裂的蛋白质失活，那么这些少数现有的线粒体的尺寸会增大以应对能量的需求。

线粒体和叶绿体的内外层膜都会出现突出的现象。在叶绿体中，这些突出称为**小管（stromule）**，它们富含基质，不是类囊体（参见Web Essay 7.1）。在线粒体中，它们称为**matrixule**。matrixule和stromule可能会帮助质体间进行物质交流。

质体和叶绿体都能在植物细胞中环绕运动。在一些植物细胞中，一部分叶绿体锚定在外侧的细胞周质中，而另一部分则是可移动的。与高尔基体和过氧化物酶体的运动相类似的是，植物肌球蛋白也会为线粒体提供动力使其沿着微丝骨架运动。微丝处于细胞骨架网络之中，将会在章节1.7中进行讨论。

1.7 细胞骨架

细胞骨架（cytoskeleton）的丝状蛋白网络保持了细胞质的结构。这个网络保证了细胞器的空间分布，并为细胞器和其他细胞骨架成分的运动起到脚手架的作用。它也在有丝分裂、减数分裂、胞质分裂、细胞壁积累、细胞形状的维持和细胞分化中起重要作用。

1.7.1 植物细胞骨架包含微管和微丝

植物中的细胞骨架有两种主要类型：微管和微丝。每种类型都是丝状的，它们的直径固定但长度可变，可以达到许多微米。微管和微丝是由球状蛋白组成的大分子复合体。

微管（microtubule）是中空的圆柱体，外径25 nm。它们是**微管蛋白（tubulin）**的多聚体。组成微管的单体是由两个相似的多肽链[**α-微管蛋白和β-微管蛋白（α-tubulin and β-tubulin）**]组成的异源二聚体（图1.20A）。单个微管中成百上千个微管蛋白单体排列成柱状体，称为**原丝（protofilament）**。

微丝（microfilament）是实心的，直径约7 nm。由肌肉中发现的一种特殊形式的蛋白质——球状肌动蛋白或**G-肌动蛋白（G-actin）**组成。由G-肌动蛋白单体多聚化而形成肌动蛋白亚基单链也称为原丝。以多聚化原丝形态存在的肌动蛋白称为丝状肌动蛋白（F-actin）。每个微丝由两条肌动蛋白原丝互相缠绕而成（图1.20B）。

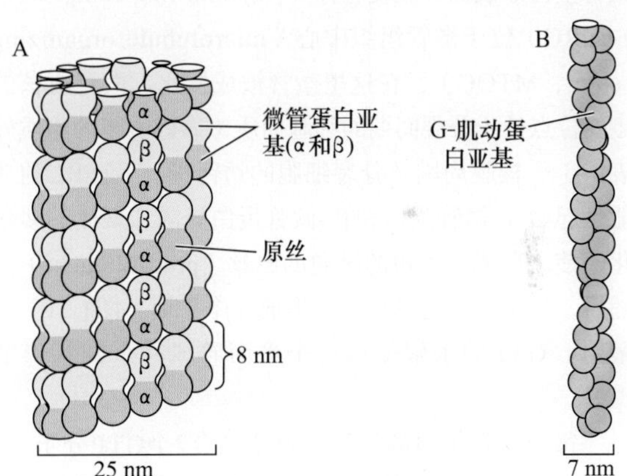

图1.20 A. 微管的纵向模式图。每个微管由13个原丝组成。α亚基和β亚基的结构如图所示。B. 微丝的模式图，表明G-肌动蛋白亚基的两条链。

1.7.2 微管和微丝能组装和解体

在细胞中，肌动蛋白和微管蛋白亚基作为自由蛋白存在，自由态的蛋白质亚基和多聚态的蛋白质保持动态平衡。每个单体结合一个核苷酸。肌动蛋白结合ATP，微管蛋白结合GTP（鸟苷三磷酸）。微管和微丝都有极性，也就是说，它们的两端是不同的。在微丝中，极性源于肌动蛋白本身的极性。在微管中则是源于α-微管蛋白和β-微管蛋白二聚体的极性。两端的生长速度不同表明了极性的存在。较活跃的一端称为正极（plus），而另一端称为负极（minus）。在微管中，

α-微管蛋白位于负极，β-微管蛋白位于正极。

微丝和微管有半衰期，一般以分钟记。它的长短是由微丝中一种称为肌动蛋白结合蛋白（actin-binding protein，ABP）的辅助蛋白决定的，而在微管中，则是由微管结合蛋白（microtubule-associated protein，MAP）决定的。一些ABP和MAP分别使微丝和微管更加稳定，并防止它们解聚。

肌动蛋白多聚化的进行不需要其他的辅助蛋白，直接将G-肌动蛋白添加到微丝的生长端（正极）。多聚化的肌动蛋白亚基之间是非共价连接的，而且它们的组装并不需要能量。但是，当单体并入原微丝后，其所结合的ATP水解成为ADP，这一过程所释放的能量储存在微丝中，使得它更易于解聚。肌动蛋白的各种结合蛋白在微丝生长调节中的功能将会在Web Topic 1.12中进行讨论。

微管的组装与微丝相似，包括成核期、延长期和稳定期。但是，体内的微管成核并不是通过其组成亚基的寡聚化，而是由一种含量较少的微管蛋白——γ-微管蛋白（γ-tubulin）形成的小的环状复合体所介导的。γ-微管蛋白形成的环状复合体（γ-tubulin ring complexe，γ-TuRC）位于微管组织中心（microtubule organizing center，MTOC），在这里微管被成核化。微管成核的主要位点处于分裂间期的细胞周质（靠近质膜的胞质外表层）、核膜周围及分裂细胞的纺锤极。γ-TuRC的功能是起始α-微管蛋白和β-微管蛋白异源二聚体的多聚化，使之形成一个短的纵向的原丝（protofilament）。随后，数个原丝边缘相连，形成一个平面（图1.21）。最终，GTP的水解使得这个平面卷成一个圆柱形的微管。

每个微管蛋白的异源二聚体结合2个GTP分子，1个与α-微管蛋白单体结合，另1个与β-微管蛋白单体结合。α-微管蛋白单体上的GTP与之紧紧相连，并且不能水解，而β-微管蛋白单体上的GTP可以轻易地与介质交换，并在亚基组装成微管后慢慢水解为GDP。β-微管蛋白单体上的GTP水解成GDP可以引起二聚体轻微的弯曲，并且若是没有被新加上的带有GTP的微管蛋白盖住，原微丝就会解体，导致“灾变性”的解聚。这种解聚的速度比聚合快得多（图1.21）。这种灾变性解聚可以被由于解聚所形成的局部微管蛋白浓度增加而得到解救，微管蛋白单体的增加及GTP的协助有利于聚合（图1.21）。因此，微管的不稳定性是动态的（dynamically unstable）。而且，灾变解聚的频率和程度可以作为动态不稳定性特征，它们被特异的微管结合蛋白所控制，这些MAP可以加强或减弱微管壁中微管蛋白异源二聚体之间的连接。

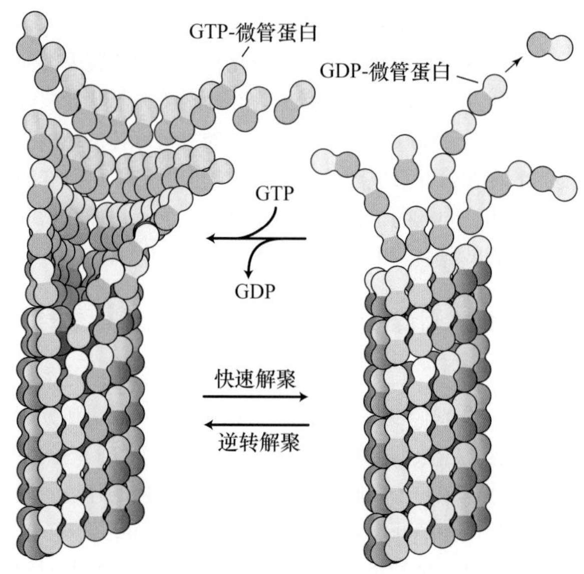

图1.21 微管聚合和解聚之间动态平衡模式图。对于并入微管以后的微管蛋白，其β亚基所结合的GTP的水解会改变该亚基自身的方向，导致单根原微丝的分离或向外卷曲，最终造成灾变性的解聚。这种解聚使得局部的微管蛋白浓度升高。GTP到GDP的转换能在微管的正极端产生片状-GTP帽来促进微管蛋白的聚合反应，以逆转微管的解聚。随着这些片状物的生长它们能够发生弯曲融合形成管状。

 1.7.3 周质微管能沿着细胞进行踏车运动

一旦被多聚化，微管不再需要锚定在微管组织中心的γ-微管蛋白上。在非分裂细胞中（间期），细胞周质中的微管可以通过称为踏车现象（treadmilling）的过程沿着细胞周缘进行侧向迁移。在踏车运动中，微管蛋白异源二聚体能被添加到微管的正极，并以同样的速度从负极解聚掉。因此，看上去微管似乎是在胞质中“移动”，尽管实质上并未运动。

新合成的微管一般来说会以细胞轴的横切方向沿着细胞周质作踏车运动（Paradez et al.，2006）。周质微管的横切方向决定了细胞壁中新合成的微纤丝的方向（将在第15章中讨论）。而横向排列微纤丝的存在强化了细胞壁的横向的强度，因而促进了细胞壁沿着细胞的纵向生长。微管就是以这种方式在植物的极性调节方面发挥着重要的作用。

1.7.4 细胞骨架马达蛋白介导着胞质环流和细胞器运动

一般来说，胞质中细胞器的运动是分子马达作用的结果，决定它能否沿着细胞骨架“行走”。细胞骨架

马达蛋白具有类似的结构。在它们的二聚化形式中，包含两个较大的球形“头部”，这两个头部其实是充当着马达蛋白的“足部”。而和其“头部”相连的“颈部”区域则更像马达蛋白的“腿”。马达蛋白的“尾部”长短各异，将其“头部”与装载“货物”的区域相连，像两只手一样抓着细胞器（图1.22）。马达蛋白的每一个“头部”都有ATP酶活性，ATP水解所释放的能量推动头部沿着细胞骨架单向前行。

不同的马达蛋白沿着细胞骨架的不同方向运动。**肌球蛋白（myosin）**沿着微丝向微丝的正极运动。植物肌球蛋白有肌球蛋白Ⅷ和肌球蛋白Ⅺ两个家族，每个家族都含有多个成员。沿着微管运动的马达蛋白家族称为**驱动蛋白（kinesin）**。该蛋白家族有61个成员，其中2/3朝着微管的正极移动，剩下的1/3朝负极运动。尽管驱动蛋白在细胞器沿着微管运动的过程中发挥功能，但同时它的装载结构域也结合染色质和其他微管，在有丝分裂过程中帮助组建纺锤体（参见Web Topic 1.13）。**动力蛋白（dynein）**是在动物和原生生物中存在的一种主要朝向微管负极运动的马达蛋白，但在植物中并不存在动力蛋白。

胞质环流（cytoplasmic streaming）是指细胞内物质和细胞器进行协调有序的运动。在绿藻***Chara***和***Nitella***的巨大细胞中，胞质环流以螺旋的方式从细胞的一边运动到另一边，其流动速度可以达75 μm/s。胞质环流以不同的方式和速度发生在大多数植物细胞中，但有时它也能够改变自身的运动方式或作简短暂停以应对环境的改变（Hardham et al.，2008）。

传统意义上的“胞质环流”这一术语主要是描述那些能在低放大倍数下可见的胞质和细胞器的大规模流动。这种流动是由运动的细胞器对于胞质的黏性拖拽引起的。最近，胞质环流这一名词也用来描述与邻近细胞器作反向运动的细胞器运动。细胞器的单独运动并不是由胞质环流引起的。

胞质环流这一过程涉及大量的沿着物质运动方向排列的肌动蛋白微丝。运动所需的动力可能通过肌球蛋白和微丝的相互作用产生，这和动物肌肉收缩时滑动蛋白的互作机制相似（Shimmen and Yokota，2004）。流动过程中，肌球蛋白分别独立地驱动过氧化物酶体、线粒体、高尔基体及核膜和核周围的内质网，并将这些细胞器运输到细胞特定的区域（图1.22）。

不同的发育时期对胞质环流的调控可以一个例子来说明，在根表皮细胞形成根毛时，胞质环流促使细胞核向细胞顶端的生长方向迁移。相反，叶片中叶绿体通过易位的方式来增大或者减小其暴露于光下的程度则代表着环境对于胞质环流的调控（DeBlasio et al.，2005；见第9章）。

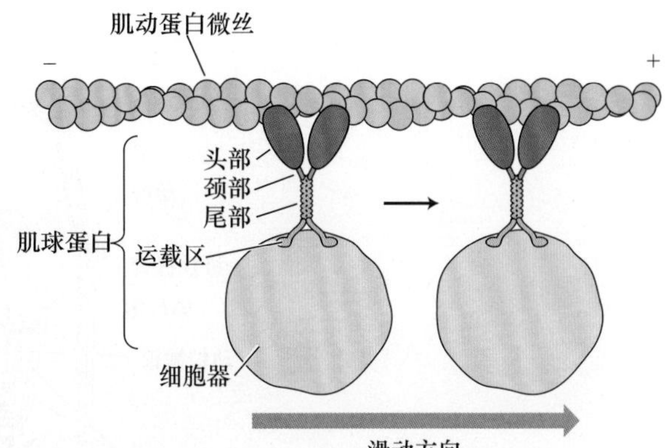

图1.22　肌球蛋白驱动的细胞器运动。在植物细胞中，大部分的细胞器运动依赖于肌球蛋白。肌球蛋白向肌动蛋白微丝的正极端运动。肌球蛋白是一个同源二聚体，分别有两个头部和两个尾部。红色所示的两个头部具有ATP酶和马达蛋白的活性，如可以改变与头部相邻的颈部的构象来产生所谓的“行走”——沿着微丝不断地移动。而尾部则通过运载区域与细胞器相连，但是并不清楚这些区域是否能与细胞器膜发生直接的相互作用。

1.8　细胞周期调控

细胞的分裂循环，或者细胞周期，是细胞复制自身和它的遗传物质核DNA的过程。细胞周期的4个阶段分别命名为G_1期、S期、G_2期和M期（图1.23）。新合成还未进行DNA复制的子细胞所处的时期称为**G_1期（G_1 phase）**。**S期（S phase）**主要进行DNA复制。DNA复制完毕但未进行有丝分裂的时期称为**G_2期（G_2 phase）**。总的来说，G_1期、S期和G_2期都称为**分裂间期（interphase）**，而M期为**有丝分裂期（mitosis）**。在含液泡的细胞中，液泡的增大贯穿整个分裂间期，而在分裂期时被细胞板一分为二。

1.8.1　细胞周期的每个阶段都有其特定的生化和细胞活动

在G_1期，沿着染色质的复制原点上的预复制复合体进行组装，准备核DNA的复制。DNA在S期复制完成，在G_2期准备有丝分裂。

在细胞进入有丝分裂时，细胞的整体结构发生变化。如果细胞中有一个中央大液泡，液泡必先被胞质中的穿液泡膜管一分为二。这个区域将会成为核分裂的发生区域（图1.23）。高尔基体和其他的细胞器也平均地一分为二。如前所述，内膜系统和细胞骨架也发生广泛重组。当细胞进入有丝分裂时期，染色体从位于细胞核内的分裂间期状态开始压缩形成中期的染色体（图1.24）。而后者通过一种称为黏结蛋白（cohesin）的特

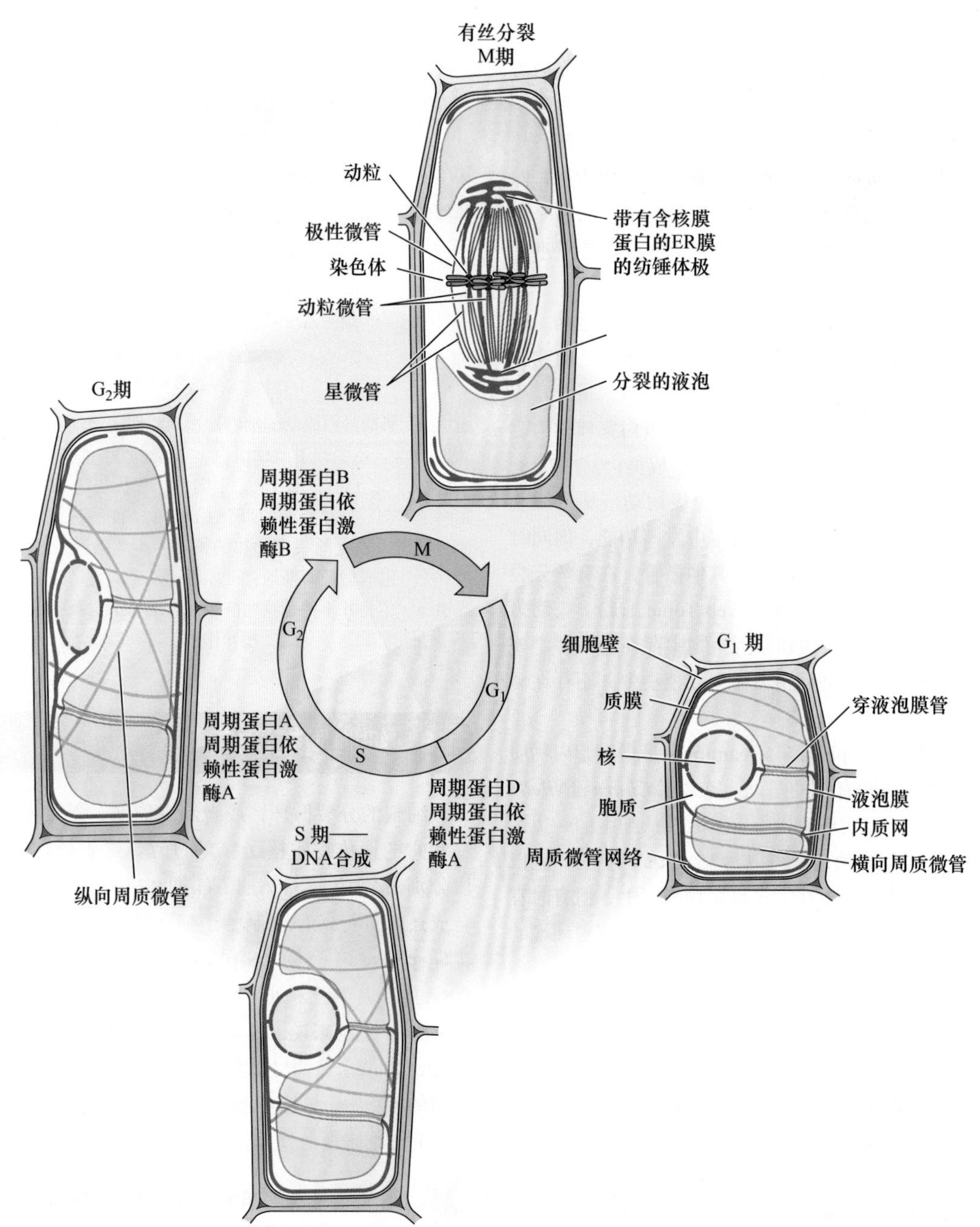

图1.23　有液泡细胞的细胞周期。与液泡型细胞的伸长和分裂有关的细胞周期分为 4 个时期：G_1期、S期、G_2期和M期。多种多样的细胞周期蛋白（Cyc）和周期蛋白依赖性蛋白激酶（Cdk）调控着时期之间的转换。Cyc D和Cdk A参与到G_1期到S期的转变。Cyc A和Cdk A参与到S期到G_2期的转变。Cyc B和Cdk B则调控G_2期到M期的转变。这些激酶磷酸化细胞中的其他蛋白质，导致细胞骨架和膜系统的重组。但是，Cyc /Cdk复合体的寿命有限，常被自身的磷酸化状态所调控；复合体含量的降低常常意味着其所调控时期的结束和下一时期的来临。

殊蛋白质而相互连接在一起。这些黏结蛋白位于每对染色体的着丝粒区域。当动粒连接在纺锤体微管上时（在下一部分中描述），为了染色体的最终分离，黏结蛋白会被已经激活的分离酶（separase）剪切。

在G_1早期的一个关键调控点（或**检验点，checkpoint**），细胞准备开始DNA的合成。在哺乳动物细胞中，DNA复制和有丝分裂是相互关联的——细胞分裂一旦开始，将不会中断，直到有丝分裂所有的时期都完成。相反地，植物细胞能在DNA复制前或后停止细胞分裂（如在G_1期或G_2期）。因此，大多数动物细胞是二倍体（有两套染色体）。而植物细胞经常是四倍体（有4套染色体）甚至是多倍体（有多套染色体），因为植物细胞可以经历核DNA的额外复制而不进行有丝分裂。这一过程称为**内复制（endoreduplication）**。

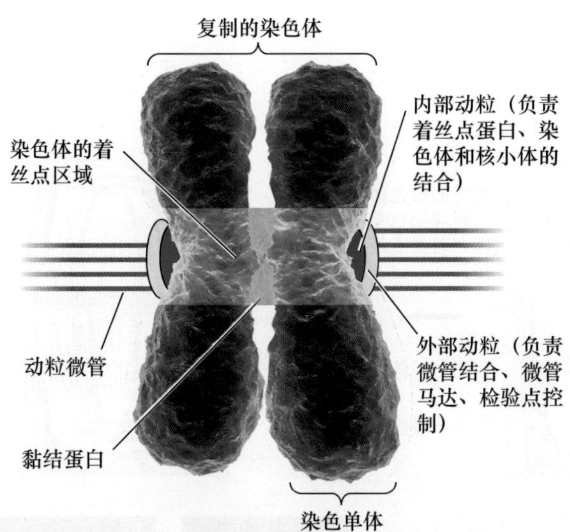

图1.24　分裂中期染色体结构。图中突出显示的为着丝点DNA，两条染色体被黏结分子连在一起的区域用橙色显示。具有层状结构的动粒（内层紫色，外层黄色）含有微管结合蛋白，包括能够在细胞分裂后期动粒微管缩短时帮助微管解聚的驱动蛋白（染色体结构模型来自Sebastian Kaulitzki/Shutterstock）。

1.8.2　细胞周期蛋白依赖性蛋白激酶调控细胞循环

调控细胞循环的生化反应在真核生物中是高度保守的，而植物保留了这个机制的基本程序（Renaudin et al.，1996）。有3个检验点控制细胞循环的进行，分别为：G_1期晚期、S期晚期及G_2期/M期的过渡期。

控制细胞循环不同阶段间转化和非分裂细胞进入细胞循环的关键酶，是细胞周期蛋白**依赖性蛋白激酶（cyclin-dependent protein kinase，Cdk）**。蛋白激酶是利用ATP将蛋白质磷酸化的酶。大多数多细胞真核生物在细胞循环的不同周期使用很多具有活性的蛋白激酶。它们的活性都依赖于称为周期蛋白（cyclin）的调控性亚基。目前，已经从植物、动物和酵母中鉴定出了几种周期蛋白。其中，在烟草细胞的周期调控中有3种周期蛋白（周期蛋白A、周期蛋白B和周期蛋白D）的参与（图1.23）。

（1）G_1/S周期蛋白。周期蛋白D，在G_1期晚期活跃。

（2）S周期蛋白。周期蛋白A，在S期晚期活跃。

（3）M周期蛋白。周期蛋白B，在有丝分裂前期活跃。

G_1期晚期的重要限制点主要由D类型的周期蛋白调控，这个限制点能使细胞进行另一轮分裂。将在后面的章节看到，促进细胞分裂的植物激素，包括细胞分裂素（见第21章）和油菜素甾醇（见第24章），至少部分通过一个植物D类周期蛋白——Cyc D3的增加起作用。

虽然可以通过很多种方式调控Cdk的活性，但是其中两种最重要的机制为：①周期蛋白的合成和降解；②Cdk上关键氨基酸残基的磷酸化和脱磷酸化。在第一种调控机制中，如果周期蛋白不与Cdk结合，则Cdk是没有活性的，而大部分周期蛋白可以快速降解。它们被合成，然后在细胞周期的特定时刻被主动降解（这一过程依赖ATP）。周期蛋白在胞质中被一种称为**26S蛋白酶体（26S proteasome）**的大型蛋白质水解复合体所降解（见第2章）。在被蛋白酶体降解之前，周期蛋白通过一种小的蛋白质——泛素（ubiquitin）的标记而降解，这个过程需要ATP。泛素化是一种标记细胞内降解蛋白质的普遍机制（见第2章）。

调控Cdk活性的第二种机制是Cdk的磷酸化和脱磷酸化。Cdk有两个酪氨酸磷酸化位点：一个使Cdk激活，另一个使其失活。特定的激酶能同时激发和抑制磷酸化。同样的，蛋白磷酸酶可以使Cdk脱磷酸化，根据脱磷酸的位置不同，可以起到促进或抑制Cdk活性的作用。在Cdk上增加或移除磷酸基团的过程受到高度调控，这也是细胞循环过程中的一个重要机制。Cdk抑制剂（ICK）也能进一步调控这一过程，ICK能够影响G_1期/S期的转变。

1.8.3　有丝分裂和胞质分裂都需要微管和内膜系统的参与

有丝分裂是指复制过的染色体经过排列到细胞板、分离、再分配到两个子细胞的过程（图1.25）。微管是有丝分裂的组成部分。早于分裂前期的时期称为**早前期（preprophase）**。在早前期时，G_2期的微管已经完全重组到将要形成细胞板的位置——环绕着细胞核的**微管早前期带（preprophase band）**中（图1.25）。早前期带的位置和潜在的周质分裂位点（cortical division site）（Müller et al.，2009），以及分割中央液泡的胞质分裂决定了植物细胞的分裂位置，并因此在发育过程中起着重要的作用（见第16章）。

细胞分裂前期伊始，在核膜表面多聚化的微管开始以细胞核为中心聚集在其两边，起始**纺锤体形成（spindle formation）**。尽管与动物中的中心体无关，但是这些微管聚集点在微管组装过程中起着与动物中心体相同的功能。细胞分裂**前期（prophase）**的核膜依旧是完整的，但进入**中期（metaphase）**开始瓦解。在这一过程中，核膜进行重组和被吸收进入ER（图1.25）。在细胞分裂的整个过程中，细胞分裂激酶与微管结合通过磷酸化驱动蛋白和MAP来帮助纺锤体重组。

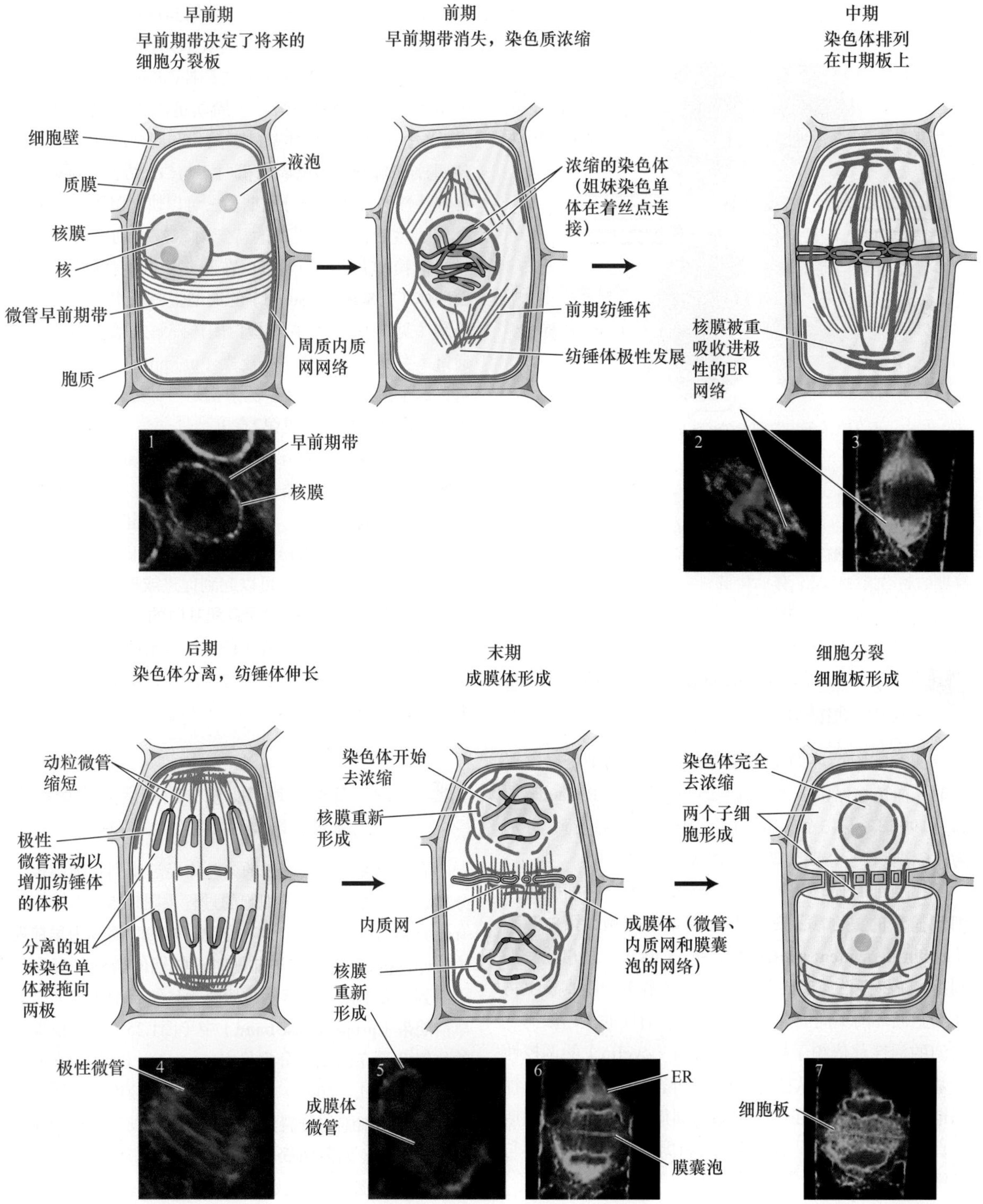

图1.25　植物分生组织细胞（非液泡细胞）中伴随着有丝分裂的细胞组织结构的改变。1、2、4和5. 红色荧光来自于α-微管蛋白抗体（微管），绿色荧光来自于WIP-GFP（绿色荧光蛋白和一种核膜蛋白所产生的融合蛋白），蓝色荧光来自于DAPI（一种DNA结合染料）。3、6和7. 内质网由发绿色荧光的HEDL-GFP所标记，细胞板由发红色荧光的FM4-64标记（1、2、4和5引自Xu et al.，2007；3、6和7引自Higaki et al.，2008）。

当染色体开始浓缩，不同染色体的**核仁组织**（**nucleolar organizer**）区域解离，导致核仁的解聚。核仁在有丝分裂中完全消失，并在分裂后逐渐重新组装，正如分裂后染色体的去浓缩及在子细胞核中重新确立位置。

在**早中期**（**early metaphase，or prometaphase**），

随着微管早前期带的消失，新的微管开始聚合形成有**丝分裂的纺锤体（mitotic spindle）**。植物细胞的纺锤体与动物细胞相比外形更似盒子形状。植物中的纺锤体微管产生于分散的区域，这个区域由细胞相对的两端的多个焦点组成并以近乎平行的排列方式延伸到细胞中。

细胞分裂中期（metaphase）的染色体由组蛋白紧密地包裹形成核小体，并进一步缠绕成为浓缩的纤维（图1.7），从而完成染色体的彻底压缩。**着丝粒（centromere）**是靠近染色体中部两条姐妹染色单体附着的区域。这一区域和染色体的**端粒（telomere）**一样都含有DNA重复序列。端粒形成于染色体的端部从而保护其不被降解。一些纺锤体微管能结合在染色体中心粒中被称为**动粒（kinetochore）**的特殊区域，这些浓缩的染色体从而平行排列在中期的细胞板上（图1.24）。一些未附着的微管则与来源于纺锤体中间区的另一极的微管相重叠。

类似于控制细胞周期4个时期的检验点，有丝分裂时期内部也由检验点控制。例如，如果纺锤体微管与动粒错误地相结合，**纺锤体组装检验点（spindle assembly checkpoint）**能使细胞不进入分裂后期。Cyc B-Cdk B复合物在调控这一过程中起着主要的作用。如果纺锤体微管正确地结合在动粒上，**后期促进复合物（anaphase promoting complex）**则能使Cyc B降解。缺失Cyc B，Cyc B-Cdk B复合物将不能形成，这使得排列在中期细胞板的姐妹染色单体能够向两极分配[每一条染色单体经过一轮的DNA复制则含有二倍体（$2n$）的DNA。因此，一旦发生分离，染色单体即成为染色体]。

后期染色体分离的机制由两个元素组成。

后期A（anaphase A）（早后期），在这个时期，姐妹染色单体分离并开始移向两极。

后期B（anaphase B）（晚后期），极化的微管进行相对滑动和伸长以推动纺锤体向两极进一步分离。同时，姐妹染色单体分别进入两极。

在植物中，纺锤体微管并不锚定在两极的细胞周质上，因此染色体并不能因此而被分开，而可能是被极性发生重叠的纺锤体微管中的驱动蛋白所拉开（参见Web Topic 1.11）。

有丝分裂末期，被称为**成膜体（phragmoplast）**的新的微管和微丝网络出现。成膜体建立了发生胞质分裂的细胞质区域。此时的微管不再呈现纺锤体形状，但仍旧保持着它的极性，它们的负极指向已经分离的并正在去压缩的染色体，而核膜也在此区域进行重组（图1.25“末期”）。微管的正极则指向成膜体的中间区域，在这一区域中，部分来源于母细胞质膜内吞囊泡的小囊泡发生积累。这些囊泡带有长链（long tether），能帮助形成细胞板使细胞进入下一个时期——胞质分裂。

胞质分裂（cytokinesis）是一个建立**细胞板（cell plate）**的过程，细胞板是能将两个子细胞一分为二的细胞壁的前体（图1.26）。细胞板和包裹其的质膜在细胞中心形成一个岛，能通过囊泡融合的方式向着母细胞壁的方向生长。参与囊泡融合过程的SNARE家族的KNOLLE靶标识别蛋白同参与囊泡形成的套索形状的一类鸟苷三磷酸酶——**发动蛋白（dynamin）**一样，在细胞板形成时期出现（参见Web Topic 1.8）。正在形成的细胞板与母细胞膜发生融合的位点，是由早前期带和特异的微管结合蛋白的位置决定的。细胞板的组装使得ER管位于横跨细胞板的原生质膜间的膜通道中，从而连接两个子细胞（图1.26）。

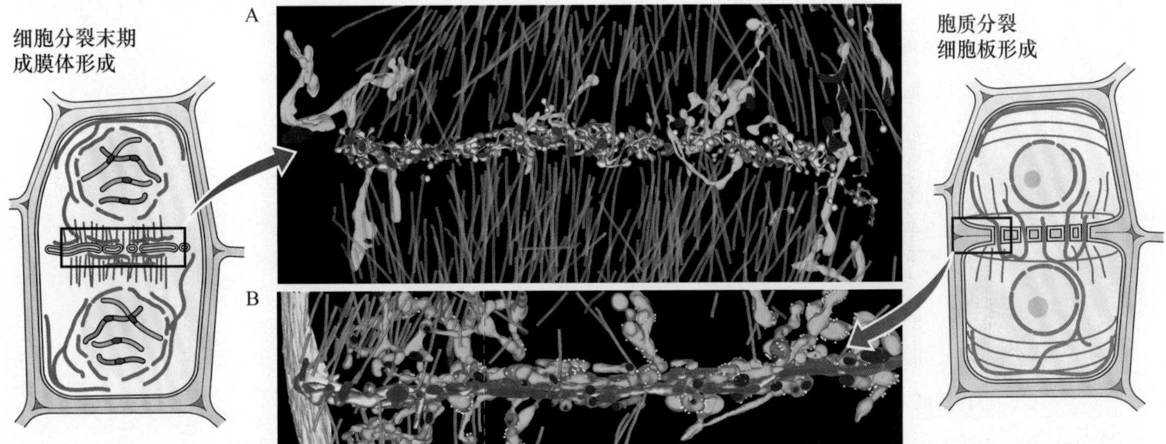

图1.26 细胞板形成时期成膜体和内质网结构的改变。A. 有丝分裂早末期，细胞板（黄色）只是在其与ER（蓝色）的管状囊泡网络相结合的地方形成。成膜体微管中（紫色）也含有少量的潴泡。B. 从侧面观察周质细胞板（黄色）的形成，表明尽管在周质生长区域内，许多胞质的ER管（蓝色）混合在微管（紫色）中，但前者与细胞板膜并不发生直接接触。图中的小白点是ER结合的核糖体（成膜体的电子显微镜的3D断层摄影重建引自Segui-Simarro et al.，2004）。

在下一部分会讨论到，横跨细胞板的ER管确定着初级胞间连丝的位置。在胞质分裂之后，微管在细胞周质中重组。新的周质微管以垂直于细胞轴的方向排列，这种方向也决定了细胞未来的伸展极性。

1.9 胞间连丝

胞间连丝（plasmodesmata，单数plasmodesma）是质膜的管状延伸，直径为40~50 nm。它能穿越细胞壁，并使相邻细胞间的胞质连接。因为大多数植物细胞通过这种方式相连，所以它们的胞质形成了一个称为**共质体（symplast）**的连续体，因而通过胞间连丝的溶质胞间运输称为**共质体运输（symplastic transport）**（见第4章和第6章）。

 1.9.1 初级胞间连丝和次级胞间连丝帮助维持组织的发育梯度

初级胞间连丝（primary plasmodesmata）的形成为无性繁殖的细胞（一个母细胞通过有丝分裂产生的两个子细胞）提供了胞质联系。这种共质体能使水和溶解物在细胞间进行非跨膜运输。但是，在共质体中运输的分子大小会受到限制。这种限制称为**通透分子大小极限（size exclusion limit，SEL）**。环绕着ER管的**细胞质通道（或者连丝微管，desmotuble）**组成了胞间连丝的中心并决定着SEL（图1.27）（Roberts and Oparka，2003）。除此之外，细胞质通道中的球形蛋白还能形成穿过胞间连丝的螺旋状微通道（Ding et al.，1992）。

通过追踪不同大小的荧光染料分子在叶表皮胞间连

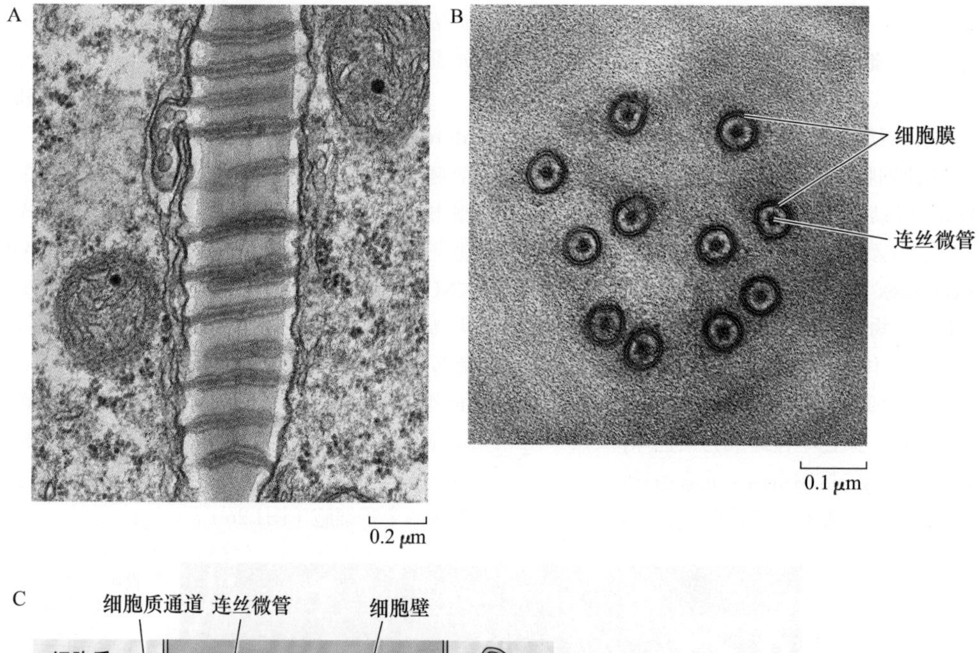

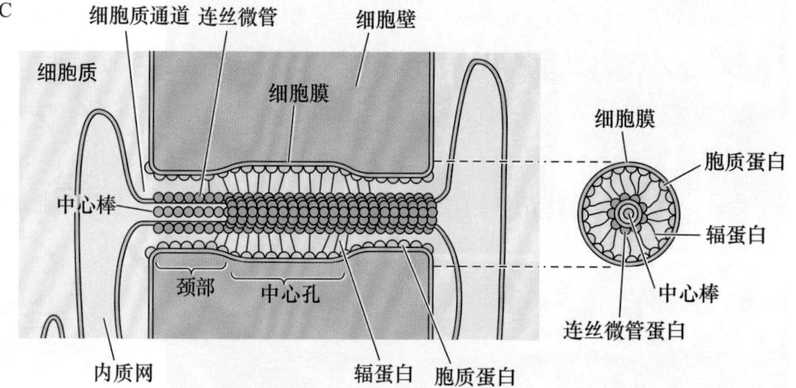

图1.27 胞间连丝。A. 电镜照片表示两个相邻细胞由细胞壁分开，所示是胞间连丝的纵切图。B. 细胞壁的切面图，显示许多横切的胞间连丝。C. 含有一个胞间连丝的细胞壁模式图。由两个狭窄的颈部间的中心孔组成。连丝微管和相邻细胞间的内质网相连。蛋白质位于连丝微管的表面和质膜的内表面间，这两个表面被认为是通过丝状蛋白连起来的，并将胞质通道分成了很多微通道。蛋白质间的距离大小决定了胞间连丝分子筛的特性（A，B由Ray Evert惠赠，引自Robinson-Beers and Evert，1991）。

丝的运动能够测定胞间连丝对所运输物质的分子质量限制。这些细胞间运输的分子质量限制为700~1000 Da，即相当于大小为1.5~2.0 nm的分子。但是，溶解物穿过细胞质通道和连丝微管的机制仍然不清楚。目前已经发现，胞间连丝中存在肌动蛋白和肌球蛋白（Roberts and Oparka，2003）。那么，就有以下两种可能。

（1）肌动蛋白和肌球蛋白使得孔收缩，减小了SEL。

（2）肌动蛋白和肌球蛋白本身辅助大分子和微粒通过胞间连丝孔。

如果胞间连丝的SEL限制了分子大小为2.0 nm或更小的分子在细胞间的运输，那么像烟草花叶病毒这样大的物质如何通过它们？病毒基因组编码的**运动蛋白**（**movement protein**）是非结构性的蛋白质，它能够帮助病毒通过如上所述的其中一种机制在共质体间移动。一些植物病毒所编码的移动蛋白能包裹在它基因组（通常是RNA）的表面形成核糖核蛋白复合物来通过胞间连丝孔。30 kDa的烟草花叶病毒的运动蛋白就是通过这种方式来移动的。另外一些如豌豆花叶病毒和番茄斑萎病毒，病毒能编码运动蛋白在胞间连丝孔中形成运输管，帮助成熟的病毒颗粒通过胞间连丝。

如果病原体的遗传信息能通过胞间连丝传递，那么是否经过有丝分裂所产生的独立的细胞间的遗传信息也能如此地相互传递？植物能在各个层面上感知具有极性梯度的形态发生素（参与发育的信号分子，见第16章），包括单细胞水平、组织水平，并且还可能影响植物的整体形状。例如，一片叶片中的细胞数目（当大于最低阈值时）是和叶片大小无关的。这些参与器官发生的信号分子并不仅仅是激素类的小分子，也包括蛋白质和RNA（Gallagher and Benfey，2005）。在第16章中将会更加详细地介绍这种细胞间的交流。

在非同一克隆来源的细胞间共质体运输还能通过**次级胞间连丝**（**secondary plasmodesmata**）发生（Lucas and Wolf，1993）。当相邻的细胞壁区域被消化，质膜发生融合，这种次级胞间连丝就可能由此产生。最终，细胞间的内质网网络得到连通。事实上，共质体能以这种方式扩张说明了它在植物营养的获得及发育信号传递方面起着非常重要的作用。

小　结

虽然所有植物从外形到大小丰富多样，但是它们有相似的生理过程。作为初级生产者，植物将太阳能转化为化学能。由于不能移动，植物必须向光生长，并且拥有高效的维管系统来保证水、矿质营养和光合产物在植物体内的运输。绿色陆生植物还必须有防止脱水的机制。

植物生命：统一的准则

·所有的植物都能将太阳能转化为化学能；利用生长而不是可移动性来获得资源；具有维管系统；具有坚硬的结构；具有防脱水的机制。

植物结构总览

·所有植物都进行着基本相似的生命过程和具有普遍的个体发育构架（图1.1）。

·由于植物具有坚硬的细胞壁，因此它的发育只依赖于细胞分裂的模式和细胞膨大（图1.2）。

·几乎所有的有丝分裂和胞质分裂都发生在分生组织区域。

·表皮组织、基本组织及维管组织是出现在所有植物器官中的3种主要组织系统（图1.3）。

植物细胞器

·除了细胞壁和质膜，植物细胞还含有由内膜系统形成的分隔的区室（图1.4）。

·叶绿体和线粒体并不来源于内膜系统。

·内膜系统在细胞分泌过程、膜循环及细胞周期中发挥重要作用。

·质膜的组成和流动镶嵌结构使得细胞能够调节进出细胞的运输（图1.5）。

内膜系统

·内膜系统将膜和货物蛋白运输到各细胞器中。

·核膜来源于内膜系统元件——内质网（图1.6和图1.8）。

·细胞核是染色质储存、复制和转录，以及核糖体合成的场所（图1.7和图1.8）。

·内质网是一个具有复杂动态结构的膜包裹的管状系统（图1.9）。

·糙面内质网参与进入内质网内腔的蛋白质合成，而滑面内质网则是脂类合成的场所（图1.8和图1.10）。

·内质网为内膜系统其他区室提供膜和货物。

·细胞的分泌蛋白始于糙面内质网（图1.8）。

·高尔基体负责加工分泌型糖蛋白和多糖（图1.11）。

·内吞时，膜通过形成小的网格蛋白包被囊泡从质膜上分离出来（图1.12和图1.13）。

·质膜的内吞促进了膜的循环（图1.13）。

来源于内膜系统并进行独立分裂的细胞器

·油体、过氧化物酶体和乙醛酸循环体的生长和增殖不依赖于内膜系统（图1.14和图1.15）。

独立分裂的半自主型细胞器

·线粒体和叶绿体都具有内外双层膜（图1.16和图1.17）。

·质体含有高浓度的色素或淀粉（图1.18）。

· 原质体通过不同的发育时期形成特化的质体（图1.19）。

· 质体和线粒体中，DNA的复制和分裂独立于核分裂而进行。

细胞骨架

· 微管和微丝的三维网络为细胞质提供构架（图1.20）。

· 微管和微丝能够组装和解聚（图1.21）。

· 结合在细胞骨架元件上的马达蛋白能使细胞器在胞质中运动（图1.22）。

· 在胞质环流中，微丝能和肌球蛋白相互作用，帮助细胞器（包括叶绿体）独立运动。

细胞周期调控

· 细胞周期由4个时期组成，在此过程中，细胞能进行DNA的复制和完成自身的增殖（图1.23和图1.24）。

· 成功的有丝分裂和胞质分裂需要微管和内膜系统的参与（图1.25和图1.26）。

胞间连丝

· 质膜的管状扩展横穿细胞壁并连接了两个细胞的胞质，使得水和小分子物质能够不经过跨膜而在细胞间移动（图1.27）。

（王　园　王学路　译）

WEB MATERIAL

Web Topics

1. 1 Model Organisms

Certain plant species are used extensively in the lab to study their physiology.

1. 2 The Plant Kingdom

The major groups of the plant kingdom aresurveyed and described.

1. 3 Flower Structure and the Angiosperm Life Cycle

The steps in the reproductive style of angiosperms are discussed and illustrated.

1.4 Plant Tissue Systems, Dermal, Ground, and Vascular

A more detailed treatment of plant anatomy is green.

1. 5 The Structures of Chloroplast Glycosylglycerides

The chemical structures of the chloroplast lipids are illustrated.

1. 6 A Model for Structure of Nuclear Pores

The nuclear pore is believed to be lined by a meshwork of unstructured nucleoporin proteins.

1. 7 The Protein Involved in Nuclear Import and Export

Importin and other proteins mediate macromolecular traffic into and out of the nucleus.

1. 8 Protein Signals Used to Sort Proteins to their Destinations

The primary of sequence of a protein can include a ticket to its final destination.

1. 9 SNARES, Rab, and Coat Proteins Mediate Vesicle Formation, Fission, and Fusion

Models are presented for mechanisms of vesicle fission and fusion.

1. 10 ER Exit Sites (EREs) and Golgi Bodies Are Interconnected

The comigration of EREs and Golgi bodies during cytoplasmic streaming has been caught on film.

1. 11 Specialized Vacuoles in Plant Cells

Plant cells contain diverse types of vacuoles.

1.12 Actin-Binding Proteins Regulate Microfilament Growth

Proteins such as profilin, formin, fimbrin, and villin help to regulate microfilament growth.

1. 13 Kinesin Are Associated with Other Microtubules and Chromatin

In addition to mediating organell movements along microtubule pathway, kinesins also bind to chromatin or other microtubules.

第 2 章

基因组结构与基因表达

植物的表现型由3个主要因素决定：基因型（决定植物性状的所有基因或等位基因）、DNA的表观遗传修饰模式及植物的生存环境。第1章中已经论述了DNA的基本结构和功能，DNA压缩为染色体的方式，以及基因表达的两个阶段——转录和翻译。本章将从基因的更深层次——基因组结构层面讨论其对生命进化和生理的影响。首先，讨论核基因组的结构和非基因元件。然后讨论位于叶绿体和线粒体中的胞质基因组。其次，将讨论基因转录和蛋白质翻译的细胞“机器”，以及基因表达如何受转录和转录后的调控，并将介绍研究基因功能的技术和方法。最后，将讨论基因工程在科学研究和农业中的应用。

2.1 核基因组结构

如第1章所述，植物生命活动所需的大部分基因被包含在核基因组中。2000年，人们完成了小型双子叶植物拟南芥的全基因组测序，这是第一个被全基因组测序的植物，其基因组只有约157 000 000个碱基对（157 Mb），分布在5条染色体上（与此相比，百合是人们目前所知基因组最大的物种，其基因组约为88 000 Mb）。在拟南芥核基因组中约有27 400个蛋白质编码基因和5000个**假基因（pseudogene）**（无功能基因）或转座子片段（在本章随后将会讨论这些可移动的DNA元件）。除了这些基因，拟南芥中还存在1300多个非蛋白编码RNA（**ncRNA**），这些RNA可能参与基因表达调节。转座子和ncRNA将在本章随后详细讨论。

然而，植物基因组中还存在大量基因以外的DNA组分。本部分先从化学构成角度回顾基因组，然后就基因组中特定区域在特异反应中的功能进行论述。

2.1.1 核基因组被包装成染色质

核基因组由DNA缠绕于组蛋白形成串珠状结构的**核小体（nucleosome）**构成（见第1章）。DNA和组蛋白及其他与DNA结合的蛋白质一起称为**染色质（chromatin）**（图1.10）。染色质可以分为常染色质和异染色质，两者的差别在于用特殊染料染色时，在光学显微镜下观察到的染色差异。相对于包裹稍微松散的**常染色质（euchromatin）**而言，**异染色质（heterochromatin）**通常压缩得更加紧密，因而染色颜色更深。植物中，多数处于活跃转录的基因位于常染色质区，而位于异染色质区的基因则无转录活性，或称为沉默状态。与常染色质相比，异染色质中基因较少。异染色质区常包含着丝点（有时称为结节）和紧邻染色质末端端粒的区域，也称为**近端粒区（subtelomeric region）**（Gill et al.，2008）。

异染色质通常包含高度重复DNA序列或称为**随机重复序列（tandem repeat）**，长度为150~180 bp的DNA片段反复多次重复。另外一种重复序列为**分散重复序列（dispersed repeat）**，其中一种分散重复序列为**简单序列重复（simple sequence repeat，SSR）**，也称为**微卫星（microsatellite）DNA**。这种重复单位最短可至2个碱基，重复数百甚至数千次。另外一种存在于异染色质区的重要分散重复序列称为跳跃基因，或称为转座子（Heslop-Harrison and Schmidt，2007）。

2.1.2 着丝粒、端粒和核仁组织区包含重复序列

染色体上最重要的标志性结构包括着丝粒、端粒和

核仁组织区。这些区域中均包含重复DNA序列，这些重复DNA序列可用荧光原位杂交（FISH）技术进行鉴别（Kato et al.，2005），该技术利用荧光标记的分子探针（通常为DNA）与被检测序列特异结合（图2.1）。**着丝粒（centromere）**为细胞分裂时姐妹染色单体粘连在一起并附着纺锤丝的缢痕。纺锤丝与着丝粒的结合由着丝粒及其外围蛋白质复合物所介导，该复合物称为动粒或着丝点（见第1章）。着丝粒由高度重复的DNA区域和无活性的转座元件构成（Jiang et al. ,2003；Ma et al., 2007）。染色质末端序列构成**端粒（telomere）**，该结构作为染色质末端的"帽子"可避免DNA复制时最末端片段的丢失。

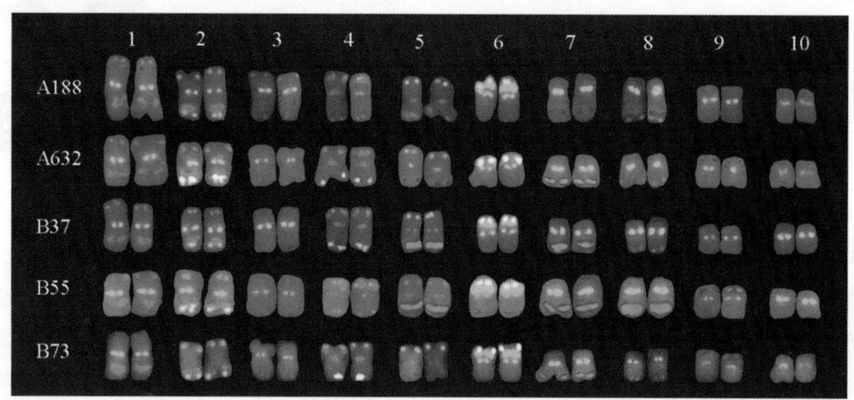

图2.1　染色体的标志物包括着丝粒、端粒和核仁组织区,可用于鉴别各染色体。每行展示了不同玉米自交系中10个同源染色体对（展示从A188到B73的5个常见品系）。图片显示了与染色体特定区域标志完全互补的带荧光标记的DNA序列探针与染色体杂交的结果。染色体近中部可看到绿色的着丝点，6号染色体中可看到较大的绿色的核仁组织区，在染色体2~染色体4的末端可看到淡红色的端粒。更大的蓝色区域为异染色质区（引自Kato et al. ,2004）。

构成核糖体的RNA分子（rRNA）在**核仁组织区（nucleolar organizer，NO）**中转录，由于核糖体主要由rRNA构成，同时蛋白质翻译对核糖体的需求量较大，因而不难理解NO区应该存在大量的rRNA基因的重复序列。根据植物种类的不同，基因组中可能存在一个或数个核仁组织区（玉米有一个核仁组织区，在6号染色体）（图2.1）。由于核仁组织区存在重复rRNA基因的特性，以及该区的GC含量较高，因而，核仁组织区经染色后甚至可直接在光学显微镜下看到，可作为特异染色体区域的标志。这些标志可用于绘制特异染色体区域的表象特征。尽管这些rDNA（编码rRNA的DNA）具有重复的特性，但它们仍具有转录活性。核仁组织区的rDNA及转录这些rDNA的蛋白质和rRNA初始转录加工产物，共同组装构成细胞核中特异的结构——核仁（图1.4）。

2.1.3　基因组中可移动的序列——转座子

基因组中异染色质重复序列DNA的重要类型之一为转座子。因其可将自身的一个拷贝插入基因组中一个新的位置，**转座子（transposon）**或称**转座元件（transposable element）**，也称为跳跃基因。

转座子可分为两大类型：逆转录元件或逆转录转座子（类型1）和DNA转座子（类型2）。这两类转座子的区别在于其复制和插入新位置的机制不同（图2.2）。**逆转录转座子（retrotransposon）**首先转录出RNA副本，此RNA再逆转录为DNA并插入基因组另一位置（图2.2A）。这类转座子因其并不离开原来的位置，而是在基因组另一位置添加一个新的拷贝，因而，活跃的逆转录转座子在基因组中趋于存在多份拷贝（Eickbush and Malik，2002）。相反，**DNA转座子（DNA transposon）**利用剪切-粘贴机制从基因组一个位置移动到另一个位置，这一过程催化的酶由转座子自身编码。这些**转座酶（transposase）**将转座子剪切并插入基因组另一个位置，多数情况下，转座子总数量保持不变（图2.2B）。

转座子插入可能导致基因突变。如果转座子落入基因的编码区，基因将失活。转座子插入基因附近也可能改变基因的表达方式。例如，转座子可能干扰基因表达的正常调控元件，阻止转录因子发挥作用，或者由于转座子带有启动子元件，导致基因表达增强。

转座子对基因的致变能力或许在寄主基因组的进化中发挥作用。从进化的角度讲，低水平的基因突变，因其可产生新的变异以增强物种对环境的适应能力，因而这种低水平的基因突变对一个物种来说是有利的。然而，如果转座频率太高，在个体中产生过多的基因突变，在某种程度上可能会降低物种的适应能力，因而高频率的转座可能是有害的。

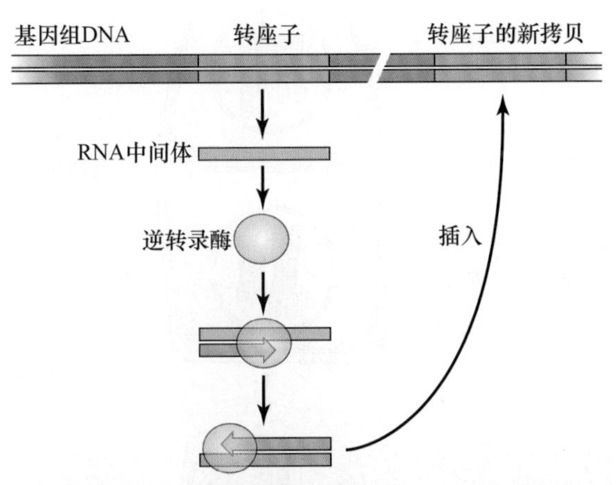

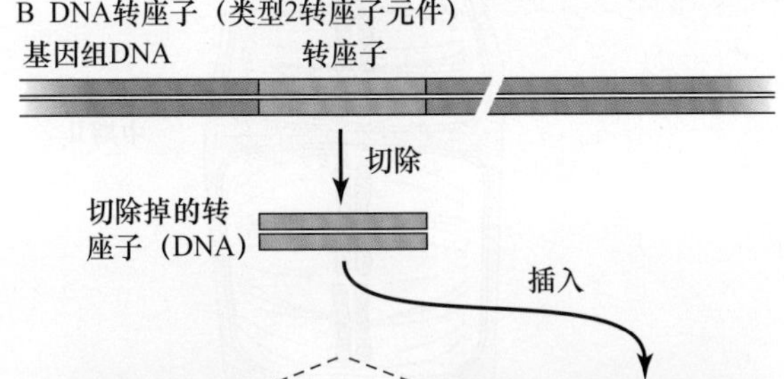

图2.2　两种主要类型转座子转座模式的差异。A. 逆转录转座子通过RNA介导的机制而转座。B. DNA转座子通过剪切-粘贴的机制进行转座。

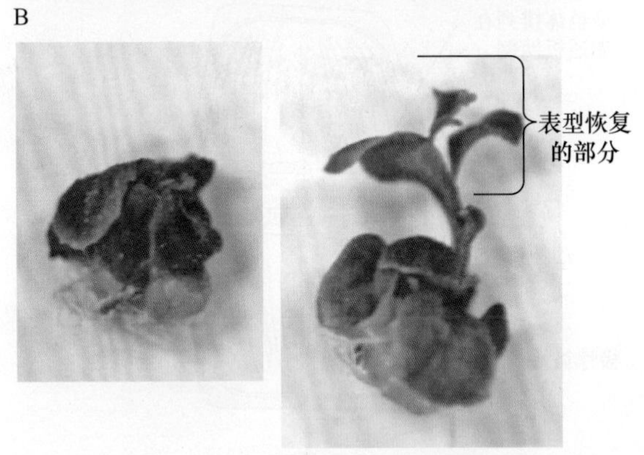

图2.3　如同非甲基化的转座子活化一样，甲基化丢失可能引起突变。一个称为降低DNA甲基化的突变体（*ddm1*），引起内源转座子的甲基化水平降低。在*ddm1*突变体中由于合成植物生长激素油菜素内酯的基因*DWARF4*（*DWF4*）中插入一个转座子而形成一个新的突变体*clam*。A. 转座子插入导致产生新的突变体*clam*（左）与野生型拟南芥的比较。B. *clam*突变体在转座子从*DWF4*基因跳走后恢复了野生型的表型（右）（引自Miura et al.，2001）。

植物和其他生命体似乎可通过DNA和组蛋白的甲基化而调控转座子的转座活性。这种调控机制也出现在基因组中异染色质区基因的转录抑制过程中，此过程将在本章随后进行讨论。随着越来越多基因组测序的完成，科学家已经注意到在异染色质区存在大量的被甲基化的转座子。然而，是否由于转座子的甲基化才引起其所在区域异染色质化？还是由于转座子落入异染色质区而被甲基化？两者的因果关系还不得而知。

对于不能维持基因组甲基化的突变体的研究表明，世代间逐渐降低的甲基化水平可能激活处于休眠状态的转座子，并增强转座和突变的频率（Miura et al.，2001）（图2.3）。这种转座作用可能显著降低后代的适应能力。因此，甲基化和异染色质的形成对于基因组的稳定性起着重要作用。

2.1.4　包含整个基因组多个拷贝的多倍体

倍体水平——一个细胞中整套基因组的份数，是基因组结构影响生理功能和进化的另外一个重要方面。许多生物，尤其是植物中，整个二倍体基因组（2*n*）在不经历细胞分裂的情况下可能进行一次或多次额外的复制过程（见第1章），由此产生**多倍体（polyploid）**。多倍体并不限于在少数细胞或物种中出现，也不是突变或疾病情况下独有的现象。实际上，许多植物或某些动物更倾向于采用多倍体。由于植物中多倍体的普遍性，研究人员甚至认为大多数尚存的植物都是多倍体起源的（Leitch and Leitch，2008）。事实上，所有的植物在进化过程中都经历过基因组加倍。

多倍体可分为两种形式：同源多倍体和异源多倍体。**同源多倍体（autopolyploids）**含有单个物种基因组的多个拷贝，**异源多倍体（allopolyploids）**含有来自两个或多个物种的多个基因组。

两种类型的多倍体可能来自配子发生时不完全的减数分裂。减数分裂时生殖细胞的同源染色体经历DNA复制，随后进行两轮细胞分裂（减数分裂期Ⅰ和减数分裂期Ⅱ），产生4个单倍体细胞（图2.4）。如果减数

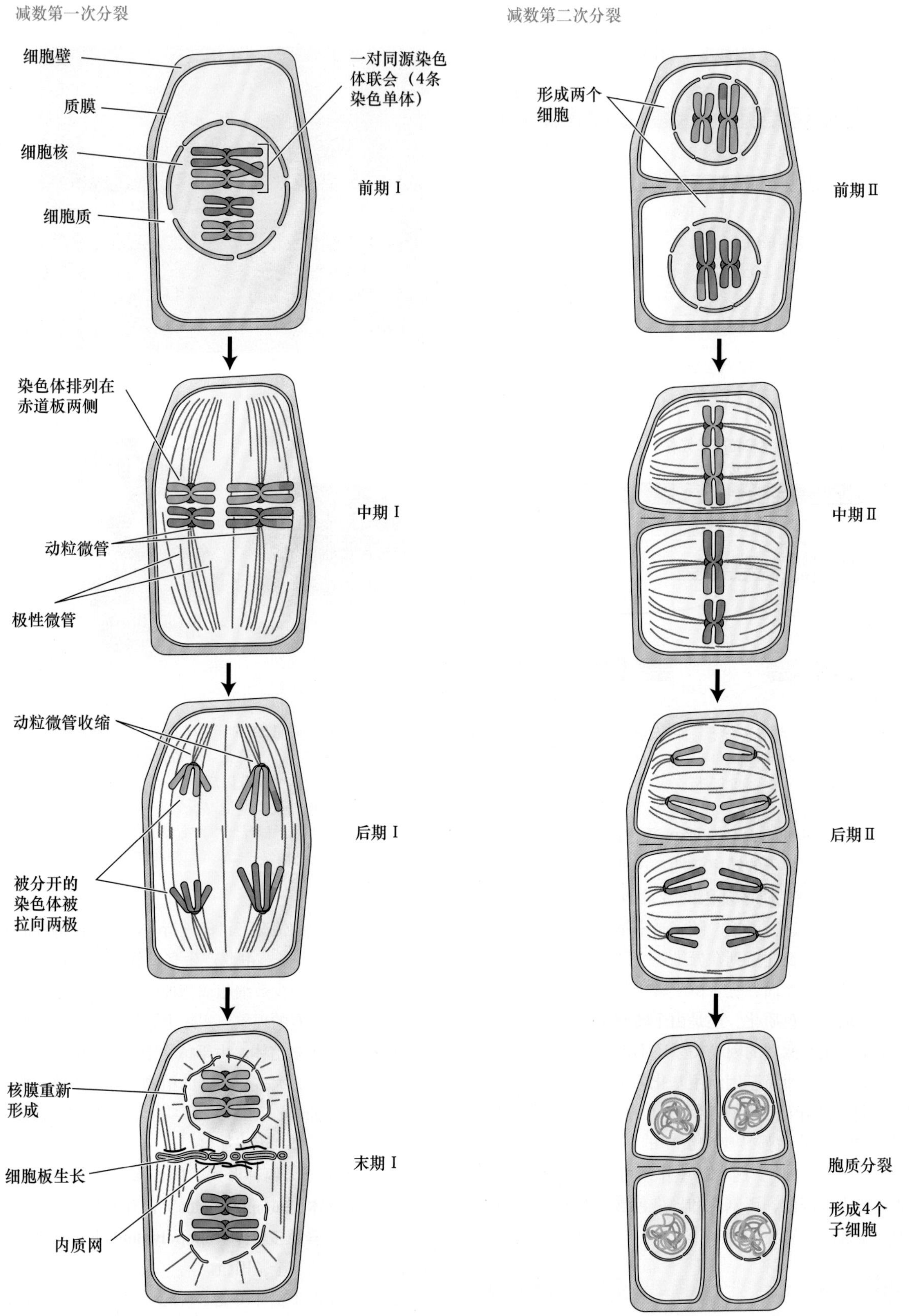

减数第一次分裂

细胞壁
质膜
细胞核
细胞质
一对同源染色体联会（4条染色单体）
前期Ⅰ

染色体排列在赤道板两侧
动粒微管
极性微管
中期Ⅰ

动粒微管收缩
被分开的染色体被拉向两极
后期Ⅰ

核膜重新形成
细胞板生长
内质网
末期Ⅰ

减数第二次分裂

形成两个细胞
前期Ⅱ

中期Ⅱ

后期Ⅱ

胞质分裂

形成4个子细胞

图2.4　植物中正常的减数分裂。阶段Ⅰ，同源染色体分开并向相反方向移动，阶段Ⅱ中，染色单体分开。减数分裂产生4个子细胞，每个细胞染色体数量为亲本细胞的一半。如果一对同源染色体在阶段Ⅰ中碰巧没有分开，结果形成的子细胞就会缺失或多余一条染色体，称为非整倍体或多体（缺体）。需要注意的是，不同的植物其阶段Ⅰ可能不同：并非所有的植物在阶段Ⅰ就形成细胞壁，在有些情况下，染色体可能发生一定程度的去压缩，并在进入阶段Ⅱ之前一定时期内保持过渡态。

分裂时染色体复制后没有进行细胞分裂，便产生了二倍体的配子细胞。在一个物种或一个自花授粉的个体中，如果一个二倍体的卵细胞与一个二倍体的精细胞受精，受精卵便含有4套染色体，这便是同源四倍体（图2.5A）。与此类似，如果细胞有丝分裂时染色体复制后没有进行细胞分裂，细胞同样成为同源多倍体。细胞在减数分裂或有丝分裂时这两种类型的异常现象均存在，尽管其频率较低。

异源多倍体通常通过以下两种方式之一而产生。

（1）来自一个物种的精细胞与来自另一个物种的卵细胞形成杂合二倍体。这种类型的植物细胞通常减数分裂无法正常进行，但在极少数情况下可能形成染色体加倍的配子细胞，这样便产生了异源多倍体（图2.5B）。这种类型的异源多倍体可能发生在受精卵形成时期，或者杂合植物后期的营养生长或生殖生长阶段。

（2）两个不同物种的二倍体配子可能形成杂合受精卵。这些二倍体配子可能来源于四倍体亲本的正常减数分裂，也可能来源于二倍体亲本失败的减数分裂（图2.5C）。

自然界经常发生二倍体杂交，但是这种杂交物种由于其染色体在减数分裂阶段Ⅰ无法正确配对造成不育（图2.5B）。种间杂交的不育种由于染色体自发加倍可能导致形成一个新的可育的多倍体，许多物种中均存在这种现象，如十字花科植物（图2.6）。这种种间杂种

A 同源多倍体（源于基因组复制）

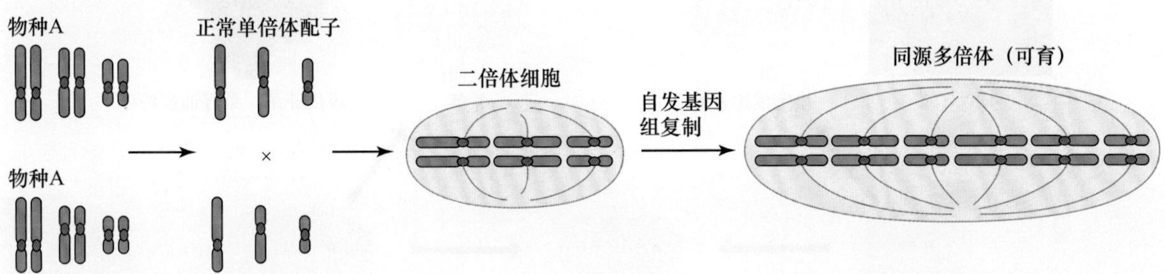

B 异源多倍体（源于基因组复制）

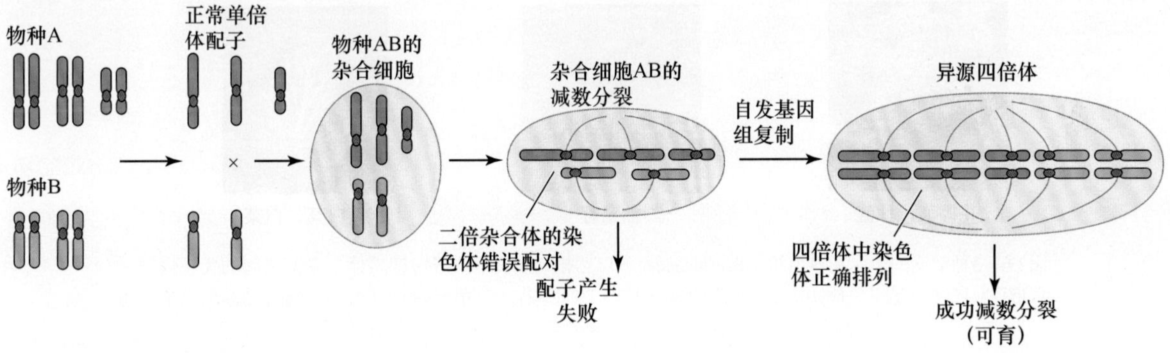

C 异源多倍体（源于二倍体配子）

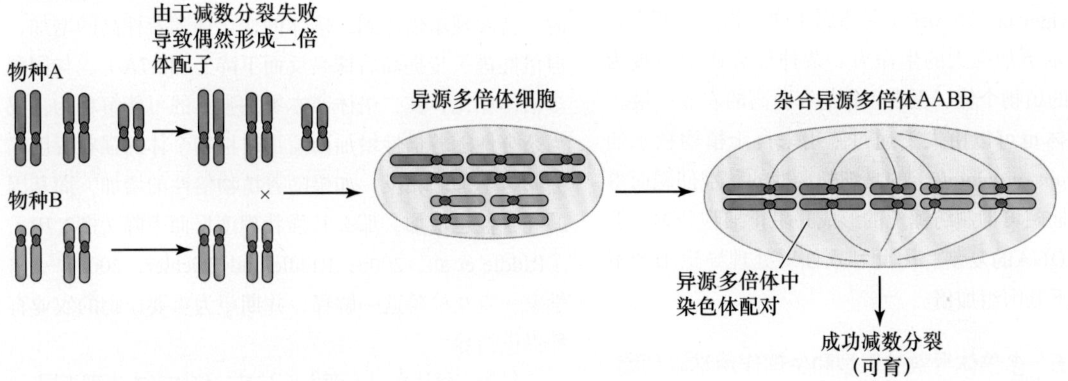

图2.5　通过基因组加倍产生多倍体。A. 二倍体中自发基因组加倍产生同源四倍体。B. 二倍体杂交后进行减数分裂时，由于染色体无法正常配对导致不育。染色体自发加倍导致减数分裂时每条染色体都完全配对，育性恢复。C. 来自两个不同物种的二倍体配子融合产生可育的多倍体。

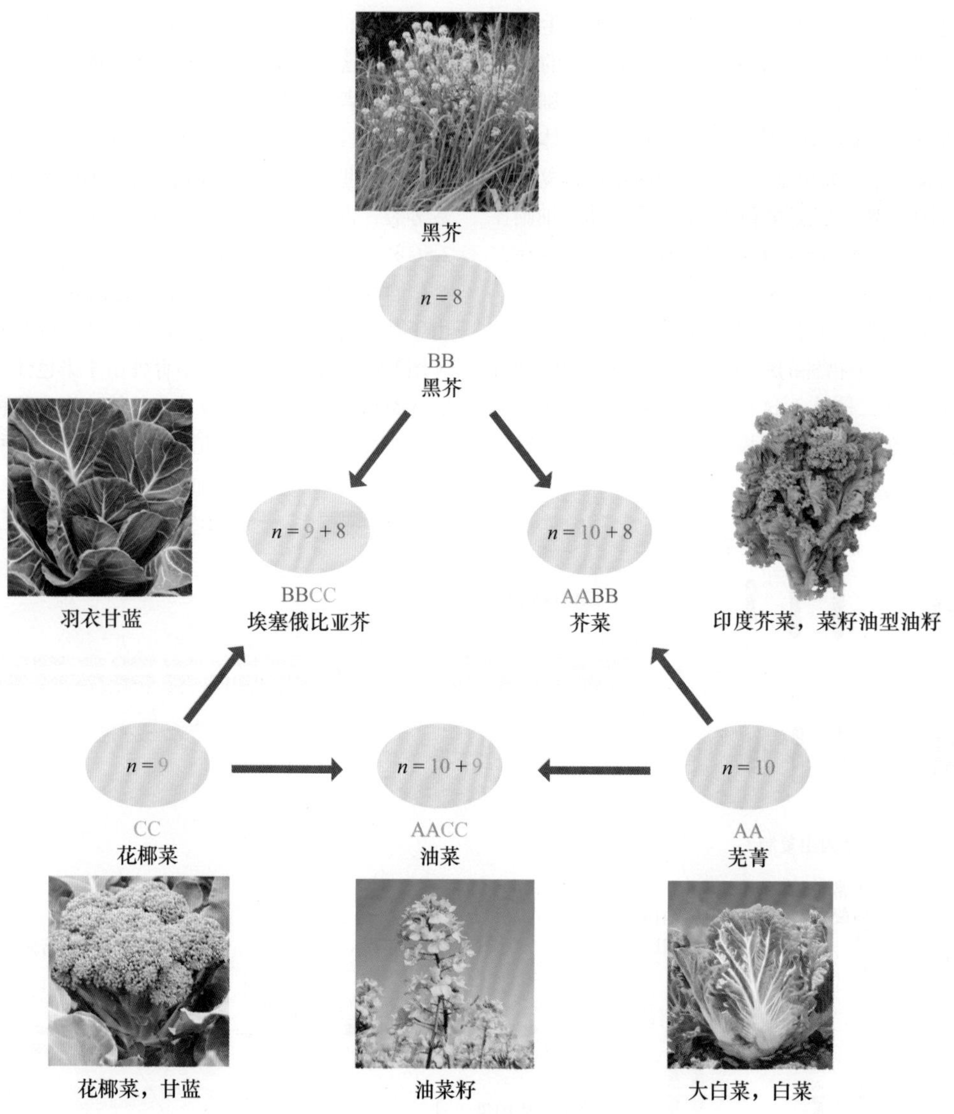

图2.6　3种常见的十字花科植物（Brassicaceae）自然相互杂交形成异源四倍体。它们之间的关系可用三角形U来描述，此三角形U由韩国科学家Nagaharu U所命名。三角形的3个角为十字花科的3个二倍体物种，每个物种可与另外两个物种杂交形成新的异源四倍体。

育性的缺失与杂种优势现象形成鲜明的对比，**杂种优势**（**hybrid vigor or heterosis**）是指属于同一物种的两个亲本后代显示更加强大的生命力。杂种优势通常表现为更加高大的植物个体、更多生物量和更高的农业产量。

多倍体也可以由人工通过施用来自于植物秋水仙（*Colchicum autumnale*）的具细胞毒性的秋水仙碱而得到。秋水仙碱可抑制纺锤丝的形成并阻止细胞分裂，但并不影响DNA的复制。因此秋水仙碱处理导致细胞不分裂情况下基因组加倍。

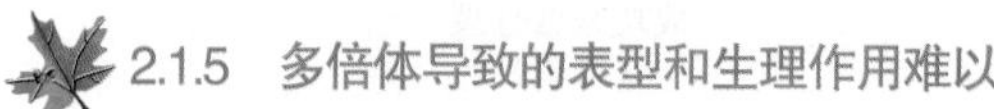
2.1.5　多倍体导致的表型和生理作用难以预期

通常的概念认为同源多倍体比二倍体亲本表现出更加高大的植株个体，但这一概念并一定总是正确的。例如，相同遗传背景但倍性水平不同的玉米植株比较时，会发现单倍体到二倍体的变化伴随着株高的增加，但倍性进一步提高后株高反而下降（图2.7A）。与同源多倍体相比，其二倍体亲本更加强壮的可能解释为：仅当杂合性随着倍性增加而增加时植物个体的强壮程度才会同时增加。相反，如果随着植物倍性的增加，而基因的纯合性也增加，那么其强壮程度反而下降（图2.7B）（Riddle et al.，2006；Riddle and Brichler，2008）。科学家一直在检验这一解释，并期望为重要作物的农业育种提供指导。

异源多倍体在以下两方面与其二倍体亲本表现不同。

（1）与同源多倍体一样，它们的基因组也加倍。

（2）它们是两个不同物种的杂交种。

A

B

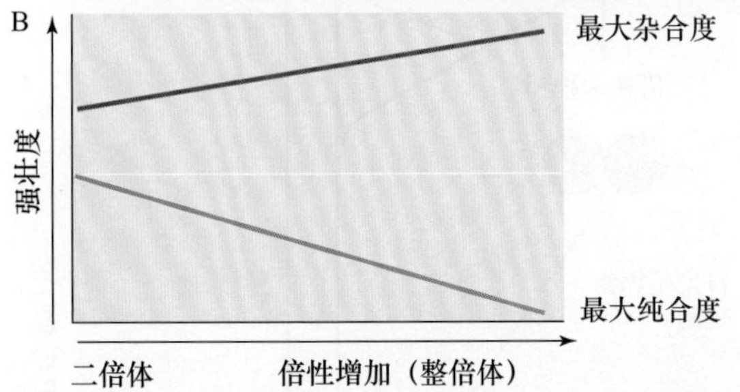

图2.7　A. 玉米的一系列多倍体。同一生长期的玉米从左到右依次为：单倍体、二倍体、三倍体和四倍体。近交系玉米中，同源多倍体比二倍体强壮的表型下降。标尺中黑格或白格均为20 cm。B. 植物强壮表型与其倍性的一般关系。仅当随着基因组增加，基因的杂合性也增加时，植物的强壮表型才与倍性的增加正相关（红线）。相反，倍性的增加造成基因的纯合性也增加时，植物的强壮表型与倍性的增加负相关（蓝线）（A图由E. Himelblau惠赠；B图由J. Birchler惠赠后修改）。

异源多倍体与其亲本比较时，很难区分表型的差异是由于基因组加倍造成的，还有由于杂种优势造成的。目前的研究积累认为，杂种优势相比基因组加倍对异源多倍体相对于其亲本的性状变异的贡献更大。异源多倍体通常比其亲本更加强壮且产量更高，这一表型在农作物中较为常见，如油菜、羽衣甘蓝、咖啡、棉花、小麦、黑麦、燕麦和甘蔗。

无论异源多倍体如何起源，两个不同基因组的融合都会导致诸多后果，尽管目前还不清楚所有物种间在多倍化进程中或多倍化完成之际是否存在共同的反应（Osborn et al.，2003；Chen，2007）。与亲本物种相比，新形成的异源多倍体会发生一些遗传学的变化。

（1）染色体的重新构建，包括某些DNA序列的丢失（Feldman et al.，1997；Pires et al.，2004）。

（2）表观修饰变化（Madlung et al.，2002；Salmon et al.， 2005；Parisod et al.，2009）。

（3）基因转录活性的改变（Adams et al.，2003；Chen，2007）。

（4） 因基因沉默丧失导致休眠的转座元件激活（Kashkush et al.，2003；Madlung et al.，2005）。

生物芯片分析（在本章中随后讨论）表明，从整个基因组来看，许多在亲本中不表达的基因在异源多倍体中被激活（Wang et al.，2006；Rapp et al.，2009）。似乎染色体的表观遗传改变导致了这些基因的激活，这些表观遗传改变包括DNA与组蛋白的甲基化和组蛋白的乙酰化。

多倍体导致基因组中同一个基因存在多个冗余的拷贝。基因的复制在进化过程中可能产生一个基因功能的改变或丧失，而此基因的另外一个拷贝则可以保留此基因的原初功能。这一过程称为基因的**亚功能化（subfunctionalization）**（Lynch and Force，2000）。基因组分析表明，在物种进化历程中存在基因组的复制，即使二倍体物种也是如此，此后DNA的逐渐丢失使基因组又回到二倍体状态（图2.8）。具有祖先基因组复制印记的物种此后发生DNA丢失，称为**古多倍体（paleopolyploids）**，玉米和拟南芥就属此类（Wolfe，2001）。

多倍体与**非整倍体（aneuploidy）**有着显著的差异。非整倍体是指那些基因组包含个别染色体增加或丢失（非整套染色体）的物种。如果某条染色体为3条则称为**三体（trisomies）**，如果某条染色体为一条则称为**单体（monosomies）**。在人类和动物中，非整倍体通常导致死亡或严重的生理疾病，如唐氏综合征（21三体综合征）。尽管非整倍体植物与正常的整倍体植物表现出不同的生理表型，但它们一般仍是可育的。在多倍体中，非整倍体效应往往被基因组中额外染色体所掩盖。

2.2　植物细胞质基因组：线粒体和叶绿体

植物中除了核基因组外，还存在另外两个基因组：**叶绿体基因组（chloroplast genome）**和**线粒体基因组（mitochondrial genome）**，其中线粒体基因组与动物细胞的线粒体基因组类似。本部分将讨论这些基因组的来源和作用。然后，讨论这些基因组的构成，以及在遗传信息传递方面与核基因组的差异。

2.2.1　细胞质基因组起源的内共生理论

细胞质基因组可能是细菌被其他细胞内吞后进化的遗留物。Lynn Margulis于20世纪80年代提出**内共生理论（endosymbiotic theory）**，认为线粒体起源于好氧菌被其他原核细胞吞噬，随着时间的推移，这种内共生体进化为一种无自主生存能力的一种细胞器。寄主细胞与这一内共生体一起进化繁衍并适应了有氧的生长代谢环境。最终，这些细胞产生了所有的动物细胞。根据这一

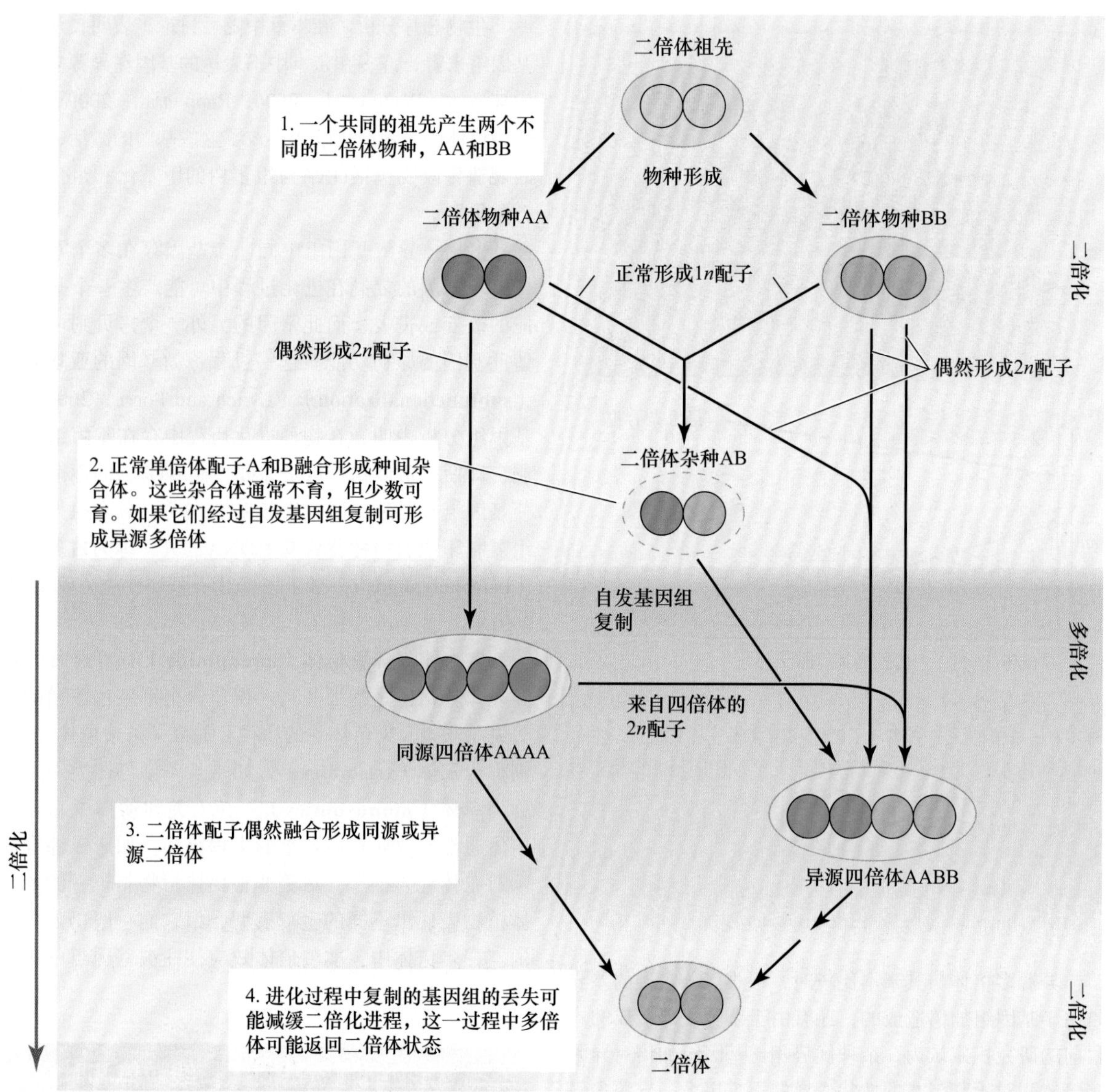

图2.8　多倍体物种的进化连续性。二倍体可能产生同源多倍体或异源多倍体（图2.5）。多倍体可能随着进化进程而逐步丢失重复的基因组而回到二倍体状态。浅紫色椭圆形表示细胞核；细胞核中彩色圆圈表示整个基因组（改编自Comai，2005）。

理论，植物细胞可能是前一类细胞产生了第二次内共生而形成的，即已含有线粒体的细胞又一次内吞了可进行光合作用的蓝细菌，随着时间的推移，这一内共生体进化为叶绿体。

支持内共生理论的证据主要有两个，第一，叶绿体和线粒体均有外膜和内膜包围，内膜为连续的系统并结合有面向细胞器内侧的组分。这一现象与原初好氧细胞或光合细胞被内吞的概念相一致，被内吞的好氧细胞或光合细胞与寄主细胞内陷的质膜融合，因而进化出的新的细胞器具有双层膜。第二，线粒体和叶绿体细胞器基因组与原核细胞具有相似性，细胞器基因组与原核细胞基因组类似，没有核包膜，称为**类核**（**nucleoid**）。

2.2.2　细胞器基因组主要由线性染色体构成

质体基因组大小通常为120~160 kb，并编码一些主导基因，这些基因对光合作用和质体基因的表达是必需的。线粒体基因组的大小变化范围较宽，并大于质体基因组。植物线粒体基因组大小为180~300 kb，并远大于动物和真菌线粒体基因组，后两者大小为15~50 kb。植物线粒体DNA包含电子传递链所需蛋白质的基因，以及电子传递体的辅因子编码基因。此外，植物线粒体基因组DNA还编码自身细胞器基因表达所需蛋白质，如核糖体蛋白、tRNA和rRNA。现在，在植物的这两种细胞器中，有许多基因对叶绿体和线粒体的功能不可缺少，但随着进化，这些基因不再包含于线粒体和叶绿体

自身基因组中，而是包含于核基因组中。这些蛋白质在细胞质中合成然后输入线粒体和质体中行使功能。

长期以来，通常认为细胞器基因组染色体是环状的，与细菌中的环状质粒相似。然而，最近的研究表明大部分植物的线粒体和叶绿体基因组为线状，并且其DNA容量可能不止一个基因组拷贝（图2.9）。这些基因组的多个拷贝以头尾方向相连，而且这些细胞器染色体DNA高度分支形成树状（Oldenburg and Bendich，1998，2004），这一特性不同于核内的线状染色体。但是核内染色体数量在细胞的一代到下一代间保持不变，而叶绿体和线粒体染色体在细胞世代间可能发生变化。但细胞器基因组总是包含至少一个拷贝的完整基因组。

2.2.3　细胞器遗传不遵循孟德尔定律

细胞器基因的遗传遵循两条原则，这不同于孟德尔遗传学。第一，线粒体和质体通常表现为**单亲遗传**（**uniparental inheritance**），不同性别的后代（通过花粉或卵细胞）仅遗传父方或母方单方的细胞器。裸子植物中，松柏类通常遗传来自父方的质体。而被子植物通常遗传来自母方的质体。然而，也有少数被子植物的质体可能为双亲遗传。大多数植物中，线粒体通常遗传自母方，当然例外情况也是存在的。例如，某些松柏类如丝柏表现为父方的线粒体遗传。

植物中，质体为母系遗传，由于雄配子（花粉）形成机制的关系，父方的质体在雄配子（花粉）形成时被排除掉。花粉形成时涉及两次雄配子细胞的有丝分裂。第一次分裂产生一个营养细胞，此细胞可生长出花粉管，另一个为非常小的生殖细胞，此细胞随后产生两个精细胞。第一次分裂时，生殖细胞及精细胞形成时把质体排除在外。因此，受精卵中的质体全部来自于雌性配子细胞形成的卵细胞，这便是质体的母系遗传（Mogensen，1996）。

某些松柏类植物，如黄杉（*Pseudotsuga menziesii*）或油松（*Pinus tabulaeformis*）中质体的父性遗传机制较为复杂，目前所知较少。许多裸子植物的第二次有丝分裂，在花粉管进入雌配子体时才进行，产生两个精核。父方的胞质含有大量的质体，有些线粒体与精核相连，并随精核进入卵细胞。受精时，卵细胞核被母方的线粒体包围，而母方的质体位于卵细胞外围。精核和卵核融合后形成受精卵，此后细胞化过程中新细胞壁将母方的所有质体和大部分父方线粒体排除在胚外（Mogensen，1996；Guo et al.，2005）。

第二，叶绿体和线粒体可随着无性繁殖而产生**不对称分离**（**segregate vegetatively**），这就意味着营养细胞（相对于配子细胞而言）可通过有丝分裂（不同于减数分裂）产生另一个营养细胞。例如，有丝分裂时，一个子细胞可能接受一种类型基因组的质体，而其他或许带有1个或2个突变位点的，具有不同遗传信息的质体基因组，被随机地分配进入另一个子细胞。这种营养细胞分裂造成的质体不均分配也称为**"分拣"**（**sorting-out**），可引起同一组织具有不同的表型（图2.10）。叶片上这种嵌合色斑被园艺工作者称为**杂斑**

A

B

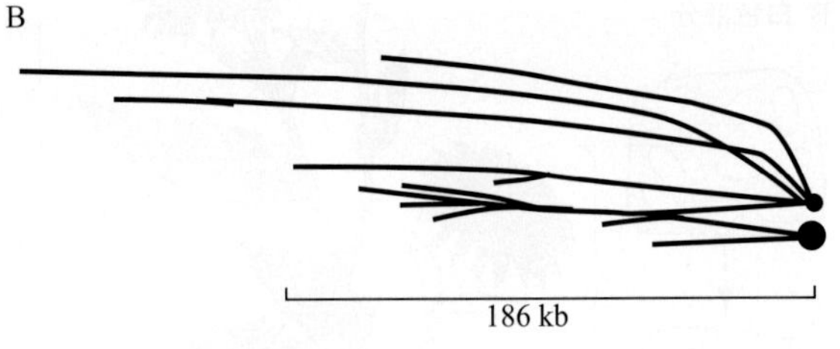

C

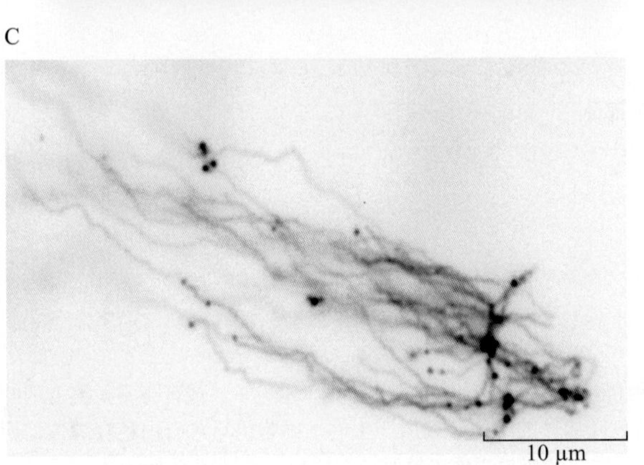

图2.9　线粒体和叶绿体基因组的复杂性。每张图片显示细胞器基因组线状连接的多个拷贝。A. 地钱线粒体DNA经溴化乙锭染色的显微照片。B. 同一DNA分子的线条绘图。186 kb的长度标尺为一个基因组大小。C. 经琼脂糖拉伸后的玉米叶绿体DNA含有多个基因组拷贝。10 μm长度标尺相当于30 kb的DNA序列，约为总基因组长度154 kb的20%（A，B引自Oldenburg and Bendich，1998；C引自Oldenburg and Bendich，2004）。

（**variegation**）（图16.31，一个代表性例子）。叶片杂斑可能由核基因或线粒体基因或叶绿体基因突变引起。

通过以上内容已经了解了植物中细胞核和细胞质基因组的结构，再转回细胞核基因组，讨论其结构及其对基因表达的影响。首先讨论基因转录的基本机制，然后论述基因转录调控过程。

2.3 核基因表达的转录调节

从基因到蛋白质经历多个步骤，并由多种酶参与这些过程（图2.11）。植物中，从基因到蛋白质的多个步骤均受到调节，从而调控每个基因编码蛋白质产物量的多少。这些调节步骤的第一步便是转录，决定某条特定的mRNA是否被转录及何时被转录。这一层次的调节称为**转录调节**（**transcriptional regulation**），包括转录的起始、维持及终止，3个步骤均可以受到调控。基因表达的下一个调控层次称为**转录后调节**（**post-transcriptional regulation**），这种调控在转录后进行，包括mRNA的稳定性、翻译效率和降解速率的调控，将在本章随后谈到。基因表达调节的最后一个层次为**蛋白质稳定性**（**protein stability**）（翻译后调节）调节，这一调节机制对基因或其产物活性调控发挥重要作用。

 2.3.1 RNA聚合酶Ⅱ结合于大多数蛋白质编码基因的启动子区

基因转录是在**RNA聚合酶**（**RNA polymerase**）的催化下进行的，RNA聚合酶结合到将要转录的DNA上，并聚合产生与DNA模板序列互补的mRNA。RNA聚合酶可以分为几种，其中RNA聚合酶Ⅱ负责转录大多数编码蛋白质的基因。

基因中被RNA聚合酶结合的区域称为**启动子**（**promoter**）（图2.12A）。真核生物启动子可以分为两个主要元件：由最小的上游序列构成的**核心元件**（**core promoter**）或称为**最小元件**（**minimum promoter**），以及控制启动子核心元件活性的**调控序列**（**regulatory sequence**）。

一个基因开始被转录时，需要经历几个步骤以帮助RNA聚合酶与基因的碱基序列结合。DNA缠绕于组蛋白的串珠状核小体结构首先被解开，此步骤随后进行详细讨论。此过程中组蛋白被修饰，只有组蛋白被修饰后，RNA聚合酶才得以与DNA结合。此外，对于真核RNA聚合酶发挥功能，还需要**普通转录因子**（**general transcription factor**）参与，将RNA聚合酶定位到基因的转录起始位点。这些转录因子和RNA聚合酶一起构成一个大的复合体，称为**转录起始复合体**（**transcription initiation complex**）（图2.12A）。当最后一个转录因子

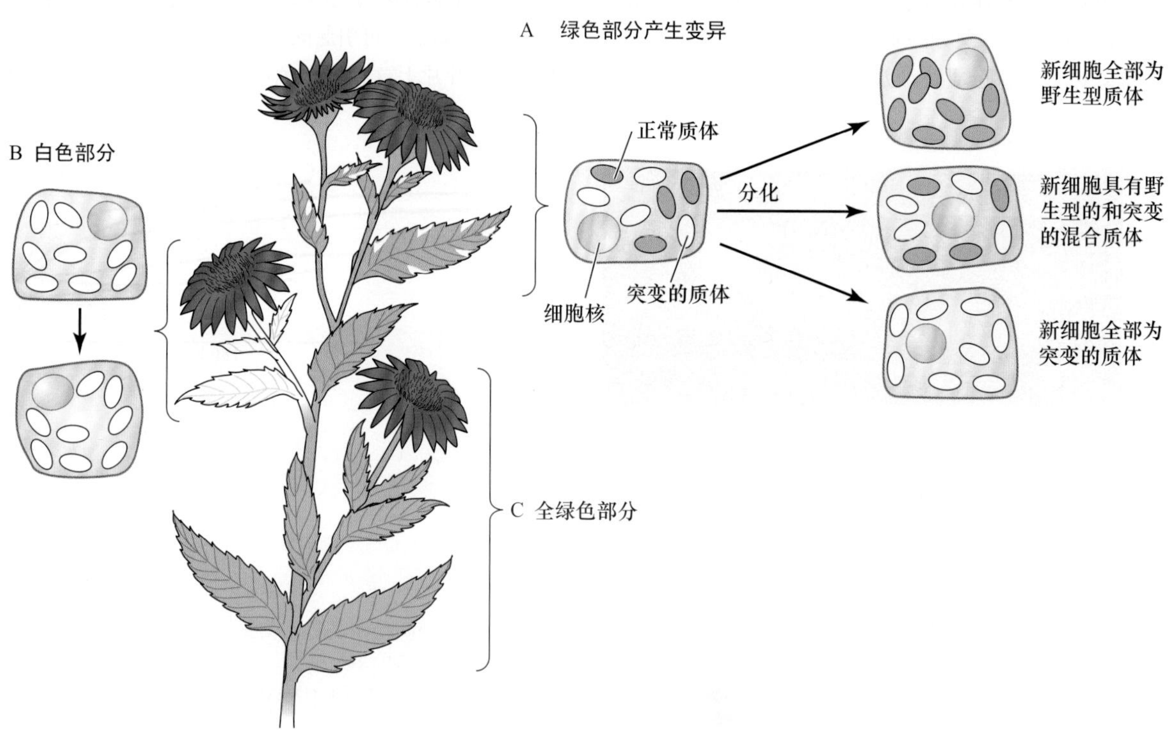

图2.10 无性繁殖导致杂斑形成。A. 一个细胞分裂后，其子细胞可能随机分配得到正常的叶绿体（绿色），或者正常及突变的叶绿体均存在，或者只含有突变的叶绿体（白色）。B. 仅仅含有白色叶绿体的细胞分裂后产生的子细胞仍只含有白色叶绿体，形成白斑。C. 无只含白色叶绿体的细胞所在的部分始终保持绿色。杂斑也可能由核基因或线粒体基因突变而引起。

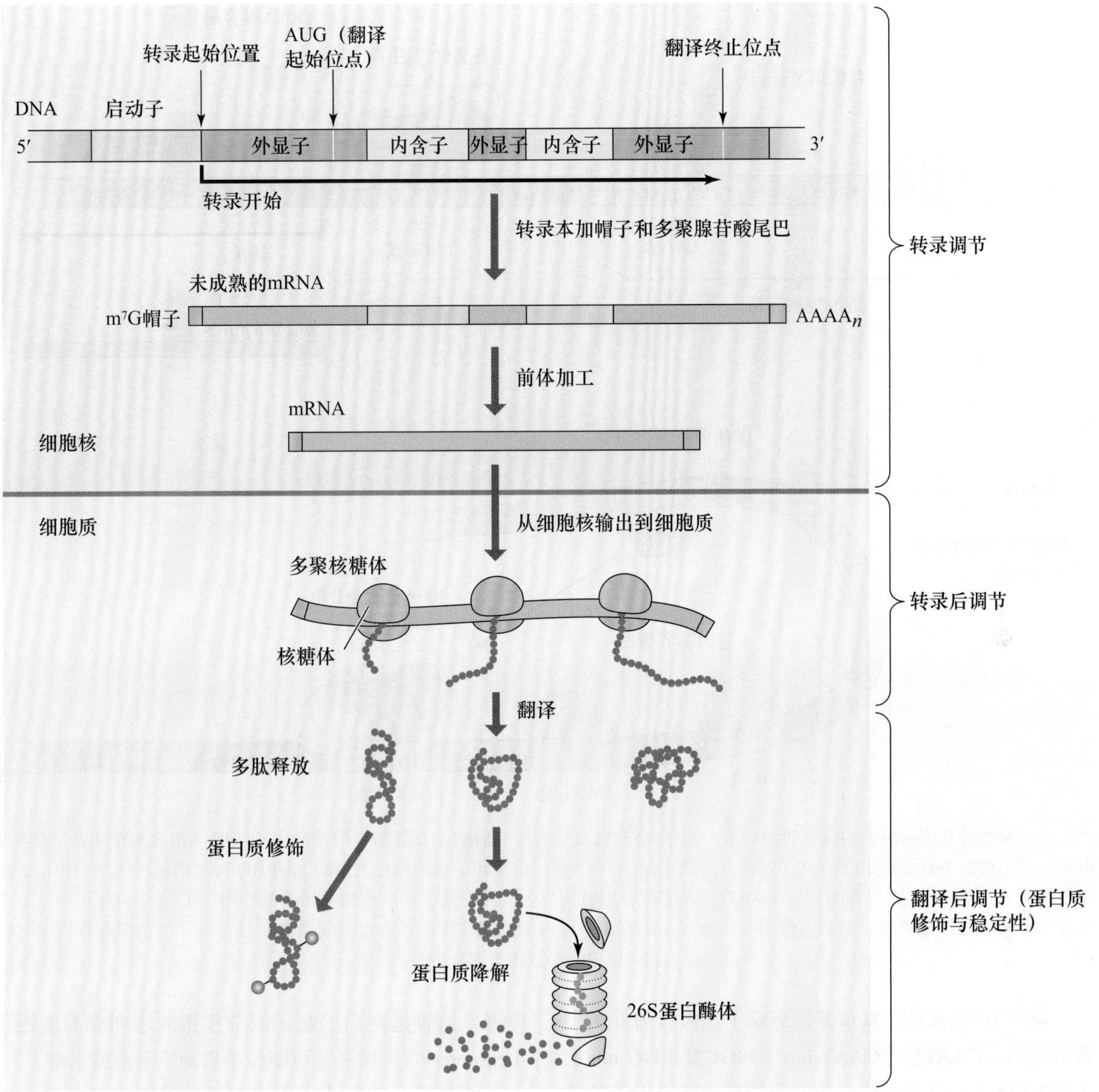

转录起始位置
AUG（翻译起始位点）
翻译终止位点
DNA 启动子
5′ 外显子 内含子 外显子 内含子 外显子 3′
转录开始
转录本加帽子和多聚腺苷酸尾巴
未成熟的mRNA
m^7G帽子 $AAAA_n$
前体加工
mRNA
细胞核
细胞质
从细胞核输出到细胞质
多聚核糖体
核糖体
翻译
多肽释放
蛋白质修饰
蛋白质降解
26S蛋白酶体
转录调节
转录后调节
翻译后调节（蛋白质修饰与稳定性）

图2.11 真核基因表达过程。RNA聚合酶结合于蛋白质编码基因的启动子区。真核基因与原核基因不同，真核基因并不成簇排列构成操纵子，而且每个基因又由内含子和外显子构成。转录沿着模板链从开始位点按3′ 到5′ 方向进行，新合成的RNA链沿着5′ 到3′ 方向延伸，每次加入一个碱基。翻译从第一个编码甲硫氨酸的密码子AUG开始，并终止于终止密码子，这一过程与原核生物相同。成熟的mRNA前体首先在其5′ 端加上一个7-甲基鸟苷酸（m^7G）。其3′ 端在特异位点被剪切并加上多聚腺苷酸尾巴。加帽加尾后的mRNA前体被剪切复合体剪切去掉内含子。成熟的mRNA从核孔输出到细胞质，并在核糖体上起始蛋白质翻译。每个核糖体朝mRNA的3′ 端方向翻译时，新的核糖体又加入到mRNA的5′ 端，因而形成多核糖体结构。翻译完成后，某些蛋白质被加上一些化学基团而被修饰。释放出来的多肽链都有自己的半衰期，这一过程通过泛素依赖的途径由26S蛋白酶体降解（图2.15）。

加入到起始复合体，并将RNA聚合酶磷酸化时，转录才能开始。RNA聚合酶离开起始复合体，并沿反义链或称互补链的3′到5′方向进行转录。

对于那些参与发育调控的基因，除了上述转录因子和RNA聚合酶外，还需要特异的转录因子参与调控RNA聚合酶的活性，这些特异的转录因子也称为转录调节蛋白。这些转录调节蛋白与DNA结合并构成转录起始复合物的一部分。

典型的RNA聚合酶Ⅱ所结合的启动子如图2.12A所示。RNA聚合酶Ⅱ所转录基因的核心启动子元件位于转录开始位点上游约100 bp处，并包括几个与此元件邻近的**启动子序列**（**proximal promoter sequence**）。大约在转录开始位点上游25~30 bp处有一个短序列，称为TATA盒（TATA box），其典型序列为TATAAA（A）。此TATA盒对于转录过程至关重要，因为它是上述转录起始复合物的组装位点。

A

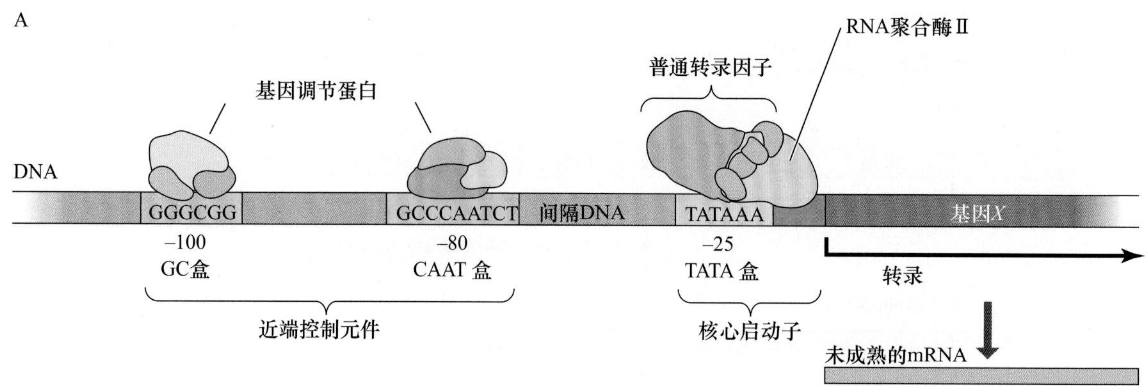

B

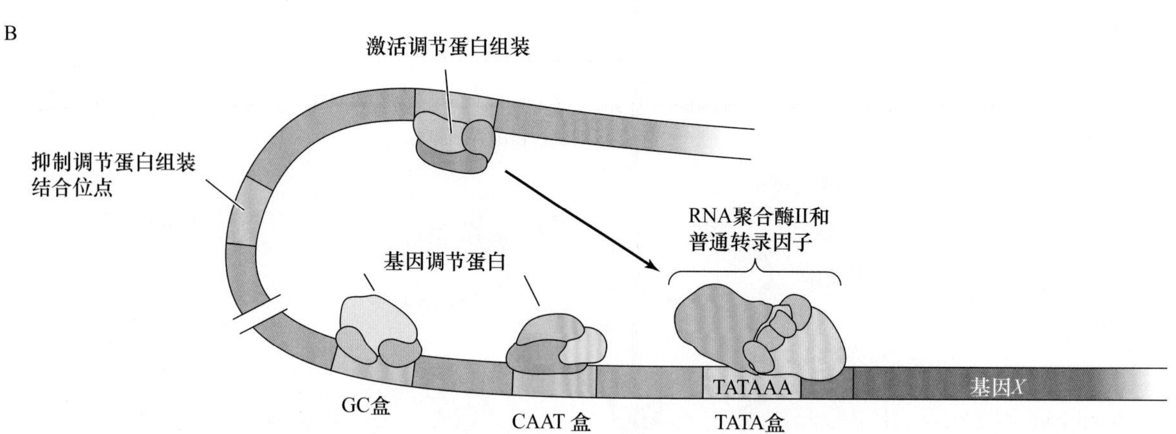

图2.12 典型的真核基因的构成与转录调节。A. 典型的真核基因核心启动子及其结合的转录因子。RNA聚合酶II与结合于转录起始位点上游25 bp处的通用转录因子互作，并被定位于TATA盒。位于转录起始位点上游80 bp和100 bp处的起转录增强作用的顺式作用元件分别为CAAT盒和GC盒。CAAT盒和GC盒分别被调节蛋白因子结合而发挥增强转录的作用。B. 远距离作用的调节序列及其反式作用因子对转录的调节作用。结合于远距离调节序列的反式作用因子通过与转录起始复合物产生物理互作而增强转录。这一过程的细节还不完全清楚。

除了TATA盒外，真核基因启动子还包含另外两个调节序列：**CAAT盒（CAAT box）**和**GC盒（GC box）**（图2.12A）。这两个位点为基因特异的转录因子的结合位点。这些DNA序列因为紧邻它们所调节的转录单位，因而称为**顺式作用序列（*cis*-acting sequence）**。而结合于这些顺式作用序列的转录因子，称为**反式作用因子（*trans*-acting factor）**，而编码这些转录因子的基因位于基因组中其他区域。

真核细胞基因核心启动子序列上游较远处可能存在许多顺式作用序列，通常位于转录开始位点上游1000 bp处，它们对核心启动子可能起正的或负的调节作用，因而这些序列也称为**远距离调节元件（distal regulatory sequence）**。结合于这些元件起正调节作用的转录因子称为**激活子（activator）**，相反，结合于这些元件起负调节作用的转录因子称为**抑制子（repressor）**。真核基因除了具有这些称为启动子元件的调节序列外，距转录开始位点数万碱基距离处，还可能存在具有转录调节作用的称为控制元件的序列，这种远距离的起正调节作用的序列称为**增强子（enhancer）**。增强子可能位于启动子上游或下游。

所有结合于顺式作用序列的转录因子如何调节转录过程呢？在转录起始复合物形成时，位于核心启动子元件和远距离调节序列之间的DNA序列弯曲呈环状，以使结合于调节序列的所有转录因子相互靠近并与起始复合物间产生互作（图2.12B）。通过这种物理上的互作，每种转录因子或正调节或负调节转录过程。

 2.3.2 遗传表观修饰对基因活性的影响

如前所述，只有当DNA可被RNA聚合酶和其他蛋白因子结合时，才可能发生基因转录。处于压缩状态的DNA需要通过DNA和组蛋白的共价修饰而被释放，从而被RNA聚合酶和转录因子识别和结合。由于这种共价修饰可改变一个基因的转录行为，但并不改变DNA的序列本身，因而也称为**表观遗传修饰（epigenetic modification）**。

DNA中胞嘧啶碱基的**甲基化（methylation）**是

DNA修饰的常见类型之一（图2.13A）。植物中甲基化频率较高的序列为CG、CHG和CHH（H可以是鸟嘌呤之外的任意碱基）。相反，哺乳动物中，胞嘧啶甲基化经常发生在CG序列中，胞嘧啶甲基化由甲基转移酶催化完成，而DNA的去甲基化由糖基化酶催化完成，该过程使用非甲基化的胞嘧啶替代甲基化的胞嘧啶。

表观遗传修饰也可以发生在组蛋白上，这些组蛋白和围绕其上的DNA共同构成核小体。每个组蛋白有一个突出于核小体外的尾巴，此尾巴由组蛋白前端氨基酸链部分构成。组蛋白修饰就发生在这些尾巴上，修饰通常位于最外面的40个左右的氨基酸残基上。这种修饰可能影响核小体的构象，因而影响与之相关的DNA中的基因活性。

影响基因活性的组蛋白修饰之一就是甲基化，尤其是组蛋白H3的尾巴上的赖氨酸（单字母缩写为K）残基的甲基化更是如此。这些被甲基化的赖氨酸残基从外向内数依次为K4、K9、K27和K36。一个氨基酸残基上可能被加上1个、2个甚至3个甲基（图2.13B）。H3K4位置的甲基化往往伴随着基因被活化，而H3K9位的甲基化往往导致基因失活和转座子元件沉默。在酵母和哺乳动物中，甲基基团被组蛋白去甲基化酶去除（Bannister and Kouzarides，2005），植物中具有类似功能的基因也有报道（Choi et al.，2007）。

组蛋白尾巴上的另外一种修饰为**乙酰化（acetylation）**，此过程由组蛋白乙酰转移酶（HAT）催化完成。一般来说，组蛋白乙酰化伴随着基因激活，组蛋白去乙酰化酶（HDAC）通过去除乙酰基团而逆转基因的激活状态。

甲基化和乙酰化修饰均可改变染色体复合物的构型，导致染色体压缩或解压缩。多种蛋白质组成的染色体重塑复合物与修饰的组蛋白结合时导致染色体压缩状态的改变。利用ATP水解释放的能量驱动这些反应，染色体重塑复合物通过驱使核小体向5′或3′方向移动而打开染色体。核小体的间隙扩大后足以使RNA聚合酶与DNA结合并起始转录过程（图2.13C）。或者，组蛋白修饰也可能为调节蛋白提供新的结合位点并影响基因活性。对于组蛋白的化学修饰，人们才刚刚开始理解和涉足，而且仅限于组蛋白尾巴上40个左右的氨基酸的特定化学修饰作用。对于特定核小体的整个组蛋白化学修饰有时也称为“组蛋白密码”，这一概念暗示了核小体构型与基因活性的密切关系。

2.4　核基因表达的转录后调节

mRNA在转录后立即被加工，包括内含子剪切、5′端加帽子、3′端加尾巴。之后转录产物被运到细胞质进行翻译。

机体组织在应对某一特异的刺激时通常会转录新的mRNA。而且为了保证刺激与反应的专一对应关系，mRNA通常具有特定的寿命。例如，在应对环境胁迫时，植物可能需要产生特异的酶，而当胁迫解除时再继续合成这种酶对植物来说可能是能量的浪费甚至是

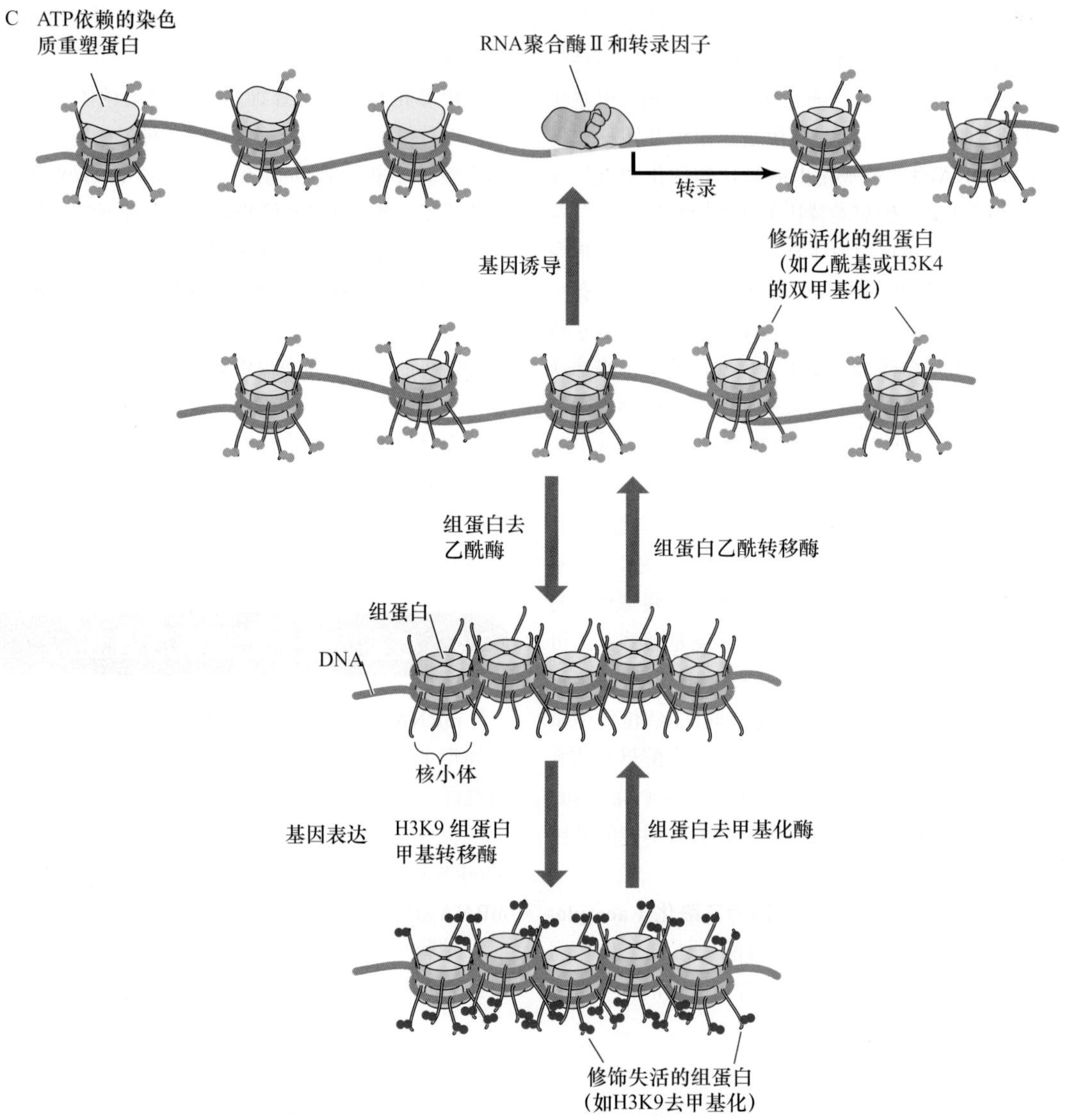

C ATP依赖的染色质重塑蛋白

RNA聚合酶Ⅱ和转录因子

转录

基因诱导

修饰活化的组蛋白（如乙酰基或H3K4的双甲基化）

组蛋白去乙酰酶

组蛋白乙酰转移酶

组蛋白

DNA

核小体

基因表达

H3K9 组蛋白甲基转移酶

组蛋白去甲基化酶

修饰失活的组蛋白（如H3K9去甲基化）

图2.13 A. 半胱氨酸C_5的甲基化伴随着基因转录失活。B. 组蛋白中多个赖氨酸K残基可能被组蛋白甲基转移酶（HMT）添加1个、2个甚至3个甲基。C. 组蛋白修饰可能激活基因转录（上）或抑制基因转录（下）。组蛋白乙酰转移酶（HAT）导致的乙酰化和HMT在H3K4的赖氨酸残基的甲基化导致基因激活，这些修饰促进ATP依赖的染色质重塑并刺激基因转录。组蛋白中H3K9的甲基化和组蛋白去乙酰化酶催化去乙酰化导致基因失活。

有害的。因此，mRNA的产生、活性及稳定性均受到调节（Green，1993）。在此前的部分已经讨论了转录（mRNA产生）过程，在此，继续讨论转录后调节（活性与稳定性）机制。

2.4.1 顺式作用元件可能影响RNA的稳定性

mRNA稳定性的调节机制之一是依赖mRNA分子自身内部存在的顺式元件，不幸的是**顺式元件（*cis*-element）**一词已被用于描述DNA转录活性的特定DNA区域。这些顺式元件可以被RNA结合蛋白所结合，RNA结合蛋白可能起到稳定mRNA的作用，也可能启动依赖核酸酶的RNA降解过程（Hollams et al.，2002）。RNA结合蛋白使mRNA更稳定或启动其降解过程依赖于顺式元件的类型，对于不同的mRNA分子其作用可能差异甚大。

2.4.2 非编码RNA通过RNA干扰（RNAi）途径调节mRNA的稳定性

调节mRNA稳定性的另外一种途径便是**RNA干扰途径（RNA interference pathway，RNAi途径）**。这一途径涉及几种类型的小RNA分子，它们不编码蛋白质因而称为非编码RNA（ncRNA）。RNAi途径在基因表达调节及基因组防卫（genomic defense）中发挥重要作用。RNAi途径实际是RNA分子与双链RNA（dsRNA）的互作。

需要提及的是mRNA分子通常是单链分子（ssRNA）。植物中，dsRNA通常来自于以下3种情形之一。

（1）植物的正常发育过程中存在的**microRNA（miRNA）**（图2.14A）。

（2）**短干扰RNA（short interfering RNA，siRNA）**的产生，它会导致某些基因的沉默（图2.14B）。

（3）由病毒感染或由外源基因转化而来（图2.14C）。

无论dsRNA如何产生，细胞都天生具备RNAi反应。dsRNA被剪切成21~24个核苷酸长度的RNA片段，它们与来自内源基因、病毒或转基因产生的互补单链RNA（如mRNA）结合并启动后者的降解或抑制其翻译。在有些情况下，RNAi途径可能导致基因沉默，也可能导致内源DNA或外源基因的**异染色质化（heterochromatization）**。为详细探讨RNAi机制，需要首先论述细胞内dsRNA的积累过程。接下来讨论RNAi过程的分子组成和下游事件。

microRNA调节诸多与发育过程相关基因的转录后事件：microRNA（miRNA）参与许多发育过程，如叶片和花的发育、细胞分裂和植物器官的极性生长（Kidner and Martienssen，2005）。所有的miRNA产

A **microRNA途径**

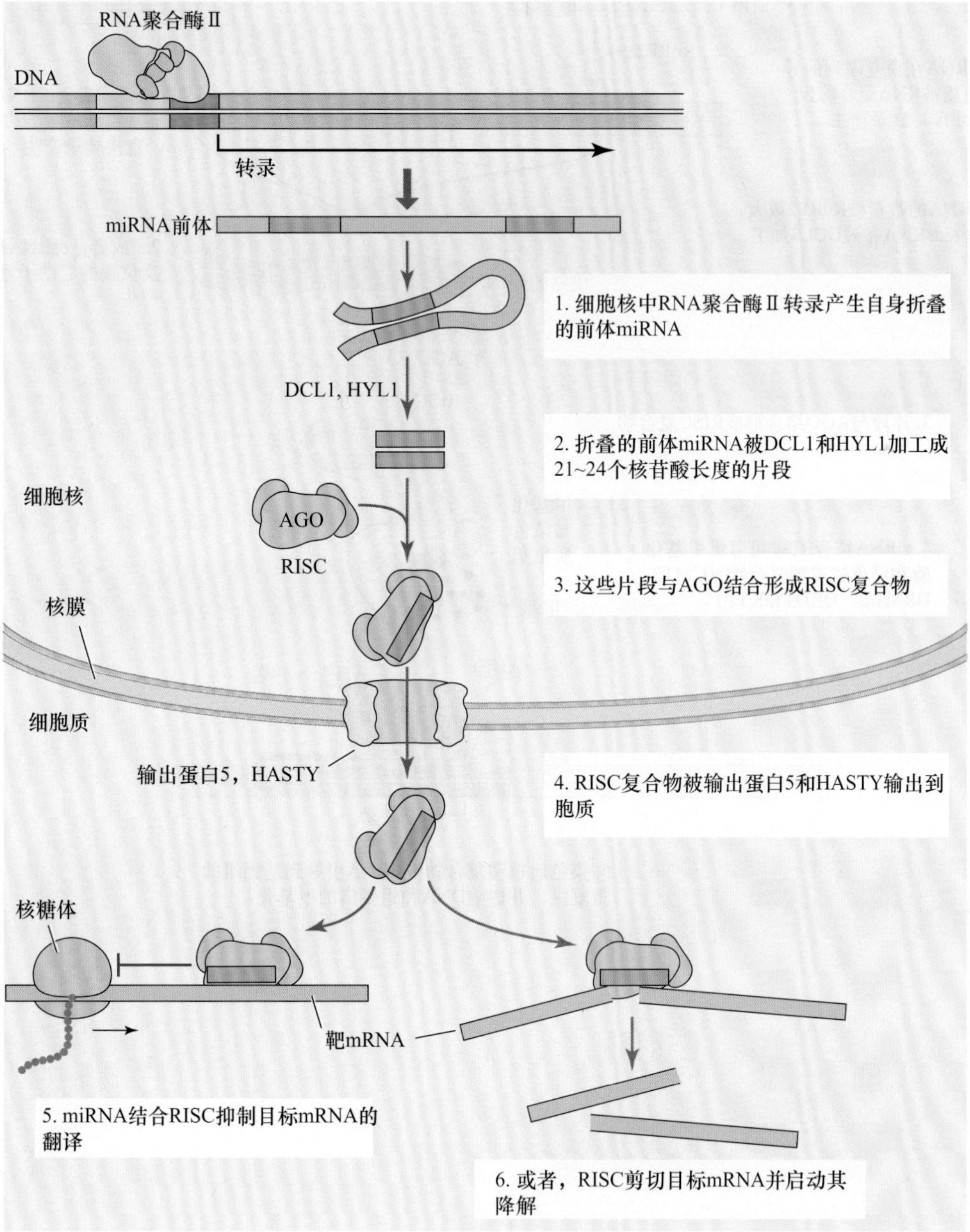

B 短干扰**RNA**途径

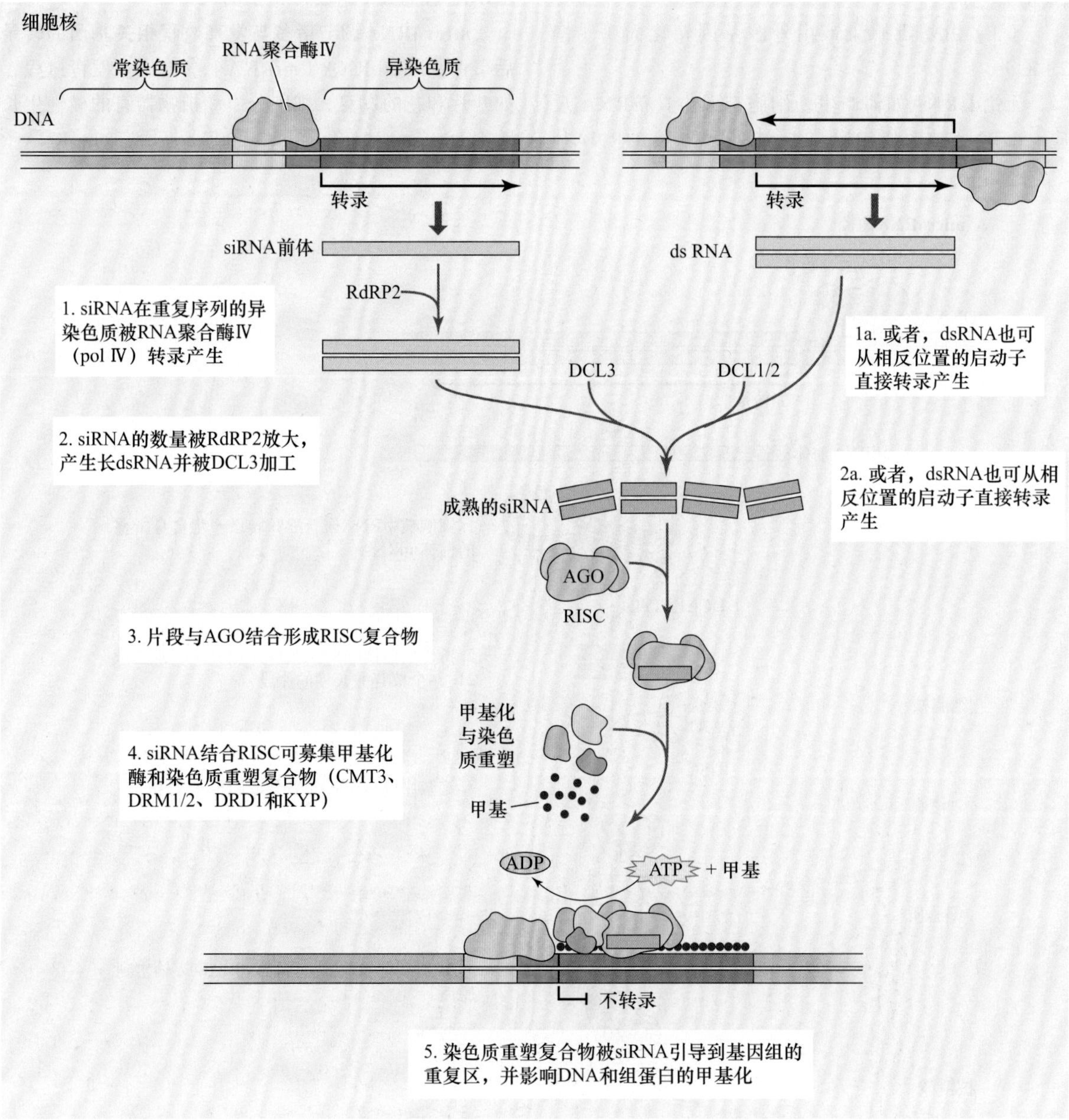

细胞核
RNA聚合酶Ⅳ
常染色质
异染色质
DNA
转录
转录
siRNA前体
ds RNA
RdRP2
1. siRNA在重复序列的异染色质被RNA聚合酶Ⅳ（pol Ⅳ）转录产生
1a. 或者，dsRNA也可从相反位置的启动子直接转录产生
DCL3
DCL1/2
2. siRNA的数量被RdRP2放大，产生长dsRNA并被DCL3加工
2a. 或者，dsRNA也可从相反位置的启动子直接转录产生
成熟的siRNA
AGO
RISC
3. 片段与AGO结合形成RISC复合物
甲基化与染色质重塑
甲基
4. siRNA结合RISC可募集甲基化酶和染色质重塑复合物（CMT3、DRM1/2、DRD1和KYP）
ADP
ATP + 甲基
不转录
5. 染色质重塑复合物被siRNA引导到基因组的重复区，并影响DNA和组蛋白的甲基化

C 针对病毒感染的**RNAi**反应途径

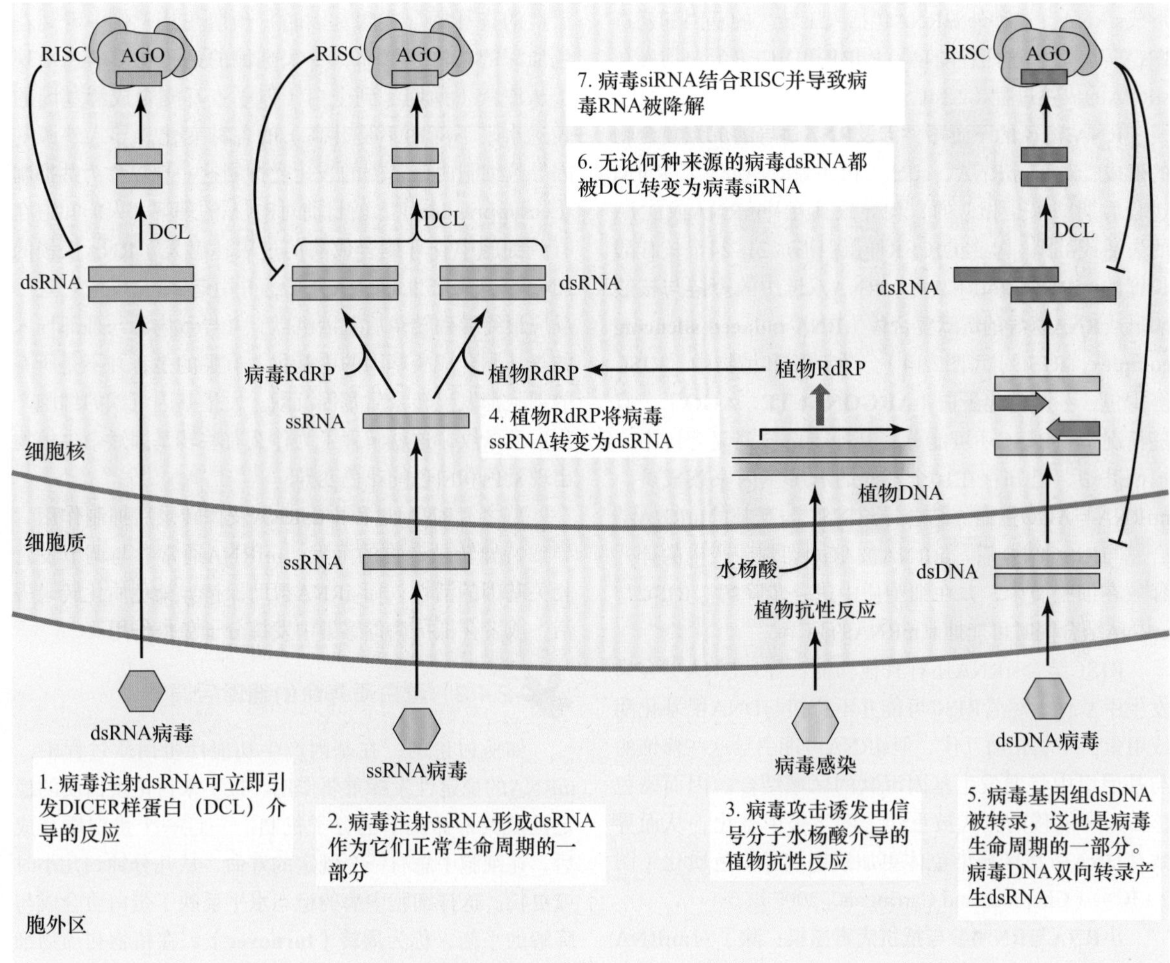

图2.14 植物中的RNAi途径。A. 在植物生长发育中miRNA参与多种遗传途径的调节。B. 短干扰RNA（siRNA）对于维持异染色质化和基因沉默是必需的，此处显示了参与RdRP2途径的siRNA。C. 植物细胞可通过RNAi反应而抵抗病毒感染。

生于特定的DNA位点，由RNA聚合酶Ⅱ合成，最初的miRNA转录产物（pri-miRNA）的长度差异较大，从几百到几千个核苷酸。这种初始转录产物在5′端加帽子，3′端加多聚腺苷酸尾巴，并形成双链发夹茎环结构，由双链的碱基对臂和单链的环构成。下一步，pri-miRNA被加工形成miRNA前体（pre-miRNA），在动物中pre-miRNA通常有70~80个核苷酸长度，但植物中可达数百个核苷酸长度。植物体内，pri-miRNA在细胞核内在**DCL1（DICER-LIKE1）**和**HYL1（HYPONASTIC LEAVES1）**两个蛋白质的作用下转变为miRNA，加工成熟的miRNA即可参与RNAi反应（图2.14A）。

短干扰RNA来源于重复的DNA：成熟的短干扰RNA（siRNA）在结构和功能上与miRNA类似，同样引起RNAi反应。然而，siRNA与miRNA的产生方式不同。siRNA有两种产生方式，其一，它们可能由产生mRNA链的互补链上的启动子启动转录，因而形成两条完全或部分互补的单链RNA分子（ssRNA），此后形成双链分子。其二，ssRNA由特异的**依赖RNA的RNA聚合酶（RNA-dependent RNA polymerase，RdRP）**剪切形成dsRNA（图2.14B）。值得注意的是，siRNA的转录由RNA聚合酶Ⅳ完成，而miRNA的转录由RNA聚合酶Ⅱ完成（Ramachandran and Chen，2008）。

内源siRNA在正常染色质区转录而来，而非那些大量转录的区域，如重复DNA序列、转座子和中心粒区。实际上，siRNA起源于重复序列区域，这些重复序列区域有时称为**重复相关的沉默RNA（repeat-associated silencing RNA，rasiRNA）**。如人们此后要看到的那样，这也许并不是巧合：似乎siRNA的形成与RNAi的诱导实际上引起这些区域的异染色质化和大部分转录本的沉默。一旦双链RNA由反向重复序列转录而来，或者由RdRP2转录而来，即被DECER家族蛋白剪切为21~24个核苷酸长度的双链（图2.14B）。

除了这些内源的siRNA外，外源RNA同样可触发形成siRNA。这种外源RNA包括人工转入的基因和病毒RNA等。对于这两种RNA，RdRP和DICER蛋白均参与siRNA的成熟过程（2.14C）。

RNAi途径的下游事件涉及RNA诱导的沉默复合物的形成：对于miRNA、siRNA和外源RNA而言，RNAi过程后期结果是相似的，均导致其互补mRNA或DNA的失活或沉默。在经DICER样蛋白形成21~24个核苷酸长度的miRNA或siRNA后，RNA双链中的短链与核酸酶形成**RNA诱导的沉默复合体（RNA-induced silencing complex，RISC）**（图2.14）。在动物和植物中，RISC至少包含一个**催化蛋白（ARGONAUTE，AGO）**。有些情况下，RISC还可能募集其他蛋白质到复合体中。拟南芥中，已知存在10个不同的*AGO*基因家族成员。miRNA与AGO蛋白的结合导致RISC与互补的mRNA结合。与RISC结合后，mRNA被AGO切割，产生的碎片释放在细胞质中，并在细胞质中进一步降解。RISC与mRNA结合同时可能抑制mRNA的翻译。

RISC结合siRNA还有其他功能：导致DNA更容易发生甲基化。尽管RISC可能并不直接与DNA甲基化酶或组蛋白甲基化酶互作，但siRNA可能引导这些修饰酶与基因组中将要发生基因沉默的区域结合。因而染色体以ATP依赖的方式被重塑，随之被甲基化，从而导致该DNA所在区域染色体更加致密和异染色质化（图2.13C）（Chapman and Carringon，2007）。

小RNA与RNAi参与抵抗病毒感染：除了对miRNA和内源siRNA的加工外，植物还把RNAi机制作为抵御病毒感染的分子免疫之用（Mlotshwa et al.，2008）。植物病毒的基因组结构变化多样。有些病毒注射双链DNA，有些则使用单链或双链RNA来感染植物。然而，每种病毒在其生活周期的某一阶段总会产生dsRNA。RNA病毒在寄主细胞中的复制需要在细胞质中形成dsRNA中间体。另外，双链DNA病毒在它们转录重叠的可读框时，DNA的正、反链往往转录产生双链RNA。

无论dsRNA来源于RNA病毒还是DNA病毒，它们总是产生于寄主细胞的核中。植物的DCL蛋白可以识别dsRNA分子并启动RNAi途径，最终导致病毒RNA的破坏。在将外源入侵的RNA剪切成21~24个核苷酸的siRNA过程中，植物还会产生能穿越胞间连丝并遍布植物体全身的记忆分子，在病毒扩散之前产生有效的免疫作用。

共抑制是RNA介导的基因沉默现象：最早导致人们发现siRNA现象的实验是植物对转入外源基因的反应。20世纪90年代早期，Richard Jorgensen及其同事致力于矮牵牛花中查耳酮合成酶的研究，该酶是牵牛花中产生紫色素的关键酶。当他们在牵牛花植物中插入一个高活性的查耳酮合成酶基因时，预期在其子代中看到花色加深的植株，然而，令人吃惊的是，花瓣颜色出现了从深紫（预期）到全白（似乎查耳酮合成酶基因的表达水平下降而不是升高）的各种变化。导入外源基因导致细胞内该基因的表达受抑制这一现象称为**共抑制（cosuppression）**。就目前对RNAi的理解，人们知道在有些细胞中查耳酮合成酶的过表达触发了RNA依赖的RNA聚合酶产生dsRNA分子，并引起RNAi反应。这一反应最终导致转录后基因沉默，并导致内源与外部导入的查耳酮合成酶基因的甲基化。有趣的是，并不是所有的细胞都发生转录后基因沉默。发生基因沉默的细胞产生白色条纹，这就解释了为什么有些转基因矮牵牛植物出现紫色和白色的花色变异。

总之，RNAi过程中dsRNA发挥转录后抑制作用，导致特异转录产物的沉默。miRNA通常参与调节发育相关基因的活性，而siRNA帮助保持异染色质化转录失活，或者在抵抗病毒感染中发挥分子免疫作用。

 2.4.3 蛋白质寿命的翻译后调节

如所讨论的，在基因产生功能性蛋白质过程中，mRNA的稳定性发挥重要作用。接下来讨论蛋白质的稳定性及其寿命调节的分子机制。一旦一个蛋白质合成后，在细胞中总有一个既定的寿命，从几分钟到几小时或更长。这样细胞中酶的稳态水平反映了蛋白质合成与降解的平衡，称为**周转（turnover）**。在植物和动物细胞中，存在两种截然不同的蛋白质周转途径，一种存在于特化的裂解型液泡中（动物中称为溶酶体），另一种存在于细胞质中。

蛋白质周转的细胞质途径中被降解的蛋白质与小的被称为**泛素（ubiquitin）**的76个氨基酸的多肽形成共价键，这一过程依赖于ATP。在蛋白质分子上加入一个或多个泛素分子的过程称为泛素化。被泛素标记的蛋白质将被**26S蛋白酶体（26S proteasome）**复合物以ATP依赖的方式降解，这一蛋白酶体特异识别标签分子泛素（图2.15）（Coux et al.，1996）。真核细胞中90%以上的短寿命蛋白通过泛素依赖的途径被降解（Lam，1997）。

泛素化起始于**泛素激活酶E1（ubiquitin-activating enzyme E1）**催化的泛素C端依赖ATP的腺苷酸化。腺苷酸化的泛素被**泛素连接酶E2（ubiquitin-conjugating enzyme E2）**转移到其半胱氨酸残基上。被降解的蛋白质与**泛素连接酶E3（ubiquitin ligase E3）**通过共价键结合。然后，E2-泛素复合物将泛素转移到与E3连接的将被降解蛋白质的赖氨酸残基上。这一过程可能进行多次重复并形成多泛素化。最终被泛素标记的蛋白质转入蛋白酶体中并被降解。

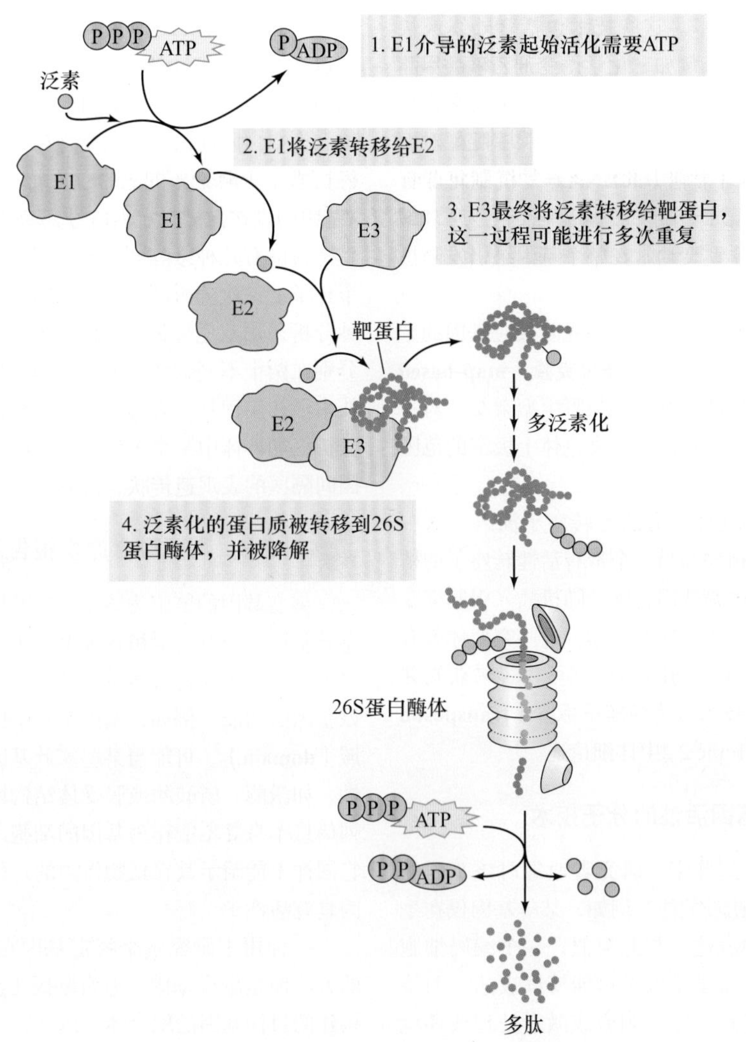

图2.15　细胞质中蛋白质降解的一般过程示意图。

如人们所知，细胞中存在大量的蛋白质特异的泛素连接酶，从而实现特异靶蛋白的周转降解调控（见第14章）。将在第19章中详细讨论这一过程。

2.5　基因功能的研究工具

生物个体中包含特异的DNA序列变异，称为**突变体（mutant）**。突变体分析对于研究者推断基因功能或基因的染色体定位起到了极大的推动作用。此部分中将讨论突变体如何产生及它们在遗传学分析中的应用，并讨论一些用于研究或操作基因表达的现代生物技术研究工具。

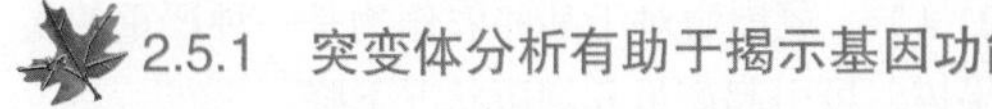

2.5.1　突变体分析有助于揭示基因功能

本书中将详细讨论参与植物生理功能调节的基因和遗传途径，经常提到研究者用于阐释基因和信号途径的某些类型的突变体。为什么一个突变的基因要比野生型中正常的该基因更容易揭示基因功能呢？

利用突变体进行基因功能鉴定依赖于人们可容易地分辨突变体与野生型的差异，即突变体的核酸序列变化必定引起表型的改变。如果一个突变体可以通过野生型基因的导入而恢复到正常的表型，那么人们就可以推断是因为该基因的突变而引起突变体相应表型的改变。这种方法称为**回补（complementation）**。例如，假定某植物存在一个单基因突变，表现为比野生型晚花。如果能将该基因定位并测序，就能对花发育的分子机制有新的认识。现在假定，研究者能够在突变体基因组中找到区别于野生型的DNA序列。如果研究者能够将野生型基因转入突变体并使突变体恢复到正常表型，就可以相对肯定地认为该候选基因负责开花起始调节。

在20世纪20年代，H. J. Muller 和L. J. Stadler分别通过实验研究了X射线对果蝇和大麦染色体稳定性的影响，并报道了被处理生物个体的遗传变化。随后，人们发展了诱导突变的技术。这些技术包括紫外线或快中子辐射及化学诱变剂。例如，化学诱变剂**乙磺酸甲酯（ethylmethanesulfonate，EMS）**可在核酸（通常为鸟苷酸）上添加乙基。乙基化的鸟苷酸与胸腺嘧啶配对而不与胞嘧啶配对。然后细胞中的DNA修复机制将腺苷酸替代乙基化的鸟苷酸，引起G/C碱基对变化为A/T碱基对。辐射诱变或化学诱变通常在整个基因组引发随机的突变。

将突变位点定位到染色体并最终克隆效应基因的方法有多种。Web Topic 2.1展示了**图位克隆（map-based cloning）**的方法，该方法将突变体与野生型杂交并对子代做遗传分析，将突变位点限制在染色体上极窄的范围内并进行测序。

另外一种产生突变体的方法是转座子插入。这一技术涉及将研究对象植物与另一个带有活性转座子的植物杂交，并在其后代中筛选因转座子随机插入引起突变表型的个体。由于转座子的序列已知，这些突变体就有了标签。这样邻近转座子的DNA序列可较容易获知并分析突变基因。这一技术称为**转座子标签（transposon tagging）**，将在Web Topic 2.2中详细论述。

2.5.2 鉴定基因活性的分子技术

一旦目标基因得到鉴定，研究者通常对该基因的表达位置和表达时间比较关注。例如，某一基因仅在生殖器官或营养器官中表达。与此类似，一个编码细胞基本功能酶的基因（持家基因）可能持续表达，而特殊功能酶的基因可能在特定的刺激或激素处理或环境条件下才表达。过去，转录分析（检测某基因在特定时间的转录产物mRNA量）主要针对单个基因。这种分析方法包括Northern、逆转录PCR和原位杂交。本书中可见到这3种技术的应用。最近发展起来的称为**微阵列（microarray）**或基因芯片的技术利用了基因组测序所获得的海量信息。

所有的芯片技术都要使用固体支持介质，如玻璃，在介质上被固定了能代表某物种每个基因的DNA序列片段阵列。这种阵列可包含数千个点，每次试验可同时对所有的点进行分析，因而相对于传统的方法而言，这一技术极大地提高了基因表达的分析效率。从特定组织中提取的RNA首先被逆转录为更为稳定的DNA（cDNA），每个cDNA分子代表了样品中对应的RNA（图2.16）。此后，cDNA混合物被标记上荧光染料用于在后续的操作步骤中得以识别为图像。标记之后，cDNA混合物即可用于芯片实验。

每条单链cDNA与其相应互补的点阵结合，这一过程称为杂交，杂交结果反映了原始材料中相应mRNA丰度的高低。例如，如果所提取的材料中*X*基因的mRNA存在，带标记的cDNA就可与阵列中对应的代表*X*基因的点杂交产生阳性信号。另外，如果同一样品中*Y*基因不表达，阵列中代表*Y*基因的点将无法被cDNA杂交，该点为空白阴性信号。杂交之后，微阵列通过激光束进行扫描，检测荧光标记的cDNA信号。上面的例子中，*X*基因的点在扫描时产生信号，而*Y*基因的点无信号。

目前有几种微阵列技术。有些类型的微阵列在同一个片子上一次分析两个mRNA样品，如处理与对照（这种分析采用双色标记）（图2.16）。另外一些微阵列则分别在两个不同的片子上分析两个样品的信息。微阵列技术最初用于基因表达分析，但现在也可用于其他研究分析，如群体中某个个体基因型的诊断，以及基因或基因间隔区的表观遗传状态监测。

2.5.3 基因融合产生报告基因

突变基因的鉴定为该基因在基因组中的定位提供信息及基因功能改变对植物表型产生影响。从一个基因的序列入手，研究者可通过与其他已知基因的比较而推测该基因的功能。例如，基因中某个区域，即所谓的**结构域（domain）**，可能与某些家族基因的结构域具有相似性，如激酶、磷酸酶或膜受体结构域等。然而，仅仅序列信息本身并不能作为基因的细胞内功能的直接证据，它同样不能暗示其在植物体内的定位或在什么条件下基因具有活性。

一种用于研究一个特定基因在植物或细胞内表达的方法便是融合基因。**融合基因（gene fusion）**是人工构建的目标基因的融合体。例如，一个基因的启动子与另一个基因融合形成**报告基因（reporter gene）**，可更加容易检测一个基因的蛋白质是否存在。绿色荧光蛋白（GFP）便是报告基因的典型例子，GFP产生一种可在整株植物或细胞内用荧光显微镜观察的荧光蛋白（图19.33）。需要提及的是并不是所有的基因在植物的每个细胞中时刻都有表达。一个基因的表达受转录因子的精细调节，转录因子不仅调控其表达活性，还决定其在特定的时间和特定的组织在需要的时候进行表达。一个植物的所有细胞均包含某个启动子与GFP的融合基因，但GFP蛋白仅在该启动子具有正常活性的细胞中表达。换句话说，只有在特定的细胞类型和特定的时间表达该基因时，才可看到绿色荧光蛋白的存在。

学者们已经发展起来了利用植物病原菌农杆菌介导的融合基因转化方法。农杆菌引起被感染植物产生生长激素，诱导形成称为**冠瘿瘤（crown gall）**的肿瘤细胞（图21.4）。冠瘿瘤对于某些农作物是一种严重的疾病，如果树，可引起产量和健康状况下降。

农杆菌因其可以将自己的一部分基因转入植物细胞，有时被看作自然界的遗传工程师。被转入植物基

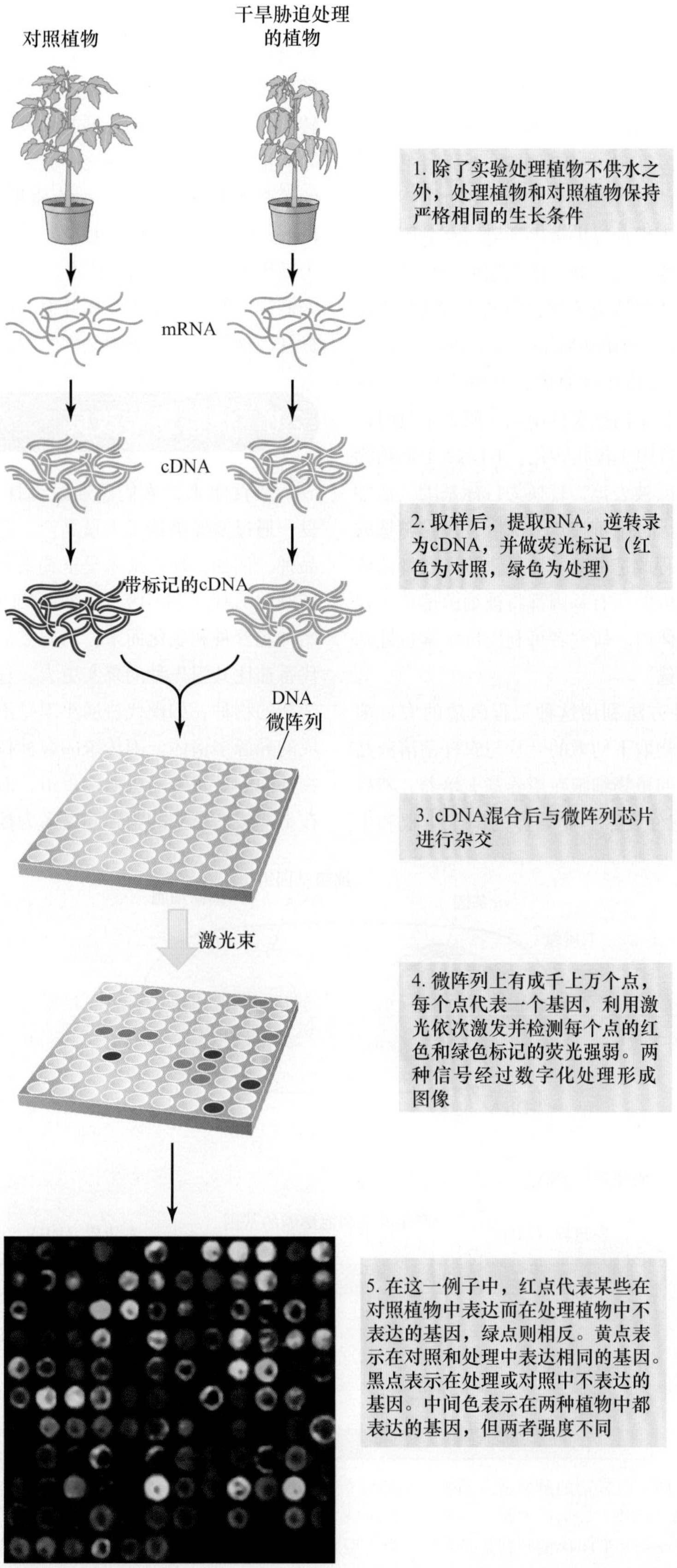

对照植物

干旱胁迫处理的植物

1. 除了实验处理植物不供水之外，处理植物和对照植物保持严格相同的生长条件

mRNA

cDNA

2. 取样后，提取RNA，逆转录为cDNA，并做荧光标记（红色为对照，绿色为处理）

带标记的cDNA

DNA微阵列

3. cDNA混合后与微阵列芯片进行杂交

激光束

4. 微阵列上有成千上万个点，每个点代表一个基因，利用激光依次激发并检测每个点的红色和绿色标记的荧光强弱。两种信号经过数字化处理形成图像

5. 在这一例子中，红点代表某些在对照植物中表达而在处理植物中不表达的基因，绿点则相反。黄点表示在对照和处理中表达相同的基因。黑点表示在处理或对照中不表达的基因。中间色表示在两种植物中都表达的基因，但两者强度不同

图2.16　双色标记的微阵列技术用于比较不同生物个体或不同条件下的基因表达。

因组的是自己环状染色体DNA上额外的一部分，称为肿瘤诱导质粒（Ti质粒）（图2.17）。Ti质粒包含数个毒性基因（*vir*）及转移区DNA（T-DNA）。毒性的*vir*基因对于启动和执行T-DNA插入植物细胞是必需的。一旦进入植物细胞内，T-DNA被随机插入基因组的某个位置。T-DNA上所携带的基因具有两类功能：①诱导形成冠瘿瘤，它们为细菌提供寄生环境。②基因产物为非蛋白质氨基酸，称为冠瘿碱，作为细菌的代谢能源物质（图21.5）。农杆菌转染植物细胞的步骤见图2.18（Citovsky et al.，2007；Dafny-Yelin et al.，2008）。

由于农杆菌通常是植物病原菌，如何用作生物技术的研究工具呢？实验室内把农杆菌用作研究工具时，研究者将改造的Ti质粒用于植物转化，T-DNA上的植物激素和冠瘿碱合成基因被去掉，替换为目标基因。通常具有抗生素抗性的基因也附带在T-DNA区，用作筛选的标志基因。这样经工程改造的Ti质粒重新转入农杆菌体内。位于T-DNA区域内的所有基因都将被细菌遗传工程师插入受感染的植物体内。研究者可利用抗生素抗性基因进行转化细胞的筛选。

人们可通过几种方法利用这种工程改造的农杆菌进行植物转化。从植物取下幼嫩的叶片与农杆菌溶液共培养，之后将洗脱后的植物细胞在培养基上培养，然后用植物生长素和细胞分裂素诱导培养的细胞生根和生芽。这种技术已经成功培育出转化的成体植株。有些植物更加容易转化，如拟南芥，将花序浸入农杆菌溶液中就可在后代中产生足够多的转化体。除了农杆菌介导的转化方法外，人们还发展起来其他几种用于将外源基因导入植物的方法，其中之一就是将包含两种不同基因组的植物细胞进行融合，称为**原生质体融合（protoplast fusion）**。另外一种转化方法就是生物导弹，有时也称为**基因枪（gene gun）**技术，该技术在金粉表面包裹上人们构建的目标基因载体并射入细胞进行组织培养。目标基因被随机插入细胞基因组中。

2.6 作物遗传改良

数百年来，人们已通过选择育种方法进行作物改良，通过变异筛选了大量高产、适应特异气候及抗病的品种。例如，现代玉米是玉蜀黍亚种（也称为类蜀黍）的驯化后代（图2.19）。如图2.19所示，现代玉米从原始种经育种和驯化而来。与此类似，选择性育种也使现代番茄比其祖先种的果实更大。育种技术也产生了一些全新的物种，如现代普通小麦是不同物种间交叉授粉形成的异源多倍体。因传统的育种技术依赖有性生殖亲和物种间的性状的随机遗传重组，而现代生物学技术允许在不能成功杂交的物种间受人为控制转移若干个基因。

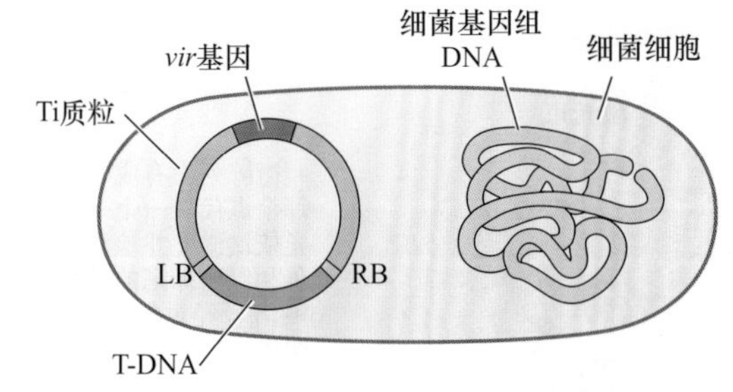

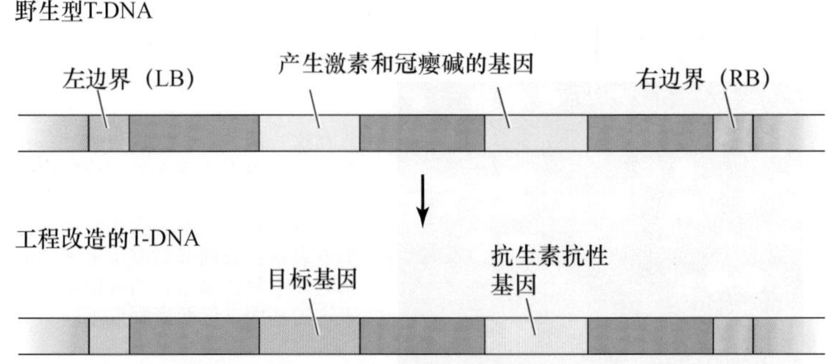

图2.17　农杆菌的肿瘤诱导质粒（Ti质粒）。Ti质粒是细菌细胞中含有的环状染色体的DNA。感染植物后该质粒的一部分（T-DNA）被插入到植物核基因组中。Ti质粒上的毒性基因*vir*对于T-DNA的转移是必需的。野生型Ti质粒的T-DNA包含产生植物激素和非蛋白质氨基酸（冠瘿碱）的编码基因。农杆菌被用于进行植物转化时，植物激素和冠瘿碱合成基因被替换为目标基因，通常还附带有选择标志基因，如抗生素抗性基因等。

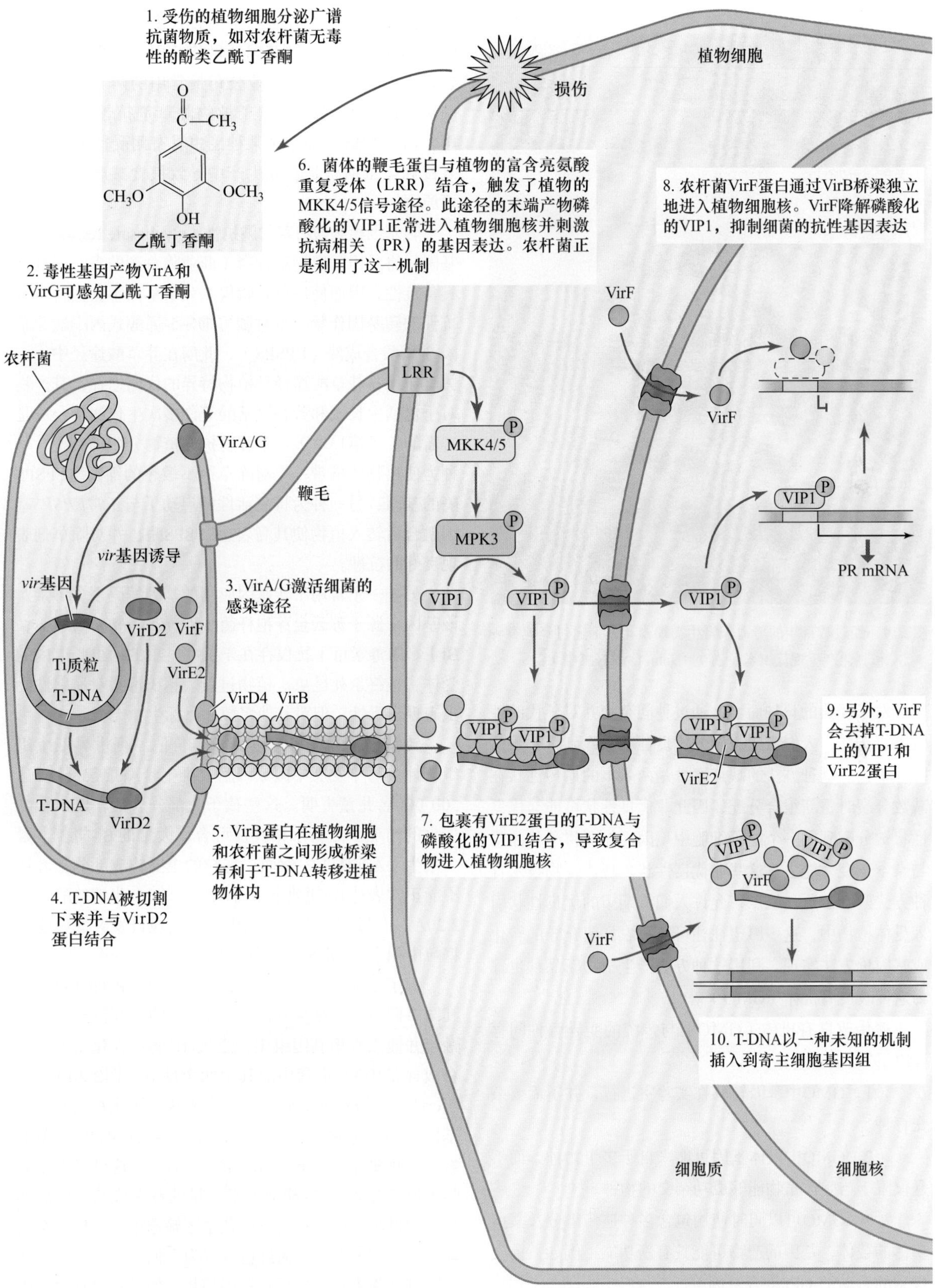

1. 受伤的植物细胞分泌广谱抗菌物质，如对农杆菌无毒性的酚类乙酰丁香酮

植物细胞

损伤

O
C—CH_3
CH_3O
OCH_3
OH
乙酰丁香酮

6. 菌体的鞭毛蛋白与植物的富含亮氨酸重复受体（LRR）结合，触发了植物的MKK4/5信号途径。此途径的末端产物磷酸化的VIP1正常进入植物细胞核并刺激抗病相关（PR）的基因表达。农杆菌正是利用了这一机制

8. 农杆菌VirF蛋白通过VirB桥梁独立地进入植物细胞核。VirF降解磷酸化的VIP1，抑制细菌的抗性基因表达

2. 毒性基因产物VirA和VirG可感知乙酰丁香酮

VirF

农杆菌

LRR

VirF

VirA/G

MKK4/5
P

鞭毛

VIP1
P

MPK3
P

*vir*基因诱导

*vir*基因

3. VirA/G激活细菌的感染途径

VIP1

VIP1
P

VIP1
P

PR mRNA

VirD2　VirF

Ti质粒

VirE2

T-DNA

VirD4　VirB

VIP1
P

VIP1
P

VIP1
P

VIP1
P

9. 另外，VirF会去掉T-DNA上的VIP1和VirE2蛋白

VirE2

T-DNA

VirD2

5. VirB蛋白在植物细胞和农杆菌之间形成桥梁有利于T-DNA转移进植物体内

7. 包裹有VirE2蛋白的T-DNA与磷酸化的VIP1结合，导致复合物进入植物细胞核

VIP1
P

VIP1
P

VirF

4. T-DNA被切割下来并与VirD2蛋白结合

VirF

10. T-DNA以一种未知的机制插入到寄主细胞基因组

细胞质

细胞核

图2.18　农杆菌转化植物的过程。

接下来讨论经典的育种方法与现代生物技术育种方法间有何不同。

图2.19　经过数百年的努力，野生类蜀黍（左）通过经典育种和驯化产生现代玉米（右）（John Doebly惠赠）。

对于经典的育种而言，通过种间杂交并对子代的性状进行选择，人们希望得到的优良性状渗入到另一受体物种中去。这种方法的缺点之一是两亲本的遗传性状在减数分裂时重新组合分配，因此非优良性状可能与优良性状被分配到同一个配子细胞中。因而需要将子代品系与亲本杂交才能去除这些非优良性状。现代生物技术育种方法避开了这一缺点，允许人们将期望的优良性状引入受体植物中，这一愿望往往可通过农杆菌介导的转化或基因枪方法实现。利用这种方法产生植物新品种也称为遗传改良有机体（GMO）。

遗传改良有机体（GMO）与传统的变异育种间存在以下3点主要差异。

（1）GMO中基因转移在实验室进行，并不需要杂交育种。

（2）GMO中供体基因可能来自于多个物种，而不是仅限于与受体植物能够成功杂交的物种。

（3）GMO可以同时使用包含多种遗传组分及其剪切体的载体，基因的产物可能具有新功能（例如，前文提到的启动子-GFP融合基因）。

下文将讨论一些常用于作物改良的基因例子。

2.6.1　转基因可赋予植物对除草剂或害虫的抗性

任何通过人工方法将基因转入生物体都称为**转基因（transgene）**。转基因通常指基因从一个物种转移到另一个物种。目前商业公司最常用的两类转基因，一种情况是指转基因赋予植物除草剂抗性的实际应用，另一种情况是指对某种昆虫具有耐受能力。杂草入侵和害虫横行是农业生产中导致粮食减产的两个主要原因。

转基因植物含有**草甘膦抗性（glyphosate resistance）**基因时将对田间应用草甘膦（商业除草剂的毒滴混剂）具备抗性，因而使用草甘膦仅杀死杂草而不会伤害具备抗性的转基因作物。草甘膦可抑制5-烯醇式丙酮酸莽草酸-3-磷酸合成酶（EPSPS），此酶在莽草酸途径中发挥关键作用，莽草酸途径是植物特异的代谢途径，其产物对于包括生长素和芳香氨基酸等许多次生代谢物合成是必需的（见第13章）。草甘膦抗性植物分两种类型，一种为使植物体携带一个对除草剂不敏感的细菌型EPSPS酶的基因，另一种为将高活性的启动子与正常*EPSPS*基因融合后转入植物使其高表达EPSPS酶，并对除草剂表现良好的抗性。

另外一个常用于转基因应用的基因编码杀虫毒素，该基因来源于**苏云金芽孢杆菌（*Bacillus thuringiensis*，Bt）**。Bt毒素可干扰仅存在于某些昆虫的幼虫肠道内的受体，最终杀死昆虫。植物过量表达Bt毒素对易感性昆虫表现出毒性，但对其他多数非目标生物无害。

转基因植物还可增强其营养价值。据世界卫生组织统计，每年发展中国家因膳食维生素A缺乏导致多达500 000名儿童失明。这些孩子大部分生活在以水稻为主食的南亚。尽管水稻叶片可合成大量的β-胡萝卜素（维生素A前体），然而，籽粒的主要构成部分胚乳却不能正常表达β-胡萝卜素合成途径的3个步骤的酶（图2.20A）。目前为止，水稻中还未发现自发突变后能在籽粒中积累β-胡萝卜素的突变体。

为了克服这一缺陷，Ingo Potrykus、Peter Beyer及其同事们将一个细菌基因*crt1*与植物的内源特异启动子融合并插入水稻基因组中，发现crt1酶可催化胡萝卜素合成途径中3个步骤中的其中两个反应（图2.20A）。当crt1与植物八氢番茄红素合成酶共同转化水稻时，转基因水稻可催化第三个反应，并积累大量的β-胡萝卜素，这种稻米称为黄金米（图2.20B）。这已经不是农学家改变作物中β-胡萝卜素含量的首次成功事例。例如，17世纪以前，在荷兰园艺学家筛选第一个橙色突变体之前，胡萝卜或者为红色或者为黄色。

其他学者也在发展转基因植物，使其在可食果实中表达疫苗，这便为世界上靠传统的行政手段进行免疫的

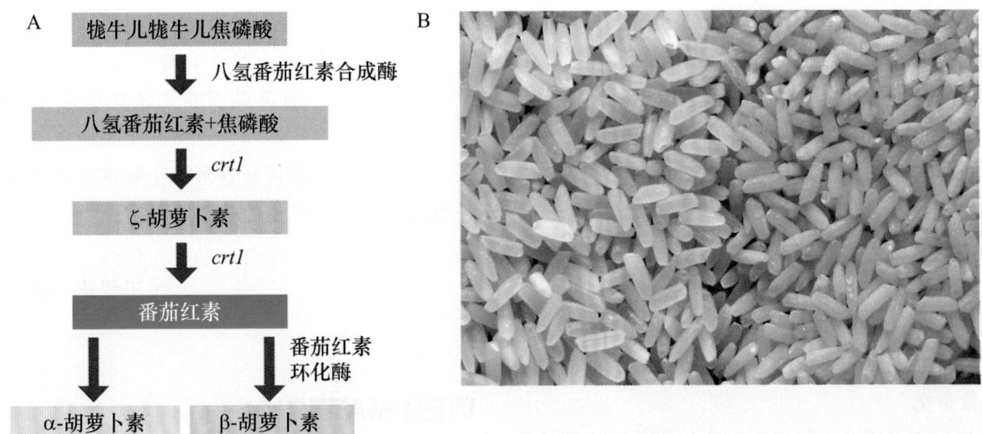

图2.20 将两个参与β-胡萝卜素合成的外源基因插入水稻基因组中产生黄金米的过程。A. 黄金米中β-胡萝卜素的合成途径。B. 正常白色稻米（左）与黄金米（右）对比（黄金水稻人道主义委员会惠赠，www.goldenrice.org）。

医疗条件欠缺地区的人们提供了更便利接受免疫的可选择方法。

2.6.2 对生命体的遗传改良备受争议

GMO的发展过程并非得到人们的一致欢迎和热情支持。尽管GMO基于人道主义理念，仍有许多人甚至某些国家的政府组织对GMO心存疑虑。

例如，反对在农业中使用生物技术的人认为，在作物中表达另一物种的基因也许会导致过敏原产生。他们还担心转基因抗除草剂作物的花粉可能随风吹落，并与邻近的野生物种交叉授粉，因而产生除草剂抗性野草（所谓的超级杂草）。另外一种普遍的担心认为，Bt毒素基因的过量使用可能筛选出抗性的昆虫。

另外，植物生物技术的支持者也有许多担忧，认为应该持续监控新生物技术对人类健康和环境的影响。最后，所争论的问题可归结如下：在试图满足不断增长的世界人口数量对粮食和住所的需求问题上，人们可以接受多大程度的冒险？

小　结

基因型、表观遗传修饰及环境因素，三者的互作决定了植物的表型。要彻底理解植物的生理，需要理解基因型如何翻译为表型。植物细胞包含3个基因组：核基因组及小的叶绿体基因组和线粒体基因组。

核基因组的结构

· 染色体中主要的蛋白质组分是组蛋白，DNA缠绕在组蛋白外周（图2.1）。

· 异染色质（常含有高度重复的DNA序列）的转录活性通常低于常染色质。

· 转座子是核基因组中可移动的DNA序列，有些转座子可将自身的一个新拷贝插入染色体的另一个位置（图2.2）。

· 活跃的转座子可能对其寄主细胞造成伤害，但大多数转座子元件因染色体的表观遗传修饰（如甲基化）而失活。

· DNA的甲基化及组蛋白的甲基化与乙酰化在决定染色质处于异染色质还是常染色质状态发挥重要作用（图2.3）。

· 许多植物都是多倍体，或者由于基因组的额外复制（自发多倍体），或者由于两个物种杂交后染色体组加倍（异源多倍体）（图2.5）。

· 多倍体的表型和生理作用通常无法预期。

· 多倍体含有多个完整的基因组；这种基因组平衡的变化可能引起多倍体间表型的显著差异，尤其对异源多倍体而言，多倍体子代可能与其亲本产生生殖隔离。因此，多倍体是一种重要的进化机制（图2.8）。

植物细胞质基因组：叶绿体基因组和线粒体基因组

· 细胞器基因组结构较复杂，常在同一个DNA分子中包含基因组序列的多个拷贝（图2.9）。

· 细胞器遗传不遵循孟德尔遗传法则，常表现出非亲本遗传和营养分离（图2.10）。

核基因表达的转录调控

· 基因活性在几个层次上受调控：转录、转录后和翻译（图2.11）。

· 对于蛋白质编码基因而言，RNA聚合酶Ⅱ与其启动子区结合，这一结合过程需要通用转录因子和其他调节蛋白参与转录的起始（图2.12）。

· 表观遗传修饰，如DNA甲基化和组蛋白乙酰化等参与基因活性调节（图2.13）。

核基因表达的转录后调节

· RNA结合蛋白或者稳定mRNA或者促使其降解。

· RNA干扰（RNAi）作物转录后调节机制导致特异转录本被剪切。miRNA协助基因表达调节。短干扰RNA（siRNA）帮助维持异染色质失活状态，或作为分子免疫系统抵抗病毒侵袭（图2.14）。

· 蛋白质被称为泛素的短肽链标记后将被蛋白酶体降解（图2.15）。

基因功能的研究工具

· 单个基因转录分析的工具包括northern、逆转录PCR和原位杂交。

· 微阵列或基因芯片技术利用已知的基因组信息来高通量分析基因表达或基因型（图2.16）。

· 融合报告基因由目标基因的一部分（如启动子）与容易被观察检测的蛋白编码基因融合而成。这些载体可用于研究目标基因的时空表达活性。

· 当靶基因被插入肿瘤诱导质粒（Ti质粒）中时，农杆菌可介导靶基因转化入植物细胞（图2.17和图2.18）。

作物的遗传改良

· 相对于传统的筛选育种而言，生物基因工程允许将一个或数个特异基因在无法成功杂交的物种间转移。

· 人工进行基因转移可产生除草剂抗性、植物害虫抗性或增加营养价值的转基因植物。

（王棚涛　宋纯鹏　译）

WEB MATERIAL

Web Topics

2.1 Recombination Mapping and Gene Cloning
Mapped-based cloning can be used to isolate the gene(s) involved a phenotype of interest.

2.2 Transposon Tagging
Mutagenesis using transposable elements is another approach to gene identification.

单元 I
水和矿质营养

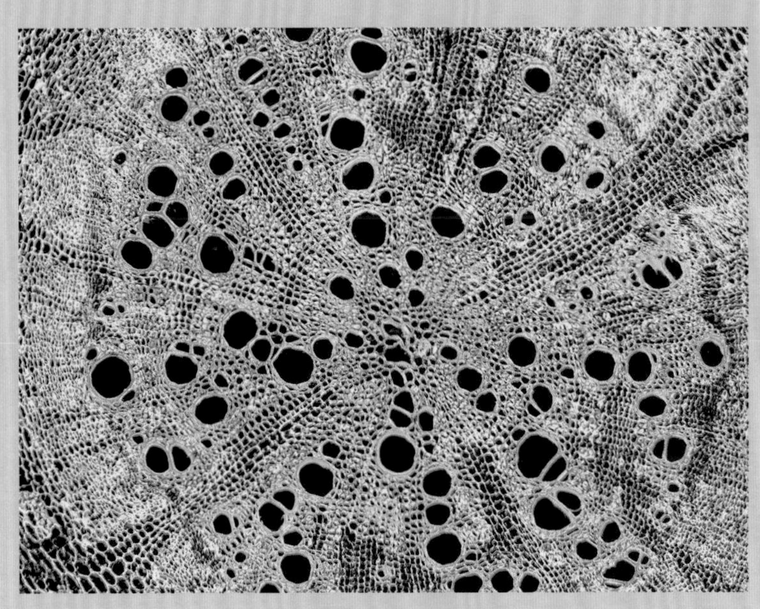

第3章 水和植物细胞

水在植物的生命活动中起着至关重要的作用。光合作用需要植物从大气中吸收CO_2，但同时也使植物面临失水，甚至脱水的威胁。为避免叶片脱水，植物通过根部吸水并在植物体内运输。这种吸收、运输的水分和散失到大气中的水分之间必须保持平衡，即使是微弱的失衡都可以导致水分亏缺，引起细胞的生命过程严重失常。因此，保持水分吸收、运输和散失之间的平衡，是陆生植物所面临的一个重要挑战。

细胞壁是植物细胞和动物细胞的主要区别，它的存在影响着植物细胞水分代谢的所有方面。细胞壁可使植物细胞建立起巨大的内部静水压，即**膨压（turgor pressure）**。膨压对于细胞伸展、气孔开放、韧皮部运输及各种跨膜转运等许多生理过程都是必需的。膨压也使非木质化的植物组织具有刚性和机械稳定性。本章主要讲述水分如何进出植物细胞，着重阐述水分子特性及影响水分在细胞水平运动的物理驱动力。

3.1 植物生命中的水

在植物生存和发挥功能所需的各种资源中，水的需求量最大，但同时对植物生长的限制性最强。灌溉对作物产量的影响反映了水是一种限制农业产量的关键资源因素（图3.1）。水分的可利用量也限制着自然生态系统的生产率（图3.2），这导致植被类型随着降水量梯度呈现显著差异。

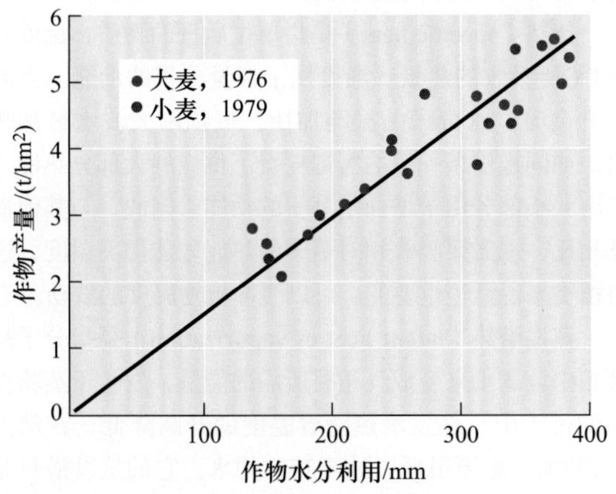

图3.1 不同灌溉导致的水分可利用率对英国东南大麦和小麦产量的影响（引自 Jones，1992。数据引自 Day et al.，1978；Innes and Blackwell，1981）。

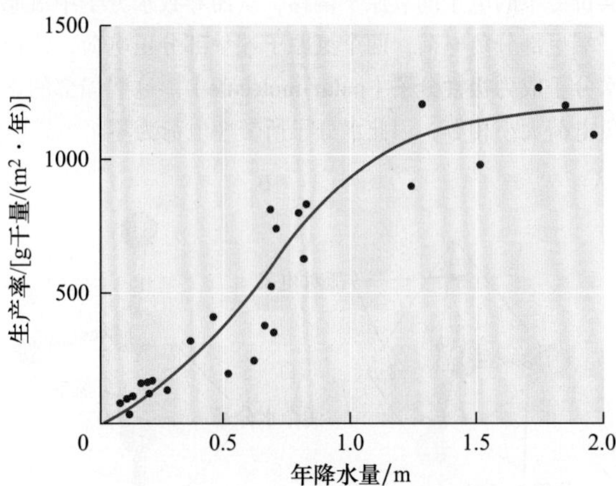

图3.2 年降水量对各种生态系统生产率的影响。产量率是由生长繁殖造成地上部分有机物的净积累量值估算得到的（引自 Whittaker，1970）。

由于植物的耗水量是巨大的，水通常被认为是植物而不是动物的一种限制性资源。植物根系吸收的水分，绝大部分（约97%）经植物体内运输，最后由叶表面蒸发散失，这种水分散失的方式称为**蒸腾作用**

（**transpiration**）。植物根系吸收的水分仅有一小部分存留在植物体内，用来满足植物生长（约2%）、光合作用及其他代谢过程的需要（约1%）。

对于陆生植物，伴随着光合作用，水分不可避免地散失到大气中去。通过共同的扩散途径同时进行着CO_2的吸收和水分的散失：即CO_2扩散进叶片，而水分扩散出去。驱动水分从叶片散失所需的浓度梯度比CO_2吸收所需的浓度梯度大得多，使得每获得一分子CO_2就有400分子的水散失。这种不均等的交换机制极大地影响了植物形态和功能的进化，同时也解释了为什么水在植物的生理活动中起着至为关键的作用。

首先让我们来认识水的结构，水所具有的物理特性。随后再阐述水分运动的物理基础、水势的概念及其在细胞与水相互关系中的应用。

3.2 水的结构和特征

水独特的性质使之能够作为一种溶剂并在植物体内很好地运输。这些特征源于其具有氢键和极性的分子结构。在这一部分中我们将阐明水分子中氢键的形成，及其导致水具有的高比热、表面张力和抗张强度等重要特征。

3.2.1 水分子的极性导致氢键的形成

水分子由一个氧原子和两个氢原子共价结合而成，两个O—H共价键形成105°夹角（图3.3A）。由于氧原子的**电负性**（**electronegative**）强于氢原子，吸引O—H共价键中的电子向氧原子偏移，从而导致水分子中氧原子端呈部分负电荷，两个氢原子端呈部分正电荷，使得水分子成为**极性分子**（**polar molecule**）。这些局部的正负电荷大小相等，因此水分子所带净电荷为零。

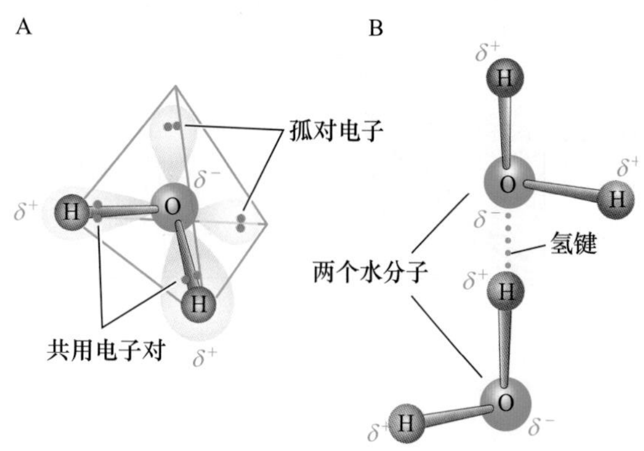

图3.3 水分子结构示意图。A. 氧原子强的电负性意味着与氢原子形成的共价键的两个电子并不是均等共享的，这样导致每个氢原子带部分正电荷。氧原子的两对孤对电子产生一个负电荷极。B. 水分子上相反的两极（δ^-和δ^+）导致水分子间氢键的形成。氧原子最外层轨道有6个电子，每个氢原子最外层有1个电子。

水分子呈四面体形，四面体的两个顶点是氢原子，带有部分正电荷。四面体的另两个顶点含有孤对电子，每对都带部分负电荷。这样每个水分子具有两个正极和两个负极。正是由于这种局部异性电荷的存在使得相邻水分子间形成静电吸引，即称为**氢键**（**hydrogen bond**）（图3.3B）。

只有当高的电负性原子如氧与氢原子共价结合形成有效的静电引力时才会形成氢键。这是因为氢原子体积较小使得局部正电荷显得更加集中，从而导致这种静电引力更加有效。

氢键赋予了水很多独特的物理特性。水分子可以与毗邻的水分子间最多形成4个氢键，造成分子间极强的作用力。水也能和其他具有强电负性原子（O或N）的分子间形成氢键，尤其是当这些分子中的强电负性原子与H共价结合时。

3.2.2 水是一种良好的溶剂

水是一种优良的溶剂，与其他溶剂相比，它能大量溶解许多物质。水之所以作为一种广泛使用的溶剂，不仅是由于其分子体积小，更为重要的是其形成氢键的能力和其极性结构，从而使水成为溶解离子化合物和含有极性基团（如—OH和—NH_2）的糖类和蛋白质类物质优良的溶剂。

溶液中，水分子和离子之间、水分子和极性溶质间的氢键，能有效地降低带电溶质间的静电相互作用，从而提高它们的溶解度。同样的，大分子如蛋白质和核酸与水分子之间的氢键也减弱了大分子彼此间的相互作用，利于它们溶解于水中。

3.2.3 水具有独特的热力学特性

水分子间广泛存在的氢键，使水具有与众不同的热力学特性。例如，水具有高比热和高的蒸发潜热。

比热（**specific heat**）是指单位质量的物质，温度升高1℃所吸收的热量。温度用于衡量分子的动能。当温度升高时，水分子的振动加快，振幅增大。水被加热时，如同橡皮条一般的氢键耗费了供应的大部分热能，只余一小部分用于增加水分子的功能。因此，与其他液体相比，水需要吸收相对更多的热能才能提高温度，这对植物来说是很重要的，可以缓冲植物温度的波动。

蒸发潜热（**latent heat of vaporization**）是指分子从液相中分离出来变成气相时所需的能量，发生于蒸腾作用的过程中。蒸发潜热随着温度的升高降低，在沸点（100℃）减至最低。处于25℃的水，它的蒸发潜热是44 kJ/mol，这在已知的所有液体中是最大的，其大部分用来断裂水分子间的氢键。

蒸发潜热并不能改变已经蒸发的水分子的温度，但

是可以使水分蒸发的物体表面冷却，因而水的高蒸发潜热可以帮助植物有效调节蒸腾叶片的温度，否则，当植物吸收太阳辐射的热能时，叶片温度会升高。

3.2.4　水具有高附着性

处于气-液交界面的水分子受到液相中邻近水分子由于氢键产生的吸引力比气相中邻近水分子的吸引力要大得多。这种不平衡吸引的结果，使得气-液接触面的表面积最小，从而使体系处于能量最低状态（即最稳定状态）。要增加气-水接触面的表面积，需要吸收能量来打破氢键，这种增加气-液接触面的表面积所需的能量称为**表面张力（surface tension）**。

表面张力的单位为J/m^2，即单位面积上的能量。常用的非正式等价单位是N/m。焦耳是能量的国际单位，是力与其作用距离的乘积，即N m。牛顿（N）是力的国际单位，是质量与加速度的乘积，即1 kg m/s^2。如果气-液接触面弯曲，表面张力会在垂直于这个接触面上产生一种合力（图3.4）。后边将会讲到，叶片蒸发表面的表面张力和附着力会产生一种物理作用力，从而拉动水分沿植物维管系统运动。

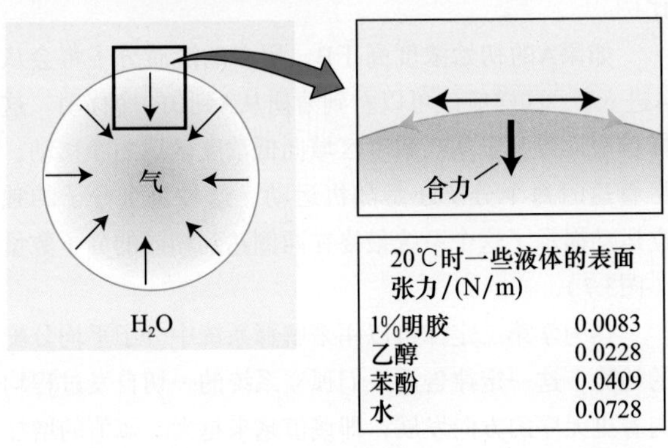

20℃时一些液体的表面张力/(N/m)	
1%明胶	0.0083
乙醇	0.0228
苯酚	0.0409
水	0.0728

图3.4　悬浮在液体中的气泡的形状为球形从而使表面积最小。这是由于表面张力作用方向沿着气-液交界面的切线方向，导致合力指向内部，使气泡收缩。通过接触面施加的压强值等于$2T/r$，其中T是液体的表面张力（N/m），r是气泡的半径。在相同温度下，水比其他液体具有更大的表面张力。

水分子之间的氢键使水分子产生了相互吸引的力量，称为水分子的**内聚力（cohesion）**，属于水的一个特性。与其相关，水的另外一个特性是**附着力（adhesion）**，指水对固体物质如细胞壁或玻璃表面的吸引力，也主要是与氢键形成有关。固体物质对水分的吸引力程度可通过测量固液面的**接触角（contact angle）**来衡量（图3.5A）。接触角描绘了气-液界面的形状，反映了表面张力对液体内压力的影响。

内聚力、附着力及表面张力使水产生了**毛细现象（capillarity）**（图3.5B）。想象一个具可湿性壁的竖直毛细玻璃管插入水后的现象（接触角<90°）。平衡时，毛细管中水面高度要比管外的水面高。水被吸引到毛细管内的原因是：①吸引水到玻璃管极性表面的吸引力（附着力）；②水的表面张力。附着力和表面张力共同作用使水分子沿着管壁上升，直到使水上升的力量与水柱的重力相等为止才达到平衡。管越细，平衡时液面上升越高。有关毛细现象的计算，参见Web Topic 3.1。

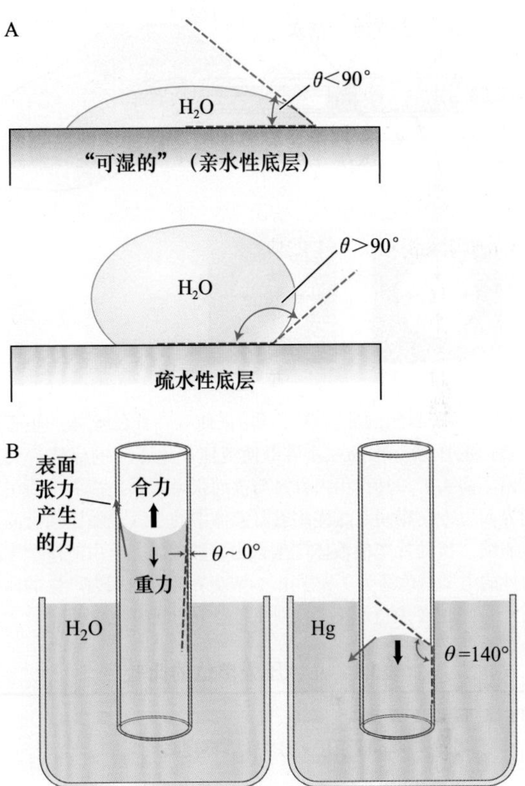

图3.5　A. 固体表面上液滴的形状反映了液体与固体间相对引力的大小。接触角（θ）定义为从固-液交界面到气-液交界面的角度，用来描述这种相互作用。"可湿性"表面的接触角小于90°，高度可湿性（亲和力高）（如洁净玻璃表面的水和初生的细胞壁）的接触角接近于0°，水扩散成一薄层覆盖在高度可湿性表面上。然而非可湿性（疏水性的）表面接触角大于90°，水像念珠一样立在其表面。B. 毛细管现象可以通过观察从竖直毛细管底部进入液体后发生的现象来证明。如果管壁是高度可湿的（如在洁净玻璃管中水的接触角约为0°），合力是向上的。从而水面会上升直至向上的力与水柱的重力相等。相反，如果液体与管壁为非可湿的（如在洁净玻璃管中Hg的接触角约为140°），弯月面将向下弯曲，从而表面张力引起的合力使管中液面降低。

3.2.5　水具有高抗张强度

氢键使水具有高的**张力（tensile strength）**，张力是指一个连续的水柱在断裂之前单位面积上所能承受的最大拉力。通常认为液体不存在张力，然而产生毛细现象的水柱证实水的这种特性。

可以把水放在干净的玻璃注射器中来证明它的张力（图3.6）。当推动注射器的活塞时，水被压缩，产生了一个正的**静水压（hydrostatic pressure）**，单位为帕斯卡（Pa），方便时也可用兆帕斯卡（MPa）表示。1 MPa约等于9.9个大气压。压强是指单位面积上的压力（即1 Pa=1 N/m^2），或者单位体积内的能量（即1 Pa=1 J/m^3）。表3.1比较了压强的几种单位。

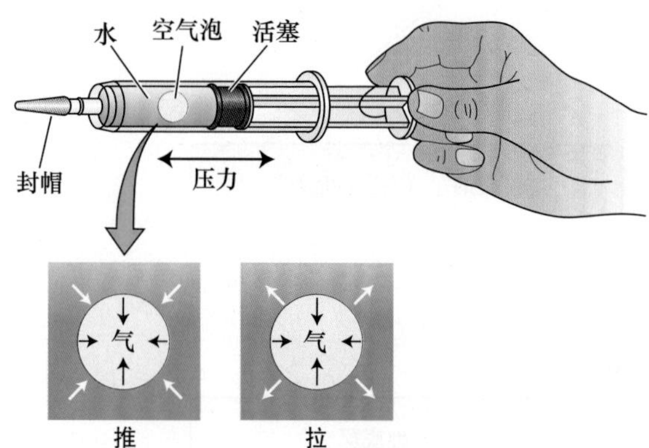

图3.6　一个封闭的注射器可以用来使水一样的流体产生正向或负向的压强。推动柱塞可以使流体产生正向的流体静力压（白色箭头），其作用力方向与表面张力（黑色箭头）所引起的界面力方向相同。这样注射器液体中的小气泡随压强升高发生皱缩。拉动柱塞使液体产生张力，即负压。若由液体产生的向外的力（白色箭头）大于由气-液交界面表面张力产生的向内的力（黑色箭头），则注射器中的气泡会膨胀。

表3.1　几种压强单位的比较

1个大气压＝14.7 psi
＝760 mm 汞柱（海平面，纬度45°）
＝1.013 bar
＝0.1013 MPa
＝1.01×10^5 Pa
汽车轮胎通常可以充气到0.2 MPa
家用水管中的水压为0.2~0.3 MPa
距离水面高 5 m处的水压强大约为0.05 MPa

如果拉动而不是推动活塞时，注射器中的水会产生一种张力或称负的静水压来对抗拉动。想象一下拉动活塞直到水分子之间彼此断开，使水柱断裂的困难到底有多大?

仔细研究发现，小毛细管中的水可以对抗比−20 MPa更负的拉力（Wheeler and Strook，2008），负号代表张力方向，以示与压缩相反。然而，微小气泡的存在使注射器中的水柱无法抵抗这么大的拉力（图3.6）。因为气泡在这种拉力的作用下会扩大，干扰了注射器中水抵抗拉力的能力。这种情况下气泡的扩张称为**气穴现象（cavitation）**。

气穴现象对水分在木质部中的连续运输会产生破坏性的影响，这一点会在第4章详细讨论。

3.3　扩散和渗透作用

细胞学过程依赖于分子输入和输出细胞。**扩散作用（diffusion）**是物质从高浓度向低浓度自发移动。对于细胞来说，扩散是运输采用的主要模式。水通过选择透过性屏障的扩散作用称为**渗透作用（osmosis）**。

下面讲述扩散和渗透的过程如何引导水和其溶质成分移动。

 3.3.1　扩散是随机热振荡产生的分子净移动

溶液中的分子不是静止的，它们处于不停的运动中，彼此相互碰撞，交换动能。任一分子在碰撞后运动轨迹是随机可变的。然而这种随机运动可以导致分子的净移动。

设想一个平面把溶液分为A、B两个等体积的部分。所有分子都在作随机运动，存在有这种可能性，即随时会有一些溶质分子会跨过这个假想的面。假定在任一特定时刻从A到B的分子数目与A原有分子数目成比例，同样从B进入A的分子数目也与B原有分子数目成比例。

如果A的初始浓度高于B，更多的溶质分子将会从A进入B，这样应该可以看到溶质从A到B的净移动。这样扩散导致分子从高浓度区域向低浓度区域的净移动，尽管这时每个分子还是随机运动。这种每个分子的独立运动揭示了这个系统最终在两侧达到相同的分子数量（图3.7）。

热力学第二定律可以用来解释系统中分子平均分配的趋势，这一定律告诉人们孤立系统的一切自发过程均向着更无序的方向发展，即熵值越来越大。熵值的增加伴随着自由能的减少。因此，扩散代表了系统向能量最低状态转变的自然趋势。

19世纪50年代，科学家Adolf Fick发现扩散速率直接与浓度梯度（$\Delta c_s/\Delta x$）成正比，即与距离为Δx的两点之间不同物质的浓度差（Δc_s）成正比。用公式表示为

$$J_s = -D_s \, \Delta c_s / \Delta x \qquad (3.1)$$

这就是菲克第一定律。

式中，J_s为转运速率，也称作**流量密度（flux density）**，指单位时间内通过单位面积的物质的量 [J_s的单位是mol/($m^2 \cdot s$)]。D_s为**扩散系数（diffusion coefficient）**，是一个比例常数，用来衡量物质通过某种特定介质的难易程度。D_s为物质的特征常数，跟物质本身的大小（分子越大，扩散系数越小），以及扩散介质（如在气体中比在液体中的扩散速度要快10 000倍）和扩散温度（温度

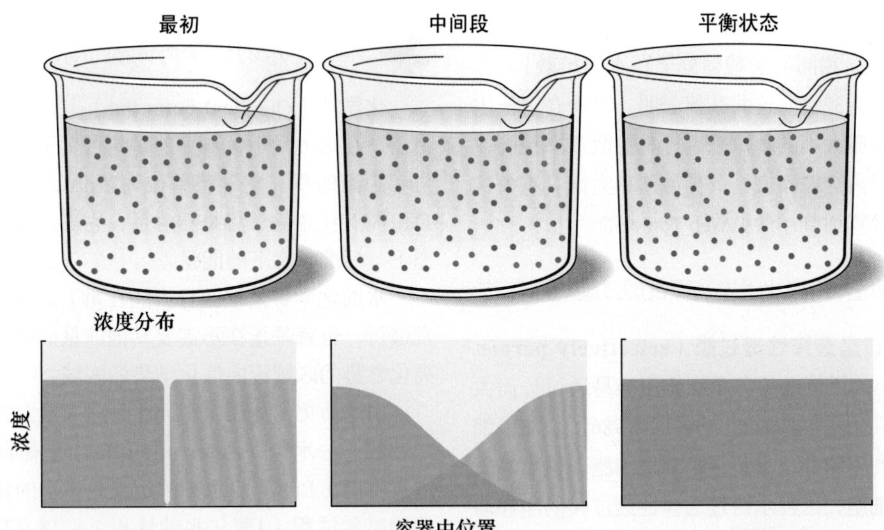

图3.7　分子的热运动导致扩散的发生——分子逐步混合，浓度差异最终消失。最初，含有不同分子的两种物质相互接触，这些物质可以是气体、液体或固体。扩散速度在气体中最快，液体次之，固体最慢。较上面的一组图示主要描述分子最初分离的情况，相应的浓度变化由较下面图中所示的位置关系来表示。随着时间的推移，分子的混合和随机性减弱了它们的净运动。平衡时，两种类型的分子达到随机（均匀）分布。

越高，扩散速度越快）有关。式中的负号表明运动方向是顺浓度梯度方向进行的。

菲克第一定律说明，当物质浓度梯度（Δc_s）变大，或扩散系数增加时，扩散速度加快。需要注意的是，这个定律只适用于由浓度梯度所驱动的物质运动，而不适用于其他外力（如压力、电场等）作用下的物质运动。

3.3.2 短距离扩散更有效

如果最初状态下，所有的溶质分子都集中在起始位置 $x=0$（图3.8A），随着分子的随机运动，处于前端的溶质开始离开初始位置，如图3.8B所示较晚的时间点。

比较前后两个时间点溶质分子的分布，可以看到随着物质从初始位置的扩散，浓度梯度逐渐减小（Δc_s减小），也就是说溶质分子向后即起始点（方向指向x=0）运动的量相对于向前（方向远离x=0）运动的量会增加，因而物质的净运动也变得越来越慢。注意所有时段里溶质分子的平均位点其实都是停留在x=0的位置，但是扩散使得分子分布浓度差降低。

物质扩散距离L所需的平均时间为L^2/D_s，换句话说，物质通过某个距离扩散所需的平均时间与该距离的平方成正比。

葡萄糖在水中的扩散系数约为10^{-9} m^2/s。葡萄糖分

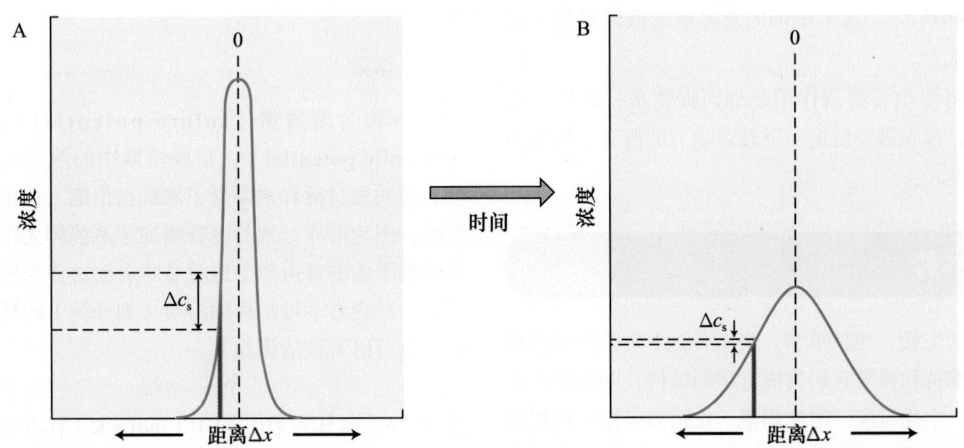

图3.8　根据菲克定律进行扩散时溶质浓度梯度的变化。初始时，溶质分子位于X轴（“0”）所示的水平面上。A. 溶质放到初始水平面之后，短时间内的溶质分布。注意随溶质分子距初始扩散位置距离的增大，溶质浓度急剧下降。B. 在随后的时间段内溶质的分布。扩散的分子距初始位置的平均距离增加了，而且溶质浓度梯度趋于平缓（引自Nobel，1999）。

子扩散通过一个直径为50 μm的细胞时，所需的平均时间为2.5 s。然而，相同的葡萄糖分子在水中扩散1 m所需的平均时间约为32年。这些数值表明，溶质在溶液中的扩散，对于细胞大小的距离来说，其扩散效率很高，而对于物质长距离运输而言，其扩散速率太慢。有关扩散时间的具体计算细节，参见Web Topic 3.2。

 3.3.3 渗透作用指水通过选择性透过膜的净移动

植物细胞膜是**选择性透过膜**（**selectively permeable**），水和小的不带电的分子物质很容易透过，而大分子溶质和极性物质较难通过（Stein，1986）。如果细胞内溶质浓度高于胞外，水将会扩散进细胞，但是溶质却不能扩散出细胞，这种水跨过选择性透过膜的净移动即称为渗透作用（osmosis）。

前面看到所有系统有向熵增方向变化的趋势，从而导致溶质分子扩散进所有可能的空间。渗透过程中，膜限制了溶质分子扩散的空间，因此通过溶剂分子跨膜扩散稀释溶质而实现熵增的最大化。实际上，如果没有任何约束力存在的话，几乎所有可利用的水都可以流到膜的溶质侧。

如果把一个活细胞放在一个装有纯水的烧杯里将会有什么发生？选择性透过膜的存在意味着水的净流动将会持续直到下面两种结局出现：①细胞扩张直到这个选择性透过膜破裂，使得溶质自由扩散；②细胞体积的扩张受到细胞壁的限制，这样驱动水进入细胞的力受到细胞壁压力的制约。

第一种情景可能发生在动物细胞中，因为动物细胞不具有细胞壁。第二种则是发生在植物细胞。植物细胞壁非常强大，为了阻止细胞壁变形，产生了一种内向力，从而升高了胞内的静水压。渗透这个单词起源于希腊的单词*pushing*，这个单词的意思是指液体被挤压时产生的正压力。

随后将要学习渗透作用是如何促使水分跨膜运输的。然而，首先需要讨论一下总驱动力的概念，即水的自由能梯度。

3.4 水势

所有的生物，包括植物，要求有一个持续的自由能供给，来维持和修复它们高度有序的结构，同时维持生长和繁殖。生化反应、溶质积累、长距离运输等过程都是由植物获得的自由能来驱动（关于自由能的热力学概念的详细讨论参见附录1）。这部分我们先来研究一下浓度、压力及重力如何影响自由能。

 3.4.1 水的化学势体现了水的自由能状态

化学势（**chemical potential**）定量反映了物质的自由能。在热力学中，自由能是指可用于做功的能量，即力和距离的积。化学势单位为J/mol，即每摩尔物质的自由能。注意化学势是相对量，它表示某物质在给定状态下与标准状态下的能量差。

水的化学势是水的自由能在量上的体现。水流动自发进行，也就是指在不需要其他能量的情况下水可以从高化学势的区域流向低化学势的区域。

由于历史的原因，植物生理学家通常采用一个相关的参数——**水势**（**water potential**）来衡量单位体积水的自由能（J/m^3）。水势的定义是指水的化学势除以水的偏摩尔体积（1摩尔水的体积）：$18\times10^{-6}\ m^3/mol$。水势的单位与压强的单位相同，Pa是水势常用的计量单位。下面我们来认真探讨一下水势这个重要的概念。

 3.4.2 构成细胞水势的三要素

植物中影响水势的主要因素是浓度（concentration）、压力（pressure）和重力（gravity）。水势用符号Ψw（希腊字母psi）表示，溶液的水势由几个部分构成，常用下面等式表示。

$$\Psi w=\Psi s+\Psi p+\Psi g \tag{3.2}$$

式中，Ψs、Ψp、Ψg分别为溶质、压力和重力对水自由能的影响（水势组成的另外几种表示法在Web Topic 3.3中有讨论）。能量水平的认定必须有一个参照值，类似于地图上表示高于海平面的一定距离的等高线。常用的参考值是指在一定环境温度和标准大气压下纯水的水势。参照的高度或设在植株底部（研究整株植物），或设在被研究组织所处的高度水平（研究水在细胞水平上的运动）。下面来逐一分析式（3.2）右边的每项组分。

1. 溶质

Ψs称为**溶质势**（**solute potential**）或**渗透势**（**osmotic potential**），反映溶液中的溶质对水势的影响。溶质通过稀释水降低了水的自由能。这主要是熵的影响，因为溶质与水的混合增加了系统的无序状态，从而降低了水的自由能。这就意味着渗透势与溶质的特性无关。对含有不可解离的溶质（如蔗糖）的稀溶液，其渗透势可以大致估算如下。

$$\Psi s=-RTc_S \tag{3.3}$$

式中，R为气体常数[8.32 J/（mol·K）]；T为绝对温度（开尔文或K表示）；c_S为溶液中溶质浓度，称作**容量渗透摩尔浓度**[**osmolality**，即每升水溶解溶质的摩尔数（mol/L）]。负号表示溶质的存在降低了溶液的水势，

参照值为纯水的水势。由于纯水的水势定义为0，因而溶液的水势是负值。

式（3.3）对于“理想”溶液是有效的。而实际溶液，特别是在高浓度状态下，如溶质浓度大于0.1 mol/L时，通常会偏离理想溶液。温度也会影响水势（参见Web Topic 3.4）。在我们所阐述的研究中，通常假定溶液为理想溶液（Friedman，1986；Nobe，1999）。

2. 压力

Ψp指溶液的**静水压（hydrostatic pressure）**。正压增加水势，负压减小水势。有时Ψp也称为压力势。细胞内正的静水压指的是膨压（turgor pressure）。当水在木质部或细胞的细胞壁之间时，Ψp也可以为负值，这时将会产生**张力（tension）**，或负的静水压（negative hydrostatic pressure）。随后将会讲到，负压在水分通过整个植株的长距离运输中起着重要的作用。有关负压是否能够在活细胞中产生的问题，参见Web Topic 3.5。

静水压用来计量相对于大气压的偏离值。注意是以标准大气压下的水作为参照状态，并定义在标准状况下水的Ψp=0 MPa。因此，在敞口的烧杯中，纯水的Ψp是0 MPa，尽管其绝对压强约为0.1 MPa（1个大气压）。

3. 重力

除非有相等的反作用力抵消重力的作用，否则重力便会使水向低处流动。Ψg的大小取决于距离参照水面的高度（h）、水的密度（ρ_w）及重力加速度g，写成公式为

$$\Psi g = \rho_w g h \tag{3.4}$$

式中，$\rho_w\,g$值为0.01 MPa/m，依据式（3.4），水每升高10 m，则水势就会增加0.1 MPa。

当研究水分在细胞水平进行转运时，重力势Ψg通常可以忽略不计，因为与渗透势和静水压相比，它的变化是微不足道的，所以在这种情况下，式（3.2）可以简写为

$$\Psi w = \Psi s + \Psi p \tag{3.5}$$

3.4.3　水势的计算

水势及其各组分严重影响着细胞生长、光合作用和作物产量。植物学家花费了相当大的精力，去设计精确可靠的方法来测量植物中的水分状态。

基本的测量水势的方法是用湿度计或是压力室，其中湿度计有两种。湿度计主要利用了水气化需要大的潜热这一特性，可以精确测量①与样品处于平衡的水的气压，或②在样品和已知Ψs溶液间转换的水气压。压力室通过对离体叶片施加外部气压直到将细胞中水分压出来测量Ψw。

在有些细胞中，Ψp可以直接通过将一个与压力感知器相连的充有溶液的毛细管插进细胞来测量。换种情况，即Ψp可以通过计算Ψw和Ψs的差来计算。可以通过几种方式来计量Ψs，包括湿度计和测量冰点下降度的仪器。针对测量Ψw、Ψs和Ψp的仪器的详细解释请参见Web Topic 3.6。

当讨论干燥土壤或含水量很低的植物组织（如干种子）中的水势时，往往还要考虑**衬质势（Ψ_m，matric potential）**。这种情况下，系统的含水层很薄，可能仅有一两个水分子的厚度，它们由于静电引力吸附在固体层表面。这种相互作用很强，不宜再把系统的水势分开成Ψs和Ψp来讨论，而是整合成一个单一的影响因素——衬质势（Ψ_m）。有关衬质势的其他内容参见Web Topic 3.7。

3.5　植物细胞的水势

植物细胞的水势通常≤0 MPa。负值意味着细胞中水的自由能小于处于环境温度、大气压和相同高度的纯水的自由能。随着细胞外界溶液水势的变化，水通过渗透将会离开或进入细胞。下面通过具体的计算来说明植物细胞的渗透作用。

3.5.1　水分顺着水势梯度进入细胞

首先，假定20℃条件下有一个装满纯水的敞口烧杯（图3.9A）。由于水和大气相通，故水的静水压与大气压相等（Ψp=0 MPa）。另外水中无溶质存在，故Ψs=0 MPa。最后，由于关注的是烧杯中水分的运输，因此定义烧杯所处的高度水平为参照高度，即Ψg=0 MPa。因此，水势等于0 MPa（$\Psi w = \Psi p + \Psi s$）。

现在设想在水中溶解蔗糖，并使蔗糖浓度达0.1 mol/L（图3.9B）。由于蔗糖的添加，降低了溶液的渗透势，渗透势由原来的0 MPa降到了−0.244 MPa，因而水势也由0 MPa降到了−0.244 MPa。

接下来考虑一个松弛的植物细胞（无膨压的细胞），其内部的总溶质浓度达0.3 mol/L（图3.9C），则可以产生−0.732 MPa的渗透压。由于细胞是松弛的，内部压强与环境气压相同，所以静水压（Ψp）为0 MPa，根据细胞水势的计算公式可知此时细胞的水势Ψw=−0.732 MPa。

如果将该植物细胞放入盛有0.1 mol/L蔗糖溶液的烧杯中将会发生什么现象呢（图3.9C）？由于烧杯中蔗糖溶液的水势（Ψw=−0.244 MPa，图3.9B）比细胞的水势（Ψw=−0.732 MPa）高，水分将从蔗糖溶液流入细胞内（从水势高处流向水势低处）。

随着水分进入细胞，原生质体膨胀，细胞壁被不断拉伸。拉伸的细胞壁通过对细胞产生压力来抵制这种拉伸。这增加了细胞的静水压或膨压（Ψp）。因此，细胞的水势（Ψw）也相应增加，细胞内外的水势差（$\Delta\Psi w$）逐渐减小。

最终，细胞的Ψp增加到使细胞的Ψw与蔗糖溶液的Ψw相等，达到平衡（$\Delta\Psi w=0$ MPa），水分的净运输也随之停止。

在平衡状态下，水势是相等的，Ψw（细胞）$=\Psi w$（溶液）。由于烧杯的容积远大于细胞的，细胞从烧杯中吸收的水分量是很少的，对烧杯中蔗糖溶液的浓度影响可以忽略不计，也就是说蔗糖溶液的Ψs、Ψp和Ψw没有发生变化，因而平衡状态下，Ψw（细胞）$=\Psi w$（溶液）$=-0.244$ MPa。

要想精确计算达到平衡状态时细胞的Ψs和Ψp，需要知道细胞体积的改变量。然而，如果假定细胞的细胞壁具有很强的刚性，那么吸水时细胞体积的增大量是很小的，这样就可以认为，在达到平衡的过程中，Ψs（细胞）没有变化。根据式（3.5）可以得出平衡状态时细胞的膨压为：

$$\Psi p=\Psi w-\Psi s=-0.244-(-0.732)=0.488\ \text{MPa}$$

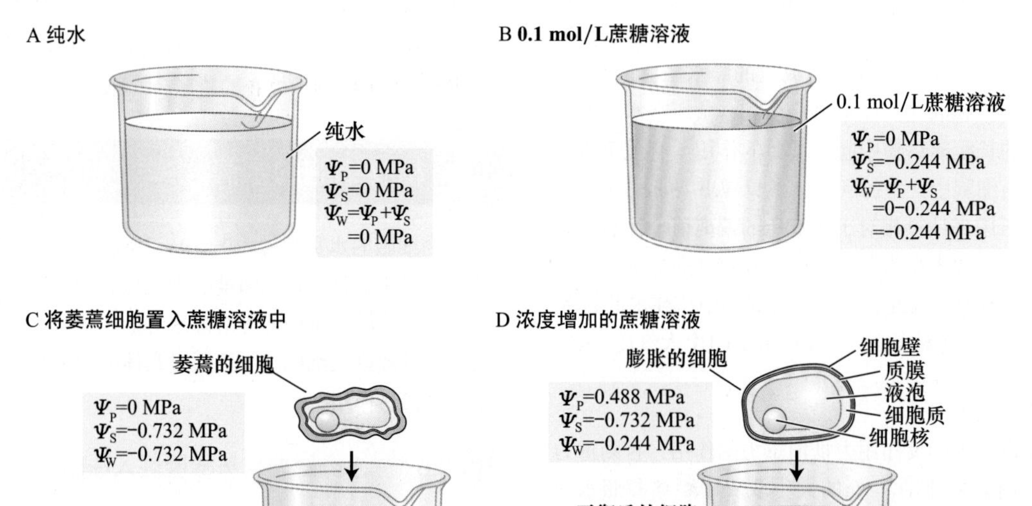

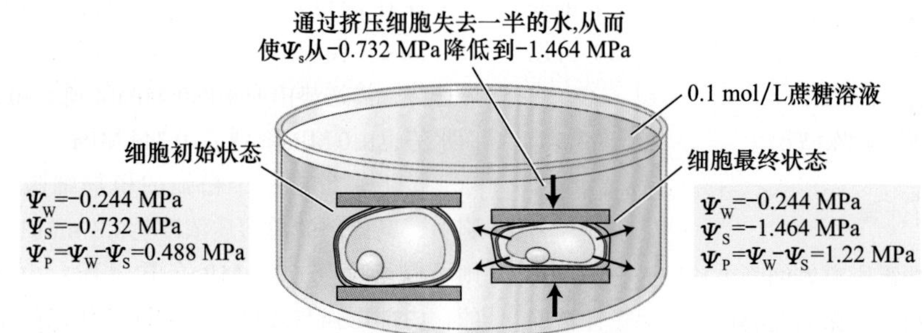

图3.9 阐述水势的概念及其组成的5个例子。A. 纯水。B. 0.1 mol/L蔗糖溶液。C. 将在空气中萎蔫的细胞放入0.1 mol/L的蔗糖溶液中。由于开始时细胞水势小于溶液的水势，细胞吸水，平衡后，细胞水势升高和溶液水势相等，最终结果是细胞具有了正的膨压。D. 增加溶液中的蔗糖浓度使细胞失水。增加的蔗糖浓度使溶液水势降低，细胞中水分流出，导致细胞膨压减小。这种情况下，由于蔗糖分子可以通过细胞壁上较大的孔道，造成原生质体与细胞壁分离（即质壁分离）。这种情况下细胞质和溶液之间水势差造成的水分移动完全通过细胞膜完成，因此原生质体发生收缩不需要依赖于细胞壁。相反，当细胞在空气中脱水时（如C中萎蔫的细胞），质壁分离则不会发生，这是由于水分通过细胞壁中的毛细管作用力被保留下来，尽管原生质体容积减小，但细胞（细胞质+细胞壁）作为整个单位收缩，使得细胞壁在细胞体积减小的过程中发生机械变形。E. 另外一种使细胞失水的方法是，用两个平板慢慢挤压细胞，在这种情况下，细胞中有一半水被挤出，因此渗透势为原来的1/2。

3.5.2　水分也可以顺着水势梯度流出细胞

水分也可以通过渗透作用流出细胞。在上述的例子中，如果接着将植物细胞从0.1 mol/L蔗糖溶液移出放入0.3 mol/L蔗糖溶液中（图3.9D），由于0.3 mol/L蔗糖溶液的水势[Ψ_w（溶液）=−0.732 MPa]比细胞的水势[Ψw（细胞）=−0.244 MPa]小得多，故水分将从膨胀的细胞流向0.3 mol/L的蔗糖溶液中。

细胞失水后，细胞体积缩小，则Ψp和Ψw也随之减小，直到Ψw（细胞）=Ψw（溶液）=−0.732 MPa。如前所述，假定细胞体积的变化仍然很小，因此可以忽略由于水分流出细胞导致的Ψs的改变。依据式（3.5）可以计算出，水分运动达到平衡时细胞的压力势Ψp=0 MPa。

如果不是将细胞转入0.3 mol/L蔗糖溶液中而是仍将细胞置于0.1 mol/L蔗糖溶液中，用两个玻璃板缓慢挤压细胞时（图3.9E），可以有效地提高细胞的Ψp，增加细胞的水势，产生一个细胞内外的水势差ΔΨw，促使水分流出细胞。这类似于工业中的反渗透法，即利用外加的压力使水分透过半透膜，实现水分与溶质的分离。如果继续挤压，直到细胞中一半的水分被挤压出，然后维持细胞处于这种状态，则细胞中的水分将会达到新的平衡。同以前的例子一样，达到平衡状态时，细胞内外的水势差为零，即ΔΨw=0 MPa。由于从细胞流到胞外溶液的总水量很小，可以忽略不计，因此细胞的水势值同未受挤压时的水势值一样，均等于胞外溶液的水势值，但此时构成细胞水势的各组分值却已完全不同。

由于有一半的水分被挤压出细胞，而溶质却留在胞内（细胞膜具有选择透过性），因而细胞溶液的浓度增大了一倍，导致Ψs也降低为原来的1/2（−0.732 MPa×2=−1.464 MPa）。知道了Ψw和Ψs的最后值，可以利用式（3.5）计算出此时的压力势Ψp=Ψw−Ψs=−0.244−（−1.464）=1.22 MPa。

在该例子中，利用外力改变了细胞的体积，而没有改变细胞的水势。然而实际中，细胞外环境的水势是经常发生变化的，细胞会吸水或失水，直到其水势与环境的水势相同。

在上述所有例子中需要强调的一个共同点是：水分的跨膜运输是一个被动过程，即在物理因素作用下，水分流向低水势或低自由能的区域。在上述过程中，没有代谢作用的“泵”（由ATP水解驱动）的参与，泵主要用来驱动水通过半透膜逆自由能梯度运输。

水分逆着水势梯度跨半透膜运输的唯一情况是，伴随着相应溶质运动时的水分移动。通过膜蛋白，每转运一分子的溶质如糖、氨基酸或其他小分子，能同时“拽”上260分子的水跨膜运输（Loo et al.，1996）。即便是逆着常规的水势梯度（如向水势高处）移动，这种运输方式也可发生。由于由溶质所引起的自由能的减少，要大于由水所引起的自由能的增大，因此自由能的净改变量仍是负的。通常情况下，以这种方式运输的水量往往比顺着水势梯度被动运输的水量要少得多。

3.5.3　水势及其组成部分随着生长环境和植物体的不同位置而发生改变

在灌溉良好的植物叶片中，Ψw可以从−0.2 MPa到草类的−0.1 MPa或是到树木和灌木的−2.5 MPa间变化。而干旱环境下叶片的水势会更低，一直可以降到极端环境下的−10 MPa。

Ψw的大小依赖于植物的类型和生长环境，与之相同，Ψs也会有相当大的改变。施水良好的菜园植物的细胞（如生菜、黄瓜幼苗和豆的叶片），Ψs可能会高到−0.5 MPa（低浓度的细胞溶液），尽管在这些植物中典型的值应是−1.2~−0.8 MPa。在木本植物中，Ψs会低一些（具有高浓度的细胞溶液），使得这些植物的Ψs在正午时分在不降低膨压下会更偏负。

细胞中的Ψs很低，但胞外质外体溶液也就是细胞壁和木质部溶液通常都是非常稀的。尽管某些组织（如生长中的果实）和生活环境下（如高盐环境）的质外体溶液浓度会很高，典型质外体溶液的Ψs仍处于−0.1~0 MPa。通常来说，木质部和细胞壁的水势主要由Ψp决定，Ψp通常小于零。在第4章我们将讨论决定质外体Ψp的因素。

受胞内Ψs大小决定，水分充足的植物细胞的Ψp为0.1~3 MPa。当这些组织细胞内的膨压减小到0时，植物会发生**萎蔫（wilt）**。由于更多的水分从细胞中流失，细胞壁变形，最终细胞受到伤害。Web Topic 3.8对比讨论了由于质外体溶质存在造成细胞的渗透脱水和由于质外体低的（更偏负）静水压导致的细胞失水。

3.6　细胞壁和细胞膜的特性

植物细胞的结构成分在植物细胞与水的关系中起到了重要的作用。细胞壁的弹性决定了细胞体积和膨压间的关系，质膜和液泡膜对水的通透性影响了细胞和周围环境间的水分交换速率。这一部分我们将探讨细胞壁和细胞膜的特性是如何影响到植物细胞内的水分状态。

3.6.1　植物细胞体积的微小改变会导致细胞膨压的巨大变化

由于植物体每天必须进行光合作用，因此植物不可避免地会蒸腾失水，从而导致植物细胞的水势也会发生很大变化。在保证植物细胞体积最大程度处于稳定状态中，细胞壁起着非常重要的作用（见第4章）。由于植物细胞具有相对刚性的壁，细胞水势的变化往往会伴随着Ψp发生很大的变化，只要$\Psi p>0$，细胞（主要指原生质体）体积的变化相对较小。

这种现象可以由图3.10所示的压力-体积曲线来表示，当Ψw由0降至−1.2 MPa时，细胞水的相对含量仅减小了5%，细胞水势的降低主要是由于细胞Ψp的减小所致（Ψp大约降低了1.0 MPa），而由于细胞溶质浓度升高所导致的细胞Ψs仅降低了不足0.2 MPa。

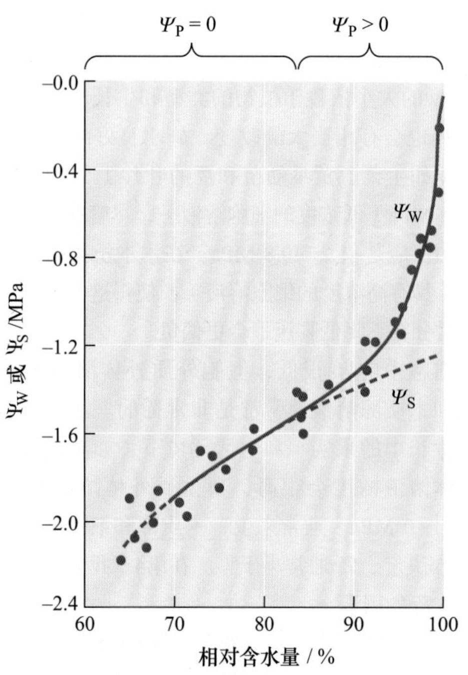

图3.10　陆地棉（*Gossypium hirsutum*）叶片细胞的相对含水量（$\Delta V/V$）、水势（Ψw）和渗透势（Ψs）之间关系。随着刚开始相对含水量的减少，水势快速降低。然而，渗透势变化很小。当细胞体积减小至90%以下时，情况刚好相反：水势的变化主要由渗透势的下降引起，而膨压的变化很小（引自Hsiao and Xu，2000）。

通过测定细胞的水势和与其相应的细胞体积，可以定量说明细胞壁如何影响植物细胞的水分状况。当相对体积减少10%~15%时，大多数细胞的膨压将会降到0。然而，对于细胞壁刚性很强的细胞来说，膨压减小时细胞体积的改变很小；而对细胞壁弹性极大的细胞，如仙人掌茎中的储水细胞，随着膨压的降低细胞体积的变化却相当大。

体积弹性模量，用ε（希腊字母*epsilon*）表示，可以由Ψp和细胞体积间的关系来确定：ε是指相对体积发生固定改变导致的Ψp的改变[$\varepsilon=\Delta\Psi p/\Delta V$（细胞相对体积的变化）]。$\varepsilon$较大表明细胞的细胞壁坚硬，因此当细胞体积发生相同变化时这种细胞的膨压相对于ε较小、细胞壁弹性较大的细胞会发生较大改变。细胞壁的机械特性因物种和细胞类型的不同而不同，导致失水时对细胞体积的影响程度也显著不同。

比较仙人掌茎内细胞的水分关系，可以看出细胞壁特性的重要作用。仙人掌是典型的干旱地区生长的肉质茎植物。它们的茎由外围的光合作用层围绕内部非光合作用组织组成，非光合作用组织具有储存水分的功能（图3.11）。尽管内外层细胞的水势保持平衡（或非常接近平衡），但干旱情况下，内层细胞首先失水（Nobel，1988），这种情况是如何发生的呢？

图3.11　仙人掌茎的截面，显示外层光合作用层和起储水作用的内层非光合作用组织。干旱情况下，水优先从非光合作用细胞散失，这样有助于维持光合作用组织的水分状态（图片来自David McIntyre）。

通过对梨果仙人掌（*Opuntia ficus-indica*）（Goldstein et al.，1991）详细研究，发现内层储水细胞较大，比外层光合细胞的细胞壁薄，因此这类细胞的细胞壁弹性大（具较低的ε）。因此，当外界水势降低固定值时，储水细胞要比光合细胞的失水程度高。此外，干旱情况下，储水细胞内的溶质浓度会下降，部分原因是由于可溶性糖聚合成不溶性的淀粉粒。植物对于干旱的典型反应是积累溶质，从而可部分地阻止水分从细胞散失。然而，对仙人掌来说，干旱情况下，由于弹性较大的细胞壁组成和溶质浓度的下降，使储水细胞内的水分优先丧失，从而有助于保证光合作用组织的水合作用。

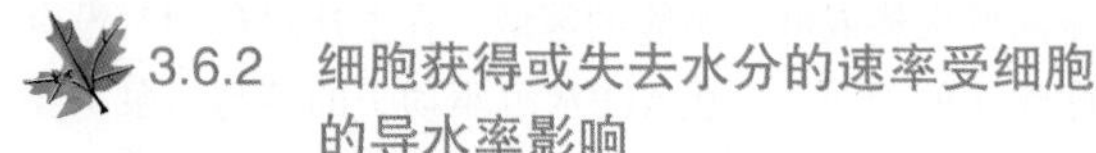 3.6.2　细胞获得或失去水分的速率受细胞膜的导水率影响

到目前为止，已经了解了在水势梯度作用下的水分跨膜运输。水分流动方向由Ψw梯度方向决定，水分运输速率与驱动梯度的大小成正比。然而，对于一个细胞来说，当环境水势发生变化时（图3.9），它就会

吸收或排出水分，而随着时间的推移，细胞内外的水势逐渐趋于相同，水分的跨膜运输也会减慢（图3.12）。水分移动的速率与时间之间呈指数关系，直至降为0（Dainty，1976）。速度降至一半的时间即$t_{1/2}$（half-time），可用下面公式表示。

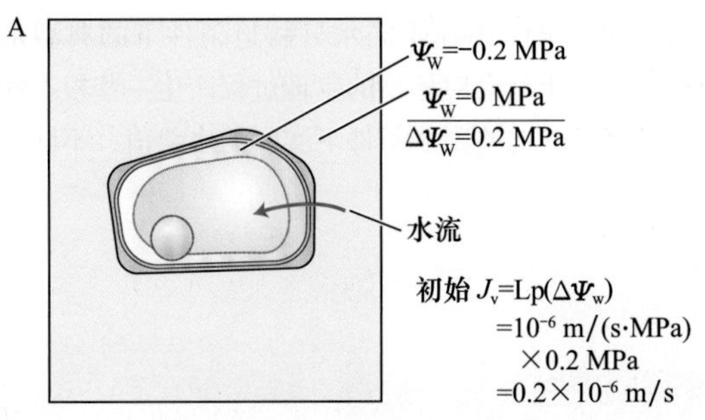

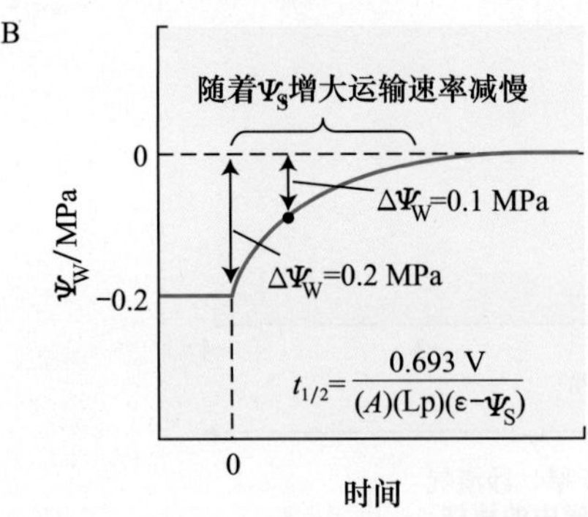

图3.12　水分进入细胞的速率取决于水势差（$\Delta\Psi w$）和细胞膜的导水率（Lp）。A. 刚开始时水势差为0.2 MPa。Lp是10^{-6} m/（sMPa），由这些值得到初始运输速率（J_V）是0.2×10^{-6} m/s，B. 随着细胞吸水，水势差也在逐渐减小，导致细胞吸水速率减慢。这种效应随时间呈现指数衰减过程，$t_{1/2}$取决于以下细胞参数：细胞容积（V），表面积（A），导水率（Lp），容量弹性模量（ε）和细胞的渗透势（Ψs）。

$$t_{1/2}=[0.693/(A)(Lp)][V/(\varepsilon-\Psi s)] \quad (3.6)$$

式中，V和A分别为细胞的体积和表面积；Lp为细胞膜的**导水率**（hydraulic conductivity）。导水率指水分跨膜的难易程度，单位为m^3/（$m^2\cdot s\cdot MPa$），即单位驱动力下，单位时间单位膜面积上水分运输的体积量。有关导水率的详细讨论参见Web Topic 3.9。

$t_{1/2}$越短，说明达到平衡越快。因此，细胞的表面积与体积比越大，膜的导水率越高，细胞壁刚性越强（大的ε），则细胞与周围环境达到平衡的时间越快。细胞的$t_{1/2}$通常在1~10 s，有些甚至更短（Strudle，1989）。由此可以看出一个细胞与周围环境达到水势平衡的时间通常不到1 min。对于多细胞组织，$t_{1/2}$可能会长很多。

3.6.3　水孔蛋白促进水分的跨膜运输

多年来，关于水分如何跨膜运输仍不很清楚。尤其是在水分跨膜运输过程中，水分子的扩散是否受到质膜脂质层的阻碍？是否也涉及通过膜上的蛋白孔进行水分扩散（图3.13）？研究表明，对观察到的水分跨膜运输速率来说，直接通过脂双层的水分扩散速率远不能达到这种速度，而关于微孔运输水分的证据又不是完全令人信服。

近来，随着**水孔蛋白（aquaporin）**的发现，这些未知的问题也迎刃而解（图3.13）。水孔蛋白是膜整合蛋白，其构成了水分选择性跨膜运输的通道（Maurel et al.，2008）。由于水分通过这些通道的扩散速度比通过脂双层要快得多，因此水孔蛋白更有利于促进水分进入植物细胞（Weig et al.，1997；Schaffner，1998；Tyerman et al.，1999）。

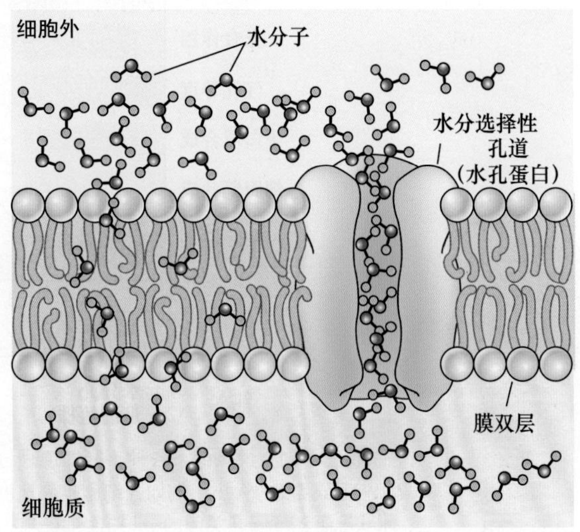

图3.13　左边为单个水分子通过膜脂双分子层扩散，右边为水分子连续通过由诸如水孔蛋白等膜蛋白形成的水分选择性孔道的扩散。

需要注意的是，尽管水孔蛋白的存在改变了水分跨膜运输的速度，但并不能改变水分运输的方向和运输动力。另外，水孔蛋白组成的水通道是可逆性的“门”（存在开闭两种状态），受胞内pH和Ca^{2+}等生理指标调控（Tyerman et al.，2002）。由此，人们认识到植物具有主动调节细胞膜对水通透性的功能。

3.7　植物的水分状态

水势概念的引入有两个主要作用：首先，正如我们所讲的，水势控制着水分的跨膜运输。其次，水势可用来衡量植物的水分状况（water status）。这一部分主要讨论水势如何帮助人们评估植物的水分状态。

3.7.1　植物水分状态影响了生理过程

由于不断向大气中蒸腾失水，植物很少处于高度的含水状态。干旱时，植物由于缺水，生长和光合作用受到抑制。图3.14列出了植物在不断增强的干旱情况下所发生的生理变化。

广义来讲，任何特定的生理过程对缺水的敏感性体现了植物应对环境中可利用水量的变化所采取的对策。由图3.14可看出，受缺水影响最大的生理过程是细胞伸展（cell expansion）。在许多植物中，供水量的降低，会抑制茎的生长和叶片扩展，但却能促进根的伸长生长。根冠比的增加能大致反映出环境中植物可利用水量的降低，因此，茎生长对于水分匮缺的敏感性，应被看作植物对干旱的一种主动适应，而不是一个被动的生理现象。

由于任何植物都不能改变土壤中的可利用水量（图3.14也显示出在不同水分胁迫条件下的典型水势值），因此干旱会对植物的生理过程产生一些根本性的限制，尽管在这些限制条件下实际的水势值，不同种间会存在着差异。

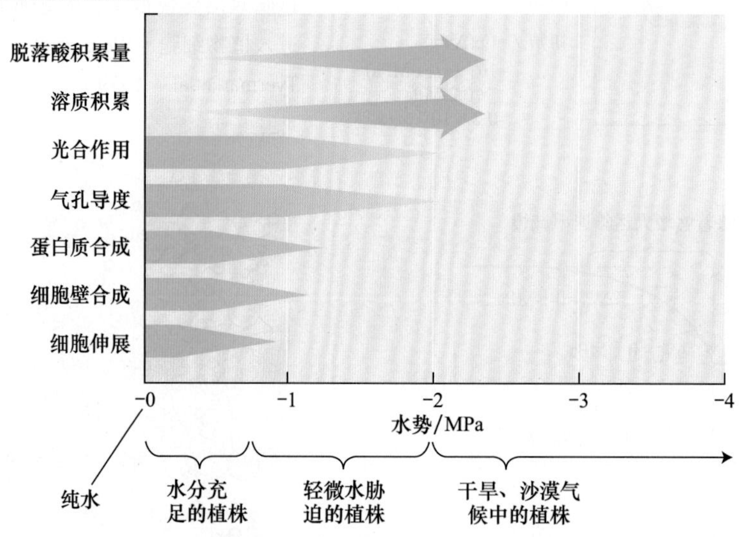

图3.14　不同生长条件下各种不同的生理过程对水势的敏感性。柱状箭头颜色的强度代表生理过程强度的大小。例如，细胞扩展速度随水势减小（变得更偏负）而变慢。ABA是缺水状况下诱导气孔关闭的一种植物激素（见第23章）（引自Hsiao and Acevedo，1974）。

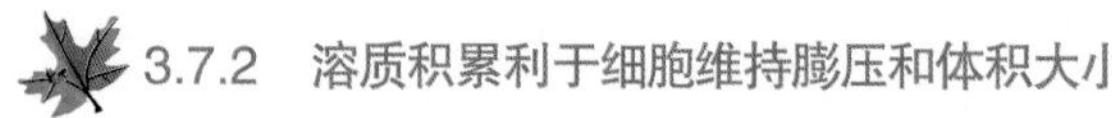

3.7.2　溶质积累利于细胞维持膨压和体积大小

植物具备在缺水情况下，通过付出相应的代价来维持其正常生理活动的能力。这些代价包括：以积累溶质的形式来维持膨压；加强非光合器官如根的生长来提高植物的吸水能力；或建立木质部管道系统来承受大的负压。因此，植物对水分可利用量的生理反应，体现了一种折中，即面对多变的外界环境，植物尽量少付代价，尽可能地保证其正常的生理过程（如生长）。

生长在含盐环境中的植物称为**盐生植物**（**halophyte**），它们是典型的具有低Ψ_s的植物。由于低的Ψ_s会进一步地降低细胞的Ψ_w，足以保证盐生植物细胞在没有高水平盐分进入细胞的情况下从盐水中吸水。植物在干旱条件下，Ψ_s会更偏负值。缺水通常会导致细胞质和液泡内的溶质积累，因而尽管水势很低，植物仍能维持一定的膨压。

拥有正的膨压（Ψ_p）对植物很重要，原因有以下几点。首先，植物细胞的生长需要膨压来拉伸细胞壁。在缺水状态下Ψ_p的丧失，可以部分解释细胞生长为什么对缺水如此敏感，以及为什么可以通过改变细胞渗透势来改变这种敏感性（见第26章）。其次，正的膨压增加了细胞和组织的机械刚性。

总之，膨压虽然直接影响到某些生理过程。然而，细胞膜上存在着拉伸激活的信号分子说明植物通过感受细胞体积的变化而不是通过直接测量膨压来感受水分状态的改变。

小　结

陆生植物面临着失水和脱水的危险。植物必须利用它们的根系吸水并在植物体内运输以确保植物不受脱水的威胁。

植物中的水

· 细胞壁可使植物细胞建立起巨大的内部静水压（膨压）。膨压对于许多生理过程都是必需的。

· 水分限制了农业和自然生态系统的产量（图3.1和图3.2）。

·植物根系吸收的水分，约97%经植物体内运输，最后通过蒸腾作用从叶表面蒸发散失。

·植物通过共同的扩散途径同时进行着CO_2的吸收和水分的散失。

水的结构和特征

·水分子的极性和四面体形使得氢键极易形成，从而赋予水不同寻常的特性：水是非常好的溶剂，具有高比热、高的蒸发潜热和高的张力（图3.3和图3.6）。

·内聚力、附着力和表面张力导致毛细现象的形成（图3.4和图3.5）。

扩散和渗透作用

·分子或离子的随机热运动产生了扩散现象（图3.7和图3.8）。

·短距离的扩散更有效，物质通过某个距离扩散所需的平均时间与该距离的平方成正比。

·渗透作用指水通过选择性透过膜的净运输，受水浓度梯度和压力梯度的驱动。

水势

·水的化学势反映了水在给定状态下的自由能。

·植物中影响水势（Ψw）的主要因素是浓度、压力和重力。

·Ψs，溶质势或渗透势，反映溶液中的溶质对水势的影响，降低了水的自由能。

·Ψp，溶液的静水压。正压（膨压）增加水势，负压减小水势。

·研究水分在细胞水平进行转运时，重力势Ψg通常可以忽略不计，因此$\Psi w=\Psi s+\Psi p$。

植物细胞的水势

·植物细胞的水势通常为负值。

·水分进出细胞与水势梯度有关。

·一个萎蔫的植物细胞处于高水势（偏负程度较小）的溶液中，水分将从溶液流入细胞内（从水势高处流向水势低处）（图3.9）。

·随着水分进入细胞，细胞壁产生压力来抵制拉伸，细胞的静水压或膨压（Ψp）增大。

·在平衡状态下[Ψw（细胞）=Ψw（溶液）；$\Delta\Psi w=0$]，Ψp会增加到足够大以升高细胞的Ψw，使之与溶液的Ψw一样，水分子的净运动停止。

·水也可以通过渗透作用流出细胞。当一个膨胀的细胞放在一个水势更偏负的蔗糖溶液中时，水将会从细胞流向溶液（图3.9）。

·如果细胞受到挤压，可以有效地提高细胞的Ψp，增加细胞的水势，产生一个细胞内外的水势差$\Delta\Psi w$，促使水分流出细胞（图3.9）。

细胞壁和细胞膜的特性

·细胞壁的弹性决定了细胞体积和膨压间的关系，质膜和液泡膜对水的通透性影响了细胞和周围环境间的水分交换速率。

·由于植物细胞具有相对刚性的壁，细胞体积的轻微改变就可导致膨压发生较大的变化（图3.10）。

·对于水势差（$\Delta\Psi w$），随着时间的推移，细胞内外的水势逐渐趋于相同，水分的跨膜运输也会减慢（图3.12）。

·水孔蛋白是水分选择性跨膜运输的通道（图3.13）。

植物的水分状态

·干旱情况下，植物光合和生长都受到抑制，同时ABA和溶质不断积累（图3.14）。

·干旱情况下，植物必须消耗能量通过积累溶质的形式来维持膨压，从而支持根和维管系统的生长。

·细胞膜上拉伸激活的信号分子可以使植物感受细胞体积的变化，从而感受水分状态的改变。

（白　玲　周　云　译）

WEB MATERIAL

Web Topics

3.1 Calculating Capillary Rise

Quantification of capillary rise allows us to assess its functional role in water movement of plants.

3.2 Calculating Half-Times of Diffusion

The assessment of the time needed for a molecule such as glucose to diffuse across cells, tissues, and organs shows that diffusion has physiological significance only over short distances.

3.3 Alternative Conventions for Components of Water Potential

Plant physiologists have developed several conventions to define water potential of plants. A comparison of key definitions in some of these convention systems provides us with a better understanding of the water relations literature.

3.4 Temperature and Water Potential

Variation in temperature between 0 and 30℃ has a relative minor effect on osmotic potential.

3.5 Can Negative Turgor Pressures Exist in Living Cells?

It is assumed that Ψp is zero or greater in living cells; is this true for living cells with lignified walls?

3.6 Measuring Water Potential

Several methods are available to measure water

potential in plant cells and tissues.

3.7 The Matric Potential

Matric potential is used to quantify the chemical potential of water in soils, seeds, and cell walls.

3.8 Wilting and Plasmolysis

Plasmolysis is a major structural change resulting from major water loss by osmosis.

3.9 Understanding Hydraulic Conductivity

Hydraulic conductivity, a measurement of the membrane permeability to water, is one of the factors determining the velocity of water movements in plants.

第4章 植物的水分平衡

生活在地球大气中的陆生植物面临着巨大的挑战。一方面，大气提供植物光合作用所需CO_2；另一方面，大气是相对干燥的，会使植物由于蒸腾作用丧失水分。由于植物在吸收CO_2时不能阻止水分的散失，从而使植物在吸收CO_2的同时面临脱水的危险。这是一个十分复杂的问题，因为CO_2从大气扩散到植物体内的浓度梯度远远小于驱动水分丧失的浓度梯度。为了最大限度地多吸收CO_2同时又能尽量减少水分散失，植物通过长期适应，进化出通过叶片控制水分丧失，而不是让水分直接散失到大气中去的机制。

在这一章中将研究水分在植物体内和水分在植物与其所在环境间的运输机制及其驱动力。下面通过探讨土壤中的水来开始对水分运输的认知。

4.1 土壤中的水分

土壤中水分的含量和水分移动的速率很大程度上依赖于土壤的类型和土壤结构。沙土是一个极端，其土壤颗粒直径为1 mm或稍大些。沙质土壤每克土壤的表面积相对较低，但颗粒间的空隙或孔道较大。

黏土是另一个极端，它的颗粒直径小于2 μm。黏土土壤的表面积很大，但颗粒间的空隙较小。在腐殖质（腐烂的有机物）等有机物的作用下，黏土颗粒可以聚集成“小团粒”，从而通过形成大的孔道有助于提高土壤的透气性和对水的渗透性。

当土壤因雨水或灌溉导致含水量极丰富时（参见Web Topic 4.1），由于重力作用，水分通过土壤颗粒间空隙向下渗透，部分土壤颗粒间存在的空气被水取代，由于水是通过毛细作用进入土壤颗粒之间空隙的，因此小的孔道会先被填满。那么当土壤中存在的可利用水量较少时，土壤中的水会以水膜的形式附着在土壤颗粒表面，仅充满小的孔道，而当水多时会充满颗粒间的整个孔道。

沙质土壤中，由于土壤颗粒间的空隙非常大，大部分的水分很容易地从颗粒间排出，仅在颗粒表面和颗粒间空隙中残留有少量的水分。而对于黏土，由于颗粒间的空隙非常小，水分子间的张力足以对抗其自身的重力，从而使水分被保留在土壤中。黏土土壤在水分饱和后的数天内，仍然可以保持40%体积的水分。与此相反，典型的沙质土壤在饱和后仅可保持大约15%体积的水分。

在下面的几节中将研究土壤的物理结构是如何影响土壤的水势，水分在土壤中如何移动，以及根系如何吸收植物所需的水分。

4.1.1 土壤水分中负的静水压可降低土壤水势

与植物细胞的水势相似，土壤的水势可分为3个部分，渗透势、静水压和重力势。除了盐碱地，由于土壤中溶质的浓度非常低，土壤中水的**渗透势（osmotic potential，Ψ_S**；参见第3章）通常可以忽略不计，一般为−0.02 MPa左右。但在富含盐类的土壤中Ψ_S是不能忽略的，因为其数值能达到−0.2 MPa或更低。

土壤水势的第二个组成部分是**静水压（hydrostatic pressure，Ψp**）（图4.1），对于湿的土壤，Ψp几乎为零。而当土壤干燥时，Ψp会降低并达到非常大的负值。那么土壤中水的负压是从哪里来的呢？

回想在第3章讨论过的毛细管现象，水有很高的表面张力，具有使空气-水分界面达到最小的趋势。但同时由于张力存在，水也具有附着在土壤颗粒表面的倾向（图4.2）。

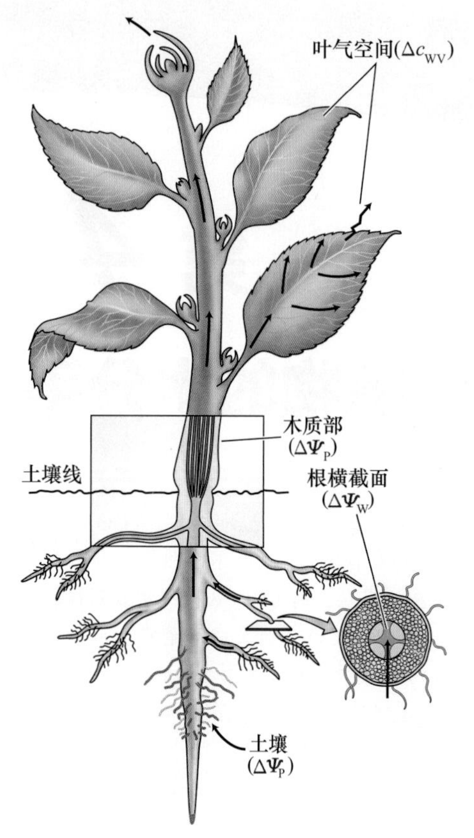

图4.1　水分从土壤通过植物到达大气的主要驱动力。水气浓度差（Δc_{wv}）、静水压差（$\Delta\Psi_P$）和水势差（$\Delta\Psi_W$）。

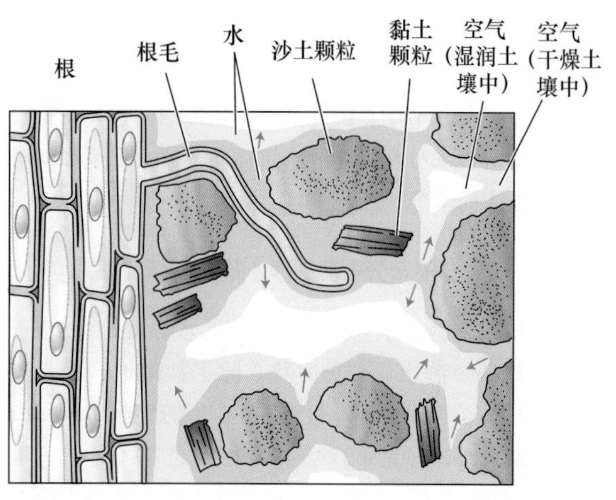

图4.2　根毛与土壤颗粒密切接触并极大地扩大植物可用来吸收水分的表面积。土壤是一个由颗粒（沙、黏土、淤泥和有机物）、水、溶质和空气组成的混合物。水是被土壤颗粒表面吸附的。随着水分被植物吸收，土壤溶液退缩到土壤颗粒间的小穴、孔道和裂缝中。在水与空气的交界面，这种退缩引起土壤溶液的表面形成一个凹的弯液面（空气和水之间的曲面在图中用箭头标出），由于表面张力使溶液形成张力（负压）。随着更多的水离开土壤，形成更多的凹面，从而引起更大的张力（更大的负压）。

随着土壤中含水量的减少，水分退缩到土壤颗粒间的空隙中，形成一个空气-水的交界面，这个界面弯曲的曲率代表了使空气和水界面表面积最小的倾向力和土壤颗粒对水的吸附力相平衡的结果。这些曲面下的水形成了负压，这个负压可以通过下面的公式计算。

$$\Psi p = \frac{-2T}{r} \qquad (4.1)$$

式中，T为水的表面张力（7.28×10^{-8} MPa），r为空气和水分界面的曲率半径。需要注意的是，当假设土壤颗粒为完全可湿时（接触角θ=0；cosθ=1），毛细管现象的公式与这个相同，参见Web Topic 3.1（图3.5）。

当土壤变干燥时，水分最先从土壤颗粒间最大的空隙散失，随后才是土壤颗粒中或它们之间存在的较小空间中的水分丧失。在这个过程中，土壤中水分的Ψp会变为非常低的负值，这是由于随着孔径越来越小，空气-水分临界面的曲率逐渐增大。例如，r=1 μm的曲率（大约是最大黏土颗粒的大小）所对应的Ψp是−0.15 MPa。随着空气-水分交界面退缩到黏土颗粒间较小的缝隙时，Ψ_p可以很容易达到−2~−1 MPa。

第三个组成部分是重力势。重力在土壤的排水中有重要的作用，水的向下运动就是由于重力势与高度成正比，高度越高，重力势越大，反之亦然。

 4.1.2　水分以集流的形式在土壤中运动

集流（bulk or mass flow）是指全体分子的共同移动，常常会在压力梯度的驱动下形成。花园橡胶软管及河流中水的移动是最常见的集流例子。在沙土中的水分主要是通过集流的方式进行移动的。

由于土壤中的水压主要取决于空气-水分交界面的曲率，因此水是从含水量高的土壤区域（含水的空间比较大）流向含水量低的土壤区域（含水的空间区域较小，空气-水分的界面曲率大）。另外，水以气体形式的扩散也在水分的运动中占有一定比例，这在干燥土壤中是重要的水分运动方式。

当植物从土壤中吸收水分时，它们首先将根表面附近的水分耗尽，这样就降低了根表面附近水的Ψp，从而与附近高Ψp的土壤区域形成了一个土壤水的静水压梯度。由于土壤中含有水的孔隙是连续的，水沿着这个压力梯度顺着这些孔道能够以集流形式运输到根系表面。

水分在土壤中的移动速率取决于两个因素：土壤的静水压梯度和**土壤导水率（soil hydraulic conductivity）**。土壤导水率主要用来衡量水在土壤中移动的难易程度，它因土壤类型和该类型土壤含水量的不同而不同。沙土由于在颗粒间存在大的空隙，有着比较大的导水率，而黏土由于颗粒间的空间小，导水率也小。

随着土壤含水量（也就是水势）的降低，导水率也

急剧下降。这种降低主要是由于土壤空隙间的水分被空气取代。当某个土壤孔道的水分被空气取代后，水分在该孔道内的运输受阻，只能通过其他的孔道。随着越来越多的土壤孔道被空气填满，水能通过的孔道越来越少越来越窄，土壤导水率也随之降低（Web Topic 4.2介绍了土壤结构如何同时影响其保水能力和导水率）。

4.2　根对水分的吸收

根表面与土壤密切接触是根有效吸收水分所必需的。随着土壤中根和根毛的不断生长，根系从土壤中吸收水分的表面积也逐渐达到最大。**根毛（root hair）**是根表皮细胞的向外细丝状生长，在很大程度上增加了根的表面积，因而增强了根从土壤中吸收离子和水分的能力。在生长3个月的小麦（wheat）中，其根毛表面积占到了根表面积的60%还多（图5.7）。

相对于根的其他部分，根尖附近的水分更容易进入根中。根的成熟区域往往具有较差的透水性，因为其外面有一层高度发育的保护组织，称为外皮层（exodermis）或下皮组织（hypodermis），其细胞壁中含有疏水物质，对水分具有相对不透过性。根系统的各部分对水的渗透性不一样，尽管乍看起来是违反直觉的，但是植物如果依赖根系的非成熟区从周围土壤新区域来吸收水分和进行营养物质的集流运输的话，那么根的成熟区域必须被封闭起来（图4.3）（Zwieniecki et al.，2002）。

当土壤松动时，根系表面与土壤的紧密结合层会很容易遭受破坏。正是这个原因新移栽的幼苗和植株在移栽后的最初几天内需要防止水分丧失。当新的根系伸进土壤，重新建立起土壤-根的紧密结合层时，植物就可以重新很好地耐受水分胁迫。

下面来看一下水分在根中是如何运输的，以及影响植物根部吸水速率的因素。

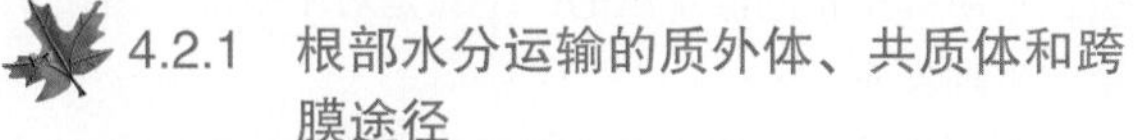

4.2.1　根部水分运输的质外体、共质体和跨膜途径

在土壤中，水分在土壤颗粒之间进行运输。然而，从根的表皮到内皮层，水分的运输可通过3种途径（图4.4）：质外体、共质体和跨膜途径。

（1）质外体是指由细胞壁、细胞间隙和非活细胞的内腔（如木质部导管和纤维）组成的连续系统。在这个途径中，水分通过细胞壁和胞外空间（不跨任何细胞膜）来跨过根的皮层。

（2）共质体是指通过胞间连丝将细胞质相互连接组成的整个网络。在该途径中，水分通过胞间连丝从一个细胞到达另一个细胞进而跨过根皮层（见第1章）。

（3）跨膜途径是指水分从细胞的一侧进入，另一侧流出的途径，然后进入相连的下一个细胞，依次进行。该途径中，对于每个细胞水分至少需要跨膜两次（进入质膜和离开质膜），甚至还有可能涉及跨液泡膜的运输。

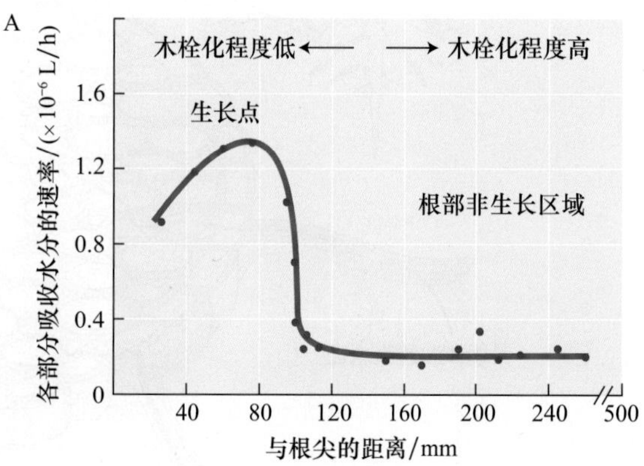

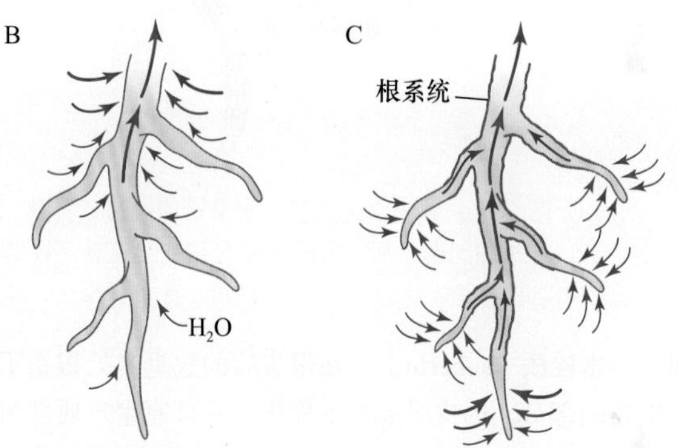

图4.3　南瓜根不同位置吸收水的速率（A）。图示整个根表面对水的吸收具有同等渗透性（B）。在成熟区域由于木栓质的沉积而成为非渗透性的（C）。当根表面等渗时，随着水的流入，由于木质部吸水力的减弱，越来越多的末端区域被水隔离，大多数水进入了根系统顶部附近。而当根成熟区域的渗透性降低时，允许木质部的张力延伸到根系统更远的地方，从而允许根系统的末梢也可吸收水分（引自Kramer and Boyer，1995）。

尽管3种途径中究竟哪一个更重要还没有完全确定，但压力探针技术（参见Web Topic 3.6）的实验表明细胞膜在水分跨根皮层的运输中起重要的作用（Frenseh et al.，1996；Steudle and Frensch，1996；Bramley et al.，2009）。虽然存在有3种运输途径，但在水分的移动过程中会根据所处位置的压力梯度及遇到的阻力来选择移动路径，而不是仅限于单一的运输途径。例如，一些通过共质体途径运输的水分子可能会跨过细胞膜并进入质外体途径短暂运输，然后再重新回到共质体途径。

在内皮层中，水分通过质外体途径的运输可被凯氏带阻断（图4.4）。**凯氏带（Casparian strip）**是一个内皮层中径向细胞壁组成的带，壁中充满着蜡质的疏水物

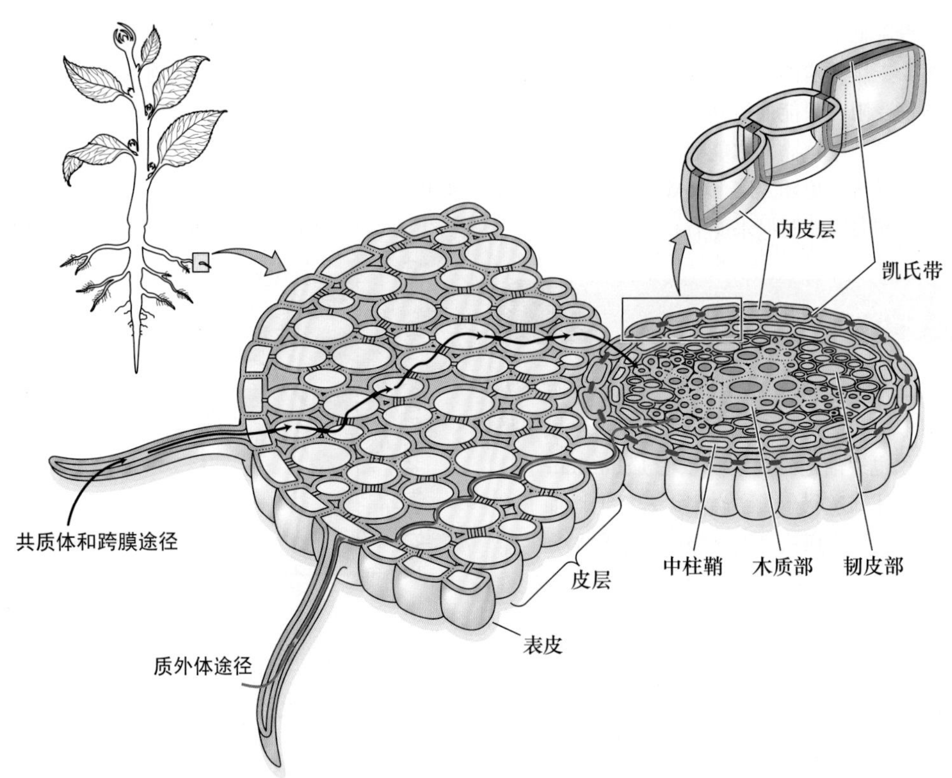

图4.4　根系吸水的途径。水分可能通过质外体、共质体和跨膜途径通过皮层。在共质体途径中，水分通过胞间连丝不需跨膜就可在细胞间流动。在跨膜途径中，水分跨过质膜移动，并在细胞壁空间中短暂停留。在内皮层中，质外体途径可以被凯氏带阻断。

质——**木栓质（suberin）**。在根尖后的数毫米处根系不再生长的部分，内皮层逐渐木栓化，并且原生木质部组分也同时形成（Esau，1953）。凯氏带阻断了质外体途径的连续性，迫使水分和溶液通过跨膜途径来穿过皮层。

水分须经共质体途径运输才能通过内皮层，这有助于解释为什么根对水分的通透性强烈依赖于水孔蛋白的存在。下调水孔蛋白基因的表达可以明显降低根的导水率，并且可以导致植株很容易萎蔫（Siefritz et al.，2002），或者作为弥补产生更大的根系（Martre et al.，2002）。

低温、缺氧或用呼吸抑制剂处理时会降低根系对水分的吸收。关于根呼吸和吸收水分之间的关系，或称植物在水淹状态下的萎蔫之谜，直到现在仍没有确切的解释。已经知道水孔蛋白的通透性受胞内pH的调节（Toumaire-Roux et al.，2003）。低温或缺氧导致的呼吸速率降低可以导致胞内pH增加，胞内pH的增加改变了根细胞中水孔蛋白的传导率，从而导致根系对水分的通透性明显降低。水孔蛋白的开闭受pH调节的事实展现了根可以根据其所处环境积极改变对水通透性的一种机制。

 4.2.2　溶质在木质部中的积累可以产生“根压”

植物有时会表现出称为**根压（root pressure）**的现象。例如，如果一个幼苗的地上茎部分被切断，往往会从幼苗残余木质部的切断面流出汁液，并且可持续数小时。如果用一个压力计与切断面连接，可以测到高达0.05~0.2 MPa的正压力。

当蒸腾作用很弱或停止时，由于根能不断地从土壤中吸收离子并将其运输到木质部，因此会形成不断增加的正的静水压。而木质部中溶质的积累则导致木质部的Ψ_S降低，从而使木质部的Ψ_W降低。木质部Ψ_W的降低提供了水分吸收的驱动力，继而造成了木质部中正的静水压的产生。事实上，多细胞的根组织类似于一个渗透膜，木质部中正的静水压的产生只是对木质部中溶质积累的生理反应。

根压现象往往在土壤水势很高而蒸腾速率较低时才出现。当蒸腾速率高时，由于水分被上运到叶片并迅速丧失到大气中，那么因离子吸收所导致的正静水压产生的现象就不会在木质部中出现。

产生根压的植物往往会在叶片的边缘或尖端泌出水滴，这种现象称为**吐水（guttation）**（图4.5）。木质部中正的静水压会导致木质部汁液通过专门的被称为水孔的孔道渗出，水孔通常位于叶缘的叶脉末端。早晨在草叶的尖端看到的“露珠”其实就是从水孔渗出的吐水小滴。当蒸腾作用被抑制，空气相对湿度高时如在夜间，吐水现象最容易见到。根压很可能是根不可避免地高速

积累离子的一种生理反应。然而，夜间木质部中正压的存在有助于消除木质部中先前形成的气泡，因而在消除气穴现象的毒害作用中扮演着重要的角色，这将在下节介绍。

图4.5　草莓（*Fragaria grandiflora*）叶片的吐水。清晨，叶片通过吐水孔分泌水滴，位于叶片的边缘。幼花上也可看到吐水（R. Aloni惠赠）。

4.3　水分通过木质部运输

在大多数植物中，木质部是水分运输途径中最长的部分。在1 m高的植物中，运输的水分99.5%以上是在木质部中进行的，而高大的植物，木质部则在水分运输中占据着更为重要的地位。与水分通过活细胞层的运动相比较，木质部中的水分运动则是一种低阻力的更为简单的方式。在下面的章节中，会阐述木质部的结构，其在水分从根运输到叶中的作用，以及蒸腾作用产生的负静水压如何拉动水分通过木质部进行运输。

 4.3.1　木质部由两种类型的管状分子组成

木质部的传导细胞具有特殊的结构使其可以高效、大量运输水分。在木质部中主要有两种**管状分子**（**tracheary element**）：管胞和导管（图4.6）。导管存在于被子植物、裸子植物买麻藤目的一小部分种类和一些蕨类植物中，而管胞则在被子植物、裸子植物及蕨类和其他的维管植物中都能见到。

管胞和导管分子的成熟涉及细胞次生壁的产生和细胞随后的死亡——细胞的细胞质和其中所有组分的丧失。留下的只有厚的木质化的细胞壁，这种空的管道对于水分的运输具有相对较小的阻力。

管胞（**tracheid**）是长的纺锤形细胞（图4.6A），其排列成交替重叠的纵列结构（图4.7）。管胞间的水分运输依靠管胞次生壁上的众多**纹孔**（**pit**）（图4.6B）。纹孔是一个在显微镜下可见的次生壁缺失而仅有初生壁存在的区域（图4.6C）。一个管胞上的纹孔常位于与相邻管胞上的纹孔相对的地方，形成**纹孔对**（**pit pair**）。纹孔对构成了管胞间水分低阻力运输的通道。纹孔对中间的透水层由两个初生壁和一个中间薄层组成，称为**纹孔膜**（**pit membrane**）。

松类植物管胞的纹孔膜有一个中间增厚的部分，称为**纹孔托**（**torous**，tori的复数形式），其周围是一种称为**塞周缘**（**margo**）的有弹性且具有透水能力的区域（图4.6C）。纹孔托类似于一个阀的作用，当其位于纹孔腔的中间时，纹孔保持开放状态，而当嵌在圆形或椭圆形纹孔的边缘增厚壁上时会将纹孔关闭。纹孔托的这种镶嵌可以有效地防止气泡扩散到相邻的管胞中（随后将讨论这种气泡的形成，这个过程称为气穴现象）。除了松类植物，其他所有植物的纹孔膜，不论是管胞还是导管中，结构都是相似的，均没有纹孔托。因为这些非松类植物纹孔膜中的充水孔非常小，对于阻止气泡移动也能起到有效的屏障作用。总之，不论哪种类型的纹孔膜都能在阻止木质部气泡的扩散中起重要作用，称其为栓塞。

导管分子（**vessel element**）比管胞更短更宽，并且在每个导管细胞的上下两端细胞壁上有穿孔形成**筛板**（**perforation plate**）。与管胞类似，导管分子在次生壁上也有纹孔（图4.6B），但与管胞不同的是，相邻的导管分子通过末端的筛板堆叠在一起形成大的管道，称为**导管**（**vessel**）（图4.7）。导管是由多细胞组成的管道，同类型和不同类型的导管长度变化很大。导管的最大长度范围可从几厘米到数米。在导管终端，导管分子的端壁上没有穿孔，与相邻的导管通过纹孔对相连。

 4.3.2　水分以压力驱动的集流形式通过木质部

水在木质部中的长距离运输主要是以压力驱动的集流形式来进行的。这种方式也是土壤中及穿过植物组织细胞壁时水分运输的主要途径。与水以扩散方式穿过半透膜不同，只要忽略溶液的黏度变化，压力驱动的集流不依赖于溶质的浓度梯度。

当考虑集流在管道中运输时，水流的速度与管道的半径（r）、液体的黏度（η）及驱动力的压力梯度（$\Delta\Psi p/\Delta X$）有关。法国的一位内科医生及生理学家Jean Léonard Marie Poiseuille（1797~1869年）提出上述参数的关系可以用Poiseuille公式来表示。

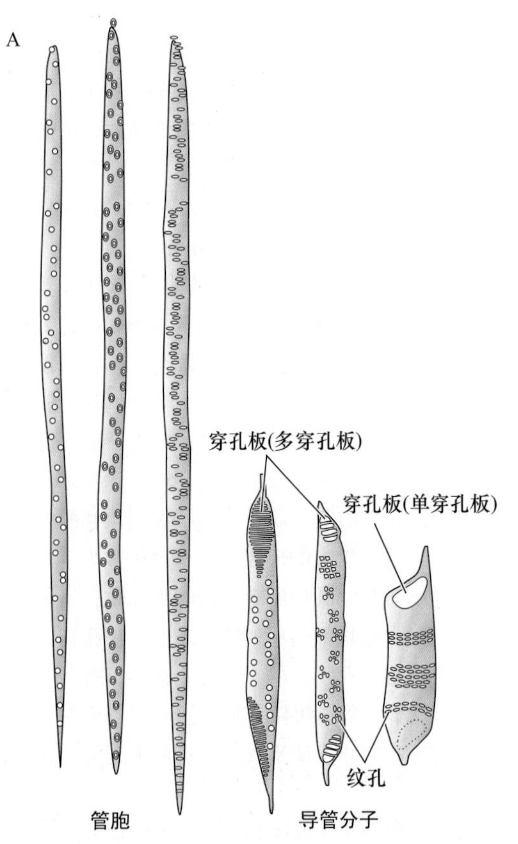

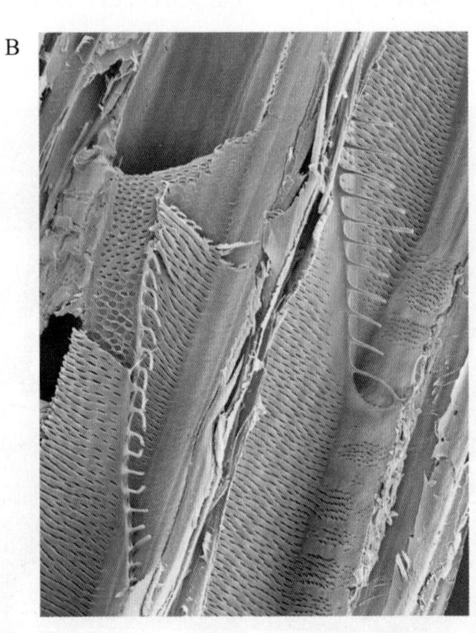

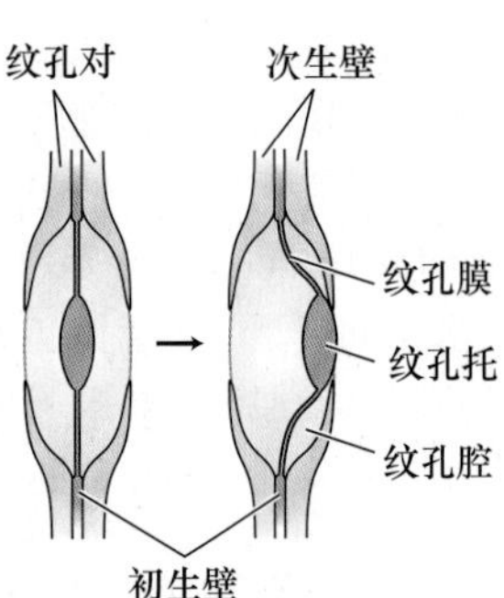

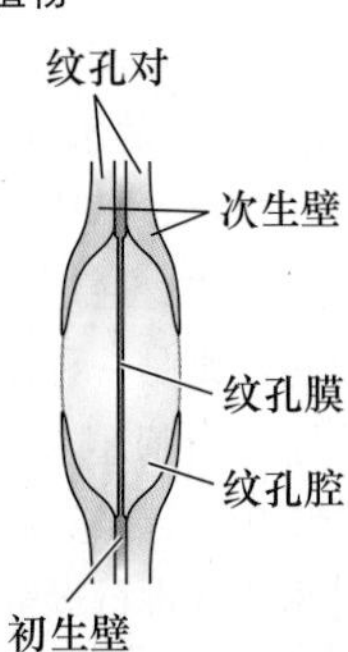

图4.6 管状分子及其之间的相互连接。A. 管胞和导管分子的结构比较，两类管状分子参与木质部的水运输。管胞是拉长的、空的、有着高度木质化壁的死亡细胞。壁中含有大量的纹孔——次级壁缺失但保留有初生壁的区域。不同器官和物种管胞壁上的纹孔形状和模式也不同。管胞存在于所有维管植物中。导管是由两个或更多导管分子叠起来组成的。与管胞类似，导管分子也是死亡细胞，并且通过穿孔板（壁上形成孔或洞的区域）相互连接。导管与其他导管和管胞通过纹孔相互连接。导管存在于大多数被子植物中，而在大多数裸子植物中不存在。B. 扫描电镜显示的两个导管分子（从左下方斜穿到右上方）。在侧壁上可见纹孔，在两个导管分子之间可以看到末端梯纹状的细胞壁（200×）。C. 松类具缘纹孔的图示，有纹孔托位于纹孔腔中间（左）或位于腔的一侧（右）。当两个管胞间压力小时，纹孔膜将展平靠近具缘纹孔的中心，从而允许水从纹孔膜的多孔渗水塞缘通过；而当两个管胞压力相差大时，如当一个已经空了而另一个在张力下仍充满水时，纹孔膜的位置会发生变化，侵入到一侧管胞中，形成拱形从而阻止气栓在管胞间的传播。D. 相反，被子植物和其他针叶类维管植物的纹孔膜在结构上相对来说是近似的。这些纹孔膜有非常小的孔，可以阻止栓塞的扩散，但与针叶类的纹孔相比，明显带来更多的水分运输阻力（B © Steve Gschmeissner/Photo Researchers，Inc.；C引自Zimmermamm，1983）。

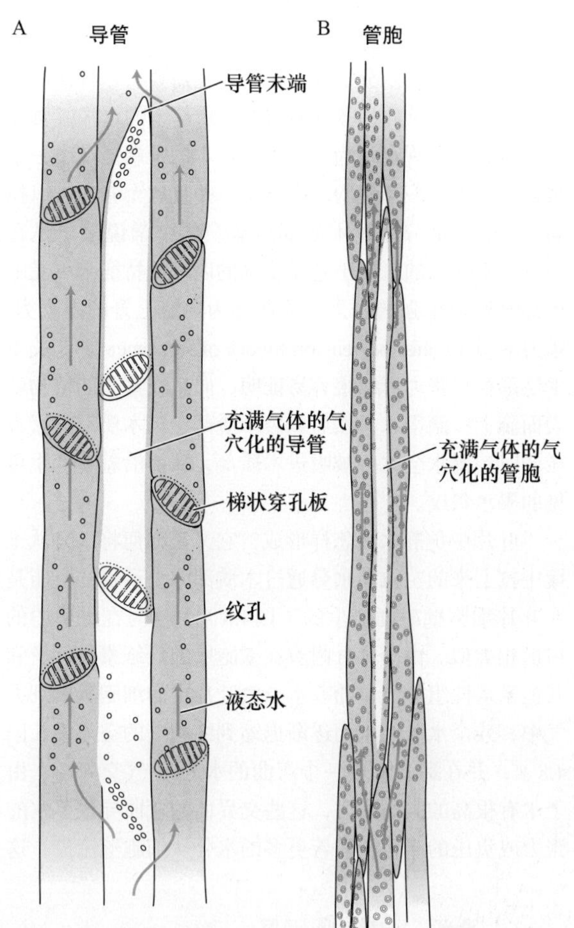

图4.7　导管（A）和管胞（B）构成了一系列平行的相互连接的水分运输途径。气穴现象由于使管道中充有气体（气栓）而阻断了水的移动。由于木质部导管通过在次生壁开孔（具缘纹孔）相互连接，水可以绕过被阻断的导管通过相邻的导管分子运输。纹孔膜上的小孔有助于防止栓塞在木质部管道中扩散。因此，在B图中有一个含有气体的气穴化的管胞。在A图中，气体充满了整个气穴化的导管，在这里显示有3个导管分子，每个都被梯形穿孔板隔开。在自然界中导管可以非常长（长达数米），由许多的导管分子组成的。

$$\text{体积流速}=\left(\frac{\pi r^4}{8\eta}\right)\left(\frac{\Delta\Psi \text{p}}{\Delta\chi}\right) \tag{4.2}$$

单位是立方米每秒（m^3/s）。这个公式表明压力驱动的集流对于管道的半径极其敏感。当管道的半径加倍时，体积流速的增加的因数为16（2^4）。具有最大直径的导管分子存在于一些攀缘植物中，约为500 μm，这个尺度基本上比最大管胞稍大些。这些大直径的导管使得这些茎很细的藤本植物能够有效地将水进行长距离的运输。

式（4.2）适用于水流过圆柱形管道时的情况，并没有考虑由于木质部的管路长度是有限的，水从土壤运输到植物叶片的过程中需要穿过许多导管分子之间的纹孔膜时对流速的影响。不同植物中水流动都要受到纹孔膜的影响，单细胞（因此相对较短）管胞的纹孔膜要比多细胞（因此较长）导管中的纹孔膜对水流动的削弱性更强。然而由于松类植物中纹孔膜对水的透性要远大于其他种类的植物（Pittermann et al.，2005），因此仅具有管胞结构的松类植物能够生长成非常高大的树木。

4.3.3　水分通过木质部比通过活细胞运动所需的压力小

木质部为水分的运动提供了一个低阻力的途径。下面的一些数据可以帮助人们认识到木质部非凡的水分运输效率。计算水分以一个典型的运输速率通过木质部途径运输时所需的驱动力，并和同样速率条件下通过细胞-细胞途径运输时所需的驱动力进行比较。

为了达到比较的目的，假定水分在木质部中的运动速率为4 mm/s，导管的半径为40 μm。在如此窄的导管中这绝对是一个高速率，因此按照这个速率计算，有可能夸大了木质部中支持水分流动的实际压力梯度。通过Poiseuille公式[见式（4.2）]，可以计算出，在内径均为40 μm 的理想导管中，当水以4 mm/s速度运动时所需的压力梯度值为0.02 MPa/m。具体计算参见Web Topic 4.3。

当然，真正的木质部导管，其内壁表面是不规则的，并且水分流过筛板和纹孔时会增加额外的阻力。因而需要加上筛板和纹孔对水的摩擦力。测量的结果表明实际阻力大约是计算值的两倍（Nobel，1999）。

现在将这个值（0.02 MPa/m）与同样速度条件下，水分在细胞与细胞间每次均需跨过质膜运动时所需的驱动力值相比较，可以计算出当水分以4 mm/s的速度通过细胞层运动时所需的驱动力为2×10^8 MPa/m，详细计算过程参见Web Topic 4.3。这个数值比水分以同样速度在直径为40 μm木质部导管中运输时所需驱动力大10个数量级。计算结果清楚地显示出水分通过木质部的运输要比通过活细胞运输高效得多。然而由于在水分从土壤到叶片的运输途径中木质部占绝大部分，因而木质部中的阻力仍是水分通过植物运输总阻力的主要部分。

4.3.4　将水提升100 m到达树冠需要多大的压差？

结合前述的例子来看一下将水提升到一个非常高的树冠需要多大的压力梯度。世界上最高的树木是北美的海岸红杉（*Sequoia sempervirens*）和澳大利亚的桉树（*Eucalyptus regnans*），这两个物种中有些植株的高度甚至超过了100 m。

如果把树茎看成一个长的管道，就可以通过将压力梯度乘以树的高度估算出使水克服摩擦力从土壤运输到树冠所需的压力差。水通过木质部运输到非常高树木的顶部所需的压力梯度大约是0.01 MPa/m，这比之前所示例子中的值要小。当将这个压力梯度乘以树的高度（0.01 MPa/m × 100 m），可以得出水在树茎中克服摩擦阻力来运输所需的总压力差大约为1 MPa。

除了摩擦阻力外，还必须考虑重力的影响。如在式（3.5）中所示，对于100 m的高度差，Ψg差值大约为1 MPa。这意味着在树顶端的Ψg要比地面高出1 MPa。因此水势中的其他组成部分必须达到比−1 MPa更低的值来抵消重力的影响。

水在木质部运输的过程必须要加上重力引起的压力梯度，才能使蒸腾作用正常进行。因此可以计算出水从底部运输到最高树木（100 m左右的高度）的顶端枝条所需的压差大约为2 MPa。

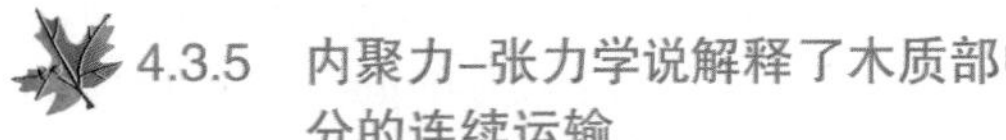

4.3.5 内聚力–张力学说解释了木质部中水分的连续运输

理论上，水分通过木质部运动所需的压力梯度源自植株底部正压或植株顶部负压的产生。前面提到过一些植物的根能够在它们的木质部产生正的静水压（根压）。但是通常情况下植物的根压往往小于0.1 MPa，并且当蒸腾速率高或土壤干燥时根压甚至会消失，显然依靠根压不可能将水分运送到一棵高大树木的顶端。此外，由于根压的产生是因为木质部中离子的积累，因此基于这种方式的水分运输，植物体还需要有一种机制来处理一旦水分从叶片蒸发后留在木质部中的这些溶质。

另外一种观点认为，水分在树木的顶端能产生一个很大的张力（一个负的静水压），并且这个张力可以拉动（pull）水分通过木质部运输。这个学说最早是在19世纪末提出的，由于它需要水的内聚性特征来承受木质部水柱中很强的张力，因此称为树液上升的内聚力-张力学说（cohesion-tension theory of sap ascent）。关于木质部存在张力可以很容易证明，向正在蒸腾的植物茎表面滴上一滴墨水，然后刺破木质部，当木质部的张力减弱时，墨水会立刻被吸进木质部，从而沿着茎产生可见的墨水条纹。

叶片中负静水压怎样形成？它又是如何将水分从土壤中拉上来的？拉动水分通过木质部向上运输的负压是在叶片细胞壁表面产生的（图4.8）。这与在土壤中的情形相类似。由于水分附着在细胞壁的纤维素微纤丝和其他亲水性组分上，随着水分由叶片中的细胞散失到大气中，残余水分的水面逐渐退缩到细胞壁的空隙中（图4.8），并在那儿形成一个弯曲的水分-空气交界面。由于水有很高的表面张力，这些交界面的弯曲导致了水的张力或负压的产生。随着更多的水分从细胞壁流失，这

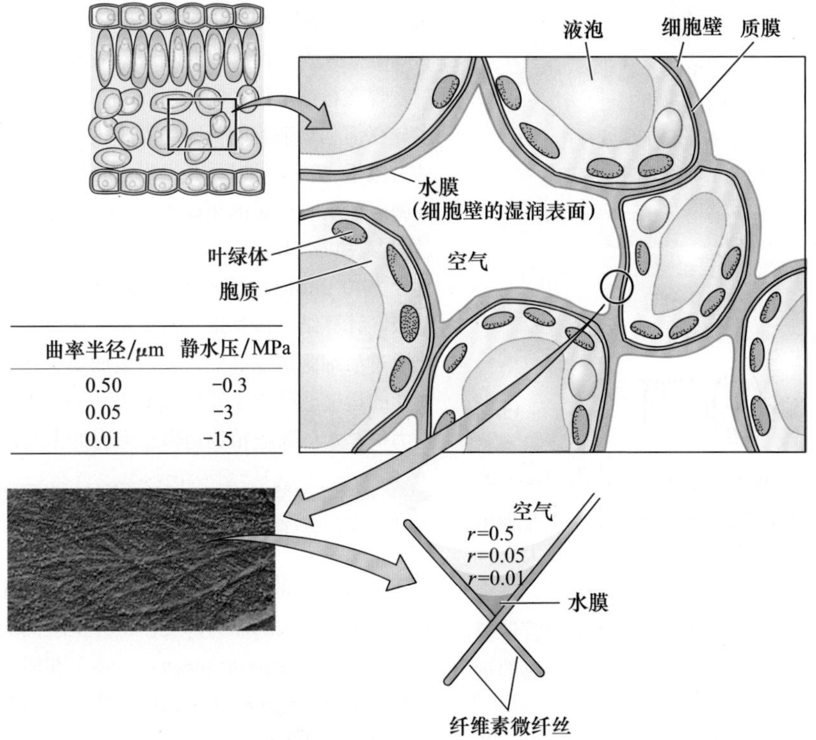

曲率半径/μm	静水压/MPa
0.50	−0.3
0.05	−3
0.01	−15

图4.8 由叶片产生的水分穿过植株移动的驱动力。随着水分从叶肉细胞表层蒸发，水分退缩到细胞壁的空隙中。由于纤维素是亲水的（接触角=0°），表面张力导致了液相中负压的产生。通过式（4.1）可以计算出，随着这些水分-空气交界面曲率半径的增加，静水压降低（显微图片引自 Gunning and Steer，1996）。

些水分-空气交界面的曲率也不断增加，水的负压值也就会更大[见式（4.1）]。

内聚力-张力学说解释了为什么水分通过植株的运输时，可以不需要直接消耗植物代谢的能量。驱动水分通过植株运输所需的能量主要来自于太阳光，它通过升高叶片和周围空气的温度来促进水分的蒸发。

内聚力-张力学说作为一个有争议的理论已经争论了一个多世纪，而且还将继续争论下去。争论的焦点是：将水分拉上树梢需要的负压是很大的，而木质部中的水柱能否承受如此大的张力（负压）。大多数研究者相信内聚力-张力学说是合理的（Steudl，2001）。近来有研究利用微流控装置来模拟"树"运输水的功能，证明了水在负压小于-1 MPa时可在该装置中形成稳定的流动（Wheeler and Stroo，2008）。关于水分在木质部中运输的研究史详情，包括围绕内聚力-张力学说的有关争论，参见Web Essay 4.1和Web Essay 4.2。

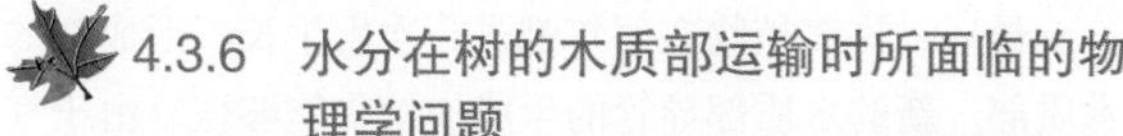

4.3.6 水分在树的木质部运输时所面临的物理学问题

水分在乔木和其他类型植物木质部中产生的强张力（参见Web Essay 4.3）对植物来说存在着重要的物理学问题。首先，水分在张力驱动下的运输会对木质部细胞壁产生一个内向压力。如果细胞壁较脆弱或易弯，就有可能在此张力作用下发生内陷而崩溃。对此，植物通过管胞和导管的次生壁加厚和木质化形成了强度很高的木质部，从而抵消了这种被破坏的可能性。植物木质部受到的张力大，其材质将更加致密，这也反映出水分产生的张力对树木的机械胁迫程度（Hacke et al.，2001）。

其次，就是水分在强张力作用下处于**亚稳定物理状态**（a physically metastable state）。水能保持一个稳定的液态是由于其静水压大于它的饱和蒸汽压。当液态水的静水压与它的饱和蒸汽压相同时，水分会发生相变，也就是水将会沸腾。加温（增加其饱和蒸汽压）能够使水沸腾。但当把水放在真空室中（由于大气压降低，液相水的静水压也相应降低）时，即使在室温下水也会沸腾。

在前面的例子中，已经估算出使水分到达100 m高的树木顶端叶片需要2 MPa的压力梯度。如果假定这棵树周围的土壤含水充足并且溶质的浓度可忽略不计（也就是Ψ_W=0），那么根据内聚力-张力学说就可推知树木顶端木质部的静水压为-2 MPa。这个值明显低于饱和蒸汽压（20℃时为-0.002 MPa），那么是什么使水柱保持着液态呢？也就是说水为什么没有沸腾呢？

木质部中的水分称为处于亚稳定状态的水，因为尽管此时水处于热力学上更低的能量状态（也就是气相），但水仍以液体状态存在。出现这种情况的原因是：①水的内聚力和附着力使水从液相到气相转变所需的激活能量非常高；②木质部的结构使成核位点出现最小化，而这些位点可以降低分离水的液态与气态的能量屏障。

气泡是导管中最重要的成核位点（nucleating site）。当气泡的体积足够大时，由于水的表面张力引起的内向力比液态水负压引起的外向力要小，在这种情况下气泡会发生膨胀。而且一旦一个气泡开始膨胀，由于气-液界面的曲率减小，表面张力引起的内向力也会相应降低。因此，一个超过临界膨胀体积的气泡就会不断地膨胀，直至充满整个导管。

但是根的结构决定了在这种张力作用下没有形成导致导管中水柱不稳定的大气泡，因为水必须要通过纹孔膜来进入植物的木质部。纹孔膜作为一个滤器阻止了气泡进入木质部。但当由于伤害、叶片脱落或相邻导管充满气体时，纹孔膜的一端则暴露于空气中，此时它们就成了外界气体进入的位点。当纹孔膜两端的压力差足以克服与纹孔膜结构类似的纤维素微纤丝中气-液接触面间的毛细管作用力（图4.6D），或是足以移开纹孔托时（图4.6C），外界空气进入导管的现象就会发生。这种现象称为空气充散（air seeding）。

木质部导管中会产生气泡的另外一种情况是由于木质部的结冰（Davis et al.，1999）：木质部中的水中溶解有气体，当木质部导管的水结冰时，由于冰中气体的溶解度非常低，从而会导致气泡的产生。

这种气泡膨胀的现象称为气穴现象（cavitation），而最终形成的充满气体的空间称为栓塞（embolism）。气穴现象对植物水分运输的影响类似于汽车油路中的气封或血管中的血栓，它会打破水柱的连续性，从而阻止了张力作用下的水分运输（Tyree and Sperr，1989）。

植物中这种水柱被切断的现象并不少见。当植物失水时，可以检测到声音脉冲或滴答声（Jackson et al.，1999）。当木质部中气泡形成和迅速膨胀时，水压会迅速增加1 MPa甚至更多，从而导致植物中产生可以穿透植物其他部分的高频声音冲击波。对于木质部中水柱连续性被中断的情况，如果不被修复，会使植物受到损伤。因为这些栓塞通过阻断水分运输的主要途径，会增加水分流动的阻力，最终导致植物叶片及其他组织的脱水，甚至死亡。

"脆弱曲线"（vulnerability curves）（图4.9）提供了一个衡量不同物种对气穴现象敏感性，以及气穴现象影响水分通过木质部运输的定量检测方法。脆弱曲线是根据植物枝条、茎或根导水率的损耗百分比（通常为最大值的百分比）与实验条件下强加给木质部的相应张力强度即压力势而绘成的曲线。由于气穴化的影响，木质部的导水率随着张力的增加（压力势更小）而降低，直至整个水分流动最终完全停止。然而，潮湿环境中生长的物种如白桦树的木质部导水率降低所需的负压值比在干旱地区生长的物种如山艾树要低很多。

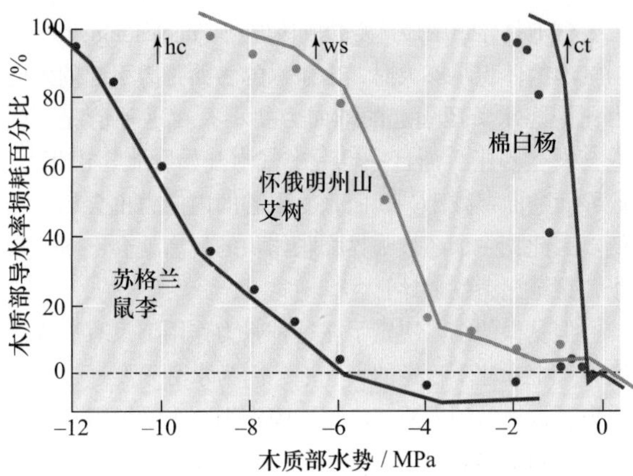

图4.9　木质部的脆弱曲线显示了干旱情况下3种植物的茎木质部水分导度的损耗百分比及其对应的木质部水势。将枝条切断并使用离心力技术使其木质部张力增加来得到实验数据（Alder et al.，1997）。水势轴上部的箭头表明每个物种在野外能测到的最小的木质部水势值（引自Sperry，2000）。

4.3.7　植物能够将木质部气穴现象的影响程度降到最低

有几种方式能够将木质部气穴现象对植物的影响降到最小。由于木质部中的导管分子是相互连接的，理论上一个气泡可以不断膨胀，直至充满整个导管。然而实际中，气泡并不可能扩张很远，这是由于膨胀中的气泡不能轻易穿过纹孔膜上的小孔。另外，由于木质部的导管是相互连接的，一个气泡并不能完全阻止水分的流动。同时，为避开栓塞的阻挡，水分可以绕过发生栓塞的导管从相邻的充满水的导管通过（图4.7）。因此，木质部管胞和导管有限的长度，尽管增加了水分运输的阻力，但也提供了一个限制气穴现象影响的途径。

此外，气泡也可以从木质部除去。夜间，由于植物的蒸腾作用比较弱，木质部的Ψp增加，此时水蒸气和气体可以很容易地回溶到木质部溶液中。而且，如前所述，一些植物还可在木质部产生正压（根压），这些压力能将气泡压缩并引起气体的溶解。最近的研究表明木质部中的水分即使在张力存在的情况下也可以修复气穴现象（Holbrook et al.，2001；Salleo et al.，2004）。目前，该修复的机制仍不清楚，尚需进一步的研究（参见Web Essay 4.4）。

最后，许多植物在每年都进行次生生长，形成新的木质部。新的木质部导管的生成使植物能够恢复由于气穴现象而失去的水分运输能力。

4.4　水分从叶片散失到大气中

水分从叶片散失到大气的途径中，水分是被“拉着”从木质部进入到叶肉细胞的细胞壁，然后蒸发到叶

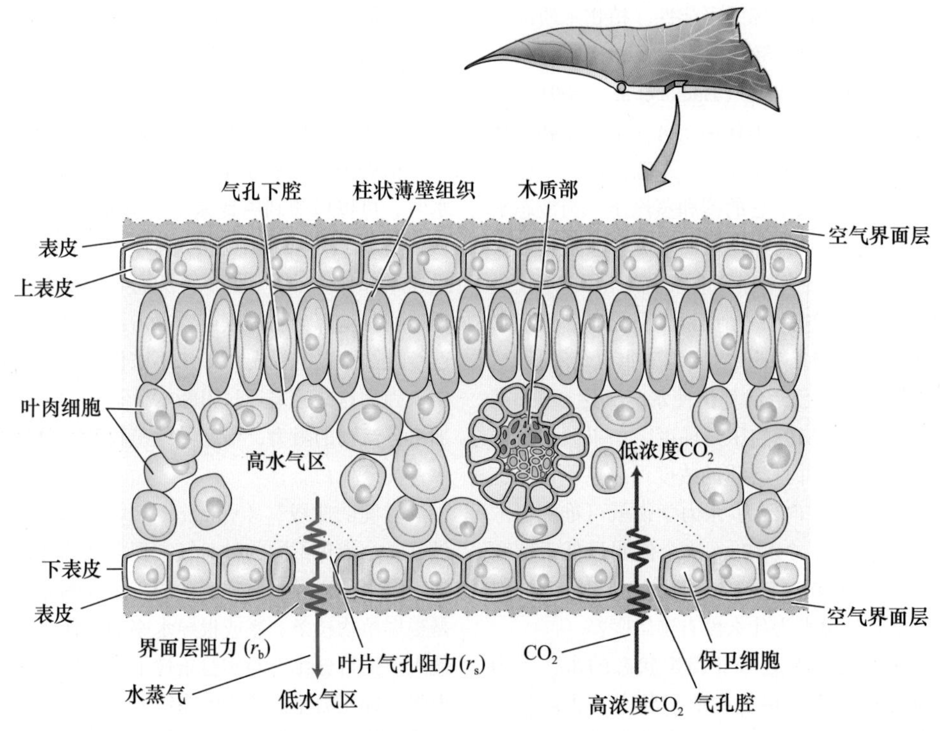

图4.10　水分通过叶片的途径。水被拉着从木质部到达叶肉细胞的细胞壁，通过细胞壁蒸发到叶片内的细胞间隙中。随后水气通过叶片的空隙或气孔，穿过叶片表面的界面层扩散。CO_2沿着浓度梯度（内部低，外部高）相反的方向扩散。

的细胞间隙中（图4.10），水蒸气最后通过气孔离开叶片。液态水在叶片活组织中的移动主要受水势梯度控制，但气相水的运动方式主要是扩散，受到水蒸气浓度梯度的调节。

覆盖在叶片表面的蜡质表皮是一个阻止水分运动的非常有效的屏障。据估计，叶片散失的水分中只有5%是通过表皮丧失的。对叶片来说，几乎所有的水分都是以水蒸气形式通过气孔的小孔扩散出去的。对于大多数草本植物，气孔在叶片的上下两个表面都有分布，但在下表面分布更多些。而在许多树木的叶片中，气孔仅存在于叶片的下表面。

下面来分析液态水在叶片中的移动、叶片蒸腾作用的驱动力、水分从叶片扩散到大气中的主要阻力及叶片中能够调节蒸腾的解剖学结构。

 4.4.1 叶片具有大的水流阻力

尽管水横跨叶片的距离对于整个土壤到大气的运输途径来说很短，但叶片对于整个水流阻力的维持有很大的贡献。对于整个植株对水的液相阻力，叶片通常贡献了30%，而在一些种类的植物中占的比例会更大（Sack and Holbrook，2006）。这种短路径大水流阻力相结合的情况也在根中出现，这两个组织中出现的这种现象进一步表明了水在活组织中运输要比在木质部中有着更大的阻力。

水进入叶片后分布在叶的木质部导管中。而水要想蒸发必须从木质部的壁中出来并穿过多层活细胞。因此，叶片中水流阻力反映出木质部导管的数量、分布、体积大小及叶片叶肉细胞的水流阻力特性。具有不同叶脉结构叶片的水流阻力相差可以达40倍（Brodribb et al.，2007）。这种差异很大程度上是由叶片中的叶脉密度及其与蒸发表面的距离差异引起的。叶脉间距小的叶片有着较低的水流阻力及较高的光合作用速率，表明叶脉与蒸发位点的距离对叶片的气体交换速率有着明显的影响。

叶片的水流阻力是动态变化着的。例如，对于同一植株，处在阴暗处的叶片要比相对明亮处的叶片具有更大的水流阻力（Sack et al.，2003）。叶片的水流阻力还会随着叶龄的增加而变大。叶片的水势短时间的降低会引起叶片水流阻力明显增加，这种阻力的增加可能是由叶脉中木质部导管出现气穴现象或有时木质部导管在张力的作用下出现的物理坍塌所引起的（Cochard et al.，2004；Brodribb and Holbrook，2005）。

 4.4.2 蒸腾作用的驱动力是水蒸气的浓度差

叶片的蒸腾作用主要依赖于两个因素：①叶内空隙和外部空气间的**水蒸气浓度差**（**difference in water vapor concentration**）；②扩散途径的**扩散阻力**（**diffusional resistance，*r***）。水蒸气的浓度差用$c_{wv（叶）}-c_{wv（大气）}$表示。大气的水蒸气浓度$c_{wv（大气）}$可以很容易测定，但叶的$c_{wv（叶）}$较难测量。

尽管叶内空隙的体积很小，但是用于水分蒸发的湿表面积较大。植物叶中空隙的体积占到叶片总体积值分别为：松针5%，玉米10%，大麦30%，烟叶40%。与空隙的空间体积相比，叶片中用于水分蒸发的内表面积可以达到叶片外表面积的7~30倍。这种表面积与体积的高比值及与叶内空隙极近的距离（数个到数十个微米）能使植物叶片内迅速达到水-汽平衡。因此可以推测叶内空隙与细胞壁表面处于水势平衡，从而液态水可以从细胞壁表面迅速蒸发。

正常蒸腾时的叶片（水势一般>-2.0 MPa），水-汽平衡浓度仅为饱和蒸汽压的百分之几。这使得能够估算叶内一定温度下的水气浓度，而叶温是很容易测量的。由于空气的饱和蒸汽压会随着温度的增加而成指数增长，因此，叶片的温度会对蒸腾速率有显著的影响（Web Topic 4.4阐述了如何计算叶内空隙的水气浓度，并讨论了和叶内水分相关的其他方面）。

蒸腾途径中不同位置的水气浓度c_{wv}是不同的。从表4.1可以看出，细胞壁表面到叶外大气的途径中每经过一步c_{wv}都会减少。切记两点：①水从叶片丧失的驱动力是水气的绝对（absolute）浓度差（c_{wv}的差值，单位是mol/m^3）；②这个差值受到叶片的温度的显著影响。

表4.1 水分从叶片丧失途径中4个位点的相对湿度、绝对水蒸气浓度和水势值

位点	相对湿度	水蒸气	
		浓度/(mol/m^3)	水势/MPa[a]
叶内空隙（25℃）	0.99	1.27	−1.38
气孔内部（25℃）	0.97	1.21	−7.04
气孔外侧（25℃）	0.47	0.60	−103.7
大气（20℃）	0.50	0.50	−93.6

数据来源：Nobel，1999，略有修改

注：参见图4.10

a 利用Web Topic 4.4中的式（4.4.2）计算，$RT/\bar{V}_w$的值为20℃时的135 MPa和25℃时的173.3 MPa

 4.4.3 水分丧失也受扩散途径中的阻力调节

水分从叶片丧失的另外一个重要调节因子是蒸腾途径中的扩散阻力，它包括两个可变组分（图4.10）。

（1）通过气孔扩散时气孔本身的阻力，即**叶气孔**

阻力（**leaf stomatal resistance**，r_s）。

（2）水蒸气从叶片扩散到大气的湍流层，就必须穿过叶片表面的静止空气层，这也会对水分的扩散产生阻力。这是第二个阻力，称为叶片**界面层阻力**（**boundary layer resistance**，r_b）。在考虑气孔阻力之前先讨论这种类型的阻力。

界面层的厚度主要受风速和叶片大小决定。当围绕叶片的空气非常稳定时，叶片表面的静止空气层会非常厚，从而成为水气从叶片散失时的主要阻力。在这种情况下，增加气孔的开度对蒸腾速率的影响很小，尽管气孔完全关闭，蒸腾作用仍会进一步降低（图4.11）。

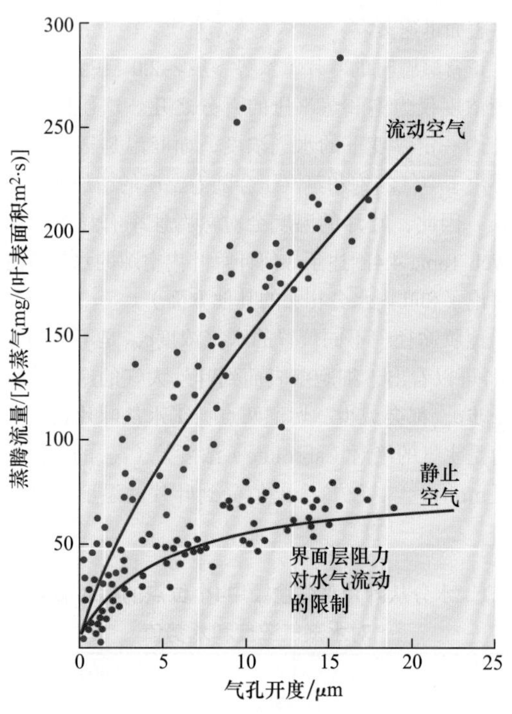

图4.11　静止和流动空气中，吊竹梅（*Zebrina pendula*）的蒸腾流量对气孔开度的依赖程度。静止空气比流动空气的界面层更大，对水分蒸发的阻力也更高。因而，在静止空气中气孔开度对蒸腾作用的控制能力较小（引自Bange，1953）。

当风速高时，由于运动的空气降低了叶表面界面层的厚度，从而减小了界面层的阻力。此时，气孔阻力也就成了叶片散失水分的主要调控因子。

叶片的解剖学结构和形态会影响到界面层的厚度。叶片的表皮毛可以作为微型的防风林。有些植物的气孔是凹陷的，从而在气孔外部产生了一个起保护作用的空间区域。另外，叶片的形状和大小及它们与风向的角度也可影响风吹拂叶片表面的方式。尽管上述这些因素或其他因素都可能影响界面层，但它们可能在数小时或数天内不发生改变。因此对于短期的调节来说，由保卫细胞所控制的气孔开度在叶片蒸腾作用的调控中起着决定性作用。

有些种类的植物可以通过改变它们叶片的方向来影响蒸腾速率。例如，它们可以使叶片与日光平行来使叶温下降进而减弱蒸腾的驱动力Δc_{WV}（Berg and Hsiao，1986）。很多草的叶片在缺水时会发生卷曲，以这种方式增加它们的边界层阻力（Hsiao et al.，1984）。甚至发生萎蔫也可以通过减少接受到的辐射来使高的蒸腾速率减弱，并最终使叶温降低及Δc_{WV}的减少（Chiariello et al.，1987）。

 4.4.4　气孔控制着叶片的蒸腾作用和光合作用的联系

由于覆盖叶片的角质层几乎是不透水的，大多数叶片的蒸腾作用由水蒸气通过气孔扩散引起（图4.11）。而微小的气孔则为水蒸气提供了一个跨过表皮和角质层扩散的低阻力途径（low-resistance pathway）。气孔阻力的变化对于植物水分散失的调节，以及光合固定CO_2中吸收CO_2速率的调节均十分重要。

当水分充足时，植物解决在吸收CO_2的同时限制水分丧失的有效方案是分时段（temporal）调节气孔的开度，即气孔白天打开，晚上关闭。在晚上，叶片光合作用停止，因而不需要吸收CO_2时，气孔开度保持很小或关闭，防止水分不必要的散失。而对于阳光充足的上午，当供水充足，且阳光辐射促使叶片的光合作用旺盛时，气孔就充分张开，以便减少气孔对CO_2扩散的阻力，满足叶内大量的CO_2的需求。尽管在上述情况下蒸腾作用引起的水分散失也是大量的，但由于水分供应充足，以水分作为代价来换取植物生长和繁殖所必需的光合作用产物，对植物来说总体上还是有利的。

另外，当土壤中的水分并不充足时，即使是阳光充足的上午，气孔的开度也很小，甚至保持关闭。在干旱条件下植物的气孔保持关闭状态，可以避免脱水伤害。叶片无法对$c_{WV(叶)}-c_{WV(空气)}$和r_b进行调控，但却可以通过调节气孔的张开和关闭来改变气孔阻力（r_s）。这种生物学调节是由围绕气孔的一对特化的表皮细胞——保卫细胞来完成的（图4.12）。

 4.4.5　保卫细胞的细胞壁具有特化的特性

保卫细胞除了存在于所有的维管植物叶中，还存在于更原始植物（如地钱和苔藓）的器官中（Ziegler，1987）。保卫细胞在形态上有相当大的差异，但可以将其分为两大类：一类是禾本科植物和少数单子叶植物，如棕榈的气孔；另一类是所有的双子叶植物和许多单子叶植物及苔藓类、蕨类和裸子植物的气孔。

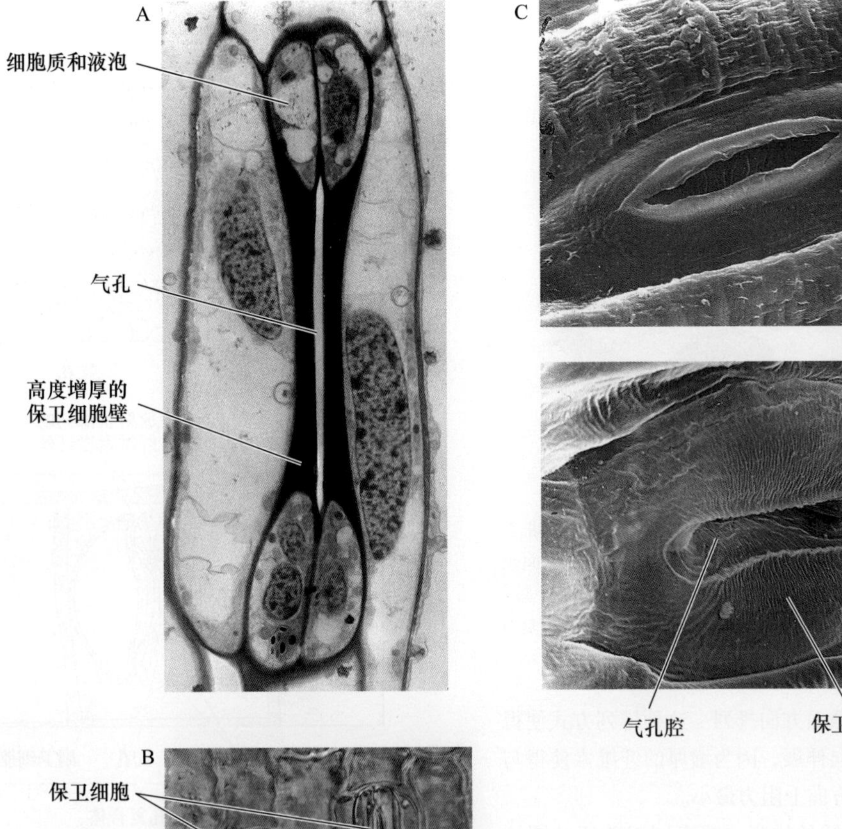

图4.12　气孔的电子显微照片。A. 禾本科植物的气孔。每个保卫细胞球形的末端显示出它们的胞质内含物，并且有高度增厚的壁。气孔将两个保卫细胞的中间部分分开（2560×）。B. 用微分干涉差光学显微镜观察到的苔属植物莎草的气孔复合体。每个复合体含有两个围绕孔的保卫细胞和两个副卫细胞（550×）。C. 洋葱表皮的扫描电镜照片。C上图显示了叶的外表面，在角质层中有一个气孔。C下图显示了一对面向气孔腔的保卫细胞，朝向叶片内（1640×）（A引自 Palevitz，1981；B引自Jarvis and Mansfield，1981；A和B由B. Palevitz惠赠；C引自 Zeiger and Hepler，1976（上图）和 E. Zeiger and N. Burnstein（下图）。

在禾本科植物中（图4.12A），保卫细胞是典型的哑铃形状，有球形的末端。在两个哑铃形保卫细胞的“柄”（handle）中间有一个狭长的缝隙孔，即气孔。保卫细胞的两侧常伴随有一对称为**副卫细胞**（**subsidiary cell**）的特化表皮细胞，可以帮助保卫细胞控制气孔的开度（图4.12B）。保卫细胞、副卫细胞和气孔统称为**气孔复合体**（**stomatal complex**）。

在双子叶植物和非禾本科的单子叶植物中，其保卫细胞具有椭圆轮廓的形状（常称为肾形），两个保卫细胞中间的小孔即气孔（图4.12C）。虽然在肾形气孔的植物中少数也有副卫细胞，但多数是没有副卫细胞的，围绕在保卫细胞周围的是普通的表皮细胞。

保卫细胞最显著的特征是其特化的细胞壁结构。其细胞壁中某些部位被充分加厚，厚度可达5 μm，而普通表皮细胞的细胞壁厚度为1~2 μm（图4.13）。在肾形的保卫细胞中，细胞壁各部分是不均等加厚的，其内壁、外壁（次生壁）非常厚，腹壁（孔壁）稍微加厚，而背部细胞壁（与表皮细胞相接触的细胞壁）则相对较薄。在腹壁靠近大气的一侧细胞壁突出成发育良好的凸缘，形成小孔。

纤维素微纤丝在细胞壁中的排列方式，能够起到加固植物的细胞壁，以及决定细胞的形状的重要作用（见第15章），在气孔张开和关闭中纤维素微纤丝同样也扮演着十分关键的角色。普通的圆柱形细胞，纤维素微纤

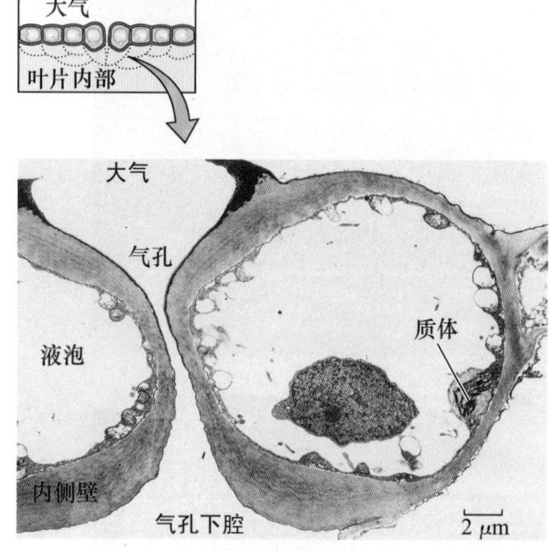

图4.13　电子显微镜照片显示双子叶植物烟草（*Nicotiana tabacum*）的一对保卫细胞。切面与叶片表面垂直。孔朝向大气；底部朝向叶片内的气孔下腔。注意细胞壁的不均匀增厚，这决定了当体积增大时的不均匀的变形，从而引起保卫细胞打开（显微图片引自Sack，1987；F. Sack惠赠）。

丝沿着细胞长轴的横截面方向排列。这种排列方式使得细胞沿着它的长轴方向伸展，因为增厚的纤维素使得与其排列方向成直角的方向上阻力最小。

保卫细胞中的微纤丝排列方式不同于普通的圆柱形细胞。肾形保卫细胞中，细胞壁的纤维素微纤丝由孔向外呈辐射状排列（图4.14A）。面对气孔的保卫细胞内壁比外壁要厚很多。因此，当保卫细胞体积增加时，较弱的外壁向外弯曲，导致气孔打开（Sharpe et al.，1987）。在禾本植物中，哑铃形保卫细胞的功能就像一个有膨胀末端的横梁。随着细胞球形末端体积的增大、膨胀，横梁相互分开，中间的缝隙也相应加宽（图4.14B）。

 4.4.6　保卫细胞膨压的增加导致气孔张开

保卫细胞如同一个具备多种感觉功能的水压阀。光强和光质、温度、叶片水分状态和细胞内CO_2浓度等环境因素均可以被保卫细胞感受，并且这些信号会被整合为精确的气孔反应。例如，黑暗中的叶片受到光照时，光作为气孔张开的刺激信号，被保卫细胞感受，进而触发一系列反应，最终引起气孔的开放。

该生理过程的早期反应是离子的吸收和保卫细胞的其他代谢变化，关于后者将在第18章中详细介绍。这里主要讨论保卫细胞由于离子吸收或有机分子合成对渗透势（Ψ_S）降低的影响。保卫细胞和其他细胞一样同样遵循水势规律。Ψ_S降低时，细胞水势也相应降低，从而促进水分流入保卫细胞。随着水分进入细胞，细胞的膨压增加，由于保卫细胞的细胞壁有弹性，保卫细胞的体积

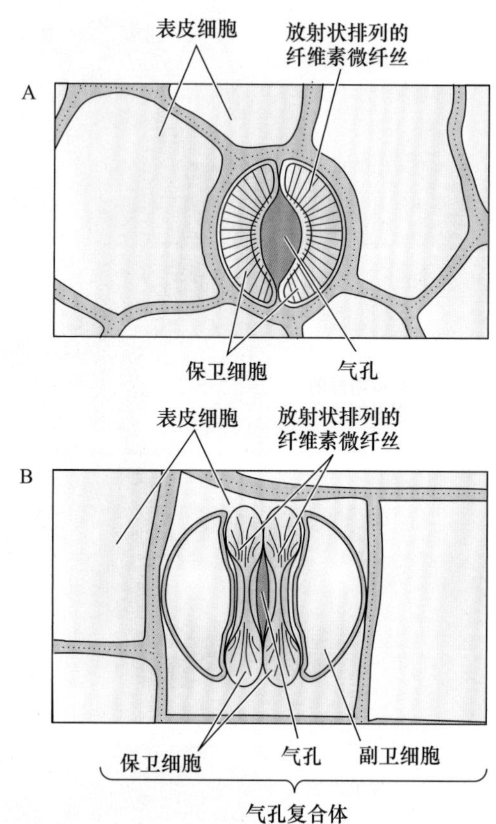

图4.14　保卫细胞中纤维素微纤丝的放射状排列和表皮细胞，肾形气孔（A）和禾本科类气孔（B）（引自Meidner and Mansfield，1968）。

可以可逆地增大40%~100%，可增大的程度随物种而异。当保卫细胞的体积发生变化时（增大或缩小），由于其细胞壁的各部分厚度不同，这种体积变化导致了气孔的张开或关闭。

副卫细胞对促使气孔快速打开并达到大的开度有着重要的作用（Raschke and Fellow，1971；Franks and Farquhar，2007）。副卫细胞中溶质的迅速运出并进入保卫细胞中导致前者的膨压和体积均减小，使得保卫细胞膨大向远离气孔的方向扩展。与之相反，当溶质从保卫细胞转运至副卫细胞会导致后者的膨压和体积变大，从而推动保卫细胞使气孔关闭。

 4.4.7　蒸腾比率可用来衡量水分丧失和碳获得之间的关系

在吸收足量CO_2保证光合作用正常进行的同时，植物调节水分丧失的能力可用**蒸腾比率**（**transpiration ratio**）来评价。蒸腾比率是指植物蒸发水量与光合同化二氧化碳量的比值。

C_3植物CO_2固定的第一个产物是一个三碳化合物（C_3植物，见第8章），如果光合作用中每固定1分子

CO_2大约要丧失400分子水，那么此时蒸腾比率就是400（有时候也用蒸腾比率的倒数表示，其称为水分利用效率。蒸腾比率为400的植物的水分利用效率为1/400，也就是0.0025）。

有3个因素导致了植物的这种水分流出和CO_2流入的高比率。

（1）驱动水分丧失的浓度梯度比驱动CO_2流入的浓度梯度大50倍。大部分情况下，这种差异的存在是由于空气中的CO_2浓度很低（约0.038%），而叶片中的水蒸气浓度相对较高。

（2）水分子在空气中的扩散速度要比CO_2大约快1.6倍（CO_2分子比H_2O分子大，并且扩散系数较小）。

（3）在进入叶绿体而被同化之前，CO_2必须跨过质膜、细胞质和叶绿体被膜。这些生物膜增大了CO_2扩散途径的阻力。

有些植物能够通过调整光合作用中二氧化碳的固定途径来大大降低它们的蒸腾比率。这些植物中光合作用的第一个稳定产物是一个四碳化合物（C_4植物，见第8章），它们每固定1分子CO_2蒸发的水分通常要比C_3植物少；C_4植物典型的蒸腾比率为150。这很大程度上是由于C_4植物光合作用导致在细胞内空气的CO_2浓度变低（见第8章），产生了更大的吸收CO_2的驱动力并使这些植株的气孔开度变小从而降低了蒸腾比率。

而对于能适应沙漠环境的景天科酸代谢（CAM）植物，它们碳固定的起始阶段是在夜间将CO_2固定到四碳有机酸上，它们有着更低的蒸腾比率，大约50的蒸腾比率值是很常见的。这很可能是由于它们的气孔开闭有着相反的昼夜节律，在夜间打开而在白天时关闭。由于在夜间有着低的叶温从而使Δc_{wv}仅增加很小的值，最终引起在夜间有着很弱的蒸腾作用。

总述：土壤–植物–大气连续体

已经知道水分通过植物从土壤到大气的移动涉及多个不同的运输机制。

（1）在土壤和木质部中，在压力势梯度（$\Delta\Psi p$）驱动下，水分以集流的方式移动。

（2）当水分跨膜运输时，在跨膜水势差的驱动下，水以渗透方式进出细胞，如细胞吸水及根从土壤向木质部运输水分。

（3）至少在到达外部大气之前，气态水主要为扩散移动，在此对流（集流的一种形式）起主导作用。

然而，主导水分从土壤到叶片运输的关键因素是木质部的负压，而产生这种负压的位点是蒸腾叶片细胞壁的毛细管作用。而在植物的另外一端，土壤中的水分通过毛细管作用力维持。这导致两端的毛细作用力对水分这个绳子“拔河”。随着叶片蒸腾失水，土壤中的水分持续进入植物体，并上行至叶片。在此过程中，主要是物理作用力发挥作用，而不需要任何的代谢泵，即不消耗代谢能量。水运输的能量最终是由太阳提供的。

这个简单的机制使能量效率非常高，每同化一分子CO_2需要运输400分子的水来交换。这个运输系统能够起作用的关键因素是拥有一个低阻力，并且可以防止发生气穴现象的木质部运输途径，以及用来吸收土壤水分的高表面积的根系统。

小结

植物吸收CO_2的需要与保持水的需要之间是一对固有的矛盾，因此使得植物在让CO_2进入气孔的同时必然在同一地方导致水分的丧失。为了应对这种矛盾，植物进化出一种通过控制叶片失水及对所失去的水分进行补充的方法来适应。

土壤中的水分

· 土壤中的水分含量及水在土壤中的移动速率依赖于土壤的类型和结构，进而影响水在土壤中的压力梯度和导水率。

· 在土壤中，水分可以以水膜形式存在于土壤颗粒表面，或者完全或部分充满土壤颗粒之间的空隙。

· 渗透势、静水压和重力势将水从土壤中通过植株运送到大气中（图4.1）。

· 根毛与土壤颗粒之间紧密的接触极大地增加了用来进行水分吸收的表面积（图4.2）。

根对水分的吸收

· 水分的吸收主要局限于根尖附近（图4.3）。

· 在根中，水分可以通过质外体、共质体或跨膜途径进行运输（图4.4）。

· 水分在质外体中的移动被内皮层中的凯氏带所阻断（图4.4）。

· 当蒸腾作用比较弱时，溶质不断地被运输至木质部流中导致Ψs和Ψw的降低，提供了吸水的动力及正的Ψp，从而在木质部中产生正的静水压（图4.5）。

水分在木质部中的运输

· 由单细胞的管胞或是多细胞的导管组成的木质部中的导管，为水分的运输提供一个低阻力的通道（图4.6）。

· 拉长的、纺锤形的管胞和垛叠的导管分子在次生壁上具有纹孔（图4.7）。

· 压力驱动的集流使水可以在木质部中长距离移动。

· 叶片中细胞的细胞壁表面产生的负压使得水分可以在木质部中上升（图4.8）。

・气穴现象会使水柱断开并阻止水分在张力下的运输（图4.9）。

水从叶片到大气的移动

・水在蒸发至叶片内的空腔前会先被从木质部拉到叶肉细胞的细胞壁中（图4.10）。

・叶片的水流阻力很大而且是动态变化的。

・蒸腾作用的强弱依赖于叶片中细胞间充满空气的间隙与外部大气之间的水气浓度差及这个途径的扩散阻力，该阻力由叶片的气孔阻力和边界层阻力组成（图4.11）。

・气孔的打开和关闭是由保卫细胞来完成并进行调控的（图4.12~图4.14）。

・植物吸收CO_2时限制水分丧失的能力用蒸腾比率来表示。

总述：土壤-植物-大气连续体

・驱动水分从土壤到植物直至大气所需的驱动力是由不含任何需要代谢泵参与的物理驱动力所构成的，该能量的最终来源是太阳。

（王　伟　周　云　译）

WEB MATERIAL

Web Topics

4.1 Irrigation

Irrigation has a dramatic impact on crop yield and soil salinity.

4.2 Physical Properties of Soils

The size distribution of soil particles influences its ability to hold and conduct water.

4.3 Calculating Velocities of Water Movement in the Xylem and in Living Cells

Water flows more easily through the xylem than across living cells.

4.4 Leaf Transpiration and Water Vapor Gradients

Leaf transpiration and stomatal conductance affect leaf and air water vapor concentrations.

Web Essays

4.1 A Brief History of the Study of Water Movement in the Xylem

The history of our understanding of sap ascent in plants, especially in trees, is a beautiful example of how knowledge about plants is acquired.

4.2 The Cohesion–Tension Theory at Work

The cohesion-tension theory has withstood a number of challenges.

4.3 How Water Climbs to the Top of a 112-Meter-Tall Tree

Measurements of photosynthesis and transpiration in 112-meter tall trees show that some of the conditions experienced by the top foliage compares to that of extreme deserts.

4.4 Cavitation and Refilling

A possible mechanism for cavitation repair is under active investigation.

第5章 矿质营养

植物矿质营养是指植物生长发育所必需的、以无机离子形式从土壤中获取的氮、磷、钾等元素。尽管矿质营养成分通过所有的生物体进行连续不断的循环，但是它们主要经过植物的根系进入生物圈。因此，从某种意义上说，植物是地球表面的“矿工”（Epstein，1999）。根系具有巨大的表面积，同时又具有从低浓度土壤溶液中吸收无机离子的能力，这些都极大地增强了植物吸收矿物质的效力。矿质元素被根吸收之后，被运输到植物的各个部分，为植物所利用，并表现出各种生物学功能。其他生物，如菌根真菌和固氮细菌，常参与根对矿质元素的吸收。

植物如何获取和利用矿质元素称为**矿质营养（mineral nutrition）**，是现代农业和环境保护的主要研究领域之一。矿质元素肥料的施用导致农业高产，事实上，大多数作物产量的增加与它们吸收肥料的数量呈线性关系（Loomis and Conn，1992）。为了适应不断上升的食物需求，世界上主要矿质肥料氮、磷和钾每年的消耗量稳步上升，从1960年的3000万t增加到1990年的1.43亿t。在随后的10年中，矿质肥料的使用保持相对稳定，因为考虑到不断上升的肥料成本，施用方法更加精确。然而，在过去的数年间，矿质肥料每年的消耗量已上升至1.7亿t（图5.1）。

然而，严格意义上讲，作物利用的肥料不足向土壤中作物周围所施肥料的一半（Loomis and Conner，1992）。其余的矿物质可能渗入到地表水或地下水中，吸附于土壤颗粒或造成空气污染。在美国，正是由于这些肥料的流失，许多水井中饮用水的硝酸盐（NO_3^-）含量超标（美国联邦规定标准）（Nolan and Hitt，2006）。人类的活动导致氮素以硝酸盐（NO_3^-）和铵盐（NH_4^+）形式释放至环境中，这些氮素又通过雨水沉积于土壤中，这个过程称为大气氮沉积（deposition）。它正在引起全美生态系统的改变（Alber et al.，2003；Fenn et al.，2003）。

令人欣慰的是，通过植物吸收矿质元素使动物废弃物再循环利用的传统方法，正在成为从垃圾堆中除去包括重金属在内的有害矿质元素的有效手段（Ahluwalia and Goyal，2007）。由于植物-土壤-大气之间的自然关系非常复杂，包括大气化学、土壤学、水分、微生物学和生态学，以及植物生理学在内的许多学科领域的专家都参与了矿质营养的研究。

在本章将先讨论植物的营养需求、特定的营养缺乏症状和如何使用肥料以确保适当的植物营养。随后，将分析土壤结构（固体、液体、气体成分的构成）和根的形态如何影响植物从环境中吸收无机营养。最后，将以专题形式介绍菌根共生体的问题。溶质运输和营养同化方面的内容分别在第6章和第12章讲解。

5.1 必需元素、必需元素缺乏和植物失调症

已经证实，只有一些元素对植物体是必需的。**必需元素（essential element）**是植物结构或新陈代谢中的基本组分，缺失时能引起植物严重的生长、发育或生殖异常（Arnon and Stou，1939；Epstein and Blom，2005）。如果为植物提供这些必需元素、水及光能，植物就能够合成它们正常生长所需的所有化合物。表5.1列出了目前公认的高等植物的大多数必需元素（尽管不是全部）。一般认为，前3种元素——氢、碳和氧不是矿质元素，因为它们主要来自于水和CO_2。

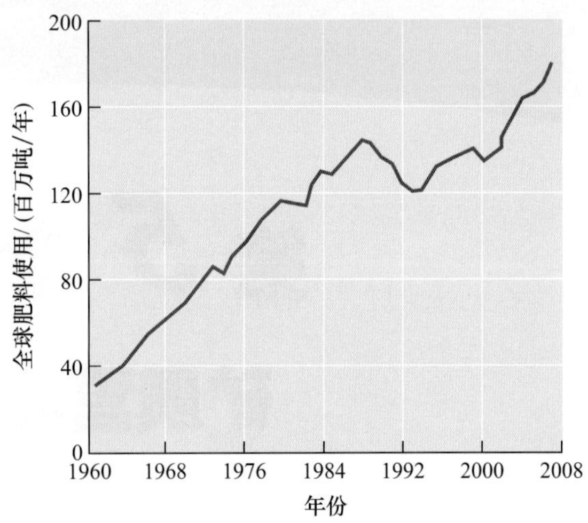

图5.1　过去的5年中全球的肥料消耗量（改编自www.faostat.fao.org/site/575/ default.aspx#ancor.）。

通常，必需矿质元素根据其在植物组织中的相对浓度可被分为大量元素和微量元素。在某些情况下，不同组织中大量元素和微量元素的含量差异并不像表5.1中所标的那么大。例如，一些植物组织，如叶肉中，铁和锰的含量几乎和它含有的硫和镁的量相当。许多元素在植物中的含量通常高于植物的最低需求量。

表5. 1　植物必需元素的合适组织浓度

元　素	化学符号	干物质中的浓度/（%或×ppm①）a	相对于钼的相对原子数量
从水或二氧化碳中获得			
氢	H	6	60 000 000
碳	C	45	40 000 000
氧	O	45	30 000 000
从土壤中获得大量元素			
氮	N	1.5	1 000 000
钾	K	1.0	250 000
钙	Ca	0.5	125 000
镁	Mg	0.2	80 000
磷	P	0.2	60 000
硫	S	0.1	30 000
硅	Si	0.1	30 000
微量元素			
氯	Cl	100	3 000
铁	Fe	100	2 000
硼	B	20	2 000
锰	Mn	50	1 000
钠	Na	10	400
锌	Zn	20	300
铜	Cu	6	100
镍	Ni	0.1	2
钼	Mo	0.1	1

资料来源：Epstein，1972，1979

a 非矿质元素（H、C和O）和大量元素的数值为百分率；微量元素为百万分浓度

① $ppm=1\times10^{-6}$

由于很难从生理学角度加以判断，一些研究者对于这种将矿质元素分为大量元素和微量元素的分类方法产生质疑。相反，Mwngel和Kirkby（2001）依据生化作用及生理功能将这些植物必需元素进行了新的分类。如表5.2所示，这种分类方法将必需元素分成4组。

表5.2　根据生物化学功能对植物矿质元素的分类

矿质营养	功　能
第一组	组成碳化合物的营养元素
N	构成氨基酸、氨基化合物、蛋白质、核酸、核苷酸、辅酶和己糖胺等物质
S	半胱氨酸、胱氨酸、甲硫氨酸的组分。构成硫辛酸、辅酶、硫胺素焦磷酸、谷胱甘肽、生物素、腺苷-5′-磷酸硫酸酐和3′-磷酸腺苷
第二组	在能量储存和结构完整中起重要作用的营养元素
P	糖磷酸、核酸、核苷酸、辅酶、磷脂、肌醇六磷酸等物质的成分。在与ATP有关反应中起关键作用
Si	在细胞壁中以二氧化硅沉淀形式存在。参与了细胞壁机械性质的形成，包括刚性和弹性
B	与甘露醇、甘露聚糖、藻酸和细胞壁的其他组分结合，参与细胞伸长和核酸代谢
第三组	以离子形式存在的营养元素
K	至少40种酶所需的辅助因子。建立细胞膨压和维持细胞电中性所需的最重要的阳离子
Ca	细胞壁中间层的组分。一些参与ATP和磷脂水解的酶所需的辅助因子。代谢调节过程中作为第二信使
Mg	参与磷酸转移的许多酶所必需的。叶绿素分子的组成部分
Cl	与O_2释放有关的光合反应所需
Mn	一些脱氢酶、脱羧酶、激酶、氧化酶和过氧化物酶的活性所必需的。参与了其他阳离子活化酶的构成和光合反应中氧释放有关的反应
Na	参与了C_4和CAM 植物中磷酸烯醇式丙酮酸的再生反应。有时可替代钾离子的一些功能
第四组	与氧化还原反应有关的营养元素
Fe	与光合作用、氮固定和呼吸作用有关的细胞色素和非血红素铁蛋白的组成成分
Zn	乙醇脱氢酶、谷氨酸脱氢酶和碳酸酐酶等的组分
Cu	抗坏血酸氧化酶、酪氨酸酶、单胺氧化酶、尿酸酶、细胞色素氧化酶、酚酶、漆酶和质体蓝素的组分
Ni	脲酶的组成元素。在细菌固氮中是氢化酶的组分
Mo	固氮酶、硝酸还原酶和黄嘌呤脱氢酶的组分

资料来源：改编自Evansand and Sorger，1966；Mengel and Kirkby，2001

（1）第一组必需元素由氮和硫组成。植物可以通过氧化和还原的生物化学反应，与碳形成共价键，产生有机化合物，同化这些元素。

（2）第二组必需元素在植物能量储存反应和维持结构完整性中起重要作用。它们在植物组织中常以磷酸、硼酸和硅酸盐酯的形式存在，共价地结合在有机分子上（如磷酸糖类）。

（3）第三组必需元素作为酶的辅助因子和在渗透势调节中具有重要的作用。在植物组织中，该组元素以自由离子形式溶解于水，或者以静电力结合到诸如存在于植物细胞壁的果胶酸等物质上。

（4）第四组必需元素由铁等金属元素组成，在电子转移反应中扮演重要角色。

需要注意的是，这种分类或多或少地带有主观因素，因为许多元素在生物体中扮演多种功能角色。例如，第三组中的锰元素，作为矿质元素以离子形式存在，但它也参与到许多重要的电子传递反应中，而这一点也正是第四组元素的功能所在。自然界中存在的一些不属于植物必需的元素，如铝、硒和钴，也可以在植物组织中积累。例如，铝一般认为是一种非必需元素，但植物体通常含有0.1~500 ppm的铝，而且向营养溶液中加入低水平的铝可刺激植物生长（Marschner，1995）。*Astragalus*、*Xylorhiza*和*Stanleya*的许多物种中积累硒，尽管植物并没有表现出对这种元素的特殊需要。钴是钴胺素（维生素B_{12}及其衍生物）的组成部分，而钴胺素则是固氮微生物中许多酶的组分。因此，钴的缺乏阻碍固氮根瘤的发育及功能的发挥。然而，非固氮植物，以及以铵盐或硝酸盐为氮源的固氮植物不需要钴。作物中这些非必需元素的含量通常相对较少。

接下来的部分介绍用于检查植物中营养元素功能的方法。

 5.1.1 矿质营养研究中的专用技术

将植物培养在缺失某种所研究元素的实验条件下进而确定该元素是否为植物所必需。如果植物生长于像土壤这样复杂的介质中，将很难得到相应的研究结果。19世纪，包括Nicolas-Théodore de Saussure、Julius von Sachs、Jean-Baptiste-Joseph-Dieudonné Boussingaunct 和 Wilhelm Knop在内的许多研究者，采用一种新的种植方法来解决这一问题，他们将植物的根浸泡在仅包含无机盐的**营养液（nutrition solution）**中进行培养，明确证实植物能在没有土壤或有机质的环境中也能够正常生长，即植物完全可以在只有无机元素、水和阳光的条件下，满足其全部需要。

将植物根系浸没在没有土壤的营养液中的植物培养技术称为**溶液培养（solution culture）**或**水培（hydroponics）**（Gericke，1937）。成功的水培（图5.2A）需要提供大量的营养液，或者经常校正营养液，这样可以避免由于营养被根吸收而引起的介质中营养浓度和pH的较大改变。保证根系中氧的充分供应也很重要，可以通过向溶液中通入足以产生贯穿溶液的足量空气来实现。

水培法被应用于许多温室作物如番茄（*Lycopersicon esculentum*）的商业生产。在一种商业水培中，将

A 水培生长系统

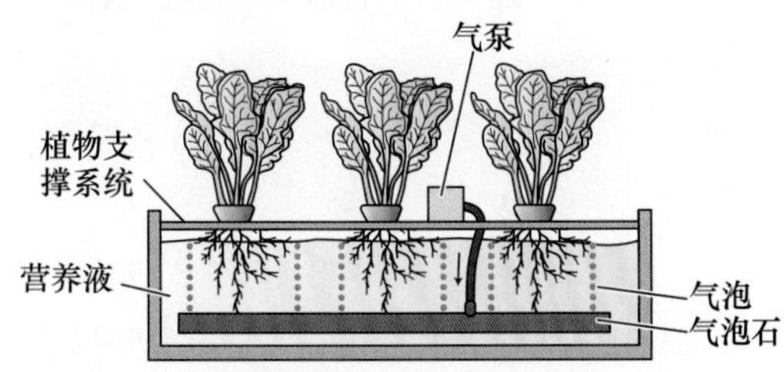

B 营养膜生长系统

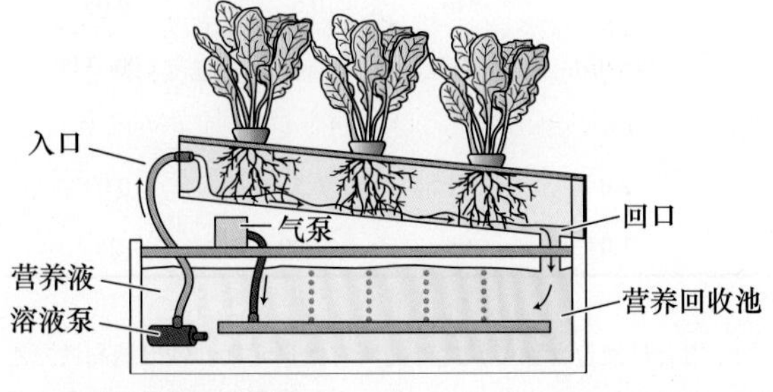

C 汽雾法生长系统

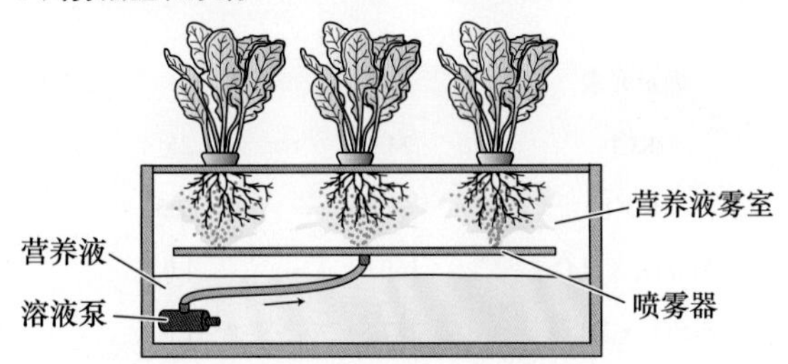

D 间歇流动系统

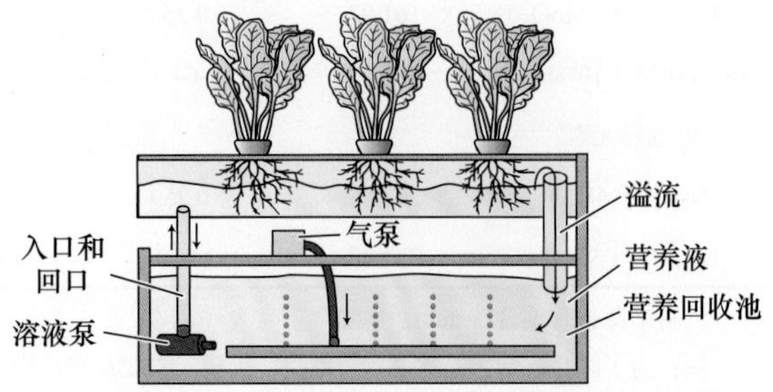

图5.2 各种类型的溶液培养系统。A. 一种标准的水培生长系统，植物通过茎基部悬吊在装有营养液的槽上。用能产生小气泡的多孔固体作为气泡柱，用来保持溶液中氧的饱和状态。B. 在营养膜生长系统中，溶液泵将营养液从主水池中泵出，营养液沿着倾斜槽的底部由回收管流回蓄水池。C. 在汽雾法生长系统中，培养槽中的高压泵向根部喷洒营养液。D. 在间歇流动系统中，水泵周期性地向包含植物根的上部小室中泵满营养液。当泵关掉时，营养液通过泵慢慢流回主蓄水池（引自Epstein and Bloom，2005）。

植物种植在如沙子、砾石、蛭石或开发的黏土等支持物（如kitty litter）上。然后，用营养液穿越支持介质，旧的营养液就被冲洗更换。在另一种形式的水培中，将植物根伸展在一个水槽的表面，营养液以薄层的方式沿着浸没根的排水槽流动（Cooper，1979；Asher and Ddward，1983）。这种**营养膜生长系统（nutrient film growth system）**能确保根接受到足够的氧气（图5.2 B）。

汽雾栽培法（aeroponically）是另一种可供选择的植物培养方法，该方法有时被誉为未来的科学研究的手段（Weathers and Zobel，1992）。在这种技术中，植物根被悬吊在空中，同时不断地向植物根部喷施营养液以维持其生长（图5.2 C）。这种方法能在根周围提供容易操纵的气体环境，但是需要提供比水培法更高浓度的营养液，以维持植物的快速生长。再加上其他技术困难，汽雾栽培法目前尚未得到广泛的应用。

间歇流动系统（ebb-and-flow system）（图5.2 D）也是一种溶液培养方法。在该体系中，植物的根暴露于潮湿的空气中，营养液周期性地上升淹没植物根部并随后退去。和汽雾栽培法一样，间歇流动体系对营养液的浓度需要比水培法和营养膜培养法更高。

 5.1.2 营养液能维持植物的快速生长

多年来，人们研究出了多种营养液的配制方式。早期的配方仅包括KNO_3、$Ca(NO_3)_2$、KH_2PO_4、$MgSO_4$和铁盐，是由德国人Knop开发的。当时，这种营养液被认为含有植物所需的所有矿物质，但是，后来才知道进行这些实验所用到的化学药品被其他成分（如硼和钼）污染了，当时并不知道这些元素也是植物所必需的。表5.3列出了一个更现代的营养液配方。此配方被称作改良 **Hoagland溶液（Hoagland solution）**，即以一位在现代矿质营养研究中作出杰出贡献的美国科学家Dennis R. Hoagland命名。

表 5.3 培养植物的改良Hoagland 溶液的组成

化合物	分子质量 /（g/mol）	储备液浓度 /（mmol/L）	储备液浓度 /（g/L）	每升最终溶液中储备液体积/mL	元素	元素的最终浓度 /（μmol/L）	/（μg/g）
大量元素							
KNO_3	101.10	1 000	101.10	6.0	N	16 000	224
$Ca(NO_3)_2 \cdot 4H_2O$	236.16	1 000	236.16	4.0	K	6 000	235
$NH_4H_2PO_4$	115.08	1 000	115.08	2.0	Ca	4 000	160
$MgSO_4 \cdot 7H_2O$	246.48	1 000	246.49	1.0	P	2 000	62
					S	1 000	32
					Mg	1 000	24
微量元素							
KCl	74.55	25	1.864		Cl	50	1.77
H_3BO_3	61.83	12.5	0.773		B	25	0.27
$MnSO_4 \cdot H_2O$	169.01	1.0	0.169		Mn	2.0	0.11
$ZnSO_4 \cdot 7H_2O$	287.54	1.0	0.288	2.0	Zn	2.0	0.13
$CuSO_4 \cdot 5H_2O$	249.68	0.25	0.062		Cu	0.5	0.03
H_2MoO_4（85% MoO_3）	161.97	0.25	0.040		Mo	0.5	0.05
NaFeDTPA（10%Fe）	468.20	64	30.0	0.3~1.0	Fe	16.1~53.7	1.00~3.00
可选择元素[a]							
$NiSO_4 \cdot 6H_2O$	262.86	0.25	0.066	2.0	Ni	0.5	0.03
$Na_2SiO_3 \cdot 9H_2O$	284.20	1 000	284.20	1.0	Si	1 000	28

资料来源：改编自Epstein，1972

注：为了防止沉淀，在准备营养液时，大量元素要从母液中分开来加。组合母液包含除了铁之外的所有微量元素。铁以钠高铁二乙烯三胺五磷酸（NaFe DTPA，商品名Ciba-Geigy Sequestrene 330 Fe；图5.3）的形式加入；有些植物，像玉米如表中所示，需要更高水平的铁

a 镍常以其他化学药品的污染物出现，因此它也许不需要直接加入。如果含有硅的话，应将其首先加入，并用HCl调整pH以防止其他营养物的沉淀

改良的**Hoagland**溶液包含所有已知的为植物快速生长所必需的矿质元素。溶液中各种元素的浓度是在不产生毒性症状和盐胁迫条件下的最高可能水平。因此，许多元素的浓度很有可能要比植物根周围土壤中的浓度高许多倍。例如，正常情况下，土壤溶液中磷的浓度低于0.06 ppm，而在改良的**Hoagland**溶液中却为62 ppm（Epstein and Bloom，2005）。如此高的初始浓度可使植物在不用补充营养的情况下生长较长时间，但这种浓度也可能对幼苗产生伤害。因此许多研究者将营养液稀释几倍，以多次补充的方式使用，以此降低介质和植物组织中营养物质浓度的波动。

改良**Hoagland**配方的另外一个重要特征是氮元素以铵盐（NH_4^+）和硝酸盐（NO_3^-）两种形式供给。以阳离子（positively charged ion）和阴离子（nagtively charged ions）均衡混合的方式供应氮元素，能减少培养基中pH的快速上升，而溶液pH上升的现象在单用硝酸根阴离子作为氮源的情况下很常见（Asher and Edwards，1983）。即使在溶液pH保持中性的情况下，同时获取NH_4^+和NO_3^-，大多数植物会生长得更好，因为吸收和同化两种形式的氮，能促进植物体内阳-阴离子的平衡（Raven and Smith，1976；Epstein and Bloom，2005）。

如何维持溶液中铁离子的可用性是营养液的一个重要问题。如果以无机盐如$FeSO_4$或$Fe(NO_3)_2$的形式供应，特别是在碱性条件下，铁能在溶液中以氢氧化铁的形式沉淀出来。如果溶液中有磷酸盐存在，也能形成不溶性的磷酸铁。溶液中的铁盐沉淀出来，成为植物不能利用的物理形态，除非向溶液中不断加入铁盐。早期的研究者通过将铁与柠檬酸或酒石酸一起加入的方法来解决这个问题。诸如称作**螯合剂（chelator）**的复合物，由于它们能与以离子间相互作用力而非共价键结合Fe^{2+}、Ca^{2+}等阳离子形成可溶性的化合物。对植物来说，被螯合的阳离子保持了可利用性的物理性质。

更现代的营养液用化学试剂乙二胺四乙酸（EDTA）或二乙烯三胺五磷酸（DTPA或五醋三胺）作为螯合剂（Sievers and Baile，1962）。图5.3显示了DTPA的结构。在根细胞吸收铁的过程中，螯合复合物的去向还不清楚。在根表面，三价铁（Fe^{3+}）被还原成二价铁（Fe^{2+}）后可能从螯合剂中被释放出来，之后，螯合剂可能扩散回营养液（或土壤）并与另一个Fe^{3+}或其他金属离子螯合。

铁被吸收进入根部后，与植物细胞中的有机化合物通过螯合作用结合保持可溶性状态。柠檬酸可能是主要的铁离子有机螯合剂，并且铁离子在木质部的长距离运输似乎也涉及铁-柠檬酸复合物。

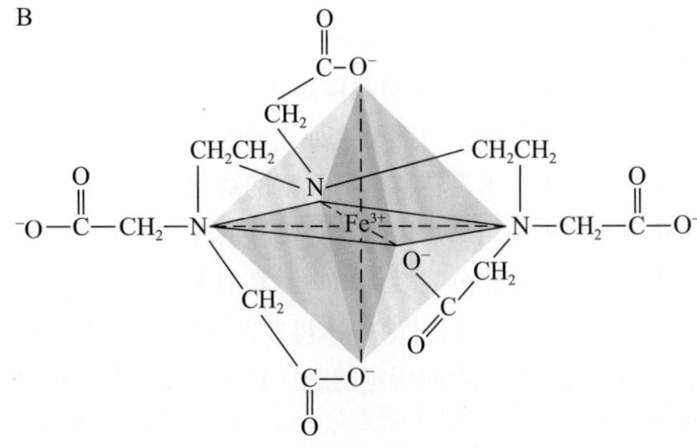

图5.3 螯合剂和被螯合的阳离子。螯合剂二乙烯三胺五磷酸（DTPA）的化学结构，螯合剂本身（A）和螯合一个Fe^{3+}的状态（B）。铁通过与 3 个氮原子和 3 个羧基上离子化的氧原子相互作用结合到DTPA上（Sievers and Bailar，1962），产生能够固定金属离子的结构，并有效地中和了金属离子在溶液中的反应性。在根表面，铁的吸收过程中Fe^{3+}被还原成Fe^{2+}，然后从DTPA-铁复合物中释放出来，而螯合剂又能结合其他可用的Fe^{3+}。

5.1.3 矿质营养缺乏影响植物代谢和功能

必需元素供应不足时将导致营养失调，表现出典型的缺素症。在水培中，一种必需元素缺乏能很容易地与一组已知的元素缺乏症状相对应。例如，一种特殊元素缺乏可能诱发一种特定形式的叶片颜色变化。但土壤中生长的植物，其缺素症的诊断则复杂得多，原因主要如下。

（1）几种元素的缺乏可能同时发生在不同的植物组织中。

（2）一种元素的缺乏或过量可能诱导其他元素的缺乏或过度积累。

（3）一些病毒诱导的植物疾病可能产生与营养元素缺乏相似的症状。

植物中的营养缺乏症状表现为必需元素供应不足时所引起的代谢紊乱。这种紊乱与必需元素在正常植物代谢和功能中扮演的角色有关（表5.2已列出）。

虽然每一个必需元素都参与许多不同的代谢反应，但在植物代谢中对必需元素的功能做一个大概的描述还是有可能的。通常，必需元素在植物结构、新陈代谢和细胞渗透调节中发挥作用。而某些二价阳离子可能具有与其特性相关的更多特殊作用，如Ca^{2+}或Mg^{2+}能改变植物膜通透性。另外，进一步研究还表明这些元素在植物代谢中具有特殊作用，如Ca^{2+}可作为信号分子调节胞质中的关键酶（Hepler and Wayn，1985；Hetherington and

Brownlee，2004）。因此，绝大多数必需元素在植物代谢过程中具有多重功能。

当阐述某种特定必需元素的严重缺乏症时，一个重要的线索是该元素从老叶到新叶可被循环利用的程度。一些元素，如氮、磷和钾，很容易从一个叶片转移到另一个叶片；而另一些元素，如硼、铁和钙，则在大多数种类植物中的位置相对固定（表5.4）。如果一种必需元素是可转移的，那么这种元素的缺乏症状将首先出现在老叶上。不易转移必需元素的缺乏症则首先会在新叶中明显表现出来。虽然养分转移的详细机制还不很清楚，但诸如细胞分裂素等植物激素似乎参与其中（见第21章）。在下面的讨论中，将按照表5.2的分组，详细叙述必需矿质元素的特定缺乏症状及其在植物中的功能。

表5.4　根据矿质元素在植物中的移动性和在缺乏时的移动趋势对其进行分类

可移动的	不可移动的
N	Ca
K	S
Mg	Fe
P	B
Cl	Cu
Na	
Zn	
Mo	

注：根据元素在植物中的含量进行排序

1. 第一组：作为含碳化合物组分的矿质营养的缺乏

这一组由氮和硫组成。在大多数自然和农业生态系统中，土壤中氮的可用性限制着植物的产量。相反，土壤中通常含有过量的硫。尽管存在这种差异，氮和硫在宽泛氧化还原状态上有着相似的化学性质（见第12章）。生命中的一些高耗能的反应都是将根从土壤中吸收的高度氧化态的无机形式（如硝酸盐和碳酸盐）转化成有机化合物中高度还原态的有机形式（如植物中的氨基酸）。

1）氮

氮是植物需求量最大的矿质元素。它是植物细胞包括氨基酸、蛋白质和核酸等重要组分的组成元素。因此，缺氮能迅速抑制植物的生长。如果氮元素持续缺乏，大多数物种表现为**缺绿（chlorosis）**症状（叶片变黄），特别是靠近植物基部的老叶（缺氮照片，以及本章中所述的其他矿质元素的缺乏照片，参见Web Topic 5.1）。严重缺氮时，植物叶片完全发黄（或黄褐），进而从植物上脱落。最初，嫩叶可能表现不出这些症状，因为氮能从老叶转移到嫩叶。因此，缺氮的植物可能表现为上部叶片浅绿色，而下部叶片发黄或黄褐色。当缓慢缺氮时，植物明显纤细，茎木质化。木质化的原因可能是植物中碳水化合物的过量积累，而这些碳水化合物又不能被用来合成氨基酸或其他含氮化合物。另外，不能在氮代谢中被利用的碳水化合物可能参与到花青素的合成中，从而导致色素的积累。在一些植物，如番茄和特定品种的玉米（*Zea mays*）中，缓慢缺氮时，叶、叶柄和茎会变成紫色。

2）硫

硫存在于氨基酸（胱氨酸、半胱氨酸和甲硫氨酸）中，是代谢中许多辅酶和维生素（如乙酰辅酶A、*S*-腺苷甲硫氨酸、维生素B_1、泛酸）的组成元素。植物缺硫的许多症状与缺氮相似，包括缺绿、矮化和花青素的积累等。这种相似性并不奇怪，因为硫和氮都是蛋白质的组成元素。然而与氮不同，大多数植物中的硫不易转移到嫩叶中去，因而植物缺硫所引起的缺绿症首先表现在成熟及幼嫩的叶中，而不是像缺氮那样最初只在老叶中发生。虽然如此，在许多植物中缺硫引起的缺绿，可能同时发生在所有的叶片中，甚至老叶。

2. 第二组：主要影响能量储存和结构完整性的矿质营养的缺乏

这一组由磷、硅、硼组成。根据在植物组织中的存在浓度，磷和硅被划分为大量元素，而硼含量较小，被认为是微量元素。这些元素在植物中常以酯键与碳结合的形式存在，如*X*-O-C-*R*，*X*元素在含氮分子C-*R*中通过氧原子与碳原子相连。

1）磷

磷（如磷酸盐、PO_4^{3-}）是植物细胞内重要化合物的必需组分，包括呼吸作用和光合作用中的糖-磷中间体及组成植物膜的磷脂。同时，它也是用于植物能量代谢的核苷酸（如ATP）和DNA与RNA的组成元素。缺磷的典型症状为植物幼苗矮小，叶色暗绿，叶片可能畸变，并有被称为**坏死斑（necrotic spot）**的死亡组织小斑点（参见Web Topic 5.1）。像缺氮一样，一些植物也可能产生过多的花青素，使叶片呈浅紫色。但与缺氮不同的是，缺磷产生的紫色与缺绿无关。因此，事实上叶片可能呈暗绿紫色。缺磷的其他症状有：茎细长（但并不木质化）和老叶死亡。植物的成熟期可能也会被推迟。

2）硅

仅有木贼科家族中的成员（称为锈斑擦洗剂，因为它们的灰烬中富含沙砾硅石，被用来刷洗罐容器）需要硅来完成它们的生活史。然而，许多其他植物的组织

中也积累相当量的硅，并且施用适量的硅可促进作物生长、生殖及胁迫抗性（Epstein，1999）。植物缺硅时，易倒伏，易受真菌感染。硅主要沉积在内质网、细胞壁，或者以非结晶的水合物（$SiO_2 \cdot nH_2O$）形式存在于细胞间隙中。它可与多酚形成复合物，因而可以替代木质素来强化细胞壁。另外，硅能减少包括铝和锰在内的许多金属的毒性。

3）硼

虽然硼在植物代谢中的精细功能还不清楚，但有证据表明它在细胞伸长、核酸合成、激素反应、膜功能和细胞周期调控中起作用（Brown et al.，2002；Reguera et al.，2009）。缺硼时，植物表现出多种症状，随植物种类和植物年龄不同而各异。典型缺硼的症状是嫩叶和顶芽变黑坏死。嫩叶坏死主要发生在叶片基部，茎异常僵直、易断。缺硼后植物失去了顶端优势，多分枝；然而不久，枝的顶端也因为细胞分裂被抑制而坏死。果实、肉质根和块茎结构也因为内部组织的损坏而畸变或坏死（参见Web Essay 5.1）。

3. 第三组：以离子形式存在的矿质元素的缺乏

这组元素包括一些大家最为熟悉的矿质元素：大量元素钾、钙和镁；微量元素氯、锰和钠。这些元素以离子形式存在于细胞质或液泡中，以静电作用力或作为配体结合到含碳的大分子化合物上。

1）钾

钾在植物中以阳离子K^+的形式存在，在调节植物细胞渗透势方面起重要作用（见第3章和第6章）。它也能激活许多参与呼吸作用和光合作用的酶。

缺钾的第一个可见症状是叶片斑点状或边缘萎黄，逐渐发展成叶尖、叶缘和叶脉间的坏死。在许多单子叶植物中，坏死斑在叶尖和叶缘产生，然后向叶基部扩展。因为钾能从老叶转移到幼嫩叶，所以缺钾症状首先出现在靠近植物基部的更成熟的叶片上。这些叶片也可能卷曲、皱缩。缺钾植物纤弱，节间短而异常。在缺钾的玉米中，根更易感染土壤中存在的根腐烂真菌，这种根对土壤中腐烂真菌更加敏感，再加上缺钾对茎部的影响，使植物更易倒伏。

2）钙

钙离子被用来合成新的细胞壁，精确地说是用来合成将新细胞分开的胞间层。钙也与有丝分裂中纺锤体的形成有关。钙为植物膜的功能正常所必需，并作为第二信使参与植物对环境、激素信号的多种反应（White and Broadley，2003；Hetherinton and Brownlee，2004）。钙作为第二信使行使功能时，可能与在植物细胞质中发现的一种称为**钙调素（calmodulin）**的蛋白质结合。然后，钙调素-钙复合物与许多不同类型的蛋白质结合，包括蛋白激酶、磷酸酶、第二信使信号蛋白和细胞骨架蛋白，从而可以广泛调节从转录调控、细胞存活到化学信号释放等许多细胞内过程（见第24章）。

缺钙的典型症状为幼嫩分生组织区域的死亡，如根尖和幼叶，而此处细胞分裂和细胞壁形成速度最快。慢速生长的植物在出现坏死症状之前，幼嫩叶片首先出现普遍的缺绿和向下弯勾。幼嫩叶片也可能发生畸形。缺钙时植物的根系表现为褐色、短小、高度分枝。如果植物分生组织区域在成熟之前死亡，将导致植株严重矮化。

3）镁

在植物细胞中，镁离子（Mg^{2+}）能特异性地激活参与呼吸作用、光合作用和DNA与RNA合成的酶。镁也是叶绿素分子环形结构的组成元素（图7.6A）。由于镁元素具有移动性，缺绿首先发生在老叶上，表现为典型的叶脉间缺绿。这种缺绿的方式是因为叶绿素在维管束中比在维管束之间的细胞中能保持更长的时间而不被破坏。如果缺镁严重，叶片变黄或变白。另外，缺镁的另外一个症状是叶片在成熟前脱落。

4）氯

在植物中，氯元素以氯离子（Cl^-）的形式存在。氯为光合作用中水裂解产生氧的反应所必需（见第7章）（Popelkova and Yocum，2007）。另外，在叶和根部细胞的分裂中也需要氯（Colmenero-Flores et al.，2007）。缺氯时植物首先表现为叶尖枯萎，接着为常规的叶片缺绿和坏死，同时也可能表现为叶片生长速率减小，最终叶片呈现出赤褐色（"赤褐化"）。植物缺氯时，其接近根尖处变短加粗。

氯离子可溶性高，由于海水被风吹进空气，氯随雨水带进土壤，因此氯在土壤中一般不缺乏。在天然和农业生境中，植物生长中缺氯现象很少见（Engel et al.，2001）。大多数植物吸收的氯远远高于它们正常功能所需要的氯。

5）锰

在植物细胞中，锰离子（Mn^{2+}）是许多酶的激活剂。尤其是柠檬酸循环（Krebs循环）中的脱羧酶和脱氢酶被锰离子特异性激活。锰最明确的功能是参与光合作用中水的放氧（O_2）反应（Armstron，2008）（见第7章）。缺锰的主要症状为与微小坏死点形成相关的叶脉间失绿。缺绿可以发生在较嫩幼叶或较老的叶片，这依赖于植物种类和植物的生长速率。

6）钠

大多数利用C_4途径和景天酸代谢（CAM）途径固定碳（见第 8 章）的植物需要钠离子（Na^+）。在这些植物中，钠对磷酸烯醇式丙酮酸的再生非常重要，磷酸烯醇式丙酮酸是C_4途径和CAM途径中第一次羧化反应的底物（Brownell and Bielig，1996）。缺钠时，这些植物缺绿、坏死，甚至不能形成花。低水平的钠离子对许多C_3植物也是有益的。钠能通过增强细胞扩展来刺激生长，并能部分地代替钾作为渗透调节物质。

4. 第四组：参与氧化还原反应的营养元素的缺乏

这一组包括5种元素：金属离子铁、锌、铜、镍和钼。所有这些元素都具有可逆的氧化还原状态（如$Fe^{2+} \rightleftharpoons Fe^{3+}$），在电子转移和能量转化中起重要作用。通常这些元素与细胞色素、叶绿素和蛋白质（常为酶）等大分子有关。

1）铁

铁作为参与电子传递中（氧化还原反应）酶如细胞色素的组成成分具有重要的作用。作为酶的组成成分，在电子转移过程中铁发生从Fe^{2+}到Fe^{3+}的可逆氧化。

同缺镁一样，典型的缺铁症状为叶脉间失绿。但与缺镁不同的是，缺铁症状首先表现在嫩叶上，因为铁不易从老叶中转移出来。在极度或长期缺铁时，叶脉也会缺绿，致使整个叶片变白。叶片缺绿是因为叶绿体中一些叶绿素-蛋白质复合物的合成需要铁。铁的移动性低可能是由于铁在老叶中以不溶的氧化物或磷酸盐沉淀或与植物铁蛋白（phytoferritin）形成稳定复合物的形式存在。植物铁蛋白是在叶和其他植物组织中发现的铁结合蛋白（Jeong and Guerino，2009）。铁的沉淀降低了它在随后进入韧皮部进行长距离运输的移动性。

2）锌

许多酶需要锌离子（Zn^{2+}）的激活，而且在一些植物中，叶绿素的生物合成可能也需要锌（Broadley et al.，2007）。缺锌的典型症状为节间生长减缓，导致植物呈莲座状生长，在地面或近地面叶片环形辐射丛生。叶片可能小且变形，叶缘皱缩。这些症状可能是由于不能产生足够数量的生长素吲哚-3-乙酸（IAA）引起的。在一些植物（如玉米、高粱和豆类）中，老叶会出现叶脉间缺绿，然后产生白色坏死斑。这种缺绿现象可能是叶绿素生物合成需要锌的表现。

3）铜

像铁一样，铜与氧化还原反应的酶有关。铜通过Cu^{+}与Cu^{2+}之间的转换参与到这些氧化还原反应中。质体蓝素就是这种酶的一个例子，它在光合作用的光反应中参与电子传递（Yruela，2009）。缺铜的最初症状为叶片呈深绿色，其中有坏死斑点。坏死斑首先从嫩叶的叶尖开始，后沿叶缘扩展到叶片的基部。叶片也会卷曲或变形。缺铜严重时，叶片会在成熟前脱落。

4）镍

固氮微生物能再利用固氮过程中产生的部分氢气，尽管催化这种反应的酶（吸收氢的氢化酶）需要镍（Ni^{+}~Ni^{4+}），但是在高等植物中，脲酶是唯一知道的含镍的酶（见第12章）。缺镍的植物在叶片中积累脲，表现为叶尖坏死。在农田中，因为镍的需要量极小，仅在一种植物——美国东南部的美洲核桃树中发现缺镍现象（Wood et al.，2003）。

5）钼

钼离子（Mo^{4+}~Mo^{6+}）是硝酸还原酶、固氮酶等许多酶的组成成分（Schwarz and Mendel，2006）。在植物细胞同化硝酸的过程中，硝酸还原酶催化由硝酸盐生成亚硝酸盐的还原反应。在固氮微生物中，硝酸还原酶将氮气转化成氨（见第12章）。缺钼的第一迹象一般为老叶的叶脉间缺绿、坏死。在一些植物，如花椰菜和嫩茎花椰菜中，叶片并不坏死，而是卷曲继而死亡（鞭尾病）。缺钼时不能形成花，或者花在成熟前脱落。

由于钼参与硝酸盐同化和氮固定，因此由硝酸盐提供氮源或依赖共生固氮的植物在缺钼时会表现缺氮症状。虽然植物对钼的需求量很小，但仍有一些土壤（如澳大利亚的酸性土壤）含钼不足。在这些土壤里，加入少量的钼就能极大地促进作物的生长。

5.1.4 植物的组织分析可揭示矿质的缺乏症

在植物生长和发育过程中，对矿质元素的需求是不断变化的。在作物中，特定生长阶段的营养水平，可影响具有重要经济价值部分（块茎、籽粒等）的产量。为了优化产量，农民对土壤和植物组织的营养水平进行分析，以便决定施肥时机。**土壤分析（soil analysis）**是指对根周围土壤样品的营养含量进行化学测定。正如本章后面将要讨论的一样，土壤的化学和生物学性质非常复杂，土壤分析的结果随着取样方法、贮存条件和养分提取技术的不同而变化。值得注意的是，土壤分析仅能反映植物根可从土壤中获得的潜在营养水平，并不能告诉人们植物对特定营养元素的实际需求，或者能吸收这种营养元素的量。获得进一步信息的最好途径是对植物进行组织分析。为了合理地运用**植物组织分析（plant tissue analysis）**技术，需要了解植物生长（或产量）与植物组织样品中某种营养元素浓度之间的关系（Bouma，1983）。图5.4根据组织中营养元素的浓度对生长的影响确定了3个区域（缺乏区、适量区和中毒区）。当组织样品中营养成分的浓度低时，生长速度减缓，这个区域称为**缺乏区（deficiency zone）**。在缺乏区，可用营养成分的增加与植物生长或产量的增加直接相关。随着可用营养持续性增加到一个浓度值时，营养的进一步增加不再与生长或产量的增加相关，但反映在植物组织营养浓度的增加上，这个区域称为**适量区（adequate zone）**。

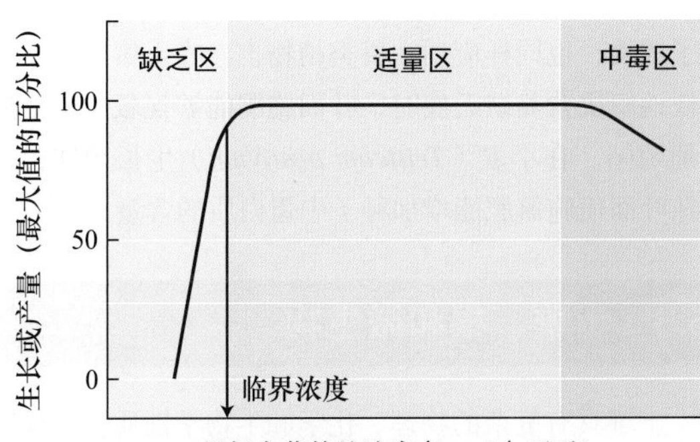

图5.4　产量（或生长）与植物组织营养含量的关系（被定义成缺乏区、适量区和中毒区3个区域）。产量或生长以幼苗干重或高度来表达。为了测量这种类型的数据，将植物种植在一种必需元素浓度变化而所有其他元素保持适中浓度的条件下。在植物生长过程中，这种营养浓度变化的影响反映在生长和产量上。养分的临界浓度是低于或高于某一浓度时产量和生长就会减缓的浓度值。

曲线中缺乏区与适量区之间的过渡点表示这种营养成分的**临界浓度（critical concentration）**（图5.4），临界浓度可以被定义为达到最大生长或产量时该营养元素的最小组织浓度。随着组织中营养元素浓度的增加，当超过了适量区，生长或产量就会因中毒而下降，这就是**中毒区（toxic zone）**。为了评价生长与组织营养浓度之间的关系，研究者将植物种在一种特定的土壤或营养液中。在这种特定的培养体系中，除了被研究的营养元素外，其他营养元素都适量存在。在实验开始时，限制性的营养元素以浓度逐渐增加的方式，被添加到不同组的植物中，特定组织中的营养元素浓度与运用特定测量方式所测量的植物生长或产量相对应。每一种元素可建立起很多曲线，其中每一个组织和组织发育阶段都对应有相应的曲线。由于农用土壤经常受氮、磷、钾元素的限制，许多农民通常考虑生长或产量对这些元素的最低要求。如果推测有营养缺乏，在影响生长或产量之前就应采取措施，改善缺素状态。已经证明，植物组织分析对建立肥料使用的进程表有很大作用，这种进程表可以使许多植物维持产量的同时确保粮食的品质。

5.2　营养缺乏的治疗

许多传统的和自给性农业实践能促进矿质元素循环再利用。作物从土壤中吸收养分，人类和动物消费这些地方生长的作物，然后作物的残余物及人类和动物的粪便将营养归还到土壤中。在这种农业体系中，营养成分的主要流失在于水流带走溶解于其中的离子，特别是硝酸盐。在酸性土壤中，可通过增加石灰［CaO、$CaCO_3$和$Ca(OH)_2$的混合物］使土壤更加碱化的方式来降低营养的淋洗流失，因为当pH高于6时，许多离子将形成溶解度更低的化合物（图5.5）。然而，营养的淋洗减少可能要以一些营养元素特别是铁的可用性降低为代价来实现。

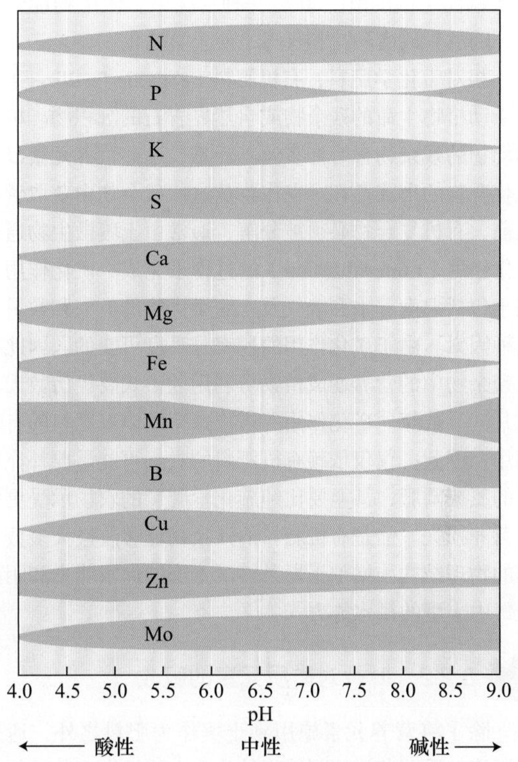

图5.5　pH对有机土壤中营养元素可用性的影响。暗区部分的宽度代表营养元素能被植物根利用的程度。pH为5.5~6.5时，所有的营养元素都是可用的（改编自Lucas and Davis，1961）。

在工业化国家的高产农业体系中，因为作物的大部分生物量离开了耕作区，很难最大限度上使作物残余物归还到原产地。养分从土壤到作物的单项迁移，使得通过施肥增加土壤储存养分变得尤为重要。

 5.2.1　通过施肥提高作物产量

大多数化学肥料为含有大量元素氮、磷、钾的无机盐（表5.1）。仅含有这3种元素中任一种的化学肥料称为单一肥料。常见的一些单一肥料有过磷酸盐、硝酸铵和氯化钾（一种钾源）。含有两种或更多种矿质元素的肥料称为复合肥料或混合肥料，包装标签上的数字，如“10-14-10”，分别代表N、P（以P_2O_5形式）、K（以K_2O形式）在肥料中的百分比。

随着长期的农业生产，微量元素的消耗也将达到一定的水平，此时它们也必须被以肥料的形式添加到土壤中去。向土壤添加微量元素对纠正之前土壤微量元素的缺乏也是很有必要的。例如，在湿润地区的许多酸性、沙性土壤中缺乏硼、铜、锌、锰、钼或铁（Mengel and

Kirkby，2001），因而补充这些元素可以使作物获益。

某些化学物质也能用作改变土壤的pH。如图5.5所示，土壤的pH影响着所有矿质营养的可利用性。如前所述，加入石灰能增加酸性土壤的pH，添加硫元素能降低碱性土壤的pH。在后一种情况下，微生物能吸收硫，随后释放硫酸盐和氢离子使土壤酸化。

相对于化学肥料，**有机肥料（organic fertilizer）**来源于动植物生命的残余物或自然界岩石的沉积物。植物和动物的残余物含有许多营养元素，这些营养元素以有机化合物的形式存在。在作物从这些残余物中获取营养之前，有机复合物必须被分解，通常由土壤微生物通过**矿化作用（mineralization）**的过程来完成。矿化作用依赖于包括温度、水和氧气及土壤微生物的类型和数量等多种因素。由于矿化作用的速率是高度可变的，因此有机残余物中的营养变成植物可利用的形式要经历数天、数月甚至数年。矿化作用的缓慢速率妨碍着肥料的有效利用，因此，仅仅依赖有机肥料的农场可能需要补充更多的氮或磷肥，甚至要比纯施化学肥料的农场承受更多的营养损失。但是有机肥料的残余物能够改进大多数土壤的物理结构，增加干旱条件下土壤的保水能力和阴雨天气中土壤的排水能力。

 5.2.2 叶片对矿质元素的吸收

除了将营养元素施用到土壤作为肥料之外，通过喷洒将矿质营养施用到植物叶片上也能被大多数植物吸收，这个过程称为**叶面施肥（foliar application）**。在某些情况下，这种方法比将营养施用到土壤中具有更高的农艺学优点。叶面施肥能减少营养施用和植物吸收之间的时间滞后期，这在植物的快速生长期是十分重要的。叶面施肥也能克服土壤中某种养分吸收的限制问题。例如，叶面喷洒矿质元素铁、锰和铜比土壤施肥更有效，因为在土壤中，这些离子被吸附到土壤颗粒上，对于根系来说，降低了养分的可利用性。当营养液在叶片上以薄膜的形式存在时，植物通过叶片对营养的吸收最为高效（Mengel and Kirkby，2001）。薄膜的产生常需要向营养溶液中补充表面活性剂类的化学物质，如去污剂Tween 80，它能降低液体的表面张力。营养成分可能通过角质层扩散到植物内，并由叶细胞吸收。虽然气孔可能为营养进入叶片提供了一条途径，但气孔的结构（图4.12和图4.13）在很大程度上阻止了液体的渗入（Ziegter，1987）。为了成功地进行叶面施肥，必须将营养液对叶片的伤害程度降到最低。如果在热天进行叶面喷施，由于蒸发速率很高，盐分可能会积累到叶的表面，引起叶面发热或灼伤，而在凉爽天气或傍晚喷施则能减轻这一问题。在喷洒液中添加石灰能降低许多营养元素的溶解性，并降低毒性。从经济学角度考虑，叶面施肥主要在木本作物和藤本植物（如葡萄）上的应用取得了成功，也同样应用在谷类植物上。当土壤施肥不能较快地解决营养缺乏症时，叶面施肥能够挽救一个果园或葡萄园。在小麦（*Triticum aestivum*）生长后期，通过在叶面喷施氮肥能增加种子中蛋白质的含量。

5.3 土壤、根和微生物

土壤具有复杂的物理、化学和生物学性质。它是一个包含固相、液相和气相的异质性物质（见第4章）。所有这些相态都与矿质元素相互影响。固相的无机颗粒为钾、钙、镁和铁提供了一个储存库。同样，和固相相连的还包含有氮、磷、硫和其他元素的有机化合物。土壤液相和溶解在其中的矿质离子构成土壤溶液，充当了离子运动到根表面的介质。尽管土壤溶液中溶解有氧气、二氧化碳和氮气等气体，但是，根与土壤的气体交换主要通过土壤颗粒之间的空气间隙。

从生物学观点来看，土壤构成了一个复杂的生态系统，其中植物根和微生物激烈竞争矿质元素。尽管存在竞争，根和微生物为了相互的利益能结成联盟［**共生（symbioses）**，单数形式为symbioses］。本节将讨论土壤特性、根的结构和菌根共生关系对植物矿质营养的重要性。与固氮细菌的共生关系将在第12章讨论。

 5.3.1 带负电的土壤颗粒影响矿质元素的吸附

无论是无机的还是有机的土壤颗粒，其表面主要带负电荷。许多无机土壤颗粒是由铝离子（Al^{3+}）和硅离子（Si^{4+}）等阳离子与氧原子结合形成四面体结构的晶格形式，由此形成铝酸盐和硅酸盐。在土壤晶格中，当带更低电荷的阳离子取代Al^{3+}和Si^{4+}时，这些无机土壤颗粒将变为负电性。有机土壤颗粒来自于微生物分解的死亡植物、动物和其他微生物的产物。有机颗粒表面的负电荷由存在于土壤成分中的羧酸和酚基的氢离子解离产生。然而，地球上大多数土壤颗粒都是无机的。

根据颗粒大小，无机土壤可分为以下几类。

沙砾，其颗粒大于2 mm。

粗粒，其颗粒为0.2 ~ 2 mm。

细砂，其颗粒为0.02 ~ 0.2 mm。

淤泥，其颗粒为0.002 ~ 0.02 mm。

黏土，其颗粒小于0.002 mm。

根据结构和物理特性不同，含硅酸盐的黏土物质被进一步分成三大类：高岭土、伊利石和蒙脱石（表5.5）。高岭土一般是风化程度高的土壤；蒙脱石和伊利石常为风化程度低的土壤。

表5.5　土壤中形成的3种主要类型硅酸盐黏土的特性比较

特性	土壤类型		
	蒙脱石	伊利石	高岭土
大小/μm	0.01~1.0	0.1~2.0	0.1~5.0
形状	不规则薄片	不规则薄片	六边形结晶
结合度	高	中等	低
吸水膨胀能力	高	中等	低
阳离子交换能力 /（毫克当量 / 100 g）	80~100	15~40	3~15

资料来源：改编自Brady，1974

阳离子矿质元素如铵（NH^{4+}）和钾（K^+）吸附在带有负电荷的无机和有机土壤颗粒表面。吸附阳离子是土壤肥力的一个重要因素。吸附到土壤颗粒表面的矿质离子，遭受雨水淋洗时不易脱落，为植物根提供了可用的营养储备。以这种方式吸附的矿质元素能被其他阳离子取代，这个过程称为**阳离子交换（cation exchange）**（图5.6）。土壤吸附及交换离子的程度称为土壤的阳离子交换量（CEC），它高度依赖于土壤的类型。一般情况下，阳离子交换量越高的土壤，其矿质元素的储备量也越大。

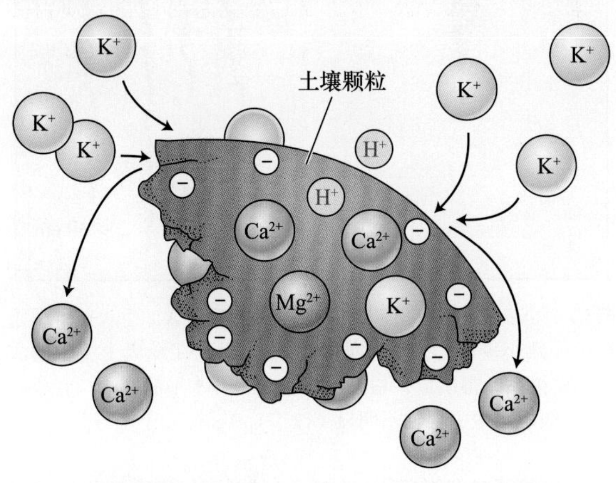

图5.6　土壤颗粒表面阳离子交换原理。由于土壤表面带负电荷，阳离子被吸附在土壤颗粒的表面。一个阳离子，如钾（K^+）的加入能从土壤颗粒的表面取代结合其上的另一个阳离子，如钙（Ca^{2+}），使被取代的离子能被根吸收。无机阴离子，如硝酸盐（NO_3^-）和氯化物（Cl^-）则受到土壤颗粒表面的负电荷排斥，溶解在土壤溶液中。因此，与阳离子交换能力相比，大多数农用土壤阴离子交换能力很小。特别是硝酸盐在土壤溶液中具有可移动性，很容易被土壤中的水流冲走。

磷酸盐离子（$H_2PO_2^-$）能结合到含有铝和铁的土壤颗粒上，因为带正电的铁离子和铝离子（Fe^{2+}、Fe^{3+}和Al^{3+}）与羟基相连，能与磷酸盐交换。因此，磷酸盐能被土壤颗粒紧密结合，磷酸盐在土壤中缺乏移动性和可利用性限制着植物的生长。

在钙（Ca^{2+}）存在的情况下，硫酸根离子（SO_4^{2-}）形成$CaSO_4$。尽管硫酸钙是微溶的，但其释放出的硫酸根足以满足植物生长的需要。大多数非酸性土壤含有大量的Ca^{2+}，因此这种土壤中硫的移动性很低，不易受淋洗而损失。

5.3.2　土壤pH影响了营养元素的可利用性，以及土壤微生物和根的生长

氢离子浓度（pH）影响植物根和土壤微生物的生长，是土壤的一个重要特性。根一般偏爱在弱酸性的土壤中生长，pH为5.5~6.5。真菌通常在酸性土壤中（pH<7）占优势；而细菌在碱性土壤中（pH>7）更盛行。土壤的pH决定了土壤中营养元素的可利用性（图5.5）。酸能促进岩石风化，释放出K^+、Mg^{2+}、Ca^{2+}和Mn^{2+}，并能增加碳酸盐、硫酸盐和磷酸盐的可溶性。营养元素可溶性的增加，可促进根对这些元素的可利用性。降低土壤pH的主要因素是有机质的分解和降雨量。有机质分解时可产生二氧化碳，并与土壤水分按照下面的反应保持平衡。

$$CO_2+H_2O \longleftrightarrow H^++HCO_3^-$$

该反应能释放氢离子（H^+），降低土壤的pH。有机物质被微生物分解也能产生氨（NH_3）和硫化氢（H_2S），产生的氨和硫化氢在土壤中可被氧化形成强酸，分别为硝酸（HNO_3）和硫酸（H_2SO_4）。氢离子也能从土壤颗粒表面通过交换取代K^+、Mg^{2+}、Ca^{2+}和Mn^{2+}。然后，这些被交换下来的阳离子可被水流从上层土壤中带走，使土壤更加酸化。相反，干旱地区，岩石通过风化将K^+、Mg^{2+}、Ca^{2+}和Mn^{2+}释放到土壤中，但由于降雨量很少，这些离子不能被水流从上层土壤中带走，土壤维持碱性。

5.3.3　土壤中过量的矿质元素限制植物生长

存在过多矿质元素的土壤称为盐地，如果这些矿质离子水平达到限制水的可用性或超过某种元素的适宜量时，将会抑制植物的生长（见第26章）。盐性土壤中最普遍的盐是氯化钠和硫酸钠。土壤中的矿质离子过量是干旱与半干旱地区的主要问题，因为降雨量不足以将它们从土壤表层冲刷掉。如果用水量不足以将根所在区域土壤层的盐沥滤掉，农业灌溉就会促使土壤盐化，其中每立方米的灌溉水可含有100~1000 g 的矿质离子。平均每季每英亩①作物的需水量约为4000 m^3，每季可能将有400~4000 kg的矿质元素被增添到每英亩的土壤中

① 1 acre=0.404 856 hm^2

（Marschner，1995），几个生长季节之后，土壤中的矿质元素就会积累到很高的水平。

在盐土壤中生长的植物，易遭受**盐胁迫（salt stress）**。相对低浓度的盐分就会对许多植物产生有害的影响，而另有一些植物能够在含有高浓度盐的土壤中存活［**耐盐植物（salt-tolerant plant）**］，一些植物［**盐生植物（halophyte）**］在盐条件下甚至能够繁茂地生长。植物耐受高浓度盐分的机制十分复杂（见第26章），涉及分子合成、酶诱导和膜运输。在某些耐盐物种中，植物不能吸收过量的矿质离子；而在其他的耐盐物种中，虽然能吸收过量的矿质离子，但盐分又被叶片上的盐腺从植物中分泌出去。为了防止矿质离子在细胞溶质中积累，许多植物将这些离子储存在液泡中（Stewart and Ahma，1983）。人们正努力用经典植物育种和生物化学技术赋予盐敏感作物以耐盐性（Blumwald，2003），这些问题将在第26章详细讨论。

矿质离子过量的另一个重要问题是土壤中重金属的积累，它对植物和人类产生严重的毒性（参见Web Essay 5.2）。重金属包括锌、铜、钴、镍、汞、铅、镉、银和铬（Berry and Wallace，1981）。

 5.3.4 植物形成庞大的根系

植物从土壤中获取水分和矿质元素的能力与它形成庞大根系的能力有关。在20世纪30年代的后期，H. J. Dittmer测量了生长16周的单株黑麦根系。Dittmer估计这株植物有13×10^6个主根和侧根轴，长度可达500 km，表面积可达200 m^2（Dittmer，1937）。这株植物还有10^{10}个以上的根毛，从而又提供了300 m^2的表面积。加起来，单株黑麦根的表面积与一个职业篮球场的面积一样大。

在沙漠中，灌木植物豆科牧豆树属（*Prosopis*）的根可以向下延伸50 m以上以获取地下水。一年生作物的根一般向下伸展0.1~2.0 m，侧根扩展0.3~1.0 m。在果园里，以1 m间隔种植的树木，每棵树的主根系总长可达12~18 km。自然生态系统中，根的生长每年都可以很容易地超过枝条生长，因此从很多方面来说，植物的地上部分仅代表植物的“冰山一角”。但是，对根系的观测十分困难，通常需要特殊的技术（参见Web Topic 5.2）。

在一年中，植物的根可能持续生长。然而，它们的生长依赖于根周围与之紧挨着的微环境［即所谓的**根际（rhizosphere）**］中水分和矿质元素的可利用性。如果根际的矿质营养缺乏或根际太干，则根生长缓慢。随着根际条件的改善，根生长加快。如果通过施肥和灌溉提供了丰富的营养和水，根的生长可能不再与茎的生长保持一致。在这种条件下，植物的生长受碳水化合物的制约，相对小的根系就足以保证整个植株的营养需求（Bloom et al.，1993）。的确，生长在施肥和灌溉条件下的作物，分配给茎和生殖结构的资源比根要多，这种配置方式的转变常常促进作物增产。

 5.3.5 根系的形态不同但都具有共同的结构基础

在不同的种间，植物根系的形状存在很大差别。在单子叶植物中，根的发育开始于萌发种子中3~6个**初生（primary）**（或种子的）根轴的出现。随着进一步地生长，植物生长出新的不定根，称为**结节根（nodal root）**或**支柱根（brace root）**。经过一段时间的生长，主根轴和支柱根轴生长，扩展形成复杂的须根系（图5.7）。在须根系中，一般所有的根都具有相同的直径（除非环境条件和病原菌作用改变了根的结构），因此不能区分出主根轴。

A 干燥土壤　　B 灌溉后的土壤

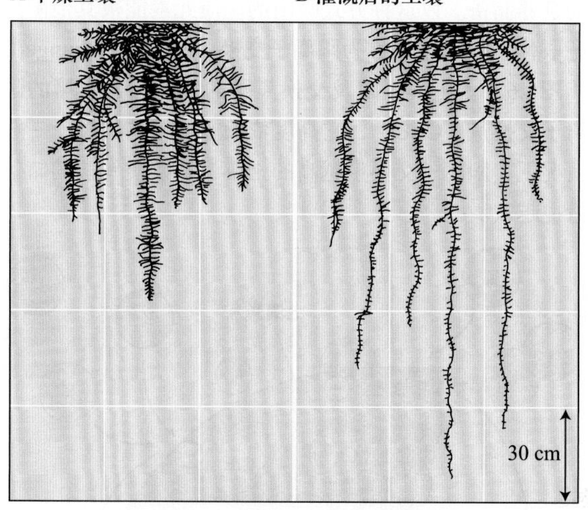

图5.7 小麦（一种单子叶植物）的须根系。A．生长在干旱土壤中成熟小麦（3月龄）的根系。B．生长在灌溉土壤中的成熟小麦根系。很明显，根系形态受土壤含水量的影响。在成熟须根系中主根轴不明显（改编自Weaver，1926）。

与单子叶植物不同，双子叶植物的根系仅发育成一个单一的主根轴，称为**主根（taproot）**，可能是次级形成层活性加强，导致主根加粗形成。在主根轴上进一步发育侧根，形成庞大的侧根系（图5.8）。

在单子叶植物和双子叶植物中，根系的发育都依赖于根顶端分生组织的活性和侧根分生组织的生长。图5.9是植物根顶端区域的结构简图，分为3个活性区：分生区、伸长区和成熟区。

在**分生区（meristematic zone）**，细胞分裂朝向两个方向，即向根基部细胞分裂分化成根组织的功能细胞和向根尖部细胞分裂形成**根冠（root cap）**。在根向土壤伸展生长时，根冠起到保护脆弱的分生组织细胞的作用。另外，根冠通常还能分泌一种称为黏胶的胶状物，

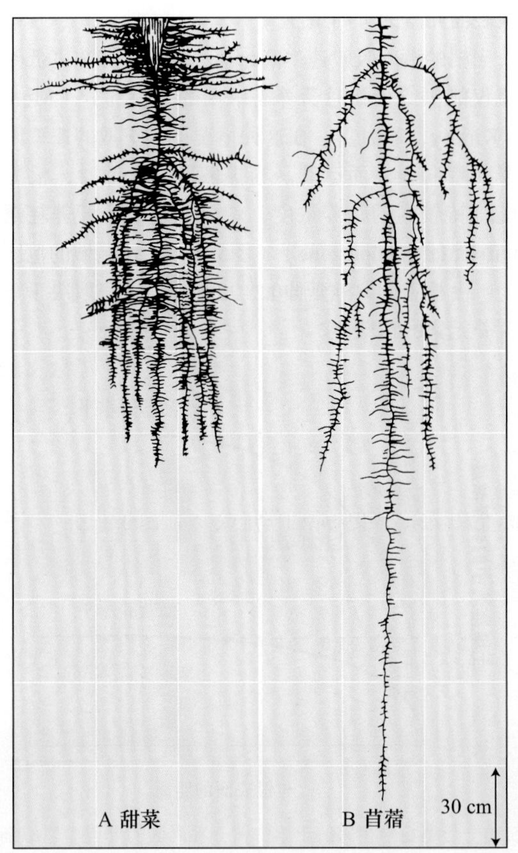

图5.8 两个供水充足的双子叶植物的直根系：甜菜（A）和苜蓿（B）。甜菜根系是经过5个月生长的典型的根系；苜蓿根系是典型的2年龄根系。两种双子叶植物都表现出具有一个主要的垂直根轴。在甜菜中，主根系的上部加粗以行使储存组织的功能（改编自Weaver，1926）。

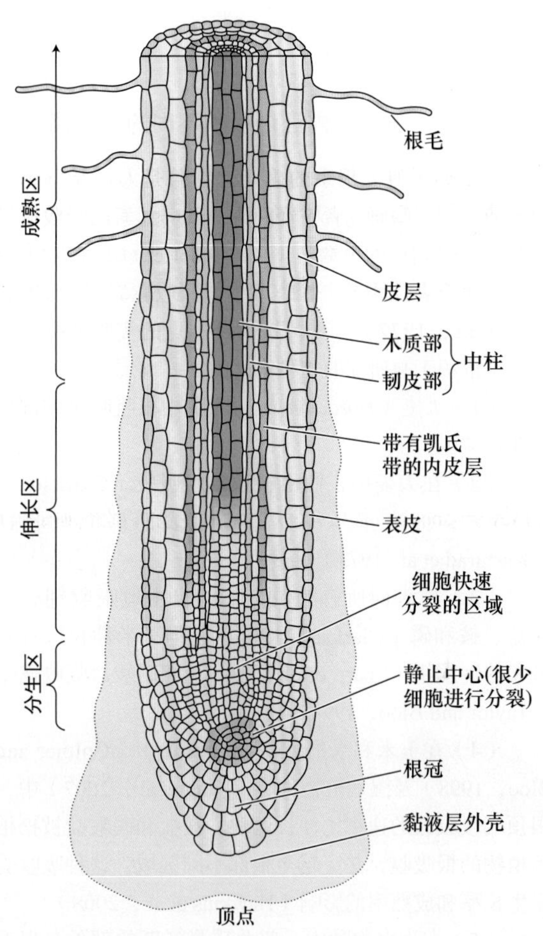

图5.9 根顶端区的纵切面示意图。分生组织细胞被定位在根尖处。这些细胞产生根冠和上部根组织。在伸长区，细胞分化成木质部、韧皮部和皮层。由表皮细胞形成的根毛首先出现在成熟区。

覆盖在根尖上。关于黏胶的确切功能目前还不明确，但它可能在根穿入土壤时起润滑作用，防止根顶端脱水，促进营养向根的转运，或者影响根与土壤微生物之间的相互作用（Russell，1977）。根冠是根的重力感受中心，重力是指令根向下生长的信号。这个过程称为**向重力性反应（gravitropic response）**（见第19章）。在根最顶端处，细胞分裂相对较慢，因此这个区域称为**静止中心**（quiescent center）。经过几代缓慢的细胞分裂，当距离根最顶端大约0.1 mm时，根细胞开始快速分裂，到大约0 .4 mm时，根细胞的分裂又开始逐渐减慢，细胞均等地向各个方向扩展。

伸长区（elongation zone）从距离根端0.7~1.5 mm处开始（图5.9）。在此区，细胞快速伸长并经历最后一轮的分裂，形成一个细胞环形中心，称为**内皮层（endodermis）**。内皮层细胞的细胞壁加厚，木栓质（见第13章）沉积在径向壁上形成**凯氏带（Casparian strip）**，这是一个疏水结构，能阻止水和溶质穿越根的质外体（图 4.4）。

内皮层将根分成两个部分：外部的**皮层（cortex）**和内部的**中柱（stele）**。中柱包括根的维管系统：**韧皮部（phloem）**和**木质部（xylem）**，前者从枝条向根运输代谢物，而后者向枝条输送水和溶质。

韧皮部的发育比木质部快得多，证明在近根端区韧皮部的功能更重要。大量的碳水化合物必须通过韧皮部流向不断生长的顶端区，以便维持细胞的分裂和伸长。碳水化合物为细胞的快速生长提供能量来源，以及为有机化合物的合成提供所需的碳骨架。在根组织中，六碳糖（己糖）也可作为渗透调节溶质。在根顶点处，由于韧皮部还没有形成，碳水化合物的运动依靠共质体扩散进行，速度相对较慢（Hret-Harte and Silk，1994）。静止中心的细胞分裂较慢的原因可能就是碳水化合物不能充足地到达此区域，或是由于此区域被维持在一种氧化状态。

为水分和溶质的吸收提供巨大表面积并使根固定于土壤中的根毛首先出现在**成熟区（maturation zone）**

（图5.9），此处的木质部已经发育成具备向茎部运转大量水分和溶质的能力。

 5.3.6 根的不同区域吸收不同的矿质离子

矿质离子进入根系的确切位置曾是人们十分感兴趣的问题。一些研究者曾经声称，营养元素的吸收仅发生在主根和侧根的顶端区（Bar-Yosef et al.，1972）；另一些研究者认为整个根表面都能吸收营养元素（Nye and Tinke，1977）。支持这两种观点的实验证据都存在，这依赖于被研究的物种和元素。

（1）大麦（*Hordeum vulgare*）中根吸收钙的部位仅在顶端区。

（2）在大麦中，铁由根顶端区吸收（Clarkson，1985）；而在玉米中，整个根表面都能吸收铁（Kashirad et al., 1973）。

（3）根表面所有的位点都能自由地吸收钾、硝酸盐、铵和磷（Clarkso，1985），但玉米伸长区具有最大的钾积累（Sharp et al.，1990）和硝酸盐吸收速率（Taylor and Bloo，1998）。

（4）在玉米和水稻（*Oryza sativa*）（Colmer and Bloo，1998）及湿地植物种类（Fang et al.，2007）中，根顶端吸收铵的速率比伸长区快。铵盐和硝酸盐被松柏类植物的根吸收，并穿越至根部不同区域，这种吸收受根生长率和成熟率的影响（Hawkins et al.，2008）。

（5）在许多物种中，吸收磷最活跃的部位是根毛（Föhse et al.，1991）。

根顶端区营养吸收的速率之所以高，是因为这些组织对营养元素的强烈需求，以及根周围土壤中营养元素的可利用性相对较高。例如，细胞的伸长依赖于溶质如钾、氯化物和硝酸盐的积累，以便增加细胞内的渗透压（见第15章）。在分生组织中，铵是维持细胞分裂的首选氮源，因为分生组织中常出现糖类不足，而植物同化铵比同化硝酸盐转化为有机氮复合物消耗的能量要少得多（见第12章）。另外，根顶端和根毛的生长可以进入到营养还没有被消耗的新鲜土壤中。

在土壤中，营养元素可以通过集流和扩散的形式运到根表面（见第3章）。在集流中，从土壤流向根的水流携带有营养元素。由集流提供给根的营养量依赖于水分从土壤流向植物的速率，该速率又依赖于植物的蒸腾速率和土壤溶液中的营养浓度。当水流速率和土壤溶液中的营养元素的浓度都很高时，集流在营养的供给中扮演着重要的角色。

在扩散中，矿质元素从高浓度区向低浓度区移动。随着根对营养的吸收，根表面的营养浓度逐渐降低，于是在根周围的土壤溶液中就产生了一个浓度梯度。矿质营养的扩散可降低该浓度梯度，随蒸腾引起的集流能增加根表面元素的可利用性。

当根的营养吸收速率高，而土壤中营养浓度低时，集流仅能供给植物总营养需求中的一小部分（Mengel and Kirkby，2001）。在这种情况下，扩散的速率限制营养元素向根表面运动。当扩散速率太低时，根周围不能维持较高的营养浓度，就会形成一个**营养耗竭区**（**nutrient depletion zone**）（图5.10）。该区域的范围大致为：由根表面向外延伸0.2~2.0 mm，大小取决于土壤中营养元素的移动性。

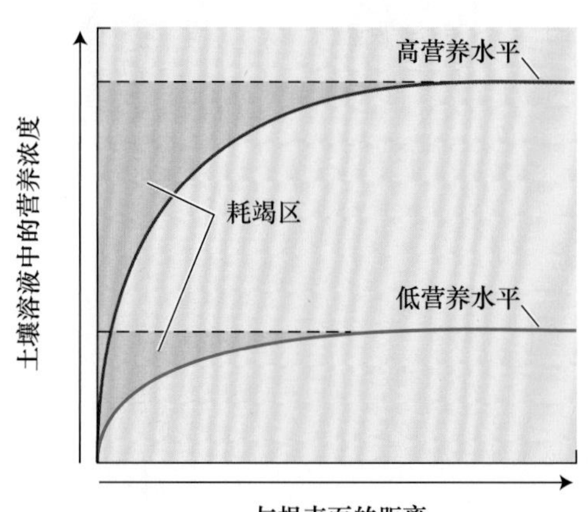

图5.10 与植物根相邻的土壤中营养耗竭区的形成。当根细胞吸收营养元素的速率超过土壤溶液中由宏观流动和扩散提供的营养供给的速率时，营养耗竭区形成。这种消耗引起根周围营养浓度的局部减小（改编自Mengel and Kirkby，2001）。

营养耗竭区的形成告诉人们关于矿质营养的一些重要内容：因为根消耗了根际中的矿质供给，它们利用土壤中矿质元素的效率不仅取决于它们从土壤溶液中吸收营养元素的速率，而且取决于根的不断生长。如果不生长，根将迅速耗尽根表土壤中的营养。由此，最佳的营养获取依赖两个方面：根系统营养吸收能力和根系生长进入新鲜土壤中的能力。

 5.3.7 营养的可用性影响根的生长

植物由于不能逃离不利条件而必须适应生长环境中的各种变化。白天，植物地上部分的光照、温度和湿度会有较大的变化，而CO_2和O_2的浓度则保持相对稳定。相反，由于土壤的缓冲作用，植物根部所处的环境温度相对温和，而地下的CO_2浓度、O_2浓度、水分及营养元素在时间和空间上变化相对较大。例如，土壤中无机氮的浓度在数厘米范围及数小时内就会有成千倍的变化（Bloom，2005）。面对环境中这些条件的多变性，植物总是沿着对其有利的条件进行生长。

根通过向地性、向触性、向化性及向水性感受地下环境，引导植物向土壤中有利资源生长。生长素参与

到植物的这些反应中（见第19章）。根的生长由土壤颗粒中矿质营养的水平决定（Bloom et al.，1993）（图5.11）。在贫瘠的土壤中，由于营养受限，根的生长最弱。随着土壤中营养元素可用性的增加，根的生长也会随之加快（Robinson et al.，1999；Walch-liu et al.，2005）。

土壤中营养元素高于理想水平时，根的生长则受限于碳水化合物并最终停止生长（Durieux et al.，1994）。在含有较高矿物营养的土壤中，植物的一些根，如春小麦根系的3.5%（Robinson et al.，1991）和莴苣根系的12%（Burns，1991），就能够吸收到足够的植物所需养分。因此，植物会适当减少根部的资源分

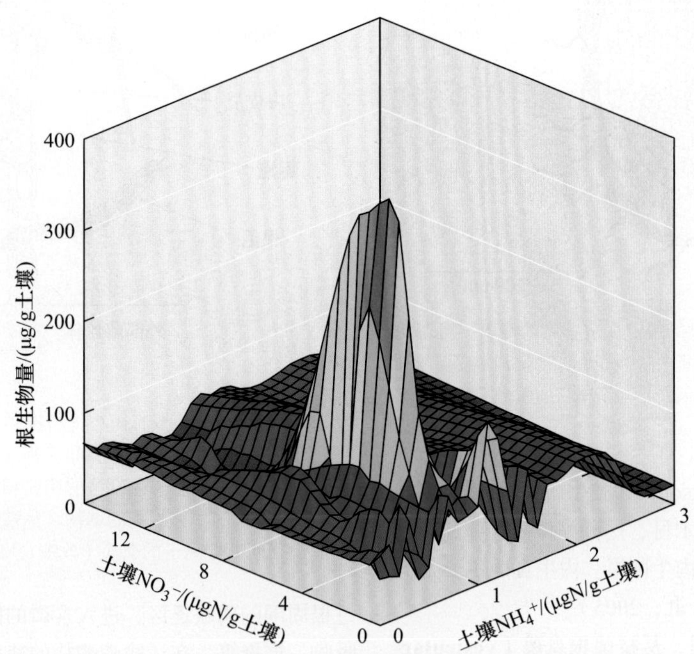

图5.11　根生物量作为萃取土壤NH_4^+和NO_3^-的函数。种植番茄（*Lycopersicon esculentum* cv T-5）于持续休耕2年的灌溉土壤中，根的生物量[每克（g）土壤干重中根的质量（μg）]评估NH_4^+和NO_3^-[每克（g）土壤可抽出N（μg）]的水平。从低（紫色）到高（红色）的颜色不同强调生物量之间的差异（改编自Bloom et al.，1993）。

配，而增加茎尖和生殖结构资源的分配。这种资源转移是通过施肥刺激作物增产的一种机制。

 5.3.8　菌根真菌有利于根对营养元素的吸收

到目前为止，主要讨论了根对矿质元素的直接吸收，但这个过程还可能受与根系结合的菌根真菌的影响。寄主植物为与其结合的**菌根（mycorrhizae）**（单数mycorrhiza，来自希腊单词“*fungus*”和“*root*”）提供糖类，作为回报，植物可从菌根中接收营养元素和水分。

菌根并不稀有，事实上，它们广泛存在于自然界。世界上大多数的植物都与菌根真菌结合——83%的双子叶植物、79%的单子叶植物和所有的裸子植物一般都形成菌根结合体（Wilcox，1991）。相反，十字花科［如卷心菜（*Brassica oleracea*）］、藜科［如菠菜（*Spinacea oleracea*）］和山龙眼科［如澳大利亚坚果（*Macadamia integrifolia*）］家族的植物及水生植物很少有菌根。在非常干旱、高盐、水淹或肥力极端（太高或太低）的土壤中，根上没有菌根结合。特别注意的是，水培植物，以及幼小的、快速生长的作物也很少有菌根。

菌根真菌由细小管状的丝状体构成，这种丝状体称为**菌丝（hyphae）**（单数hypha）。菌丝聚集形成的真菌体称为**菌丝体（mycelium）**（复数mycelia）。在矿质元素的吸收中主要有两类菌根真菌起重要作用——外生菌根和丛枝菌根（Brundrett，2004）。

典型的**外生菌根真菌（ectotrophic mycorrhizal fungi）**，其菌丝体将根包围形成一个厚厚的外壳，或“壳套”，并且一些菌丝从皮层细胞的细胞间隙刺入根（图5.12）。真菌菌丝并不刺入皮层细胞内，而是由菌丝网络将其包围，这种网络结构称为**哈氏网（Hartig net）**。真菌的菌丝体数量通常很大，总质量与根本身的质量差不多。真菌的菌丝体也能从紧凑的壳套延伸进入土壤，在土壤中形成含孢子体的单一菌丝或菌丝束。

根系外围的真菌菌丝能加强根系吸收营养元素的能力，因为菌丝比根更加精细并能延伸到根周围营养损耗

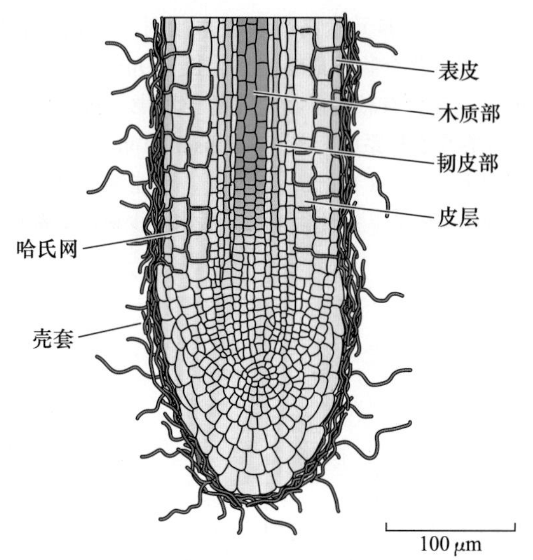

图5.12　被外生菌根真菌感染的根。在被感染的根上，真菌菌丝将根包围形成一个密集的真菌外壳或壳套，菌丝刺入皮层的细胞间隙形成哈氏网。真菌菌丝的总量与根本身的质量相当（改编自Rovira et al.，1983）。

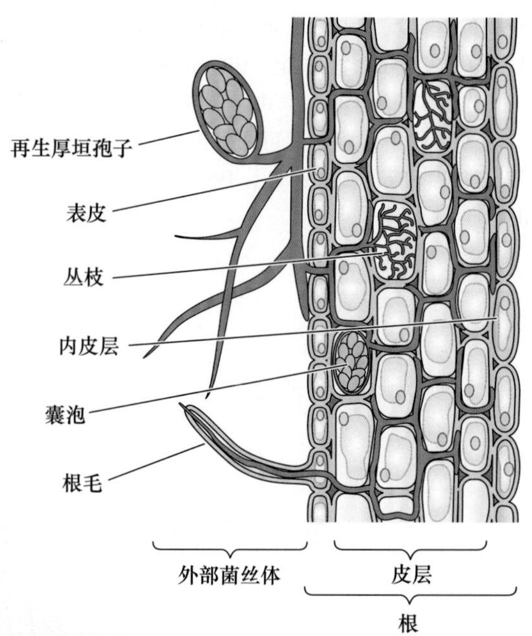

图5.13　泡囊丛枝菌根真菌与植物根结合的一个切面图。真菌菌丝生长进皮层胞间的胞壁空间并刺入单个皮层细胞。它们进入细胞时，并不破坏寄主细胞的质膜和液泡膜。菌丝被这些膜包围形成被称为丛枝吸胞的结构，丛枝吸胞参与寄主植物和真菌之间营养离子的交换（改编自Mauseth，1988）。

区之外的土壤中去（Clarkson，1985）。大约3%的高等植物，主要是壳斗科、桦木科、松科等森林树种及一些木质豆科植物，能够形成内生菌根。内生真菌主要是担子真菌和子囊菌（Barea et al.，2005）。

与外生菌根真菌不同，**丛枝菌根真菌（vesicular-arbuscular mycorrhizal fungi）（以前称为囊泡丛枝菌根）**不产生由真菌菌丝体包围根而形成的致密壳套。菌丝一般稀疏地生长，包括在根内，以及由根向外延伸到周围的土壤中（图5.13）。菌丝通过表皮或根毛进入根，其进入机制与负责固氮的共生细菌进入机制具有共性（见第12章），不仅在细胞间扩展而且能进入单个皮层细胞内。在细胞内，菌丝能形成称为**囊泡（vesicle）**的椭圆形结构和称为**丛枝（arbuscule）**的分枝结构。丛枝好像是真菌与寄主植物之间营养元素交换的位点。

在根的外部，菌丝体能向根外伸展数厘米，并可能含有孕育孢子的结构。与外生菌根不同，泡囊丛枝菌根仅由少量的真菌成分组成，一般不超过根重的10%。泡囊丛枝菌根被发现与大多数草本被子植物包括主要的农作物结合（Smith and Read，2008），这种结合主要是由普遍存在的土壤微生物参与下完成的。

真菌的结构类似于现存4亿年前植物化石中发现的丛生菌根。这些研究表明，这种结合在陆生植物进化的早期阶段就已存在。对现存真菌类群以DNA序列为基础的系统发育学研究也支持了这一点（Azcon-Aguilar et al.，2009）。

丛枝菌根与植物根结合促进根对磷和微量金属元素（如锌和铜）及水的吸收。外部菌丝体通过伸展可以越过根周围的磷缺乏区，进入含磷的区域，从而促进磷的吸收。据推算，在运输磷酸盐的速率上，与菌根真菌结合的根比不与菌根结合的根快 4 倍（Nye and Tinker，1977）。外生菌根的外部菌丝体也能吸收磷，并使磷为植物所用。此外，有证据间接表明外生菌根在土壤有机落叶层中生长，并水解有机磷供根吸收（Smith et al.，1997）。

 5.3.9　营养物从菌根真菌到根细胞的移动

关于菌根真菌吸收的矿物营养被转运到植物根细胞的机制，目前还不清楚。在外生菌根中，无机磷酸盐可以由哈氏网的菌丝中简单扩散释放，并被根的皮层细胞吸收。而在外生丛枝菌根中，这种情况可能变得更加复杂。营养可能从完整的丛枝直接扩散到根的皮层细胞中。另外，当新根的丛枝形成时，一些老根的丛枝不断退化，退化的丛枝可能向寄主细胞释放出它们的内含物。

寄主植物的营养状况是影响菌根与植物根系结合程度的关键因素。某些营养元素（如磷）的适度缺乏，能促进菌根结合，而植物营养丰富时则抑制其菌根真菌。

在肥料良好的土壤中，菌根与植物根的结合关系由共生转变成寄生，因为菌根仍然从寄主中获取碳水化合物，而寄主不再从菌根促进营养吸收的功效中获益。在这种情况下，寄主植物像对付其他病原菌一样对付菌根

真菌（Brundrett，1991），或者依赖真菌作为其从土壤吸收营养的主要组分（Smith et al.，2009）。

小 结

植物是自养生物，能够利用光能，将二氧化碳、水和矿质元素合成其自身的所有成分。尽管矿质营养通过生物进行持续循环，但它们主要通过植物的根进入生物圈。被根吸收后，矿质元素被转运至植物体的其他部分，发挥众多的生物学功能。

主要营养元素、缺素及植物紊乱

·植物营养研究表明，一些特定矿质元素对植物生命来说是必需的（表 5.1和表5.2）。

·根据在植物中的相对含量，这些元素被分为大量元素和微量元素（表5.1）。

·在高等植物中，特定的可见症状被用来诊断特定营养元素的缺乏。植物之所以会出现营养失调是因为营养元素在植物中扮演着至关重要的角色。作为有机化合物的组成元素，营养元素在能量储存、植物结构、作为酶的辅助因子和电子转移反应中都起着重要作用。

·矿质营养能通过溶液培养的方法来研究，这种方法可用来描述特定的营养需求（图5.1，表5.3）。

·土壤和植物组织分析能提供植物-土壤体系中的营养状况信息，并提出合适的办法来避免营养元素的缺乏或中毒（图5.3）。

·当作物在现代高产条件下生长时，大量的营养元素，特别是氮、磷和钾，能从土壤中流失。

营养缺乏的处理

·为了防止营养缺乏的发生，营养元素以肥料的方式增添到土壤中去。

·以无机形式提供营养的肥料称为化学肥料。来自于植物和动物残余物的肥料称为有机肥料。在两种情况下，植物都主要以无机离子的形式来吸收营养元素。大多数肥料被施用到土壤中，但也有一些肥料被喷施到叶片上。

土壤、根、微生物

·从物理、化学和生物学角度考虑，土壤是一个复杂的介质。土壤颗粒的大小及与阳离子的交换能力决定着该土壤储存水分和营养元素的程度（表5.5，图5.5）。

·土壤pH对矿质元素的可利用性也有很大影响（图 5.4）。

·矿质元素，特别是钠和重金属，在土壤中过量存在时，将对植物生长产生不利影响。一些植物能忍受过量的矿质元素，少数几种，如盐生植物（在钠存在的情况下），即使在极端条件下也可以繁茂地生长。

·为了从土壤中获得营养元素，植物形成了庞大的根系（图 5.6和图5.7）。

·根的结构相对简单：对称均匀，细胞类型少（图5.8）。

·根需要持续消耗与其接触的土壤环境中的营养，而这样简单的结构则可以使它能快速生长到新的土壤中去（图 5.9）。

·植物的根常与菌根真菌结合在一起（图 5.10）。

·菌根的细小菌丝扩大了根进入周围土壤的范围，促进了根对矿质元素的吸收，特别是像磷这样在土壤中移动性较差的矿质元素（图 5.11）。

·作为回报，植物为菌根提供碳水化合物。在营养充足的条件下，植物趋向于抑制菌根的结合。

（李保珠 宋纯鹏 译）

WEB MATERIAL

Web Topics

5.1 Symptoms of Deficiency in Essential Minerals

Deficiency symptoms are characteristic of each essential element and can be diagnostic for the deficiency. The color photographs in this topic illustrate deficiency symptoms for each essential element in tomato.

5.2 Observing Roots below Ground

The study of roots growing under natural conditions requires a means to observe roots below ground. State-of-the-art techniques are described in this topic.

Web Essays

5.1 Boron Functions in Plants: Looking Beyond the Cell Wall

Presents one long lists of "postulated roles of B essentiality" for microorganisms and for higher plant growth and development.

5.2 From Meals to Metals and Back

Heavy metal accumulation is toxic to plants. Understanding the molecular process involved in toxicity is helping researchers to develop better phytoremediation crops.

第 6 章

溶质的运输

仅有两个脂分子厚的质膜不仅将植物细胞内部与细胞壁及外部环境分隔开来，同时也把相对不变的内环境和高度可变的外环境隔离开来。除了形成疏水的扩散屏障外，质膜在细胞吸收营养、输出溶质及调节细胞膨压时，能够有选择性地促进分子和离子的向内或向外运输，并不断地进行适时调控。同样，那些在每个细胞内把各区室分割开来的内膜也具有相同的功能。

同时，质膜还识别传递来自物质环境中、其他细胞分子信号及病菌入侵等信息。一般通过跨膜离子流的变化传递这些信号。

分子和离子由一个区域向另一个区域的转移称为**运输（transport）**。膜不仅调控可溶性物质运入细胞或在细胞内的区域性运输，同时也控制着植物器官间或植物与环境之间更大范围的运输。例如，蔗糖的移位，即通过韧皮部由叶至根的运输，称为**移位（translocation）**，是蔗糖在膜的驱动和调控下先运输到叶片的韧皮部细胞，再从叶片韧皮部细胞运输到根的贮藏细胞（见第10章）。

本章将首先考虑溶液中控制分子运动的物理和化学机制，然后，探讨这些机制是如何应用到膜和生物系统的；同时，还将讨论活细胞运输的分子机制，以及植物细胞中具有特异运输性质的各种膜蛋白；最后，将解读一下离子进入根细胞的吸收途径，以离子释放入中柱管胞的机制。

6.1 被动运输和主动运输

依据菲克第一定律（Fick's first law）［式（3.1）］，扩散引起的分子运动总是顺自由能或化学势下降的自发过程，直至达到平衡。分子的这种自发的顺化学势下降的运动称为**被动运输（passive transport）**，在达到平衡时，如不施以驱动力，将不会再有溶质的净运动。

物质逆化学势梯度的运动或“uphill”称为**主动运输（active transport）**。主动运输过程不是自发的，它需在能为细胞提供能量的系统中进行，与ATP的水解相偶联的运输是常见的一种（并非唯一）运输方式。

正如第 3 章所述，通过测定势能梯度，可以计算出扩散的驱动力；或反过来说，可计算出驱使物质逆梯度运动所需要输入的能量，而对于那些不带电的溶质，势能梯度主要取决于浓度差。驱动生物学运输的动力主要可分为 4 种：浓度、流体静压力、重力及电场（由第3章可知，在较小的生物系统运输中，重力是很少作用于驱动运输的实质力量）。

对于任何一种溶质，其**化学势（chemical potential）**可被定义为该溶质浓度、电荷和流体静压力势（及标准状况下的化学势）的总和。化学势这一概念的重要性在于它反映了驱动分子发生净运输所需的所有动力总和（Nobel，1991）。

$$\tilde{\mu}_j = \mu_j^* + RT\ln C_j + z_jFE + \bar{V}_jP \qquad (6.1)$$

式中，$\tilde{\mu}_j$为溶质 j 的化学势，单位为J/mol；μ_j^*为其在标准状态下的化学势（一个校正因子，在后面的公式中可抵消，所以可忽略不计）；R为通用气体常数；T为绝对温度；C_j为溶质 j 的浓度（确切地说是活度）。

电气术语z_jFE，仅适于离子，z为离子所带的静电荷（+1 为单价阳离子，−1 为单价阴离子，+2为二价阳离子，以此类推）；F为法拉第常数（等于 1 mol H^+所带的电荷数）；E为溶液的总电势（相对于基态）。最后一项$\bar{V}_jP$为溶质 j 的偏摩尔体积（$\bar{V}_j$）和压力（P）

对其化学势的贡献（j的偏摩尔体积是指在无限大的系统中，加入每摩尔溶质 j 后所引起的体积变化）。

与浓度和电势相比，最后一项$\bar{V}_j P$对$\tilde{\mu}_j$ 的贡献较小，重要的水渗透移动是个例外，如在第 3 章讨论的水的化学势（水势），取决于已溶解的溶质浓度及系统的静水压。

通常，扩散（被动运输）常常是分子从化学势高的区域运送到化学势低的区域，逆化学势梯度移动是主动运输的标志（图6.1）。

以蔗糖的跨膜扩散为例，单单依据浓度就可以正确地估算出任一区室中蔗糖的化学势。除非溶液浓度很高，不会在细胞中形成静水压。由式（6.1）可知，细胞内部蔗糖的化学势可用下列公式表达［在下面的 3 个公式中，下标s代表蔗糖（sucrose），上标i和o分别代表内部（inside）和外部（outside）］。

$$\tilde{\mu}_s{}^i=\mu_s{}^*+RT\ln C_s{}^i \qquad (6.2)$$

式中，$\tilde{\mu}_s{}^i$为细胞内蔗糖溶液的化学势；$\mu_s{}^*$为标准条件下蔗糖溶液的化学势；$RT\ln C_s{}^i$为成分的浓度。

细胞外部的蔗糖的化学势可以按照式（6.3）计算。

$$\tilde{\mu}_s{}^o=\mu_s{}^*+RT\ln C_s{}^o \qquad (6.3)$$

不考虑运输机制的问题，可以计算细胞内部和外部蔗糖的浓度差$\Delta\tilde{\mu}_s$，为使符号正确，对于内向运输，蔗糖由细胞外移去表示为“–”，而进入细胞内表示为“+”，因此，运输每摩尔蔗糖的自由能变化为

$$\Delta\tilde{\mu}_s=\tilde{\mu}_s{}^i-\tilde{\mu}_s{}^o \qquad (6.4)$$

将式（6.2）和式（6.3）代入式（6.4），可得

$$\Delta\tilde{\mu}_s=(\mu_s{}^*+RT\ln C_s{}^i)-(\mu_s{}^*+RT\ln C_s{}^o)$$

$$=RT(\ln C_s{}^i-\ln C_s{}^o)=RT\ln\frac{C_s{}^i}{C_s{}^o} \qquad (6.5)$$

如果该化学势差为负值，蔗糖可自发地向内扩散（倘若膜对蔗糖具有一定的通透性，见下一节）。换句话说，溶质扩散的驱动力（$\Delta\tilde{\mu}_s$）是与浓度梯度的大小（$C_s{}^i/C_s{}^o$）相关的。

如果溶质带电荷（如K^+），也必须考虑化学势中的电的组分。假如膜对K^+、Cl^-是透过的，而对蔗糖不可透过，由于不同种类的离子（K^+和Cl^-）独立扩散，每种离子均有各自的化学势。因此，对内向的K^+扩散

$$\Delta\tilde{\mu}_K=\tilde{\mu}_K{}^i-\tilde{\mu}_K{}^o \qquad (6.6)$$

将式（6.1）中适当项代入式（6.6），可得

$$\Delta\tilde{\mu}_k=(RT\ln[K^+]^i+zFE^i)-(RT\ln[K^+]^o+zFE^o) \qquad (6.7)$$

因K^+电荷为+1，$z=+1$，因此，

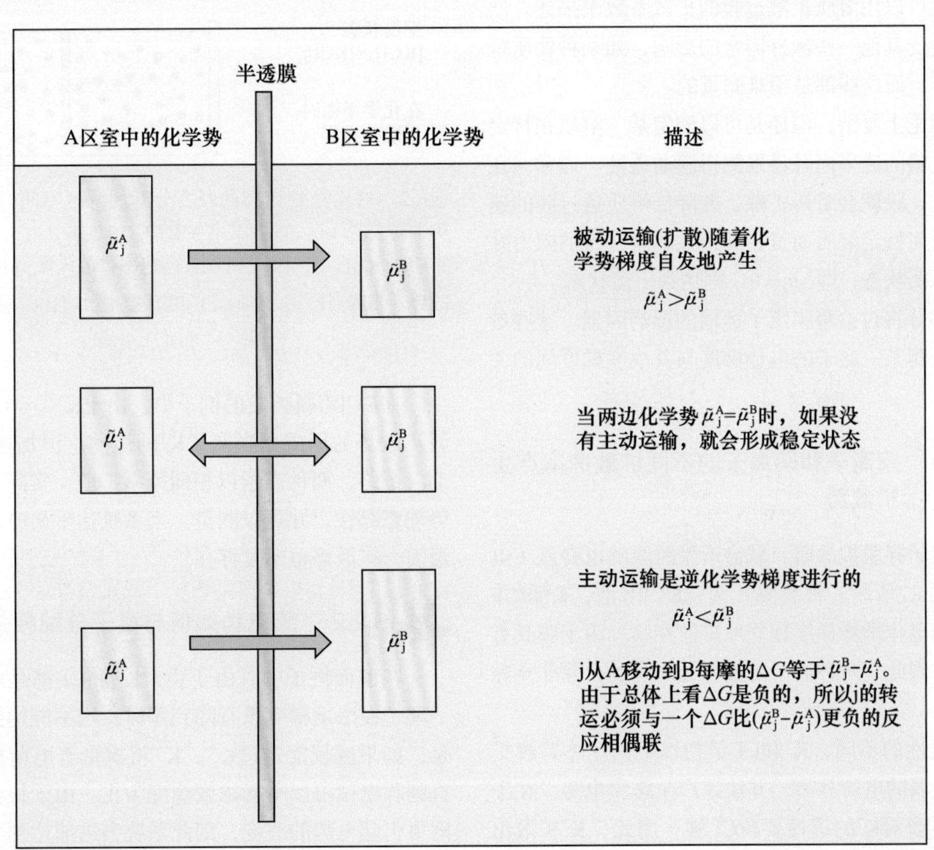

图6.1　化学势μ与跨渗透膜的分子运输之间的关系。两区室间溶质j的净移动取决于任一区室中j化学势的相对大小，这里用方框的大小表示，顺化学势下降的运动是自发的，称为被动运输；逆化学势向上，需要能量的，称为主动运输。

$$\Delta\tilde{\mu}_K = RT\ln\frac{[K^+]^i}{[K^+]^o} + F(E^i - E^o) \qquad (6.8)$$

式（6.8）的量级和正负符号表明了K^+跨膜扩散的驱动力及其方向。与此相似，Cl^-的表达式也可写出（注意对于Cl^-，$z=-1$）。

式（6.8）表示离子如K^+在相应的两个区间的浓度梯度$[K^+]^i/[K^+]$和电势差（E^i-E^o）时所引起的离子扩散。该式一个非常重要的含义是，如在两区室间加以适当的电压（电场），离子就可以被动地逆它们的浓度梯度进行运输，正是由于电场在带电分子的生物学运输上的重要性所在，μ通常称为**电化学势（electrochemical potential）**，$\Delta\tilde{\mu}$为两区室间电化学势差。

6.2 离子的跨膜运输

在上述的例子中，两种KCl溶液被生物膜隔开，离子必须透过膜，同时穿过开放的溶液体系，这使得扩散过程复杂化。膜允许一种物质透过的程度称为**膜透性（membrane permeability）**。正如后面要讨论的，透性取决于膜的组成及可溶物质的化学性质。在不严格意义上，透性可以用溶质扩散过膜的扩散系数来描述。然而，透性还受其他一些额外因素的影响，如某种物质跨膜的能力等，而这些都是很难测量的。

尽管理论上复杂，但还是可以测定某一溶质在特定条件下透过膜的速率而轻易地测得膜通透性。通常，在达到平衡时，膜就会阻碍扩散，并降低溶质透过膜的速率。对于任何特定溶质而言，通透性或膜自身的阻力并不能改变平衡状态，即$\Delta\tilde{\mu}_j=0$，则达到平衡状态。

下面部分将讨论跨膜离子运输的影响因素。这些参数可用来预测某一离子的电势梯度与其浓度梯度间的关系。

 6.2.1 阳离子和阴离子的不同扩散速率产生扩散势

当盐离子穿膜扩散时，就会产生跨膜的电势差（电压）。如图6.2所示，被膜隔开两种KCl溶液，K^+和Cl^-将顺各自的电化学势梯度独立地扩散穿膜。由于膜具有选择透性，因此对两种离子的透性是不同的，除非空隙非常多。

由于透性的不同，K^+和Cl^-最初以不同速率跨膜扩散，引起微弱的电荷分离，并快速产生跨膜电势。在生物体系中，膜对K^+的透性要较Cl^-强，因此，K^+扩散出细胞的速率较Cl^-快（图6.2区室A），引起细胞和相应胞外介质带负电荷。由于扩散而形成的电势称为**扩散势（diffusion potential）**。

在分析离子跨膜运动时，必须注意电中性这一前提：溶液通常含有等量的阴离子和阳离子。膜电势的存在表明跨膜的电荷分配是不均匀的，然而这种不平衡离子的实际数量在化学上却是微不足道的。例如，每个细胞每100 000个阴离子中的一个额外阴离子的存在，就可引起一个-100 mV的膜电势，而浓度差仅为0.001%，实际上许多植物细胞中跨膜的膜电势也就在这一水平。如图6.2所示，这些多出的阴离子就会随即出现在膜表面的毗邻区域，整个细胞并无电荷的不平衡。

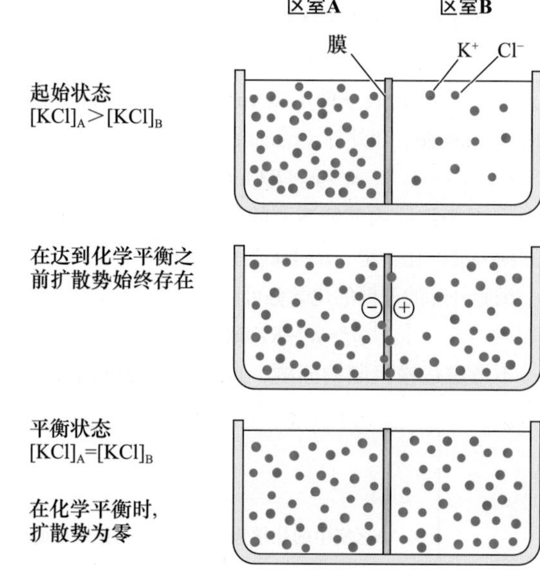

图6.2 对K^+透性较高的膜所分开的两区室间的电荷分离和扩散势的形成。如果区室A中KCl浓度较B高（$[KCl]_A>[KCl]_B$），K^+和Cl^-将以较高速率扩散入区室B，并形成扩散势。当膜对K^+透性高于Cl^-时，K^+扩散将比Cl^-快，并形成电荷（－和＋）分离。

在KCl跨膜扩散的例子中，由于K^+先于Cl^-过膜，引起扩散势的形成而限制了K^+的运动，但加速了Cl^-的运动。最终，两种离子以相同速率扩散。实际上这种扩散势动态存在，并可以测量。当系统达平衡时，浓度梯度消失，扩散势也不复存在。

 6.2.2 膜电势如何与离子分配相关联？

在前面例子中，由于膜对K^+和Cl^-都是可透的，任一离子在浓度梯度没有降到零时，均不能达到平衡。但是，如果膜仅能透过K^+，K^+将携带着电荷扩散过膜，直到膜电位可以平衡浓度梯度为止。由于很少量的离子即可引起电势的改变，因此系统会迅速达到平衡。尽管K^+浓度梯度的改变可忽略不计，K^+的跨膜运动也随即达到平衡。

当任一种溶质的跨膜分配达到平衡时，被动流量（J）（单位时间跨过单位膜面积溶质的量）在向内和向外两个方向上是相同的。

$$J_{o\rightarrow i}=J_{i\rightarrow o}$$

流量与$\Delta\tilde{\mu}$有关（关于流量和$\Delta\tilde{\mu}$的讨论见附录1）；在平衡状态时，内外电化学势相同。

$$\Delta\tilde{\mu}_j^{o}=\Delta\tilde{\mu}_j^{i}$$

对于任一给定离子（这里用下标j表示）。

$$\mu_j^{*}+RT\ln C_j^{o}+z_jFE^{o}=\mu_j^{*}+RT\ln C_j^{i}+z_jFE^{i} \quad (6.9)$$

整理式（6.9），可得到平衡时不同区室间的电势差（E_i–E_o）。

$$\Delta E_j=E^{i}-E^{o}$$

又

$$\Delta E_j=\frac{RT}{z_jF}\left(\ln\frac{C_j^{o}}{C_j^{i}}\right) \quad (6.10)$$

或

$$\Delta E_j=\frac{2.3RT}{z_jF}\left(\lg\frac{C_j^{o}}{C_j^{i}}\right)$$

该关系式即能斯特方程，表明在平衡时一离子在两区室间的浓度差可被电压差平衡。当温度为25℃时，一价阳离子的能斯特方程简化为

$$\Delta E_j=59\ \mathrm{mV}\ \lg\frac{C_j^{o}}{C_j^{i}} \quad (6.11)$$

需要注意的是，浓度相差10倍相当于能斯特电位59 mV（$C_j^{i}/C_j^{o}=10$，lg10＝1），即被动扩散的离子在跨膜运输时，59 mV的膜电势将维持10倍的浓度梯度，如果膜内外离子存在10倍的浓度梯度，则离子将顺浓度梯度的被动扩散将（如果允许达到平衡）形成59 mV的跨膜电势。

由于细胞内外离子不对称的分布，因此所有生活细胞都存在膜电位。可以通过在细胞中插入微电极来测定膜电位，测量细胞内部与细胞外介质间的电位差（图6.3）。

能斯特方程可以用来确定某任一时间给定离子是否处于跨膜的平衡状态。但是，稳态和平衡态间是有区别的。稳态是指给定溶质的内向流量和外向流量相等，且离子浓度对时间而言是恒定的；稳态并不一定是平衡态（图6.1）。在稳态时，跨膜主动运输会阻止许多扩散流量而使系统无法达到平衡状态。

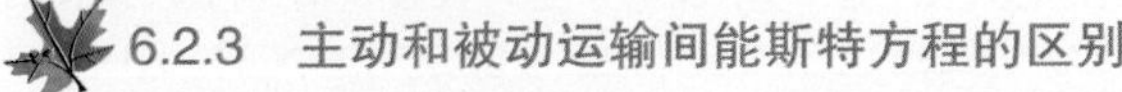

6.2.3　主动和被动运输间能斯特方程的区别

表6.1为豌豆根细胞稳态时离子浓度的实验测得值与由能斯特方程计算出的预期值的比较（Higinbotham et al.，1967）。在这个实验中，组织浸在溶液中，将每

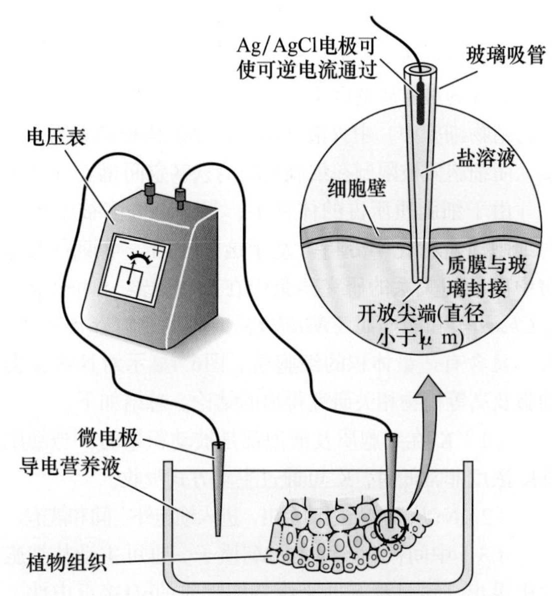

图6.3　用一对微电极测定跨细胞膜的膜电势示意图。一个玻璃微电极插入待研究的细胞中（通常为液泡或细胞质），另一电极放入电极液中作参照，电极与电压表相连，记录细胞区室和溶液间的电势差。典型的植物细胞的膜电势为−240~−60 mV。插图展示细胞内部是如何与电极接触的：通过内部盛有导电盐溶液的开放玻璃微量加液器实现。

表6.1　豌豆根组织中测定和预测的离子浓度的比较

离子	外部介质中的浓度／（mmol/L）	内部浓度／（mmol/L）[a]	
		预测值	实测值
K^{+}	1	74	75
Na^{+}	1	74	8
Mg^{2+}	0.25	1 340	3
Ca^{2+}	1	5 360	2
NO_3^{-}	2	0.027 2	28
Cl^{-}	1	0.013 6	7
$H_2PO_4^{-}$	1	0.013 6	21
SO_4^{2-}	0.25	0.000 05	19

资料来源：Higinbotham et al.，1967

注：膜电位经测定为−110 mV

a 内部浓度值来自热水提取未损伤的1~2 cm根段的离子含量

种离子的外部浓度及所测得的电势值均代入能斯特方程，从而计算出该离子预期的内部浓度。

值得注意的是，表6.1所有的离子中，仅K^{+}处于或接近平衡。阴离子NO_3^{-}、Cl^{-}、$H_2PO_4^{-}$、SO_4^{2-}的实测值均高于预期值，表明它们是被主动吸收的。阳离子Na^{+}、Mg^{2+}和Ca^{2+}的实测值均低于预期值。因此，这些离子进入细胞是沿它们的电化学势梯度进行的被动扩散，而其外向运动则是主动运输。

表6.1显示的是非常简化的例子，植物细胞内有许多区室，每一区室中离子组成各异。植物细胞中决定离子相关性的最重要的区室为细胞质和液泡。在大多数成熟的植物细胞中，中央液泡通常占细胞体积的90%或更多，而细胞质被限制在细胞内周的狭窄空间里。

由于细胞质所占的体积小，很难对许多被子植物的细胞质进行化学分析。基于这个原因，早期有关植物中离子间关系的研究多集中在某些绿藻，如轮藻属（*Chara*）和丽藻属（*Nitella*），这些细胞有几英寸①长，且含有适量体积的细胞质。图6.4显示对这些藻类细胞及高等植物相关研究得出的结论。总结如下。

（1）K^+在细胞质及液泡都是被动积累的，当细胞外K^+浓度非常低时，K^+可通过主动方式吸收。

（2）Na^+从细胞质主动泵出，进入细胞外空间和液泡。

（3）中间代谢产生的过剩质子，也可主动从细胞质中泵出，该过程有助于维持细胞质的pH接近中性，而液泡和细胞外介质的pH则较细胞质低1~2个pH单位。

（4）阴离子靠主动吸收进入细胞质。

（5）Ca^{2+}经质膜和液泡膜（图6.4）主动运输出细胞质。

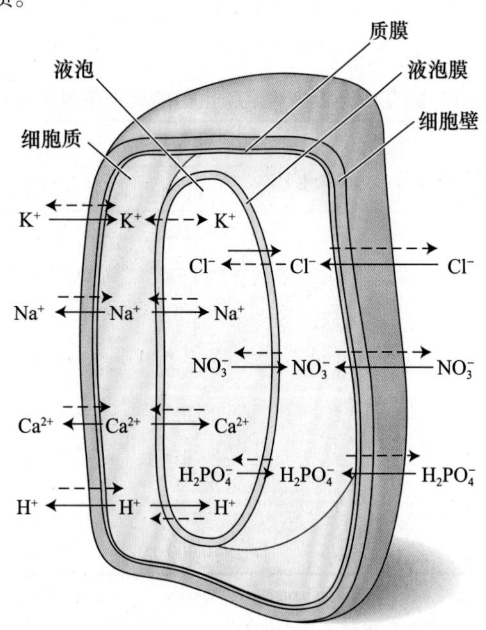

图6.4 细胞质和液泡中的离子浓度受控于主动运输（虚箭头）和被动运输（实箭头）。在大多数植物细胞中液泡占了细胞体积的90%，其内包含大量的细胞溶质。细胞质中离子浓度的控制对代谢酶类的调节非常重要。围绕细胞质的细胞壁并不是透性屏障，它并不是影响溶质运输的因素。

尽管许多不同种类的离子可同时透过活细胞的膜，但植物细胞中K^+浓度最高，且表现出大的通透性。将能斯特方程进行修改即得**戈德曼方程（Goldman equation）**，可以更准确地计算出所有可通透的离子（所有离子存在的跨膜运动机制）在这些细胞中的扩散势。如果已知离子通过生物膜的能力及离子梯度，就可以用戈德曼方程计算得出膜的扩散势。由戈德曼方程计算出的膜的扩散势称为戈德曼扩散势（Goldman diffusion potential）（戈德曼方程的详细讨论见Web Topic 6.1）。

6.2.4 质子运输是膜电势的主要决定因素

在大多数真核细胞中，内部K^+浓度最高，膜对K^+通透性最大，K^+扩散势可以接近K^+的能斯特势E_K。在一些生物的细胞，特别是哺乳动物细胞（如神经细胞）中，细胞的静息电位接近E_K；而在植物和真菌细胞中实验测得的膜电势（通常−200~−100 mV）比由戈德曼方程计算出的仅−80~−50 mV要低得多。那么，除了扩散势外，膜电势还有另一组分，多余的电压可能是由质膜致电H^+-ATP酶产生的。

当一种离子进入或运出细胞，而没有带相反电荷的离子反向运动来平衡时，就会产生跨膜电势差（电压）。任何能引起静电荷移动的主动运输机制，都趋于使膜电位偏离戈德曼方程的预测值。这样的运输机制称为致电泵，并且普遍存在于活细胞内。

主动运输所需的能量通常由ATP水解提供。在植物中，通过观察氰化物对质膜电位的抑制效应，可以研究膜电位对ATP的依赖性（图6.5）。氰化物能很快对线粒体产生毒害作用，使细胞中ATP衰竭。由于ATP合成受抑制，膜电势又降回到戈德曼扩散势的水平（参见Web Topic 6.1）。

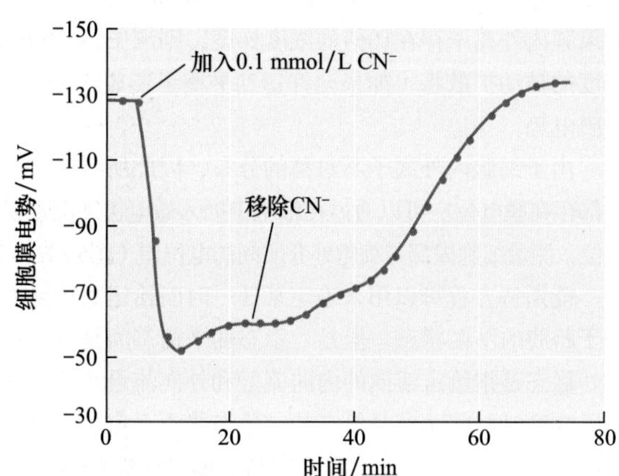

图6.5 豌豆细胞的膜电势在加入CN^-时瓦解。CN^-毒害线粒体，阻碍ATP的产生，膜电势在加入CN^-后消失，表明ATP的供应对维持膜电势是必需的。冲洗组织中CN^-后，ATP合成缓慢恢复，膜电势也随之恢复（改编自Higinbotham et al., 1970）。

① 1英寸=2.54 cm

因此，植物细胞膜电势由两个组分组成：扩散电势和来自致电离子的运输所形成的膜电势（Spanswick，1981）。当氰化物抑制致电离子运输时，由于H^+仍在细胞内，胞质酸性增强而胞外介质pH升高。这一发现是质子主动运出细胞过程可以致电的一个证据。

如前所述，致电泵引起的膜电势的变化将改变所有离子跨膜扩散的驱动力。例如，H^+的向外运输能产生K^+被动扩散入胞的电势驱动力。质子的跨膜致电运输不仅存在于植物细胞中，在细菌、藻类、真菌及一些动物细胞（如肾上皮细胞）也有存在。

线粒体和叶绿体上ATP的合成同样依赖H^+-ATP酶。在这些细胞器中，由于该酶合成ATP而不是水解ATP（见第11章），因此这种转运蛋白又称ATP合酶。参与植物细胞中主动和被动运输的膜蛋白的结构和功能将在本章随后详细讨论。

6.3　膜的转运过程

由纯磷脂制成的人工膜，已被广泛用于深入研究膜的透性。在对离子和分子的透性上，人工磷脂双分子层与生物膜相比，二者存在着重要的相似性和明显的不同点（图6.6）。

对非极性分子和许多小的极性分子来讲，生物膜和人工膜具有相似的通透性。然而，生物膜对离子、一些大的极性分子（如蔗糖）及对水的通透性较人工双分子层膜要强。其原因在于，与人工脂双层不同，生物膜上存在着利于被选择的离子和其他分子通过的**转运蛋白（transport protein）**。通常，转运蛋白包括3种主要类型：**通道（channel）**、**载体（carrier）**和**泵（pump）**（图6.7）。每一种类型蛋白都将在本节进行更加详细的介绍。

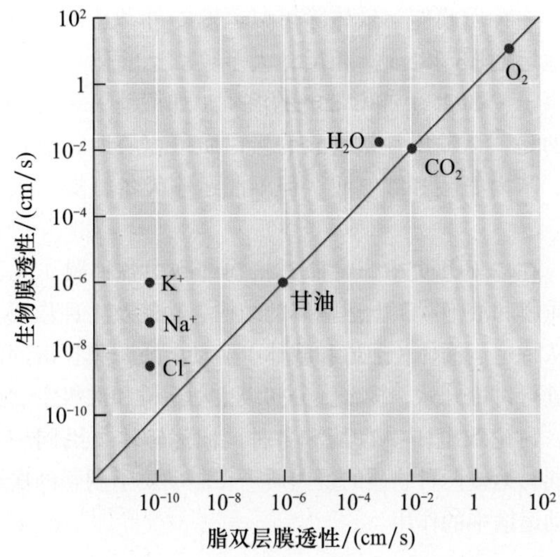

图6.6　生物膜与人工磷脂双分子层对多种物质的透性值（P）。对O_2、CO_2及一些小的不带电的分子（如甘油）等非极性分子，P在两系统中是相近的，对于离子和被选择的极性分子包括水，由于转运蛋白的存在，生物膜的透性增加了一个或多个数量级。注意坐标上对数刻度。

由于转运蛋白对所运输溶质具有特异性，因而转运蛋白在细胞中也呈现巨大的多样性。简单原核生物嗜血流感病毒（*Haemophilus influenzae*）是第一个全基因组测序的生物，在其基因组的1743个基因中，有超过200个基因（大于基因组的10%）编码参与膜运输的各种蛋白质。拟南芥中，预计的25 500个蛋白质中有多达1800个（约7%）可能执行运输的功能（Schwacke et

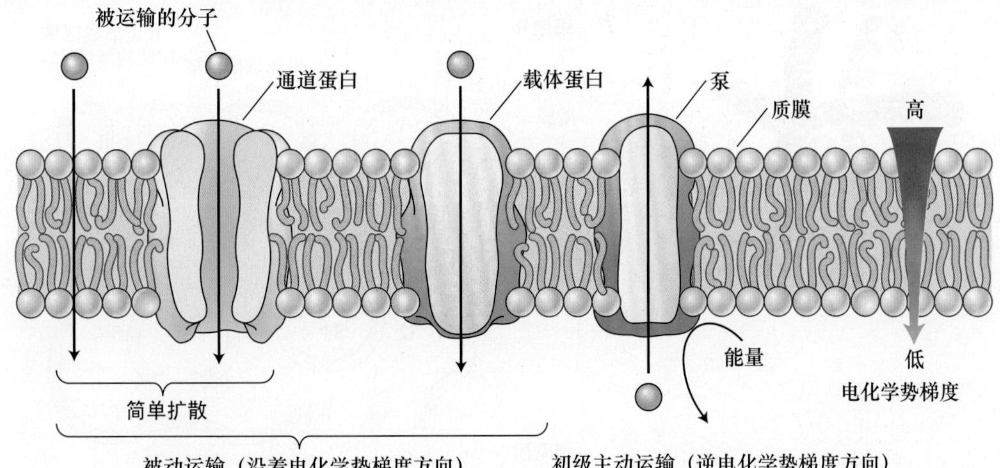

图6.7　3种类型膜转运蛋白：通道、载体和泵。通道和载体可以介导顺电化学势溶质梯度的被动跨膜运输（简单扩散或协助扩散）。通道蛋白作为膜上的孔道，它的特异性主要由通道的生物物理性质决定。载体蛋白在膜的一侧与被运输的分子结合并释放到膜的另一侧（不同类型的载体蛋白在图6.11详细描述）。初级主动运输由泵来完成，它直接利用ATP水解的能量，将溶质逆电化学势梯度泵出或泵入。

al.，2003）。

尽管特定的转运蛋白通常对其运输的物质种类具有高度的特异性，但并不是绝对的。例如，在植物中，一种质膜K^+运输体除可以运输K^+外，还可不同程度地运输Rb^+和Na^+。相反，大多数K^+运输体不能运输阴离子（如Cl^-）或不带电的溶质（如蔗糖）。与此相似的是，运输中性氨基酸的蛋白质可容易地运输甘氨酸、苯丙氨酸和缬氨酸，但不能运输天冬氨酸和赖氨酸。

在以下几页中，将探讨植物细胞中各种膜（尤其是质膜和液泡膜）上运输体的结构、功能及生理作用。将从特定运输体（通道和载体）驱动溶质跨膜扩散的作用进行讨论开始，接着区分初级主动运输和次级主动运输，讨论致电H^+-ATP酶和各种同向运输体（沿同一方向同时运输两种物质的蛋白质）在驱动质子偶联的次级主动运输中的作用。

 6.3.1 通道增强跨膜扩散

通道（channel）是一类膜蛋白，它们在膜上形成选择性的孔道，可以使分子或离子通过这些孔道进行穿膜扩散。孔的大小、孔内部表面电荷的密度和性质决定了通道运输的特异性。通过通道进行的运输往往是被动的，并且由于运输的特异性更多地取决于孔的大小和电荷，而不是选择性地结合上，因此通道主要运输离子和水（图6.8）。

只要通道孔开放，进入孔的溶质非常迅速地扩散跨膜：每个通道蛋白每秒可通过约10^8个离子。通道并不是一直开放的，而是具有**“门”（gate）**的结构，可对外部信号作出反应从而“开”或“关”。调控通道活性的信号有很多，包括膜电位的改变、配体、激素、光和转录后修饰（如磷酸化）等。例如，电压门控通道可响应膜电势的改变而“开”或“关”（图6.8 B）。

通过膜片钳电生理学技术（膜片钳）可以详细研究单一通道的特征（参见Web Topic 6.2），由此可以测出离子扩散通过单一通道或多个通道时所形成的电流。膜片钳研究表明，对于特定的离子（如K^+），膜上有多种不同的通道，这些通道可能在不同的电压范围内开放，或对不同的信号包括K^+或Ca^{2+}浓度、pH和活性氧等作出反应，这种特异性使得每种离子的运输被精密地调控到最佳状态。因此，膜对离子的通透性是一变量，它取决于在特定时间打开的离子通道的总和。

正如在表6.1实验中看到的，大多数离子的跨膜分布并非接近平衡。大多数离子通道通常是关闭的。阴离子通道功能总是只在阴离子扩散到细胞外时起作用，而阴离子的吸收则需要其他的机制。Ca^{2+}通道就受到严密的调控，只在信号转导过程中开放，钙通道仅能使Ca^{2+}释放进入细胞质，但必须是通过主动运输进行。而K^+通道则例外，依据膜电势与平衡电势E_K的高或低，可以向内或向外扩散。

只有在膜电势比K^+能斯特势更低时才打开，并专一性向内扩散K^+的通道称**内向整合（inwardly rectifying）**K^+通道或简称内向K^+通道。相反，仅在膜电势较K^+能斯特势更高才打开的称**外向整合（outwardly rectifying）**K^+通道或简称外向K^+通道（图6.9）（参见Web Essay 6.1）。内向K^+通道的作用是从质外体积累K^+，如气孔开放过程（图6.9）中保卫细胞对K^+的吸收。各种外向K^+通道作用使气孔关闭和K^+释放进入木质部或质外体。

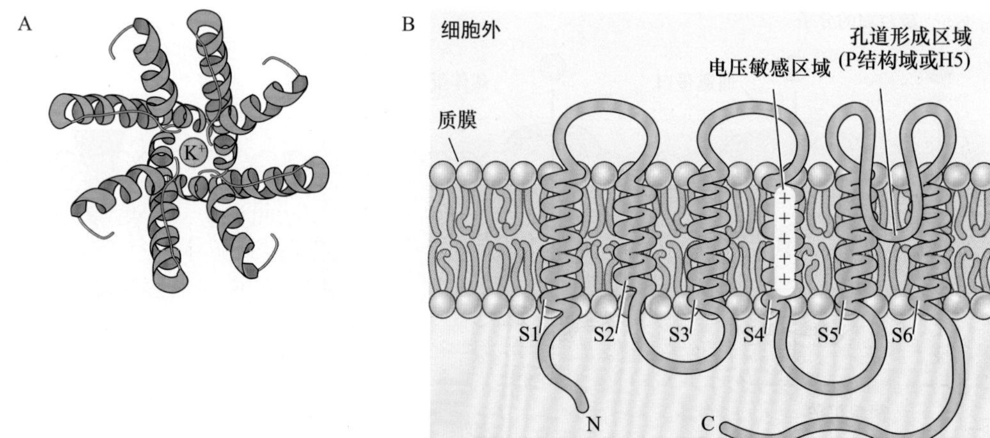

图6.8 植物中K^+通道模型。A. 通道的俯视图，可看到蛋白质孔道，四亚基的跨膜螺旋紧靠在中心孔道，形成倒置的圆锥形。四亚基的孔道形成区嵌入膜内，同时孔外侧部分形成指形的K^+选择性区域（更详细的通道结构参见Web Essay 6.1）。B. 内向整合的钾离子通道侧面图，显示一个具有6个跨膜螺旋的亚基多肽链，第四个螺旋带正电的氨基酸，作为电压感受器。在螺旋(S)5和6之间的孔道形成区域是环状的（A改编自Lerry et al.，2002；B改编自Buchanan，2000）。

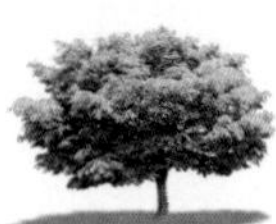

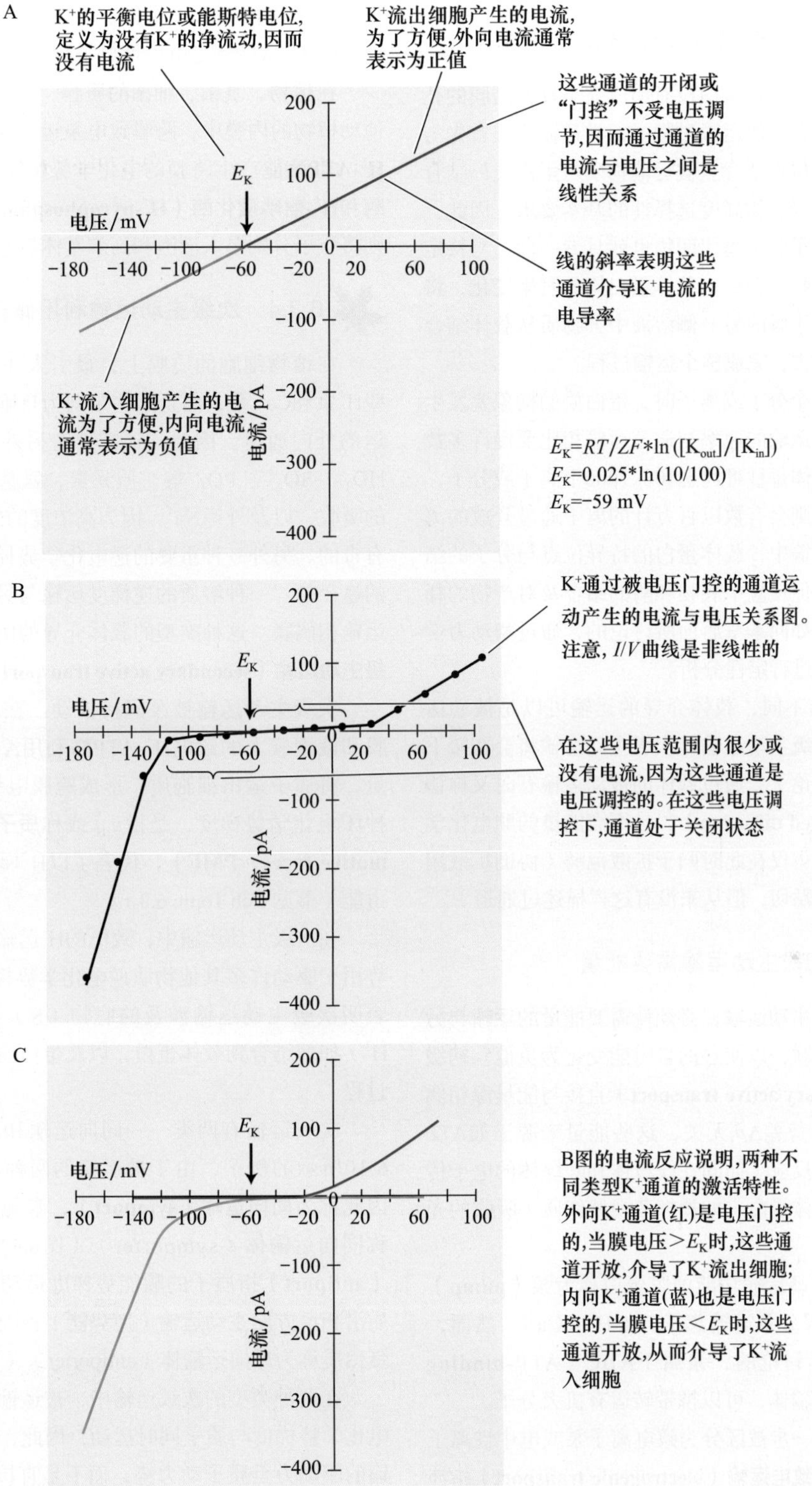

A
K⁺的平衡电位或能斯特电位,定义为没有K⁺的净流动,因而没有电流
K⁺流出细胞产生的电流,为了方便,外向电流通常表示为正值
这些通道的开闭或"门控"不受电压调节,因而通过通道的电流与电压之间是线性关系
线的斜率表明这些通道介导K⁺电流的电导率
K⁺流入细胞产生的电流为了方便,内向电流通常表示为负值
E_K
电压/mV
电流/pA
200
100
−100
−200
−300
−400
−180 −140 −100 −60 −20 0 20 60 100
$E_K=RT/ZF*\ln([K_{out}]/[K_{in}])$
$E_K=0.025*\ln(10/100)$
$E_K=-59$ mV
B
K⁺通过被电压门控的通道运动产生的电流与电压关系图。注意,I/V曲线是非线性的
在这些电压范围内很少或没有电流,因为这些通道是电压调控的。在这些电压调控下,通道处于关闭状态
E_K
电压/mV
电流/pA
200
100
−100
−200
−300
−400
−180 −140 −100 −60 −20 0 20 60 100
C
B图的电流反应说明,两种不同类型K⁺通道的激活特性。外向K⁺通道(红)是电压门控的,当膜电压>E_K时,这些通道开放,介导了K⁺流出细胞;内向K⁺通道(蓝)也是电压门控的,当膜电压<E_K时,这些通道开放,从而介导了K⁺流入细胞
E_K
电压/mV
电流/pA
200
100
−100
−200
−300
−400
−180 −140 −100 −60 −20 0 20 60 100

图6.9　电流-电压关系图。A. K^+通过一组理论上非电压调控的质膜K^+通道形成电流和电压的模式图。假定胞质［K^+］为100 mmol/L，胞外［K^+］为10 mmol/L。在平衡电位（能斯特）时电流为0，电流、电压为线性关系。B. 拟南芥保卫细胞原生质体电压门控K^+通道真实K^+电流图。胞内外K^+浓度与A.相同。这些电流来自于电压调控K^+通道的活动。需要再次提醒的是，在K^+平衡电位时电流为0。但是，在很宽的电压范围内电流仍为0，这是由于在该条件下通道是关闭的，无K^+通过。C. B图中表示的电流-电压关系实际上来自两种类型的通道——内向整合K^+通道和外向整合K^+通道，这是两种通道共同活动的结果（B 改编自L.Perfus-Barbeoch and S. M. Assmann，未发表的数据）。

6.3.2 载体结合和运输物质的专一性

与通道不同，载体蛋白没有形成完全延伸跨膜的孔道结构。由载体介导的运输过程中，被运输物质首先与载体蛋白的特异位点结合。被运输物质与蛋白质的结合是保证载体对特异底物高度选择性的基本要求。因此，载体运输特定离子和生物代谢物也就具专一性。与特定离子和生物代谢物结合后，载体蛋白构象发生变化，将被运输物质暴露于膜的另一侧溶液中，物质从载体结合位点分离释放出去，完成整个运输过程。

由于运输每个分子或离子时，蛋白质的构象要发生变化，因此载体运输的速率与通道运输相比要慢许多数量级。典型的载体每秒可运送100~1000个离子或分子，而同样的时间内则会有数以百万计的离子通过开放的离子通道。载体运输中，载体蛋白的特异位点与分子的结合和释放，与酶促反应中底物和酶的结合及对产物的释放情况类似。就如同本章后面所讨论的，通过酶动力学可以对载体蛋白进行定性分析。

与通道运输不同，载体介导的运输可以是被动运输，也可以是次级主动运输（次级主动运输将会在接下来的部分进行讨论）。通过载体的被动运输有时又称**协助扩散（facilitated diffusion）**，是不需能量的顺电化学势梯度的运输，也仅在此时归于扩散范畴（协助扩散用在通道上似乎更贴切，但从来没有这样描述过通道）。

6.3.3 初级主动运输需要能量

载体要完成主动运输，必须使需要能量的运输与另一放能过程相偶联，以使总的自由能变化为负值。**初级主动运输（primary active transport）**直接与能量源相偶联，而与电化学势差$\Delta\tilde{\mu}_j$无关，这些能量来源于如ATP水解、氧化还原反应（如同在线粒体和叶绿体的电子传递链）或通过载体蛋白（如盐杆菌视紫红质）吸收的光能。

执行初级主动运输功能的膜蛋白称为**泵（pump）**（图6.7）。大部分泵运输离子，如H^+或Ca^{2+}。然而，正如本章后面所讨论的，泵属于ABC（ATP-binding cassette）家族运输体，可以携带转运有机大分子。

离子泵可进一步被区分为致电离子泵或电中性离子泵。一般来讲，**致电运输（electrogenic transport）**指涉及净电荷跨膜移动的离子运输过程。相反，**电中性运输（electroneutral transport）**正如名称的含义，没有净电荷的跨膜移动。例如，动物细胞的Na^+/K^+-ATP酶，在向胞外泵出3个Na^+的同时向胞内泵入2个K^+，结果产生1个净电荷的外向移动，因此，Na^+/K^+-ATP酶为一种致电离子泵；相反，动物胃黏膜的H^+/K^+-ATP酶在向外泵出1个H^+时，向内泵入1个K^+，并无跨膜净电荷转移，因此，H^+/K^+-ATP酶是电中性离子泵。

在植物、真菌、细菌的质膜，以及植物液泡膜和其他动植物的内膜中，跨膜致电泵运输的主要是H^+。**质膜H^+-ATP酶**能产生跨膜的电化学势梯度，而**液泡H^+-ATP酶**和**H^+-焦磷酸化酶（H^+-pyrophosphatase，H^+-PPase）**则将质子分别泵入液泡和高尔基体囊泡的内腔。

6.3.4 次级主动运输利用储存的能量

在植物细胞的质膜上，最引人注目的离子泵是那些H^+泵和Ca^{2+}泵，而且这些泵均为自胞质向胞外空间转运的外向通道。因此，还需要有另外的机制吸收诸如NO_3^-、SO_4^{2-}、PO_4^{2-}等矿质元素，氨基酸、肽类、蔗糖的吸收，以及外运Na^+，因为高浓度的Na^+对植物细胞是有毒的。另外一种重要的逆电化学势梯度跨膜运输溶质的途径是：一种溶质的逆梯度运输与另一溶质的顺梯度运输相偶联。这种类型的载体介导的协同运输定名为**次级主动运输（secondary active transport）**（图6.10）。

次级主动运输被泵间接推动。在植物细胞中，质膜和液泡膜上的致电H^+-ATP酶利用ATP水解释放的能量，将质子运出细胞质，形成跨膜电势和pH梯度。这种H^+电化学势梯度，是指$\tilde{\mu}_{jH^+}$或称**质子动力势（proton motive force，PMF）**，代表了以H^+梯度形式储存的自由能（参见Web Topic 6.3）。

在次级主动运输中，致电的H^+运输产生的质子动力势用于驱动许多其他物质逆电化学势梯度运输。图6.10表明次级主动运输涉及的底物（S）和离子（通常为H^+）如何结合到载体蛋白，以及蛋白质构象如何改变的过程。

次级运输有两类——同向运输和反向运输，如图6.10所示的例子，由于被运输的两种物质同向过膜，因此称为**同向运输（symport）**，参与该运输的蛋白质称同向运输体（symporter）（图6.11A）。**反向运输（antiport）**指质子的顺能势梯度运动，并驱动另一溶质沿相反方向主动运输（逆势能）；同样，参与运输的蛋白质称为反向运输体（antiporter）（图6.11B）。

在两种类型的次级运输中，被运输的离子或溶质逆电化学势梯度与质子同时运动，因此，是主动过程，运输的驱动力是质子动力势，而不是直接来源于ATP水解的能量。

6.3.5 动力学分析揭示运输的机制

至此，已用能量学的概念描述了细胞运输。然而，细胞运输也可以用酶动力学来研究，因为它涉及分子与转运蛋白活性位点的结合和分离（参见Web Topic

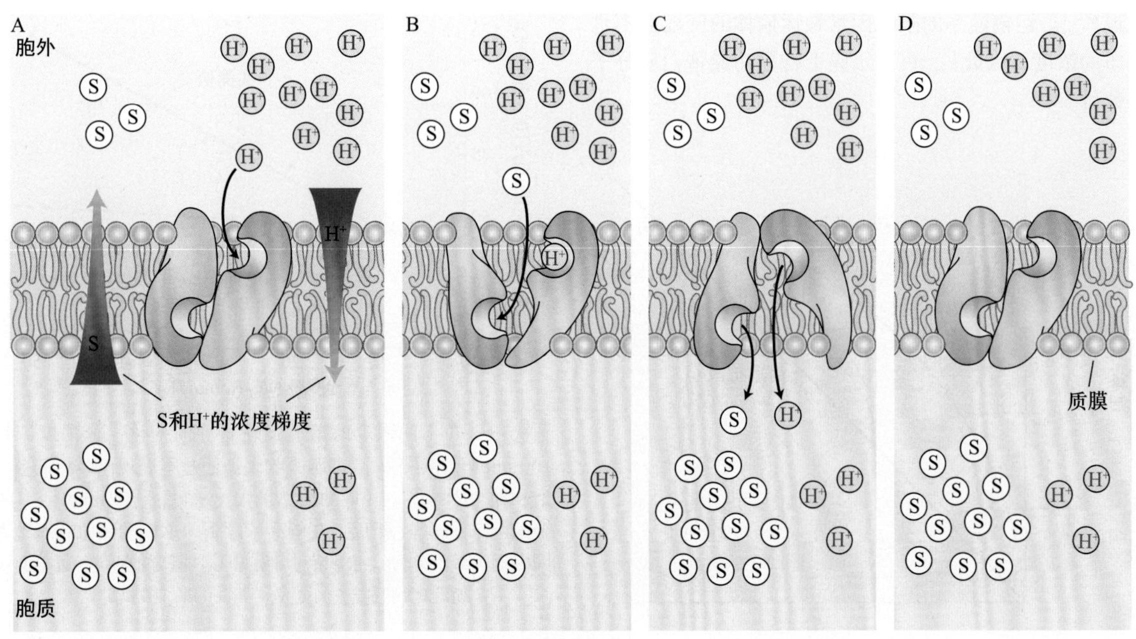

图6.10　次级主动运输的理论模型。在次级主动运输中，一种溶质的逆能势运输受另一溶质顺能势运输的驱动。该过程中，能量以质子动力势储存（红色箭头表示$\Delta\mu_{jH^+}$），用来逆浓度梯度运输底物（S）（左侧红色箭头）。A．在最初构象中，蛋白质结合位点暴露于外部环境中，可以结合质子。B．质子结合后，导致发生仅能结合S的构象变化。C．S的结合导致构象再次发生变化，使得结合点和底物暴露在细胞内侧。D．质子和S分子在细胞内部的释放重新恢复了载体的原初构象，使得新一轮的"泵"循环开始。

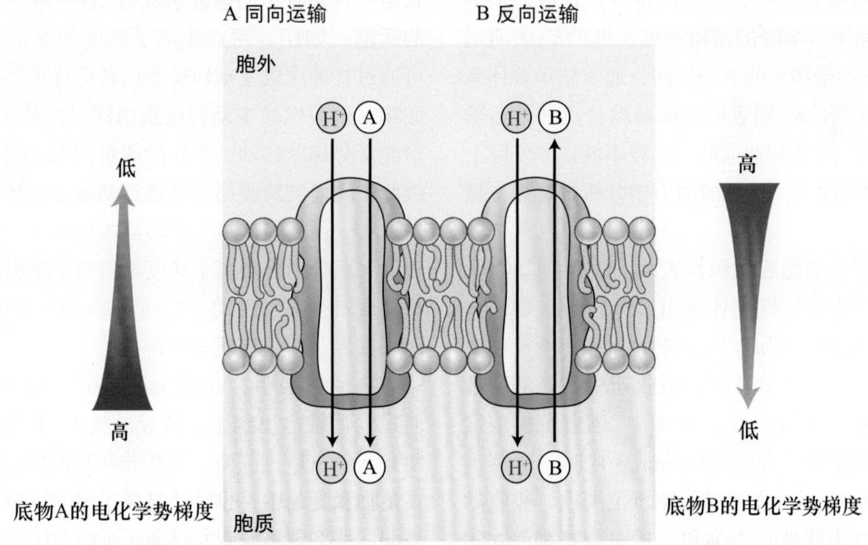

图6.11　与原初质子梯度相偶联的次级主动运输的两个例子。A．同向运输体中，质子运回细胞所释放的能量与另一底物（如蔗糖）的吸收相偶联。B．反向运输体中，质子运回细胞所释放的能量与另一底物（如Na^+）的输出相偶联。两种情况下，底物都是逆电化学势梯度移动的。中性的和带电的底物，均可通过这两种过程运输。

6.4）。动力学方法的优势在于可以帮助人们对运输的调节机制提出新的见解。

在动力学实验中，可以测出外部离子（或其他溶质）的浓度对运输速率的影响。因此，利用运输速率的动力学特性，可以区分两种不同的运输体。在不考虑底物浓度时，载体介导的运输和运输的速率不会超过最大速率V_{max}（图6.12）。通道的情况也常常如此。当载体的底物结合位点饱和或通道的流量达最大时，运输速率接近V_{max}。运输速率的限制因素是运输体的密度而不是溶质的浓度，因此V_{max}可表示膜上特异功能蛋白质分子的数目。

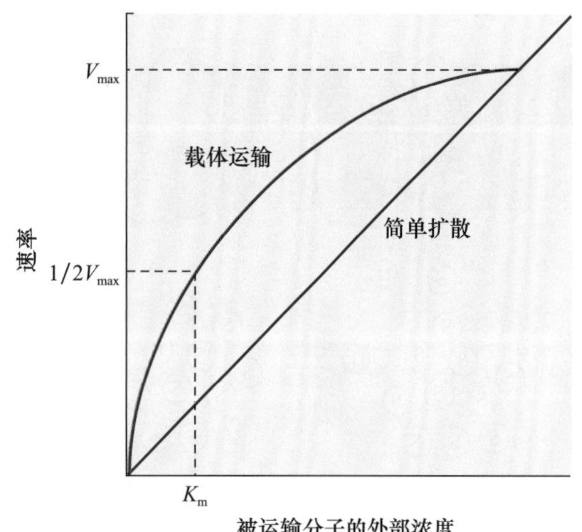

图6.12 载体运输由于结合位点的饱和而表现出饱和动力学曲线特征（V_{max}）（见附录1）。当通道开放时，在溶质浓度梯度或离子的电化学势作用下，溶质的运输速率与溶质的浓度成正比，即典型的被动扩散特征。

常数K_m可反映特定结合位点的特性，在数值上等于达最大运输速率一半时的溶质浓度。低的K_m表明运输活性位点和被运输物质的亲和性高，通常暗示载体系统在起作用；较高的K_m则表明运输活性位点和被运输物质的亲和性低。若亲和性太低，以致不能达到实际上的V_{max}，在这种情况下，单独的动力学分析很难区分通道和载体。

溶质转运中，细胞或组织常表现出复杂的动力学特征，复杂的动力学特性则体现出多种转运机制的存在，如高亲和性及低亲和性转运体的存在。图6.13表明了大豆胚轴原生质体对蔗糖的吸收速率与外部蔗糖浓度的函数关系（Lin et al., 1984）。随着蔗糖浓度上升，吸收迅速增加，大约在10 mmol/L 时，达到饱和。高于10 mmol/L时，在测试的浓度范围内，吸收的动力学曲线表现为线性且不饱和。代谢毒害抑制ATP合成，能阻断具有饱和特征的吸收，而不影响线性部分的吸收。

图6.13展现出的模式是在低浓度蔗糖时，吸收是载体介导的主动过程（H^+-蔗糖同向运输）；在高浓度时，蔗糖通过顺浓度梯度扩散进入细胞，因此对代谢毒害也就不敏感。与这些数据相符合，H^+-蔗糖同向运输体（Lalonde et al., 2004）和蔗糖运输体（不依赖于能量供应或质子梯度的载体蛋白）（Zhou et al., 2007）已经在分子水平上被鉴定。

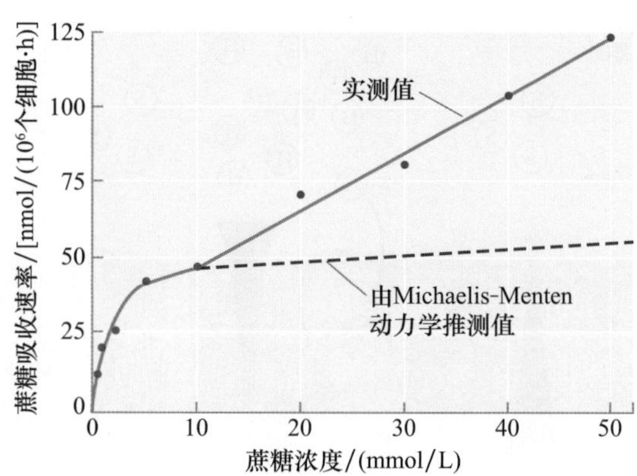

图6.13 在不同浓度时溶质运输特性的变化。低浓度（1~10 mmol/L）时，大豆细胞吸收蔗糖的速率表现出载体的典型饱和动力学特性，相应曲线达最大速率V_{max}［57 nmol /（10^6个细胞·h）］。相反，在较高浓度下，蔗糖的吸收在很宽范围内仍为线性增加，表明有其他蔗糖运输体的存在，可能是低亲和性的通道（改编自Lin et al., 1984）。

6.4 膜转运蛋白

图6.14阐明了各种位于质膜和液泡膜上具有代表性的运输过程。在跨生物膜运输的过程中，典型的供能方式是一种初级主动运输系统与ATP水解偶联。一种离子的运输，如H^+，可产生离子梯度和电化学势。然后，可通过各种次级主动转运蛋白转运许多其他离子或有机底物，这些次级主动转运蛋白同时携带 1 个或2个H^+，沿能量势梯度移动，产生的能量用来运输各自的底物。因此，质子的跨膜循环是通过初级主动转运蛋白主动向外运输，而后经次级主动转运蛋白返回细胞。高等植物中，大部分的跨膜离子梯度是由质子泵引起的H^+电化学势梯度产生并维持的（Tazawa et al., 1987），而这些H^+梯度则是由致电质子泵产生的。

有证据表明，在植物细胞中，Na^+通过Na^+-H^+反向运输体被运出细胞，特异的质子同向运输体将Cl^-、NO_3^-、$H_2PO_4^-$、蔗糖、氨基酸和其他物质转运进细胞。在植物和真菌中，也可通过质子同向运输吸收糖类和氨基酸。那么钾离子呢？钾离子可以与H^+（或在一些条件下与Na^+）从质外体中同向吸收。钾离子也可以在自由能梯度下通过特异的钾离子通道被动地吸收入细胞。在外部浓度很低时，细胞可通过载体吸收K^+，在较高浓度时通过特异的K^+通道扩散进入细胞。然而，在某种意义上，即使是通过通道的内流也是靠H^+-ATP酶驱动的。因为K^+的扩散是由膜电位驱动的，而通过致电H^+泵将此时的膜电位维持在比K^+平衡电位更低的水平。相反，K^+外流需要维持较E_k更高的膜电位值，可以通过Cl^-外流或其他阴离子经通道的移动得以实现。

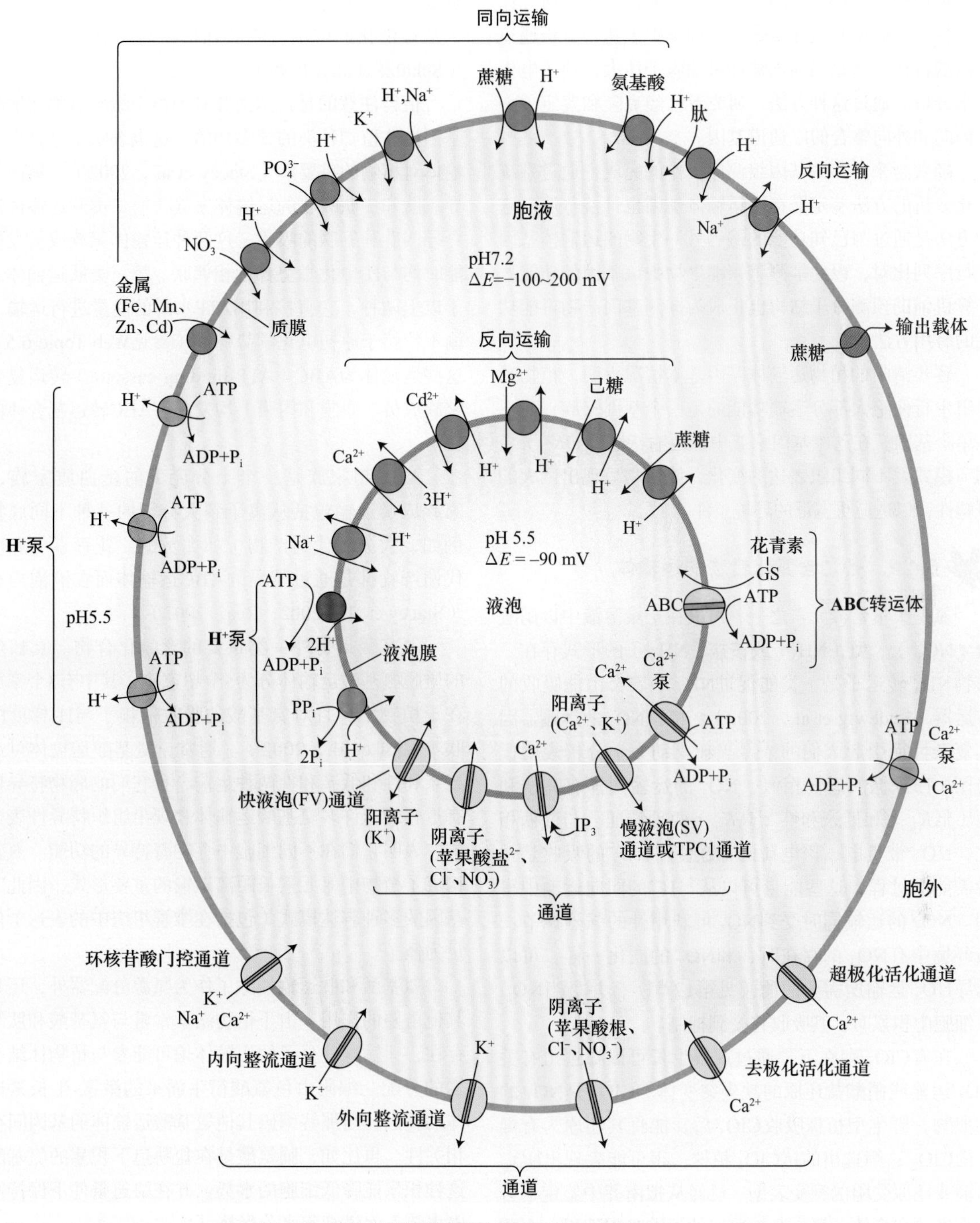

图6.14　植物细胞质膜和液泡膜上各种转运蛋白总览。

在前面的几节中，可以看到一些跨膜蛋白具有通道的功能，可以控制离子的扩散；另一些膜蛋白具有载体的功能，运输其他物质（大部分的分子和离子）。主动运输可以利用ATP水解直接供给能量，或者间接作为同向运输体和反向运输体的载体类蛋白实现。后者利用离子梯度（通常为H^+梯度）的能量来驱动另一分子或离子逆能势运输。在接下来的几页中，将从分子特性、细胞定位及遗传操作等方面，更详细地介绍植物细胞介导有机和无机养分，以及水跨植物细胞膜运输的一些转运蛋白。

6.4.1　已鉴定的多种编码转运蛋白的基因

鉴定编码转运蛋白的基因更有助于揭示转运蛋白的分子特性。其中一种分离转运基因的途径是从植物的cDNA文库中筛选能回补酵母运输体缺失的基因。已知有许多运输体缺失的酵母突变体，可通过互补作用，用于鉴定植物中的相应基因。对于离子通道的基因研究途径是将离子通道基因在爪蟾卵母细胞中表达，分析通道蛋白的特征，这是因为爪蟾卵母细胞个体大，便于电生理学分析。通过这种方法，研究者已经克隆和鉴定了一些内向和外向整合的K^+通道基因。

随着越来越多的基因组测序工作的完成，通过系统进化分析的方法鉴定潜在的运输体基因也日益普遍。这种方法是通过与已知功能的编码另一生物的运输体基因进行序列比对，以此推测感兴趣生物中该基因的功能。计算机辅助预测分子结构也正成为推测基因产物可能功能的有用方法。

逐步清晰的植物运输体基因基本情况表明，植物基因组中行使绝大部分运输功能的是一个基因家族，而不是单个基因。在这个基因家族中，运输特性（如K_m）、调节模式及不同组织表达的变化，使植物呈现出巨大的可塑性，以适应更宽泛的环境条件。

 6.4.2 各种含氮化合物的运输体

氮是大量营养元素之一，可以在土壤溶液中以硝酸盐（NO_3^-）、氨（NH_3）或铵盐（NH_4^+）的形式存在。植物NH_4^+转运子是一类能促进NH_4^-顺着自由能吸收的转运器（Ludewig et al.，2007）。植物NO_3^-的运输器因其复杂性而引起人们的浓厚兴趣。动力学分析表明，与图6.13蔗糖的运输相似，NO_3^-的运输同样有高亲和性（低K_m）和低亲和性（高K_m）两种特征。与蔗糖相比，NO_3^-带负电，该电荷的存在使得NO_3^-的吸收是一种需能的过程，这些能量可以从与H^+的同向运输中得到。NO_3^-的运输同时受到NO_3^-可利用性的强烈调节：当环境中有NO_3^-的存在时，和NO_3^-的同化一样，可以诱导NO_3^-运输所需要的酶（见第12章），并且当NO_3^-在细胞中积累时，其吸收将受到抑制。

在有ClO_3^-存在下，通过观察生长可以筛选出有关NO_3^-运输或硝酸盐还原的缺失突变体。ClO_3^-是NO_3^-的类似物，野生型植株吸收ClO_3^-后，能将其还原为有毒性的ClO_2^-；筛选出的抗ClO_3^-植株，很可能表现出NO_3^-运输或还原受阻的突变表型。已经从拟南芥中鉴定了若干这样的突变体。第一个被鉴定的运输基因编码一个诱导型NO_3^--H^+同向运输体，是一种双亲和性载体，其作用模式受到自身磷酸化的调控（Liu and Tsay，2003）。随着越来越多的NO_3^-运输体被鉴定，很显然参与高亲和性和低亲和性运输的基因产物并非一个。

氮一旦被融合进有机分子当中，就可以通过多种机制被分配到植物的各个部分。肽运输体为氮元素的跨膜运输提供了又一机制。肽运输体对种子萌发时储藏氮的动员，以及通过维管系统的含氮化合物的分配都很重要。在食虫植物猪笼草（*Nepenthes alata*）的捕虫器上，发现了高度表达的肽运输体，它们可能介导了从被消化的昆虫吸收肽到植物内部组织的运输过程（Schulze et al.，1999）。

值得注意的是，拟南芥基因组中编码肽类运输体的基因比非植物种类的要多10倍，这也表明了这种类型运输体对植物的重要性（Stacey et al.，2002）。第一类介导二肽和三肽吸收的运输体家族，第二类肽运输体家族介导四肽和五肽的吸收。这两种运输体家族成员发挥功能时均与H^+电化学势梯度相偶联。第三类肽运输体不同于以上两种，它直接利用ATP水解的能量进行运输，运输不依赖于原初电化学势梯度（参见Web Topic 6.5）。这些运输体为ABC（ATP-binding cassette）转运复合体家族成员。质膜和内膜上均发现有ABC转运复合体的存在。

ABC超家族是一个十分庞大的蛋白质家族，该家族成员运输包括从离子到大分子的各种不同底物。例如，大分子代谢产物（如类黄酮、花青素）和次级代谢产物都是通过特异的ABC运输体而在液泡内积累（Stacey et al.，2002；Rea，2007）。

氨基酸是另外一类重要的含氮化合物。真核生物的质膜氨基酸运输体分为5个超家族，其中有3个家族存在于植物中，且对氨基酸的吸收依赖于与H^+梯度的偶联（Wipf et al.，2002）。通常，氨基酸运输体可进行高亲和性和低亲和性两种运输，且它们的底物特异性是有重叠的。许多氨基酸运输体表现出组织特异性表达模式，表明它们在不同细胞中存在着特异的功能。氨基酸构成了植物中氮元素长距离运输的重要形式，因此，其基因的多种表达模式（包括在维管组织中的表达）便不足为怪了。

氨基酸和肽运输器除了作为氮源分配器外，还具有其他重要的作用。由于植物激素常常与氨基酸和肽结合存在，运输这些分子的运输体也可能参与植物体结合激素的分配。编码由色氨酸衍生而来的激素-生长素运输体的基因，与那些编码其他氨基酸运输体的基因间存在相关性。再比如，脯氨酸是在盐胁迫下积累的氨基酸，这种积累能降低细胞的水势，并在胁迫条件下保持细胞内水势，促进细胞水分保持。

 6.4.3 多种多样的阳离子运输体

阳离子是通过阳离子通道和阳离子运输器进行转运的，每种作用机制的区别主要依赖于所研究的膜类型、细胞类型及生物种类。

阳离子通道（cation channel）在拟南芥基因组中，估计有50多个基因编码调节阳离子跨质膜或内膜（如液泡膜）吸收的阳离子通道蛋白（Very and Setenac，2002）。其中一些通道对特异的离子种类，如K^+，具有

高度的选择性；其他的通道却允许不同种类的阳离子通过，有时还包括Na^+，尽管这种离子在细胞过量积累对植物是有毒性的。正如图6.15所述，根据预测的通道结构和对阳离子的选择性，阳离子通道可分为6类。

在这6类阳离子通道中，了解最为详尽的是Shaker通道。这些通道是以果蝇的一个K^+通道命名的，编码该通道的基因的突变可以引起果蝇腿的震动或颤抖，故命名为Shaker通道。植物Shaker通道对K^+具有高度的选择性，要么是内向整合，要么是外向整合，或弱整合的K^+电流。Shaker家族的一些成员功能如下。

（1）介导保卫细胞K^+跨膜的吸收或外流。

（2）负责提供从土壤中吸收K^+主要渠道。

（3）参与了从活的中柱细胞向死的木质部导管释放K^+。

（4）花粉中也发现了一种，其负责K^+吸收促进水分的内流和花粉管伸长。

如在根中，一些Shaker通道以高亲和吸收的方式介导K^+吸收，它们可在微摩级的外部K^+浓度情况下起作用，只要膜电位充分超极化，就可驱动K^+的吸收（Hirsch et al.，1998）。

并不是所有的离子通道都和Shaker通道一样，受到膜电势的调控。有一些离子通道不受电压调控，而其他的电压敏感通道如Kir等尚未被完全确认（Lebaudy et al.，2007）。环核苷酸门控阳离子通道只有很微弱的电压依赖性，它们的活性调节是通过结合环核苷酸如cGMP实现的。这些通道可让K^+、Ca^{2+}或Na^+通过（Leng et al.，2002；Kaplan et al.，2007）。尽管对其功能所知甚少，但是突变体分析表明，有些环核苷酸门控阳离子通道在对细菌病原菌的抗病性反应中起作用（Clough et al.，2000；Kaplan et al.，2007）。另一有趣的例子是哺乳动物中谷氨酸受体通道，它与哺乳动物神经系统作为门控谷氨酸阳离子通道起作用的谷氨酸受体同源。谷氨酸诱导植物细胞中Ca^{2+}的吸收，表明谷氨酸受体可能是Ca^{2+}通透性的通道（Qi et al.，2006；Tapken and Hollmann，2008）。

离子流也必然发生于液泡膜进进出出上。阴离子通道和阳离子通道在液泡膜上也被鉴定（图6.14）。植物液泡膜通道包括能被钙离子激活对钾离子具有高选择性的TPK/VK通道（Gobert et al.，2007）（图6.15A）和称为TPC1/SV的非选择性Ca^{2+}透性通道（图6.14和图6.15B）。从液泡等胞内钙库释放出的Ca^{2+}扮演着重要的胞内信号角色。许多第二信使如胞质Ca^{2+}本身和$InsP_3$都能引起胞质Ca^{2+}释放。更多有关信号转导途径将于第14章详细讲述。

阳离子载体（cation carrier）：许多载体也可以将阳离子运输至植物细胞内。植物特异的细胞跨膜的K^+运

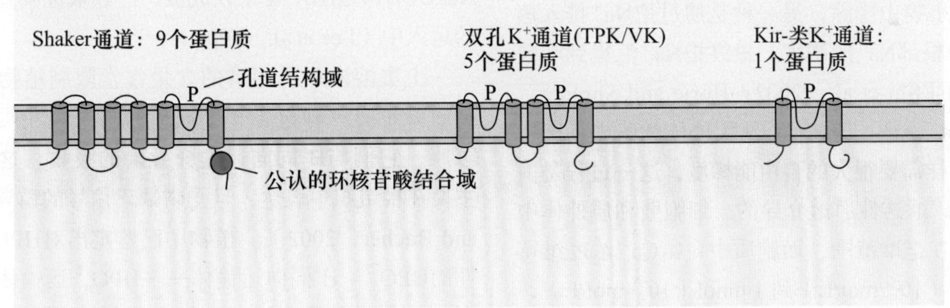

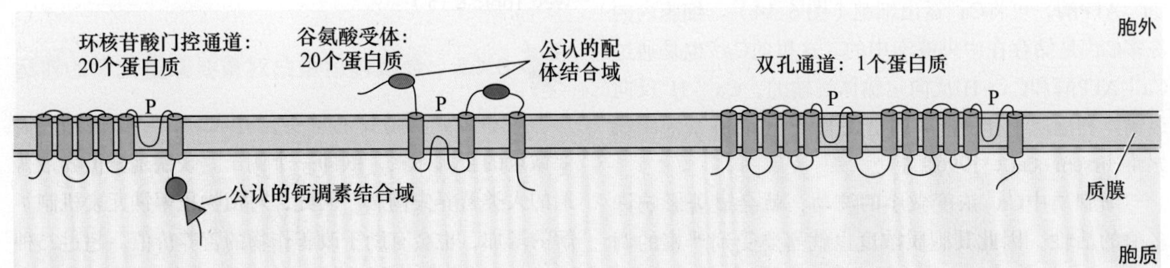

图6.15　拟南芥阳离子通道的6个家族。一些通道仅从序列上鉴定出与动物细胞通道同源，其他的已得到了实验证实。A. K^+选择性通道。B. 低选择性阳离子通道，其活性受环核苷结合的调控。C. 公认的Glu受体。根据对胞质Ca^{2+}变化的测量，这类蛋白质的可能功能是Ca^{2+}可通透性的通道。D. 基于对胞质变化的测量，TPC1是拟南芥基因组编码的唯一一种双孔通道，可运输一价和二价阳离子，包括Ca^{2+}（改编自Very and Sentenac，2002；Lebaudy et al.，2007）。

输体有两大家族：KUP/HAK/KT家族和HKT家族。第三类，阳离子-H^+转运器（CPAs），调节某些情况下H^+和其他包括K^+等阳离子之间的电中性交换（Gierth and Mäser，2007）。KUP家族包含高亲和性和低亲和性两种运输体，其中有些还可以在外部Na^+浓度高的情况下介导Na^+内流。HKT运输体可作为K^+-Na^+同向共运输体或在外部较高Na^+浓度下作为Na^+通道起作用。尽管HKT家族运输体的功能尚未被完全阐明，但是在盐胁迫条件下，它们可能在植物体内Na^+的重新分配过程中起作用（Davenport et al.，2007）。

灌溉可以增加土壤的盐分，而耕地的盐化作用正在成为世界上越来越突出的问题。盐生植物，如生长在盐沼泽地的植物，可以适应高浓度的盐环境。而这种高浓度盐环境对其他淡土植物种类包括大部分农作物都是有害的。植物在进化中逐渐形成了把盐汇集于液泡和跨膜向外排出的机制。液泡中Na^+的汇集由Na^+-H^+反向运输体——CPA蛋白的亚家族成员完成，它与H^+的顺能势进入胞质移动相偶联，驱动Na^+吸收进入液泡。拟南芥Na^+-H^+反向运输体基因*AtNHX1*在拟南芥和作物中超表达，极大提高了拟南芥和作物种类（如马铃薯）的抗盐性（Apse et al.，1999；Zhang and Blumwald，2001）。

在筛选对盐超敏感的突变体时，发现了一个质膜Na^+-H^+反向共运输体，被命名为盐超敏感运输体（salt overly sensitive）或SOS1。SOS1可能起两种作用，一种是把Na^+从植物中排除，另一种是通过把Na^+排入蒸腾流中，稀释根部Na^+的浓度，最终把Na^+汇集到叶肉细胞的液泡内（Shi et al.，2002；Horie and Shreder，2004）。与Na^+一样，驱使Ca^{2+}从质外体和胞内钙库中进入细胞质同样需要很大的自由能梯度，这一过程是由前面所述的Ca^{2+}通透性通道介导的。细胞壁和质外体中Ca^{2+}浓度通常在毫摩范围，而胞质中自由Ca^{2+}浓度维持在几百个纳摩（10^{-9} mol/L）到1 μmol（10^{-6} mol/L），因此Ca^{2+}顺着巨大的电化学势梯度扩散进入细胞。在质膜和一些植物细胞内膜（如液泡膜和内质网）上存在有Ca^{2+}-ATP酶，可将Ca^{2+}运出细胞（图6.14）。细胞内的许多Ca^{2+}是储存在中央液泡中的，这里的Ca^{2+}也是通过Ca^{2+}-ATP酶和Ca^{2+}-H^+反向运输体运输的，Ca^{2+}-H^+反向运输体利用质子梯度形成的电化学势使Ca^{2+}在液泡中积累（Hirschi et al.，1996）。

细胞质中Ca^{2+}浓度微小的波动，就会显著影响许多酶的活性，因此其胞质浓度也就需要受到严密的调控（Sanders et al.，2002）。Ca^{2+}结合蛋白——钙调素（CaM），参与到这种调节当中。虽然，CaM不具备自身催化活性，但结合Ca^{2+}的CaM结合到不同的靶蛋白上后，其活性便受到调控（DeFalco et al.，2010）（参见Web Essay 6.2）。Ca^{2+}-渗透环核苷酸门控通道蛋白是一类CaM结合蛋白，证据显示，与CaM结合后，该类门控通道蛋白活性受到负调节。CaM也能够与Ca^{2+}-ATP酶结合，CaM的结合使ATP酶从自抑制的状态中释放，引起Ca^{2+}流向质外体、内质网和液泡。综上，CaM的这两种调节效应提供了通过起始负反馈循环激活CaM进而改变胞质钙离子水平的机制。

6.4.4 已鉴定的一些阴离子运输体

NO_3^-、Cl^-、SO_4^{2-}和$H_2PO_4^-$是植物细胞中主要的无机阴离子，苹果酸根离子是主要的有机阴离子（Barbier-Brygoo et al.，2000）。这些阴离子的自由能梯度都是沿被动外流的方向。用电生理技术已鉴定了几种类型的阴离子通道，与对K^+的运输机制的了解形成鲜明对比，在分子水平上阴离子通道基因的鉴定要难得多（Barbier-Brygoo et al.，2000）。然而，可能介导保卫细胞阴离子流的SALC1在最近被鉴定出来（Negi et al.，2008；Vahisalu et al.，2008）。

与相对缺乏特异性的阴离子通道相比，逆能势运输的阴离子载体则表现出对特定阴离子的选择性。除了已述的吸收NO_3^-的转运蛋白外，植物中还存在运输像苹果酸和柠檬酸等各种有机阴离子的运输体，如第13章所述，苹果酸吸收对于增加胞内溶质非常重要，它可引起保卫细胞对水分的吸收，进而导致气孔开放。AtABCB14是ABC亚家族成员，已经被证实参与苹果酸的运入中（Lee et al.，2008）。

土壤溶液中可用磷的含量常常限制植物的生长。拟南芥中有一种包含9个成员的高亲和性质膜运输体家族，它们与H^+同向运输介导磷的吸收。这些运输体主要在根组织中表达，且受磷缺乏信号的诱导（Rausch and Bucher，2002）。植物中已鉴定出对HPO_4^{2-}低亲和性的HPO_4^{2-}- H^+同向运输体——HPO_4^{2-}运输体（转运蛋白），位于质体内膜上，把光合作用的磷酸化碳化合物释放到胞质，并吸收无机磷（Weber，2004）（参见Web Topic 8.15）。

6.4.5 金属转运蛋白对重要微量元素的转运

一些金属是植物的重要营养成分，尽管植物只需要微量的金属元素，铁即一个例子。缺铁是全世界最普遍的人类营养失调病。因此，对植物积累铁元素机制了解的增加，也会有助于改善作物的营养价值。超过25种调节植物对铁、锰、锌离子吸收的“ZIP”相关运输体及其他介导铜和钼离子吸收的运输体已经被鉴定出来（Palmer and Guerinot，2009）。由于土壤溶液中可用的金属元素浓度通常很低，因此这些运输体都是高亲和

性的。一些金属运输体能介导镉的吸收，Cd对人类有毒害作用，在作物中并不需要，然而这种特性也显示出植物在土壤脱毒（植物修复）中的可利用性，植物通过吸收有害物质而后再将这些有害物质转化成适当的废弃物而除去（参见Web Essay 26.2）。

金属离子一旦进入植物体，通常与其他分子螯合，被转运至木质部然后随着蒸腾流分配到植物体的各个部分。金属离子也可以被转运至相应的亚细胞中，如植物中铁主要存在于叶绿体中，形成复合体参与到电子传递链中（见第7章）。调节铁穿越叶绿体膜的通道蛋白有待于被进一步鉴定（Palmer and Guerinot，2009）。金属如铁、铜等在植物体中的过多积累将引起有害的ROS的产生。螯合金属离子的复合物将保卫植物抵御这种危害。调节金属吸收至液泡的运输器在维持胞质中金属离子浓度处于非毒害水平中也发挥重要的作用。

6.4.6 水孔蛋白具有多种功能

水通道或水孔蛋白是植物膜上分布相对较多的一类蛋白质（见第 3 章和第 4 章）。最初，水孔蛋白的存在让人感到惊讶，因为脂质双分子被认为对于水分渗透而言已经足够，然而水孔蛋白在动植物中广泛存在。预测，拟南芥基因组中编码大约35个水孔蛋白基因（Maurel et al.，2008）。

许多水孔蛋白在卵母细胞表达时，并没有电流出现，这与它们离子运输活性缺乏的特性相一致。卵母细胞原本对水的透性很低，但当表达了水孔蛋白时，若将卵母细胞置于较低渗透压的外部介质中，卵母细胞质膜上水的快速内流，可以引起其膨胀和破裂。这些结果表明水孔蛋白构成了膜上的水通道（图3.13）。一些水孔蛋白还可以运输一些不带电的溶质（如NH_3），已有证据证明它可作为植物细胞吸收CO_2的通道。还有研究者认为，水孔蛋白可能是渗透势梯度和膨压的感受器（Maurel et al.，2008）。

水孔蛋白的活性受到pH、Ca^{2+}浓度、异聚化及活性氧的调控，同时也受到蛋白质的磷酸化的调控（Tyerman et al.，2002；Maurel et al.，2008）。这些调节可能说明了植物细胞具有迅速改变对水的通透性的能力，以应答昼夜节律和诸如盐、冷、干旱及水涝（缺氧）等胁迫条件。同时，这种调节也可发生在基因表达水平上。由于表皮、内皮层细胞及木质部薄壁组织可能是水分运动的关键控制点，因此，水孔蛋白在这些细胞中高度表达（Javot and Maurel，2002）。

6.4.7 质膜H^+-ATP酶受到P-型ATP酶的高度调控

正如已看到的，质子向外跨膜主动运输，形成了pH和电势梯度，可以驱动许多其他物质（离子及不带电溶质）通过各种次级主动运输体运输。H^+-ATP酶活性对调节胞质pH和控制细胞膨压也很重要，而细胞膨压则是器官（叶和花）运动、气孔开放和细胞生长的驱动力。图6.16阐述了膜H^+-ATP酶可能的工作机制。

植物和真菌质膜H^+-ATP酶和Ca^{2+}-ATP酶是一类称为P-型ATP酶的成员，该类酶的磷酸化是水解ATP的催化循环的一部分。由于磷酸化反应的存在，质膜H^+-ATP酶可受钒酸盐（HVO_4^{2-}）的强烈抑制，HVO_4^{2-}是HPO_4^{2-}的类似物，它可与ATP上的磷酸根竞争ATP酶上天冬氨酸磷酸化的位点。

植物质膜H^+-ATP酶由含约12个成员的基因家族编

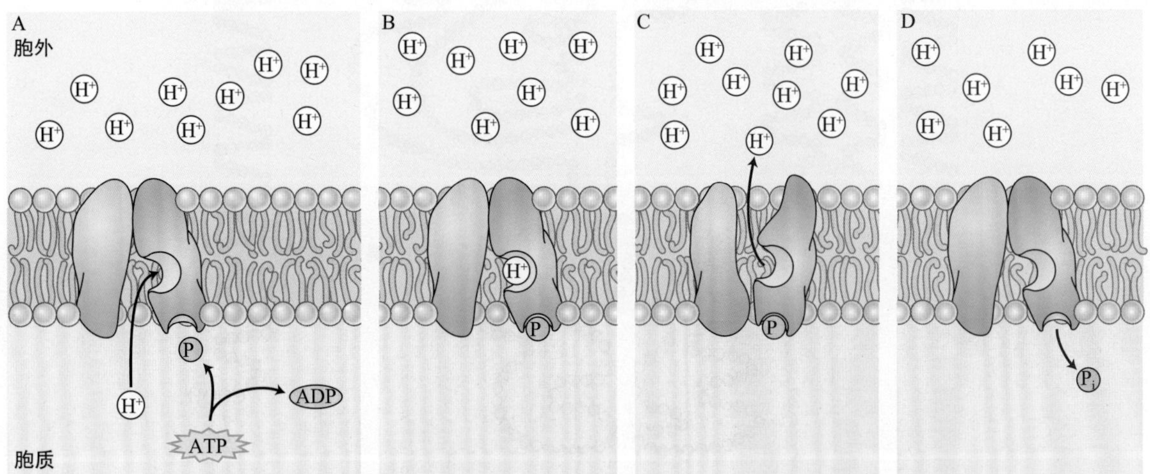

图6.16 H^+-ATP酶引起的化学势梯度运输质子到膜外的理论步骤。镶嵌在膜内的转运蛋白与细胞内侧的阳离子结合（A），并被ATP磷酸化（B）；磷酸化导致酶的构象改变，将质子暴露于膜的外侧并释放出去（C）。磷酸根（P）从转运蛋白上释放到细胞质，H^+-ATP酶蛋白恢复原有构象，开始新一轮的运输（D）。

码（Sondergaard et al.，2004）。基于对基因表达模式和拟南芥中各种H^+-ATP酶基因突变体的功能分析，人们对H^+-ATP酶的每个同工酶的功能已有了初步的了解。一些H^+-ATP酶表现出细胞特异的表达模式。例如，有几个H^+-ATP酶基因在保卫细胞中表达，它们可能在气孔开放过程中为保卫细胞吸收溶质提供能量（见第4章）。

总之，那些在营养物质运输中起关键作用的细胞中，H^+-ATP酶表达量高，这些细胞包括根内皮层细胞和那些发育中的种子周围参与从质外体吸收营养的细胞（Sondergaard et al.，2004）。在多种H^+-ATP酶共表达的细胞中，这些H^+-ATP酶可能受到不同的调控或者存在功能冗余，可能为其运输功能提供了一种“保险”机制（Arango et al.，2003）。图6.17表示了酵母H^+-ATP酶功能域的模型，与植物中的类似。该蛋白质具有10个跨膜结构域，来回环化跨膜，一些跨膜域形成了质子泵出的通道。催化ATP水解的结构域位于膜的胞质一侧，包含在催化性循环中可被磷酸化的Asp残基。

与其他酶一样，质膜H^+-ATP酶也受底物ATP浓度、pH、温度及其他因子的调控。另外，H^+-ATP酶分子还可以被光、激素或病原菌侵染之类的特定信号可逆性地活化或去活化。这种调控由位于多肽链C端的特化的自抑制结构域来介导完成。该结构域调节着H^+-ATP酶的活性（图6.17），如果自抑制结构域被蛋白酶水解掉，则H^+-ATP酶被不可逆地激活（Palmgren，2001）。

C端的自抑制效应也可受到蛋白激酶和蛋白磷酸酶的调控，两种酶的作用分别通过在该结构域的Ser/Thr残基上加上或移去磷酸基团来实现。这种磷酸化作用可以被普遍存在的酶修饰蛋白调节，该类蛋白质称为14-3-3蛋白，它们主要结合在磷酸化区域，取代了自抑制（autoinhibitory）结构域，导致H^+-ATP酶激活（Gaxiola et al.，2007）。壳梭孢菌素为真菌毒素，它是H^+-ATP酶的强激活剂，可以增强14-3-3蛋白与H^+-ATP酶的亲和性，甚至可以在未磷酸化条件下激活该泵（Sondergaard et al.，2004）。壳梭孢菌素强烈地激活保卫细胞H^+-ATP酶的作用，以至于气孔不可逆地开放、萎蔫，甚至死亡。

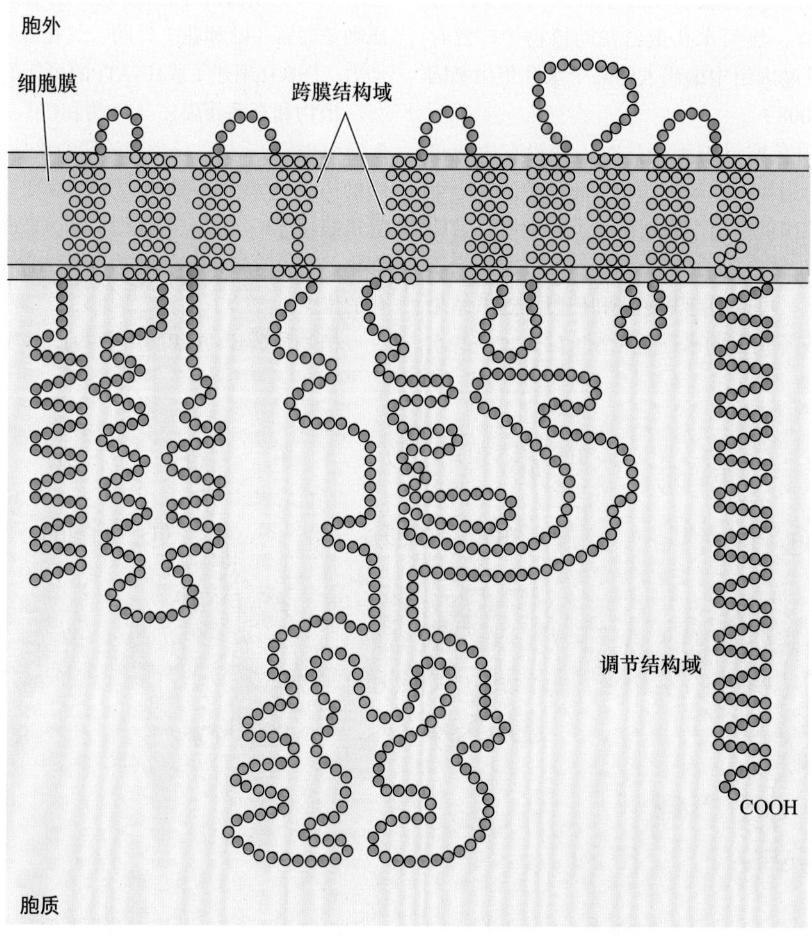

图6.17 酵母质膜H^+-ATP酶的二维示意图。H^+-ATP酶有10个跨膜区，调节域为自抑制域，翻译后修饰使自抑制域被取代，导致H^+-ATP酶活化（改编自Palmgren，2001）。

 6.4.8 液泡H^+-ATP酶驱动溶质在液泡中积累

植物细胞主要靠中央液泡吸水使细胞的体积增大，液泡的渗透压必须维持在足够高的水平以使水分进入胞质。因此，与质膜调节的细胞吸收离子和代谢产物的过程一样，液泡膜控制这些物质在胞质和液泡间的转移。随着分离完整液泡和液泡膜泡囊技术（参见Web Topic 6.6）的发展，液泡膜的运输研究已成为一个生机勃勃的研究领域。这些研究导致了一类将质子运输到液泡的新的质子泵ATP酶的发现（图6.14）。

液泡H^+-ATP酶（又称V-ATP酶）在结构和功能上均与质膜H^+-ATP酶不同（Kluge et al.，2003），而更加接近线粒体和叶绿体的F-ATP酶（见第11章）。由于液泡ATP酶水解ATP并不涉及磷酸化中间体的形成，因此液泡ATP酶对前述质膜ATP酶的抑制剂钒酸盐不敏感，而是专一地受抗生素洛霉素A的抑制，同时也受高浓度NO_3^-的抑制，这两者均不能抑制质膜ATP酶。利用这些选择性抑制剂可以鉴定不同类型的ATP酶，并对它们的活性进行测试。液泡ATP酶属于存在于所有真核细胞内膜系统的一类普遍的ATP酶，它们由多个不同的亚基组成，形成很大的酶复合体，约750 kDa（Kluge et al.，2003）。这些亚单位有组织地形成外围催化复合体V_1及跨膜通道复合体V_0（图6.18）。基于它们与F- ATP酶的相似性，人们认为液泡ATP酶工作机制像一个小型的旋转马达（见第11章）。

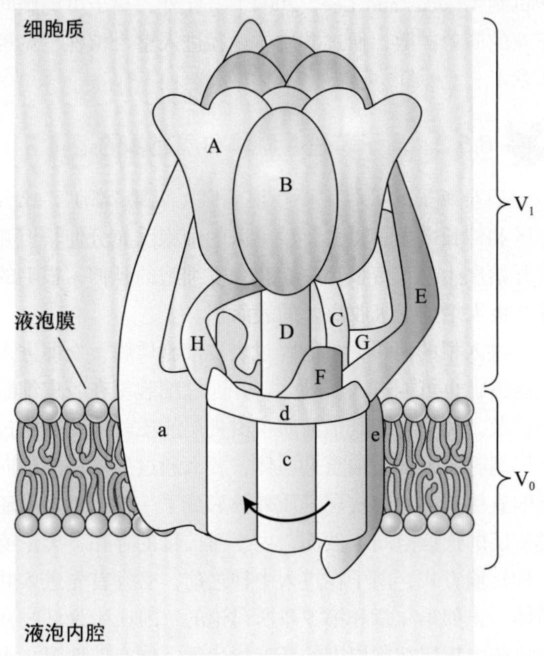

图6.18 V-ATP酶旋转马达模型。由许多多肽亚单位一起组成的复合体酶。V_1催化复合体很易与膜脱离，它含有核苷酸结合位点和催化位点，其组分用大写字母标注。介导H^+跨膜运输的复合体V_0，用小写字母标注其组分。人们认为ATP酶的反应由每个A亚基催化，依次推动锚杆D和6个c亚基旋转，c亚基相对于a亚基的旋转驱动H^+的跨膜运输（改编自Kluge et al.，2003）。

液泡ATP酶是致电泵，它们从细胞质中运输质子进入液泡，并在液泡膜上产生质子原动力。尽管液泡中电势与外部介质相比较低，但是仍然比胞质高20~30 mV，这种情况是由致电质子泵造成的。为维持液泡整体的电中性，Cl^-、苹果酸根离子等阴离子，经过膜上的通道，由胞质进入液泡内（Barla and Pantoja，1996）。如果在质子泵入的同时，阴离子没有同向转移，则导致跨液泡膜的电荷积累，将导致不能进一步泵入更多的质子。阴离子的运输，维持了液泡整体的电中性，这样保证了液泡H^+-ATP酶能产生大的跨膜浓度质子梯度（pH梯度）。正是这种梯度的存在，导致了典型液泡的pH为5.5，而胞质pH为7.0~7.5。质子原动力中的电势差驱动阴离子进入液泡，而H^+电化学势梯度$\Delta\tilde{\mu}_{H^+}$，通过次级运输（反向共运输体），为阳离子和蔗糖进入液泡提供了动力（图6.14）。

尽管大部分植物细胞的液泡pH略微呈酸性（约5.5），然而，有些植物种类液泡的pH则很低，该现象称超酸化（hyperacidification）现象。一些果实（柠檬）和蔬菜（大黄）尝起来很酸，正是由液泡超酸化作用引起的，表6.2中列出了一些极端的例子。生化研究表明，液泡（特别是汁囊细胞）的低pH是一系列因子综合影响的结果。

表6.2 一些超酸化植物种类液泡的pH

组 织	物 种	pH[a]
果实		
	酸橙（*Citrus aurantifolia*）	1.7
	柠檬（*Citrus limonia*）	2.5
	樱桃（*Prunus cerasus*）	2.5
	柚子（*Citrus paradisi*）	3.0
叶		
	四季海棠（*Begonia semperflorens*）	1.5
	秋海棠	0.9~1.4
	酢浆草	1.9~2.6
	酸模（*Rumex* sp.）	2.6
	仙人掌（*Opuntia phaeacantha*）[b]	1.4（6:45 A.M.）
		5.5（4:00 P.M.）

a 数值代表汁液的pH或各组织的汁液，通常是液泡pH的指示剂；b 仙人掌液泡pH在一天内有变化，如第 8 章讨论的。许多沙漠植物有特化的光合作用类型，称为CAM，造成液泡pH在夜间下降。

资料来源：Small，1946

（1）液泡膜对质子的通透性很低，从而建立起较陡的pH梯度。

（2）特化的液泡ATP酶比普通液泡ATP酶能更有效地运输质子（能量浪费较少）（Müller et al., 1997）。

（3）柠檬酸、苹果酸及草酸等有机酸在液泡中的积累，可以作为缓冲剂，有助于维持液泡的低pH。

 6.4.9　H^+焦磷酸酶（H^+-PPase）也可以在液泡膜上泵运质子

另外一类质子泵称为质子-焦磷酸酶（H^+-PPase）（Gaxida et al., 2007），与液泡ATP酶共同作用，产生跨液泡膜的质子梯度（图6.14）。该酶由分子质量为80 kDa的单链多肽组成，利用无机焦磷酸（PP_i）水解产生的能量作为驱动力。

与ATP水解相比，由焦磷酸水解释放的自由能要少。每水解 1 分子焦磷酸，质子焦磷酸酶只运输 1 个质子，而每水解 1 个ATP，液泡ATP酶运输 2 个质子。因此，运输每个质子可获得的能量是相同的，两种酶可以产生相当量的质子梯度。有趣的是，在一些细菌和原生生物中存在有与植物H^+-PPase类似的酶，但在动物和酵母中却没有发现有这类酶的存在。

V-ATP酶和H^+-ATP酶也在除了液泡外的其他内膜系统中发现。与它们分布相一致的是，这些ATP酶除了调控H^+梯度外，也被证实调节囊泡的运输和分泌。此外，拟南芥的一个H^+-PPase的超表达促进生长素的运输和细胞分裂，H^+-PPase活性的降低则出现相反的表型。这表明，H^+-PPase的活性与生长素转运子的合成、分布及调控相关（Gaxiola et al., 2007）（见第19章）。

6.5　根中的离子运输

根吸收的矿质营养通过木质部随蒸腾流运到地上部分（见第 4 章）。养分和水的最初吸收，以及接下来的从根表面跨过皮层进入木质部的转移过程，都是高度特异的，并受到精细的调控。

离子进入根的运输同样服从细胞运输的生物物理定律。但正如讨论水分运输（见第 4 章）时所看到的，根的解剖结构构成离子运输途径上的某些特殊的限制。这一节将讨论涉及离子从根的表面向木质部导管径向运输的途径和机制。

 6.5.1　溶质通过质外体和共质体的移动

直到目前为止，讨论的细胞质子运输并不包括细胞壁。对小分子运输而言，细胞壁是由多糖组成的开放空间，矿质营养很容易通过。由于所有植物细胞之间均由细胞壁分开，离子可以完全不进入活细胞，通过细胞壁间隙扩散而穿过某一组织（或随水流被动运输）。这种由细胞壁组成的连续体系称为**细胞外空间（extracellular space）**，或称为**质外体（apoplast）**（图4.4）。通常，利用这种方法测定的结果表明，细胞壁占植物组织体积的5%~20%。

正像细胞壁可以形成一个连续相，相邻细胞的细胞质同样也可形成连续的整体，统称为**共质体（symplast）**。植物细胞通过被称为胞间连丝的细胞质桥相互连在一起（见第1章）。胞间连丝是沿质膜排列的直径为20~60 nm的柱形孔道（图6.19），其中包含连丝微管通过，连丝微管是由两个细胞的光滑内质网衍生而来的。在胞间运输频繁的重要组织中，相邻细胞具有大量的胞间连丝，有时每平方微米的细胞表面可达15个。像花的蜜腺和叶的盐腺等特化的分泌细胞，都具有高密度的胞间连丝。营养吸收的根尖附近的细胞也是如此。

对含有大量胞间连丝的细胞进行染料注射或抗电性测试研究，发现离子、水和小溶质可以通过这些孔道从一个细胞转移到另一个细胞。由于每根胞间连丝是由连丝微管和与其相关蛋白质组成的网状通道（见第1章），一些大分子（如蛋白质等）通过胞间连丝的运动需要特殊机制（Lucas and Lee, 2004）。此外，离子可经胞间连丝的简单扩散，通过共质体途径进入整个植株（见第 4 章）。

 6.5.2　离子跨过共质体和质外体的运输

根对离子的吸收主要在根毛区（见第5章），比分生区和伸长区显著得多。根毛区的细胞已充分伸长但并未开始次生生长。根毛是特化表皮细胞的延伸，根毛的存在极大增加了吸收离子的表面积。

进入根的离子，可能跨过表皮细胞质膜，立即进入共质体，也可能进入质外体，并通过细胞壁在表皮细胞间扩散。离子（或其他溶质）由皮层的质外体要么跨过皮层细胞质膜被运输至共质体，要么通过质外体的径向运输直接扩散到内皮层。质外体形成了一个从根表面通过皮层的连续空间。然而，由于凯氏带的存在，无论哪一种运输方式，离子在进入中柱之前，必须首先进入共质体。正如第 4 章和第 5 章所讨论的，凯氏带是环绕在特化的内皮层细胞周围的环形栓化层，能有效地阻止水和溶质经质外体进入中柱鞘（图6.20）。

经由共质体的连接，离子一旦穿过内皮层进入中柱，将继续在细胞间扩散进入木质部。最后被释放至管胞或导管分子，即又重新进入质外体。同样，凯氏带将再次阻止离子由质外体扩散回到根外部。由于凯氏带的

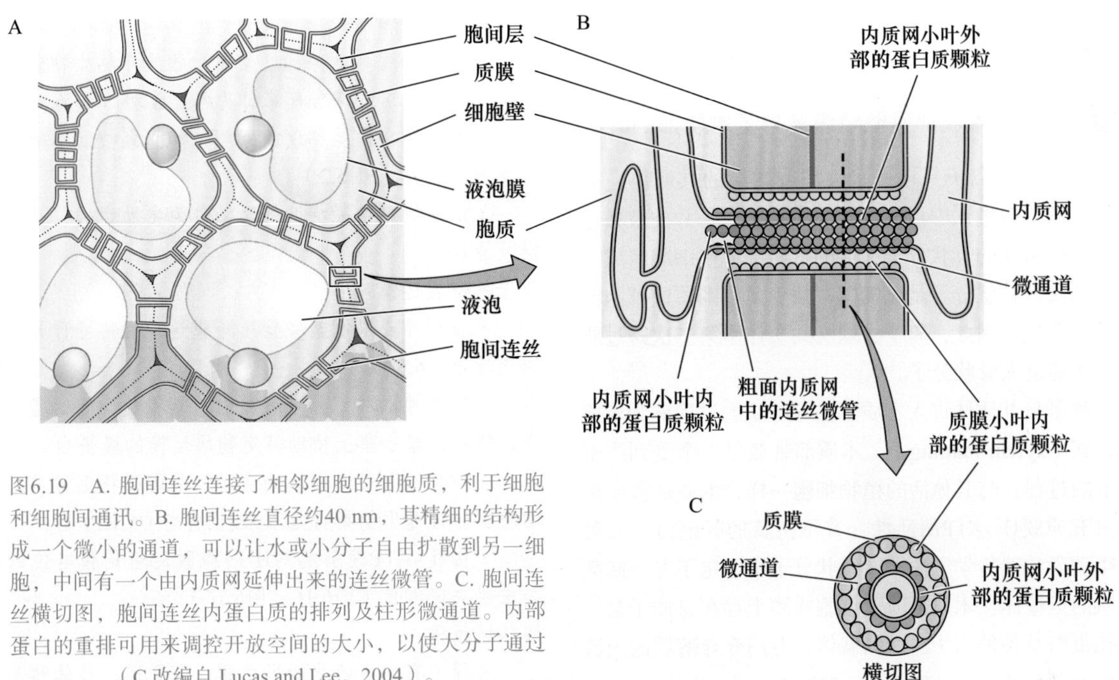

图6.19　A. 胞间连丝连接了相邻细胞的细胞质，利于细胞和细胞间通讯。B. 胞间连丝直径约40 nm，其精细的结构形成一个微小的通道，可以让水或小分子自由扩散到另一细胞，中间有一个由内质网延伸出来的连丝微管。C. 胞间连丝横切图，胞间连丝内蛋白质的排列及柱形微通道。内部蛋白的重排可用来调控开放空间的大小，以使大分子通过（C 改编自 Lucas and Lee，2004）。

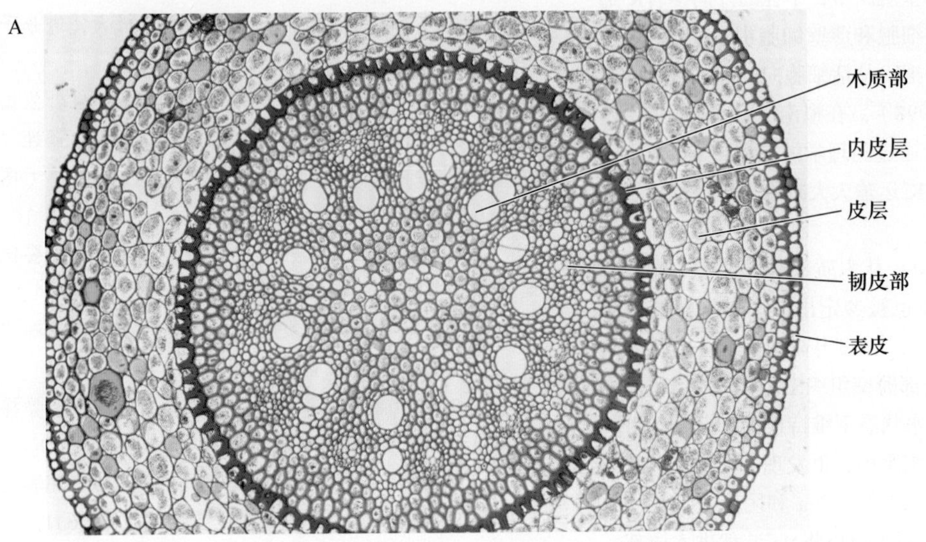

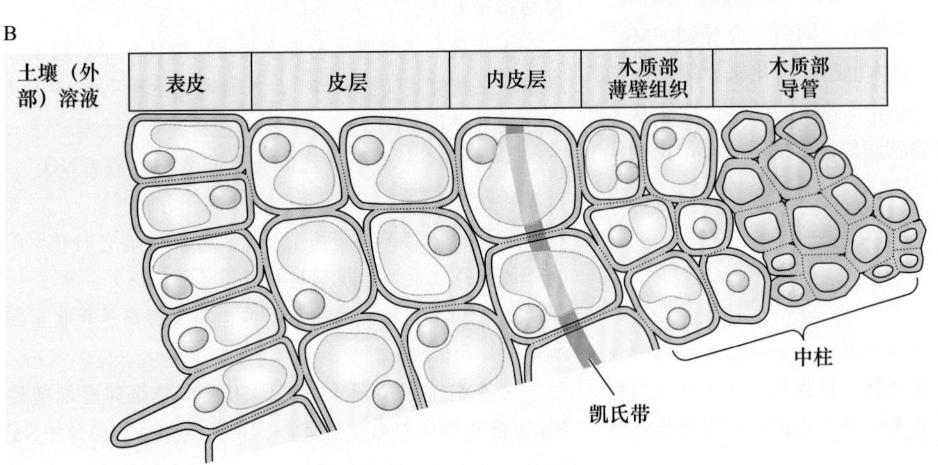

图6.20　根的组织结构。A. 单子叶植物牛尾草（菝葜属）根的横切面，显示表皮（ep）、皮层薄壁组织（cp）、内皮层（ed）、木质部（xy）和韧皮部（ph）。B. 根横切示意图，显示溶质从土壤溶液中进入木质部导管所经过的细胞层（A × 30，©Biodisc/Visuals Unlimited/Alamy；B 改编自 Dunlop and Bowling，1971）。

存在，木质部中的离子浓度高于根周围土壤溶液的离子浓度。

 6.5.3 木质部薄壁组织参与了木质部的装载

根吸收的离子一旦进入表皮或皮层的共质体，必须把它们装载进入中柱的管胞或导管分子，并向枝条运输。中柱由死的管状分子和活的木质部薄壁细胞组成。由于木质部管状分子是死细胞，缺少与周围薄壁细胞的胞质连续性，因此，离子必须从共质体中第二次跨过质膜，才能进入管状分子。

离子从共质体进入木质部输导组织的过程称为**木质部装载（xylem loading）**。木质部装载是一个受到严密调节的过程。与其他活的植物细胞一样，木质部薄壁组织具有质膜H^+-ATP酶活性，并维持负的膜电位。通过电生理学和遗传学方法，在管状分子中鉴定了专一卸载溶质的运输体。木质部薄壁细胞质膜上存在有质子泵、水孔蛋白及各种离子通道和载体，专门介导溶质的内流和外流（de Boer and Volkov，2003）。

在拟南芥木质部薄壁组织中，中柱的外向整合K^+通道（SKOR）在中柱鞘细胞和薄壁细胞中表达。SKOR在这里作为外向通道，把K^+从活细胞向外运输到管状组织（Gaymard et al.，1998）。在拟南芥SKOR通道蛋白缺失的突变株中，或者通过药理学的方法使SKOR失活的植物中，从根到茎的K^+运输大大减少，这也证实了该通道蛋白的功能。

一些参与到Cl^-和NO_3^-从木质部薄壁细胞中卸载的阴离子选择性类型通道也被鉴定出来。干旱、脱落酸（ABA）处理或者胞质Ca^{2+}浓度升高（通常在应答ABA时）等都可降低根木质部薄壁组织SKOR和阴离子通道的活性，这有助于在缺水状态下维持根细胞水合作用。

在木质部薄壁组织细胞中，也发现了其他一些较低选择性的通道，它们可透过K^+、Na^+和阴离子。另外，Na^+-H^+反向运输体SOS1似乎可以将Na^+装载进木质部，可以降低根共质体中Na^+的水平。同时，介导硼、Mg^{2+}和HPO_4^{2-}装载的其他运输体也已鉴定出来。因此，通过调节质膜H^+-ATP酶、通道及载体的活性，离子从木质部薄壁细胞向木质部管状组织的流动是处于严密的代谢控制之下的。

小结

分子或离子由一个区域向另一个区域的生物调控移动称为运输。植物与环境之间，植物组织及器官之间存在可溶性物质的交换，且无论局部还是长距离运输过程都主要由细胞膜控制。

被动和主动运输

·浓度梯度和电势梯度是驱动物质穿越生物膜运输的主要动力，这些综合起来称为电化学势[式（6.8）]。

·溶质顺自由能梯度的穿膜运动受到被动运输机制的促进（图6.1，图6.2）。

·溶质逆自由能梯度的运动称为主动运输，且需要提供能量。

离子的跨膜运输

·膜允许或限制某一物质跨膜运动的特性称为膜的通透性（图6.6）。

·通透性取决于特定溶质的化学特性、膜的脂质组成，特别依赖于膜上协助特定物质运输的膜蛋白。

·对每一种可透过膜的离子，平衡时特定种类离子的跨膜分布可用能斯特方程来表述[式（6.10）]。

·由H^+-ATP酶引起的H^+的跨膜运输是膜电位的一个主要决定因素（图6.16，图6.17）。

膜转运过程

·膜上有许多特化的蛋白质，即通道、载体和泵，以协助溶质运输（图6.7）。

·通道受蛋白孔径调控，开放时能够极大促进分子的跨膜外流（图6.7，图6.8）。

·生物体的离子通道类型具有极大的多样性。依据类型，通道对于一种离子具有非选择性或高度选择性。通道受到包括电压、第二信使及配体等因素调控（图6.9，图6.14，图6.15）。

·载体结合特定溶质并进行转运，其转运速率要低于通道数个数量级（图6.7，图6.12）。

·泵对溶质的转运需要能量。H^+和Ca^{2+}的穿越细胞膜主动运输需要泵的调节（图6.7）。

·植物利用能量的次级主动运输从质子的顺能势梯度运输调节其他溶质逆能势梯度的主动运输（图6.10）。

·同向运输中，两种被运输的溶质沿同一方向穿膜运动，而反向运输中两种溶质则沿相反方向运动（图6.11）。

膜转运蛋白

·质膜和液泡膜上的许多通道、载体和泵已经在分子水平上被鉴定（图6.14），并利用电生理（图6.9）及生化技术进行界定。

·转运子存在于不同的含氮物质中，包括NO_3^-、氨基酸和多肽。

·植物体有多种阳离子通道，可以通过它们对于阳离子的选择性及调控机制进行分类（图6.15）。

·一些不同种类的阳离子载体调节钾离子吸收至细胞溶质（图6.14）。

·液泡膜和质膜上的Na^+-H^+反向转运体分别转运Na^+至液泡和细胞原生质体外，由此避免细胞溶质中Na^+积累至毒害水平（图6.14）。

· Ca^{2+}是信号转导级联中重要的第二信使，其在胞质中的浓度受到严密调控。Ca^{2+}通过可通透性Ca^{2+}通道被动进入胞质，通过Ca^{2+}泵和Ca^{2+}-H^+反向运输器主动移出细胞溶质（图6.14）。

· 调节NO_3^-、Cl^-、SO_4^{2-}和PO_4^{3-}吸收至细胞溶质中的选择性载体及非选择性地调节阳离子流出细胞溶质的阳离子通道调控了这些大量营养元素在细胞内的浓度（图6.14）。

· 高亲和性ZIP转运蛋白转运重要的及有毒的金属离子（图6.14）。

· 水孔蛋白促进水分穿越细胞膜的流动，它们的调控使得在应对环境刺激反应中细胞内水势的快速变化。

· 质膜H^+-ATP酶是一类由多基因的家族编码的膜蛋白，其活性受到蛋白本身自抑制区的可逆控制。

· 在液泡膜上发现两种H^+泵，V-ATP酶和H^+-焦磷酸酶，调节穿越液泡膜的质子原动力，进而通过反向机制驱动其他溶质的穿膜运动（图6.14，图6.18）。

根中的离子转运

· 诸如矿质营养等可溶性物质通过细胞外空间（质外体）或经由胞质（通过共质体）在细胞间进行移动。相邻细胞的细胞质通过胞间连丝相连，促进了共质体运输（图6.19）。

· 离子进入根时，可由表皮细胞吸收，也可通过质外体先扩散到根皮层细胞，并由皮层或内皮层的细胞进入共质体。离子由根共质体装载进入木质部并经蒸腾流运送到地上部分（图6.20）。

（李保珠　安国勇　宋纯鹏　译）

WEB MATERIAL

Web Topics

6.1 Relating the Membrane Potential to the Distribution of Several Ions across the Membrane: The Goldman Equation

The Goldman equation is used to calculate the membrane permeability to more than one ion.

6.2 Patch Clamp Studies in Plant Cells

Patch clamping is applied to plant cells for electrophysiological studies.

6.3 Chemiosmosis in Action

The chemiosmotic theory explains how electrical and concentration gradients are used to perform cellular work.

6.4 Kinetic Analysis of Multiple Transporter Systems

Application of principles of enzyme kinetics to transport systems provides an effective way to characterize different carriers.

6.5 ABC Transporters in Plants

ATP-binding cassette (ABC) transporters are a large family of active transport proteins energized directly by ATP.

6.6 Transport Studies with Isolated Vacuoles and Membrane Vesicles

Certain experimental techniques enable the isolation of tonoplast and plasma membrane vesicles for study.

Web Essays

6.1 Potassium Channels

Several plant K^+ channels have been characterized.

6.2 Calmodulin: A Simple but Multifaceted Signal Transducer

This essay describes how CaM interacts with a broad array of cellular proteins and how these protein-protein interactions act to transduce changes in Ca^{2+} concentration into a complex web of biochemical responses.

单元Ⅱ
生化和代谢

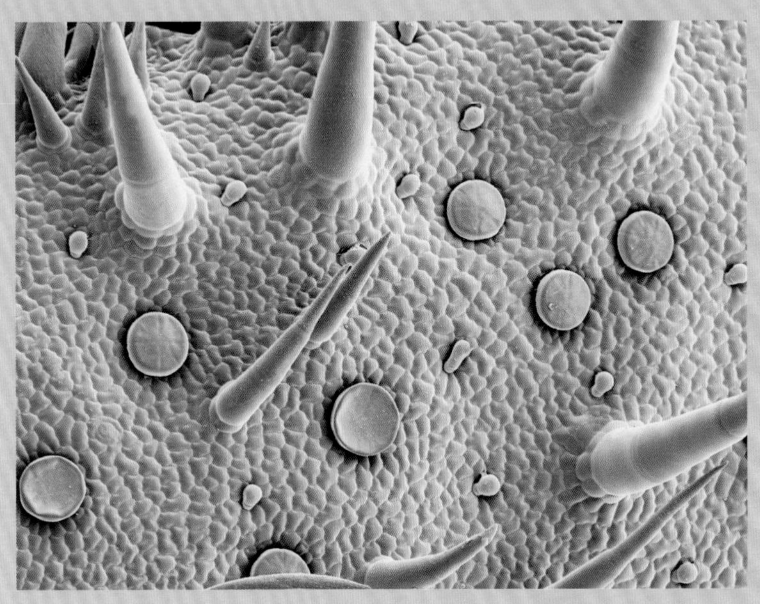

第 7 章

光合作用：光反应

地球上生命赖以生存的能量来自太阳，光合作用是能够捕获光能的唯一的生物学途径，地球上大部分的能源来自于近代或古代的光合作用（化石燃料）。这章将介绍光合储能的基本原理，以及目前对于光合作用细胞器的结构和功能的认识（Blankenship，2002）。

光合作用一词的字面意思是“利用光合成”。在本章中将会看到，进行光合作用的生物可利用太阳能合成复杂的碳化合物。更确切地说，光能促使二氧化碳和水合成碳水化合物和氧气。

$$6CO_2+6H_2O \longrightarrow C_6H_2O_6+6O_2$$

这些分子中储存的能量不仅可为植物细胞的活动提供能量，还是地球上所有生命的能量来源。

本章将阐述光合作用中光的功能、光合细胞器的结构，以及从叶绿素被光激发到合成ATP和NADPH的整个光合作用过程。

7.1 高等植物中的光合作用

叶片的叶肉是高等植物中光合作用最活跃的组织。叶肉细胞含有丰富的叶绿体，而叶绿体中含有能吸收光能的绿色色素——**叶绿素（chlorophyll）**。在光合作用中，植物利用光能氧化水，释放氧气；同时还原二氧化碳，合成大量碳化合物，主要是糖。这一系列复杂反应包括类囊体反应和碳固定反应，最终使二氧化碳还原。

光合作用的**类囊体反应（thylakoid reaction）**发生在叶绿体特化的内膜——类囊体（见第1章）中。类囊体反应的终产物是高能化合物ATP和NADPH，它们主要参与**碳固定反应（carbon fixation reaction）**中糖的合成。糖的合成过程发生在叶绿体的基质中，基质是围绕类囊体的亲水性区域。类囊体反应，通常也称为光合作用中的光反应，在本章中进行阐述；碳固定反应则在第8章中论述。

叶绿体通过两种不同的功能单位——即两种不同的光系统将光能转化为化学能。吸收的光能用于驱动电子在一系列电子供体和电子受体化合物之间进行传递。最终，大部分电子将$NADP^+$还原为NADPH，并将H_2O氧化成O_2。同时，光能也产生跨类囊体膜的质子动力势（见第6章），用于合成ATP。

7.2 基本概念

在这节中，将介绍一些必要的概念，它们是理解光合作用的基础。这些知识包括光的性质、色素的性质及其多功能性。

7.2.1 光具有波粒二象性

20世纪早期，认识到光具有波粒二象性是物理学上的一个重要发现。波的特性用**波长（wavelength）**表示，即希腊字母λ，表示两个连续波峰间的距离（图7.1）。**频率（frequency）**用希腊字母ν表示，表示在特定时间内经过观察者的波峰数。用一个简单的公式可以描述波长、频率和波速之间的关系。

$$C=\lambda\nu \tag{7.1}$$

式中，C为波速，在此处表示光速（3.0×10^8m/s）。光波是横向传播（侧对侧）的电磁波，电场和磁场在与光波的传播方向垂直的方向振荡，两个场彼此之间也呈90°夹角。

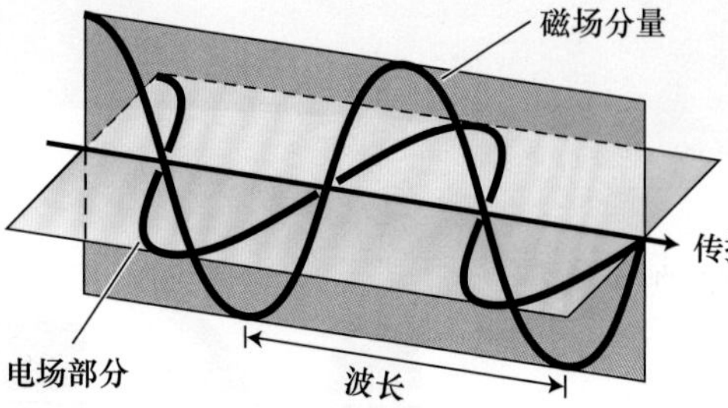

图7.1　光是横向传播的电磁波，它由与光的传播方向垂直且相互垂直的振荡电场和振荡磁场组成。光以3.0×10^8 m/s的速度传播，波长（λ）表示两个连续波峰间的距离。

光同时也是粒子，称为**光子（photon）**。每个光子含有一定能量，称为**量子（quantum**，普朗克量子）。光能并不连续，而是以离散包——量子的形式传递的。根据普朗克定律，光子的能量（E）取决于光的频率。

$$E=h\nu \qquad (7.2)$$

式中，h为普朗克常数（6.626×10^{-34} Js）。

太阳光就像含不同频率光子的“光子雨”，人的眼睛只对其中很小的频率范围，即电磁波谱的可见光区域敏感（图7.2）。较高频率的光（或较短波长的光）在光谱的紫外区；较低频率的光（或长波光）在

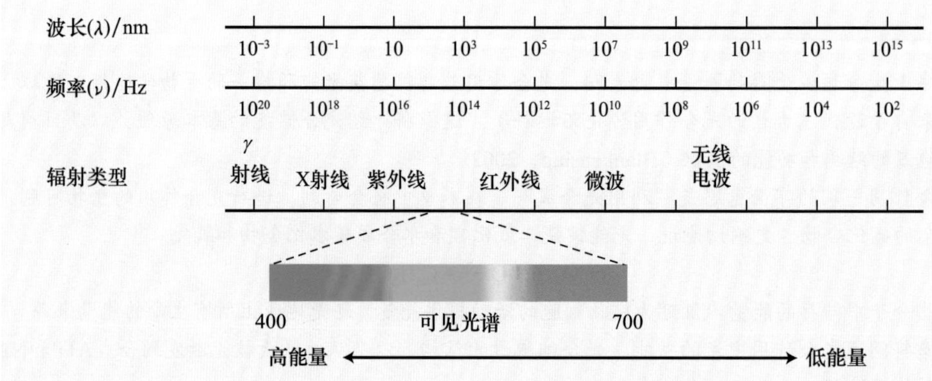

图7.2　电磁波谱。波长（λ）和频率（ν）呈负相关。人的眼睛只对其中很窄范围的辐射波长敏感，即λ为400（紫）~700 nm（红）的可见光区域。短波长（高频率）光具有高能量，长波长（低频率）光具有低能量。

红外区。图7.3中显示了太阳辐射的能量和照到地球表面的能量密度。叶绿素a的吸收光谱（图7.3中的绿色曲线）大致表示了被植物所利用的那部分太阳能。

吸收光谱（absorption spectrum）反映了分子或物质吸收不同波长光的光能量信息，在无吸收的溶剂中，特定物质的吸收光谱可以用图7.4所示的分光光度计进行测定。分光光度法是测定样品吸光度的一种方法，在**Web Topic 7.1**中进行了更详尽的论述。

7.2.2　当分子吸收或发射光时，它们的电子态也发生变化

叶绿素之所以看起来是绿的，是由于它主要吸收光谱的红光和蓝光部分，而以绿光（波长大约为550 nm）为主的光波被反射到人眼中（图7.3）。

光的吸收可以用式（7.3）表示，其中叶绿素（Chl）处于它的最低能态，或称基态；在吸收了一个光子（用$h\nu$代表）后转变成了高能态，或称激发态（Chl*）。

$$\mathrm{Chl}+h\nu \longrightarrow \mathrm{Chl}^* \qquad (7.3)$$

激发态分子和基态分子中电子的分布是不同的（图7.5）。与红光相比，吸收蓝光会将叶绿素激发到更高

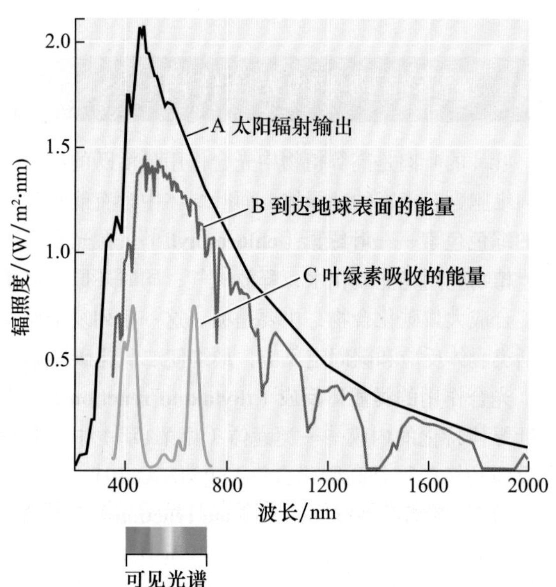

图7.3　太阳光谱和叶绿素吸收光谱的相关性。曲线A（黑线）表示不同波长处的太阳辐射能。曲线B（红线）是照到地球表面的能量。在大于700 nm的红外区域骤然下降的谷代表以水蒸气为主的大气层分子吸收的太阳能。曲线C（绿线）是叶绿素的吸收光谱，它在蓝光（波长约为430 nm）和红光（波长约为660 nm）区域有强烈吸收。由于可见光区中部的绿光未被有效吸收，故而多数绿光被反射进人眼中，赋予植物特征性的绿色。

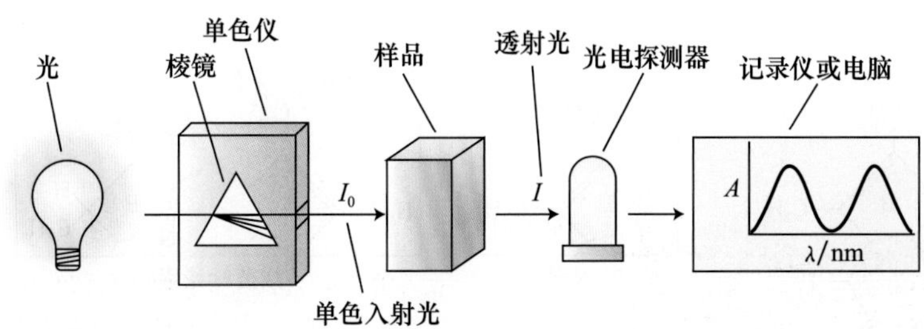

图7.4　分光光度计的示意图。仪器由一个光源、一个内含棱镜之类的波长选择装置单色仪、一个样品架、一个光电探测器和一个记录仪（或电脑）组成。单色仪的输出波长随着棱镜的旋转而改变；吸收值（A）针对波长（λ）作图即光谱。

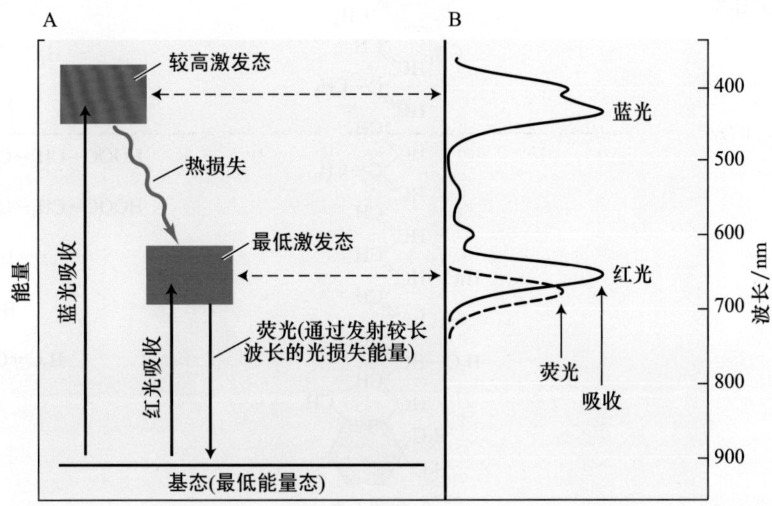

图7.5　叶绿素的吸收光和发射光。A. 能级图。光的吸收或发射由连接基态和电子激发态的垂直线表示。叶绿素的蓝光和红光吸收带（分别表示吸收蓝光和红光光子）对应于垂直向上的箭头，表示吸收的光能使分子从基态变成激发态。向下的箭头表示发射荧光，当分子以光子的形式再次释放能量时，从最低激发态回到基态。B. 吸收光谱和荧光光谱。叶绿素的长波（红光）吸收带对应从基态跃迁至第一激发态所需的光能。短波（蓝光）吸收带对应跃迁至更高激发态所需的光能。

的能态，因为波长越短，光子的能量就越高。在高能激发态，叶绿素极不稳定，会很快地将一部分能量以热能的形式散失到周围空间，从而变成最低激发态，这种状态能稳定存在几纳秒（10^{-9} s）。由于激发态内在的不稳定性，任何捕获其能量的过程必须非常迅速。

在最低激发态，被激发的叶绿素可通过4条途径释放能量。

（1）被激发的叶绿素重新发射光子，回到基态，这个过程发射**荧光（fluorescence）**。发射的荧光波长比吸收波长稍长（能量更低），这是由于一部分激发能在发射荧光前转化为热能。叶绿素发红色荧光。

（2）被激发的叶绿素直接将激发能转化为热能，回到基态，不发射光子。

（3）叶绿素参与**能量转移（energy transfer）**。激发态的叶绿素将能量转移给另一个分子。

（4）**光化学（photochemistry）**途径：激发态能量促使化学反应发生。光合作用的光化学反应是已知的最快的化学反应之一，这种超快的速度有利于本途径与激发态的上述其他3种途径竞争。

7.2.3　光合色素吸收光以驱动光合作用

太阳能首先被植物的色素吸收，叶绿体中含有在光合作用中起作用的所有色素。图7.6和图7.7中显示了几种光合色素的结构和吸收光谱。叶绿素和**细菌叶绿素（bacteriochlorophyll）**（在某些细菌中找到的色素）是光合生物中的典型色素。所有生物都含有一种以上的色素，每种色素都有特定功能。

绿色植物中含大量叶绿素a和叶绿素b，原核生物和蓝细菌（又称蓝藻）中含有叶绿素c和叶绿素d。已经发现了多种不同类型的细菌叶绿素，细菌叶绿素a（Bchl a）分布最广。**Web Topic 7.2**显示了不同类型光合生物中色素的分布情况。

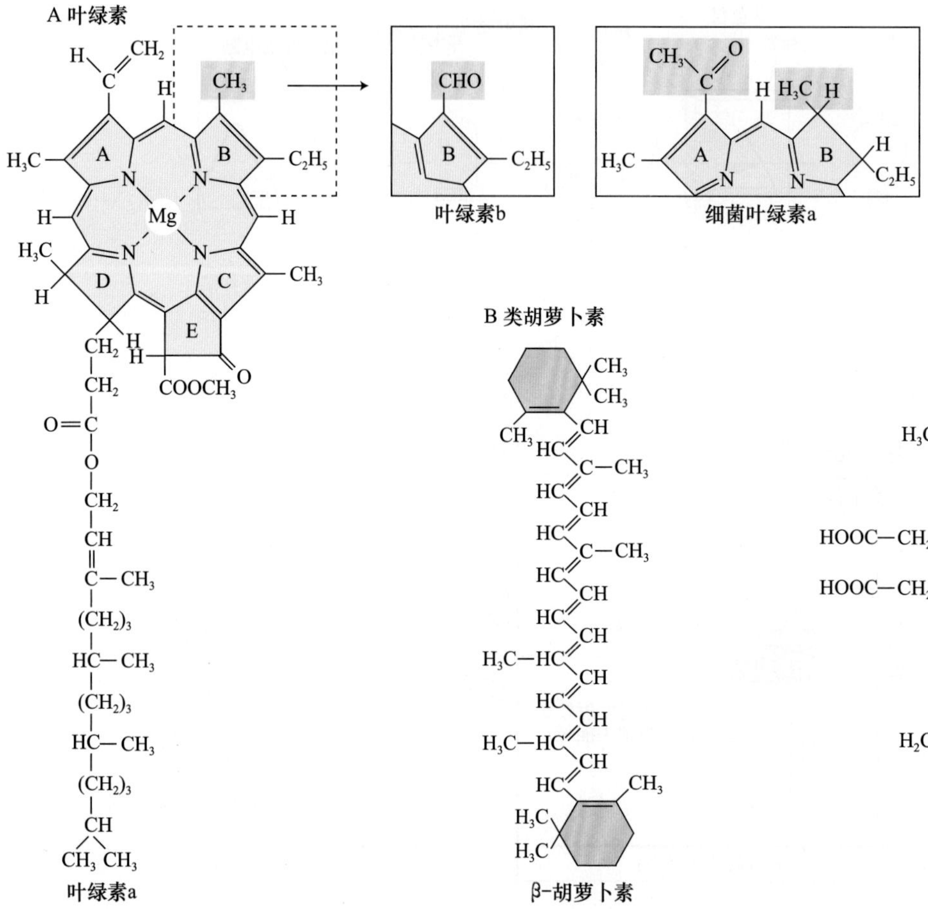

A 叶绿素

叶绿素a　　叶绿素b　　细菌叶绿素a

B 类胡萝卜素

β-胡萝卜素

C 胆色素

藻胆红素

图7.6　一些光合色素的分子结构。A. 叶绿素有一个类卟啉环结构，中心配位镁离子；还有一条长的疏水性碳氢链尾巴，能将叶绿素锚定在光合膜上。类卟啉环是叶绿素被激发时电子重排和未配对电子氧化或还原的场所。不同叶绿素的主要区别在于环周围的取代基和双键类型不同。B. 类胡萝卜素是线状多烯，既可作为天线色素，也可作为光保护剂。C. 胆色素是开链的四吡咯，存在于蓝藻和红藻的藻胆体的天线结构中。

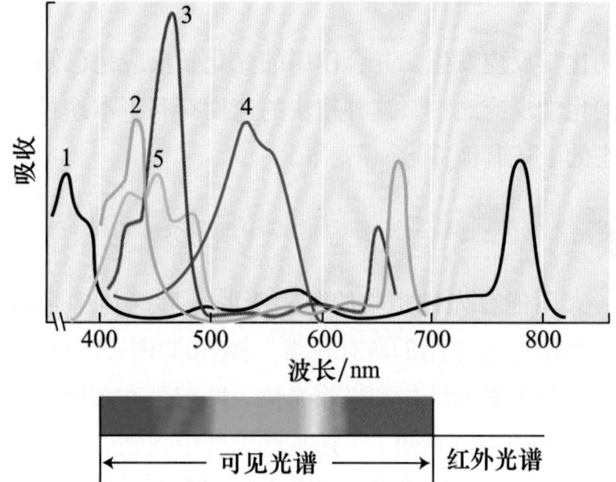

图7.7　一些光合色素的吸收光谱，包括β-胡萝卜素、叶绿素a（Chl a）、叶绿素b（Chl b）、细菌叶绿素a（Bchl a）、叶绿素d（Chl d）和藻胆红素。除藻胆红素外，其余色素的吸收光谱是溶于非极性溶剂的纯色素的光谱，藻胆红素则是利用藻红蛋白水溶液测定的。藻红蛋白来源于蓝藻，包含了一个与肽链共价连接的藻胆红素发色团。在大多数情况下，体内光合色素的光谱受到它所在环境的影响（改编自Avers，1985）。

所有的叶绿素都有一个复杂的环形结构，它与血红蛋白、细胞色素（图7.6A）中的卟啉类基团的化学结构很相近。另外，环形结构上常常附有一条长的碳氢链尾巴，它将叶绿素锚定在疏水环境。环形结构含有一些结合松散的电子，它是叶绿素分子发生电子跃迁和氧化还原反应的基础。

在光合生物中发现的各种**类胡萝卜素（carotenoids）**都是含有多个共轭双键的线状分子（图7.6B），吸收峰在400~500 nm，因此类胡萝卜素具有特征性的橙色，例如，胡萝卜的颜色源于类胡萝卜素中的β-胡萝卜素，它的结构和吸收光谱分别见图7.6和图7.7。

除了那些需要实验室条件维持生存的突变体，所有光合生物中都能发现类胡萝卜素，类胡萝卜素整合在类囊体膜上，通常和组成光合细胞器的多种蛋白质紧密结合。类胡萝卜素把吸收的光能转移给叶绿素，用于光合作用，因此它们称为**辅助色素（accessory pigment）**。此外，类胡萝卜素也能帮助生物抵御光造成的损伤（见本章的P.152和第13章）。

7.3　了解光合作用的关键实验

阐明光合作用的总化学方程式耗费了几百年的时间和多位科学家的努力（相关历史可参阅本书网站上的参考文献）。1771年，J. Priestley发现，在一个密闭的空间燃烧蜡烛直至熄灭后，该空间内一小枝薄荷的生长，可使空气成分发生变化，引起另一支蜡烛燃烧，由此发现了植物可产生氧气。1779年，荷兰人J. Ingenhousz阐述了光在光合作用中的关键功能。

其他科学家确定了CO_2和H_2O在光合作用中的作用，并表明有机物特别是碳水化合物和氧气一样都是光合作用的产物。到19世纪末期，得到的光合作用的总的配平化学反应式如下。

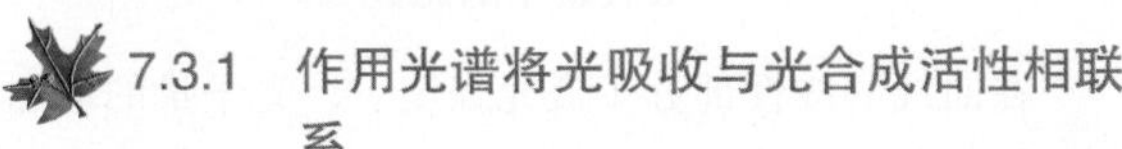

$$6CO_2+6H_2O \xrightarrow{\text{光，植物}} C_6H_{12}O_6+6O_2 \quad (7.4)$$

这里的$C_6H_{12}O_6$代表葡萄糖等单糖。正如将要在第8章中提到的那样，葡萄糖并不是碳固定反应的实际产物，但两者在能量上基本相同，因此为了方便起见，式（7.4）以葡萄糖作为代表，不能仅按字面意思理解。

光合作用的化学反应过程很复杂，目前至少已发现了50个中间反应步骤，毫无疑问还可能存在其他的步骤。20世纪20年代，通过研究一种终产物不是氧气的光合细菌，得到了有关光合作用中关键化学过程的早期线索，从而确定了光合作用的化学属性。通过对一些细菌的研究，C. B. van Niel推断光合作用是一个氧化还原过程，随后这个结论成为所有研究光合作用的基础。

接下来我们将阐述光合作用和吸收光谱的关系，讨论有助于了解光合作用的一些关键性实验和光合作用中的关键化学反应方程式。

7.3.1　作用光谱将光吸收与光合成活性相联系

作用光谱对于了解光合作用非常重要。**作用光谱（action spectrum）**描述了生物系统对光反应的程度与波长的函数关系。光合作用的作用光谱可以通过测量不同波长的光刺激植物释放氧气的量来绘制（图7.8）。从作用光谱常可推断在特定光诱导现象中起作用的发色基团（色素）。

T. W. Engelmann在19世纪末测定了一些初始的作用光谱（图7.9）。T. W. Engelmann用一个棱镜将阳光散射成七色光，并使之落在水藻丝上，再在系统中加入一群好氧细菌，细菌就会聚集在产生氧气最多的藻丝区域，这些区域就是被红光和蓝光照到的区域，这两种光可被叶绿体强烈吸收。现在，作用光谱可用像一间房间一样大的光谱仪测量，通过一个巨大的单色仪将单色光辐照在实验样品上，但其实验原理和T. W. Engelmann的实验原理相同。

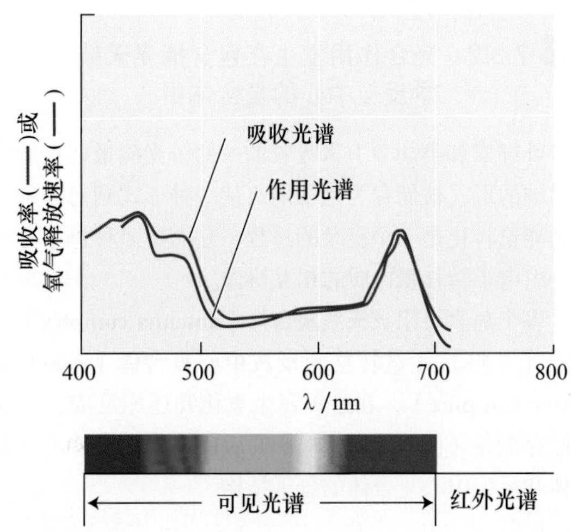

图7.8　作用光谱和吸收光谱的比较。吸收光谱的测量见图7.4。作用光谱是通过测量植物对不同波长光的反应如氧气的释放来绘制的。如果某个吸收光谱相关的色素与引起光反应的色素相同，那么这个吸收光谱和作用光谱就会相吻合。本图中，氧气释放的作用光谱和完整叶绿体的吸收光谱高度一致，表明叶绿素的光吸收调控氧气的释放。差异出现在类胡萝卜素的吸收区域450~550 nm，意味着从类胡萝卜素到叶绿素的能量转移不如叶绿素间的能量转移有效。

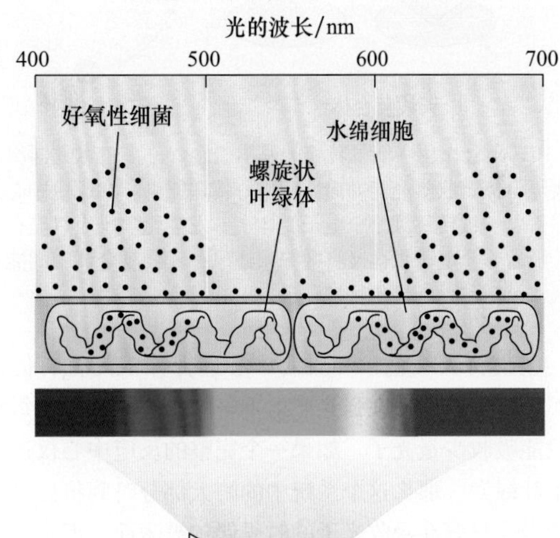

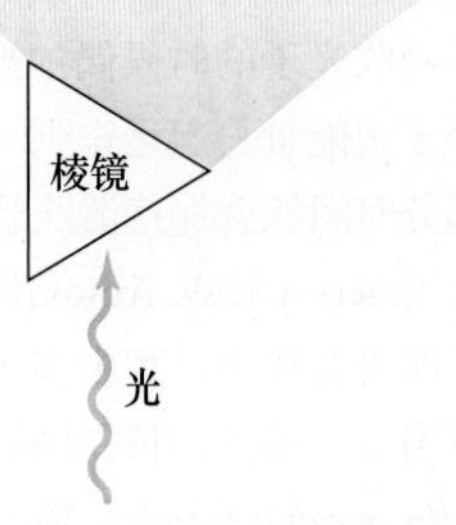

图7.9　T. W. Engelmann绘制的作用光谱的示意图。T. W. Engelmann将不同波长的光照射到丝状绿藻——水绵（*Spirogyra*）的螺旋状叶绿体上，观察到投放进去的好氧性细菌聚集在叶绿素吸收的光谱区域附近。这个作用光谱还首次表明辅助色素所吸收的光可以驱动光合作用。

作用光谱对于研究产氧光合生物中两种不同的光系统非常重要。在介绍这两种光系统之前，需要了解捕光的天线分子和光合作用的能量需求。

 7.3.2 光合作用发生在包含捕光天线和光化学反应中心的复合体中

叶绿素和类胡萝卜素吸收的一部分光能最终以形成化学键的形式被储存为化学能。从一种形式到另一种形式的能量转化是一个复杂的过程，它需要多种色素分子和一组电子转移蛋白质的相互协作。

多个色素可组成**天线复合体（antenna complex）**，收集光并将其能量转移到**反应中心复合体（reaction center complex）**，在这里发生氧化和还原反应，以长期储存能量（图7.10）。本章的后面将讨论一些天线复合体和反应中心复合体的分子结构。

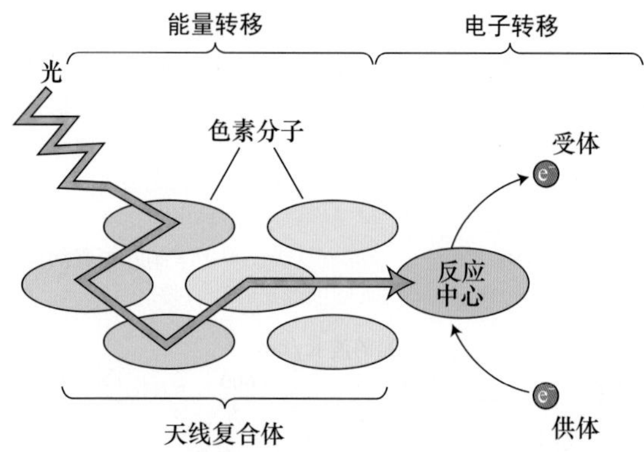

图7.10 光合作用中能量转移的基本概念。许多色素共同组成天线复合体，收集光能并向反应中心传递能量。在反应中心，叶绿素电子被转移到一个电子受体上，发生化学反应以储存能量，随后一个电子供体又将叶绿素还原；天线复合体中的能量转移是纯粹的物理现象，不涉及化学变化。

植物将天线色素和反应中心进行分工究竟有何裨益？事实上，即使在强光照射下，一个叶绿素分子每秒也只能吸收少量光子。如果一个完整的反应中心仅连接一个叶绿素，那么这个系统中的酶大部分时间将处于闲置状态，只有在吸收光子的时候偶尔被激活。但是，如果有多个色素分子把能量一起运送到一个共同的反应中心，系统在大部分时间就会保持活跃状态。

1932年，R. Emerson和W. Arnold做了一个非常重要的实验，首次证明光合作用过程中多个叶绿素分子在能量转化时起协同作用。他们用短时间（10^{-5} s）闪光照射绿藻（*Chlorella pyrenoidosa*），测量氧气产生的量。闪光之间的间隔为0.1 s，在更早的工作中R.Emerson和W. Arnold已经证明这个时间间隔足够长，以致在下次闪光之前，过程中的酶反应完全可以完成。他们发现在高能下，氧气生成量并不随着闪光能量的增强而增加，即光合系统被光饱和了（图7.11）。

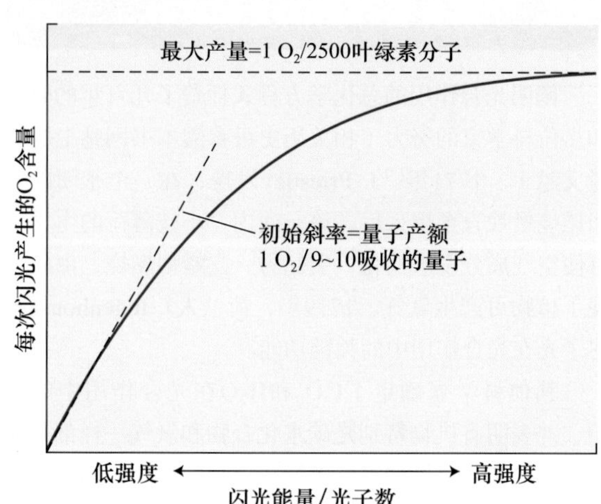

图7.11 氧气产量和闪光能量之间的关系图。该图为天线色素和反应中心间存在相互作用提供了首个证据。在能量饱和时，氧气的最大产量是每2500个叶绿素分子产生一个氧分子。

在测量产氧量和闪光能量的关系时，R. Emerson和W. Arnold非常惊讶地发现，在饱和条件下，样品中每2500个叶绿素分子只产生1个氧分子。反应中心结合了几百个色素分子，每个反应中心必须作用4次才能产生一个氧分子，因此得出2500个叶绿素产生一个氧分子。

反应中心和多数天线复合体整合在光合膜上。在真核光合生物中，光合膜是叶绿体内的膜；在原核光合生物中，光合作用的位置则在质膜或质膜衍生的膜上。

如图7.11曲线所示，可以测量光合作用中光反应的另一个重要参数——**量子产额（quantum yield）**。光合作用的量子产额（Φ）定义如下。

$$\Phi = \frac{\text{光化学产物数}}{\text{吸收量子的总数}} \tag{7.5}$$

在曲线的线性部分（低光强度），光子量的增加刺激了氧气产量成比例增加。因此，曲线的斜率表示产生氧的量子产额。一个特定过程的量子产额可以从0（若过程对光无反应）到1（若每个吸收的光子都对过程有贡献）。关于量子产额更详细的讨论参见本书Web Topic 7.3。

对于弱光下发挥作用的叶绿体，光化学反应的量子产额大约是0.95，荧光的量子产额是0.05或更低，其他过程的量子产额基本可以忽略，因此大量被激活的叶绿素分子都会引发光化学反应。

 7.3.3 光合作用中的化学反应由光驱动

有一点值得注意，那就是化学反应方程式（7.4）的平衡基本上处于反应物的一边。利用每个化合物的生

成自由能计算出方程式（7.4）的平衡常数大约是10^{-500}，这个数字接近于0，可以非常确定，在宇宙存在的历史中，若没有外加的能量，CO_2和H_2O不可能自发生成葡萄糖分子。驱动光合反应的能量来自光。以下是方程式（7.4）的简化形式。

$$CO_2+H_2O \xrightarrow{\text{光，植物}} (CH_2O)+O_2 \qquad (7.6)$$

其中的（CH_2O）是一个葡萄糖分子的1/6。驱动方程式（7.6）的反应需要9~10个光子。

虽然在最适宜的条件下光化学反应的量子产额约为100%，但是光能转化为化学能的效率却低得多。如果吸收的是680 nm波长的红光，那么总的能量输入[见方程式（7.2）]就是，每生成1 mol氧气可用的能量有1760 kJ。这个能量足够驱动方程式（7.6）中的反应，该反应的标准自由能变化是+467 kJ/mol。因此在最适宜波长下，光能转化为化学能的效率约为27%，对于一个能量转化系统来说，这已经是很高的效率。大多数被储存的能量用于细胞生命活动的维持，只有很少的能量转化成为生物量（见第9章）。

光化学反应的量子效率（量子产额）接近1（100%），它和能量转化效率只有27%之间并没有矛盾。量子效率衡量的是被吸收光子中参与光化学反应的部分所占的比例；能量效率衡量的是被吸收的光子中有多少能量以化学产物的形式被储存。这些数据表明几乎所有被吸收的光子都参与了光化学反应，但是每个光子中只有1/4的能量被储存，其余的转化为热能。如果以太阳光的全光谱作为能源来计算，则转化为生物量的能量转化效率还要低得多，C_3植物大概为4.3%，C_4植物大概为6%（Zhu et al.，2008）。

 7.3.4　光驱动NADP的还原和ATP的形成

光合作用的整个过程是一个氧化还原反应，在这个过程中一个化合物被去除电子而被氧化，另一化合物则被加上电子而被还原。1937年，Robert Hill发现，在光照下，离体的类囊体还原了诸如铁盐之类的许多化合物，这些化合物取代二氧化碳起着氧化剂的作用，其方程式如下。

$$4Fe^{3+}+2H_2O \longrightarrow 4Fe^{2+}+O_2+4H^+ \qquad (7.7)$$

这个反应称为希尔反应，在希尔反应中许多复合物实际上起到人工电子受体的作用，它们对于阐明碳还原前的反应具有重大意义。氧气的产生与人工电子受体还原之间关联关系的证实，初步表明了在缺少二氧化碳的情况下也可以产生氧气，由此形成了现已被接受和证明的观点——光合作用中释放的氧气来源于水而不是二氧化碳。

现在已知，在光系统正常作用时，光还原烟酰胺腺嘌呤二核苷酸磷酸（NADP），NADPH接下来在卡尔文循环（见第8章）中被用作还原剂来固定碳。从水到NADP的电子传递过程中合成了ATP，它也被用于碳还原。

水氧化成氧气，NADP还原及ATP形成等化学反应称为类囊体反应，因为在NADP还原之前的几乎所有反应都发生在类囊体中；碳固定和还原反应称为基质反应，因为碳还原反应发生在叶绿体的亲水性区域——基质中。尽管这样的区分有些武断，但在概念上非常有助于理解。

 7.3.5　生氧生物有两个连续作用的光系统

20世纪50年代晚期，科学家对几个关于光合作用的实验结果感到困惑。R. Emerson测量了不同波长处光合作用的量子产额，发现了红降效应（图7.12）。需要注意的是，当光化学反应的量子产额如同前面所述接近1时，产生1 mol氧气就需要10个光子，那么产生氧气的总的最大量子产额就为0.1左右。

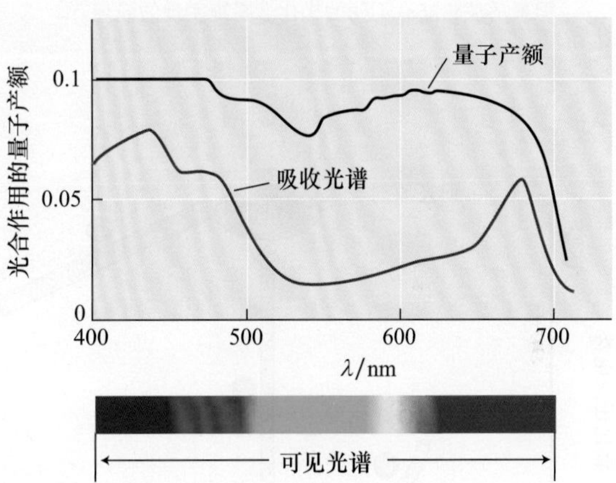

图7.12　红降效应。生氧的量子产额（黑色曲线）在波长大于680 nm的远红外光区域大幅度下降，表明仅仅只有远红外光的话，不能有效驱动光合作用。500 nm处的轻微下降反映了辅助色素——类胡萝卜素吸收的光驱动的光合作用的效率稍低。

如果针对叶绿素吸收的光波测量量子产额，可发现在大多数区域内数值非常稳定，这表明由叶绿素或其他色素所吸收的光子和驱动光合作用的光子效率相同，但是在叶绿素吸收的远红区（大于680 nm处）量子产额却大幅度下降。

红降不可能是因为叶绿素吸收的下降引起，因为量子产额只计算实际被吸收的光。因此，波长大于680 nm的光比更短波长的光的产氧效率要低得多。

另一个使人困惑的实验结果是双光**增益效应**（**enhancement effect**），也由R. Emerson发现。他在测量两种不同波长的光分别照射和这两种光同时照射的光

合效率时发现（图7.13），当红光和远红光同时照射时，光合效率大于两者分别照射之和，这个结果令人惊讶。这个实验和其他的实验结果最终可由20世纪60年代发现的两个光化学复合物，即现在所谓的**光系统Ⅰ（photosystem Ⅰ）**和**光系统Ⅱ（photosystem Ⅱ）**

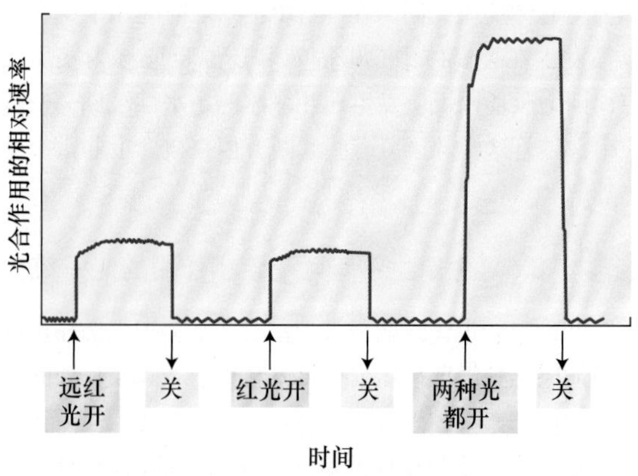

图7.13　增益效应。当同时给予红光和远红光时，光合作用的效率大于分开给光的效率相加，这点在20世纪50年代得到证实。增益效应作为重要的证据，支持了光合作用是由两个串联但最适波长略有不同的光化学系统实现的设想。

（参见Web Topic 7.4）进行解释。这两个光系统依次作用，实现光合作用中早期的能量储存。

光系统Ⅰ主要吸收大于680 nm的远红光；光系统Ⅱ主要吸收680 nm的红光，对远红光的吸收很小。这种波长依赖性解释了双光增益效应和红降效应。这两个光系统另外的不同点如下。

（1）光系统Ⅰ产生了一个可还原$NADP^+$的强还原剂和一个弱氧化剂。

（2）光系统Ⅱ产生了一个可以氧化水的强氧化剂，和一个比光系统Ⅰ产生的还原剂还要弱的还原剂。

由光系统Ⅱ产生的还原剂重新还原光系统Ⅰ产生的氧化剂，这两个光合系统的特性见图7.14。

图7.14所描述的光合作用的方案，是了解生氧光合生物的基础，称为Z（zigzag）方案。它解释了两个物理和化学性质上都有所不同、具有不同天线色素和光化学反应中心的光系统（PSⅠ和PSⅡ）究竟是如何起作用的。在Z方案中，这两个光合系统通过电子传递链相互联系。

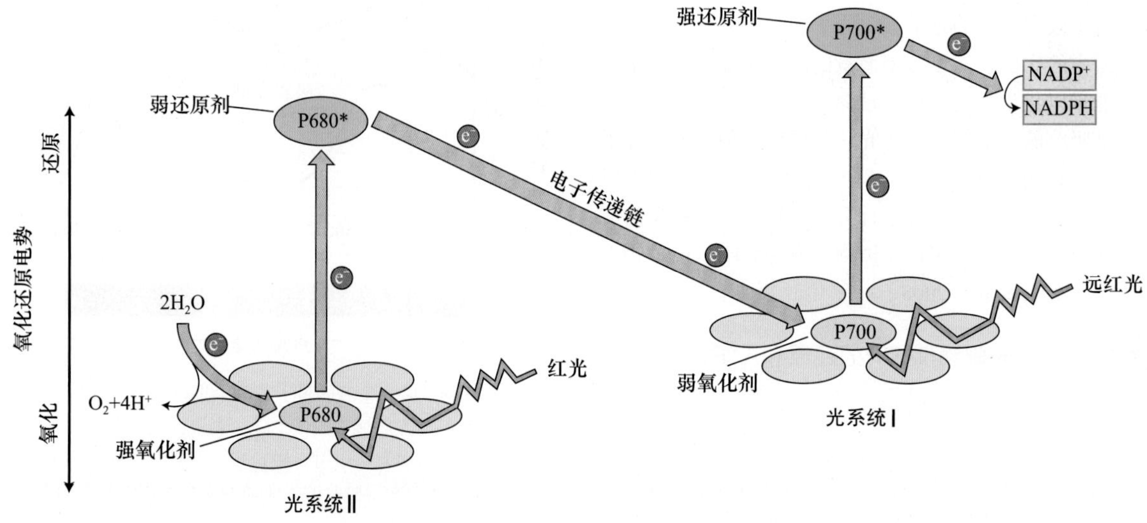

图7.14　光合作用的Z方案。光系统Ⅱ（PSⅡ）吸收红光，产生一个强氧化剂和一个弱还原剂。光系统Ⅰ（PSⅠ）吸收远红光，产生一个弱氧化剂和一个强还原剂。PSⅡ产生的强氧化剂氧化水，而PSⅠ产生的强还原剂还原$NADP^+$。这个方案是理解光合作用中电子传递的基础。P680和P700各自表示PSⅡ和PSⅠ反应中心的叶绿素吸收最大的波长。

7.4　光合细胞器的构成

7.3节解释了光合作用中的物理学原理、不同色素的部分功能和光合生物进行的化学反应。接下来将论述光合细胞器及其组分的结构，并了解分子结构如何行使功能。

7.4.1　叶绿体是光合作用的场所

在光合真核生物中，光合作用发生在叶绿体中。图7.15显示豌豆叶绿体超薄切片的透射电镜照片。叶绿体中最引人注目的结构是**类囊体（thylakoid）**的内膜分支系统，所有叶绿素都被包含在这个膜系统中，它是光合作用中光反应的场所。

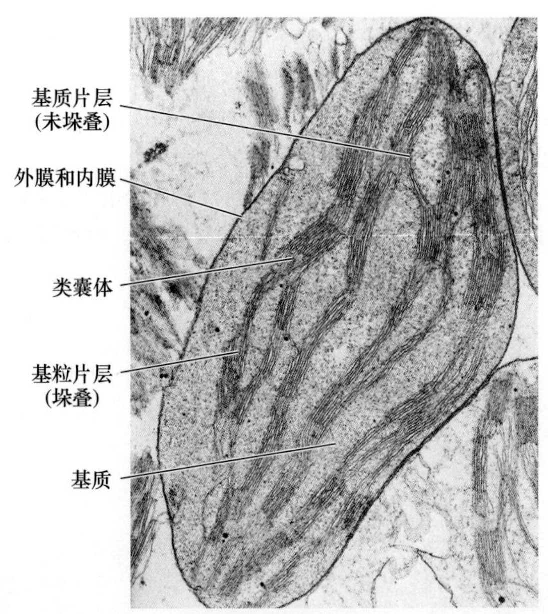

图7.15　豌豆叶绿体的透射电镜照片，叶绿体用戊二醛和OSO_4固定，以树脂包埋，用超薄切片机切片（14 500×）（J. Swafford惠赠）。

由水溶性酶催化的碳还原反应发生在**基质**（**stroma**）中，基质即叶绿体中类囊体外的部分。大多数类囊体彼此紧密连接，这些层层垛叠的膜称为**基粒片层**（**grana lamellae**）（每一层称为一个基粒）。暴露在基质中没有垛叠的膜称**基质片层**（**stroma lamellae**）。

大多数类型的叶绿体外包被着两层虽然分开、但都由脂双层组成的膜，合称**被膜**（**envelop**）（图7.16）。这个双膜系统包含了多种代谢产物的传递系统。叶绿体也有自己的DNA、RNA和核糖体。一些叶绿体蛋白是叶绿体DNA的转录和翻译产物；但其他大部分蛋白质由核DNA编码，在细胞质核糖体上合成，然后运进叶绿体。一个酶复合体的不同亚基有时也有这种显著分工，将在后面详细讨论。叶绿体的动力学结构参见**Web Topic 7.1**。

7.4.2　类囊体含有整合的膜蛋白

光合作用中许多关键蛋白质都镶嵌在类囊体膜上，有时这些蛋白质的一部分伸展到类囊体两侧的亲水区域中。这些**膜整合蛋白**（**integral membrane protein**）含有大量的疏水性氨基酸，它们在膜的非极性区域中更为稳定（图1.5 A）。

反应中心蛋白、天线色素-蛋白质复合体和多数电子载体蛋白都是膜整合蛋白。在所有已知的例子中，叶绿体的膜整合蛋白都以独特的方式定位在膜中。类囊体膜蛋白的一部分朝向基质，另一部分朝向类囊体的内侧，即内腔（图7.16和图7.17）。

类囊体膜上的叶绿素和辅助集光色素常以非共价但高度特异的方式与蛋白质连接，形成了色素-蛋白质复合体。天线和反应中心的叶绿素结合在位于膜中的蛋白质上，优化了天线复合体中的能量转移和反应中心的电子传递，减少了无谓的步骤。

7.4.3　类囊体膜上的光系统Ⅰ和光系统Ⅱ在空间上分离

PSⅡ反应中心、天线叶绿素及相关电子转运蛋白主要位于基粒片层（图7.18A）（Allen and Forsberg，2001）；PSⅠ反应中心、相关天线色素、电子转运蛋白及ATP合酶几乎都位于基质片层和基粒片层的边缘；电子传递链中负责连接两个光系统的细胞色素b_6f复合

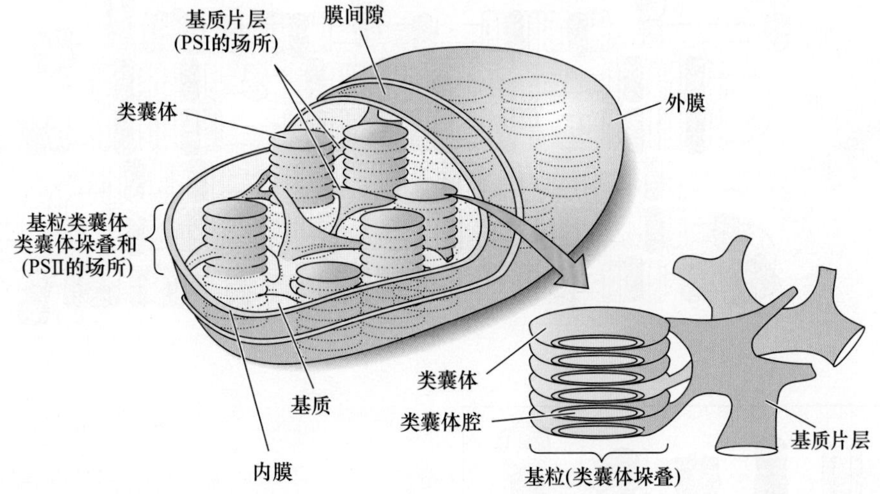

图7.16　叶绿体膜结构的整体示意图。高等植物的叶绿体由内膜和外膜（被膜）包被。叶绿体内膜以内，围绕类囊体膜的区域称基质。基质含有碳固定和其他生物学合成途径的催化酶。类囊体膜高度折叠，在许多图片中看上去像叠起来的硬币（基粒），但实际上它们形成一个或几个大的相互连通的膜系统，相对于基质有界限明确的内部和外部（改编自Becker，1986）。

体（图7.18）在基质和基粒片层中均匀分布。图7.18B中显示了所有这些复合体的结构（Nelson and Ben-Shem，2004）。

综上所述，生氧光合作用中的两个光化学反应事件在空间上是相互独立的。这种分离意味着在两个光系统间起作用的一个或多个电子载体会从膜的基粒区扩散到基质区，然后将电子传递到光系统Ⅰ，这些可扩散的载体是蓝色的含铜蛋白质——质体蓝素（PC）和有机氧化还原反应的辅助因子——质体醌（PQ），这些载体在后面将会详细论述。

在PSⅡ中，两个水分子氧化产生4个电子、4个质子和1个氧分子[见后面的方程式（7.8）]。由水氧化产

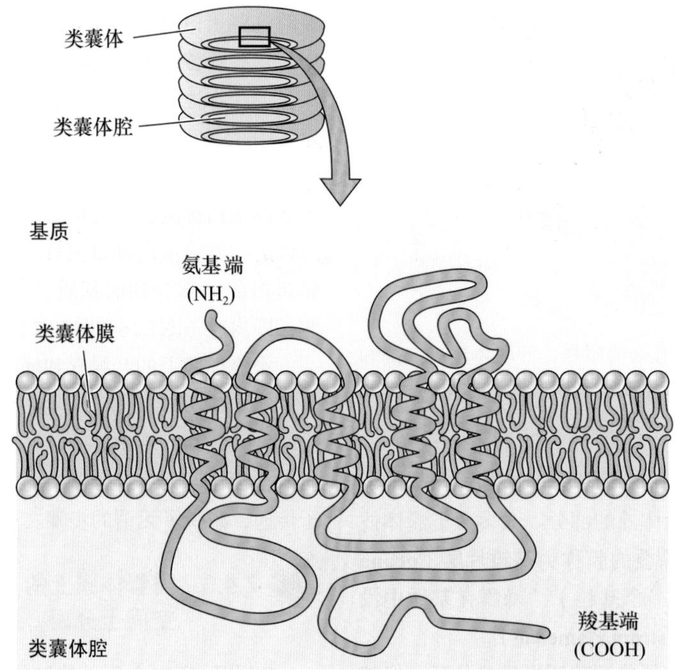

图7.17 预测的PSⅡ反应中心D1蛋白折叠方式。蛋白质以不对称的方式分布在类囊体膜上，富含疏水性氨基酸残基的肽链在膜的疏水部分跨膜5次，氨基端在膜的基质侧，羧基端则在内腔一侧（改编自 Trebst，1986）。

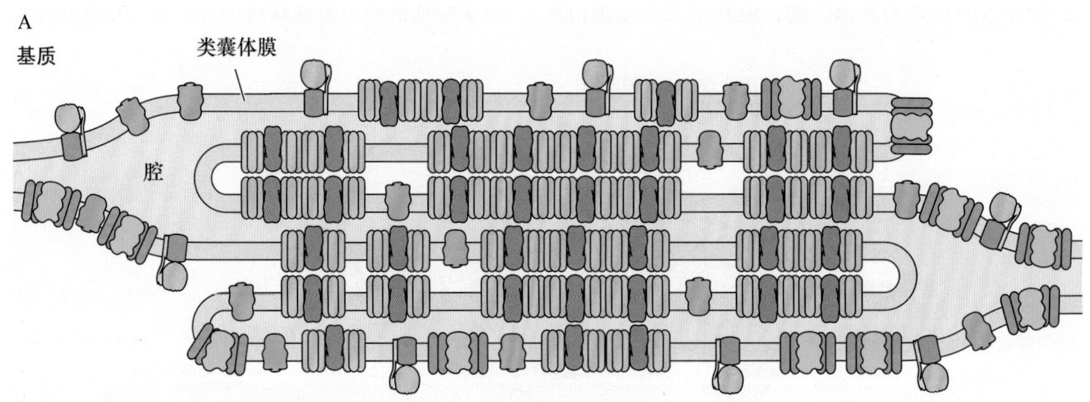

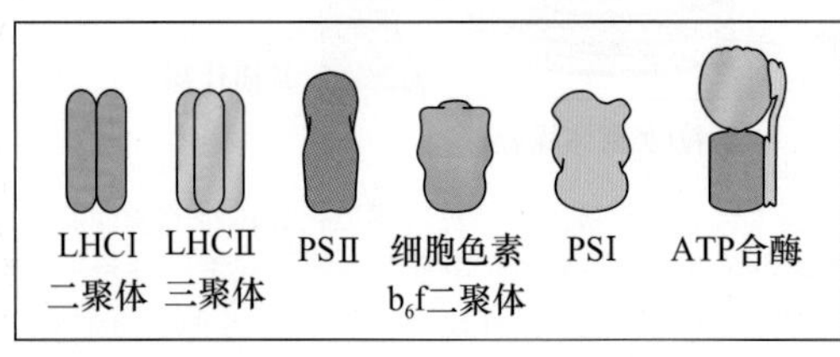

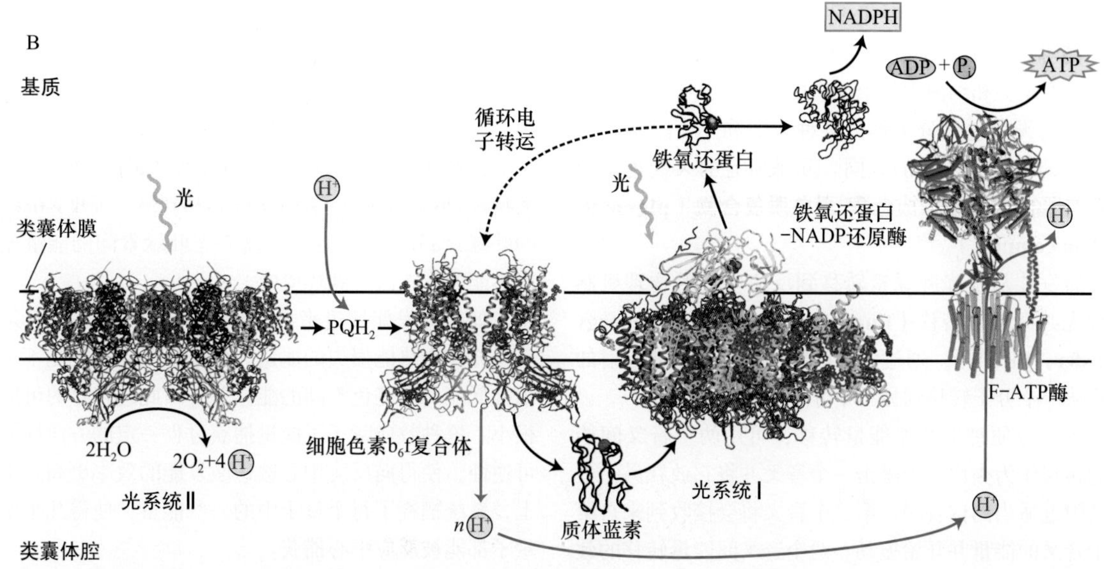

图7.18　类囊体膜上4个主要蛋白质复合体的组装和结构。A. 光系统Ⅱ主要位于类囊体膜的垛叠区域；光系统Ⅰ和ATP合酶则位于暴露在基质中的未垛叠区域；而细胞色素b_6f复合体均匀分布。两种光系统的横向分隔使得光系统Ⅱ产生的电子和质子要运送相当长的距离后才能到达光系统Ⅰ和ATP偶联酶起作用。B. 类囊体膜上4种主要蛋白质复合体的结构。同时显示两种可扩散的电子载体——位于类囊体内腔的质体蓝素和位于膜上的质体氢醌（PQH_2）。类囊体腔相对于基质（*n*，带负电）带正电荷（p）（A改编自Allen and Forsber，2001；B改编自Nelson and Ben-Shem，2004）。

生的质子也必须能够扩散到ATP合成所在的基质区。光系统Ⅰ和光系统Ⅱ间较大的空间间隔在功能上究竟有何意义还不完全清楚，但有人认为其可能提高了两个光系统间能量分配的效率（Allen and Forsberg，2001）。

光系统Ⅰ和光系统Ⅱ在空间上相互分离表明两个光系统间不需要有严格的一对一的化学计量学关系。PSⅡ反应中心向由脂溶性电子载体（质体醌）组成的共同中间库输送还原当量（在本章后面会详细讨论），PSⅠ反应中心则从共同库中获取还原当量，而不用从特定的PSⅡ反应中心复合体中得到。

多数测量光系统Ⅰ和光系统Ⅱ相对量的实验结果都表明，叶绿体中光系统Ⅱ是过量的。一般PSⅡ：PSⅠ为1.5：1，但当植物处于不同的光照条件下时，这个比例有可能改变。与真核光合生物的叶绿体中情况相反的是，蓝藻中的PSⅠ通常多于PSⅡ。

 7.4.4　非放氧光合细菌只有一个反应中心

非放氧生物只含有一个类似光系统Ⅰ或光系统Ⅱ的光系统。这些简单的生物对于更好地了解生氧光合作用的结构和功能非常有帮助。在大多数情况下，这些不生氧的光系统只进行循环电子转运而没有发生净的氧化或还原反应。光子的部分能量被转化成为质子动力势（见后面内容），用来合成ATP。

光合紫细菌的反应中心是第一个以高分辨率进行结构测定的膜整合蛋白（Deisenhofer and Michel，1989）（参见**Web Topic 7.5**中图7.5A和图7.5B）。对其结构的详细分析和对多种突变体的研究，阐明了反应中心与能量储存过程相关的原理。

紫细菌反应中心的结构，特别是电子传递链中的电子受体，与生氧生物中的光系统Ⅱ有许多相似之处。组成细菌反应中心的核心蛋白质在序列上和光系统Ⅱ中的相应蛋白质较为相似，表明了进化上的相关性；相似的情况在不生氧的绿硫细菌和太阳细菌（heliobacteria）中也被发现，它们的反应中心和光系统Ⅰ很相似。在本章的后面将讨论这种进化关系的意义。

7.5　吸光天线系统的构造

进化上关系非常遥远的生物的反应中心也有一定的相似性；与此相反的是，不同光合生物的天线系统的差异却很大。天线复合体的这种差异反映了不同生物在不同环境下的适应性进化，也反映了在某些生物中平衡两个光系统的能量输入的需要（Grossman et al.，1995；Green and Durnford，1996；Green and Pardson，2003）。这一部分将了解这个系统如何吸收光能并向反应中心输送能量。

 7.5.1　天线系统包含叶绿素，与膜连接

天线系统用于向相连的反应中心有效地输送能量（van Grondelle et al.，1994；Pullerits and Sundstrom，1996）。不同生物的天线系统的大小有显著不同：一

些光合细菌中每个反应中心只有20~30个细菌叶绿素分子，高等植物中每个反应中心有200~300个叶绿素分子，某些藻类和细菌中每个反应中心则有几千个色素分子。虽然天线色素分子都以某种方式和光合膜结合，但它们的结构有很大的不同。几乎所有的天线色素分子都与蛋白质连接形成**色素-蛋白质复合物**（**pigment-protein complex**）。

激发能从吸光叶绿素转移到反应中心的物理机制是荧光共振能量转移（**fluorescence resonance energy transfer**，FRET）。通过这种机制，激发能以非辐射的方式从一个分子转移到另一个分子。

为了方便理解共振能量转移，可用两个音叉间能量的转移作为类比。当敲击一个音叉并将它放在另一个音叉附近适当的位置时，第二个音叉将会接收到来自第一个音叉的能量并开始振动。两个音叉间能量转移的效率取决于它们彼此间的距离和相对位置，同时还有音调和振动频率。类似的因素可影响天线复合体间的能量转移，不过能量取代了音调。

天线复合体中的能量转移效率通常非常高：天线色素吸收的光子有95%~99%的能量转移到了反应中心，然后被用于光化学反应。天线色素间的能量转移和反应中心的电子传递有很大不同：能量转移是一个纯粹的物理现象，而电子传递则与分子的化学变化相关，产生被氧化或被还原的物质。

7.5.2 天线分子将能量汇集到反应中心

天线色素将吸收的能量汇集到反应中心，从天线系统的外围到反应中心排列着不同的色素分子，它们的最大吸收波长逐渐红移（图7.19）。最大吸收波长的红移意味着靠近反应中心的激发态的能量低于天线系统周边。

这种排布的结果是，当激发能转移时，例如，从最大吸收为650 nm的叶绿素b分子转移到最大吸收为670 nm的叶绿素a分子时，这两个激发态叶绿素间的能量差异以热能的形式散失到环境中。

如果激发能反过来再转移回叶绿素b时，就必须重新补充作为热能损失的能量。由于可得到的热能不足以填补低能和高能色素间的能量差，因此逆转移的可能性很小。这种效应赋予了能量捕获过程一定的方向性或不可逆性，使得向反应中心输送激发能的效率更高。本质上，系统牺牲了每个量子中的一些能量，使得几乎所有量子都能被反应中心捕获。

7.5.3 许多天线复合体都有共同的结构基序

在所有含有叶绿素a和叶绿素b的真核光合生物中，含量最多的天线蛋白都是结构上具有相关性的一个蛋白质大家族的成员，其中一些蛋白质主要和光系统Ⅱ结合，称为**捕光复合体Ⅱ**（**light-harvesting complex Ⅱ**）（**LHCⅡ**）蛋白；另一些和光系统Ⅰ结合，称为LHCⅠ蛋白。这些天线复合体也称为**叶绿素a/b天线蛋白**（**chlorophyll a/b antenna proteins**）（Green and Durnford，1996；Green and Parson，2003）。

已测得一种LHCⅡ蛋白的结构（图7.20）（Liu et al.，2004；Barros and Kuhlbrandt，2009）。这个蛋白

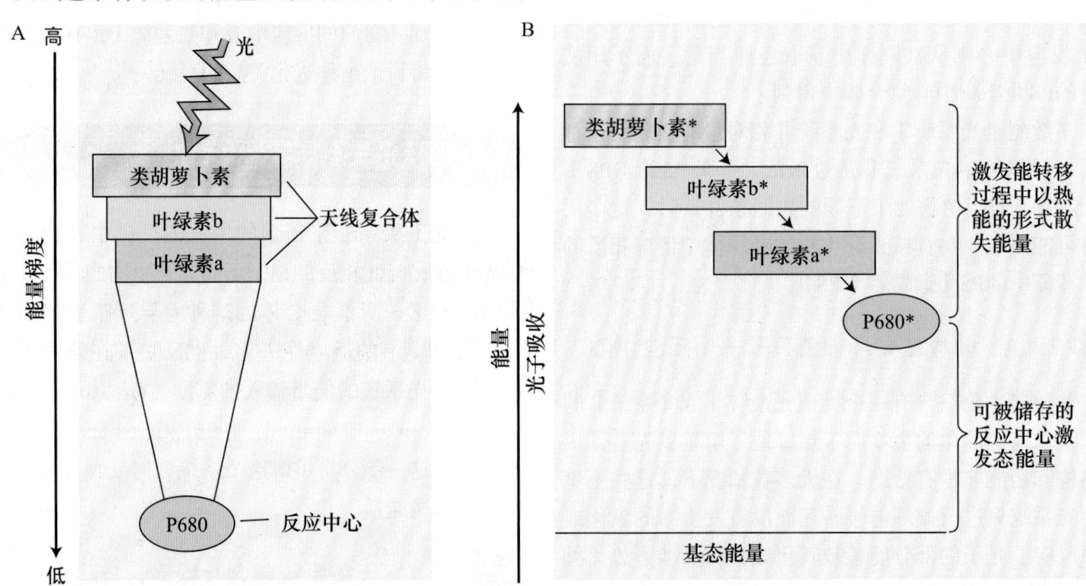

图7.19 激发能从天线系统向反应中心汇集。A. 色素激发态的能量随着离反应中心的距离增加而增加，就是说，靠近反应中心的色素比远离反应中心的色素能量低，这个能量梯度有利于激发能向反应中心的转移，而不利于能量反过来回到天线系统的外周部分。B. 这个过程中一些能量以热能的形式散失到环境中，但在最适条件下，几乎所有由天线复合体吸收的激发能都可被输送到反应中心。星号表示激发态。

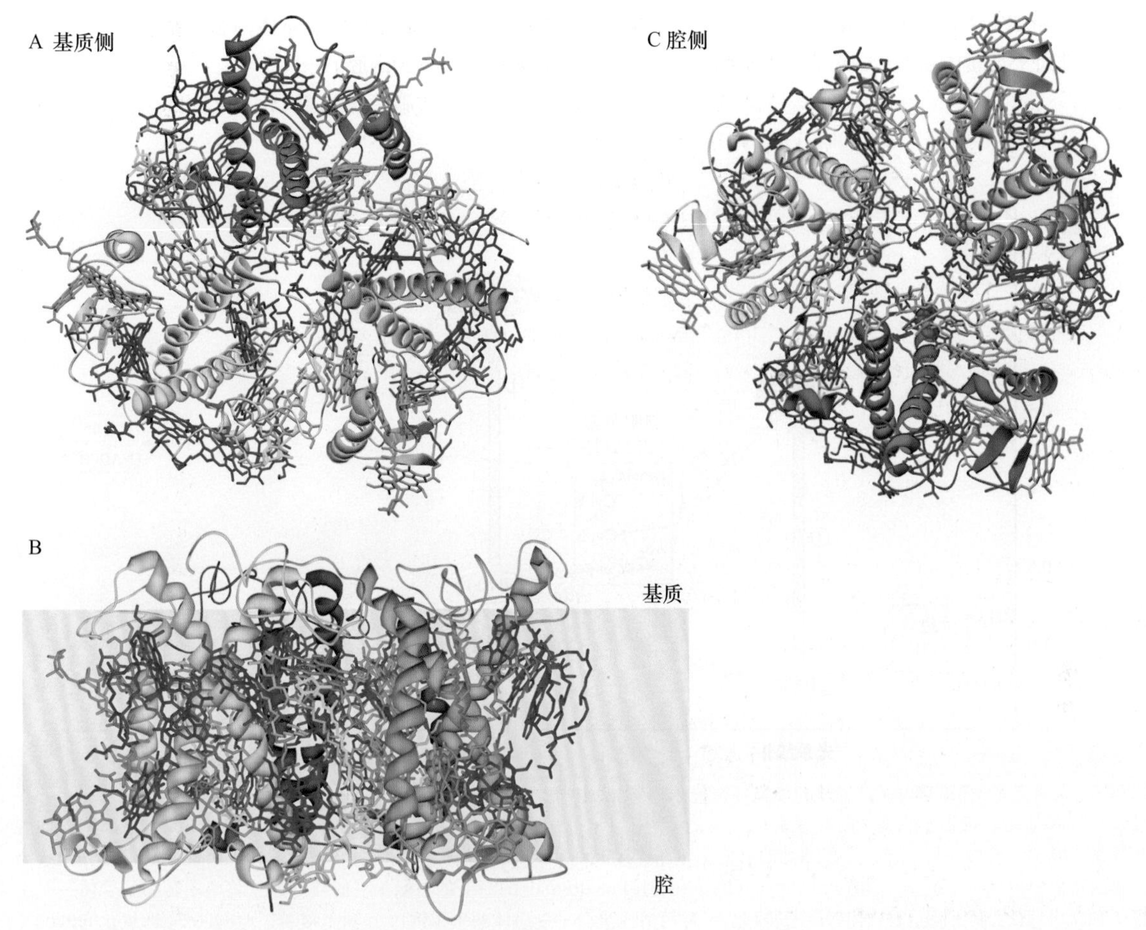

图7.20　高等植物LHCⅡ天线复合体三聚体结构。天线复合体是一个跨膜的色素蛋白质，每个单体包含3个跨膜的非极性区域的螺旋。图中三聚体显示基质侧（A）、膜上部分（B）和腔侧（C）。灰色，多肽；深蓝色，叶绿素a；绿色，叶绿素b；深橙色，叶黄素；浅橙色，新黄质；黄色，紫黄质；粉红色，脂质（改编自Barros and Kuhlbrandt，2009）。

质含有3个α螺旋，结合了14个叶绿素a和叶绿素b及4个类胡萝卜素。LHCⅠ蛋白的结构和LHCⅡ蛋白的结构大致相似（Ben-Shem et al.，2003）。所有这些蛋白质都有显著的序列相似性，几乎可以肯定是由同一个祖先蛋白进化而来（Grossman et al.，1995；Green and Durnford，1996；Green and Parson，2003）。

光能被LHC蛋白中的类胡萝卜素或叶绿素b吸收后，将被快速转移到叶绿素a和其他紧密结合在反应中心的天线色素上。LHCⅡ复合体也参与了调节过程，在本章的后面将会讨论。

7.6　电子传递的机制

前面已经提到的一些证据表明两个光化学反应是依次作用的。这里将具体讨论光合作用中与电子传递有关的化学反应，即光对叶绿素的激发、第一个电子受体的还原、电子经过光系统Ⅱ和光系统Ⅰ的流动、作为电子主要来源的水的氧化和最后一个电子受体（$NADP^+$）的还原。并在“叶绿体中的质子转运和ATP合成”中具体讨论介导ATP合成的化学渗透机制。

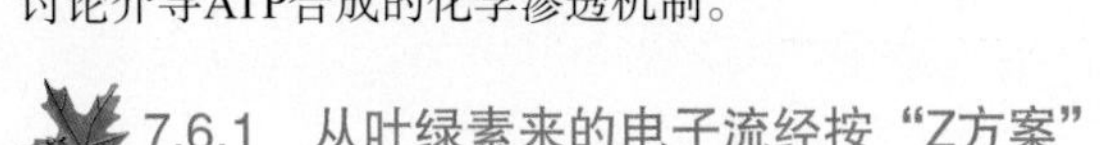

7.6.1　从叶绿素来的电子流经按“Z方案”排列的载体

图7.21显示了目前公认的Z方案，图中将在从H_2O到$NADP^+$的电子传递中起作用的所有电子载体按照它们的氧化还原电势的高低在垂直方向排列（更多内容参见**Web Topic 7.6**），相互反应的组分用箭头相连。因此，Z方案实际上综合了动力学和热力学信息。垂直的粗箭头表示系统的光能输入。

光子激发了反应中心的特定叶绿素（PSⅡ中是P680，PSⅠ中是P700），释放一个电子，这个电子经过一系列的电子载体，最终还原P700（来自PSⅡ的电子）或$NADP^+$（来自PSⅠ的电子）。接下来将着重阐述电子传递过程和载体的性质。

几乎所有光合作用的光反应化学过程都由4个主要的蛋白质复合体完成：光系统Ⅱ、细胞色素b_6f复合体、光系统Ⅰ和ATP合酶。这4个膜整合蛋白质复合体以一定方向排列于类囊体膜上，发挥以下功能（图7.18和图7.22）。

（1）光系统Ⅱ在类囊体内腔中将水氧化为氧气，同时释放质子到内腔。

（2）细胞色素b_6f氧化被PSⅡ还原的质体氢醌

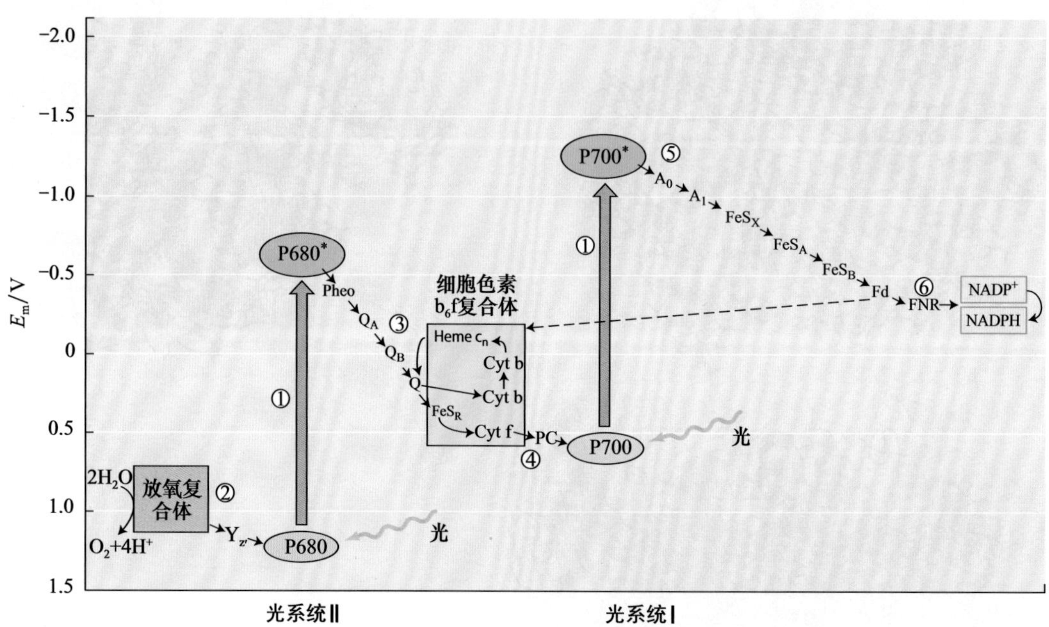

图7.21　放氧光合生物的Z方案。氧化还原载体按它们的氧化还原电势（pH 7时）排列。①垂直箭头表示反应中心叶绿素的光子吸收：P680是光系统Ⅱ（PSⅡ）的叶绿素；P700是光系统Ⅰ（PSⅠ）的叶绿素。被激发的PSⅡ反应中心叶绿素P680*，向脱镁叶绿素（Pheo）转移一个电子。②在PSⅡ的氧化侧（在连接P680和P680*的箭头的左侧），被光氧化的P680由$Y_{z'}$重新还原，$Y_{z'}$从水的氧化中得到一个电子。③在PSⅡ的还原侧（在连接P68和P680*的箭头的右侧），脱镁叶绿素将电子转移给受体——质体醌Q_A和$Q_{B'}$。④细胞色素b_6f复合体将电子转移给一种可溶性蛋白——质体蓝素（PC），后者接着还原P700*（即氧化的P700）。⑤P700*的电子受体（A_0）被认为是一种叶绿素，下一个受体（A_1）则是醌，经过一系列膜结合铁硫蛋白（FeS_X、FeS_A和FeS_B）后，电子被转移给可溶性铁氧还蛋白（Fd）。⑥可溶性黄素蛋白铁氧还蛋白-NADP还原酶（FNR）将$NADP^+$还原为NADPH，NADPH在卡尔文循环中被用于二氧化碳的还原（见第8章）。虚线表示围绕PSⅠ的循环电子流（改编自 Blankenship and Prince，1985）。

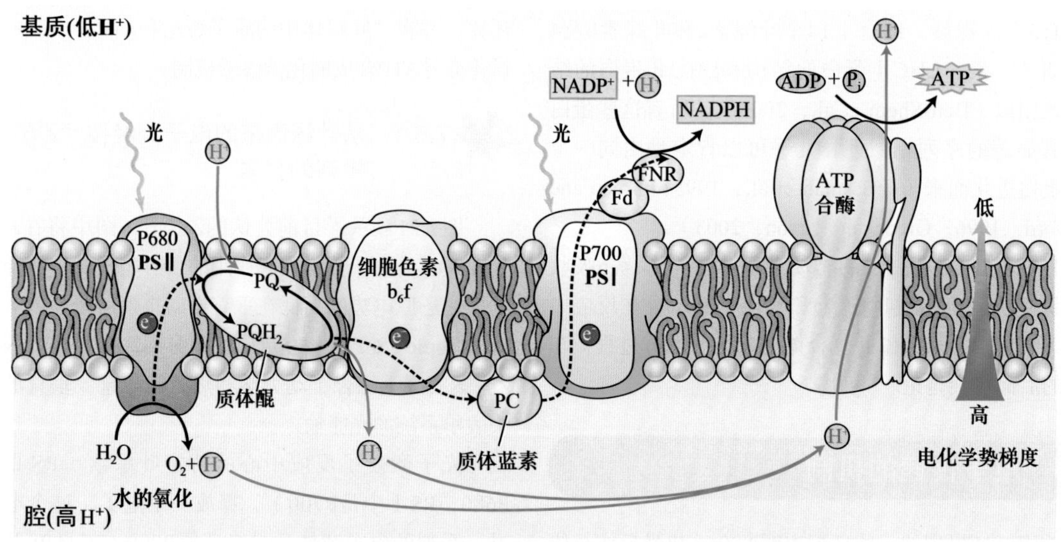

图7.22　类囊体膜中4个蛋白质复合体定向地完成电子和质子的转移（结构见图7.18B）。PSⅡ实现水的氧化和质子在内腔中的释放；PSⅠ通过铁氧还蛋白（Fd）和黄素蛋白铁氧还蛋白-NADP还原酶（FNR）的作用，将基质里的$NADP^+$还原成NADPH；质子通过细胞色素b_6f复合体的作用转运到内腔，增加了电化学质子梯度。这些质子随后扩散到达ATP合酶，在这里，它们顺着电化学势梯度扩散，促进ATP在基质中的合成；被还原的质体氢醌（PQH_2）和质体蓝素将电子分别转移给细胞色素b_6f和PSⅠ。虚线表示电子转移；实线表示质子的移动。

（PQH_2）分子，并将电子传递给PSⅠ。PQH_2的氧化与质子从基质到内腔的转移相偶联，产生了质子动力势。

（3）光系统Ⅰ通过铁氧还蛋白（Fd）和黄素蛋白铁氧还蛋白-NADP还原酶（FNR）的作用，在基质中将$NADP^+$还原成NADPH。

（4）当质子通过ATP合酶从内腔扩散回到基质中时，合成ATP。

7.6.2　当激发的叶绿素还原电子受体时能量被捕获

正如前文所提及，光的功能是激发反应中心特定的叶绿素，该功能可以通过直接吸收能量，或者以一种更常见的方式——转移天线色素的能量来实现。此激发过程可以被视为电子从叶绿素的外层最高能级轨道跃迁至最低能级空轨道（图7.23）。高能轨道上的电子只是松散地结合在叶绿素上，只要附近有一个能接受电子的分子，这个电子就很容易丢失。

将电子能量转变为化学能的第一个步骤是原初光化学反应，即电子从反应中心的激发态叶绿素转移到一个受体分子上。这个过程也可以这样理解：被吸收的光子导致反应中心叶绿素的电子重排，随后通过电子传递过程，使得一部分光子能量以氧化还原的形式被捕获。

紧随原初光化学反应之后，反应中心的叶绿素被氧化（缺电子，或带正电），而附近的电子受体分子被还原（富电子，或带负电），在此关键时刻，反应中心带正电的被氧化叶绿素的低能级轨道是空的，可以接受一个电子（图7.23）。如果受体分子将它的电子交回给反应中心的叶绿素的话，系统将回到光激发之前的状态，所有吸收的能量将转为热能。

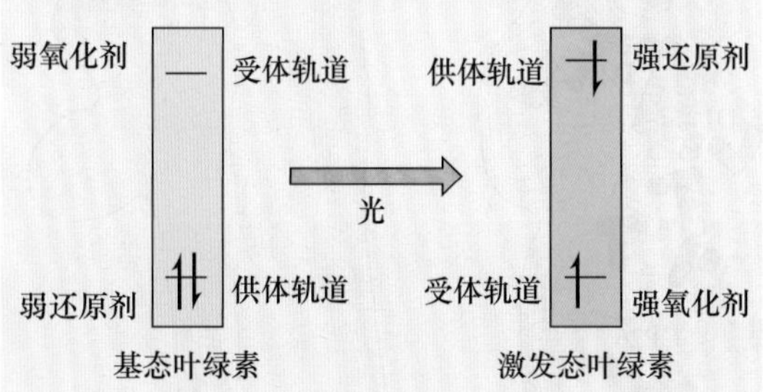

图7.23　反应中心叶绿素基态和激发态的轨道填充图。处于基态的分子是弱还原剂（从低能轨道失去电子）和弱氧化剂（只能在高能轨道接受电子）。在激发态时情况相反，可从高能轨道失去电子，分子变成一个极强的还原剂，这就是图7.21中P680*和P700*表现出极高的激发态负氧化还原电势的原因。激发态也能作为强氧化剂在低能轨道接受电子，但这个途径在反应中心不常见（改编自Blankenship and Prince，1985）。

显然，以上这个回复过程是浪费能量的，它在反应中心并未发生。相反，受体将富余的电子传递给次级受体，并沿着电子传递链传递下去。因提供一个电子而被氧化的叶绿素反应中心被次级供体重新还原，次级供体又被三级供体还原。在植物中，最初的电子供体是水，而最终的电子受体是$NADP^+$（图7.21）。

光合储能的本质是电子首先从一个被激发的叶绿素分子转移到受体分子上，然后经历一系列极快速的次级化学反应将正负电荷分离开来，这些次级反应在大约200 ps内将电荷分离到类囊体膜相对的两侧（$1ps=10^{-12}s$）。

随着电荷的分离，逆反应也随之减慢了好几个数量级，能量被捕获。每一次次级电子转移都伴随着一些能量的损失，使得过程不能逆转。纯化得到的光合细菌反应中心产生稳定产物的量子产额约为1.0，就是说，所有光子都产生稳定的产物，没有逆反应发生。

在最适条件（低光强）下测量高等植物产生氧气的量子需求发现，原初光化学反应的值也很接近1.0，表明反应中心的结构受到非常巧妙的调控，以确保有效反应的速率最大，而浪费能量的反应速率最小。

7.6.3　两个光系统反应中心的叶绿素吸收不同波长的光

本章的前面已经提到，PSⅠ和PSⅡ各自有不同的吸收特性。反应中心叶绿素处于还原态和氧化态时的光学特性变化，使得精确测量最大吸收值成为可能。反应中心叶绿素在失去一个电子且未被电子供体重新还原以前短暂地处于氧化态。

处于氧化态时，叶绿素强烈吸收红光的特征消失，称为**被漂白**（**bleached**）。漂白状态的出现可以通过实时的光吸收测量来监控，从而可推断这些叶绿素的氧化还原状态（参见**Web Topic 7.1**）。

利用这些技术，发现光系统Ⅰ反应中心的叶绿素处于还原态时，在700 nm波长处吸收最强，因此将该叶绿素命名为**P700**（P表示色素）；光系统Ⅱ的叶绿素则在680 nm处吸收最强，相应的反应中心叶绿素称**P680**；在这以前，光合紫细菌的反应中心叶绿素称为**P870**。

细菌反应中心的X射线衍射结构图清楚地显示P870是由细菌叶绿素紧密偶联而成的二聚体，而非单体（参见**Web Topic 7.5**图7.5A和B）；光系统Ⅰ的原初电子供体P700也是叶绿素a分子的二聚体；光系统Ⅱ也包含了一个叶绿素二聚体，尽管原初的电子转运可能并不源自这些色素。

处于氧化态时，反应中心叶绿素包含了一个未配对电子。具有未配对电子的分子常常可以通过称为**电子自旋共振**（**electron spin resonance，ESR**）的磁共振技术检测到。通过ESR研究和前面已述及的光谱测量研究，可以发现光合电子传递系统中存在的许多中间电子载体。

 7.6.4 光系统Ⅱ的反应中心是一个多亚基的色素蛋白复合体

光系统Ⅱ是一个多亚基蛋白超复合体（图7.24）（Barber et al.，1999）。在高等植物中，这个多亚基蛋白超复合体有两个完整的反应中心和一些天线复合体。反应中心的核心由两个称为D1和D2的膜蛋白和其他蛋白质组成，见图7.25和**Web Topic 7.7**（Ferreira et al.，2004；Guskov et al.，2009）。

原初供体叶绿素、其他叶绿素、类胡萝卜素、脱镁叶绿素和质体醌（这两个电子受体将在下一节中述及）都结合在膜蛋白D1和D2上，这些蛋白质在序列上与紫细菌的L、M肽有相似性；其他蛋白质可作为天线复合体起作用，或者参与生氧过程；另一些蛋白质如细胞色素b_{559}功能未知，但可能参与围绕光系统Ⅱ的保护循环。

 7.6.5 水由光系统Ⅱ氧化为氧气

水按下列化学反应式被氧化（Yano et al.，2006）。

$$2H_2O \longrightarrow O_2+4H^++4e^- \quad (7.8)$$

此方程式表明，2个水分子失去4个电子后，产生一个氧分子和4个质子（需要了解更多氧化还原反应知识的话，见附录1和**Web Topic 7.6**）。

水是一种非常稳定的分子，将水氧化成为氧分子极其困难，光合生氧复合体是唯一已知的可使这个反应进行的生物化学系统。光合生氧也是地球大气层中几乎所有氧气的来源。

多项研究揭示了这个反应过程的大量信息（参见**Web Topic 7.7**）。水氧化产生的质子被释放到类囊体内腔而不是基质中（图7.22）。质子被释放到内腔与类囊体膜的矢量性质和生氧复合体位于类囊体内表面有关，这些质子最终通过ATP合酶的转运作用从内腔回到基质。就这样，水氧化所释放的质子增加了电化学势，驱动了ATP的合成。

人们很早就知道，锰（Mn）是水氧化过程中的重要辅助因子（见第5章）。研究光合作用的一个经典假说就是：锰离子发生一系列氧化（即S态，标记为S_0、S_1、S_2、S_3、S_4，参见**Web Topic 7.7**）——可能和水的氧化及氧气的生成有关。这个假说得到了大量实验的有力支持。最有名的是X射线吸收和ESR研究，因为这两个实验都直接检测到了锰的存在（Yano et al.，

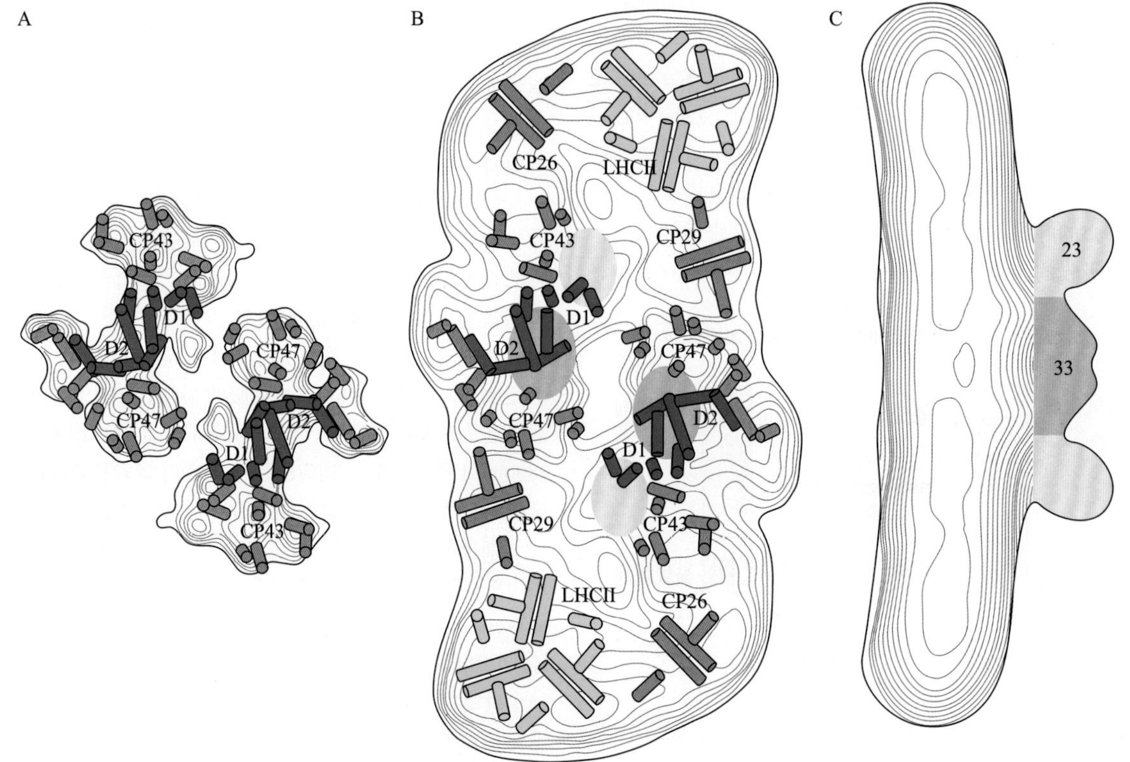

图7.24 电子显微镜下高等植物光系统Ⅱ的二聚体多亚基蛋白超复合体的结构。图片显示了两个完整的反应中心，每个都是一个二聚体。A. D1和D2（红）及CP43和CP47（绿）核心亚基呈螺旋排列。B. 从超复合体的内腔侧面观察，包含其他天线复合体：LHCⅡ、CP26、CP29和一个以橙色和黄色环表示的外周生氧复合体。未知功能的螺旋以灰色表示。C. 复合体的侧视图，显示外周蛋白生氧复合体的排列（改编自 Barber et al.，1999）。

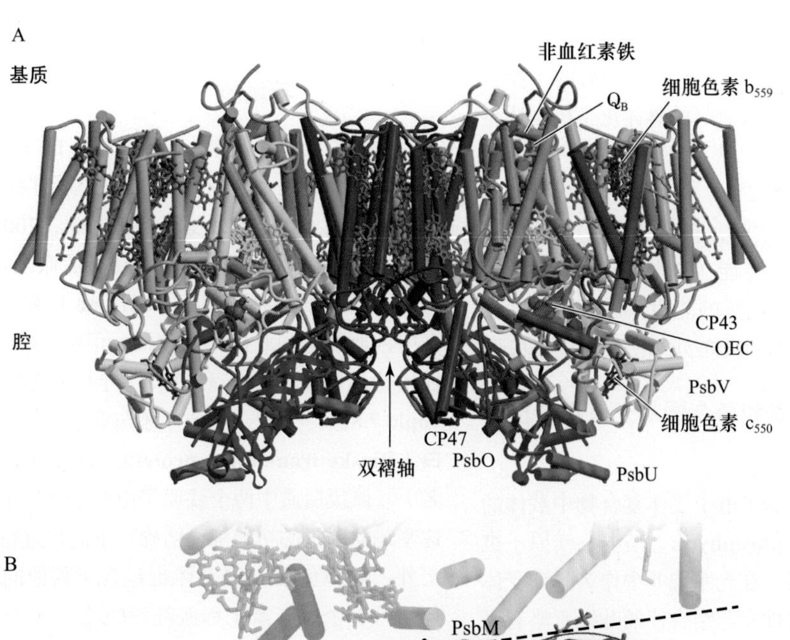

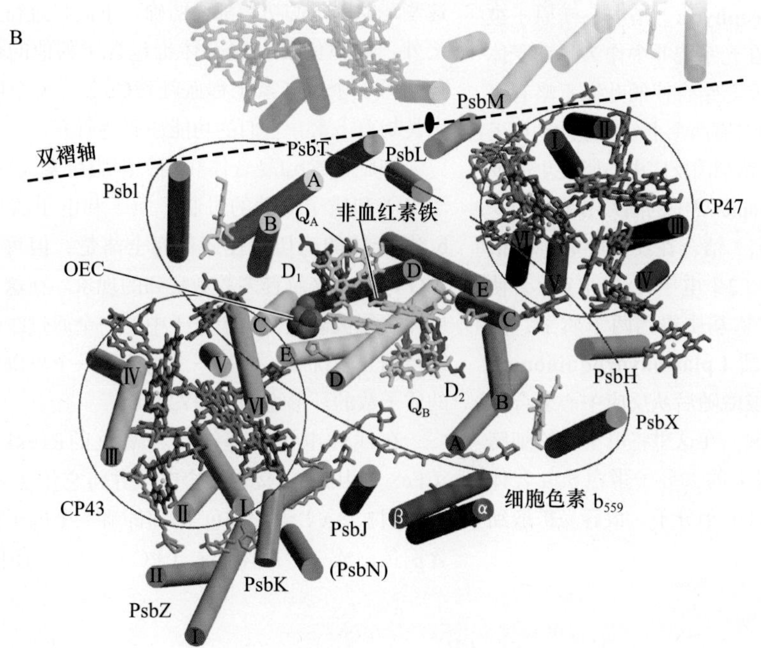

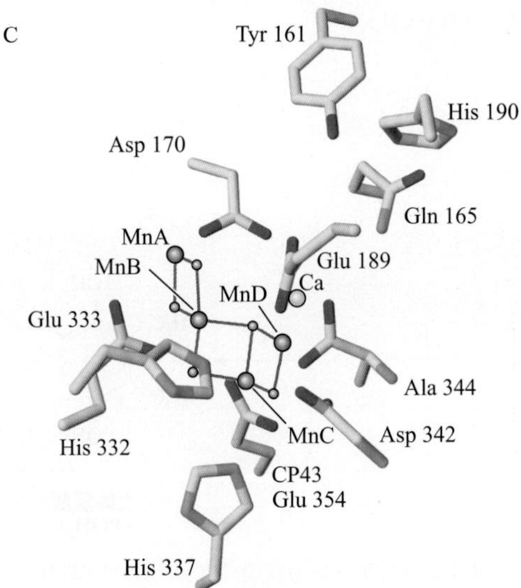

图7.25　蓝藻*Thermosynechococcus elongatus*光系统Ⅱ反应中心的结构，分辨率为3.5 Å。结构中包括D1（黄）和D2（橙）反应中心核心蛋白、CP43（绿）和CP47（红）天线蛋白、细胞色素b_{559}和细胞色素c_{550}、外周的33 kDa的生氧蛋白PsbO（蓝）、色素和其他辅助因子。A. 与膜平面平行的侧视图。B. 与膜平面垂直的内腔表面视图。C. 分解水的含锰复合体的详细示意图（A，B改编自Ferreira et al.，2004；C改编自Yano et al.，2006）。

1996）。分析结果表明，每个生氧复合体结合了4个Mn^{2+}。另有实验表明Cl^-和Ca^{2+}是生氧所必需的（参见**Web Topic 7.7**）。将水氧化成氧气的具体化学机制还不十分清楚，但有了这些结构信息，该领域的发展非常迅速（Brudvig，2008）。

在放氧复合体和P680之间，有一个称为$Y_{z'}$的电子载体起作用（图7.21）。为了能在这个区域发挥作用，$Y_{z'}$需要有非常强烈的保留电子的能力，已确定该载体是PSⅡ反应中心的D1蛋白的酪氨酸残基形成的自由基。

7.6.6 脱镁叶绿素和两个醌从光系统Ⅱ接受电子

光谱学和ESR研究揭示了电子受体复合物中载体的结构方式，**脱镁叶绿素（pheophytin）**是中心镁原子被两个氢原子取代的叶绿素，在光系统Ⅱ中作为早期受体起作用，其化学和光谱学性质与结合镁的叶绿素略有不同。脱镁叶绿素将电子传递给含有两个十分靠近的铁原子的质体醌复合物，这个过程与紫细菌反应中心所发生的反应非常相似（详情请见**Web Topic 7.5**中的图7.5B）。

两个质体醌（PQ_A和PQ_B）结合在反应中心，并依次从脱镁叶绿素中接受电子。2个电子转移到Q_B上，使其还原成PQ^{2-}，还原的PQ^{2-}从基质得到两个质子，产生一个被完全还原的**质体氢醌（plastohydroquinone）**（PQH_2）（图7.26）。质体氢醌随后从反应中心复合体上解离，进入膜的碳氢链区域，在这里将电子交给细胞色素b_6f复合体。与类囊体膜上的大分子蛋白质复合体不同，质体氢醌是一种非极性的小分子，很容易扩散到膜的脂双层的非极性核心。

7.6.7 经过细胞色素b_6f复合体的电子流也转运质子

细胞色素b_6f复合体（cytochrome b_6f complex）是一个庞大的具有几个辅助因子的多亚基蛋白质（图7.27）（Kurisu et al.，2003；Sroebel et al.，2003；Baniwlis et al.，2008）。它包含了两个b型的血红素和一个c型的血红素（**细胞色素f，cytochrome f**）。在c型细胞色素中，血红素和肽链共价连接；但b型细胞色素中化学性质相似的正铁血红素却未进行共价连接（参见**Web Topic 7.8**）。另外，复合体还包含了一个**Rieske铁硫蛋白（Rieske iron-sulfur protein**，以发现它的科学家命名），该蛋白质中两个铁原子由两个硫原子桥接。所有这些辅助因子的功能都已明确，下面将进行阐述。除此之外，细胞色素b_6f复合体也包含了其他的辅助因子，包括另一个血红素（称血红素Cn）、一个叶绿素和一个类胡萝卜素，它们的功能还有待研究。

细胞色素b_6f复合体和相关细胞色素bc1的结构暗示了电子和质子流动的机制。质子和电子流经细胞色素b_6f复合体的确切途径还不完全清楚，但可以用**Q循环（Q cycle）**来解释多数观察到的现象。在这个机制中，质体氢醌被氧化，两个电子中的一个通过线性电子传递链传到光系统Ⅰ，而另一个则流经一个可以增加泵过膜的质子数的环形途径（图7.28）。

在线性电子传递链中，氧化的Rieske铁硫蛋白（FeS_R）从PQH_2接受一个电子并将它传递到细胞色素f上（图7.28A）。细胞色素f随即将一个电子传给蓝色的含铜蛋白质——质体蓝素（PC），PC再还原PSⅠ中被

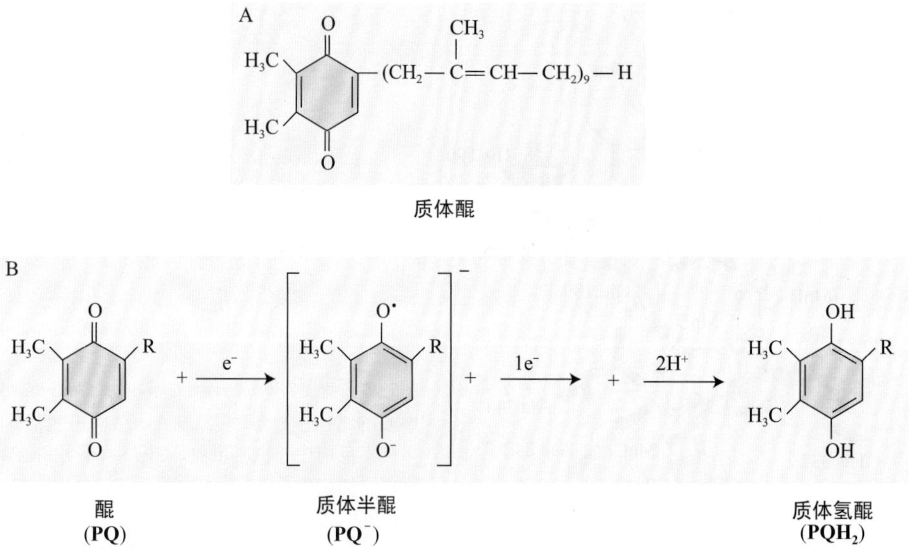

A

H_3C，$(CH_2-C(CH_3)=CH-CH_2)_9-H$

质体醌

B

e^-　$1e^-$　$2H^+$

醌 (PQ)　　质体半醌 (PQ^-)　　质体氢醌 (PQH_2)

图7.26　光系统Ⅱ中质体醌的结构和反应式。A. 质体醌由一个醌组成的头和一条可以锚着在膜上的非极性尾巴组成。B. 质体醌的氧化还原反应，显示完全氧化的醌（PQ）、带负电的质体半醌（PQ^-）和被还原的质体氢醌（PQH_2）。R为侧链。

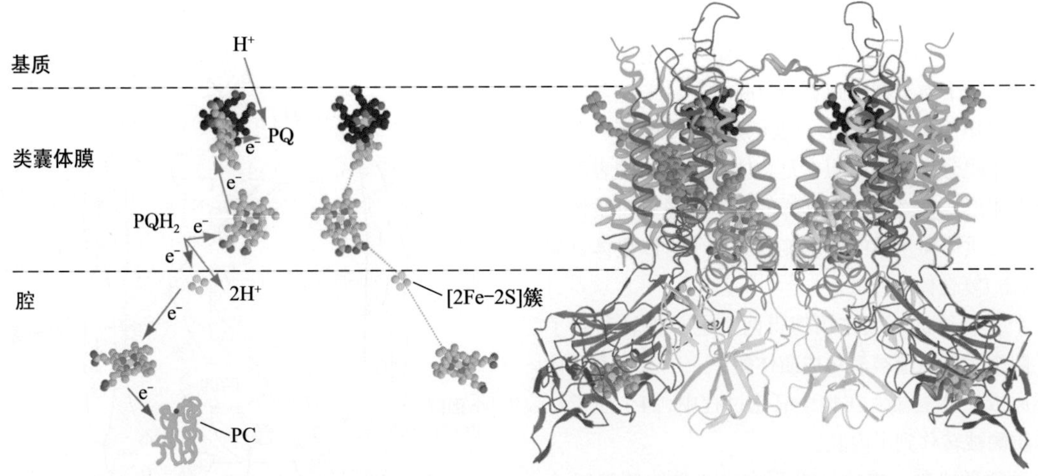

图7.27　蓝藻细胞色素b_6f复合体的结构。右侧图显示复合物中蛋白质和辅助因子的空间排列。细胞色素b_6蛋白以蓝色表示，细胞色素f蛋白以红色表示，Rieske铁硫蛋白以黄色表示，其他小的亚基以绿色和紫色表示。左侧图中蛋白质被省略以更清楚地显示辅助因子的位置。[2Fe-2S]簇，是Rieske铁硫蛋白的一部分；PC，质体蓝素；PQ，质体醌；PQH_2，质体氢醌（改编自Kurisu et al.，2003）。

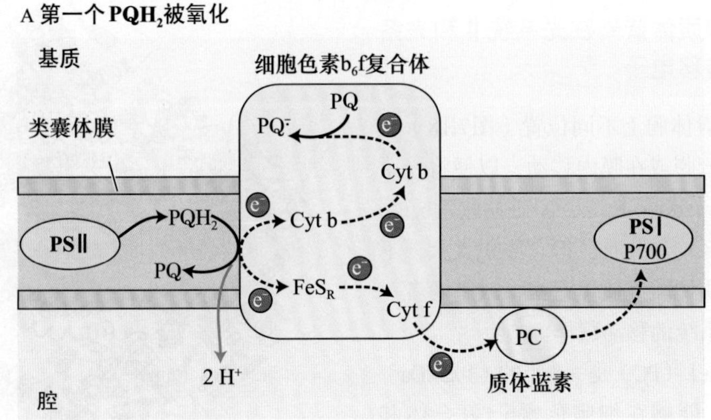

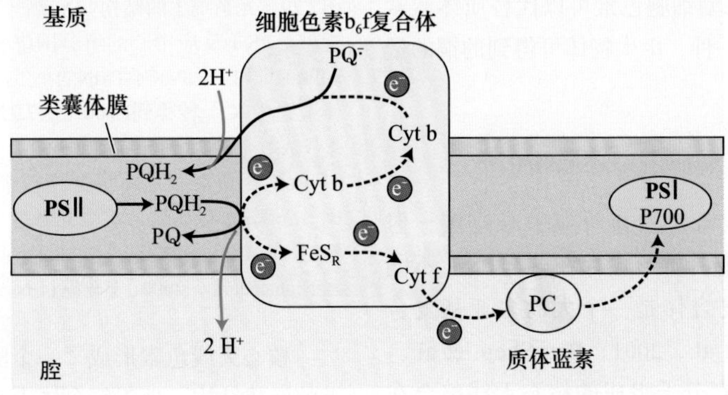

图7.28　细胞色素b_6f复合体中电子和质子的转移机制。这个复合体包含了两个b型的细胞色素（Cyt b）和一个c型细胞色素（Cyt c，以前称细胞色素f）、一个Rieske 铁硫蛋白（FeS_R）和两个醌氧化还原位点。A. 非循环或线性过程：由PSⅡ（图7.26）产生的一个质体氢醌（PQH_2）分子在复合体靠近内腔的一侧被氧化，两个电子被转移给一个Rieske铁硫蛋白和一个b型细胞色素，同时释放两个质子到内腔。转移给FeS_R的电子经过细胞色素f（Cyt f）和质体蓝素（PC），还原了PSⅠ的P700；被还原的b型细胞色素把电子转移给另一个b型细胞色素，将一个质体醌（PQ）还原成质体半醌（PQ^-）（图7.26）。B. 循环过程：第二个PQH_2被氧化，将一个电子经FeS_R，传给PC，最后到P700；第二个电子经过两个b型细胞色素将质体半醌又还原为PQH_2，同时从基质中获得两个质子。总之，每转运两个电子到P700就有4个质子跨膜。

氧化的P700；而在此过程的循环部分（图7.28B），质体氢醌（图7.26）将另一个电子传递给了一个细胞色素b，并将它的2个质子释放到膜的内腔。

电子经第一个和第二个细胞色素b后传递至一个氧化型的质体醌分子，质体醌在复合体靠近基质的表面被还原为半醌形式。经过两次这样的电子传递可将质体醌完全还原。质体醌从膜的基质侧得到质子，以质体氢醌的形式从b_6f复合体中释放。

这个复合体的两次作用使得两个电子被转移到了P700，两个质体氢醌被氧化成质体醌，一个氧化型质体醌被还原成质体氢醌。在整个氧化过程中，4个质子从膜的基质侧被转移到了内腔。

通过这种机制，连接PSⅡ反应中心受体侧和PSⅠ反应中心供体侧的电子流造成了跨膜的电化学势，部分归结于膜两侧质子浓度的差异，这种电化学势被用于驱动ATP的合成。与线性电子流相比，经过细胞色素b和质体醌的循环电子流泵出的质子数更多。

 7.6.8　质体醌和质体蓝素在光系统Ⅱ和光系统Ⅰ间转移电子

两个光系统处于类囊体膜上不同位置（图7.18），需要至少一个组分能沿着膜或在膜内移动，以便将光系统Ⅱ产生的电子输送到光系统Ⅰ。尽管细胞色素b_6f复合体在膜的基粒和基质区均匀分布，但它体积太大，不太可能移动。而小分子质体醌或质体蓝素，或者两者一起被认为是连接两个光系统的移动载体。

质体蓝素（plastocyanin）（PC）是一个小的（10.5 kDa）水溶性的含铜蛋白质，能够在细胞色素b_6f复合体和P700间转移电子，这种蛋白质存在于腔内（图7.28）。在某些绿藻和蓝藻中，c型细胞色素可以代替质体蓝素起作用，但究竟利用哪一种，由生物体可得到的铜的量决定。

 7.6.9　光系统Ⅰ反应中心还原$NADP^+$

PSⅡ中，尽管天线叶绿素与反应中心连接，但两者是以分离的色素-蛋白质形式存在。与PSⅡ不同的是，PSⅠ反应中心复合体是一个大的多亚基复合体（图7.29）（Jordan et al.，2001；Ben-Shem et al.，2003），由100个叶绿素分子组成的核心天线整合在PSⅠ的反应中心；PSⅠ的核心天线和P700结合在两个蛋白质——PsaA和PsaB上，它们的分子质量为66~70 kDa（参见**Web Topic 7.8**）（Amunts and Nelson，2009）。豌豆的PSⅠ反应中心复合体除了有与蓝藻相似的核心结构外，还包含4个LHCⅠ复合体（图7.29）。复合体中总的叶绿素分子数目接近200。

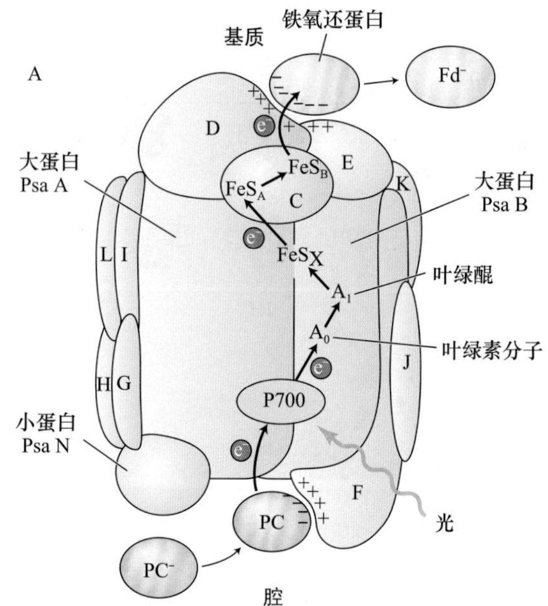

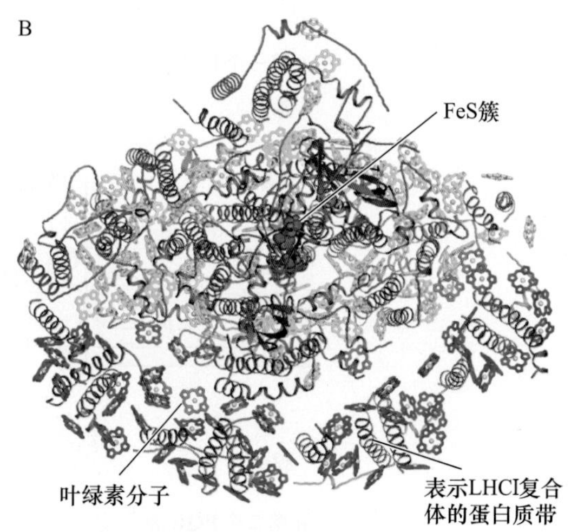

图7.29　光系统Ⅰ的结构。A. 高等植物的PSⅠ反应中心的结构模型。PSⅠ反应中心的组分围绕着两个大的核心蛋白质PsaA和PsaB排列。从PsaC到PsaN的小蛋白质被标记为C~N。电子从质体蓝素（PC）转移到P700（图7.21和图7.22），再到叶绿素分子（A_0），然后到叶绿醌（A_1），再到**Fe-S中心：FeS_X、FeS_A**和**FeS_B**，最后到达可溶性铁硫蛋白：铁氧还蛋白（Fd）。B. 分辨率为4.4Å时，豌豆光系统Ⅰ反应中心复合体的结构，包括了LHCⅠ天线复合体。此图是膜的基质侧视图（A改编自Buchanan et al.，2000；B改编自 Nelson and Ben-shem，2004）。

核心天线色素形成了一个围绕着电子传递链辅助因子的碗状结构，处于复合体中心。这些核心天线色素在光系统Ⅰ受体区域起电子载体的作用，它们的还原态都是非常强的还原剂，且相当不稳定，因此很难鉴定。有证据表明这些早期受体中有一个是叶绿素分子，另一个是醌类——叶绿醌，也称维生素K_1。

其他的电子受体包括3个膜结合的铁硫蛋白，也称Fe-S中心（Fe-S center）：FeS_X、FeS_A和 FeS_B（图

7.29）。Fe-S中心X是P700结合蛋白的一部分；中心A和B位于PS Ⅰ反应中心复合体中的8 kDa蛋白上。电子经过中心A和B到达**铁氧还蛋白（ferredoxin）（Fd）**——一种小的水溶性铁硫蛋白（图7.21和图7.29）。膜结合黄素蛋白**铁氧还蛋白-NADP还原酶（ferredoxin-NADP reductase）（FNR）**将$NADP^+$还原为NADPH，完成了从水氧化开始的非循环式电子传递过程（Karplus et al.，1991）。

除了还原$NADP^+$，光系统Ⅰ产生的还原型铁氧还蛋白在叶绿体中还有其他功能，如为还原硝酸盐提供还原剂，以及参与一些碳固定酶的调控（见第8章）。

 7.6.10　循环电子流产生ATP但不产生NADPH

光系统Ⅰ位于基质类囊体膜上，这个区域中还发现了一些细胞色素b_6f复合体。在某些情况下，**循环电子流（cyclic electron flow）**发生于光系统Ⅰ的还原侧，经过质体氢醌和b_6f复合体回到P700，这个循环电子流与质子泵入内腔相偶联，这些质子可用于合成ATP但不能用于氧化水或还原$NADP^+$。循环电子流作为合成ATP的能量来源，在某些进行C_4固定的植物的维管束鞘叶绿体中尤为重要（见第8章）。循环电子流的分子机制还不甚清楚，调节此过程的一些蛋白质刚被发现，其研究热度还在继续中。

 7.6.11　某些除草剂阻断光合电子流

在现代农业中，已经非常普遍地使用除草剂来除去杂草。现已有多种不同的除草剂，它们通过阻断氨基酸、类胡萝卜素及脂类的生物合成，或者干扰细胞分裂来起作用。其他除草剂，如二氯苯基二甲基脲（DCMU，也称敌草隆）和百草枯，则是通过阻断光合作用电子流起作用（图7.30）。

DCMU通过竞争质体醌PQ_B的结合位点来发挥作用，在光系统Ⅱ的醌受体这一步阻断电子传递。百草枯则是通过从光系统Ⅰ的初始受体中接受电子，与氧反应生成超氧化合物O_2^-来发挥作用。O_2^-对叶绿体的组分，特别是脂类具有很强的破坏作用。

7.7　叶绿体中的质子转运和ATP合成

在前面几节中，了解了捕获的一部分光能如何将$NADP^+$还原成NADPH；另一部分光能则被用于ATP合成，称为**光合磷酸化（photophosphorylation）**。20世纪50年代，Daniel Arnon和他的同事发现了这个过程。尽管在有些情况下电子传递和光合磷酸化可以独立发生，但正常情况下的光合磷酸化是需要电子传递的；未伴随

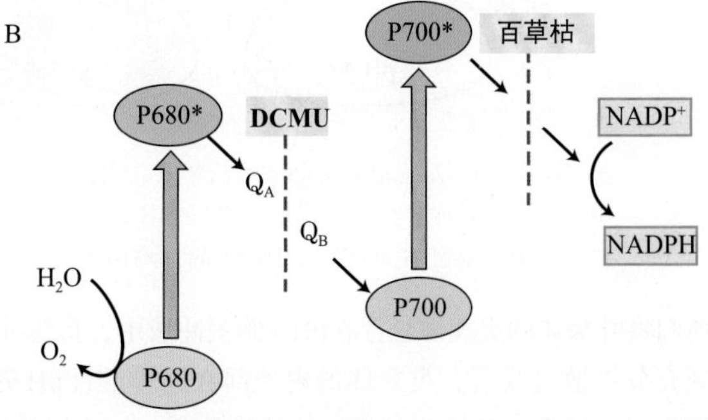

图7.30　两种重要除草剂的化学结构和作用机制。A. 二氯苯基二甲基脲（DCMU）和甲基紫精（百草枯）是两种阻碍光合电子流的除草剂，DCMU也称敌草隆。B. 两种除草剂的作用位点。DCMU通过与质体醌竞争结合位点，在光系统Ⅱ的醌受体位点阻碍电子传递。百草枯则是通过从光系统Ⅰ的初始受体上接受电子从而起阻断作用。

磷酸化的电子传递称为**解偶联（uncoupled）**。

现在已广泛认为光合磷酸化是通过**化学渗透机制（chemiosmotic mechanism）**实现的。该机制在20世纪60年代首先由Peter Mitchell提出。在细菌和线粒体的有氧呼吸中，相同的机制驱动了磷酸化（见第11章），也驱动了很多离子和代谢产物的跨膜运输（见第6章）。化学渗透机制存在于所有生命形式的跨膜过程中。

在第6章中讨论了细胞质膜ATP酶在化学渗透和离子转运中的功能。质膜ATP酶需要的ATP由叶绿体的光合磷酸化和线粒体的氧化磷酸化作用合成。以下将讨论叶绿体中用于合成ATP的化学渗透机制和跨膜质子浓度差异。

化学渗透的基本原理是：跨膜的离子浓度差异和电势能差异为细胞提供可利用的自由能。根据热力学第二定律（具体见附录1中的内容），任何物质或能量的不均匀分布都是一种能量来源，在膜的两侧任何浓度不等的分子所产生的**化学势（chemical potential）**差异都能提供这样的能量来源。

前面讨论了光合膜的不对称性，以及伴随着电子传递发生的从膜的一侧到另一侧的质子转运。质子跨膜转运的方向性使得基质碱性更强（质子少），腔内酸性更强（质子多）（图7.22和图7.28）。

Andre Jagendorf和同事进行了一个巧妙的实验，为ATP合成的化学渗透机制提供了早期证据（图7.31）。

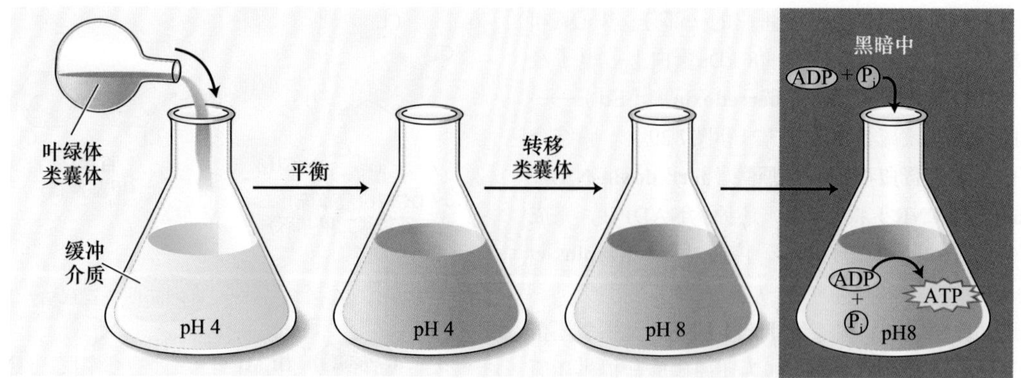

图7.31　Ardre Jagendorf等的实验简要示意图。原先在pH 8的溶液中的离体叶绿体类囊体被置于pH 4的酸性溶液中平衡，之后被转移到含有ADP和P_i的pH 8的缓冲液中，由此产生的质子梯度为无光情况下的ATP合成提供了驱动力。此实验证实了化学渗透理论的预测结果——跨膜化学势可为ATP合成供能（改编自 Jagendorf，1967）。

他们将叶绿体的类囊体悬浮在pH 4的缓冲液中，待缓冲液充分扩散过膜后，类囊体的内外部在这种酸性pH条件下得到平衡，然后将类囊体快速转移到pH 8 的缓冲液中，使得类囊体膜内外产生4个pH单位的差异，膜内相对于膜外酸性更强。

他们发现，在没有光照或电子传递的情况下，由ADP和P_i合成了大量ATP。这些结果支持了下面将要描述的化学渗透假说。

Mitchell认为，用于ATP合成的总能量，即**质子动力势（proton motive force）**（Δp），是质子化学势和跨膜电势能之和。膜外到膜内的质子动力势的两部分能量可由式（7.9）表示。

$$\Delta p = \Delta E - 59\,(pH_i - pH_0) \qquad (7.9)$$

式中，ΔE为跨膜电势；$pH_i - pH_0$（或者ΔpH）为跨膜pH差（pH_i为类囊体外的pH，pH_0为类囊体内的pH）。比例常数（25℃时）为每pH单位59 mV，因此pH跨膜差异为1时相当于59 mV膜势能。

除了前面提到的需要移动的电子载体，光系统Ⅱ和光系统Ⅰ、ATP合酶在类囊体膜中的不均匀分布也给ATP的合成带来了一定的麻烦。由于ATP合酶只发现于基质片层和基粒垛叠的边缘，由细胞色素b_6f复合体跨膜泵入类囊体的质子，或者在基粒中部由水氧化产生的质子必须横向移动几十纳米，才能到达ATP合酶。

ATP由一个大（400 kDa）的酶复合体合成，这种酶称为**ATP合酶（ATP synthase）**、**ATP酶（ATPase）**（根据逆反应ATP水解命名）或CF_o-CF_1（Boyer，1997）。这个酶由两部分组成：与膜结合的疏水部分CF_o；伸进基质的部分CF_1（图7.32）。CF_o形成了供质子通过的一个跨膜通道。CF_1由几条肽链组成，含有交错排列的α链和β链各3条，看上去像个橙子。催化位点主要位于β链，其他一些链可能有调节功能。在复合体中CF_1的功能是合成ATP。

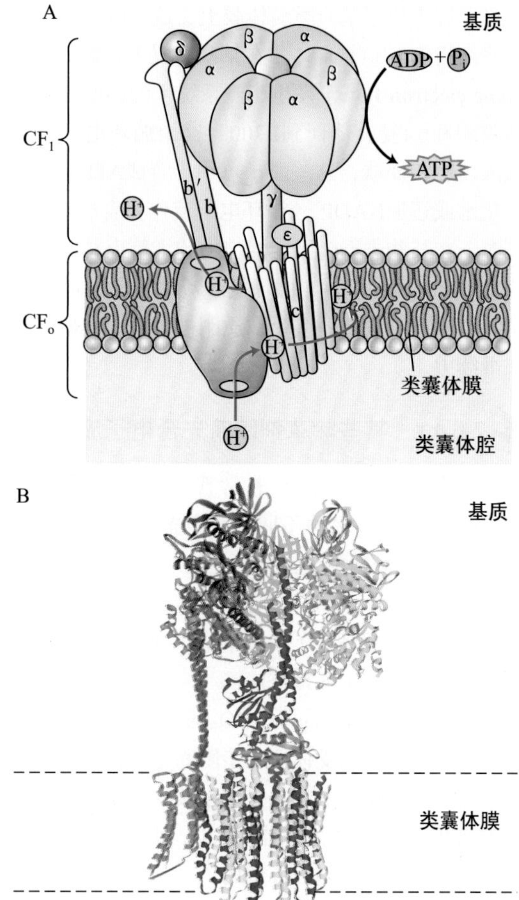

图7.32　F_1F_o-ATP合酶的亚基构成（A）和晶体结构（B）。此酶由CF_1和CF_o组成。CF_1是一个大的多亚基复合体，它在膜的基质侧，与整合在膜中的部分CF_o相连。CF_1由5种不同肽链组成，数量为3个α，3个β，1个γ，1个δ，1个ε。CF_o可能由4种不同肽链组成，数量为1个a，1个b，1个b′，14个c。内腔中的质子由旋转的c肽运输到基质（W. Frasch惠赠）。

利用X射线晶体衍射方法已测出线粒体ATP合酶的分子结构。尽管叶绿体和线粒体酶的差别很大，但它们

有相同的总体结构和近乎相同的催化位点。事实上，在叶绿体、线粒体和紫细菌中，电子传递和质子跨膜转运偶联方式都有显著的相似性（图7.33）。另外，ATP合酶内部的柄和CF_o的大部分在催化时旋转（Yasuda et al.，2001），是该酶作用机制中一个值得注意的地方。这种酶实际上可视为一个微型分子马达（参见**Web Topic 7.9**和**Web Topic 11.4**）。酶每转一圈合成3分子ATP。

针对叶绿体ATP合酶CF_o部分的直接显微成像结果表明，它含有14个整合在膜中的亚基。复合体每旋转一次，每个亚基就跨膜转运一个质子，意味着质子跨膜转

A 紫细菌

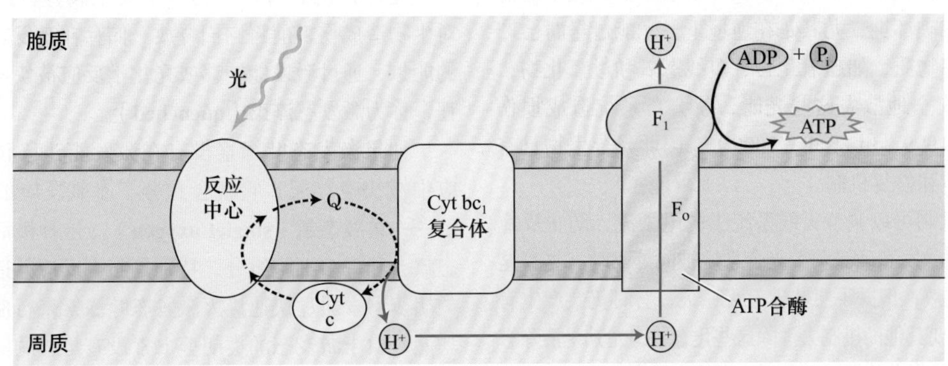

B 叶绿体

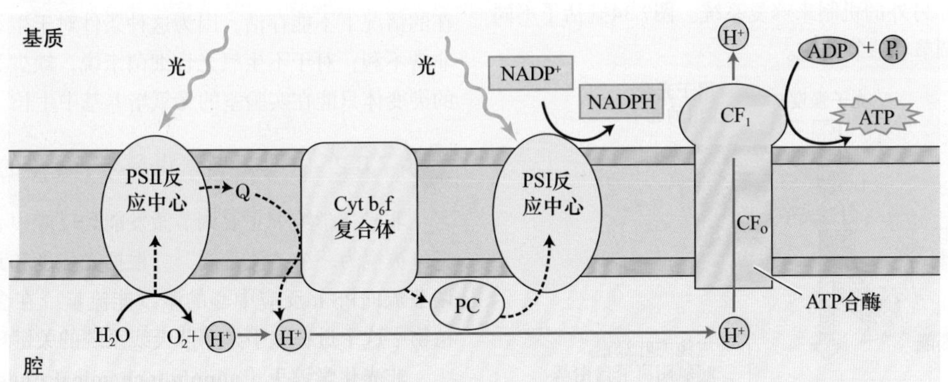

C 线粒体

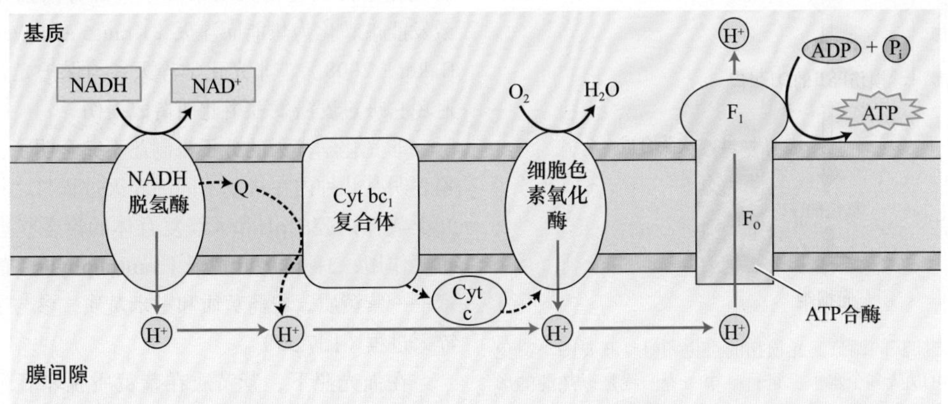

图7.33 细菌、叶绿体和线粒体中光合和呼吸电子流的相似性。在以上3种电子流中，电子传递都与质子跨膜转运相偶联，产生了跨膜质子动力势（Δp）。质子动力势中的能量被ATP合酶用于合成ATP。A. 光合紫细菌的反应中心具有循环电子流，通过细胞色素bc_1复合体产生质子势能。B. 叶绿体具有非循环电子流，氧化水，还原$NADP^+$，质子由水的氧化和细胞色素b_6f复合体氧化PQH_2（图中标为“Q”）产生。C. 线粒体将NADH氧化为NAD^+，并将氧气还原为水，质子由NADH脱氢酶、细胞色素bc_1复合体和细胞色素氧化酶泵出。3个系统中ATP合酶的结构非常相似。

运和ATP形成的比例是14/3或4.67，但实际测量值经常低于该值，原因尚不明确。

7.8 光合作用系统的修复和调节

光合系统面临着一些特殊的考验，它虽可吸收大量光能并将其转化为化学能，但在分子水平上，光子的能量可能具有破坏性，尤其是在逆境下。光能过量时会产生一些有害物质，如超氧化物、单线态氧和过氧化物；如果不能安全地散失这些光能，就会对系统造成损伤（Asada，1999；Li et al.，2009），因此光合生物具有复杂的调节和修复机制。

有些机制可以调节天线系统中的电子流，防止反应中心的过度激发和确保两个光合系统被同等驱动。尽管这些机制很有效，但并不意味着万无一失，有时仍会产生有毒物质，需要其他的机制去清除这些化合物，尤其是清除有毒的氧化物。本节将探讨避免系统遭受光损伤的保护机制。

有了这些保护和清除机制之后，损伤仍然有可能发生，还需要另外的机制来修复系统。图7.34概括了不同水平上的调节和修复系统。

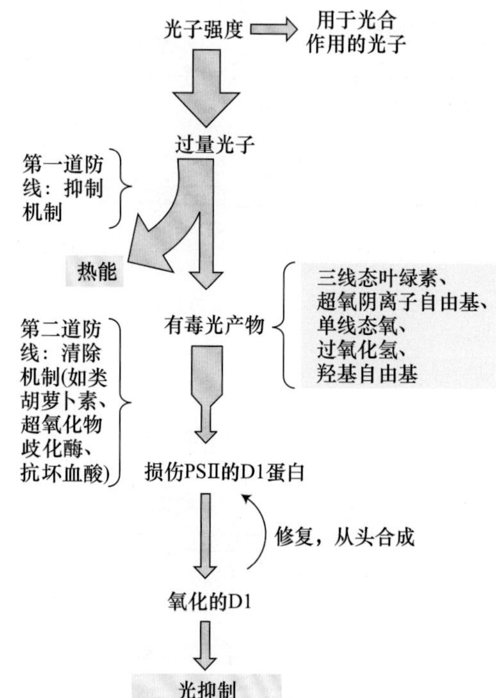

图7.34 光子捕获的调节、光损伤的避免和修复概要图。避免遭受光损伤可以从多个水平上进行。第一道防线是以热能的形式来淬灭过多的激发能，从而防止破坏。如果这道防线失败，仍然形成了有毒的光产物，可以通过第二道防线的多个清除系统来消除。如果第二道防线仍然失败，光产物将会破坏光系统Ⅱ的D1蛋白，导致光抑制。D1蛋白从PSⅡ反应中心被切离并降解，新合成的D1蛋白会被重新插入到PSⅡ反应中心，形成有功能的单位（改编自Asada，1999）。

7.8.1 类胡萝卜素作为光保护剂

类胡萝卜素除了作为辅助色素，在**光保护（photo-protection）**中也有重要作用。如果光能没有被光化学反应所储存，光合膜将很容易被色素吸收的大量能量所破坏，这就是为什么需要保护机制的原因。

光保护机制可被视为一个安全阀，在过量的能量对生物造成伤害前将它们释放。储存在激发态叶绿素中的能量，通过激发能转移或光化学反应被快速耗散的过程，称为激发态**淬灭（quenched）**。

如果激发态叶绿素没有在激发能转移和光化学反应中被快速淬灭，它就会和分子态氧反应形成激发态氧——**单线态氧（singlet oxygen）**。这种极活泼的单线态氧会和许多细胞组分，特别是脂类反应并造成伤害。类胡萝卜素通过快速淬灭激发态叶绿素来行使其光保护功能，由于激发态的类胡萝卜素没有足够的能量形成单线态氧，因此它会衰减回到基态，能量以热能形式释放。

缺少类胡萝卜素的突变体，在光和分子态氧同时存在的情况下不能存活，因为这种条件对于生氧光合生物非常不利；对于不生氧光合细菌来说，缺少类胡萝卜素的突变体只能在实验室的无氧培养基中生长。

7.8.2 一些叶黄素也参与了能量的耗散

非光化学淬灭主要调节激发能到反应中心的传递，它可被视为一个“流量阀”，根据光强度和其他条件来调节流向PSⅡ反应中心的激发能流量。在多数藻类和植物中这个过程似乎是调节天线系统的关键环节。

非光化学淬灭（nonphotochemical quenching）通过光化学途径之外的途径淬灭叶绿素荧光（图7.5）。非光化学淬灭使得天线系统中大部分由强光照引起的激发能被转化为热能而淬灭（Krause and Weis，1991；Baker，2008）。非光化学淬灭参与保护光合细胞器，避免它被过度激发并由此而造成损伤。

非光化学淬灭的分子机制还不完全明了，但是有迹象表明有几种内在机制不同的淬灭过程与之相关。现已知类囊体内腔的pH和天线复合体的聚合状态在其中起重要作用；3种称为**叶黄素（xanthophylls）**的类胡萝卜素——紫黄质、花药黄质和玉米黄质，参与了非光化学淬灭过程（图7.35）。

在强光照下，紫黄质在紫黄质脱环氧化酶的催化作用下经过中间体花药黄质，转变成玉米黄质，质子和玉米黄质结合到捕光天线蛋白质上，引起其结构变化，导致淬灭和热能耗散；当光强度减弱时，过程发生逆转（Demmig-Adams and Adams，1992；Horton and Ruban，2004）。

低光

紫黄质

H_2O NADPH $2H+O_2$ | 2H 抗坏血酸 H_2O

花药黄质

H_2O NADPH $2H+O_2$ | 2H 抗坏血酸 H_2O

玉米黄质

高光

图7.35　紫黄质、花药黄质和玉米黄质的化学结构。光系统Ⅱ的高度淬灭状态与玉米黄质相关，未淬灭状态与紫黄质相关。在外界条件变化特别是光强度变化时，酶催化这两种类胡萝卜素的相互转变，中间物是花药黄质。玉米黄质的形成需要抗坏血酸盐作为辅助因子，而紫黄质的形成需要NADPH。

非光化学淬灭可能主要与光系统Ⅱ的外周天线复合体——PsbS蛋白有关（Li et al.，2000）。最近研究表明，在非光化学分子淬灭机制中，瞬时电子转移过程可能起重要作用（Holt et al.，2005）。此外，还可能存在其他机制。目前该领域仍然是一个活跃而充满了争议的研究领域。

7.8.3　光系统Ⅱ反应中心易被损伤

另外一个严重影响光合细胞器稳定性的效应是光抑制。当给予PSⅡ反应中心过多激发能时，会导致其失活和损伤（Long et al.，1994）。**光抑制（photoinhibition）**是一组复杂的分子事件，是过量光产生的对光合作用的抑制。

第9章中将详细讨论，光抑制在初期阶段是可逆的，但是长时间的抑制会导致光系统的损伤，以至于PSⅡ反应中心不得不通过解聚来修复（Melis，1999）。被损伤的主要对象是PSⅡ反应中心复合体中的D1蛋白（图7.24）。当D1被过量光损伤时，必须从膜上切除，代之以新合成的分子。由于PSⅡ反应中心的其他组分不会被过度激发所破坏，且可以再循环利用，因此D1蛋白是唯一需要被合成的组分。

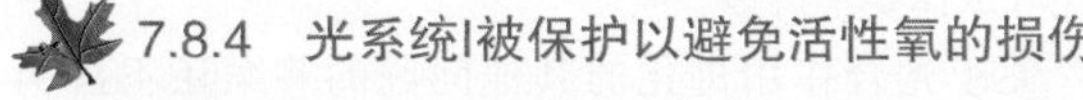

7.8.4　光系统Ⅰ被保护以避免活性氧的损伤

光系统Ⅰ特别容易受到活性氧的损伤。PSⅠ的铁氧还蛋白受体是一个很强的还原剂，可以很容易将分子态氧还原成超氧化物（O_2^-），此还原过程可以与电子输送至$NADP^+$的过程和其他过程相竞争。超氧化物是一种对生物膜非常有害的物质，当它形成时，可以通过超氧化物歧化酶和抗坏血酸过氧化物酶等系列酶的作用来清除。

7.8.5　类囊体垛叠允许能量在光系统间进行分配

高等植物的光合作用由两个光吸收特性不同的光系统驱动，由此带来一个特殊的问题：如果能量输运到PSⅠ和PSⅡ的速率没有精确匹配，以至于光合作用的速率受到光照（如低光强度）限制的话，那么电子流的速率将会受到接收能量不足的那个光系统的限制。在效率最高的情况下，两个光系统的能量输入应当相同，但是仅仅依靠色素的排列不能达到这个要求，因为一天中不同时刻的光强度和光谱分布只对其中的一种光系统有利（Allen and Forsberg，2001；Finazzi，2005）。

针对不同的条件，调节能量从一个光系统到另一个光系统的转移可以解决这个问题。已有证据显示这种调节机制能在不同实验条件下起作用。研究表明，光合作用总的量子产额几乎不受波长影响（图7.12），提示了存在这样一种机制。

类囊体膜具有一个能使LHCⅡ表面的特定苏氨酸残基磷酸化的蛋白激酶，LHCⅡ是一种膜结合的天线色素蛋白质，本章前面已经提及（图7.20）。当LHCⅡ未被磷酸化时，它向光系统Ⅱ传递更多能量；当它被磷酸化时，则向光系统Ⅰ传递更多能量（Haldrup et al.，2001）。

这个蛋白激酶在PSⅠ和PSⅡ间的电子载体——质体醌的还原态增加时激活。当PSⅡ比PSⅠ被更频繁激活时，被还原的质体醌增加，从而激酶被激活，进而使LHCⅡ磷酸化。可能是由于被磷酸化的LHCⅡ与带负电荷的相邻膜间的电荷排斥作用，使得被磷酸化的LHCⅡ从膜的垛叠区域移动进入未垛叠区域（图7.18）。

7.9　光合作用系统的遗传、组装和进化

叶绿体有自己的DNA、mRNA和蛋白质合成机器，但是很多叶绿体蛋白质由核基因编码，合成后输送进叶绿体。在这节将会讨论叶绿体主要组分的遗传、组装和进化。

7.9.1　叶绿体基因的遗传不遵循孟德尔规律

叶绿体和线粒体通过分裂而不是**从头合成（*de novo* synthesis）**来复制自己。这种复制方式并不奇怪，因为这些细胞器包含了核中没有的基因信息。在细胞分裂

时，叶绿体在两个子细胞间分配。在大多数有性生殖的植物中，只有母本植物将其叶绿体传给合子。在这些植物中，叶绿体编码的基因不遵循正常的孟德尔遗传定律，因为后代只从一个亲本中得到叶绿体，结果造成**非孟德尔（non-Mendelian）**，或者说**母系遗传（maternal inheritance）**。多种性状通过此方式遗传，**Web Topic 7.10**中讨论的抗除草剂性状就是一个例子。

7.9.2 多种叶绿体蛋白质在细胞质合成后被输入叶绿体

叶绿体蛋白质可由叶绿体或核DNA编码。叶绿体编码的蛋白质在叶绿体核糖体上合成；核编码的蛋白质在细胞质核糖体上合成后运进叶绿体。许多核基因包含了内含子，即不编码蛋白质的碱基顺序，内含子在mRNA加工中被去除，蛋白质在细胞质中合成。

叶绿体发挥功能所必需的基因在细胞核和叶绿体基因组中的分布没有明显的特征，但是这些基因对于维持叶绿体的正常作用非常重要。有些叶绿体基因对于细胞的其他功能，如血红素和脂类的合成是必需的。编码叶绿体蛋白质的核基因的表达调控很复杂，与两种光敏色素（见第17章）、蓝光（见第18章）及其他因素（Eberhard et al.，2008）介导的光依赖的调节过程有关。

细胞质中合成的叶绿体蛋白质的转运是一个受到严密控制的过程（Chen and Schnell，1999；Benz et al.，2009）。例如，与碳固定反应有关的Rubisco酶（见第8章）有两种亚基：一个由叶绿体编码的大亚基和一个由核编码的小亚基。Rubisco的小亚基在细胞质中合成，转运进叶绿体，然后在叶绿体中组装。

在这个例子和其他已知的例子中，核编码的叶绿体蛋白质以前体蛋白质的形式合成，N端含有称为**转运肽（transit peptide）**的氨基酸序列。N端序列引导前体蛋白质进入叶绿体，帮助它通过外层和内层的被膜，然后被切除。电子载体质体蓝素是一个由核基因编码的水溶性蛋白质，它在叶绿体内腔中发挥作用，因此它必须穿越3层膜到达内腔中的目的位点。质体蓝素的转运肽很大，当它引导蛋白质穿越叶绿体内膜和类囊体膜时，要经历多步加工。

7.9.3 叶绿素的生物合成和降解经过复杂的过程

叶绿素是复杂的分子，它们在光合作用中巧妙地执行光吸收、能量转移和电子转移的功能（图7.6）。与其他所有生物分子一样，叶绿素由生物途径合成，在这个过程中简单的分子被装配成更复杂的分子（Beale，1999；Eckhardt et al.，2004；Tanaka and Tanaka，2007），合成途径中的每一步都由酶催化完成。

叶绿素的生物合成途径由12个以上的步骤组成（参见**Web Topic 7.11**）。整个过程可分为几个阶段（图7.36），每个阶段相对独立，但在细胞中是高度协调的。这种协调非常关键，因为游离的叶绿素和一些光合作用的中间产物对细胞有破坏作用，这种破坏主要由于叶绿素可以高效吸收光能，如果没有相应蛋白质的存在就缺少利用能量的途径，从而导致有毒害的单线态氧的产生。

衰老叶片中的叶绿素降解及其生物合成途径有很大不同（Takamiya et al.，2000；Eckhardt et al.，2004）。首先是由叶绿素酶去除叶醇尾巴，其次是由镁脱螯合酶去除镁离子，最后卟啉结构被依赖氧的加氧酶打开形成一个开链四吡咯结构。

四吡咯结构进一步被转变成水溶性的无色产物，这些无色代谢物随后被运出衰老的叶绿体，进入液泡，并一直储存在那里。虽然叶绿体中与叶绿素结合的蛋白质可被循环利用以合成新的蛋白质，但是叶绿素代谢产物不能进一步被加工或循环利用。蛋白质的循环利用对于合理使用植物的氮元素非常重要。

7.9.4 复杂光合生物由简单生物进化而来

在植物和藻类中发现的复杂光合细胞器是长期进化的结果。通过分析非生氧光合细菌和蓝细菌（蓝藻）等简单的原核光合生物可以推测出该进化过程的很多信息。

叶绿体是一种半自主的细胞器，它有自身的DNA和一套完整的蛋白质合成机器。组成光合细胞器的许多蛋白质、叶绿素和脂类均在叶绿体中合成，其他蛋白质则由核基因编码并从细胞质中输入。为什么会有这种奇特的分工呢？许多专家认为，叶绿体是由蓝细菌和一种简单的非光合真核细胞的共生关系进化而来，这种关系称为**内共生（endosymbiosis）**（Cavalier-Smith，2000）。

起初蓝细菌可以独立生活，但是随着时间的推移，许多维持细胞正常功能所需要的基因信息丢失，大量合成光合细胞器所需的信息被转移到核中，使得叶绿体脱离寄主就无法存活，最终成为细胞的一个组成部分。

在一些藻类中，叶绿体来源于真核光合生物的内共生（Palmer and Delwiche，1996）。在这些生物中，叶绿体被3层，有时是4层膜所包围，这些膜可能是早期生物细胞膜的残余。线粒体也被认为起源于内共生，但形成比叶绿体要早得多。

关于光合作用进化的其他问题的答案还不甚明了。这些问题包括最早的光系统的性质，两个光系统如何连通和生氧复合体的进化起源（Blankenship and Hartman，1998；Xiong et al.，2000；Allen，2005）。

第一阶段

COOH–CH$_2$–CH$_2$–CHNH$_2$–COOH
谷氨酸

COOH–CH$_2$–CH$_2$–C=O–CH$_2$NH$_2$
5-氨基乙酰丙酸

胆色素原

第二阶段

原卟啉Ⅸ

Mg^{2+}

单乙烯基原叶绿素酸酯a

还原位点

NADPH,光
光依赖型原叶绿素酸酯氧化还原酶

第三阶段

叶绿素酯a

叶绿醇尾巴

第四阶段

叶绿素a

图7.36　叶绿素的生物合成途径。合成开始谷氨酸被转化成5-氨基乙酰丙酸（ALA）；两分子ALA缩合形成胆色素原（PBG）；4个PBG分子连接成为原卟啉Ⅸ；镁离子进入；然后环E依赖光的作用进行环化；环D还原；最后连接叶醇尾巴，整个过程完成。此图中省略了过程中的许多步骤。

小 结

植物光合作用利用光能，将二氧化碳和水合成为碳水化合物，并产生氧气。碳水化合物中储存的能量被用于驱动植物细胞的代谢活动，并为所有的生命提供能量来源。

高等植物中的光合作用

·叶绿体中，叶绿素吸收光能，用于氧化水，释放氧气，产生NADPH和ATP（类囊体反应）。

·NADPH和ATP被用于还原二氧化碳，合成糖（碳固定反应）。

基本概念

·光既是粒子又是波，它以光子的形式传送能量，其中部分能量被植物吸收并利用（图7.1~图7.3）。

·吸收了光能的叶绿素可以发荧光，将能量转移给另外一个分子，或利用该能量来驱动化学反应（图7.5和图7.10）。

·所有光合生物都包含了多种具有独特结构和光吸收特性的色素分子（图7.6和图7.7）。

了解光合作用的关键实验

·藻类光合作用的作用光谱显示氧气释放量与波长有关（图7.8和图7.9）。

·天线色素-蛋白质复合体收集光能，并将它转移到反应中心复合体（图7.10）。

·光驱动$NADP^+$还原和ATP合成。放氧生物具有两个光系统（PSⅠ和PSⅡ），依次作用（图7.12~图7.14）。

光合细胞器的构成

·叶绿体类囊体膜上有反应中心、捕光色素复合体和电子载体蛋白质（图7.18）。PSⅠ和PSⅡ在类囊体中空间上是分离的。

吸光天线系统的构造

·天线系统将能量汇集到反应中心（图7.19）。

·两个光系统的捕光蛋白结构上相似（图7.20）。

电子传递机制

·Z方案显示了从H_2O到$NADP^+$经过PSⅡ和PSⅠ载体的电子流（图7.14和图7.21）。

·4个大的蛋白质复合体转运电子：PSⅡ、细胞色素b_6f复合体、PSⅠ和ATP合酶。

·PSⅠ反应中心叶绿素最大吸收波长为700 nm；PSⅡ反应中心叶绿素最大吸收波长为680 nm。

·PSⅡ反应中心是一个多亚基的蛋白质-色素复合体（图7.24和图7.25）。

·锰离子（Mn^{2+}）是氧化水所必需的。

·2个疏水性质体醌从PSⅡ接受电子（图7.22和图7.26）。

·当电子流经细胞色素b_6f复合体（图7.22和图7.27）时，质子被转运进类囊体腔中（图7.22和图7.27）。

·质体醌和质体蓝素在PSⅡ和PSⅠ间转运电子（图7.28）。

·$NADP^+$被PSⅠ反应中心还原，反应过程利用了3个Fe-S中心和铁氧还蛋白作为电子载体（图7.29）。

·环形电子流通过质子泵生成了ATP，但不产生NADPH。

·除草剂可能阻碍了光合电子流（图7.30）。

叶绿体中的质子转运和ATP合成

·体外将pH 4缓冲液中平衡过的叶绿体类囊体转移到pH 8的缓冲液中，导致ADP和P_i反应形成ATP，支持了ATP合成的化学渗透假说（图7.31）。

·质子顺电化学势梯度（质子动力势）移动，通过ATP合酶合成ATP（图7.32）。

·ATP合酶在催化过程中，CF_o部分像一个微型的马达那样转动。

·叶绿体、线粒体和紫细菌中的质子转运具有一定的相似性（图7.33）。

光合系统的调节和修复

·光损伤的保护和修复包括：淬灭和热量散失，中和有害光产物和PSⅡ的合成修复（图7.34）。

·叶黄素（类胡萝卜素）参与非光化学淬灭过程（图7.35）。

·激酶介导的LHCⅡ磷酸化促使LHCⅡ移动到类囊体非垛叠，将能量传递给PSⅠ（状态2）。脱磷酸化时，LHCⅡ移动到类囊体的垛叠部分，将更多能量传递给PSⅡ（状态1）。

光合系统的遗传、组装和进化

·叶绿体有自身的DNA、mRNA和蛋白质合成系统，但仍然需要核基因编码的蛋白质。

·叶绿体遗传不遵循孟德尔遗传定律。

·叶绿素生物合成可以分为4个阶段（图7.36）。

·叶绿体由蓝细菌和简单的非光合真核细胞共生进化而来。

（葛晓春　译）

WEB MATERIAL

Web Topics

7.1 Principles of Spectrophotometry

Spectroscopy is a key technique for the study of light reactions.

7.2 The Distribution of Chlorophylls and Other Photosynthetic Pigments

The content of chlorophylls and other photosynthetic pigments varies among plant kingdoms.

7.3 Quantum Yield

Quantum yields measure how effectively light drives a photobiological process.

7.4 Antagonistic Effects of Light on Cytochrome Oxidation

Photosystems I and II were discovered in some ingenious experiments.

7.5 Structures of Two Bacterial Reaction Centers

X-ray diffraction studies resolved the atomic structure of the reaction center of photosystem Ⅱ.

7.6 Midpoint Potentials and Redox Reactions

The measurement of midpoint potentials is useful for analyzing electron flow through photosystem Ⅱ.

7.7 Oxygen Evolution

The S state mechanism is a valuable model for water splitting in PS Ⅱ.

7.8 Photosystem Ⅰ

The PS Ⅰ reaction is a multiprotein complex.

7.9 ATP Synthase

The ATP synthase functions as a molecular motor.

7.10 Mode of Action of Some Herbicides

Some herbicides kill plants by blocking photosynthetic electron flow.

7.11 Chlorophyll Biosynthesis

Chlorophyll and heme share early steps of their biosynthetic pathways.

Web Essay

7.1 A Novel View of Chloroplast Structure

Stromules extend the reach of the chloroplasts.

第8章

光合作用：碳反应

本书第5章讨论了植物生长并完成生命周期（life cycle）需要矿物质和光。因为星球上的物质是一定的，必须持续地供给能量，以此维系生物圈（biosphere）中的营养物质循环。没有能量输入，熵（entropy）将会增加，物质流动最终停止。到达地球表面的太阳辐射能是维持地球生命的最终能源（DOE，2008；Sinclair，2009）。植物的储能反应可将这种能（大约3×10^{21} J/年）转化为碳水化合物（大约2×10^{11} t碳/年）。

被捕获到的太阳能被转化为各种形式的化学能，这是地球上最原始的生物化学反应之一。100万年以前，异养细胞通过与蓝藻细菌以初级的共生形式获得将太阳能转化为化学能的能力。最近，借助于质体、蓝藻细菌和真核细胞中蛋白质的氨基酸序列比较，可将这一古事件的后代进行分类，所谓原始色素体生物/泛植物（Archaeplastidae）家族包括三大分支：绿色植物界（Viridiplantae/Chloroplastidae：绿藻、陆地植物）、红藻植物（Rhodophyta）和灰色藻类（Glaucophytae/Glaucocystophyte：一种单细胞藻，含有类似于蓝藻细胞的称为蓝色小体的质体）（Rodríguez-Ezpeleta et al.，2005；Deschamps et al.，2008a）。

原始共生体产生了各种细胞器。一般认为，共生体到细胞器过渡中，在宿主细胞受保护的环境中，一些不必要的功能丧失，也获得了额外的代谢途径（Deschamps et al.，2008b）。但是，该过程的细节在泛植物的分支中变化很大。例如，原始的（胞）内共生体不仅得到了产生氧气的光合作用能力，而且可以合成新的化合物（如淀粉）。虽然所有的后代保留了这种合成多聚糖的能力，但红藻植物和灰色藻类在胞质中生产并储存淀粉，而绿色植物界中的此项工作在质体中完成。

从第7章可知：在叶绿体类囊体膜上，从水（H_2O）到分子氧（O_2）的光化学氧化反应所产生的能量被用来产生腺苷三磷酸（adenosine triphosphate，ATP）、还原型铁氧还蛋白及还原型嘧啶核苷酸（reduced pyridine nucleotide，NADPH）。随后，光反应产物ATP和NADPH从类囊体膜流向周围液相（叶绿体基质），并驱动大气CO_2酶促还原反应，产生碳水化合物或其他细胞成分（图8.1）。在叶绿体基质中进行的后续反应一直被认为是不依赖光的，故称为**暗反应**（dark reactions）。但是，基质中的反应依赖光化学反应产物，并被光直接调控。因此，这些反应称为**光合作用碳反应**（carbon reactions of photosynthesis）更为合理。

本章将首先阐述循环反应，即大气CO_2到生命所需的有机化合物的合成的全过程，也就是卡尔文-本森循环。接着，讨论为什么光呼吸损失少许同化的CO_2是不可避免的现象。光呼吸降低CO_2光合同化效率，因此也将阐述有关降低CO_2损失的生物化学机制：CO_2泵（参见Web Topic 8.1）、C_4代谢（C_4 metabolism），以及景天（科）酸代谢（crassulacean acid metabolism，CAM）。最后将以描述固定CO_2的2种主要的光合作用产物：淀粉（暂时在叶绿体中储存并积累的多糖）和蔗糖（从叶片输出到植物其他发育或储存器官的二糖）结束本章。

8.1 卡尔文-本森循环

自养生物能够利用环境中的物理或化学能量，将大气中CO_2转化为有机化合物分子骨架，以此满足细胞需要。自养生物固定CO_2最重要的途径是**卡尔文-本森循环**（Calvin-Benson cycle），其存在于很多原核生物和

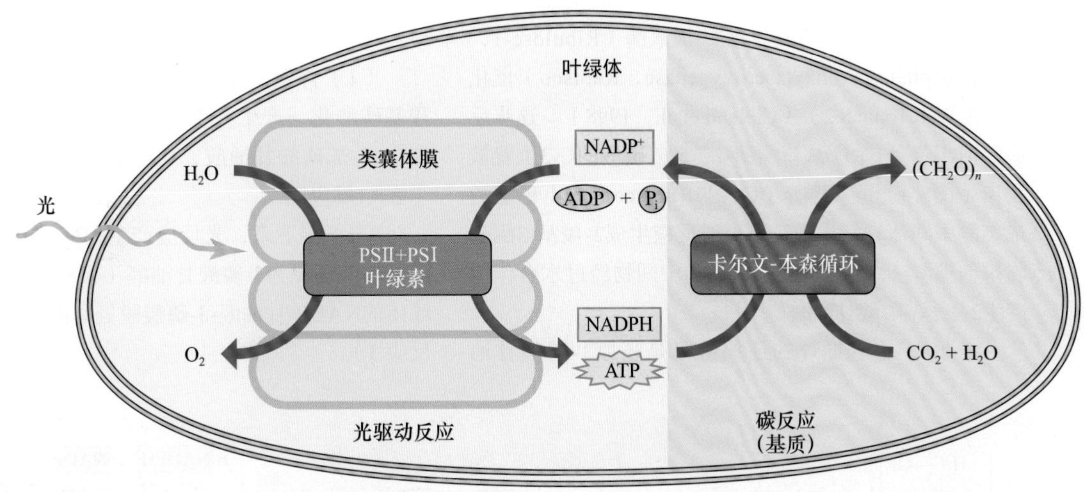

图8.1　陆地植物叶绿体光合作用中的光反应和碳反应。在类囊体膜上，太阳光激发光合电子传递系统[光合系统Ⅱ（PSⅡ）+光合系统Ⅰ（PSⅠ）]中的叶绿素，驱动ATP和NADPH产生（见第7章）。在基质中，卡尔文-本森循环中的系列酶促反应消耗ATP和NADPH，将CO_2还原为碳水化合物（磷酸丙糖）。

所有光合真核生物（从最原始的藻类到最高等的被子植物）。这个途径将碳元素（C）氧化态从最高值（CO_2中的+4）降低到糖分子水平（例如，—CO—羰基基团中的+2；—CHOH—二级醇类基团中的0）。考虑到C氧化态降低的特点，卡尔文-本森循环也可以称为**还原磷酸戊糖循环**（reductive pentose phosphate cycle）。本章节将介绍卡尔文-本森循环如何使用光反应产生的ATP和NADPH中储存的能量来固定CO_2（图8.1），以及此循环如何被调控。

8.1.1　卡尔文–本森循环包括3个阶段：羧化、还原和再生

20世纪50年代，M. Calvin、A. Benson（Benson，1951）、J. A. Bassham及其同事利用一系列精巧的实验阐释了卡尔文-本森循环（参见Web Topic 8.2）。叶绿体中的卡尔文-本森循环包括高度协作的3个阶段（图8.2）。

（1）CO_2受体分子的**羧化（carboxylation）**。循环中第一个酶促反应是：CO_2、H_2O和5C受体分子（核酮糖-1，5-二磷酸）形成2分子3C中间物（3-磷酸甘油酸）。

（2）3-磷酸甘油酸的**还原（reduction）**。在光合产物ATP和NADPH驱动下，3-磷酸甘油酸通过两步酶促反应被还原成为3C糖（磷酸三糖）。

（3）CO_2受体分子核酮糖-1，5-二磷酸的再生（regeneration）。循环结束在核酮糖-1，5-二磷酸再生，期间经过10个酶促反应，消耗1个ATP。

C是以磷酸三糖的形式输出，与大气CO_2的供给是平衡的。而后叶绿体中卡尔文-本森循环产生的磷酸三糖被转化为其他的细胞成分（如蔗糖和棉籽糖）。这些产物被分配到植物异养器官，以此维持生长或转化为储存物质。

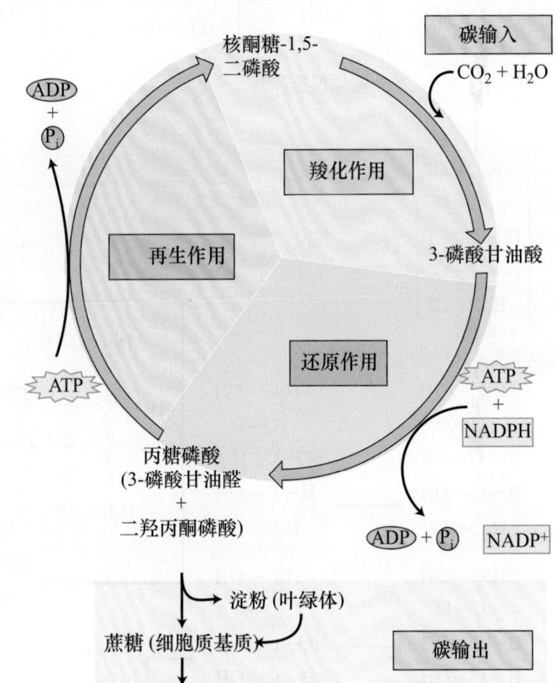

图8.2　卡尔文-本森循环的3个阶段。①羧化反应，CO_2和1个碳骨架共价结合；②还原反应，生成一种碳水化合物（磷酸三糖），此过程消耗光化学形成的ATP和NADPH还原当量；③再生反应，重新合成CO_2受体分子核酮糖-1，5-二磷酸。在稳定状态时，CO_2输入量等于磷酸三糖输出量。后者或者作为叶绿体中淀粉生物合成的前体，或者流入细胞质合成蔗糖。蔗糖被装载到韧皮部流体，运到生长需要或者多糖生物合成的植物其他部分。

8.1.2　核酮糖–1，5–二磷酸的羧化反应固定CO_2并合成磷酸三糖

卡尔文-本森循环的第一步反应中，3分子CO_2、3分子H_2O和3分子核酮糖-1，5-二磷酸反应，产生6分子

3-磷酸甘油酸（图8.3，表8.1反应1）。该反应由叶绿体中核酮糖-1，5-二磷酸羧化酶/加氧酶（Ribulose-1，5-bisphosphate carboxylase/oxygenase，Rubisco）催化（参见Web Topic 8.2）（Cleland et al.，1998）。这步反应的前半步是1个H^+从核酮糖-1，5-二磷酸的C-3位置被剥离（图8.4），气体分子CO_2与Rubisco形成不稳定的烯二醇中间体；后半步是不可逆反应生成2-羧基-3酮基阿拉伯糖醇-1，5-二磷酸。最后，中间物经过水合作用产生2分子3-磷酸甘油酸。

卡尔文-本森循环的还原阶段是还原3-磷酸甘油酸中来自于羧化反应的C（图8.3，表8.1反应2和反应3）。

（1）首先，光反应产生的ATP使3-磷酸甘油酸的羧基磷酸化，产生一个混合酐（mixed anhydride），即1，3-二磷酸甘油酸，反应由3-磷酸甘油酸激酶催化（表8.1反应2）。

（2）接下来，光反应产生的NADPH将1，3-二磷酸甘油酸还原为3-磷酸甘油醛（表8.1反应3），位于叶绿体的NADP-甘油醛-3-磷酸脱氢酶催化此反应（表 8.1 反应 3）。

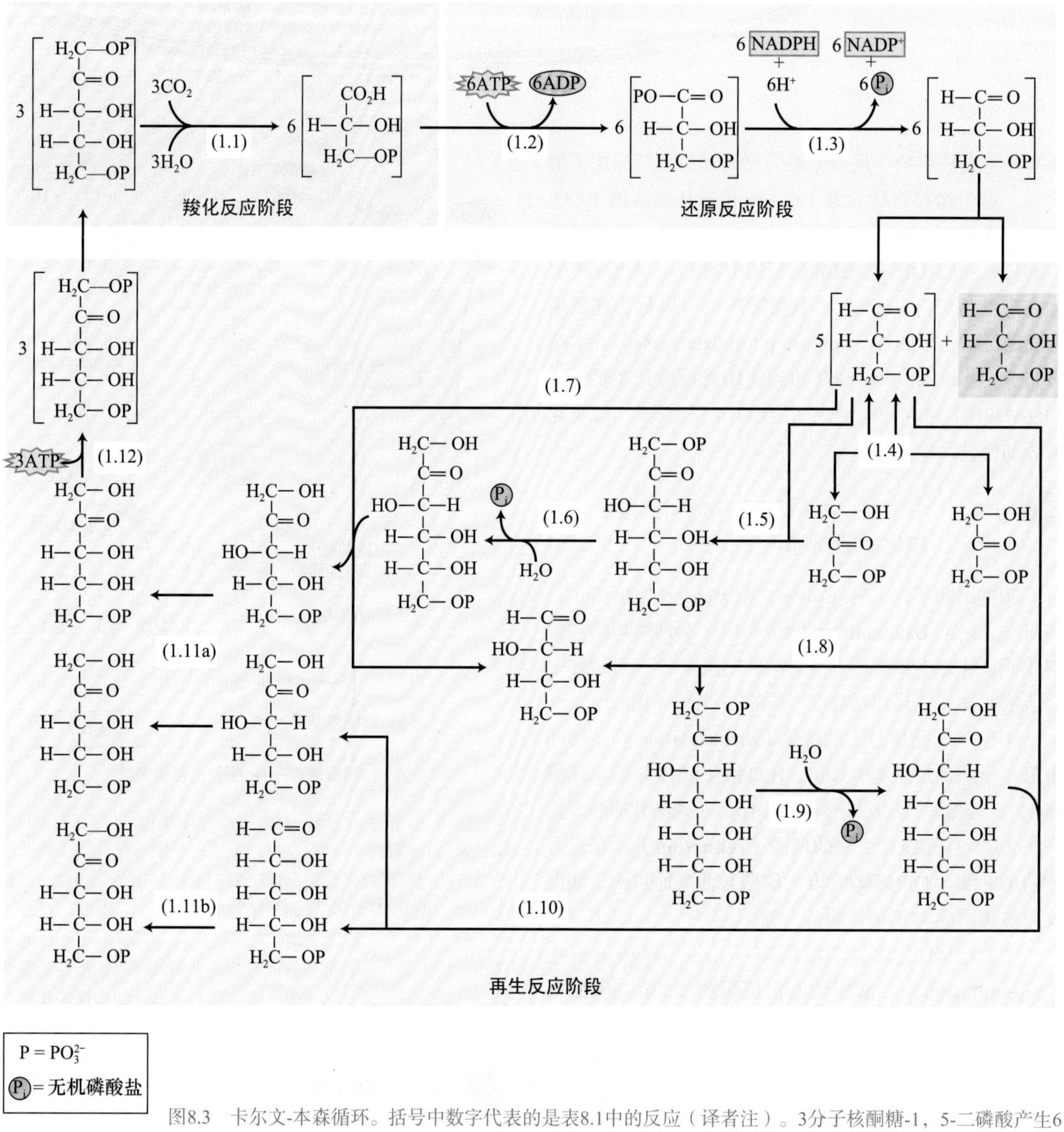

羧化反应阶段

还原反应阶段

再生反应阶段

P = PO_3^{2-}

P_i = 无机磷酸盐

图8.3　卡尔文-本森循环。括号中数字代表的是表8.1中的反应（译者注）。3分子核酮糖-1，5-二磷酸产生6分子3-磷酸甘油酸（羧化阶段）。在羧基被磷酸化后，1，3-二磷酸甘油酸被还原成6分子3-磷酸甘油醛，同时失去6分子无机磷酸（还原阶段）。对于这6分子3-磷酸甘油醛来说，1分子代表3分子CO_2净同化，其他5分子经过一系列反应最终再生为反应起始阶段的3分子核酮糖-1，5-二磷酸（再生阶段）。

表8.1　卡尔文-本森循环中的反应

酶	反应
1.核酮糖-1，5-二磷酸羧化酶-加氧酶（Rubisco）	3核酮糖-1，5-二磷酸+3CO_2+3H_2O⟶6 3-磷酸甘油酸+6H^+
2.3-磷酸甘油酸激酶	6 3-磷酸甘油酸+6ATP⟶6 1，3-二磷酸甘油酸+6ADP
3.NADP-甘油醛-3-磷酸脱氢酶	6 1，3-二磷酸甘油酸+6NADPH+6H^+⟶6 3-磷酸甘油醛+6$NADP^+$+6H_i^+
4.丙糖磷酸异构酶/甘油醛磷酸异构酶	2 3-磷酸甘油醛⟷2二羟丙酮磷酸
5.醛缩酶	3-磷酸甘油醛+二羟丙酮磷酸⟶果糖-1，6-二磷酸
6.果糖-1，6-二磷酸酶	果糖-1，6-二磷酸+H_2O⟶果糖-6-磷酸+P_i
7.转羟乙醛酶/转酮醇酶	果糖-6-磷酸+甘油醛-3-磷酸⟶赤藓糖-4-磷酸+木酮糖-5-磷酸
8.醛缩酶	赤藓糖-4-磷酸+二羟丙酮磷酸⟶景天庚酮糖-1，7-二磷酸
9.景天庚酮糖-1，7-二磷酸酶	景天庚酮糖-1，7-二磷酸+H_2O⟶景天庚酮糖-7-磷酸+P_i
10.转羟乙醛酶/转酮醇酶	景天庚酮糖-7-磷酸+3-磷酸甘油醛⟶核糖-5-磷酸+木酮糖-5-磷酸
11a.核酮糖-5-磷酸差向异构酶	2木酮糖-5-磷酸⟶2核酮糖-5-磷酸
11b.核糖-5-磷酸异构酶	核糖-5-磷酸⟶核酮糖-5-磷酸
12.核酮糖-5-磷酸激酶	3核酮糖-5-磷酸+3ATP⟶3核酮糖-1，5-二磷酸+3ADP+3H^+
总反应：3CO_2+5H_2O+6NADPH+9ATP⟶3-磷酸甘油醛+6$NADP^+$+3H^++9ADP+8P_i	

注：P_i代表无机磷酸

8.1.3　核酮糖-1，5-二磷酸再生并继续同化CO_2

为防止卡尔文-本森循环中间产物耗竭，需要不断地摄取大气中CO_2，因此CO_2受体（acceptor）核酮糖-1，5-二磷酸的再生不能间断。再生阶段，3分子核酮糖-1，5-二磷酸（3分子×5C/分子＝15C）来自于5分子3-磷酸甘油醛的C重组反应（5分子×3C/分子＝15C）（图8.3）。第6个3-磷酸甘油醛分子（1分子×3C/分子＝3C总）代表3分子CO_2净同化结果，可被植物C代谢所利用。其他5分子3-磷酸甘油醛重组成为3分子核酮糖-1，5-二磷酸，所经历的反应见表8.1中4~12和图8.3。

（1）2分子3-磷酸甘油醛转化为二羟丙酮磷酸，反应由磷酸丙糖异构酶催化（表8.1反应4）。

（2）1分子二羟丙酮磷酸和第三分子3-磷酸甘油醛进行醛醇缩合反应，反应由醛缩酶催化，生成果糖-1，6-二磷酸（表8.1反应5）。

（3）果糖-1，6-二磷酸在叶绿体特有的果糖-1，6-二磷酸酶催化下，水解成为果糖-6-磷酸（表8.1反应6）。

（4）在转羟乙醛酶催化下，果糖-6-磷酸分子中的1个2C单位（即C_1和C_2）转移给第4个3-磷酸甘油醛分子，形成木酮糖-5-磷酸。果糖-6-磷酸分子中剩余的4个C（C_3、C_4、C_5、C_6）形成赤藓糖-4-磷酸（表8.1反应7）。

（5）随后，由醛缩酶催化，赤藓糖-4-磷酸和剩余的二羟丙酮磷酸分子结合，产生7C糖：景天庚酮糖-1，7-二磷酸（表8.1反应8）。

（6）在专一的景天庚酮糖-1，7-二磷酸酶催化下，景天庚酮糖-1，7-二磷酸水解为景天庚酮糖-7-磷酸（表8.1反应9）。

（7）景天庚酮糖-7-磷酸提供1个2C单位（C_1和C_2）给第5个（也是最后1个）3-磷酸甘油醛，在转酮醇酶催化下产生木酮糖-5-磷酸。景天庚酮糖-7-磷酸的剩余5个C（C_3~C_7）成为核糖-5-磷酸（表8.1反应10）。

（8）由核酮糖-5-磷酸差向异构酶催化，2分子木酮糖-5-磷酸转化为2分子核酮糖-5-磷酸（表8-1反应11a），第三分子核酮糖-5-磷酸是在核糖-5-磷酸异构酶的催化下，由核糖-5-磷酸转化而来（表8.1反应

11b）。

（9）最后，磷酸核酮糖激酶（也称核酮糖-5-磷酸激酶）催化下，由ATP提供磷酸基团，使3分子核酮糖-5-磷酸磷酸化，再生成为3个CO_2受体分子核酮糖-1，5-二磷酸（表8.1反应12）。

因此，在消耗能量（ATP）和还原力（NADPH）条件下，叶绿体类囊体膜上的卡尔文-本森循环的羧化和还原反应产生磷酸三糖。

$3CO_2$+3核酮糖-1,5-二磷酸+$3H_2O$+6NADPH+$6H^+$+6ATP ⟶6磷酸三糖+6NADP+6ADP+$6P_i$

这6个磷酸三糖中：5个经过再生反应而恢复成为CO_2受体分子核酮糖-1，5-二磷酸；第6个磷酸三糖代表CO_2净同化，用作其他代谢过程的“建筑砖块”。

5磷酸三糖+3ATP ⟶3 核酮糖-1，5-二磷酸+3ADP

总之，利用9个ATP和6个NADPH将3个CO_2固定成为1个磷酸三糖。也就是说，卡尔文-本森循环固定CO_2时，ATP∶NADPH比率是3∶2。

 8.1.4 还原阶段使光合作用的CO_2同化作用进入稳态

当叶片在黑暗中生存相当长一段时间（如晚上），基质中卡尔文-本森循环的许多中间物浓度很低。因此，当叶片转移到光下时，几乎所有的基质中的磷酸丙糖转化为核酮糖-1，5-二磷酸再生所需要的中间物。将黑暗条件下的叶片或离体叶绿体照光后，其反应清楚地说明代谢物建成关联性。实验发现：CO_2固定开始于一个延滞（a lag）之后，这段时间也称为**诱导期（induction period）**。在光照开始的几分钟时间内，光合作用速率随着时间增加。在诱导期，这种光合速率增加是由于卡尔文-本森循环中间产物浓度增加和光激发酶活性（稍后讨论）。在诱导期内，由卡尔文-本森循环的羧化和还原反应产生的6个磷酸丙糖主要用于CO_2受体分子——核酮糖-1，5-二磷酸再生。

相反，当光合作用达到一个稳定阶段（steady

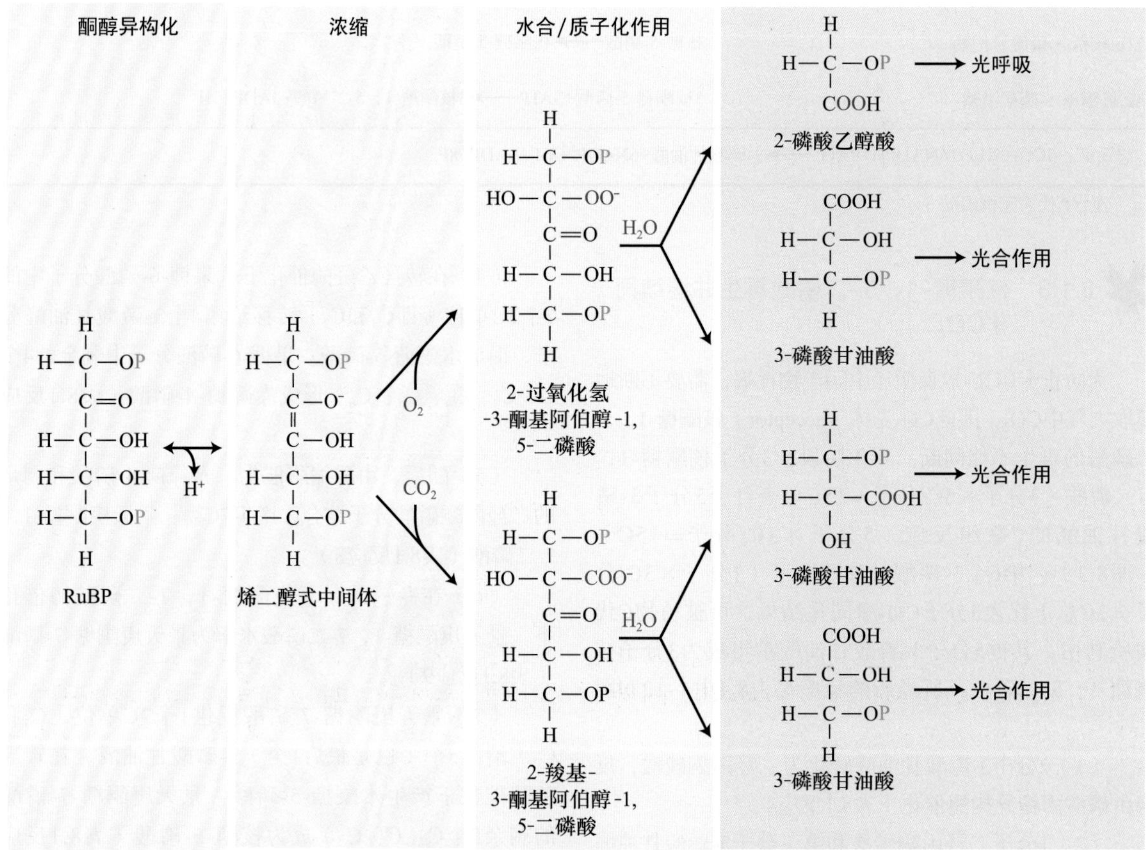

图8.4 Rubisco催化的核酮糖-1，5-二磷酸羧化和氧化反应。核酮糖-1，5-二磷酸和Rubisco结合有利于一种与酶紧密相连的烯醇式中间产物的形成，此中间物的C_2易被CO_2或O_2攻击。与CO_2结合时，产物是一种六碳中间物（2-羧基-3-酮基-1，5-二磷酸）；与O_2结合时，产物是一种活跃的五碳中间物（2-氢过氧化-3-酮基-1，5-二磷酸）。这些中间物在C_3位置发生水解反应，致使C_2和C_3之间碳键分裂，产生2分子3-磷酸甘油酸（羧化反应）或1分子2-磷酸甘油酸和1分子3-磷酸甘油酸（加氧酶反应）。加氧酶活性的重要生理效应将在“C_2氧化光合碳循环”中讲述。

state），大气CO_2同化增加了植物碳水化合物的储备。在此期间，5/6磷酸丙糖用于CO_2受体分子核酮糖-1，5-二磷酸的再生，1/6磷酸丙糖用于增加碳水化合物含量（图8.2）。这种净增的磷酸丙糖既用于叶绿体中淀粉合成，也用于胞质中蔗糖合成。一般来讲，主要产物蔗糖被植物分配到异养器官中去，进行后续的代谢或转化为储存物质（如淀粉和果聚糖）。有关卡尔文-本森循环中的能量利用效率详细分析参见Web Topic 8.4。

8.2 卡尔文-本森循环的调控

卡尔文-本森循环中的能量有效利用需要专一调控机制，此机制不仅保证光照条件下循环中所有中间产物的浓度合适，而且能在黑暗条件下关闭循环。为了顺应环境刺激而产生必要的代谢物，叶绿体通过调整酶含量（μmoles酶/叶绿体）和催化能力[μmoles转化的底物/（min · μmoles酶）]而达到合适的生物化学转化效率。

基因表达和蛋白质生物合成效率决定着细胞器中酶含量。值得注意的是，叶绿体基质酶数量由细胞核和叶绿体基因组的表达共同控制（Maier et al.，1995；Purton，1995）。核基因编码的酶由细胞质中80S核糖体负责翻译，之后进入质体。质体编码的蛋白质存在于基质中，由叶绿体基质中的类似于原核生物70S核糖体进行翻译。

光通过专一的光受体（如光敏色素和蓝光受体）调节叶绿体基质中核基因组编码的酶的表达（Neff et al.，2000）。但是，核基因表达与该细胞器中光合体系中其他组分的表达是同步的。多数信号过程的调控在核与质体间是顺行性（anterograde）进行（即核基因产物控制着质体基因的转录和翻译）。此种情况中的范例是：基质Rubisco由核编码的8个小亚基（S）和质体编码的8个大亚基（L）组装过程。但是，有些调控为逆向性（retrograde）进行（即信号从质体向细胞核传递），如与叶绿素有关的蛋白质合成过程。

酶合成对催化速率的改变是缓慢的，与之形成鲜明对比的是：叶绿体酶通过翻译后修饰而改变的酶的比活力[μmoles转化的底物/（min · μmoles酶）]可以迅速响应光照（Wolosiuk et al.，1993）。酶动力学特征（kinetic property）调节的两个基本机制如下。

（1）共价键变化引起的酶化学修饰，如氨基甲酰化（$Enz—NH_2+CO_2 \longleftrightarrow Enz—NH—CO_2^-+H^+$）或二硫键还原[$Enz—(S)_2+Prot—(SH)_2 \longleftrightarrow Enz—(SH)_2+Prot—(S)_2$]。

（2）代谢物结合、细胞内离子组成改变（如pH、Mg^{2+}）造成的非共价互作修饰。

这两种分子机制调节单个酶的结构和活性。但是，卡尔文-本森循环中的各种酶分布在叶绿体基质内部或其外周，分别与蛋白质或类囊体膜密切结合。因此，卡尔文-本森循环中的酶活性被上述机制调节；同时，酶可与叶绿体其他组分可逆性结合成为超级分子复合体，并因此而调节酶活性。在这些超级分子复合体中和类囊体膜表面，酶与其调节蛋白密切结合有利于卡尔文-本森循环的底物和产物在这些复合体内部或复合体之间的转运，从而提高了卡尔文-本森循环工作效率。

接下来讨论有关调节机制，如光依赖的调节机制，即光照-黑暗转换的数分钟内，5种关键酶的专一性改变：①Rubisco；②果糖-1，6-二磷酸酶；③景天庚酮糖-1，7-二磷酸酶；④核酮糖-5-磷酸激酶（磷酸核酮糖激酶）；⑤NADP-甘油醛-3-磷酸脱氢酶。

8.2.1 光照提高Rubisco活性

虽然Rubisco在生物圈的C循环中起关键作用，但是它的催化效率极其低下（每秒固定1~12个CO_2）。George Lorimer及其同事解析了这种似乎矛盾的特点，发现：Rubisco在进行催化之前必须被激活。进一步的研究显示，CO_2分子在Rubisco活化过程中扮演双重角色：一方面CO_2参与该酶由非活性形式转化为活性形式（调节作用），另一方面CO_2又是羧化反应的底物（催化作用）（Wolosiuk et al.，1993）。

作为调节者，CO_2慢速与Rubisco酶活性中心的特定赖氨酸基团发生反应（图8.5中Rubisco调节）。而后，所形成的氨基甲酸盐衍生物（一个新的阴离子位点）快速与Mg^{2+}结合，酶即被活化。因为三元复合体Rubisco-CO_2-Mg^{2+}形成过程中释放2个质子，被光照的叶绿体基质中的pH和Mg^{2+}浓度升高而活化Rubisco酶（见下文）。在这个阶段，作为底物的CO_2分子与核酮糖-1，5-二磷酸反应，即结合到Rubisco活性位点（图8.5中的催化）。最终，Rubisco释放2分子3-磷酸甘油醛（图8.5中的产物）。

糖磷酸类分子（如核酮糖-1，5-二磷酸）和Rubisco紧密结合防止发生羰基化反应。但是，Rubisco和相关蛋白质（Rubisco活化酶）结合（此过程消耗ATP）导致Rubisco结构变化，释放糖磷酸类的分子，同时为酶通过羰基化反应和与金属原子结合而活化打下基础（图8.5中Rubisco活化酶；Web Topic 8.5）（Portis，2003）。Rubisco活化酶是一类伴侣分子功能类的、具有ATP酶活性的蛋白质家族成员。ATP和Rubisco活化酶的结合引发14~16个Rubisco活化酶多肽自我关联后，与Rubisco结合。Rubisco羧化酶活性的激发，将结合的ATP水解作用耦合到Rubisco活化酶的亚基寡聚化或Rubisco构象变化。在正常的大气CO_2浓度下，缺乏

Rubisco活化酶的拟南芥突变体表现出严重的光合作用缺损。

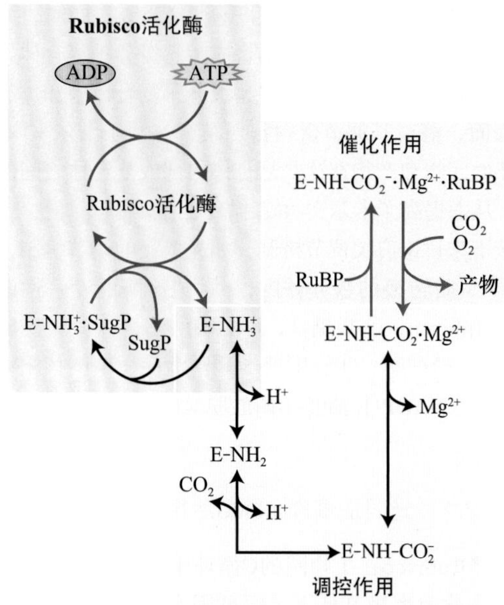

图8.5 CO_2在Rubisco催化的反应中用作激活剂和底物。调节作用（绿色框）：激活剂CO_2与Rubisco反应形成 E-氨甲酸盐（E-NH-CO_2^-）加合物，Mg^{2+}与之形成E-氨甲酸盐复合物（E-NH-CO_2·Mg^{2+}），使之稳定。在光照的叶绿体基质中，pH（低H^+浓度）和Mg^{2+}浓度增加有利于Rubisco活性状态（E-NH-CO_2·Mg^{2+}复合物）形成。Rubisco活化酶（米黄色框）：糖磷酸（SugP）的紧密结合启动E-氨甲酸盐加合物产生。在Rubisco活化酶介导的循环中，Rubisco活化酶催化的ATP水解作用导致Rubisco构象变化，减少了它与糖磷酸的亲和性。催化作用（蓝色框）：在酶的活性位点形成E-NH-CO_2·Mg^{2+}复合物之后，Rubisco与核酮糖-1，5-二磷酸（RuBP）结合，再与其他的底物（CO_2或O_2）结合，分别开始羧化酶和加氧酶活动（图8.4）。催化反应的产物或者是2分子3-磷酸甘油酸（羧化酶活性），或者是3-磷酸甘油酸和2-磷酸乙醇酸各1分子（加氧酶活性）。

很多植物的Rubisco活化酶具有2条多肽（大约分别为42 kDa和47 kDa），二者来自于同一个pre-mRNA的不同拼接；除了较长的肽C端多出了额外的氨基酸残基外，所编码的2条多肽是相同的。许多植物中的长链亚基含有2个半胱氨酸，二者可以进行巯基和二硫键之间的可逆性转换[（Rubisco活化酶）—（S）$_2$+2H^++2e⟷（Rubisco活化酶）—（SH）$_2$]（Portis，2003）。巯基和二硫键的可逆转换（以硫氧还原蛋白依赖的机制催化，此机制将在后面的章节中讨论）调节ATP酶活性对ATP/ADP的敏感性。因此，Rubisco中，Rubisco活化酶中的ATP酶活性调节可能引起光介导的基质中电子传递体的氧化还原状态[（因子）—H_2 ⟷（因子）氧化态+2H^++2e]和磷酸化势能（ATP/ADP）变化。因为2个Rubisco活化酶亚基在Rubisco活性调节中发挥功能，参与此机制的其他成分尚不清楚。一些植物（如烟草）中，光照自然地激发Rubisco活性仅发生在较短肽链。另外，在仅仅长链亚基表达的转基因拟南芥中，光照对Rubisco活性的调节与野生型中的情况一致。

一些植物中的Rubisco活性可被天然的2-羧基阿伯醇-1-磷酸[H_2O_3P—O—CH_2—C（CO_2—）OH—CHOH—CHOH—CH_2OH]抑制，此物和羧化反应中的6C中间物（图8.4中的2-羧基-3-酮基阿伯醇-1，5-二磷酸）很相似。多种叶片中的这种抑制剂的含量很低，但是，在黑暗条件下，豆类植物（大豆和扁豆）叶片中的2-羧基阿伯醇-1-磷酸浓度却很高。夜间，该抑制剂增加并与Rubisco结合，白天来临后，此抑制剂被活化的Rubisco活化酶清除。一种特异性磷酸酶使2-羧基阿伯醇-1-磷酸失去磷酸基团，从而加速2-羧基阿伯醇-1-磷酸的消失。

 8.2.2 光利用铁氧还蛋白–硫氧还蛋白系统调控卡尔文–本森循环

除了Rubisco，光还利用铁氧还蛋白-硫氧还蛋白系统调控卡尔文-本森循环中的其他4个酶活性，铁氧还蛋白-硫氧还蛋白系统包括：铁氧还蛋白、铁氧还蛋白-硫氧还蛋白还原酶、硫氧还蛋白（图8.6）。B.B. Buchanan、P. Schürmann和R. A. Wolosiuk及其同事的实验是：利用光合电子传递链的产物（还原型铁氧还蛋白）来调控4种酶活性（果糖-1，6-二磷酸酶、景天庚酮糖-1，7-二磷酸酶、核酮糖-5-磷酸激酶和NADP-甘油醛-3-磷酸脱氢酶），从而揭示出此氧化还原体系的作用机制（Buchanan and Balmer，2005；Mora-Garcia et al.，2006）（图8.6）。借助于铁-硫酶家族的铁氧还蛋白-硫氧还蛋白还原酶，还原性的铁氧还蛋白将具有泛调控作用的硫氧还蛋白中唯一的二硫键（—S—S—）转换为还原态（HS—SH）。接下来，还原型的硫氧还蛋白将氧化态的靶酶转化为还原型，因此加强了该酶的催化能力（图8.6；Web Topic 8.6）。

虽然还原型的硫氧还蛋白是叶绿体酶的普通还原剂，但是靶向二硫键的调节具有唯一的结构和热动力学特点。硫氧还蛋白调节的酶的氨基酸序列既不包含半胱氨酸的保守序列，也不包含形成酶活性位点部分所需要的调节作用的半胱酸。有些情况下，由还原型硫氧还蛋白活化的叶绿体基质中的一些酶进一步被光驱动的其他过程（如代谢物的形成、离子的运输）协同调节（Wolosiuk et al.，1993）。因此，铁氧还蛋白-硫氧还蛋白系统将类囊体膜上的叶绿素光吸收和叶绿体基质中的代谢活动联系起来。

与卡尔文-本森循环关联之初，铁氧还蛋白-硫氧还蛋白系统也是可逆性地参与还原叶绿体各种过程的蛋白

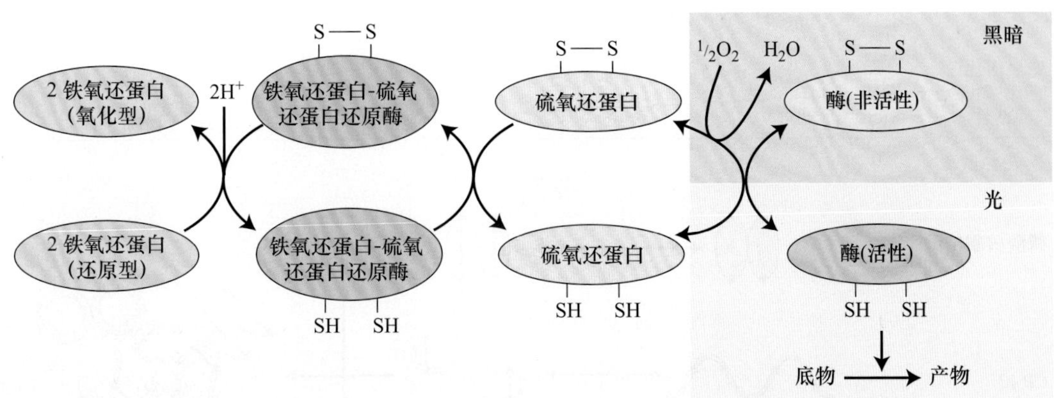

图8.6 铁氧还蛋白-硫氧还蛋白系统。铁氧还蛋白-硫氧还蛋白系统将类囊体膜感知的光信号与叶绿体基质中的酶活性联系起来。有关还原性磷酸戊糖循环（卡尔文-本森循环）的酶活化始于光下光合电子传递链（PSII+PSI）将铁氧还蛋白还原（见第7章）。还原型的铁氧还蛋白与2个质子一起去还原铁-硫酶之铁氧还蛋白-硫氧还蛋白还原酶的具有催化活性的二硫键（—S—S—），最后还原调节性的硫氧还蛋白中唯一的二硫键（—S—S—）（细节参见Web Topic 8.6）。还原型的硫氧还蛋白（—SHHS—）随后还原靶酶的关键的（调节性的）二硫键，促使它转变为活性状态。在此状态下，靶酶催化底物变成产物。黑暗条件下，硫氧还蛋白中巯基重新形成二硫键，进而使靶酶的还原形式（—SHHS—）恢复为氧化形式（—S—S—），活性随之丧失。氧化磷酸戊糖循环中的一种酶——葡萄糖-6-磷酸脱氢酶的氧化态（黑暗）具有活性，可以被铁氧还蛋白还原而失活。

质中的二硫键。虽然还原作用对许多酶的影响机制还不清楚，但硫氧还蛋白调节许多叶绿体蛋白质结构和活性的理念已经得到蛋白质组学研究（已鉴定涉及硫氧还蛋白的其他过程）的支持。例如，硫氧还蛋白作为还原剂保护细胞免受活性氧损伤，活性氧包括过氧化氢（H_2O_2）、超氧阴离子（O_2^-）、羟基自由基（OH・）（Buchanan and Balmer，2005；Mora-Garcia et al.，2006；Aran et al.，2009）。

黑暗条件下，靶酶的失活几乎是还原过程（激活）的逆向过程。氧或活性氧将还原型硫氧还蛋白（—SHHS—）转化为氧化态（—S—S—），结果将还原型靶酶转化为氧化态，使其失去催化能力。最近发现：硫氧还蛋白可以通过巯基-二硫键之间的转换改变多种生物过程（从种子萌发到癌症）中的酶活性（Montrichard et al.，2009）。

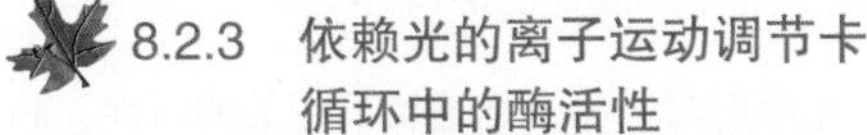

8.2.3 依赖光的离子运动调节卡尔文–本森循环中的酶活性

和叶绿体酶的翻译后修饰同步的是：光驱动基质中离子组成发生可逆变化。在光照条件下，质子从叶绿体基质流向类囊体内腔，而Mg^{2+}从类囊体内腔释放到叶绿体基质，两个过程相偶联。这种离子穿梭降低了基质中H^+浓度（pH从7增加到8），同时增加了Mg^{2+}浓度（2~5 mmol/L）。黑暗降临时，这种叶绿体基质离子组成变化逆向进行。

催化活性需要Mg^{2+}的卡尔文-本森循环酶类（Rubisco、果糖-1，6-二磷酸酶、景天庚酮糖-1，7-二磷酸酶、核酮糖-5-磷酸激酶）在pH 8时比pH 7时更为活跃。可见，光介导的Mg^{2+}和H^+增加可以提高卡尔文-本森循环中关键酶的活性（Heldt，1979）。

8.2.4 光对叶绿体酶组合为超级分子复合体的调控

相关酶组成的超级分子复合体对酶催化能力有重要影响，并因此改变代谢途径的活力。这种代谢策略的存在已被证实，从叶绿体基质中分离出2种超级分子复合体：磷酸核酮糖激酶超级酶分子复合体、与CP12（大约8.5 kDa蛋白）结合的甘油醛-3-磷酸脱氢酶超级分子复合体，二者通过二硫键紧密结合在一起。超级分子复合体的形成、磷酸核酮糖激酶和3-磷酸甘油醛脱氢酶的催化活性与特定半胱氨酸的—SH处于氧化状态有密切关系（Marri et al.，2009）。

在蓝藻细菌及几乎所有的藻类中，用于光合作用的3-磷酸甘油醛脱氢酶是一种同源四聚体（A_4）；当磷酸核酮糖激酶和CP12形成分子内二硫键时，将该四聚体结合在一起（图8.7）。但是，一旦硫氧还蛋白介导磷酸核酮糖激酶和CP12分子内二硫键消失，它们将失去与A_4-3-磷酸甘油醛脱氢酶形成超级分子复合体的能力，因而将全部催化能力传递给磷酸核酮糖激酶和3-磷酸甘油醛脱氢酶。在还原力较低的黑暗条件下，还原型与氧化型硫氧还蛋白比率低下，磷酸核酮糖激酶和CP12之间的二硫键得以恢复；接着，氧化型的磷酸核酮糖激酶和CP12招募A_4-3-磷酸甘油醛脱氢酶，形成超级分子复合体。此时，3-磷酸甘油醛脱氢酶和磷酸核酮糖激酶初步具备催化能力。

虽然陆地植物拥有A_4-3-磷酸甘油醛脱氢酶及其相

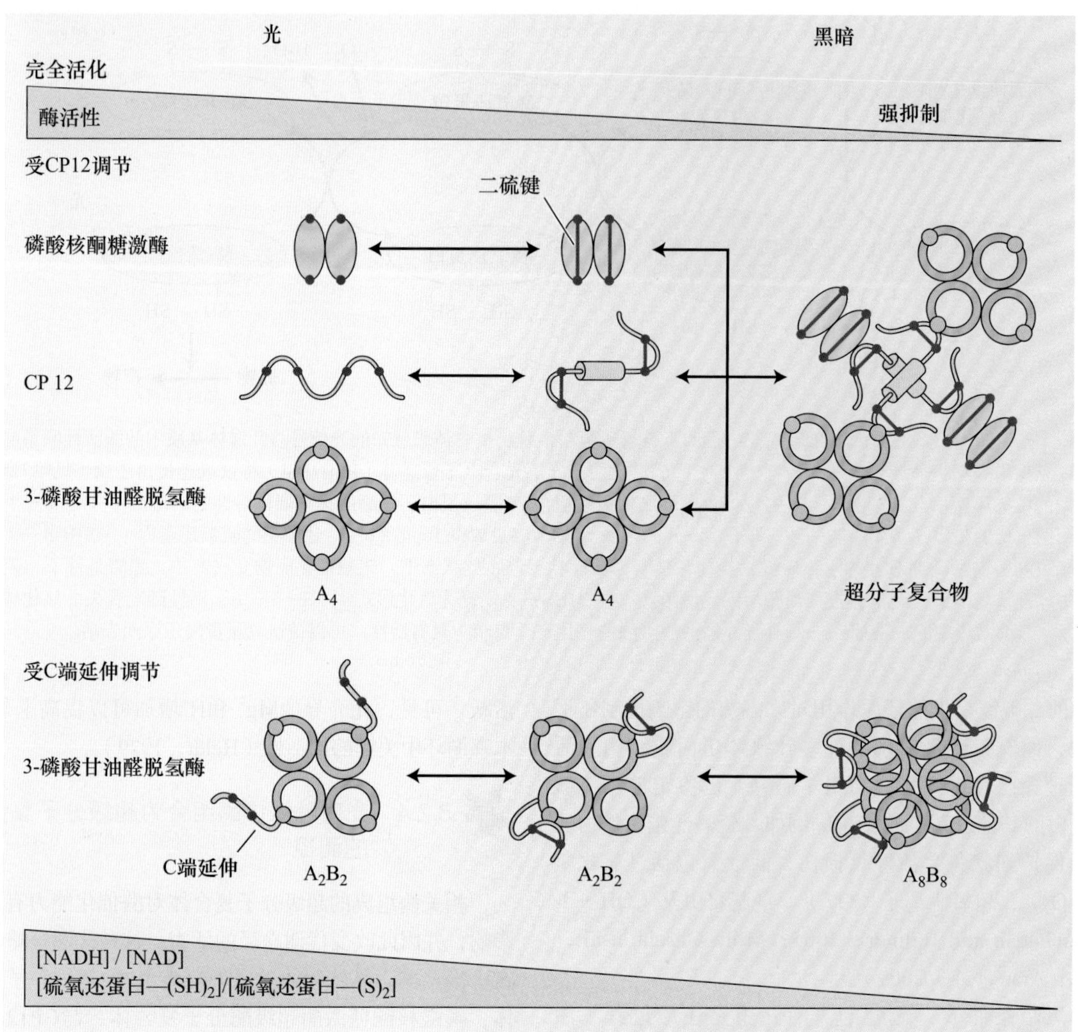

图8.7　叶绿体磷酸核酮糖激酶和3-磷酸甘油醛脱氢酶的调节。在叶绿体基质中，3-磷酸甘油醛脱氢酶的两种形式参与卡尔文-本森循环。在黑暗条件下，磷酸核酮糖激酶和3-磷酸甘油醛脱氢酶是没有活性的。还原型硫氧还蛋白/氧化型硫氧还蛋白{[硫氧还蛋白-（SH）$_2$]/[硫氧还蛋白-（S）$_2$]}较低，因此有利于CP12、磷酸核酮糖激酶及3-磷酸甘油醛脱氢酶的A_2B_2结构的C端延伸部位中形成二硫键。氧化态的CP12和磷酸核酮糖激酶招募A_4-3-磷酸甘油醛脱氢酶，形成CP12-磷酸核酮糖激酶-A_4-3-磷酸甘油醛脱氢酶超级分子复合体。与此同时，A_2B_2-3-磷酸甘油醛脱氢酶异四聚体聚合形成A_8B_8-3-磷酸甘油醛脱氢酶。在这个阶段，各酶的活性受到强烈抑制。在光照条件下，磷酸核酮糖激酶和3-磷酸甘油醛脱氢酶展现出最大催化能力。还原型硫氧还蛋白/氧化型硫氧还蛋白{[硫氧还蛋白—（SH）$_2$]/[硫氧还蛋白—（S）$_2$]}增加时，二硫键的减少使酶复合体解散。在这个阶段，被释放的（游离的）磷酸核酮糖激酶和3-磷酸甘油醛脱氢酶完全处于活化状态。

关的调节系统，但其叶绿体中还有该酶的第二种结构的酶——异四聚体A_2B_2。B亚基的氨基酸序列与A亚基同源，前者C端延伸部分有2个半胱氨酸，其—SH基团可被硫氧还蛋白调节。当B亚基C端区域的半胱氨酸残基被还原（光下），3-磷酸甘油醛脱氢酶便具备了催化功能。在氧化状态（黑暗）时，二硫键的产生促使四聚体A_2B_2组合成为无酶促活性的十六聚体A_8B_8。

夏季，为了适应光照强度变化，超级分子复合体的形成则代表一种光合作用机制：通过可逆性地调节磷酸核酮糖激酶和3-磷酸甘油醛脱氢酶的活性。白天，云层和冠层遮盖改变了到达不同叶片的光照强度和光质。其后果：在自然光照射时，为了迅速调节相关酶活性，超级分子复合体的解聚和再聚合必须在数分钟内完成。按照此模式可以预见：在正常的光-暗周期条件下，缺少CP12的蓝藻细菌突变体不能正常生长，但在持续光照条件下能够正常生长（Tamoi et al.，2005）。

8.3　C_2氧化光合碳循环

如图8.4所示，Rubisco有能力催化核酮糖-1，5-二磷酸的羧化和加氧反应（Miziorko and Lorimer，1983）。羧化反应产生2分子3-磷酸甘油酸，而氧化

反应（图8.5中的“催化”）产生2-磷酸乙醇酸和3-磷酸甘油酸（图8.5中的“产物”）各1分子。Rubisco催化的核酮糖-1，5-二磷酸加氧反应触发了在叶绿体、叶片过氧化物酶体和线粒体之间相伴发生的酶促反应的网状合作（参见Web Topic 8.7）。这个称为**光呼吸**（photorespiration）的过程致使卡尔文-本森循环固定的CO_2部分损失，同时发生的是：光合作用活跃的叶片吸收氧（Ogren，1984；Leegood et al.，1995；Foyer et al.，2009）。

利用各种光呼吸拟南芥突变体，这种竞争性反应对植物生长的负面影响已被揭示：在正常的大气CO_2浓度（0.03%），突变体出现了生长迟滞、早衰及细胞死亡现象；相反，在高浓度CO_2（0.3%或更高）环境中，这些突变体生长正常。此外，在CO_2浓度增加的温室中，一些农作物产量大幅度增加。在本章节中，将讲述C_2氧化光合循环的重要特征：这些反应部分地收回了卡尔文-本森循环中由氧造成的C损失。接下来将呈现通过改变叶片光呼吸作用而提高作物生物量所做的努力。

8.3.1　核酮糖-1，5-二磷酸的羧化反应和氧化反应是竞争性反应

作为Rubisco不同的底物，CO_2和O_2与核酮糖-1，5-二磷酸发生竞争性结合，因为羧化反应和氧化反应发生在同一活性位点。1分子O_2与核酮糖-1，5-二磷酸的2，3-烯二醇异构体结合，产生一种不稳定的中间物，并快速分裂为2-磷酸乙醇酸和3-磷酸甘油酸（图8.4和图8.7，表8.2反应1）。无论分类学上的起源如何，具有催化核酮糖-1，5-二磷酸的氧化反应能力是所有Rubisco共同特点。甚至厌氧自养细菌中的Rubisco也能催化体外的加氧反应。厌氧自养细菌的这种著名的特征暗示：加氧反应是酶活性部位的内在特性，而不是对暴露在地球大气氧气中的适应性机制。

叶绿体中，核酮糖-1，5-二磷酸加氧反应产生的2-磷酸乙醇酸可被专一的叶绿体磷酸酶迅速水解，生成乙醇酸（表8.2反应2）。乙醇酸后续的代谢在过氧化酶体和线粒体两个细胞器中联合进行（见第1章）（Tolbert，1981）。

乙醇酸利用叶绿体被膜的内膜上的一种特殊蛋白运出，再扩散进入过氧化物酶体。在那里，一种黄素单核苷酸依赖的氧化酶——乙醇酸氧化酶（表8.2反应3）催化O_2氧化乙醇酸，产生H_2O_2和乙醛酸。过氧化氢酶清除H_2O_2并释放O_2（表8.2反应4），同时，乙醛酸和谷氨酸通过转氨作用生成甘氨酸（表8.2反应5）。

甘氨酸离开过氧化物酶体进入线粒体（图8.8）。线粒体中，在一种由甘氨酸脱羧酶和丝氨酸羟甲基转移酶形成的多酶复合物的催化下，2分子甘氨酸和1分子NAD^+反应产生丝氨酸、NADH、NH_4^+和CO_2各1分子（表8.2反应6和7）。此反应将NAD^+还原反应和C原子的氧化反应相偶联，因为2分子甘氨酸（氧化态：C_1为+3，C_2为−1）被转化为丝氨酸（氧化态：C_1为+3，C_2为0，C_3为−1）和CO_2（氧化态：C为+4）。

新形成的丝氨酸从线粒体扩散回到过氧化物酶体（图8.8），在此被转化为羟基丙酮酸（表8.2反应8），之后，被NADH依赖性还原酶转化为甘油酸（表8.2反应9）。苹果酸-草酰乙酸穿梭将NADH从细胞质转移到过氧化物酶体中，以维持此反应过程中足够的NADH浓度。最终，甘油酸重新进入叶绿体，在此进行磷酸化，产生3-磷酸甘油酸（图8.8，表8.2反应10）。

与此同时，甘氨酸氧化释放的NH_4^+（表8.3反应6）从线粒体的基质中快速扩散到叶绿体。同时，依赖ATP的谷氨酰胺合成酶催化NH_4^+与谷氨酸反应，产生谷氨酰胺（图8.8，表8.2反应11）。随后，在铁氧还蛋白依赖的谷氨酸合酶的催化下，谷氨酰胺与2-酮戊二酸反应，产生2分子谷氨酸（表8.2反应12）。

在光呼吸过程中，3个同时进行的循环阐明了C、N、O原子流通情况（图8.9）。

（1）在第一个循环中，C原子以2分子乙醇酸的形式离开叶绿体，又以1分子甘油酸的形式返回，同时在线粒体中留下1分子CO_2。

（2）在第二个循环中，N原子以1分子谷氨酸的形式离开叶绿体，又以1分子NH_4^+形式返回，最终与1分子2-酮戊二酸相关（图8.8）。结果，总氮量保持不变，因为线粒体中无机氮（NH_4^+）的形成和叶绿体中谷氨酰胺的合成相平衡。

（3）在第三个循环（与O_2有关）中，Rubisco和乙醇酸氧化酶所催化的反应各消耗2分子O_2，但是过氧化氢酶从H_2O_2释放1分子O_2（表8.2反应4）。因此，当2分子核酮糖-1，5-二磷酸进入C_2氧化光合循环时，共有3分子O_2被还原。

活体中，卡尔文-本森循环和C_2氧化光合循环之间的平衡主要由3个因素决定：1个和植物本身遗传特性有关（Rubisco酶动力学特征），2个和环境有关（温度、底物CO_2和O_2浓度）。随着外部温度增加：①调节Rubisco的动力学常数，提高氧合速率，使其高于羧化速率（Ku and Edwards，1978）;②在液气平衡状态时，溶液CO_2浓度降低幅度大于O_2浓度降低幅度（参见Web Topic 8.8）。

因此，在温度较高的气候条件下，与光合作用（羧化反应）关联的光呼吸（加氧作用）的增加严重限制光合作用C同化效率。总之，温度逐步升高使平衡偏离非卡尔文-本森循环，而倾向于C_2氧化光合循环（见第9章）。

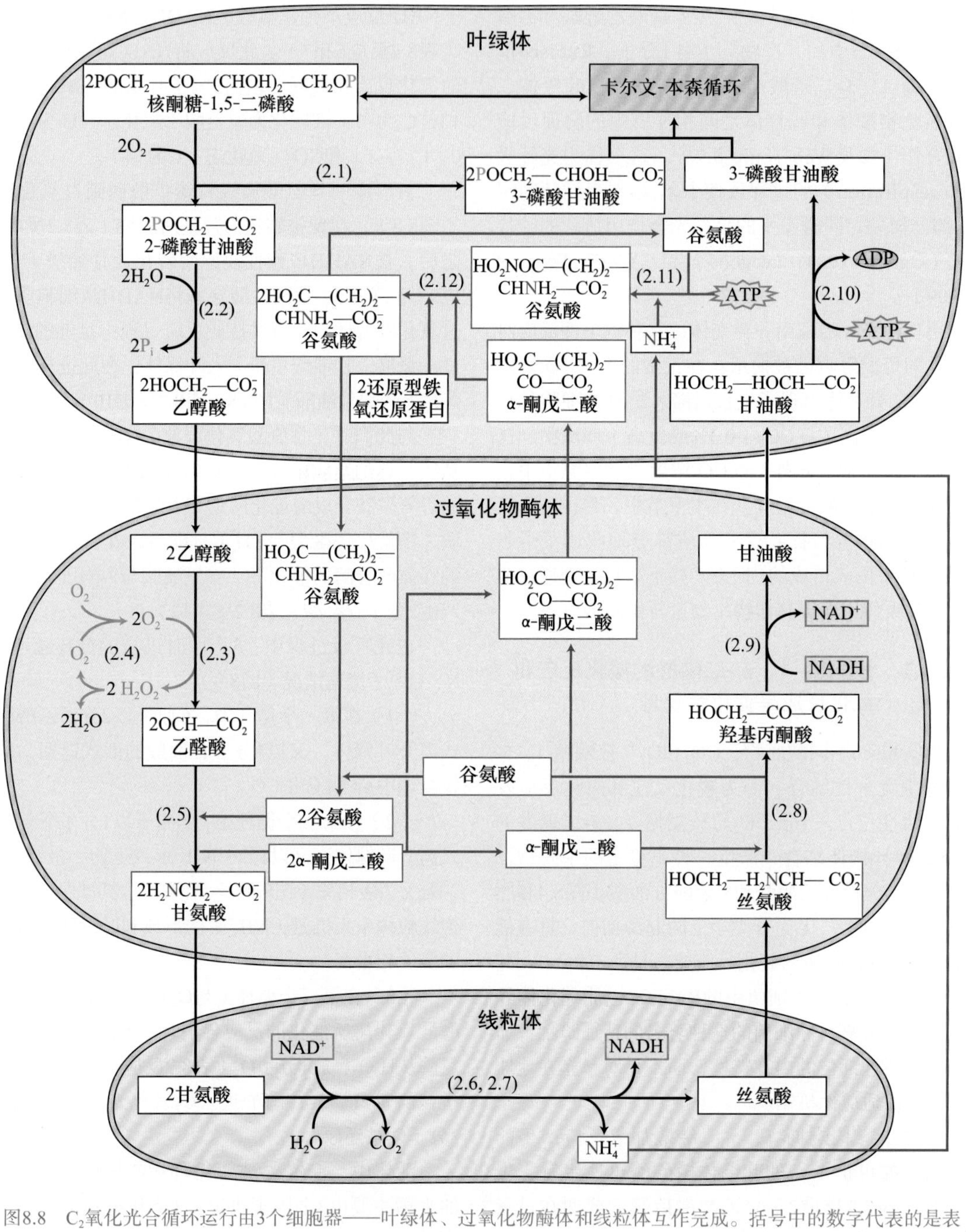

图8.8　C_2氧化光合循环运行由3个细胞器——叶绿体、过氧化物酶体和线粒体互作完成。括号中的数字代表的是表8.2中的反应（编者注）。在叶绿体中，Rubisco加氧酶作用产生2分子2-磷酸乙醇酸；在磷酸乙醇酸磷酸酶作用下，将2-磷酸乙醇酸转化为2分子无机磷酸和2分子乙醇酸。2分子乙醇酸（4C）和1分子谷氨酸从叶绿体进入过氧化物酶体。在过氧化物酶体中，乙醇酸被乙醇酸氧化酶氧化成乙醛酸。乙醛酸：谷氨酸氨基转移酶催化乙醛酸和谷氨酸转变为甘氨酸和2-酮戊二酸。甘氨酸从过氧化物酶体进入线粒体，在这里2分子甘氨酸（4C）经甘氨酸脱羧酶复合体和丝氨酸羟甲基转移酶连续作用，产生了1分子丝氨酸（3C），CO_2（1C）和NH_4^+。而后，丝氨酸转运回过氧化物酶体，在丝氨酸氨基转移酶和羟基丙酮酸还原酶的作用下，变为甘油酸（3C）。甘油酸和2-酮戊二酸（来自过氧化物酶体）及NH_4^+（来自线粒体）返回叶绿体，恢复部分碳（3C）及在光呼吸中所有氮素损失。甘油酸被磷酸化为3-磷酸甘油酸，并返回卡尔文-本森循环。在叶绿体基质中，谷氨酰胺合成酶和硫氧还蛋白依赖性谷氨酸合酶（GOGAT），利用无机氮（NH_4^+）和2-酮戊二酸恢复最初被谷氨酸截获而损失的氮。

表8.2　C_2氧化光合碳循环反应

反应[a]	酶
1. 2核酮糖-1，5-二磷酸+$2O_2$⟶2 2-磷酸乙醇酸+2 3-磷酸甘油酸	核酮糖-1，5-二磷酸羧化酶/加氧酶
2. 2 2-磷酸乙醇酸+$2H_2O$⟶2乙醇酸+P_i	磷酸乙醇酸磷酸酶
3. 2 乙醇酸+$2O_2$⟶2 乙醛酸+$2H_2O_2$	乙醇酸氧化酶
4. $2H_2O_2$⟶2 H_2O+O_2	过氧化氢酶
5. 2乙醛酸+2谷氨酸⟶2甘氨酸+α-酮戊二酸	乙醛酸-谷氨酸氨基转移酶
6.甘氨酸+NAD^++[GDC]⟶CO_2+NH_4^++NADH+亚甲基-[GDC]	甘氨酸脱羧酶复合体（GDC）
7.亚甲基-[GDC]+甘氨酸+H_2O⟶丝氨酸+[GDC]	丝氨酸羟甲基转移酶
8.丝氨酸+α-酮戊二酸⟶羟基丙酮酸+谷氨酸	丝氨酸氨基转移酶
9.羟基丙酮酸+NADH+H^+⟶甘油酸+NAD^+	羟基丙酮酸还原酶
10.甘油酸+ATP⟶3-磷酸甘油酸+ADP	甘油酸激酶
11.谷氨酸+NH_4^++ATP⟶谷氨酰胺+ADP+P_i	谷氨酰胺合成酶
12. α-酮戊二酸+谷氨酰胺+$2Fd_{red}$+$2H^+$⟶2谷氨酸+$2Fd_{oxid}$	铁氧还蛋白依赖的谷氨酸合酶（GOGAT）

C_2氧化光合循环的净反应

2核酮糖-1，5-二磷酸+$3O_2$+H_2O+谷氨酸

↓（反应1~反应9）

甘油酸+2 3-磷酸甘油酸+NH_4^++CO_2+P_i+α-酮戊二酸

叶绿体中的两个反应还原谷氨酸分子：

α-酮戊二酸+NH_4^++[（$2Fd_{red}$+$2H^+$），ATP]

↓（反应11和反应12）

谷氨酸+H_2O+[（$2Fd_{oxid}$），ADP+P_i]

并还原3-磷酸甘油酸分子：

甘油酸+ATP

↓（反应10）

3-磷酸甘油酸+ADP

因此，C_2氧化光合循环消耗3 mol大气氧分子（2 mol在Rubisco氧化酶活化中，1 mol在过氧化物酶体的氧化中）引发了如下结果

（1）1 mol CO_2释放

（2）2 mol ATP和2 mol还原力（$2Fd_{red}$+$2H^+$）被消耗

这用于

（1）完成3C骨架返回到卡尔文-本森循环

（2）NH_4^+和α-酮戊二酸发生还原反应，再生成谷氨酸

a 部位：叶绿体；过氧化物酶体；线粒体

8.3.2　光呼吸依赖光合电子传递系统

在完整叶片中，光合作用C代谢折射出卡尔文-本森循环和C_2氧化光合循环2个相反的循环之间的综合的平衡。这些与ATP供给和还原当量（还原型铁氧还蛋白）的光合电子传递系统密切相关（图8.9）。为了将无用的2-磷酸乙醇酸转化为3-磷酸甘油酸，光合磷酸化供给甘油酸转化为3-磷酸甘油酸（表8.2反应10）所需ATP，而羟基丙酮酸还原酶所消耗的NADH（表8.2反应9）通过甘氨酸脱羧酶作用的产物得到补偿（表8.2反应6）。

在过氧化物酶体中，经过乙醛酸：谷氨酸氨基转移酶催化的转氨基作用，N进入C_2循环（表8.2反应5）；之后，通过两种方式离开该循环：①将甘氨酸转化为丝氨酸，此反应被甘氨酸脱羧酶复合体和丝氨酸羟甲基转移酶催化（表8.2反应6和反应7）；②丝氨酸氨基转移酶催化的转氨基作用（表8.2反应8）。在光合电子传递系统提供ATP和还原型的铁氧还原蛋白条件下，通过分别与**谷氨酰胺合成酶**（glutamine synthetase）（表8.2反应11）和铁氧还蛋白依赖性的**谷氨酸合酶**（glutamate

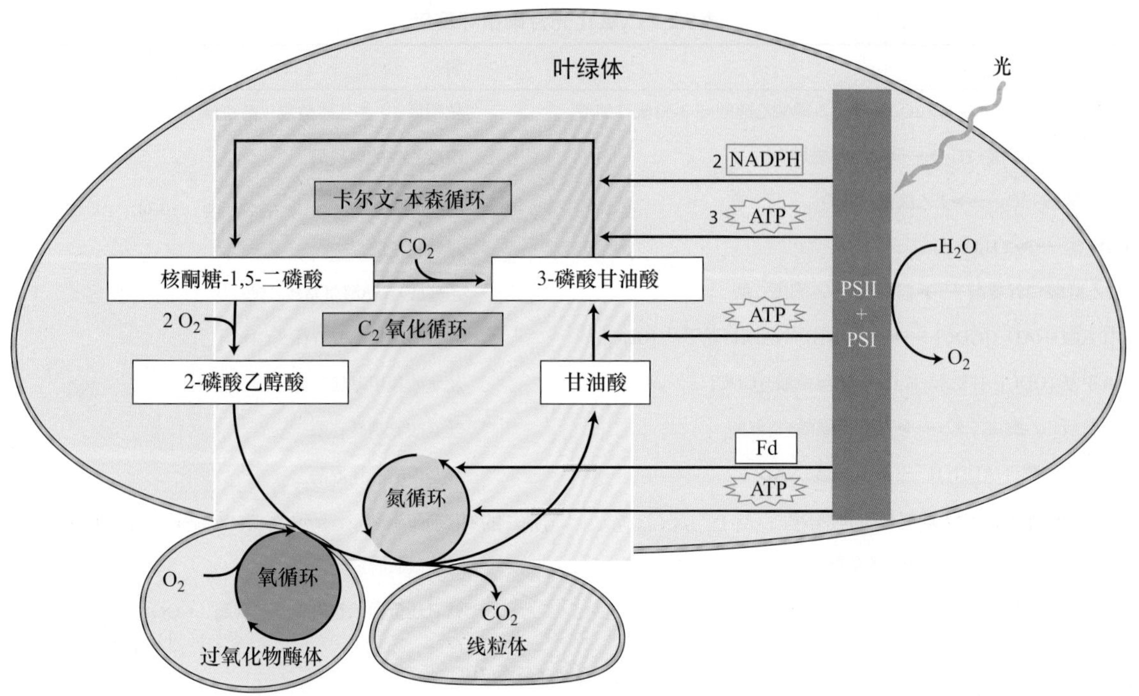

图8.9　C_2氧化光合循环依赖叶绿体代谢。C_2氧化光合循环需要来自于类囊体膜上光反应产生的ATP和还原等价物，在3个细胞器中运行：叶绿体，过氧化物酶体和线粒体。“碳循环”利用①NADPH和ATP将卡尔文-本森循环中的核酮糖-1，5-二磷酸维持在合适水平，②ATP将C_2氧化光合循环中的甘油酸转变为3-磷酸甘油酸。“氮循环”利用ATP和还原等价物，将光呼吸循环中的NH_4^+和2-酮戊二酸弥补谷氨酸。在过氧化物酶体中，“氧循环”清除因O_2氧化羟基乙酸而形成的H_2O_2。

synthase，GOGAT）合作（表8.2反应12），废物NH_4^+重新被利用。

总结得

$$2\text{核酮糖-1，5-二磷酸}+3O_2+H_2O+ATP+[2Fdred+2H^++ATP]\longrightarrow 3PGA+CO_2+2P_i+ADP+[2Fdoxid+ADP+P_i]$$

总之，通过核酮糖-1，5-二磷酸加氧反应，卡尔文-本森循环中流失的2分子磷酸乙醇酸（4个C）转化为1分子3-磷酸甘油酸（3个C）和1分子CO_2（1个C），此过程需要1分子ATP水解（Lorimer，1981；Sharkey，1988）。另外，1分子ATP和2分子还原型铁氧还原蛋白对于光呼吸过程中释放的氨分子完全再吸收是必要的。与非光呼吸（O_2浓度低，CO_2浓度高）过程相比较，光呼吸（空气中O_2浓度高，CO_2浓度低）过程固定CO_2需要消耗更多的ATP和还原力。

 8.3.3　胁迫条件下光呼吸保护光合器官

光呼吸作用与卡尔文-本森循环同时存在，帮助线粒体实现从生物能到C代谢和N同化的各种反应。但是，植物生理学家对此过程的价值有争论。一种理论是：此过程促进C回收，否则就以2-磷酸乙醇酸的形式损失掉。C_2氧化光合循环以甘油酸的形式回收75%的C，这些C本来以2-磷酸乙醇酸的形式从卡尔文-本森循环中损失。

Rubisco活性位点的CO_2和O_2浓度、这些气体与酶的内在亲和性决定了核酮糖-1，5-二磷酸的羧化反应和氧化反应的相对速率。在Rubisco活性位点，不可避免地产生中间物2-磷酸乙醇酸，此中间物是活跃分子，与CO_2和O_2都可以发生反应（图8.4）。进化早期阶段，当时CO_2/O_2较高，氧合反应发生的可能性很小。当大气O_2浓度升高后，氧合反应显著加强。于是，现在大气中CO_2/O_2降低，光呼吸成为以2-磷酸乙醇酸形式部分回收C的不可或缺的途径。3-磷酸甘油酸的产生阻止了进入死胡同的甘油酸的致死性积累。支持这种观点的证据是：缺少甘油酸激酶的拟南芥突变体出现甘油酸积累，这些植株在正常的空气中不能正常生长发育，但在高浓度CO_2空气中能够存活（Boldt et al.，2005）。

另一种理论是：进化对光呼吸的影响不仅表现在降低了碳损失，也降低了胁迫（如高光强、高温、CO_2或水分亏缺）条件下叶绿体产生过多的还原剂，并因此导致光合器官的光抑制。当电子受体受限时，光合器官可以使用别的底物解除电子流产生的过剩还原力。与用来改善光抑制伤害的其他机制不同，C_2氧化光合循环可以解除多余的还原当量，因此可以阻止光合电子链的过度还原。因此，缺乏光呼吸酶的拟南芥突变体可以在高浓度CO_2（2%）环境中生存，它们一旦被转移到正常的空气（0.03%的CO_2）环境中，即迅速死亡。

鉴于此，必须承认的重要进展是：光合细胞中H_2O_2主要来源于光呼吸，尤其是乙醛酸氧化酶催化的反应。虽然这种活性氧被认为有毒害作用，但H_2O_2也是信号分子，参与激素和胁迫的应答反应（Foyer et al., 2009）。许多研究显示：当胞内H_2O_2浓度超过抗氧化酶（过氧化氢酶和过氧化物酶）的清除能力时，光呼吸产生的H_2O_2不仅触发程序性细胞死亡，也可以调控胞内氧化还原动态平衡。

8.3.4 光呼吸有可能用于提高作物产量的生物工程

解决现实中食物和能源短缺问题，在很大程度上依赖于陆地植物对光合CO_2同化的提高的适应程度。因此，有效地提高生物量被认为是增加世界食物和能源。当O_2与CO_2竞争Rubisco活性位点胜出时，Rubisco加氧酶的活性降低了进入卡尔文-本森循环的C量。在此基础上，加强光合作用效率或减少光呼吸可以提高小麦、水稻、棉花产量（Khan，2007）。为了弄清楚如何利用遗传改造叶细胞以提高生物量，科学家尝试了对C_2氧化光合循环的各种改造：从修饰Rubisco活性位点到引入全新的、同时进行的光呼吸途径。

尽管做了很多努力，但是企图通过改变Rubisco性能来减少光呼吸的尝试一直不成功。另外，光呼吸循环相关的突变体有助于人们理解其生化途径，但是这些植株在大气CO_2（0.03%）中生长矮化，并出现条件性地致死表型（Reumann and Weber，2006）。令人感兴趣的是，其中的一些突变体虽然矮化，但在抑制光呼吸（如将CO_2浓度提高到0.1%~0.3%）时能够继续生长。

因为C_2氧化光合循环是陆地植物必需的，所以改善光合效率的其他途径是将可以挽回2-磷酸乙醇酸中C损失的补充机制引入卡尔文-本森循环。这种有前景的方法保证植物为基本的代谢过程而保留完整的功能性光呼吸途径。支撑这种可能性的是：细菌（*E. coli*）乙醇酸代谢途径已被成功地引入到陆地植物拟南芥叶绿

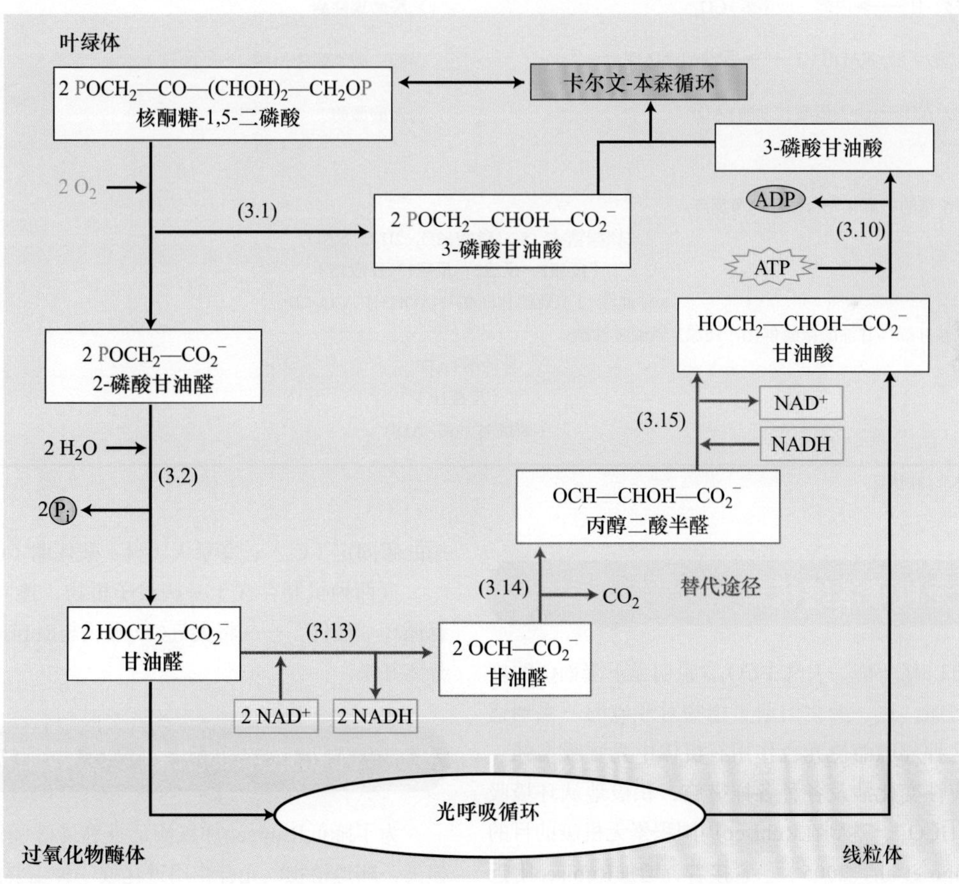

图8.10　大肠杆菌（*E. coli*）的乙醇酸代谢途径被导入陆生植物叶绿体，使光呼吸乙醇酸再利用。括号中的数字代表的是表8.3中的反应（编者注）。给转基因植株以光照，Rubisco加氧酶活性可以促使产生2-磷酸乙醇酸，2-磷酸乙醇酸的磷酰基部分被水解，产生乙醇酸。在这个阶段，*E. coli*乙醇酸代谢途径导入拟南芥转基因株系的叶绿体内，将乙醇酸从光呼吸转移到一个替代途径中（红色方框和红色箭头标注）。首先，乙醇酸被乙醇酸脱氢酶氧化成乙醛酸。然后，细菌的乙醛酸羧化酶催化2分子乙醛酸脱水缩合，生成1分子丙醇二酸半醛并释放1分子CO_2。最后，丙醇二酸半醛被丙醇二酸半醛还原酶催化产生甘油酸，甘油酸通过C_2氧化循环进入卡尔文-本森循环。

体（Kebish et al.，2007）（图8.10）。这些转基因植株的叶绿体具有完整的C_2氧化光合循环功能，同时可以完成细菌乙醛酸脱氢酶（乙醇酸→乙醛酸）（表8.3反应3）、乙醛酸聚醛酶[乙醛酸→丙醇二酸半醛（tartronic semialdehyde）+CO_2]（表8.3反应4）及丙醇二酸半醛还原酶（丙醇二酸半醛→甘油酸）（表8.3反应5）所催化的附加反应。

将细菌乙醇酸途径引入到陆地植物叶绿体，可以降低光呼吸代谢物在过氧化物酶体和线粒体之间的流动。虽然基因工程改造的乙醇酸支路是光呼吸途径，该路径依赖Rubisco加氧酶活性并需要CO_2的参与，但此途径不同于内源的对应途径，此内源路径可以避开线粒体和过氧化物酶体中光呼吸反应。因此，将植物的乙醇酸代谢途径转换为细菌的代谢方式可以减少能量（1分子ATP、2分子还原型铁氧还蛋白）消耗，这些能量被用于谷氨酰胺合成酶（表8.2反应11）及谷氨酸合酶（表8.2反应12）连续介导氨的再利用过程。值得注意的是，同叶绿体基质中能量需求低和C原子再利用增加相一致，这些基因工程植株生长较快、生物量增加、可溶性糖含量更高。

表8.3　改造后的C_2氧化光合碳循环反应

反应[a]	酶
1. 2核酮糖-1，5-二磷酸+$2O_2$⟶2 2-磷酸乙醇酸+2 3-磷酸甘油酸	核酮糖-1，5-二磷酸羧化/加氧酶
2. 2 2-磷酸乙醇酸+$2H_2O$⟶2乙醇酸+$2P_i$	磷酸乙醇酸磷酸酶
13. 2乙醇酸+$2NAD^+$⟶2乙醛酸+2NADH+$2H^+$	乙醇酸脱氢酶
14. 2乙醛酸+H^+⟶丙醇二酸半醛+CO_2	乙醛酸聚醛酶
15. 丙醇二酸半醛+NADH+H^+⟶甘油酸+NAD^+	丙醇二酸半醛还原酶
10. 甘油酸+ATP⟶3-磷酸甘油酸+ADP	甘油酸激酶

基因工程改造的C_2氧化光合循环的净反应

2核酮糖-1，5-二磷酸+$2O_2$+$2H_2O$+NAD^+

↓（**反应1，反应2，反应13~反应15**）

甘油酸+2 3-磷酸甘油酸+NADH+H^++CO_2+$2P_i$

这个反应被叶绿体甘油酸激酶催化，还原3-磷酸甘油酸：

甘油酸+ATP

↓（**反应10**）

3-磷酸甘油酸+ADP

a 部位：叶绿体

8.4　无机碳浓缩机制

大约3.5亿年前，大气中CO_2含量明显下降而O_2浓度却显著增加，这一变化引起了植物对环境的一系列适应，而这种环境能使光合作用有机体中光呼吸增强。这些适应性变化涉及各种各样措施：积极地从环境吸收CO_2和HCO_3^-，达到在Rubisco周围积累无机碳的目的（Giordano et al.，2005）。紧接着，增加Rubisco附近CO_2浓度的CO_2浓缩机制是减少加氧反应。原核生物蓝藻细菌、真核生物藻类、水生植物的原生质膜上CO_2和HCO_3^-泵已被广泛研究（见Web Topic 8.1）。

以下章节关注陆地植物进化而来的，在Rubisco羧化反应位点进行CO_2浓缩的两种不同机制：①C_4光合作用的碳固定（C_4）；②景天（科）酸代谢（CAM）。

这两种机制存在于一些被子植物，连同卡尔文-本森循环“插件”——将大气CO_2吸收与Rubisco底物供给分离开来。

8.5　无机碳浓缩机制：C_4碳循环

为了降低Rubisco加氧酶活性和光呼吸循环中的碳损失，陆地植物C_4光合作用进化成一种主要的浓缩碳机制，以此弥补大气CO_2浓度降低带来的不利影响。在这一部分内容中，讲述C_4光合作用的生化特点：不同类型的细胞将无机碳整合到碳骨架的协同作用、光介导的酶活性改变、碳浓缩机制维持许多热带植物生长的重要性。

8.5.1　苹果酸和天冬氨酸是C_4循环的羧化反应产物

20世纪50年代晚期，H. P. Kortschack和Y. Karpilov分别利用$^{14}CO_2$标记的甘蔗和玉米中四碳酸进行了早期实验。在光条件下，接受$^{14}CO_2$处理几秒后，便发现叶片中70%~80%的^{14}C出现在苹果酸和天冬氨酸等四碳酸中，而这一现象在只能进行卡尔文-本森循环光合作用的叶片中没有发生。

为了进一步认识这些初步观察到的现象，M. D. Hatch和C. R. Slack提出了C_4光合碳循环（C_4 cycle，C_4循环；也称为Hatch-Slack循环）。他们认为：苹果酸和天冬氨酸是甘蔗叶片光合作用中初步稳定的、可检测的中间物，而且苹果酸的C_4变成3-磷酸甘油酸的C_1（Hatch and Slack，1966）。后来的转化变得清晰起来，因为他们发现：这种新的代谢途径发生在2种不同形态的、不同类型的细胞——叶肉细胞（mesophyll cell）和维管束鞘细胞（bundle sheath cell）中，并被各自的膜所隔离（“扩散屏障”，图8.11）。C_4循环中，磷酸烯醇式丙酮酸羧化酶（phosphoenol-pyruvate carboxylase，PEPCase），而不是Rubisco，催化在接近于空气的组织中发生的初始羧化反应（表8.4反应1）（见Web Essay 8.1）（Sage，2004）。其结果是四碳酸跨越扩散屏障流入维管束区域，在此四碳酸脱羧、释放CO_2，后者

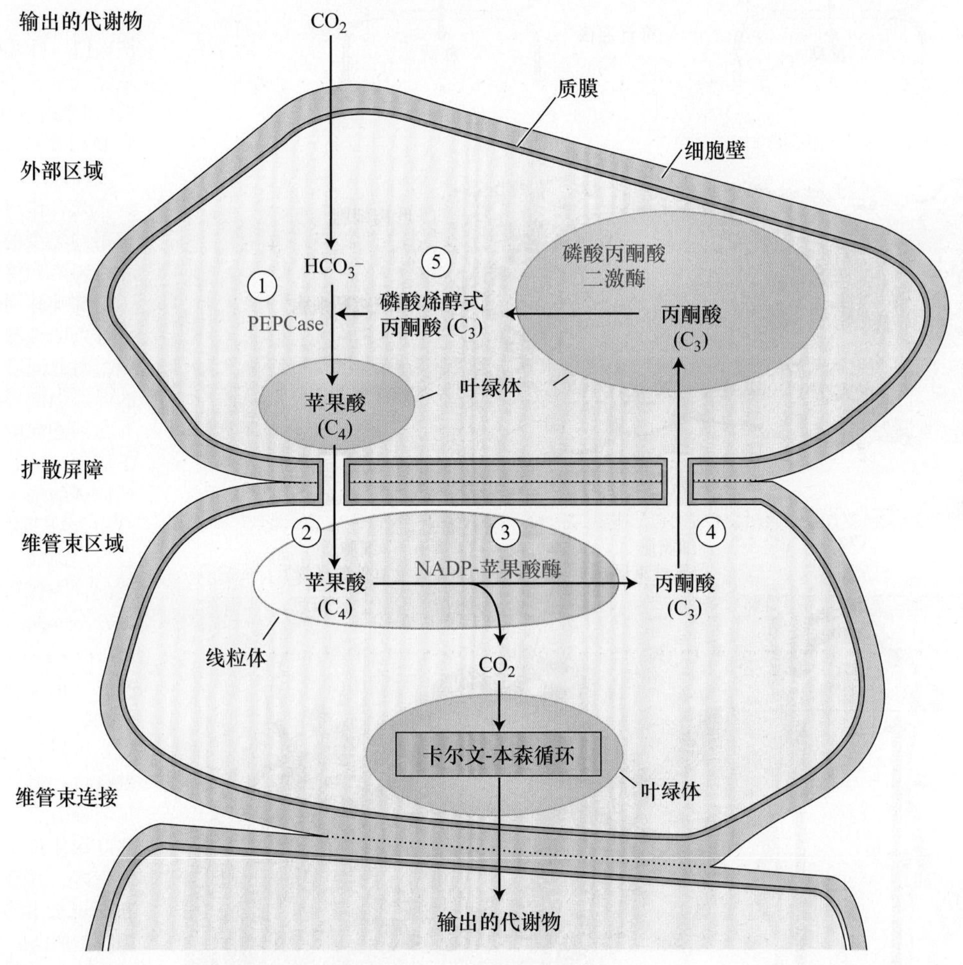

图8.11　C_4光合碳循环包括在叶细胞中两个不同区室中的5个连续步骤。①在叶肉细胞的边缘（靠外区域），即接近于外界环境处，磷酸烯醇式丙酮酸羧化酶（phosphoenol- pyruvate carboxylase，PEPCase）催化HCO_3^-和PEP（一种三碳化合物）发生反应，四碳反应产物草酰乙酸分别被NADP-苹果酸脱氢酶和草酰乙酸氨基转移酶转变为苹果酸或天冬氨酸（根据不同的物种）（表8.4）。为了能够简单明了，在此仅给出苹果酸的反应。②四碳酸通过渗透屏障进入维管束区域。③脱羧酶（如NAD-苹果酸酶）作用于四碳酸，使其释放出CO_2，并生成三碳酸（如丙酮酸）。释放出的CO_2被维管束区的叶绿体摄取，在周围建立起一个高浓度CO_2环境（相对于O_2），从而促进CO_2在卡尔文-本森循环中同化。④剩余的三碳酸（如丙酮酸）返回和外界大气接触的区域。⑤关闭C_4循环，HCO_3^-受体（磷酸烯醇式丙酮酸）通过丙酮酸磷酸二激酶再生，进入另一轮循环。每摩尔CO_2固定需消耗2分子ATP，促使C_4循环朝着箭头方向进行。这样，将大气CO_2泵入卡尔文-本森循环。同化的碳在细胞质中被转变成蔗糖，之后，离开叶绿体进入韧皮部，再被运至植物体的其他部位。

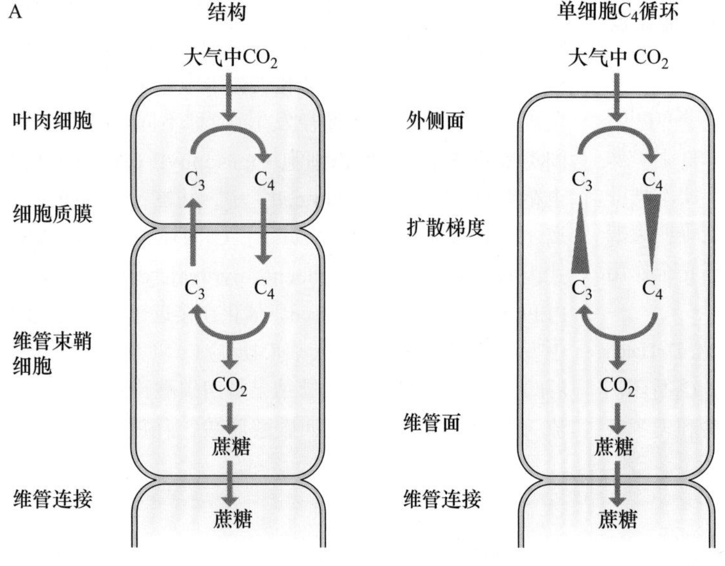

B 结构

叶肉细胞

维管束鞘细胞

维管束

C 单个细胞

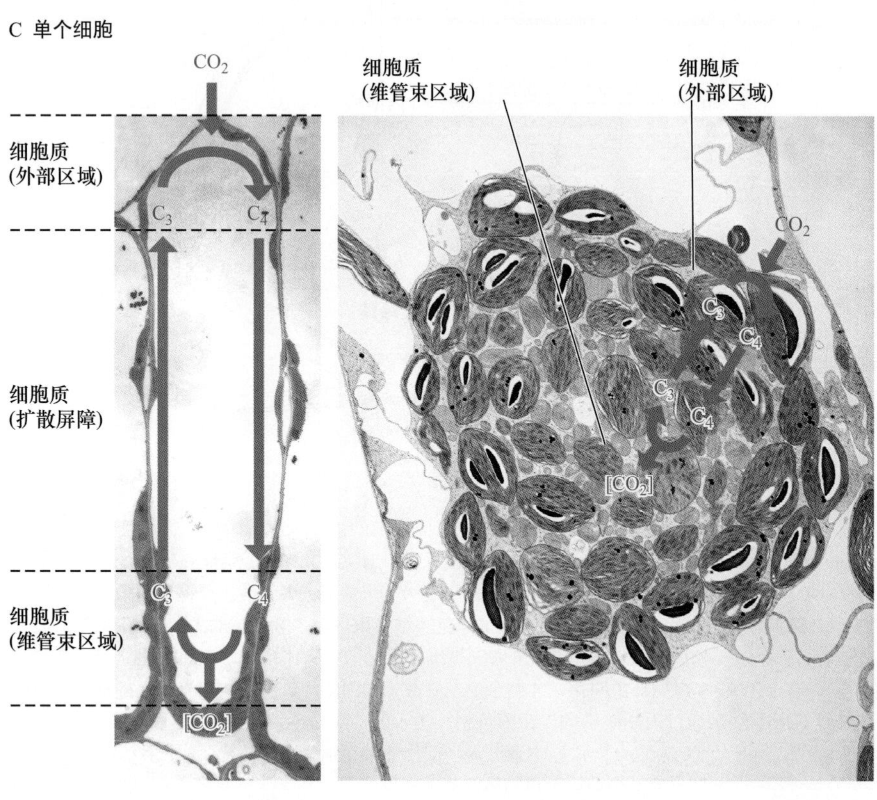

图8.12　叶片C_4光合作用途径。A. 在几乎所有已知的C_4植物中，光合作用CO_2吸收需要形成Kranz结构（左侧图）。这种结构特征将光合作用反应分在两种不同类型的细胞内——叶肉细胞和维管束鞘细胞（围绕叶脉同轴排列）。维管束鞘细胞环绕维管组织，与此同时，一个外部的叶肉细胞环包绕维管束并与细胞间隙相邻。把用于固定CO_2的细胞和用于还原碳的细胞分隔开的膜结构，对于陆生植物C_4光合作用高效进行是十分必要的。一些陆生植物，以*Borszczowia aralocaspica*和*Bienertia cycloptera*为典型，在单个细胞中存在有效的C_4划分（右侧图）。对这些植物的光合作用关键酶进行研究，同样发现了两种类型的叶绿体，这些叶绿体位于不同细胞质区室内，并具有叶肉细胞和Kranz结构中维管束鞘细胞类似的功能。B. C_4双子叶植物（坛紫菜，菊科）中的Kranz结构。C. 单细胞C_4光合作用。C_4循环的图表是叠加在*Borszczowia aralocaspica*（左）和*Bienertia cycloptera*（右）电子显微照片上的（B图由Athena McKown惠赠，C图引自Edwards et al., 2004）。

被卡尔文-本森循环中Rubisco固定。虽然C_4植物都有PEPCase催化的基本的羧化反应，但是各种C_4植物在Rubisco附近区域浓缩CO_2途径呈现很大差别（参见Web Topic 8.9）。

20世纪五六十年代，一些开创性的研究发现：C_4循环与叶片特殊结构——**Kranz结构**（*Kranz*德语意思是花环）有关，该结构内层是微管组织包围的环状排列的维管束鞘细胞，外层是与表皮紧密相连的叶肉细胞。这种特殊的叶片组织可以保证酶的区域化，且这些区域化的酶在2种不同类型的细胞中是C_4途径行使功能所必需的。但是，现在也有明显例证表明：一些绿藻、双子叶植物、水生或陆地植物可以进行单细胞C_4光合作用（Edwards et al.，2004；Muhaidat et al.，2007）（图8.12A）（参见Web Topic 8.10）。因此，代谢物在两个区域间的流转可以保障梯度扩散驱动的C_4循环运转，此现象不仅发生在细胞之间，也发生在细胞内部。

8.5.2　参与C_4循环的两种不同类型的细胞

最初发现的植物叶片C_4循环关键特点是：微管组织被2种不同类型的光合细胞包围，内圈是**维管束鞘细胞**（bundle sheath cell），外圈为**叶肉细胞**（mesophyll cell）。维管束鞘细胞的叶绿体向心排列，并包含大淀粉颗粒和非垛叠类囊体膜。另外，叶肉细胞包含有无规律排列的叶绿体，其中类囊体垛叠，几乎不含有淀粉。在这种解剖结构中，CO_2从外部气体被运输到维管束鞘细胞经5个连续步骤（图8.12B，表8.4）。

（1）在叶肉细胞中，PEPCase催化磷酸烯醇式丙酮酸的羧化反应，固定HCO_3^-（表8.4反应1）。随后，此反应的产物——草酸乙酸被NADP-苹果酸脱氢酶还原成苹果酸（表8.4反应2），或者和谷氨酸进行转氨基作用变成天冬氨酸（表8.4反应3）。

（2）将四碳酸（苹果酸或天冬氨酸）转运到环绕着维管束的维管束鞘细胞。

（3）四碳酸脱羧产生CO_2，后者由卡尔文-本森循环还原成碳水化合物。此反应之前，一些C_4植物在天冬氨酸转氨酶的催化下，将天冬氨酸重新变为草酰乙酸（表8.4反应3）。不同亚型的C_4植物雇佣不同的脱羧酶从不同的有机酸中截取CO_2，这种作用通过提高CO_2/O_2而有效地减少Rubisco加氧酶反应（表8.4反应4和反应5）（参见Web Topic 8.9）。

（4）由脱羧基反应产生的三碳骨架（丙酮酸或丙氨酸）运回叶肉细胞。

（5）HCO_3^-受体再生。在丙酮酸磷酸二激酶催化下，丙酮酸（三碳酸残基）产生磷酸烯醇式丙酮酸（表8.4反应7）。期间，腺苷酸激酶催化AMP生成ADP，反应消耗另1分子ATP（表8.4反应8）。当三碳化合物丙氨酸从维管束鞘细胞输出，在丙氨酸转氨酶作用下脱氨形成丙酮酸，然后在丙酮酸磷酸二激酶催化下发生磷酸化作用（表8.4反应6）。

酶的区域化可以保证无机碳被叶肉细胞从环境气体中初步吸收，被卡尔文-本森循环中的维管束鞘细胞固定，最后输出到韧皮部（图8.11）。因为与C_4循环相关的酶大量且专一地在这些细胞中表达。研究*Amaranthus edulis*（苋果）PEPCase缺失突变体发现，因为维管束鞘细胞中缺乏有效的CO_2固定机制，使得C_4植物中的光呼吸作用显著提高（Dever et al.，1996）。

8.5.3　C_4循环在维管束鞘细胞的叶绿体中浓缩CO_2

起初用C_4循环描述热带草本植物，现在知道：该循环可以在包括单子叶和双子叶植物的18个家族中进行，

表8.4　C_4光合碳循环的反应

酶	反应
1.PEPCase	磷酸烯醇式丙酮酸+HCO_3^-⟶草酸乙酰+P_i
2.NADP-苹果酸脱氢酶	草酸乙酰+NADPH+H^+⟶苹果酸+$NADP^+$
3.天冬氨酸转氨基酶	草酰乙酸+谷氨酸⟶天冬氨酸+2-氧戊二酸
4.NAD（P）-苹果酸酶	苹果酸+NAD（P）$^+$⟶丙酮酸+CO_2+NAD（P）H+H^+
5. 磷酸烯醇式丙酮酸脱羧酶	草酰乙酸+ATP⟶磷酸烯醇式丙酮酸+CO_2+ADP
6. 丙氨酸转氨基酶	丙酮酸+谷氨酸⟶丙氨酸+α-酮戊二酸
7. 丙酮酸磷酸二激酶	丙酮酸+P_i+ATP⟶磷酸烯醇式丙酮酸+AMP+PP_i
8. 腺苷酸激酶	AMP+ATP⟶2ADP
9. 焦磷酸酶	PP_i+H_2O⟶2P_i

注：P_i和PP_i分别代表无机磷酸和焦磷酸

在禾本科（玉米、黍、高粱、甘蔗）、藜科（*Atriplex* spp.）和莎草科（多个属）中尤为显著（Edwards and Walker，1983）。所有的C_4循环运行需要两种类型的、含有叶绿体的细胞（前已述及）的有效协作：排列在Kranz结构中不同位置的叶肉细胞和维管束鞘细胞（图8.12B）。连接这两种细 胞的胞间连丝在维管束鞘细胞（维管区）中制造了比叶肉细胞（外界区）中更高的CO_2浓度，有利于其输出（图8.11）。提高Rubisco羧化位点CO_2浓度可以抑制核酮糖-1，5-二磷酸加氧反应和光呼吸。

除解剖结构差异之外，这些细胞在酶组成上有很大不同。PEPCase和Rubisco分别位于叶肉和维管束鞘细胞，而脱羧酶位于维管束鞘细胞的不同区室：NADP-苹果酸酶位于叶绿体中（表8.4反应4），NAD-苹果酸酶位于线粒体中（表8.4反应4），磷酸烯醇式丙酮酸羧激酶位于细胞质中（表8.4反应5）。光合作用的过渡性储存产物——淀粉绝大部分聚积在维管束鞘细胞的叶绿体中。

C_4植物叶肉和维管束鞘细胞中的叶绿体在其他结构和生化特征上存在差异。PSⅡ活性伴随线性电子流向PSⅠ，并产生NADPH和ATP，这些反应一般发生在基粒含量较多的叶绿体中；而PSI推动的电荷环形流动绝大部分产生ATP，此过程发生在基粒含量较低的叶绿体中。这两种类型的叶绿体与C_4光合作用能量需求密切相关。苹果酸是C_4植物的优势产物，将苹果酸转化为草酰乙酸的植物比利用天冬氨酸进行此转化的植物消耗更多的还原力（表8.4反应2和反应3）。因此，NADP-苹果酸酶类型的C_4植物叶肉细胞叶绿体中具有发达的基粒，苹果酸从叶肉细胞运至维管束鞘细胞。与之相反，NAD-苹果酸酶类型的C_4植物中，叶肉细胞固定CO_2的原初产物是天冬氨酸，此反应需要较少的还原力，因此电子直接流向PSⅠ。因为PSⅠ中的电子环流产生的ATP可以驱动丙酮酸向磷酸烯醇式丙酮酸的转变（表8.4反应7），NAD-苹果酸酶类型的C_4植物叶肉细胞叶绿体比维管束鞘细胞含有较少的基粒。

重组DNA技术在植物代谢研究中的应用，大大推进了人们对C_4光合作用调控的理解。利用PEPCase和Rubisco比率改变的转基因植物，可以研究这些酶的相对水平是否决定C_4光合作用效率。反义抑制Rubisco而降低其含量的*Flaveria*叶片中，PEPCase水平没有受到协同性影响（Siebke et al.，1997；von Caemmerer et al.，1997）。虽然这些转基因植物的维管束鞘细胞中CO_2浓度更高，但CO_2增加不能被保持，因而光合作用效率降低。相反地，低光下，高表达碳酸酐酶的烟草维管束鞘细胞中的HCO_3^-经过胞间连丝渗漏到叶肉细胞，光合作用下降。此现象显示：尽量限制CO_2从维管束中扩散出来对于C_4光合作用的效率很重要（Ludwig et al.，1998）。

像第1章描述的那样，绿色植物的叶绿体由其被膜的双层膜包围着从细胞质独立起来，管制很多专一的代谢物运输体。利用液相色谱和串联质谱分析方法，分析来自于大豆（一种C_3植物）和玉米（一种C_4植物）叶肉细胞叶绿体膜，发现：叶绿体被膜对C_4光合作用需求的适应性（Brautigam et al.，2008）。C_3植物和C_4植物的叶肉细胞中的叶绿体本质上相似，但在叶绿体被膜蛋白质组上存在量的差异。值得一提的是，C_4植物被膜上的参与丙糖磷酸和磷酸烯醇式丙酮酸转运蛋白比C_3植物丰富得多。这种高丰度确保C_4植物叶绿体被膜的代谢中间物流通量比C_3植物中更高。

C_3植物维管束周围存在C_4类光合作用，暗示：从C_3途径稍加修饰就可演化为C_4光合作用。一些C_3植物（如烟草）的木质部和韧皮部细胞附近表现出C_4光合作用特征——使用维管系统的苹果酸作为碳源（Hibberd and Quick，2002）。同时，这些细胞中有C_4途径所特有的酶[NAD（P）-苹果酸酶和磷酸烯醇式丙酮酸羧激酶]。这说明C_3植物已经具备C_4光合作用所必需的基本生化成分。与这些研究结果一致的观点是：C_4光合作用是从C_3代谢发展而来，期间进行了一些关键酶的调节或组织专一性改变。

8.5.4 单个细胞中的C_4循环也能够浓缩CO_2

研究发现：一些有机体中的C_4光合作用不具有Kranz结构，说明C_4固定碳的模式比已知的模式更加多样化（参见Web Topic 8.10）。两种生长于亚洲的植物*Borszczowia aralocaspica*和*Bienertia cycloptera*能在单个绿色组织细胞中完成整个C_4光合作用（Sage，2002；Edwards et al.，2004）（图8.12B）。单细胞的海洋原生生物硅藻类也可以在单细胞中进行C_4光合作用。

8.5.5 光调控重要C_4酶活性

除了提供ATP和NADPH，光对于C_4循环中几种特殊酶的调控也至关重要。因此，光子流量变化可以改变NADP-苹果酸脱氢酶、PEPCase和丙酮酸磷酸二激酶活性（表8.4反应1、反应2和反应7），其调节机制包括两种：硫基-二硫键转换[Ens-（Cys-S）$_2$⟷Ens-（Cys-SH）$_2$]和一些特殊氨基酸残基的磷酸化-脱磷酸化[如丝氨酸，Ens-Ser-OH⟷Ens-Ser-OP]。

经典的铁氧还蛋白-硫氧还蛋白系统调节NADP-苹果酸脱氢酶活性（图8.6）。叶片受到光照时，此酶被还原（激活），黑暗时被氧化（失活）。另外，一种专一的丝氨酸-苏氨酸激酶——PEPCase激酶催化PEPCase的磷酸化，加速环境CO_2的吸收（参见Web

Topic 8.1）（Izui et al.，2004）。夜间，磷酸化的丝氨酸被蛋白磷酸酶2A脱磷酸化，使PEPCase催化能力恢复到基本（低）水平。此外，一种很独特的蛋白质严格调节丙酮酸磷酸二激酶（pyruvate-phosphate dikinase，PPDK）活性随昼/夜节律的变化（Burnell and Hatch，2006）。丙酮酸磷酸二激酶（PPDK）翻译后活性受到一种双功能酶——苏氨酸激酶-磷酸酶调节，此双功能酶既可以催化依赖ADP的丙酮酸磷酸二激酶的磷酸化（PPDK+ADP⟷PPDK-P+AMP），也可以催化依赖P_i的丙酮酸磷酸二激酶的脱磷酸化（PPDK-P+P_i⟷PPDK+PP_i）。通过激酶-磷酸酶调节，黑暗导致P_i基团附加到丙酮酸磷酸二激酶专一的苏氨酸上，导致该酶失活。磷酸解离的磷酸基团可以恢复丙酮酸磷酸二激酶催化能力。

 8.5.6 炎热干燥气候下，C_4循环降低光呼吸和水分损失

前已述及，温度升高可以降低Rubisco羧化活性和CO_2溶解能力，因此限制C_3植物光合作用中CO_2同化速率。对于C_4植物来说，两个特性可以克服高温对光合作用的不利影响。

第一，当高温和CO_2浓度降低时，PEPCase和底物HCO_3^-亲和性足够高。又因为起初的羧化反应中HCO_3^-不与O_2竞争，所以Rubisco加氧酶活性大部分被抑制。PEPCase活性升高有助于C_4植物在高温下减少气孔开度而保持水分，因此在等于或高于C_3植物的CO_2固定率的情况下，C_4植物更节约水量。

第二，维管束鞘细胞中高浓度CO_2可以限制C_2氧化光合循环（Maroco et al.，1998）。

以上两个特征使得光合作用更加有效运行，赋予C_4植物更有利的竞争优势，也就是说，在干燥、炎热的环境中，光呼吸的消耗有更重要的意义。

8.6 无机碳浓缩机制：景天酸代谢(CAM)

生活在季节性降水稀少的干旱地区，许多植物（包括具有重要经济价值的菠萝、龙舌兰、仙人掌和兰花）在Rubisco位点存在另外一种CO_2浓缩机制。这种重要的光合碳固定反应称为景天酸代谢（CAM），这个名称用来纪念在*Bryophyllum calycinum*（一种肉质的景天科植物）上所进行的初次研究（Cushman，2001）。与C_4的机制一样，在缺水环境中，CAM光合作用似乎在过去的3.5亿年中已经出现，捕获大气CO_2并捕食呼吸产生的CO_2。

CAM植物的突出特点是能够生活在降雨少、蒸发量高到不足以维持作物生长的环境中，且能够获得很高的生物量。与CAM植物减少水分损失相适应的结构特点是：厚表皮、低表面积/体积、大液泡、气孔开度小；白天，叶肉细胞紧密排列而减少CO_2损失。一般情况下，CAM植物每得到1g CO_2需要损失50~100g水、C_4植物损失250~300g水，C_3损失400~500g水（见第4章）。因此，CAM植物的优势是可以在干旱环境（如沙漠地带）中生存。

如上所述，C_4植物在脱羧反应的前几秒钟内在一个区域（如叶肉细胞）中形成四碳酸，而卡尔文-本森循环中CO_2再固定反应发生在另一个区域（如维管束鞘细胞）。对于CAM植物而言，大气CO_2最初被四碳酸捕获直至最后CO_2被嵌入联系紧密的碳骨架空间上，而时间上不同步，在24h光照-黑暗环节律中几乎相差12h（图8.13）。

夜晚，借助于储存的碳水化合物分解而来的磷酸烯醇式丙酮酸，胞质PEPCase将大气（和呼吸）中的CO_2固定并形成草酰乙酸（表8.4反应1）。胞质NAD-苹果酸脱氢酶将草酰乙酸转化为苹果酸，作为夜晚的剩余物储存在酸性液泡中（表8.4反应2）。白天，储存的苹果酸被运到叶绿体中，并利用与C_4植物类似机制进行脱羧，即通过胞质NADP-苹果酸酶、线粒体NADP-苹果酸酶或线粒体磷酸烯醇式丙酮酸羧激酶进行脱羧反应（表8.4反应4和反应5）。被释放的CO_2在卡尔文-本森循环中重新固定，而补充的三碳酸转化为磷酸丙糖，然后C_4植物通过糖异生反应再将其转化为淀粉或蔗糖。

以每天24h计的CAM循环，C吸收速率和酶活性的变化被分为4个不同的阶段：阶段1（夜间）、阶段2（清晨）、阶段3（白天）、阶段4（下午晚些时候）（参见Web Topic 8.11）。在夜间的阶段1，气孔开放，叶片进行呼吸，CO_2被捕捉并以苹果酸的形式储存于液泡。PEPCase吸收CO_2主要发生在阶段1。在白天的阶段3，气孔关闭，叶片进行光合作用，储存的苹果酸被脱掉羧基。Rubisco活性中心CO_2浓度升高的结果是缓解了光呼吸的负面效应。短暂的阶段2和阶段4分别为阶段3和阶段1做准备。Rubisco活性在阶段2提高、在阶段4下降。相反，PEPCase活性在阶段4提高，在阶段2下降。

不同的CAM植物，每个时间段的长度和对总碳平衡的贡献差异很大。组成型的CAM植物在夜间不停地吸收CO_2，而相对应的兼性CAM途径仅仅在水分胁迫时启用CAM途径。

卡尔文-本森循环产生的磷酸丙糖是在叶绿体中以淀粉储存还是用于蔗糖合成取决于植物种类。这些碳水化合物最终不仅保证植物的生长，也保证第二天晚上的羧化反应的底物。总之，紧密相连的羧化反应和脱羧反应在时间上的分离可以减少Rubisco的无效运行，优化

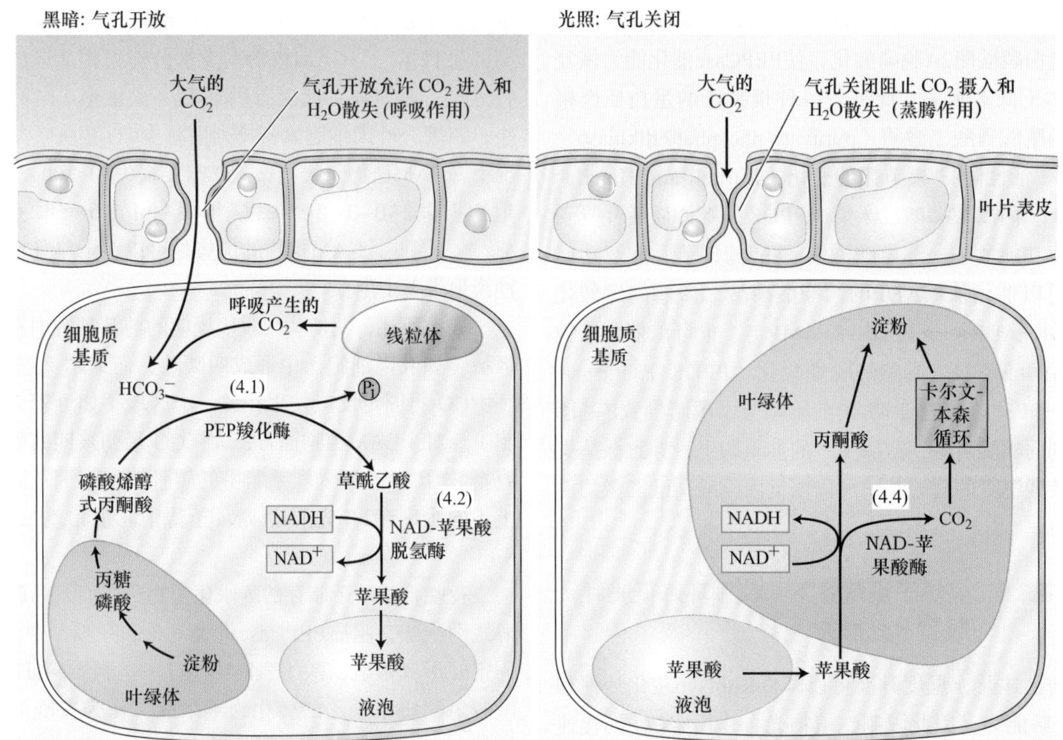

图8.13　景天科酸代谢（CAM）。在景天科酸代谢中，摄取CO_2和通过卡尔文-本森循环的CO_2固定被暂时分开。括号中的数字代表的是表8.4中的反应。对大气中CO_2摄取发生在夜间，此时气孔是张开的。在这一阶段，细胞质基质中气态CO_2增加HCO_3^-水平（$CO_2+H_2O \longleftrightarrow HCO_3^-+H^+$）。这部分$CO_2$来自于外界大气和线粒体中的呼吸作用。随后，胞质PEPCase（PEP羧化酶）催化HCO_3^-和磷酸烯醇式丙酮酸发生反应。磷酸烯醇式丙酮酸来自于叶绿体淀粉在夜间分解，最终导致四碳酸（草酰乙酸）被还原成苹果酸，苹果酸导致液泡酸化。在白天，夜晚被储存在液泡中的苹果酸返回到细胞质基质中。苹果酸脱羧酶（NAD-苹果酸酶）作用于苹果酸，使其释放出CO_2，CO_2又通过卡尔文-本森循环被重新固定在碳骨架中。实质上，白天叶绿体中淀粉积累可以看作夜间无机碳的净吸收。白天，气孔关闭不仅阻止运输过程中水分的散失，同时能够阻止内部CO_2与外界大气交换。

了水分利用，因此可以提高胁迫环境中的光合性能。

 8.6.1　CAM是灵活感受环境刺激的机制

在水分亏缺环境中，CAM植物高效利用水分可能说明物种多样性及新物种形成。生长于沙漠的CAM植物（如仙人掌）通过在凉爽的夜晚打开气孔，在干燥炎热的白天关闭气孔而得到水分高效利用。白天，关闭气孔减少水分损失，但由于H_2O和CO_2拥有共同的运输途径，因此CO_2必须在夜晚摄取。光照可以动员储存在液泡的苹果酸，为卡尔文-本森循环中专一的脱羧酶——NAD（P）H-苹果酸酶和烯醇式丙酮酸激酶同化CO_2打基础（Drincovich et al.，2001）。

当气孔关闭时，脱羧酶和线粒体呼吸作用释放的CO_2都不能从叶片逃逸。因此，内部产生的CO_2被卡尔文-本森循环固定，将其转化为碳水化合物。气孔关闭不仅可以保水，而且有助于提高内部CO_2浓度，以此提高核酮糖-1，5-二磷酸光合作用中的羧化反应。非洲刺梨（*Opuntia stricta*）不经意间被带入澳大利亚生态系统中，这些植物适应环境的情况能说明CAM陆地植物适应干旱环境的潜在的优越性。在不足1个世纪的时间里，这种刺梨从较少的1840株植物迅速扩展到占地2.5亿亩①的种群。

遗传背景和环境因素决定了CAM植物的生化和生理能力的表达程度。虽然许多室内生长的、多汁的、观赏类的景天科植物（如长寿花）等标准的CAM类植物表现出昼夜节律性，其他的（如猪胶树属）在对生叶片中同时进行C_3光合作用和CAM（Lüttge et al.，2008）。夜间PEPCase与白天Rubisco同化CO_2量（CO_2总同化量）比率受以下因素综合调节：①气孔行为；②有机酸含量和储存的碳水化合物积累量的波动；③初级（PEPCase）和二级（Rubisco）羧化酶活性；④脱羧酶活性；⑤C_3碳骨架合成和分解。

许多CAM植物根据环境长期变化特点而调整CO_2摄入的类型。在使用CAM光合途径的植物中，如冰叶日

① 1亩＝666.7m^2

中花（*Mesembryanthemum crystallinum* L.）、龙舌兰、猪胶树（*Clusia*），缺水时使用CAM光合途径；而水分充足时，逐渐过渡到C_3类型。其他环境因素（如盐分、温度、光强度或光质量）也影响一些植物CAM实施程度。这种调控形式需要多种CAM基因应答环境胁迫信号而表达（Adams et al.，1998；Cushman，2001；Lüttge et al.，2008）。

干旱环境中，关闭气孔保水机制也许不是CAM进化的唯一原则，因为令人费解的是：水生植物中也有CAM作用机制（Mommer and Visser，2005；Lawlor，2009）。推测：CAM机制有利于植物在水环境中获得无机碳（即HCO_3^-），因为水中气体扩散阻力太大，限制了CO_2可利用性。

8.7 光合作用中淀粉和蔗糖的积累与分流

真核细胞的显著性特点是各代谢舱室之间形成错综复杂的功能网络。真核生物必须把糖从它合成和吸收位点（源）移送到使用它们的细胞（库）中去（为了生长和能量）。动物血管可以运输葡萄糖，而植物微管运输的是蔗糖。葡萄糖主要特点是C_1上的醛基，因此这种单糖（还原端）能够在碱性条件下还原铜离子（$Cu_2^{+}+e^{-} \longrightarrow Cu^{+}$）（参见Web Topic 8.12）。醛基基团使葡萄糖对蛋白质中的氨基具有天然活性（产生蛋白糖），因此，血管中糖浓度必须控制在很窄的范围内（健康人体内6~8 mol/L）。植物利用糖苷键将蔗糖[β-D-Fruc-（2→1）-α-D-gluc]与海藻糖[α-D-Gluc-（1→1）- α-D-Gluc]中的己糖残基连接在一起。二糖的形成掩盖了葡萄糖（C_1上的醛基）和果糖（C_2上的酮基）的活性基团，因此在碱性条件下也不能进行铜离子还原反应。蔗糖和海藻糖反应活性低于葡萄糖，各种植物组织中的这两种二糖含量变化较大。胞间高水平蔗糖有利于从源向库运输。胞内低水平的海藻糖使叶绿体淀粉合成与胞质C含量协调一致（Kolbe et al.，2005）。

植物生物化学家面临的主要挑战是：如何解释叶绿体中光合作用产生这些化合物（光合产物）与叶细胞各种代谢过程间的关系。大多数叶片光合作用同化的CO_2生成蔗糖，其最终产物是淀粉。但是它们产生的途径是完全分离的：蔗糖在胞质合成，淀粉在叶绿体合成。白天，蔗糖被持续地从叶片胞质流向异养型的库组织，而

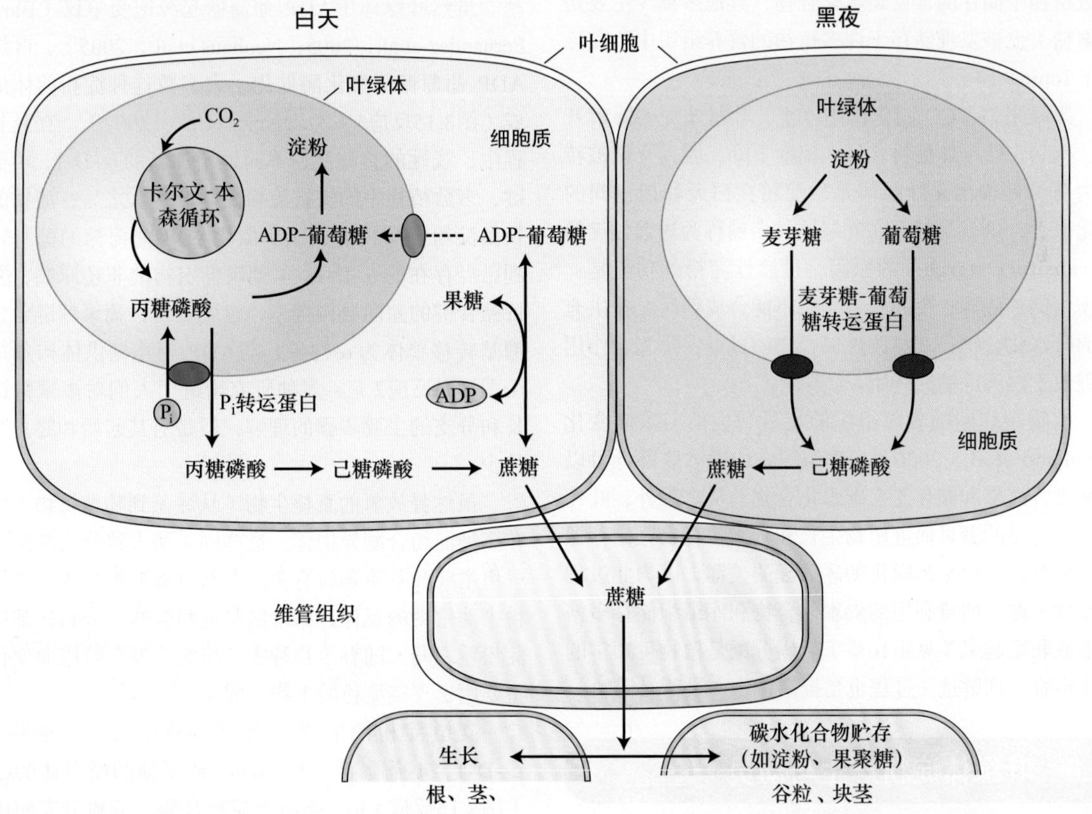

图8.14　陆生植物的碳流动。在白天，光合作用同化吸收的碳用于叶绿体中淀粉的形成，或者将其运输到细胞质中合成蔗糖，蔗糖随后被运输到植物的非光合作用部位。来自于卡尔文-本森循环的丙糖磷酸可能用于①叶绿体ADP-葡萄糖（蔗糖合成的供体）合成，或者②迁移到细胞质中合成蔗糖。在夜间，糖苷键断裂产生麦芽糖和葡萄糖，两者跨过叶绿体膜来填充磷酸己糖库，有利于高效合成蔗糖。在这一不间断的基础之上，蔗糖将叶片中无机碳（CO_2）的同化吸收与有机碳的利用连接在一起，用于植物的生长和在非光合作用部位糖的储存。图中标示的ADP-葡萄糖向质体的转运过程仍存在争议。

淀粉颗粒则在叶绿体中积聚（参见Web Topic 8.13）。大多数植物中，蔗糖是从叶片（源）运向储存组织（库）的主要化合物（图8.14）。白天，叶绿体中的一些淀粉类的光合产物的流转可以保障植物在夜里有足够的碳水化合物转化为可以输出的蔗糖。植物叶片淀粉和蔗糖积累水平相差很大。一些植物（如大豆、甜菜、拟南芥）叶片中淀粉与蔗糖的比例在白天时间几乎是不变的。另外一些植物（如菠菜、法国豆），当蔗糖积累超过叶片或库组织的储存能力时，启动淀粉生物合成机制。环境因子（尤其是白天长短）也可以影响叶片对所固定的C在蔗糖和淀粉之间的分配；与长日照下的植物不同，短日照下的植物更多地将光合产物转化为淀粉，因此保障长夜时间段充足糖供给。

光合作用产生的糖从源（叶片）运输到达非光合作用的库（茎、根、块茎、籽粒），期间穿过微管组织（韧皮部）。在一些植物中，其他的碳水化合物便于向外输出：葫芦和拟南芥中以蔗糖-半乳糖寡聚糖（棉籽三糖、水苏四糖、毛蕊花糖）、苹果树以山梨醇、芹菜以甘露醇形式运输。茎、根和幼叶把输入的糖作为生长能源和储存多聚糖的材料（块茎和籽粒）。淀粉是大多数植物中储存的常见碳水化合物，其他多糖（主要是果聚糖）也被发现储存于许多植物的营养组织中（参见Web Topic 8.14）。

黑暗来临，CO_2同化作用停止，叶绿体淀粉降解开始。夜间，叶绿体淀粉含量大幅度下降，因为它们被转化为蔗糖并输出。叶绿体基质淀粉在白天和黑夜间的变化很大，这就是储存在叶绿体的多糖称为**过渡性淀粉**（**transitory starch**）的原因。过渡性淀粉的功能是：①作为储存能源，夜间光合作用不能合成糖时，提供充足的碳水化合物；②过渡性储存物质可以保障光合作用进程快于白天蔗糖的利用。

植物碳代谢随着库组织的能量和生长需求而变化（Rolland et al.，2006）。库组织中的糖浓度降低可以刺激光合速率和储存器官碳水化合物动员。另外，叶片中含有充足的糖可促进植物生长和碳水化合物在储存器官的储存。糖运输是同化的碳分配的关键，因为此过程将叶片（源）的可利用的碳水化合物和库组织储存多糖的形成联系起来（见第10章）。碳分配是植物生理学的重要内容，理解这一过程也是提高作物产量所必需的。

8.8 叶绿体淀粉产生与动员

淀粉是植物主要的储存碳水化合物。在自然界的多糖化合物中，只有纤维素丰度超过它。淀粉组装成为半晶状列阵而成为不溶颗粒（参见Web Topic 8.13）。电子显微研究有关淀粉积累和相关酶定位显示：叶片叶绿体毫无疑问是淀粉合成的场所。这种巨大分子的结构和物理化学特性对于许多酶定位和活性是关键的，这些酶可将叶绿体中可溶的部分和不可溶的淀粉粒区分开来。本章节接下来的部分将分析：白天叶绿体中碳的同化和积累、夜晚淀粉粒降解的过程。

8.8.1 白天叶绿体合成淀粉

淀粉是一种复杂的同聚物，包括两种成分：直链淀粉和高度分支淀粉。其结构、大小，以及直链淀粉和支链淀粉的比例在不同的植物中差异很大。α-D-葡萄糖残基通过α-D-1，4-糖苷键形成很长的线性连接，而通过α-D-1，6-糖苷键形成支链。在直链淀粉中，α-D-1，6-糖苷键在总连接键中的比率极低（不足1%），但对于支链淀粉的形成很重要（5%~6%）。因此，前者是线性的，后者是分支的。与支链淀粉（大约10^6糖单位）致密的结构相比，直链淀粉相对舒展，分子质量较低（500~20 000个糖单位）。

α-D-1，4-糖苷键连接的直链淀粉的生物合成过程经过3个连续步骤：起始、延长和多糖链的终止。ADP-葡萄糖为光合作用活跃的叶片中淀粉合成提供糖基。虽然叶绿体中ADP-葡萄糖起源饱受争议（Baroja-Fernandez et al.，2005；Neuhaus et al.，2005），叶绿体ADP-葡萄糖磷酸化酶催化了大多数这种淀粉前体的合成（图8.15反应1）（Zeeman et al.，2007）。在延长过程中，线性的直链淀粉不时地增加新的α-D-1，6-糖苷键，多数植物中的支链淀粉由此产生。之后，淀粉的延长由淀粉合酶负责，该酶催化ADP-葡萄糖的糖基转移到已经存在的α-D-1，4-葡聚糖引物的非还原端，并保持糖苷键的差向异构构型，也就是说：葡聚糖链延长的糖基转移单体为α构象，与ADP-葡萄糖供体构象一致（图8.15反应2）。多种研究增进了人们对多聚糖链延长和分支的主要步骤的理解，但是对其起始和终止知之甚少。

虽然释放氧的真核生物（从绿藻到陆地植物）中存在多种淀粉合酶异构体。这些同工酶大致分为两组：第一组主要和基质颗粒有关，参与直链淀粉合成、支链淀粉中葡聚糖的延伸；第二组是淀粉合酶，分布在基质和淀粉粒之间，随着生物种类、组织、发育阶段而变化，主要用于支链淀粉的生物合成。

支链淀粉的形成需要淀粉分支酶，它能将1段α-D-1，4-葡聚糖转移到同一葡聚糖的糖单体的C_6上（图8.15反应3）。类似于淀粉合酶，淀粉分支酶由很多异构体组成，它们不仅随着要转移的葡聚糖链长度而不同，而且分布在可溶性基质或微小淀粉颗粒等不同区域。

淀粉颗粒的结构与2种分支酶——异淀粉酶和**不对**

ADP-葡萄糖生物合成

CH_2OH O OH OH OH —O—P_i + ATP

ADP-葡萄糖焦磷酸化酶 ❶

CH_2OH O OH OH OH —O—ADP + PP_i

葡萄糖-1-磷酸　ADP-葡萄糖

ADP-葡萄糖焦磷酸化酶催化ATP和葡萄糖-1-磷酸形成ADP-葡萄糖，同时释放出焦磷酸

淀粉延伸

ADP-葡萄糖 + “引物” $[\ ]_n$

可溶性淀粉合酶
颗粒结合淀粉合酶 ❷

$[\ ]_{n+1}$ + ADP

直链淀粉（通过颗粒结合淀粉合酶）
支链淀粉（通过可溶性淀粉合酶）

淀粉合酶催化ADP-葡萄糖的糖基转移到已经存在的α-D-1,4-葡聚糖引物的非还原端，并保持葡萄糖糖苷键的差向异构构型

淀粉分支

CH_2OH O OH $[\ ]_n$ α-1,4 $[\ ]_m$ OH

❸ 分支酶

分支酶使α-D-1,4-糖苷键断裂并将释放出的寡糖转移到一个线性葡聚糖上，形成α-D-1,6-糖苷键

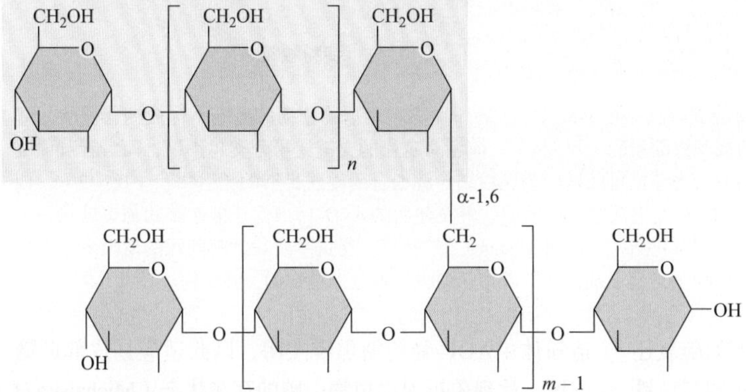

图8.15　淀粉合成途径：淀粉的延伸和分支。淀粉在植物体中的生物合成是一个复杂的过程，包括：ADP-葡萄糖生物合成、“引物”形成、线性α-D-1，4-葡聚糖的延伸及各种各样的分支反应。淀粉合成首先要形成ADP-葡萄糖（反应1）。接着是在淀粉合酶作用下，糖基通过α-D-1，4-糖苷键成功加入，使多糖延伸（反应2）。淀粉合酶具有多种构型。这一生物合成途径中“引物”形成过程依然不明了。最后，分支酶催化形成葡聚糖链中的分支位点（反应3）。

称酶（**disproportionating enzyme，D-酶**）有关，这些酶非均一地实施分支。由于随机分支，水溶性多聚糖一般不会参入半晶状、不溶性淀粉颗粒，异淀粉酶可以修剪支链，强迫形成支链淀粉的晶状区域。修剪掉的糖链可以被整合到淀粉颗粒（图8.16反应4）。D-酶回收（可溶）寡糖进入淀粉颗粒的生物合成途径，涉及葡聚糖转移酶反应。

（葡萄糖）a+（葡萄糖）b→（葡萄糖）a+b-n+（葡萄糖）n

这里a和b均大于等于3，且n小于等于4（图8.16反应5）（Zeeman et al.，2007）。这个反应的产物成为淀粉合酶和分支酶作用的底物（图8.16反应2和反应3）。

为了在叶绿体环境中恰当地发挥功能，这些基本的酶反应呈现动态平衡调节机制。因此，ADP-葡萄糖焦磷酸酶的活性（硫氧还蛋白依赖的机制）可以加强叶绿体淀粉生物合成。目前的证据表明：此酶活性可被游离的硫氧还蛋白（Kolbe et al.，2005）或者含有一种特殊的NADP-硫氧还蛋白还原酶碳结构的硫氧还原蛋白

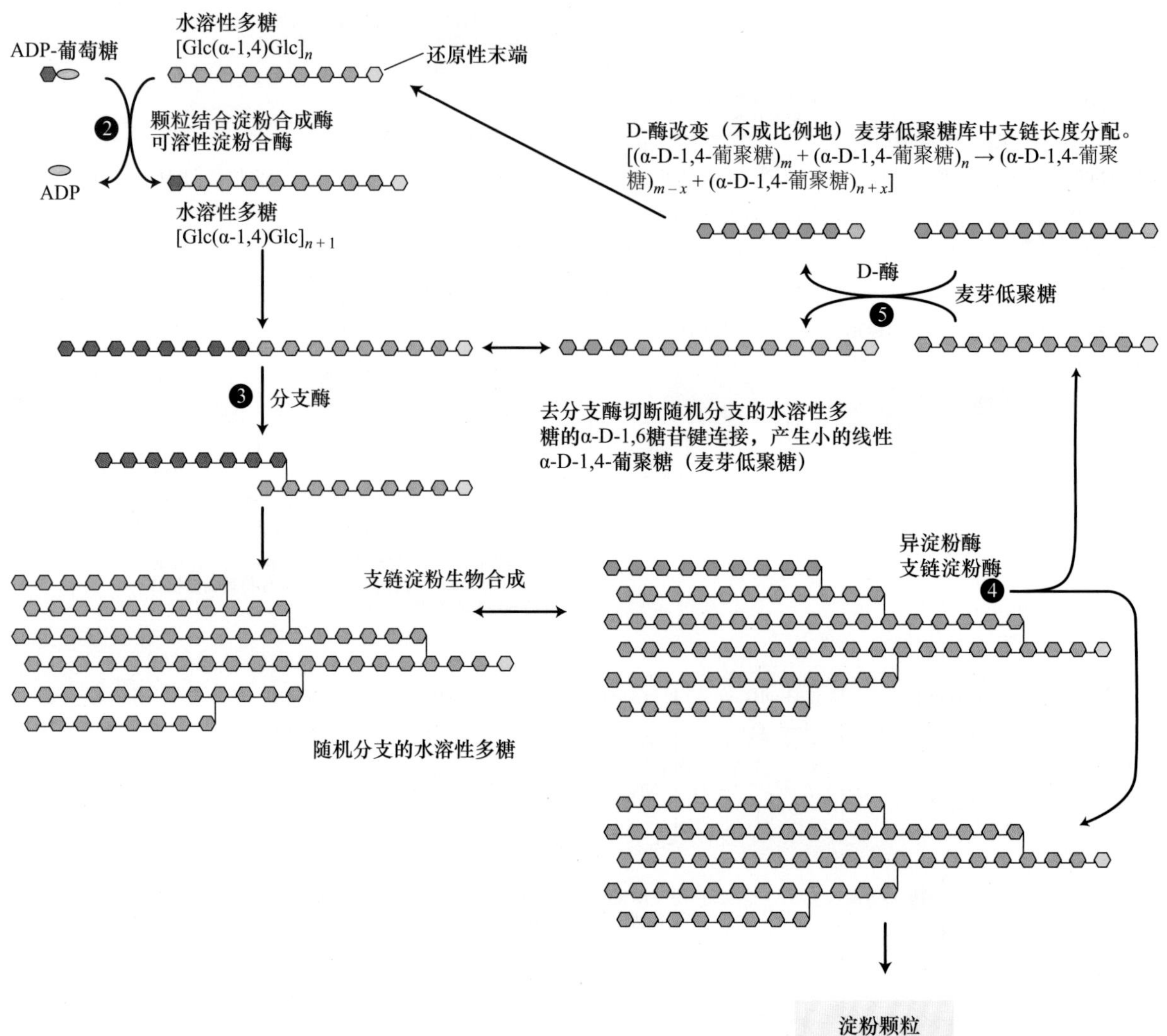

图8.16　淀粉合成途径：支链淀粉的生物合成。反应2和反应3在图8.15中。还原性末端表示葡糖糖的醛基不构成糖苷键的一部分。根据对底物的不同要求，去分支酶是异淀粉酶或支链淀粉酶（反应4），前者对疏松的支链淀粉分支起作用，而后者对葡聚糖聚合物的紧密分支则显现出了高活性。被释放的低聚麦芽糖可能转而为颗粒结合淀粉合酶组建足够的“引物”（反应2），或者作为不对称酶（D-酶；反应5）的底物。实质上，D-酶催化低聚麦芽糖的裂解及随后的α-D-1，4糖苷键连接的葡聚糖从一个低聚麦芽糖供体［（α-D-1，4-glucan）$_m$］到一个相应受体[（α-D-1，4-glucan）$_n$]的转移。在这个阶段，被削短的低聚麦芽糖将作为一种底物或延伸的“引物”（反应2），而被延长的低聚麦芽糖将作为分支过程的一种底物。

所调节（Michalska et al.，2009）。对于游离的硫氧还蛋白，ADP-葡萄糖焦磷酸酶的活性主要被光调节，铁氧还蛋白-硫氧还蛋白还原酶参与此过程。换句话说，NADP-硫氧还蛋白还原酶C补充了光照条件下铁氧还蛋白-硫氧还蛋白系统中酶的氧化还原活性。但是，在黑暗中的叶片，铁氧还蛋白则是借由戊糖磷酸氧化途径中糖氧化反应期间产生的NADPH，独立完成氧化还原（见第11章）。为了适应游离的ADP-葡萄糖焦磷酸酶硫氧还蛋白，或者NADP-硫氧还蛋白还原酶C的动态变化，造粉体改变淀粉生物合成，以此适应异养库组织代谢物流动。最近研究显示，游离的硫氧还蛋白，或者含有NADP-硫氧还蛋白还原酶C结构的硫氧还蛋白也调节造粉体中ADP-葡萄糖焦磷酸酶，以此适应韧皮部蔗糖浓度。此现象折射出植物中碳的存在状态（Michalska et al.，2009）。

除脊椎动物以外，所有生物都能合成海藻糖[α-D-Gluc-（1→1）-α-D-Gluc]，绝大多数植物不会积累很多的这种非还原性二糖。但是，拟南芥海藻糖合成基因异常丰富（Paul et al.，2008）。在此背景下，2个实验证明海藻糖-6-磷酸可能是另一种信号，可将细胞质碳水平与叶绿体淀粉合成联系起来。首先，给拟南芥叶片饲喂海藻糖加强了淀粉合成，与硫氧还蛋白介导的ADP-葡萄糖焦磷酸酶活性相关。其次，使用海藻糖-6-磷酸处理离体叶绿体明显地提高了ADP-葡萄糖焦磷酸

酶活性。

海藻糖-6-磷酸和蔗糖之间的联系还不十分清楚，可能涉及这种糖磷酸代谢的酶的转录和翻译后活性调控。在细胞中，葡萄糖-6-磷酸和UDP-葡萄糖的浓度通过海藻糖-6-磷酸控制着海藻糖-6-磷酸的生物合成（UDP-葡萄糖+葡萄糖-6-磷酸⟶海藻糖-6-磷酸+UDP）。另外，一种前体分子——UDP-葡萄糖，可以通过蔗糖合酶直接与蔗糖浓度相关联（蔗糖+UDP⟶UDP-葡萄糖+果糖）。

 8.8.2　夜晚叶绿体淀粉降解需要支链淀粉的磷酸化

运用改进的分子生物学技术构建转基因植物，并结合生物化学分析和基因组测序信息，对叶片淀粉夜间分解的途径勾勒出了一个全新图像（图8.17）（Lloyd et al.，2005；Smith et al.，2005）。夜间，叶绿体淀粉水解断裂成为麦芽糖，这是碳从叶绿体输出的主要形式。但对于正常的淀粉利用，在它的α-D-1，4-糖苷键和α-D-1，6-糖苷键水解之前，淀粉必须进行磷酸化。

在可溶性葡聚糖从临时的淀粉动态库中释放之前，磷酸与多糖（主要是支链淀粉）结合（图8.17）。与多数的激酶不一样，催化这种磷酸化反应的酶是葡聚糖-水二激酶，该酶将ATP的β-磷酸基团（下面方程式中红色标出的P）转移到支链淀粉的糖基的C_6（Ritte et al.，2006）。

$$\text{腺苷-P-P-P（ATP）+（葡聚糖）-O-H+}H_2O \longrightarrow \text{腺苷-P（AMP）+（葡聚糖）-O-P+}P_i$$

虽然叶片淀粉中磷酸基团的结合率很低（拟南芥中每2000个葡萄糖残基中有1个与磷酸集团结合），但是葡聚糖-水二激酶失活的转基因植物大幅度地降低支链淀粉与磷酸基团的结合及淀粉降解率。因此，成熟叶片中转基因株系（*starch excess 1*，*sex1*）淀粉含量高于野生型叶片7倍（Yu et al.，2001）。夜间，叶片葡聚糖-水二激酶附着在淀粉颗粒；而光照后，其中的一部分恢复成可溶状态。依赖硫氧还蛋白还原作用的葡聚糖-水二激酶不仅进行酶活性调节，还可以改变与淀粉粒结合的比例（Mikkelsen et al.，2005）。因此，淀粉的磷酸化似乎与光驱动的氧化还原过程相关联，涉及其催化能力

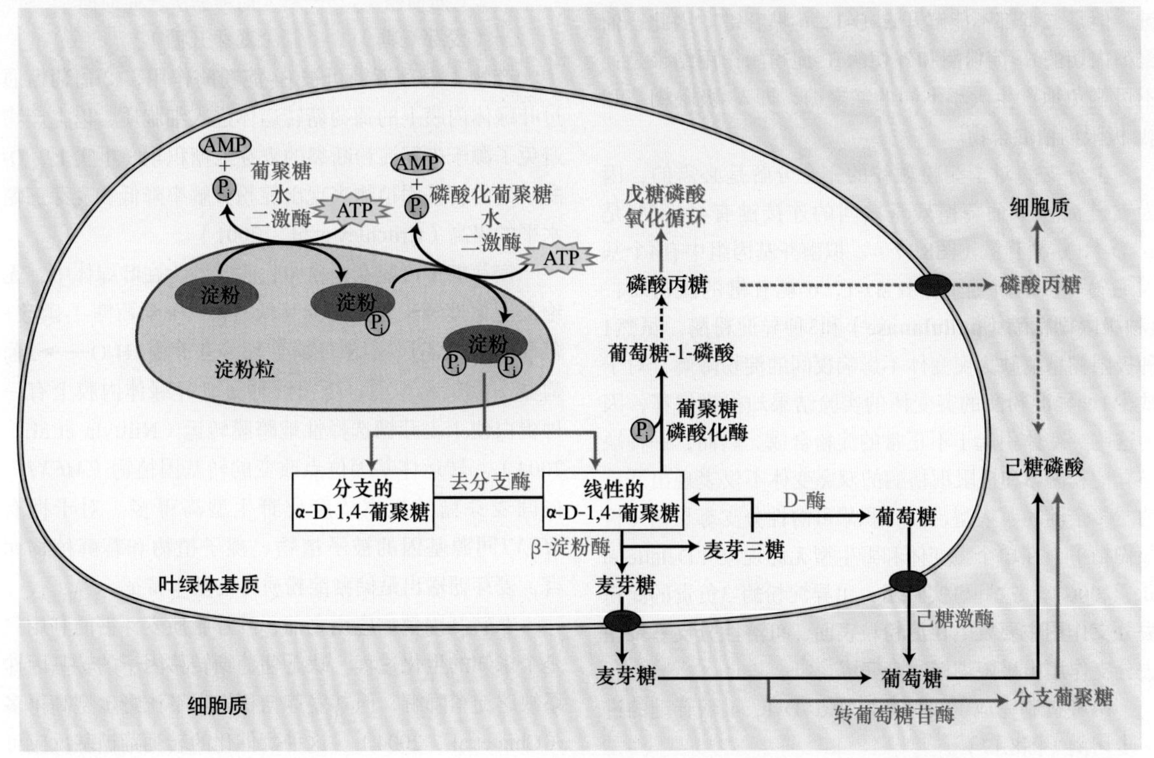

图8.17　夜间拟南芥叶片中的淀粉降解。夜间，葡聚糖-水二激酶和磷酸葡聚糖-水二激酶催化多糖磷酸化，之后，淀粉颗粒中的可溶性葡聚糖释放。在这个阶段，去分支酶将支链淀粉转为线性葡聚糖，后者又通过叶绿体β-淀粉酶催化的β-淀粉分解转为麦芽糖酶。剩余的麦芽三糖通过歧化酶（D-酶）转为麦芽戊糖和葡萄糖（图8.16）。麦芽五糖能被叶绿体β-淀粉酶水解，然而葡萄糖可以被运送到细胞质基质中。在这种背景下，α-D-1，4-葡聚糖经叶绿体葡聚糖磷酸化酶磷酸化而引起的分解可能发生在胁迫条件下。叶绿体膜的两个泵：一个用于麦芽糖，另一个用于葡萄糖，方便了淀粉分解获得的这些产物流向胞质。利用叶片胞质中的麦芽糖，在转葡糖苷酶作用下，将一个转移葡萄糖残基转移到分支葡聚糖，同时释放1分子葡萄糖。胞质葡萄糖被己糖激酶磷酸化为葡萄糖-6-磷酸，从而进入磷酸己糖库中。

的调节和葡聚糖-水二激酶在基质中的分布。

陆地植物还有第二种酶——磷酸葡聚糖-水二激酶。该酶催化类似葡聚糖-水二激酶催化的反应，只是它严格地以磷酸化葡聚糖作为底物，将ATP的β-磷酸基团结合到支链淀粉糖基的C_3上（图8.17）（Küitting et al.，2005）。

$$\text{腺苷-P-P-P（ATP）+（P-葡聚糖）-OH+H}_2\text{O} \longrightarrow \text{腺苷-P（AMP）+（P-葡聚糖）-O-P+P}_i$$

缺少磷酸葡聚糖-水二激酶的突变体中淀粉含量增加，但和*sex1*突变体不同的是，磷酸化的支链淀粉的含量没有改变。因此，在夜间叶绿体淀粉降解过程中，葡聚糖-水二激酶和磷酸葡聚糖-水二激酶协同作用是晶体化的葡聚糖转化为可溶性的麦芽糖糊精的关键（Hejazi et al.，2008）。

 8.8.3 夜晚叶绿体过渡性淀粉降解大量输出麦芽糖

夜间，在植物各种代谢过程中，线性（可溶）寡聚糖的形成是葡糖基后续利用不可或缺的。α-淀粉酶和β-淀粉酶分别水解淀粉内部和末端的α-D-1，4-糖苷键，但是二者都不能解开α-D-1，6-糖苷键。因此，葡聚糖内切酶α-淀粉酶和外切酶β-淀粉酶作用结果是：不可避免地产生大小不同的寡聚糖，即α-极限糊精和β-极限糊精混合物。

去分支酶对于淀粉颗粒的完全分解是必需的，因为支链淀粉中葡萄糖残基之间的连接键有4%~5%是α-D-1，6-糖苷键（图8.17）。拟南芥基因组中有4个基因编码可以水解葡聚糖α-D-1，6-糖苷键的蛋白质：**1种极限糊精酶（pullulanase）**和3种异淀粉酶。虽然1种极限糊精酶缺失突变体不影响夜间的淀粉降解，对于缺少3种异淀粉酶的突变体的实验结果却很难解释，因为这些突变体引起了不正常的淀粉合成。然而，一种缺乏异淀粉酶-3和极限糊精酶的双突变体不仅表现出严重的“多余淀粉”表型，而且积累可溶性分支寡聚糖（极限糊精），在单个突变体和野生型无此现象（Delatte et al.，2006）。这些事实暗示：由异淀粉酶-3负责的淀粉去分支作用主要发生在淀粉粒表面，可溶性分支寡聚糖去分支作用由极限糊精酶来完成。

两种机制完成了线性葡聚糖α-D-1，4-糖苷键的进一步切割（图8.17）。

（1）水解，由淀粉酶催化。

$$\text{（葡萄糖）}_n\text{+H}_2\text{O} \xrightarrow{\text{（α-淀粉酶）}} \text{（葡萄糖）}_{n-m}\text{+（葡萄糖）}_m$$

$$\text{（葡萄糖）}_n\text{+H}_2\text{O} \xrightarrow{\text{（β-淀粉酶）}} \text{线性（葡萄糖）}_{n-2}\text{+麦芽糖}$$

（2）磷酸解，由α-葡聚糖磷酸化酶催化。

$$\text{（葡萄糖）}_n\text{+P}_i \longrightarrow \text{（葡萄糖）}_{n-1}\text{+葡萄糖-1-磷酸}$$

叶绿体α-淀粉酶曾经被认为是淀粉水解过程重要的成分，但缺乏3种α-淀粉酶同工酶的转基因拟南芥植株夜间淀粉降解速率是正常的。另外，拟南芥基因组编码9种β-淀粉酶，其中4种位于叶绿体。异淀粉酶-3突变体夜间淀粉含量增加，同时麦芽糖含量下降（Kaplan et al.，2006）。可见，实验性证据支持β-淀粉水解是夜间淀粉破碎产物麦芽糖的来源。

此外，编码叶绿体α-葡聚糖磷酸酶基因的拟南芥突变体不能显著增加白天淀粉积累及其夜间再动员，说明糖苷键的磷酸解不是淀粉降解所必需的（Zeeman et al.，2004）。但是，在干旱或盐渍等胁迫条件下，小部分过渡性淀粉可能由磷酸解途径降解，产生葡萄糖-1-磷酸。随后，该产物被磷酸糖异构酶转化为葡萄糖-6-磷酸，并用于氧化戊糖磷酸循环（见第11章）。

夜间，去分支酶提供的线性葡聚糖可被叶绿体β-淀粉酶进一步降解。产物是相当数量的麦芽糖二糖，不可避免地出现少量的麦芽三糖，因为β-淀粉酶不能最终作用于三碳糖（图8.17）。D-酶催化了下面的转变。

$$\underset{\text{（麦芽三糖）}}{2\text{（葡萄糖）}_3} \longrightarrow \underset{\text{（麦芽五糖）}}{\text{（葡萄糖）}_5}\text{+葡萄糖}$$

产物①麦芽五糖可被β-淀粉酶作用，②葡萄糖通过叶绿体内膜上的葡萄糖转运体进入细胞质，以上产物避免了源于夜间淀粉断裂的麦芽三糖积累。事实上，D-酶缺失的转基因植物表现出淀粉分解率降低和麦芽三糖水平的提高（Critchley et al.，2001）。

麦芽糖不可能在基质中代谢，因为在叶绿体中，无论是麦芽糖磷酸化酶（麦芽糖+P_i ⟶葡萄糖-1-磷酸+葡萄糖），还是α-葡萄糖苷酶（麦芽糖+H_2O⟶2葡萄糖）都不起作用。更重要的是，叶绿体内膜上有一种蛋白便于麦芽糖选择性地跨膜转运（Niittyla et al.，2004）。转运体基因位点改变的转基因植物（*MEX1*）夜间麦芽糖的积累浓度比野生型高得多。对于拥有*MEX1*同源基因的被子植物、裸子植物和苔藓植物而言，麦芽糖输出是储藏淀粉质体的基本特征。

在转基因植物应用之前，叶片胞质麦芽糖的利用只是个未知的生化过程。缺乏葡萄糖转移因子的转基因株系缺乏淀粉降解，但其麦芽糖积累水平比野生型高得多（Chia et al.，2004）。这种酶催化的转葡萄糖基反应可将1个糖基从麦芽糖转给胞质杂多糖（包括阿拉伯糖、半乳糖和葡萄糖）[（杂多糖）+麦芽糖→（杂多糖）-葡萄糖+葡聚糖]（Fettke et al.，2005，2006）。其余的葡萄糖由己糖激酶催化磷酸化，归入磷酸己糖库，随后转化为蔗糖。实质上，叶绿体中从淀粉降解而来的麦芽糖夜间输出对于维持夜间植物生长是一个关键过程。

8.9 蔗糖生物合成及其信号途径

信号转导机制对于多细胞生物发育与生理和环境协调至关重要。植物叶片合成碳水化合物及将其用于维持异养器官代谢的过程中，碳水化合物担当代谢信号分子。叶片胞质蔗糖产物，与在韧皮部进行装载和转运偶联在一起，以此保障植物较好发育。

这些过程的严格调控总是与各代谢组分的蔗糖水平紧密关联。因此，蔗糖不仅为生长和多糖合成提供碳骨架，而且在叶源和库组织中的碳分配调节过程中担当通信工具。本章节将讲述光合CO_2同化产物分配到胞质并合成蔗糖的途径。

8.9.1 光照时，磷酸丙糖供给3种重要的磷酸己糖胞质库

主导叶绿体和胞质同化碳的分配因素是无机磷酸和磷酸丙糖的相对浓度。卡尔文-本森循环的两种产物——磷酸二羟丙酮和甘油醛-3-磷酸（泛称磷酸丙糖），被质体和胞质中的磷酸丙糖异构酶催化而进行快速构型转换（表8.5反应1）（Lüttge and Higinbothan，1979；Flügge and Heldt，1991）。质体被膜内膜上的蛋白质复合体（磷酸丙糖转运体）驱动叶绿体磷酸丙糖和胞质磷酸的互换（表8.5反应2）（Web Topic 8.15）（Weber et al.，2005）。磷酸丙糖跨越叶绿体被膜穿梭将叶绿体中光合作用信息传到胞质。

晴天，光合作用活跃，叶绿体将部分被固定的碳输出到胞质。接着，从胞质的生物合成过程中释放的磷酸输入叶绿体，用于补充ATP和其他磷酸化代谢物，从而维持光合电子传递和卡尔文-本森循环。这种磷酸丙糖转运维持的双向交换可以维持基质和胞质中磷酸丙糖与磷酸比率平衡，折射出两个部分的代谢状态。在磷酸丙糖转运体活性被破坏掉的转基因植物中，虽然没有表现出显著的生长缺陷，但其碳代谢有显著变化。这些转基因家系加速了淀粉的周转及叶绿体基质的糖输出，以此补偿胞质中蔗糖合成的磷酸丙糖缺乏。

表8.5　光合作用形成的磷酸丙糖转变成蔗糖的反应

1. 丙糖磷酸异构酶

二羟丙酮磷酸⟷甘油醛-3-磷酸

CH_2OH—C=O—$CH_2OPO_3^{2-}$　　CHO—CHOH—$CH_2OPO_3^{2-}$

2. 磷酸-丙糖磷酸转运体

磷酸丙糖（叶绿体）+ P_i（胞质）⟷ 磷酸丙糖（胞质）+ P_i（叶绿体）

3. 果糖-1,6-二磷酸醛缩酶

二羟丙酮磷酸+甘油醛-3-磷酸⟷果糖-1,6-二磷酸

CH_2OH—C=O—$CH_2OPO_3^{2-}$　　$CH_2OPO_3^{2-}$, HO—C—C, C(=O)H　　$^{2-}O_3POH_2C$, O, OH, H, HO, H, $CH_2OPO_3^{2-}$, HO, H

4. 果糖-1,6-二磷酸酶

果糖-1,6-二磷酸+H_2O ⟶ 果糖-6-磷酸+P_i

$^{2-}O_3POH_2C$, O, OH, H, HO, H, $CH_2OPO_3^{2-}$, HO, H　　$^{2-}O_3POH_2C$, O, OH, H, HO, H, CH_2OH, HO, H

5a. 果糖-6-磷酸-1-激酶（磷酸果糖激酶）

果糖-6-磷酸+ATP ⟶ 果糖-1,6-二磷酸+ADP

O_3POH_2C, O, OH, H, HO, H, CH_2OH, HO, H　　$^{2-}O_3POH_2C$, O, OH, H, HO, H, $CH_2OPO_3^{2-}$, HO, H

5b. PP_i-连接的磷酸果糖激酶

果糖-6-磷酸+PP_i ⟶ 果糖-1,6-二磷酸+P_i

$^{2-}O_3POH_2C$, O, OH, H, HO, H, CH_2OH, HO, H　　$^{2-}O_3POH_2C$, O, OH, H, HO, H, $CH_2OPO_3^{2-}$, HO, H

续表

5c. 果糖-6-磷酸-2-激酶

果糖-6-磷酸+ATP ⟶ 果糖-2,6-二磷酸+ADP

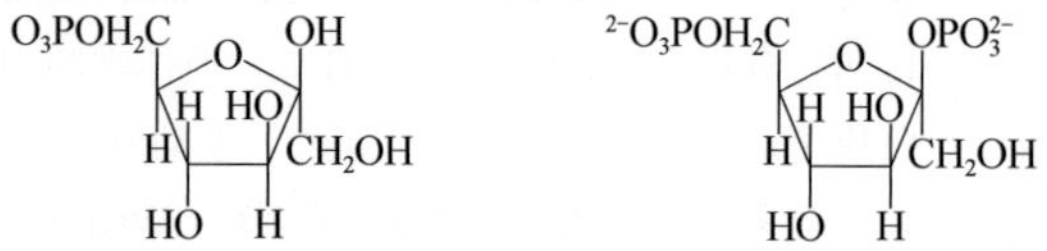

6. 果糖-2,6-二磷酸酶

果糖-2,6-二磷酸+H_2O ⟶ 果糖-6-磷酸+P_i

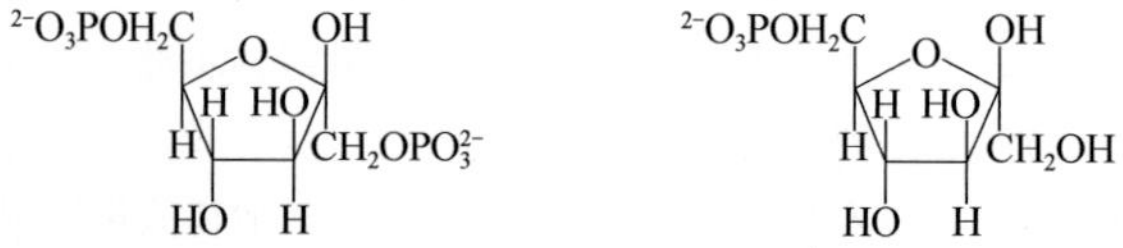

7. 磷酸己糖异构酶

果糖-6-磷酸 ⟶ 葡萄糖-6-磷酸

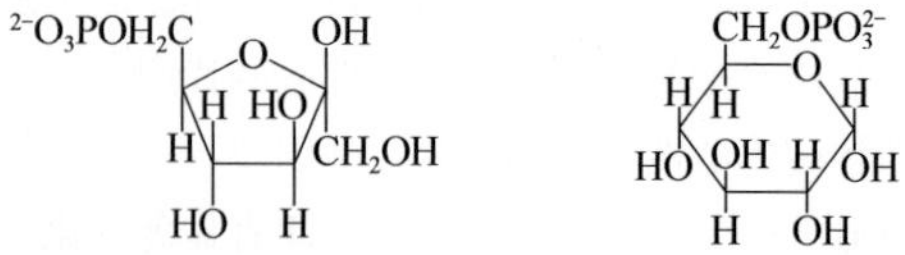

8. 磷酸葡萄糖变位酶

葡萄糖-6-磷酸 ⟶ 葡萄糖-1-磷酸

9. UDP-葡萄糖焦磷酸化酶

葡萄糖-1-磷酸+UDP ⟶ UDP-葡萄糖+PP_i

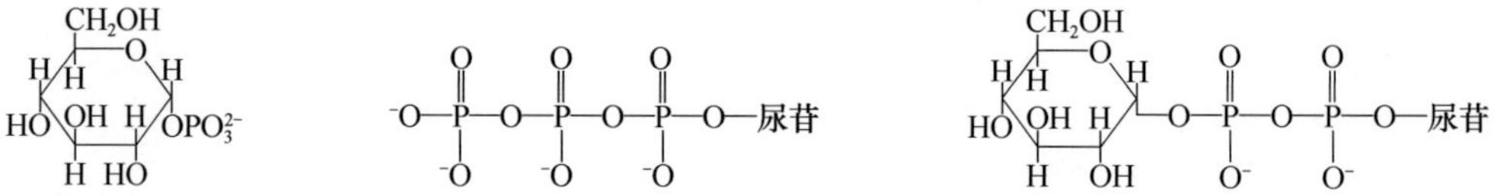

10. 果糖-6^F-磷酸合成酶

UDP-葡萄糖+果糖-6-磷酸 ⟶ UDP+蔗糖-6^F-磷酸

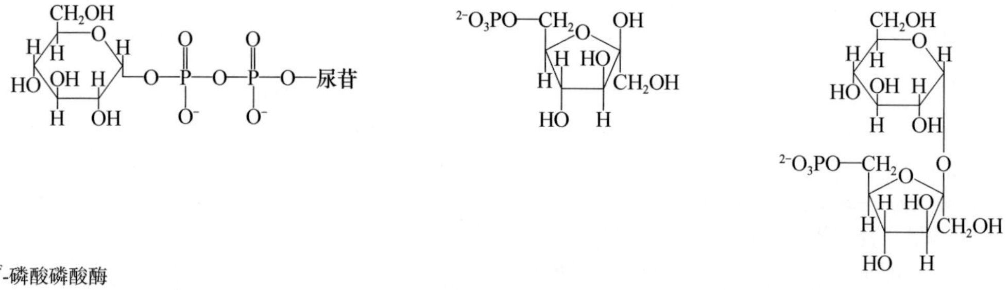

11. 果糖-6^F-磷酸磷酸酶

蔗糖-6^F-磷酸+H_2O ⟶ 蔗糖+P_i

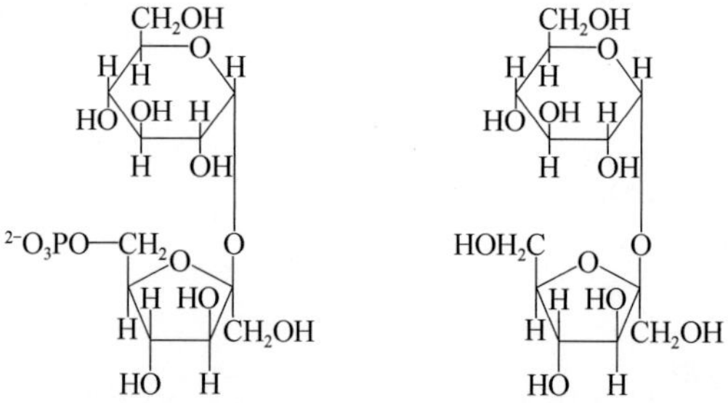

注：丙糖磷酸异构酶（反应1）催化二羟丙酮磷酸与甘油醛-3-磷酸在叶绿体基质中的平衡，与此同时，叶绿体内被膜上的P_i转运体（反应2）方便了丙糖磷酸和P_i跨膜转运。所有其他酶催化细胞质反应。P_i 和 PP_i 分别代表无机磷酸和焦磷酸。果糖-6^F-磷酸中6^F符号表示在果糖残基的C_6被磷酸化（译者注）。

胞质中磷酸丙糖的聚积，可以促进胞质醛缩酶催化的磷酸二羟丙酮和甘油醛-3-磷酸转化为果糖-1，6-二磷酸（ΔG^0=−24 kJ/mol）（图8.18和表8.5反应3）。这个反应的反应平衡常数（K_{eq}）为

K_{eq}=[二羟丙酮磷酸]×[甘油醛-3-磷酸] / [果糖-1，6-二磷酸]

考虑到胞质醛缩酶作用产生2分子磷酸丙糖（二者通过磷酸丙糖异构酶可以实现快速转换），反应的K_{eq}可以表述为

K_{eq}=[磷酸丙糖]^2 / [果糖-1，6-二磷酸]

此式暗示：果糖-1，6-二磷酸的浓度随着磷酸丙糖的浓度改变而呈指数级变化。因此，光合作用活跃的叶绿体将磷酸丙糖持续地输入胞质中，使醛缩酶反应倾向于果糖-1，6-二磷酸的形成。当果糖-1，6-二磷酸对磷酸丙糖比率相对高时，果糖-1，6-二磷酸进行醇醛分裂的可逆反应，产生磷酸二羟丙酮和甘油醛-3-磷酸，如糖酵解。

之后，胞质果糖-1，6-二磷酸酶催化果糖-1，6-二磷酸在C_1位置水解，产生果糖-6-磷酸和磷酸（ΔG^0=−16.7 kJ/mol）（图8.18；表8.5反应4）。这些胞质酶的一级结构和调节特性明显不同于叶绿体中对应物。和异养生物中的酶一样，胞质果糖-1，6-二磷酸酶缺少能够使得叶绿体酶被硫氧还蛋白还原的特征性氨基酸序列。另外，与动物酶相似，胞质果糖-1，6-二磷酸酶可被两类重要的胞质代谢物——果糖-2，6-二磷酸和AMP强烈抑制。

果糖-6-磷酸通过磷酸化可以形成不同的终产物。

（1）C_1磷酸化，重新生成果糖-1，6-二磷酸，催化此反应的酶有2种，即磷酸果糖激酶和焦磷酸依赖的磷酸果糖激酶（表8.5反应5a和反应5b）。

（2）C_2磷酸化，产生果糖-2，6-二磷酸，被限制在胞质中的唯一的双功能酶催化。果糖-6-磷酸-2-激酶/果糖-2，6-二磷酸酶既催化磷酸基团结合，也催化其水解，即催化双重反应（Nielsen et al.，2004）（表8.5反应5a和反应6）。

（3）异构反应，产生葡萄糖-6-磷酸，被己糖磷酸异构酶催化（表8.5反应7）。

在胞质中，通过磷酸己糖异构酶（ΔG^0=8.7 kJ/mol）和磷酸葡萄糖变位酶（ΔG^0=7.3 kJ/mol）催化的可逆反应，使果糖-6-磷酸与葡萄糖-6-磷酸和葡萄糖-1-磷酸之间相互转化，它们的浓度接近平衡状态（表8.7反应7和反应8）。这3个单糖一磷酸合称磷酸己糖（图8.18）。

在光照条件下，缺乏磷酸丙糖转运体或胞质果糖-1，6-二磷酸酶的转基因植物大幅度降低碳从叶绿体

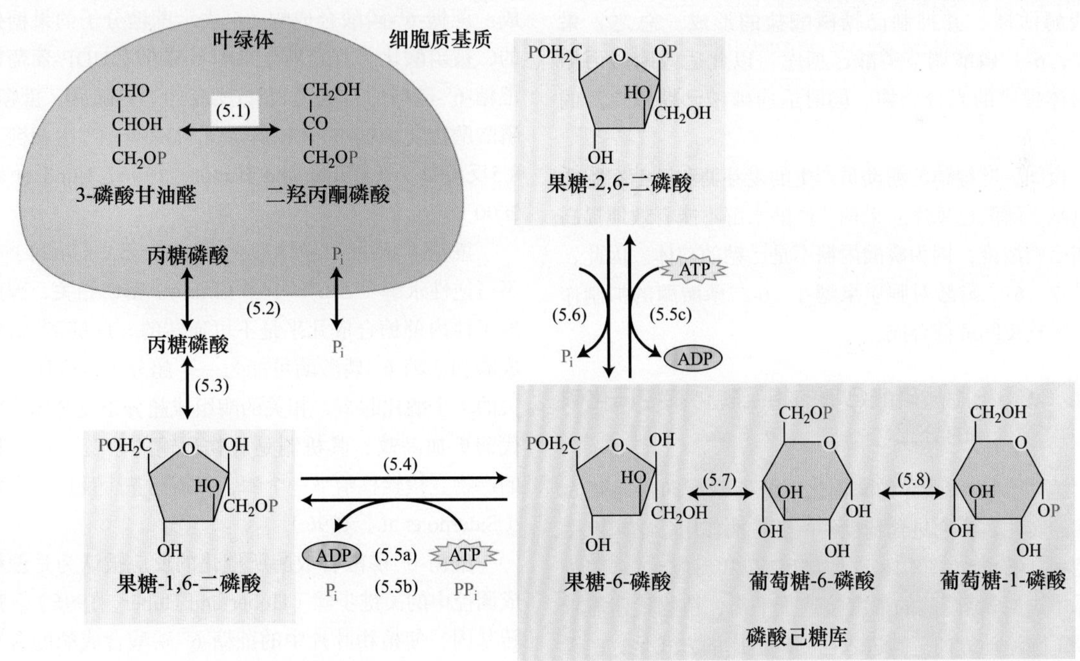

图8.18　磷酸己糖之间的转换。括号中的数字代表的是表8.5中的反应（译者注）。在醛缩酶催化下，由磷酸丙糖生成的果糖-1，6-二磷酸，在其C_1位置由胞质果糖-1，6-二磷酸酶切割，它和叶绿体中的果糖-1，6-二磷酸酶的结构和功能都有不同。果糖-6-磷酸成为3种转化的起始底物。首先，维管植物在果糖-6-磷酸的呋喃糖环的C_1位置进行两种之一磷酸化反应：①经典的ATP依赖性磷酸果糖激酶（见第11章中糖酵解）和②使用焦磷酸作为底物，焦磷酸依赖性磷酸果糖激酶催化果糖-6-磷酸的迅速可逆磷酸化反应。其次，果糖-6-磷酸激酶2催化ATP依赖性的果糖-6-磷酸进行磷酸化生成果糖-2，6-二磷酸；然后，果糖-2，6-二磷酸酶催化果糖-2，6-二磷酸的水解，释放磷酸基团，再次产生果糖-6-磷酸。再次，己糖磷酸异构酶催化果糖-6-磷酸异构化为葡萄糖-6-磷酸，葡萄糖磷酸变位酶催化葡萄糖-6-磷酸转变为葡萄糖- 1-磷酸。这样，果糖-6-磷酸、葡萄糖-6-磷酸及葡萄糖-1-磷酸就构成了一个己糖磷酸库。

到胞质的运输，因此阻止了同化的碳向胞质磷酸己糖库的输送。由于叶绿体磷酸丙糖到磷酸己糖的转化受阻，转基因株系中的多余的叶绿体磷酸丙糖致使淀粉形成到非常高的水平。

 8.9.2 光照条件下，果糖–2，6–二磷酸调控磷酸己糖库

在磷酸己糖库形成过程中，果糖-2，6-二磷酸作为重要信号调节磷酸丙糖（叶绿体）和磷酸基团（胞质）转换（Huber，1986；Stitt，1990）。胞质中，磷酸丙糖/磷酸高时（特别在光合作用活跃的叶片中），果糖-2，6-二磷酸的产生被抑制，这是因为磷酸丙糖强烈地抑制双功能酶果糖-6-磷酸-2-激酶 / 果糖-2，6-二磷酸酶的激酶活性。另外，较低的磷酸丙糖/磷酸基团可以提高果糖-6-磷酸-2-激酶的激酶活性，并抑制果糖-2，6-二磷酸酶活性。相反，高浓度的果糖-2，6-二磷酸抑制果糖-1，6-二磷酸酶，并因此将胞质磷酸己糖降至最低。

接下来，磷酸己糖库自身控制胞内果糖-2，6-二磷酸水平，因为果糖-6-磷酸抑制果糖-2，6-二磷酸酶活性，并提高双功能酶——果糖-6-磷酸-2-激酶 / 果糖-2，6-二磷酸酶的激酶活性。因此，高含量的果糖-6-磷酸可以提高果糖-2，6-二磷酸的浓度，因此抑制果糖-6-磷酸酶活性，并抑制己糖磷酸盐的形成。总之，果糖-2，6-二磷酸调节磷酸己糖库，以此适应磷酸丙糖转运体提供的光合产物，同时适应磷酸己糖库自身的需求。

夜间，叶绿体淀粉动员产生的麦芽糖和己糖在胞质中贡献于磷酸己糖库。果糖二磷酸水解不能有效地提高磷酸己糖浓度，因为磷酸丙糖不是己糖的前体。因此，果糖-2，6-二磷酸对胞质果糖-1，6-二磷酸酶的抑制作用不影响夜间蔗糖合成。

 8.9.3 胞质磷酸己糖的相互转化掌控同化碳的分配

胞质己糖-磷酸异构酶催化果糖-6-磷酸向葡萄糖-6-磷酸的转化，再通过葡萄糖磷酸变位酶作用，结果产生葡萄糖-1-磷酸（图8.18；表8.5反应7和反应8）。因为活体中这3种糖磷酸的浓度接近于平衡，植物代谢需求指导了碳流动方向。碳进入己糖磷酸库的方式是：白天CO_2同化、夜间叶绿体淀粉降解提供的磷酸化产物。另外，碳离开己糖磷酸的方式是糖酵解、戊糖磷酸途径及蔗糖和多聚糖的合成。

 8.9.4 胞质中蔗糖持续合成

光合产物主要以蔗糖形式运输到分生组织和发育中的器官（包括叶、根、花、果和种子等）（图8.14）。叶片胞质中蔗糖浓度主要由下列2个过程的效率决定。

（1）碳输入，将白天的磷酸丙糖和夜间的麦芽糖从叶绿体运输到叶胞质，进行蔗糖合成。

（2）碳输出，将蔗糖从叶片胞质投递至需要能量或者多糖合成的其他组织中去。

细胞分步分离技术可以将细胞器机械性地彼此分离开来，所分离的细胞器可用来深入研究内在酶活性。利用这种技术研究发现：从磷酸己糖库合成蔗糖的过程（图8.19中描述的途径；表8.5表述的反应）在胞质中进行。正如前已述及的淀粉生物合成，磷酸己糖到核苷酸糖的转化启动了蔗糖合成。一些核苷二磷酸-糖焦磷酸化酶家族成员可以催化核苷酸（NTP）和己糖-1-磷酸反应，产生相应的糖-1-磷酸和焦磷酸。

$$\text{NTP+己糖-1-磷酸} \longleftrightarrow \text{NDP-糖} + PP_i$$

胞质中特有的UDP-葡萄糖焦磷酸化酶把UTP和葡萄糖-1-磷酸转化为UDP-葡萄糖（表8.5反应9）。已知这个反应接近平衡状态（ΔG^0=–2.88 kJ/mol），活体内，此反应利用焦磷酸驱动平衡向右移动。由于叶片胞质缺少无机焦磷酸酶，因此焦磷酸主要被其他酶催化的转移磷酸化反应所利用（表8.5反应5b）。

两个连续的反应完成了从UDP-葡萄糖到蔗糖的合成。蔗糖-6^F-磷酸合成酶（6^F表示蔗糖分子的果糖残基的C_6被磷酸化）首先催化果糖-6-磷酸和UDP-葡萄糖到蔗糖-6^F-磷酸的合成（表8.5反应10）。随后，蔗糖-6^F-磷酸酶催化蔗糖-6^F-磷酸释放无机磷酸，产生蔗糖（表8.5反应11）（Huber and Huber，1996；Lund et al.，2000）。

蔗糖-6^F-磷酸可逆性形成（ΔG^0=–5.7 kJ/mol）与其不可逆性水解（ΔG^0=–16.5 kJ/mol）密切相关，因此造成了体内蔗糖合成几乎是不可逆转的。蔗糖-6^F-磷酸合成酶和蔗糖-6^F-磷酸酶可能为一个超分子复合体。与相关的单个酶比起来，相关的酶组成超分子复合体可以使代谢更加高效，其机制是底物运输的改变：将一种酶的产物直接转移给下一个酶，无需与整个反应完全混合（Salerno et al.，1996）。

蔗糖-6^F-磷酸合成酶所催化的反应被认为是蔗糖合成调控中的关键步骤（Huber and Huber，1996）。通过转基因，使植物叶片中的蔗糖-6^F-磷酸合成酶的含量升高，能显著影响光合作用和叶片碳水化合物代谢。例如，植物叶片超表达蔗糖-6^F-磷酸合成酶时，最大光合速率更高，蔗糖向淀粉转化率更高，比对照的叶片生物量更高。

蔗糖-6^F-磷酸合成酶活性受多种因子综合调控，涉及翻译后修饰（蛋白磷酸化）和代谢物的直接调节。

蔗糖-6^F-磷酸合成酶（非活性形式的）

蔗糖-6^F-磷酸合成酶磷酸酶

SnRK1

ADP

ATP

P_i

蔗糖-6^F-磷酸合成酶(活性形式的)

UDP-葡萄糖 + 果糖-6-磷酸 → 蔗糖-6^F-磷酸 + UDP

(5.9)

UTP+葡萄糖

蔗糖磷酸磷酸酶

蔗糖

图8.19　蔗糖合成。蔗糖-6^F-磷酸合成酶催化单糖残基从UDP-葡萄糖转移给果糖-6-磷酸，产生蔗糖-6^F-磷酸。后者在蔗糖-6^F-磷酸酶催化下，脱磷酸化，释放蔗糖。翻译后修饰（磷酸化-脱磷酸化）和非共价键互作（别构效应物）调控蔗糖-6^F-磷酸合成酶的活性。在ATP和特定激酶SnRK1共同作用下，蔗糖-6^F-磷酸合成酶上的一个特定丝氨酸残基进行磷酸化，酶失去活性。在特定蔗糖-6^F-磷酸合成酶-磷酸酶作用下，磷酸化的蔗糖-6^F-磷酸合成酶释放磷酸，恢复其基本活性（蔗糖-6^F-磷酸中6^F符号表示蔗糖在果糖残基的C_6被磷酸化）。

黑暗条件下，一种专一激酶使蔗糖-6^F-磷酸合成酶磷酸化，降低其催化活性（Halford and Hey，2009）。处于信号转导交叉网络核心地位的激酶**SnRK1**（**sucrose non-fermenting-1-related protein kinase**）通过磷酸化而灭活其他酶（硝酸还原酶、海藻糖-磷酸合成酶、果糖-6-磷酸2-激酶/果糖-2，6-二磷酸酶）。白天，蛋白磷酸酶使失活的蔗糖-6^F-磷酸合成酶脱磷酸化、并被激活。蔗糖-6^F-磷酸合成酶的磷酸化反应受到胞质代谢物调节：葡萄糖-6-磷酸抑制激酶SnRK1活性，磷酸盐抑制蛋白磷酸酶活性。

除了被磷酸化/脱磷酸化调节，蔗糖-6^F-磷酸合成酶活性形式还可以被葡萄糖-6-磷酸激活、被磷酸盐抑制。因此，光合作用效率较高时，胞质磷酸己糖的含量提高和磷酸的含量降低都能促进蔗糖的合成。相反地，当光合作用效率低下，磷酸己糖水平降低，伴随胞质磷酸含量增加，蔗糖-6^F-磷酸合成酶的效率降低。

蔗糖在植物生长中扮演关键角色，不仅为植物生长提供了燃料，而且提供了信息交换。在许多植物组织中，蔗糖调控编码酶、转运体和储藏蛋白的基因表达，涉及多种发育过程，如开花、组织分化、种子萌发及储藏物质的积累等。

小结

叶绿体中，类囊体光系统利用光能氧化水，产生O_2并形成还原性铁氧还蛋白、NADPH和ATP。叶绿体基质中，ATP和NADPH驱动大气CO_2固定及生长发育所必需的碳骨架形成（图8.1）。

卡尔文-本森循环

· 卡尔文-本森循环包括3个阶段：①CO_2受体分子的羧化;②羧化产物的还原;③CO_2受体分子的再生（图8.2和图8.3；表8.1）。

· 在第一阶段，Rubisco通过CO_2使核酮糖-1，5-二磷酸羧化，产生3-磷酸甘油酸（图8.4）。

· 在第二阶段，3-磷酸甘油酸利用ATP和NADPH转变成丙糖磷酸。

· 在第三阶段，5/6的丙糖磷酸被用来再生受体分子核酮糖-1，5-二磷酸，剩下的1/6为生物合成、转运、储存提供碳骨架。

卡尔文-本森循环的调节

· CO_2不但作为Rubisco活化因子，还作为它的一种底物（图8.5）。Rubisco活化酶通过降低糖磷酸的抑制来补充CO_2依赖性的Rubisco活化。

· 光控制Rubisco活化酶的活性，卡尔文-本森循环的4种酶通过铁氧还蛋白-硫氧还蛋白系统，而且在Mg^{2+}

和pH调节下发生改变（图8.5和图8.6）。

·光照强度的改变调节酶超复合物的形成，控制磷酸核酮糖激酶和3-磷酸甘油醛脱氢酶的活性（图8.7）。

C_2氧化光合循环

·CO_2和O_2与核酮糖-1，5-二磷酸竞争发生发应，这是由于羧化和氧化在Rubisco上具有相同的活化位点。

·核酮糖-1，5-二磷酸氧化过程中O_2摄取可以引起部分已固定的CO_2损失。

·C_2氧化光合循环由于光呼吸作用限制CO_2损失（表8.2）。

·C_2氧化光合循环的运转涉及3个细胞器：叶绿体、过氧化物酶体和线粒体（图8.8）。

·3种循环同时进行，使碳、氮和氧原子沿着光呼吸移动（图8.9）。

·3个因素决定了卡尔文-本森循环和C_2氧化光合循环之间的平衡：Rubisco运动性能、温度、CO_2和O_2含量。

·改造现有的机制可能提高光合作用效率，恢复2-磷酸乙醇酸的碳原子损失，使其再供给卡尔文-本森循环（图8.10；表8.3）。

无机碳聚集机制

·几种机制被用来增加Rubisco活化位点周围CO_2水平，以此来提高光呼吸效率。

无机碳浓缩机制：C_4循环

·C_4光合碳循环在一个区室中将大气CO_2固定在碳骨架中，在另一区室中释放CO_2，以增加Rubisco周围CO_2浓度，用于卡尔文-本森循环的再固定（图8.11；表8.4）。

·C_4循环包括5个阶段，发生在两个不同的区室内，利用PEPCase，而不是Rubisco，催化前期的羧化反应（图8.11；表8.4）。

·C_4循环的运行可能被单个细胞中的扩散梯度驱动，也可能被叶肉细胞和维管束鞘细胞（Kranz 结构）之间的梯度驱动（图8.12）。

·光调节C_4循环中的关键酶活性：NADP-苹果酸脱氢酶、PEPC酶和丙酮磷酸二激酶。

·C_4循环降低光呼吸，也降低高温、干燥气候条件下的水分丧失。

无机碳浓缩机制：景天酸循环（CAM）

·CAM光合过程用于捕获大气CO_2，充分利用干旱环境条件下呼吸作用产生的CO_2。

·CAM通常与最小化失水的结构特征联系在一起。

·在CAM植物中，最初的CO_2捕获通常与最终将CO_2固定在碳骨架中的过程分离开来（图8.13）。

·遗传和环境因素共同控制CAM表达。

光合产物——蔗糖和淀粉的合成与分解

·在大多数叶片中，细胞质基质内的蔗糖、叶绿体内的淀粉是光合作用吸收的CO_2的最终产物（图8.14；表8.5）。

·蔗糖中的糖苷键阻止了葡糖糖的再活化，这类似于蛋白质中的氨基。这一特征使叶片和韧皮部的细胞质中的蔗糖水平能在很宽的范围内波动。

·光合作用产生的糖类通过韧皮部从源（叶片细胞）转运到非光合的库（茎、根、块茎、种子）中。蔗糖满足了库组织的代谢和发育需求。

·叶片中丰富的糖含量促进植物生长、碳水化合物的储存。

·库组织中低水平的糖含量刺激光合作用运行，并将储存组织中的碳水化合物动员起来。

叶绿体淀粉的合成与转运

·白天，淀粉生物合成包含3个步骤：起始、延伸和终止（图8.15）。

·叶绿体中，淀粉合成通过硫氧还蛋白依赖机制被加强，在此过程中ADP-葡萄糖焦磷酸化酶被活化。

·夜间，淀粉分解需要首先将多糖磷酸化（图8.17）。葡聚糖-水二激酶和磷酸葡聚糖-水二激酶催化ATP的β-磷酸向多糖转移。

·分支酶将支链淀粉转变成线性葡聚糖，线性葡聚糖又在β-淀粉酶作用下转变成麦芽糖。

·夜间，淀粉分解生成的麦芽糖被转运到细胞质基质中，供蔗糖合成。

蔗糖生物合成及其信号途径

·在白天，丙糖磷酸与无机磷酸的相对水平调节碳在叶绿体及细胞质中的分布。丙糖磷酸在细胞质中的积累促进果糖-1，6-二磷酸水解成为果糖-6-磷酸，由此建立起一种己糖磷酸库（图8.18）。丙糖磷酸阻止果糖-2，6-二磷酸形成，因而促进蔗糖合成，而果糖-2，6-二磷酸是果糖-1，6-二磷酸的抑制子。

·在夜间，淀粉分解几乎专一地形成麦芽糖，麦芽糖转运到细胞质基质中，促进己糖磷酸库形成。

·己糖磷酸是蔗糖-6^F-磷酸合成酶及蔗糖-6^F-磷酸酶催化的胞质内蔗糖合成的前体（图8.19；表8.5）。

·翻译后修饰（磷酸化）、代谢物之间的非共价结合等构成了调节蔗糖-6^F-磷酸合成酶活性的复杂系统。

·为了给植物生长和多糖合成提供碳，蔗糖作为一种信号，调节编码酶、转运体和储存蛋白的基因表达。因此，蔗糖也在植物许多发育过程中扮演着重要角色。

（王 苹 宋文颉 江 静 译）

WEB MATERIAL

Web Topics

8.1 CO_2 Pumps

Cyanobacteria contain protein complexes (CO_2 pumps) and supramolecular complexes for the uptake and fixation of inorganic carbon.

8.2 How the Calvin-Benson Cycle Was Elucidated

Experiment carried out in the 1950s led to the discovery of the path of CO_2 fixation.

8.3 Rubisco: A Model Enzyme for Studying Structure and Function

As the most abundant enzyme on Earth, Rubisco was obtained in quantities sufficient for elucidating its structure and catalytic properties.

8.4 Energy Demands for Photosynthesis in Land Plants

Evalution of NADPH and ATP budget during the asimilation of CO_2.

8.5 Rubisco Activase

Rubisco is unique among Calvin-Benson Cycle enzymes in its regulation by a specific protein, Rubisco activase.

8.6 Thioredoxins

First found to regulate chloroplast enzymes, thioredoxins are now known to play a regulatory role in all types of cells.

8.7 Operation of the C_2 Oxidative Photosynthetic Carbon Cycle

The enzymes of the C_2 oxidative photosynthetic carbon cycle are localized in three different organelles.

8.8 Carbon Dioxide: Some Important Physicochemical Properties

Plants have adapted to the properties of CO_2 by altering the reactions catalyzing its fixation.

8.9 Three Variations of C_4 Metabolism

Certain reactions of the C_4 photosynthetic pathway differ among plant species.

8.10 Single-Cell C_4 Photosynthesis

Some marine organisms and land plants accomplish C_4 photosynthesis in a single cell.

8.11 Photorespiration in CAM Plants

During the day, stomatal closing and photosynthesis in CAM leaves lead to very high intracellular concentrations of both oxygen and carbon dioxide. These unusual conditions pose interesting adaptive challenges to CAM leaves.

8.12 Glossary of Carbohydrate Biochemistry

An alphabetical list of definitions on the biochemistry of carbohydrates.

8.13 Starch Architecture

The morphology and composition of the starch granule influence the synthesis and degradation of the polysaccharide.

8.14 Fructans

Fructans are fructose polymers that serve as reserve carbohydrates in plants.

8.15 Chloroplast Phosphate Translocators

Chloroplast phosphate translocators are antiporters that catalyze a strict 1:1 exchange of phosphate with other metabolites between the chloroplast and the cytosol.

Web Essay

8.1 Modulation of Phosphoenolpyruvate Carboxylase in C_4 and CAM Plants

The CO_2-fixing enzyme phosphoenolpyruvate carboxylase is regulated differently in C_4 and CAM species.

第9章

光合作用：生理和生态思考

太阳能转化为有机物化学能的过程是一个包括电子传递和光合碳代谢的复杂过程（见第7章和第8章）。本书前面部分有关光合作用的光化学和生物化学反应的讨论中，不应忽视这样一个事实：在自然条件下，光合作用是在完整的有机体中进行的，而这些有机体不断地对体内外发生的各种变化作出响应。本章将会阐述完整的叶片对其生长环境所产生的一些光合响应策略。对于不同胁迫环境的光合响应策略将在第26章进行阐述。

环境因子是怎样影响植物的光合作用的呢？这是生理学家、生态学家和农学家共同感兴趣的问题。生理学家希望理解光合作用过程是怎样直接响应CO_2浓度和温度等环境因子的变化的，或者明确光合作用过程对诸如大气湿度和土壤水分等环境因子的间接响应策略（通过气孔调控的效应）。农学家则十分关注光合作用进程对环境条件的依赖性，因为动态变化环境中的光合速率，在很大程度上决定着植物的生产力水平——作物产量。但从适应和进化的角度，生态学家对在不同环境中变化的光合速率和光合能力则更为感兴趣。

研究光合作用的环境依赖性时，人们面临着一个核心问题：有多少环境因子可以同时限制植物的光合作用？英国植物生理学家F. F. Blackman（1905）提出了这样一个假说：无论在何种条件下，光合速率都将被反应过程中最慢的一步限制，这就是所谓的**限制因子（limiting factor）**。

这个假说暗示，在任何既定的时刻，诸如光或CO_2浓度都可能限制植物的光合作用，而不是由这两个因素同时起限制作用。植物生理学家在这个假说的启发下，历史性地改进了光合作用的研究方法：在仅仅改变某一个环境因子，维持其他环境条件不变的情况下，研究环境因子与光合作用间的关系。研究结果表明，对于完整的叶片来说，要以最佳状态进行光合作用，3个代谢步骤至关重要：①核酮糖-1，5-二磷酸羧化酶/加氧酶（Rubisco）的活化；②核酮糖-1，5-二磷酸（RuBP）的再生；③磷酸丙糖的代谢。

Farquhar和Sharkey（1982）从本质上对光合作用的理解给出了一个全新的观点，提出应该考虑CO_2的“供应”和“需求”能力，从经济学角度全面分析叶片净光合作用速率的总速率的控制问题。净光合作用被定义为净CO_2吸收。

上述的生物化学过程发生在叶片的栅栏组织和海绵组织细胞内（图9.1）。Farquhar和Sharkey进一步指出，细胞内光合代谢过程中的“需求”，就是指植物对光合作用底物CO_2的需求。而细胞内真正的CO_2“供应”速率，则受叶片表皮气孔保卫细胞的控制。与光合作用有关的“供”和“需”的行为在不同的细胞内进行着。因此，光合细胞对CO_2的“需求”和保卫细胞对CO_2的“供应”行为共同决定了叶片光合速率的大小。叶片光合速率则通过测定净CO_2吸收得到。

下面章节将主要阐述在光和温度因子影响下，植物叶片光合作用的变化，以及叶片对这些光、温度变化所作出的调整或适应策略。另外，还会讨论一个非常重要的世界性问题——大气CO_2浓度是如何影响光合作用的。目前人类为了获得能源而持续燃烧化石燃料，正在导致大气CO_2浓度的迅猛增长。

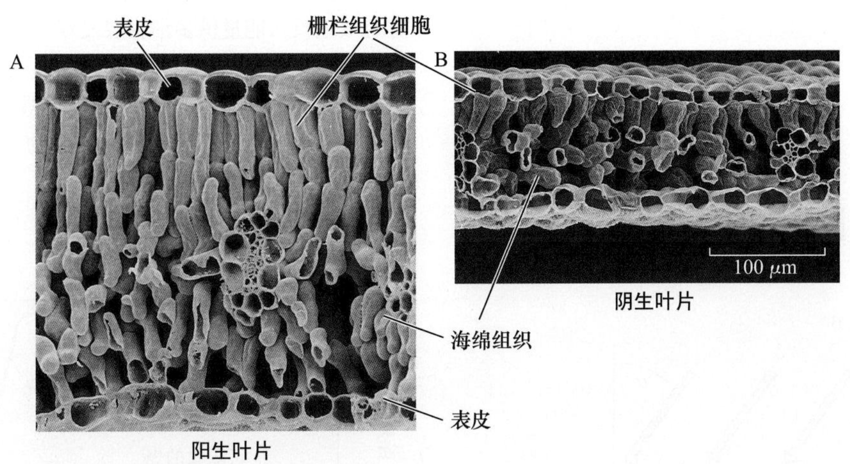

图9.1　生长在不同光照环境下的豆科植物（*Thermopsis montana*）的叶片解剖结构电镜扫描图。注意：和阴生叶片（B）相比，阳生叶片（A）更厚，其栅栏组织细胞（柱状）更长，海绵组织细胞层位于栅栏组织细胞层下方（T. Vogelmann惠赠）。

9.1　光合作用是叶片的基本功能

从叶绿体（第7章和第8章）到叶片，光合作用的复杂性逐渐增显。但同时，通过对叶片结构和功能特性的认知，也可以使人们对光合作用其他水平的调节有所了解。

本部分将首先阐述叶片的解剖特性和向性是如何控制光合作用光吸收的；再进一步阐述叶绿体和叶片是如何适应其所在光环境的。将会看到，生长在不同光环境下的叶片，其光合反应可以反映出植物在这些光环境下生长的能力。然而在某种程度上，这也限制了某一物种的光合作用对不同光环境的适应。

研究证实，在不同环境条件下，光合速率被不同环境因子限制。例如，在一些情况下，光合作用会因为光或CO_2的供应不足而受到限制；另一些情况下，如果特殊机制不能保护光合作用系统免受过剩光能的伤害，吸收太多的光能将引起严重问题。尽管植物有着多种适应机制来控制光合作用，允许它们在不断变化的环境中成功地生长。但是，植物对光照与遮阴环境、高温与低温环境、不同水分胁迫环境的适应都存在着最基本的限制。

暴露在不同光质和光量条件下的叶片会采取不同的方式进行光合作用。生长在户外暴露在太阳光下的植物，在光下和冠层阴影下测到的光谱成分是不同的；生长在室内的植物，接收到的是不同于阳光的白炽光或荧光。要解释光成分在质和量上的不同，需要对影响光合作用的光的测量方法和表达概念进行统一。

到达植物体表面的光是一种物质流，这种物质流可以用能量或量子的单位来表述。**辐照度（irradiance）**，被定义为单位时间内到达已知面积扁平形传感器上的能量值，以每平方米瓦特（W/m^2）来表示[时间（秒，s）单位包含在瓦特单位之内：1W＝1焦耳（J）/s]。**光子辐射（photo irradiance）**，被定义为撞击叶片的瞬时**量子（quanta）**（单个量子）的数量，以每平方米每秒摩尔数[mol/（m^2·s）]来表示。这里的“摩尔”指的是光子的数量（1 mol光=6.02×10^{23}个光子，阿伏伽德罗常数）。如果光的波长λ是已知的，那么量子和能量单位间很容易进行转换。光子的能量（E）与光的波长有如下关系。

$$E=\frac{hc}{\lambda}$$

式中，c为光速（3×10^8m/s）；h为普朗克常量（6.63×10^{34} J·s）；λ为光的波长，通常以纳米（nm）作为单位（1 nm＝10^{-9} m）。从这个公式中可以看出，400 nm波长处光子的能量是800 nm处的2倍（参见Web Topic 9.1）。

光合有效辐射（photosynthetically active radiation，PAR）（400~700 nm）也可用能量单位（W/m^2）来表达，但通常以量子数量的多少[mol/（m^2·s）]来表示（McCree，1981）。值得注意的是，PAR是一种辐照度型的测量方式。在光合作用研究当中，PAR以量子计数来表示。

根据一天中时间和叶片定向状况的变化，入射光会以不同角度照射到叶片表面。当阳光直接偏离叶片表面（垂直地）时，辐照度的大小与入射光线和传感器或叶片形成角度的余弦值成比例（图9.2）。

晴天的光量是多少呢？阳光直射时，在茂密林冠层的顶部，光合有效辐射约为2000 μmol/（m^2·s）（900 W/m^2）。但在林冠层的底部，因为上部叶片对PAR的吸收，光合有效辐射仅为10 μmol/（m^2·s）（4.5 W/m^2）。

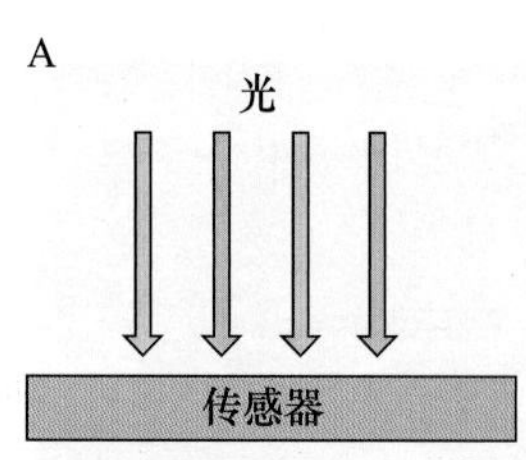

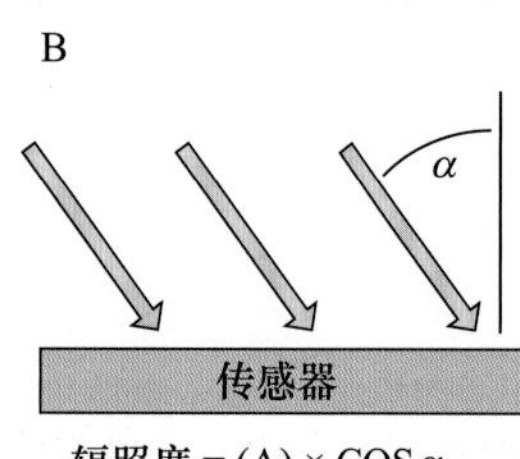

图9.2　与叶片角度相关的瞬时光。当入射光垂直照射到叶片表面上时，叶片将获得最大的瞬时光（A）。当入射光以其他任何角度照射到叶片表面上时（B），瞬时光的水平将减小入射光与叶片表面之间夹角余弦值的倍数。

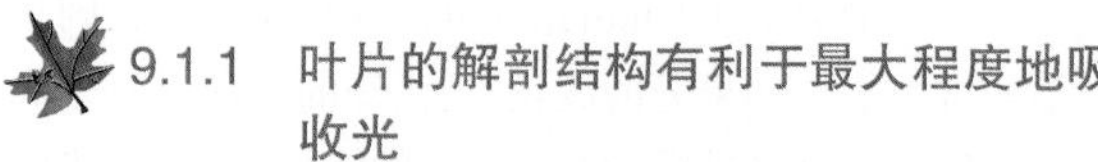

9.1.1 叶片的解剖结构有利于最大程度地吸收光

约有1.3 kW/m^{2}的太阳辐射能到达地球表面，而其中不足5%可通过叶片的光合作用最终转化为碳水化合物。这个数值如此之小，是因为大约一半的瞬时光因为波长太短或太长而不能被光合色素吸收（图7.3）。可被吸收的光合有效辐射（PAR，400~700 nm），大约有15%被绿色叶片反射或透射。因为叶绿素对蓝光和红光有强烈的吸收（图7.3），所以光的反射和透射主要集中在绿光区（图9.3），植物也因此而呈现绿色。另外85%的光合有效辐射被叶片吸收，但其中的大部分以热的形式、小部分以荧光的形式损失掉（见第7章），因此，仅不到5%瞬时光能被转化为化学能，并储存在碳水化合物中。

叶片的解剖结构高度特化，以便更好地吸收阳光（Ashima and Hikosaka，1995）。最外侧的表皮层细胞对可见光是完全透明的，但单个细胞通常凸起，成透镜状聚光，以至于到达叶绿体的光量是到达其周边光量的数倍。具有聚光的外表皮是很多草本植物的共性，这一特性对于生活在光线较弱的林下层的热带植物也特别重要。

在外表皮以下，用于光合作用的前几层细胞称为**栅栏组织细胞（palisade cell）**。它们成柱状平行排列，深1~3层（图9.1）。一些叶片有多层柱状的栅栏组织细胞，最外层叶绿素含量非常高，因此仅有少量的入射光可透射到叶片里层。在这种情况下，植物仍然可以非常有效地投入能量供多细胞层发育。事实上，由于筛孔效应和光道效应的存在，有比理论上更多的光量透射过了栅栏组织细胞的第一层。叶绿体具有很高的比表面积，可从结构上增强栅栏组织细胞的光合效率（Evans et al.，2009）。

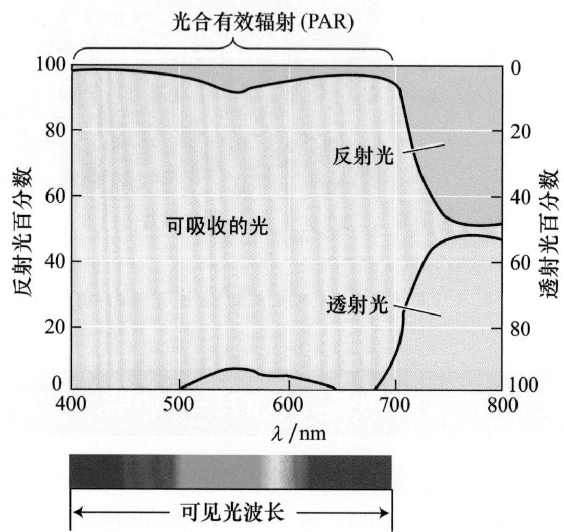

图9.3　一种豆类植物叶片的光学特性。纵坐标是吸收、反射和透射光的百分数，它们是波长λ（横坐标）的函数。位于波段500~600 nm处的绿光被透射和反射掉，因此叶片表现为绿色。注意：波长大于700 nm的大多数光是不能被叶片吸收的（引自Smith，1986）。

所谓的**筛孔效应（sieve effect）**，是指由于叶绿素在细胞内呈现不均匀分布，它们在叶绿体中堆积，从而导致叶绿素分子间因遮挡而产生阴影；同时叶绿体间也会产生空隙，因此这些部位形成了一个个“筛孔”，入射光不被吸收（光被透射或反射）。由于筛孔效应的存在，每个栅栏组织细胞内一定数量的叶绿素所吸收的总光量要少于溶液中同样数量的叶绿素所吸收的光量。

当一些入射光通过栅栏组织细胞内的中心液泡或细胞间隙进行传播时，还会产生**光通道（light channeling）**，这是一种有利于透射光进入叶片内部的结构方式（Vogelman，1993）。

在栅栏组织细胞层下面是**海绵状组织（spongy mesophyll）**细胞，这些细胞没有规则的形状，并被大的空气泡包围着（图9.1）。这些大的空气泡使空气和水之间产生了很多分界面，并且可以反射和折射入射光，因此光的传播方向有了很大的随机性。这种现象称为界面**光散射（light scattering）**。

光的散射对于叶片来说是至关重要的，因为光在细胞与空气的界面上进行多次反射，在很大程度上延长了光子的传递路径，也因而增加了光子被吸收的可能性。事实上，叶片内光子传递路径的长度通常是叶片厚度的

4倍或更多（Chter and Fukshansk，1996）。栅栏组织细胞的特性有利于光顺利进入叶片，而海绵组织细胞的特性则有益于光发生散射，这样，整个叶片就能更均衡地吸收光。

某些环境，如沙漠中，光照非常强烈，会对叶片造成潜在的伤害。生长在这些环境中的植物，叶片通常具有特殊的解剖结构，如着生绒毛、盐腺、上表皮蜡质状等以增强叶片表面对光的反射，减少光的吸收（Ehleringer et al.，1976）。这些适应性可以减少40%的吸收光，从而最大限度地减少了由于光能过剩引发的问题和带来的热量。

9.1.2　植物竞争阳光

通常，植物之间会对太阳光产生竞争。植物的茎和树干保持上挺的姿态，而叶片形成冠层，以利于吸收阳光并影响光合速率及其下部组织的生长。被其他叶片遮挡着的叶片会比其上部叶片接收到较低的光水平和不同的光量子，因此有着更低的光合速率。

叶片着生在距离地表很高位置的树木，表现出了对光截留的明显适应。这种精致的枝条结构极大地增加了对光的截留程度，因此，几乎所有PAR都被叶片吸收而无法透过森林冠层到达底部（图9.4）。可以利用生长光谱另一端光能的植物，如蒲公英（*Taraxacum* sp.），呈花环状生长，也就是在很短的茎秆上，叶片间近距离呈放射状排列，这样就阻止了其下部区域其他叶片的生长。

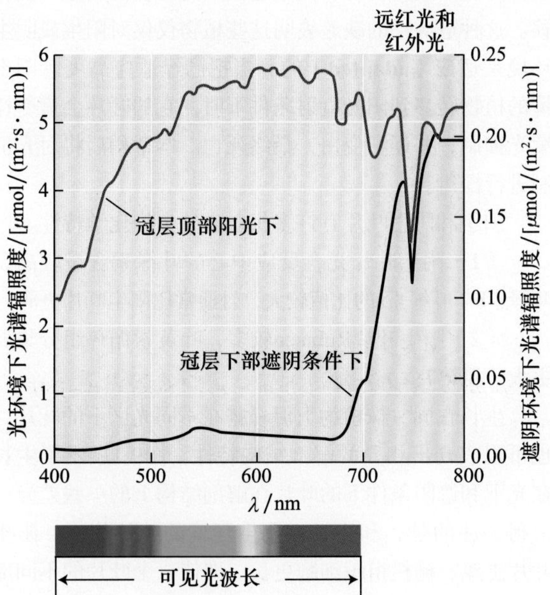

图9.4　在冠层顶部和下部的光谱分布。对于未被过滤过的太阳光，总辐照度是1900 μmol/（m^2・s），而阴影部分的辐照度仅为17.7 μmol/（m^2・s）。大部分的PAR被冠层叶片吸收（引自Smith，1994）。

在很多遮阴的生境，**光斑（sunfleck）**是一个普遍的环境特征。它是穿过叶片冠层小空隙和随着太阳的移动而穿过被遮蔽叶片的光点。在一座生长浓密的深林里，光斑可在数秒内数十倍的改变撞击到森林底层叶片上的光子通量。如此巨大的能量，在光斑浓度很高的环境中，随时在短时间内即可获得。对于冠层以下部位的叶片，光斑带来的光能几乎包含了日间所获光能总量的50%。因此当有光斑的时候，这些叶片具有充分利用光斑的机制。

高密度生长的作物中，低层叶片因被上层叶片遮挡而无法获取充足的光能，因此在它们的碳代谢过程中，光斑也起着重要作用。另外，光合器官和气孔也会对光斑产生快速反应，这引起了植物生理学家和生态学家的极大兴趣（Pearcy et al.，2005），因为这些反应反映了捕获太阳光短脉冲群的特殊生理机制。

9.1.3　叶角和叶片运动对光吸收的控制

在冠层内，叶片怎样影响光的水平呢？叶片表面与入射光方向间存在一个夹角，这个夹角的大小决定了照射到叶片上的光量值，如图9.2所示。如果太阳在植株冠层的正上方，那么处于水平状态的叶片（如图9.2A所示的扁平形光传感器）将比具有较大倾斜角度的叶片接受到更多的光。自然条件下，冠层顶部完全暴露在太阳光下的叶片着生夹角陡立，以减少日光的照射量，从而使更多的光透射到冠层内部。通常看来，一个冠层内叶片的着生夹角是随着深度的增加而减小的（变得更加水平）。

当叶面或叶层与入射光方向垂直的时候，叶片具有最大的光吸收能力。一些植物通过**阳光追踪（solar tracking）**来调控对光的吸收（Ehleringer and Forseth，1980），即不断地调整叶面的方位，使叶面始终保持与太阳射线方向垂直（图9.5）。很多物种的叶片具有阳光追踪功能，如紫花苜蓿、棉花、大豆、蚕豆和羽扇豆。

具有阳光追踪功能的叶片，在太阳升起前，其叶面对着东方地平线，与日出的方向保持着几近垂直的状态。之后，叶面会锁定正在升起的太阳，与太阳光线准确保持±15°角，并随着太阳在天空中的转动而改变方向，直到日落，此时叶面几乎垂直地对着西方。在夜间，叶片保持着与地面平行的水平状态，并不断进行调试，直到黎明来临前，使叶面再次对着东方的水平线，迎接着太阳的又一次升起。叶片追踪阳光仅仅在晴朗的白天，当云将太阳遮住的时候，“阳光追踪”现象不会发生。然而，在云断断续续遮蔽太阳的时候，一些叶片也会以每小时旋转90°的速度来快速适应光线的变化，使它能在太阳突然从云层后出现的时候快速捕捉到新的光线位置（Koller，2000）。

阳光追踪是一种蓝光反应（见第18章），具有阳光追踪行为的叶片其蓝光感应发生在叶片或茎秆特殊的区域。树葵（锦葵科植物）叶片的光线感应区位于或接近于主叶脉（Koller，2000）。多种情况下，叶片的方位是由一个专性器官——**叶枕（pulvinus）**来调控的。叶枕位于叶柄和叶片的连接处。羽扇豆（羽扇豆属，豆科植物）叶片由5个或更多个小叶组成，其光感应部位则是位于每一个小叶叶面基部的叶枕（图9.5）。叶枕具有"发动机"细胞，这些细胞通过改变自身的渗透势来产生机械动力，决定叶片的方向。另有一些植物，通过叶柄伸长过程中一些小的机械运动或幼嫩茎的运动控制着叶片的方向（Ehleringer and Forseth，1980）。

趋日性（heliotropism）（向着阳光弯曲的现象）是建筑学上的一个术语，在这里常用于描述阳光诱导的叶片运动。而在阳光追踪过程中，叶片对光的最大拦截行为称为**横向日性（diaheliotropic）**。一些具有阳光追踪功能的植物也能改变它们叶片的方向，使其避免完全暴露在阳光下，从而最大程度地较少热伤害和水分损失。这些叶片的避光行为称为**避日性（paraheliotropic）**。有一些物种的叶片，当水分供应充足的时候，表现为横向日性；而当遭遇水分胁迫时，则表现为避日性。

保持叶片表面与入射光线垂直，阳光追踪的植物可以在全天（包括清晨和傍晚）都获得最大的光合作用效率。通常在清晨和傍晚气温比较低的时候，水分胁迫也相对较弱。因此，阳光追踪对于生长期较短的雨养植物非常有利，如豌豆。

A

B

图9.5 追踪阳光植物的叶片运动。A. 羽扇豆（*Lupinus succulentus*）叶片的初始方位。B. 暴露在倾斜光线下4 h后叶片的方位。光束的方向如箭头所示。在叶片和叶柄的接合处发现，叶枕的不均匀膨胀控制着叶片运动。自然条件下，叶片追踪着太阳在天空中的运动轨迹（引自Vogelmann and Björn，1983，由T. Vogelmann惠赠）。

横向日性阳光追踪似乎成为生活周期很短、且必须在干旱来临之前完成生活史的野生物种的一个共同特征（Ehleringer and Forseth，1980）。避日性叶片通过调整可以使到达叶面的入射光量基本保持恒定。虽然入射光的能量值经常仅是太阳辐射能的1/2~2/3，但是这种光量水平在水分胁迫或光能过剩条件下可能是有利的。

 9.1.4 植物对光及遮阴环境的适应与调节

一些植物有足够的可塑性去适应一定范围的光环境，如阳生植物生长在光下，而阴生植物生长在遮阴环境下，这称为**适应（acclimation）**。这是一个展开的新生叶片形成一套极其适应特殊环境的生化特性和形态特征的过程。就阴影生境所接收到的PAR不足光生境下的20%，冠层深处接收到的PAR不足冠层顶部的1%而言，适应能力是非常重要的。

一些物种，其原本生活在光线极好或遮阴较大的生境中的单个叶片，当转换到其他生境时往往不能生存下来（图9.4）。在这种情况下，成熟叶片就会立即脱落，新生叶片则会向更加适应新环境的方向发育。读者可能注意到，当将一株在室内已经长成的植物移到户外，一段时间之后，如果它恰是上述类型的植物，就会发现它长出一组新的叶片以更好地适应高光环境。然而，另有一些植物物种并不适应从光环境向阴生环境转移。这种适应性的缺乏表明这些植物仅仅对阳生或阴生环境是**适应（adapted）**的。当把已经适应高度遮阴生境的植物转移到阳光直射条件下时，它的叶片会遭受持续光抑制，并逐渐变白，最终死亡。本章稍后将对光抑制进行探讨。

阳生和阴生叶片有许多相对应的生物化学特性。

（1）阴生叶片光合反应中心的叶绿素含量较高，叶绿素b与叶绿素a的比值较大，且通常比阳生叶片更薄。

（2）阳生叶片Rubisco较多，叶黄素循环组分集群更大（见第7章）。

生长在同一株植物上但暴露在不同光区下的叶片，也可以表现出相异的解剖结构特性。图9.1展示了生长在光下和遮阴条件下的叶片在解剖结构上的一些差异。值得关注的是，和生长在阴生环境的叶片相比，阳生叶片更厚、栅栏组织细胞更长。即使一个叶片的不同部位也可以表现出对它们光微环境的适应（Terashima，1992）。

植物这种形态和生化方面的调整适应机制与叶片的特殊功能有关，这种特殊功能是植物对生境中光量变化

响应的结果。例如，远红光主要被PSⅠ吸收，因此在阴生生境中比在阳生生境中远红光有更大的存在比例。

一些阴生植物的适应性反应表现为PSⅡ与PSⅠ反应中心的比例是3∶1，而阳生植物的这个比例是2∶1（Anderson，1986）。另有一些阴生植物，它们并不改变PSⅡ与PSⅠ反应中心的比值，而是通过增加更多的天线叶绿素到PSⅡ，来增加这个系统对光的吸收，以更好地平衡通过两个系统的能量流。这些变化似乎促进了植物在阴生环境中对光的吸收和能量的转运。

另外，阳生和阴生植物的暗呼吸速率也有所不同，这改变了呼吸作用与光合作用的关系，本章的后一部分将会对此进行一些阐述。

9.2　结构和功能完整的叶片对光的光合响应策略

光是植物的重要资源。如果接收到过少或过多的光，光将成为植物生长和繁殖的限制因子。光射线和叶片光合特性的关系为研究植物对光环境的适应提供了很有价值的信息。本部分将阐述具有代表性的光合作用反应——光响应曲线的一些特征。同时，还会探讨如何利用光响应曲线的重要特征来解释阳生和阴生植物、C_3和C_4物种在光合特性上的差异；并且仍将继续阐述叶片对过剩光能的响应策略。

 9.2.1　光响应曲线揭示了叶片的光合特性

通过改变吸收光的水平来测定完整叶片的净CO_2固定量，由此可以建立一条光响应曲线（图9.6），它可以揭示出叶片的光合作用特性。在夜间，没有光合碳同化作用产生，但由于植物线粒体呼吸作用存在，植物仍会持续产生CO_2（见第11章）。因此在光响应曲线的这一部分，CO_2吸收是一个负值。在较高光量子水平下，光合CO_2同化最终将达到一个点，这一点处，光合CO_2吸收量与CO_2释放量恰好平衡，此时的光合有效辐射，称为**光补偿点（light compensation point）**。

不同叶片达到光补偿点时的光通量大小因物种及发育条件的不同而改变。这是正常生长在全光照植物和遮阴生境植物间最令人感兴趣的差异之一（图9.7）。阳生植物的光补偿点为10~20 μmol/（m^2·s），阴生植物的则为1~5 μmol/（m^2·s）。

为什么相对于阳生植物，阴生植物的光补偿点较低呢？这主要是因为阴生植物呼吸速率很低，很弱的光合作用都可以使净CO_2交换速率达到零。在比阳生植物PAR低的环境中，低的呼吸速率使阴生植物获得正的CO_2吸收速率，继而在光限制的环境中存活下来。

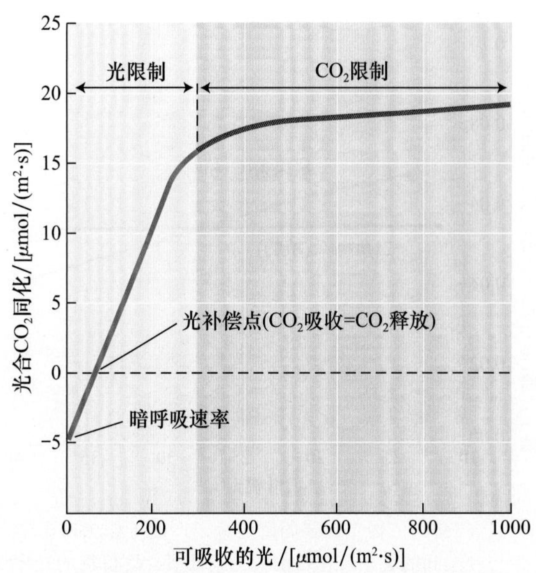

图9.6　C_3植物光合作用的光响应曲线。夜间，植物因呼吸作用产生并释放CO_2。当光合作用同化的CO_2量与呼吸作用释放的CO_2量相等时，即达到光补偿点。在光补偿点以上适当地增加光强会增强光合作用，表明光合作用受电子传递速率限制，而电子传递速率的大小又受到获得光量多少的限制，这段曲线反映为光限制部分。随着光合作用的继续增强，Rubisco的羧化能力或磷酸丙糖的代谢成为主要限制因素，这段曲线反映为CO_2限制部分。

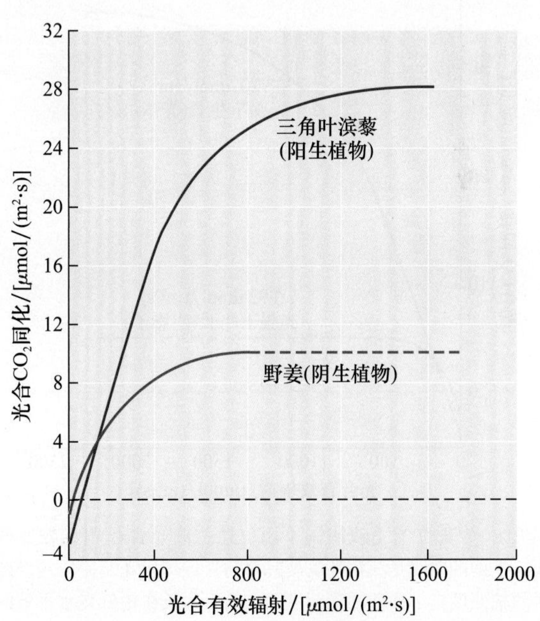

图9.7　阳生和阴生植物光合碳固定的光响应曲线。三角叶滨藜（*Atriplex triangularis*）是一种阳生植物，野姜（*Asarum caudatum*）是一种阴生植物。图示表明，阳生植物比阴生植物具有更低的光补偿点和最大光合速率。红色的虚线部分是根据曲线测定部分进行的推测（引自Harvey，1979）。

在光补偿点以上，光子通量和光合速率在光水平上保持线性关系（图9.6）。在光响应曲线的线性关系

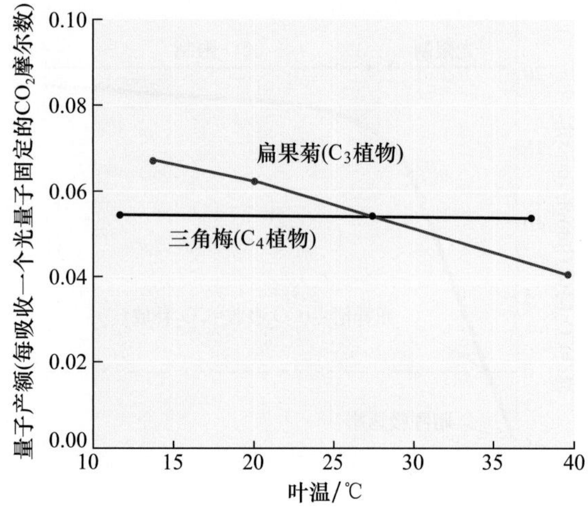

图9.8　C_3和C_4植物光合碳固定的量子产额（作为叶温的函数）与叶温间的关系。在目前大气条件下，C_3植物的光呼吸作用随温度的升高而增强，净CO_2固定所需能量消耗也随之增大。较高温度下，较大的能量损耗却产生较低的量子产额。因为C_4植物存在CO_2浓缩机制，所以其光呼吸作用相对较低，量子产额的产生与环境温度无关。注意：温度相对较低时C_3植物的量子产额高于C_4植物的，这表明低温下C_3植物比C_4植物具有更高的光合作用效率（引自Ehleringer and Björkman，1977）。

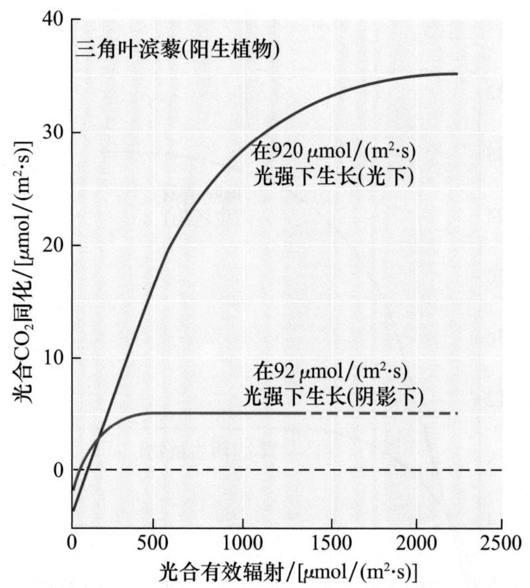

图9.9　生长在光下或阴影下阳生植物的光合作用光响应曲线。上面的曲线是三角叶滨藜叶片的光合作用光响应曲线，此时的辐照度是下面曲线辐照度的10倍。生长在较低光水平下的叶片，其光合作用在相当低的辐照度下即达到饱和。这表明，叶片的光合作用特性与其生长条件有关。红色的虚线部分是根据曲线测量部分进行的推测（引自Björkman，1981）。

部分，光合作用是受光限制的，光子通量的增加会刺激光合作用成比例增强。光响应曲线线性部分的斜率揭示了叶片光合作用的**最大量子产额（maximum quantum yield）**。阴生和阳生植物虽然生境不同，但它们的量子产额非常接近。因为对于这两种类型的植物来说，决定其量子产额的基础生物过程是相同的。但是量子产额也会因为光合路径的不同而发生改变。

量子产额是一定数量的依赖于光的产物与吸收的光量子数间的比值[见方程式（7.5）]。光合量子产额可以用单个CO_2或O_2分子为基数来表示。在第7章中提到过，光化学量子产额约为0.95。然而，当在叶绿体（细胞器）或整个叶片中测定时，一个完整过程（如光合作用过程）的光合量子产额都是低于其理论产额的。事实上，基于第8章讨论的生物化学（见第8章）方法，预测出C_3植物最大的光合量子产额为0.125（每固定一个CO_2分子需要吸收8个光子）。但是，在目前的大气条件下（390 μmol/mol CO_2，21%O_2），C_3和C_4植物叶片固定CO_2的量子产额为0.04~0.06 mol /mol光子。

C_3植物光合量子产额小于理论最大值通常是因为光呼吸作用要损耗能量；而C_4植物的则是因为CO_2浓缩机制增长的能量需求。如果将C_3植物叶片暴露在低O_2浓度条件下，那么它的光呼吸作用就会减少到最小，量子产额就会增加——吸收1 mol光子可固定0.09 mol CO_2。相反，如果将C_4植物叶片暴露在低O_2浓度条件下，它的量子产额仍维持不变——吸收1 mol 光子仍可固定0.05 mol CO_2。这是因为C_4植物光合作用中的碳浓缩机制有效地去除了光呼吸作用产生的CO_2。

温度和CO_2浓度会对Rubisco的羧化酶和加氧酶的反应比例产生影响，因此量子产额会随着温度和CO_2浓度的变化而发生改变（见第8章）。在当前外界环境下，当温度低于30℃时，C_3植物的量子产额通常比C_4植物的高；当温度高于30℃时，情形则通常相反（图9.8）。

在较高的光子通量条件下，光合作用的光反应逐渐稳定下来（图9.9），并最终达到**饱和（saturation）**状态。超出饱和点的光水平不再影响光合速率，这表明此时不再是入射光强度，而是一些其他因素，如电子传递速率、Rubisco活性或磷酸丙糖的代谢等，成为光合作用的限制因素。

超出光饱和点以后，光合作用过程通常会受到**"CO_2限制"（CO_2 limited）**（图9.6），这意味着卡尔文-本森循环中酶的作用无法与光反应过程中ATP和NADPH的产生协调一致。阴生植物的光饱和水平通常低于阳生植物的。这些光饱和水平通常反映了叶片在生长过程中照射到的最大光子通量。

大多数叶片的光响应曲线在光子通量为500~1000 μmol/（m²·s）时就达到饱和状态，这个值远低于太阳辐射值[约2000 μmol/（m²·s）]。虽然单个叶片很少能利用全部太阳能，但整株植物是由很多叶片组成的，且叶片间彼此互相遮挡，因此一棵树的叶片中仅有

一小部分可以在一天中的任何时间都暴露在高太阳辐射条件下。其他叶片所接收到的光子通量则主要来自于叶片冠层缝隙形成的光斑，或其他叶片透射过来的光。

因为整株植物的光合作用是所有叶片光合作用之和，所以几乎很少有在整株水平上达到光饱和点的（图9.10）。分析这些曲线，作物的产量与其在生育期内接收到的总光量大小有关，在水分和养分供应充足的情况下，接收到的光量越多，生物量越大（Ort and Baker，1988）。

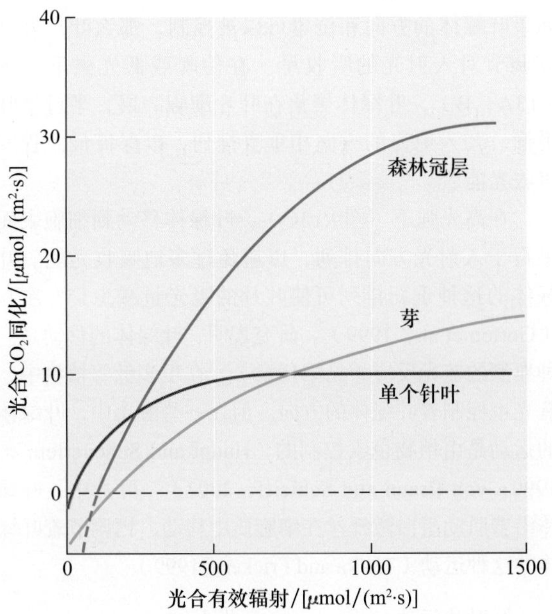

图9.10　北威尔士北美云杉林（*Picea sitchensis*）的单个针叶、复合芽和森林冠层的光合作用（每平方米基础上表述）变化。复合芽由多组彼此相互遮阴的针叶组成，类似于冠层中的枝条间相互遮挡的情形。由于遮挡的原因，光合作用达到饱和需要更高的辐照度。森林冠层曲线的虚线部分是根据曲线测定部分进行的推测（引自Jarvis and Leverenz，1983）。

9.2.2　叶片必须耗散过剩的光能

当暴露在过量的光强下时，叶片必须耗散掉吸收来的过剩光能，以使光合器官免受伤害（图9.11）。光能耗散有多种方式，其中包括**非光化学淬灭（nonphotochemical quenching）**（见第7章），它是一种叶绿素荧光淬灭机制而不是光化学机制。但最重要的是其吸收的光能不经电子传递而直接转化为热能。虽然这个过程的分子机制仍未完全解释清楚，但是叶黄素循环似乎是过剩光能耗散的一个重要途径（参见Web Topic 9.1）。

1. 叶黄素循环

回忆一下第7章的叶黄素循环（the xanthophylls cycle），它由3种类胡萝卜素组成：紫黄质、玉米黄质中间物花药黄质（单环氧玉米黄质）和玉米黄质，它们在叶片耗散过剩光能的过程中起重要作用（图7.35）。在高光强下，紫黄质先转变为单环氧玉米黄质，再转变为玉米黄质。值得注意的是，在紫黄质中，两个芳香环共同束缚一个氧原子，在单环氧玉米黄质中，两个芳香环中仅有一个束缚一个氧原子，而玉米黄质中没有芳香环。实验研究表明，玉米黄质在热耗散过程中是3种叶黄素成分中最有效的，而单环氧玉米黄质的效率仅是它的一半。尽管单环氧玉米黄质的含量水平在一天中相对平稳，但是玉米黄质的含量在高光强下增加而在低光强下减少。

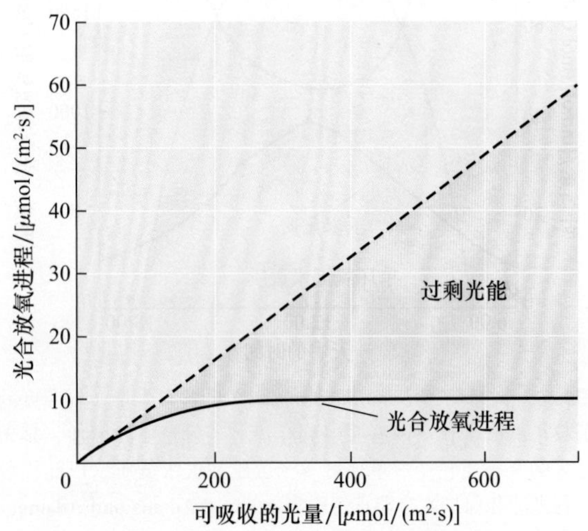

图9.11　与光合作用放氧进程曲线相关的光能过剩。虚线表示在对光合作用没有任何速度限制时理论上的放氧进程。在光通量低于150 μmol/（m^2·s）时，阴生植物可以利用吸收到的光。然而，当光通量高于150 μmol/（m^2·s）时，光合作用饱和，吸收的光能越来越多地被耗散掉。在较高的辐照度下，光合作用利用的那一小部分光与必须被耗散掉的那部分光（过剩光能）之间数量差异会很大。阴生植物与阳生植物的这个比值将会更大（引自Osmond，1994）。

在太阳辐射条件下生长的叶片，正午辐照度最大时，玉米黄质和单环氧玉米黄质的量可以占到叶黄素循环各组分总量的60%（图9.12）。在这种情形下，大量的类囊体膜吸收的过剩光能将被以热的形式耗散掉，这样就阻止了叶绿体光合结构遭受破坏（见第7章）。耗散掉光能的多少与辐照度、植物种类、生长条件、营养状态和周边温度有关（Demmig-Adams et al.，2006）。

2. 光下和阴境下的叶黄素循环

在光下生长的叶片比在阴境下生长的叶片含有更多的循环体，以至于它们可以耗散掉更多的过剩光能。然而，生长在森林底层低辐照度下的植物也可进行叶黄素循环。生活在这种环境下的植物，仅当阳光穿过很厚的冠层叶片缝隙以光斑的形式照射时，才会暴露在高光强下。仅一个光斑，就会导致叶片中大量的紫黄质转化成玉米黄质。大多数叶片中紫黄质水平在光强降低后再次增加，但森林底层阴生叶片中的玉米黄质一直维持在某一水平，以保护随时可能暴露在光斑下的叶片不受伤害。

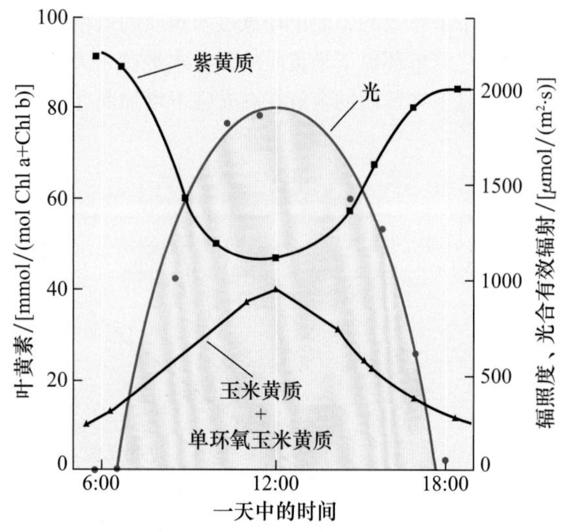

图9.12　向日葵（*Helianthus annuus*）叶黄素含量（辐照度的函数）的日变化。随着照射到叶片上入射光强的增加，越来越多的紫黄质转变成单环氧玉米黄质和玉米黄质，以此耗散过剩光能和保护光合器官（引自Demmig-Adams and Adams，1996）。

在一些物种上，如松类等，也发现了叶黄素循环的存在。这些植物的叶片在冬天仍保持着绿色，尽管其光合速率非常低，但光吸收量仍然很高。与夏天观测到的叶黄素循环的日循环规律相反，玉米黄素在冬季每天都维持很高的水平。因此，可以推测这种机制可以最大限度地耗散光能，因而整个冬天它都可以保护叶片免受光氧化的伤害（Adams et al.，2001）。

3. 叶绿体运动

减少过剩光能的另外一个方法就是移动叶绿体，使它们不再暴露在高光强下。叶绿体运动在藻类、苔藓类和高等植物叶片中广泛存在（Haupt and Scheuerlein，1990；von Braun and Schleiff，2007）。如果叶绿体的方向和位置可以被控制，那么叶片就可以调节对入射光的吸收量。在傍晚或低光强下（图9.13A，B），叶绿体聚集在叶片细胞表层，平行于叶平面，与入射光的方向相垂直排列，以保证最大程度吸收光能。

在高光强下（图9.13C），叶绿体移动到细胞表面平行于入射光方向排列，以避免过多地吸收光能。叶绿体的这种重新排列可使叶片的吸光量减少15%左右（Gorton et al.，1999）。研究表明，叶绿体的移动是一种典型的蓝光反应（见第18章）。在很多低等植物中，蓝光也控制着叶绿体的方向。但在一些海藻中，叶绿体的运动是由植物色素控制的（Haupt and Scheuerlein，1990；von Braun and Schleiff，2007）。叶片中，叶绿体沿着肌动蛋白微纤丝在细胞质中移动，钙调节着叶绿体的这种运动（Tlalka and Fricker，1999）。

4. 叶片运动

在进化过程中，植物已经形成了适应光环境的结构特征，在光照强度较大的时期减少过多的光量照射到

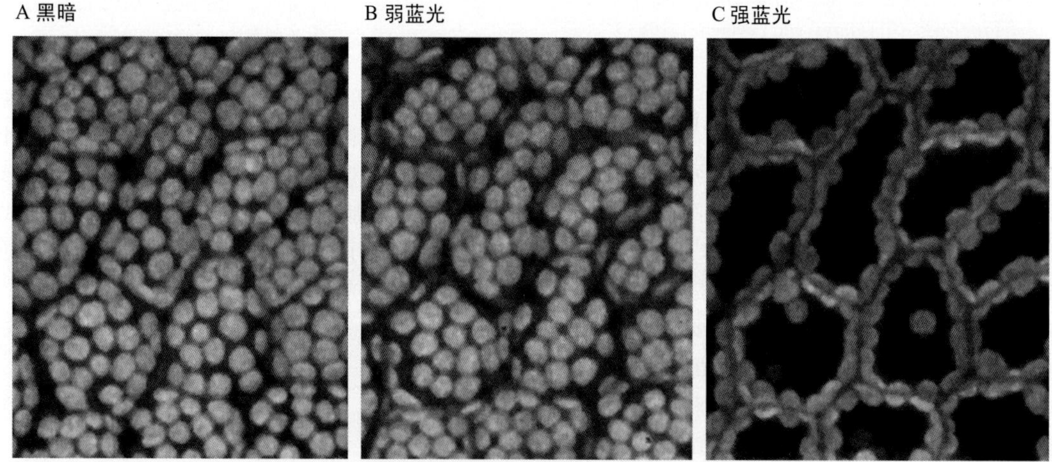

图9.13　浮萍（*Lemna*）进行光合作用的细胞中叶绿体的分布。这些表面视图展示了相同的细胞在3种条件下的情形：A. 黑暗；B. 弱蓝光；C. 强蓝光。在A和B条件下，叶绿体定位在细胞的上表面附近，在那里它们可以最大程度地吸收光能。当用强蓝光照射细胞时（C），叶绿体移动到细胞壁一侧，在那里彼此相互遮挡，以最小量吸收过剩的光能（由M. Tlalka和M. D. Fricke惠赠）。

植物叶片上，特别是由于水分胁迫而导致叶片的蒸腾作用，以及由此而引起的降温效应减弱的时候。随着入射光线的改变，叶片的方位发生变化就是其结构进化的一个实例。例如，避日性植物苜蓿和羽扇豆的叶片追踪阳光，但在同时通过把小叶折叠到一起，使叶平面几乎与入射光线平行来减弱入射光照射强度。这些运动是通过改变叶柄泡状细胞的膨压来实现的。另外一个共同的特征就是萎蔫，像在许多向日葵植物上看到的一样，萎蔫的叶片向下低垂，再次有效地减少入射热量，同时减弱蒸腾作用和入射光强度。

9.2.3　吸收过多的光能可导致光抑制

第7章中已经阐述过，当叶片暴露在比它们可利用的更强的光环境下时（图9.11），PSⅡ反应中心就会失活，常常因发生**光抑制（photoinhibition）**而遭到损坏。叶片所在光环境的光强大小决定了光抑制的特征。有两种类型的光抑制：动态光抑制和持续光抑制（Osmond，1994）。

在温和的光能过剩条件下，会产生**动态光抑制（dynamic photoinhibition）**。其特征是：量子效率下降，但最大光合作用效率维持不变。动态光抑制是由于吸收的光能转变为热能耗散引起的，并由此带来了量子效率的下降。这种降低通常是暂时性的，当光子通量降低到饱和点以下水平的时候，量子效率可以恢复到它的初始值。图9.14展示了在适宜和胁迫环境里，一天中被吸收来的太阳光量用于光合作用反应和用于过剩光能热耗散掉部分间的分配情况。

暴露在高水平过量光照条件下，光合作用系统就会遭到损坏，导致量子效率和最大光合速率均降低，从而产生**持续光抑制（chronic photoinhibition）**。如果图9.14所展示的胁迫条件持续较长时间，就会产生持续光抑制。持续光抑制与PSⅡ反应中心D1蛋白的替换和破坏密切相关（见第7章）。与动态光抑制相比，持续光抑制的影响可持续数星期、数月或更长时间。

光抑制的早期研究者，把所有量子效率的下降都归因于光合器官的破坏。但现在认识到，短期的量子效率下降似乎是一种光保护机制（见第7章），而持续光抑制的产生则意味着叶绿体受到了损坏，这是由于光能过剩或保护机制失败而造成的。

自然界中的光抑制具有重要意义。正午时，叶片完全暴露在最大光照强度下，同时碳固定量相对减少的时候，通常会发生动态光抑制。在低温条件下时这种情况更加明显，在更加极端的气候条件下，动态光抑制会转变为持续光抑制。

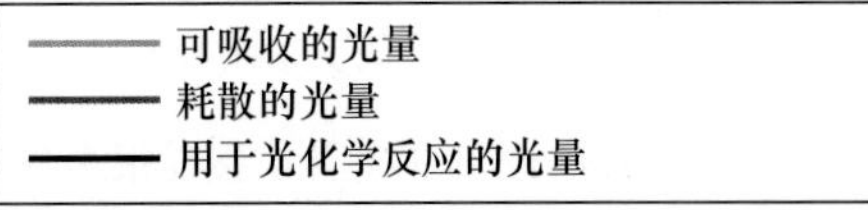

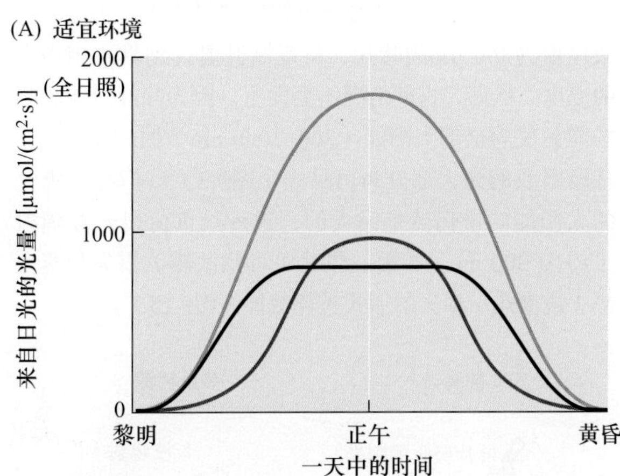

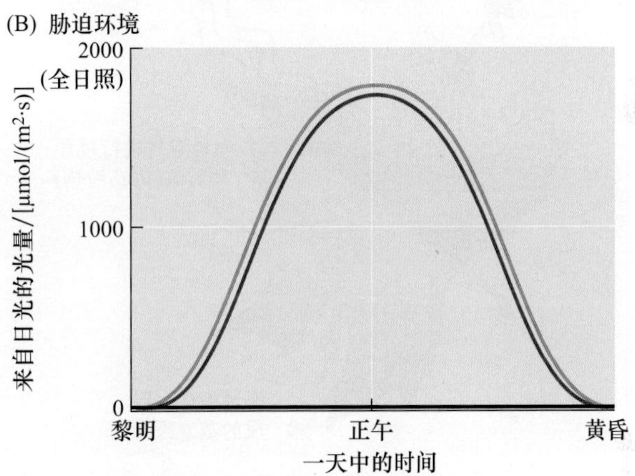

图9.14　一天中可吸收的太阳光量的分配变化。图片展示了在适宜环境（A）和胁迫环境（B）中，一天内光子撞击叶片产生的能量用于光化学反应的和以过剩光能热耗散掉的相对情况（引自Demmig-Adam and Adams，2000）。

9.3　光合作用对温度的响应

光合作用（CO_2吸收）和蒸腾作用（H_2O散失）共用一个路径，即通过保卫细胞调节气孔开度，CO_2扩散进入叶片，H_2O则扩散出去。然而，它们是两个相对独立的过程。在光合作用过程中，H_2O会大量散失，散失的H_2O量和吸收的CO_2量的摩尔比通常为250：1~500：1。水分的大量散失也使叶片通过蒸腾制冷作用耗散了大量的热量，从而在高太阳辐射条件下保持相对的低温。气孔的开放程度会同时影响到光合和蒸腾这两个过程，而光合作用又是一个与温度相关的过程，因此这两个过程之间的相关性非常重要。随后就会知道，气孔的开度影响着叶温和蒸腾失水的程度。

 9.3.1 叶片必须散失大量的热

暴露在强辐射阳光下的叶片会接受很多热量。事实上，如果吸收了所有光能而又没有热量损失，水层的有效厚度为300 μm的叶片，将逐渐升温直到具有相当高的温度。然而，这种情况不会发生，因为叶片所能吸收的能量仅为全部太阳能（300~3000 nm）的50%左右，且所吸收的光大部分为可见光（图9.3）。但叶片吸收的太阳能的量仍然是巨大的，这种热负荷以长波辐射（约10 000 nm）扩散、焓热（可感散热）损失和蒸发热（或潜热）损失的形式被耗散掉（图9.15）。

图9.15 叶片对太阳能的吸收和耗散。强制性的热负荷必须被耗散掉以避免伤害叶片：它们以长波辐射形式发射出去、以焓热损失（可感散热）形式扩散到叶片周围的空气中去和通过蒸腾作用蒸散出去，即蒸发冷却。

（1）辐射热损失：所有的物体都会根据体温成比例地发出热辐射。然而，辐射能的最大波长却是与它们的温度成反比的，温度非常低的叶片，发射的波长是人眼看不到的。

（2）焓热损失：如果叶温高于周围的气温，热就从叶片对流（传递）到空气中去。

（3）蒸发热损失：因为水的蒸发需要能量，所以当水从叶片蒸散（蒸腾）的时候，大量的热被带走而使叶片冷却下来。人类通过排汗降低体温就是这个原理。

焓热损失和蒸发热损失是叶片温度调节中的两个重要过程，二者的比例称为**波文比（Bowen ratio）**（Ampbell and Norman，1996）。

$$波文比=\frac{焓热损失}{蒸发热损失}$$

水分供应充足的农作物，其蒸腾作用（见第4章）（也就是水从叶片的蒸发过程）是很强烈的，因此波文比较低（参见Web Topic 9.2）。相反，当蒸发制冷受到限制的时候，波文比较大。例如，水分胁迫的作物，部分气孔关闭减弱了蒸发制冷，波文比增加。蒸发热损失的量（或波文比）是由气孔开放的程度决定的。

高波文比的植物可以保持水分，也可以忍受高的叶温。然而，叶温和气温间的较大差值增加了焓热损失量。生长减缓通常与高的波文比有关，因为高的波文比意味着叶片上至少有部分气孔是关闭的。

 9.3.2 光合作用对温度是敏感的

大气CO_2浓度下，将C_3植物或C_4植物光合速率作为温度的函数作图，得到的曲线是一个特化的钟形（图9.16）。在曲线上可以看到两个相对的反应，它部分反映了生长在自然温度条件下的物种的最适温度。由此，C_3植物——无毛滨藜通常生长在冷凉的沿海环境，而C_4植物——*Tidestromia oblongifolia*则生长在炎热的沙漠环境中。曲线攀升的部分代表与温度有关的酶活性的增强；曲线顶部扁平的部分代表光合作用的最适宜温度范围；曲线下滑部分表明对温度敏感的有害效应已经产生，这些效应有些是可逆的，而有一些则不可逆。

温度影响着与光合作用有关的所有生物化学反应及叶绿体膜的完整性，因此，光合作用对温度的响应策略是相当复杂的。在大气CO_2浓度下（图9.16），Rubisco的活性是光合作用的主要限制因子。光合作用对温度的响应反应为两个矛盾的过程：羧化效率随着温度的升高而逐渐增加，但Rubisco对CO_2亲和力随着温度的升高则逐渐下降（见第8章）。有证据表明，高温下Rubisco活性的下降是因为温度影响了Rubisco活化酶的表达（见第8章）。在大气CO_2浓度下，这些反向效应减弱了光合作用对温度的响应程度。

比较而言，以C_4植物光合速率对温度作图，发现在上述两种情况下曲线都呈钟形（图9.16），即使叶片内部达到"CO_2饱和"以后（见第8章讨论）。这是C_4植物和C_3植物叶片在同等条件下生长时，C_4植物趋向于有更高的光合作用最适温度的原因之一。

在低温条件下，光合作用也可以被其他很多因素限制，如叶绿体中磷酸盐的有效性（Sage and Sharkey，1987）。当磷酸丙糖从叶绿体输出到细胞溶质中时，等摩尔的无机磷经由叶绿体膜上的转运体被吸收进入叶绿体。低温下，如果胞质中的磷酸丙糖的利用速率下降，磷酸盐进入叶绿体就会受到抑制，光合作用就会受到磷酸盐的限制（Geiger and Servaites，1994）；淀粉和蔗糖的合成速率随着温度的降低迅速下降，因此减弱了对

磷酸丙糖的需求，并引起磷酸盐对光合作用的限制。

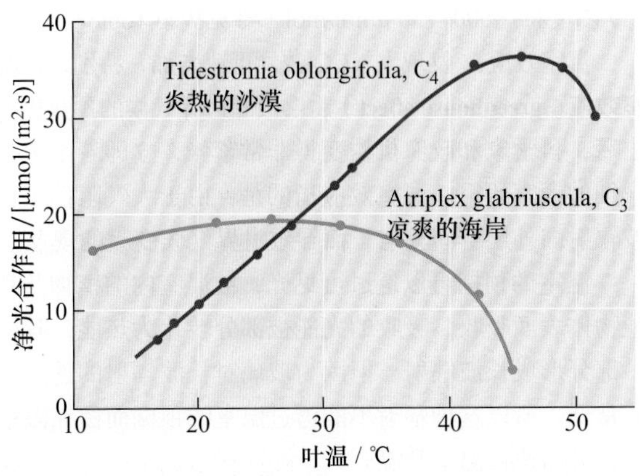

图9.16　在目前大气CO_2浓度下，适应冷凉生境的C_3植物和适应炎热生境的C_4植物光合作用随温度的变化（引自Berry and Björkman，1980）。

9.3.3　光合作用的最适温度

温度响应曲线上看到的最大光合速率表征着**最适温度响应（optimal temperature response）**范围。对于某种植物，当超过其最适温度时，光合速率会再次下降。争论的是：这个最适温度点就是光合作用过程各步的反应能力达到最为平衡的那一点吗？因为其中一些步骤可能随着温度升高或降低会成为限制因子。超出最适温度范围之外，光合作用的下降与哪些因素有关呢？呼吸速率会随着温度的升高而增强，但这些并不是高温下净光合速率急剧下降的主要原因。与电子传递有关的膜系统在高温下稳定性下降，切断了还原力的供应，并导致光合作用全线急剧下降。

最适温度在很大程度上受遗传（调节）和环境（适应）因素共同影响。生长在不同温度生境内的不同植物种类，有着不同的光合作用最适温度。对生长在不同温度生境内的同一植物物种光合反应的研究表明，其最适温度与其生境内的温度密切相关。和生长在高温环境中的植物相比，原本生长在低温条件下的植物在低温条件下具有更高的光合速率。

这些因温度而产生的光合速率的变化，在植物对不同环境的调节适应过程中起着重要作用。植物对温度的适应表现出了明显的可塑性。生活在阿尔卑斯山地区的植物，可在接近0℃低温下还能净同化CO_2；而生活在加利福尼亚死亡谷的植物，在温度接近50℃时，光合速率才达到最佳水平。

图9.8展示了C_3植物和C_4植物的光合量子产额随温度的变化情况。C_4植物的量子产额或称光能利用率在温度变化时维持恒定，属于典型的低光呼吸速率类型。C_3植物的量子产额则随着温度的升高而下降，表明光呼吸速率随温度的升高而增强，从而使每净固定1分子CO_2需要消耗更多的能量。在光限制条件下量子产额受到最大限度抑制时，高光强作为温度的函数对光呼吸速率的影响显示出相似的模式。

量子产额的下降和光呼吸速率增加的综合影响，使得生活在不同温度生境下的C_3植物和C_4植物在光合能力上表现出了较大差异。在图9.17中，给出了北美大平原（从美国南部的得克萨斯州到加拿大的马尼托巴湖）上，C_3牧草和C_4牧草初级生产力的理论相对比率与纬度的关系图（Ehleringer，1978）。可以看出，相对于C_3植物来说，C_4植物的生产力由南向北逐渐下降，这与平原上植物物种的实际分布非常符合，即C_4物种主要分布在40°N以南地区，C_3物种则主要分布在45° N以北地区（图9.17）（参见Web Topic 9.3）。

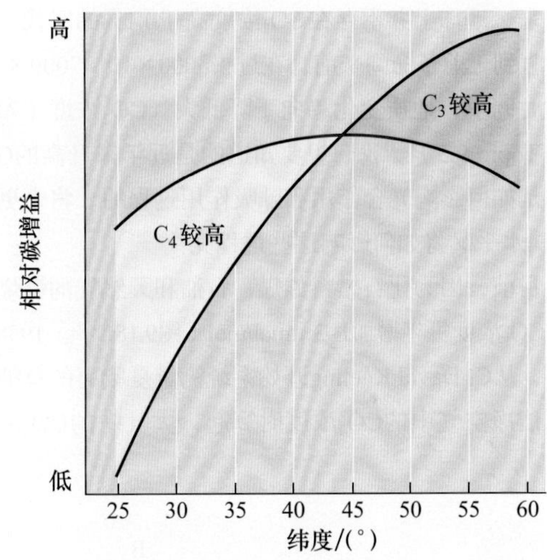

图9.17　北美大平原上，相同的C_3和C_4牧草冠层光合碳增益相对速率随纬度的变化（引自Ehleringer，1978）。

9.4　光合作用对二氧化碳的响应

前面已经讨论过光和温度是如何影响植物的生长和叶片的解剖结构的。现在，再来探讨一下二氧化碳浓度如何影响植物的光合作用。CO_2从空气扩散进入叶片——首先通过气孔腔，然后穿过细胞间隙，最终进入细胞和叶绿体。在光量充足的条件下，高CO_2浓度带来高光合速率；相反，低CO_2浓度则会限制C_3植物的光合作用。

本部分旨在阐述近代大气CO_2浓度的变化及CO_2在碳固定过程中的作用。并进一步探讨CO_2在光合作用过程中的限制性作用和C_4植物CO_2浓缩机制对光合作用的影响。

9.4.1 大气CO_2浓度持续上升

二氧化碳在大气中属于痕量气体，目前占大气总量的0.039%。环境CO_2分压（c_a）随着大气压力而改变，在海平面以上约为39 Pa（参见Web Topic 9.4）。水蒸气含量通常占大气总量的2%，氧气约为21%。大气中含量最多的是氮气，约占77%。

通过测定南极流动冰川上空气泡内的空气含量可以得到过去42×10^4年里的CO_2浓度值，而目前的CO_2浓度几乎是它的2倍（图9.18A，B）。目前大气中CO_2浓度可能比地球在过去200×10^4年里经历过的还要高。在过去200年前的地质变迁过程中，CO_2浓度都被认为是很低的，这就意味着当今世界上植物是在低CO_2浓度的环境中进化着。

有证据表明，自从过去7000×10^4年以前的温和白垩纪以来，地球上并不存在CO_2浓度高于0.1%的时代。因此，直到工业革命到来前，在过去5000×10^4~7000×10^4年的时间里，地质变化趋向于降低大气CO_2浓度（参见Web Topic 9.5）。我们想要知道的是近年来升高的CO_2水平是如何影响光合作用和呼吸作用过程的，将来更高的CO_2水平又将如何影响这些过程呢?

目前，因为化石燃料如煤、石油和天然气的燃烧，大气CO_2浓度每年增加1~3 μmol/mol（图9.18C）。1958年以来，从C. David Keeling开始系统测量夏威夷的莫纳罗亚山洁净空气中的CO_2浓度时算起，大气中的CO_2浓度的增加已经超过了20%（Keeling et al.，1995）。如果仍然按目前的规模继续燃烧化石燃料，到2100年，大气中的CO_2浓度将达600~750 μmol/mol（参见Web Topic 9.6）。

温室效应：发现大气CO_2浓度迅速增加，特别是在**温室效应**（**greenhouse effect**）将会改变世界气候的预言提出之后，科学家和政府机构变得非常紧张，立即着手进行详细的考察研究。温室效应指的是，由于大气阻挡了长波辐射向外层空间辐射，而导致世界气候变暖的现象。

温室的顶棚可以透过可见光，被温室内的植物及其他物体表面吸收，吸收的光能被部分转化为热能，其中一部分形成长波辐射。但因为玻璃对长波辐射的透过率非常低，所以这种辐射不能透过温室的顶棚而留在温室内，进而使得温室升温。

大气中的某些气体，特别是CO_2和甲烷，起着和温室玻璃屋顶相似的作用。温室效应带来的CO_2浓度的增加和温度的升高，都会影响植物的光合作用。在目前大气CO_2浓度下，CO_2浓度制约了C_3植物的光合作用（本章后面将会讨论），但这种情况会随着大气CO_2浓度的持续上升而发生改变。实验室条件下，当CO_2浓度加倍时（增加到600~700 μmol/mol），C_3植物生长速度可以提高30%~60%，此时增长速率的变化主要决定于植物营养状态的好坏（Bowes，1993）。

9.4.2 光合作用要求CO_2扩散进入叶绿体

要进行光合作用，CO_2就必须从大气扩散进入叶片，继而进入到Rubisco的羧化位点。因为CO_2扩散速率

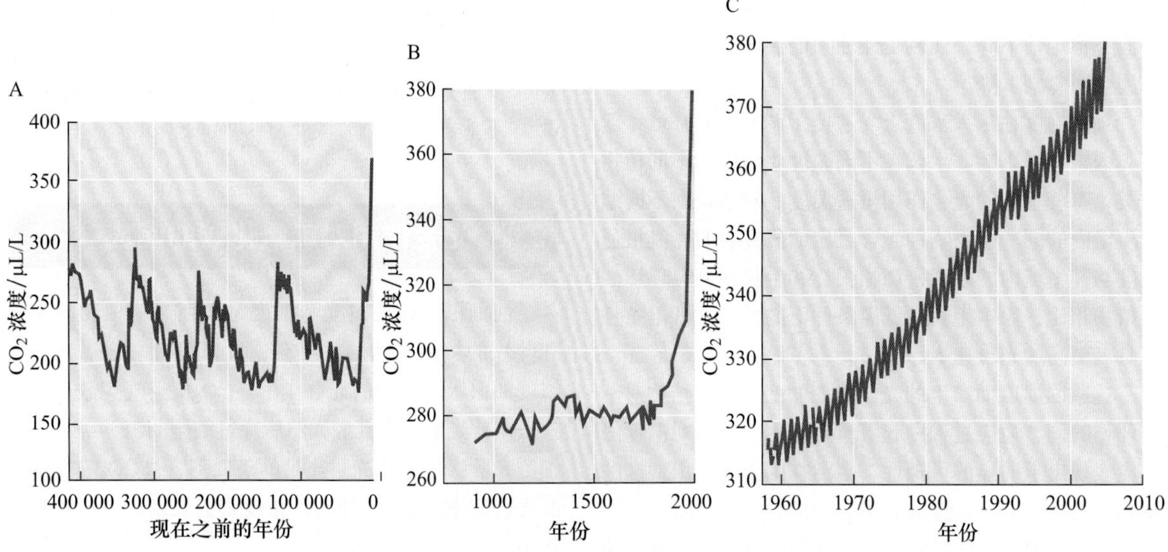

图9.18 42万年前到现在大气中CO_2浓度的变化。A. 通过测定南极流动冰川上空气泡内的气体浓度可知，在过去，大气中的CO_2浓度比目前的水平低得多。B. 在过去的1000年，工业革命带来了石化燃料燃放量的迅速增加，引起CO_2浓度升高。C. 从夏威夷岛莫纳罗亚山测得的目前CO_2浓度，仍持续上升。光合速率和呼吸速率比值相对平衡的季节性变化引起了大气CO_2浓度的变化，继而引起了CO_2浓度轨迹的波动。每年，最高CO_2浓度出现在北半球生长季到来之前的5月份（引自Barnola et al.，1994；Keeling and Whorf，1994；Neftel et al.，1994；Keeling et al.，1995）。

与叶片内CO_2浓度梯度有关（见第3章和第6章），所以必须存在适当的梯度，以确保有充足的CO_2从叶片表面扩散进入叶绿体。

CO_2几乎不能透过覆盖在叶片上的表皮，因此，CO_2进入叶片的主要通道就是气孔。水分也经由同一途径但反方向运动。CO_2通过小孔进入到气孔下腔，并进入到叶肉细胞间的空气缝隙中。通过这一扩散路径进入叶绿体的CO_2是气相的；CO_2进入叶绿体的另一路径则是液相的，开始于潮湿的叶肉细胞壁上的水层，继而连续通过质膜、胞液，最后到达叶绿体（CO_2在溶液中的性质，参见Web Topic 9.6）。

CO_2和水共用气孔的出入路径带来植物在功能上的选择困境。在相对湿度较高的空气中，驱动水分损失的扩散梯度比驱动CO_2吸收的梯度大出约50倍。在干燥的空气中，这种差别可以更大。因此，通过开放气孔来减小气孔阻力有利于增加对CO_2的吸收，但是不可避免会同时散失大量的水分。

扩散路径的每一部分都会对CO_2扩散施加一个阻力，因此光合作用CO_2供应过程中会遇到一系列不同的阻力点。CO_2扩散进入叶片的气相路径可被分为3个部分：界面层、气孔和叶片的细胞间隙，每一部分都对CO_2扩散施加一个阻力（图9.19）。准确评价每一个阻力点大小，将会有利于理解光合作用的CO_2限制。

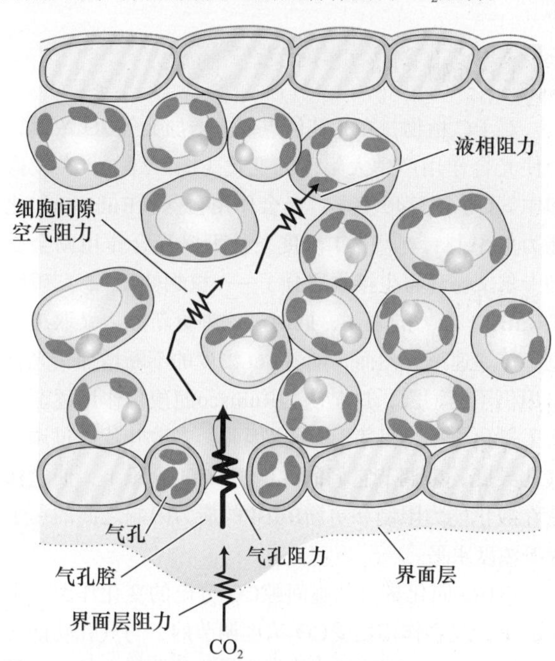

图9.19　CO_2从叶片外部扩散进入叶绿体的阻力点。气孔腔是CO_2扩散的主要阻力所在。

界面层由叶片表面相对未受扰动过的空气组成，它对CO_2扩散的阻力称为**界面层阻力（boundary layer resistance）**。界面层阻力的大小随着叶片大小和风速而改变。界面层对水和CO_2扩散阻力的大小，本质上与界面层阻力对焓热损失（见前面所述）的敏感性有关。

较小的叶片对水和CO_2的扩散具有较小的界面层阻力，对热损失也较为敏感。沙生植物的叶片通常很小，对感知热损失非常有利。生长在湿热地区的阴生植物叶片较大，因此具有较大的界面层阻力。但是这些叶片可以通过蒸腾生境中所供应的大量水分来散热制冷。

通过界面层以后，CO_2会通过气孔腔进入叶片，遇到扩散路程中的下一种阻力——**气孔阻力（stomatal resistance）**。自然界大多数条件下，叶片周围的空气很少是完全静止的。界面层阻力比气孔阻力小得多，CO_2扩散的主要阻力就是气孔阻力。

在气孔下腔和叶肉细胞壁之间的空气间隙中还有一种CO_2扩散阻力，称为**细胞间隙空气阻力（intercellular air space resistance）**。这个阻力通常也很小——相对于叶片外部38 Pa的CO_2分压，它仅可引起压力下降0.5 Pa或更少。

C_3植物CO_2扩散的液相途径阻力，称为**液相阻力（liquid phase resistance）**，也称为**叶肉阻力（mesophyll resistance）**，它存在于从细胞间隙到叶绿体羧化位点的整个扩散过程中。因此，将叶绿体定位到细胞的外层，可缩短CO_2从液相扩散到叶绿体羧化位点的距离。当气孔完全张开的时候，这种CO_2扩散阻力约是界面层阻力和气孔阻力之和的1/10。然而，近期的研究表明，叶肉阻力可能更大。

因为在CO_2吸收和水分散失的过程中气孔腔通常施加最大的阻力，所以它成为植物有效地控制叶片和大气气体交换唯一的调节点。在叶片气体交换的研究测定中，界面层阻力和细胞间隙阻力经常是被忽略的，气孔阻力则经常被用来作为描述CO_2扩散气相阻力的唯一参数（参见Web Topic 9.4）。

9.4.3　光吸收模式产生CO_2固定梯度

前面曾讨论过：为了捕捉光能，叶片的解剖结构是如何特化的；叶片的解剖结构是如何利于CO_2在内部进行扩散的。但是在单个叶片内部，最大光合速率是在什么位置产生的呢？大多数叶片中，光优先被上表面吸收，而CO_2是通过下表面进入的。假设光和CO_2分别从叶片对应的两面进入，那么叶片组织中光合作用是如何均匀一致地进行的呢，或者说叶片中是否存在光合作用梯度呢？

对于大多数叶片而言，一旦CO_2扩散通过气孔，其内部的扩散非常迅速，因此在叶片内部，CO_2供应不足不会成为光合作用的限制因素。当白光照射到叶片的上表面时，由于叶绿素在蓝光和红光区具有强大的吸收带（图7.3），蓝光和红光光子很容易被接近辐射表面的叶绿体吸收（图9.20）。另外，绿光更容易进入到叶片的深层。相对于蓝光和红光，叶绿素极少吸收绿光（图7.3），但当蓝光和红光光子耗尽时，绿光在为光合作用提供光能方面也非常有效。

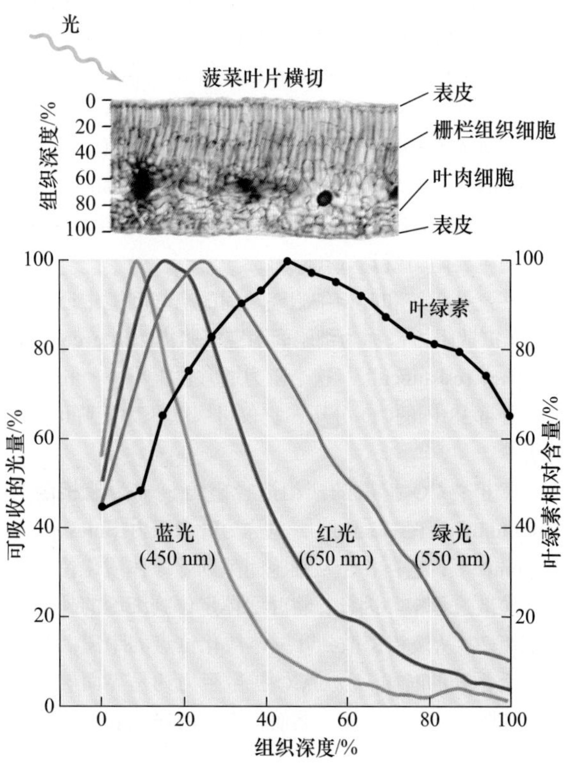

图9.20　菠菜阳生叶片对吸收光的分配。用蓝光、绿光和红光照射叶片，叶片产生了不同的光吸收轮廓。曲线图上面的显微图是菠菜叶片的一个横切面，数排栅栏组织细胞占去了几乎一半的叶片厚度。曲线形状的产生是因为叶片组织中叶绿体不均匀分布的结果（引自Nishio et al.，1993；Vogelmann and Han，2000；Vogelmann惠赠显微图片）。

光合同化CO_2的能力在很大程度上是受叶片组织内Rubisco的浓度控制的。在菠菜（*Spinacea oleracea*）和蚕豆（*Vicia faba*）叶片中，Rubisco含量在叶片顶部很低，向中部逐渐增加，到了下部再次降低，同图9.2所示叶片中叶绿体的分布形状类似。因此，叶片中光合作用碳固定分布曲线同叶绿体的分布一致，均呈钟形。

9.4.4　CO_2限制光合作用

对于多种生长在温室中、有着充足的水分和养分供应的作物，如马铃薯、莴苣、黄瓜、玫瑰，温室环境中的CO_2丰度高于自然环境水平，因此它们具有很高的产量。将光合速率作为叶片胞间CO_2分压（c_i）的函数作图（参见Web Topic 9.4），可预测出由于CO_2供应问题引起的对光合作用的限制作用。在胞间CO_2浓度很低的情况下，光合作用被强烈抑制。

光合作用和呼吸作用这两个过程彼此平衡时的胞间CO_2浓度值称为**CO_2补偿点（CO_2 compensation point）**，此时叶片净CO_2流出量（同化量）为零（图9.21）。这个概念和前面讨论过的光补偿点的概念是相似的：CO_2补偿点反映的是在CO_2浓度不断变化的情况下，光合作用和呼吸作用之间的平衡；光补偿点反映的则是在恒定的CO_2浓度供应下，光子辐射不断变化的情况下，光合作用和呼吸作用之间的平衡。

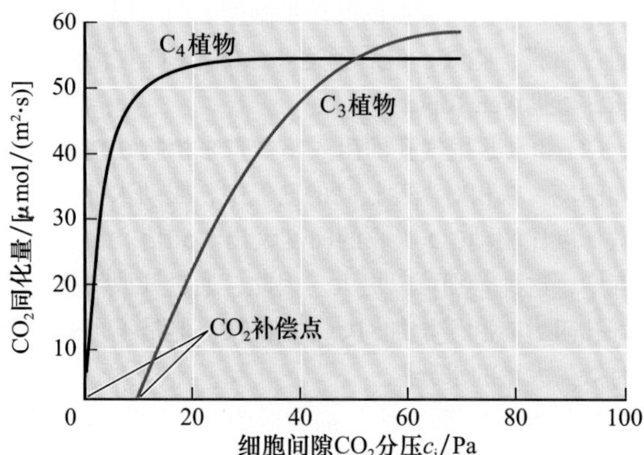

图9.21　*Tidestromia oblongifolia*（一种C_4植物）和木馏灌丛（*Larrea divaricata*）（一种C_3植物）的光合作用随胞间CO_2浓度变化的情况。根据计算出的叶片内部胞间CO_2分压绘制出光合速率的点图（参见Web Topic 8.4的方程式5）。CO_2同化量为零处的分压定义为CO_2补偿点（引自Berry and Downton，1982）。

1. C_3植物

对于C_3植物，在光补偿点以上增加大气CO_2浓度，会使光合作用产生大幅度的变化（图9.21）。在较低和中等CO_2浓度环境下，光合作用会受到Rubisco羧化能力的限制；在高CO_2浓度条件下，光合作用则会受到卡尔文循环再生接收器分子——核酮糖-1，5-二磷酸（RuBP）能力的限制；同时，这种更新能力又取决于电子传递速率。然而，随着CO_2浓度的不断增加，光合作用仍不断增强，这是因为Rubisco的羧化作用逐渐替代了氧化作用（见第8章）。因此，多数叶片通过调节气孔导度，来调节它们的c_i（内部CO_2分压），使它保持在羧化能力限制和更新RuBP的能力限制之间的一个中等浓度水平。

以CO_2同化量对细胞间隙CO_2分压的变化作图，可以看出，光合作用是受CO_2浓度调节的，与气孔功能无关（图9.21）。比较C_3植物和C_4植物的曲线，就会发现两类植物的碳代谢途径存在着非常有趣的差异。

（1）C_4植物的光合速率在c_i约为15 Pa时饱和，说明这类植物具有有效的CO_2浓缩机制（见第8章）。

（2）对于C_3植物，随着c_i的持续增加，光合作用持续增强，要达到饱和需要经历一个很宽的CO_2浓度幅

度。

（3）C_4植物CO_2补偿点处分压为零或接近零，说明此时它们的光呼吸作用非常微弱（见第8章）。

（4）C_3植物CO_2补偿点处分压约为10 Pa，说明此时有光呼吸作用产生了CO_2（见第8章）。

这些反应说明，目前大气CO_2浓度的不断增加，可以给C_3植物带来更多的利益（图9.18）。相对而言，C_4植物的光合作用在低CO_2浓度条件下就达到了饱和。因此大气CO_2浓度的不断增加不会对C_4植物带来收益。

事实上，C_3光合作用途径（简称C_3途径）才是最初的起源路径，C_4光合作用途径（简称C_4途径）是随后产生的衍生路径。在地质学的历史年代里，当大气CO_2浓度比现今高出许多的时候，CO_2通过气孔扩散进入C_3植物叶片，可以产生较高的c_i和较大的光合速率。今天，虽然C_3途径已属于典型的CO_2扩散限制型途径，但世界近70%初级生产力仍然是由C_3植物产生的。C_4途径的进化过程是一个克服CO_2限制的生物化学适应性调节过程。目前理解认为，C_4途径在1×10^4~1500×10^4年前已经进化了。

2. C_4植物

如果超过5000×10^4年以前的原始地球是一个不断累积大气CO_2的集中地之一（那时大气条件要好于目前），那么在什么样的大气条件下，C_4途径才会成为地球生态系统中主要的光合作用途径呢？Ehleringer等（1997）认为，当全球CO_2浓度下降到低于某个临界的、仍然不为人所知的浓度极限值的时候，在地球最温暖的生长区，C_4途径将最先成为陆地生态系统中主要的光合作用途径（图9.22）。也就是说，从温和到最热的

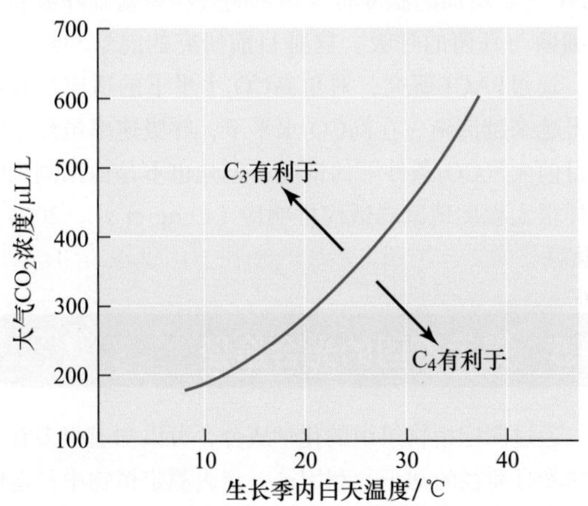

图9.22　结合大气CO_2浓度和生长季的日温变化，对C_3牧草和C_4牧草的生长有利性进行预测。在任何一个时间点上，地球都是唯一的大气CO_2集中地，因此预测到，在最热的生长季，生境中更多的是C_4植物（引自Ehleringer et al.，1997）。

生长条件下，特别是当大气CO_2浓度逐渐减少的时候，C_3途径的高光呼吸和强CO_2限制特性的负面影响将表现得最为强烈。地球上最温暖的地区将成为C_4植物最钟爱的生长区。C_4植物也将成为地球CO_2浓度最低历史时期最受欢迎的植物。当今世界上，这些区域位于亚热带草原和稀树大草原地区。大量的数据表明，在大气CO_2浓度比现今低200 μmol/mol的冰川时期，C_4途径尤为重要（图9.18）。在C_4植物进行地理扩张的时期，很多因素可能起到了促进作用，但低的大气CO_2浓度是其中最重要的因素。

因为C_4植物存在CO_2浓缩机制，所以对于Rubisco的活性来说，C_4植物叶绿体羧化位点处的CO_2浓度经常是饱和的。因此，和C_3植物相比，C_4植物在达到某一光合速率和供应植物生长方面，相对需要更少量的Rubisco和氮（von Caemmerer，2000）。

另外，因为存在CO_2浓缩机制，叶片在较低的c_i时就可以维持高的光合速率，但前提条件是，达到这一光合速率时的气孔导度要较小。相比之下，C_4植物比C_3植物具有更高的水和氮利用率。另外，消耗在浓缩机制上的附加能（见第8章）也降低了C_4植物的光能利用率，因此，这可能是气候温和地区大多数阴生植物为C_3植物的原因之一。

3. CAM植物

很多仙人掌科、兰科、凤梨科植物还有其他肉质植物具有景天酸代谢（CAM）过程。与C_3植物和C_4植物相比，它们也有气孔行为模式。但是，CAM植物的气孔在夜间开放，而在白天关闭，恰恰与在C_3植物和C_4植物叶片保卫细胞上观察到的模式相反（图9.23）。在夜间，大气CO_2扩散进入CAM植物，然后与磷酸烯醇式丙酮酸盐结合，固定成苹果酸盐（见第8章）。

与C_3植物或C_4植物相比，CAM植物的失水量与CO_2吸收量之比要低得多。这是因为CAM植物的气孔仅在气温较低而湿度较高的夜晚开放，而低温高湿有利于维持较低的蒸腾速率。

苹果酸储存能力受到限制成为CAM机制的主要光合作用制约因素，这种限制将抑制CO_2总的吸收量。然而，一些CAM植物，在环境温度变化较为平缓的潮湿环境中，能够在傍晚经由卡尔文循环固定CO_2来增强整个光合作用。但在水分受到限制的条件下，气孔仅在夜间开放。

仙人掌植物的叶状枝（扁平的茎）在从植株体上剥离数月而没有水的情况下，依然可以存活下来，因为它们的气孔在任何时候都是关闭的，同时，呼吸作用释放的CO_2被再次固定进入苹果酸盐。这个过程称为**CAM空转（CAM idling）**。CAM空转机制的存在使得完整的

植株在延长的干旱期里，明显地减少水分丧失而存活下来。

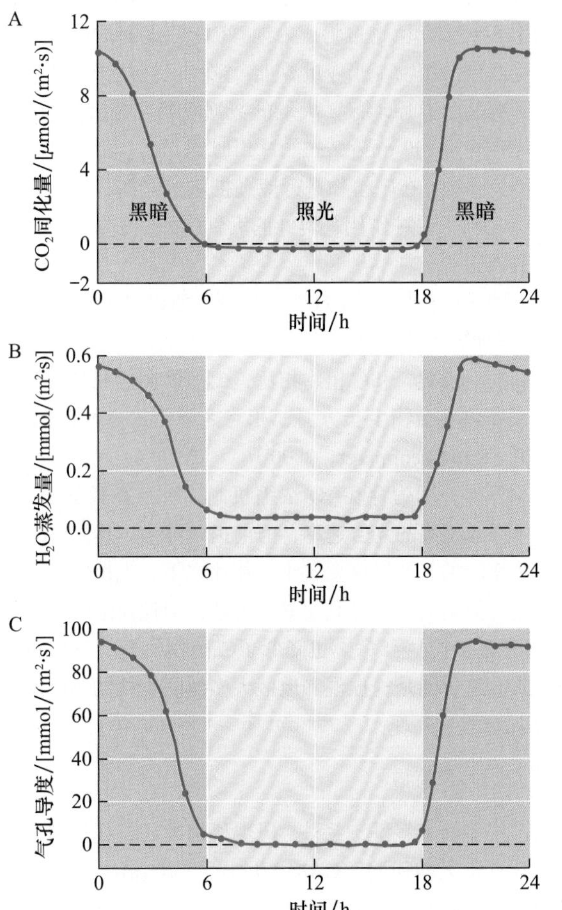

图9.23 CAM植物——仙人掌（*Opuntia ficus-indica*）的光合碳同化作用、蒸腾作用和气孔导度在24 h（一个周期）内的变化。整株植物被放置在实验室的一个气体交换室内。以阴影区域来表示暗期。在研究期内测量了3个参数：A. 光合速率；B. 水分散失量；C. 气孔导度。与C_3植物或C_4植物的机制相比，CAM植物在夜间开放气孔和固定CO_2（引自Gibson and Nobel，1986）。

9.4.5 在未来高CO_2浓度下光合作用和呼吸作用将怎样改变

目前植物生理学研究的中心问题之一是：在环境CO_2浓度达400 ppm、500 ppm甚至更高的时候，光合作用和呼吸作用将作出怎样的调整？这与人类燃烧化石燃料持续释放CO_2到大气中去密切相关。为了研究这个问题，科学家们需要创建一个可以模拟未来状况的仿真模型。CO_2富集实验（FACE）成为一个在环境CO_2浓度不断升高条件下研究植物生理和生态特征的具有广阔前景的方法。

FACE实验里，植物生长的整个区域或自然生态系统都被封闭在一个管状的环区内，向这个区域内填充CO_2，以创造一个20~50年后可能达到的大气CO_2浓度水平。图9.24展示了主栽不同植物类型的FACE实验。其中图9.24A展示的是威斯康涅州控制在CO_2富集环境下的混交和非混交山杨树的情况；图9.24B展示的是伊利诺伊州生长的大豆田的情况。

目前仍在进行中的这些长期的FACE实验，为植物如何应对将来的气候变化提供了新的洞察力。观察到的一个关键现象是：在正常水分条件下具有C_3光合途径的植物对CO_2富集环境要比C_4植物有更多的反应，它们的净光合作用速率会增加20%或更多，但是C_4植物并不是如此。光合作用能力的增加是因为胞间CO_2水平的增加（图9.21）。同时，还有一个光合能力减弱的现象，体现在与光合作用暗反应相关的酶活性的下降（Ainsuorth and Rogers，2007）。

CO_2对于植物的光合作用是至关重要的，但是CO_2富集条件下其他因素对植物的生长也很重要（Long et al.，2004，2006）。例如，FACE实验中通常会观察到，营养可用性会很快成为植物生长的限制因子。再有，会惊奇地观察到土壤湿度和痕量气体的存在，如臭氧，会使净光合反应降低到十年前最初温室研究中预测的最大值以下。同时还预测到，在大气CO_2含量增加时会出现更为暖和和干燥的环境。在不久的将来，在比对自然生态系统中生长的植物与施肥和灌溉的作物对CO_2富集的反应方面，会得出重要进展。理解这些响应特征，对探求为支撑人口增长和为生物燃料提供天然材料等而产生的农业输出的增长问题至关重要。

CO_2水平的增加将影响植物的很多过程，例如，在CO_2富集条件下，叶片将趋向于保持气孔更大程度的关闭。蒸腾作用减弱的直接影响就是叶温的增加（图9.24C）。增加的温度将反馈影响线粒体基础呼吸和土壤细菌与真菌的呼吸。这是目前研究的前景和热点区域。通过FACE研究，对更高CO_2水平下的适应过程理解得越来越清晰。在高CO_2水平下，呼吸速率虽然不同于目前大气CO_2条件下的情况，但是也不是像预测到的那样很大程度地减弱适应性响应（Long et al.，2004，2006）。

9.5 揭示不同的光合途径

通过测定植物组织的化学成分，可以知道很多有关不同光合途径的知识。利用这一点去测定植物中稳定性同位素的量（Dawson et al.，2002）。重要的一点是，叶片中碳原子的稳定同位素包含了关于光合作用的有用信息。同位素是指同一种元素的不同形式。在一种元素的不同同位素中，质子的数量保持恒定，由此来表征

A

图9.24　FACE实验方法被用于研究植物和生态系统对将来CO_2水平的响应。A. 落叶树木的FACE实验情况。B. 大豆田的FACE实验情况。C. 展示了大豆冠层的远红外图像，表明在CO_2水平增加条件下，叶片气孔关闭更多，直接带来叶温的升高（A图由David F. Karnosky 惠赠；B图由USDA惠赠；C图引自Long et al.，2006）。

B

C

30.9°C
30
28
26
25.0°C
增加的CO_2浓度 27.5°C
大气CO_2浓度 26.1°C

是某个元素，但是中子的数量是不同的。同位素是稳定的，也有具有放射性的。

某种元素的稳定性同位素大量存在的时候也是稳定的，整个时间内没有变化；而放射性同位素则在存在的时间内衰变成不同的形式。碳的两种稳定同位素是^{12}C和^{13}C，它们仅仅在成分上不同，^{13}C增加了一个额外的中子。^{11}C和^{14}C属于碳的放射性同位素，在生物示踪实验中被频繁使用。

9.5.1　怎样测定植物的碳稳定性同位素?

大气CO_2中包含有自然产生的稳定碳同位素^{12}C和^{13}C，它们分别占大气CO_2总量的98.9%和1.1%。$^{14}CO_2$具有放射性，以很微小的量存在（10^{-10}%）。$^{13}CO_2$的化学特性与$^{12}CO_2$的一样，但是植物同化$^{13}CO_2$的量小于$^{12}CO_2$。换句话说，叶片在光合作用中“歧视”较重的碳同位素，因此，植物中$^{13}C/^{12}C$小于它们在大气CO_2中的比率。

$^{13}C/^{12}C$同位素成分是使用质谱仪测得的，质谱仪可以得到如下比率（R）。

$$R = \frac{^{13}CO_2}{^{12}CO_2} \qquad (9.1)$$

植物的**碳同位素比（carbon isotope ratio）**，$\delta^{13}C$，以每千分之一（‰）来定量。

$$\delta^{13}C‰ = \left(\frac{R_{样品}}{R_{标准}} - 1\right) \times 1000‰ \qquad (9.2)$$

式中，标准为南卡罗来纳州Pee Dee 石灰岩形成的箭石化石中的碳同位素含量。大气CO_2的$\delta^{13}C$为−8‰，说明大气CO_2中^{13}C的含量少于标准箭石里碳酸盐内的^{13}C含量。

植物碳同位素比的一些代表性数值是多少呢？C_3植物的$\delta^{13}C$约为−28‰，C_4植物$\delta^{13}C$的平均值为−14‰（Farquhar et al.，1989）。C_3植物和C_4植物中的^{13}C 含量都少于大气CO_2中的^{13}C 含量，说明它们在光合作用过程中“歧视”^{13}C。Cerling等（1997）计算出了世界各地大量C_3植物和C_4植物的$\delta_{13}C$（图9.25）。

从图9.25中可以清晰地看到，C_3植物和C_4植物的$\delta_{13}C$分别从平均–28‰和–14‰开始，取值广泛。这些$\delta_{13}C$的变化，实际上是不同的环境条件下与气孔导度变化有关的小的生理变化的结果。这样，$\delta^{13}C$就可被用于区别C_3途径和C_4途径，并进一步揭示生长在不同环境条件下的植物的气孔调节细节（如热带植物与沙漠植物）。

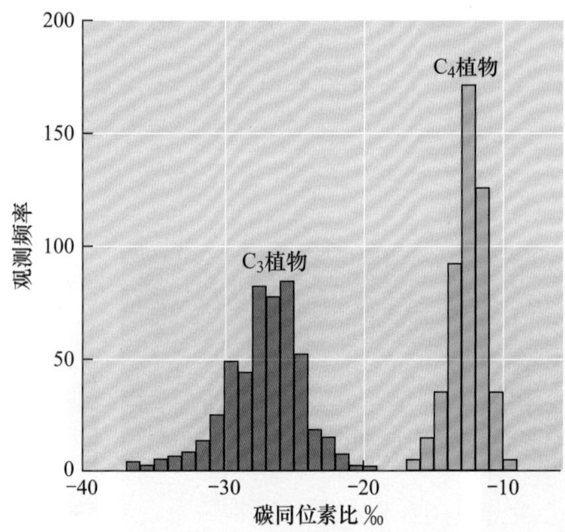

图9.25　世界各地C_3植物和C_4植物类群的碳同位素比的频率直方图（引自Cerling et al.，1997）。

质谱仪可以对不同分子或不同组织中^{12}C和^{13}C的丰度进行非常精细的测定，因此利用质谱仪很容易发觉碳同位素比的差异。人类食品中很多是C_3植物产品，如小麦（*Triticum aestivum*）、水稻（*Oryza sativa*）、马铃薯（*Solanum tuberosum*）和大豆（*Phaseolus* spp.）。然而大多数生产性的农作物是C_4植物，如玉米（maize，*Zea mays*）、甘蔗（*Saccharum officinarum*）和高粱（*Sorghum bicolor*）。从每一种食物中取得的碳水化合物在化学成分上可能是相同的，但是它们根据$\delta^{13}C$的不同存在着C_3-C_4区别。例如，可测定餐桌上的蔗糖的$\delta^{13}C$，来判定它是来自于糖用甜菜（*Beta vulgaris*，一种C_3植物），还是来自于甘蔗（一种C_4植物）（参见Web Topic 9.7）。

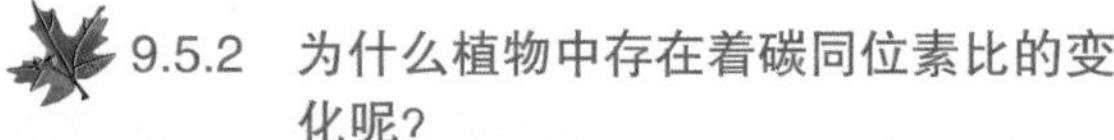

9.5.2　为什么植物中存在着碳同位素比的变化呢?

相对于大气的CO_2，植物中^{13}C损耗的生理基础是什么呢? 证据表明，CO_2进入叶片的扩散作用与羧化作用对$^{12}CO_2$的选择性起着同一作用。

预测C_3叶片碳同位素比可用如下公式计算。

$$\delta^{13}C_L = \delta^{13}C_A - a - (b-a)(c_i/c_a) \qquad (9.3)$$

式中，$\delta^{13}C_L$和$\delta^{13}C_A$分别为叶片和大气的碳同位素比；a为扩散分数；b为净羧化分数；c_i/c_a为细胞间隙CO_2浓度和大气CO_2浓度的比值。

在C_3植物和C_4植物中，CO_2从叶片外部的空气中扩散进入到叶片内的羧化位点。参数a被用来表示这种扩散程度。因为$^{12}CO_2$比$^{13}CO_2$轻，所以$^{12}CO_2$向羧化位点扩散的速度更快，产生了一个有效的扩散分馏因数——-4.4‰。因为这种扩散效应的存在，人们希望叶片产生一个更小的$\delta^{13}C$。然而，仅用这个因数是不足以解释图9.25所示的C_3植物$\delta^{13}C$。

光合作用最初的羧化作用是植物碳同位素比大小的决定性因素。Rubisco代表着C_3途径的第一个羧化反应，它对^{13}C有一个固定的歧视值——-30‰。比较而言，PEP羧化酶——C_4植物主要的CO_2固定酶，对^{13}C有着小得多的同位素歧视值——约 -2‰。因此，两种不同羧化酶内在本质上的区别决定了C_3植物和C_4植物碳同位素比的不同（Farquhare et al.，1989）。参数b被用来描述净羧化效率。

植物的其他生理特性也影响着它的碳同位素比。叶片细胞间隙的CO_2分压（c_i）就是其中的一个主要因素。C_3植物中，由Rubisco决定的潜在的同位素歧视值——-30‰，在光合作用过程中并不是完全表达的，因为羧化位点处CO_2的可利用性成为限制Rubisco"歧视"的限制因子。随着气孔的开放c_i较大，对$^{13}CO_2$的歧视值会更大。而打开气孔有利于水分散失。因此，较小的光合作用与蒸腾作用的比值是与较大的^{13}C歧视值联系在一起的（Ehleringer et al.，1993）。当叶片被暴露在水分胁迫环境下时，气孔趋向于关闭，c_i减小。结果，生长在水分胁迫条件下的C_3植物趋向于有更正的碳同位素比值。

植物中碳同位素比的应用已经取得成果，式（9.3）在碳同位素比测定和细胞间隙CO_2值之间提供了一个非常紧密的联系。细胞间隙CO_2水平与光合作用和气孔限制直接相关。C_3植物气孔关闭或水分胁迫程度增加时，叶片碳同位素比也是增加的。碳同位素比的测定成为短期水分胁迫等方面的直接代表。在农业和生态学研究中，使用碳同位素去研究植物的表现，是上述应用很好的例子（Ehleringer et al.，1993；Bowling et al.，2008）。

通常，一个自然发生的模式就是，在自然条件下，叶片碳同位素比值会随着降雨量的增加而下降。图9.26展示了横贯澳大利亚地区的这一模式情况。可以看到，$\delta^{13}C$在澳大利亚干旱区最高，从沙漠到热带雨林生态系统随着降雨梯度的增加而逐渐持续降低。用式（9.3）去解释这些$\delta^{13}C$数据得出，沙生植物叶片的细胞间隙CO_2水平比人们看到的热带雨林植物的要低。根据树木年轮所具有的连续信息，年轮上所观察到的$\delta^{13}C$状况也

有助于人们去区别解释植物所遇到的水分可用性下降所带来的长期和短期效应（如季节性干旱循环）。

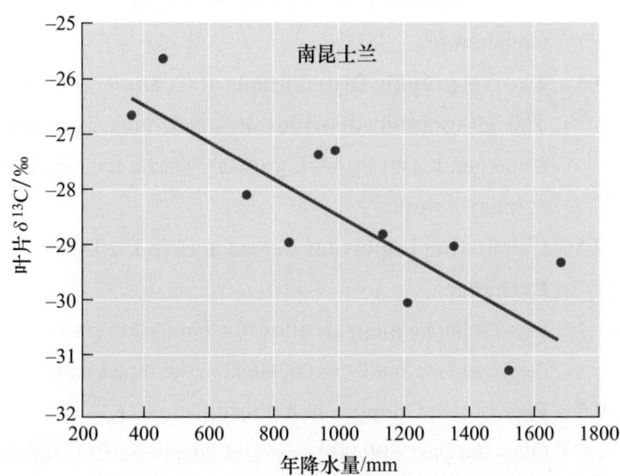

图9.26 沿着降雨梯度澳大利亚地区植物种类发生改变。可以看出，植物碳同位素比的改变似乎与一个地区降水量的大小密切相关。这说明降低湿度水平会影响c_i，因此在澳大利亚地区，C_3物种的碳同位素比存在地理分布梯度（引自Stewart et al.，1995）。

碳同位素比分析目前通常用于判定人和动物的饮食方式。食物中的C_3和C_4食物的比值通常被记录在它们的组织中——牙齿、骨骼、肌肉和毛发等。Cerling 和他的同事们2009年报道了一则非常有趣的、关于分析非洲野生大象家族饮食习惯的碳同位素比应用的消息。他们检测了大象尾毛部分连续变化的$\delta^{13}C$，并重建了每个动物的日常饮食情况。他们观察到了可预测的季节变化的存在，就是树木（C_3）和牧草（C_4）作为可用性资源随着降雨模式的改变而进行的变化。碳同位素比分析也可以扩展到考虑人类的膳食方面。大尺度观察表明，北美人类的碳同位素比比欧洲人的要高。这说明玉米（一种C_4作物）在北美人的饮食中占有重要地位。另一个应用是利用这些结果测定化石、含有土壤的碳酸盐及动物化石中的$\delta^{13}C$，可以重建远古时代的光合作用途径。这些方法已经被用来测定C_4途径的形成过程、寻找C_4途径在大约600×10^4年前成为主流的证据及重建古代和现代动物的食物（参见Web Topic 9.8）。

CAM植物能够拥有与C_4植物非常接近的$\delta^{13}C$。人们希望在夜间由PEP羧化酶固定CO_2的CAM植物的$\delta^{13}C$与C_4植物的相似。然而，当一些CAM植物被给予充分水分供应的时候，它们会转变成C_3模式，在白天开放气孔，由Rubisco固定CO_2。这种情况下，CAM植物的同位素组成更多地转向相似于C_3植物的。这样，CAM植物的$\delta^{13}C$就可以反映出，其固定的碳中有多少是经由C_3途径完成的，有多少是经由C_4途径完成的。

小 结

· 以限制因子假说和强调CO_2供与需的"经济远景"来达到最适的光合作用行为为导向展开研究。

光合作用是叶片的基本功能

· 为了吸收光能，叶片解剖结构高度特化（图9.1）。

· 单位时间内投射到已知面积球形传感器上的光子或能量的辐射量（图9.2）。

· 约入射光能的5%经光合作用转入碳水化合物中。更多的吸收光能以热和荧光的形式损失（图9.3）。

· 在浓密的森林里，几乎所有的光合有效辐射都被叶片吸收（图9.4）。

· 冠层以下（内），叶绿体通过光线追踪和叶绿体运动最大程度吸收光能（图9.5）。

· 一些植物对一定范围的光有反应，但阳生和阴生叶片有着相对立的生物化学特性。

· 一些阴生植物会改变PSⅠ和PSⅡ的比值，而另一些会增加天线叶绿素到PSⅡ。

原位叶片对光的光合响应

· 光响应曲线表征了光合作用被光或CO_2限制时的光照强度（图9.6）。线性部分的斜率代表着量子产额的大小。

· 阴生植物的光补偿点低于阳生植物的，因为阴生植物的呼吸速率是非常低的（图9.7）。

· 30℃以下，C_3植物的量子产额高于C_4植物的；30℃以上，刚好相反（图9.8）。

· 饱和点以上，除光以外的因素，如电子传递、Rubisco活性或丙糖代谢将限制光合作用（图9.9）。整个植物光饱和几乎是不可能的（图9.10）。

· 叶黄素循环耗散过剩的光能以避免光合机构损伤（图9.11和图9.12）；叶绿体运动也限制光的过量吸收（图9.13）。

· 动态光抑制短时间将过剩的光能转化为热量，但将维持最大的光合速率（图9.14）。

对温度的光合响应

· 植物对温度的适应性具有明显的可塑性。适宜的光合温度具有较强的遗传调节和环境适应性。

· 叶片吸收的光能会产生热负荷，必须被耗散掉（图9.15）。

· 温度敏感曲线表明：①酶被激活的温度范围；②光合作用最适温度范围；③破坏性事件发生的温度范围（图9.16）。

· 因为光呼吸作用的存在，C_3植物量子产额与温度密切相关，但C_4植物的几乎与温度无关。

·减少的量子产额和增加的光呼吸作用导致不同纬度地区C_3植物和C_4植物光合能力的差异（图9.17）。

对CO_2的光合响应

·自从工业革命以来，由于人类使用化石燃料，导致大气CO_2水平的增加（图9.18）。

·浓度梯度驱动CO_2利用气体和液体途径从大气进入Rubisco（图9.19）。

·叶片内部的荧光和红光量子大大减少，绿光深入叶片内部有效地为光合作用供能（图9.20）。

·在温室中，CO_2水平增加到自然大气水平以上会带来产量的增加（图9.21）。

·当全球CO_2浓度降到某一阈值时，在最温暖地区C_4光合途径将成为主导（图9.22）。

·相比C_3植物和C_4植物，CAM植物的气孔在夜间开放，白天关闭（图9.23）。

·FACE实验表明，C_3植物对CO_2浓度的增加比C_4植物负有更大的责任（图9.24）。

识别不同光合作用途径

·叶片中碳同位素比被用于区别不同物种光合作用途径的差异。

·C_3植物和C_4植物的^{13}C含量低于大气CO_2中的含量，这表明在光合作用过程中，叶片组织不喜欢利用^{13}C。

·当C_3植物气孔关闭或水分胁迫增加时，叶片碳同位素比也会增加，这可以直接用于表征短期水分胁迫的一些特征（图9.26）。

（李文娆　译）

WEB MATERIAL

Web Topics

9.1 Working with Light
Amount, direction, and spectral quality are important parameters for the measurement of light.

9.2 Heat Dissipation from Leaves: The Bowen Ratio
Sensible heat loss and evaporative heat loss are the most important processes in the regulation of leaf temperature.

9.3 The Geographic Distributions of C_3 and C_4 Plants
The geographic distribution of C_3 and C_4 plants corresponds closely with growing season temperature in today's world.

9.4 Calculating Important Parameters in Leaf Gas Exchange
Gas exchange methods allow us to measure photosynthesis and stomatal conductance in the intact leaf.

9.5 Prehistoric Changes in Atmospheric CO_2
Over the past 800,000 years, atmospheric CO_2 levels changed between 180 ppm (glacial periods) and 280 ppm (interglacial periods) as Earth moved between ice ages.

9.6 Projected Future Increases in Atmospheric CO_2
Atmospheric CO_2 reached 379 ppm in 2005 and is expected to reach 400 ppm by 2015.

9.7 Using Carbon Isotopes to Detect Adulteration in Foods
Carbon isotopes are frequently used to detect the substitution of C_4 sugars into C_3 food products, such as the introduction of sugar cane into honey to increase yield.

9.8 Reconstruction of the Expansion of C_4 Taxa
The $\delta^{13}C$ of animal teeth faithfully record the carbon isotope ratios of food sources and can be used to reconstruct the abundances of C_3 and C_4 plants eaten by mammalian grazers.

Web Essay

9.1 The Xanthophyll Cycle
Molecular and biophysical studies are revealing the role of the xanthophyll cycle in the photoprotection of leaves.

第 10 章

韧皮部转运

陆地上的植物生存面临许多严峻挑战，其中最主要的是水分获取和保持。植物进化出根和叶以适应环境压力，根将植物体固定下来并吸收水分和营养，叶则利用光能，并进行气体交换。随着植物个体的增大，根和叶在空间上逐渐彼此分隔开来。这样，植物进化出长距离物质转运系统，以便植物的地上部分和根之间有效交换彼此吸收和同化的产物。

第4章和第6章已讲到，木质部把水分和矿物质从根部转运到植物地上部分。**韧皮部（phloem）**则将光合产物特别是糖，从成熟叶片转运到包括根在内的植株生长和相应贮藏部位。

除糖类外，韧皮部还在源和库间传递调节分子的信号，并调节水分和多种成分在植物体内的再分布，所有这些都和糖类一起被转运。那些需要重新分配的物质（其中一些最初通过木质部到达成熟的叶片）在分配之前可不经修饰或代谢而被转移出叶片。

接下来的讨论重点将放在被子植物韧皮部的转运，通过分析输导细胞解剖学结构、转运机制差异等方面对裸子植物与被子植物进行简单的比较。

本章首先介绍已被详细研究的被子植物韧皮部转运的知识，包括韧皮部转运的路径和类型、转运的物质和转运的速度。本章的第二部分将探讨韧皮部转运需要进一步研究的领域，包括韧皮部装载、卸载和光合产物的分配与分割。本章末将介绍目前正深入研究的一个领域，即韧皮部在作为蛋白质、RNA等信号分子的运输通路中所起的作用。

10.1 韧皮部转运的途径

韧皮部和木质部是贯穿植物全身的两个长距离运输路径。韧皮部通常在初生和次生维管组织的外面（图10.1和图10.2），组成具有次生生长植物树皮的内皮。尽管韧皮部一般分布于木质部的外围，但许多真双子叶植物中木质部的内部也有分布，分别称之为外韧皮部和内韧皮部。

引导糖类和其他有机物在植物体内流动的韧皮部细胞称**筛分子（sieve element）**，筛分子泛指被子植物中典型的高度分化的**筛管分子（sieve tube element）**及裸子植物中相对未特化的**筛胞（sieve cell）**。除了筛分子，韧皮部还包括伴胞（下面将会谈到）和薄壁组织细胞（贮藏和释放营养分子）。有些植物韧皮部组织还有纤维和石细胞（保护和强化组织）及乳汁器（含乳液细胞），但是韧皮组织中只有筛分子直接参与物质转运。

小叶脉和茎初生维管束通常被**维管束鞘（bundle sheath）**（图10.1）包围，而维管束鞘又由一层或多层排列紧密的细胞组成（第 8 章已讲过维管束鞘参与C_4植物的代谢过程）。在叶的维管组织中，维管束鞘从头至尾包围着小叶脉，把叶脉从叶的细胞间区域分隔出来。

我们首先通过阐释筛分子是韧皮部输导细胞的实验证据来讲解韧皮部的转运途径，随后来介绍这些特殊细胞的结构和生理特征。

 10.1.1 糖在韧皮部筛分子中的转运

对韧皮部运输的研究可以追溯到19世纪，这反映了植物长距离运输的重要性（参见Web Topic 10.1）。经典实验表明，绕着树干去除一圈树皮，即去除了韧皮部，

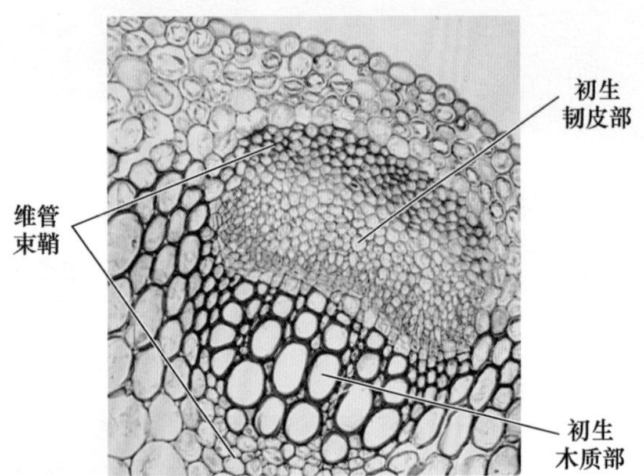

图10.1 三叶草（*Trifolium*）维管束的横切面图（130×）。位于茎外侧的初生韧皮部和初生木质部被厚壁组织细胞组成的维管束鞘所包围，使得维管组织与周围组织分隔开（图片由J.N.A. Lott授权）。

可以在不改变木质部水分运输的情况下有效地阻止糖从叶到根的运输。利用同位素$^{14}CO_2$证实，光合作用过程中生成的糖是通过韧皮部筛分子进行转运的（参见Web Topic 10.1）。

10.1.2 成熟筛分子是特化的用于物质转运的活细胞

详尽了解筛分子超微结构对分析韧皮部转运机制

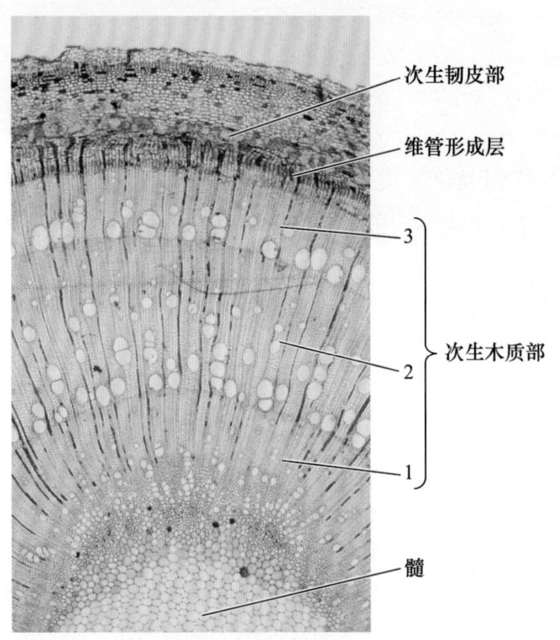

图10.2 三年龄白蜡树（*Fraxinus excelsior*）茎横切面图（27×）。数字1、2、3指次生木质部生长轮。老的次生韧皮部由于木质部的扩展而变形。只有最里面的一层次生韧皮部具有功能（图片由P. Gates惠赠）。

至关重要。成熟的筛分子是植物活细胞中很独特的一类（图10.3和图10.4），它们缺乏一般活细胞内常见的许

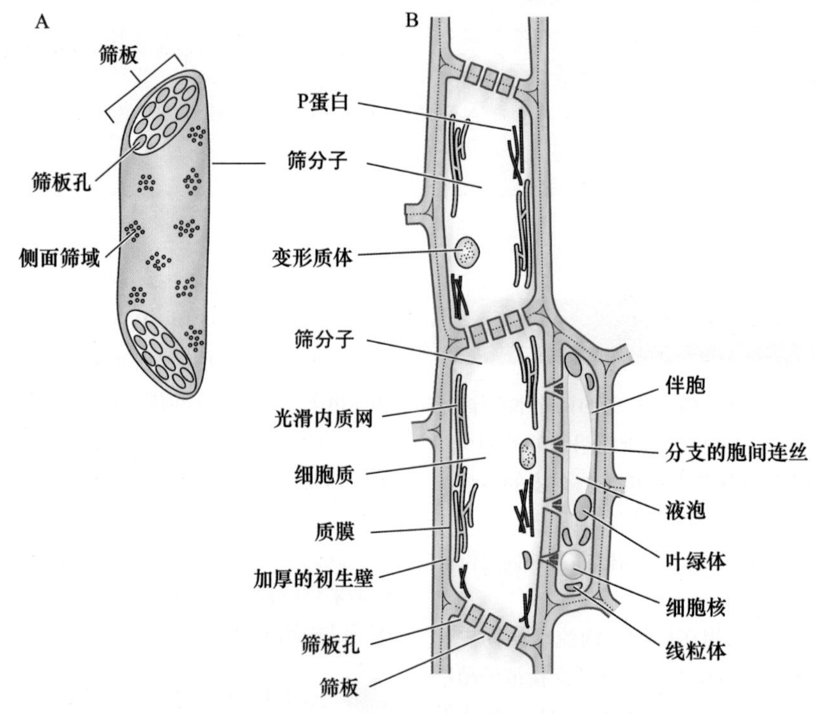

图10.3 成熟筛分子（筛管分子）连在一起形成筛管示意图。A. 外部视图，示筛板和侧面筛域。B. 纵切面，示两个筛分子连在一起形成筛管。筛分子之间筛板孔是物质运输通过筛管的开放通道。相邻筛分子的质膜是连续的。每个筛分子与一个或多个伴胞相连，伴胞具有一些筛分子在分化过程中减弱或丧失的必需代谢功能。值得注意的是伴胞细胞内有许多细胞器，筛分子则几乎不含细胞器，这里描述的是普通的伴胞。

多结构，即使其前体——未分化的细胞也是这样。例如，筛分子在发育过程中丧失了细胞核和液泡膜，而且成熟后通常也没有微丝、微管、高尔基体和核糖体；保留下来的除了质膜，细胞器还有修饰了的线粒体、质体和光滑内质网。它们的细胞壁虽然在某些情况下次生增厚，但并未木质化。

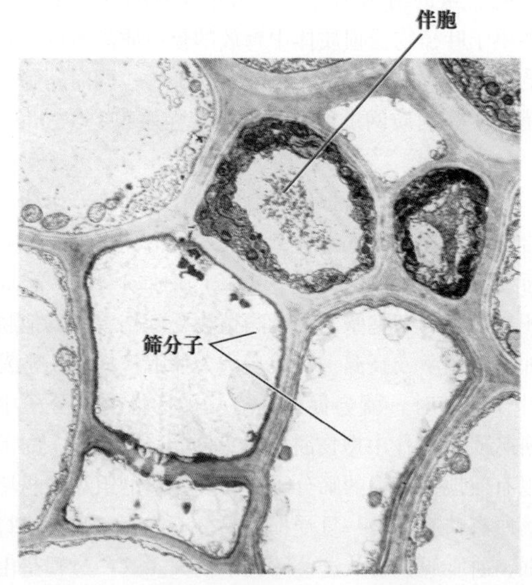

图10.4　普通伴胞和成熟筛分子的横切面电镜图（3600×）。细胞组分沿筛分子壁分布对集流的阻力较小。（引自Warmbrodt，1985）。

因此，筛分子的细胞结构不同于木质部的管状分子。管状分子没有质膜，具有木质化的次生壁，而且在成熟后就死亡。下面内容将会明确活细胞对韧皮部转运的重要性。

 10.1.3　细胞壁具大孔是筛分子的显著特征

筛分子（筛胞和筛管分子）细胞壁中有一些特征性的筛域，筛域上的孔将输导细胞互相连接起来（图10.5），这些孔的直径从小于1 μm到约15 μm。与裸子植物不同的是，被子植物的筛域可以分化为**筛板（sieve plate）**（图10.5和表10.1）。

筛板上的孔大于细胞中其他筛域上的孔，筛板一般位于筛管分子的端壁，单个细胞通过筛板接合在一起形成**筛管（sieve tube）**（图10.3）。此外，筛管分子的筛板孔也是允许细胞间运输的开放通道（图10.5）。

相反，尽管裸子植物（如松柏）在相互搭接的筛细胞壁的一端上有大量的筛域存在，但是几乎所有的筛域在结构上相同。裸子植物筛域上的孔相连于壁中部大的正中腔。光滑内质网覆盖了筛域（图10.6），将内质网特异染色表明，光滑内质网在筛孔和正中腔中也是连续存在的。激光共聚焦扫描显微镜观察活体也证实，光滑内质网的这种分布并不是由于制片时固定材料造成的假象。表10.1列出了两类筛分子的特征。

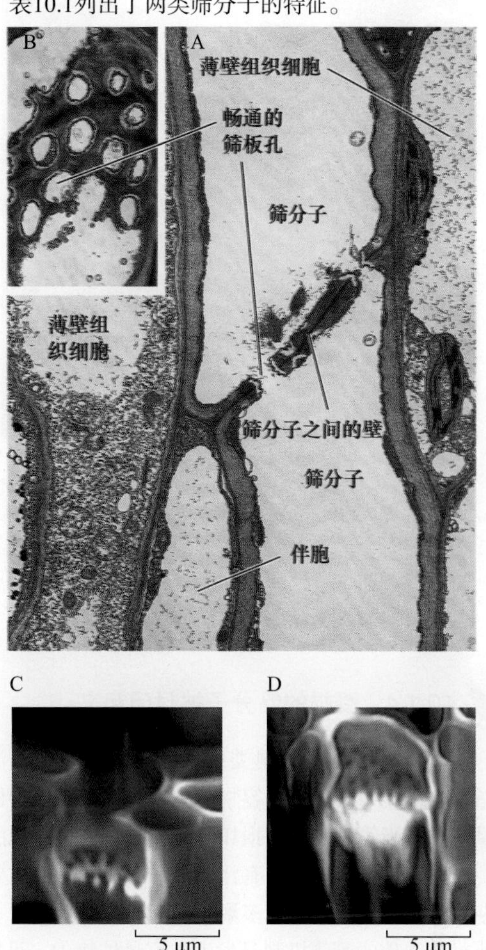

图10.5　筛分子和筛板孔。图A、B、C中，筛板孔为开放的，不被P蛋白和胼胝质阻碍。开放的孔为筛分子间的物质运输提供了一个低阻力的通路。A. 两个成熟筛分子（筛管分子）的纵切面电镜图，示冬南瓜（*Cucurbita maxima*）下胚轴筛分子之间的壁（筛板）（3685×）。B. 内嵌图示筛板孔正面（4280×）。C和D. 拟南芥筛板的三维重建图形，利用染色技术，通过激光共聚焦成像整个植物器官。图C可以观察到开放的筛孔，而图D可以观察到筛管损伤反应中形成的胼胝质塞（A和B引自Evert，1982，C和D引自Truernit et al., 2008）

表10.1　种子植物中两类筛分子的特征

被子植物筛管分子
1. 筛域的一部分分化成筛板；单个的筛管分子连接成一个筛管
2. 筛板孔是开放的通道
3. P蛋白存在于所有双子叶和多数单子叶植物中
4. 伴胞提供ATP和其他复合物，在有些物种中还具有传递细胞和居间细胞的功能
裸子植物筛胞
1. 无筛板，所有筛域都相同
2. 筛域上的孔被膜阻塞
3. 没有P蛋白
4. 有些时候，蛋白质细胞功能与伴胞类似

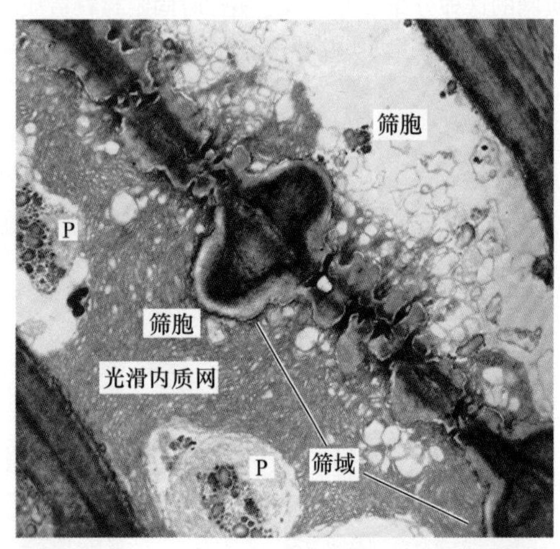

图10.6 松树（*Pinus resinaosa*）中连接两筛胞的筛域电镜图。光滑内质网不仅覆盖了筛域的两边，也存在于筛孔和延伸的正中腔中。被阻塞的孔使筛分子间溶质流阻力变大。P. 质体（引自Schulz，1990）。

 10.1.4 受损的筛分子被封闭起来

筛分子汁液中富含糖类和其他有机物分子（汁液泛指植物细胞中的流体内容物），这些物质是植物体的能量来源，当筛分子受到损坏时植物必会阻止汁液的流失。短时的封堵机制需要有汁液蛋白的参与，而主要的长期机制则必须用葡萄糖多聚物把筛板孔堵上（另一种快速封堵受伤的筛管机制是发生在豆科植物中，见Web Topic 10.2）。

参与封闭受损筛分子的韧皮部蛋白质中主要是一类叫**P蛋白（P-protein）**的结构蛋白（图10.3B）（Clark et al.，1997）（经典文献中P蛋白被叫做*slime*）。大多数被子植物（包括所有的双子叶和许多单子叶植物）的筛管分子均富含P蛋白，而裸子植物中却没有P蛋白。对于不同的物种和细胞成熟度，P蛋白以管状、纤维状、颗粒状和晶态等不同形式出现。

在非成熟细胞中，P蛋白主要以**P蛋白体（P-protein body）**的形式分散于胞质中。P蛋白体可能是球形、纺锤体形，也可能是螺旋状、盘绕状。在细胞成熟过程中，它们一般分散成管状或纤维状。

对于P蛋白已经在分子水平上进行了研究（Dinant et al.，2003）。例如，南瓜属（*Cucurbita*）的P蛋白由两种主要蛋白质构成：形成纤丝的韧皮部蛋白PP1和与纤丝相连的韧皮部凝集素蛋白PP2（凝集素是一种与植物抗性相关的糖结合蛋白）。二者均在伴胞中合成（下面部分将讨论），并通过胞间连丝转运到筛分子，在筛分子中相连形成P蛋白丝和P蛋白体（Clark et al.，1997）。

P蛋白通过堵住筛板孔从而封闭受损的筛分子。筛管内部有很高的膨压，开放的筛板孔将一个筛管中的筛分子连接起来。当一个筛管被切断或被洞穿时，筛分子内的物质在压力的作用下就会大量流向切口处，如果没有相应的封堵机制，植物体就会丢失大量富含糖类的韧皮部汁液。然而，一旦有汁液外流，P蛋白就被定位于筛板孔，帮助封堵筛分子以阻止汁液的进一步流失。一些单子叶植物受损质体中释放的蛋白质晶体也具有相同的作用（Paiva and Machado，2008）。同时，筛分子细胞器（如内质网）彼此相连锚定在质膜上（Ehlers et al.，2000）。

长效解决筛管受损的机制则是在筛孔处产生葡萄糖聚合物**胼胝质（callose）**（图10.5D）。胼胝质即β-1，3-葡聚糖，由一种在质膜中的酶（胼胝质合酶）合成并沉积于质膜和细胞壁之间。当植物受到伤害和其他胁迫（如机械刺激或高温），或者为如休眠这样的正常发育事件作准备时，就会促使在有功能活性的筛分子中合成胼胝质。筛孔中**愈伤胼胝质（wound callose）**的沉积可以有效地把受损的筛分子从周围完整的组织中封堵出去。所有情况下，一旦受损的筛分子恢复正常，或打破休眠，胼胝质就会从这些筛孔中消失。这一过程是由胼胝质水解酶介导的。

韧皮部取食昆虫（蝎飞蛾）攻击水稻后可导致胼胝质沉淀及胼胝质合成基因上调，这一过程同时发生在抗虫和易感植物中。但是当易感的植物体遭受昆虫攻击后同样会导致胼胝质水解酶激活，这使得筛孔无法堵塞，继而可以导致叶鞘中的蔗糖和淀粉减少（Hao et al.，2008）。封闭昆虫口器感染的筛管分子在抗虫性中扮演重要角色。

 10.1.5 伴胞辅助高度特化的筛分子

每个筛管分子通常与一个或数个**伴胞（companion cell）**相连（图10.3B、图10.4和图10.5）。同一个母细胞经分裂形成筛管分子和伴胞，筛管分子和它的伴胞之间通过大量的胞间连丝（见第1章）相连，这些胞间连丝很复杂，通常在伴胞一侧发生分支。大量胞间连丝的出现暗示筛分子和其伴胞在功能上密切相关，利用荧光探针证实两种细胞间的溶质可以快速交换。

伴胞在光合产物从成熟叶片中的光合生产细胞转运到小叶脉筛分子的过程中发挥着作用。伴胞还执行其他一些重要的代谢功能，如蛋白质合成，而这一功能在筛分子分化过程中被削弱或丧失。此外，伴胞中线粒体还为筛分子提供ATP能量。

在成熟的输出叶小叶脉中至少有三种不同类型的伴胞：普通伴胞、传递细胞和居间细胞。这三种类型的细胞均有丰富的胞质和大量的线粒体。

普通伴胞（ordinary companion cell）中有类囊体发育良好的叶绿体和内表面光滑的细胞壁（图10.7A）。把普通伴胞与周围细胞连接起来的胞间连丝数目不定，同时胞间连丝也是糖分从叶肉细胞运输到小叶脉的通道。

传递细胞（transfer cell）与普通伴胞相似，只是细胞壁上出现了内向生长的指状壁，尤其是在背向筛分子的细胞壁一侧（图10.7B）。这种壁的内向生长极大地增加了质膜的表面积，从而增加了溶质跨膜转移的能力。除了与其自身筛分子，这类伴胞与周围细胞间的胞间连丝相对较少，这样，筛分子和其伴胞的共质体就相对地独立于周围细胞共质体。木质部薄壁细胞也可以转化为传递细胞，作为质外体的一部分可能用来重新获取并再传递使溶质在木质部中运输。

虽然传递细胞和部分普通伴胞的共质体相对独立于周围的细胞，但它们与周围细胞间仍存在胞间连丝。这些胞间连丝的功能并不清楚，但胞间连丝的出现表明其应该具有某种功能，因为它们存在的代价是极高的，即可以作为病毒进入植物体全身的通道。由于活性胞间连丝很难得到，使得研究它们的功能变得困难重重。

相对于传递细胞，**居间细胞（intermediary cell）**特别适合通过胞质连接吸收溶质（图10.7C），它们通过大量的胞间连丝与维管束鞘相连。虽然有大量胞间连丝与周围细胞相连，是居间细胞最显著的特征，但居间细胞还有其特别的地方，即细胞中具有大量的小液泡、发育不良的类囊体和缺乏淀粉粒的叶绿体。

在糖类从叶肉细胞到筛分子的转运过程中，传递细胞通常出现在糖类进入质外体的植物中。在这些植物中，传递细胞将糖类从质外体转移到源中筛分子和伴胞的共质体中。而对于源叶中没有质外体运输的植物，居间细胞则负责糖类从叶肉细胞到筛分子的共质体运输。普通伴胞则在源叶中短距离的共质体或质外体运输中行使功能，部分依靠胞间通道（见韧皮部装载部分）。

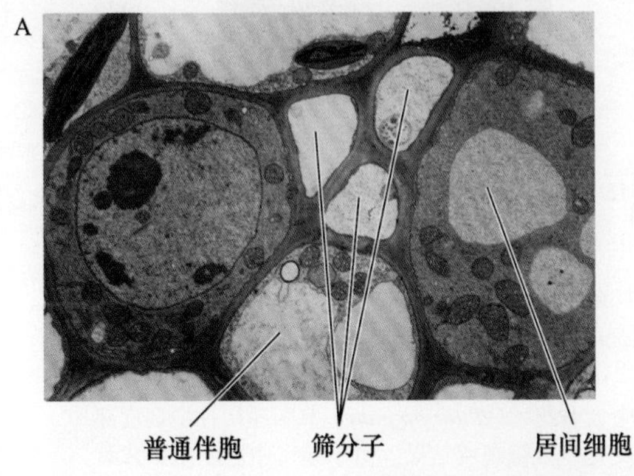

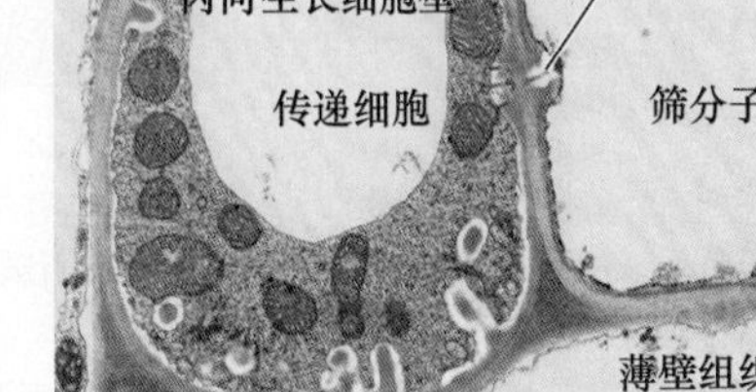

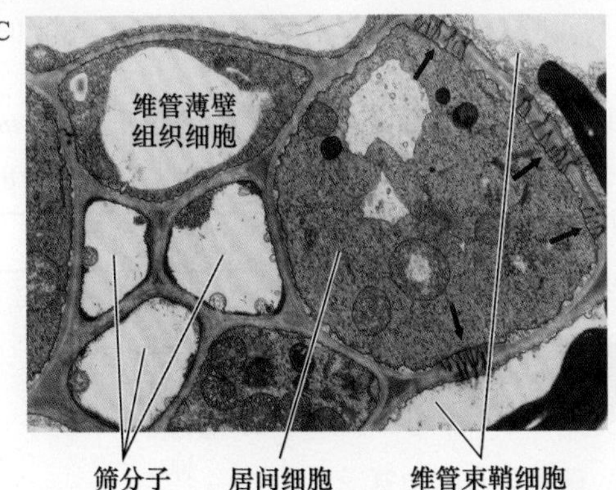

图10.7　成熟叶片小叶脉中伴胞的电镜图。A. 红花沟酸浆（*Mimulus cardinalis*）小叶脉中3个筛分子毗邻的2个居间细胞和1个染色较浅的普通伴胞（6585×）。B.豌豆（*Pisum sativum*）中1个筛分子紧挨着1个具有大量内向生长细胞壁的传递细胞（8020×），这种内向生长极大地增加了细胞膜的表面，增强了物质从叶肉向筛分子的运输。C.通过大量胞间连丝（箭头所示）与邻近维管束鞘细胞相连的典型的居间细胞。这些胞间连丝在两侧都有分支，但在居间细胞侧分支更长、更密。小叶脉韧皮部图片来自面罩花（*Alonsoa warscewiczii*）（4700×）（A图、C图引自Turgeon et al.，1993，由R. Turgeon 提供；B图引自Brentwood and Cronshaw，1978）。

10.2 转运模式：源到库

汁液在韧皮部的转运并不是仅向上或向下，也不是由重力来决定的。实际上，汁液是从叫做源（sources）的供给地运输到叫做库（sinks）的代谢或贮藏地。

源（source）包括输出器官，最典型的源是成熟叶片，它们能产生除自身需要外多余的光合产物（photosynthate）。另一类源是发育过程中处于输出阶段的贮藏器官，如两年生野生甜菜（*Beta maritima*）的根在第一年生长季时是库，根中累积来自叶源的糖类；到了第二个生长季，根则成了源，贮藏在其中的糖类被重新运出，以用来生成最终具有生殖力的茎。

库（sink）包括植物的非光合器官及那些虽能产生光合产物，但不能满足自身生长、贮藏需要的器官。根、块茎、发育中的果实及未成熟的叶片，这些必须依赖输入碳水化合物才能满足正常发育的组织均属于库。利用环割、标记方法进行的研究均支持韧皮部中源到库的转运模式（图10.8）。

虽然韧皮部转运的模式可以简单地以源到库的运动来描述，但其中特有的转运途径却相当复杂，与就近供应、发育、维管连接和转运途径发生的修饰有关。植物中并非源供给所有的库，实际上，对于某一具体的源而言，它常优先供给特定的库（见Web Topic 10.1）。

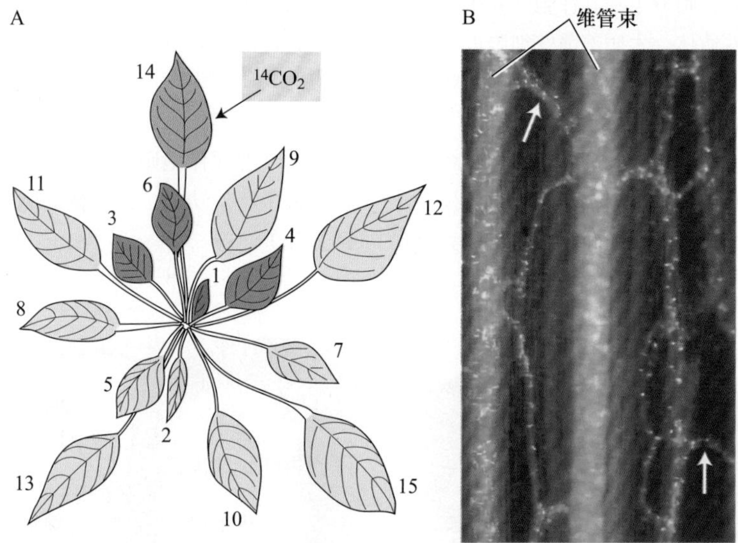

图10.8 韧皮部转运的源到库模式。A. 甜菜完整植株中单一源叶标记后的放射性分布。$^{14}CO_2$ 处理单一源叶（箭头所示）4 h，一周后测定放射性分布，阴影强弱表示叶中放射性标记的程度。按叶龄编号叶子，最幼嫩、最新形成的叶子命名为1，^{14}C标记主要运往源叶正上方的库叶，即与源叶位于相同直列线的库叶，如叶片1和6是源叶14正上方的库叶。B. 一个大丽花（*Dahlia pinnata*）节间厚切片中韧皮部典型三维结构纵向图。图为经透明、甲苯胺蓝染色后荧光显微镜观察结果。由于筛域中胼胝质染成黄色，图中筛板呈大量的小点，两个大的纵向维管束非常显著。这种染色反映了组成韧皮部网络的筛管的精细结构；图中箭头示两个韧皮部维管间连接（A图引自Joy，1964；B图由R.Aloni 惠赠）。

10.3 韧皮部转运物质

水是韧皮部中含量最多的物质，碳水化合物、氨基酸、RNA、蛋白质、激素、一些无机离子及一些参与保护和防御的次生物质都以溶解在水中的形式被转运（Turgeon and Wolf，2009）。碳水化合物是韧皮部汁液中最重要、含量最高的溶质（表10.2），其中蔗糖是筛分子转运最常见的糖类物质，其浓度可高达0.3~0.9 mol/L。

表10.2 蓖麻子（*Ricinus communis*）切割韧皮部后得到的渗出液的组成成分

成分	浓度 /（mg / mL）
糖	80.0~106.0
氨基酸	5.2
有机酸	2.0~3.2
蛋白质	1.45~2.20
钾	2.3~4.4
氯	0.355~0.675
磷酸盐	0.350~0.550
镁	0.109~0.122

资料来源：Hall and Baker，1972

完全鉴定韧皮部中运输的物质是很困难的。现今还

没有一种取韧皮部汁液的方法可以获得可流动溶质的完整图形（Turgeon and Wolf，2009）。我们将简单探讨已有的取样方法，并继而对目前已接受的韧皮部中移动的物质进行描述。

 10.3.1　韧皮部汁液的收集和分析

因为筛分子具有较高的膨压，及前面谈到的筛分子应对伤害的反应，使得收集韧皮部汁液一直富有挑战性（见前面“受损的筛分子被封闭起来”和Web Topic 10.3）。除堵住筛板孔之外，筛分子的压力陡然释放能破坏细胞器和一些蛋白质，甚至能从周围细胞特别是伴胞释放一些物质（Turgeon and Wolf，2009）。

切断一些物种的筛分子后，受伤处即可分泌出汁液，这样就可以收集到少量渗出的汁液样品。然而，最初收集到的样品可能被周围受损细胞的内含物所污染。大多数实验是在收集汁液时施用EDTA，如此则可增加损伤部位茎和叶柄的液汁流出。结合钙的螯合剂EDTA可以抑制胼胝质合酶的活性（钙是必需的），分泌汁液时间加长，然而EDTA的利用也产生了许多技术性问题，如受伤害组织中碳水化合物等溶质渗漏等。

另一种更可取的方法则是用蚜虫吻刺作为“天然注射器”，利用这种方法可从筛分子和伴胞获得相对较纯的汁液。蚜虫是一种小型昆虫，它通过将4个管状吻刺组成的口器刺入到叶子或茎的单个筛分子中获取食物。CO_2麻醉蚜虫后，用激光将其吻刺切下，从切口处即可收集到汁液，筛分子内的高膨压使得胞内物质从吻刺流出来。然而收集到的液体是非常少的，且这个方法非常困难。此外，切断口器的液流可持续数个小时，表明植物正常的封堵机制被阻止，并且有可能改变了液流的成分。尽管如此，利用这种方法从筛分子和伴胞中得到的汁液还是比较可靠的（Doering-Saad et al.，2002；Gaupels et al.，2008），分析渗出液得到了一个相对准确的韧皮部汁液组成图谱（见Web Topic 10.13）。

 10.3.2　糖类以非还原形式被转运

分析收集到的汁液表明，转运的碳水化合物均为非还原性糖。还原性糖（如葡萄糖、果糖）中含有一个裸露的醛基或酮基（图10.9A）。非还原性糖（如蔗糖）的酮基或醛基被还原为醇或与另一糖分子相同基团相结合（图10.9B）。因为非还原态远没有还原态活泼，大多数研究者相信非还原性糖是韧皮部转运的主要成分。

最常见的被转运糖类是蔗糖，许多其他可转运的碳水化合物是蔗糖与不同数量半乳糖分子形成的复合物，如棉子糖由蔗糖和1分子半乳糖构成；水苏（四）糖由蔗糖和2分子半乳糖构成；毛蕊花糖由蔗糖和3分子半乳糖构成（图10.9B）。转运的糖醇还包括甘露醇和山梨醇。

科学就是对每一个概念进行质疑并检测，即使是那些被认为是理解很透彻的概念也不例外。例如，这里对于转运的糖的性质，大多数研究表明韧皮部汁液中有极低浓度的还原糖，而且少数物种中也发现了相当量的己糖成分。在这些实例中，从切断叶柄中流出的液汁均含有螯合剂EDTA成分（van Bel and Hess，2008）。尽管其他的研究没有检测到韧皮部液汁中具有高浓度的己糖成分而且EDTA可以诱导假象的产生，但进一步的研究还需要证明这些发现的意义。

 10.3.3　韧皮部中的其他成分

韧皮部中的氮（素）大多为氨基酸和酰胺，尤其是谷氨酸、天冬氨酸及它们的酰胺（谷氨酰胺和天冬酰胺）。即使在同一物种中已报道的氨基酸和有机酸的含量差异也很大，但与碳水化合物相比，它们的含量通常较低（更多关于韧皮部氨基酸转运的信息见Web Topic 10.4）。韧皮部汁液中还有浓度相对较低的蛋白质和RNA，其中RNA包括mRNA（Doering-Saad et al.，2002）、病原体RNA和调节性小分子RNA。

筛分子中还含有包括生长素、赤霉素、细胞分裂素、脱落酸在内的几乎所有的内源植物激素（见第19章、第20章、第21章和第23章），在筛分子中激素被长距离运输，尤其是生长素。另外，韧皮部汁液中还发现了核苷酸磷酸盐。

一些无机溶质（包括钾、镁、磷酸盐和氯）也在韧皮部中运输（表10.2），而硝酸盐、钙、硫和铁在韧皮部中则相对不可被运输。

韧皮部汁液中已发现的蛋白质有结构蛋白P蛋白，如PP1和PP2（参与封堵受损的筛分子），以及许多水溶性蛋白。其中一些蛋白质的功能多与胁迫和防御反应有关（Walz et al.，2004；参见Web Topic 10.12 中的表）。除了常见的蛋白之外，对南瓜韧皮部液汁大规模蛋白组学分析发现了许多独特的蛋白（Lin et al.，2009）。这一研究鉴定了比以往多10倍的蛋白成分，此外还令人惊奇地发现了100多种合成蛋白，这在韧皮部中通常是不可能的。

核糖体蛋白并没有发现，这与成熟的筛管分子中没有核糖体是一致的。在这个研究中用EDTA收集液汁，这种采集方法带来的假象还是必须考虑在内的，进一步的研究还需澄清明确这一结论。RNA和蛋白质作为信号分子的作用将在本章末讨论。

A. 还原性糖，通常不在韧皮部中转运

还原性基团包括醛基(葡萄糖和甘露糖)和酮基(果糖)

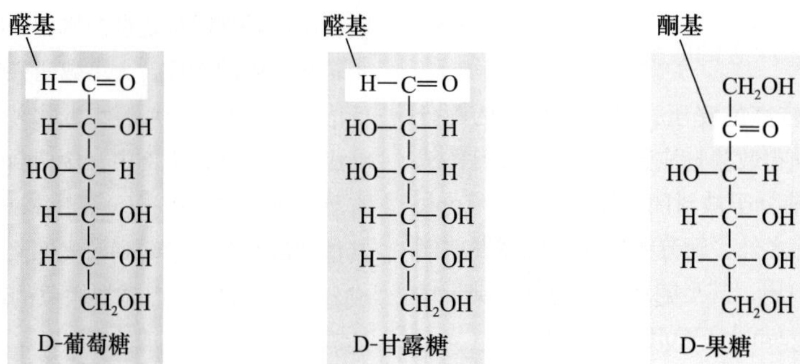

B. 韧皮部转运的复合物

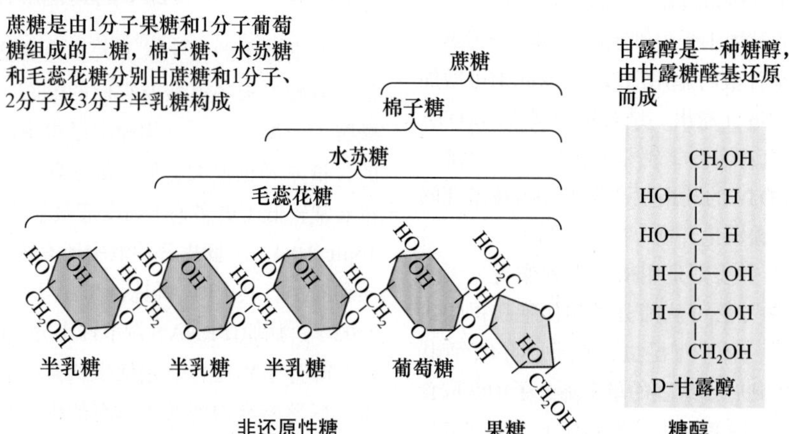

谷氨酸和谷氨酰胺是韧皮部转运的重要的含氮化合物，除此以外还有天冬氨酸和天冬酰胺

谷氨酸

氨基酸

谷氨酰胺

酰胺

具有固氮瘤的物种也以酰脲类形式转运氮

尿囊酸

尿囊素

瓜氨酸

酰脲

图10.9　韧皮部通常不转运的物质（A）和转运的物质（B）结构。

10.4　转运速率

筛分子中物质运输的速率可用两种方法来表示：一种是**速度（velocity）**，即单位时间经过的直线距离；另一种是**集流运输速率（mass transfer rate）**，指单位时间通过韧皮部或筛分子某一横切面物质的量。因为筛分子是韧皮部输导细胞，根据筛分子横截面积来计算的集流运输速率更好一些。筛分子集流运输速率的范围为1~15 g/（h・cm^2）（参见Web Topic 10.5）。

早期关于韧皮部转运速率的文献中，速度单位是cm/h，韧皮部或筛分子集流运输速率的单位是g/（h・cm^2）。目前用得较多的单位是SI单位，长度以m或mm为单位，时间以s为单位，质量以kg为单位。

速度和集流运输速率可用放射示踪法来测定（测定集流运输速率的方法在Web Topic 10.5中有描述）。测定速度最简单的一类实验方法是用^{11}C或^{14}C标记的CO_2短期施于源叶（脉冲标记技术），然后在某一库组织或转运路径中的某一特定位点监测同位素的到达。

一般说来，用许多常规技术测得的速度平均约为100 cm/h，变化幅度为30~150 cm/h，远大于扩散速率。最近用NMR光谱测定技术测得的蓖麻中平均速度值为0.25 mm/s（相当于90 cm/h），与较老方法测得的平均值极为接近（Windt et al.，2006）。韧皮部转运的速度明显很高，远超过长距离扩散速率，因此无论任何一种韧皮部转运机制的提出都必须能够解释产生如此高速度的原因。

10.5　韧皮部运输的压力流动模型——被动运输

压力流动模型很好地解释了被子植物韧皮部转运机制，该模型与目前大多数实验得到的数据相一致。利用压力流动模型，韧皮部转运可以被解释成为源和库之间由渗透产生的压力梯度驱动的溶质流（集流或体积流）。这一部分将讲解压力流动模型和集流引发的各种推测及其相关支持数据。最后简要探讨压力流动模型对裸子植物的适用性。

早期研究认为，韧皮部转运有主动和被动两种机制，所有关于这两种转运机制的理论都认为源和库需要能量。在源中，能量是合成被转运物质所必需的，某些情况下，光合产物从生产细胞运输到筛分子也需要跨膜的主动运输，光合产物的这种运输叫做**韧皮部装载（phloem loading）**，将在本章详细讨论。在库中，从筛分子到贮藏或代谢糖类的库细胞运输，同样也必需能量，这种光合产物由筛管到库细胞的运动叫做**韧皮部卸载（phloem unloading）**，也将做进一步讨论。

韧皮部运输的被动机制假定，源到库路径间筛分子需要的能量是用于维持自身结构（如质膜）和恢复韧皮部渗漏丢失的糖类。压力流动模型就是被动转运机制的一个例子。而另一方面，主动转运理论则推测筛分子消耗能量是用于驱动自身转运（Zimmermann and Miburn，1975），这种主动运输理论具有很大的局限性，本章不再讨论。

10.5.1　压力流动模型中渗透产生的压力梯度驱动转运

溶质扩散实在太慢了，无法用来解释韧皮部中溶质的快速运动，韧皮部转运平均速度为1 m/h；而扩散速率则是每32年扩散1 m（见第3章关于扩散作为有效转运机制的扩散距离和速度的讨论）。

压力流动模型（pressure-flow model）最初由Ernst Münch在1930年提出。该模型的基本论点是：筛分子中溶液的流动是由源和库之间渗透造成的压力势梯度（$\Delta\Psi_p$，pressure gradient）驱动的，这种梯度的确立归根结底是由源端韧皮部装载和库端卸载造成。

在后面的章节（见韧皮部装载）会了解到源的韧皮部中产生高浓度糖的三种不同机制：叶肉细胞中的光合产物；居间细胞中光合产物转化为转运的糖；以及膜主动运输。第3章已提到$\Psi_w=\Psi_s+\Psi_p$［式（3.5）］，即$\Psi_p=\Psi_w-\Psi_s$。在源组织中，筛分子糖的积累产生了一个低的（负的）溶质势（$\Delta\Psi_s$），进而引起水势的陡然下降（$\Delta\Psi_w$）。相应于这种低的水势梯度，水分进入筛分子从而引起膨压（Ψ_p）增加。

在转运途径的接收末端，韧皮部卸载导致筛分子糖浓度变低，从而在库组织筛分子中产生了一个较高的（正的）溶质势。当韧皮部的水势高于木质部时，水分就会离开韧皮部，引起库中筛分子膨压的降低。图10.10解释了压力流动假说，此图表明质外体主动膜运输导致源筛分子中产生高浓度糖。

转运途径如果不跨细胞壁的话，也就是说整个转运路径仅在一个由单一的膜围起来的结构中进行，那么源和库之间压力的差异就会很快达到平衡。而实际上，筛板的出现极大地增加了转运路径的阻力，极有可能导致源和库之间筛分子内产生并维持相当大的压力势梯度。

韧皮部汁液移动不是通过渗透而是由集流引起的。也就是说，从一个筛管转运到另一筛管不需要穿过任何膜，溶质移动的速率与水分子相同。基于这种原因，从具有较低水势的源器官到具有较高水势的库器官可能发生集流，反之亦然，集流发生依赖于源和库器官的识别。事实上，图10.10展现了一个逆水势梯度流动的例子，如此的水流动并不违背热力学原理，因为这种运动

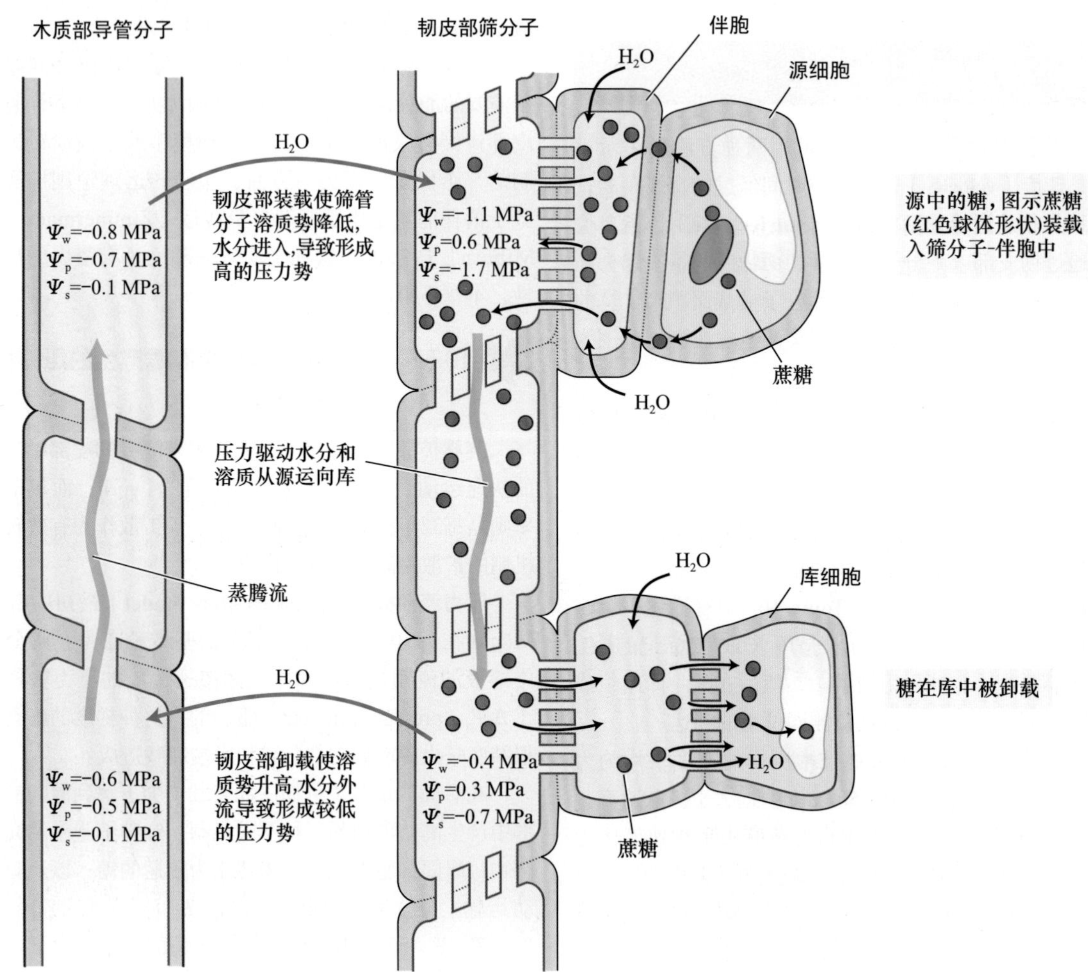

图10.10 韧皮部转运的压力流动模型。图中显示木质部和韧皮部中Ψ_p、Ψ_w、Ψ_s的可能值（改编自Nobel，2005）。

是集流而非渗透作用，这里转运依赖的是压力势梯度，而渗透则依赖水势梯度。

根据压力流动模型，韧皮部转运途径的驱动依赖于溶质和水运入及运出筛分子。驱动转运途径中水的运动依靠的是压力势梯度，而并非水势梯度。当然，筛管中这种被动的、由压力驱动的长距离转运最终还是依赖于参与韧皮部装卸的短距离主动转运机制，这些主动机制是形成压力势梯度的主要原因。

 10.5.2 集流的推测已被证实

韧皮部集流转运模型中一些重要的推测如下：

筛板孔一定不能被堵塞。如果P蛋白或其他物质堵塞了筛板孔，筛分子汁液流动阻力将非常大。在单一筛分子中，真正的双向运输（即同时向两个方向运输）是不可能发生的，溶质的集流阻止了这种双向运动，同一管道中溶液在任一时间只能朝一个方向流动。但是相对不同的筛分子或不同时间，韧皮部内的溶质可能存在双向运动。

在组织中驱动物质沿着路径转运并不需要太多能量。因此，限制供给ATP的处理，如低温、缺氧和代谢抑制剂等，都不会阻止转运的进行。然而转运又需要能量用于维持筛分子结构、重新装载那些渗漏到质外体的糖，或者在筛管的末端重新装载糖分。

压力流动假说要求存在一个正的压力势梯度。源中筛分子内的膨压一定比库中的高，根据传统的集流图像分析，压力差必须足够大到可以克服传递路径中的阻力，使筛分子汁液得以按观察到的速度流动（见Web Topic 10.6，筛分子压力势梯度另一观点）。

已有的证据（见下面）已经证实了这些推测符合集流和压力流动假说。

 10.5.3 筛板孔是开放的通道

研究筛分子超微结构是富有挑战性的，因为在这些细胞内压力很高，当韧皮部被切断或用化学固定剂缓慢致死时，筛分子中的膨压就会被释放，细胞的内含物尤其是P蛋白和糖会朝着压力释放点运动，就筛管分子而

言，其内含物会积聚到筛板上，这可能就是早期电镜图片显示的筛板被堵塞的原因。

新的快速冷冻固定技术提供了可信的且不受影响的筛分子图片。用这些技术得到的筛管分子的电镜图片显示，P蛋白沿着筛管分子的周边分布（图10.3~图10.5），或者均匀地分布在整个细胞的内腔。筛孔中P蛋白存在的位置与之相似，它们沿着筛孔呈直线或以松散的网状形式排列。在许多物种，如葫芦、甜菜（*Beta vulgairs*）、豆类（*Phaseolus vulgaris*）等（图10.5）中都观察到开放的筛孔，这与集流相一致。

除了利用电镜获得结构方面的证据以外，测定筛板孔在完整的组织中是否开放也非常重要。利用激光共聚焦扫描显微镜可直观地检测活体筛分子的物质转运（knoblauch and van Bel，1998），实验表明，参与转运的筛分子的筛板孔是开放的（图10.11）。

10.5.4　单个筛分子中不存在双向运输

用两种不同放射性示踪剂标记两个上下相邻的源叶来研究双向运输，每个叶片各标记一种示踪剂，并在两个源之间设定一个点来检测两种示踪剂的出现。

双向运输通常在茎中不同维管束的筛分子中可检测到。在叶柄同一维管束相邻筛分子中也发现了双向运输，这可能是叶正经历库到源的转变，通过叶柄同时输入和输出光合产物。然而，没有证据表明单个的筛分子中同时发生双向运输。

10.5.5　韧皮部途径转运耗能少

耐受周期性低温的植物，如甜菜，如果快速冷冻处理源叶的一小段叶柄至1℃，并不能持续抑制叶片中物质的输出（图10.12），而是在短时期的抑制后，转运

A

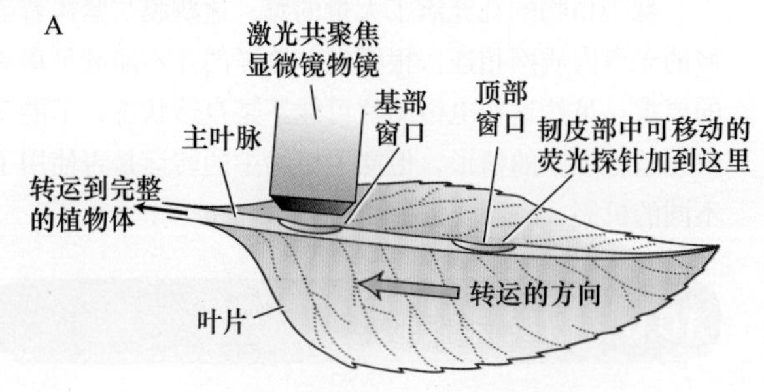

B

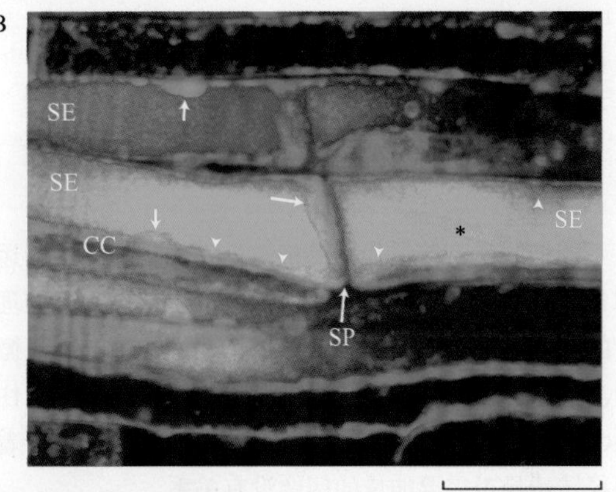

C

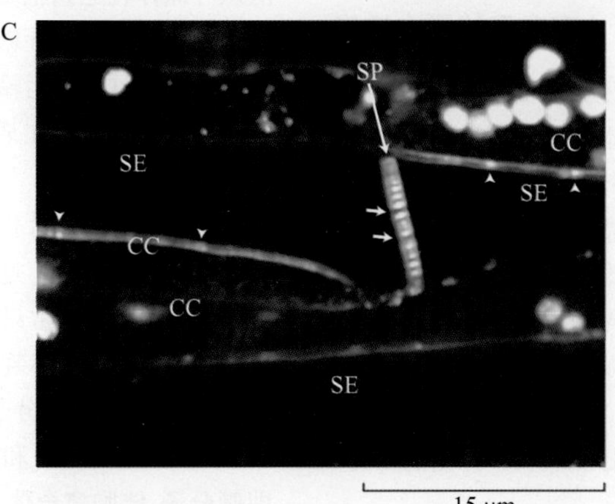

图10.11　蚕豆叶中具活性的筛分子，在转运过程中筛板孔是开放的。A. 在一个成熟叶子的主脉下部切开两个与表皮平行的薄片窗口，露出韧皮部组织。激光共聚焦扫描显微镜的物镜被置于叶基部窗口，在顶端窗口施加一种可在韧皮部移动的荧光探针，如果发生转运就可以在叶片基部窗口观察到荧光，用这种方法可以证实观察的筛分子具有活性功能。B. 对豆类植物韧皮部组织进行双染色，一种荧光探针（红色）主要标记细胞膜，另一种不同的荧光染料（绿色）指示转运。绿色荧光在基部观察窗口出现，表明转运是从施加染料的顶部窗口发生的，筛分子有活性且具有功能。蛋白质（箭头记号）相对质膜沉积，筛板不影响转运发生。P蛋白结晶体（星符号）被绿色探针染色。质体（箭头状符号）均匀地分布在筛分子的周边。C. 只应用荧光探针局部标记大豆类植物韧皮部组织的膜，箭头示没有被阻挡的筛板孔。CC. 伴胞；SP. 筛板；SE. 筛分子（B图、C图引自Knoblauch and van Bel，1998；由A. van Bel提供）。

会慢慢恢复到对照的速度。急剧冷冻降低叶柄的呼吸速率，使合成与消耗ATP降低约90%，但此时转运却可恢复正常并且正常进行。实验表明，与集流相符合，这些草本植物韧皮部转运所需能量较少。

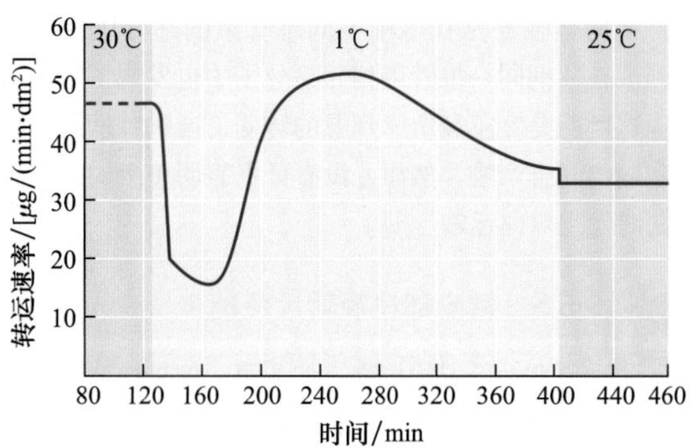

图10.12　转运途径所需能量很少。冷处理甜菜叶柄导致代谢能量的损失，会部分降低转运速率，但随着时间的推移，转运速率恢复，尽管冷处理极大地抑制ATP的产生和消耗。$^{14}CO_2$施于一个源叶，并将叶柄2 cm长的部分冷冻至1℃，在一片库叶中通过监测^{14}C的出现从而检测转运的发生（引自Geiger and Sovonick，1975）。

能抑制所有能量代谢的极端处理确实抑制了转运。如在豆类中，如果用一种代谢抑制剂（氰化物）处理源叶的叶柄，就会抑制叶中的输出。然而，用电子显微镜检测处理过的组织，发现筛板孔被细胞碎片堵塞住了（Giaquinta and Geiger，1997）。很显然，这与沿着该路径转运是否需要能量的问题没有关系。

 10.5.6　韧皮部筛分子中存在正的压力梯度

集流指液体中所有分子在压力势梯度驱动下共同移动。那么，筛分子中的压力值是多少，如何测定？

筛分子中的膨压可以用水势和溶质势来计算（$\Psi_p = \Psi_w - \Psi_s$），也可以直接测定。最有效的方法是将测微气压计或者压力传感器封接到正渗出的蚜虫吻刺进行测量（参见Web Topic 10.3中图10.2A）（Wright and Fisher，1980）。因为蚜虫吻刺仅刺入单一的筛分子，并且围绕蚜虫吻刺的质膜封闭得很好，这样可以得到精确的数据。用该技术测得的筛分子的膨压表明，源端的压力高于库端。

尽管考虑到路径阻力（主要由筛板孔引起）、路径距离和转运速度，在大豆中源和库之间观测到的压力差仍足以驱动溶质以集流形式通过（Fisher，1978）。用水势、溶质势计算得到的源和库之间确切的压力差为0.41 MPa，而压力流驱动转运所需的压力差为0.12~0.46 MPa，因此，所观察到的压力差显然足以驱动集流通过韧皮部，至少在这种草本植物中支持传统的压力流动模型。

因此可以推断出，这里所描述的所有实验和数据均符合被子植物韧皮部执行的集流运输。转运途径中不需要能量和开放筛板孔的存在，为韧皮部相对被动的转运机制提供了较为确切的证据。双向运输或运动蛋白的检测失败，以及现有压力势梯度的可靠数据，都与压力流动假说目前的解释相一致。

 10.5.7　裸子植物中的转运是否采用了不同的机制？

虽然集流解释了被子植物中的转运，但对裸子植物却可能并不适合。关于裸子植物韧皮部的生理学信息非常少，对于这些物种转运的推测几乎完全基于对电镜图片的解释。正如前文所述，裸子植物的筛胞在许多方面与被子植物的筛管分子相似，但筛胞没有相对特化的筛域，而且没有开放的孔（图10.6）。

裸子植物的孔充满了大量的膜，这些膜与紧挨着筛域的光滑内质网相连。很明显，这样的孔不能满足集流的要求。虽然这些电镜图片可能不是自然状态，不能反映完整组织中的情形，但裸子植物中的转运是否使用了不同的机制，还需要进一步研究。

10.6　韧皮部装载

光合产物从成熟叶肉细胞叶绿体移动到筛分子包括以下几个运输步骤：

（1）白天，光合作用（见第8章）形成的丙糖磷酸从叶绿体转运到胞质并转化为蔗糖。晚上，来自贮藏淀粉的碳主要以麦芽糖的形式离开叶绿体并转化为蔗糖（在一些物种中，运输的其他糖随后由蔗糖合成，而糖醇类由己糖磷酸或在某些情况下由己糖作为起始分子合成）。

（2）蔗糖从叶肉细胞移向邻近最小叶脉筛分子细胞（图10.13）。这种**短距离运输（short-distance transport）**途径通常只有几个细胞直径那么远。

（3）在**韧皮部装载（phloem loading）**过程中，糖类物质被运到筛分子和伴胞中。值得注意的是，就装载而言，筛分子和伴胞通常被看一个功能单位，即**筛分子-伴胞复合体（sieve element-companion cell complex）**。一旦进入筛分子，蔗糖和其他溶质被转运离开源，这一过程被叫做**输出（export）**，通过维管系统到库的转运称为**长距离运输（long-distance transport）**。

正如前面所讲的，源端的装载和库端的卸载过程为长距离运输提供了驱动力，这一点对农业也相当重要。深入全面理解这些机制会为通过提高光合产物在可食用

库组织（如谷物籽粒）中积累，增加作物产量的技术开发奠定基础。

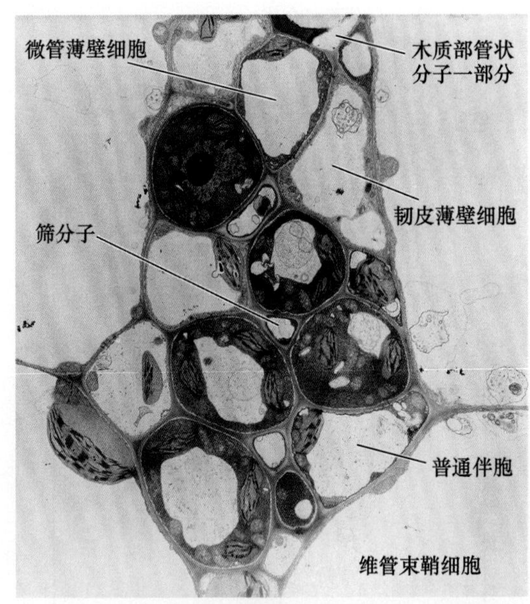

图10.13　电镜展示甜菜源叶小叶脉中各种细胞类型间关系（5000×）。光合细胞（叶肉细胞）在紧密排列的维管束鞘细胞的周围。叶肉细胞的光合产物被装载到筛分子之前，必须移动相当于几个细胞直径那么远的距离。光合产物从叶肉到筛分子的运输即称为短距离运输（引自Evert and Mierzwa，1985，由R. Evert提供）。

10.6.1　韧皮部装载可通过质外体或共质体发生

已知源叶中的溶质（主要是蔗糖）必须从叶肉的光合细胞运到筛分子。最初的短距离途径通常是共质体途径（图10.14）。然而，糖类可能完全通过胞间连丝从共质体（胞质）运到筛分子（图10.14A）或在韧皮部装载之前进入质外体（图10.14B）（见图4.4对共质体和质外体大体的描述）。质外体途径和共质体途径被用在不同物种中。

韧皮部装载有几种机制：质外体装载、复合物阱的共质体装载和被动的共质体装载。早期研究集中在质外体途径，这是一个普遍的机制。因此首先讨论下这种装载机制，然后再根据另外两种机制的重要性分别进行探讨。

10.6.2　大量数据表明某些物种中存在质外体装载

在质外体装载的情况下，糖类进入距离筛分子伴胞复合体很近的质外体。随后，筛分子和伴胞质膜上能量驱动的选择性转运体主动将这些糖类从质外体运到筛分子和伴胞。流出物进入质外体是高度定向的，极有可能进入韧皮部薄壁组织细胞壁内。

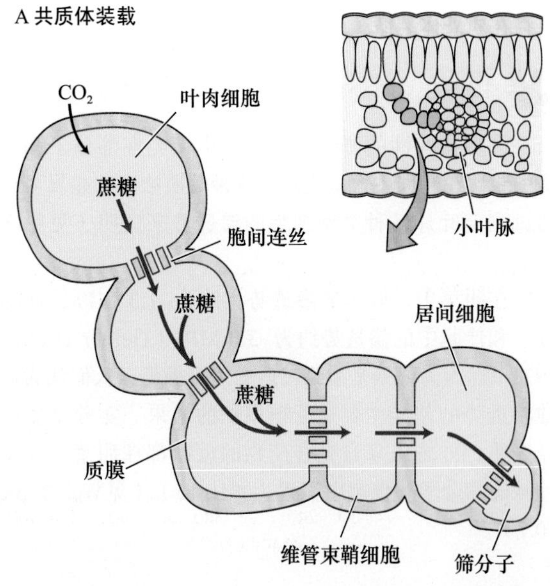

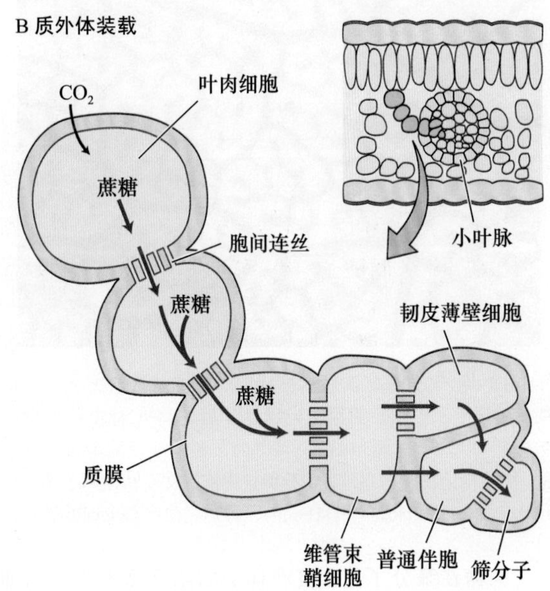

图10.14　源叶的韧皮部装载途径图解。A. 在整个共质体途径，糖从叶肉到筛分子全程依靠胞间连丝从一个细胞到另一个细胞移动。B. 在部分质外体途径中，糖最初通过共质体运输，但在装载到伴胞和筛分子之前先进入了质外体。装载到伴胞的糖通过胞间连丝进入到筛分子。

质外体韧皮部装载引发出三个基本推测（Grusak et al.，1996）：

（1）质外体中应当存在被转运的糖。

（2）把糖施于质外体的实验中，外源施加的糖应在筛分子和伴胞中累积。

（3）抑制糖从质外体吸收会抑制从叶片的输出。

对这些推测的许多研究已经有力地证实了许多物质

中存在质外体装载（参见Web Topic 10.7）。

 10.6.3　质外体途径中蔗糖的吸收需要能量

许多特异性的研究表明源叶中糖类在筛分子和伴胞中要比在叶肉中含量更高。这种溶质浓度的差异可以通过测定叶片各种类型细胞的渗透势来证明（见第3章）。

在甜菜中，叶肉的渗透势大约为-1.3 MPa，而筛分子和伴胞中的渗透势约为-3.0 MPa（Geiger et al.，1973）。因为蔗糖是甜菜转运的主要糖类，人们认为这种渗透势的差异主要是蔗糖累积的结果。实验证据已经表明，外施或来自光合产物的蔗糖都在甜菜源叶小叶脉的筛分子和伴胞中积累（图10.15）（见Web Topic 10.7）。

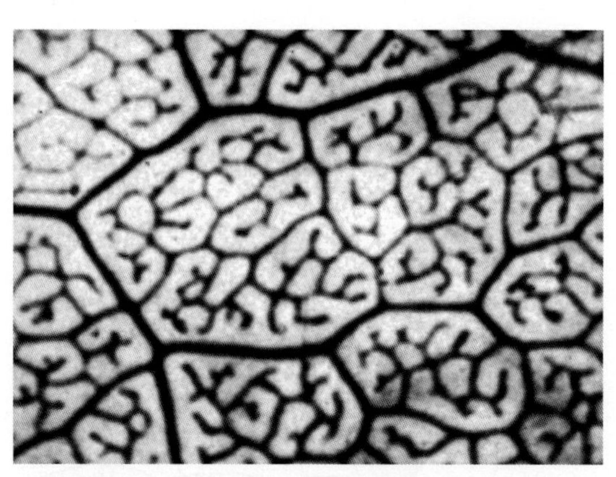

图10.15　放射自显影图显示被标记的糖逆浓度梯度从质外体进入筛分子和伴胞。甜菜暗处理 3 h 后，将^{14}C标记的蔗糖溶液施于一叶片上表面30 min。清除叶子角质层使溶液进入到叶内。黑色标记物的积累，表明蔗糖被逆浓度梯度转运到了源叶小叶脉的筛分子和伴胞（引自Fondy，1975，由D. Geiger惠赠）。

蔗糖在筛分子伴胞复合体中的浓度高于其周围细胞，表明了蔗糖是逆化学势梯度主动运输的。用呼吸作用的抑制剂处理源组织，既降低了ATP含量又抑制了外源糖类的装载，这一结果支持了蔗糖累积依赖于主动运输的观点。

植物将糖通过质外体装载到韧皮部的同时，也主动装载氨基酸和糖醇；与此相反，其他代谢物（如有机酸和激素）则可能被动地进入筛分子（参见Web Topic 10.7）。

 10.6.4　蔗糖-H^+同向转运体参与质外体途径的韧皮部装载

蔗糖-H^+同向转运体被认为介导了蔗糖从质外体到筛分子-伴胞复合体的转运。第6章已经介绍同向转运是利用质子泵产生的能量进行的次级运输过程（图6.11 A）。质子驱动的能量重新返回细胞并与底物吸收相偶联，这里的底物是蔗糖（图10.16）。

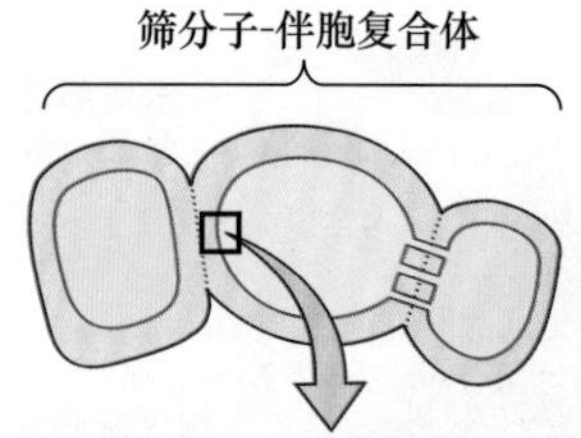

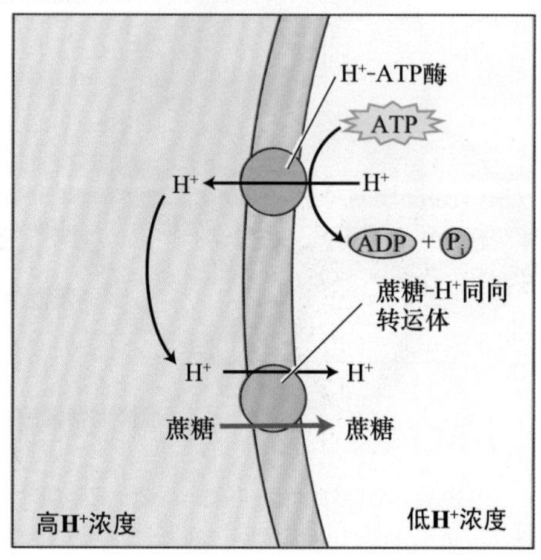

图10.16　质外体筛分子装载过程中依赖ATP的蔗糖运输。在蔗糖装载到筛分子-伴胞复合体共质体的共转运模型中，质膜上的ATP酶把质子从细胞泵出进入质外体，从而在质外体形成高的质子浓度。然后，利用质子梯度的能量驱动蔗糖通过蔗糖-H^+同向转运体进入筛分子-伴胞复合体的共质体。

许多实验结果均支持在韧皮部装载过程中存在蔗糖-H^+同向转运体的运行：

（1）用免疫学技术定位H^+-ATP酶，发现它存在于伴胞的质膜上（拟南芥）和传递细胞中（蚕豆）。在传递细胞中，H^+-ATP酶分子主要集中在质膜面向维管束鞘和韧皮部薄壁组织细胞的折叠处。

（2）伴胞H^+-ATP酶的分布与一个叫做SUC2（拟南芥；大叶车前，*Plantago major*，参见Web Topic 10.7）的蔗糖-H^+同向转运体的分布相关联。因此，H^+-ATP酶为蔗糖吸收提供了驱动力，而且实验也表明在一些物种中利用H^+-ATP酶的蔗糖转运体定位在同样的细胞中。

（3）抑制转运体的活性就会抑制源叶的运输。用另一种蔗糖-H^+同向转运体SUT1（拟南芥SUC2的同源基因）的反义DNA转化西红柿（*Lycopersicon esculentum*），发现转基因植物减少了果实的形成，且在源叶组织中可溶性糖大量积累，延长黑暗周期不能使淀粉移动，这些都与SUT1转录水平的减少有关（Hackel et al.，2006）。

目前已经克隆了几个定位在韧皮部的蔗糖-H^+同向

转运体，SUT1和SUC2可能是主要的蔗糖转运体（见Web Topic 10.7更多关于韧皮部糖转运体信息）。

质外体途径中蔗糖装载的调控　目前关于通过蔗糖-H^+同向转运体调节蔗糖从质外体到筛分子装载的机制还不十分清楚。其可能的调节因素包括筛分子的膨压，质外体中蔗糖的浓度，以及可用的同向转运体的数量。

装载过程中，筛分子的膨压降低到某一阈值以下时就会导致一个补偿性的装载提高。虽然许多文献报道了膨压可调节膜的运输，实际上很少有实验证明这种调控（Daie and Wyse，1985）。

质外体中高浓度的蔗糖会增加韧皮部装载。尽管几乎没有测量过装载位点质外体蔗糖的浓度，但许多研究者已经报道，输出与源叶中的蔗糖浓度或者与光合速率是直接相关的，这个数据的测量对于未来的科研者仍是一个挑战。

有数据表明，甜菜源叶中蔗糖水平可调节叶中蔗糖-H^+同向转运体（SUT1）分子的浓度，而后者又可调节装载。通过蒸腾流饲喂蔗糖，发现甜菜叶中的SUT1的转录下降。SUT1蛋白及其mRNA快速降解，转录的降低也导致SUT1蛋白的减少。在同样的蔗糖浓度下，叶子提纯的质膜小泡对蔗糖的吸收能力明显降低（Vaughn et al.，2002），这同时暗示了同向转运体的水平也下降。目前已经证实蛋白质磷酸化在这些调节过程中发挥着重要作用（Ransom-Hodgkins et al.，2003）。SUT1转运体mRNA和蛋白质水平受昼夜的调节，15 h暗处理后的表达水平要低于光处理的。

其他的一些研究已表明，质外体中可利用的钾会增强蔗糖进入质外体的能力，暗示了比较好的营养供给会提高向库的转运并促进库的生长。

 10.6.5　个别物种中韧皮部装载是通过共质体途径

诸多研究表明，在某些植物中质外体装载仅转运糖，几乎没有胞间连丝进入小叶脉韧皮部；另一方面，共质体途径的植物，除运输蔗糖外，还运输棉子糖和木苏糖，小叶脉中具有居间细胞，还有大量的胞间连丝通向小叶脉，这样的物种有彩叶草（*Coleus blumei*）、南瓜、西葫芦（*Cucurbita pepo*）和甜瓜（*Cucumis melo*）。

共质体的运作途径中不同细胞之间需要有开放的胞间连丝。许多物种在筛分子-伴胞复合体与周围细胞之间的接触处有大量的胞间连丝（图10.7 C）。

 10.6.6　多聚体–陷阱模型解释了具居间细胞植物的共质体装载

筛分子汁液的组成成分与韧皮部周围组织中的溶质通常是不同的。这种差异表明，源叶中某些糖会特异性地被选择运输。因为同向转运体特异转运某些糖，使质外体韧皮部装载有选择性。与此相反，共质体装载则依赖于糖分子通过胞间连丝从叶肉到筛分子的扩散。很难想象，通过胞间连丝扩散如何才能在共质体装载中对某些糖具有选择性。

此外，来自一些表现出共质体装载的物种的数据表明，筛分子、伴胞比叶肉细胞具有较高的渗透势。然而，依赖扩散的共质体装载如何来解释所观察到的选择性转运，以及逆浓度梯度糖分子的累积呢？

为此，人们建立了**多聚体-陷阱模型（polymer-trapping model）**（图10.17）来解释这些问题（Turgeon and Gowan，1990）。该模型认为，叶肉中合成的蔗糖通过大量的胞间连丝从维管束鞘细胞扩散到居间细胞。居间细胞的棉子糖、水苏糖（分别由3个、4个己糖组成，图10.9 B）由半乳糖苷和转运来的蔗糖合成。由于组织自身结构及棉子糖、水苏糖分子相对较大，多聚体无法扩散返回维管束鞘，但能扩散进入筛分子。这些植物筛分子中的糖浓度可以达到与质外体装载的植物中相当的水平。因为合成蔗糖的叶肉细胞和利用蔗糖的居间细胞间维持着一定的浓度梯度，蔗糖可继续扩散进入居间细胞（图 10.17）。

多聚体-陷阱模型有如下三种预测：

（1）蔗糖应当更多地集中在叶肉细胞而不是居间细胞。

（2）合成棉子糖、水苏糖的酶应优先定位在居间细胞。

（3）连接维管束鞘细胞与居间细胞的胞间连丝应阻止比蔗糖大的分子的进入。而居间细胞与筛分子间的胞间连丝应当比较宽敞，以使棉子糖和水苏糖通过。

许多研究支持了共质体装载的植物中的多聚体-陷阱模型（见Web Topic 10.7）。

 10.6.7　许多树种的韧皮部装载是被动的

植物中被动共质体韧皮部装载是一种普遍的机制。最近许多数据都支持这一观点，被动共质体装载实际上Münch提出的压力流动模型的一部分。

一些树种中的筛分子-伴细胞复合物与周围细胞之间具有大量的胞间连丝，但是没有居间细胞，也不能运输棉花子和水苏糖。杨柳（*Salix babylonica*）和苹果树（*Malus domestica*）就是这一类型（Rennie and Turgeon，2009）。这些植物从叶肉细胞到筛分子-伴胞复合体的途径中并不存在浓度差。由于是叶肉细胞到韧皮部中的扩散的浓度梯度驱动了这一短距离运输，为了维持筛分子中的高溶液浓度和膨压，这些植物中的绝对糖分水平在源叶中必须是非常高的。尽管利用不同装载

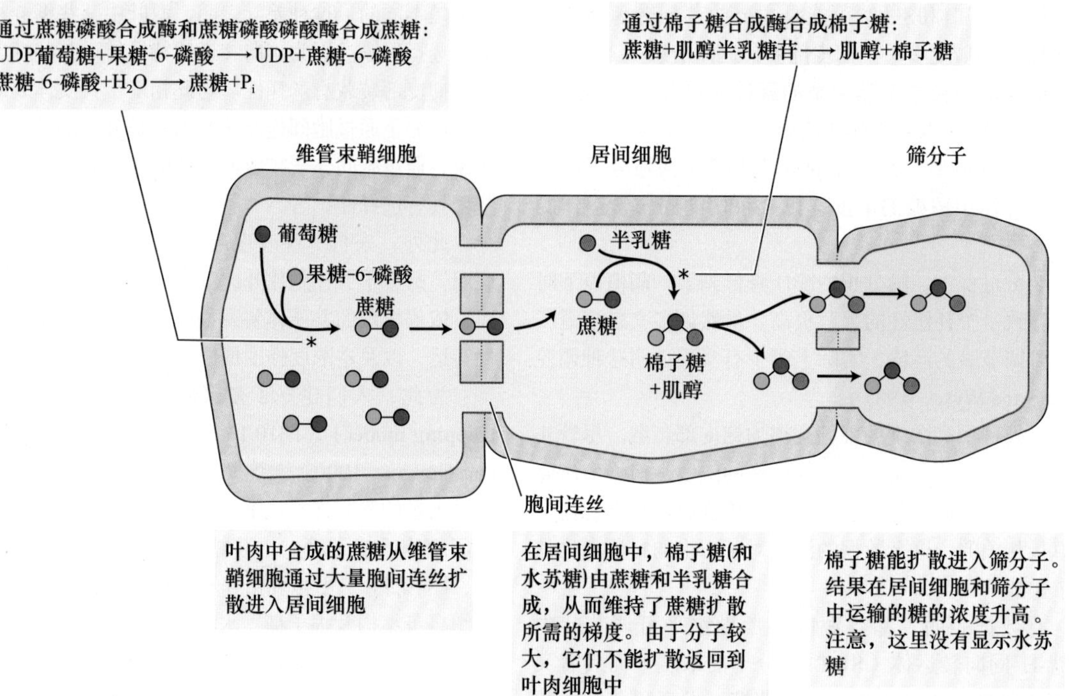

图10.17　韧皮部装载的多聚体-陷阱模型。为了简化，略去了水苏糖（引自van Bel，1992）。

机制的植物类型间的源叶中糖浓度变化范围很大（超过50倍），并且浓度范围在这些植物类型之间存在一定的重叠，但是源叶中糖浓度在被动装载的树种中是远高于其他类型的植物的（Rennie and Turgeon，2009）。

 10.6.8　韧皮部装载类型有许多重要的特征

正如前文所述，质外体和共质体的韧皮部装载途径的运行与一些特定的性质相关联（表10.3）（Rennie and Turgeon，2009）。

具有质外体韧皮部装载途径的物种几乎单一地进行蔗糖装载，它们的小叶脉中具有普通伴胞或者传递细胞。这些物种的筛分子-伴胞复合体与周围细胞之间连接很少，筛分子-伴胞复合物中的活性载体将蔗糖聚集在韧皮部细胞中且产生长距离运输的驱动力。

多聚体-陷阱中共质体装载的物种除了转运蔗糖外，还转运寡聚糖（如棉子糖），小叶脉中有居间细胞型的伴胞，而且筛分子-伴胞复合体与周围细胞间有大量的连接。多聚体-陷阱将蔗糖转运到韧皮部细胞从而产生长距离运输的驱动力。

被动的共质体装载物种运输蔗糖，在筛分子-伴胞

表10.3　共质体和质外体装载模型

特征	质外体装载	复合物阱的共质体装载	被动的共质体装载
转运的糖	蔗糖	蔗糖、棉子糖和木苏糖	蔗糖
伴胞特征	普通伴胞或转移细胞	居间细胞	普通伴胞
筛分子和伴胞复合体与周围细胞间胞间连丝的数量和传导性	低	高	高
对筛分子和伴胞复合物中的活性载体的依赖性	转运体驱动	不依赖转运体	不依赖转运体
叶源中运输糖的整体浓度	低	低	高
长距离运输驱动力生成的细胞类型	筛分子和伴胞复合物	居间细胞	叶肉细胞
生长习性	主要是草本	草本和木本植物	主要是树木

资料来源：Gamalei，1989；van Bel et al.，1992；Rennie and Turgen，2009

注意：植物的这三种韧皮部装载机制也用来转运糖醇。另外，某些物种采用质外体和共质体两种方式装载，因为单一物种小叶脉中发现有不同伴胞。SE-CC复合体；筛分子-伴胞复合体

复合物和周围细胞间具有大量的连接。进行被动韧皮部装载的植物的一个特点是在源叶中具有高浓度的糖，维持了叶肉细胞和筛分子-伴胞间的浓度差。高的糖浓度使得在源叶的筛分子产生高的膨压，驱动了长距离运输，这一过程大部分发生在树木中。

Web Topic 10.7 讨论了装载特征（伴胞类型、运输糖分子和胞间连丝的丰度）与装载机制的关系。

有研究表明，主动和被动装载途径可能在一些物种中共存，同时或不同时发生，或是存在于同一叶脉的不同筛分子中。进一步的研究将可能揭示新的装载途径（Turgeon，2006）。当然，随着将来对更多物种装载途径的澄清，不同装载类型的进化，以及与进化相关的环境压力仍将是重要的研究领域。目前，人们认为共质体途径是一种古老的模式，而质外体途径是派生的模式。质外体装载的植物被赋予了什么样的选择优势？尽管低温和干旱可能与质外体装载的进化有关，但是只有更多的研究才能为这一问题提供更完全的答案。

10.7　韧皮部卸载及库到源的转变

既然我们已经了解了导致糖从源输出的机制，那么接下来看一下库（如发育中的根、块茎和生殖结构）的输入（import）。在许多方面，库中发生的情况就是源中发生事件的简单逆转。糖输入库细胞的过程包括以下几个过程：

（1）韧皮部卸载。即输入的糖离开库组织筛分子的过程。

（2）短距离运输。卸载后，糖通过短距离运输途径被运到库中的细胞。该途径也叫后筛分子运输（post-sieve element transport）。

（3）贮藏和代谢。最后，糖在库细胞中被贮藏或代谢。

本部分将讨论以下问题：韧皮部卸载和短距离运输是共质体还是质外体的运输？该过程中蔗糖被水解了吗？韧皮部卸载和随后的步骤需要能量吗？最后，我们将研究一个幼嫩的输入叶转变为一个输出源叶的过程。

10.7.1　韧皮部卸载和短距离运输可通过共质体或质外体途径进行

在库器官中，糖从筛分子运到其贮藏或分解代谢的细胞中。库包括的非常广泛，生长中的营养器官（根尖和幼叶）、贮藏组织（根和茎）和生殖器官（果实和种子）都可作为库。由于库在组织和功能上差异如此之大，因此没有单一的韧皮部卸载和短距离运输方案。本部分着重强调由于库类型的差异而引起输入途径的不同；然而，输入途径也常常依赖于库组织发育的阶段。

正如在源中一样，库中的糖可能全部通过胞间连丝穿过共质体，或者可能在某一点进入质外体。图10.18

A 共质体韧皮部卸载和短距离运输

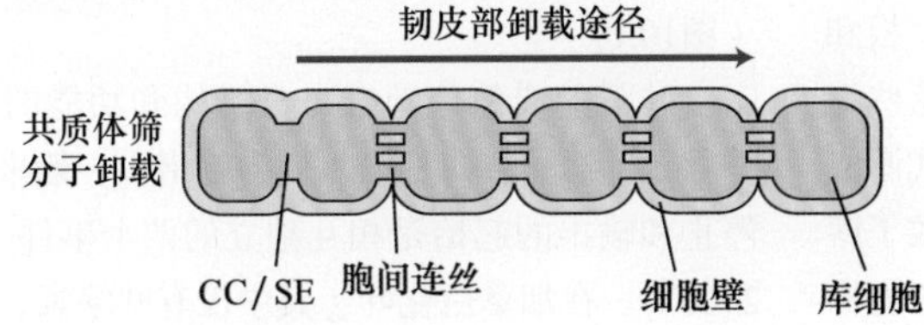

B 质外体韧皮部卸载和短距离运输

1

1型：这种短距离途径被命名为质外体的，这是因为筛分子-伴胞复合体的韧皮部卸载这一步骤发生在质外体。一旦糖被带回到毗连细胞的共质体中，运输就变为共质性的。

2A

2型：这些途径也有质外体步骤。然而，从筛分子-伴胞复合体的卸载是共质的。上图(2A型)显示，质外体步骤紧接筛分子-伴胞复合体；下图(2B型)，质外体步骤则距复合体较远。

2B

图10.18　韧皮部卸载和短距离运输路径。筛分子-伴胞复合体（CC/SE）被视为单一的功能单位。胞间连丝的存在使共质体连续。细胞间缺少胞间连丝暗示存在质外体运输步骤。A. 共质体韧皮部卸载和短距离运输，所有的步骤都是共质的。B. 质外体韧皮部卸载和短距离运输。

分析了库中几种可能的途径。在一些双子叶植物，如甜菜和烟草（*Nicotiana tabacum*）的幼叶中，卸载和短距离运输似乎完全是共质的（图10.18A）。初生根尖的分生组织和伸长区也表现为共质体卸载。

虽然共质体输入在绝大多数的库组织中占优势，但一些库器官中的部分短距离运输途径则通过质外体，例如，积累高浓度糖的水果、种子及其他储藏器官（图10.18B）。质外体步骤可能位于卸载的位点（图10.18B中类型1）或者远离筛分子（图10.18B中类型2）发生，其中类型2最为常见，最典型的是存在于发育的种子中。

发育中的种子必需一个质外体步骤，这是因为母体组织和胚组织中没有共质连接。糖通过共质体途径离开筛分子（韧皮部卸载），并在远离筛分子-伴胞复合体的某一点从共质体转为质外体途径（图10.18B中类型2）。质外体步骤可以使膜能够控制物质进入胚，因为在这个过程中需要跨越两层膜。

当质外体步骤发生在输入途径时，转运的糖在质外体中可部分地分解代谢，或者穿过质外体而不发生任何变化（参见Web Topic 10.8）。例如，蔗糖在质外体会被转化酶（一种蔗糖裂解酶）水解为葡萄糖和果糖，然后葡萄糖和（或）果糖会进入库细胞。正如之后要讨论的，这种蔗糖裂解酶在库组织控制韧皮部运输中的过程中具有功能。

 10.7.2 进入库组织的运输需要代谢能

抑制剂的研究表明，进入库组织的运输是依赖能量的。以淀粉或蛋白质形式贮存碳的生长中的叶、根和贮藏库使用共质体韧皮部卸载和短距离运输。在这些组织中，转运的糖被用来作为呼吸作用的底物，被代谢成为贮藏寡聚物和生长所需的复合物。蔗糖代谢导致了库细胞中蔗糖浓度变低，从而维持了糖吸收所需的浓度梯度。糖不需跨膜而被吸收到库细胞，因为是从高浓度的筛分子到低浓度的库细胞转运，所以是被动运输。因此这些库器官中需要代谢作用的能量是用于呼吸作用和生物合成反应。

质外体输入中，糖至少需要穿过两层膜：输出细胞的膜和库细胞膜。糖若要被运到库细胞的液泡内还必须穿过液泡膜。正如前文所述，质外体途径的跨膜运输是需能的。虽然有证据表明，蔗糖的外流和吸收都是主动的（参见Web Topic 10.8），但与之相关的转运体仍有待于被分离并对其特征做鉴定。

由于这些转运体在一些研究中发现是双向的，前面述及的一些由于蔗糖装载的糖转运体也参与了糖的卸载，而运输的方向是由糖浓度梯度、pH梯度和膜电位决定的。并且发现韧皮部装载过程中一些重要的同向转运体在库组织也存在，如土豆块茎中的SUT1。该转运体可能把质外体的蔗糖回收回，或是运输到库细胞。单糖转运体则把在质外体水解的蔗糖转运到库细胞（Hayes et al.，2007）。

 10.7.3 叶从库转变到源是渐变的过程

双子叶植物（如番茄和豆类）的叶子在发育最初作为库器官存在。随着发育的进行，当叶片伸展大约25%时，开始从库到源转变；伸展40%~50%时，通常转变已完成。大多数用于研究库到源转变的物种都是通过质外体的形式装载，这里也仅限于对这些物种做阐述。

首先是从叶尖开始叶子的输出，然后逐渐向基部蔓延，直至整片叶子最终都成为糖输出器。在转变过程中，叶尖输出糖分子，而叶基部则从其他源叶中输入糖（图10.19）。

叶子的成熟伴随着自身结构和功能的许多变化，并导致了运输方向从输入变为输出。一般来说，输入的停止和输出的起始是相互独立的两个事件（Turgeon，2006）。在烟草白化叶（其中没有叶绿素，因而不能进行光合作用）中，尽管不可能发生输出，但对白化叶的输入却停止在与绿色叶片相同的发育阶段。因此，除了

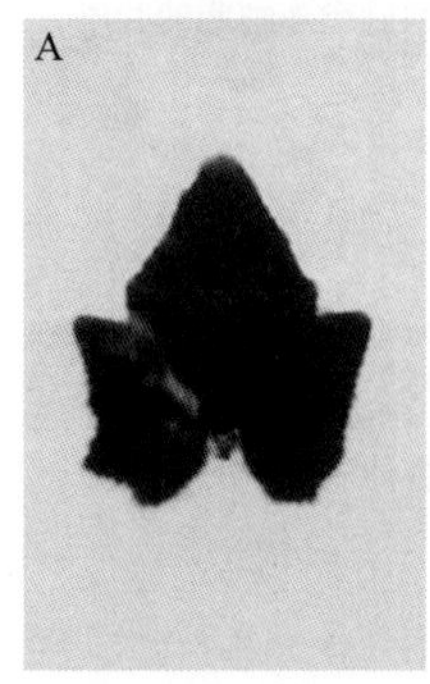

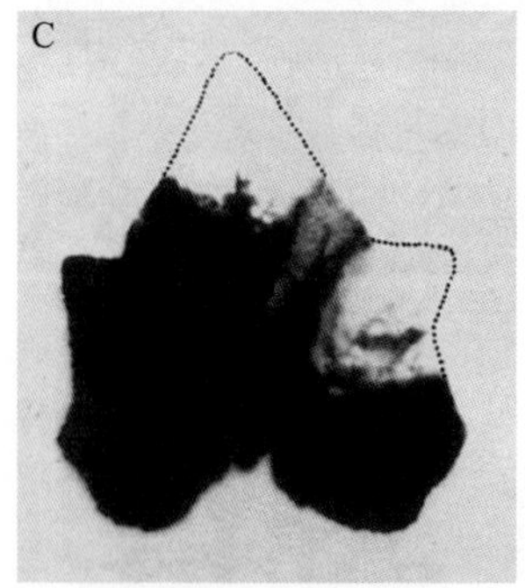

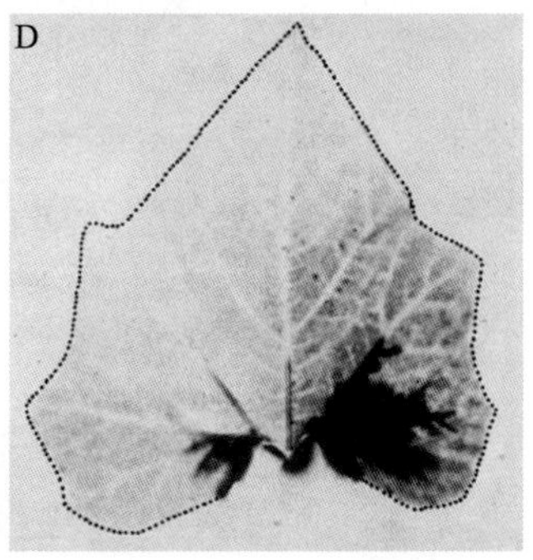

图10.19 夏季南瓜（*Cucurbita pepo*）叶的放射自显影图。示叶片从库到源的转变。试验中，植物源叶向该叶子输入^{14}C约2 h。黑色积累量示为标记物含量。A. 整个叶都是库，从源叶输入糖。B~D. 基部仍然是库，随着叶尖丧失了卸载能力糖停止输入（图中所示没有黑色积累的地方），叶尖获得了装载和输出糖的能力（引自Turgeon and Webb，1973）。

输出起始外，发育的烟草叶片也一定发生了一些变化，引起糖的输入终止。

烟草中糖几乎完全通过不同的叶脉被卸载和装载（图10.20）（Robert et al.，1997），这也支持了输入的终止和输出的起始是两个独立事件的事实。烟草和其他烟草类（*Nicotiana*）的小叶脉直到输入停止时才发育成熟，最终在绝大部分装载中起作用，而在卸载过程中不起作用。

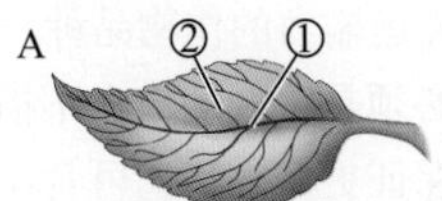

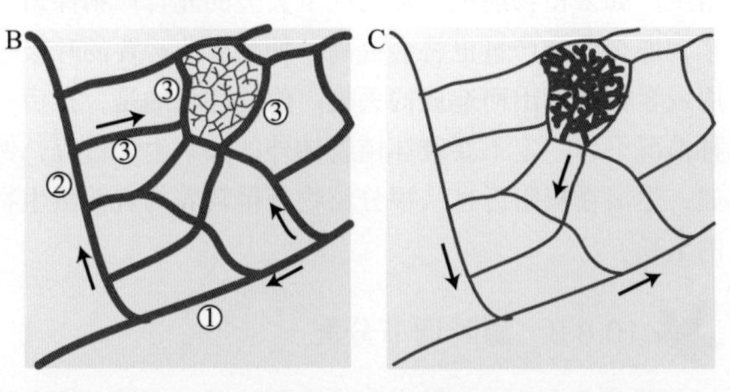

图10.20　A. 烟草叶脉中工作分支图。B. 叶子未成熟，仍处于库阶段时，光合产物从成熟叶片输入，经较大的主脉（较粗的黑线）被分配（箭头所示）到整个叶片。编号主要叶脉，第一个被编号的是中脉。被输入的光合产物从相同的主脉卸载进入到叶肉细胞。最小的小叶脉在编号3的叶脉围起的区域中。小叶脉还未成熟，在输入和卸载中不起作用。C. 源叶中输入停止，输出开始，光合产物装载到小叶脉（较粗的黑线所示）中。而较大的叶脉（箭头所示）只起输出作用，它们可能不再卸载。B图是放射自显影图按比例绘制而成；由于叶子成熟时叶片很大，C图不是按比例绘制（引自Turgeon，2006）。

因此，输入的停止一定牵涉大叶脉的卸载在成熟叶片发育的某一时间被终止。用来解释卸载终止的因素包括：胞间连丝的关闭、胞间连丝出现率的降低和共质连续性发生其他的变化。实验数据已表明，胞间连丝的关闭和清除都可能发生。

当输出途径被关闭及质外体装载被激活，韧皮部装载已在筛分子中积累了足以转运出叶的光合产物以驱动叶的向外运输，糖输出就开始了。以下条件是启动输出所必需的：

（1）叶片合成足够的光合产物，并可以输出，合成蔗糖的基因开始表达。

（2）对装载起作用的小叶脉已经成熟。在拟南芥中鉴定到一个增强调节子，在小叶脉成熟的级联途径中扮演重要作用。这个增强子能激活伴胞特异启动子融合的报告基因，而且对报告基因的激活是与从库到源相同的模式即从顶端到基部的模式（McGarry and Ayre，2008）。

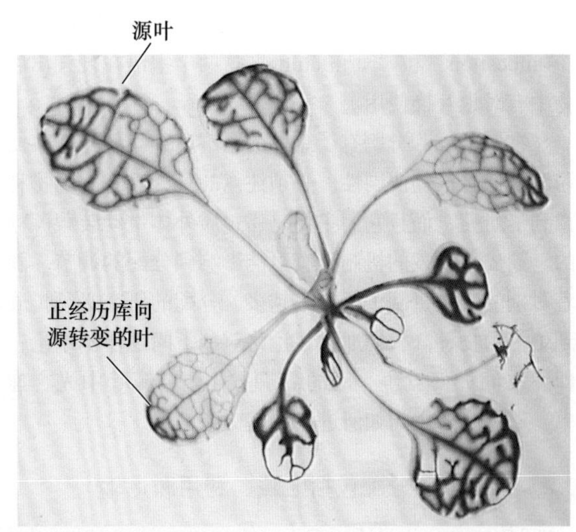

图10.21　源的输出依赖于活性蔗糖转运体的位置和活力。图展示了*AtSUC2*基因的启动子驱动的报告基因在拟南芥莲座叶的表达。SUC2，蔗糖-H^+同向转运体。是在韧皮部装载中一个主要的蔗糖转运体。该基因启动子启动表达GUS的位置可以看到蓝色产物。蓝色仅在源叶的微管组织和正在进行从库到源转变的叶的尖部（自Schneidereit et al. 2008）。

（3）蔗糖-H^+同向转运体被表达并且在筛分子-伴胞复合体的质膜就位。有关这些事件如何受到调控正在进行研究。例如，拟南芥*SUC2*基因的启动子在伴胞中被激活的模式就是从库到源的转变模式（图10.21）。同时也鉴定了*SUC2*启动子的转录因子结合位点，从而调节了这个源和伴胞特异基因的表达（Schneidereit et al.，2008）。

在一些植物（如甜菜、烟草）的叶中，当叶经历从库到源的转变时，筛分子-伴胞复合体获得了累积外源^{14}C标记蔗糖的能力，这也同时表明用于装载的同向转运体已经有功能活性。装载进程中，随着拟南芥叶从库到源的转变，转运糖的同向转运体先从叶尖开始表达，然后逐渐在叶基部表达。这种由顶部向基部模式同样也出现在输出能力的形成上。

10.8　光合产物的分布：分配和分割

光合速率决定了叶中可利用的被固定碳的总量。然而，可以用来转运的被固定碳的量依赖于随后发生的代谢事件。本章将调节固定的碳进入到不同代谢途径的过程称为**分配（allocation）**。

植物维管束形成一个“管”系统，可以指导光合产物流向各种库，包括幼叶、茎、根、果实或种子。然而，维管系统通常是高度相连，形成了一个开放的网络，使源叶与各种库之间进行交流。在这些情况下，什么决定着流向任一特定库的光合产物量呢？光合产物在植物不同库间的差异分配叫做**分割（partitioning）**（“allocation”和“partitioning”这两个术语在现代出版物中有时也互换使用）。

在对分配和分割有了总体的了解后，我们将考察淀粉和蔗糖合成的协同性。必须注意的是，仅有限的物种得到了研究，而且它们主要是通过质外体主动装载蔗糖的。韧皮部装载的机制很有可能影响到分配的调节。随着对别的装载机制了解越来越多，分配的研究必须扩展到更多的物种。我们通过讨论将对如下问题作出结论，即库之间如何竞争、库的需求怎样调节源叶中光合速率，以及库源之间如何进行相互交流。

 10.8.1 分配包括贮藏、利用和运输

源细胞中固定的碳可能被用来贮存、代谢和运输。

（1）贮藏复合物的合成。淀粉在叶绿体中合成并贮藏，并且在大多数物种中，淀粉作为主要贮藏形式夜间用来转运。以淀粉为碳源主要贮藏形式的植物叫淀粉贮藏者（starch storer）。

（2）代谢利用。固定的碳可在光合细胞的各种区室被利用，以满足细胞对能量的需求，或为细胞所需其他物质的合成提供碳骨架。

（3）转运复合物的合成。被固定的碳可被合成为输出到各种库组织中的糖。一部分转运的糖也可暂时被贮藏在液泡中。

库组织中分配也是一个关键的过程。一旦运输的糖被卸载并进入库细胞，它们可能保持不变或被转化为其他各种各样的物质。在贮藏库中，固定的碳可能以蔗糖或己糖的形式在液泡中累积，或以淀粉形式累积在造粉体中。对生长中的库而言，糖可能用于呼吸作用和合成生长所需其他分子。

 10.8.2 不同库分割运输的糖

各种库通过竞争获得从源输出的光合产物。至少在短期内，这种竞争决定了植物不同库组织之间运输糖的分割。一个库对输入糖贮藏或代谢能力影响着它对可利用糖的竞争力。这样，分配和分割二者之间相互影响。

当然，源和库中发生的事件必须是同步的。分割决定了生长模式，并且这种生长必须在地上部分（光合生产部分）和地下部分（水分和矿物质吸收）之间取得平衡，这样植物可以应对各种环境的变化。最终目的并不是维持一个稳定的根冠比系数，而是确保碳和营养矿物质元素的供给以满足植物的需要。

因此，一个额外的控制层次在于供与需之间的相互作用。筛分子的膨压可能是源和库之间重要的交流方式，用来协调装载和卸载的速率。化学信使在传达植物一个器官到另一个器官的状况中也具有重要的作用。这些化学信使包括植物激素和营养物质，如钾、磷酸盐，甚至转运的糖本身。最近研究结果表明，大分子物质（RNA和蛋白质）在光合产物的分割中也有作用，也许是影响胞间连丝中的运输。

获得高产农作物是研究光合产物分配和分割的一个目标。尽管谷物和水果代表可食用产量，但总产量还包括了植物地上不可食用的部分。对分割的理解可以使育种学家选育那些向可食用部分提高运输力的作物品种。

在整个植物中，分配和分割必须是协调的，在不损害其他必需过程和结构的情况下保证更多地运向可食用组织。如果植物能把正常情况下丢失的光合产物保留下来，那么作物产量也将会提高，如减少非必要的呼吸作用或者根部渗出而造成的丢失。值得注意的是，在后一种情况下，一定不要破坏植物体外的基本生命过程，例如，生活在根附近且从根分泌物获得营养的有益微生物的生长。

 10.8.3 源叶调节分配

源叶光合速率的提高通常会导致源叶中转运速率的提高。调控光合产物分配的控制点（图10.22）包括将丙糖磷酸分配到以下的几个过程：

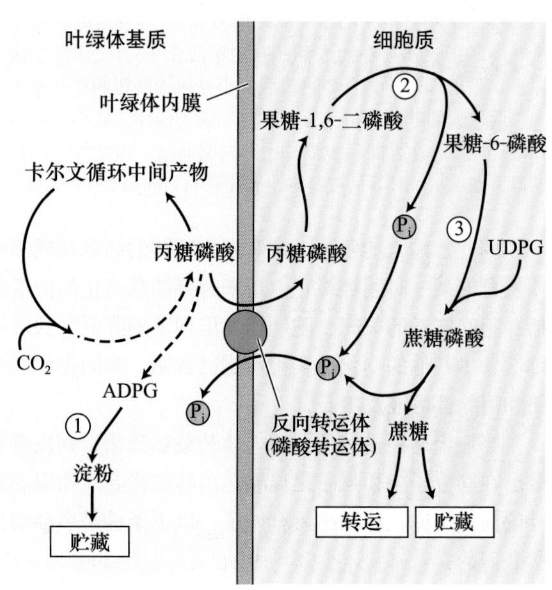

图10.22 淀粉和蔗糖在白天合成简图。卡尔文循环中形成的丙糖磷酸既可用于叶绿体中淀粉的形成，也可通过叶绿体内膜的磷酸转运体被运到胞内与无机磷酸盐交换。由于叶绿体外膜允许小分子通过，为清楚起见省略了外膜。胞质中，丙糖磷酸可能被转变成蔗糖以用于运输或贮藏在液泡中。其中的关键酶有：①淀粉合酶，②果糖-1，6-二磷酸酶及③蔗糖磷酸合成酶。第二个、第三个酶和ADPG 焦磷酸化酶催化形成ADPG（腺苷葡萄糖焦磷酸），这些是蔗糖和淀粉合成中的调节酶（见第8章）。UDPG. 尿苷葡萄糖焦磷酸（引自Preiss，1982）。

（1）重新产生C3途径（卡尔文循环，见第 8 章）的中间成分。

（2）淀粉合成。

（3）蔗糖合成及蔗糖在转运和临时贮藏库间的分配。

光合反应途径中有多种酶参与，这些途径和步骤的控制是非常复杂的。下面所描述的研究主要集中在通过质外体主动装载蔗糖的物种，特别是在白天。为增加了解，还需要进一步研究其他的装载机制及其对分配的调节。

白天，叶绿体中淀粉的合成速率必须与胞质中蔗糖的合成协调一致。叶绿体通过卡尔文循环产生的丙糖磷酸（甘油醛-3-磷酸和二羟丙酮磷酸）可用于淀粉和蔗糖的合成（见第 8 章）。胞质中合成的蔗糖把丙糖磷酸从淀粉合成和贮藏中转移出来。例如，目前已经发现，当大豆的其他部分对蔗糖的需求高时，源叶中以淀粉形式进行贮藏的碳就会减少。参与调节胞质中蔗糖合成和叶绿体中淀粉合成的关键酶是胞质中的蔗糖磷酸合成酶和果糖-1，6-二磷酸酶，以及叶绿体中的葡萄糖-ADP焦磷酸化酶（图10.21）（见第 8 章）。

然而，主要以淀粉为贮藏碳的物种中，从淀粉合成中转移出的碳量通常是有一定限度的。研究不同条件下淀粉和蔗糖之间的分配表明，多数植物在整个24 h周期中保持一个相当稳定的转运速率是一个优先采用的方式。Web Topic 10.9 进一步讨论源叶中淀粉和蔗糖合成的平衡。

 10.8.4　库组织之间竞争被转运的可用光合产物

正如前文所述，库组织的转运依赖于库相对于源所处的位置，以及库和源之间的维管连接。另一个决定运输模式的因素是库与库之间的竞争，运输途径中的末端库之间，以及末端库和顶端库之间，如幼叶可能会与根竞争转运流中的光合产物。库之间竞争已经被大量的实验所证实，去除植物的一个库组织通常会引起另一个具有竞争性库的转运的提高；相反，增加库的大小，如增加果实装载会减少向其他库尤其是到根中库的运输。

在另一类相反的实验中，去除源但保持库组织完整时，源的供给会发生改变。通过将源叶遮阴而只留一片源叶，使得从源到竞争性库的光合产物供给突然显著减少，这时库组织就会依赖于单一的源叶。在甜菜和豆类植物中，保留下来的单一源叶的光合和输出速率在短时间内通常不会变化（约8 h；Fondy and Geiger，1980）。然而，根部从这单一源叶获得的糖减少，而幼叶获得相对较多。遮阴通常减少光合产物向根部的分割，也许幼叶更易于耗尽筛分子中的糖从而增加了压力梯度和向自身转运的速率。

使库水势变得更低的处理会提高压力梯度，从而增强向库的运输。用甘露醇溶液处理豌豆幼苗的根尖，短时间内使蔗糖的输入增加300%，这可能是由库细胞膨压降低引起（Schulz，1994），长期的实验也表明这一趋势。用聚乙二醇处理根模拟中度水胁迫，在15天后能增加苹果树根中的同化物比例，而顶端茎中的同化物减少（Dai et al.，2007）。这与上面的遮阴试验不同，在那里限制源的供给使得更多的糖分配到幼叶。

 10.8.5　库强度取决于库容量和库活力

某一库把光合产物转向本身的能力常用**库强度**（**sink strength**）来描述。库强度大小取决于以下两个因素，库容量和库活力：

库强度=库容量 × 库活力

库容量（**sink size**）指库组织总的生物量，**库活力**（**sink activity**）指单位生物量的库组织吸收同化产物的速率。改变库容量或库活力都会改变运输的模式，如一个豆荚输入碳物质的能力取决于该豆荚占全部豆荚干重的比例（Jeuffroy and Warembourg，1991）。

库活力的改变是很复杂的，因为库组织中的各种活性都可潜在限制库的吸收速率。这些活性包括筛分子的卸载、细胞壁内的代谢、从质外体的吸收，以及生长或贮藏中利用光合产物的代谢过程。

用来操控库强度的常规处理通常是非特异性的。例如，冷处理库组织会抑制需能的任一活性，通常会导致向库运输的速度降低。最近，很多实验利用已有的技术专一地超表达或低表达与库活力相关的酶，如参与库中蔗糖代谢的酶。分解蔗糖的两个主要酶是酸性转化酶和蔗糖合酶，它们都可以催化蔗糖利用的第一步反应。Web Topic 10.10以转化酶活性为例来说明蔗糖裂解酶类活性与库需求之间的关系。

 10.8.6　源长期适应源库比的变化

如果只保留一片大豆源叶，其余的源叶都遮盖一段时间（如 8 天），保留下来的单一源叶会发生很多变化，这些变化包括淀粉浓度的降低，以及光合速率、Rubisco活性、蔗糖浓度、从源的运输和正磷酸盐浓度的升高（Thornea and Koller，1974）。这些结果显示，光合产物在不同库中分配时除了观察到的短期变化外，源的代谢在较长时期的实验中也适应了这种改变了的环境。

当库需求提高时，光合速率（单位叶面积在单位时间固定碳的净量）会连续数天增加；而当需求减少时，光合速率又会降低。光合产物（蔗糖或己糖）在源叶中

的积累，可以解释淀粉类植物的库需求和光合速率之间的联系（参见Web Topic 10.11）。糖作为信号分子调节植物中诸多代谢和发育过程。总的来说，碳水化合物的消耗增强了与光合作用、反向移动和输出过程相关的基因表达；而大量的碳源利于贮存和利用相关的基因表达（Koch，1996）。

众所周知，由库需求降低而大量积累的蔗糖和己糖会抑制光合基因的表达。有趣的是，编码转化酶、蔗糖合酶（前文已述）及蔗糖-H^+同向转运体的基因（蔗糖装载的调节部分已述）也在碳水化合物供给调节之列。

库需求对光合作用起到的调节表明，植物应对大气中CO_2的增高持续增强的光合作用可能依赖于库能力的增强（现存库强度的增强或新库的发育）（见第12章和Web Essay 12.1讨论大气中CO_2浓度的增加对植物的生长和光合作用的影响）。

10.9 信号转导分子的运输

韧皮部除了在光合产物长距离运输中起主要功能外，同时它还是信号分子从机体某一个部分运输到另一个部分的通道。这种长距离信号调整了源和库的活性，并调节植物的生长发育。正如前文所表明的，源和库之间的信号可能是物理的也可能是化学的。物理信号，如膨压的变化，可以通过筛分子的内部连接系统进行快速传递。在韧皮部汁液中已经发现了传统意义上的化学信号分子（如蛋白质和植物激素），最近在韧皮部还发现了mRNA和小RNA这些新的信号分子。转运的碳水化合物本身也可能作为信号。

 10.9.1 膨压和化学信号调节源和库的活性

膨压可能在调节源和库活性中起作用。例如，在库组织中糖利用较快的情况下，若韧皮部卸载加快，库中筛分子的膨压就将减小，而这种减小会被传递到源。如果源中筛分子的膨压部分控制装载，那么相应于库的这个信号，装载将会提高。同样，当库中的卸载变慢时则会出现相反的反应。有数据表明，细胞的膨压还可以修饰质膜上H^+-ATP酶的活性，从而改变转运速率。

植物地上部产生的生长调节物质（如生长素）可通过韧皮部被快速转运到根部（见第9章），根部产生细胞分裂素（CK）（见第21章）通过木质部运输到幼芽。GA和ABA（见第20章和第23章）也是通过维管系统在植物中运输。植物激素在调节源和库间的关系中起作用，它们通过控制库生长、叶子衰老和其他发育过程部分地影响了光合产物的分割。植物应对食草动物和病原体时也会通过植物抗性激素如茉莉酸的介导来改变光合作用同化物的分配和分割。

在一些源组织中，蔗糖的装载被外源生长素刺激却受ABA抑制，而在某些库组织中则相反，即外源ABA增强而生长素却抑制蔗糖的吸收。质膜上活性运输体是激素调节质外体装卸中的对象。激素调节卸载的其他潜在位点包括液泡膜转运体、蔗糖代谢酶、壁伸展性，以及共质体卸载中胞间连丝的通透性（见下一部分）。

正如前面表明的，碳水化合物的量会影响编码光合基因和参与蔗糖水解基因的表达，许多基因都会对糖的匮乏和过量作出反应（Koch，1996；Sivitz et al.，2008）。因此，不仅是韧皮部中被转运的蔗糖，而且蔗糖及其代谢产物也可作为信号分子修饰源和库的活性。正如前面述及，通过木质部给甜菜源叶施加外源蔗糖，蔗糖-H^+同向转运体的mRNA会减少。这种降低伴随着从叶中分离的质膜小泡中的同向转运体失活。该工作模式包括以下步骤：

（1）库需求降低导致维管组织中蔗糖水平很高。

（2）高的蔗糖含量导致源中同向转运体的下调。

（3）装载水平的降低导致了源中蔗糖浓度升高。

源中蔗糖浓度的提高可导致光合速率降得比较低（参见Web Topic 10.11）。用蔗糖-H^+同向转运体SUT1的反义DNA转化植株，源叶中淀粉含量升高，同样也支持了该模式（Hackel et al.，2006）。已经证实，糖和其他代谢产物与激素信号互作，控制和整合植物许多过程（Hammond and White，2008）。源-库系统中的一些基因对糖和激素信号都可作出应答反应。

 10.9.2 韧皮部中蛋白质和RNA作为信号分子调节生长和发育

人们很久以前就知道：病毒能以蛋白质核酸复合体或者以完整的病毒颗粒形式在韧皮部移动。最近，在韧皮部汁液中发现了内源RNA分子和蛋白质，这其中至少有一部分可以作为信号分子或者能产生韧皮部可移动信号。

一个大分子要想被认为在植物中具有信号转导作用，必须满足以下几个重要的标准（Oparka and Santa，2000）：

（1）在韧皮部中，大分子必须能从源移动到库。

（2）在库组织中，大分子必须能离开筛分子-伴胞复合体，或能触发第二信使的形成，进而把信息传递给韧皮部周围的库组织，也就是说，它能起始一个信号级联途径。

（3）最重要的也许是大分子必须能够修饰库中特定细胞的功能。

韧皮部各种各样的大分子如何满足这些标准的呢？

伴胞中合成的蛋白质能通过连接两种细胞的胞间连

丝进入筛分子，蛋白质也可通过转运流从源到库移动，如蛋白质从伴胞到筛分子的被动运输已经在拟南芥和烟草中被证实。将水母绿色荧光蛋白（GFP）基因在拟南芥*SUC2*启动子控制下转化拟南芥，由于SUC2蔗糖-H^+同向转运体在伴胞内合成，所以在其启动子控制下表达的GFP蛋白也在伴胞中合成。GFP在受到蓝光激发后会发出荧光而被定位，发现GFP蛋白在源叶的伴胞中穿过胞间连丝进入筛分子（图10.23 A），并在韧皮部中迁移进入库组织。然而，只有自由的GFP能通过共质途径进入根的库组织（图10.23B；Stadler et al.，2005）。事实上，还没有证据表明蛋白质可以从筛分子-伴胞复合体外的细胞进入到源的韧皮部或者从韧皮部移动到筛分子-伴胞复合物外的库组织。然而却发现蛋白质的韧皮部运输能改变细胞的功能，暗示一些信号分子或是蛋白本身在筛分子-伴胞复合体和源库的周围组织间移动。如FLOWERING LOCUS（FT）蛋白是开花启动中的重要成分，能够从源叶向顶端移动，并在合适的条件在顶端诱导开花（见第25章）。

图10.23　基因*SUC2*启动子控制GFP表达的转基因拟南芥植株中源叶和库叶中的GFP荧光，表明GFP荧光从伴胞通过胞间连丝迁移入源叶的筛分子，然后又进入周围库叶的叶肉细胞。A. 正如叶脉中明亮的荧光所显示，GFP蛋白在伴胞中合成并移动到源的筛分子中。B. 自由GFP蛋白被运输到库叶并移动到周围的叶肉中。因为GFP进入到了周围组织，叶脉不再清晰，GFP荧光更加弥散。尽管A图源叶和B图的库叶看上去一样大，但实际上源叶要大得多，如图中标尺所示，A图和B图的比例是不一样的（引自Stadler et al.，2005）。

韧皮部运输的RNA由内源mRNA、病原体RNA及基因沉默相关的小RNA组成（见第2章）。其中大部分RNA是以RNA和蛋白质复合体（RNP）的形式在韧皮部运输的（Gomez et al.，2005；Kehr and BUhtz，2008）。正如韧皮部的蛋白质一样，也没有直接的证据表明韧皮部中的RNA能够在筛分子-伴胞复合体和周围组织间移动。然而，运输到韧皮部的RNA分子能够引起库中的改变。例如，一个赤霉素反应调节子（GAI）的mRNA被定位在南瓜（*Cucurbita pepo*）筛分子和伴胞中，并且存在于韧皮部汁液中。若将该调节子基因突变后转化番茄，发现转基因植株矮小且呈暗绿色。突变的调节子mRNA在转基因植株中定位于筛分子，而且这些mRNA可以通过嫁接部位进入野生型番茄的接穗，并在顶端组织被卸载。结果，在野生型新生长的接穗中产生出突变体表型（Hawood et al.，2005）。

关于这个题目更多的内容参见Web Topic 10.12。

胞间连丝在信号转导中的作用　韧皮部转运的各个方面几乎都涉及胞间连丝，从装载到长距离运输（筛域和筛板中的孔是修饰过的胞间连丝）再到分配和分割。那么，胞间连丝在韧皮部大分子信号转导中起什么作用呢？

胞间连丝运输的机制可能是被动或选择性被调控的。一个分子被动运输时，它一定小于胞间连丝的分子排除限（size exclusion limit，SEL）。正如前文所述，GFP可以通过胞间连丝被动运输。相反，当一个分子以选择性形式转运时，它一定有一个运输信号或以其他某种方式定位进胞间连丝。病毒运动蛋白和发育转录因子的运输可能就是通过选择性机制进行的。大量实验表明，病毒运动蛋白直接与胞间连丝作用以使得病毒基因组在细胞间运输。病毒运动蛋白利用细胞内源蛋白定位于胞间连丝，一旦到达胞间连丝，运动蛋白和（或）细胞蛋白就会使胞间连丝的SEL增大，从而使病毒基因组在细胞间运输。那些被病毒蛋白利用的内源蛋白有可能在细胞本身内源大分子的穿胞间连丝运输中具有相同的作用（见Web Topic 10.12）。

这里利用植物生理学家将继续关注的研究主题来结束本章：内源RNA和蛋白质信号运输如何调控生长发育；促进信号物质通过胞间连丝运输的蛋白质的本质；与集流相对照，定位信号到特异库的可能性。本章也提到了许多其他潜在的研究领域，如裸子植物中韧皮部转运的机制、韧皮部装载的其他模型存在的可能性以及韧皮部卸载的本质。正如科学研究中经常出现的那样，一个问题的解决往往会带来更多的疑问。

小结

韧皮部运输是光合产物由成熟叶片到生长和贮藏区的运动。在源和库之间韧皮部还传递化学信号，并在整个植物体内重新分配水分和其他多种化合物。

转运途径

· 糖和其他有机成分通过韧皮部筛分子被运输到植物体全身各处（图10.1~图10.3）。

・生长发育期，筛分子失去许多细胞器，仅保留质膜和修饰过的线粒体、质体及平滑内质网（图10.3和图10.4）。

・筛分子通过其细胞壁上的孔相互连接（图10.5）。

・裸子植物滑面内质网覆盖着筛域而且通过筛孔相连贯（图10.6和表10.1）。

・P蛋白和胼胝质通过封闭损伤的韧皮部来限制液汁的流出。

・伴胞辅助将光合作用的产物运输到筛分子，也能供应蛋白质和ATP给筛分子（图10.3、图10.4和图10.7）。

转运模式：源到库

・重力不是限制韧皮部运输的因素。液汁可以从源到库运输，而这个过程可能是非常复杂的（图10.8）。

韧皮部中转运的物质

・液汁的组成是一定的，非还原性糖是主要的转运分子（表10.2和图10.9）。

・转运的液汁包括蛋白质，许多是与胁迫和防御反应相关的蛋白质。

移动速度

・韧皮部转运速度非常高，超过长距离扩散的速度。

压力流动模型，韧皮部运输的被动机制

・压力流动模型表明韧皮部运输是由源到库之间产生的渗透压力梯度驱动的集流。

・源的装载和库的卸载产生的压力梯度确立了一个长距离的被动集流的压力梯度（图10.10~图10.12）。

・筛板产生的阻力维持源和库之间的筛分子中压力梯度。

韧皮部装载

・源中糖的输出包括光合产物的分配、短距离运输和韧皮部装载。

・韧皮部装载有共质体和质外体的两种途径（图10.13和图10.14）。

・质外体途径中蔗糖被主动运输到筛分子-伴胞复合体中（图10.15和图10.16）。

・多聚体-陷阱模型表明居间细胞合成蔗糖多聚体。大寡聚糖仅能在筛分子中运输（图10.17）。

・质外体和共质体装载途径有自己的特征（表10.3）。

韧皮部卸载和库到源的转变

・输出糖进入库主要包括韧皮部卸载、短距离运输及储存/代谢。

・韧皮部卸载和短距离运输在不同库中可能以质外体或者共质体途径进行（图10.18）。

・转运到库组织的过程是依赖能量的。

・输入停止和输出启动是相对独立的，从库到源是逐步转变的（图10.19和图10.20）。

・库到源运输需要许多条件，如蔗糖-H^+转运体的表达和定位（图10.21）。

光合作用产物的分配和分割

・源叶中的分配包括储藏、代谢利用及转运复合物的合成。

・分配的调节必须控制固定的碳分布到卡尔文循环、淀粉和蔗糖的合成中（图10.22）

・各种物理和生理的信号分子参与不同库中的资源分割。

・竞争光合作用产物时，库的强度依赖库的大小和活性。

・相应于变化的环境，瞬时环境改变可使不同库中光合作用产物分布改变，而长期的环境改变则发生在源的代谢过程中，改变光合作用产物可被运输的量。

信号分子的传递

・膨压、细胞分裂素、赤霉素和脱落酸在协调库和源间扮演信号分子的角色。

・蛋白质分子在源叶中从伴胞运输到筛分子，再从韧皮部运到库叶（图10.23）。

・在韧皮部转运的蛋白质和RNA可以改变细胞的功能。

・胞间连丝分子排除限的改变控制何种物质可以通过胞间连丝。

（赵孝亮　白　玲　译）

WEB MATERIAL

Web Topics

10.1 Sieve Elements as the Transport Cells between Sources and Sinks
Various methods demonstrate that sugar is tranported in the sieve elements of the phloem; anatomical and developmental factors affect the basic source to sink pattern of transport.

10.2 An Additional Mechanism for Blocking Wounded Sieve Elements in the Legume Family
Protein bodies rapidly disperse and block legume sieve tubes following wounding.

10.3 Sampling Phloem Sap
Exudation from wounds and from severed aphid stylets yield sufficient phloem sap for analysis.

10.4 Nitrogen Transport in the Phloem

Soybean is an economically important species widely studied in terms of nitrogen transport in the phloem.

10.5 Monitoring Traffic on the Sugar Freeway: Sugar Transport Rates in the Phloem

A variety of techniques measure mass transfer rate in the phloem, the dry weight moving through a cross-sectional area of sieve elements per unit time.

10.6 Alternative Views of Pressure Gradient in Sieve Elements: Large or Small Gradients?

Some mathematical models suggest that the pressure gradient in the sieve elements of angiosperms is small.

10.7 Experiments on Phloem Loading

Evidence exists for apoplastic loading of sieve elements in some species and for symplastic loading (polymer trapping) in others. While active carriers have been identified and characterized for some substances entering the phloem, other substances may enter sieve elements passively.

10.8 Experiments on Phloem Unloading

Apoplastic unloading varies in its energy requirements and in the role of the cell-wall invertase.

10.9 Allocation in Source Leaves: The Balance between Starch and Sucrose Synthesis

Experiments with mutants and transgenic plants reveal flexibility in the regulation of starch and sucrose synthesis in source leaves.

10.10 Partitioning: The Role of Sucrose-Metabolizing Enzymes in Sinks

Increases in cell-wall invertase activity can enhance transport to a sink, while decreases in activity can inhibit transport to the sink.

10.11 Possible Mechanisms Linking Sink Demand and Photosynthetic Rate in Starch Storers

Photosynthate accumulation decreases the photosynthetic rate.

10.12 Proteins and RNAs: Signal Molecules in the Phloem

Proteins are transported between companion cells and sieve elements and travel in sieve elements between sources and sinks. Some proteins can modify cellular functions in the sinks. Little evidence exists for a movement of proteins outside the companion cells.

第11章 呼吸作用与脂代谢

光合作用所产生的有机物是植物（和几乎所有其他有机体）赖以生存的物质基础。而呼吸作用就是在调控下，这些有机碳化合物通过分解代谢，释放出细胞所能利用的能量，同时也为细胞的生物合成提供许多含碳的前体物质。

本章一开始我们将综合讨论呼吸作用中的分解代谢途径，并着重讨论这些途径之间的相互联系，以及在植物细胞中所专有的特性。我们也将结合近年来植物线粒体的生物化学和分子生物学的研究进展，更加深入地讨论植物的呼吸作用。随后，我们将讨论脂生物合成的有关途径，这些油脂是许多植物贮存能量和碳的形式；同时也要阐述脂合成与生物膜特性的关系。最后，我们将讨论在贮脂种子萌发时，脂类的分解代谢及其降解产物转化为糖类物质的过程。

11.1 植物的呼吸作用

有氧（需氧）呼吸是几乎所有真核生物进行生命活动的共同特征，在植物、动物及低等真核生物中，有氧呼吸作用的基本代谢途径十分相似，然而，植物的呼吸作用也有其独特的、与动物不同的代谢途径。有氧呼吸是一个受到严格调控的、有序的有机物氧化分解的生物学过程。在呼吸作用中，有机物氧化分解释放的自由能被暂时贮存在腺苷三磷酸（ATP）中，随时为植物的生长和发育提供能量。

葡萄糖是最基本的呼吸底物。对植物细胞来说，呼吸作用的底物主要是光合作用产生的蔗糖、丙糖磷酸、含果糖的多聚体（果聚糖）和其他糖类，以及由脂类（主要是三酰甘油）和有机酸转化而来的同类物质；在有些情况下，蛋白质也可以转化为呼吸作用的底物（图11.1）。

植物呼吸作用的化学本质就是含12个碳原子的蔗糖分子的氧化和12个氧分子的还原，即

$$C_{12}H_{22}O_{11}+13H_2O \longrightarrow 12CO_2+48H^++48e^-$$

$$12O_2+48H^++48e^- \longrightarrow 24H_2O$$

净反应方程式为

$$C_{12}H_{22}O_{11}+12O_2 \longrightarrow 12CO_2+11H_2O$$

该反应是光合作用的逆过程，在这一过程中，蔗糖被彻底氧化成CO_2，而氧分子作为最终的电子受体被还原为水，二者偶联构成了氧化还原体系。每氧化 1 mol（342 g）蔗糖，其标准自由能变化为–5760 kJ，这一巨大的负值使得上述反应的平衡点显著的右移，因此，蔗糖的氧化降解为一放能过程。此能量在严密调控下释放，并与ATP合成相偶联，这是植物呼吸代谢最主要的作用，当然，这绝不是呼吸代谢的唯一功能。

蔗糖氧化降解释放的能量巨大（5760 kJ/mol），如不加以控制和有效利用，就会损毁细胞的结构。因此，在植物细胞中，蔗糖氧化降解是通过一系列的生物化学反应完成的，该过程所释放的自由能也是逐步进行的。这些反应构成了 4 个主要的呼吸代谢途径：糖酵解途径、氧化戊糖磷酸途径、柠檬酸循环和氧化磷酸化。这些途径的运行并不是孤立的，而是在几个层次上通过交流代谢中间产物而相互联系和相互影响。不同的呼吸底物在不同位置进入这些途径，进行呼吸代谢，如图11.1所示。

糖酵解途径由多个酶促反应组成的反应链，这些可溶性酶类存在于胞质溶胶和质体中。蔗糖等糖类物质在这些酶的催化下发生连续的化学变化，经过己糖磷酸和

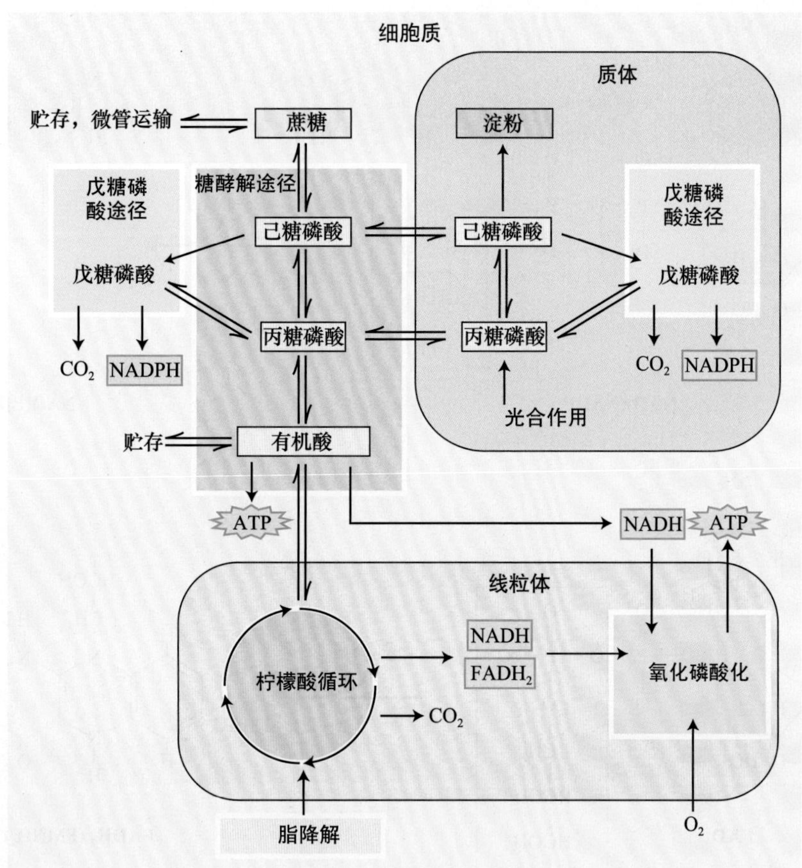

图11.1　呼吸作用。由细胞其他代谢过程产生的呼吸底物进入呼吸途径。胞质和质体中的糖酵解和氧化戊糖磷酸途径通过己糖磷酸和丙糖磷酸中间产物，将糖类转化为有机酸（如丙酮酸），产生NADH 或 NADPH 和 ATP。有机酸在线粒体内的柠檬酸循环中被氧化，产生的NADH 和 $FADH_2$ 通过氧化磷酸化的电子传递被氧化，所释放的能量驱动ATP合酶合成ATP。在糖异生作用中，脂类在乙醛酸循环中降解产生的碳源经柠檬酸循环的一系列转化，最后在胞质中逆糖酵解途径合成糖。

丙糖磷酸等中间产物最终形成某种有机酸（如丙酮酸）而被部分氧化；该过程仅释放出少量的能量用于合成ATP和产生以NADH形式存在的还原力。

氧化戊糖磷酸途径是位于胞质溶胶和质体中的另一个糖代谢途径。含6个碳原子的葡萄糖-6-磷酸首先被氧化而形成戊糖磷酸，即核酮糖-5-磷酸，失去的碳以CO_2的形式释放，还原力贮存于2分子NADPH中。在接下来的一系列接近平衡的反应中，核酮糖-5-磷酸被转化为含3~7个碳原子的一系列糖类物质。

在**柠檬酸循环**中丙酮酸被彻底氧化成CO_2。蔗糖分子所贮藏能量的绝大部分在此途径中以还原力的形式释放（相当于每摩尔蔗糖产生16 NADH+4 $FADH_2$）。除琥珀酸脱氢酶外，催化柠檬酸循环反应的酶均存在于线粒体基质的水相中。随后，我们将要谈到琥珀酸脱氢酶位于线粒体内膜的内表面上。

在**氧化磷酸化**作用中，位于线粒体内膜上的一系列电子传递蛋白组成的电子传递链负责电子的转运；在糖酵解、氧化戊糖磷酸途径和柠檬酸循环中产生的NADH（NADPH和$FADH_2$）中的电子沿着电子传递链传递给分子氧。在此电子传递过程中释放出大量的自由能，其中大部分能量与ATP的合成相偶联，位于线粒体内膜上的ATP合酶利用这些能量催化ADP 和 P_i（无机磷酸）结合生成ATP。因此，人们把这种与电子传递链上的氧化还原反应相偶联的ATP 合成称为氧化磷酸化。

烟酰胺腺嘌呤二核苷酸（NAD^+/NADH）是许多氧化还原酶的有机辅助因子（辅酶）。NAD^+是该辅酶的氧化形式，它以可逆的方式接受2个电子生成NADH（图11.2）：

$$NAD^+ + 2e^- + H^+ \longrightarrow NADH$$

该氧化还原电对的标准还原电势大约是–320 mV，因而NADH是一个相当强的还原剂（也就是电子供体）。因此，呼吸底物在糖酵解和柠檬酸循环的逐步氧化过程中释放的电子主要被NAD^+接受，所释放的自由能就以电子势能的形式暂时贮存在NADH分子中。

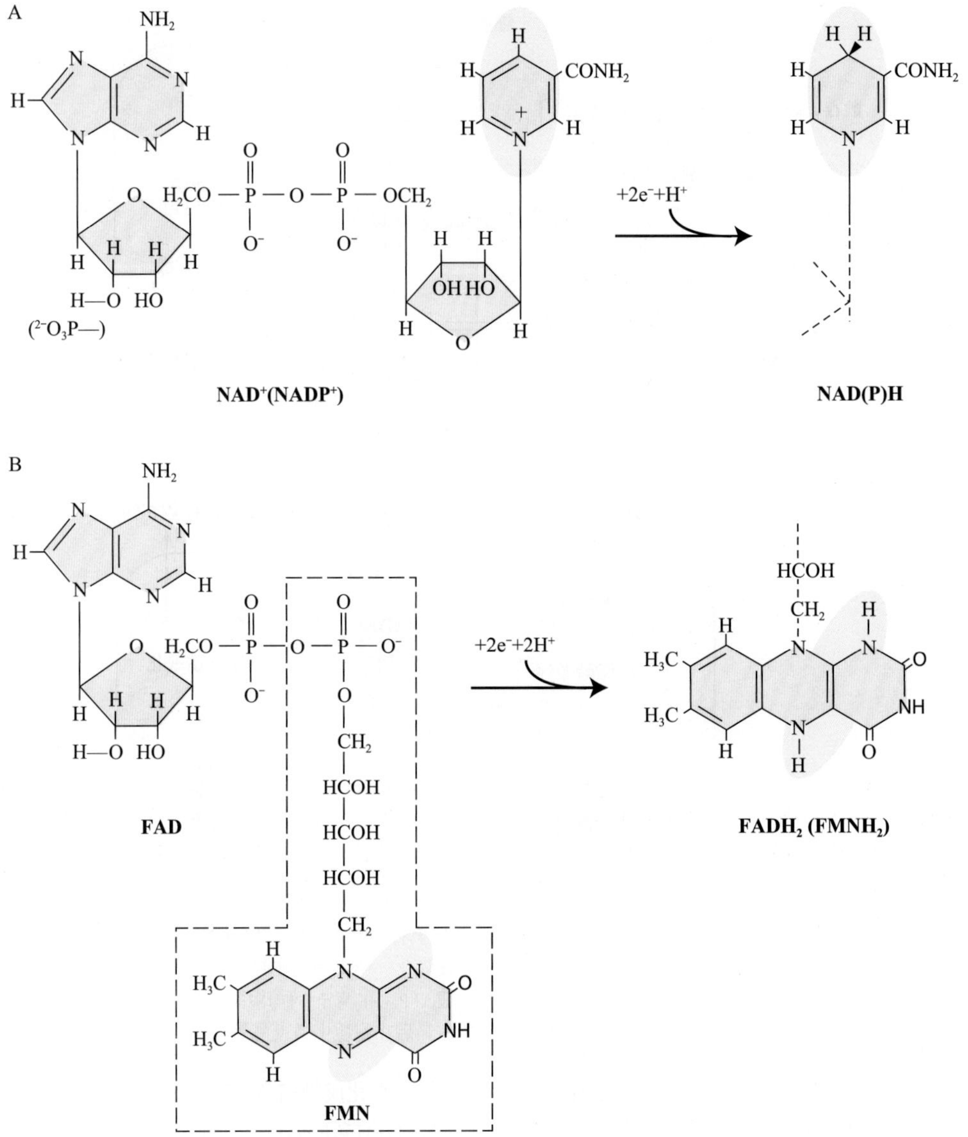

图11.2　参与呼吸作用的主要电子传递辅助因子的结构和反应。A. NAD（P）$^+$还原为 NAD（P）H。NAD^+分子中的一个氢原子被一个磷酸基团取代而形成 $NADP^+$。B. FAD 还原为 $FADH_2$，虚线框中为 F M N 的结构，蓝色阴影区域为发生氧化还原反应的部分。

与此相近的另一个化合物烟酰胺腺嘌呤二核苷酸磷酸（$NADP^+$ / NADPH）也是代谢作用的电子载体，它在光合作用的氧化还原反应（见第7章和第8章）和戊糖磷酸途径的氧化反应中起作用；线粒体中的一些代谢过程也需要$NADP^+$ / NADPH的参与（Møller and Rasmusson，1998），有关问题将在后面相关内容中讨论。

通过电子传递链NADH被分子氧所氧化，此过程中释放的自由能（220 kJ/mol）可大约合成60个ATP（其中的细节问题随后讨论）。如果将蔗糖的氧化反应和ATP的合成反应偶联起来，就能更完整地理解呼吸作用及其在细胞能量代谢中的作用：

$$C_{12}H_{22}O_{11}+12O_2 \longrightarrow 12CO_2+11H_2O$$

$$60ADP+60P_i \longrightarrow 60ATP+60H_2O$$

需要注意的是，进入呼吸代谢途径的代谢底物并不是全部被氧化成CO_2，呼吸代谢途径中的许多中间产物又是许多其他代谢途径的起点，如氮同化为有机物质的途径、合成核苷酸的途径和脂类物质的合成途径，以及许多其他途径。

11.1.1　糖酵解

在糖酵解的前几步反应中，糖类转变为己糖磷酸，然后裂解成2分子的丙糖磷酸。在随后的储能反应中，每个丙糖磷酸经脱氢氧化和分子重排等反应，最终形成

一个有机酸，即丙酮酸。总的来说糖类物质经糖酵解形成柠檬酸循环的底物——丙酮酸的同时，其分子中所贮存的化学能的一小部分被转换为ATP和NADH的形式。

在缺氧条件下（如在水淹的土壤中，植物的根就处于缺氧条件），糖酵解可能是细胞获取能量的主要途径。在这种情况下，胞质中就会进行发酵代谢，丙酮酸被NADH还原，使得糖酵解途径中产生的NADH被氧化为NAD^+，从而实现NAD^+的循环使用，保证糖酵解途径的持续进行，为细胞的生命活动源源不断地提供能量。在这一部分，我们先讨论糖酵解和发酵途径，并强调植物细胞中这些途径的特殊之处。接下来讨论植物细胞中氧化糖类物质的另一个途径——戊糖磷酸途径。

1. 多种来源的碳水化合物可进入糖酵解途径进行代谢

糖酵解是所有的有机体（原核生物和真核生物）的代谢途径。在植物和动物细胞中这一途径的基本反应大致相同（图11.3）。然而，植物细胞中的糖酵解途径有其独特性，首先某些反应的调节方式与动物细胞不同，其次某些反应在质体和胞质中同时存在，而且胞质的某些反应存在交替酶路径。

在动物细胞中，糖酵解途径的代谢底物是葡萄糖，终产物是丙酮酸。由于蔗糖是许多植物的主要转运糖，因此是许多非光合组织有机碳来源的主要形式，所以蔗糖（不是葡萄糖）被认为是植物呼吸作用的真正糖类底物。除丙酮酸外，苹果酸是植物糖酵解的另一个终产物。

在糖酵解的起始反应中，蔗糖分解为葡萄糖和果糖两个单糖，二者随时可以进入糖酵解途径。已知在植物体中存在两个裂解蔗糖的途径：转化酶途径和蔗糖合酶途径，这两个途径都参与了蔗糖从韧皮部的卸载（见第10章）。

转化酶位于某些组织的细胞壁、液泡或胞液中，它催化蔗糖直接水解，产生两个己糖（葡萄糖和果糖）。然后，在己糖激酶催化下，消耗ATP，两个己糖被磷酸化，形成己糖磷酸。胞质溶胶中的蔗糖合酶催化蔗糖与UDP反应，产生果糖和UDP-葡萄糖（UDPG），而后在UDPG焦磷酸化酶的作用下，UDPG和焦磷酸（PP_i）反应产生UTP和葡萄糖 6 -磷酸（图11.3）。蔗糖合酶所催化的蔗糖降解接近平衡，然而转化酶催化的反应却是不可逆的，这有利于驱动代谢反应的正向进行。一般来说，在碳水化合物主要进行呼吸代谢的组织中，转化酶所催化的蔗糖水解起主导作用；而在利用单糖合成多糖的组织中，蔗糖合酶起主导作用。

质体中存在着不完整的糖酵解途径，这些反应的产物既可用于质体中的生物合成，也可以进入细胞质进行糖酵解。淀粉仅在质体中合成和分解，而淀粉的降解产物（如夜间在叶绿体中进行的降解反应）主要以葡萄糖的形式进入胞液的糖酵解途径（见第8章）。在光照下，光合作用的产物也能以丙糖磷酸的形式直接进入糖酵解途径（Hoefnagel et al.，1998）。因此，糖酵解途径的最初几步反应具有收集效应，在不同生理状态下，不同来源的糖类物质，均可进入糖酵解途径进行代谢。

在糖酵解的起始阶段，每个己糖经两次磷酸化，裂解产生 2 分子丙糖磷酸。如果以蔗糖为代谢底物，此阶段消耗2~4个ATP，具体的数目取决于蔗糖的裂解是由转化酶催化还是由蔗糖合酶催化。糖酵解的起始阶段还包含糖酵解途径中三个重要的不可逆反应中的两个，分别由己糖激酶和果糖磷酸激酶催化（图11.3）。随后我们就会讨论无论是在动物还是植物细胞中，果糖磷酸激酶催化的反应是糖酵解途径中的重要调控点之一。

2. 糖酵解途径的放能阶段提供可用能量

上面讨论了不同来源的糖类物质转变为丙糖磷酸的反应，而甘油醛-3-磷酸的形成标志着糖酵解途径放能阶段的开始。甘油醛-3-磷酸脱氢酶催化下，甘油醛-3-磷酸分子中的醛基被氧化为羧基，同时将NAD^+还原为NADH。在此反应中，醛基氧化释放的能量足以驱动甘油醛-3-磷酸发生磷酸化（用无机磷酸）而形成1，3-二磷酸甘油酸；1，3-二磷酸甘油酸分子第一位碳原子上的酰基磷酸具有极高的水解自由能变化（$\Delta G^{0\prime}$为−49.3 kJ/mol），因此该化合物是一个很强的磷酸基团供体。

接下来，在磷酸甘油酸激酶催化下，1，3-二磷酸甘油酸的酰基磷酸上的磷酸基团转移给ADP，生成ATP和3-磷酸甘油酸。每个蔗糖分子进入糖酵解途径后，在该反应中可产生4个ATP，即每分子1，3-二磷酸甘油酸的磷酸基团转移就产生1分子ATP。

在上面的反应中，磷酸基团直接从底物分子上转移给ADP而形成ATP，传统上人们把这种ATP合成方式称为**底物水平磷酸化（substrate-level phosphorylation）**。底物水平磷酸化合成ATP的分子机制完全不同于由ATP合酶所催化的ATP合成，ATP合酶的作用在线粒体的氧化磷酸化（将在本章后面介绍）和叶绿体中的光合磷酸化（见第 7 章）中讨论。

在接下来的两步反应中，首先，3-磷酸甘油酸上的磷酸基团转移到C_2上，随即脱去 1 分子水，生成磷酸烯醇式丙酮酸（phosphoenolpyruvate，PEP）。PEP分子中的磷酸基团的水解自由能（$\Delta G^{0\prime}$）很高（− 61.9 kJ/mol），这使得PEP成为一个极好的ATP合成的磷酸供体。最后丙酮酸激酶以PEP为底物，催化糖酵解途径中的第二个底物水平磷酸化反应，产生ATP和丙酮酸，这一步反应是糖酵解途径中第三个重要的不可逆反应。蔗糖分子经

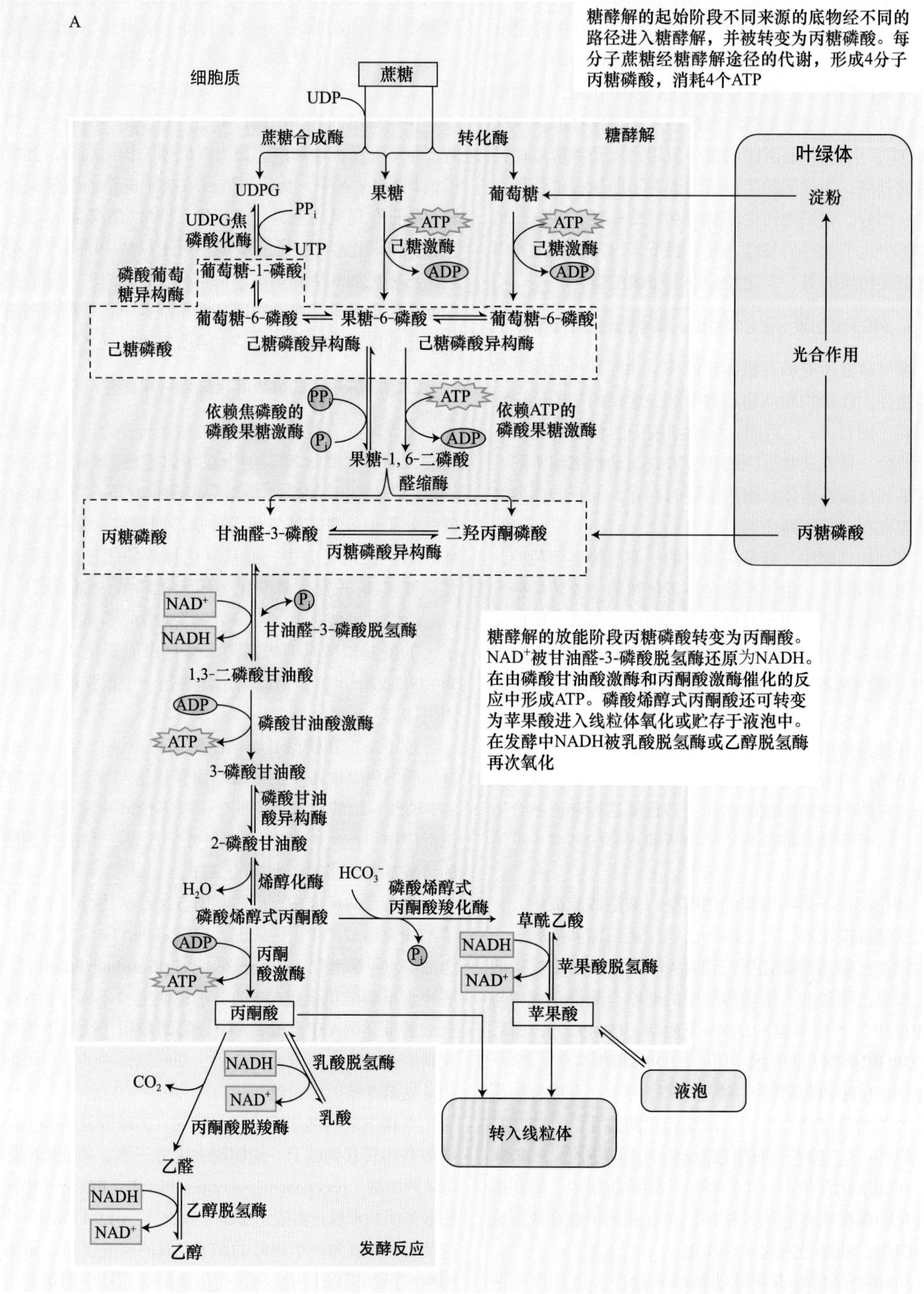

A

糖酵解的起始阶段不同来源的底物经不同的路径进入糖酵解，并被转变为丙糖磷酸。每分子蔗糖经糖酵解途径的代谢，形成4分子丙糖磷酸，消耗4个ATP

细胞质
蔗糖
UDP
蔗糖合成酶
转化酶
糖酵解
叶绿体
UDPG
果糖
葡萄糖
淀粉
PP_i
UDPG焦磷酸化酶
UTP
ATP
己糖激酶
ADP
ATP
己糖激酶
ADP
磷酸葡萄糖异构酶
葡萄糖-1-磷酸
葡萄糖-6-磷酸
果糖-6-磷酸
葡萄糖-6-磷酸
己糖磷酸
己糖磷酸异构酶
己糖磷酸异构酶
光合作用
PP_i
依赖焦磷酸的磷酸果糖激酶
P_i
ATP
依赖ATP的磷酸果糖激酶
ADP
果糖-1, 6-二磷酸
醛缩酶
丙糖磷酸
甘油醛-3-磷酸
二羟丙酮磷酸
丙糖磷酸异构酶
丙糖磷酸
NAD^+
P_i
NADH
甘油醛-3-磷酸脱氢酶
1,3-二磷酸甘油酸
ADP
磷酸甘油酸激酶
ATP
3-磷酸甘油酸
磷酸甘油酸异构酶
2-磷酸甘油酸
烯醇化酶
H_2O
HCO_3^-
磷酸烯醇式丙酮酸羧化酶
磷酸烯醇式丙酮酸
草酰乙酸
P_i
ADP
丙酮酸激酶
NADH
苹果酸脱氢酶
ATP
NAD^+
丙酮酸
苹果酸
NADH
乳酸脱氢酶
CO_2
NAD^+
液泡
乳酸
丙酮酸脱羧酶
转入线粒体
乙醛
NADH
乙醇脱氢酶
NAD^+
乙醇
发酵反应

糖酵解的放能阶段丙糖磷酸转变为丙酮酸。NAD^+被甘油醛-3-磷酸脱氢酶还原为NADH。在由磷酸甘油酸激酶和丙酮酸激酶催化的反应中形成ATP。磷酸烯醇式丙酮酸还可转变为苹果酸进入线粒体氧化或贮存于液泡中。在发酵中NADH被乳酸脱氢酶或乙醇脱氢酶再次氧化

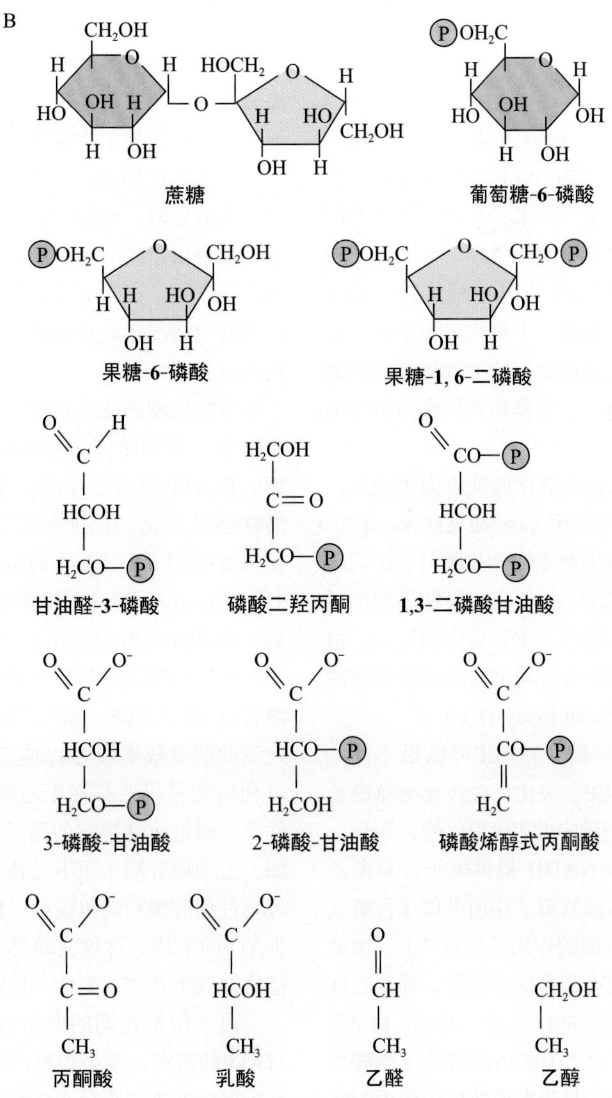

图11.3 植物中的糖酵解和发酵反应。A. 蔗糖通过己糖磷酸和丙糖磷酸氧化成丙酮酸是糖酵解的基本途经，但植物的糖酵解途经存在交替反应。经测定，图中所示的酶在细胞中的活性水平足以维持呼吸代谢快速进行，以满足整个植物组织的生命活动，并且，活体植物的糖酵解途径的流通量也已测定。双箭头表示可逆反应，单箭头表示重要的不可逆反应。B. 中间产物的结构。P代表磷酸基团。

糖酵解途径的代谢就净产生了4分子的ATP。

3. 植物中的交替糖酵解反应

从葡萄糖到丙酮酸的代谢反应存在于所有有机体中，行使了糖酵解的功能。另外，有机体中糖酵解途径还可逆向进行，即从有机酸开始逆糖酵解途径而行，合成葡萄糖等糖类物质，这个过程就是**糖异生作用**（**gluconeogenesis**）。

有些植物种子（如蓖麻、向日葵等）中的碳主要以油（三酰甘油）的形式贮存，糖异生作用对这些植物种子的萌发非常重要。种子萌发后，通过糖异生作用将油脂转变为蔗糖，以维持幼苗的生长。在糖酵解的起始阶段或糖异生作用的最后阶段，其酶促反应与第 8 章描述的光合作用从丙糖磷酸合成蔗糖的途径相一致，这是植物物质转化所特有的方式。

在糖酵解途径中，由依赖ATP的磷酸果糖激酶催化的反应是不可逆的（图11.3），所以在糖异生作用中该步反应的逆转是由果糖-1，6-二磷酸酯酶催化，使果糖-1，6-二磷酸转变为果糖-6-磷酸和P_i。因此，无论在植物还是动物体中，由依赖ATP的磷酸果糖激酶和果糖 -1，6-二磷酸酯酶催化的反应就成了碳源流向的重要控制位点。在植物的光合作用中，蔗糖的合成也存在同样的调控（见第 8 章）。

然而，在植物细胞中，果糖-6-磷酸和果糖-1，6-二磷酸之间的相互转化还可以被另一个酶，即依赖焦磷酸的磷酸果糖激酶（焦磷酸：果糖-6-磷酸 1-磷酸转移酶）催化，该酶存在于细胞质中，催化下面的可逆反应（图11.3）：

$$果糖\text{-}6\text{-}P + PP_i \longleftrightarrow 果糖\text{-}1，6\text{-}二磷酸 + P_i$$

这里-P代表结合态磷酸。研究表明，在植物细胞质中，该酶的活性水平高于依赖ATP的磷酸果糖激酶（Kruger，1997），通过转基因技术，在马铃薯中抑制该酶的基因表达，会明显降低糖酵解效率，但并不影响植物的正常生长，这就表明可能有其他酶代替它的功能。不同的途径功能相近，而且一个替代另一个时，其生理功能也没有明显的丧失或改变，这种现象称为**代谢冗余（metabolic redundancy）**，它是植物代谢所特有的现象。

由依赖PP_i的磷酸果糖激酶催化的反应为可逆的，但在蔗糖的合成中并不起主要作用（Dennis and Blakely，2000）。与依赖ATP的磷酸果糖激酶和果糖-1，6-二磷酸酯酶的活性调节相同，依赖PP_i的磷酸果糖激酶的活性被细胞代谢的动态变化所调节（本章后面讨论），由此可以看出，植物可以根据生存环境的变化而以独特的方式运行糖酵解途径（参见Web Essay 11.1）。

在植物体中，糖酵解后期产物PEP可以沿不同的途径进行代谢。其一就是PEP经羧化反应转化为草酰乙酸，催化这一反应的酶是胞质中的PEP羧化酶；而后，在苹果酸脱氢酶催化下，由NADH提供电子，草酰乙酸被还原为苹果酸；苹果酸脱氢酶的作用类似于发酵代谢中乳酸脱氢酶或乙醇脱氢酶的作用（图11.3）。由此产生的苹果酸被输送到液泡或线粒体中贮存，在线粒体中苹果酸亦可进入柠檬酸循环进行代谢。因此，PEP经丙酮酸激酶或PEP羧化酶催化产生的丙酮酸或苹果酸均可进入线粒体进行呼吸代谢，尽管在多数组织中丙酮酸为主要产物。

4. 缺氧条件下，发酵作用重新产生糖酵解需要的NAD^+

在缺氧条件下，氧化磷酸化不能发挥作用。由于在细胞中NAD^+的量是有限的，一旦所有的NAD^+都处于还原状态（NADH），甘油醛3-磷酸脱氢酶的催化作用就会被迫停止，因而糖酵解途径也就不能继续进行。为了克服这一制约，植物和其他有机体通过一种或多种形式的**发酵代谢（fermentation）**来进一步代谢丙酮酸（图11.3）。

尽管了解得更清楚的是啤酒酵母中的乙醇发酵，但在植物细胞中乙醇发酵代谢也很普遍。丙酮酸脱羧酶和乙醇脱氢酶这两种酶先后发挥作用，将丙酮酸转化为乙醇，释放出CO_2，并将NADH氧化。在乳酸发酵中（常见于人类的肌肉细胞中，但在植物中也有发现），乳酸脱氢酶利用NADH还原丙酮酸为乳酸，重新产生NAD^+。

在某些条件下，植物组织遭到了低氧或无氧的环境，被迫进行发酵代谢。研究得最清楚的是，当受到水淹或涝灾时，氧气向土壤中的扩散几乎被完全限制，从而导致根组织处于缺氧状态。

当玉米的根部处于缺氧状态时，初期阶段，根组织进行乳酸发酵，而随后就会进行乙醇发酵以适应缺氧状态。这是由于乙醇可以迅速扩散到细胞外，是一个低毒的末端产物。而乳酸在细胞中积累，加速胞质酸化。在许多其他情况造成缺氧时，植物会通过某种形式的发酵代谢而生存。

发酵代谢的能量利用效率也是一个很重要的问题。在这里，我们把能量利用效率定义为每代谢1分子蔗糖，以ATP形式贮存的能量与1分子蔗糖完全氧化的潜在能量之比。蔗糖彻底氧化为CO_2的标准自由能变化（$\Delta G^{0\prime}$）是 −5760 kJ/mol，ATP 合成的$\Delta G^{0\prime}$值为 32 kJ/mol。然而动植物细胞中的环境都是非标准状态，合成ATP所需自由能大约是50 kJ/mol。

正常情况下，每分子蔗糖经糖酵解转化为丙酮酸，净合成4分子ATP，如果乙醇或乳酸为终产物，则发酵代谢的能量效率仅为4%左右。而蔗糖分子的绝大部分可利用能量仍然存在于乙醇或乳酸分子中。在缺氧条件下，通过改变酵解的路径就可以提高ATP的产率，例如，由蔗糖合酶（而不是转化酶）催化蔗糖的裂解，就可绕过糖酵解初期阶段的已糖激酶所催化的反应，而减少ATP的消耗。这种变动更加凸显了代谢的能量效率对植物缺氧生存之重要性（见Web Essay 11.1）。

由于酵解代谢的能量效率较低，为满足细胞生存对ATP的需求，就必须提高碳水化合物的降解速率。提高糖酵解速率的途径有两个，一是改变糖酵解途径中间产物浓度；二是提高糖酵解和发酵作用所需酶类基因的表达水平。法国微生物学家Louis Pasteur首先发现，当酵母细胞从有氧转到无氧条件下进行乙醇发酵时，糖酵解速率迅速提高，人们把这一现象称为巴斯德效应（Pasteur effect）。

与发酵代谢形成鲜明对比，在有氧呼吸中，糖酵解产生的丙酮酸在线粒体中被进一步氧化，从而更加有效地利用了蔗糖分子中的潜在自由能。

5. 植物糖酵解途径受到自身产物的调控

在活体内，植物糖酵解途径受果糖-6-磷酸的磷酸化水平（即果糖-1，6-二磷酸的浓度）和PEP周转速率的控制；与动物的糖酵解途径调控不同，AMP和ATP不是植物的磷酸果糖激酶和丙酮酸激酶的主要效应因子。在植物细胞中，PEP是依赖ATP的磷酸果糖激酶的一个十分有效的抑制剂，胞质中PEP的浓度高低能够更加有效地调节糖酵解的速率。

此外，P_i是磷酸果糖激酶的激活剂，它能有效地降低PEP对磷酸果糖激酶的抑制，因此，胞质中PEP和P_i浓度的相对高低就成为控制糖酵解进行速率的关键因素。前已述及，经丙酮酸激酶和磷酸烯醇式丙酮酸羧化酶催化，PEP可以转化为丙酮酸或苹果酸（图11.3）；而苹果酸和丙酮酸均可进入三羧酸循环，因而这两个酶能够感受三羧酸循环的一些中间产物及其衍生物的浓度变化，如苹果酸、柠檬酸、α-酮戊二酸和谷氨酸盐，这两种酶活性受这些代谢物的反馈抑制。

因此，植物糖酵解的调控模式是“自下而上”的连续反馈抑制（本章后面将讨论这种调控模式），其初级调控位点是丙酮酸激酶和PEP羧化酶的活性，目的是调控细胞中PEP的浓度；接下来就是PEP对依赖于ATP的磷酸果糖激酶的活性调节（图11.3），从而控制果糖-6-磷酸到果糖-1，6-二磷酸的转化速率。而动物糖酵解途径则是“由上而下”的调控模式，初级调节位点是磷酸果糖激酶的活性，然后才是丙酮酸激酶活性的调节。

糖酵解途径中这种自下而上的反馈调节，对植物的生长发育有着两方面的优越性：①可以相对独立地调节通过糖酵解产生丙酮酸的速率，而不影响与其相关的其他代谢过程，如卡尔文循环、蔗糖-丙糖磷酸-淀粉的互变（Plaxton，1996）；②这种连续反馈调节还可以根据细胞对生物合成前体物的需要，将糖酵解速率调控在最适水平。

糖酵解途径的自下而上的调节可有效控制糖酵解进行的速率，和韧皮部转运等糖供给途径联合作用，共同控制细胞中糖的浓度。葡萄糖和蔗糖是两个非常有效的信号分子，植物会通过感知细胞中糖的状态，进而调整自身的生长和发育。在细胞质中已糖激酶是糖酵解途径中的一个酶，而在细胞核中它却是一个葡萄糖的受体，并应答几种植物激素调节基因的表达（Rolland et al.，2006）。

在植物细胞中，丙酮酸激酶和PEP羧化酶的作用是使PEP进行不同的代谢，这使得糖酵解途径的调控更加复杂。虽然这两个酶的活性都被类似的代谢物所抑制，但是在某些情况下，PEP羧化酶的作用使PEP绕过丙酮酸而直接形成苹果酸，继而进入线粒体的柠檬酸循环进行代谢。

另外，通过对转基因植物研究，也证实了PEP代谢多样性对植物生长的重要性。通过转基因技术，使烟草叶片胞质中丙酮酸激酶的表达还不到正常水平的5%（Plaxton，1996），与野生型对照，叶片的呼吸速率与光合作用速率并未受到影响，但转基因植物的根生长明显降低。这些结果表明，丙酮酸激酶的作用对植物的生长发育也是不可或缺的，它的缺失或明显降低会对植物造成一定的伤害。

果糖-2，6-二磷酸也可以调节磷酸果糖激酶所催化的反应，但与PEP不同，它对该反应调节是双向的（详细讨论见第8章）。因此，果糖-2，6-二磷酸可调节糖类是进行呼吸代谢还是用于生物合成的配比。

糖酵解途径调节的另一个层次来自糖酵解酶位置的改变。通常认为，糖酵解的酶类都位于细胞质的胶质中，然而近来的研究表明，为满足高强度的呼吸代谢，在线粒体膜的外表面还结合着完整的糖酵解酶库。这种定位效应使得代谢底物可以从一个酶直接移动到下一个酶（称为底物通道），这样在细胞中就形成了两个独立的糖酵解，即线粒体结合的糖酵解和胞液中的糖酵解，后者就可以为其他代谢途径提供碳中间产物，且不影响丙酮酸的产量。

为深入理解糖酵解调节，需要研究代谢物浓度的动态变化。利用代谢谱分析技术，就可以大通量地快速地提取、分离和分析许多代谢物的动态变化（参见Web Essay 11.2）。

11.1.2 氧化戊糖磷酸途径

在植物细胞中，糖酵解并不是氧化降解糖类物质的唯一途径，在细胞质和质体中存在另外一个酶促反应体系，同样能够将葡萄糖氧化降解，这一酶促反应体系称为氧化戊糖磷酸途径（亦称已糖磷酸支路）（图11.4）。完成此代谢途径所需酶类在细胞质和质体中都有。在多数情况下，这一途径主要在质体中进行（Dennis et al.，1997）。

戊糖磷酸途径的前两步反应均为氧化还原反应，使6个碳原子的葡萄糖-6-磷酸发生两次脱氢氧化，转化为5个碳原子的核酮糖-5-磷酸，并以CO_2的形式脱去一个碳原子，产生2分子NADPH（不是NADH）。该途径的其余反应是把核酮糖-5-磷酸转变为糖酵解的中间产物甘油醛-3-磷酸和果糖-6-磷酸。这两个产物可进入糖酵解进行代谢，形成丙酮酸；另外，甘油醛-3-磷酸和果糖-6-磷酸还可通过糖异生途径重新产生葡萄糖-6-磷酸。我们假设6个葡萄糖-6-磷酸进行6次这一循环，其总反应式为

$$6\text{葡萄糖-6-P}+12NADP^{+}+7H_2O \longrightarrow 5\text{葡萄糖-6-P}+6CO_2+P_i+12NADPH+12H^{+}$$

净结果是一个葡萄糖6-磷酸完全氧化为CO_2（5分子被重新产生），并产生12分子的NADPH。

用^{14}C同位素标记的葡萄糖进行的示踪实验检测释放的CO_2，结果表明，10%~25%的葡萄糖是通过戊糖磷酸途径氧化降解的，而其余的主要是通过糖酵解代谢。我们将会看到，在不同的发育阶段或生存条件的变化，植物对某些特定产物的需求也会改变，戊糖磷酸途径的功能也会随之变化（Kruger and von Schaewen，2003）。

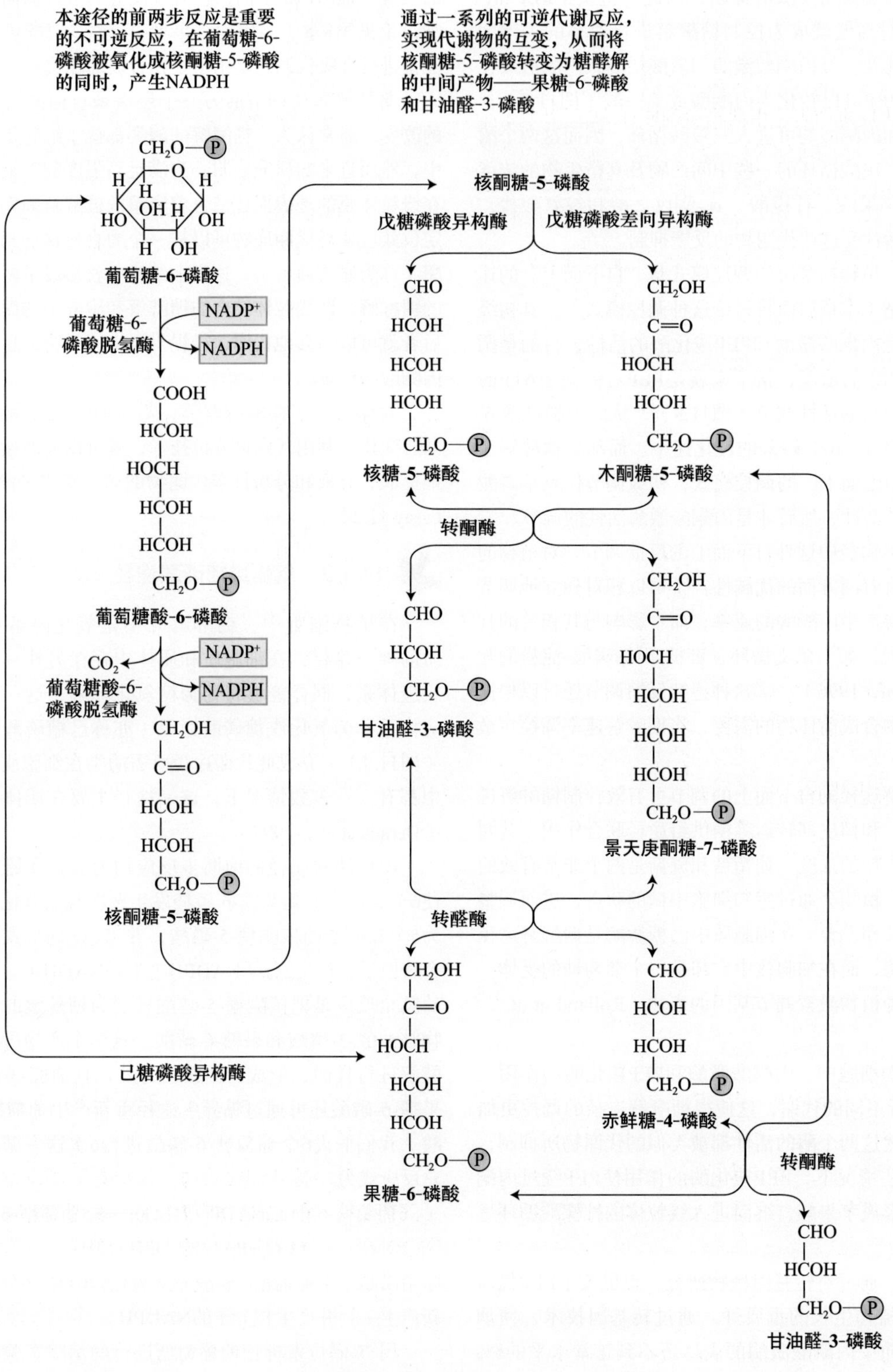

本途径的前两步反应是重要的不可逆反应，在葡萄糖-6-磷酸被氧化成核酮糖-5-磷酸的同时，产生NADPH

通过一系列的可逆代谢反应，实现代谢物的互变，从而将核酮糖-5-磷酸转变为糖酵解的中间产物——果糖-6-磷酸和甘油醛-3-磷酸

葡萄糖-6-磷酸

葡萄糖-6-磷酸脱氢酶
$NADP^+$ → NADPH

COOH
HCOH
HOCH
HCOH
HCOH
CH_2O—Ⓟ
葡萄糖酸-6-磷酸

葡萄糖酸-6-磷酸脱氢酶
$NADP^+$ → NADPH
CO_2

CH_2OH
C=O
HCOH
HCOH
CH_2O—Ⓟ
核酮糖-5-磷酸

核酮糖-5-磷酸

戊糖磷酸异构酶　戊糖磷酸差向异构酶

CHO
HCOH
HCOH
HCOH
CH_2O—Ⓟ
核糖-5-磷酸

CH_2OH
C=O
HOCH
HCOH
CH_2O—Ⓟ
木酮糖-5-磷酸

转酮酶

CHO
HCOH
CH_2O—Ⓟ
甘油醛-3-磷酸

CH_2OH
C=O
HOCH
HCOH
HCOH
HCOH
CH_2O—Ⓟ
景天庚酮糖-7-磷酸

转醛酶

CH_2OH
C=O
HOCH
HCOH
HCOH
CH_2O—Ⓟ
果糖-6-磷酸

CHO
HCOH
HCOH
CH_2O—Ⓟ
赤鲜糖-4-磷酸

转酮酶

CHO
HCOH
CH_2O—Ⓟ
甘油醛-3-磷酸

己糖磷酸异构酶

图 11.4　植物细胞中氧化戊糖磷酸途径的全部反应。最初的两步反应是十分重要的不可逆氧化反应。在缺乏光合作用时，通过这两步反应为细胞质和质体提供NADPH。该途径的下游部分均为可逆反应（由双箭头表示），因此，即使前两步氧化反应受到抑制，生物合成所需要的五碳底物仍可通过这些可逆反应提供，如光照条件下，叶绿体中就会进行这样的代谢过程。

1. 氧化戊糖磷酸途径产生NADPH和生物合成的中间产物

氧化戊糖磷酸途径在植物代谢中起着多重作用。

在细胞质中提供NADPH：NADPH由戊糖磷酸途径的两步氧化反应产生。由此产生的NADPH可以驱动生物合成途径中的还原步骤，也可以参与细胞质中的防卫反应，还可以是清除活性氧（ROS）的酶所催化反应的底物。由于在线粒体内膜的外表面存在NADPH脱氢酶，戊糖磷酸途径所产生的还原力可以通过线粒体的氧化NADPH的作用而得到平衡。因此，戊糖磷酸途径也可能参与细胞的能量代谢，即NADPH的电子可经电子传递体最终还原O_2，经氧化磷酸化作用合成ATP。

在质体中提供NADPH：在非绿色的质体中（如造粉体）和黑暗条件下行使功能的叶绿体中，所需NADPH主要由戊糖磷酸途径提供，这些NADPH用于脂类生物合成和氮同化过程。在造粉体中，由葡萄糖-6-磷酸氧化产生NADPH也可能将糖信号传递给硫氧还蛋白，并调控淀粉合成（Schürmann and Buchanan，2008）。

为生物合成提供底物：在大多数有机体内，戊糖磷酸途径产生的核糖-5-磷酸是核糖和脱氧核糖的前体，它们是合成核酸的原料；然而，在植物细胞中核糖似乎由另外一个未知的途径合成（Sharples and Fry，2007）。赤藓糖-4-磷酸是戊糖磷酸途径中另一个中间产物，它和糖酵解途径的磷酸烯醇式丙酮酸结合产物是合成植物体中许多酚类物质的前体，如芳香族氨基酸、木质素、类黄酮和植保菌素等（见第13章）。其实验证据是戊糖磷酸途径的酶可以被伤害等胁迫所诱导，在受到伤害胁迫时，植物通过合成芳香族化合物以增强和保护自身组织。

2. 氧化戊糖磷酸途径受细胞氧化还原状态调节

氧化戊糖磷酸途径中每一步反应都是由一组同工酶催化，而每组同工酶在植物的不同组织中其含量和活性调节方式有所变化。在很多情况下，由葡萄糖-6-磷酸脱氢酶催化的起始反应被细胞中$NADPH/NADP^+$的高比率所抑制。

在光照条件下，戊糖磷酸途径在叶绿体中几乎不能进行；葡萄糖-6-磷酸脱氢酶被还原失活所抑制，提供还原力的是铁氧还蛋白-硫氧还蛋白系统（见第8章）和高比率的$NADPH/NADP^+$。另外，其末端产物果糖-6-磷酸和甘油醛-3-磷酸可以由卡尔文循环合成；戊糖磷酸途径的非氧化阶段为可逆反应，其进行方向遵从质量作用定律。通过这种方式，赤藓糖-4-磷酸的合成可以保持很高的水平。在非绿色质体中，该途径中的葡萄糖-6-磷酸脱氢酶对还原型硫氧还蛋白和NADPH所引发的还原失活不敏感，因此，在光合作用缺失条件下，能够尽可能的将$NADP^+$还原，保持质体中高水平的还原势（Kruger and von Schaewen，2003）。

11.1.3　柠檬酸循环

19世纪，生物学家发现，在缺少空气的条件下，细胞产生乙醇或乳酸，而在有空气的条件下，细胞消耗O_2并产生CO_2和H_2O。出生于德国的英国生物化学家Hans A. Krebs于1937年报道了柠檬酸循环，亦称三羧酸循环或Krebs循环。柠檬酸循环不仅阐释了丙酮酸降解成CO_2和H_2O的分子机制，还首次提出了循环式代谢途径的概念，使人们对生物代谢有了更加深刻的认识。因此，Hans A. Krebs荣获1953年的诺贝尔生理学或医学奖。

由于柠檬酸循环在线粒体的基质中进行，因而，我们有必要简要介绍线粒体的基本结构和功能；目前，人们对线粒体的了解主要来自对离体线粒体的研究（参见Web Topic 11.1）。接下来，我们将讨论柠檬酸循环的基本过程，并强调植物细胞中柠檬酸循环的独特性及其对植物呼吸功能的影响。

1. 线粒体是半自主性细胞器

当蔗糖经糖酵解途径形成丙酮酸时，仅有不到25%的能量被释放出来，而剩余的能量仍然贮存于4分子丙酮酸中。呼吸作用的下两个阶段（柠檬酸循环和氧化磷酸化）在具有双层膜结构的**线粒体（mitochondrion）**中进行。

电镜照片显示，无论是原位还是离体条件下，植物线粒体的外形通常是椭球形或棒形（图11.5），直径为0.5~1.0 μm，长度可达3 μm（Douce，1985）。除若干组织外，绝大多数植物细胞中线粒体的数目远少于动物细胞中线粒体数目，并且植物细胞的线粒体数目是可变的，且线粒体的多少常与组织代谢的活跃程度直接相关，由此可看出，线粒体在细胞能量代谢中起着至关重要的作用。例如，保卫细胞中线粒体的数量尤其多。

植物线粒体的超微结构与其他有机体线粒体相似（图11.5）。植物线粒体有两层膜：光滑的外膜将内膜完全包围，而内膜呈高度的内陷，形成线粒体的嵴。这种内陷结构极大地增加了线粒体内膜的表面积，因而50%以上的线粒体蛋白质位于内膜上。内外膜之间的区域称为膜间隙，内膜所包围的空间为线粒体的基质。基质中大分子的含量很高，几乎占其重量的50%；同时，由于水分含量很低，分子的运动受到限制，因而基质中的蛋白质很可能高度组织化，形成各种多酶复合体，从而构成有效的底物通道。

完整的线粒体有渗透活性，当处于低渗溶液中时它

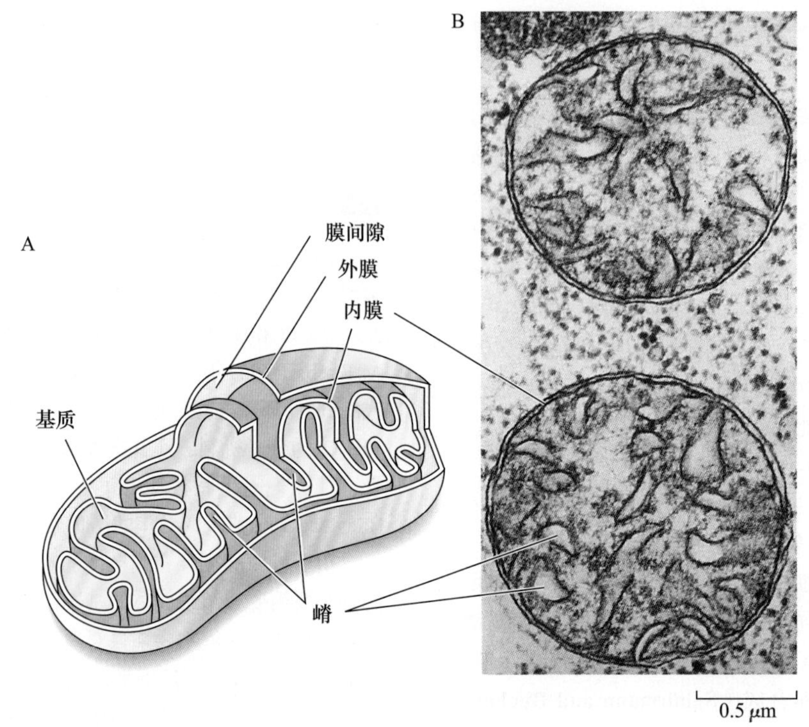

图11.5　植物线粒体的结构。A. 线粒体的三维结构，图中显示了称为嵴的内膜内折部分，基质和膜间隙的位置（图11.9）。B. 蚕豆叶肉细胞的线粒体电镜照片。植物细胞的线粒体比细胞核和质体小得多，典型的单个线粒体长1~3 μm（B图引自Gunning and Steer，1996）。

们吸收水分而膨胀。由于内膜的屏障作用，使得许多无机离子和带电荷的有机分子不能自由扩散到基质中；外膜具有较高的通透性，分子质量小于10 000 Da的分子均可自由通过，因而大部分细胞代谢物和无机离子可以通过外膜，但蛋白质等生物大分子则不能。形成内外膜的脂类主要是磷脂，其中磷脂酰胆碱和磷脂酰乙醇胺占80%；在细胞中，只有线粒体内膜含有大约15%的双磷脂酰甘油（亦称心磷脂）。

与叶绿体一样，线粒体也是半自主性的细胞器，线粒体中含有核糖体、RNA 和DNA，线粒体DNA 携带的遗传信息很有限，它仅编码少部分线粒体蛋白质。因此，线粒体能够进行DNA复制、转录和翻译等基因表达的全过程，使其遗传信息表达而行使相应的生物学功能。在保持与细胞分裂相一致的同时，通过分裂和融合使得线粒体的数量呈动态变化（Web Essay 11.3）。对于绝大多数植物来说，在有性生殖过程中线粒体为母系遗传。

2. 丙酮酸进入线粒体并经柠檬酸循环被氧化

由于含三个羧基的柠檬酸（柠檬酸盐）和异柠檬酸（异柠檬酸盐）是柠檬酸循环的早期中间产物（图11.6），因此柠檬酸循环又称三羧酸循环，它是呼吸作用的第二阶段，在线粒体基质中进行。柠檬酸循环的运转需要丙酮酸，而细胞质中糖酵解途径产生的丙酮酸经专一的转运蛋白输入线粒体（下面将进行简要的讨论）。

在线粒体基质中，丙酮酸被丙酮酸脱氢酶催化发生氧化脱羧反应，产生NADH、CO_2和乙酰CoA，其中乙酰基来自丙酮酸并通过硫酯键与辅酶A（CoA）共价链接（图11.6）；丙酮酸脱氢酶是一个很大的、由多个酶组成的多酶复合体。

在下一步反应中，在柠檬酸循环的第一个酶——柠檬酸合酶的催化下，乙酰CoA与一个四碳二羧酸（草酰乙酸）结合形成六碳三羧酸（柠檬酸）。随后，柠檬酸在顺乌头酸酶的作用下，异构为异柠檬酸。

接下来是连续的两步氧化脱羧反应，每一步产生1个NADH 和释放1分子CO_2，并产生一个与CoA连接的四碳化合物，即琥珀酰CoA。至此，每个进入线粒体的丙酮酸就产生3分子CO_2，即每个蔗糖分子被彻底氧化降解形成12分子CO_2。

三羧酸循环的其余反应是将琥珀酰CoA氧化为三羧酸循环的起始物草酰乙酸，从而使三羧酸循环能够连续运转。在琥珀酰CoA合成酶催化下，琥珀酰CoA的硫酯键裂解释放辅酶A产生琥珀酸，硫酯键的自由能用于驱动ADP与无机磷酸结合，以底物水平磷酸化的方式合成一个ATP（在这里需要重新提到的是：在柠檬酸合酶所

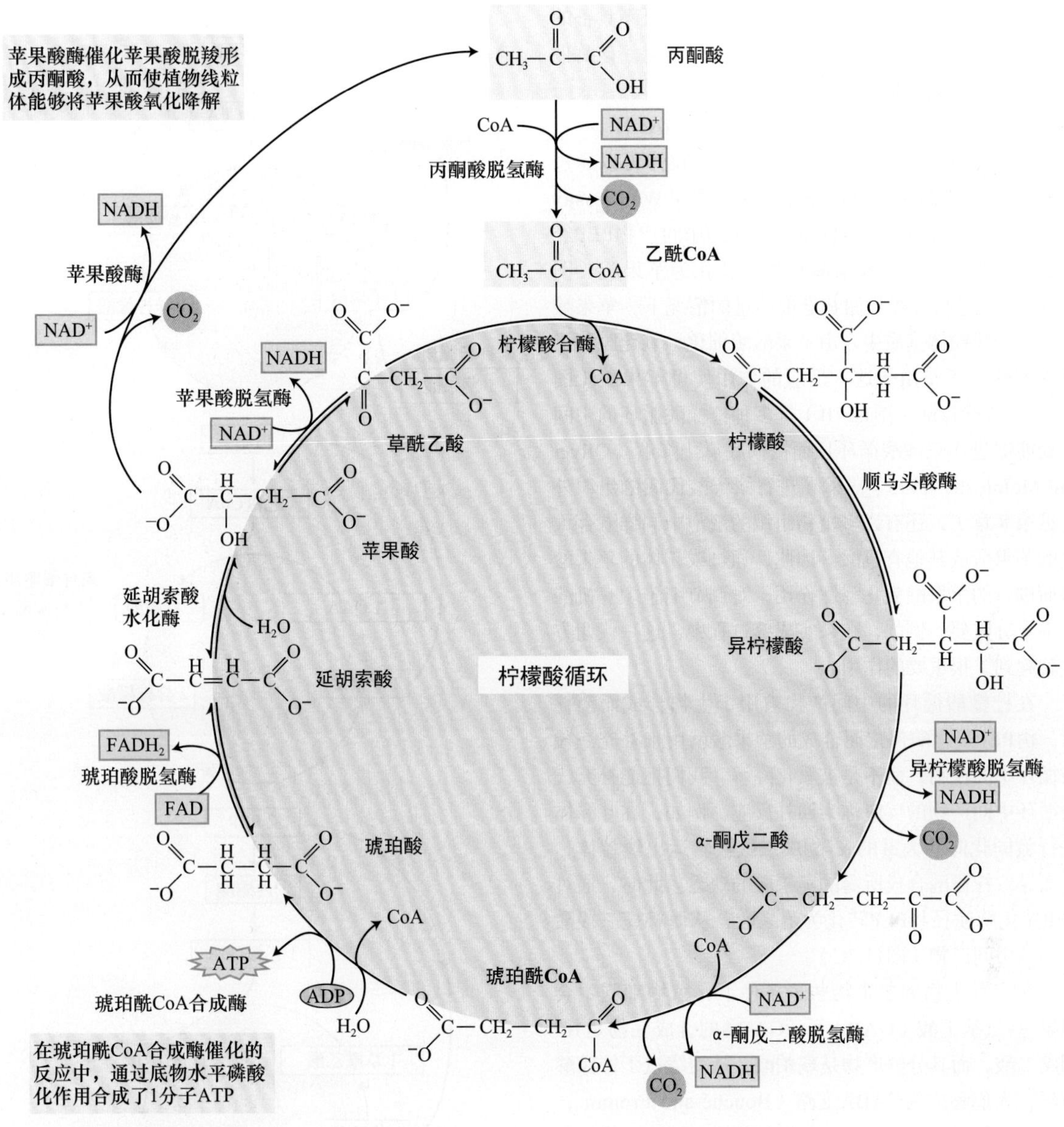

图11.6　植物柠檬酸循环。图中显示了柠檬酸循环所有的反应和催化这些反应的酶，还有与此密切相关的丙酮酸脱氢酶和苹果酸酶。丙酮酸经柠檬酸循环被彻底氧化，生成3分子CO_2；氧化反应中所释放的电子将4分子的NAD^+还原为 NADH，将1 分子的FAD 还原为 $FADH_2$。

催化的反应中形成碳-碳键所需能量来自乙酰CoA的硫酯键）。琥珀酸在琥珀酸脱氢酶作用下形成延胡索酸，该酶是柠檬酸循环中仅有的与膜相连的酶，也是电子传递链的组分。

在此氧化还原反应中，从琥珀酸分子上脱下来的电子和质子受体不是NAD^+而是黄素腺嘌呤二核苷酸（FAD），FAD共价结合在琥珀酸脱氢酶的活性部位，通过可逆的双电子还原反应产生$FADH_2$（图11.2B）。

柠檬酸循环最后两步反应中，在延胡索酸水化酶作用下，延胡索酸与水发生加成反应产生苹果酸，接着苹果酸脱氢酶催化苹果酸脱氢氧化，重新形成草酰乙酸，脱下的电子交给NAD^+形成NADH。产生的草酰乙酸又可以和新的乙酰CoA结合，开始新一轮三羧酸循环。

总之，一分子丙酮酸在线粒体内经过逐步氧化产生3个CO_2。在此过程中所释放的自由能主要以还原型辅酶的形式存在，包括4个NADH和1个$FADH_2$，另外还通过底物水平磷酸化直接产生1分子ATP。

3. 植物柠檬酸循环的特殊性

图11.6为植物线粒体中进行的柠檬酸循环反应，该过程与动物线粒体中所进行的三羧酸循环基本相同，但也有差别。例如，在植物中琥珀酰CoA合成酶催化的反应产生ATP，而在动物的线粒体中，该步反应产生的是GTP，这两种核苷酸在能量上是等价的。

植物的柠檬酸循环有个其他很多有机体所不具备的特点，即植物线粒体基质中都有一个苹果酸酶。该酶催化苹果酸发生氧化脱羧反应，产生丙酮酸。

$$苹果酸+NAD^+ \longrightarrow 丙酮酸+CO_2+NADH$$

正是苹果酸酶的作用，使得植物线粒体可以通过不同的方式代谢来自糖酵解的PEP（参见Web Essay 11.1）。如前所述，胞质糖酵解途径的中间产物PEP经PEP羧化酶和苹果酸脱氢酶作用被转化为苹果酸（图11.3）；在进行呼吸代谢和获取能量的情况下，苹果酸被转运到线粒体基质中，由苹果酸酶催化，氧化脱羧形成丙酮酸。正是由于这一反应的作用使得苹果酸（图11.7A）或柠檬酸（图11.7B）等多种柠檬酸循环的中间产物能够进入三羧酸循环从而被彻底氧化降解（Oliver and McIntosh，1995）。除了进行景天酸代谢的组织外（见第 8 章），还有许多植物组织的液泡中同样贮存大量的苹果酸或其他有机酸。因此，通过线粒体的苹果酸酶而进行的苹果酸氧化降解作用，对调节细胞中有机酸水平十分重要。例如，在果实成熟过程中，这一代谢方式就起到了很重要的作用。

在柠檬酸循环的中间产物被用于生物合成而消耗时，由PEP羧化酶催化而合成的苹果酸就用来补充三羧酸循环中间产物，而不是被氧化降解。我们把能补充代谢循环中间产物的反应称为回补反应。例如，在叶绿体进行氮同化时，大量的α-酮戊二酸被转运出线粒体，因而导致柠檬酸合成所需的苹果酸的缺乏。此时，通过PEP羧化酶途径将PEP转化为苹果酸，从而补充三羧酸循环的中间产物（图11.7C）。

在多种生物和非生物胁迫条件下，植物细胞中会积累γ-氨基丁酸（GABA）。GABA的合成底物是α-酮戊二酸，而其分解产物是琥珀酸，从而绕过了柠檬酸循环，人们称之为GABA支路（Bouché and Fromm，2004）。但是，有关GABA积累与胁迫之间的功能相关性目前还知之甚少。

 11.1.4 线粒体中的电子传递和ATP合成

作为能量载体，ATP是细胞进行生命活动的能量供体，因而，在柠檬酸循环中形成的NADH 和 $FADH_2$ 分子中的化学能就必须转化为ATP，才能被细胞用于做功。这一过程在线粒体内膜上进行，并依赖于分子氧，因此称其为氧化磷酸化。

下面我们将重点讨论来自NADH 和 $FADH_2$的电子能量水平逐步降低，并转换为跨线粒体内膜的电化学质子梯度的过程。尽管对于所有的需氧细胞来说，这一过程基本相同，但植物（和真菌）的电子传递链却包括多个NAD(P)H 脱氢酶，以及在哺乳动物线粒体中没有发现的交替氧化酶。

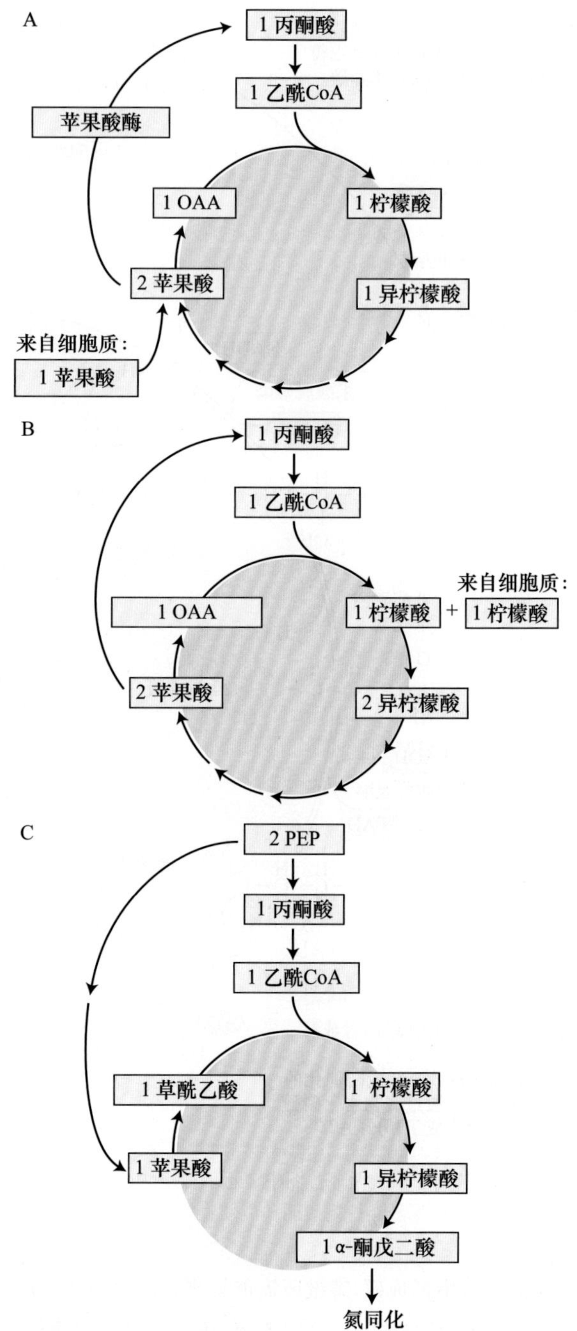

图11.7 苹果酸酶和 PEP 羧化酶为植物 PEP 和丙酮酸的代谢提供代谢灵活性。苹果酸酶把苹果酸转变为丙酮酸，从而使植物线粒体在没有糖酵解输送丙酮酸的情况下把苹果酸（A）和柠檬酸（B）氧化成CO_2。由PEP羧化酶参与，协同正常的代谢途径能把糖酵解产生的PEP转变为α-酮戊二酸，可用于氮同化（C）。

我们也将讨论F_oF_1-ATP 合酶的特性，该酶利用跨膜质子梯度来合成ATP。在了解呼吸代谢各个阶段生产ATP的基础上，我们将概括总结在每个阶段细胞获取能量的步骤和调节机制，这种调控起着整合和协调不同代谢途径的作用。

1. 电子传递链催化电子从NADH到 O_2的传递

每个蔗糖分子通过糖酵解和柠檬酸循环氧化后，在胞质中产生4分子NADH，以及在线粒体的基质中产生16分子NADH和4分子$FADH_2$（和琥珀酸脱氢酶相关联），这些还原化合物必须被重新氧化，否则呼吸代谢将被迫停止。

电子传递链的作用就是将NADH（或$FADH_2$）上的电子逐步传递给电子的最终受体——氧气。氧化NADH的总反应可用下式表示：

$$NADH+H^{+}+\frac{1}{2}O_2 \longrightarrow NAD^{+}+H_2O$$

已知NADH-NAD^+电对的标准还原电势为–320 mV，$H_2O-\frac{1}{2}O_2$电对的标准还原电势为+810 mV，由此可以计算出，上述反应的标准自由能变化（$-nF\Delta E^{0'}$）为220 kJ/mol。由于琥珀酸/延胡索酸的还原电势较大（+30 mV），因此，琥珀酸氧化的标准自由能变化（$-nF\Delta E^{0'}$）只有152 kJ/mol。电子传递链实施NADH（与$FADH_2$）的氧化，此过程所释放的能量被用于建立跨线粒体内膜的电化学质子梯度$\Delta\tilde{\mu}_{H^+}$。

植物的电子传递链的组分与其他有机体的线粒体中电子传递链的组分相同（图11.8）（Siedow and Umbach，1995），在线粒体内膜上，这些电子传递蛋白质组成了4种相互独立的、跨膜的多蛋白复合体（用罗马数字Ⅰ~Ⅳ表示），其中三个复合体还具有质子泵的功能（Ⅰ、Ⅲ和Ⅳ）。

复合体Ⅰ（NADH 脱氢酶）。在线粒体的基质中由柠檬酸循环产生的NADH 被复合体Ⅰ（一种 NADH脱氢酶）脱氢氧化，并将电子传递给泛醌；在复合体Ⅰ中，负责携带和传递电子的是一个与蛋白质紧密结合辅因子（黄素单核苷酸，FMN，其化学结构和性质与FAD 相似，图11.2B）和几个铁硫中心。复合体Ⅰ在将1对电子从 NADH 传递给泛醌的同时，还把4个质子从基质泵到膜间隙。

泛醌，一个小的脂溶性电子和质子传递体，存在于线粒体内膜上。它不与任何蛋白质紧密结合，而在膜双分子层的疏水中心自由扩散。

复合体Ⅱ（琥珀酸脱氢酶）　在柠檬酸循环中，琥珀酸的氧化是由复合体Ⅱ催化的，琥珀酸的还原当量经$FADH_2$和一组铁-硫中心传递给泛醌。但这个复合体没有质子泵的功能。

复合体Ⅲ（细胞色素bc_1复合体）　复合体Ⅲ催化

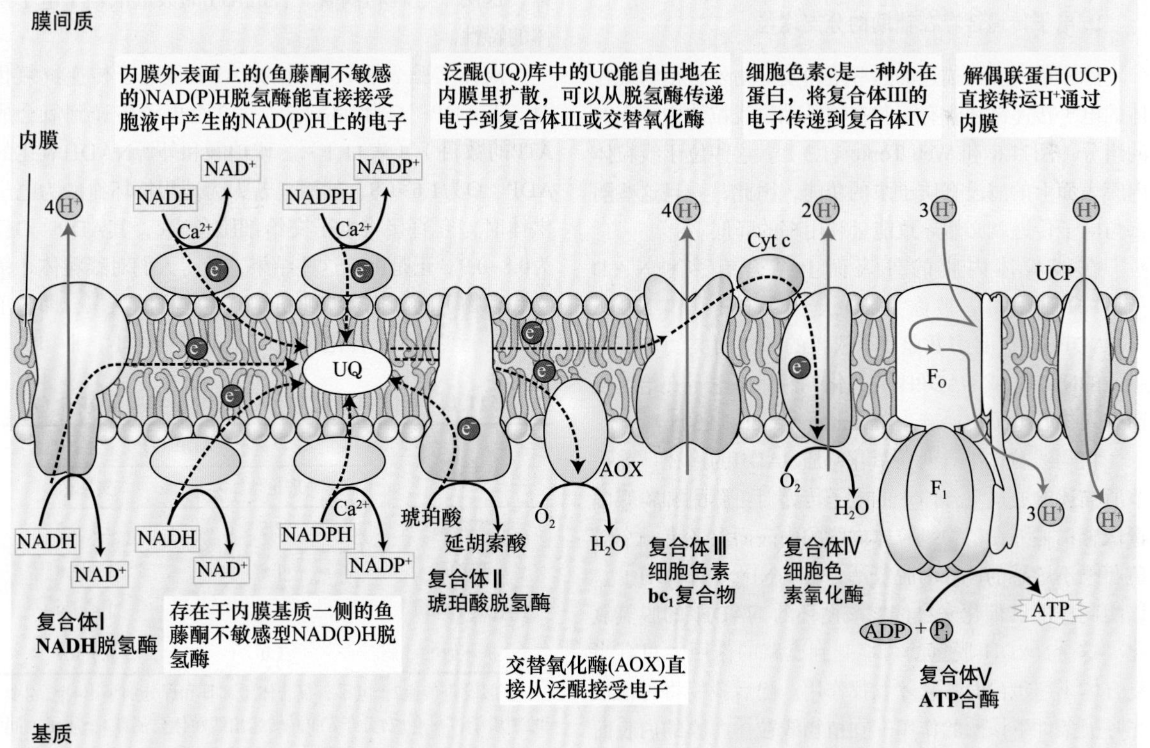

图11.8　植物线粒体内膜上的电子传递链和 ATP 合酶。几乎所有真核细胞线粒体中都有的4种基本蛋白复合体Ⅰ、Ⅱ、Ⅲ和Ⅳ，在这些复合体中多数的结构已经确定，但此图显示的仅是简化的外形图。植物线粒体的电子传递链还包含其他酶（以绿色显示），这些酶都不具备质子泵的功能。另外，通过解偶联蛋白的被动运输，质子可绕过 ATP 合酶而进入线粒体。植物线粒体的电子传递旁路的多样性，使得植物线粒体的物质代谢与能量形成的偶联具有很大的灵活性，而动物线粒体仅有解偶联蛋白（参见Web Topic 11.3）。

还原型的泛醌（泛醌库）的氧化，并通过1个铁-硫中心、2个b型细胞色素（b_{565}和b_{560}）和一个膜结合的细胞色素c_1将电子传递给细胞色素 c；同时，通过一种称为Q循环的方式将4个质子泵出基质（参见Web Topic 11.2）。

细胞色素 c 是一个松弛附着于线粒体内膜外表面的小分子蛋白质，并作为一个可移动的传递体在复合体Ⅲ和Ⅳ之间转运电子。

复合体Ⅳ（细胞色素c氧化酶）复合体Ⅳ含有2个铜中心（Cu_A和 Cu_B）、细胞色素a 和a_3；这个复合体属于末端氧化酶，它将4个电子传递给O_2，生成2分子H_2O，而且每传递1对电子可将两个质子泵出基质（图11.8）。

在结构和功能上，泛醌和细胞色素bc_1复合体分别类似于光合电子传递链中的质体醌和细胞色素b_6f 复合体（见第7章）。

实际上，植物线粒体电子传递链的组成和功能可能比上面描述的更为复杂，这些复合体还包含多种功能未知的植物特异的亚单位。某些复合体含有特殊的亚基，除参与电子传递外，还可能具有其他功能，如将胞质蛋白质转运到线粒体基质。另外，一些复合体好像以超复合体的形式存在，而不是以个体的形式在膜双分子层里自由移动，而这些超复合体的功能还不清楚（Millar et al.，2005）。

2. 电子传递链存在辅助的分支途径

除了前一节所描述的这些蛋白复合物外，植物线粒体的电子传递链还含有一些在哺乳动物线粒体中不存在的组分（图11.8 和 Web Topic 11.3）。这些位于线粒体内膜表面上的酶没有质子泵的功能，因此，一旦这些酶参与电子传递就必然导致能量利用率的降低。

在线粒体内膜的外表面上结合有多种NAD(P)H 脱氢酶，被称为NDex（NADH）和 NDex（NADPH），且多数是Ca^{2+}依赖的；这两类酶负责细胞质的NADH 或 NADPH 的氧化，然后将电子交给泛醌而进入核心电子传递链（Rasmusson et al.，2008）。

植物线粒体中有两条氧化基质NADH的途径。前一节所描述的通过复合体Ⅰ的电子传递对鱼藤酮和粉蝶菌素敏感；另外在植物线粒体内膜的内表面上还有一个对鱼藤酮不敏感的NADH脱氢酶，称为ND_{in}（NADH），该酶同样能够催化来自柠檬酸循环的 NADH 的脱氢氧化。这个NADH 脱氢酶可能起到支路的作用，只有当复合体Ⅰ超负荷时，它才发挥作用。随后我们将讨论在光呼吸条件下该酶的作用。在植物线粒体内膜的内表面还有一个 NADPH 脱氢酶，简称ND_{in}（NADPH），迄今对这个酶的了解甚少（Rasmusson et al.，2004）。

绝大部分植物的线粒体中有一个“交替”呼吸途径，其作用是将泛醌的电子直接传递给氧气。这一途径的主要成员是一个称为交替氧化酶的蛋白质，它与细胞色素 c 氧化酶不同，该酶对氰化物和一氧化碳不敏感，对信号分子一氧化氮亦不敏感（参见Web Essay 11.4）。

有关这些辅助的电子转运蛋白的特性和生理意义将在本章的最后部分讨论。在植物线粒体中，另外还有一些与电子传递链有联系的脱氢酶在代谢物碳转化方面起重要作用（Rasmusson et al.，2008）。脯氨酸脱氢酶起着氧化脯氨酸的作用，在渗透胁迫时脯氨酸积累，而当水分状态恢复正常水平时，脯氨酸又被线粒体的脯氨酸脱氢酶降解；光照不足会引起植物的碳饥饿，此时，植物细胞中会积累几种氨基酸作为碳储备，这些氨基酸的降解需要一种黄素蛋白-醌氧化还原酶的催化（Ishizaki et al.，2005）；最后，抗氧化剂抗坏血酸（亦称维生素C）生物合成主途径的最后一步反应是由半乳糖-γ-内酯脱氢酶催化的，该酶为植物特有，在此反应中电子受体为细胞色素c，因而与正常的呼吸作用形成竞争（Millar et al.，2003）。

3. 线粒体中ATP合成与电子传递相偶联

氧化磷酸化实际上包括两个过程，即电子经复合体Ⅰ、Ⅲ和Ⅳ传递到氧的电子传递过程，和由F_oF_1-ATP合酶（复合体Ⅴ）催化的ADP和P_i结合而合成ATP的过程，这两个过程相偶联。合成ATP的数量依赖于电子供体的特性。

离体实验表明，基质的NADH经电子传递链氧化时，其ADP：O为2.4~2.7（每 2 个电子传递到氧合成ATP的数目）（表11.1）。琥珀酸和外源NADH氧化的ADP：O为1.6~1.8，然而，若人为地用抗坏血酸为电子供体时，它直接将电子交给细胞色素c，其ADP：O仅为0.8~0.9。正是由于这些结果，使得人们对线粒体（植物和动物）的氧化磷酸化机制产生这样的认识，即电子传递链上实现能量转化的3个位点是复合体Ⅰ、Ⅲ和Ⅳ。

表11.1　离体植物线粒体的理论和实验ADP：O

底物	ADP：O	
	理论值[a]	实测值
苹果酸	2.5	2.4~2.7
琥珀酸	1.5	1.6~1.8
NADH（外源）	1.5	1.6~1.8
抗坏血酸	1.0[b]	0.8~0.9

a 假设每传递2个电子，复合体Ⅰ、Ⅲ和Ⅳ分别泵出4个、4个和2个质子，每合成1分子ATP并转运出线粒体要消耗4个质子，同时非磷酸化电子传递途径处于非活性状态

b 以抗坏血酸为电子供体，细胞色素c氧化酶可以将2个质子泵出线粒体。然而，当2个电子从线粒体内膜外侧进入基质，就中和了基质中2个质子的正电荷，这就相当于向膜外共转运出4个质子，因此，其ADP: O值就为1

当1对电子沿电子传递链传递到分子氧时，复合体Ⅰ、Ⅲ和Ⅳ可将10个H^+从线粒体的基质转运到膜间质，而合成1分子ATP需要消耗4个质子（见下一部分内容和表11.1），按此结果计算出的ADP：O与上述实验结果非常一致。例如，线粒体外的NADH通过电子传递链氧化时，电子只经过复合体Ⅲ和Ⅳ，总共只能泵出6个H^+，因而也只能合成1.5个ATP（前提条件是交替氧化酶不起作用）。

在第7章中已经讨论过，化学渗透假说阐释了线粒体ATP合成的机制。1961年诺贝尔奖得主Peter Mitchell首先提出化学渗透学说，来阐释细胞跨膜储能的基本原理（Nicholls and Ferguson，2002）。根据化学渗透理论，线粒体内膜的电子传递体具有质子泵的功能，即它们在传递电子的同时伴随着质子从线粒体基质向膜外的转运（图11.8）。

由于线粒体内膜对质子是高度不通透的，因而就能够形成跨膜的电化学质子梯度。在第6章和第7章已经讨论过，这种跨膜的电化学质子梯度所具备的自由能（$\Delta\tilde{\mu}_{H^+}$，也叫质子驱动力，Δp，单位伏特），包括跨膜电势能（ΔE）和化学梯度势能（ΔpH）。具体可用下式表示：

$$\Delta p = \Delta E - 59\Delta \mathrm{pH}\ (25℃)$$

$$其中\ \Delta E = E_{内} - E_{外}$$

$$\Delta \mathrm{pH} = \mathrm{pH}_{内} - \mathrm{pH}_{外}$$

ΔE代表膜两侧不对称分布的电荷（H^+）差所具有的能量，而ΔpH是由于膜两侧质子浓度差产生的能量。由于质子是从线粒体基质转运到膜间质的，因而，跨膜的ΔE为负值。

从Δp的表达式可以看出，在植物线粒体中ΔE和ΔpH共同形成了质子驱动力；尽管，ΔE值通常以数量级的级别大于ΔpH，这可能是由于胞质和基质均具有较大的缓冲能力，从而避免了pH变化过大。而在叶绿体中正好相反，跨类囊体膜的质子驱动力则几乎全部由质子梯度（ΔpH）产生（见第7章）。

产生跨膜的$\Delta\tilde{\mu}_{H^+}$所需之能量来自电子传递所释放的自由能，然而，迄今所有电子传递体上所发生的电子传递与质子跨膜转运的偶联机制还不是很清楚。由于内膜对质子的低通透性（传导性），质子电化学梯度就可以用来驱动某些化学反应（ATP合成）。跨膜$\Delta\tilde{\mu}_{H^+}$与ATP合成的偶联是通过另外一个内膜蛋白质复合体而实现的，该蛋白质复合体被称为F_oF_1-ATP合酶。

F_oF_1-ATP合酶（也称为复合体Ⅴ）包括两个主体组分，即F_o和F_1（图11.8）。F_o（下标的“o”是寡霉素敏感的意思）是一个膜内在蛋白复合体，至少由3种不同的多肽链组成，形成质子通过内膜的通道；F_1是一个外周膜蛋白复合体，至少由5种不同的亚基组成，由ADP和P_i合成ATP的催化部位在该复合体上，它与F_o的基质一侧相结合。

质子通过F_o通道与F_1的催化循环相偶联，从而使ATP的合成能够持续进行，以及同步利用跨膜$\Delta\tilde{\mu}_{H^+}$。每合成1子ATP需要3个H^+顺着电化学质子梯度穿过F_o，从膜间隙进入基质。

通过解析哺乳动物ATP合酶F_1复合体的高分辨率的结构，人们提出了“转动模型”，ATP合酶的F_o做相对于F_1的旋转运动，并将质子转运与ATP合成相偶联（Abrahams et al.，1994）（参见Web Topic 11.4）。线粒体ATP合酶的结构和功能类似于叶绿体光合磷酸化中的CF_o-CF_1 ATP合酶（见第7章）。

化学渗透学说对于阐明ATP合成机制主要表现在以下几个方面。

第一，线粒体内膜上ATP形成的真正位置是ATP合酶，而不是复合体Ⅰ、Ⅲ或Ⅳ，这些复合体的功能是将电子传递所释放的自由能转化为跨膜$\Delta\tilde{\mu}_{H^+}$。ATP的合成降低了$\Delta\tilde{\mu}_{H^+}$，因而其结果是ATP的合成制约了电子转运体的活性，通过大量供给ADP就可极大地激活电子转运。

第二，化学渗透理论很好地解释了解偶联剂的作用机制。化学结构和性质没有相关性的一些人工合成的化合物[包括2，4-二硝基苯酚和三氟甲氧基腙羰基氰化物（FCCP）]能够减少线粒体中ATP的合成，却刺激电子传递速度（参见Web Topic 11.5）。所有这些解偶联剂的作用是增加内膜对质子的通透性，导致质子渗漏，因而，随着电子传递难以形成足够大的跨膜$\Delta\tilde{\mu}_{H^+}$来驱动ATP的合成或抑制电子传递。

4. 底物和产物的跨膜交换

电化学质子梯度的另一项重要功能是驱动许多物质的跨膜转运，如柠檬酸循环中的有机酸、ATP合成的底物和产物等。虽然ATP在线粒体基质中合成，但其绝大部分在线粒体外被利用，因此需要一个有效的机制把胞质中ADP输入线粒体基质，同时把ATP转运到线粒体外。

ADP/ATP（腺苷酸）转运蛋白负责ADP和ATP跨线粒体内膜的交换（图11.9）。当1个ATP^{4-}运出线粒体的同时1个ADP^{3-}进入线粒体，因而就相当于1个负电荷移出线粒体基质，这一过程的驱动力是由质子转运所建立的跨膜电势梯度（ΔE，外面是正极）。

线粒体对无机磷酸（P_i）的摄取是由一个活跃的磷酸转运蛋白来完成的。磷酸转运蛋白以跨膜化学势（ΔpH）为驱动力，通过电中性交换的方式，实现P_i（输入）和OH^-（输出）的跨膜交换。只要跨内膜的ΔpH稳定，基质中P_i浓度将会维持在较高的水平。与P_i

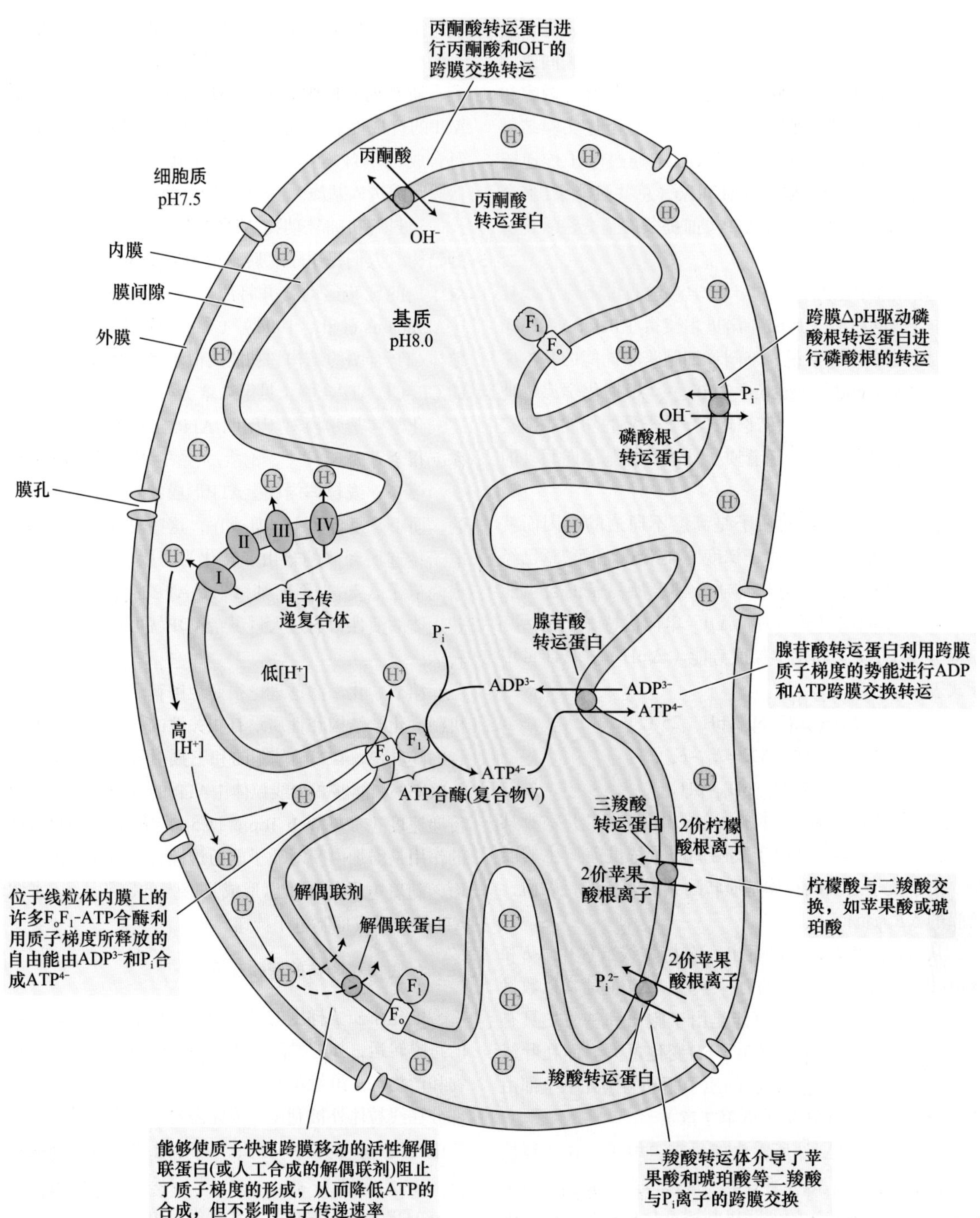

图11.9　植物线粒体的跨膜转运。跨线粒体内膜的电化学质子梯度$\Delta\tilde{\mu}_{H^+}$由膜电位（ΔE，–200 mV，内部为负）和跨膜质子梯度（ΔpH，内部碱性）组成，随着电子传递而建立，文中有相关内容的详细阐述。特定的代谢物经过转运蛋白或载体进行跨膜转运（改编自Douce，1985）。

的转运相类似，丙酮酸的吸收也是通过丙酮酸和OH^-等电荷交换而实现的，在稳定的跨膜ΔpH 驱动下，丙酮酸转运蛋白就会不断地将胞液中的丙酮酸送入线粒体基质（图11.9）。

吸收1分子磷酸 和1分子ADP到基质中并输出1分子ATP消耗的总能量相当于1个H^+从膜间隙回到基质中：

（1）OH^-的移出和P_i^-的进入交换相当于一个H^+进入线粒体，因此仅消耗跨膜化学势，而不消耗跨膜电势。

（2）将一个负电荷移出线粒体（ADP^{3-}进入与ATP^{4-}移出的交换）其结果相当于将一个正电荷进入线粒体，因此，这种转运仅降低跨膜电势。

在计算合成1分子ATP的能耗时，驱动ATP与ADP和 P_i交换转运所消耗的质子梯度也应包括在内。ATP合酶消耗3个H^+再加上跨膜交换所消耗的1个H^+，因此，合成1分子ATP总共消耗4个H^+。

在线粒体内膜上还有其他的转运体，如负责二羧酸（苹果酸或琥珀酸）和P_i^{2-} 的跨膜交换、柠檬酸和苹果酸的跨膜交换转运等（图11.9和Web Topic 11.5）。

5. 每分子蔗糖经有氧呼吸代谢可产生大约60分子的ATP

1 个蔗糖分子的完全氧化可以产生：

（1）经过底物水平磷酸化形成8分子的ATP（4个来自糖酵解，4个来自柠檬酸循环）。

（2）在细胞溶质中形成4分子NADH。

（3）在线粒体基质中形成16分子的NADH和4分子的$FADH_2$（通过琥珀酸脱氢酶形成）。

蔗糖进行有氧代谢时，根据理论ADP：O（表11.1）计算，通过氧化磷酸化大约产生52分子的ATP，因此，每分子蔗糖彻底氧化大约合成60个ATP（包括底物水平磷酸化）（表11.2）。

表11.2　蔗糖经过糖酵解和柠檬酸循环完全氧化可合成细胞质ATP的最大值

代谢途径	ATP每分子蔗糖[a]
糖酵解途径	
4底物水平磷酸化	4
4NADH	4×1.5=6
柠檬酸循环	
4底物水平磷酸化	4
$4FADH_2$	4×1.5=6
16NADH	16×2.5=40
总计	60

资料来源：Brand，1994

注：此表中的计算依据为，细胞质中的NADH是通过线粒体内膜外表面的NADH脱氢酶氧化，并且非磷酸化途径不能进行。

a 用表11.1的理论值进行计算

在细胞中，每合成1分子ATP实际需要50 kJ/mol的自由能，所以每摩尔蔗糖有氧呼吸生成的ATP 约贮能3010 kJ/mol。这个数量大约是蔗糖彻底氧化所释放的总能量的52%，其余能量以热能形式散失。前已述及，在蔗糖的发酵代谢中，仅有4%的能量用于合成ATP。由此可以看出，蔗糖有氧代谢的能量利用效率要远远高于无氧代谢。

6. 呼吸系统多个复合体的一些亚基由线粒体DNA编码

植物线粒体的遗传体系不但与细胞核和叶绿体中的不同，而且与动物、原生动物、真菌线粒体的遗传体系也不同。最值得注意的是，植物线粒体RNA的加工与大多数其他有机体线粒体的RNA加工之间存在明显差别（参见Web Topic 11.6）。已知的差别主要有：

（1）RNA剪接（如存在特异内含子）。

（2）RNA编辑（改变核苷酸顺序的转录后加工）。

（3）RNA稳定性的信号调节。

（4）翻译（植物线粒体用通用基因密码，而其他真核生物的线粒体有不正常密码）。

在不同的植物（即使是亲缘关系很近）之间，线粒体基因组大小变化极大，在180~3000千碱基对（kb），通常远大于简单和均一的哺乳动物线粒体基因组（16 kb）。主要是由于植物线粒体**DNA（mtDNA）**中存在很多非编码序列，包括大量的内含子。哺乳动物mtDNA仅编码13种蛋白质，而拟南芥mtDNA 编码35种已知蛋白质（Marienfeld et al.，1999）。植物和哺乳动物mtDNA都含有全部rRNA和tRNA的基因。

呼吸系统的复合体Ⅰ~Ⅴ的一些亚基均由植物mtDNA编码，植物mtDNA还编码了几种参与细胞色素生物起源的蛋白质，而且这些线粒体基因编码的亚基对这些复合体的活性是必需的。

除了mtDNA 编码的蛋白质外，所有线粒体蛋白质（可能超过2000种）都由核DNA 编码，其中包括柠檬酸循环中所有的蛋白质（Millar et al.，2005）。核DNA编码的线粒体蛋白质在胞质核糖体上合成，并通过位于线粒体外膜或内膜上的转运蛋白输入线粒体。因此，氧化磷酸化作用的顺利进行依赖于两个不同基因组中基因的表达，并且，这些基因的动态表达是相互协调的。

编码线粒体蛋白的核基因表达的调节机制与其他的核基因的表达调控方式基本一致，但人们对线粒体基因表达的调控机制却了解甚少。某些基因可以通过减少编码该基因的植物mtDNA片段的拷贝数而下调（Leon et al.，1998）；在植物mtDNA中有多类型的启动子，并表现出不同的转录活性。然而，呼吸系统所有复合体的生物起源似乎与核基因编码亚基的基因表达的变化相关，这种改变是在翻译后发生并与线粒体基因组相协调（Giegé et al.，2005）。

线粒体基因组对花粉的发育十分重要，mtDNA的某些基因自发重排导致细胞质雄性不育（cms）；这一特性会引起早熟型细胞**程序性死亡（programmed cell death）**，从而干扰花粉的发育（见Web Essay 11.5），但不影响植物其他方面的生长发育。这种细胞质雄性不育特性被用于一些作物的育种，以配制杂交种。

7. 植物体中存在几种降低ATP产量的代谢方式

从前文可以看出，在氧化磷酸化中，能量的高效

转化依赖于一个十分复杂体系的运作，然而令人惊奇的是，植物线粒体有一些蛋白质其功能却是降低氧化磷酸化的能量转换效率（参见Web Topic 11.3）。对于植物的生长发育来说，与环境中其他限制因素（如水分和营养物质）相比，能量供应（阳光）所受到的限制可能更小，因此，呼吸代谢的灵活性可能比获取更多的能量更重要。

下面我们将讨论呼吸代谢中的三种非磷酸化机制及其在植物生长发育中的可能作用：交替氧化酶、解偶联蛋白和鱼藤酮不敏感NADH脱氢酶。

交替氧化酶 如果在呼吸活跃的动物组织中加入浓度在毫摩尔水平的氰化物，细胞色素 c 氧化酶活性被抑制，呼吸速率也迅速下降到起始速率的1%以下。然而，与细胞色素氧化酶途径相比，绝大多数植物则具有很强的抗氰呼吸（cyanide-resistant respiration）。赋予植物抗氰呼吸的酶已被鉴定，它是一种泛醌氧化酶，称之为交替氧化酶（Vanlerberghe and McIntosh，1997）（图11.8和Web Topic 11.3）。

电子在泛醌处脱离主电子传递链而进入交替途径（图11.8），交替氧化酶是交替途径的唯一组分，它催化氧气的 4 电子还原，直接生成水。交替氧化酶的活性可被一些化合物抑制，其代表物为水杨基氧肟酸（SHAM）。

一旦电子从泛醌处进入交替途径，就会绕过电子传递链的两个质子泵（复合体Ⅲ和Ⅳ），由于在交替途径中从泛醌到氧气之间没有储能功能，因而，正常情况下用于合成ATP的能量就会以热的形式散失。

那么，像交替途径这样的可能会造成能量浪费的途径对植物代谢有何意义呢？天南星科（海芋属）的几种植物的花发育过程中，交替氧化酶发挥了有益的作用。例如，百合（*Sauromatum guttatum*）在授粉之前，花序组织通过交替途径呈现出呼吸速率的迅速升高，组织的温度高于环境温度25℃左右。随着此爆发性的热量释放，促使一些胺、吲哚和萜类物质挥发，因此植物产生腐败气味，引诱昆虫传粉（参见Web Essay 11.6）。已经证实，水杨酸是百合启动这种放热过程的信号分子（Raskin et al.，1989），随后的研究亦证实，水杨酸也参与了植物对病原菌的抗性（见第13章）。

然而，在绝大多数植物中，抗氰呼吸速率都很低而不能产生足够的热量使植物体的温度明显升高，那么，在此情况下，交替途径的作用又如何呢？要回答这一问题我们就必须考察交替氧化酶的活性调节问题。首先，多种不同类型的生物和非生物胁迫能够特异地诱导交替氧化酶基因的转录。其次，交替氧化酶的活性状态为同源二聚体，其活性受分子间二硫键的可逆氧化还原调节，线粒体中泛醌库的高还原状态和高浓度的丙酮酸均可促进二硫键的还原，使交替氧化酶处于活性状态。前者代表细胞高还原态可激活该酶的活性；而后者则表示，当柠檬酸循环有充足的底物供给时，交替氧化酶也以高活性状态参与细胞代谢（参见Web Topic 11.3）。

如果呼吸速率超过细胞对ATP的需求（如果ADP水平很低），线粒体中的代谢物将处于高还原水平，呼吸代谢也将受阻，此时交替氧化酶被激活。因此，交替氧化酶的作用是在保证ATP合成与需求相适应的同时，也保证了呼吸代谢正常进行，为生物合成提供所需的碳骨架。

许多胁迫能抑制线粒体的呼吸作用，交替途径在植物适应各种胁迫（磷缺乏、冷、干旱、渗透胁迫等）中起着重要作用（见第26章）。当植物受到此类胁迫时，电子传递链产生活性氧的量增加，这些活性氧分子作为信号而激活交替氧化酶基因表达。此时，交替途径发挥作用，从泛醌库中分流电子（图11.8），起到了防止泛醌库的过度还原。如果这种过度还原状态不消除，就会导致产生大量极具破坏性的活性氧，如羟自由基。通过这种方式，交替途径能有效地减小胁迫对呼吸代谢的毒害作用（Rhoads and Subbaiah，2007；Møller，2001）（参见Web Essay 11.7）。这种细胞器的生理生化状态对核基因表达的影响，称为逆行管制（retrograde regulation）（图11.10）。

解偶联蛋白 解偶联蛋白首先发现于哺乳动物线粒体内膜，它能极大地增加膜的质子通透性，导致质子内渗，因而起着解偶联的作用。其结果是，呼吸代谢中ATP合成减少，释放热量增加。在哺乳动物细胞中产热好像是解偶联蛋白的主要功能之一。

在很长时期内，人们认为植物的交替氧化酶和哺乳动物的解偶联蛋白的生理作用相同，只是方式不同。令人奇怪的是，在植物线粒体中也发现了类似的解偶联蛋白（Vercesi et al.，1995；Laloi et al.，1997）。与交替氧化酶相同，植物的解偶联蛋白也是胁迫诱导蛋白，其作用也是防止电子传递链的过度还原（参见Web Topic 11.3 和 Web Essay 11.7）。但仍然不清楚的是，为何植物线粒体需要这两种机制共存？

鱼藤酮不敏感的 NADH 脱氢酶 这是植物线粒体中诸多 NAD(P)H 脱氢酶中的一种（图11.8 和 Web Topic 11.3）。线粒体内的对鱼藤酮不敏感 NADH 脱氢酶[ND_{in}（NADH）]只能传递电子但没有质子泵的功能，它作为电子传递的旁路只有在复合体Ⅰ超负荷时才发挥作用。复合体Ⅰ对NADH 的亲和性远大于ND_{in}（NADH）[对NADH 的K_m值仅为的 ND_{in}（NADH）的1/10]，线粒体基质的 NADH 浓度较低时，当ADP 水平升高，复合体Ⅰ主导 NADH 的脱氢氧化。然而，当ADP 缺乏，NADH 浓度较高时，ND_{in}（NADH）活性增加，例如，在光呼吸作用中，线粒体基质中甘氨酸的氧化导致大量 NADH 的产生，ND_{in}（NADH）的作用

更加重要（见第8章）。为维持相关途径的高效运转，ND_{in}（NADH）和交替氧化酶可及时地将NADH氧化为NAD^+。通过和各种有机酸的交换转运，还原力可以在基质与细胞质之间穿梭，此时，细胞质中的 NADH 脱氢酶也可起到类似于 ND_{in}（NADH）的作用。综合这些结果，这些NADH脱氢酶和NADPH脱氢酶的共同作用可能使得植物的呼吸作用更具灵活性，在调节细胞氧化还原平衡方面起着重要作用（图11.10）。

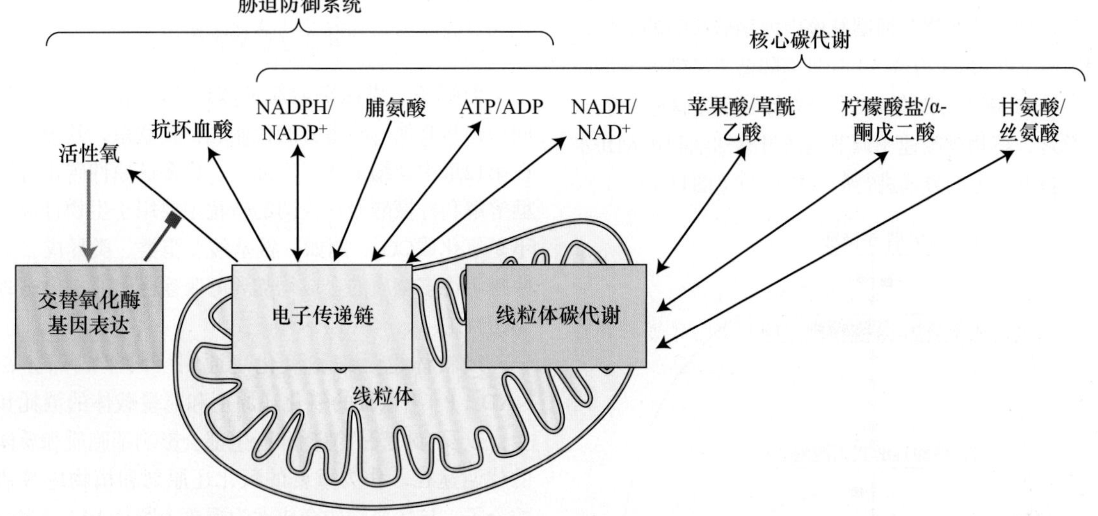

图11.10　线粒体和细胞质代谢的相互交流。线粒体代谢的活跃程度可影响胞质中氧化还原分子和能量分子的水平，这些分子参与细胞的胁迫防御和碳代谢的核心途径（如生长过程和光合作用）。在胁迫防御和碳代谢之间并没有明确的区别，因为它们具有很多共同的组分。箭头表示这些分子在线粒体中合成[如活性氧（ROS）、ATP或抗坏血酸]或降解[如NAD（P）H、脯氨酸或甘氨酸]而引起的细胞效应。活性氧调控的细胞核交替氧化酶基因的表达就是逆向管制的一个例子。

8. 线粒体呼吸作用的短期调控在不同水平上进行

合成ATP的底物ADP和P_i是植物细胞质中糖酵解途径、线粒体中柠檬酸循环和氧化磷酸化运行速率的关键的短期调节因子，这三个阶段中均有ADP和P_i的控制点。在此我们仅简要概述呼吸代谢调控的主要特征。

在呼吸代谢的诸多调节部位中，丙酮酸脱氢酶复合体是研究得最清楚的翻译后调节位点，调节激酶使该酶磷酸化，而磷酸酯酶使其脱磷酸化，磷酸化状态无活性，丙酮酸抑制调节激酶的活性，因此，当底物存在时，丙酮酸脱氢酶以脱磷酸的活性形式催化反应（图11.11）。丙酮酸脱氢酶位于柠檬酸循环的入口，因此根据细胞需求，通过调节该酶的活性就控制了柠檬酸循环的运转速率。

通过半胱氨酸残基之间的二聚化（二硫键）可逆氧化还原作用，硫氧还蛋白控制着多种酶的活性（见第8章）。许多线粒体酶都受硫氧还蛋白修饰（Buchanan and Balmer，2005），这些酶涉及几乎所有的途径。尽管这种调节的详细机制目前还没有弄清楚，但是线粒体的氧化还原状态很可能对呼吸代谢的诸多途径具有重要的调控作用。

柠檬酸循环的氧化及随后的呼吸作用均受细胞中腺苷酸水平的动态控制。当线粒体中 ATP 合成多于细胞对 ATP 需求时，ADP 浓度降低，因而电子传递链传递

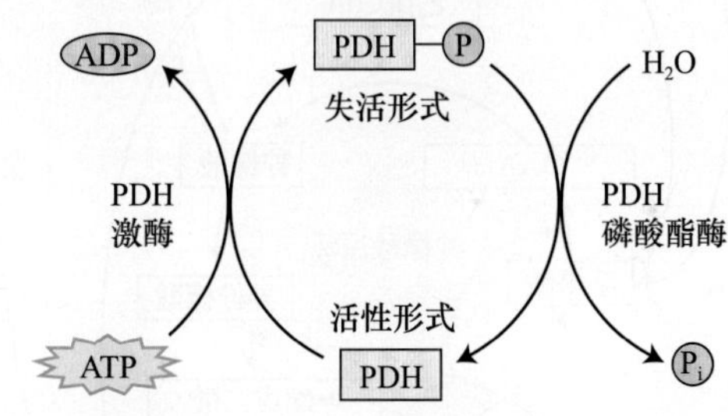

丙酮酸+CoA+NAD^+ ⟶ 乙酰 CoA+CO_2+NADH

调节因子及效应	作用机制
激活作用	
丙酮酸	抑制激酶
ADP	抑制激酶
Mg^{2+}(或Mn^{2+})	激活磷酸酯酶
抑制作用	
NADH	抑制PDH 激活激酶
乙酰CoA	抑制PDH 激活激酶
NH_4^+	抑制PDH 激活激酶

图11.11　丙酮酸脱氢酶（PDH）活性受代谢物和可逆磷酸化双重调节。上游和下游的代谢物可从两个方面对丙酮酸脱氢酶活性进行调节：代谢物直接作用于PDH的别构调节，或者通过调节PDH激酶或磷酸酯酶的活性进而调节PDH活性。

电子的速度随之下降（图11.9），由此而导致的基质中NADH浓度升高就成为调控柠檬酸循环中多种酶的信号，柠檬酸循环中的多种脱氢酶活性就被抑制（Oliver and McIntosh，1995）。

柠檬酸循环中间产物（如柠檬酸）和它们的衍生物（如谷氨酸）的积累会抑制胞液中丙酮酸激酶的活性，使得胞质中PEP浓度升高。PEP进而降低了果糖-6-磷酸向果糖-1，6-二磷酸的转化速度，最终抑制糖酵解的进行。

总之，植物呼吸速率调节是通过感知细胞中ADP水平，以自下而上的方式进行的变构调节（图11.12），

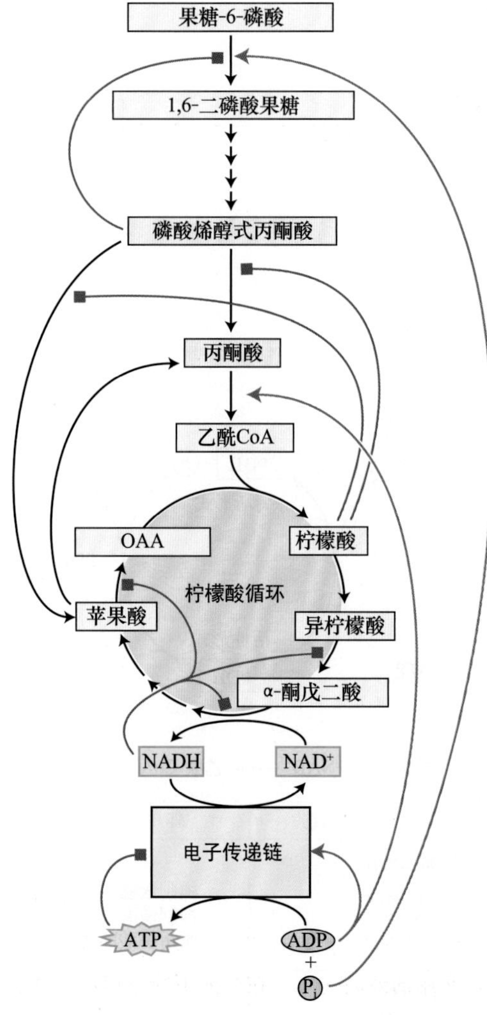

图11.12　植物呼吸代谢自下而上的调节模式。呼吸作用的一些底物（如ADP）激活上游的某些酶活性（绿箭头），而产物的积累（如ATP）通过连续反馈的方式逐步抑制（红色的线和方块）上游的某些酶活性。例如，ATP 抑制电子传递链的作用，导致 NADH 的积累。而 NADH 的积累抑制柠檬酸循环中异柠檬酸脱氢酶和α-酮戊二酸脱氢酶的酶活性。于是，柠檬酸等中间产物的积累进而抑制胞液中 PEP 代谢相关的酶活性。最后，PEP 抑制果糖-6-磷酸向果糖-1，6-二磷酸的转化，并限制代谢物进入糖酵解。呼吸作用的这种从下而上的调节模式既保证了ATP 的供给，也协调了细胞对有机酸的需要。

即最初由细胞中的ADP水平调节电子传递和ATP合成的速度，进而调节柠檬酸循环，最后调节糖酵解反应的速度。这种自下而上的调节模式既保证了细胞对能量的需求，同时又可为生物合成提供各种碳骨架，因而使得呼吸作用能与细胞生命活动的不同需求相适应。

9. 呼吸代谢与其他途径紧密偶联

糖酵解、戊糖磷酸途径和柠檬酸循环通过一些中间产物与其他一些重要的代谢途径相联系，其中有些将在第12章中详细论述。实际上，许多还原性碳化合物经糖酵解和柠檬酸循环代谢的转化主要用于生物合成，而不是氧化成CO_2。例如，氨基酸、脂类、类异戊二烯和卟啉等许多物质的合成均需要呼吸途径为其提供碳骨架（图11.13）。

线粒体也是细胞氧化还原网络的组成部分，像NAD（P）H这样的氧化还原剂和能量载体的消耗和产生，以及有机酸的消耗和产生都会影响细胞质和质体中的代谢途径。作为重要的氧化还原剂和植物应答胁迫的分子，抗坏血酸的合成尤为重要（图11.10）（Noctor et al.，2007）；线粒体也参与了许多辅酶的合成，这些辅酶对于细胞的其他区域的代谢酶是必需的（参见Web Essay 11.8）。

 11.1.5　植物整体和组织的呼吸代谢

有关呼吸代谢及其调控的理论大多数是以离体的细胞器或无细胞提取物为材料进行研究的结果，那么，对于处于自然状态下的植物个体来说，这些代谢途径运行状态如何？这些理论是否适用于指导农业生产？

接下来，我们将讨论整个植株在不同环境下的呼吸作用和线粒体的功能。首先，我们要探讨在光照下，绿色器官内同时运行的呼吸作用和光合作用，以及细胞内它们在功能上的整合。其次，讨论不同组织的呼吸速率，这可能受发育的控制。最后，讨论不同环境因素对呼吸速率的影响。

1. 植物每天光合产物有大约一半被呼吸作用消耗

许多因素能影响完整植株或个别器官的呼吸速率。相关因素包括植物的种类和生长习性，特异器官的类型和年龄，另外，许多环境变化也会影响植物的呼吸速率，如氧浓度、温度、养分与水的供给等（见第26章）。通过氧同位素检测，我们就可以分析活体内交替酶和细胞色素c氧化酶的活跃程度，从而知道在绝大多数组织中交替途径在呼吸代谢中所占份额（参见Web Essay 11.9）。

以新鲜组织为材料的研究结果显示，完整植物的呼吸速率通常低于动物组织的呼吸速率，其原因主要

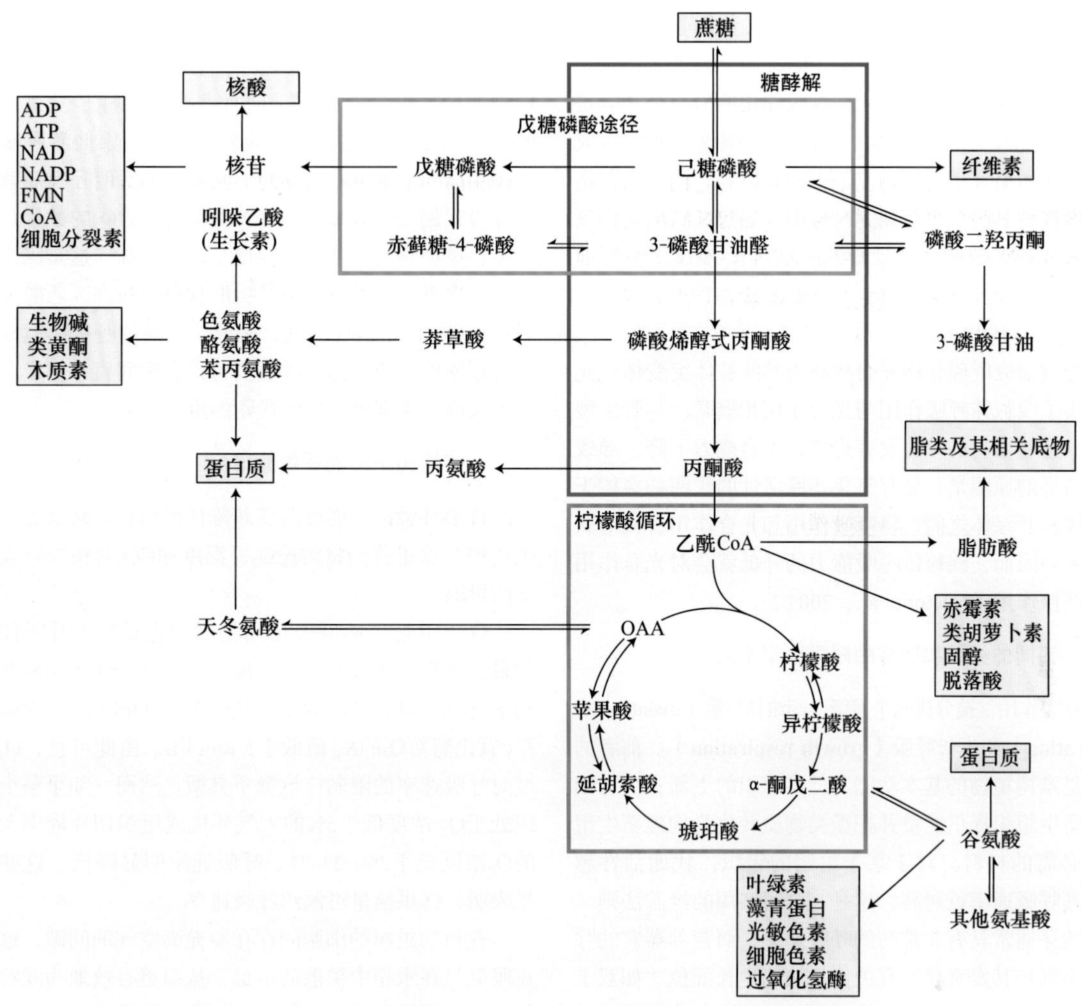

图11.13 在植物中，糖酵解、氧化戊糖磷酸途径和柠檬酸循环为许多物质的生物合成提供前体。由图示可以看出，许多物质合成的所需前体可以直接是这些代谢途径的中间产物或由某些中间产物转化而来，同时强调这样一个事实，即并不是所有进入糖酵解途径的代谢物都被氧化成CO_2。

是中央大液泡和细胞壁部分占据了植物细胞的大部分区域，而它们都不含线粒体。不过有些植物组织的呼吸速率与呼吸活跃的动物组织一样高，因此植物呼吸速率不是先天比动物低。实际上，离体植物线粒体呼吸作用与哺乳动物线粒体的呼吸速率一样大，或比其更大。

呼吸作用在植物体内所有含碳物质的转化中起着不可取代的作用。在植物体中仅绿色组织能进行光合作用，而其他组织均进行呼吸代谢，并且一天24 h从不间断，甚至在光合作用活跃的组织中也会同时进行呼吸作用，且全天的呼吸量相当于光能合成的大部分。对一些草本植物的测量结果表明，光合作用每天获得的有机碳化合物的30%~60%丧失于呼吸作用，而在衰老的植物中这种消耗趋于减小（Lambers，1985）。树的呼吸代谢消耗与此相近，但在老树中，由于光合组织对非光合组织的比例下降，这个消耗量会增加。

2. 光合期间同时进行呼吸作用

进行光合作用的叶片中也有线粒体参与的代谢作用。由光呼吸产生的甘氨酸在线粒体中氧化成丝氨酸，该反应与线粒体的耗氧相关（见第8章）。与此同时，进行光合作用的组织中的线粒体也进行正常的线粒体呼吸作用（即通过柠檬酸循环进行的呼吸代谢）。相对于光合作用的最高速率，在光照下绿色组织中线粒体呼吸速率是相当低的，通常为光合速率的1/20~1/6。考虑到光呼吸的速率能达到总光合速率的20%~40%，在白天，光呼吸为呼吸链提供的NADH就多于正常呼吸途径。

丙酮酸脱氢酶所催化的反应是代谢物进入柠檬酸循环的入口之一，在光照下其活性下降到黑暗中的25%（Budde and Randall，1990）。在光照下，线粒体呼吸作用的整体速率通常会明显下降，但下降的幅度目前还不清楚。然而，即使在光照条件下叶片细胞胞质中的代谢过程所需的ATP主要由线粒体提供（如用于生物合成途径的），这一点却是肯定的（Krömer，1995）。

光合作用过程中，线粒体呼吸作用的另一个功能是为生物合成反应提供前体。例如，α-酮戊二酸的形成是氮同化所必需的（图11.7C和图11.13）。该反应在基质中进行，其另一个产物是NADH，通过NADH又将氧化磷酸化或非磷酸化呼吸链的活性与α-酮戊二酸等前体物质的合成相协调（Hoefnagel et al.，1998；Noctor and Foyer，1998）。

通过研究呼吸作用复合体缺失的线粒体突变体，充分证实了线粒体呼吸作用与光合作用相偶联。与野生型相比，这些植物的叶片发育迟缓，光合能力下降，导致这一结果的原因是：具有氧化还原活性的代谢物穿梭于线粒体和叶绿体之间，将呼吸作用和光合作用有机地联系起来。因而，线粒体呼吸能力的降低就会对光合作用起负调控作用（Noctor et al.，2007）。

3. 不同的组织和器官的呼吸速率不同

呼吸作用常被分成两个量级，即**维持呼吸（maintenance respiration）**和**生长呼吸（growth respiration）**。前者的作用是维持植物的基本功能和已有组织的更新；后者则是为新生组织提供能量并把糖类物质转化为构建新生组织所必需的材料。对于某个给定的组织，代谢活性越高，其呼吸速率就越高，这是一个很实用的经验法则。发育的芽通常具有非常高的呼吸速率；而营养器官的呼吸速率则与其发育状态有关，从快速生长部位（如双子叶植物的叶尖和单子叶植物的叶基）到高分化区域呈逐步降低的变化。研究得最透彻的例子是生长中的大麦叶片（Thompson et al.，1998）。

对于发育成熟的营养器官来说，不同的组织呼吸速率也不尽相同，茎的呼吸速率最低，而叶和根的呼吸速率与植物种类和环境条件有关。例如，当土壤营养缺乏时，根部的呼吸速率就会明显提高，以满足对ATP需求的增长，其生理作用就是增加离子的吸收和增长根部以获取营养物质（见 Web Topic 11.7 讨论呼吸速率的变化对作物产量的影响）。

植物组织发育成熟时，其呼吸速率可能会稳定在一定水平，也可能随着组织由成熟到衰老的转变而慢慢下降。但一个特例是：某些植物组织衰老时呼吸速率会显著升高，即呼吸跃变。例如，许多果实（如鳄梨、苹果和香蕉）成熟及离体叶和花衰老时都会发生呼吸跃变。植物组织的这种呼吸跃变是由内源乙烯引发的，外源乙烯也可以引发（见第22章）。一般来说，乙烯诱导的呼吸跃变与抗氰交替途径的活跃进行相关联，但该途径在果实成熟过程中所起的生理作用却不清楚（Tucker，1993）。

不同组织呼吸底物不同。糖类物质是通用的，但是某些特殊器官可以用其他化合物进行呼吸：苹果和柠檬的成熟期为有机酸，向日葵和油菜种子发芽期为脂类。由于这些化合物的碳氧比不同，因而**其呼吸商（respiratory quotient，RQ）**就不同，所谓呼吸商就是在呼吸代谢中每释放一分子CO_2所消耗的O_2的数量。从脂类、单糖到有机酸的呼吸商呈逐渐升高，这是因为脂类分子含有较少的氧，而有机酸含氧量最高。乙醇发酵只释放CO_2但不消耗氧气，因此，过高的呼吸商就成为发酵代谢的标志。由于呼吸商可以在田间直接测定，因而呼吸商是大规模分析碳代谢的重要指标。

4. 环境因子影响呼吸速率

许多环境因素能够改变新陈代谢途径运转状态和呼吸速率。这里我们将讨论O_2、温度和CO_2对植物呼吸速率的影响。

O_2 其能影响呼吸作用是因为它是整个呼吸代谢的最终底物。在25℃，当水被大气（21% O_2）饱和并达到平衡状态时，其O_2含量大约是250 μmol/L。而细胞色素c氧化酶对O_2的K_m值低于1 μmol/L，由此可见，O_2浓度对呼吸速率的限制应该微乎其微。然而，如果整个组织处于O_2浓度低于5%的大气环境或组织切片周围大气的O_2浓度低于2%~3%时，呼吸速率明显降低。这些结果表明，O_2供给量可制约呼吸速率。

在植物组织的细胞间存在着充满空气的间隙，这就克服氧气在水相中扩散的不足，从而更有效地为线粒体的呼吸代谢提供充足的O_2。在植物中如果没有这样的气体扩散路径，O_2供给受限，许多植物细胞的呼吸速率将会受到严重影响。像种子和块茎这样堆积紧密的器官中，从表面到中心就存在显著的O_2浓度梯度，这会限制组织中ATP/ADP的比值。对于表皮较厚的种子和生长在水下的组织来说，扩散限制就显得更加重要。当水培植物时，就必须向营养液中充气，以保证在根周围有高浓度的氧气（见第5章）。与此类似，当植物生长在非常湿的或者水淹的土壤时，氧气供给就愈发重要（见第26章）。

植物，尤其是树木的地理分布直接与根部能否获得足够的O_2相关。例如，山茱萸（*Cornus florida*）、郁金香属的白杨木（*Liriodendron tulipifera*）只能生长在排水良好和通气性优良的土壤中。然而，许多植物却非常适应在充水的土中生长，如水稻和向日葵等草本植物，在它们的体内从叶子到根存在连续的、网络化的通气组织，从而保证氧气从叶子到根部的不间断输送。

对于生长在水淹且根扎得很深的树木来说，根部的O_2供应限制就更加严重。为适应这种环境，这些树木的根要么被迫进行厌氧代谢（发酵作用），要么进化形成专门的空气输送组织，以便向根部输送足够的O_2。其典型代表是呼吸根（pneumatophores）的形成，这种根由下向上并突出水面，在根组织中有气体通路，保证O_2向根部的快速扩散。海榄雌属类和红树属类是生长在红树林沼泽地的树木，它们具有典型的呼吸根。

温度 呼吸代谢可以在很大的温度变化范围进行（参见 Web Essays 11.4 和 11.6）。在0~30℃，呼吸作用随着温度的升高而增强，40~50℃达到平台期。如果温度进一步升高，植物的呼吸速率就会迅速下降，这是由于参与呼吸作用的酶类失活所致。通常把温度每升高10℃，呼吸速率增加的幅度称为温度系数（Q10）。温度系数能够准确地反映短期温度变化对呼吸作用影响；但温度系数随植物发育时期和外界因素的变化而改变。当长期处于低温时，植物的呼吸作用就会增强，从而保证ATP的供给（Atkin and Tjoelker，2003）。

水果和蔬菜的采收后贮藏和保鲜，通常采用低温来降低呼吸速率。但是，这类贮藏是个复杂的过程，并不是温度越低越好。例如，在贮存马铃薯块茎时，温度高于10℃时，呼吸作用及其相关的代谢活动就足以导致萌发；而低于5℃时，呼吸速率和萌发会受到抑制，但马铃薯块茎中贮存的淀粉就会降解，并转化为蔗糖，从而使块茎产生甜味，这也是人们不希望发生的结果。因而，马铃薯的优化贮存条件是7~9℃，在此条件下，既能阻止淀粉降解，又能使呼吸速率和萌发降到最小。

CO_2 在生产实践中，人们通常是根据大气O_2浓度和温度对呼吸速率的影响，来优化水果的贮存条件，低温、2%~3%的O_2浓度和3%~5%的CO_2浓度是比较合理的、具备商业价值的水果贮存条件。低温和低O_2含量都能降低呼吸速率。应该注意的是，O_2浓度要低，但不能缺O_2，因为缺O_2会导致组织进行发酵代谢。另外，人为地将CO_2提高3%~5%，也能够显著地抑制呼吸速率。

大气中CO_2的浓度一般为360 ppm，由于人类活动的影响，预计到21世纪末，大气CO_2浓度可能倍增为700 ppm（见第9章）。在自然界，由植物光合作用和呼吸作用而进行的CO_2交换量要远大于燃烧化石燃料（石油、煤炭等）所产生的CO_2量。因此，高CO_2浓度对植物呼吸的影响将严重影响未来全球大气的变化。最近研究表明，700 ppm的CO_2不直接影响植物的呼吸作用，但是，在人造生物圈内的整个生态测量显示，增加CO_2，每生物量单位的呼吸仍然降低，但其内在机制迄今仍不清楚。然而，目前还无法充分预测植物在消减人为产生的CO_2方面的潜在价值（Gonzales-Meler et al.，2004）。

11.2 脂代谢

动物体内积累脂肪，主要是能量储备，而植物把脂肪既作为能源物质又作为碳源而贮存。在许多种子中油脂是还原性碳的重要贮存形式，如大豆、葵花、油菜、花生和棉花等多种重要的农作物，在某些野生植物的小粒种子中也常常贮存油类，橄榄和鳄梨等水果的种子也贮存油脂。

本章的最后这部分内容中，我们将讨论三酰甘油（在种子中贮存的油脂）和极性甘油脂质（形成细胞膜的双脂层）这两类甘油脂的生物合成（图11.14），也将了解到三酰甘油和极性甘油脂质的生物合成需要质体和内质网两种细胞器的协同作用。我们将讨论在种子萌发过程中，通过氧化降解油脂而获取物质合成所需的碳骨架和代谢所需能量的复杂过程。

11.2.1 油脂贮藏大量的能量

脂肪和油类统属于脂质，虽然结构各异，但它们都是可溶于有机溶剂，而不溶于水的疏水化合物。与糖类物质相比，脂类分子是由还原性更高的碳组成，因此，生物体完全氧化1 g 油脂（含大约 40 kJ 的能量）可产生比氧化1 g 淀粉（大约15.9 kJ）多得多的ATP。与此相

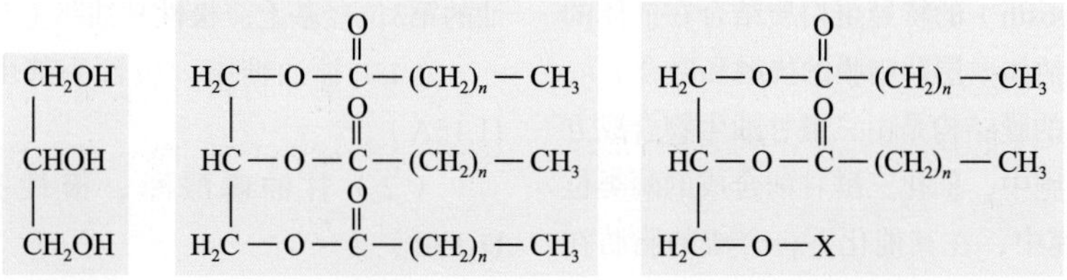

甘油　　三酰甘油（脂类主要的存在形式）　　极性甘油脂质

X=H	二酰甘油(DAG)
X=HPO_3^{2-}	磷脂酸
X=PO_3^{2-} —CH_2—CH_2—$\overset{+}{N}(CH_3)_3$	磷脂酰胆碱
X=PO_3^{2-} —CH_2—CH_2—NH_2	磷脂酰乙醇胺
X=半乳糖	半乳糖脂

图11.14 高等植物中三酰甘油和极性甘油脂质的结构特点。脂肪酸的碳链长度为12~20个碳原子，碳原子数通常为偶数，常见的为16个或18个碳原子。因此，*n*值通常是14或16。

对应，油脂类的生物合成也就需要更多的能量。

有些脂类对植物的组织结构和功能非常重要，但不是用于能量的贮存。这些脂类包括构成植物细胞膜的磷脂，以及同样是膜重要组分的鞘脂类；构成角质层的蜡，其主要作用是对植物起保护作用并减少水分的散失；类萜（类异戊二烯）也是一类重要的脂类物质，此类物质包括参与光合作用的类胡萝卜素和存在于许多膜中的固醇类等（见第13章）。

11.2.2　三酰甘油贮存在油体中

油脂主要以三酰甘油的形式存在（脂酰基指脂肪酸部分），它是脂肪酸分子通过酯键和甘油的3个羟基相连（图11.14）。

植物中的脂肪酸通常是直链羧酸，其碳原子数目常为偶数，碳链的长度为12~30个碳原子，或更长些，最常见的是16个或18个碳原子。我们称在常温下为液态的脂类为油，主要原因是油分子中含有较多的不饱和脂肪酸；而脂肪分子中含有更多的饱和脂肪酸，在室温下通常是固态。植物脂类中主要的脂肪酸见表11.3。

在植物脂类中脂肪酸的组成在种间变化很大。例如，花生油大约含有9%的软脂酸、59%的油酸、21%的亚麻酸；棉花种子的油中含25%的软脂酸、15%的油酸、55%亚麻酸。这些脂肪酸的生物合成下面即将讨论。

表11.3　高等植物组织中常见的脂肪酸

名称[a]	结构
饱和脂肪酸	
月桂酸（12：0）	$CH_3(CH_2)_{10}CO_2H$
肉豆蔻酸（14：0）	$CH_3(CH_2)_{12}CO_2H$
软脂酸（棕榈酸）（16：0）	$CH_3(CH_2)_{14}CO_2H$
硬脂酸（18：0）	$CH_3(CH_2)_{16}CO_2H$
不饱和脂肪酸	
油酸（18：1）	$CH_3(CH_2)_7CH=CH(CH_2)_7CO_2H$
亚油酸（18：2）	$CH_3(CH_2)_4CH=CH-CH_2-CH=CH(CH_2)_7CO_2H$
亚麻酸（18：3）	$CH_3CH_2CH=CH-CH_2-CH=CH-CH_2-CH=CH-(CH_2)_7CO_2H$

a 每一个脂肪酸都有一个简写数字。冒号前面的数字表示碳原子总数，冒号后面的数字表示双键的数目

在多数种子中三脂酰甘油通常储藏在子叶或胚乳的细胞质中，这种细胞器称为油体（也称为球形体或油质体）（见第 1 章）。油体的表面是一层由磷脂组成的单层膜（即半双层），磷脂的亲水端暴露在细胞质，而疏水的脂酰基碳链则朝向油体的内部（见第 1 章）。一种被称为油质蛋白（oleosin）的特异蛋白质结合在油体的表面，从而阻止相邻油体单层磷脂膜的接触和融合。

油质体这种特殊的膜结构是由三酰甘油生物合成方式造成的，在植物细胞中，催化三酰甘油合成的酶类位于内质网（ER）的膜中，在其催化下，合成的脂肪在内质网双层膜之间积累，随着脂肪的增多，导致双层膜膨胀而形成芽状突起，最后一个成熟的油质体从内质网的双层膜上裂解出来（Napier et al.，1996）。

11.2.3　极性甘油脂质是膜的主要组分

正如第 1 章的概述，细胞的膜系统是由双亲性（即有亲水和疏水区）脂分子层组成的双层膜，双亲分子的极性头部与水接触，而疏水的脂肪酸链形成膜的核心。这个疏水核心能够阻止溶质在细胞区室之间随意扩散，因此，就使得细胞内的生物化学反应有组织的进行，即在不同的细胞空间进行不同的代谢过程。

细胞膜的结构脂类主要是极性甘油脂质（图11.14），疏水部分由2个16 碳或18 碳的脂肪酸链通过酯键与甘油的第1和第2位羟基连接。极性头部结合在甘油的第3位羟基上。极性甘油脂主要分为两类。

（1）甘油糖脂，极性头部由糖类分子组成（图11.15A）。

（2）甘油磷酸酯，极性头部含有磷酸（图11.15B）。

植物细胞膜中还有其他的结构脂类，包括鞘脂类和固醇类（见第13章），但它们的含量很低。在植物细胞中还有许多其他的脂类物质，它们往往具有专一的功能，如参与光合作用和其他生理过程而行使特殊的作用。这些脂类包含叶绿素、质体醌、类胡萝卜素和生育酚，它们大约占植物叶片脂类物质的1/3。

图11.15列出了植物中常见的 9 种类型的甘油脂

A 甘油糖脂

单半乳糖基二酰甘油
(18:3 | 16:3)

葡萄糖基神经酰胺

硫脂酸
(18:3 | 16:0)

双半乳糖基二酰甘油
(16:0 | 18:3)

B 甘油磷酸酯

磷脂酰甘油
(18:3 | 16:0)

磷脂酰胆碱(卵磷脂)
(16:0 | 18:3)

磷脂酰乙醇胺(脑磷脂)
(16:0 | 18:2)

磷脂酰己醇
(16:0 | 18:2)

磷脂酰丝氨酸
(16:0 | 18:2)

双磷脂酰甘油(心磷脂)
(18:2 | 18:2)

图11.15　组成植物生物膜的主要极性甘油脂质：A. 甘油糖脂类和一个鞘脂；B. 甘油磷酸脂。至少有6种不同的脂肪酸和甘油结合。对于每类甘油脂质图中给出了最常见的一个分子结构。名字后面的数字指脂肪酸的碳原子数（在冒号前面的数字）和双键的数目（在冒号后面的数字）。

质，每种类型中结合的脂肪酸多种多样。图11.15中显示甘油脂质的基本结构模式。

叶绿体被膜主要由甘油糖脂组成，在光合作用组织中，被膜的脂类占整个叶绿体膜脂的70%；细胞的其他膜系统主要由甘油磷酸脂组成（表11.4）。在非光合作用组织中，磷脂是主要的膜甘油脂质。

表11.4　不同细胞器膜系统的甘油脂组分

	脂类组成（占总脂类的百分比/%）		
	叶绿体	内质网	线粒体
磷脂酰胆碱（卵磷脂）	4	47	43
磷脂酰乙醇胺（脑磷脂）	—	34	35
磷脂酰己醇	1	17	6
磷脂酰甘油	7	2	3
双磷脂酰甘油（心磷脂）	—	—	13
单半乳糖基二酰甘油	55	—	—
双半乳糖基二酰甘油	24	—	—
硫脂酸	8	—	—

11.2.4　脂肪酸生物合成是以增加二碳单位而循环进行

脂肪酸生物合成是以乙酰CoA 为前体，每次增加2个碳单位的缩合反应循环进行。植物的脂肪酸合成仅在质体中进行，而动物的脂肪酸合成主要是在胞液中进行。

脂肪酸生物合成由多个酶催化，在细胞中这些酶是以复合体的形式存在，总称为脂肪酸合酶。显然，这种复合体的催化效率远远高于分散状态。另外，在合成过程中，脂酰基共价结合在**脂酰基载体蛋白（acyl carrier protein，ACP）**上，形成脂酰ACP，脂酰基载体蛋白是一个酸性的低分子质量蛋白质。

脂肪酸合成途径的第一个关键步骤（即脂肪酸合成所特有的第一步反应）是丙二酰CoA的合成。该反应由乙酰CoA羧化酶催化，乙酰CoA和CO_2为底物（图11.16）（Sasaki et al.，1995），乙酰CoA羧化酶的严密调节控制着脂肪酸合成的整体速度（Ohlrogge and Jaworski，1997）。随后，丙二酰CoA与ACP反应生成丙二酰ACP，接下来进行脂肪酸合成的4个步骤。

（1）在脂肪酸合成的第一个循环开始时，乙酰CoA上的乙酰基团转移到缩合酶（3-酮脂酰ACP合酶）的一个特定的半胱氨酸残基上，随后和丙二酰ACP结合生成乙酰乙酰ACP。

（2）随后，在三个酶的催化下，乙酰乙酰-ACP的第3位碳原子上的酮基被加氢还原，形成一个新的脂酰链（丁酰ACP），至此脂酰基碳链已被延长为4个碳原子（图11.16）。

（3）接下来，上一步形成的4碳长的脂肪酸和另1分子的丙二酰ACP作为缩合酶的新底物，进行新一轮的缩合、还原反应，结果使碳链又延长2个碳单位。如此反复进行，直至形成16个或18个碳长度的脂肪酸。

（4）延长到16碳长度时，某些16：0-ACP上的脂酰基会以16:0脂肪酸的形式释放出来，但是大多数会继续延长至18:0-ACP，并被去饱和酶去饱和形成18:1-ACP。因此，在质体中16:0-ACP 和18:1-ACP是脂肪酸合成的主要产物（图11.17）。

脂肪酸与甘油结合形成甘油脂质后，脂肪酸仍需进一步加工。在一系列去饱和酶的同工酶作用下，在16:0和18:1脂肪酸分子中产生更多的双键，这些酶是位于叶绿体膜和内质网膜的内在蛋白。每个去饱和酶在脂肪酸特定部位产生双键，在这些酶的依次作用下，最终产生18:3和16:3 脂肪酸（Ohlrogge and Browse，1995）。

11.2.5　甘油脂质在质体和内质网中合成

脂肪酸在叶绿体中合成后，就被用于合成膜脂和油体的脂质物质。甘油脂质合成是以甘油-3-磷酸为底物，经两次酰化反应，将脂酰ACP 或脂酰CoA 的脂肪酸转移到甘油-3-磷酸的第1和第2位羟基上，从而产生磷脂酸。

在一种特殊的磷酸酶作用下，磷脂酸中的磷酸被水解下来，生成二脂酰甘油（DAG），磷脂酸也可以直接转化成磷脂酰肌醇或磷脂酰甘油，DAG 也可以转化为磷脂酰乙醇胺或磷脂酰胆碱（图11.17）。

在叶绿体和内质网中都有甘油酯合成酶，而脂肪酸在叶绿体中合成。这样部分脂肪酸就必须转运到内质网进行甘油脂质的合成，因此通过甘油脂质的合成就构成了叶绿体与其他细胞膜系统之间的相互协调关系。简而言之，甘油脂质合成的生物化学途径包括原核（叶绿体）途径和真核（ER）途径（Ohlrogge and Browse，1995）：

（1）在叶绿体中，以叶绿体合成的16:0-ACP 和18:1-ACP 为原料，通过原核途径合成磷脂酸及其相应的衍生物。另外，一些脂肪酸以脂酰CoA的形式被转运到细胞质。

（2）在细胞质中，内质网上存在另外一种脂酰基转移酶，该酶以脂酰CoA为原料，通过真核途径合成磷脂酸及其相应的衍生物。

图11.17显示了两种途径的基本过程。

对于拟南芥和菠菜等许多高等植物来说，叶绿体

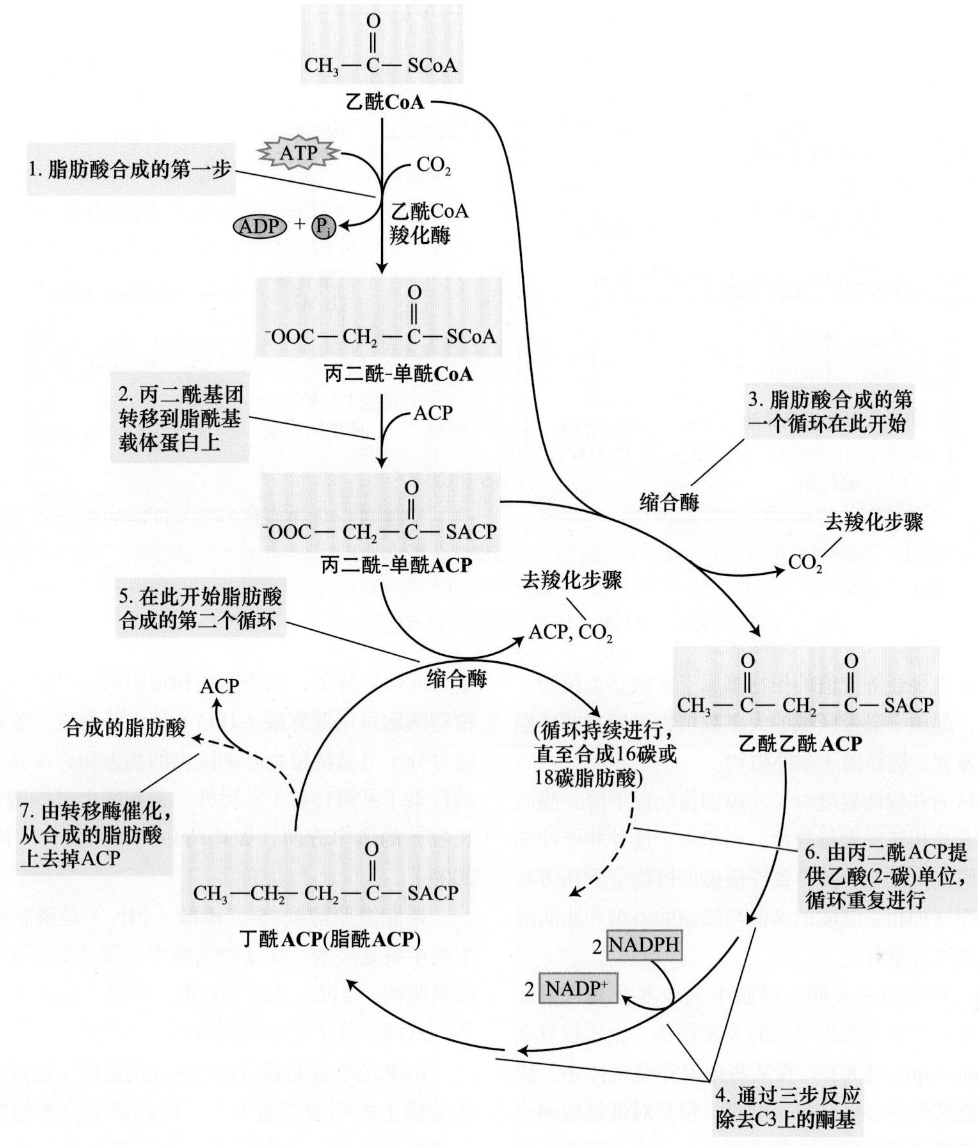

图11.16 植物细胞质体中脂肪酸合成的循环。

可以通过这两条途径合成脂类，并且二者的比例几乎相同。但在许多其他被子植物中，原核途径只能合成磷脂酰甘油，叶绿体中的其他脂类则完全通过真核途径合成。

在油类种子中，三酰甘油合成的生物化学过程与其他甘油脂质的合成基本相同。在细胞的质体中合成16:0-ACP和18:1-ACP，然后以脂酰CoA 的形式转运到内质网，进而与DAG 结合，形成三酰甘油（图11.17）。

脂酰CoA:DAG 脂酰基转移酶和 PC:DAG 脂酰基转移酶（图11.17 没有显示）是油类种子中油脂代谢中的关键酶（Dahlqvist et al.，2000）。前已提及，三酰甘油集中贮存于油脂体这种特殊的亚细胞器，在种子萌发时，这些脂类被动员并转变成糖类物质。

 11.2.6 脂类的组成影响膜的功能

膜生物学的一个核心问题是：脂类多样性与膜功能的关系。细胞中的每种膜系统都有其独特的脂类组成，而且对于特定的膜来说，组成膜的不同脂类分子又有特定的脂肪酸组分（表11.4）。

生物膜为可流动性、半渗透性的双层膜，是许多膜蛋白发挥作用的场所。显然，这种简单模型是不完美的，因为全部用单一不饱和磷脂酰胆碱同样可以聚集成类似的膜系统，那么膜脂的多样性又有何意义？解释之一是：膜脂的组成与有机体适应温度的变化有关（Iba，2002）。例如，温度为0~12℃，许多冷敏感型植物的生长速率迅速降低，并且发育迟缓（见第26章）。棉花、大豆、玉米、水稻与许多热带和亚热带水

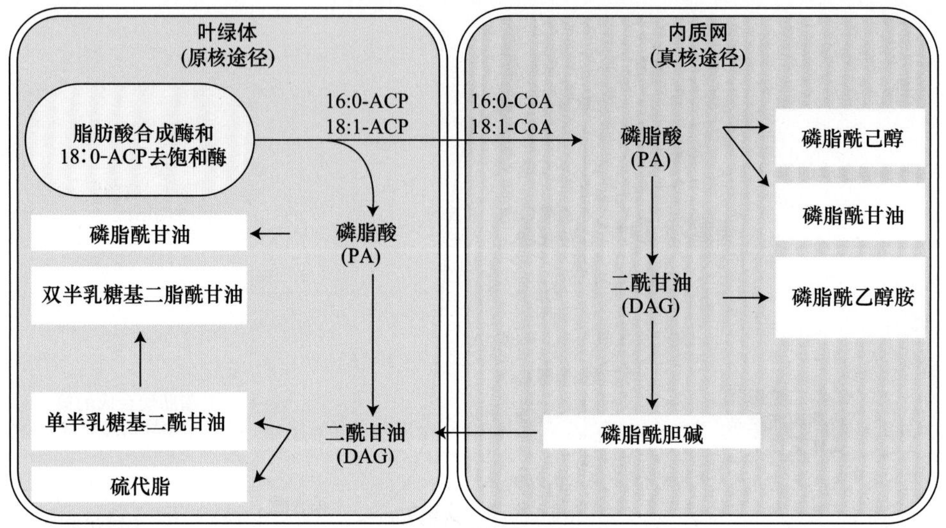

图11.17　拟南芥叶肉细胞的叶绿体和内质网中甘油脂质合成的两个途径。在两个方框中列出了主要的膜脂，甘油脂质的去饱和先在叶绿体发生，而在图11.15中所列出的高度不饱和脂肪酸主要由 ER 中的酶催化 16:0 和 18:1 脂肪酸进一步去饱和而形成。

果等很多有重要经济价值的作物都属于冷敏感型植物。与之相反，起源于温带区域的大多数植物可以在寒冷温度下生长发育，因而属于耐寒植物。

人们认为在较低温度时生物膜的流动性下降，膜脂由正常的液晶相转变为凝胶相，正是由于这种相变使细胞新陈代谢发生改变，并导致冷敏感型植物受到伤害甚至死亡。而这种相变温度的高低与膜脂的不饱和脂肪酸的不饱和度和含量有关。

然而，近期研究表明，膜脂不饱和度及其含量和植物适应温度变化的能力之间的关联较小，也比较复杂（参见Web Topic 11.8）。在某些拟南芥突变体中，膜脂的饱和脂肪酸的含量较野生型高，但其对低温的响应却与预期结果截然相反，由此表明，冷伤害与膜脂不饱和水平并不完全相关。

此外，用转基因烟草进行相关实验，得出与拟南芥突变体实验相反的结果。前已述及，烟草为冷敏感型植物，将某种特定的外源基因导入烟草并表达，从而使生物膜的饱和磷脂酰甘油的含量降低，或者使膜不饱和程度增加，然后进行低温处理。结果表明，无论在何种情况下，冷引起的伤害都得到一定程度的缓解。

这些新的研究结果更清楚地表明，无论是膜不饱和程度或者特殊脂类的存在，如去饱和的磷脂酰甘油，都会影响植物对低温的响应。正如在 Web Topic 11.8 中讨论的，为更加深入地认识和理解膜脂的组成和膜功能间的关系，就必须进行更加广泛和深入、细致的研究。

 11.2.7　膜脂是一些重要的信号分子的前体

无论在植物、动物还是微生物体内，某些膜脂可用于合成信号分子，用于胞内和远距离信号转导。例如，植物细胞可用亚麻酸（18:3）合成茉莉酸，茉莉酸作为信号分子可激活植物防御昆虫的伤害和许多真菌病原菌的侵染（见第13章）。另外，茉莉酸也可以调节植物生长发育的诸多方面，如花药和花粉的发育（Browse，2009）。

磷脂酰肌醇4，5-二磷酸（PIP_2）是磷脂酰肌醇衍生物中最重要的。在动物细胞中，通过受体介导而激活的磷脂酶c 将PIP_2 水解为肌醇三磷酸（$InsP_3$）和二酰甘油，这两个分子均是细胞内的第二信使。

$InsP_3$的功能是释放Ca^{2+}进入细胞质（通过液泡膜和其他膜上的钙敏感通道），因而调节许多植物细胞的生理生化过程，这些作用在许多植物体系中已得到证实，其中包括气孔保卫细胞的运动（Schroeder et al.，2001）。利用生物化学和分子遗传学的手段，通过对磷脂酶（Wang，2001）及与脂类信号分子合成相关的其他酶的研究，使人们对其他类型的脂类信号转导有了更多的认识。

 11.2.8　在萌发的种子中，贮存的脂类转化为碳水化合物

萌发后，油类种子利用由三酰甘油转变而来的蔗糖进行各种代谢活动（Graham，2008）。对于植物的幼苗来说，由于植物无法将子叶贮存的油脂转运到其他组织，因此，这些脂类必须先转变为可转运的碳化合物形式，一般是蔗糖，才能转运到根和生长快速的组织中，为幼苗的生长和发育提供碳源和能量。这一过程包括多个步骤，需要油质体、乙醛酸循环体、线粒体等细胞器

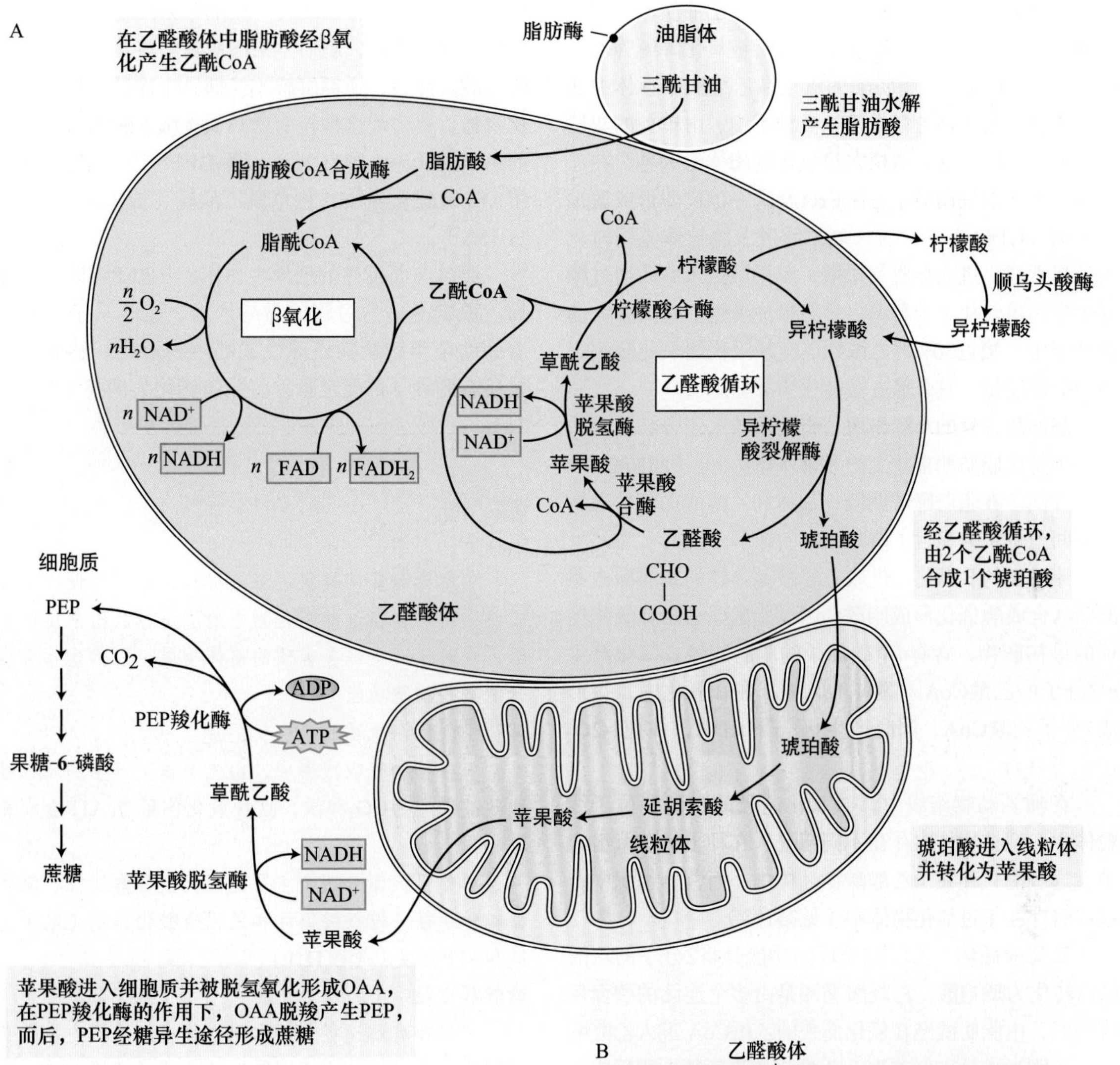

A

在乙醛酸体中脂肪酸经β氧化产生乙酰CoA

脂肪酶

油脂体

三酰甘油

三酰甘油水解产生脂肪酸

脂肪酸

脂肪酸CoA合成酶

CoA

脂酰CoA

$\frac{n}{2}O_2$

nH_2O

β氧化

n NAD^+

n NADH

n FAD

n $FADH_2$

乙酰CoA

CoA

柠檬酸

柠檬酸合酶

柠檬酸

顺乌头酸酶

异柠檬酸

异柠檬酸

草酰乙酸

乙醛酸循环

NADH

NAD^+

苹果酸脱氢酶

苹果酸

异柠檬酸裂解酶

苹果酸合酶

CoA

乙醛酸

CHO
|
COOH

琥珀酸

经乙醛酸循环，由2个乙酰CoA合成1个琥珀酸

细胞质

乙醛酸体

PEP

CO_2

ADP

ATP

PEP羧化酶

果糖-6-磷酸

草酰乙酸

蔗糖

苹果酸脱氢酶

NADH

NAD^+

苹果酸

琥珀酸

延胡索酸

苹果酸

线粒体

琥珀酸进入线粒体并转化为苹果酸

苹果酸进入细胞质并被脱氢氧化形成OAA，在PEP羧化酶的作用下，OAA脱羧产生PEP，而后，PEP经糖异生途径形成蔗糖

B

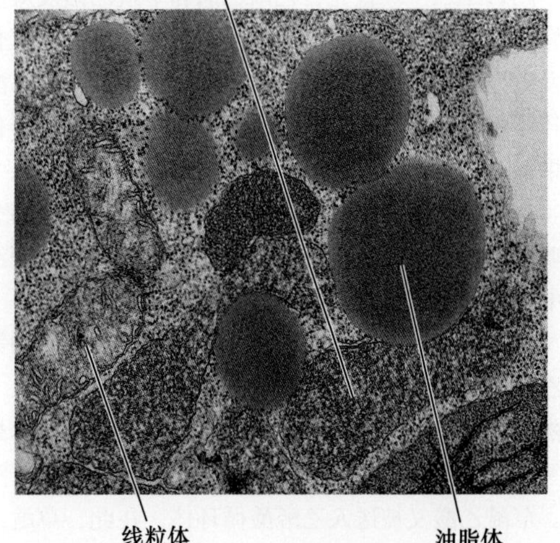

图11.18 贮油种子在萌发过程中脂肪转化成糖类。A. 脂肪酸降解和糖异生作用中碳的转化途径（参照图11.2、图11.3和图11.6中这些物质的化学结构）。B. 黄瓜幼苗子叶的电镜照片，图中标出了乙醛酸体、线粒体和油质体（B图 由 R. N. Trelease提供）。

的共同参与才能完成。

脂类转变为蔗糖的基本过程 随着种子萌发，脂类转化成蔗糖的过程被启动。该过程起始于油质体，三酰甘油先被水解为游离的脂肪酸，随后被氧化降解为乙酰CoA（图 11.18）。脂肪酸的氧化在乙醛酸循环体中进行，乙醛酸循环体是存在于油类种子中、由单一的双层磷脂膜包裹的囊泡，属植物过氧化物酶体的一种。在乙醛酸循环体和细胞质中乙酰CoA经进一步代谢形成琥珀酸（图 11.18A）。而后，琥珀酸进入线粒体先被转化为延胡索酸，进而形成苹果酸，苹果酸进入胞质通过糖异生作用再转化成葡萄糖，最终形成蔗糖。在大多数储油种子中，接近30%的乙酰CoA经呼吸代谢氧化降解为细胞提供能量，其余部分被转化为蔗糖。

脂肪酶介导的水解作用 脂类向碳水化合物转化的第一步是由脂肪酶催化三酰甘油水解为3分子脂肪酸和1分子甘油。在脂肪降解期间，油体和乙醛酸循环体通常在空间上也十分靠近（图11.18B）。

脂肪酸的β氧化 进入乙醛酸循环体的脂肪酸由脂酰CoA合成酶催化形成脂酰CoA。脂酰CoA是β氧化途径的最初底物，含有n个碳原子的脂肪酸经β氧化产生$n/2$分子的乙酰CoA（图11.18A）。在β氧化中，每形成1分子乙酰CoA，同时产生1分子NADH，并把$1/2O_2$还原为H_2O。

在哺乳动物组织中，β氧化途径的四个酶位于线粒体中。但植物体内存在不同情况，在种子的贮藏组织中，这些酶只存在于乙醛酸循环体中，而营养组织中，这些酶存在于过氧化物体中（见第1章）。

乙醛酸循环 乙醛酸循环的功能是将2分子的乙酰CoA转化为琥珀酸。乙醛酸循环是由多个连续的酶促反应组成，由脂肪酸经β氧化而来的乙酰CoA进入乙醛酸循环（图11.18A）。首先，乙酰CoA和草酰乙酸反应生成柠檬酸，接着被转移到细胞质中，在顺乌头酸酶催化下，发生异构化生成异柠檬酸。异柠檬酸又被送进乙醛酸循环体中，并经过两步乙醛酸循环所特有的反应转化成苹果酸。

（1）首先，异柠檬酸（C_6）被异柠檬酸裂合酶分解成琥珀酸（C_4）和乙醛酸（C_2）。琥珀酸被转运至线粒体中。

（2）接下来，在苹果酸合酶催化下，乙醛酸和第二个乙酰CoA缩合而生成苹果酸。

然后，苹果酸被转运到细胞质，细胞质中有苹果酸脱氢酶的同工酶，此酶催化苹果酸脱氢氧化生成草酰乙酸。草酰乙酸又被送入乙醛酸循环体，在此，草酰乙酸和另一分子的乙酰CoA结合，进行新一轮乙醛酸循环（图11.18A）。乙醛酸的产生保证了乙醛酸循环的继续进行，而琥珀酸则到线粒体中被进一步转化。

线粒体的作用 琥珀酸从乙醛酸循环体进入线粒体，经柠檬酸循环的两步反应生成苹果酸。位于线粒体内膜的二羧酸转移系统将产生的苹果酸运出线粒体和琥珀酸交换。然后，胞质苹果酸脱氢酶将苹果酸氧化成草酰乙酸，然后，逆糖酵解（经糖异生途径）转变为碳水化合物。要实现这种转变就必须克服丙酮酸激酶所催化的不可逆反应（图11.13），即由PEP羧化激酶催化，利用ATP磷酸化作用，将草酰乙酸转化成PEP和CO_2（图11.18A）。

通过前面描述的糖异生作用，从PEP可以产生葡萄糖。蔗糖是这一过程的最终产物，也是从子叶到生长着的幼苗组织运输还原性碳的主要形式。然而，并不是所有的种子都能定量地将脂肪转化为糖类（参见Web Topic 11.9）。

小结

利用光合作用提供的基础材料，在严密调控下，呼吸作用将贮存在这些碳化物中的能量释放出来供细胞使用，同时还产生许多含碳的前体物质，以供生物合成和行使某些细胞功能。

植物呼吸代谢概述

· 在植物呼吸代谢中，由光合作用产生的还原性细胞碳被氧化为CO_2和水，这种氧化作用与 ATP合成相偶联。

· 呼吸代谢分四个主要过程：糖酵解途径、氧化戊糖磷酸途径、柠檬酸循环和氧化磷酸化作用（电子传递链和ATP合成）（图11.1）。

糖酵解途径

· 经糖酵解途径，碳水化合物在细胞质中被转化为丙酮酸，通过底物水平磷酸化方式合成少量ATP，同时产生NADH（图11.3）。

· 植物糖酵解途径的几步反应存在交替酶，使得不同的底物均可以进入糖酵解途径，形成不同的产物，以及影响着该途径的进行方向。

· 当缺乏O_2时，发酵作用为糖酵解途径再生NAD^+，糖类物质中所具有的能量仅有很少部分被转化为ATP（图11.3）。

· 植物糖酵解途径的调节是终端产物由下而上的反馈调控。

氧化戊糖磷酸途径

· 碳水化合物可以通过氧化戊糖磷酸途径被氧化，并为许多生物分子的生物合成提供还原力——NADPH（图11.4）。

柠檬酸循环

· 在线粒体基质中，丙酮酸进入柠檬酸循环被氧化

为CO_2，并以NADH和$FADH_2$的形式产生大量的还原当量（图11.5和图 11.6）。

· 植物柠檬酸循环的独特性在于苹果酸酶的存在，该酶组成了代谢来自糖酵解的苹果酸的交替途径（图11.6和图11.7）。

线粒体电子传递和 ATP 合成

· 通过多种酶复合体将NADH和$FADH_2$电子传递给氧气的过程与质子的跨线粒体内膜的转运相偶联，由此而产生的电化学质子梯度被用于ATP合成和物质的跨膜交换（图11.8和图11.9）。

· 通过有氧呼吸，每分子蔗糖可产生多至60个ATP（表 11.2）。

· 几种导致能量回收率降低的蛋白质[交替氧化酶、NAD（P）H 脱氢酶和解偶联蛋白]的存在是植物呼吸代谢的典型特征（图11.8）。

· 呼吸代谢的主要产物是ATP和用于生物合成的中间产物。细胞对这些化合物的需求是呼吸代谢调控的原初信号，其调控位点分布在电子传递链、柠檬酸循环和糖酵解途径（图11.10~图11.13）。

植物整体和组织的呼吸代谢

· 植物日光合产量的50%以上被呼吸代谢消耗。

· 许多因素可以影响整个植株的呼吸代谢速率。这些因素包括植物组织的本性和年龄，还有诸如光照、温度、营养物质和水分供应、O_2和CO_2浓度等环境因子。

脂代谢

· 三酰甘油（脂肪和油）是贮存还原性碳最有效的形式，尤其在种子中。极性甘油脂质是各种生物膜结构的基本组分（图11.14和图11.15；表11.3和表11.4）。

· 三酰甘油在内质网膜上合成，在磷脂双层膜间积累，最终形成油体。

· 脂肪酸的合成是以乙酰CoA为原料，通过逐步添加二碳的循环，在质体中进行。质体中合成的脂肪酸被转运到内质网并被进一步修饰（图11.16和图11.17）。

· 膜的脂类组成可能会影响膜的功能。脂肪酸的不饱和度会影响植物对冷的敏感性，但似乎与通常的冷伤害没有密切关系。

· 在植物细胞中，膜脂的降解产物可作为信号物质起作用，如茉莉酸。

· 在储油种子萌发期间，经一系列反应储脂被转化为碳水化合物，该过程包括乙醛酸循环。乙醛酸循环在乙醛酸循环体中进行，随后的反应在线粒体中发生（图11.18）。

· 油脂在乙醛酸循环体中降解产生还原碳进入细胞质，经糖异生途径最终形成碳水化合物（图11.18）。

（董发才 译）

WEB MATERIAL

Web Topics

11.1 Isolation of Mitochondria
Intact, functional mitochondria can be purified for analysis in vitro.

11.2 The Q-Cycle Explains How Complex III Pumps Protons across the Inner Mitochondrial Membrane
A cyclic process allows for a higher proton-to-electron stoichiometry.

11.3 Multiple Energy Conservation Bypasses in Oxidative Phosphorylation of Plant Mitochondria
With molecular characterization, the physiological roles of the enigmatic “energy-wasting” pathways of respiration are being uncovered.

11.4 F_oF_1-ATP Synthases: The World’s Smallest Rotary Motors
Rotation of the subunit brings about the conformational changes that couple proton flux to ATP synthesis.

11.5 Transport Into and Out of Plant Mitochondria
Plant mitochondria transport metabolites, coenzymes, and macromolecules.

11.6 The Genetic System in Plant Mitochondria Has Several Special Features
The mitochondrial genome encodes about 40 mitochondrial proteins.

11.7 Does Respiration Reduce Crop Yields?
Crop yield is correlated with low respiration rates in a way that is not understood.

11.8 The Lipid Composition of Membranes Affects the Cell Biology and Physiology of Plants
Lipid mutants are expanding our understanding of the ability of organisms to adapt to temperature changes.

11.9 Utilization of Oil Reserves in Cotyledons
In some species, only part of the stored lipid in the cotyledons is exported as carbohydrate.

Web Essays

11.1 Metabolic Flexibility Helps Plants to Survive Stress
The ability of plants to carry out a metabolic step in different ways increases plant survival under stress.

11.2 Metabolic Profiling of Plant Cells

Metabolic profiling complements genomics and proteomics.

11.3 Mitochondrial Dynamics: When Form Meets Function

New microscopy methods have shown that mitochondria dynamically change shape in vivo.

11.4 Seed Mitochondria and Stress Tolerance

Seeds experience a large range of stresses and are dependent on respiration for germination.

11.5 Balancing Life and Death: The Role of the Mitochondrion in Programmed Cell Death

Programmed cell death is an integral part of the life cycle of plants, often directly involving mitochondria.

11.6 Respiration by Thermogenic Flowers

The temperature of thermogenic flowers, such as the *Arum* lilies, can increase up to 35°C above their surroundings.

11.7 Reactive Oxygen Species(ROS)and Plant Respiration

The production of reactive oxygen species is an unavoidable consequence of aerobic respiration.

11.8 Coenzyme Synthesis in Plant Mitochondria

Pathways for synthesis of coenzymes are often split between organelles.

11.9 *In Vivo* Measurement of Plant Respiration

The activities of the alternative oxidase and cytochrome c oxidase can be simultaneously measured.

第12章 矿质营养的同化

高等植物属于自养型生物，它们可以从周围环境中获取无机营养物质来合成自身需要的所有有机成分。对于多种矿质营养元素来说，植物获取它们的过程包括经由根系（从周围土壤）吸收进入植物体（见第5章）并与一些重要的有机化合物相结合的过程，包括色素、辅酶、脂类、核苷酸类和氨基酸类等。有机物与矿质营养元素相结合的过程称之为**营养物质的同化（nutrient assimilation）**。

一些营养物质，特别是氮和硫元素，它们的同化过程包括一系列复杂的生化反应，而这些反应是活的有机体中最耗能的反应。

（1）在硝酸盐（NO_3^-）同化过程中，NO_3^-中的氮先被转化成高能量形态——亚硝酸盐（NO_2^-）中的氮，接着转化成更高能量的形态——铵（NH_4^+）中的氮，最终转化成谷氨酸中的酰胺态氮。该过程中，每形成一个酰胺态氮要消耗12分子的ATP（Bloom et al.，1992）。

（2）豆科植物可以和固氮菌形成共生关系，将分子态的氮气（N_2）转化为氨（NH_3）。氨（NH_3）是自然界固氮反应中最先形成的稳定化合物，在生理pH 条件下，氨被质子化为铵离子——NH_4^+。该过程连同随后的NH_3同化为氨基酸的过程一起，每产生一个酰胺态氮需要消耗大约16个ATP（Pate and Layzell，1990；Vande Beoek and Vanderleyden，1995）。

（3）植物可经两条途径将硫酸盐（SO_4^{2-}）同化为半胱氨酸，该过程约消耗14个ATP。

从同化过程会有大量的能量参与角度来看，如果这些反应迅速逆向发生，也就是说，从NH_4NO_3（硝酸铵）转化成N_2，它们将会是爆炸性的，并以移动、热和光的形式释放出巨大的能量。几乎所有的爆炸物（如硝化甘油、TNT和火药）都是基于氮或硫化合物的迅速氧化而产生爆炸的。

其他营养元素（特别是大量和微量营养元素的阳离子）（见第5章）的同化过程都涉及与有机化合物形成复合物的过程。例如，Mg^{2+}和叶绿体色素形成复合物，Ca^{2+}与细胞壁上的果胶酸形成复合物，Mo^{6+}与硝酸还原酶和固氮酶形成复合物。这些复合物高度稳定，若将营养元素从这些复合物中移去，它们将失去所有功能。

本章重点讲述主要营养元素（氮、硫、磷酸盐，以及镁、钾等阳离子和氧）同化过程中的基本反应步骤，并对这些反应的有机产物予以阐述。同时，还会强调同化过程能量消耗的生理意义，并介绍典型的共生固氮反应。在这个过程中，植物体作为桥梁将营养物质从静态的地球物理领域传输到动态的生物领域，因此，本章还将重点介绍植物营养物质同化在人类膳食中的重要作用。

12.1 环境中的氮

植物细胞许多重要的生物化学成分中都含有氮（见第5章），如分别成为核苷酸和蛋白骨架的核苷磷酸盐和氨基酸。植物体中只有氧、碳和氢元素的含量比氮丰富。许多自然和农业生态系统中，当施加无机氮肥时，作物产量会出现异常的提高，这些都说明了该元素的重要性。

本部分将讨论氮的生物化学循环过程、氮固定在从分子态氮向铵和硝酸盐转变过程中的核心作用，以及植物组织中硝酸盐和铵的去向问题。

 12.1.1 生物地质化学循环过程中氮所经历的几种形式

生物圈中的氮以多种形态存在。大气中含有大量的分子态氮（N_2）（以体积计算约占77%）（见第9章）。但这个巨大储藏库中的氮并不能被生物有机体直接利用。只有破坏掉两个氮原子（N≡N）之间三个非常坚固的氮-氮共价键，将其转化成氨（NH_3）或硝酸盐（NO_3^-）时，大气中的氮才可以被利用。这个反应称为**氮的固定（nitrogen fixation）**，可通过工业和自然固氮过程来完成。

在高温（约200℃）、高压（约20MPa）和金属（通常是铁）催化剂存在的情况下，N_2才能和H_2反应生成氨。只有这些极端条件，才能满足反应的高活化能需求。这个固氮过程被称作**Haber-Bosch过程（Haber-Bosch process）**，它为许多工业制造和农业生产提供了最初的原料。全球氮肥的工业生产总量已经超过100×10^{12} g/年（FAOSTAT，2009）。

自然固氮过程可固氮约为190×10^{12}g/年（表12.1），主要包括以下几个方面（Schlesinger，1997）。

闪电（lightning）闪电固定的氮量占总固氮量的8%。它可将水蒸气和氧气转化为高度活化的羟自由基、游离的氢原子和氧原子，进而去攻击分子态氮（N_2），反应生成硝酸（HNO_3），随后随雨水降落到地面。

光化学反应（photochemical reaction）总固氮量中约2%来自于一氧化氮（NO）和臭氧（O_3）反应生成硝酸（HNO_3）的光化学过程。

生物固氮（biological nitrogen fixation）总固氮量中约90%来自生物固氮反应。在这个反应中，细菌或蓝绿藻（蓝藻）固定N_2转化成NH_3。NH_3溶解于水中将形成NH_4^+：

$$NH_3+H_2O \longrightarrow NH_4^++OH^- \qquad (12.1)$$

从农业生产的角度来看，氮肥的工业生产量远不能满足实际需求，因此生物固氮至关重要（FAOSTAT，2005）。

一旦被固定到氨或硝酸盐中，氮即进入了生物化学循环过程，并历经几种有机或无机形态最终又转变回分子态氮（图12.1和表12.1）。经固氮作用形成的或土壤有机物的分解过程产生的铵（NH_4^+）和硝酸盐（NO_3^-）离子成为植物和微生物之间竞争的目标。因此植物进化出一种尽可能快地从土壤中获取这些离子的机制保持其在这种竞争中的优势（见第5章）。施加肥料后，土壤中这些离子浓度升高，此时当植物根系对土壤中铵和硝酸盐离子的吸收超过植物体对这些离子的同化能力时，就会导致这些多余的离子在植物组织中的富积。

表12.1 生物化学氮循环的主要过程

过程	定义	速率/（10^{12}g/年）[a]
工业固氮	工业途径下分子态氮转化为氨态氮	100
大气固氮	闪电和光化学途径下分子态氮转化为硝态氮	19
生物固氮	原核生物作用下分子态氮转化为氨态氮	170
植物富集	植物对铵和硝态氮的吸收和同化	1200
固定	微生物对铵和硝态氮的吸收和同化	N/C
氨化作用	细菌和真菌将土壤有机质分解为铵	N/C
厌氧氨氧化	厌氧性的铵氧化作用，细菌作用下，铵和硝态氮转化为分子态氮	N/C
硝化作用	细菌（*Nitrosomonas* sp.）将铵氧化为亚硝酸盐，随后，细菌（*Nitrobacter* sp.）将亚硝酸盐氧化为硝酸盐	N/C
矿化作用	细菌和真菌通过氨化和硝化作用将土壤有机质转化为矿质氮	N/C
挥发	气态的氨散失到大气中	100
铵固定	铵包埋进入土壤颗粒的物理过程	10
反硝化作用	细菌作用下硝酸盐转化为一氧化二氮和分子态氮	210
硝酸盐淋溶	地表土壤中的硝酸盐溶入地下水，并最终进入海洋	36

注：陆地有机体、土壤和海洋中各自约包含5.2×10^{15} g、95×10^{15} g和6.5×10^{15} g活性的有机氮。如果大气中N_2的量维持恒定（输入=输出），那么平均停滞时间（mean residence time）（氮分子以有机形式存在的平均时间）约为370年[（总量/固定输入）=（5.2×10^{15} g+95×10^{15} g）/（80×10^{12}g/年+19×10^{12}g/年+170×10^{12}g/年）]（引自Schlesinger，1997）

a N/C表示没有计算

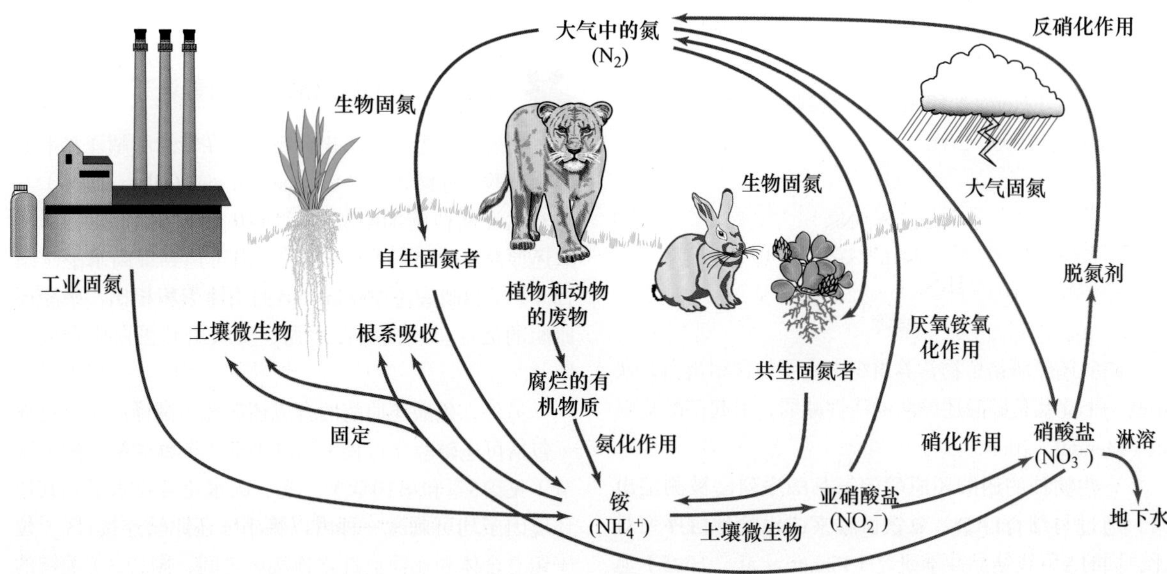

图12.1 大气中的氮循环：从气态氮到被活的有机体结合进入有机化合物前的还原型离子态氮的过程。氮循环中一些步骤如图所示。

12.1.2 未被同化的铵和硝酸盐可能产生有害作用

如果活体组织中的铵积累到一个高水平，它将对植物和动物产生毒害作用。因为铵将破坏跨膜质子梯度（图12.2），而植物的光合和呼吸作用中的电子传递过程（见第7章和第11章），以及随后液泡内代谢过程均要求跨膜的质子梯度的存在（见第6章）。因为高水平铵会产生毒害作用，动物在进化中逐渐形成强烈厌恶铵气味的特性。医学上，嗅闻一种有效成分为碳酸铵的可挥发的药粉，就可以使一个昏迷的人苏醒。对于植物，它们在铵的吸收位点或其产生部位就将其同化，并迅速

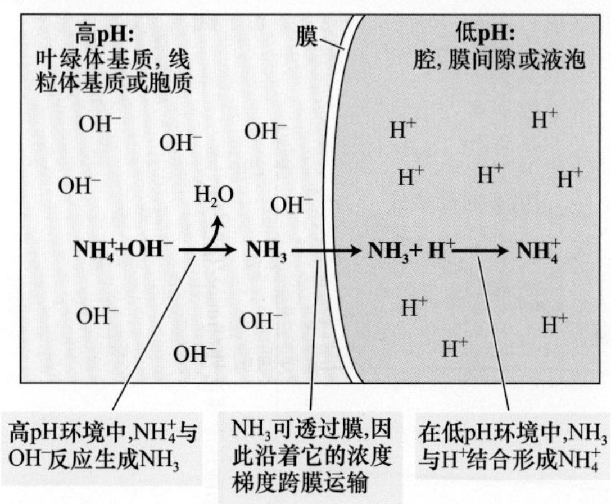

图12.2 铵离子的毒害作用在于破坏pH梯度。左侧为高pH的叶绿体基质、线粒体基质或胞质；右侧为低pH的腔、内膜空间或液泡；膜可以是叶绿体的内囊体膜、线粒体内膜或根细胞的液泡膜。反应结果显示：左侧的OH^-浓度和右侧的H^+浓度被逐渐缩小，意味着pH梯度的消逝（引自 Bloom，1997）。

地将多余的铵储存在液泡中，以避免它对膜和胞质产生毒害作用。

相对于铵，植物可储存更高浓度的硝酸盐或者将它们在组织间进行转移，而不会产生毒害作用。但是如果牲畜或人食用了高硝酸盐含量的植物或其制品，将会产生高铁血红蛋白症，这种病削弱了肝脏将硝酸盐还原为亚硝酸盐的能力，从而使硝酸盐和血红蛋白结合而不能与氧结合。人和一些动物也可将硝酸盐转化为具有潜在致癌作用的亚硝胺。一些国家已对人类食用的植物性食品中的硝酸盐含量进行了限制。

在下一部分，将讨论植物将硝酸盐同化为有机物的过程，即在酶催化条件下首先将硝酸盐还原为亚硝酸盐，进一步再转化为铵，最后形成氨基酸。

12.2 硝酸盐的同化

植物根系可通过几种质膜上低亲和力和高亲和力的硝酸盐-质子反向转运体有效地从土壤溶液中吸收硝酸盐（Crawford and Forde，2002；Miller et al.，2007），并最终将吸收的多数硝酸盐同化为有机氮化合物。第一步是在胞质中将硝酸盐还原成亚硝酸盐，并转移两个电子（Oaks，1994），这一步由**硝酸还原酶（nitrate reductase）**催化：

$$NO_3^- + NAD(P)H + H^+ \longrightarrow NO_2^- + NADP^+ + H_2O \quad (12.2)$$

式中，NAD（P）H为NADH 或NADPH。多数硝酸还原酶以NADH作为电子供体，此酶的另一种形式则可利用NADH或NADPH作为电子供体，这种形式的酶多存在于非绿色组织中，如根系中（Warner and Kleinhofs，1992）。

高等植物的硝酸还原酶有两个相同的亚基组成，每个亚基含有三个辅基：腺嘌呤黄素二核苷酸（FAD）、亚铁血红素（Heme）和钼原子与蝶呤相结合的复合物（Campbell，1999，2001）。

蝶呤

硝酸还原酶是植物营养组织中主要的含钼蛋白，缺钼的一个症状是硝酸还原酶的活性减弱，引起硝酸盐聚积（Mendel，2005）。

一些物种的硝酸还原酶的氨基酸序列已被测定出来，通过与结合FAD、亚铁血红素或钼的蛋白序列对比，同时X射线结晶性学研究（Fisher et al.，2005）显示，硝酸还原酶的高级结构可分为多个结构域。图12.3以简化的方式展示了硝酸还原酶的三个结构域。结合FAD的结构域接受来自于NADH或NADPH的2个电子，然后通过亚铁血红素结构域将电子传给钼复合体，随后将电子传递给硝酸盐。

 12.2.1 硝酸还原酶受多因素调节

硝酸盐、光、碳水化合物均可在转录和翻译水平上影响硝酸还原酶表达（Sivasankan and Oaks，1996）。在对大麦幼苗施加硝酸盐后约40 min，就可检测到硝酸还原酶mRNA的存在，且3 h内可达到最高水平（图12.4）。和硝酸还原酶mRNA的快速累积相比，硝酸还原酶的活性呈线性缓慢增强，反映出其蛋白质合成较慢。

另外，硝酸还原酶的合成还需经历翻译后修饰过程（包括可逆磷酸化过程），其类似于蔗糖磷酸合酶的调节（见第8章和第10章）。光、碳水化合物水平和其他环境因子均可刺激一种可以将硝酸还原酶连接1区（位于钼复合体和亚铁血红素连接区之间，图12.3）关键的丝氨酸残基脱磷酸化的蛋白磷酸酶，从而激活此酶。

逆向反应中，黑夜、Mg^{2+}均可刺激硝酸还原酶上这个关键的丝氨酸残基的蛋白激酶磷酸化，然后与14-3-3的阻遏蛋白相作用，从而使硝酸还原酶失活（Kaiser et

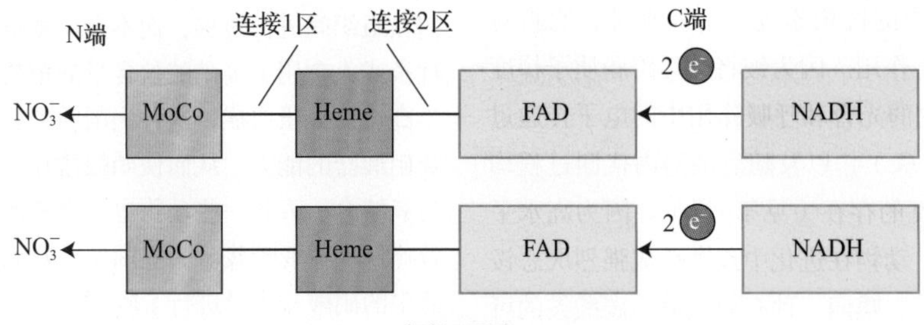

图12.3 硝酸还原酶的二聚体模型。图解真核生物中，具有相似多肽序列的硝酸还原酶的钼复合体（MoCo）、Heme和FAD三个结构域。NADH结合在每个亚基的FAD结合区，并使2个电子从羧基（C）端经过电子传递体传递到氨基（N）端。硝酸盐在位于氨基端附近的钼复合体处被还原。在不同物种中结构域的多肽序列差异较大。

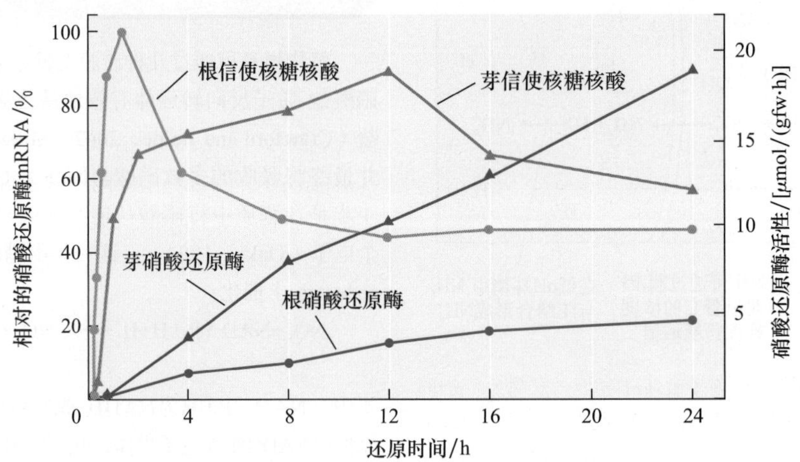

图12.4 大麦根和芽中，硝酸还原酶活性的增加滞后于硝酸还原酶mRNA的诱导表达水平。gfw：克鲜重（引自Kleinhofs et al.，1989）。

al.，1999）。通过磷酸化和脱磷酸化调节硝酸还原酶活性要比通过合成和降解该酶来调节其活性更为快速（分钟相对于小时）。

12.2.2 亚硝酸还原酶将亚硝酸转化为铵

亚硝酸根（NO_2^-）是具有高活性和潜在毒害作用的离子。植物细胞可迅速地将由硝酸盐还原[见反应式（12.1）]产生的亚硝酸盐从胞质中转移到叶细胞的叶绿体或根细胞的质体中。在这些器官中，亚硝酸还原酶将亚硝酸还原成铵，这个反应过程将转移6个电子：

$$NO_2^- + 6Fd_{red} + 8H^+ \longrightarrow NH_4^+ + 6Fd_{ox} + 2H_2O \quad (12.3)$$

式中，Fd为铁氧还蛋白，其中下标red和ox分别代表**还原态（reduced）**和**氧化态（oxidized）**。还原态的铁氧还蛋白来自于叶绿体中的光合电子传递过程（见第7章），而叶绿体和胞质中，磷酸戊糖氧化途径中生成的NADPH作为电子供体也可产生还原态的铁氧还蛋白（见第11章）。

叶绿体和根质体中亚硝酸还原酶的存在形式不同，但两种存在形式均由一个含有两个辅基[铁-硫簇（Fe_4S_4）和一个特殊的亚铁血红素]的单链多肽构成（Siegel and Wilkeron，1989）。这些辅基与亚硝酸盐结合并将其还原为铵。该过程虽然没有中间氧化还原态氮复合物的累积，但有很少（仅占0.02%~0.20%）的亚硝酸盐的还原产物以一氧化二氮（一种温室气体）的形式被释放出来（Smart and Bloom，2001）。图12.5展示了电子流从铁氧还蛋白到Fe_4S_4再到亚铁血红素的过程。

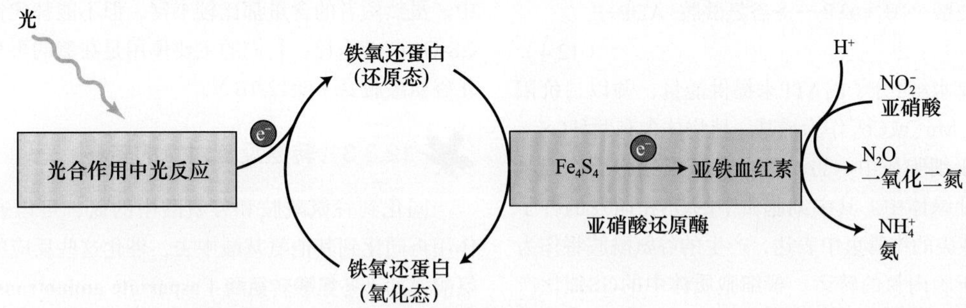

图12.5 亚硝酸还原酶耦合光合电子流经铁氧还蛋白还原亚硝酸盐的模式图。此亚硝酸还原酶含有两个辅基：Fe_4S_4和亚铁血红素，两者均参与了亚硝酸还原成铵的反应。

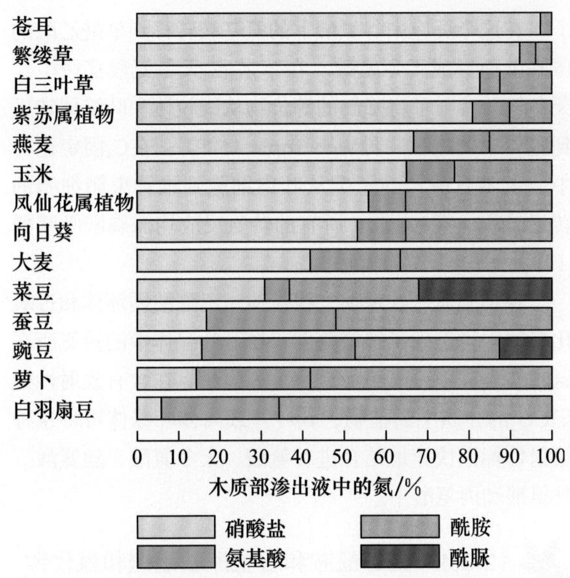

图12.6 不同植物物种木质部汁液中硝酸盐和其他含氮化合物的相对含量。这些植物生长（即根系暴露）在硝酸盐溶液中，通过切割茎干获得木质部汁液。注意：大豆和豌豆中含有酰脲，只有热带起源的豆类以这种形式输出氮（引自Pate，1983）。

亚硝酸还原酶在细胞核中编码，并在胞质中合成，具有N端的转移多肽，该多肽将其定位到质体中（Wray，1993）。当NO_3^-的含量升高或暴露到光下时，将诱导亚硝酸还原酶mRNA的转录，但是当该过程终产物——天冬酰胺和谷氨酰胺累积的时候，将对这个诱导过程产生抑制。

12.2.3 根和茎尖中硝酸盐的同化

有许多植物，当其根系接触到较少量的硝酸盐时，硝酸盐主要在根中被还原。而随着外界硝酸盐含量的增加，硝酸盐的吸收和同化将转移到地上部分的茎尖进行（Marschner，1995）。即使同样的亚硝酸盐供应情况下，根中和茎尖中硝酸盐的代谢平衡——主要是两种器官中硝酸还原酶活性的相对强弱或木质部汁液中硝酸盐和还原态氮的相对浓度——也是存在物种差异的。

例如，苍耳属植物（*Xanthium strumarium*）的硝酸盐代谢只发生在茎尖中，而另一些植物如白羽扇豆（*Lupinus albus*）中的硝酸盐代谢主要在根中进行（图12.6）。与起源于热带地区的物种相比，起源于温带地区的物种通常更多地依赖根系完成对硝酸盐的同化。

12.3 铵的同化

植物细胞迅速将由硝酸盐同化或者通过光呼吸产生（见第8章）的铵转换至氨基酸中以躲避铵的毒害作用。这个转变过程的初始途径包括与谷氨酰胺合成酶和谷氨酸合酶有关的一系列反应（Lea et al.，1992）。这部分将讲述调节铵同化为必需氨基酸的酶促过程，以及在调节氮和碳代谢中氨基化合物的作用。

 12.3.1 铵转化为氨基酸的过程中需要的两种酶

谷氨酰胺合成酶（glutamine synthetase，GS）催化铵和谷氨酸合成谷胺酰胺（图12.7A）：

$$\text{谷氨酸}+NH_4^+ +ATP \longrightarrow \text{谷氨酰胺}+ADP+P_i \quad (12.4)$$

该反应需要水解1分子的ATP来提供能量，并以二价阳离子Mg^{2+}、Mn^{2+}或Co^{2+}作为辅基。植物体含有两种GS，一类存在于细胞质中，另一类存在于根细胞质体或茎尖细胞的叶绿体中。其中细胞质中的GS在萌发的种子中或根和茎尖的维管束中表达，产生的谷氨酰胺将作为转运体用于胞内氮的转运。根细胞质体中的GS催化产生的氨基氮化合物只供该部位消耗；在茎尖细胞的叶绿体中GS催化重新同化光呼吸产生的NH_4^+（Lam et al.，1996）。光和碳水化合物的水平可改变质体中GS的表达，但对胞质中GS的表达影响很小。

提高质体中谷氨酰胺的水平将刺激**谷氨酸合酶（glutamate synthase）**[谷氨酰胺：α-酮戊二酸氨基转移酶（GOGAT）]产生活性。在该酶的催化下，谷氨酰胺的酰胺基被转移到α-酮戊二酸上，同时产生两分子的谷氨酸（图12.7 A）。植物中有两种类型的GOGAT，一种以NADH作为电子供体，另一种以铁氧还蛋白（Fd）作为电子供体：

$$\text{谷氨酰胺}+\alpha\text{-酮戊二酸}+NADH+H^+ \longrightarrow 2\text{谷氨酸}+NAD^+ \quad (12.5)$$

$$\text{谷氨酰胺}+\alpha\text{-酮戊二酸}+Fd_{red} \longrightarrow 2\text{谷氨酸}+Fd_{ox} \quad (12.6)$$

以NADH作为电子供体的酶（NADH-GOGAT）存在于非光合作用组织的质体中，如根或正在发育的叶片的维管束中。根质体中的NADH-GOGAT催化从根际土壤（近根表面的土壤）吸收的NH_4^+的同化；发育叶片维管束中的NADH-GOGAT催化从根或衰老叶片中转运过来的谷氨酰胺的同化。

研究发现，以铁氧还蛋白（Fd）作为电子供体的谷氨酸合酶（Fd-GOGAT）存在于叶绿体中，它催化光呼吸中氮的代谢反应。酶蛋白的数量和活性均随着光照强度的增加而提高。根细胞质体中，特别是生长在硝酸盐营养液中的根系中，也发现了Fd-GOGAT的存在。推测根系中Fd-GOGAT可能作用于硝酸盐同化过程中生成的谷氨酰胺的进一步转化。

 12.3.2 铵可经另一种途径被同化

谷氨酸脱氢酶（glutamate dehydrogenase，GDH）催化完成一个可逆反应，谷氨酸的脱氨与合成（图12.7B）：

$$\alpha\text{-酮戊二酸}+NH_4^+ +NAD(P)H \rightleftharpoons \text{谷氨酸}+H_2O+NAD(P)^+ \quad (12.7)$$

以NADH作为电子供体的GDH存在于线粒体中，以NADPH作为电子供体的GDH则位于光合器官的叶绿体中。虽然两者的含量都比较丰富，但不能替代铵同化的GS-GOGAT途径，它们的主要作用是在氮的再分配中催化谷氨酸脱氨（图12.7B）。

 12.3.3 转氨反应对氮的转移

同化到谷氨酰胺和谷氨酸中的氮，可以通过转氨作用再同化到其他氨基酸中去，催化这些反应的酶是转氨酶，如**天冬氨酸转氨酶（aspartate aminotransferase，Asp-AT）**，它可催化如下反应（图12.7C）：

$$\text{谷氨酸}+\text{草酰乙酸} \longrightarrow \text{天冬氨酸}+\alpha\text{-酮戊二酸} \quad (12.8)$$

在这个反应中谷氨酸上的氨基被转移到草酰乙酸的羰基上而形成天冬氨酸。在苹果酸-天冬氨酸穿梭中，天冬氨酸参与了将降解的等价物从线粒体和叶绿体转运到胞质中的过程（见Web Topic 11.5）；在C_4固定途径中，天冬氨酸参与了碳从叶肉细胞到维管束鞘细胞的转运过程（第8章）。所有的转氨反应均需磷酸吡哆醛（维生素B_6）作为辅基。

在细胞质、叶绿体、线粒体、乙醛酸循环体和过氧化氢体中均发现了转氨酶的存在。叶绿体中的转氨酶在氨基酸合成中可能更加重要，因为暴露在含有放射性标记CO_2的介质中的植物，其叶片或离体叶绿体可将这种放射性标记快速地结合进谷氨酸、天冬氨酸、丝氨酸、甘氨酸和丙氨酸中。

 12.3.4 天冬酰胺和谷氨酰胺是碳和氮代谢的衔接体

早在1806年，从芦笋中就分离出天冬酰胺，这是最先经过鉴定的酰胺（Lan et al.，1996）。天冬酰胺不仅可作为蛋白质的前体物质，还因为它具有高的稳定性和氮碳比，而在氮的转运和贮藏中起重要作用（天冬酰胺

A

谷氨酰胺合成酶　ATP　ADP + P_i　谷氨酸合酶　NADH+H^+ 或 Fd_{red}　NAD^+ 或 Fd_{ox}

铵 NH_4^+ + 谷氨酸 → 谷氨酰胺 + α-酮戊二酸 → 2 谷氨酸

B

谷氨酸脱氢酶　NAD(P)H　$NAD(P)^+$

NH_4^+（铵）+ α-酮戊二酸 ⇌ 谷氨酸 + H_2O

C

天冬氨酸转氨酶

谷氨酸 + 草酰乙酸 → 天冬氨酸 + α-酮戊二酸

D

天冬酰胺合成酶　ATP　AMP + PP_i

谷氨酰胺 + 天冬氨酸 → 天冬酰胺 + 谷氨酸

图12.7　铵代谢过程中的化合物的结构及其形成路径。铵可经几种途径中的任何一条被同化。A. 生成谷氨酰胺和谷氨酸的GS-GOGAT途径，反应中需要绿色叶片中的铁氧还蛋白和非光合组织中的NADH作为还原型辅基。B. 以NADH或NADPH作为还原剂生成谷氨酸的GDH途径。C. 从谷氨酸上转移氨基到草酰乙酸生成天冬氨酸途径（由天冬氨酸转氨酶催化）。D. 从谷氨酰胺上转移氨基到天冬氨酸上形成谷氨酸途径（由天冬酰胺合成酶的催化）。

中含有2个氮和4个碳，谷氨酰胺中含有2个氮和5个碳，谷氨酸中则含有1个氮和5个碳）。

天冬酰胺合成的主要途径是将谷氨酰胺中的酰胺氮转移到天冬酰胺中去（图12.7D）：

$$\text{谷氨酰胺+天冬氨酸+ATP} \longrightarrow \text{天冬酰胺+谷氨酸+AMP+PP}_i \qquad (12.9)$$

此反应由**天冬酰胺合成酶（asparagine synthetase，AS）**催化，该酶存在于叶和根细胞的胞质以及固氮根瘤中（见12.4部分）。在玉米根中，特别是当玉米根细胞处于潜在的氨毒害水平时，铵可替代谷氨酰胺作为氨基的来源（Sivasankar and Oaks，1996）。

强光和高浓度碳水化合物条件可激活质体中的GS和Fd-GOGAT，但却会抑制编码AS的基因表达和该酶的活性。这些竞争途径的反向调节可以平衡植物体中的C和N代谢（Lam et al.，1996）。当能量供应充足时（如强光和高浓度碳水化合物存在条件下）可激活GS（见反应式12.4）和GOGAT（见反应式12.5和反应式12.6），而抑制AS，促进氮同化进入谷氨酰胺、谷氨酸和富含碳的化合物中，继而参与新植物体原料的合成。相反，当能量供应被限定时，GS和Fd-GOGAT被抑制，AS被激活，氮同化向天冬酰胺方向进行，该物质富含氮且在植物体内易于长距离运输和长期贮存。

12.4 氨基酸的生物合成

人和大多数动物不能合成某些特定的氨基酸，包括组氨酸、异亮氨酸、亮氨酸、赖氨酸、甲硫氨酸、苯丙氨酸、苏氨酸、色氨酸、缬氨酸及幼儿体内的精氨酸（成人可以合成精氨酸）——这些所谓的必需氨基酸必须从食物中获取。但是植物能合成20种或者组成蛋白质的所有氨基酸。如前所述，含氮的氨基来自于谷氨酰胺或谷氨酸的转氨反应。氨基酸的碳骨架则来自于糖酵解生成的3-磷酸甘油酸、磷酸烯醇式丙酮酸或丙酮酸，或者来自于三羧酸循环中的α-酮戊二酸或草酰乙酸（图12.8）。必需氨基酸合成途径中的某些步骤是除草剂作用的靶标位点（如草甘膦，见第13章）。由于动物体内没有这些途径，所以低浓度的除草剂类化合物对动物无害，但对植物却是致命的。

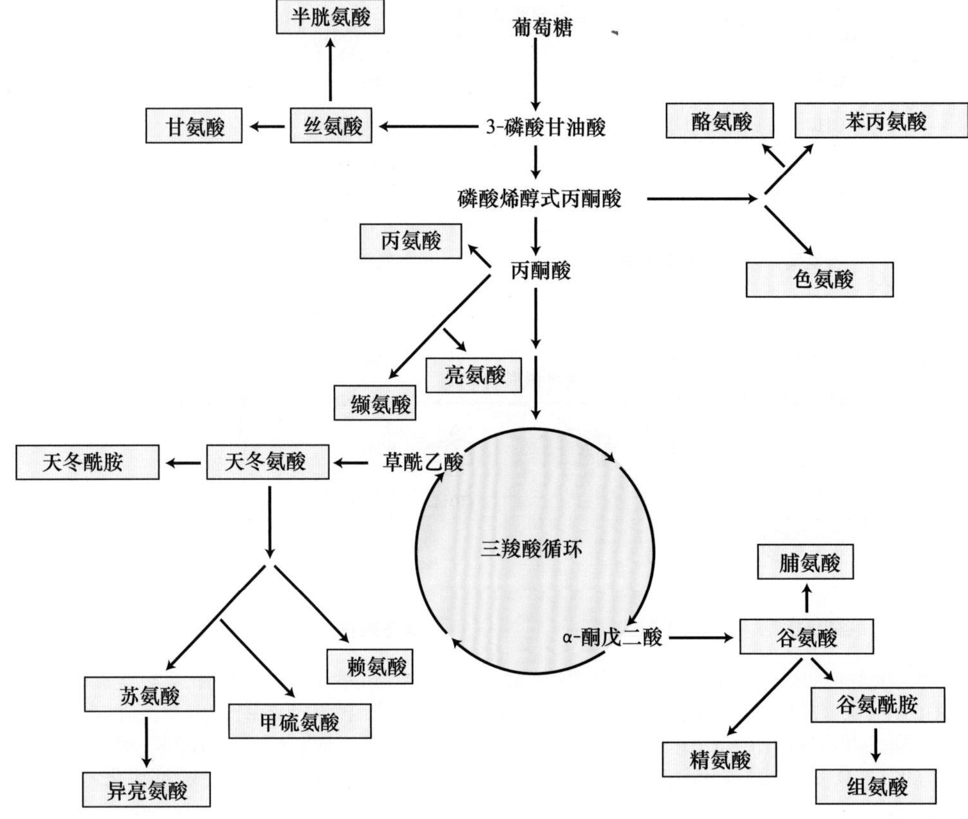

图12.8　20种基本氨基酸碳骨架的生物合成途径。

12.5　生物固氮

大气中的N_2转移到铵中的过程主要是由生物固氮完成的，这个过程是分子态氮进入氮的生物地化循环的重要切入点（图12.1）。本部分将讲述固氮生物和高等植物的共生关系、被固氮微生物侵染了的根系的特殊结构、共生原核生物和它们的寄主调节氮固定的遗传和信号交互作用及固氮过程中固氮酶的特性。

 12.5.1　自生和共生固氮菌

如前所述，一些微生物可将大气中的氮转化为铵（表12.2）。多数原核固氮微生物生活在土壤中，通常不依赖其他有机体。一些和高等植物形成共生关系的原核生物可以直接为寄主植物固氮，同时换取寄主的营养和碳水化合物（Franche et al.，2009）（表12.2的上部分）。这些共生关系发生在由固氮微生物与植物根系形成的根瘤中。

最常见的共生关系发生在豆科植物（Leguminosae）和*Azorhizobium*、*Bradyrhizobium*、*Photorhizobium*、*Rhizobium*和*Sinorhizobium*等属土壤微生物之间，它们被统称为**根瘤菌（rhizobia）**（表12.3和图12.9）。

另外一种常见的共生关系发生在几种木本植物（如桤木）和*Frankia*土壤微生物间，这些植物即为**放线菌结**

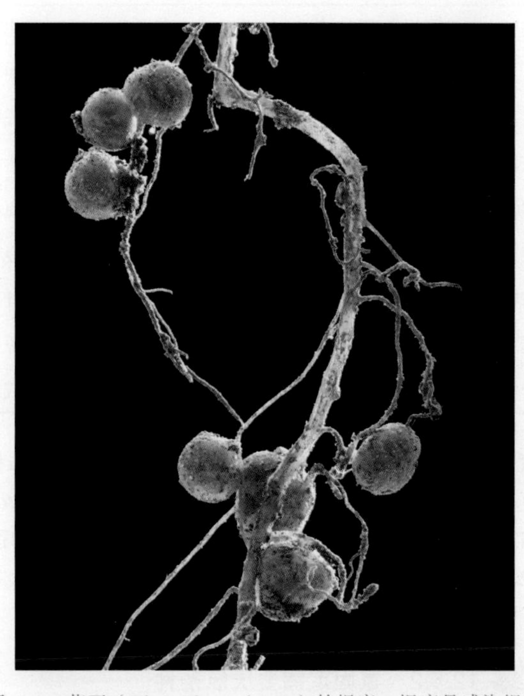

图12.9　菜豆（*Phaseolus vulgaris*）的根瘤。根瘤是感染根瘤菌（*Rhizobium* sp.）的结果（图片由David McIntyre拍摄）。

表12.2　可进行固氮的一些生物实例

共生固氮	
寄主植物	氮固定共生体
豆科植物：豆科，糙叶山黄麻属	固氮根瘤菌属，慢生固氮根瘤菌属，光合根瘤菌属，根瘤菌属，中华根瘤菌属
放线菌菌根植物：桤木属（林木），美洲茶属（灌木），木麻黄属（林木），野麻属（灌木）	弗兰克氏菌属
根乃拉草属植物	念珠藻属
满江红（水生蕨类植物）	假鱼腥蓝细菌属
甘蔗	醋酸杆菌属
芒草属植物（芒草属植物）	固氮螺菌属
自生固氮	
类型	固氮属
蓝藻（蓝-绿藻类植物）	鱼腥蓝细菌属，丝状蓝藻属，念珠菌属
其他细菌	
好氧的	固氮螺菌属，固氮菌属，拜叶林克氏菌属，德克斯氏菌属
兼性的	芽孢杆菌属，克雷伯氏菌属
厌氧的	
非光合作用型的	梭状芽孢杆菌属，甲烷球菌属（产甲烷的原始细菌）
光合作用型的	着色菌属，红螺菌属

表12.3　寄主植物与根瘤菌之间的关系

植物寄主	根瘤菌共生体
糙叶山黄麻属（非豆科植物，以前称为山麻黄属）	慢生根瘤菌属
大豆属（*Glycine max*）	慢生大豆根瘤菌（慢速生长类型）
	费氏中华根瘤菌（快速生长类型）
苜蓿属（*Medicago sativa*）	草木樨中华根瘤菌
田菁属（水生植物）	固氮根瘤菌属（根和茎都形成根瘤，茎上形成不定根）
菜豆属（*Phaseolus*）	菜豆根瘤菌
三叶草属（*Trifolium*）	三叶草根瘤菌
豌豆属（*Pisum sativum*）	豌豆根瘤菌
合萌属（水生植物）	形成茎部根瘤的光合作用活性型根瘤菌，也许与不定根的形成有关

瘤（actinorhizal）植物。另外，如北美香草*Gunnera*和微小的水生蕨类植物*Azolla*，它们分别和藻青菌*Nostoc*和*Anabaena* 结合，形成共生固氮关系（表12.2和图12.10）。还有几种类型的固氮细菌，它们是与C_4禾本科植物如甘蔗和芒草属植物形成共生关系的。

 12.5.2　氮固定需要厌氧条件

氮固定过程中需要消耗大量能量，因此催化这些反应的**固氮酶（nitrogenase）**上具有促使电子间进行高能量转化的作用位点。氧作为一种强电子受体，可破坏这些作用位点，并使固氮酶不可逆失活，所以氮的固定必须在厌氧的条件下进行。表12.2中列出了可在自然厌氧条件下或在有氧的情况下可创造内部厌氧环境而进行固氮的一些生物。

蓝藻中的厌氧条件是由一种被称为**异形细胞（heterocysts）**的特化细胞产生的（图12.10）。异形细胞是一种厚壁细胞，由丝状蓝藻在缺少NH_4^+时分化形成。这些细胞缺乏叶绿体中产生氧的光合系统Ⅱ（见第7章），所以它们不能产生氧气（Bussis，1976）。异形细胞的出现是一种对固氮的适应性表现，因而异形细胞在固氮的好氧蓝藻中广泛存在。

蓝细菌可以在厌氧条件下固定氮素，例如，在水淹地区发生的氮素固定过程。在亚洲国家，水稻田中的异形或非异形细胞型蓝细菌固氮是保证水稻田中有足量氮供应的主要方法。当田地被水淹时这些微生物进行固氮，而当田地干涸时则死亡，并将固定的氮释放到土壤中。淹水稻田中可利用氮的另一种重要来源是水生的蕨类植物——满江红（*Azolla*）的固氮，它和蓝细菌中的鱼腥藻（*Anabaena*）形成共生关系。每天每公顷满江红-鱼腥藻共生体可固定多达0.5 kg的分子态氮，这种固氮速率所带来的氮肥供应足以得到中等的水稻产量。

自养固氮微生物可分为好氧、兼性和厌氧三种类型

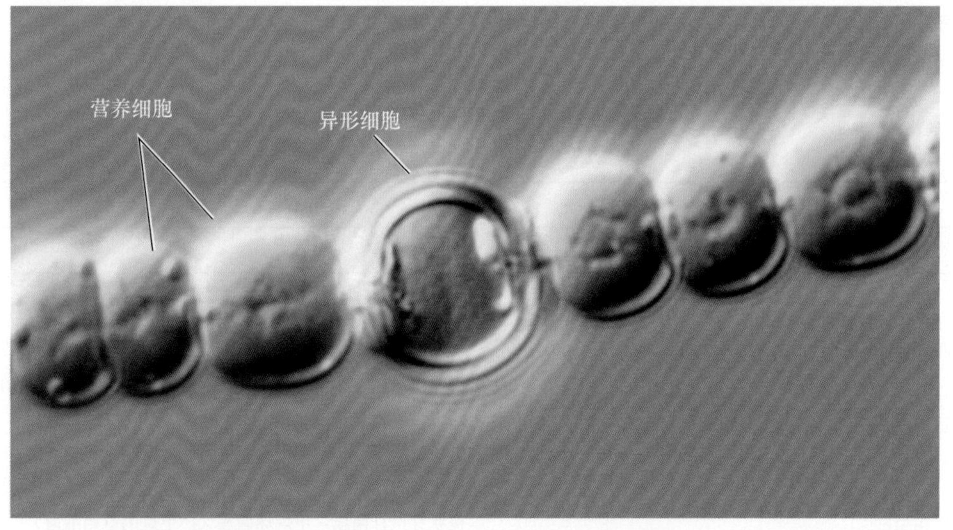

图12.10　固氮蓝细菌（*Anabaena*）藻丝体上的异形细胞。在植物细胞间隙中存在的厚壁的异形细胞，内部为厌氧环境，使蓝细菌可在有氧条件下固氮（图片由Dr.Peter Silver/Visuals Unlimited/Alamy提供）。

（表12.2下部）。

（1）**好氧的（aerobic）**固氮微生物，如固氮菌属（*Azotobactre*）微生物，它们是通过较强的呼吸作用来使细胞周围处于低氧状态（Burris，1976）。另外一些微生物，如*Gleoeothece*，白天进行光合作用制造氧气，而晚上当呼吸作用降低氧气水平时则进行固氮。

（2）**兼性的（facultative）**固氮微生物，在有氧和厌氧条件下均可生长，但通常只在厌氧条件下固氮。

（3）**厌氧的（anaerobic）**固氮细菌的生活环境本身就缺少氧气，氧气不会成为影响它固氮的因素。这些厌氧生物可能是光合作用型的（如*Rhodospirillum*），也可能是非光合作用型的（如*Clostridium*）。

12.5.3　共生固氮发生在特殊的结构中

共生的固氮原核生物存在于**结瘤（nodules）**中。结瘤是一种由寄主植物形成的包裹着固氮菌的特殊器官（图12.9）。对于*Gunnera*而言，这些器官存在于独立于共生体发育的茎分泌腺内。固氮微生物可诱导豆科植物和放线菌结瘤植物形成节结。

禾本科植物也可与固氮微生物形成共生关系，但是这些共生体并不形成根瘤，且固氮微生物可以在多种植物组织间移动和生长，或定位在根表（主要是伸长区和根毛区）（Reis et al.，2000）。例如，生活在甘蔗茎组织非原生质体中的固氮细菌*Acetobacter diazotrophicus*，可为寄主提供充足的氮，而使寄主减少对氮肥的需求（Dong et al.，1994；James and Olivares，1998）。*Azospirillum*与玉米和其他谷物共生时，也体现出了这种潜能，但是当*Azospirillum*与其他植物形成共生体时，似乎仅可以固定很少的氮（Vande Broek and Vanderleyden，1995）。

豆类和放线菌结瘤植物可以通过调节根瘤的透气性，使根瘤中的氧含量维持在可以进行呼吸作用，但又不足以使固氮酶失活的水平（Kuzma et al.，1993）。光下根瘤透气性增加，而在干旱或暴露在硝酸盐条件下根瘤的透气性降低。目前，对于根瘤透气性的调节机制仍不十分清楚，可能与受根瘤菌侵染细胞的K^+流的进出过程有关（Wei and Layzell，2006）。

根瘤中含有一个与氧结合的亚铁血红素蛋白，称为**豆血红蛋白（leghemoglobin）**。豆血红蛋白以高浓度存在于被侵染了的根瘤细胞质体中（大豆根瘤中含有700 μmol/L），从而使根瘤显现粉色。当寄主植物被微生物侵染之后将产生豆血红蛋白的球蛋白（Marschner，1995），细菌共生体则会产生亚铁血红素。豆血红蛋白与氧有很强的亲和能力（K_m约为0.01 μmol/L），这种亲和力的大小是人血红蛋白β链与氧亲和力的10倍。

虽然曾认为豆血红蛋白可作为根瘤中氧的缓释剂，但最近的研究表明，豆血红蛋白中储存的氧只够维持根瘤呼吸数秒钟（Dwnison and Hartei，1995）。因此，豆血红蛋白的作用就是将氧传给根瘤中正在进行呼吸作用的共生菌细胞，这种传递方式与血红蛋白向动物呼吸组织传递氧的方式类似（Ludwig and de Veies，1986）。在这种状态下，为了维持有氧呼吸，类菌体利用特异的电子传递链进行呼吸（见第11章），该电子传递链最末端的氧化酶对氧具有比豆血红蛋白对氧更高的亲和力，K_m约为0.007 μmol/L（Preidig et al.，1996）。

12.5.4　建立共生关系需要信号交换

豆类和根瘤菌之间的共生关系不是一成不变的。豆类幼苗可以在与根瘤菌没有任何共生关系的情况下生长发育，它们甚至可以在整个生命周期中都不与根瘤菌产生共生关系。根瘤菌也可作为自养生物生存在土壤中。然而，在氮被限定的条件下，共生生物可以通过专用的信号交换寻找可相互共生的生物体。寄主和共生体间的这个信号传递过程，以及接下来的侵染过程和固氮根瘤的发育过程中都有特异性基因参与（Oldroyd and Downie，2008）。

与根瘤形成有关的植物基因被称作**结瘤素（nodulin，*Nod*）**基因，参与根瘤形成的根瘤菌基因称为结瘤（nodulation，*nod*）基因（Heidstra and Bisseling，1996）。*nod*基因可分为通用*nod*基因和寄主专一*nod*基因，通用*nod*基因——*nod*A、*nod*B和*nod*C存在于所有根瘤菌中；而寄主专一*nod*基因，如*nod*P、*nod*Q和*nod*H，或*nod*F、*nod*E和*nod*L，因根瘤物种的不同而具有特异性，且它们的存在决定了被侵染宿主的范围。在所有的*nod*基因中，只有调节基因*nod*D是高度表达的，下面将详细阐述它的蛋白产物（NodD）对其余*nod*基因转录的调节作用。

固氮微生物和它们的宿主形成共生关系的过程起始于细菌向宿主植物根系的移动。这种移动是一种受化学引诱剂（特别是根系分泌的类黄酮和甜菜碱）调节的趋药性反应。这些引诱剂可激活NodD蛋白，诱导其他*nod*基因的转录（Phillips and Kapulnik，1995）。除了*nod*D基因外，所有*nod*基因的操纵子启动区都含有高度保守的*nod*盒，它与激活的NodD结合诱导其他*nod*基因的转录。

12.5.5　细菌产生的结瘤因子是共生的信号物质

NodD激活的*nod*基因所编码的结瘤蛋白，多数参与Nod因子的生物合成。**结瘤素因子（Nod factor）**是糖脂信号分子，是一种β-1→4-*N*-乙酰基-D-葡萄糖胺组成的几丁质骨架（长度为3~6个糖单位），且在非还原端糖基的C-2位置上结合一个脂肪酸（图12.11）。

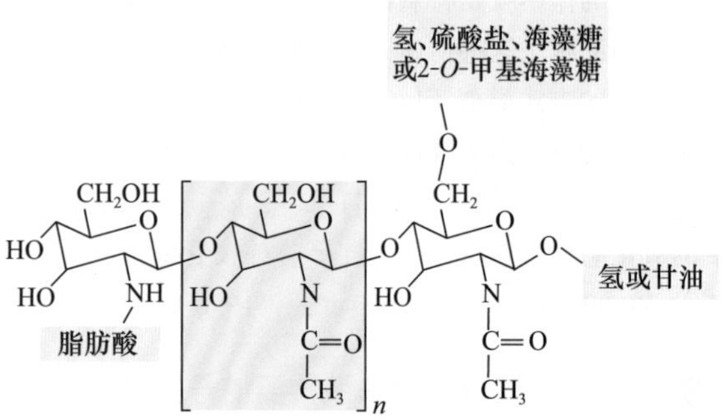

图12.11　Nod因子是糖脂分子。典型的脂肪酸链通常含有16~18个碳原子。中间重复部分的数目（*n*）通常是2或3（Stokkermans et al.，1995）。

*nod*基因中的三个——*nod*A、*nod*B和*nod*C所编码的酶系（特别是NodA、NodB和NodC）在合成结瘤素因子基础骨架的过程中起作用（Stokkermans et al.，1995）：

（1）NodA是一种*N*-乙酰转移酶，催化脂酰链的加长。

（2）NodB是一种几丁质-寡糖脱乙酰酶，可移去非还原糖末端的酰基。

（3）NodC是一种几丁质-寡糖合成酶，连接*N*-乙酰-D-氨基葡萄糖单体。

寄主专一性的*nod*基因随着根瘤菌种类的变化而改变，它们参与了脂酰链的修饰或决定宿主特异性组分的加长（Carlson et al.，1995）：

（1）NodE和NodF决定着脂酰链的长度和饱和程度。*Rhizobial leguminosarum* bv. *Viciae*和*R.meliloti*中的NodE和NodF使得脂酰链中的碳总数和双键数的比例分别是18：4和16：2（见第11章给出的数字）。

（2）另有些酶，如NodL，可通过增加几丁质骨架中还原和非还原糖基团的长度来影响结瘤素因子的寄主专一性。

一类特殊的豆类寄主可对一种专一性的Nod因子作出反应。对Nod因子作出反应的这类豆类受体植物根毛中，含有糖结合LysM域（赖氨酸基序），它是一种广谱的蛋白模块，最初在降解细菌细胞壁的酶中被确定，但在许多其他的蛋白质中也有存在（Radutoiu et al.，2007）。Nod因子激活这些域，以诱导根表皮细胞中的钙震荡。要了解钙震荡，需要知道依赖于钙/钙调蛋白的**蛋白激酶（CaMK）**，这个CaMK是与一种未知功能的名为CYCLOPS的蛋白相关联的（Yano et al.，2008）。表皮细胞一旦识别出钙震荡，Nod因子专一的转录调节器（包括含有两个GRAS蛋白和ERF转录因子的一个复合体）将直接与Nod因子的所诱导基因的启动子相结合（Hirsch et al.，2009）。从质膜上识别Nod因子到细胞核中基因表达变化是一个密切关联的过程，并因与丛枝菌根和寄主初始相互作用的过程相似，因此被称为共生路径（见第5章）（Oldroyd et al.，2009）。

12.5.6　植物激素参与根瘤的形成

在根瘤形成过程中，侵染和根瘤器官形成过程同时进行。侵染过程中，吸附在根毛细胞上的根瘤菌释放出Nod因子，诱导根毛发生卷曲（图12.12A和图12.12B）。在因根毛卷曲而形成的较小空间中根瘤菌不断聚集。为了使结瘤素因子更好地起作用，根毛细胞的细胞壁开始降解，允许根瘤菌直接穿过植物质膜外表面区域（Geurts and Bissling，2002）。

接下来是**侵染线（infection thread）**的形成（图12.12C）。在侵染部位，由高尔基小泡融合所形成的质膜向内管状伸长。由于分泌泡的融合，侵染线的头部一直生长到管的底部。在更深层次的木质部皮层，皮层细胞去分化开始分裂，在皮层内部形成一个特殊区域，称之为**根瘤原基（nodule primordium）**，根瘤从这里开始发育。根瘤原基在与根维管束原生木质部相反的位置处形成（Timmers et al.，1999）（参见Web Topic 12.1）。

不同的信号组分，或正或负地控制着根瘤原基位置。在根的原生木质部区，尿苷酸从中柱扩散到皮层，刺激细胞的分裂（Geurts and Bisseling，2002）。乙烯在中柱鞘中合成并扩散到皮层，抑制与根韧皮部相对应处的细胞的分裂。

在根瘤原基的方向上，被正在复制的根瘤菌所填充的侵染线穿过根毛和皮层细胞后不断伸长。当侵染线到达根瘤中特化的细胞时，它的顶端就与寄主细胞的质膜融合，释放出包埋在寄主细胞质膜中的菌细胞（图12.12D）。根瘤内部侵染线的分枝结构可使根瘤菌侵染更多细胞（Mylona et al.，1995）。

最初细菌持续分裂，而其周围的膜因与较小的囊泡相融合不断增长，并通过扩大表面积来适应这种增长需要。因此，在一种未知的植物信号作用下，细菌很快停止分裂并开始增大，分化成内源共生器官，称之为**类菌体（bacteroid）**。环绕着类菌体的膜称为类菌体周膜（perbacteroid membrane）。根瘤整体的发育过程具有维管系统的特征（这样有利于类菌体固定的氮与植物产生的营养物质间的交换），而且细胞中的一层可将根瘤内部的氧排出。在一些起源于温带的豆科植物（如豌豆）中，由于存在**根瘤分生区（nodule meristem）**，其根瘤扩大成圆柱形。起源于热带地区的豆科植物，如蚕豆和花生，根瘤则因缺少持续的分生组织而成球形（Rolfe and Gresshoff，1988）。

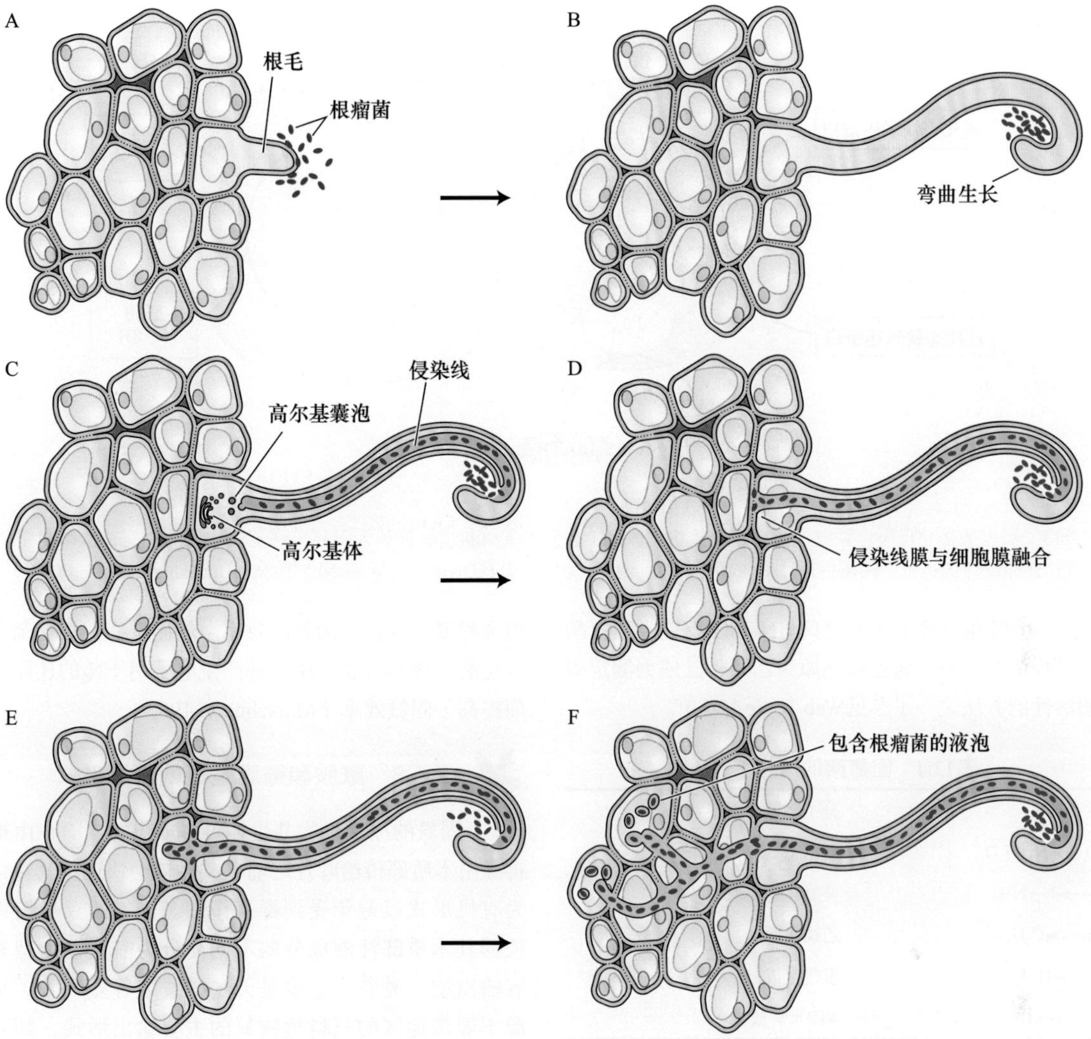

图12.12　根瘤器官形成中的侵染过程。A. 根瘤菌在植物释放的化学引诱剂的作用下吸附在突出的根毛上。B. 在根瘤菌生成因子作用下，根毛发生不正常的弯曲生长，并且根瘤菌在卷曲部位增殖。C. 该部位根毛细胞壁降解，导致源于根细胞高尔基体分泌囊泡的侵染线的形成和根瘤菌的入侵。D. 侵染线到达根细胞的底部，它的膜与根细胞质膜融合。E. 根瘤菌被释放到根细胞的非原生质体并从中间的薄层组织中穿过到达下表皮质膜而导致新侵染线的产生，最终形成开放的通路。F. 侵染线伸长并分枝直到达到目的细胞，在目的细胞处，由植物膜系统组成的囊泡所包围的固氮菌被释放到胞质中。

12.5.7　固氮酶复合体固氮

生物固氮像工业固氮一样，是将分子态氮直接转化为氨，其总反应式如下：

$$N_2+8e^-+8H^++16ATP \longrightarrow 2NH_3+H_2+16ADP+16P_i \quad (12.10)$$

此过程中，将一分子N_2还原成2分子的NH_3，需要转移6个电子并伴随两个质子被还原成H_2。该反应由**固氮酶复合体（nitrogenase enzyme complex）**催化（Dixon and Kahn，2004；Seefeldt et al.，2009）。

固氮酶复合体可分成两种组分——铁（Fe）蛋白和钼铁（MoFe）蛋白，它们自身均没有活性（图12.13）：

（1）在两种组分中，Fe蛋白相对较小，由两个分子质量为30~72 kDa的相同的亚单位组成，因有机体不同而存在差异。每个亚组分含有一个Fe-S簇（4Fe和$4S^{2-}$），参与由N_2转化为NH_3的氧化还原反应。O_2可使Fe蛋白不可逆失活，半衰期是30~45 s（Dixion and Wheeler，1986）。

（2）MoFe蛋白含有4个亚基，在不同的物种中分子质量为80~235 kDa。每个亚基含有两个Mo-Fe-S簇。O_2同样可使MoFe蛋白失活，在空气中，其半衰期为10 min。

在整个固氮还原反应过程中（图12.13），铁氧还蛋白是铁蛋白的电子供体，后者进一步水解ATP并还原MoFe蛋白。随后，MoFe蛋白可以将多种底物还原（表

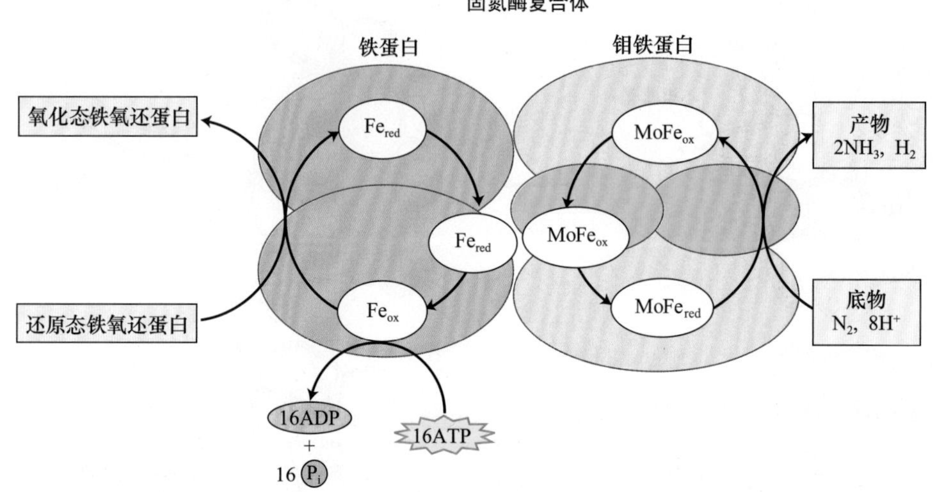

图12.13　固氮酶催化反应。铁氧还蛋白还原铁蛋白。ATP结合铁蛋白和水解被认为引起了铁蛋白构象的改变，这种改变利于氧化还原反应的进行。Fe蛋白还原MoFe蛋白，后者再还原N_2（引自Dixon and Wheeler，1986；Buchanan et al.，2000）。

12.4），虽然在自然条件下它只与N_2和H^+反应。固氮酶催化的反应之一——将乙炔还原为乙烯，已成为测定固氮酶活性的方法之一（参见Web Topic 12.2）。

表12.4　固氮酶的催化反应

$N_2 \rightarrow NH_3$	分子态氮的固定
$N_2O \rightarrow N_2+H_2O$	亚硝态氮氧化还原
$N_3^- \rightarrow N_2+NH_3$	叠氮化物还原
$C_2H_2 \rightarrow C_2H_4$	乙炔还原
$2H^+ \rightarrow H_2$	氢气生成
$ATP \rightarrow ADP+P_i$	ATP水解放能

固氮反应中的能量传递是复杂的。由N_2和H_2反应生成NH_3的反应是一个$\Delta G^{0'}$（自由能变化）为-27 kJ/mol的放能反应（附录1所讨论的放能反应）。但是工业上用N_2和H_2生产NH_3的过程则是一个**耗能的（endergonic）**过程，需要投入大量的能量，因为打破N_2中的氮氮三键需要高的活化能。同样原因，虽然自由能的精确变化仍不清楚，但固氮酶催化N_2的还原反应也需要投入大量能量（见反应式12.10）。

豆科植物碳水化合物代谢的研究表明，每固定1 g N_2需要消耗12 g有机碳（Heytler et al.，1984）。依据反应式（12.10），生物固氮总反应的ΔG^0约为-200 kJ/mol。因为总反应是高度放能的反应，铵的生成被固氮酶复合体的慢反应（单位时间——每秒内还原的N_2分子数约为5）所限制。为了补偿这种慢反应的周转时间，类菌体就会合成大量的固氮酶（最高可占细胞总蛋白量的20%）。

在自然条件下，大量的H^+被还原为H_2，这个反应和N_2的还原反应竞争来自固氮酶的电子。在根瘤菌中，供应给固氮酶的能量中30%~60%被用于合成H_2，这在很大程度上降低了固氮的效率。然而有一些根瘤菌含有氢化酶，该酶可裂解H_2，并产生电子用于N_2的还原，因而提高了固氮效率（Marschner，1995）。

 12.5.8　酰胺和酰脲是氮的转运形式

固氮的原核生物共生体可释放出氨，氨在由根瘤再经由木质部传给叶片之前，共生体会快速将其转化成为有机形式以避免受到毒害作用。固氮的豆科植物可依据其木质部汁液成分的不同而分为酰胺输出型和酰脲输出型。酰胺（主要是天冬酰胺或谷氨酰胺）是起源于温带地区的豆科植物氮的主要输出形式，如豌豆（*Pisum*）、三叶草（*Trifolium*）、蚕豆（*Vicia*）和小扁豆（*Lens*）。

酰脲则是起源于热带地区的豆科植物氮的主要输出形式，如大豆（*Glycine*）、四季豆（*Phaseolus*）、花生（*Arachis*）和南方菜豆（*Vigna*）。三种主要的酰脲形式是尿囊素、尿囊酸和瓜氨酸（图12.14）。尿囊素在过氧化物体中由尿酸合成，尿囊酸在内质网中由尿囊素合成，鸟氨酸合成瓜氨酸的位点目前还不明确。这三种成分最终被释放到木质部中并转运到茎叶，在那里被迅速分解为铵，铵再进入前述的同化过程。

12.6　硫的同化

有机体中，硫是最重要的多功能元素之一（Hell，1997）。蛋白质中的二硫键起到支架和调节的作用（见第8章）。硫通过Fe-S簇参与电子的传递（见第7章和第11章）。多种酶和辅酶，如脲酶和辅酶A的催化位点都含有硫。前述的根瘤菌的结瘤因子、大蒜的防腐剂蒜氨酸和

尿囊酸　　　　尿囊素　　　　瓜氨酸

图12.14　被用于氮转运的主要酰脲复合物。它们将氮由固氮位点转运到合成位点，在那里经脱氨作用为氨基酸和核苷酸的合成提供氮源。

花椰菜中的抗癌剂——异硫氰基-4R丁烷等次生代谢物质（不参与生长和发育基本途径的化合物）中都含有硫。

硫的多功能性在一定程度上是因为它拥有氮原子的某些特征：具有**多种稳定的氧化态形式（multiple stable oxidation states）**。在本部分将对调节硫同化的酶促反应步骤和催化硫还原进入含硫氨基酸——半胱氨酸和甲硫氨酸的生化反应过程进行阐述。

12.6.1　硫以硫酸根的形式被植物吸收

经H^+-SO_4^{2-}的同向转运体（见第6章）从土壤溶液中吸收来的硫酸根（SO_4^{2-}）中的硫是高等植物细胞内硫的主要来源。土壤中的SO_4^{2-}则主要来自于表面母岩材料的风化。然而，工业化引起的大气污染又增加了硫的来源。化石燃料的燃烧可释放出气态形式的硫，如二氧化硫（SO_2）和硫化氢（H_2S）等，它们随雨水降落到地面。

气态的SO_2会与OH^-和O_2反应形成**三氧化硫（sulfur trioxide，SO_3）**，SO_3溶解在水中后会生成一种强酸——硫酸（H_2SO_4），它是酸雨的主要来源。植物也可以通过气孔吸收和利用空气中的SO_2气体，但长时间（超过8 h）暴露在含有高浓度SO_2（超过0.3 ppm）的大气中时，SO_2形成的硫酸会造成植株大部分组织坏死。

12.6.2　硫酸根同化前需要将其还原成半胱氨酸

含硫化合物合成的第一步是将硫酸根还原成半胱氨酸（图12.15）。硫酸根很稳定，要进行后续反应，就必须先将其活化。首先，ATP与硫酸根作用，生成5′-腺苷酰硫酸（又称作腺苷-5-磷酸硫酸，缩写成APS）和焦磷酸（PP_i）（图12.15）：

$$SO_4^{2}+\text{Mg-ATP}\longrightarrow \text{APS}+PP_i \qquad (12.11)$$

催化该反应的酶——ATP-硫酰化酶有两种形式：主要的一种存在于质体中，次要的一种存在于胞质中（Leustek et al.，2000）。活化这个反应是非常困难的，为了促使反应继续进行，生成的APS和PP_i必需立刻被转化成其他化合物。PP_i被无机焦磷酸酶水解为无机磷酸（P_i），反应如下：

$$PP_i+H_2O\longrightarrow 2P_i \qquad (12.12)$$

另一产物APS被迅速还原或磷酸化，其中还原过程是主导过程（Leuster et al.，2000）。

APS的还原是发生在质体中的一个多步反应。首先，还原型谷胱甘肽（GST）转移两个电子到APS还原酶，将APS还原，生成亚硫酸根（SO_3^{2-}）：

$$\text{APS}+2\text{GSH}\longrightarrow SO_3^{2-}+2H^++\text{GSSG}+\text{AMP} \qquad (12.13)$$

其中，GSSG代表氧化型的谷胱甘肽（GSH 中的SH和GSSG中的SS分别代表S—H 和S—S键）。

其次，亚硫酸还原酶接受来自铁氧还蛋白（Fd_{red}）的6个电子，还原SO_3^{2-}生成硫化物（S^{2-}）：

$$SO_3^{2-}+6Fd_{red}\longrightarrow S^{2-}+6Fd_{ox} \qquad (12.14)$$

生成的S^{2-}-和乙酰丝氨酸（OAS）反应生成半胱氨酸和乙酸，生成OAS的反应则由丝氨酸乙酰转移酶催化：

$$\text{丝氨酸}+\text{乙酰CoA}\longrightarrow \text{OAS}+\text{CoA} \qquad (12.15)$$

O-乙酰丝氨酸和S^{2-}作用生成半胱氨酸和乙酸的反应则由OAS-硫裂解酶催化：

$$\text{OAS}+S^{2-}\longrightarrow \text{半胱氨酸}+\text{乙酸} \qquad (12.16)$$

存在于胞质中的APS的磷酸化作用是一个可以选择的途径。首先APS激酶催化APS和ATP作用生成3′-磷酸腺苷-5′-磷酰硫酸（PAPS）：

$$\text{APS}+\text{ATP}\longrightarrow \text{PARS}+\text{ADP} \qquad (12.17)$$

转硫酸酶然后可将硫酸根从PAPS转移给多种化合物，如胆碱、油菜素类固醇、黄酮醇、五倍子酸糖苷、芥子油苷、多肽和多糖等（Leuster et al.，1999）。

12.6.3　硫酸根的同化多发生在叶片内

硫酸根还原为半胱氨酸的过程必须转移8个电子，同时使硫的氧化数从+6变到−2。谷胱甘肽、铁氧还蛋白、NAD（P）H，或者*O*-乙酰丝氨酸成为这个过程多个步骤中的电子供体（图12.15）。在拟南芥中，除了亚硫酸盐还原酶和还原型谷胱甘肽合成酶以外，其余所有与硫同化有关的酶都是由小基因家族编码的。现在仍不清楚是否这是一种功能上的冗余或是否所有的基因都有专一的功能或专项定位（Kopriva，2006）。叶片中

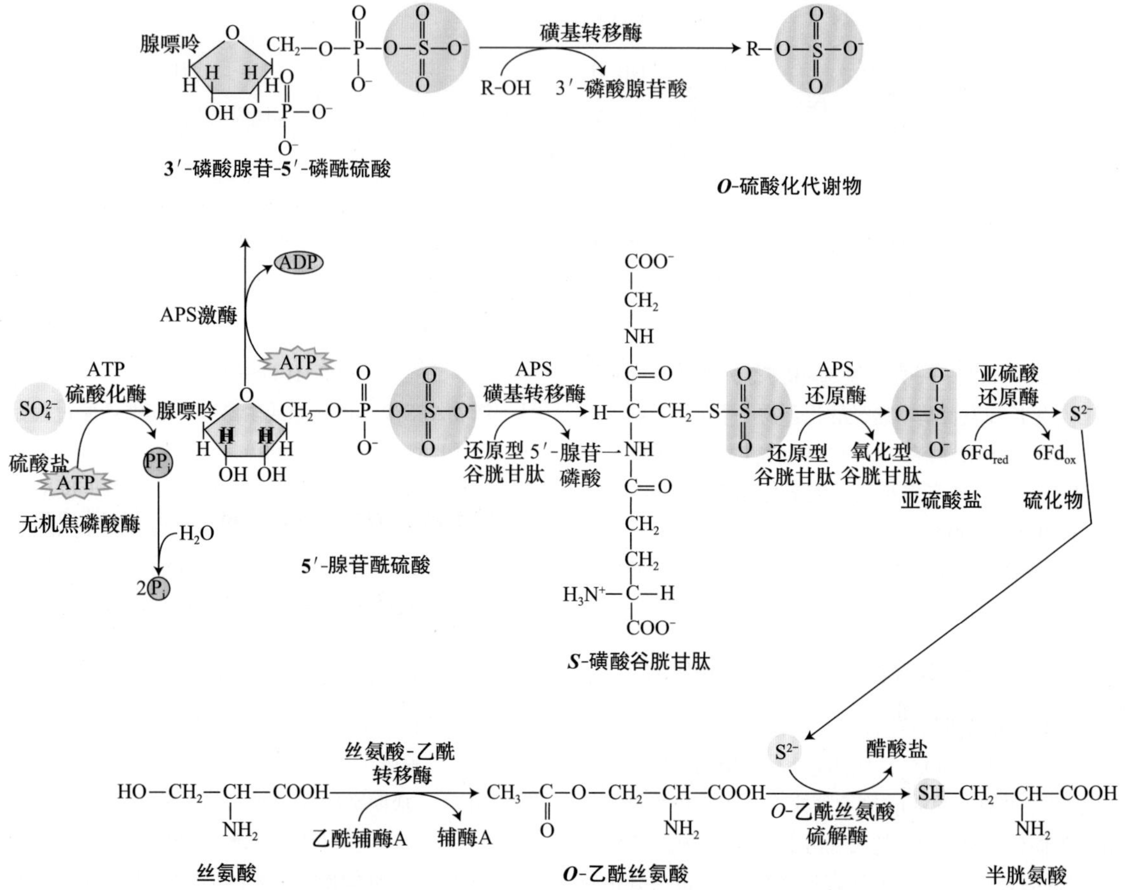

腺嘌呤 磺基转移酶 R-OH 3′-磷酸腺苷酸
3′-磷酸腺苷-5′-磷酰硫酸 O-硫酸化代谢物

APS激酶 ADP ATP
ATP硫酸化酶 SO_4^{2-} 硫酸盐 ATP PP_i 无机焦磷酸酶 H_2O $2P_i$
5′-腺苷酰硫酸
APS磺基转移酶 还原型谷胱甘肽 5′-腺苷一磷酸
S-磺酸谷胱甘肽
APS还原酶 还原型谷胱甘肽 氧化型谷胱甘肽 亚硫酸盐
亚硫酸还原酶 $6Fd_{red}$ $6Fd_{ox}$ 硫化物 S^{2-}

$HO-CH_2-CH(NH_2)-COOH$ 丝氨酸
丝氨酸-乙酰转移酶 乙酰辅酶A 辅酶A
$CH_3-C(=O)-O-CH_2-CH(NH_2)-COOH$ O-乙酰丝氨酸
S^{2-} 醋酸盐 O-乙酰丝氨酸硫解酶
$SH-CH_2-CH(NH_2)-COOH$ 半胱氨酸

图12.15　参与硫同化过程的化合物的结构及它们的生成路径。ATP硫酸化酶从ATP裂解出焦磷酸盐，并用硫酸根将其替代。经谷胱甘肽和铁氧化还原蛋白的还原反应，APS生成硫化物。硫化物或亚硫化物与*O*-乙酰丝氨酸作用生成半胱氨酸。

硫的同化比根系中的更为活跃一些，这可能因为光合作用提供了还原型的铁氧还蛋白，而光呼吸作用又可产生丝氨酸进一步去激发*O*-乙酰丝氨酸的生成（见第8章）的缘故。叶片中同化的硫主要以谷胱甘肽的形式经韧皮部输送到蛋白质的合成位点（叶和根的生长点及果实）（Bergmann and Rennenberg，1993）：

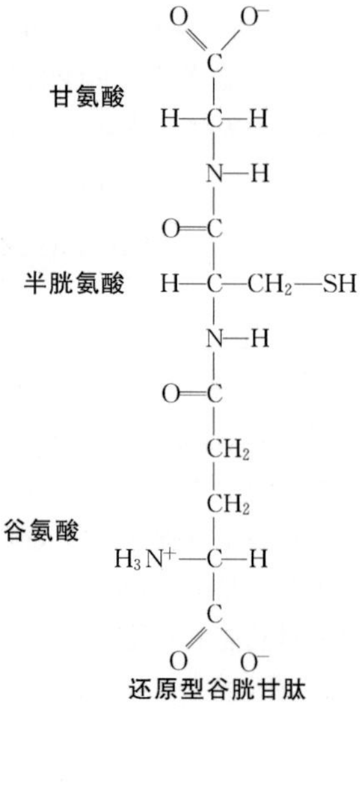

甘氨酸
半胱氨酸 $H-C-CH_2-SH$
谷氨酸 H_3N^+-C-H
还原型谷胱甘肽

谷胱甘肽也可作为一种信号，协调根系对硫酸盐的吸收和茎尖对硫酸盐的同化。

12.6.4　甲硫氨酸的合成前体物质是半胱氨酸

甲硫氨酸是蛋白质中的另一种含硫氨基酸，其在质体中由半胱氨酸合成（更多是细节参见Web Topic 12.3）。合成的半胱氨酸和甲硫氨酸被用于合成蛋白质，或用于为诸多其他化合物提供S，如乙酰CoA和*S*-腺苷甲硫氨酸。*S*-腺苷甲硫氨酸在乙烯合成（见第22章）和木质素合成的转甲基反应中起重要作用（见第13章）。

12.7　磷酸盐的同化

植物根系通过H^+-HPO_4^{2-}的转运体很容易吸收土壤溶液中的磷酸根（HPO_4^{2-}）（见第6章），被吸收的磷酸根随后化合到各种有机物中，包括磷酸糖、磷脂和核苷酸。磷酸盐同化过程的主要切入位点是细胞中能量的流通形式ATP的形成。在这个反应过程中，无机磷通过磷酸酯键结合到腺苷二磷酸的第二个磷酸基团上。

在线粒体中，ATP合成所需的能量来自于NADH的氧化磷酸化（见第11章）；而在叶绿体中，ATP的合成也被光的光合磷酸化所驱动（见第7章）。除了线粒体和叶绿体中可合成ATP外，胞质中的糖酵解过程也可同化磷酸盐。

糖酵解过程可将无机磷化合到1，3-二磷酸甘油酸中，形成高能量的酰基磷酸基团。它可为ADP提供磷酸供体，发生底物水平的磷酸化反应，生成ATP（见第11章）。在高等植物中，磷酸盐基团一旦被同化进ATP，就可以通过多种不同的反应，使许多化合物发生磷酸化。

12.8　阳离子的同化

植物细胞吸收的阳离子通过非共价键与有机化合物结合形成复合体（关于非共价键的讨论，见附录1）。植物可以同化大量营养元素的阳离子，如钾、镁和钙，并以相同方式同化微量元素的阳离子，如铜、铁、锰、钴、钠和锌。本部分将阐述配位键和静电键在植物同化几种阳离子过程中所起的关键作用、根系吸收铁离子的特殊需求和随之而来的铁在植物体内的同化作用。

12.8.1　阳离子和碳化合物形成非共价键

阳离子和碳化合物形成的非共价键有两种类型：配位键和静电键。在配位化合物的形成过程中，碳化合物的几个氧或氮原子提供共用电子对与阳离子形成共用键，从而中和掉阳离子的正电荷。

多价阳离子和碳化合物形成的键是典型的**配位键（coordination bond）**，如铜-酒石酸复合物（图12.16A）和镁-叶绿素a复合物（图12.16B）。可作为配位化合物而被同化的营养元素包括铜、锌、铁和镁。钙也可以和组成细胞壁的多聚半乳糖醛酸形成配位化合物（图12.16C）。

静电键（electrostatic bond）是由于带正电荷的阳离子与带负电荷的基团之间相互作用而形成的，如碳化合物中碳酸根（—COO^-）。与配位键中情形不同的是，静电键中的阳离子保留着它的正电荷。单价阳离子，如钾（K^+），可以和许多有机酸中的羧基形成静电键（图12.17A）。然而，多数植物细胞吸收的及用作渗透调节和酶激活剂的K^+仍在胞质和液泡中以游离态存在。二价阳离子（如钙）可以和果胶酸盐（图12.17B）

图12.16　配位化合物实例。含碳化合物中的氧或氮原子提供共用电子对（以点表示）与阳离子形成一个配位键，即形成配位化合物。A. 铜离子与酒石酸中的羟基氧共用电子。B. 镁离子和叶绿素a中的氮原子共用电子。虚线表示氮原子与镁离子间共用电子对形成的配位键。C. 多聚半乳糖酸是细胞壁胶质的主要成分，它和钙离子相互作用形成“蛋盒”模型。右边是半乳糖酸残基中的羟基氧与单个钙离子形成的配位键的放大图（Rees，1977）。

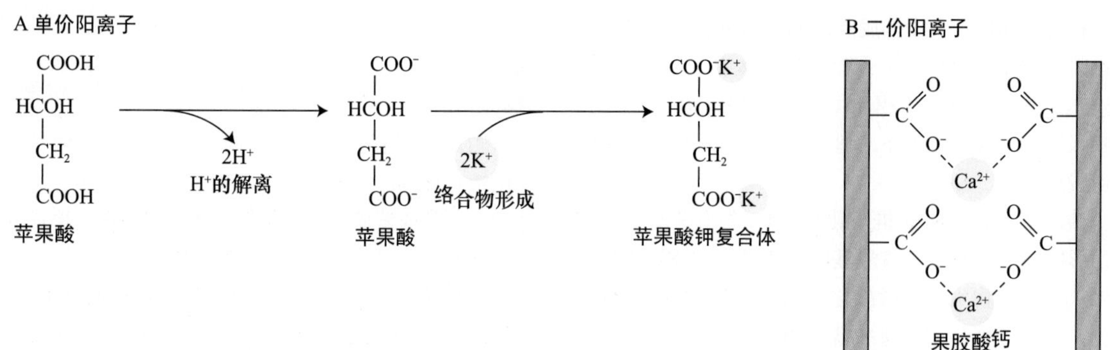

图12.17　静电键（离子键）化合物实例。A. 单价阳离子K^+和苹果酸形成苹果酸钾复合体。B. 二价阳离子Ca^{2+}和果胶酸形成果胶酸钙复合物。二价阳离子可以和含有负电荷羧基的平行链形成交叉连接。钙的交叉连接形成细胞壁的骨架成分。

及多聚半乳糖醛酸的羧基形成静电键（见第15章）。

总之，如镁离子（Mg^{2+}）和钙离子（Ca^{2+}）等阳离子可通过和氨基酸、磷脂，以及其他一些带负电的分子形成配位键或静电键而被同化。

 12.8.2　根调节根际环境以获取铁离子

铁在铁-硫蛋白中非常重要（见第7章），铁-硫蛋白在酶促氧化还原反应中起着催化剂的作用（见第5章），如前面所述的氮的新陈代谢过程。植物从土壤中吸收铁。土壤溶液中的铁通常以三价Fe离子（Fe^{3+}）存在于氧化物中，如$Fe(OH)^{2+}$、$Fe(OH)_3$和$Fe(OH)_4^-$。在中性pH条件下，Fe^{3+}高度不溶。因此，植物根系已经进化了几种机制来增加铁的溶解度以便于吸收利用（图12.18）。这些机制包括：

（1）土壤酸化，以增加Fe^{3+}的溶解度。

（2）将Fe^{3+}还原成更易溶解的亚铁（Fe^{2+}）。

（3）释放能与铁形成稳定的可溶性复合物的化合物（Marschner，1995）（第5章），这些化合物被称为铁的螯合剂（图5.3）。

根系通常会酸化根区的土壤。在吸收和同化阳离子时（特别是铵），根系会排放出质子和释放出有机酸（如苹果酸和柠檬酸），以提高铁和磷酸盐的可用性（图5.5）。铁的缺失可刺激根系排放质子。另外，根细胞质膜上含有一种酶，称为**铁螯合还原酶**（**iron-chelating reductase**），它以NADH或NADPH作为电子供体（图12.18A），可将Fe^{3+}还原成亚铁离子（Fe^{2+}）。铁匮乏时该酶的活性增强。

根系会分泌几种化合物与铁形成稳定的螯合物，如苹果酸、柠檬酸、石炭酸和毒鱼豆酸。禾本科牧草可产生一类特殊的铁螯合剂，称为**铁载体**（**siderophores**）。铁载体是由一些蛋白质中不存在的氨基酸和与Fe^{3+}形成的高度稳定的化合物组成的，如麦根酸。禾本科牧草的根细胞质膜上含有Fe^{3+}-载体的转运系统，可将螯合物转运到胞质中。在铁缺乏的情况下，禾本科牧草根系会释放大量的Fe^{3+}-载体到土壤中，以增强Fe^{3+}-载体转运系统的能力（图12.18B）。

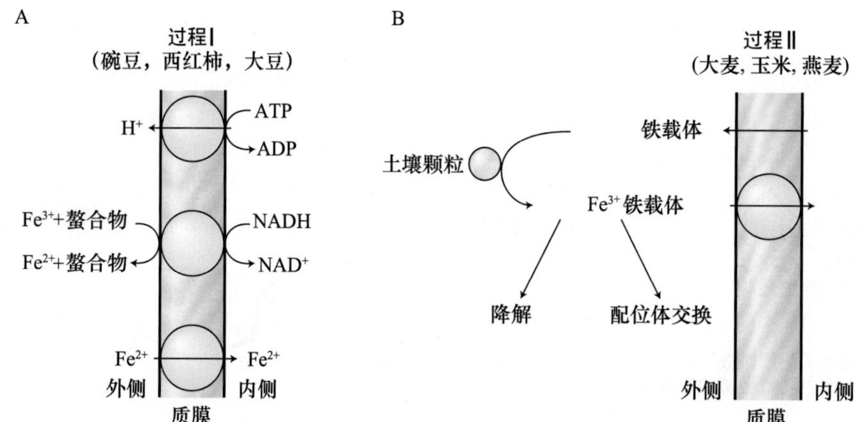

图12.18　植物根系吸收铁离子的两个过程。A. 双子叶植物，如豌豆、西红柿和大豆的铁吸收过程。其螯合剂为有机酸，如苹果酸、柠檬酸、石炭酸和酒石酸。B. 禾本科植物，如大麦、玉米和燕麦的铁吸收过程。禾本科植物分泌的铁螯合剂可吸收土壤颗粒中的铁，形成的复合物可以降解，并将铁释放到土壤中与其他配体进行交换，或将铁直接转运进根系（引自Guerinot and Yi，1994）。

 12.8.3 铁与碳及磷形成复合物

根系吸收的铁或铁的螯合物被首先氧化成三价铁形式，再与柠檬酸盐或烟草胺形成离子化合物后被转运到叶片中（Jeong and Gueriont，2009）。

进入叶片后，铁要进行一个重要的同化反应，即螯合到原卟啉中。原卟啉存在于叶绿体和线粒体细胞色素的血红素中（见第7章）。这个反应受亚铁螯合酶催化（图12.19）（Jones，1983）。植物体中多数的铁存在于血红素基团中。另外，电子传递链的铁-硫蛋白（见第7章）中含有与脱辅基蛋白的半胱氨酸残基上的硫原子以共价键相连的非血红素铁。在Fe_2S_2的中心位置也含有Fe，该物质含有两个铁离子（均与半胱氨酸残基上的硫原子相连）和2分子无机硫化物。

游离的铁离子（铁离子没有和碳化合物结合）可以和O_2作用形成高度危害的羟自由基OH·（Halliwell and Gutteridge，1992）。植物细胞将多余的铁储藏在被称为**植物铁蛋白（phytoferritin）**的铁-蛋白复合体中以减弱这种破坏（Bienfait and van der Mark，1983）。对拟南芥突变体的研究表明，虽然铁蛋白对于保护活性氧伤害是必需的，但是它们并不能作为主要的Fe元素贮备而用于幼苗发育或者光合器官行使正常功能（Ravet et al.，2009）。植物铁蛋白由24个相同的亚基形成的中空球形蛋白壳组成，其分子质量约为480 kDa。球形外壳内部是一个由5400~6200个铁原子以铁氧化物-磷酸复合体形式组成的中心核。

植物铁蛋白释放铁的机制还不清楚，但打破球形外壳似乎是很必要的。植物细胞中游离铁的水平调节着新的植物铁蛋白的生物合成过程（Lobreaux et al.，1992）。人类对植物铁蛋白有着高度兴趣，因为在这种蛋白复合物中存在的铁更易被人体吸收，而含有丰富植铁蛋白的食物，如大豆，可以解决膳食性贫血问题（Welch and Graham，2004）。

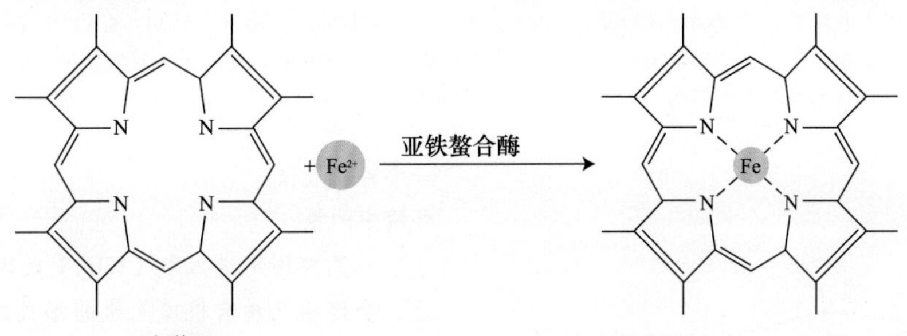

图12.19 亚铁螯合酶的还原反应。亚铁螯合酶催化铁离子进入卟啉环中央形成螯合物，见图7.36卟啉环的生物合成。

12.9 氧的同化

植物细胞对氧的同化很大比例（90%）是由呼吸作用完成的（见第11章）。将氧同化到有机化合物中的另一重要途径就是结合水中的氧（见表8.1中的反应）。在**氧固定（oxygen fixation）**过程中，仅有较小比例的氧可以经加氧酶同化到有机化合物中。植物中最重要的加氧酶是核酮糖-1.5-二磷酸羧化酶/加氧酶（Rubisco）。它在光呼吸过程中将氧同化进入有机化合物中，同时释放能量（见第8章）。其他的加氧酶见Web Topic 12.4。

12.10 营养物质同化的能学

在营养物质的同化过程中，将稳定的低能量的无机化合物转变成高能量的有机化合物通常需要大量的能量。例如，硝酸盐还原到亚硝酸盐，再还原到铵需要转移10个电子，占去了根和茎中总能量消耗的25%（Bloom，1997）。因此，一棵植物要用它1/4的能量来同化不足其干重2%的氮。

许多这种同化反应是在叶绿体的基质中进行的。那里拥有强有力的还原剂，如在光合作用电子传递中产生的NADPH、硫氧还蛋白和铁氧还蛋白。营养物质同化与光合作用电子传递相偶联的过程被称为**光合同化作用（photoassimilation）**（图12.20）。虽然光合同化作用与卡尔文循环发生在同一部位，但是只有当光合电子传递过程产生的还原剂量超过卡尔文循环的需要量时——如在强光低二氧化碳的条件下——光合同化作用才能进行（Robinson，1988）。高浓度的二氧化碳抑制C_3植物叶片中（图12.21）（参见Web Topic 12.1）和C_4植物维管束鞘细胞中（见第8章）硝酸盐的同化（Becker et al.，1993）。

这些还原剂在卡尔文循环和完全同化之间分配的调节机制急待研究，因为21世纪内大气中的二氧化碳含量可能会倍增（见第9章），这将会影响到植物-营养物质间的关系。

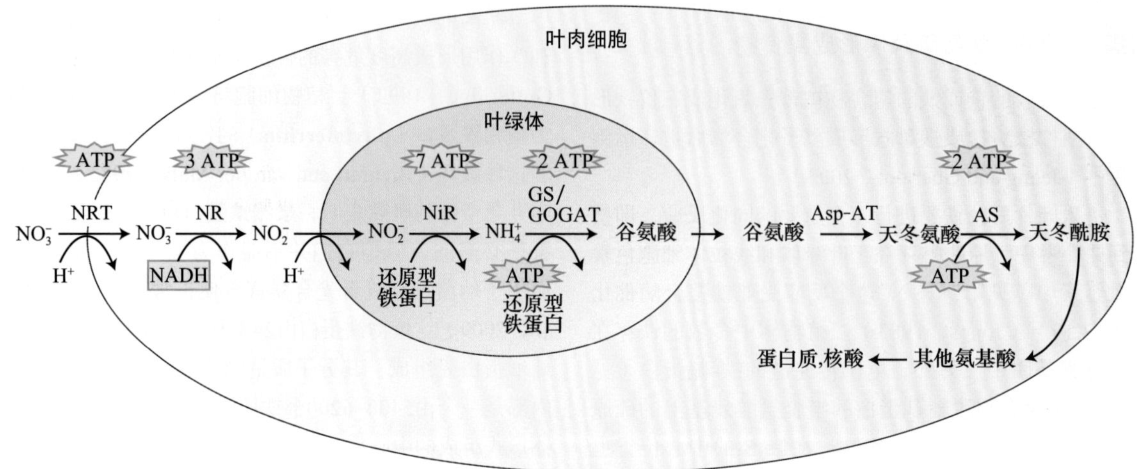

图12.20 叶片中矿物质氮的同化过程概要。经木质部从根部转运来的硝酸盐再通过硝酸根-质子同向转运体（NRT）转运到细胞质中被叶肉细胞吸收。在细胞质中，硝酸盐被硝酸还原酶（NR）还原为亚硝酸盐，之后亚硝酸盐随同质子一起被转移到叶绿体基质中。在叶绿体基质中亚硝酸盐被亚硝酸还原酶（NiR）还原为铵，铵通过谷氨酰胺合成酶（GS）和谷氨酸合酶（GOGAT）被转移至谷氨酸，又回到胞质中，通过转氨酶（Asp-AT）的转氨基作用将谷氨酸转变为天冬氨酸。最终天冬氨酸被天冬酰胺合成酶（AS）转变为天冬酰胺。每步反应所消耗能量换算成等位的ATP量标注在各个反应的上方。

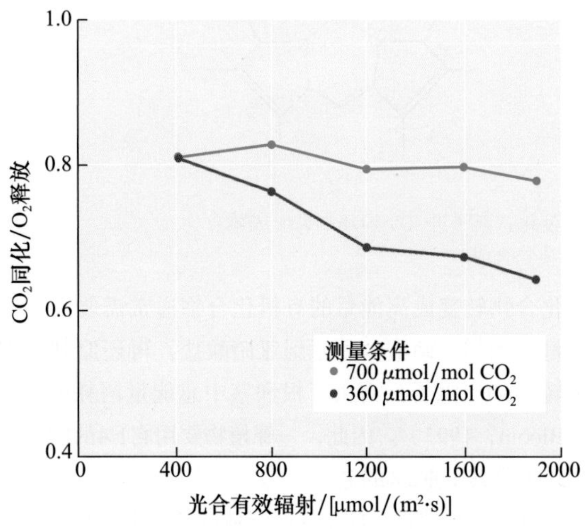

图12.21 小麦幼苗的同化系数（AQ=CO_2同化量/O_2释放量）随光量（光合有效辐射）的变化情况。硝酸盐的光同化作用与AQ密切相关，因为光合同化过程中把电子转移到硝酸盐和亚硝酸盐的反应会增加光合作用中光反应释放的O_2量，而暗反应对CO_2的同化速率与电子传递速率保持一致。因此，进行硝酸光合同化作用的植物表现出较低的AQ。在大气CO_2浓度（360 μmol/mol，红色线）的测量，AQ随着瞬时光辐射的下降而下降，表明光合同化率的增加。高CO_2浓度（700 μmol/mol，蓝色线）条件下，在所有的光照强度上AQ均保持恒定，说明CO_2固定反应与光合同化作用竞争还原剂，并抑制硝酸盐的光合同化作用（Bloom et al.，2002）。

小结

营养物质的同化是植物将自身生长和发育所必需的无机营养物质螯合到碳化合物组分当中去的过程，这是一个耗能过程。

环境中的氮

· 氮被固定进入氨（NH_3）或硝酸盐（NO_3^-）以后，会经由几种有机或无机的形式最终回到分子态氮（图12.1）。

· 高浓度的铵（NH_4^+）对于活的组织是有毒的，但高浓度的硝酸盐可以在植物组织中安全的贮存和转移（图12.2）。

硝酸盐的同化

· 植物根系积极吸收硝酸盐，然后在细胞质中将它还原为亚硝酸盐（NO_2^-）（图12.3）。

· 硝酸盐、光和碳水化合物共同影响着硝酸还原酶的转录和翻译（图12.4）。

· 黑夜和Mg^{2+}可以钝化硝酸还原酶的活性。这种钝化速度比减弱该酶的合成或加速其降解更为快速。

· 在叶绿体或质体中，硝酸还原酶催化还原硝酸盐为铵（图12.5）。

· 根、冠均可同化硝酸盐（图12.6）。

铵的同化

· 植物细胞通过快速的转化铵进入氨基酸而避免铵的毒害（图12.7）。

· 氨经转氨基反应（包括谷氨酸和谷氨酰胺）可合成其他氨基酸中。

· 天冬酰胺是氮转运和存储过程中的关键化合物。

氨基酸的生物合成

· 氨基酸的碳骨架源于糖酵解和三羧酸循环的中间产物（图12.8）。

生物固氮

·生物固氮是大气中N_2形成氨的过程（图12.1和表12.2）。

·几种类型的固氮细菌和高等植物形成共生关系（图12.9、图12.10和表12.3）。

固氮要求厌氧条件。

·共生固氮的原核生物与寄主植物形成特殊的结构产生作用（图12.9和图12.10）。

·共生关系起始于固氮细菌向根系的迁移，此过程由根系分泌的化学诱导剂介导。

·诱导剂激活根瘤菌的NodD蛋白，然后诱导共生信号分子Nod因子的生物合成（图12.11）。

·Nod因子诱导根毛弯曲、根瘤菌增殖固定、细胞壁降解和细菌进入根毛细胞质膜，并形成侵染线（图12.12）。

·在激增的根瘤菌的填充下，侵染线沿着根瘤发育的方向延长，这个过程从皮层细胞开始（图12.12）。

·在植物信号作用下，根瘤中的细菌停止分裂，并分化成固氮拟杆菌。

·N_2还原为NH_3是由固氮酶复合物催化完成的（图12.13）。

·固定的氮是通过氨基化合物或酰脲的形式被运移的（图12.14）。

硫的同化

·植物中同化的硫大部分来自于从土壤溶液中吸收的SO_4^{2-}。植物也可以代谢经气孔进入的气态SO_2。

·含硫有机化合物的合成起始于SO_4^{2-}还原为半胱氨酸的过程（图12.15）。

·SO_4^{2-}在叶片中被同化，以谷胱甘肽的形式从韧皮部输出到生长点。

磷的同化

·根系从土壤溶液中吸收HPO_4^{2-}，并随着ATP的形成而被同化。

·在植物细胞中，通过ATP，磷酸基被转移到多种不同的碳化合物中。

阳离子的同化

·多价阳离子与碳分子形成配位键（图12.16）。

·单价阳离子与羧酸盐形成配位键（静电键）（图12.17）。

·有几种机制可以从土壤溶液中吸收足量的难溶性Fe^{3+}（图12.18）。

·一旦进入叶片，铁要经历一个重要的同化反应（图12.19）。

·为限制游离的铁离子引起的自由基危害，植物细胞以植物铁蛋白的形式贮存剩余的铁离子。

氧的同化

·植物细胞同化的氧中，大部分来源于呼吸作用和Rubisco加氧酶的活化，但是其他加氧酶也可催化直接氧固定（图12.20）。

营养物同化的能量

·耗能的营养物质同化是与光合电子传递相偶联的，这个过程产生强还原性物质（图12.21）。

·仅当光合电子传递产生的还原物超过卡尔文循环的需求时，光合同化作用才会产生（图12.22）。

（周 云 李文娆 译）

WEB MATERIAL

Web Topic

12.1 Development of a Root Nodule

Nodule primordia form opposite to the protoxylem poles of the root vascular bundles.

12.2 Measurement of Nitrogen Fixation

Acetylene reduction is used as an indirect measurement of nitrogen reduction.

12.3 The Synthesis of Methionine

Methionine is synthesized in plastids from cysteine.

12.4 Oxygenases

Oxygenases are enzymes that catalyze oxygen assimilation.

Web Essays

12.1 Elevated CO_2 and Nitrogen Photoassimilation

In leaves grown under high CO_2 concentrations, CO_2 inhibits nitrogen photoassimilation because it competes for reductant.

第 13 章
次生代谢和植物防御反应

在自然界中，植物生长在许多潜在的天敌之中，生活在包括各种细菌、病毒、真菌、线虫、螨虫、昆虫、哺乳动物和一些草食动物等的生态系统中。基于植物体本身的特性，它不能通过移动的方式来逃避这些草食动物和病原菌，只能用其他方式保护其免受其危害。植物的第一道防线为外表面、表皮（蜡质外层）和周皮（次生保护层），不仅可以限制水分丧失，还形成了一种细菌和真菌进入植物体的屏障（有关这些保护层的讨论，请看Web Topic 13.1）。

许多植物化合物被称作**次生代谢物**，可以抵御草食动物和病原菌对植物的侵害。还有一些次生代谢物具有重要的生理功能，如木质素是植物结构支持物的组分，花青素是植物色素。

本章我们将讨论植物抵制草食动物和病原菌的一些自我保护机制。还将讨论三种主要的次生代谢产物：萜类、酚类和含氮化合物的结构和主要合成途径。次生代谢物诱导植物抗虫防御反应将作为次生代谢物的生态效能的重要例子进行深入讨论。最后我们将论述病原菌侵害植物时产生的特异性反应、寄主-病原菌互作的遗传学控制及其感染相关的细胞信号转导途径。

13.1 次生代谢

植物产生大量的、种类多样的、对其生长和发育似乎没有直接功用的有机物，这些有机物合称为**次生代谢物**、次生产物或天然物。次生代谢物在植物光合作用、呼吸作用、溶液运输、迁移、蛋白质合成、营养吸收或分解，以及许多初级代谢物的形成过程中无直接的作用，这些初级代谢物（碳水化合物、蛋白质、核酸和脂类）的形成在本书其他部分讨论。

与初级代谢物不同，次生代谢物的分布在植物界受到严格限制。某些特殊的次生代谢物往往只存在于一种或一些相关的物种中，而初级代谢物遍布于整个植物界。

13.1.1 次生代谢物帮助植物抵御草食动物和病原菌

在相当长的时期内，人们对大多数植物次生代谢物的适应意义并不了解。这些次生代谢物被认为是无功能的代谢产物或代谢废物。19世纪到20世纪初有机化学家首先对其进行了研究，发现它们可以用作医用药物、毒药、香料以及工业的原材料。

最近研究发现，许多次生代谢物在植物中具有重要的生态学功能。

（1）保护植物免受草食动物的侵害及病原菌的侵染。

（2）作为授粉植物和种子扩散过程中动物的诱惑剂（气味、颜色、味道）。

（3）作为植物与植物竞争、植物与微生物共生的一种介质。

次生代谢物的生态学功能深刻地影响着植物的竞争和生存能力。

次生代谢物也与农业有很多关系，这些起防御反应的化合物通过抵制真菌、细菌和草食动物来增加植物的适应能力，但是不合适作为人类的食品。人们试图通过人工选择的方法来减少多种重要的作物产生次生代谢物（当然可能会造成这些作物更易受到昆虫的侵害或疾病的侵染）。

本章还将讨论植物次生代谢物的主要类型、合成途径，在植物，特别是在植物防御反应中的作用。

13.1.2　次生代谢物被分成三类

植物次生代谢物主要分为三类：萜类、酚类和含氮化合物。图13.1显示了简化的次生代谢物合成途径及与初级代谢物的相互关联。在本章接下来的三节中，我们将依次讨论这些化合物。

13.2　萜类

萜或类萜化合物是较多的一种次生代谢物。这类物质一般不溶于水，由乙酰CoA或糖代谢的中间成分转化而来。这部分的主要内容包括萜类的生物合成，以及萜类如何抵御草食动物。

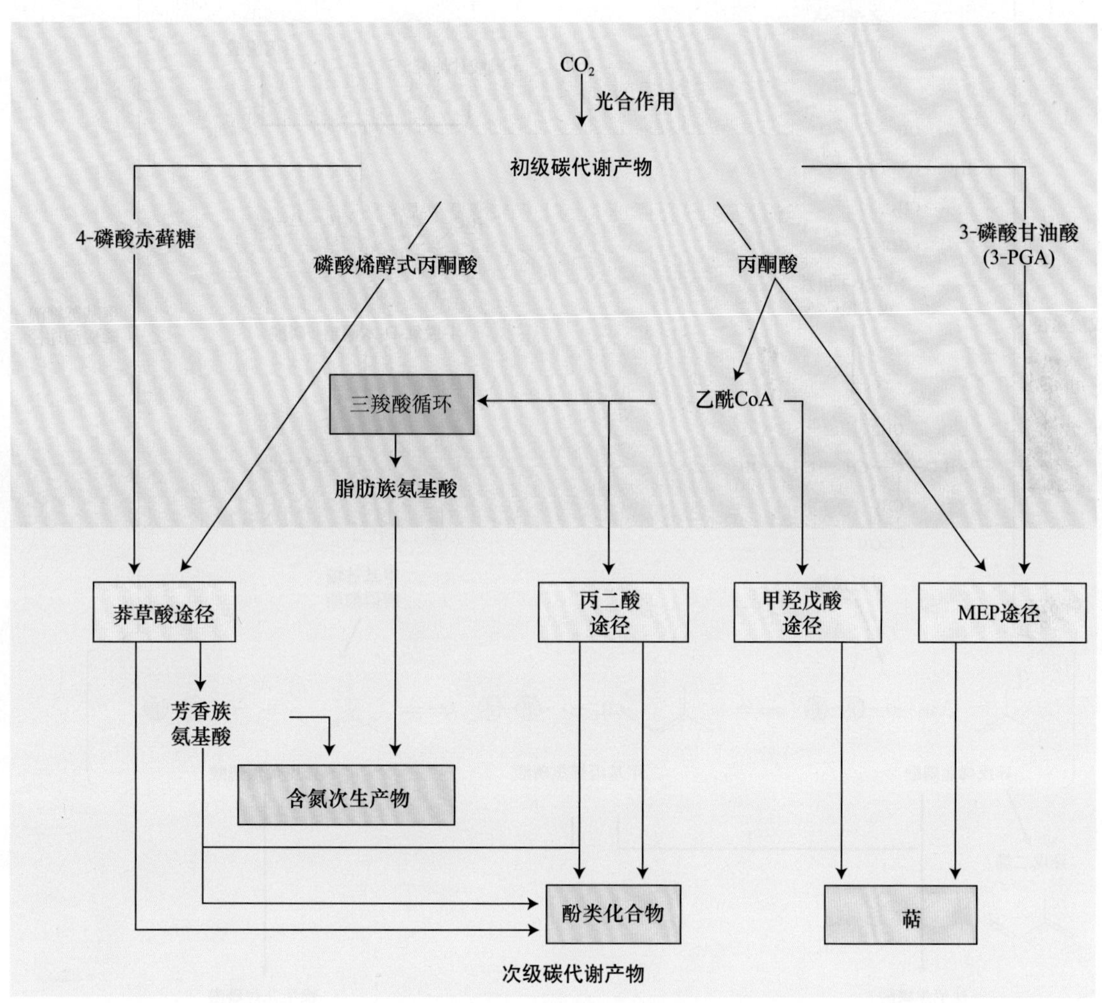

图13.1　次生代谢物生物合成的主要途径及与初生代谢物的关系图。

13.2.1　萜类由异戊二烯单位组成

所有的萜类都是由支链异戊烷骨架的5碳单位组成（也称作C_5单位）：

$$\begin{matrix} H_3C \\ & \diagdown \\ & & CH—CH_2—CH_3 \\ & \diagup \\ H_3C \end{matrix}$$

萜类的基本结构组分有时也称**异戊二烯单位**，因为在高温时容易分解为异戊二烯，因此萜类有时也称类异戊二烯。

$$\begin{matrix} H_3C \\ & \diagdown \\ & & CH—CH{=\!=}CH_2 \\ & /\!/ \\ H_2C \end{matrix}$$

虽然由于有广泛的代谢修饰使其很难保留5碳单位残基，但可以根据它们包含的C_5单位的数目分类。含10个碳的萜，包含两个C_5单位称为单萜；15个碳的萜（3个C_5）是倍半萜；20个碳的萜（4个C_5）称为双萜。较大的萜有三萜（30个碳）、四萜（40个碳）和多萜（$[C_5]_n$，$n>8$）。

13.2.2 萜类的两条合成途径

初生代谢物以两种不同的方式合成萜类，研究较深入的一个是**甲羟戊酸途径**，3个乙酰CoA分子逐步缩合为甲羟戊酸（图13.2），这个重要的6碳中间产物经过焦磷酸化、脱羧、脱氢产生**异戊烯焦磷酸**（IPP），IPP是合成萜类物质的活化的5碳单位。

IPP也可以由糖酵解或光合作用碳还原循环中的中

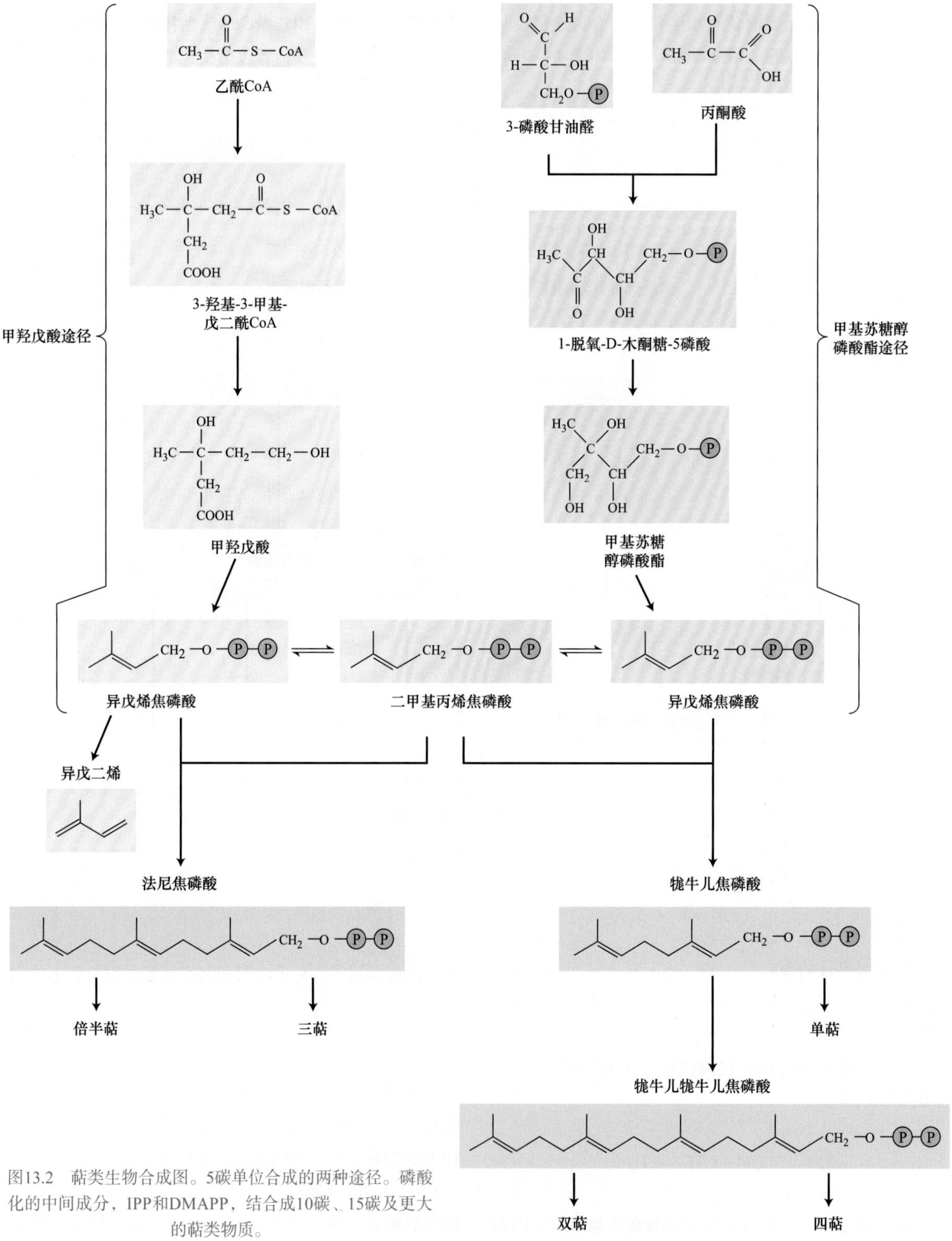

甲羟戊酸途径

乙酰CoA

3-羟基-3-甲基-戊二酰CoA

甲羟戊酸

3-磷酸甘油醛

丙酮酸

1-脱氧-D-木酮糖-5磷酸

甲基苏糖醇磷酸酯

甲基苏糖醇磷酸酯途径

异戊烯焦磷酸 ⇌ 二甲基丙烯焦磷酸 ⇌ 异戊烯焦磷酸

异戊二烯

法尼焦磷酸

倍半萜　三萜

牻牛儿焦磷酸

单萜

牻牛儿牻牛儿焦磷酸

双萜　四萜

图13.2　萜类生物合成图。5碳单位合成的两种途径。磷酸化的中间成分，IPP和DMAPP，结合成10碳、15碳及更大的萜类物质。

间产物经过另外一系列反应形成，这个途径称为**甲基苏糖醇磷酸（MEP）途径**，发生在叶绿体和其他质体中（Lichtenthaler，1999）。3-磷酸甘油和来自丙酮酸的二碳单位缩合形成五碳的中间成分5-磷酸-1-脱氧-D-木酮糖，这个中间物经过重排和还原形成甲基苏糖醇磷酸酯并最终转变为IPP（图13.2）。

13.2.3　IPP和其异构体形成大分子的萜类

IPP和其异构体二甲基丙烯焦磷酸（DMAPP）都是萜类合成的活性5碳单位，连接后形成大分子的萜类物质。IPP和DMAPP首先形成牻牛儿焦磷酸（GPP），这是几乎所有10碳单萜的前体（图13.2）。GPP能和另一个IPP结合形成15碳倍半萜的前体法尼焦磷酸（FPP）。再加上一个IPP分子形成20碳的牻牛儿牻牛儿焦磷酸（GGPP），是所有双萜的前体分子。FPP和GGPP最终分别聚合成三萜（C_{30}）和四萜（C_{40}）。

现在普遍认为，倍半萜和三萜的合成是通过细胞质的甲羟戊酸途径合成的，而单萜、二萜、四萜是通过叶绿素的MEP途径合成的。然而，有时这两个途径会发生交叉，导致混合的合成方式。

13.2.4　萜类在生长发育中的作用

某些次生代谢物在植物生长发育中起重要作用，因而应该把它们划为初级代谢物更加合适。如赤霉素（见第20章）作为一类重要的植物激素就是双萜。油菜素甾醇（见第24章）作为调节植物生长发育的重要激素也是由三萜转化而来。

作为细胞膜的主要成分固醇类是三萜的衍生物，它与磷脂相互作用对稳定细胞膜的结构十分重要。红、黄、橘黄的类胡萝卜素是四萜，作为光合作用的附属色素行使功能，保护光合组织免受光氧化的损伤（见第7章）。植物激素脱落酸（见第23章）也是类胡萝卜素前体降解的C_{15}萜形成的。

长链多萜醇统称长醇，具有细胞壁和糖蛋白合成中糖分子运输载体的作用（见第15章）；类萜侧链有助于将特定的分子锚定在膜上，如叶绿素的叶醇侧链（见第7章）。然而，绝大多数萜类物质被认为是作为次生代谢物参与了植物的防御反应。

13.2.5　萜类物质使植物能够防御草食生物

萜类是许多草食昆虫和草食哺乳动物的毒素或拒食剂，因此它在植物界起到重要的防御作用（Gershenzon and Croteau，1992）。如一种被称为单萜酯的**拟除虫菊酯**，存在于菊花的叶和花中，表现出强烈的杀虫活性。无论是天然的还是人工合成的拟除虫菊酯由于在环境中的低持久性及对动物的微弱毒性作用，现已成为一种广泛的商业杀虫剂。松柏类植物如松树和杉木中的单萜一般存在于针叶、树枝和树干的树脂道中。这些化合物对许多昆虫都是有毒的，其中包括世界上对松柏类植物危害最大的小蠹虫。松柏类植物就是通过产生更多的单萜来抵御这些小蠹虫的（Trapp and Croteau，2001）。

许多植物含有不稳定的单萜和倍半萜混合物，称为**香精油**，这类物质可以把气味传递给整个植物。薄荷油、柠檬油、罗勒油及鼠尾草油等香精油都是由植物产生的。薄荷油的主要单萜组分是薄荷醇；柠檬油的单萜成分是柠檬烯（柠烯）（图13.3）。

A

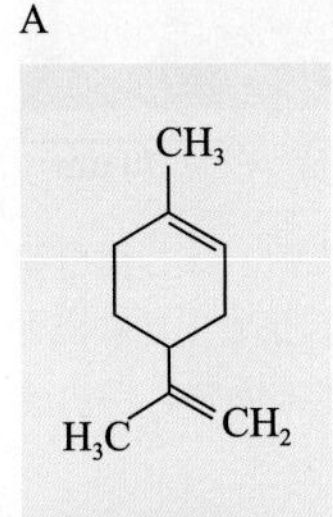

B

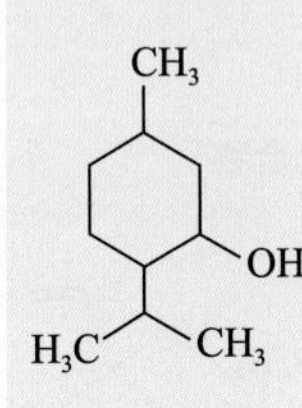

图13.3　柠檬烯（A）和薄荷醇（B）结构图。这两种常见的单萜可以防止以植物为食的昆虫和其他微生物的侵害（A图，柠檬树图片©Soren Pilman/istockphoto；B图，薄荷图片©Jose Antonio Santiso Fernànde/istochphoto.）。

众所周知，香精油具有抗虫的作用，经常在表皮突起的腺毛中发现，表现出植物的毒性，并以此来抵制草食动物。腺毛中的萜类一般储存在细胞壁的可变外部空间（图13.4）。用蒸汽蒸馏的办法可以分离出香精油，香精油可以用作食品香味剂和制作香水，具有很大的商业价值（见Web Essay 13.1）。

一类不易挥发的、能抵抗草食动物的三萜类物质是**柠檬苦素类似物**，柑橘类植物中常见的苦涩物质。也许最有效的昆虫拒食剂是印苦楝子素，来自亚洲和非洲的印度楝树中复杂的柠檬苦素类化合物（图13.5A），低剂量约千万分之一的印苦楝子素都能成为某些昆虫的拒食剂，其具有广泛的毒性（Aerts and Mordue，1997；Veitch et al.，2008）。由于印苦楝子素对哺乳动物的低毒性，所以具有成为商业昆虫防控剂的潜力。目前，

在北美和印度几种含有印苦楝子素的制品正在推广应用。

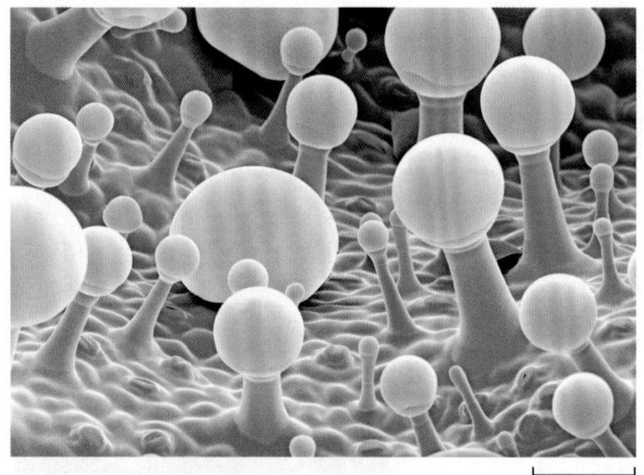

图13.4 常见于植物表面腺毛中的单萜和倍半萜。该扫描电镜图（伪色化的）展示的是鼠尾草花萼表面上的腺毛（显微镜下的腺毛，紫色）。这些腺毛正在分泌香精油（球状，白色）（©Andrew Syred/Photo research，Inc.）。

植物蜕皮激素首次是从蕨类植物多足蕨（*Polypodium vulgare*）中分离出来的，是一种和昆虫蜕皮激素结构基本相同的植物类固醇（图13.5B）。昆虫摄入的植物蜕皮激素可以阻断其蜕皮和其他生长发育过程，造成昆虫死亡。另外，也发现植物蜕皮激素还具有防御植物内寄生线虫的功能（Soriano et al.，2004）。

强心苷和皂苷是具有抵制草食脊椎动物活性的三萜。**强心苷**是具苦味的糖苷类物质（含有糖或糖类物质的化合物），对高等动物有很强的毒杀作用。在人体中，通过影响Na^+/K^+ATP酶的活性来损伤心脏肌肉组织。通过精细的剂量调节，可以减缓心跳的频率和增强心跳的力度。强心苷是从毛地黄（*Digitalis*）中提取的，在医学上是用来治疗某些类型心脏病的处方药，并已为成千上万的病人提供了治疗。

皂苷是类固醇和三萜形成的糖苷，因它具有类皂的性质而得名。由于在同一分子中具有脂溶性（类固醇或三萜）和水溶性（糖）两种特性，可以作为一种清洁剂，在水中混溶时会形成圆滑透明的泡沫。皂苷的毒性是由于其可以和类固醇形成一种复合物，因而阻止了消化系统中类固醇的吸收，另外皂苷一旦进入血液就会破坏细胞膜（关于三萜的更多相关知识见Web Topic 13.2）。

A 印苦楝子素，一种柠檬苦素类化合物

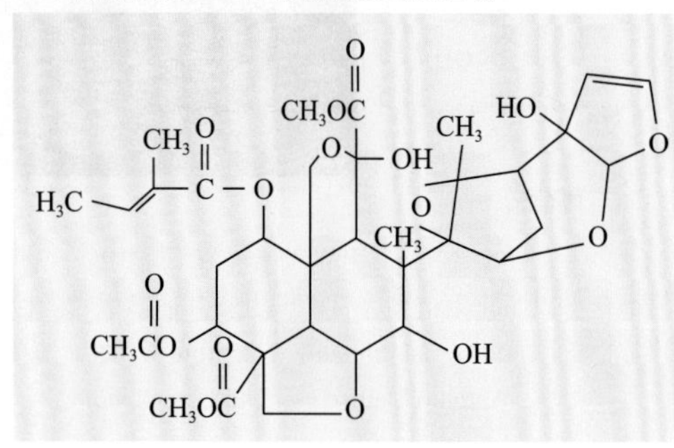

B α-蜕皮酮，一种昆虫蜕皮激素

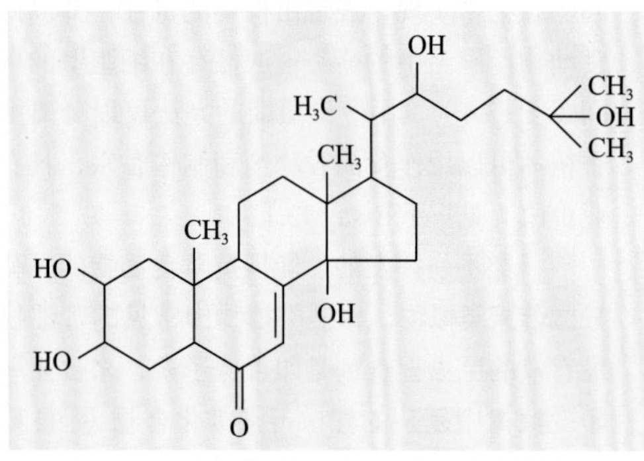

图13.5 两种三萜的结构。印苦楝子素（A）和α–蜕皮激素（B）都是有效的杀虫剂，印苦楝子素对200多种昆虫有效，因此可以作为天然杀虫剂使用。α–蜕皮激素是由植物产生的昆虫蜕皮激素的固醇类激素原——20-羟基蜕皮激素，α–蜕皮激素可以导致草食昆虫的不规律蜕皮（A图，印度楝叶子照片，©RN Photos/istockphoto；B图，多足蕨叶子照片，©blickwinkel/Alamy.）。

13.3　酚类化合物

植物产生了大量的次生代谢物，其中一类包含一个苯环，即芳香环上有一个羟基功能基团，这些物质统称为酚类化合物，植物**酚**是包含10 000个不同成分的混合物，其中有一些能溶解在有机溶剂中，一些是水溶性的羧酸和糖苷，还有一些是大的非溶性的多聚体。

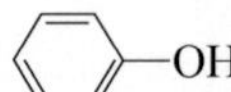

酚类化合物不仅结构多变，在植物中的作用也多种多样。许多酚类物质能够防御草食动物和病原菌，有些可作为植物的结构材料，有些能够吸引传粉者和果实散播者、吸收有害紫外线，或抑制附近竞争性植物的生长。在简要的论述一下酚类生物合成后，我们将讨论几种主要的酚类化合物及它们具体的生物学功能。

 13.3.1　苯丙氨酸是大多数植物酚类物质合成的中间成分

从生物代谢的观点看，植物酚类物质有几种主要的生物合成途径并产生一系列混合物。莽草酸途径和丙二酸途径是两种主要的合成途径（图13.6）。莽草酸途径参与植物酚类物质的合成，丙二酸途径虽然是真菌和细菌中酚类物质的重要来源，但在高等植物中意义不大。

莽草酸途径就是把糖酵解和磷酸戊糖途径产生的碳水化合物前体分子转化为苯丙氨酸、酪氨酸和色氨酸等芳香族氨基酸（见Web Topic 13.3）（Herramnn and Weaver，1999）。这个途径中的一个中间产物是莽草酸，因此称为莽草酸途径。广谱性除草剂草苷磷（商业名 Roundup）就是通过抑制该途径中间步骤来杀死植物的（附件1）。莽草酸途径在植物、真菌和细菌中都很常见，但在动物中不存在。由于动物缺乏合成苯丙氨酸、酪氨酸和色氨酸这三种芳香族氨基酸的途径，因此这三种氨基酸是动物的必需营养成分。

植物中最多的一种酚类化合物是由苯丙氨酸经过脱氨形成桂皮酸，再由桂皮酸衍生而来（图13.7）。酚类化合物的形成需要**苯丙氨酸氨裂解酶（PAL）**催化，此酶是有关植物次生代谢中研究最多的一种酶。苯丙氨酸氨裂解酶处于初生代谢和次生代谢的交叉点上，因此它催化的反应对许多酚类物质的形成都具有重要的调节作用。

环境因子，如营养不充分、光（通过影响光敏色素）和真菌感染均会影响苯丙氨酸氨裂解酶的活性。这个调节的起点是转录的启动，如真菌感染可触发编码苯丙氨酸氨裂解酶mRNA的转录，导致苯丙氨酸氨裂解酶量的增加，进而刺激酚类化合物的生物合成。由于植物中存在多个苯丙氨酸氨裂解酶的基因，因此其活性的调控更加复杂，有的基因只在特异的组织中表达，而有的仅在特异的环境条件下才表达（Logemann et al.，1995）。

在PAL催化的反应之后，还有一些反应在苯环上增加羟基和其他取代成分，反式桂皮酸、*p*-香豆酸，以及它们的衍生物都是简单的酚类化合物，统称为**苯丙烷类化合物**，它们都含有一个苯环和一个三碳侧链。

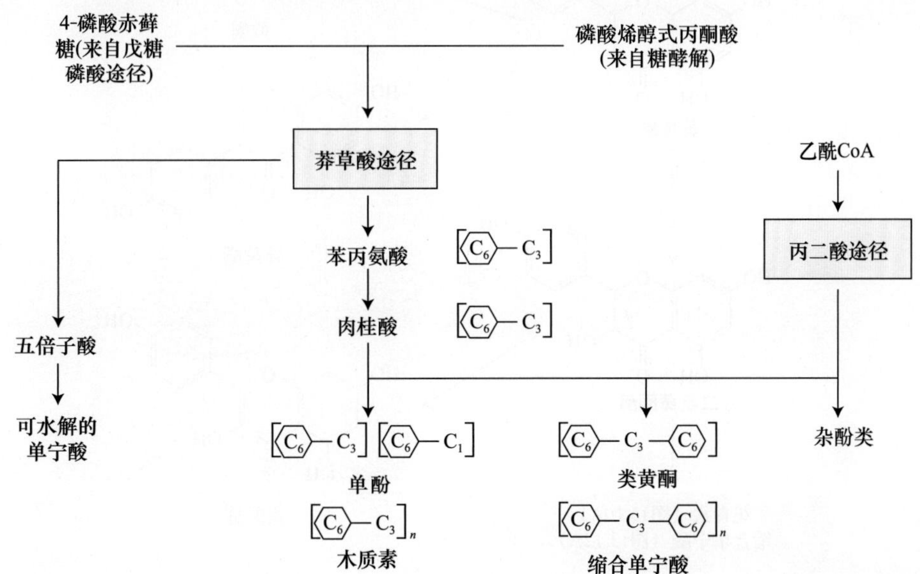

图13.6　植物酚类物质合成途径。高等植物中，大多数酚类物质是由苯丙氨酸衍生而来，苯丙氨酸是莽草酸途径的一个产物。括号中的式子表示碳原子的基本排列，C_6代表苯环，C_3为一个3碳链；苯丙氨酸之后更详细的转化过程见图13.7。

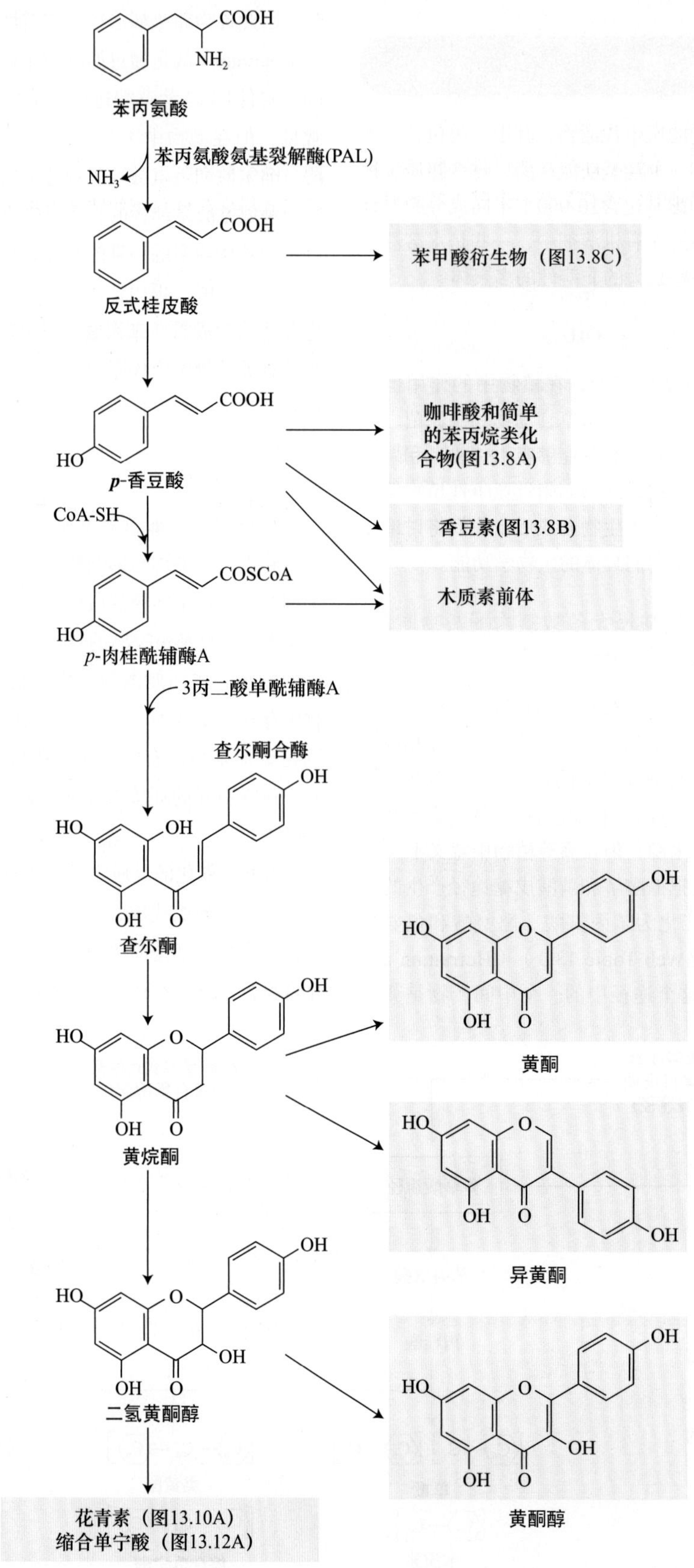

COOH
NH_2
苯丙氨酸
苯丙氨酸氨基裂解酶(PAL)
NH_3
COOH
反式桂皮酸
苯甲酸衍生物（图13.8C）
COOH
HO
p-香豆酸
咖啡酸和简单的苯丙烷类化合物(图13.8A)
香豆素(图13.8B)
CoA-SH
COSCoA
HO
p-肉桂酰辅酶A
木质素前体
3丙二酸单酰辅酶A
查尔酮合酶
OH
HO OH
OH O
查尔酮
OH
HO O
OH O
黄烷酮
HO O OH
OH O
黄酮
HO O
OH O
OH
异黄酮
OH
HO O
OH
OH O
二氢黄酮醇
HO O OH
OH
OH O
黄酮醇
花青素（图13.10A）
缩合单宁酸（图13.12A）

图13.7　苯丙氨酸合成酚类物质示意图。许多植物酚类的形成都是由苯丙氨酸开始的，包括：简单的苯丙烷类、香豆素、苯甲酸衍生物、木质素、花青素、异黄酮、缩合单宁酸和黄酮类化合物。

C_6

维管植物中广泛存在一些单酚类化合物，它们具有不同的功能，主要包括以下结构：

（1）简单的苯丙烷类化合物，如反式桂皮酸、p-香豆酸及其衍生物咖啡酸，这些都有一个基本的苯丙烷类化合物碳骨架（图13.8A）。

$C_6—C_3$

（2）苯丙烷内脂（环酯）称香豆素也有一个苯丙烷骨架（图13.8B）。

（3）苯甲酸衍生物也是从苯丙氨酸的侧链去掉一个2碳形成一个碳骨架（图13.8C和图13.7）。

$C_6—C_1$

A

咖啡酸　阿魏酸

简单的苯丙素类化合物 [$C_6—C_3$]

B

呋喃环

伞形酮，一个简单的香豆素　补骨脂素，一种呋喃氧杂萘邻酮

香豆素 [$C_6—C_3$]

C

香兰素　水杨酸

苯甲酸衍生物 [$C_6—C_1$]

图13.8　酚类物质在植物中具有多种不同的重要功能。A. 土壤中的咖啡酸和阿魏酸可以抑制邻近植物的生长；B. 补骨脂素是一种呋喃氧杂萘邻酮，表现出草食昆虫的光损害；C. 水杨酸是参与植物病原菌系统性抗性的一种生长调节因子。

与许多其他的次生代谢产物一样，植物体能将这些简单酚类化合物的基本碳单位形成更复杂的产物。

现在已经明确了形成更多更广酚类化合物的生物合成途径，研究者已经将注意力放在了该途径的调节上。例如，一种特异性酶PAL在控制这个途径的速度上起着重要的作用。一些转录因子通过与此途径中某些合成基因启动子区的结合来启动调节酚的代谢，这些转录因子可以激活大部分基因的转录（Jin and Martin，1999）。

13.3.2　紫外线能激活一些简单的酚类物质

许多简单的酚类物质在防御草食昆虫和真菌时起着重要的作用。尤其令人感兴趣的是某些**呋喃香豆素**的光毒性，这些香豆素含有一个呋喃环（图13.8B）。这些化合物一旦被光激活就会有毒性，太阳光的紫外区（UV-A 320~400 nm）可以激发呋喃香豆素产生高能电子态而被活化。活化的呋喃香豆素可以嵌入DNA双链区，与胞嘧啶和胸腺嘧啶结合，阻止转录和修复，进而逐渐导致细胞死亡。

光毒性呋喃香豆素在几种伞形植物中含量特别多，包括芹菜、欧洲防风草和欧芹。受到挤压伤害和感病状态下，芹菜中的光毒性呋喃香豆素含量可以增高100倍，芹菜采摘者和商店顾客也都知道在处理这些芹菜时，可能会得皮疹。一些昆虫之所以能适应含有呋喃香豆素或其他光毒性物质的植物，是因为它们生活在丝质茧里或卷曲的叶子里，由此可将具有激活作用的光波过滤掉。

13.3.3　酚类释放到土壤里可抑制其他植物的生长

植物体的叶片、根或腐烂的垃圾可释放各种各样的初生和次生代谢物到环境中，这些化合物对邻近植物影响的研究被称作**植物化感作用**。假如一种植物通过释放化学物质到土壤中抑制了其他植物的生长，可以使其自身得到更多光照、水分和营养物质，这是进化的适应。一般来说，术语“植物化感作用”已经运用到对相邻植物的抑制上，尽管它准确的定义也包括相互有利的效应。

简单的苯丙素类化合物和苯甲酸衍生物经常被认为有植物化感效应，试验证明咖啡酸和阿魏酸（图13.8A）在土壤中达到一定量时会抑制许多植物的萌发和生长（Inderjit et al.，1995）。

植物化感效应最大的优点是在农业应用上的巨大潜力（Kruse et al.，2000）。由于杂草或前期作物的残余引起的作物减产在某种程度上来说就是植物化感的缘故。运用杂草的植物化感来提高农业生产将具有远大的前景（见Web Essay 13.2）。

 13.3.4　木质素是一种复杂的酚类大分子

除了纤维素之外，植物中含量最多的有机物就是**木质素**，它是一种高分支的苯丙素类化合物多聚体：

C_6—C_3

木质素扮演初生和次生两种作用。因为很难从植物中提取，其详细结构还不清楚，木质素能共价结合到纤维素和细胞壁的多糖分子上。

木质素一般由三种不同的苯丙素醇形成：松柏醇、香豆醇和芥子醇。这些醇都是苯丙氨酸经过各种桂皮酸衍生物合成的。苯丙素类化合物通过产生自由基中间成分的酶催化聚合成多聚体物质。三种单体的比例也因品种、器官甚至细胞壁的层数不同而不同。在聚合物中的苯丙素醇有多个C—C键和C—O—C键，形成三维空间复杂的分支结构。与淀粉、橡胶或纤维素不同，木质素的单体似乎不是以一种简单重复的方式结合在一起的。最近的研究表明，在木质素合成过程中引导蛋白可能结合了苯丙素类物质的单体，导致了大的、重复的单位骨架的形成（Davin and Lewis，2000；Hatfield and Vermerris，2001）（见Web Topic 13.4 假定木质素分子的部分结构）。

木质素存在于植物输导组织管胞、木质部导管的细胞壁中。起源于初生壁和与纤维素、半纤维素联系密切的薄壁细胞，积累在厚厚的次生细胞壁中。木质素的韧性能增强茎和导管组织的硬度，保持植物向上生长，在负压无组织断开的情况下使水、矿物质通过木质部源源不断向上运输。由于木质素是水运输的一个关键成分，因此合成木质素的能力对于植物适应干旱是非常重要的。

除了提供机械运输外，木质素在植物保护中也具有重要的功能。它表面的粗糙可防止动物食用，它化学的持久性使其难于被草食动物消化。通过与纤维素和蛋白质结合，木质素也降低了这些物质的可消化性。木质化可以抑制病原菌的生长，这也是对感染和伤害的一种反应。

 13.3.5　4种主要的类黄酮

类黄酮是最多的植物酚类化合物之一，类黄酮基本的碳骨架包括15个碳原子以1个三碳链相连的两个芳香环排列而成，由莽草酸途径和丙二酸途径形成（图13.9）。

基于碳三氧化的程度，类黄酮可分为不同的几类类型，本书主要讨论图13.7所示的四种类型：花青素、黄酮、黄酮醇和异黄酮。

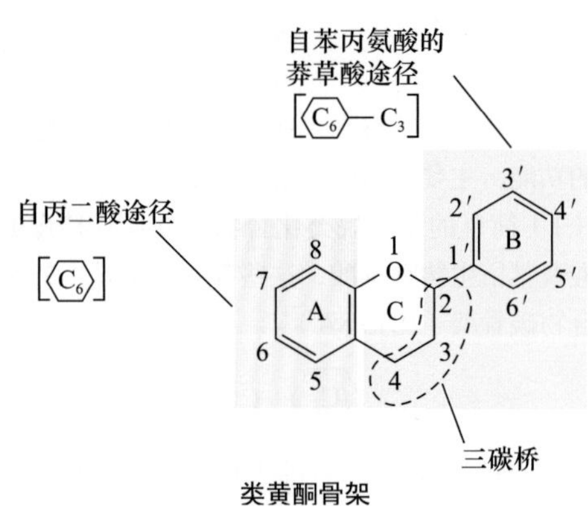

图13.9　类黄酮的碳骨架。类黄酮是由来自莽草酸和丙二酸途径的产物合成的。类黄酮由两个芳香环和一个三碳桥形成的基本骨架包含15个碳。数字显示的是类黄酮环中碳的位置。

类黄酮碳骨架基本单位可能有许多取代物。羟基通常在4、5和7的位置，也可能在其他位置上。糖分子也常有，事实上大多数的类黄酮通常以糖苷的形式存在。

羟基和糖基都可以增加类黄酮的水溶性，别的取代物如甲醚或修饰的异戊基使类黄酮变成亲脂性的（疏水性）。不同的类黄酮具有不同的生物学功能，包括形成色素和防御反应。

 13.3.6　花色素是可吸引动物的具有颜色的类黄酮

植物色素能产生视觉效应有助于吸引昆虫传粉和种子传播。这些色素主要有两类：类胡萝卜素和类黄酮。类胡萝卜素是黄色、橘黄色和红色的萜类化合物，也是光合作用中的辅助色素（见第7章）。类黄酮包括一系列色素的酚类物质。类黄酮组最普遍的是花青素，在果实和花中主要呈现红色、粉色、紫色和蓝色。

花青素为一类糖苷，在B环的C_3或其他位置上有一个糖基（图13.10A）。没有这个糖基，花青素就是**花色素**（图13.10B）。影响花青素颜色的因素很多，如花色素B环羟基和甲氧基的数量（图13.10A）、芳香酸是否酯化到主要骨架上，以及这些物质溶于细胞内液泡后的pH。花青素螯合铁离子、黄铜辅色素可形成一个超分子复合物。鸭跖草的蓝色素是由6个花青素、6个黄铜和2个镁离子组成的大分子复合物（Kondo，1992），图13.10和表13.1表示的是最常见的花色素和它们的颜色。

既然这么多因素影响花青素和类胡萝卜素的颜色，所以自然界中花和果实的颜色千变万化也就不奇怪了。花色的进化是由传粉者的选择压力决定的，这些花粉传播者具有不同颜色的喜爱。

A

花色素苷

B

花色素

图13.10　花青素（A）和花色素（B）的结构。花色素的颜色部分取决于B环上的取代成分（表13.1）。羟基的增加导致更长波长光的吸收就显蓝色。甲氧基（—OCH_3）取代羟基后吸收较短一些波长的光显深红色。

表13.1　取代环对花色素颜色的影响

花色素	取代环	颜色
花葵素	4′ —OH	橘红色
花青素	3′ —OH，4′ —OH	紫红色
翠雀素	3′ —OH，4′ —OH，5′ —OH	蓝紫色
芍药花素	3′ —OCH_3，4′ —OH	玫瑰红
矮牵牛色素	3′ —OCH_3，4′ —OH，5′ —OCH_3	紫色

13.3.7　类黄酮可保护植物免受紫外线的损伤

黄酮和**黄酮醇**是在花中存在的另外两种主要的类黄酮物质（图13.7），这两种物质相对于花青素吸收更短波长的光，因此人们是看不见的。但蜜蜂这些昆虫相比人类能看到更短波长的波，所以蜜蜂能感知作为诱惑剂的黄酮和黄酮醇（图13.11）。花中的黄酮醇经常由点、线、同心圆组成一个均匀的模型，这个就是通常的蜜源标记，可帮助昆虫找到花粉和蜜源的位置。

黄酮和黄酮醇不仅存在于花中，在所有绿色植物中都有，这两种类黄酮主要是保护细胞免受强紫外线（280~320 nm）的损伤。黄酮和黄酮醇分布在叶和茎的表皮层，这样可以吸收可见光区域。另外，实验证明长期暴露于紫外光下的植物增加了黄酮和黄酮醇的合成，紫外光能诱导DNA突变，对细胞中的大分子也有潜在的损伤作用。

拟南芥中缺失苯基苯乙烯酮合成酶的突变体不能产生类黄酮。缺失类黄酮，这些突变体相对于野生型来说对紫外光更加敏感，在正常的条件下长势也很差。当过滤掉紫外光时，突变体长势恢复正常（Li et al., 1993）。拟南芥在避免紫外伤害中一类简单的苯丙素类酯也起到了重要作用。

最近发现类黄酮还有其他功能，如黄酮和黄酮醇可以通过豆类的根分泌到土壤中，这是由豆科植物和氮固定共生体相互作用介导的，在第12章中也描述了这种现象。在第19章中也将讨论，最新研究表明类黄酮在植物生长发育如生长素极性运输的模型中起到重要的作用。

13.3.8　异黄酮类化合物具有抗菌活性

异黄酮是一种类黄酮，由一个芳香环（B环）位置颠倒形成（图13.7）。异黄酮分布于豆类植物中，具有不同的生理功能活性。如鱼藤酮，可作为杀虫剂、农药（毒鼠药）、灭鱼药（毒鱼剂）；另外一些具有抗雌激

A

B

图13.11　人类肉眼看到的黑眼苏珊花（*Rudbeckia* sp.）（A）和蜜蜂看到的黑眼苏珊花（B）。A. 对于人类，黑眼苏珊花有黄色的花瓣和棕色的中心盘。B. 对于蜜蜂，花瓣的顶端是浅黄，花的内部是深黄，中心盘是黑色。在花瓣的内部而不是花顶端发现分布着吸收紫外光的黄酮醇。黄酮醇的这种分布及昆虫对部分紫外光区的敏感性，有助于蜜蜂看到这种同心圆的结构模式，帮助它们定位花粉和蜜源。专用光来刺激蜜蜂视觉系统的光谱敏感性（图片由 Thomas Eisner提供）。

素效果。例如，经常在富含异黄酮的三叶草上放牧，会导致羊不育。异黄酮环系统的三维结构类似于类固醇（图13.5B），会使这些物质结合到雌激素受体上。异黄酮对抗肝癌也有作用，因此多吃大豆食品是有益的。

过去几年来，异黄酮一直被大家认为是对细菌或真菌反应的植物抗毒素、杀菌剂，帮助植物抵制病原菌的侵染。本章的最后将详细讨论植物抗毒素。

 13.3.9 单宁酸抵制草食动物的侵害

除了木质素外，第二类具有防御反应的植物酚类化合物是**单宁酸**。术语“单宁酸”第一次是用来描述一种能将加工的动物毛皮转变为皮革的化合物，单宁酸能结合动物毛皮的胶原蛋白来增加它们对热、水和微生物的抗性。

单宁酸主要有两种：缩合的和可水解的。**缩合单宁酸**是由类黄酮聚合而成（图13.12A），是木本植物的基本成分。由于缩合单宁酸用强酸处理会水解为花色素，所以有时也称作花色素原。

可水解单宁酸是由酚酸、五倍子酸和一些单糖分子聚合而成的异聚物（图13.12B）。它们比缩合单宁酸小，在稀酸作用下容易水解。大多数的单宁酸分子质量为600~3000 Da。

单宁酸通常是有毒的，草食动物吃了含有单宁酸的食物后，会大大地降低草食动物的生存能力。另外，许多动物都不吃含单宁酸高的植物，如牛、鹿和猿这些哺乳动物均能避开单宁酸含量高的植物和植物器官，如未成熟的葡萄含有较高的单宁酸，成熟时才能食用。

农作物一般产生很少的次生代谢物，但也有一些例

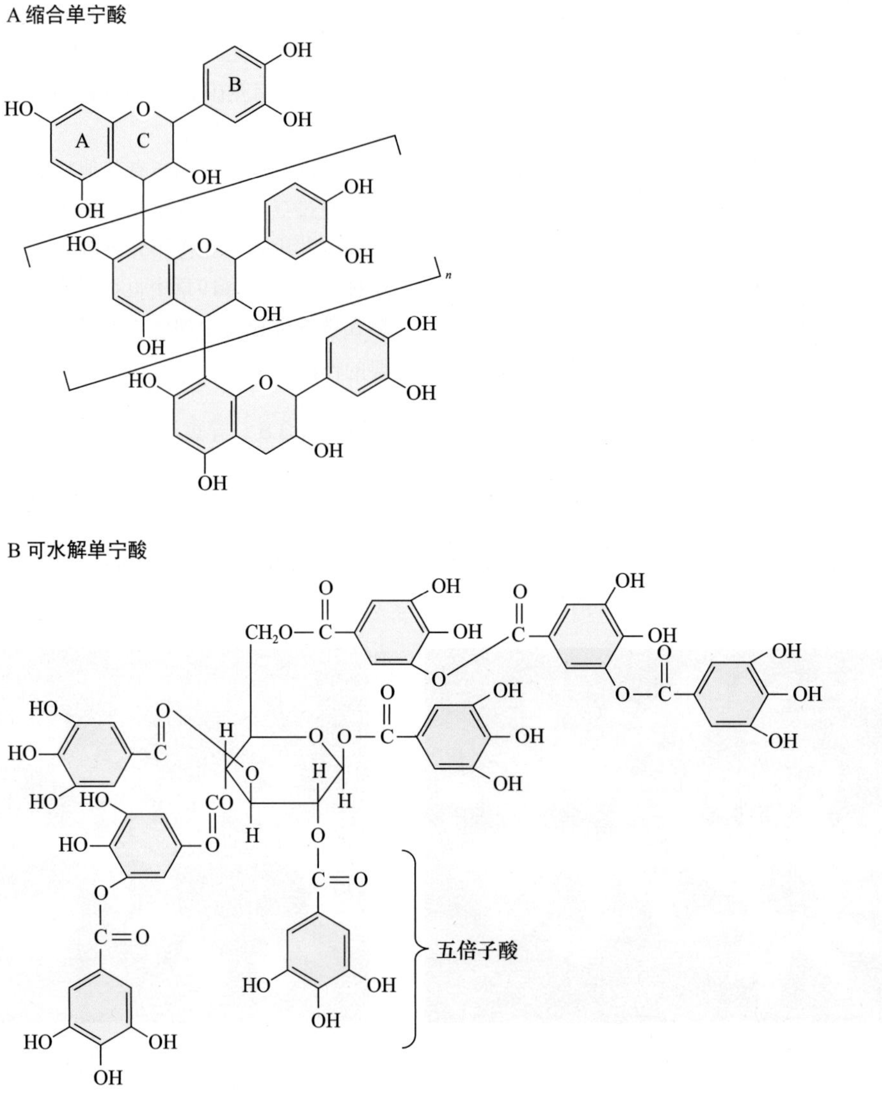

A 缩合单宁酸

B 可水解单宁酸

五倍子酸

图13.12 两种类型的单宁酸结构。A. 缩合单宁酸的结构，*n*通常是1~10，也可能在B环上有第3个羟基；B. 来自漆树（*Rhus semialata*）的可水解单宁酸是由葡萄糖和8个五倍子酸组成的。

外。人们经常倾向于吃含单宁酸较少的食物，如苹果、黑莓、茶和葡萄。最近发现红酒中的多聚酚（单宁酸）能有抑制血管紧缩形成内皮素1信号分子的作用（Corder et al.，2001）。红酒中的单宁酸经常被说成是红酒中有益身体健康的物质，特别是适量地饮用红酒能减少心脏病的发生。最近研究显示，另一种酚类化合物白藜芦醇二苯乙烯苯丙素被认为是红酒中有益健康的物质。

适量的特定多酚可能对人体是有益的，但大多数单宁酸的防御特性是因为它的毒性，即它能够结合非特异的蛋白质。一直以来人们都认为植物单宁酸在草食动物内脏中形成了蛋白复合物，这种复合物是由单宁酸的羟基和蛋白质负电位之间形成氢键而成的（图13.13A）。最近更多的证据表明单宁酸和其他一些酚也能共价结合到日常食物的蛋白上（图13.13B）。草食动物内脏中都有能氧化植物叶中的酚类物质成醌的酶（Felton et al.，1989）。醌是一类高正电荷的分子，能稳定地与蛋白亲质子的基团—NH_2和—SH结合（Appel，1993）。这种蛋白质-单宁酸对草食动物有负面影响，单宁酸能使草食动物的消化酶失活，使单宁酸和植物蛋白的复合物很难被草食动物消化。

A 单宁酸与蛋白质之间的氢键

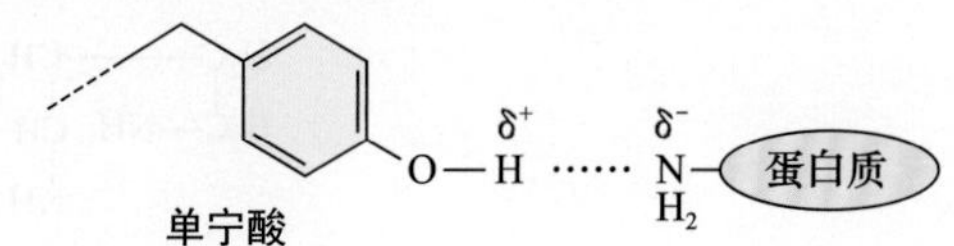

B 蛋白质氧化后的共价键

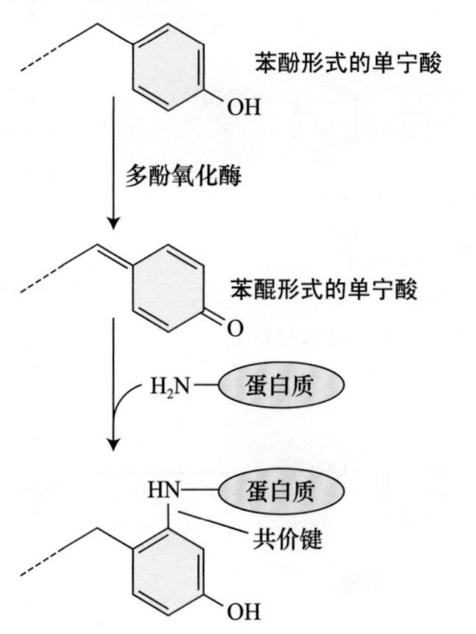

图13.13　单宁酸与蛋白质相互作用的机制。A. 氢键在单宁酸的酚羟基和蛋白质的负电位之间形成。B. 酚羟基共价结合到蛋白质上，这是由氧化酶如多酚氧化酶催化的。

以富含单宁酸植物为食的草食动物，似乎拥有一个可以排除单宁酸的消化系统。例如，一些啮齿哺乳动物和兔子能分泌脯氨酸含量高的能分解单宁酸的唾液蛋白，这种蛋白质与单宁酸具有很高的亲和性。由于能消化食物中的单宁酸，就大大地减少了单宁酸的毒性作用（Butler，1989）。大量脯氨酸残基使蛋白质形成疏水性较高的不稳定的和开放的构型，这样很容易和单宁酸结合。

植物单宁酸也具有防御病原菌的功能。如许多植物的非生心材都含有高浓度的单宁酸来抵制真菌和细菌的侵害。

13.4　含氮化合物

大多数植物次生代谢物都含有氮。生物碱和含氰糖苷都是常见的抗草食动物的含氮次生代谢物质，由于其毒性及药物的特性，因此有很大的应用价值。大多数含氮次生代谢物都是由氨基酸生物合成的。

这一部分将讨论各种含氮次生代谢物的结构和生物学属性，主要包括：生物碱、含氰糖苷、芥子油苷和非蛋白氨基酸。

13.4.1　生物碱对动物生理的作用

生物碱大约有15 000种，是含氮次生代谢物中的大家族，其中20%存在于微管植物中。这些物质中的氮原子通常是杂环的一部分，这种杂环含有氮原子和碳原子。生物碱作为一类物质，最显著的作用是对草食动物的药用效果。

就像其名字一样，生物碱大都是碱性的，胞质中的pH通常是7.2，液泡中为5~6，氮原子通常是质子化的，因此，生物碱是带正电荷、水溶性的物质。

生物碱一般是由一少部分常见氨基酸如赖氨酸、酪氨酸和色氨酸合成的。但是，一些生物碱的碳骨架含有萜类途径的成分。表13.2列举了主要生物碱的种类及其氨基酸前体。几个不同种类的生物碱包括烟碱及其相关物质（图13.14）都是源于精氨酸合成途径中的一个中间产物鸟氨酸。维生素B烟酸是这类生物碱嘧啶环（6个）的前体。烟碱的吡咯环（5个）来源于鸟氨酸（图13.15），烟酸也是NAD^+和$NADP^+$的成分，是代谢中的电子载体。

植物中生物碱的作用已经研究了至少100年，曾被认为是含氮废物（类似动物中的尿素和尿酸）、氮储藏化合物或生长调节物质，但很少有证据表明这些物质的功能。现在认为大多数生物碱具有防御食肉动物特别是哺乳动物的作用，因为它们具有广泛的毒性和拒食作用（Hartmann，1992）。

表13.2　主要的生物碱、其前体和每一种的例子

生物碱类	结构	生物合成前体	实例	用途
吡咯烷	N	鸟氨酸（天冬氨酸盐）	烟碱	刺激剂
托烷	N	鸟氨酸	阿托品	防止肠痉挛、别的毒药的解毒剂、检测瞳孔扩张
			可卡因	刺激中枢神经系统、局部麻醉
哌啶	N	赖氨酸（乙酸盐）	毒芹碱	毒药
硝吡咯菌素	N	鸟氨酸	倒千里光碱	没有
喹嗪	N	赖氨酸	羽扇豆宁	心脏节律的复位
异喹啉	N	酪氨酸	可待因	止痛，镇咳
			吗啡	止痛
吲哚	N	色氨酸	裸头草碱	迷幻剂
			利血平	治疗高血压、精神病
			马钱子碱	鼠药、治疗视觉紊乱

许多家畜的死亡是由于吃了含有生物碱的植物。在美国，每年都有相当比例的放养家畜由于食用了大量含生物碱的植物，如鲁冰花、飞燕草和千里光而导致死亡。这种现象可能是由于家畜不会像野生动物一样遵循自然选择来逃避有毒植物。当然也有一些家畜更喜欢吃含有生物碱的植物而不是一些无害的草料。

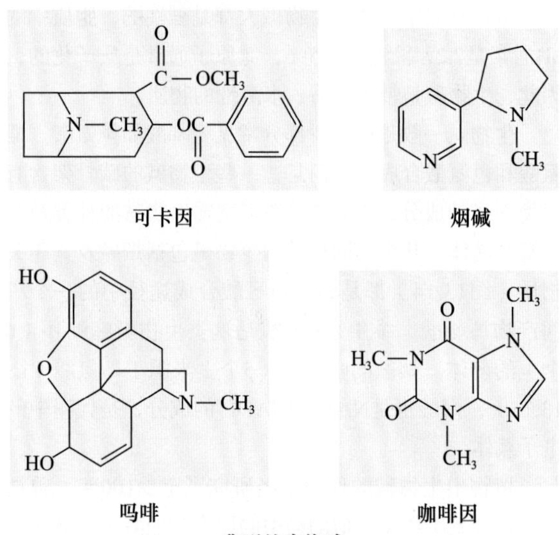

图13.14　生物碱的实例。一类含氮的次生代谢物，通常具一个杂环。咖啡因是一类类似核酸鸟嘌呤和腺嘌呤的嘌呤类生物碱。烟碱的吡咯环（5环）形成于鸟氨酸；嘧啶环（6环）来源于烟酸。

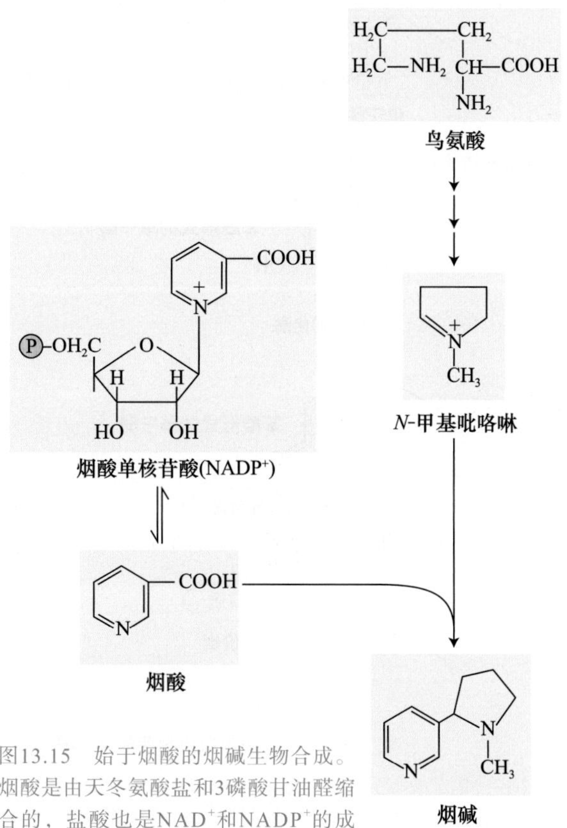

图13.15　始于烟酸的烟碱生物合成。烟酸是由天冬氨酸盐和3磷酸甘油醛缩合的，盐酸也是NAD^+和$NADP^+$的成分，参与重要氧化还原反应。5环的烟碱来源于鸟氨酸——一个精氨酸合成途径的中间成分。

几乎所有的生物碱只要达到一定的量就是有毒性的，如马钱子碱、阿托品和毒芹碱（来自有毒的芹叶钩吻）都是典型的有毒生物碱。在药理学上，少量的生物碱是有益的，如微量的吗啡、可待因和东莨菪碱已用于疾病的治疗。可卡因、烟碱和咖啡因（图13.14），也广泛地运用到非医疗领域，作为刺激药物、镇静止疼药。

在细胞水平，生物碱的作用方式也是不同的。许多生物碱都具有抑制神经系统的成分，特别是一些化学传导物质；其他生物碱会影响膜运输、蛋白合成或多种酶活性。

双吡咯烷类生物碱也是一类植物生物碱，是草食动物适应并忍耐这些植物的防御反应物质（Hartmann，1999）。植物体内会自然产生吡咯类生物碱，如非毒性的氮氧化物。生物碱一旦进入植食昆虫消化道里，就立刻还原成无电荷、疏水的第三类生物碱（图13.16），这种形式的生物碱很容易通过生物膜表现为毒性。而一些草食动物如朱砂蛾（*Tyria jacobeae*）在进化中获得了一种能力，能在消化道吸收这种生物碱后把第三双吡咯烷类生物碱还原为无毒氮氧化形式生物碱。这些草食动物就把这些氮氧化的生物碱储存到体内来抵御侵害它们的肉食动物。

不是所有的生物碱都是植物体自己合成的。许多草类植物质体内拥有的真菌共生体能合成各种类型的生物碱，这类植物比那些没有共生体的长势更好，且能防御植食昆虫和哺乳动物的侵害。不幸的是，当某些携带共生体的草类如作为重要的牧羊草料的牛毛草，当其体内含有较高的生物碱时，对家畜就是有毒害的。因此要培育那些没有携带毒性物质，而且还可以起到防御昆虫的牛毛草（见Web Essay 13.3）。

13.4.2　含氰苷释放有毒的氰化氢

在植物中除了生物碱之外，还发现了许多起保护作用的含氮化合物。这些物质主要分为两类：含氰苷和芥子油苷，它们本身没有毒性，但一旦分解就可以释放出毒素，植物被压碎时可释放一些可挥发性的毒素。众所周知，**含氰苷**释放的是一种毒气氰化氢。

植物中含氰苷的分解可分为两个酶解过程。自产含氰苷的植物也必须用酶来分解成糖，并释放出氰化氢。

（1）第一步是由糖苷酶裂解糖分子，这个酶可以将与糖分子相连的其他物质分开（图13.17）。

（2）第二步是水解产物α-羟腈或氰醇能自发地分解为氰化氢，羟腈裂解酶可以增加这一步的反应速度。

含氰苷在植物中一般是不分解的，因为含氰苷和裂解酶是被隔开在不同的细胞区间或不同的组织中。例如，高粱中的含氰苷——蜀黍苷位于表皮细胞的液泡中，而水解或裂解酶分布于叶肉细胞中（Poulton，1990）。正常的情况下，这种区域化可以阻止糖苷的分解。当叶子被损伤时，特别是被草食动物进食时，植物体不同组织的细胞内容物就混合在一起，产生氰化氢形式的物质。

含氰苷在植物界分布广泛，在豆科、禾本科和蔷薇科的一些种中常有存在。许多证据表明含氰苷具有保护植物的功能。氰化氢具有快速反应毒性，能抑制蛋白代谢，如含铁细胞色素氧化酶，这是线粒体呼吸的关键

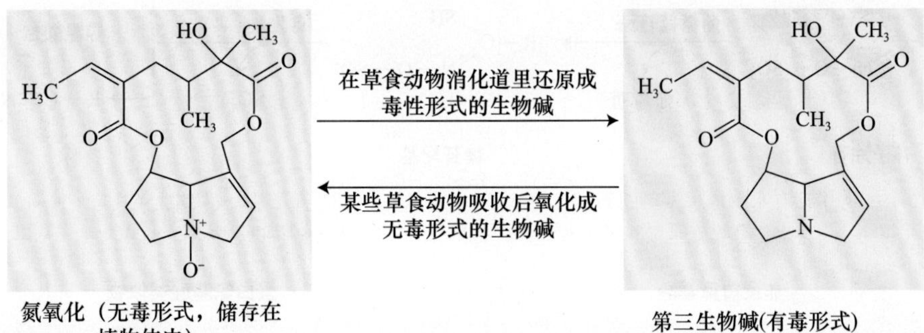

图13.16　自然界中两种形式的双吡咯烷类生物碱：氮氧生物碱和第三生物碱。无毒的氮氧生物碱在大多数草食动物消化道内还原为有毒的第三生物碱。然而，一些适应的草食动物可以将第三生物碱转化为无毒的氮氧生物碱。在刘寄奴属植物中的生物碱千里光碱就可以进行这种转化。

含氰苷 —(糖苷酶；−糖)→ 氰醇 —(羟腈裂解酶，自发地)→ 酮 + 氰化氢（HC≡N）

图13.17　酶水解含氰苷释放出氰化氢的过程。R和R′代表烷烃基或芳烃基。假如R是苯基，R′为氢，糖是β龙胆二糖，那么这个化合物就是苦杏仁苷（含氰苷分布于杏树、樱桃和桃树的种子中）。

酶。含氰苷可以抵御草食昆虫和其他草食动物的进食，如蜗牛和鼻涕虫。和其他次生代谢物一样，一些草食动物能抵抗大剂量的氰化氢，适应吃一些高含量含氰苷的植物。

木薯（*Manihot esculenta*）的块茎是一种在许多热带国家食用的高碳水化合物食物，含有非常高的含氰苷。传统的加工方法如磨碎、碾碎、浸透和干燥可除去或降解木薯块茎中的含氰苷。然而，在这些以木薯块茎作为主食的地区，慢性的氰化物中毒导致许多人肢体部分瘫痪，因为这些传统的脱毒方法不是完全有效的。另外，许多以木薯为食的人们营养不良，也是含氰苷的毒性作用的结果。

目前，人们正采用传统的育种和基因工程手段来减少木薯中含氰苷的含量。然而，完全去除这些含氰苷是不切实际的，因为这是木薯几百年来储存在体内的用来抵抗昆虫的物质。

 13.4.3 芥子油苷释放挥发性的毒素

第二种植物糖苷是**芥子油苷**或称芥菜油糖苷，它分解后释放防御性物质，分布在十字花科如甘蓝、花椰菜和萝卜及相关的植物中，芥子油苷分解后产生具有蔬菜气味的化合物。

芥子油苷可通过水解酶葡糖硫苷酶或黑芥子酶裂解葡萄糖与硫原子形成的键进行水解（图13.18）。根据水解的条件，芥子油苷的非糖成分糖苷配基重排并失去硫酸酯产生一些刺激性、有化学活性的物质，如异氰酸盐和腈。这些产物可以作为毒素和拒食剂来抵抗草食动物。像含氰苷一样，芥子油苷也是储存在与水解酶隔离的完整的植物中，仅当植物被压碎时才将它们和水解酶混在一起。

和其他次生代谢物一样，某些特定的动物能食用这些含芥子油苷的植物，而且对其毫无伤害。对于草食动物如纹白蝶，芥子油苷主要是刺激其进食和产卵，而水解产生的异氰酸盐则主要作为挥发性的引诱剂。除此之外，毛虫可以改变芥子油苷的水解反应，从而可以产生较少的毒性氰（Wittstock et al.，2004）。

近些年大多数研究都集中在南美和欧洲的主要油料作物油菜的芥子油苷上。植物育种专家尽力培育出一些芥子油苷含量低的油菜种子，以使榨出油后的油渣能做成高蛋白的动物食物。大田中培育的第1代低芥子油苷含量的作物由于不能抵御有害物的侵害，是不能存活的。但最近培育出的几种作物，种子中芥子油苷较低但叶片中却很高，这种作为即有较强的抗性，也能为动物提供具有较高蛋白质的食物。

 13.4.4 非蛋白氨基酸对草食动物是有毒的

植物和动物蛋白质由大约20种氨基酸组成。许多植物蛋白中也包含一些异常的氨基酸称为**非蛋白氨基酸**，这些氨基酸不参与形成蛋白质，而是以游离的形式存在起防御作用。非蛋白氨基酸与形成蛋白质的氨基酸类似，如刀豆氨酸和精氨酸、铃兰氨酸和脯氨酸的结构非常接近（图13.19）。

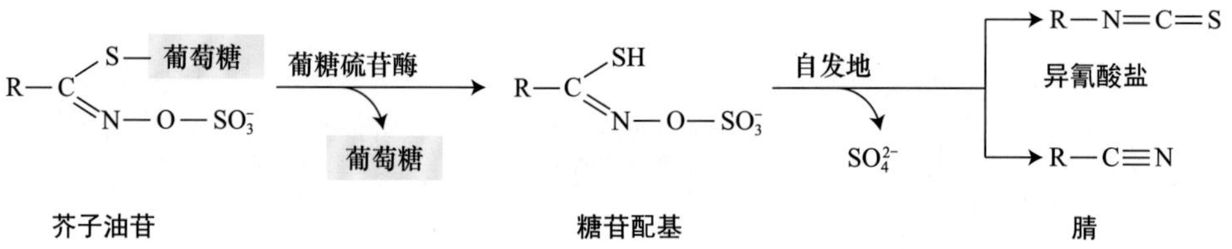

芥子油苷：R—C(—S—葡萄糖)=N—O—SO_3^- →（葡糖硫苷酶；释放葡萄糖）→ 糖苷配基：R—C(—SH)=N—O—SO_3^- →（自发地；释放 SO_4^{2-}）→ R—N=C=S（异氰酸盐）或 R—C≡N（腈）

图13.18 芥子油苷水解成挥发性的芥子气的过程。R表示烷烃基或芳烃基。假如R是CH_2=CH—CH_2^-，这个化合物就是黑芥子硫苷酸钾，是黑芥种子和山葵根中的主要芥子油苷。

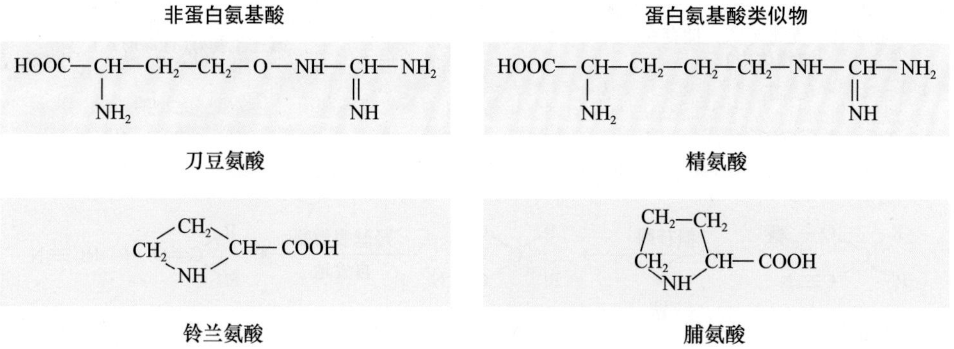

非蛋白氨基酸	蛋白氨基酸类似物
HOOC—CH(NH_2)—CH_2—CH_2—O—NH—C(=NH)—NH_2	HOOC—CH(NH_2)—CH_2—CH_2—CH_2—NH—C(=NH)—NH_2
刀豆氨酸	精氨酸
CH_2—CH_2—CH(—COOH)—NH—CH_2（四元环）	CH_2—CH_2—CH_2—NH—CH(—COOH)（五元环）
铃兰氨酸	脯氨酸

图13.19 非蛋白氨基酸和蛋白氨基酸类似物。植物中以游离形式存在的具防御反应的化合物的非蛋白氨基酸不参与到蛋白质合成中。

非蛋白氨基酸的具有各种毒性，有的能抑制蛋白氨基酸的合成和吸收，如刀豆氨酸，可被错误地引入到蛋白质中，被草食动物摄入后，可被精氨酸的tRNA 分子识别，在蛋白质合成过程中被结合到有精氨酸的位点上，导致其立体结构或催化位点被破坏，降低与底物结合能力或丧失催化反应的能力（Rosenthal，1991）。

已经显示几种非蛋白氨基酸，包括β-*N*-草酰-L-α，β-二氨基丙酸、二氨基苯甲酸（DABA）、二氨基丙酸（DAPA）、3-*N*-草酰-2，3-二氨基丙酸和2-氨基-6-*N*-草酰尿丙酸，以乙酰化的形式存在于饲用豆类中，对反刍动物有毒性（McSweeney et al.，2008）。

这些化合物对合成非蛋白氨基酸的植物是没有毒性的。例如，刀豆种子能合成大量的刀豆氨酸，但是刀豆的蛋白质合成机制能区别刀豆氨酸和精氨酸，这样就不会把刀豆氨酸引入到自己的蛋白质合成中。一些以非蛋白氨基酸为食的昆虫体内也有类似的机制。

13.5　诱导植物防御反应抵抗植食昆虫

植物体进化了一系列防御机制来防止昆虫的取食。这些机制主要分为两类：组成型防御反应和诱导型防御反应。**组成型防御**是植物固有的防御反应，具有特异性，以储存化合物、结合化合物（降低毒性）或活性化合物前体的形式存在，这些物质都很容易受伤害诱导激活。迄今为止，大多数防御反应都是组成型防御反应。在有些情况下，同种杀虫化合物会参与组成型和诱导型两种防御反应。

诱导型防御仅发生在植物被伤害之后。原则上，诱导型防御反应需要组成型防御反应的一些成分，但这些物质必须具有高效、快速被激活的特性。

能引起植物损伤的害虫有三类。

（1）韧皮部害虫：如蚜虫和粉虱，能伤害表皮和叶肉细胞。植物对这类害虫的防御反应更类似于病原菌的侵害而不是草食动物的伤害（尽管对植物的直接伤害很小，但当这些害虫携带有病毒的载体时，伤害增大）。

（2）细胞害虫：如螨虫和牧草虫，能物理伤害植物细胞，类似于刺吸式昆虫的侵害。

（3）咀嚼式害虫：如毛虫（蛾子和蝴蝶的幼虫）、蝗虫和甲虫，对植物造成较大的伤害。以下讨论的草食昆虫就是这种害虫。

 13.5.1　植物可识别昆虫唾液的特异性成分

植物对草食昆虫的防御反应主要是伤害反应和源于昆虫化合物**激发子**的反应。尽管草食昆虫对植物的伤害反应类似于机械伤害诱导的反应，但昆虫唾液中的一些化合物可以增强这个刺激。除此之外，昆虫化合物激发子可以触发系统的信号转导，启动植物的防御反应（Web Essay 13.4）。

草食昆虫唾液中的激发子大多是脂肪酸-氨基酸复合物（或脂肪酸胺）（Alborn，1997），这些化合物激发的反应类似于咀嚼式昆虫产生的防御反应，和机械损伤的不同，这些化合物的生物合成依靠植物中的亚麻酸（18:3）和亚油酸（18:2），昆虫摄入了含有这些脂肪酸的植物后，内脏中的酶会把植物中的脂肪酸结合到昆虫中的氨基酸如典型的谷氨酸上。由于最初的发现，有些激发子已经被鉴定出来了，最近的研究显示特殊的激发子在植物中变化很大（Schmelz et al.，2009）。

植物被昆虫反复消化后，激发子成为昆虫唾腺的一部分，在草食地留下痕迹，植物然后识别激发子和激活一系列复杂的信号转导途径用于诱导防御反应。

 13.5.2　茉莉酸是一类可激活许多防御反应的植物生长物质

大多数参与植物抗草食动物反应的信号途径是硬脂酸途径，这一途径会产生植物激素——**茉莉酸**（JA或jasmonate）（图13.20）。当植物遭遇草食动物侵袭时，体内的茉莉酸水平迅速升高，促使植物中许多参与防御反应的蛋白质合成。植物中的茉莉酸是由亚麻酸开始合成的，然后从膜脂中释放出来。两个细胞器参与了茉莉酸的生物合成：叶绿体和过氧化物酶体。亚麻酸来源的中间成分在叶绿体中形成，然后运输到过氧化物酶体，由β氧化途径中的酶（见第11章）完成到茉莉酸的转化（Web Essay 13.5）。

甲基茉莉酸可以诱导参与植物防御反应的基因转录，在这些诱导的基因中许多都是编码次生代谢过程中关键酶，对于这些基因的激活机制也逐渐清晰。最近的研究显示茉莉酸与生长素（见第19章）和赤霉素（见第20章）一样能通过一个保守的机制进行作用（图13.21）。然而与这些激素信号相比，茉莉酸的激活首先需要在氨基酸合酶（JAR protein）的作用下与氨基酸缩合，氨基酸合酶属于羧酸合酶。例如JAR1酶可催化甲基茉莉酸与异亮氨酸形成JA-Ile，产生JA依赖的防御信号反应的一部分（Fonseca et al.，2009）。

有生物活性的JA-Ile然后与COI1蛋白结合，COI1是一种F-box蛋白，是SCF蛋白复合物（SCF^{COI1}）中的一个成员。SCF蛋白复合物可通过多聚泛素化降解蛋白。COI1首先作为一个信号分子——假单胞菌中的冠缨碱被鉴定出来，冠缨碱具有与JA-Ile类似的结构，甲基茉莉酸与COI1的结合力较JA-Ile强（Web Essay 13.5）。

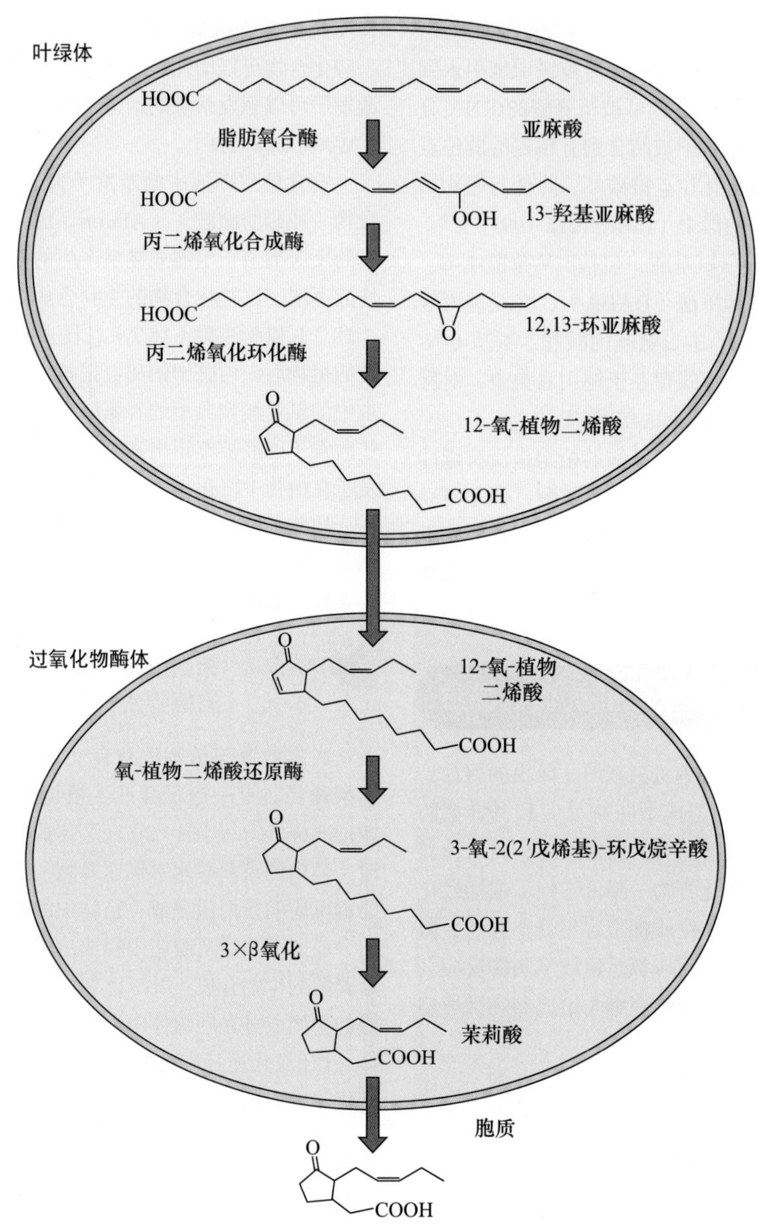

图13.20　亚麻酸（18:3）转变为茉莉酸的途径。前三个步骤发生在叶绿体中，导致12氧植物二烯酸合成。这个中间产物运输到过氧化物酶体内经过β氧化还原转变为茉莉酸。

最近有两个独立的课题组鉴定了SCF^{COI1}复合物的靶蛋白是JAZ蛋白家族（Cnini et al.，2007；Thines et al.，2007）。这些研究清楚地显示，SCF^{COI1}复合物结合了JA-Ile可与JAZ蛋白结合。JAZ蛋白是一个甲基茉莉酸信号转导途径中的一个负调控因子。SCF^{COI1} JA-Ile复合物与JAZ蛋白结合可导致多聚泛素化，使得JAZ蛋白通过26S蛋白酶体不断地进行降解。JAE的降低进一步激活了参与甲基茉莉酸途径的转录因子的表达。这一信号系统被SCF^{COI1}复合物负反馈调节，激活的基因中包括JAZ抑制蛋白，JAZ蛋白合成和降解的比例受JA-Ile浓度的控制，显示出一种反应强度和持续的时间。

在这个途径中还有一个重要的转录因子-MYC2，是茉莉酸信号转导途径的核心调控元件，另一个重要的转录因子是ORCA3。ORCA3是最早从抗癌植物马达加斯加长春花中鉴定到的，这个转录因子不仅能激活生物碱合成途径中关键基因的表达，而且也能激活提供生物碱合成的初级代谢物的合成，所以它是马达加斯加长春花中代谢途径的主要调节器。

甲基茉莉酸的抗虫机制主要来自于对于拟南芥JA缺失突变体的研究（McConn et al.，1997）。这些突变体对真菌蚋是敏感的，而野生型具有抗真菌蚋的作

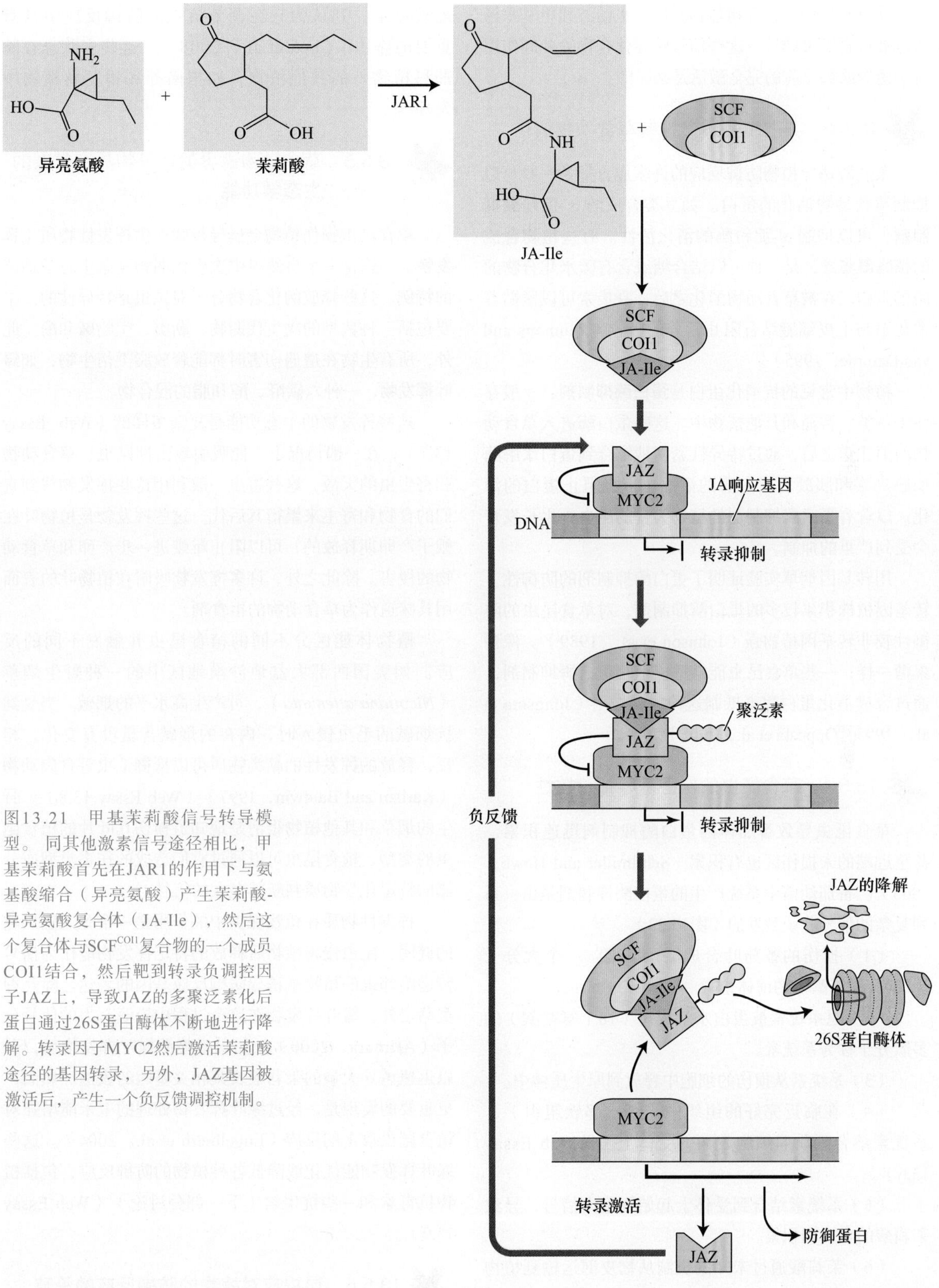

异亮氨酸

茉莉酸

JAR1

JA-Ile

SCF

COI1

JA-Ile

JAZ

MYC2

JA响应基因

DNA

转录抑制

聚泛素

负反馈

JAZ的降解

26S蛋白酶体

转录激活

防御蛋白

图13.21　甲基茉莉酸信号转导模型。同其他激素信号途径相比，甲基茉莉酸首先在JAR1的作用下与氨基酸缩合（异亮氨酸）产生茉莉酸-异亮氨酸复合体（JA-Ile），然后这个复合体与SCF^{COI1}复合物的一个成员COI1结合，然后靶到转录负调控因子JAZ上，导致JAZ的多聚泛素化后蛋白通过26S蛋白酶体不断地进行降解。转录因子MYC2然后激活茉莉酸途径的基因转录，另外，JAZ基因被激活后，产生一个负反馈调控机制。

用。外源施加甲基茉莉酸可使突变体具有与野生型一样的抗性。

几种其他信号化合物包括乙烯、水杨酸和甲基水杨酸也被草食昆虫诱导。这些信号转导化合物的共同作用对于诱导防御反应的完全激活是必需的。

 13.5.3 某些植物蛋白抑制草食动物消化

茉莉酸诱导植物防御反应的许多成分都是一些可以抑制草食动物消化的蛋白。如豆类合成的**α-淀粉酶抑制剂**，可以抑制α-淀粉酶的消化活性。有些植物合成的**植物凝集素**，是一种可以结合糖或含有碳水化合物的防御蛋白。在被草食动物消化之后，凝集素可以紧贴着消化道与上皮细胞结合阻止营养的吸收（Peumans and van Damme，1995）。

植物中常见的抗消化蛋白是**蛋白酶抑制剂**，一般存在于豆类、番茄和其他植物中。这些蛋白酶进入草食动物的消化道之后，通过特异性紧密地结合到蛋白水解酶如胰岛素和胰凝乳蛋白酶的活性位点，阻止蛋白的消化。以含有蛋白酶抑制剂的植物为食的昆虫，生长发育会受到严重的抑制。

用转基因烟草实验证明了蛋白酶抑制剂的防御性，转基因植株积累较多的蛋白酶抑制剂，对草食昆虫的防御性较非转基因植物强（Johnson et al.，1989）。像葡聚糖一样，一些草食昆虫能够适应植物蛋白酶抑制剂，通过合成消化蛋白酶来抵制这种抑制作用（Jongsma et al.，1995；Oppeata et al.，2005）。

 13.5.4 草食昆虫的伤害诱导系统抗性

草食昆虫导致番茄体内蛋白酶抑制剂迅速积累，甚至远端的未损伤区也有积累（Schilmiller and Howe，2005）。番茄幼苗中系统产生的蛋白酶抑制剂是由一系列复杂的信号分子激发的（图13.22）。

（1）损伤的番茄叶合成**原系统素**，一个大分子（200个氨基酸）的前体蛋白。

（2）原系统素被蛋白水解成短（18个氨基酸）的多肽分子称为系统素。

（3）系统素从损伤的细胞中释放到原生质体中。

（4）在临近完好的组织中（韧皮部软组织），系统素结合到质膜细胞表面的受体上（见Web Essay 13.6）。

（5）系统素结合到受体上起始细胞内信号，导致茉莉酸的合成和积累。

（6）茉莉酸通过未知的机制从韧皮部运输到植物中的其他组织。

（7）茉莉酸从目标组织中释放，并最终激活编码蛋白酶抑制剂基因的表达。

自系统素被发现以来，番茄中的许多系统素已经被鉴定，并认为它在调节抗虫的防御反应中具有重要的作用（Chen et al.，2008）。这些多肽也在除茄科植物外的其他植物，如拟南芥和番薯属植物中发现。

 13.5.5 草食动物诱导的挥发物具有复杂的生态学功能

草食昆虫损伤植物会诱导植物产生挥发性物质（**挥发物**），这是一个自然界中次生代谢物复杂生态学功能的特例。这些释放的化合物分子对昆虫是特异性的，主要包括三种典型的次生代谢物：萜类、生物碱和酚。此外，所有生物在遭遇伤害时都能释放脂类衍生物，如**绿叶挥发物**，一种六碳醛、醇和脂的混合物。

这些挥发物的生态功能是复杂多样的（Web Essay 13.7），在一般情况下，能吸引攻击性昆虫、草食动物和寄生虫的天敌，这些害虫一般利用这些挥发物找到它们的食物和寄主来繁衍其后代。这些挥发物是植物叶在蛾子产卵期释放的，可以阻止雌蛾进一步产卵和草食动物的侵害。除此之外，许多挥发物吸附在植物叶的表面用其味道作为草食动物的拒食剂。

植物体能区分不同的植食昆虫并触发不同的反应。如美国西部大盆地沙漠地区中的一种野生烟草（*Nicotiana attenuata*），可产生高水平的烟碱。当受到抗烟碱的毛虫侵入时，内在的烟碱含量没有变化，相反，释放的挥发性的萜类物质可以抵御毛虫等食肉动物（Karban and Baldwin，1997）（Web Essay 13.8）。野生的烟草和其他植物很清楚地知道损伤其叶片的植食昆虫的类型。植食昆虫可以通过它们造成的伤害类型或分泌的特定化学物质判断其存在的信号。

挥发性物质在植物保护中的作用是一个令人感兴趣的谜团，昆虫侵害植物后释放的特定挥发物能作为信号传递给邻近的植物来诱导防御反应基因的表达。除几种类萜之外，绿叶挥发物在这个过程中扮演有力的信号分子（Arimura，2000）。如玉米喷洒绿叶挥发物后，可以迅速诱导大量的茉莉酸及其相关基因的表达。然而，更重要的发现是，经过绿叶挥发物处理的玉米能增强对植食昆虫攻击的反应（Engelberth et al.，2004）。这些绿叶挥发物能优化或降低各种植物的防御反应，包括植物抗毒素和一些抗生素（下一部分讨论）（Web Essay 13.9）。

 13.5.6 昆虫应对植物的防御反应的策略

尽管植物进化的机制都是来保护植物本身的，但在

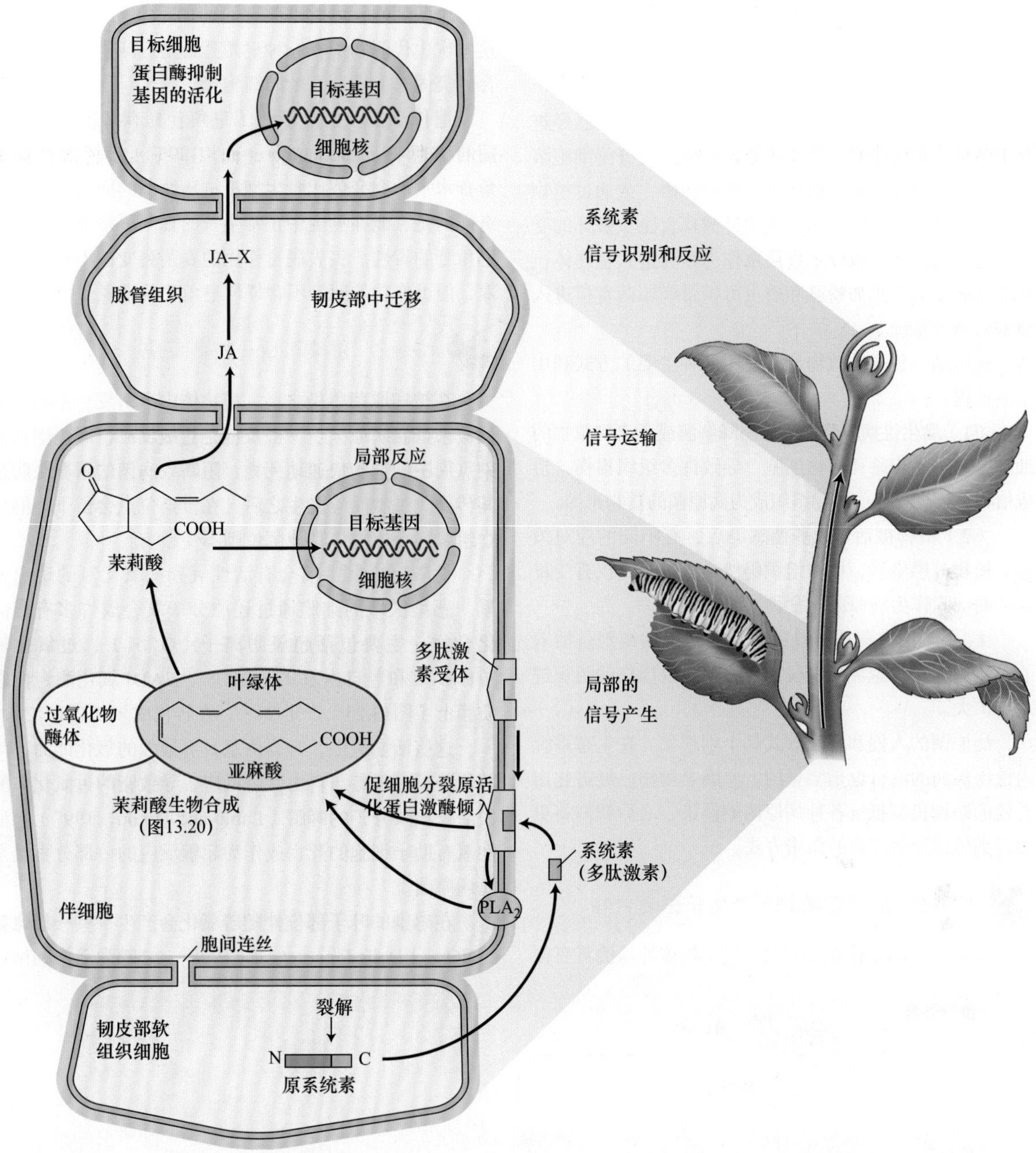

图13.22　受伤番茄迅速诱导的蛋白酶抑制剂生物合成的系统素信号转导途径。损伤的番茄叶子（图形底部）在韧皮部软组织细胞中合成原系统素，最后经加工成系统素。韧皮部软组织释放的系统素结合到其邻近细胞质膜的受体上，激活导致茉莉酸生物合成的信号级联反应。接着可能以结合物形式经过筛管分子运输到未受伤的叶子。在这里的叶肉细胞内启动信号反应，导致蛋白酶抑制基因的激活。植物细胞中的胞间连丝促进这个途径的信号传播。

植物和昆虫之间所谓的共进化中，昆虫也产生了一些克服植物防御的适应性，它像植物防御反应一样包括组成性的（一直存在）和诱导性的（被植物激活的）适应。组成性适应广泛地存在于特异的植食昆虫中，这类昆虫是以少量的植物为食，而诱导性适应则存在于一般植物为食的昆虫中。尽管在自然界中植物-昆虫相互作用是导致不适宜条件下其生存和发育的基础，但这些都不是很清楚。

13.6　植物对病原菌的防御反应

尽管植物没有动物复杂的免疫系统，但很奇怪的是，植物体可以抵御由真菌、细菌、病毒或线虫引起的各种疾病。本章将讨论植物体抵抗侵染的不同进化机制，主要包括杀菌剂的产生及程序性死亡（见第16章），也称过敏反应。我们也将讨论植物免疫反应的两种类型：获得性系统抗性和诱导性系统抗性。

 13.6.1 病原菌对抗宿主植物的多种策略

植物持续暴露在各种病原菌中。这些病原菌已经进化出各种方式侵染它们的宿主植物。或通过分泌细胞溶解酶到角质层和细胞壁消化这些机械障碍，或通过植物的气孔、皮孔进入植物体，或通过被草食昆虫破坏的受伤处进入植物体，或以草食昆虫作为媒介进入植物体，韧皮部取食的害虫如粉虱和蚜虫可携带病原菌直接进入植物的脉管系统。

病原菌一旦进入植物通常使用三种主要的方式利用宿主植物。

（1）**腐生性病原菌**通过分泌降解酶或毒素到植物的细胞壁，进一步杀死植物细胞，导致许多组织损伤，造成植物坏死。死亡的植物组织成为病原菌的食物来源。

（2）植物被**活体营养菌**感染后，有不同的应对策略。植物被感染后，植物组织仍然是活着的，仅有少量损伤的细胞作为病原菌的食物来源。

（3）**半活体营养菌**侵染时，最初植物细胞是活着的，然后进入细胞坏死阶段，病原菌导致损伤的组织进一步扩大。

病原菌的入侵和感染方式是个别现象，在生态系统内植物疾病的流行也是罕见的。原因是植物已经进化出有效的防御机制抵抗各种病原菌的侵染，之后我们将更加详细地讨论病原菌的作用方式。

 13.6.2 侵染前植物可产生抗菌复合物

前面讨论的几种典型的次生代谢物体外检测具有很强的杀菌活性，因此推测它们具有抵御病原菌的功能。这些次生代谢物中有一种皂角苷，是三萜物质，通过结合到类固醇上破坏真菌的细胞膜。

遗传学实验已经证明了皂角苷具有抵御燕麦病原菌的功能（Papadopoulou et al.，1999）。降低燕麦内皂角苷水平的突变体比野生型抵抗病原菌的能力差。令人奇怪的是，能在燕麦中正常生长的真菌可帮助植物去除皂角苷的毒性。丧失脱毒作用的真菌突变体不能侵染燕麦，但可成功的感染不含任何皂角苷的小麦。

 13.6.3 侵染可诱导抗菌反应

在被病原菌感染之后，植物体内会引发一系列防御反应来抵制病原菌。一般反应是**过敏反应**，即包围在感染点周围的细胞快速地死亡，阻断致病菌的营养来防止其传播。过敏反应发生之后，在侵染位点会留下小的死亡组织区，植物体其他部位则不受影响。

过敏反应发生前会有活性氧和一氧化氮的迅速积累。感染区域的细胞通过还原分子氧合成许多有毒的化合物，主要包括超氧阴离子（$O_2^- \cdot$）、过氧化氢（H_2O_2）和羟自由基（$\cdot OH$）。NADP氧化酶定位在质膜上（图13.23）产生$O_2^- \cdot$，在转化成$\cdot OH$和H_2O_2。

这些活性氧中，羟自由基具有最强的氧化能力，与其他分子一起参与自由基链反应，导致脂的过氧化，酶失活及核酸分子的降解（Lamb and Dixon，1997）。活性氧有助于细胞的死亡或作为超敏反应的一部分直接杀死病原菌。

在感染的叶子部位伴随着氧化会产生一些**一氧化氮**（NO）（Delledonne et al.，1998）。NO为动物和植物

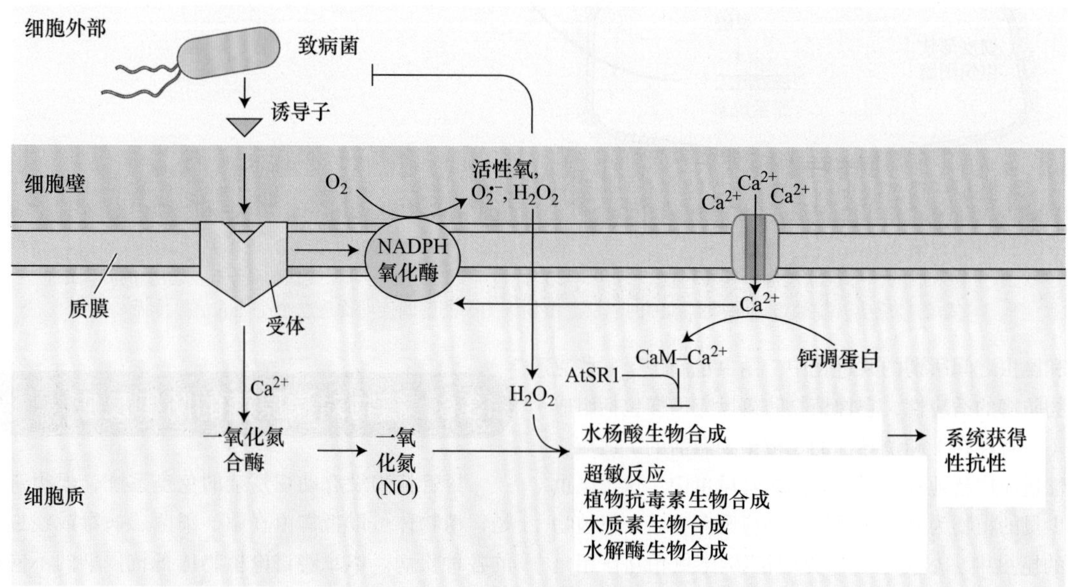

图13.23 感染诱发的抗病反应。称之为激发子的致病分子可启动激活防御反应的复杂信号途径。一些细菌蛋白诱导子可直接注射到细胞内，同*R*基因产物相互作用，氧化猝发和一氧化氮的产生进一步刺激超敏反应和其他防御机制。

中许多信号途径的第二信使，是从精氨酸通过NO合成酶合成的。在此反应中，胞内钙离子浓度的增高对NO合成酶的激活是必要的，而NO和活性氧水平的升高是超敏反应所必需的，其中的一种信号分子升高不能诱导细胞死亡。

许多物种可以通过合成木质素或胼胝质参与对真菌或细菌病原体反应（见第10章），这些聚合物作为一道屏障，隔离病原菌与植物阻止其传播。其中相关的反应是细胞壁蛋白的修饰，细胞壁中富含脯氨酸的蛋白在病原菌侵入时靠过氧化氢介导的反应氧化交联在一起（图13.23）（Bradley et al.，1992）。这个过程增加了细胞壁在感染位点的亲和力，增强了其抵御微生物消化的能力。

另一个抵御侵染的防御反应是可降解致病菌细胞壁的水解酶形成，葡聚糖酶、几丁质酶和一些其他的水解酶在真菌感染后诱导。几丁质为乙酰氨基葡萄糖残基的聚合物，是真菌细胞壁的主要成分。这类水解酶属于病原菌感染相关的一类蛋白，就是所说的致病机理相关的（PR）蛋白。

 13.6.4　病原菌入侵时会产生植物抗毒素

植物体对细菌或真菌侵入反应研究最深入的是**植物抗毒素**的形成。植物抗毒素是一类不同的次生代谢物，积累在感染位点周围具有强烈的抗菌活性。

在大多数植物中抵御微生物的植物抗毒素产生机制都是一样的，但是不同的植物采用不同的次生代谢物作为植物抗毒素，如豆科植物紫花苜蓿和大豆，异类黄酮作为植物抗毒素；而茄科植物马铃薯、烟草和番茄，倍半萜是植物抗毒素（图13.24）。

植物抗毒素在植物被感染前是探测不到的，但受到微生物的侵入后通过新的生物合成途径迅速大量合成，控制的关键是基因转录的启动。因此，植物体似乎没有储存任何酶进行植物抗毒素的生物合成。相反，当微生物侵入后，它们立即开始转录、翻译相应的mRNA，进而开始合成一些酶。

尽管生物学分析发现积累一定浓度的抗毒素可防止病原菌，但其在完整植物中防御的重要性还不知道。最近在植物和病原菌上的遗传修饰实验提供了植物抗毒素体内功能的直接证据。例如，携带有可促进苯丙类抗毒素白藜芦醇生物合成的转基因烟草比非转基因烟草抗真菌病原菌的能力更强（Hain et al.，1993）。同样拟南芥对真菌的抗性主要依赖色氨酸衍生的植保素（camalexin），因为植保素合成缺失突变体比野生型更易受感染。另外携带可降解植物植保素的转基因病原菌可正常的感染抵御它们的植物（Kombrink and Somssich.，1995）。

 13.6.5　植物可特异性识别致病菌释放的物质

同一物种不同植物个体间的抗病能力有很大的不同，主要表现在反应速度和强度上的不同。抗性植物对

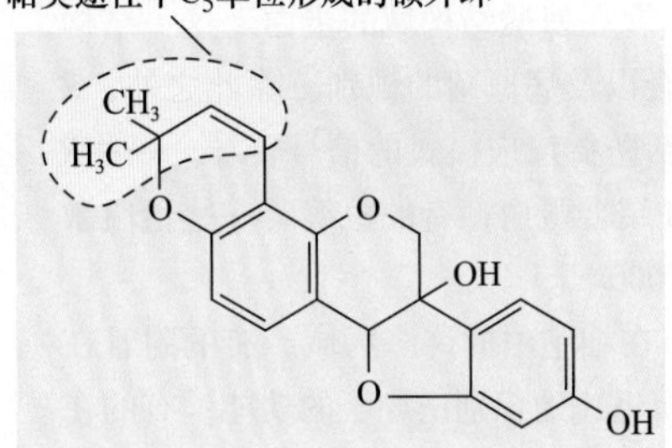

美迪紫檀素(来自苜蓿)　　大豆抗毒素(来自大豆)

豆科植物中的异类黄酮（来自豌豆）

日齐素(来自马铃薯和番茄)　　辣椒素(来自胡椒和烟草)

茄科植物中的倍半萜(马铃薯)

图13.24　在两种植物中发现的植物内毒素的结构。

病原菌表现更快、更强的反应速度。因此，了解植物如何感知病原菌的存在并启动防御反应是非常重要的。

抗病反应的第一步是有一个病原菌的识别系统。植物有各种识别病原菌的受体，被称为**微生物相关分子模式（MAMP）**。这个受体来源于病原菌进化上保守的大分子，如来源于真菌细胞壁或细菌鞭毛的结构分子（Hammonk-kosak and Kanyuka，2007）。研究较多的受体是pep13，是疫病属细胞壁谷氨酰胺转氨酶专有的一个13氨基酸的多肽，另一个是flg22，来源于细菌鞭毛蛋白的22个氨基酸的衍生物。

MAMP可以被一个特异的受体识别，然后激活特异的植物防御反应，包括产生大量的植物内毒素。这些MAMP受体的有效性是惊人的，一个受体能识别一个特定的MAMP类群。例如，鞭毛（flg22）受体FLS2能使植物识别所有的移动（带有鞭毛的）细菌。同样无特征的受体pep13能使植物识别所有的卵菌纲的病原菌，因此这些病原菌不能导致植物感病。这种方式被称作先天免疫。

第二个对真菌的系统抗性是通过植物*R*基因（抗性基因）和来源于病原菌的无毒力基因（*avr*）介导的。研究者分离到了20多种植物抗性基因，称为*R*基因，具有抵御真菌、细菌和线虫的功能。大多数*R*基因通过编码蛋白受体来识别并结合来自致病菌的特异性分子，这个结合能使植物体增加对病原菌的警惕性（图13.23）。特异性的病原菌诱导子主要包括蛋白、多肽、固醇，以及来源于病原菌细胞壁、外膜或分泌成分的多聚糖（Boller，1995）。

*R*基因产物是富含亮氨酸结构域的蛋白。这一结构域参与诱导子的结合以及病原菌的识别。除此之外，*R*基因产物可启动激活防御反应模式的信号转导。一些*R*基因编码ATP或GTP结合蛋白，有的也编码一些蛋白激酶结构域（Yang，2000）。

*R*基因产物分布在细胞中的许多区域，有的附着在细胞膜的外层，具有迅速地识别诱导子的功能；有的在胞质内，具有监测注入到细胞内的致病菌分子或致病菌感染后代谢成分改变的功能。*R*基因组成了植物中一个较大的家族，基因组经常串联在一起。*R*基因簇的结构可以使*R*基因通过染色体之间的改变多样化。

*R*基因（寄主受体）和*avr*基因（诱导子）的相互关系是非常特异的，常常被称为基因对基因的抗性。这种基因特异的抗性类型，必须是病原菌*avr*基因即诱导子能被宿主上受体即*R*基因产物迅速地识别。同样，只有某些病原菌具有*avr*基因能够被*R*基因特异性地识别。这种关系也能解释为什么植物对特异病原菌的抗性，某一个基因的单突变就可改变其相互作用导致植物感病，对植物生长产生严重的影响。*avr*基因显示的是编码促感染因子。

 13.6.6 激发子诱导信号转导级联反应

植物被真菌感染几分钟后，致病菌激发子就能被*R*基因或MAMP受体识别，启动一种动态的信号转导网络，进而导致最终的防御反应（图13.23）。这个级联反应首先发生的是细胞膜离子透性的改变，*R*基因激活刺激Ca^{2+}和H^{+}的内流，以及K^{+}和Cl^{-}的外流（Nurnberger and Scheel，2001）。Ca^{2+}的内流激活氧化猝发，直接引起防御反应（前面描述），这和别的防御反应信号转导一样。病原菌诱导的信号转导的主要成分有一氧化氮、有丝分裂原蛋白（MAP）激酶、钙依赖的蛋白激酶、一些激素，如茉莉酸和水杨酸。除了在系统激活抗性中的一些重要调节因子外，水杨酸在各种病原菌的过敏反应中通过激活PR蛋白也起了很重要的调节作用。病程相关蛋白PR在病原菌侵染时被诱导，在这一过程中起着保护的作用。

最近发现一个Ca^{2+}参与的负反馈机制可调节水杨酸的水平，Ca^{2+}对于活性氧的产生和一氧化氮的形成是必需的（图13.23）。钙调素（CaM）是一个带有4个Ca结合位点的钙结合蛋白。CaM本身没有活性，但和Ca^{2+}结合后，引起构象变化，再激活其他的信号途径。拟南芥中Ca^{2+}·CaM复合体靠激活一个转录因子（AtSR1）控制病原菌诱导的水杨酸的积累，SR是水杨酸途径中的一个抑制子（图13.23）（Du et al.，2009）。

 13.6.7 病原菌感染后植物会产生抗性

当植物从病原菌感染中存活下来，体内会增强其对病原菌的抗性，抵抗病原菌的再次入侵，这种现象被称为**系统获得性抗性（SAR）**（图13.25），是由初次感染后经过一段时间形成的（Ryals et al.，1996）。系统获得性抗性似乎是由某些防御性化合物含量增加引起的，这些物质以前提到过，包括几丁质和一些水解酶。

尽管SAR诱导的机理还不清楚，但水杨酸可能就是其内源的一个信号。植物被感染后在感染地带苯甲酸衍生物的水平迅速升高，促进SAR在植物体的其他部位形成。SAR从植物感染位点到其他部位传导的测量表明这种简单扩散是非常快的（3 cm/h），因此一定有微管系统的参与（van Bel and Gaupel，2004）。在烟草微管系统中有甲基水杨酸的移动信号（Park et al.，2007），其他植物也有SAR传送的现象。拟南芥中*DIR1*基因特异表达在韧皮部中，突变后抑制了SAR反应（Maldonado et al.，2002），*DIR1*基因编码一个酯转移蛋白，长距离信号转导可能来源于这种酯类物质。在感染位点积累的

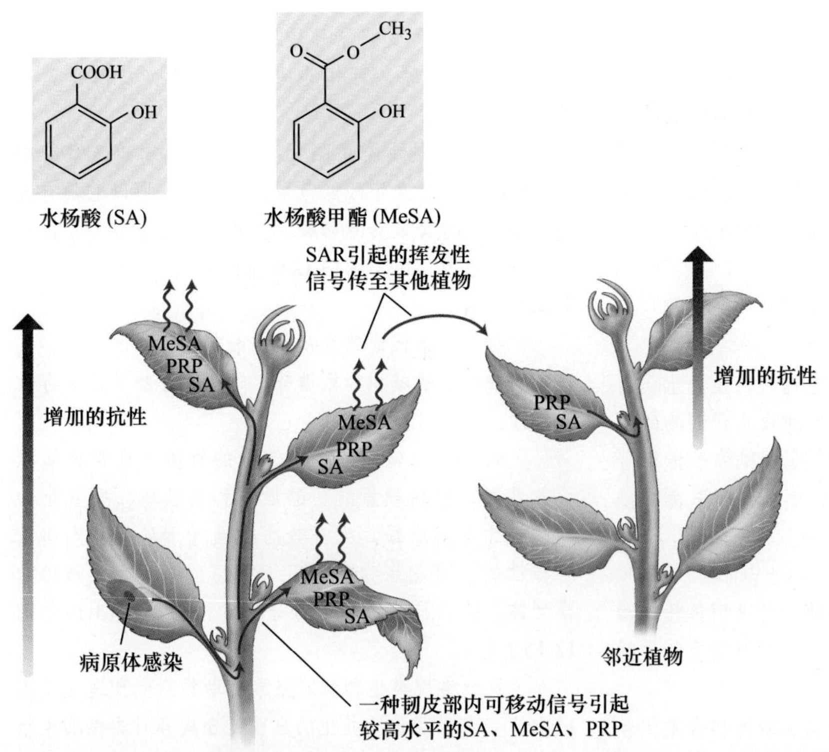

图13.25　初始病原体感染可能通过引起系统获得抗性（systemic acquired resistance，SAR）增加以后病原体攻击的抗性。系统获得抗病性通过韧皮部从感染位点传播到植物的其他部位，引起整株植物抗性的增加。水杨酸及水杨酸甲酯在这一过程中显著增加，并引起致病机理相关蛋白的生产。水杨酸甲酯通常是在SAR过程中产生，并作为一种SAR引起的挥发性信号传递至邻近植物。

另一个物质是H_2O_2，可能在SAR中也扮演一定的角色。然而，和水杨酸不同的是H_2O_2不能作为长距离的信号起作用（van Bel and Gaupel，2004）。

除了韧皮部移动信号外，挥发性物质也可能参与了SAR的诱导。例如，水杨酸甲酯能作为诱导SAR的信号传递给远端的组织和邻近的植物体（图13.25）（Shulaev et al.，1997）。

 13.6.8　植物与非病原菌的相互作用能诱导系统性抗性

与SAB相比，植物同非病原菌相互作用能**诱导系统性抗性（ISR）**（图13.26）。植物被根际微生物侵染不仅能刺激植物产生根瘤，而且能通过植物产生级联信号。这一级联信号，包括茉莉酸和乙烯通过植物被激活后会增强植物的抗菌反应。系统激活的防御方式不包括水杨酸的参与。水杨酸作为信号分子不能诱导典型的PR蛋白的积累。

某一种防御机制是被ISR实现的，其余的防御反应

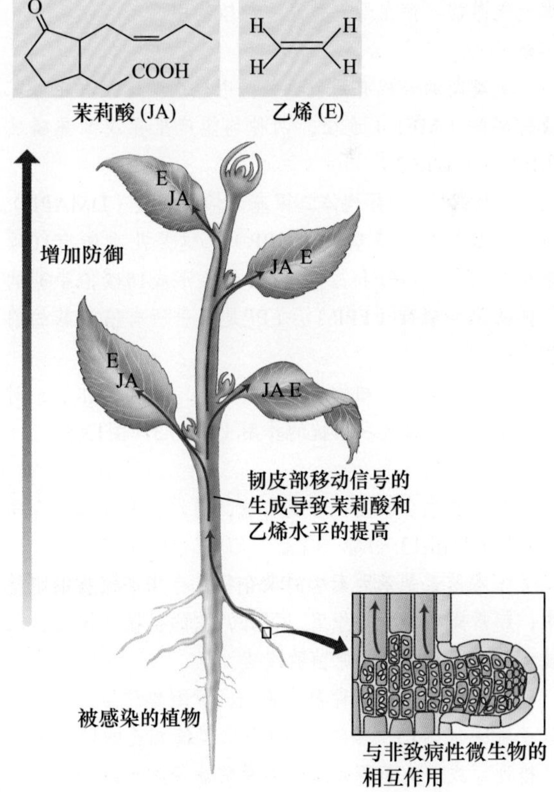

图13.26　非病原微生物通过产生诱导系统抗性（ISR）抵御病原菌的侵染。非病原微生物，如根际细菌能激活茉莉酸和乙烯参与的通过植物触发ISR的信号转导。与直接的防御反应不同，ISR是增强了抗病原菌的防御水平。

仅仅在病原菌侵入后才被起始，最终导致快速和强烈的防御反应。这种防御反应的优势是减少植物资源的投入，否则会影响植物的性能，导致生长抑制和产量降低的后果。在这个激活和响应的模式中，ISR与先前所描述的由绿叶挥发物所参与的防卫反应的启动过程非常相似。

小 结

由于植物是固定不动的，因此它通过产生次生代谢物来抵御动物或与环境相互作用。这种次生代谢物的主要作用是吸引有益的有机物，如传粉者和种子传播者或抗环境因子的保护者以抵抗草食动物和病原菌的侵害。

次生代谢

·对于起防御反应的次生代谢物，可吸引传粉者和种子传播者，也可作为植物与植物，植物与微生物之间的媒介。

·次生代谢物可分为三类：类萜、酚类和含氮化合物（图13.1）。

·植物中次生代谢物的分布是非常严格的，某一种次生代谢物只存在于一类或一种植物中。

类萜

·类萜的合成有两个途径，甲羟戊酸途径和甲基苏糖醇磷酸（MEP）途径，两种均能产生异戊烯焦磷酸（IPP）（图13.2）

·IPP和它的异构体二甲基丙烯焦磷酸（DMAPP）结合形成牻牛儿焦磷酸（GPP），这是几乎所有10碳单萜的前体。GPP和另一个IPP结合形成15碳倍半萜的前体法尼焦磷酸（FPP）。FPP是几乎所有倍半萜的前体。

·有些类萜在植物生长发育中具有重要的作用，对草食动物具有毒性和拮抗的作用（图13.3和图13.5）。

酚类化合物

·酚类化合物是一种混合物，通过莽草酸途径合成（图13.6和图 13.7）。

·木质素是苯丙素醇的聚合物，存在于植物细胞壁中，起着支持和输导作用。另外，它的机械支持可抵制被动物食用和免受病原菌的侵害。

·类黄酮包括花青素、黄酮、黄酮醇和异黄酮。其分子骨架包括15个碳原子以1个三碳链相连的两个芳香环排列而成。类黄酮是通过莽草酸途径和丙二酸途径合成的（图13.9）。

·花青素是有色的类黄酮，在植物中主要呈现红色，粉色，紫色和蓝色（图13.10）。

·黄酮醇和异黄酮存在于所有绿色植物的叶片中，保护植物免受强紫外线的损伤，异黄酮的苯环结构类似于类固醇，可作为一种杀虫剂、农药和灭鱼药。

·单宁酸是由类黄酮聚合而成，单宁酸多聚物中包含酚酸。由于单宁酸能与蛋白质结合，所以它具有毒性，会大大地降低食草动物的生长和生存能力。在抵御病原菌中也有作用（图13.12和图13.13）。

含氮化合物

·含氮次生代谢物是从氨基酸起始合成的，包括抗草食动物的生物碱和含氰糖苷。这些化合物是具有毒性和药性。

·生物碱是碱性的、水溶性的物质，通常也起源于氨基酸，包括赖氨酸、酪氨酸和色氨酸，有些生物碱起源于萜烯途径。大多数生物碱对于动物和人类是有毒性的，有些生物碱作用于神经系统，有些则影响膜受体、蛋白质合成或大分子酶的活性（图13.14和图13.15）。

·双吡咯烷类生物碱能被草食动物耐受和适应（图13.16）。与草类植物共生的真菌能合成各种类型的生物碱，用于促进植物的生长和防御昆虫和哺乳动物的侵害。

·含氰苷和芥子油苷本身没有毒性，但当植物被破坏或粉碎后就可以释放出毒素。含氰苷释放的毒气为氰化氢（HCN）（图13.17）。芥子油苷存在于油菜中，分解后可释放出一种蛋白毒素——异硫氰酸酯（图13.18）。

·非蛋白氨基酸也具有毒性，有些可阻止蛋白氨基酸的合成和吸收，有些可被错误地引入到蛋白质中使其丧失功能（图13.19）。

诱导植物抗虫的防御反应

·植物抗虫的防御反应可分为组成型防御反应和诱导型防御反应。

·诱导型防御反应仅仅发生在植物被草食昆虫伤害或昆虫唾液中的一些诱导物刺激之后才能启动。

·在抗虫防御反应中，植物中的茉莉酸水平迅速升高，可诱导参与防御反应的基因转录。茉莉酸是由亚麻酸开始合成的，从膜脂中释放，然后通过十八烷酸途径转化（图13.20）。

·茉莉酸与氨基酸，如异亮氨酸缩合后被激活，茉莉酸-异亮氨酸复合体（JA-Ile）结合到受体复合体上，降解转录抑制子，导致茉莉酸响应途径基因的表达（图13.21）。

·茉莉酸可诱导防御蛋白的产生，如植物凝集素和蛋白酶抑制剂及其他一些次生代谢物。

·草食昆虫也能通过合成多肽信号，如系统素诱导系统抗性。系统素可从原生质体中释放出来，然后结合

到韧皮部细胞的表面受体，进而激活茉莉酸合成途径。茉莉酸通过植物输送诱导编码蛋白酶抑制剂的基因表达（图13.22）。

· 草食昆虫损伤植物时会诱导挥发性物质或挥发物的释放，挥发物可吸引攻击草食动物的天敌，也可以作为一种信号传递给邻近的植物来诱导防御反应基因的表达。

诱导植物抗病的防御反应

· 病原菌已经形成了多种途径对宿主植物进行侵害，包括分泌细胞溶解酶到角质层和细胞壁，或通过植物的气孔、皮孔、或受伤处进入植物体。草食昆虫可以作为各种病毒和病原菌的载体。

· 病原菌通常采用三种策略攻击植物：腐生的，寄生的和半腐生的。

· 抗病原菌的普通防御反应是过敏反应，即感染点周围的细胞快速地死亡，限制了致病菌的扩散。过敏反应会导致活性氧和一氧化氮的迅速积累（图13.23）。

· 植物被感染后会产生水解酶破坏真菌病原菌的细胞壁。许多植物产生植物抗毒素。植物抗毒素是一类不同的次生代谢物，积累在感染位点周围具有强烈的抗菌活性（图13.24）。

· 一些植物有受体能识别进化上保守的病原体来源的物质，被称为微生物相关分子模式（MAMP）。

· 植物*R*基因与病原菌来源的*avr*基因相互作用能识别特异的病原菌。*R*基因编码的受体能识别*avr*基因，*avr*基因产物结合到受体上会激活抗菌反应的信号转导途径。

· 当植物从病原菌感染中存活下来常常会抵抗病原菌的再次入侵，这一过程被称为系统获得性抗性（SAR）（图13.25）。

· 植物同非病原菌相互作用能诱导系统抗性（ISR），这一过程被茉莉酸和乙烯介导（图13.26）。

（林 娟 译）

WEB MATERIAL

Web Topics

13.1 Cutin, Waxes, and Suberin
Plant surfaces are covered with layers of lipid material protecting them against water losses and blocking the entry of pathogenic microorganisms.

13.2 Structure of Various Triterpenes
The structures of several triterpenes are given.

13.3 The Shikimic Acid Pathway
The shikimic acid pathway converts simple carbohydrate precursors derived from glycolysis and the pentose phosphate pathway to the aromatic amino acids and salicylic acid.

13.4 Detailed Chemical Structure of a Portion of a Lignin Molecule
The partial structure of a hypothetical lignin molecule from European beech (*Fagus sylvatica*) is displayed, showing the complexity of this macromolecule.

Web Essays

13.1 Engineering Fruit Aromas
The terpenoid pathway can be engineered to improve fruit aromas.

13.2 Secondary Metabolites and Allelopathy in Plant Invasions: A Case Study of *Centaurea maculosa*
The invasive weed *Centaurea maculosa*, which is rapidly taking over pastureland in the western United States, secretes the polyphenol catechin into the rhizosphere, which suppresses the growth and germination of neighboring plants.

13.3 Alkaloid-Making Fungal Symbionts
Fungal endophytes can enhance plant growth, increase resistance to various stresses, and act as “defensive mutualists” against herbivores.

13.4 Early Signaling Events in the Plant Wound Response
A complex signaling network, which includes reactive oxygen species and rapid ion fluxes, is rapidly activated in wounded plants.

13.5 Jasmonates and Other Fatty Acid-Derived Signaling Pathways in the Plant Defense Response
The importance of fatty acid-derived signaling pathways as regulators of diverse plant defense strategies is becoming increasingly recognized. The complexity of the individual pathways and their mutual interactions are discussed in the context of direct and indirect defense strategies.

13.6 The Systemin Receptor
The systemin receptor from tomato is an LRR-receptor kinase.

13.7 The Plant Volatilome
The release of volatile organic compounds by plants provides an example of the diversity of secondary metabolites and the ecological implications thereof.

13.8 Unraveling the Function of Secondary Metabolites

Wild tobacco plants use alkaloids and terpenes to defend themselves against herbivores.

13.9 Smelling the Danger and Getting Prepared: Volatile Signals as Priming Agents in the Defense Response

By releasing volatiles, herbivore-damaged plants not only attract natural enemies of the attacking insect herbivore, but also signal this event to neighboring plants, allowing them to prepare their defenses against impending herbivory.

单元Ⅲ
生长和发育

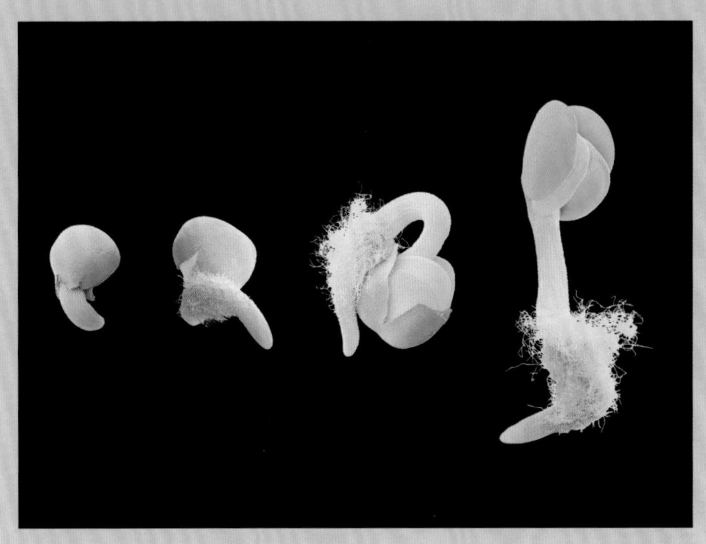

第 14 章

信号转导

植物体内的信号转导机制是人们长期神往的研究领域。达尔文利用金丝雀虉草和燕麦幼苗进行了植物向光性生长的开创性研究。他观察到胚芽鞘顶端可以感受单侧光照射，而且植物的茎组织会向光照方向弯曲。达尔文认为，必定存在某种信号物质从胚芽鞘的一个区域转移到另一个区域并引起弯曲反应。温特等后来证明这种信号物质为生长素（见第19章）。

通过这些经典的研究，人们认为植物可以感受多种来自环境的或植物自身的生理信号，并精细调控其生长发育过程。植物细胞通过特异的感受蛋白或受体来感知这些内部的或外部的信号。一旦受体感受到这些信号，必须将这些信号传递下去（即将信号从一种形式转化为另一种形式），放大这些信号并触发细胞反应。受体通常修饰或激活或利用称为**第二信使（secondary messenger）**的胞内信号分子来完成对外界信号的传递和放大的功能，胞内第二信使进一步触发细胞反应（如基因转录）。总之，典型的信号转导途径包括以下几个步骤：

信号 ⟶ 受体 ⟶ 信号转导 ⟶ 反应

最近50年中，这一框架一直主导着我们对植物细胞信号转导的理解。植物中许多信号转导中间步骤和特定事件已经得到了鉴定，这些中间步骤构成了所谓的**信号转导途径（signal transduction patyway）**。

20世纪中叶植物信号转导领域具有里程碑意义的研究成果为光受体光敏色素的鉴定（见第17章）。早期的研究表明红光对种子萌发的影响可以被远红光所逆转（Borthwick et al.，1952）。这种红光和远红光的拮抗效应后来被证实通过光敏素而起作用，而光敏素是一种受光调控的功能可逆转换的光控开关（Butler et al.，1959）。

20世纪80年代以后，利用模式植物拟南芥的分子遗传学研究，极大丰富了人们对植物信号转导的认识。例如，通过遗传学方法得以鉴定了几乎所有类型的植物激素的受体（Chow and McCourt，2006）。此外，拟南芥突变体筛选方法进一步鉴定了多种受体（包括光与激素）的下游信号中间成分，这些信号转导中间成分的鉴定使人们对植物信号转导的复杂性的认识上升到一个全新的层次（McCourt，1999）。

21世纪伊始拟南芥基因组测序的完成，为植物信号转导体系的认识提供了新的前所未有的机遇。基因组测序表明植物与动物存在相当多的信号转导途径的共性。然而，基因组信息同时也清晰地表明，植物中存在一些不同于动物的全新的信号蛋白组分。因此，植物与动物信号系统存在某些关键的差别，这同时也反映了从单细胞祖先进化到多细胞有机体时植物与动物的不同进化途径。

本章中，首先从植物细胞与动物细胞信号转导途径的异同比较开始，突出强调两者在基因序列与蛋白功能水平的差异与相似性。接下来，我们将讨论植物信号转导途径中主要功能蛋白的失活、降解或阻抑蛋白解除的作用机制。这一作用机制往往涉及基因表达的失活，进而引起植物对基因表达变化的响应。我们将论及植物如何整合其他信号途径并最终作出响应。最后，我们将从微米到米、从秒到年等多种物理尺度或时间跨度水平上讨论植物的信号转导过程。

14.1 植物细胞与动物细胞的信号转导

植物与动物使用不同的信号体系以调节其生长发育过程。例如，植物生命周期中许多关键的发育事件（如萌发、叶片形成、开花）受环境信号（如温度、光、日照长度）的调节，与此相比，动物的发育过程主要受生理（即内部信号）的调控。这些差异反映了植物的固着生活方式与动物可移动的生活方式的差异。本节中我们将讨论植物与动物信号转导系统的相似与差异。

 14.1.1 植物与动物具有相似的信号转导组分

尽管植物与动物在发育方面存在明显的差异，但它们在信号体系方面却存在许多共性。例如，植物细胞与动物细胞都使用共同的胞内第二信使物质而触发生理反应，如钙离子、脂信号分子、pH变化等（图14.1）。

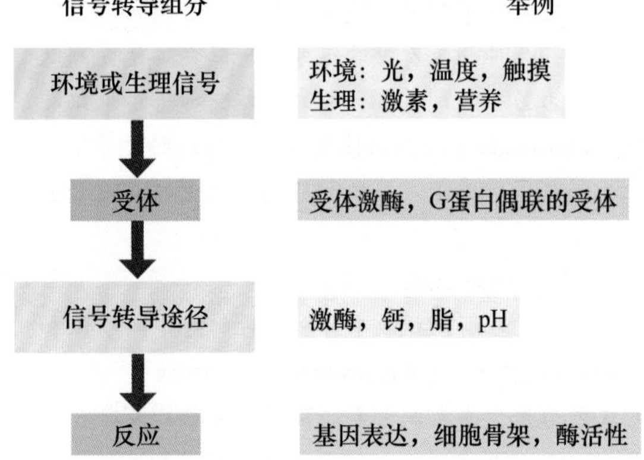

图14.1　信号转导的一般模式与实例。环境或生理信号被受体所感知后激活一系列包括第二信使物质的信号级联反应，最终引起植物细胞的生理反应。

动物细胞和植物细胞同样会使用大量的激酶受体和激酶信号传递蛋白。**激酶（kinase）**是一类可催化磷酸化反应的蛋白：将来自于ATP的磷酸基团添加到底物蛋白上。激酶受体和激酶信号传递蛋白具有激酶活性，并行使信号受体和信号传递体的功能。磷酸化通常会改变底物蛋白的活性，底物蛋白可能被激活也可能失活。

质膜是感受胞外信号的理想部位，因而动物与植物受体激酶通常位于质膜。信号分子与受体的胞外侧结合将触发产生胞内信号级联反应。例如，植物中油菜素内酯受体（BRI1，油菜素内酯不敏感1）与动物成纤维细胞生长因子（FGFR）均包含激酶结构域。对于动物成纤维细胞生长因子受体而言，受体结合将触发受体的自身磷酸化并形成二聚体（图14.2A）。与此相似，植物激素油菜素内酯与受体（BRI1）结合也将触发受体的自身磷酸化并与第二个称为BRI1相关的受体激酶（BAK1）受体形成二聚体（图14.2B）。这一过程详见第24章。

 14.1.2 受体激酶触发的信号转导级联

受体激酶触发的**胞内信号转导级联（intracellular signal transduction cascade）**必定修饰其他靶蛋白的活性。这种靶蛋白可在多种氨基酸残基上被磷酸化（丝氨酸、苏氨酸、酪氨酸或组氨酸）。这种胞内靶蛋白往往自身也是蛋白激酶，被磷酸化时可能激活或者失活。这种调节激酶活性的机制在动植物中是普遍存在的。就动物中FGF受体而言，配体的结合导致FGF受体的磷酸化，并激活一系列被称为**MAP激酶级联（MAP kinase cascade）**途径的蛋白激酶（图14.2A）。MAP（丝裂原活化蛋白）激酶级联的名称来自于其包含一系列顺次磷酸化激活的蛋白激酶，如接力赛跑者手中的棒一般。在此级联系统中第一个激酶是Raf，具有MAP激酶激酶激酶（MAPKKK）活性。MAPKKK磷酸化MAP激酶激酶（MAPKK），MAPKK进一步磷酸化MAP激酶（MAPK）。MAPK作为接力队的最后成员，进入细胞核并进一步激活其他蛋白激酶，以及特异的转录因子或调节蛋白。这种MAP激酶级联途径同样存在于植物中，包括重要的抗病反应的信号转导途径等。

激酶级联途径的重要功能之一是将始于质膜的信号进行放大。每个被磷酸化的激酶都将调控除自身外的多种靶蛋白的活性。在这个由几个激酶构成的信号级联放大途径中，数量不多的配体分子与膜受体结合，通过由几个蛋白激酶构成的信号级联过程，可磷酸化成千上万的靶蛋白并改变其活性。

蛋白激酶活性的改变最终可能引起基因表达的改变。就动物成纤维细胞生长因子（FGF）信号而言，被磷酸化的蛋白ERK进入细胞核并磷酸化被称为Et′s的转录因子，这些Et′s转而调节FGF下游靶基因的转录。对植物激素油菜素内酯而言，激素与其受体的结合引起阻抑蛋白BIN2（油菜素内酯不敏感2）的失活。BIN2是一种蛋白激酶，在正常情况下阻止那些调控油菜素内酯下游基因表达的转录因子在细胞核内的积累。BIN2的失活导致这些转录因子在核内的积累，进而结合于特异的启动子并调控油菜素内酯依赖的基因表达。

除了蛋白激酶，去除靶蛋白上磷酸基团的蛋白磷酸酶在信号转导过程中同样发挥着重要作用。例如，油菜素内酯信号组分BSU1就是一种可以使BIN2中的关键位置磷酸-酪氨酸残基脱磷酸化失活的蛋白磷酸酶。在植物激素ABA（脱落酸）的信号途径中蛋白磷酸酶同样发挥着重要作用（见第23章）。蛋白磷酸酶2C（PP2C）家族已经被证明以ABA依赖的方式脱磷酸化蛋白激酶SnRK2。首先，PP2C结合于SnRK2激酶的C端

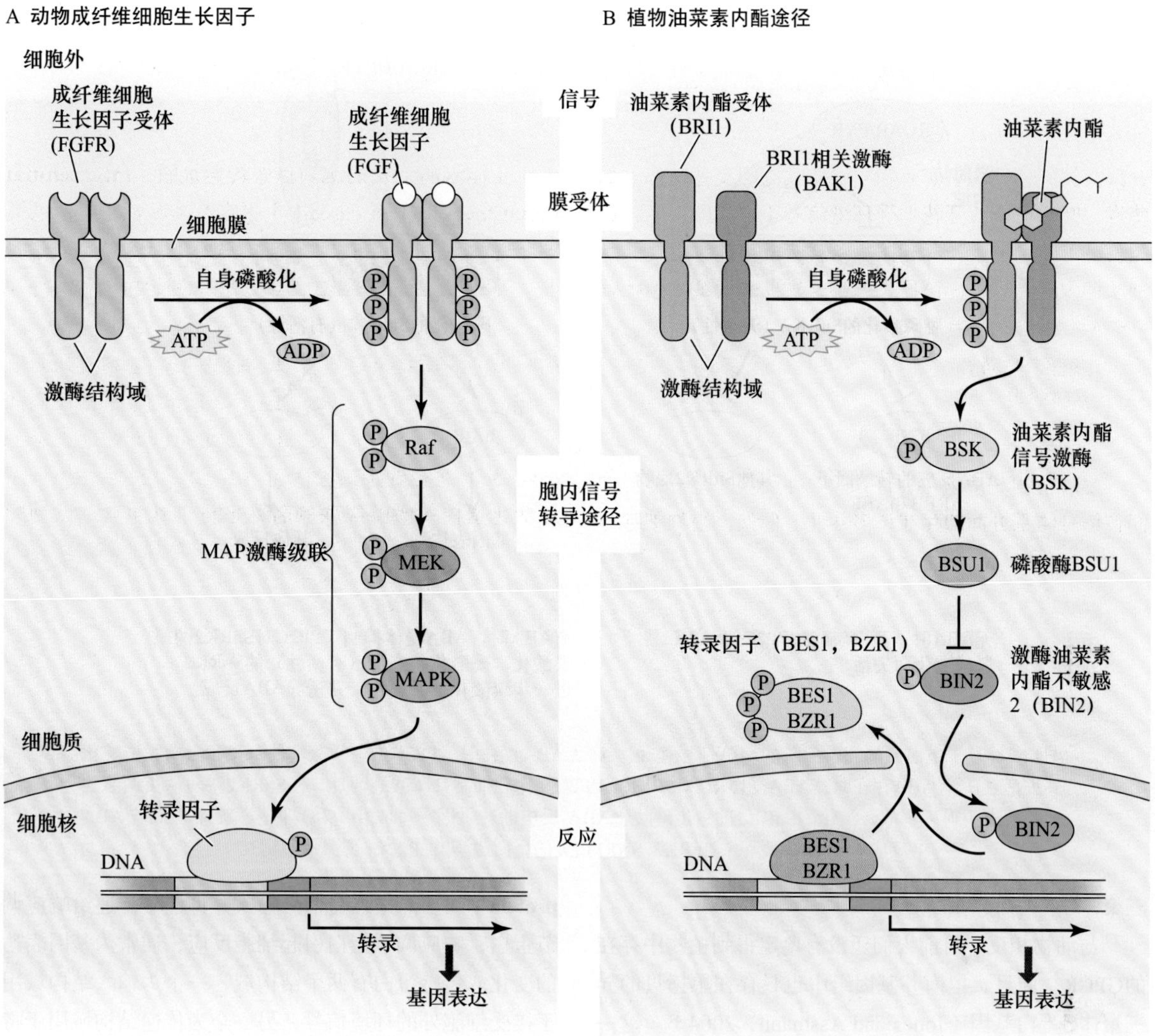

A 动物成纤维细胞生长因子

B 植物油菜素内酯途径

图14.2　动物与植物细胞中从质膜到细胞核的基于激酶的信号过程。A. 动物细胞中，酪氨酸蛋白激酶受体与成纤维细胞生长因子配体（FGF）结合，触发MAP激酶信号途径（这一途径由Raf激酶、MEK和MAPK构成）的激活，将始于质膜的信号识别过程传递到细胞核。B. 植物细胞中，受体BRI1对油菜素内酯（BR）的识别导致受体的自身磷酸化，并磷酸化质膜相关的油菜素内酯信号激酶（BSK）的磷酸化。BSK的磷酸化促使其与蛋白磷酸酶BSU1互作。BSU1脱磷酸化并使BIN2激酶失活，BIN2是一个阻抑蛋白，BIN2将BR转录因子磷酸化并从细胞核中输出，从而起到抑制BR转录因子的作用。BIN2的失活导致BR诱导的基因转录得以继续。FGF，成纤维细胞生长因子；FGFR，FGF受体；BRI1，油菜素内酯不敏感1；BAK1，BRI1相关的蛋白激酶；BIN2，油菜素内酯不敏感2。

结构域Ⅱ，这种结合不依赖于ABA的存在。当ABA不存在时，PP2C通过去掉SnRK2激酶活性中心的磷酸基团而抑制其激酶活性（图14.3A）。

当ABA存在时，其受体直接与PP2C磷酸酶结合（Park et al.，2009），这种结合阻断了PP2C对SnRK2激酶的脱磷酸化作用（Umezawa et al.，2009；Vlad et al.，2009）。SnRK2蛋白激酶被释放后可磷酸化其靶蛋白，其中AREB/ABF转录因子被磷酸化激活后可启动ABA特异的基因表达（图14.3B）。因而，ABA信号转导途径依赖于这种PP2C磷酸酶和SnRK2激酶活性转换和平衡。

总之，植物和动物类似，利用受体与激酶或磷酸酶信号组分的偶联而参与多种重要的信号转导途径。

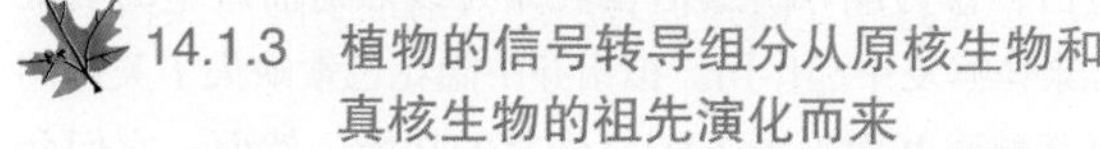

14.1.3　植物的信号转导组分从原核生物和真核生物的祖先演化而来

植物与动物有着相似的信号组分包括蛋白激酶和磷酸酶等。基因组测序表明它们却包含截然不同的信号转导组分。例如，动物基因组常包含上百种**G蛋白偶联的受体（G protein-coupled receptor，GPCR）**，这些G蛋白偶联的受体可传递多种信号，包括激素、气味、味觉甚至光信号等。GPCR信号通过大的基因家族编码的异

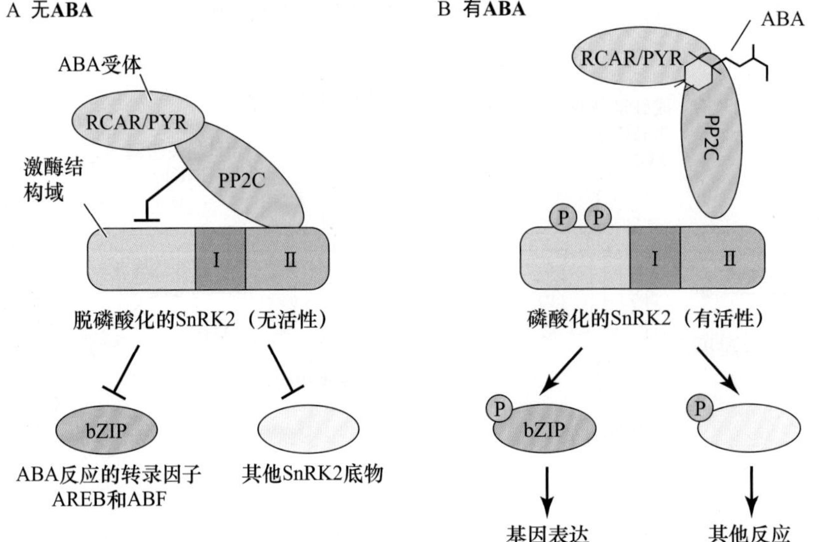

图14.3 基于蛋白激酶和磷酸酶的ABA信号途径。A. 无ABA存在时，PP2C蛋白磷酸酶使SnRK2激酶脱磷酸化并失活。B. 有ABA存在时，ABA受体RCAR/PYR与PP2C互作并抑制其磷酸酶活性，使SnRK2激酶从负调节的抑制状态中得以释放，活化的SnRK2进一步磷酸化ABA-反应的转录因子（bZIP）和其他未知底物并诱导ABA反应。ABA. 脱落酸；SnRK2. SNF1相关的蛋白激酶2；PP2C. 蛋白磷酸酶2C

三聚体G蛋白而起作用。

与动物相反，目前人们还没有鉴定得到植物中存在的GPCR。而且，拟南芥基因组中也只存在单拷贝的异三聚体G蛋白基因（Jones and Assmann，2004）。这一差别清楚的提示我们，不可以把植物简单地看作“绿色动物”，因为植物和动物这两类真核生物存在信号转导途径构成和信号传递机制的显著差异。

高等植物具有一套独特的信号转导组分和信号传递机制，其主要原因之一就是植物的信号传递系统源自于其原核的和真核祖先的共同进化。植物叶绿体的信号转导组分来自于单细胞真核祖先和原核祖先。例如，拟南芥基因组包含2个隐花色素相关的基因（*CRY1*和*CRY2*）。**隐花色素（cryptochromes）**属于细菌的黄素蛋白，作为DNA光裂合酶在紫外线照射而产生的嘧啶二聚体修复中起作用。拟南芥中隐花色素缺失了关键的氨基酸残基而失去了DNA修复的功能。然而，它们介导了光调控的茎伸长、叶片扩展、光周期调控的开花以及昼夜节律（见第18章）。

许多重要的植物信号组分均来自于细菌。细胞分裂素受体和乙烯受体的序列与细菌的双组分调节基因相关。细菌的双组分调节系统由组氨酸激酶的传感蛋白和响应调节蛋白构成（图14.4）。**传感蛋白（sensor protein）**的功能是接受信号输入并将信号传递给响应调节蛋白，响应调节蛋白引起细胞反应，通常为基因表达的变化。传感蛋白有两个结构域，一个为输入结构域用于接受细胞外的环境信号，另一个为传递结构域用于将信号传递给响应调节蛋白。

响应调节蛋白（response regulator protein）也包含两个结构域，一个为接受结构域用于接受来自传感蛋白的信号，另一个为输出结构域，如DNA结合的结构域，引起细胞反应。信号从传递结构域到接受结构域的转导，通过蛋白质磷酸化而实现。传递结构域可利用ATP对自身靠近氨基末端的特异组氨酸残基进行磷酸化（图14.4）。磷酸基团进一步传递给响应调节蛋白的接受结构域中部的一个特定的天冬氨酸残基上。天冬氨酸残基的磷酸化引起响应调节蛋白的构象变化并通常激活基因表达。

植物激素细胞分裂素通过类似于细菌双组分系统磷酸化的信号感受机制而被植物感知（图14.4；第21章）。细胞分裂素受体CRE1、AHK2和AHK3氨基酸序列与双组分系统的组氨酸激酶相关。然而，序列分析表明，细胞分裂素受体同时包含类似细菌的传感蛋白的组氨酸激酶（传递）结构域和响应调节蛋白的接受结构域（图14.4）。因而这些受体被称为杂合传感组氨酸蛋白

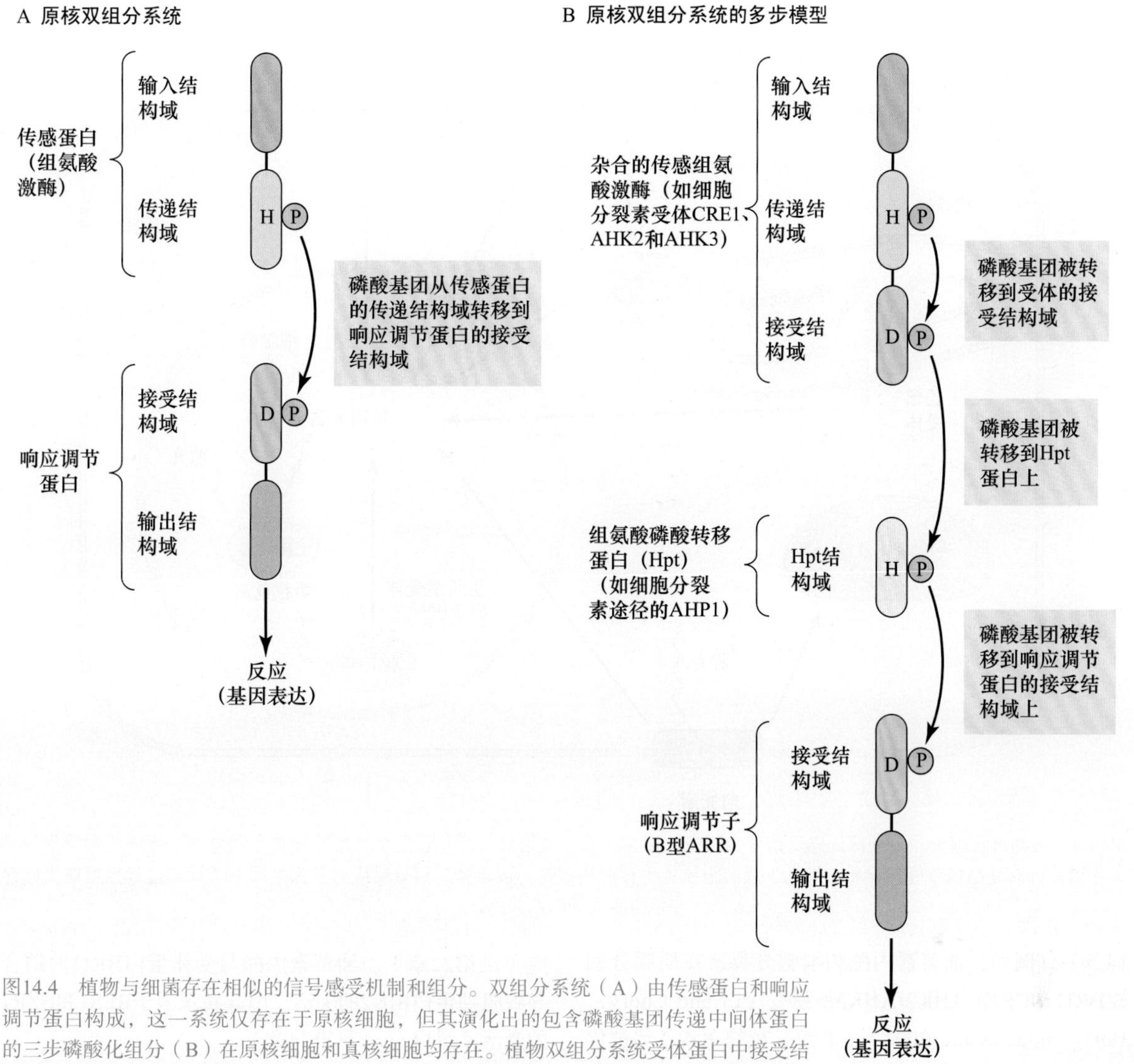

A 原核双组分系统

传感蛋白（组氨酸激酶）
输入结构域
传递结构域
H P
磷酸基团从传感蛋白的传递结构域转移到响应调节蛋白的接受结构域
响应调节蛋白
接受结构域
D P
输出结构域
反应（基因表达）

B 原核双组分系统的多步模型

杂合的传感组氨酸激酶（如细胞分裂素受体CRE1、AHK2和AHK3）
输入结构域
传递结构域
H P
磷酸基团被转移到受体的接受结构域
接受结构域
D P
磷酸基团被转移到Hpt蛋白上
组氨酸磷酸转移蛋白（Hpt）（如细胞分裂素途径的AHP1）
Hpt结构域
H P
磷酸基团被转移到响应调节蛋白的接受结构域上
响应调节子（B型ARR）
接受结构域
D P
输出结构域
反应（基因表达）

图14.4 植物与细菌存在相似的信号感受机制和组分。双组分系统（A）由传感蛋白和响应调节蛋白构成，这一系统仅存在于原核细胞，但其演化出的包含磷酸基团传递中间体蛋白的三步磷酸化组分（B）在原核细胞和真核细胞均存在。植物双组分系统受体蛋白中接受结构域和传递结构域结合为一个蛋白。一个独立的组氨酸磷酸转移蛋白（Hpt）也称为AHP1可将磷酸基团从受体的接受结构域转移给响应调节蛋白的接受结构域（ARR）。这种双组分系统完成了细胞分裂素的感受和信号转导。基因*CRE1*、*AHK2*和*AHK3*编码细胞分裂素受体，这些受体可磷酸化Hpt结构域蛋白AHP1，此后磷酸基团被转移给B型ARR蛋白。AHK，拟南芥组氨酸激酶；AHP，拟南芥组氨酸磷酸转移蛋白；ARR，拟南芥响应调节子。

激酶。

因此，细胞分裂素与受体的结合触发受体传递结构域中组氨酸残基的自身磷酸化，此后磷酸基团再传递给接受结构域的天冬氨酸残基。磷酸基团进一步传递给被称为组氨酸磷酸转移蛋白（Hpt或AHP）上。磷酸化的AHP作为细胞分裂素信号的中间传递者起作用，将接受于质膜的细胞分裂素信号传递至定位于细胞核的调节蛋白（ARR），引起基因表达的改变。

 14.1.4 植物可在细胞的多种部位感受信号

此前我们列举的大多数例子中信号都在细胞质膜部位被感受（图14.2和图14.4）。然而，植物可在细胞的多种位点感受外部信号。例如，光可在质膜、细胞质和细胞核被完全不同的受体所感受（图14.5）。基因*PHOT1*和*PHOT2*编码的光受体被称为向光素，它们可以在质膜接受蓝光信号并介导植物的向光性、叶绿体运动和气孔张开反应。相反，隐花色素基因*CRY1*和*CRY2*编码的蓝光受体定位于细胞核内。

光敏素基因编码的红光/远红光受体在胞质和细胞核均有分布。光可诱导位于胞质的受体构象发生变化暴露出**核定位信号（nuclear localization signal，NLS）**，并导致光敏素从细胞质转移到细胞核。光敏素进入核后与转录因子结合并诱导基因表达的改变（见第17章）。

植物中激素可在细胞中多种部位被感受（图

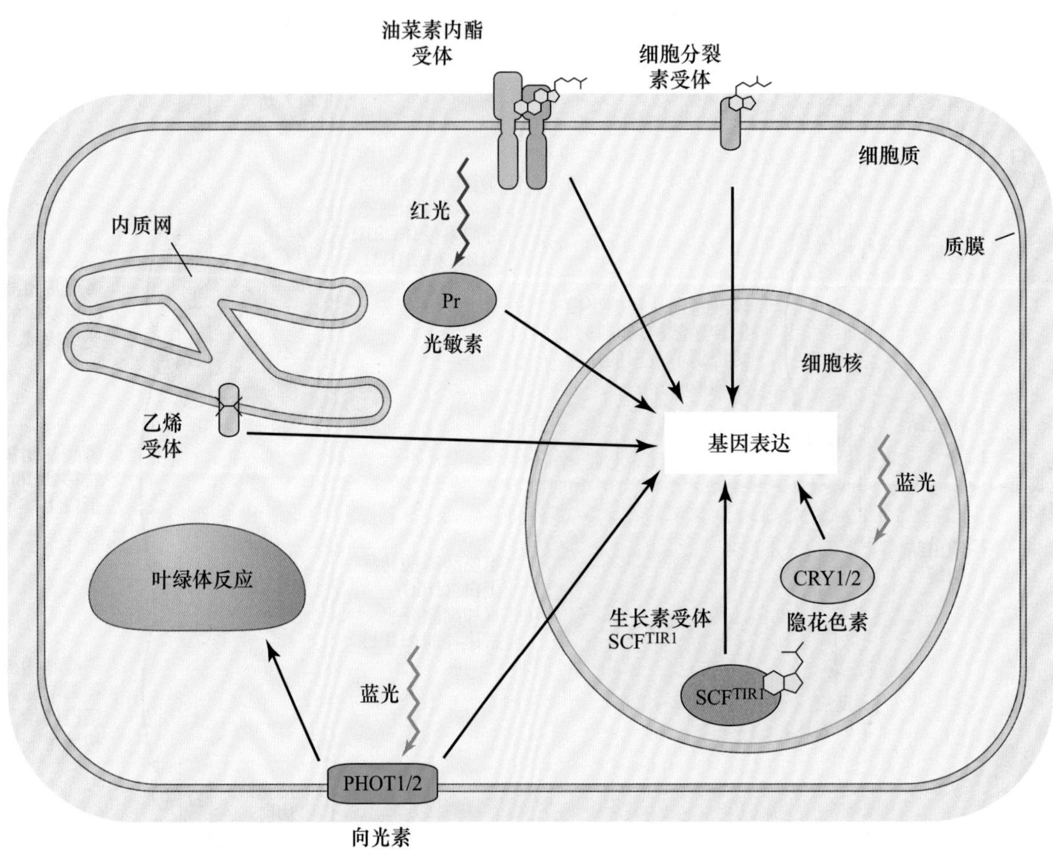

图14.5　植物可在细胞的多种部位感受信号。膜受体可在质膜感受信号（油菜素内酯、细胞分裂素和蓝光）或内质网感受信号（乙烯），而其他信号可在胞质（红光）或细胞核（生长素和蓝光）被感受。信号反应通常为基因的诱导表达，也可能为已存在蛋白质或细胞器的修饰。

14.5）。例如，油菜素内酯和细胞分裂素在质膜分别被BRI1和CRE1/AHK2/AHK3所感受（Li and Chory，1997；Inoue et al.，2001）。相反，植物激素乙烯被位于内质网的受体ETR1所感受（Chen et al.，2002）。乙烯（C_2H_4）作为一种小的亲脂性分子很容易进入细胞及各种细胞器。生长素受体SCF^{TIR1}定位在细胞核内，因而带电荷的配体吲哚乙酸（IAA）需通过扩散或主动运输才能进入细胞（Kramer and Bennett，2006）。

 14.1.5　植物信号转导往往涉及阻抑蛋白的失活

动物中许多信号转导途径往往表现为一系列正调节因子的激活。例如，对于成纤维细胞生长因子信号而言，受体与配体的结合将激活受体激酶，从而通过激活起调节作用的蛋白激酶而诱导基因的表达，在此就是MAP激酶级联系统的正调节刺激基因表达（图14.6A）。相反，植物中大多数信号转导途径通过失活阻抑蛋白而实现。例如，乙烯与受体ETR1结合后导致阻抑蛋白CTR1的失活（图14.6B）。这种负调节因子的失活导致转录因子EIN3的激活，并引起转录水平的反应（见第22章）。油菜素内酯与受体蛋白BRI1的结合导致阻抑蛋白BIN2的失活，引起转录因子BES1和BZR1的激活（图14.6C；见第24章）。

为什么植物细胞的信号途径利用负调节，而不是像动物细胞一样使用正调节途径？基于负调节信号转导途径的数学模型提示我们，负调节途径可更加快速的诱导下游基因的表达（Rosenfeld et al.，2002）。对于胁迫环境如干旱的反应速度对于固着生活的植物来说至关重要。因此，植物细胞中这种大量的信号负调节系统也许是长期进化的选择结果。

我们已经讨论了植物细胞中阻抑蛋白失活的几种不同的分子机制（图14.7）。如上所述，在油菜素内酯信号系统中利用了蛋白质的脱磷酸化而使阻抑蛋白BIN2失活（见第24章）。光触发抑制因子COP1的出核，而使HY5类转录因子在核内积累并激活基因表达（见第17章）。

阻抑蛋白失活的另外一种信号转导途径是蛋白质的降解，此机制在生长素信号途径中首次被发现（Gray et al.，2001）。在这一途径中，当生长素与受体复合物结合时，引起生长素/3-吲哚乙酸（AUX/IAA）阻抑

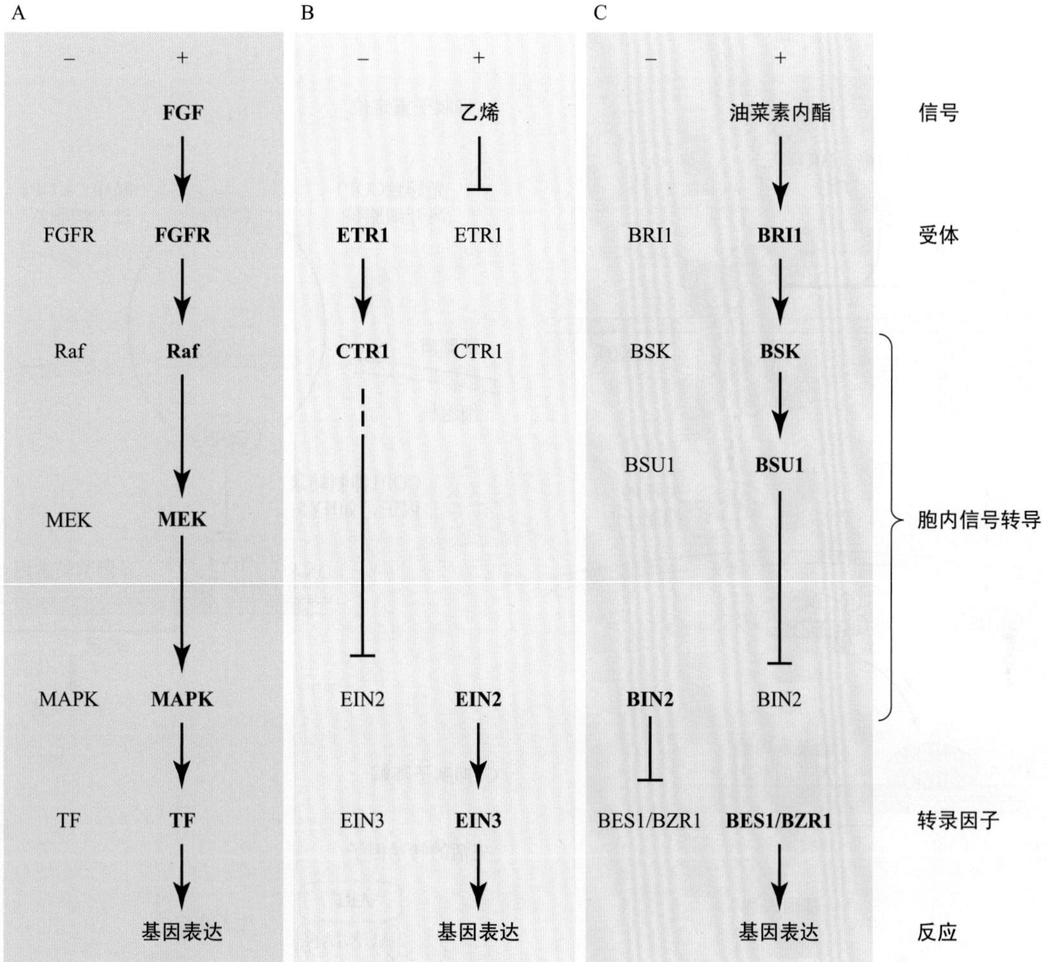

图14.6　植物细胞与动物细胞信号转导途径的功能配置的差别。动物细胞中大多数信号转导途径通过正调节步骤的激活并最终激活转录因子。相反，植物细胞中多数信号转导途径通过转录抑制因子的失活而起作用。支持此论点的三个例子如下：A. 在动物细胞中，成纤维生长因子（FGF）与受体结合启动MAP激酶的级联激活，最后的MAP激酶激活转录因子并启动基因表达。B. 与动物的FGF途径不同，植物乙烯信号转导途径在无乙烯与受体激活时处于活化状态，无乙烯存在时，信号组分CTR1可能通过MAP激酶级联途径抑制基因的表达，这一过程中MAP激酶级联途径使转录调节因子EIN2失活。在乙烯存在时，CTR途径被阻断，EIN2活化并激活特异的转录因子。C. 油菜素内酯（BR）信号途径同样使转录抑制因子BIN2失活，BIN2正常表现为抑制油菜素内酯诱导的基因转录。图中正常字体表示失活的信号组分，加粗字体表示活化的信号组分。

蛋白被多个称为**泛素（ubiquitin）**的小分子蛋白所标记（图14.7C），启动了蛋白质降解系统。这种泛素标记的目标蛋白将被降解，这一蛋白降解途径称为**泛素化途径（ubiquitination pathway）**（见第2章）。在生长素存在时，AUX/IAA阻抑蛋白被泛素标记并降解，从而使生长素响应的转录因子ARF被激活并诱导基因表达（图14.7C）。

 14.1.6　蛋白质降解是植物信号途径的普遍方式

自从人们观察到生长素信号途径中泛素依赖的蛋白质降解现象以来（Leyser et al.，1993），关于蛋白质降解在信号转导机制中的作用得到了广泛而深入的研究。到目前为止，泛素依赖的蛋白质降解几乎在所有的植物激素信号转导途径中都存在，这些途径包括茉莉酸（JA）和赤霉素（GA）。茉莉酸信号参与植物的抵抗食草动物和寄生病原菌反应（见第13章），而赤霉素则调节种子萌发、茎秆的伸长，以及叶片大小与形状决定等重要的生长发育过程（见第20章）。

茉莉酸和赤霉素与生长素的信号转导途径类似（图14.8），这些信号途径均有各自的泛素E3连接酶亚组复合物SCF的参与，导致转录抑制因子的降解。JA受体COI1通过影响JAZ阻抑蛋白的降解而调控JA的信号反应（Xie et al.，1998；Yan et al.，2007；Thines et al.，2007）。与AUX/IAA蛋白类似，JAZ蛋白同样抑制JA反应的基因表达。JA诱导泛素依赖的JAZ阻抑蛋白的降解从而释放并激活转录因子MYC2，进而诱导JA响应的基因表达。

A 激酶失活

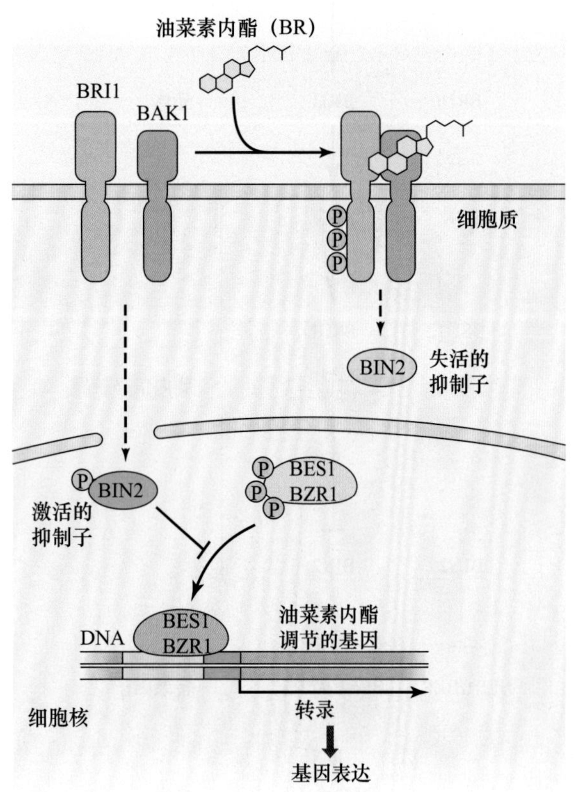

B 抑制子重定位

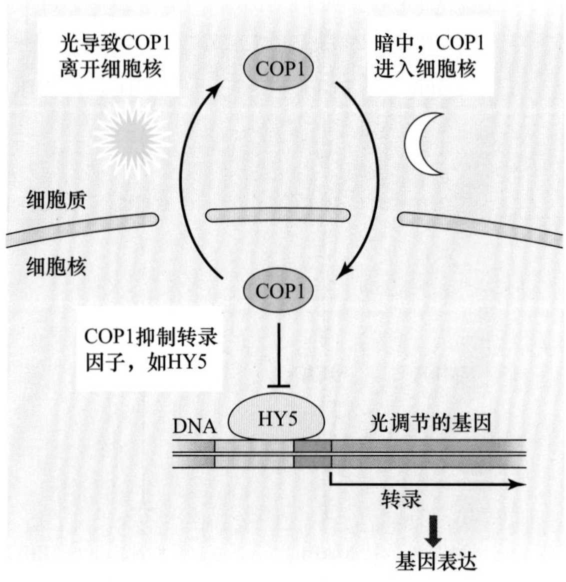

C 抑制子降解

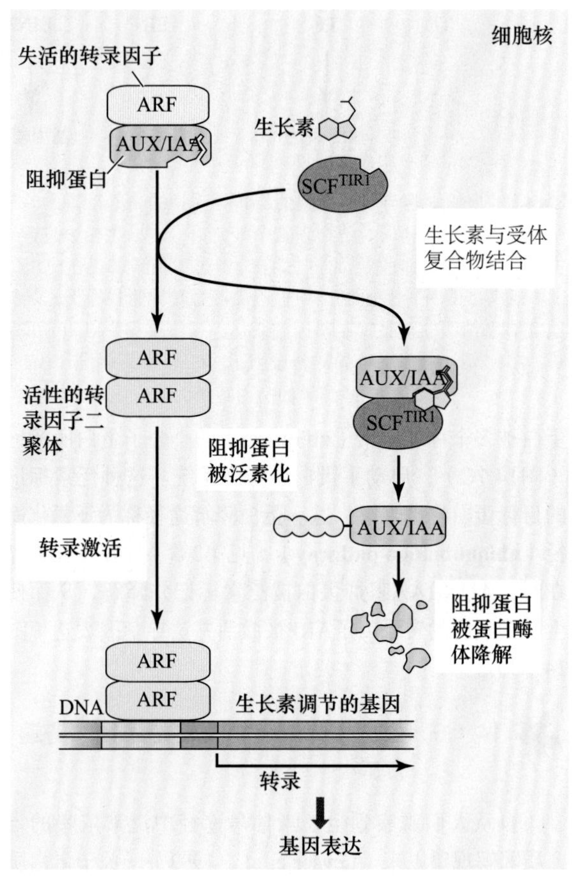

图14.7 植物细胞中往往通过阻抑蛋白的失活而传递信号。A. 在油菜素内酯信号途径中，BIN2负调节因子通过抑制其激酶活性而失活。B. 光敏素吸收红光引起COP1抑制因子离开细胞核。C. 生长素与其受体复合物的结合，启动了泛素依赖的AUX/IAA阻抑蛋白被26S蛋白酶体降解。这三个例子中，阻抑蛋白的失活造成转录因子的激活。

A 生长素反应

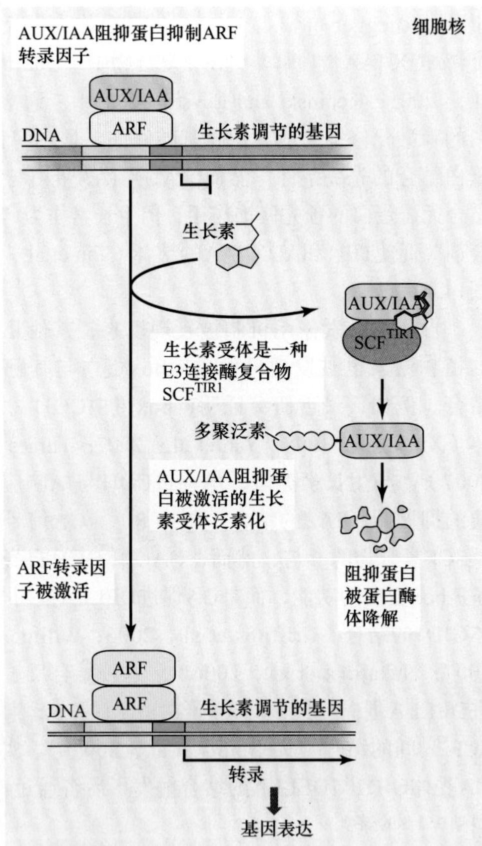

B 茉莉酸反应

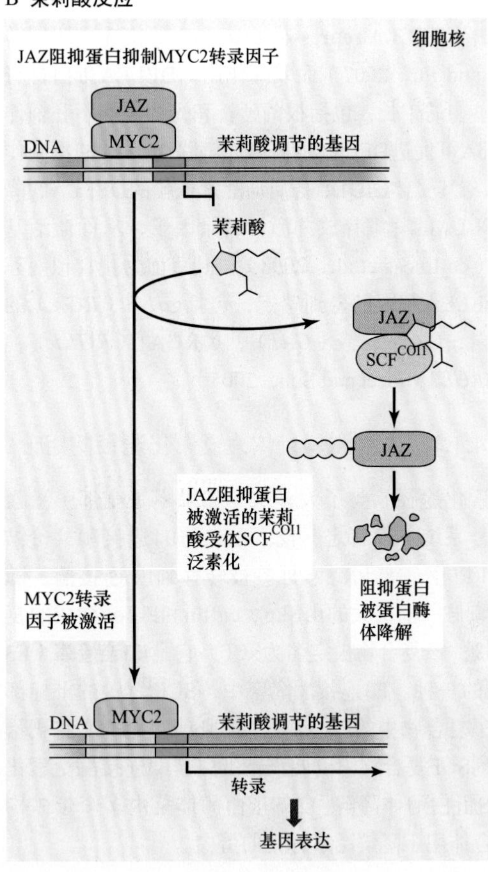

C 赤霉素反应

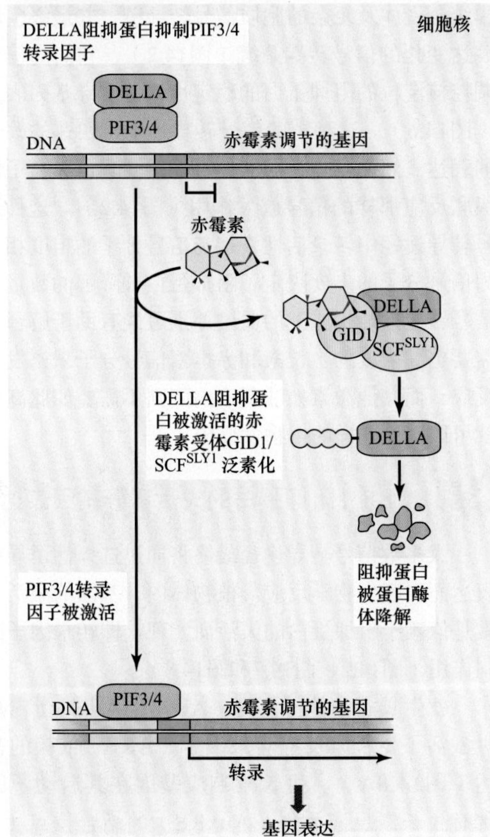

图14.8　几种植物激素受体是SCF泛素化复合物的一部分。生长素、茉莉酸（JA）和赤霉素（GA）信号促进SCF泛素化组分与各自信号阻抑蛋白互作。生长素（A）和茉莉酸（B）直接促进SCF^{TIR1}复合物和SCF^{COI1}复合物分别与AUX/IAA和JAZ阻抑蛋白间的互作。相反，赤霉素（C）需要另一个额外的蛋白GID1参与形成SCF^{SLY1}与DALLA蛋白的复合物。多个泛素（多泛素化）标记的这些阻抑蛋白将被降解。这些阻抑蛋白的降解使得ARF、MYC2和PIF3/4转录因子激活，分别诱导生长素、茉莉酸和赤霉素响应的基因表达。

具生物活性的赤霉素主要依赖于泛素化的**DELLA阻抑蛋白（DELLA repressor protein）**的快速代谢周转（Jiang and Fu，2007）而发挥作用。DELLA蛋白自身会抑制植物的生长，包括根的延长和光调控的下胚轴伸长等，GA可促进DELLA的降解而解除DELLA的抑制作用。GA与其受体GID1结合启动泛素依赖的DELLA的降解。DELLA的降解释放并激活转录因子，从而激活基因表达（de Lucas et al.，2008）。到目前为止，拟南芥中5个DELLA基因已得到鉴定，包括*ga1-3*（*RGA*）的阻抑蛋白，GA不敏感（*GAI*），类RGA1（*RGL1*），*RGL2*和*RGL3*（Fleet and Sun，2005）。

 14.1.7 几种激素受体为泛素化途径的组分

泛素化途径参与了大多数（如果不是全部）激素感受信号系统。简言之，泛素首先与E1连接酶共价结合（图14.9），然后泛素标签被转移到E2连接酶，随后，该酶与一个很大的由Skp、cullin和F-box构成的复合物连接，该复合物被定名为SCF，它是**E3连接酶（E3 ligase）**的一种。E3连接酶名字中（SCF^{TIR1}）的上标部分标明了复合物中的F-box蛋白。F-box蛋白通常将靶蛋白募集到SCF复合物中以便该靶蛋白被E3连接酶泛素化并被26S蛋白酶体降解，26S蛋白酶体是由多个蛋白构成的复合体用于降解泛素标记的蛋白。

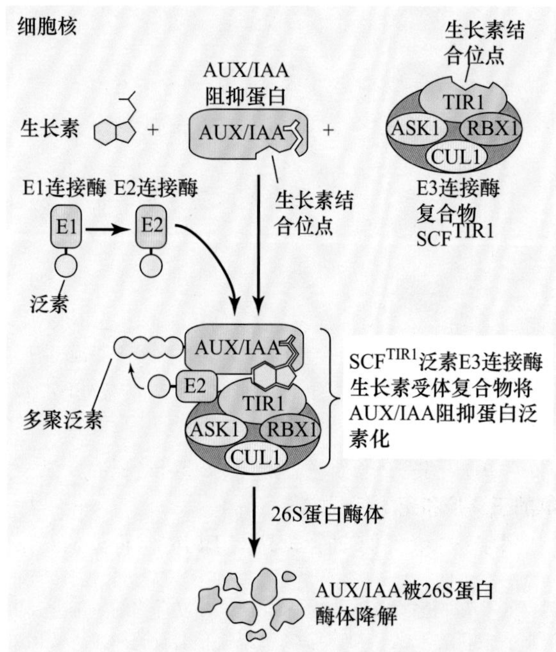

图14.9 生长素受体由两个蛋白组分构成：SCF复合物组分TIR1和阻抑蛋白AUX/IAA。泛素成分首先被E1连接酶激活并被E2连接酶添加到靶蛋白上。TIR1以生长素依赖的方式将AUX/IAA蛋白募集到SCF^{TIR1}复合物中。AUX/IAA蛋白一旦被募集将被SCF^{TIR1}复合物中的E3连接酶泛素化，被泛素化的蛋白将被26S蛋白酶体降解。

生长素受体基因*TIR1*编码SCF复合物的F-box蛋白组分（Ruegger et al.，1998）。TIR1作为生长素受体可将AUX/IAA蛋白募集到SCF复合物中（Dharmasiri et al.，2005；Kepinski and Leyser，2005）。通常，靶蛋白的磷酸化修饰（或其他氨基酸修饰）是它们和F-box蛋白结合的先决条件。然而，AUX/IAA蛋白与TIR1的结合无需蛋白的预先修饰作用，但生长素作为“分子胶合剂”促使TIR1和AUX/IAA的结合（Tan et al.，2007；图14.8）。

自从生长素作用机制被发现以来，其他几种重要的植物激素也被发现可促进F-box蛋白与其靶蛋白的结合。例如，最近研究证明F-box蛋白COI1为JA的受体（Xie et al.，1998；Yan et al.，2007；Thines et al.，2007）。与生长素类似，JA促进COI1与JA响应基因表达的抑制因子JAZ的结合（图14.8）。GA信号同样涉及SCF复合物的参与，然而，GA受体GID1自身并不具备F-box蛋白的功能，而是GA促进DELLA蛋白与GA受体GID1的结合（Griffiths et al.，2006；Willige et al.，2007；Nakajima et al.，2006）。这种结合反过来又促进DELLA蛋白与包含F-box蛋白SLY1的E3泛素连接酶SCF^{SLY1}间的结合（McGinnis et al.，2003）。实际上，GA受体GID1与DELLA的结合触发了后者通过F-box蛋白SLY1的降解。

如上述所讨论，生长素、茉莉酸和赤霉素绕过了膜结合受体及复杂的胞质信号转导链，并最终引起基因表达变化的信号转导系统（图14.2），它们的信号直接调控核定位的阻抑蛋白的稳定性，并诱导基因表达响应（图14.6）。这种短的信号转导途径可快速的改变基因的表达。然而，这种短的信号途径同时也失去了像激酶级联反应那样的信号放大作用（图14.2）。这种短的信号转导途径中转录活性直接与信号分子的丰度相关，因为信号分子的丰度决定了阻抑蛋白被降解的数量。这种信号转导途径构成上的关键差别可能有助于解释为什么需要更高浓度的生长素和赤霉素信号分子来诱发生物学反应，而其他激素如油菜素内酯则不需要如此高的浓度就可以达到同样的生物学反应。

 14.1.8 阻抑蛋白的失活诱导基因表达

大多数信号转导途径最终将通过选择性诱导靶基因表达而引起生物学反应。植物体内，基因的激活表达通常是依赖于阻抑蛋白的失活而实现，即转录因子的去抑制作用（图14.2、图14.7和图14.8）。

就生长素的例子而言，AUX/IAA阻抑蛋白被降解时激活了生长素反应转录因子（ARF）依赖的基因表达（图14.8A）。生长素响应基因在其启动子区通常含有生长素反应元件（AuxRE）的结合位点（Hagen and Guilfoyle，2002）。转录因子ARF结合于AuxRE位点并刺激基因转录（Hagen and Guilfoyle，2002；Ulmasov et al.，1999）。AUX/IAA蛋白序列包含四个保守的结构域，分别命名为结构域Ⅰ~Ⅳ（Dharmasiri and Estelle，2002）。结构域Ⅲ和Ⅳ同时存在于转录因子ARF序列中，因而使ARF和AUX/IAA间可形成异二聚体（Guilfoyle et al.，1998）。这种异二聚体阻断了ARF转录因子介导的基因转录（Guilfoyle et al.，1998；Tiwari et al.，2003）。生长素刺激AUX/IAA蛋白释放ARF转录因子，从而使ARF结合于靶基因的AuxRE启动子位点（图14.8）。

对于赤霉素而言，DELLA蛋白也被降解，并激活PIF家族转录因子的特异成员PIF3和PIF4，因而PIF3/PIF4刺激基因转录（图14.8C）。DELLA蛋白定位于核内，被认为是转录因子的调节因子。没有证据表明DELLA蛋白含有DNA结合结构域，说明DELLA可能间接通过与组织特异的转录因子互作而调节基因表达。光调控的下胚轴伸长也属于这种调节机制，光抑制下胚轴伸长也是依赖于DELLA蛋白的过程，但GA可以促进这一过程。Lucas等（2008）和Feng等（2008）的研究证明，对细胞伸长有重要调节作用的PIF家族转录因子可直接与DELLA蛋白结合。因此，DELLA蛋白的作用是使PIF转录因子处于无活性的复合物状态，高水平的GA将刺激DELLA蛋白的降解并释放其对PIF的抑制作用，PIF进而诱导基因表达（图14.8）。

 14.1.9　植物已经进化出信号反应的关闭或削弱机制

我们有理由相信，对于细胞来说关闭信号反应与启动信号反应同等重要。植物已经进化出了多种机制以实现这一调控过程。植物细胞通过蛋白质脱磷酸化可以调节大量的信号转导中间组分的活性，如受体和转录因子。例如，光受体光敏素在细胞核内被泛素E3连接酶COP1泛素化并降解（见第17章）。与此类似，参与乙烯调节基因表达的转录因子EIN3（图14.6B）依赖于泛素途径被F-box蛋白EBF1和EBF2降解（见第22章）。

反馈调节的另外一种关键作用是信号的弱化途径。例如，*AUX/IAA*基因编码生长素响应的蛋白，在它们的启动子区存在生长素反应元件的结合位点（Hagen and Guilfoyle，2002）。因此，AUX/IAA蛋白可以结合到自身基因的启动子区并抑制自身基因的表达。

激素信号途径往往受到多种负反馈机制的共同调节。这一机制在GA信号途径中表现得最为突出（图14.10）。具生物学活性的GA（如GA_4）通过复杂的途径经过多步酶催化而合成（Hedden and Phillips，2000）。这一合成途径的最后两步催化酶属于*GA20ox*和*GA3ox*基因家族成员，它们的表达受GA的抑制。因此，GA可抑制自身的合成。

相反，GA可以刺激GA代谢酶*GA2ox*基因的表达（Thomas et al.，1999；Zentella et al.，2007），也就是说GA可诱导自身的降解。另外，DELLA蛋白可以刺激GA受体基因*GID1*的表达，这样就增加了细胞对GA的敏感性，因此，很有可能DELLA蛋白也将被降解（图14.10）。这样，在GA生物合成、感受和失活途径中存在多种正反馈和负反馈调节机制。这些机制共同精细调节植物生长发育过程中GA的水平和响应。

 14.1.10　信号转导途径的相互交叉与整合

植物细胞中，信号转导途径从来都不是孤立的发挥作用，而是作为复杂信号转导网络的一部分起调控作用。对这一点的认识有助于我们理解为什么植物激素与其他信号互作时，有时候表现增效（增加的或正作用）作用，而有时候又表现为拮抗（抑制或负调节）作用。最经典的例子如GA和ABA在调控种子萌发中的相互拮抗作用（见第20章和第23章）。

信号途径间的这些互作方式称为**交叉调节（cross-regulation）**，可以分为几种类型（Kappusamy et al.，2009）（图14.11）。

（1）初级交叉调节机制（primary cross-regulation）：截然不同的信号途径分别正调节或者负调节共同的信号组分。

（2）次级交叉调节机制（secondary cross-regulation）：第一种信号途径的输出结果调节第二种信号的感受或强度。

（3）三级交叉调节机制（tertiary cross-regulation）：两种截然不同信号途径的输出结果相互影响。

拟南芥下胚轴细胞的伸长受光和赤霉素共同调节，可以看作是负的初级交叉调节机制的代表（图14.12；de Lucas et al.，2008；Feng et al.，2008；Sadeghi-aliabadi et al.，2008）。这一例子中，光和GA调节共同的下游信号组分，两个密切相关的转录因子PIF3和PIF4，最终刺激下胚轴的伸长。PIF3/4的积累分别受GA的正调控和光的负调控。

黑暗诱导的下胚轴伸长是由于PIF3/4积累的结果（图14.12）。然而，在光下，红光光受体PHYB致使PIF3/4降解因而导致细胞延伸削弱表现为下胚轴缩短。在GA存在时，PIF3/4转录因子直接与DELLA蛋白结合而失活。但是，过高的GA水平导致DELLA蛋白的降解，并释放PIF3/4转录因子并促进细胞伸长（图14.8C）。

次级交叉调节机制涉及一种信号的输出结果调节第二种信号输入的强度和感受过程（图14.12）。拟南芥中生长素和乙烯抑制根细胞伸长的过程属于次级交叉

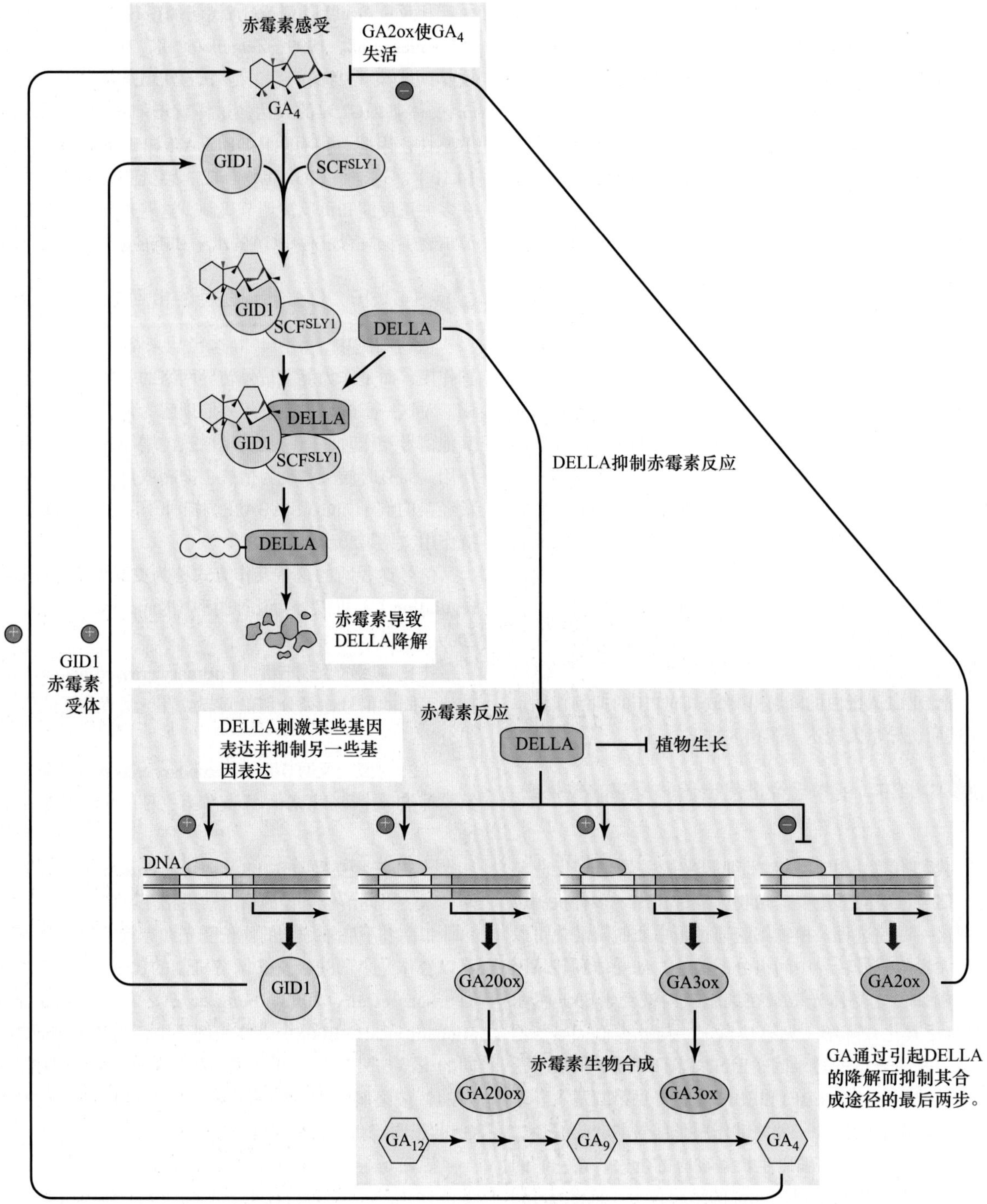

赤霉素感受
GA2ox使GA_4失活
GA_4
GID1
SCF^{SLY1}
GID1
SCF^{SLY1}
DELLA
DELLA
GID1
SCF^{SLY1}
DELLA
赤霉素导致DELLA降解
DELLA抑制赤霉素反应
GID1赤霉素受体
赤霉素反应
DELLA刺激某些基因表达并抑制另一些基因表达
DELLA
植物生长
DNA
GID1
GA20ox
GA3ox
GA2ox
赤霉素生物合成
GA20ox
GA3ox
GA通过引起DELLA的降解而抑制其合成途径的最后两步。
GA_{12}
GA_9
GA_4

图14.10 GA的信号反应受一系列GA生物合成与信号转导的反馈调节机制共同调控。*GA20ox*和*GA3ox*基因编码的酶参与GA合成的最后步骤，但是GA2ox参与有生物活性赤霉素GA_4的降解。*GID1*编码赤霉素受体，此受体与配体赤霉素结合导致DELLA蛋白被募集到SCF^{SLY1}复合物中，并被泛素化而降解。无GA时，DELLA蛋白正调节*GID1*、*GA20ox*和*GA3ox*（信号增强），并负调节*GA2ox*（信号削弱）。反过来，具生物活性的GA和激活状态的GID1增强DELLA蛋白的降解（信号增强），但GA2ox阻断DELLA蛋白的降解（信号削弱）。

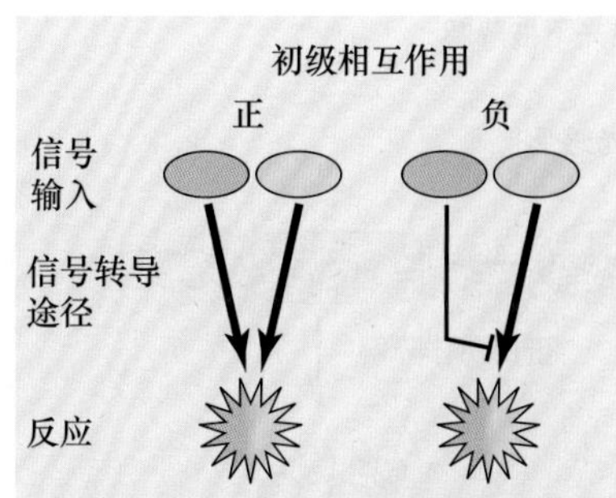

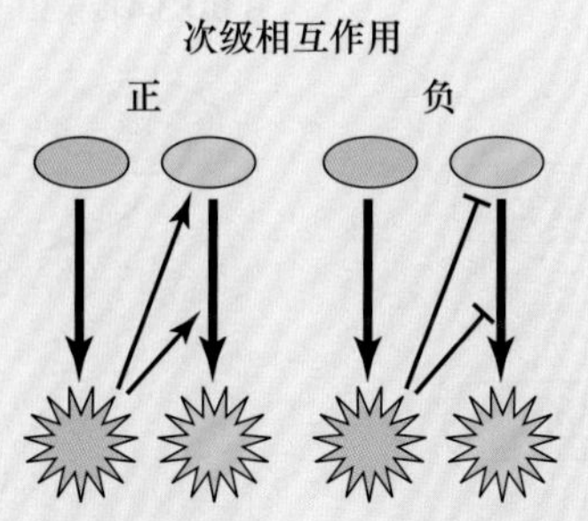

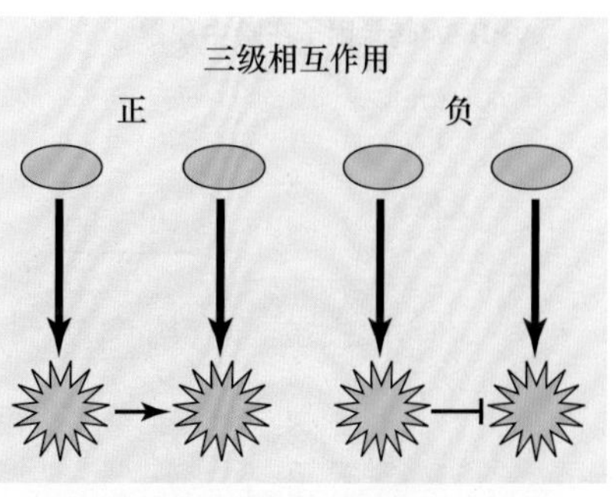

两种输入途径调节单个或多个控制最终反应的共享节点蛋白。两种途径对最终反应的效应相同。

两种输入途径共同调节其节点蛋白，但一种途径的效应抑制另一途径的效应。

两种输入途径调节独立的反应。而且，一种途径增强另一途径的输入或感受强度。

与正相互作用类似，所不同的是：一种途径抑制另一途径的输入或感受的强度。

一种信号途径的最终效应促进另一途径的效应。

一种信号途径的最终效应抑制另一途径的效应。

图14.11 信号转导途径作为复杂信号互作网络的一部分而起作用。三种类型的交叉调节途径：初级交叉、次级交叉和三级交叉。椭圆型代表信号输入，粗箭头代表信号传递，星型代表信号反应（输出）。细线箭头表示一种信号途径对另一种信号途径的正调节作用，带短棒的细线代表一种信号途径对另一种信号途径的负调节作用。以上三种类型的信号互作分别属于正作用或反作用。初级相互作用中两种信号的输入对共同信号组分蛋白或蛋白复合体的作用叠加，并直接互作调控信号反应。在次级信号互作中，一种信号途径的输出反应调节第二种信号的输入感受。在三级互作中，两种信号途径的独立输出相互影响对方的信号反应。

调节机制。这一机制中，乙烯信号通过刺激生长素的合成而间接抑制根细胞的伸长（Stepanova et al.，2007；Swarup et al.，2007）。

最后，三级交叉调节机制中两种截然不同信号途径的输出结果相互影响（图14.11）。最近的研究表明，生长素和细胞分裂素途径互作调控根系的生长发育（Muller and Sheen，2008）。在这一例子中，生长素负调节细胞分裂素应答途径的输出信号，这一反应属于B型**拟南芥反应调节子（Arabidopsis response regulator，ARR）**（图14.4）。生长素通过诱导A型ARR的表达而反馈抑制B型ARR调节子的作用而实现其作用。

人们已逐步清晰的认识到，植物的信号途径不是简单的线性转导过程而是多种信号途径间存在互相交叉和相互影响。对于这种复杂信号途径的理解往往需要建立新的科学研究方法，其中**系统生物学（systems biology）**方法就是新研究方法的重要代表，该方法利用数学和计算机模型来模拟细胞信号途径的复杂网络并能够更好地预测其输出结果（Locke et al.，2006；Coruzzi et al.，2009；Middleton et al.，2010）。

14.2 信号传递的时空性

植物信号不仅限于单个细胞内的转导网络。作为多细胞有机体，植物已经进化出了一套复杂的信号转导机制，以应对组织、器官乃至个体水平上每个细胞的生长发育需要。此部分中，我们讨论的信号将涉及更宽的生理范围，从数纳米到数米的距离跨度、从数秒到数年的时间跨度。

14.2.1 植物信号在多种距离跨度上的转导

信号传递可以在非常短的距离内发生（即细胞之间）。例如，拟南芥主根的辐射形态受转录因子“短根”（SHORT-ROOT，SHR）的调节（图14.13）。*SHR*基因在根的中心中柱细胞中转录和翻译（图14.13A和C）。SHR蛋白通过胞间连丝进入内皮细胞，在内皮细胞中SHR激活决定细胞命运的调节因子SCARECROW（SCR）的表达（图14.12B和C）。因而转录因子SHR被认为是调节邻近细胞和组织的短距离信号因子（见第16章）。

一个器官复杂的生长反应往往涉及多种细胞类型的信号转导过程。根沿重力方向的定向生长反应（称为向地性；第19章）便是此方面的一个典型例证。简单说，根尖干细胞可通过特化的充满淀粉的质体（称为淀粉粒）而感知重力方向的变化（图14.14A）。重力诱导的淀粉粒位置的变化引起生长素外向转运体PIN3的重新分布，并在根尖产生生长素梯度（Friml et al.，2002）。重力诱导的生长素梯度通过侧根冠从中柱细胞传递到伸长区细胞（Swarup et al.，2005）。

侧根冠细胞中表达生长素内向转运体AUX1和外向转运体PIN2，从而可快速地将这种激素运入和运出（图14.14 B和C）。此外，PIN2在侧根冠上表面的不对称定位导致生长素朝伸长区的分布（图14.14C箭头），然而，AUX1的均匀分布对于侧根冠对生长素的吸收是必需的（图14.14 B）。因此，生长素既可以看作短距离信号也可以看作长距离信号，其在邻近的细胞、组织和器官中发挥作用依赖于其特异的转运体的分布（见第

A **PIF3/4转录因子在暗中积累**

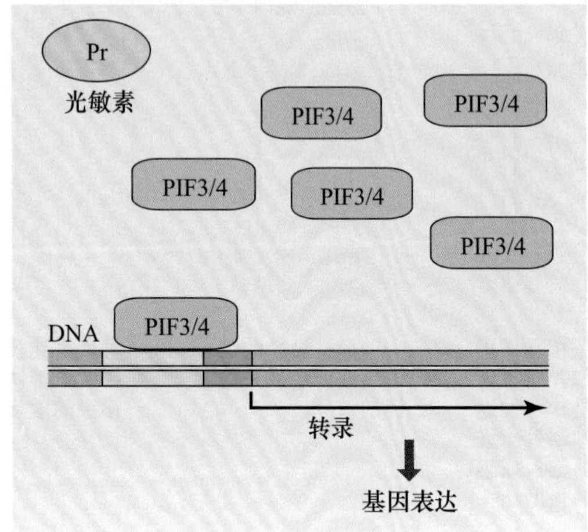

暗中：下胚轴细胞伸长

B **PIF3/4转录因子在光下被降解**

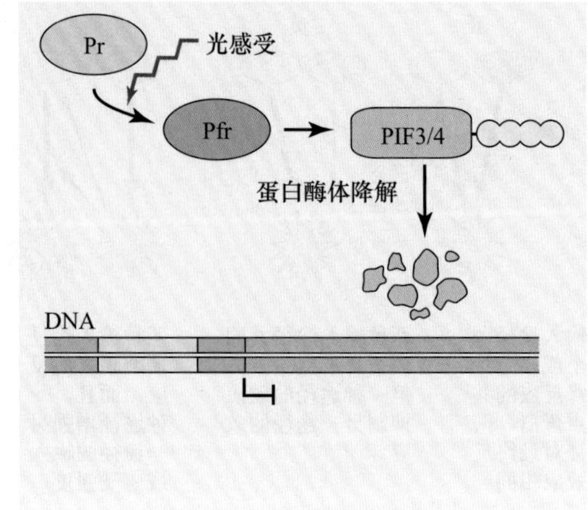

光下：下胚轴细胞不伸长

C **GA导致DELLA蛋白被26S蛋白酶体降解，同时PIF3/4转录因子积累**

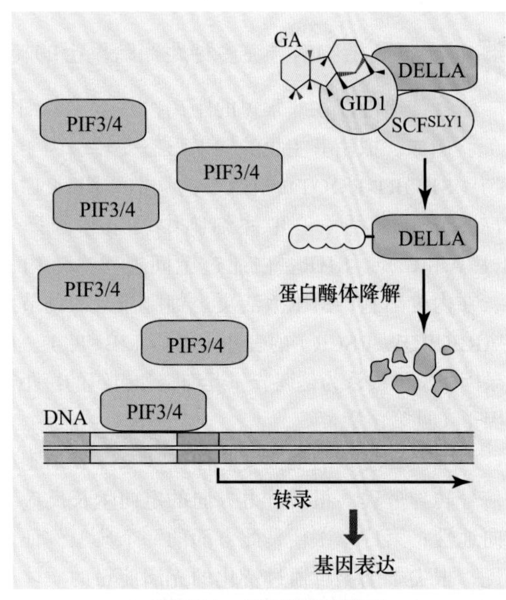

施用GA：下胚轴细胞伸长

D **无GA时，DELLA蛋白与PIF3/4转录因子结合**

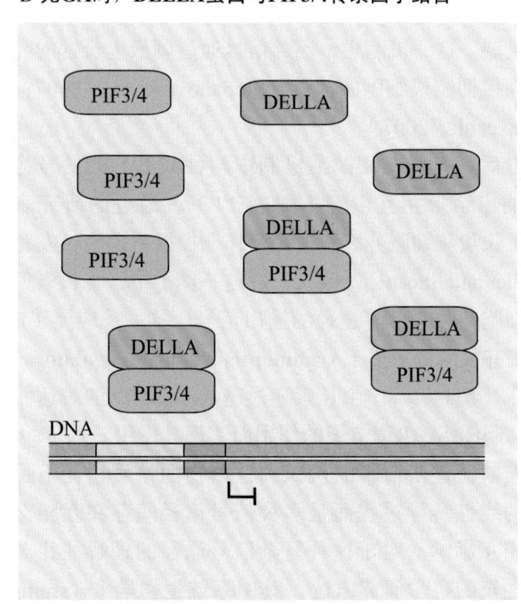

无GA：下胚轴细胞不伸长

图14.12　GA和光分别正和负调控其共同的下游信号组分PIF3和PIF4转录因子的积累。A. 暗中生长的下胚轴由于PIF3/4转录因子的积累而伸长。B. 在光下，PIF3/4转录因子作为红光/远红光受体光敏素（Pr/Pfr）的靶标而被降解，导致了细胞延伸减弱，下胚轴缩短。C. 高水平的GA导致DELLA蛋白降解，释放PIF3/4转录因子并刺激细胞伸长。D. 在GA不存在时，PIF3/4转录因子直接与DELLA阻抑蛋白结合并失活。

19章）。

植物中一个器官的生长发育往往受来自另外一个器官的信号的影响。例如，茎尖分生组织从营养生长到生殖生长的转变（称为开花诱导）可被来自叶片的信号触发启动（Imaizumi and Kay，2006）。长日照诱导的信号可诱导“开花时间基因”（FLOWERING TIME，*FT*）的表达，该基因编码一个转录因子，在拟南芥叶片韧皮部伴胞细胞中表达（Takada and Goto，2003）（见第25章）。FT蛋白然后被转运到茎尖（Corbesier et al.，2007；Jaeger and Wigge，2007；Matthieu et al.，2007；Notaguchi et al.，2008）。在茎尖，FT与另外一个转录因子开花位点（FLOWERING LOCUS D，FD）互作，并协同激活目标基因促进开花（Abe et al.，2005；Wigge et al.，2005）。FT-FD蛋白互作完美诠释了植物中转录调节因子可通过长距离作用调控发育进程，此作用与动物不同。

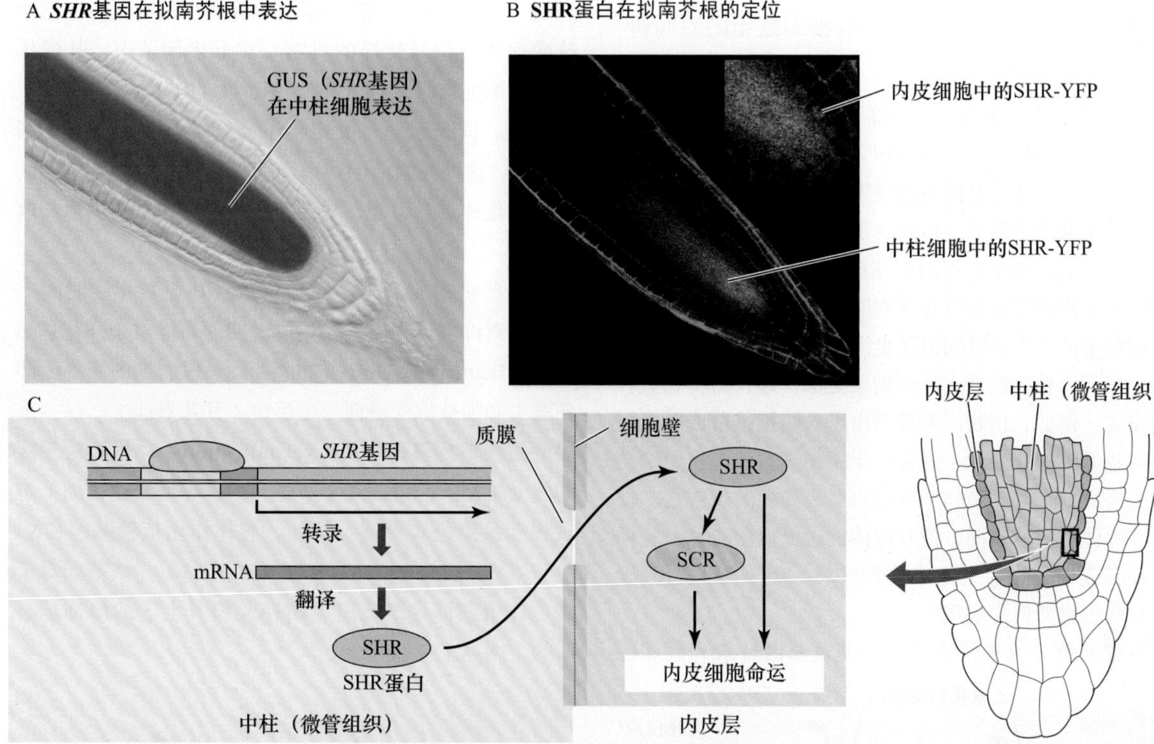

图14.13　“短根”（SHR）蛋白在中柱和内皮细胞间的短距离运动，并调节根的辐射形态。A. *SHR*基因启动子驱动的GUS蛋白的蓝色染色显示*SHR*基因在微管系统中表达。B. *SHR*启动子驱动的SHR-YFP（黄色荧光蛋白）融合蛋白显示SHR蛋白在微管系统和内皮细胞中均可被检测到。C. SHR蛋白可从中柱细胞向邻近的一层细胞运动。在这些细胞中，SHR通过SCR及其信号输出启动内皮细胞的分化。SHR蛋白对于内皮层的分化产生是必需的。SHR. SHORT-ROOT；SCR. SCARECROW；GUS. 葡糖苷酸酶；YFP. 黄色荧光蛋白（A图和B图由Malcolm Bennett惠赠）。

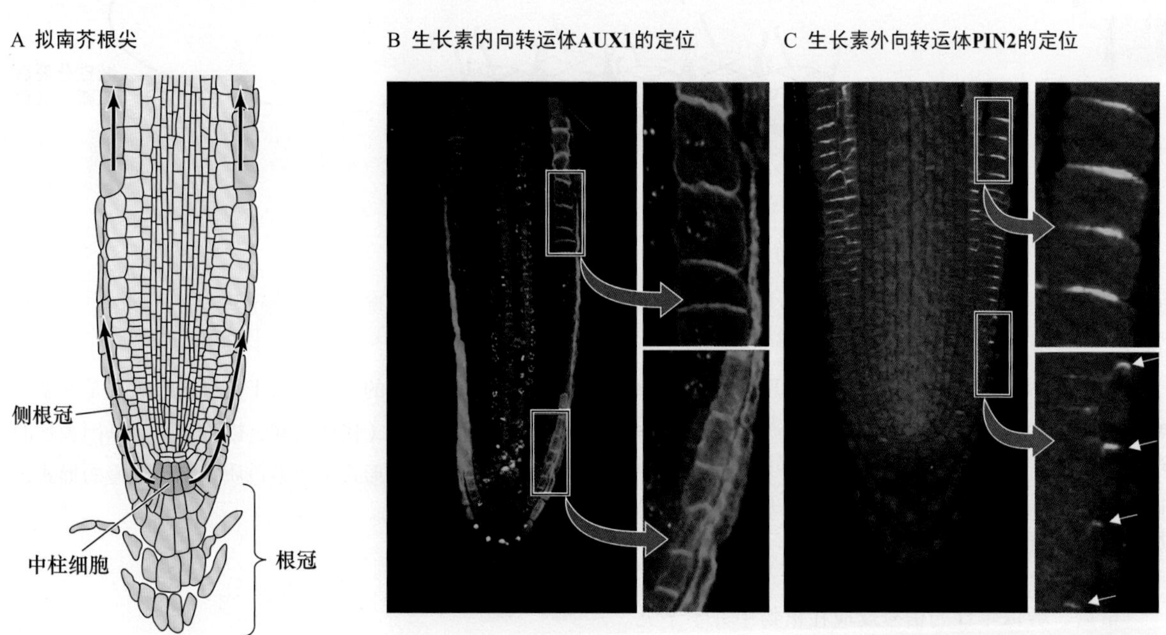

图14.14　在外层根组织中生长素的转运由特化的生长素内向和外向转运体介导。A. 生长素转运体将生长素从根尖的重力感受细胞通过侧向根冠细胞进行转运。这种转运深刻影响着伸长区细胞的生长反应。B、C. 共聚焦图像显示拟南芥根尖细胞和组织中生长素内向转运蛋白AUX1的定位（B：红色）和生长素外向转运蛋白PIN2（C：绿色）的定位。AUX1. AUXIN RESISTANT1生长素抗性1；PIN2. PIN-FORMED 2（B图和C图由Malcolm Bennett惠赠）。

14.2.2 植物信号在从数秒到数年的时间跨度范围转导

植物中信号诱导的反应需要多长时间呢？以上所描述的信号转导途径发挥作用需要数十分钟到数小时，这取决于它们诱导基因表达快慢程度的不同。植物细胞中，一个基因的转录、mRNA加工，以及mRNA从核到胞质的转运，整个过程需要花费30 min。此外，蛋白质合成、细胞内转运也需要花费时间。对于植物生长和发育过程来讲，上述时间消耗也许是恰当的。

然而，植物的许多反应需要更加快速，需要在数秒内完成。例如，植物经常遇到由于云团掠过造成的光强忽高忽低的快速变化。强光对于植物细胞的光合组织会造成极大的伤害。植物叶片细胞对高光强的反应之一便是叶绿体的快速转向，使叶绿体的边缘面向光源，这样就使其表面受光最小化（见第9章）。这种从信号到反应在数秒内如何完成呢？

很显然，这种反应不可能涉及基因转录和翻译的过程。因而，植物细胞中必然存在利用已有蛋白的活性改变而进行信号转导的机制。在上述例子中，叶绿体的重新取向就是受向光素（PHOTOTROPIN，PHOT）的调控，向光素是一类定位于质膜的蓝光光受体（图14.5）。这种光激活的蛋白激酶可诱导植物细胞骨架的快速变化和重新组建，从而引起叶绿体在数秒内重新取向。

有些植物的信号反应需要数月甚至数年的时间。例如，对许多植物而言，一段时期的寒冷对于开花是必需的（Baurle and Dean，2006）。一段时期的寒冷（即冬季）必须被感受进而产生反应（开花潜能）。这一重要的过程称为**春化作用（vernalization）**。尽管对于冷的感受机制人们目前还不清楚，但这一信号途径的下游过程涉及染色质重塑。例如，春化作用依赖基因*VIN3*（*VERNALIZATION INDEPENDENT 3*），该基因对于染色体蛋白称为组蛋白（DNA旋绕其上）的修饰是必需的（图14.15）（见第2章）。

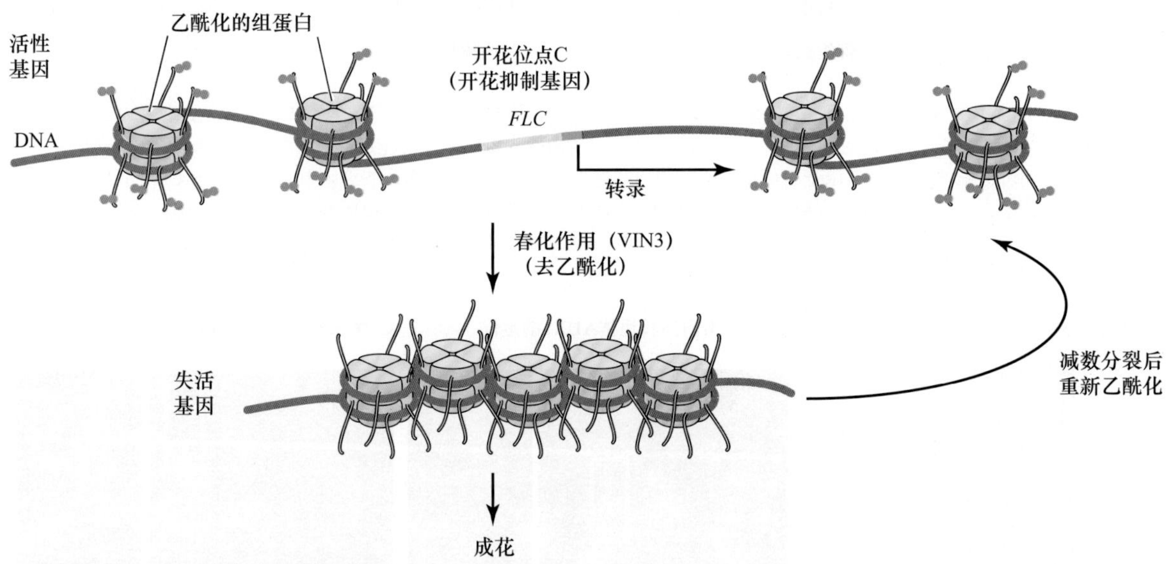

图14.15 温度通过修饰*FLC*基因周围的染色质蛋白而控制开花。春化作用导致*FLC*基因所在部位的染色质重塑，并积累异染色质化特异的组蛋白修饰，最终表现为*FLC*转录受抑制。减数分裂之后，受抑制的*FLC*基因重新表达并阻止过早开花。

*VIN3*基因的表达仅受长时间冷处理的诱导（Sung and Amasino，2004）。VIN3引起开花抑制因子基因*FLOWERING LOCUS C*（*FLC*）所在部位组蛋白去乙酰化（见第25章），去乙酰化导致*FLC*所在部位的DNA更加紧密地压缩在染色体中，并阻止*FLC*基因的转录，因而解除了其对开花的抑制作用。

最后，数以年计的信号反应在植物中并不罕见。数以年计的信号反应包括两年生植物的春化作用和乔木的开花，某些情况下种子休眠可维持几个世纪甚至数千年。

总之，植物中信号转导过程的时间跨度从数秒到数年不等。信号反应的速度取决于信号转导过程是否涉及蛋白质活性的变化（快速形式，以秒计）、基因表达的变化（相对较快的形式）或染色质重塑（最慢的形式，可能需要数月）。

小 结

植物细胞可感受多种外部或内部信号并作出响应，这一信号过程包括：信号→感受→转导→反应。植物通过一系列高度保守的信号转导机制将信号与反应联系

起来。

植物与动物的信号转导

·信号转导机制中涉及与激酶受体偶联的激酶级联反应（图14.2）和双组分系统（14.4），这些信号机制在植物与其原核祖先、植物与其真核祖先中高度保守。

·植物同时也进化出了许多独特的信号转导机制，例如，利用泛素化系统的组分作为激素受体而起作用（图14.8和图14.9）。

·大多数植物的信号转导机制通过阻抑蛋白的失活而起作用（图14.6）。

·阻抑蛋白可进行翻译后修饰（如磷酸化）、重定向或泛素依赖的降解（图14.7）。

·阻抑蛋白的去除往往会激活转录因子，诱导基因表达的变化，这些都是植物应答反应的基础。

·拟南芥和水稻的突变体筛选有助于阐明植物的信号转导途径。然而，由于基因功能的冗余性，有时候这种遗传筛选的优势又受到限制，基因冗余性表现为多个基因编码功能相同的多个成员，因而某个基因成员的缺失会被其他家族成员所掩盖。

·化学遗传学等新的筛选方法的建立，可以克服基因冗余性，例如，ABA受体家族的鉴定就是一个化学遗传筛选的很好的例证（图14.3）。

·植物的信号途径并不是严格的线性转导过程，实际上，植物信号途径利用了复杂的反馈机制进行调节或关闭信号反应（图14.10）。

·信号转导途径存在相互交叉调节，形成信号互作网络（图14.11和图14.12）。

·研究复杂信号途径需要称为系统生物学的新的科学研究方法，此方法利用数学和计算机模型来模拟非线性的生物学网络，以更好地对输出结果进行预期。

信号转导的时间和空间跨度

·植物信号转导途径网络并非在单个细胞中发挥作用，而是可能存在多种物理空间上的跨度，从微米（组织或细胞内部）到米（器官、系统、甚至个体）（图14.13和图14.14）。

·细胞内信号机制涉及多种生物分子发挥作用，包括激素、转录调节因子、小RNA等。

·植物信号转导存在多种时间跨度，从数秒到数年等。植物的快速反应（数秒或数分钟范围内）涉及蛋白活性的改变，但不涉及基因表达的变化。

·数小时或数天这种时间维度范围的植物反应，往往涉及基因表达的变化。

·长时间维度范围（数月或数年）的植物反应，往往涉及关键的调节基因附近染色质蛋白受环境调控的翻译后修饰，因而影响这些调节基因的表达（图14.15）。

（王棚涛　宋纯鹏　译）

第15章 细胞壁：结构、生物合成和扩展

植物细胞与动物细胞不同，由一层坚韧的细胞壁包围。这一层薄的细胞壁是由许多纤维丝构成的骨架，并嵌入细胞分泌的多糖基质而组成。多糖基质和纤维丝之间通过许多共价键和非共价键的共同作用而连接在一起，形成一个坚实的网络结构。基质中可能还含有结构蛋白、酶类、酚类聚合物及其他一些对细胞壁理化特性起修饰作用的物质。

原核生物、真菌、藻类和植物的细胞壁在化学组成和分子结构上各有不同，但它们具有三种相同的功能：控制细胞体积、决定细胞的形状和保护易碎的原生质体。然而，如后面将要讨论的，植物细胞壁还具有与其他生物体细胞壁明显不同的功能，并且这些不同的功能由细胞壁结构的复杂性和组成与形态的多元化来体现。

除上述生物学功能外，植物细胞壁在发展人类商业上也具有重要作用。植物细胞壁主要用于工业生产如造纸、纺织（棉布、亚麻布、亚麻制品等）、木材和其他的木制产品。另外，植物细胞壁也可用于制造合成纤维（如人造纤维）、塑料、胶片、涂料、胶黏剂、凝胶剂及增稠剂等。现今，世界各地都在努力开发低成本的技术和方法，以期将纤维素类生物质转化为生物燃料从而取代石油燃料，如汽油。据报道，在美国每年能获得十亿吨纤维素类生物质，由此转化而来的生物燃料几乎能够代替当前运输业所消耗石油的1/3。作为自然界最丰富的有机碳库，植物细胞壁还参与生态系统的碳循环（见Web Topic 15.1）。

本章首先讲述植物细胞壁的结构和组成、生物合成机制与装配。然后讲述在细胞膨胀过程中初生壁的作用。通过对比细胞的膨胀生长，来讨论几类特定细胞的顶端生长机制，特别是有关细胞极性建成和细胞膨胀率的调控机制。最后，我们将阐述伴随着细胞的分化、成熟和防御，细胞壁的动态变化。

15.1 植物细胞壁的结构和合成

如果没有细胞壁，植物将完全不是我们现在所看到的样子。相反，雄伟的大树将会像阿米巴样细胞组成的无形团块。实际上，细胞壁对于植物生长、发育、维持和繁殖都是必需的。

（1）细胞壁决定了植物体结构的机械强度，使植物能长到一定的高度。

（2）细胞壁和细胞黏着在一起，防止它们从一个细胞滑动到另一个细胞，这种细胞运动的限制和动物细胞有显著的不同，它限定了植物发育的进程（见第16章）。

（3）植物形态建成从根本来说是依赖于细胞壁的特性。因为植物细胞的增大主要是因为细胞壁的伸展能力而受到限制。

（4）作为包围细胞的一种坚韧的外皮，细胞壁犹如细胞的“外骨骼”，控制细胞的形状，允许细胞发育时形成很大的膨压。如果没有细胞壁抵制膨压产生的作用力，植物水分关系会截然不同（见第3章）。

（5）木质部的蒸腾水流要求有一个机械强度坚韧的细胞壁来抵制因木质部负压引起的萎缩。

（6）细胞壁作为一个扩散屏障，它控制着从外界到达细胞膜的大分子的大小，它也是病原体入侵的主要结构屏障。

组成细胞壁的多聚糖大多是由光合作用同化的碳转

化而来，在植物发育的某些特定阶段或糖饥饿状态时，其中一些多聚物可能被水解成单糖来满足细胞的需求。这种现象在种子中储藏养分的胚乳和子叶中非常明显。在种子发育期间易消化的多糖填满细胞壁，并且在种子萌发时快速代谢以供胚的生长需要。此外，细胞壁的寡糖组分可能在细胞分化和病原体及共生体的识别中起重要作用。

植物细胞壁功能和角色的多样性要求细胞壁结构具有一定的多样性。本节我们首先简要叙述一下植物细胞壁的形态和结构，接着讨论细胞壁的构造、成分及不同形态细胞壁的生物合成。

 15.1.1 植物细胞壁的结构多样性

图15.1为植物器官的染色切片，最明显能看到的结构是细胞壁，在不同的细胞类型中其外形和成分有很大的差异。例如，在髓和皮层中，薄壁组织的细胞壁一般很薄（约100 nm），并且很少有明显的特征。相反表皮细胞、厚角组织、木质部导管和管胞，韧皮纤维和其他厚壁组织的细胞壁都比较厚（约1000 nm或更多，有时有很多层）。这些细胞壁表面有杂乱无章的刻纹，而且有木质素、角质、木栓质、蜡质、硅石或结构蛋白等物质浸入其中，从而改变其理化特性。

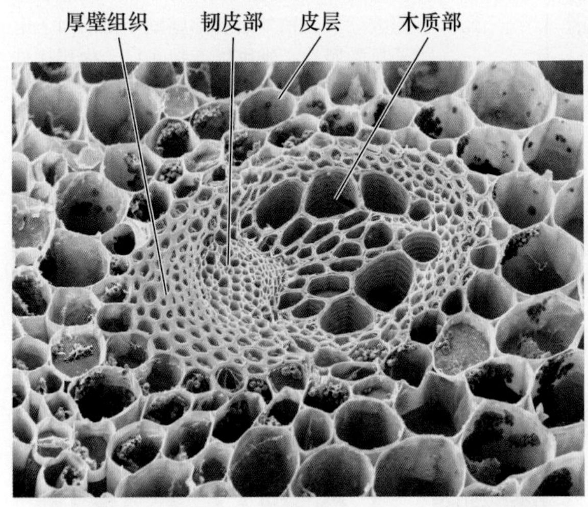

图15.1 毛茛（*Ranuculus repens*）茎秆横切图。显示不同类型组织细胞壁在形态上的多样性。注意加厚的厚壁组织细胞壁和木质部细胞的纹孔壁（图片引自Andrew/PhotoResearchers Ins.）。

同一细胞不同部位细胞壁的厚度、内含物种类和数量、细胞纹路、纹孔密度和胞间连丝都不尽相同。如表皮细胞外层的细胞壁胞间连丝较少，且常被角质化和蜡质化，而且比其他部分的细胞壁厚得多。在保卫细胞中，与气孔相邻的细胞壁（腹壁）要比背壁厚得多。单个细胞中细胞壁所具有的结构多样性显示了细胞的极性和差异化的功能，这是由于胞壁成分定向分泌到不同细胞表面所导致的。

除形态多样性之外，细胞壁一般具有两种主要的结构：初生壁和次生壁。这种分类不是基于结构上或生物化学的差异，而是基于产生细胞壁的细胞的发育状态。**初生壁（primary wall）**被定义为由生长细胞形成的细胞壁。通常它们薄而结构简单（图15.2A和B；图15.3A），但是有些初生壁较厚且多层化，例如，厚角组织或表皮的初生壁就存在这种情况（图15.2C）。

次生壁（secondary wall）是在细胞停止生长后形成的，在质膜和初生壁之间形成。在细胞的分化阶段次生壁的结构和组成高度特化（图15.3 B和C）。在输水组织（木质部）、纤维细胞、管胞和导管中具有显著增厚的次生壁，其中的**木质素（lignin）**使得次生壁更加坚固并具有防水作用。然而，并非所有的次生壁都有木质化加厚。有些初生壁未被次生壁覆盖而呈凹陷状（图15.3B）；这些区域可以加速细胞间水分和其他物质的运动。

胞间层（middle lamella）很薄，常存在于相邻细胞壁的连接处。胞间层与其他初生壁和次生壁的组成不同，它富含果胶多聚糖（在禾本科植物中没那么突出）并且还可能包含结构蛋白。胞间层是在细胞分裂过程中细胞板形成时产生的。

从第1章我们知道，细胞壁常被极细的连接膜的线状通道穿过，这些通道称之为**胞间连丝（plasmodesmata）**。胞间连丝连接相邻的细胞，为细胞间提供交流通道，允许相邻细胞间小分子物质的被动运输和蛋白质及核酸的主动运输。

 15.1.2 初生壁由嵌入多糖基质的纤维素微纤丝组成

在初生壁中，纤维素微纤丝嵌入有非纤维素多糖与少量结构蛋白形成的水合基质（图15.4和表15.1）。这种结构赋予正在生长中的细胞壁弹性与强度的完美组合，使其同时具有可伸展性和坚固性。**纤维素微纤丝（cellulose microfibril）**是一个纳米级（nm，10^{-9}m）的结晶带，从而使细胞壁加固。有时，细胞壁的一边会比另一边坚固，这主要取决于纤维丝在胞壁中是如何堆积的。

作为同一类物质，**基质多糖（matrix polysaccharide）**由一些不同结构的多糖组成，传统上被分为半纤维素或果胶，这种不够精确的分类是基于它们的可提取性。从用热水或钙螯合剂处理过的细胞壁中提取出来的多糖即为果胶，而更紧密结合在细胞壁上的非纤维素多糖被称为半纤维素，这些多糖需要更强的提取条件，如0.4~4.0 mol/L KOH。

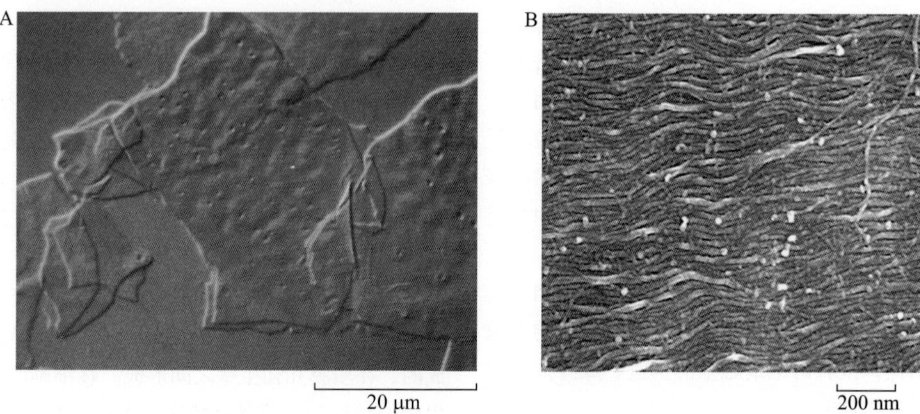

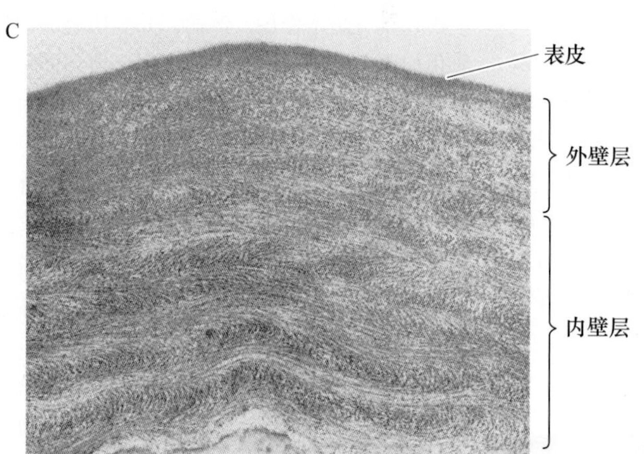

图15.2　初生壁在三种视野下的图片。A. 利用Nomarski optics法在光学显微镜下从洋葱薄壁组织中取下的细胞壁碎片表面图。在这种视野下细胞壁看起来像一个表面布满小凹槽的薄片，这些凹槽可能是纹孔场，胞间连丝通过纹孔场建立起细胞间的联系。B. 扫描电镜下正在生长的黄瓜下胚轴细胞壁表面形态。显示了细胞壁纤维的纹理和近似平行排列的微纤维，它们沿着细胞长轴横向排列。微纤维是外层覆盖有基质多聚物的纤维素微纤丝。C. 生长中的大豆下胚轴外表皮细胞壁（横断面）电子显微照片。细胞壁有很多层，内层比外层厚且清晰，因为外层是细胞壁早期形成的区域，在细胞扩展过程中被延展而变薄（A图引自McCANN et al.，1990；B图引自Marga et al.，2005；C图引自Roland et al.，1982）。

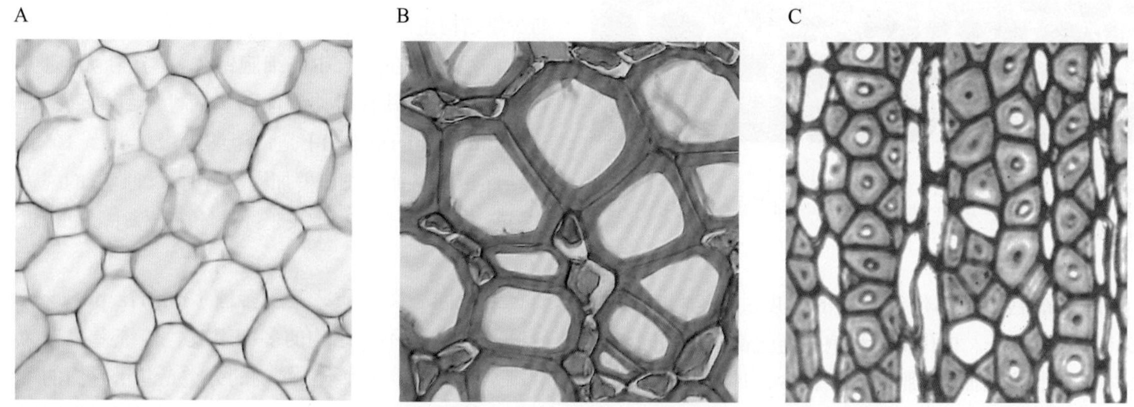

图15.3　细胞壁结构多样性。水稻茎细胞薄壁组织（A）与地下蕨类植物茎的维管束次生厚壁组织（B）及四籽木木质部纤维（C）的比较（A图和B图引自Gerry DelongLOSF/Photolibrary.com；C图由Bailey-Wetmore Wood Collection惠赠）。

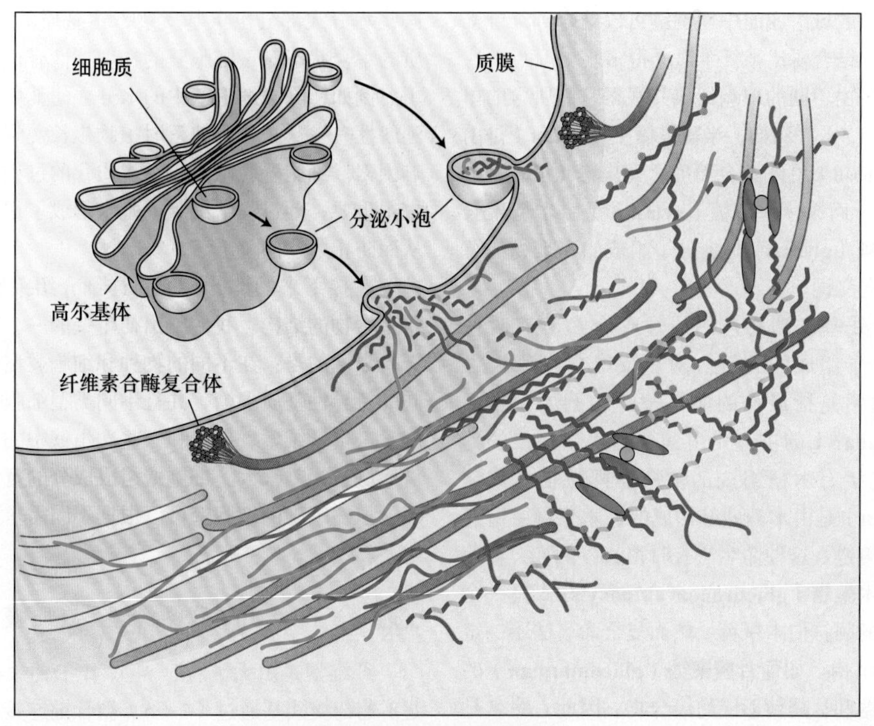

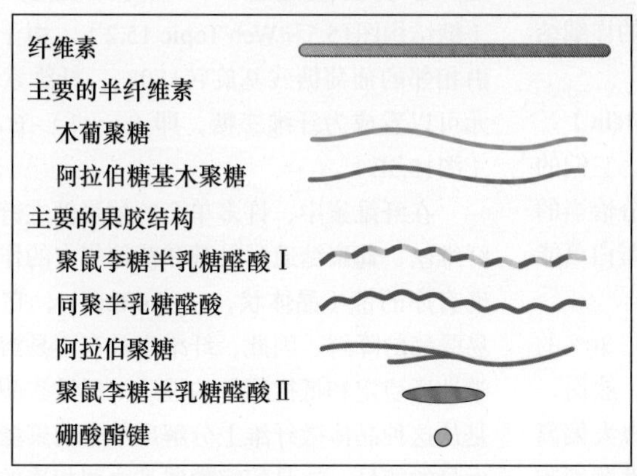

图15.4 初生壁主要结构组分和可能排列方式示意图。纤维素微纤丝（灰色棒状）在细胞表面合成，外包半纤维素（蓝线和紫线），并通过半纤维素和其他微纤丝连接起来。果胶（红线、黄线和绿线）形成一个连通的基质，控制微纤丝的空间结构和细胞壁的孔隙度。果胶和半纤维素在高尔基体中被合成，并通过质膜上的小泡分送到细胞壁上，沉积在细胞表面。为了便于观察，左边仅显示了半纤维素-纤维素形成的网络结构，右边主要是果胶网络（引自Cosgrove，2005）。

表15.1 植物细胞壁的结构成分

类别	主要成分
纤维素	（1→4）β-D-葡聚糖微纤丝
果胶	同聚半乳糖醛酸 聚鼠李糖半乳糖醛酸结合阿拉伯糖聚糖、半乳糖聚糖和阿拉伯半乳聚糖（Ⅰ型）侧链
半纤维素	木葡聚糖 木聚糖 葡甘露聚糖 阿拉伯糖基木聚糖 胼胝质（1→3）β-D-葡聚糖 （1→3，1→4）β-D-葡聚糖 （常见于草本植物）
木质素	参见图15.18
结构蛋白	参见表15.2

半纤维素（hemicellulose）是特有的结合在纤维素表面的一层长的线性多糖，侧翼常常带一些短的分支。它们将不同的纤维素微纤丝交联起来，形成相互粘连的网状结构（图15.4左下角部分），或者在微纤丝的表面形成一个光滑的外壳阻止微纤丝之间接触。这些分子也被称为交联多糖（cross-linking glycan），但在本章中，我们将使用半纤维素这个更传统的名称。从后面的叙述中我们知道半纤维素包括一些不同的多糖。

果胶（pectin）是填充于纤维素-半纤维素网状结构中的水合凝胶物质。作为纤维素网络的亲水填充物，果胶可以防止这种纤维素网络结构的凝集和解体，果胶也决定了细胞壁对大分子物质的通透性。和半纤维素一样，果胶也含有几种不同的多糖。这些多糖常被称为“果胶域”，因为它们相互之间以共价键连接形成巨大的大分子结构，这方面与半纤维素中相互独立的聚合物

不同。由一些果胶域组成的中性侧链可以结合到纤维素表面，尽管这种结合要比半纤维素弱得多。

细胞壁多糖由不同的单糖组成并根据它们所含的单糖而命名（图15.5）。例如，**半乳聚糖（galactan）**是由半乳糖（galactose）单体聚合而成，**葡聚糖（glucan）**是由葡萄糖聚合而成，**木聚糖（xylan）**是由木糖聚合而成等等。**聚糖（glycan）**是糖分子组成的多聚物的总成，是多糖的同义词。

多糖是糖残基末端相连的线性聚合物，有时包含由不同糖分子组成的侧链。对于支链多糖来说，多糖的主链通常是指最长的那一条链。例如，**木葡聚糖（xyloglucan）**的主链是由葡萄糖残基构成的葡聚糖主链上连接有木糖组成的侧链。**阿拉伯木聚糖（Arabinoxylan）**是由木糖残基构成的，木聚糖主链连接有阿拉伯糖侧链。这种命名法有时很长，例如，**葡萄糖醛酸阿拉伯木聚糖（glucuronoarabinoxylan）**是一个带糖醛酸单元的阿拉伯木聚糖。然而复合命名法不一定能显示出侧链结构。如**葡甘露聚糖（glucomannan）**的主链含有葡萄糖和甘露糖形成的聚合物。因此，命名是基于聚合物中的主要糖类，而不是为了显示它的详细结构。

植物细胞壁含有**结构蛋白（structural protein）**，但是它们的具体功能尚不清楚。目前研究显示，它们的作用可能包括加固细胞壁和辅助其他细胞壁成分恰当的聚合在一起，例如，在细胞板形成时这些结构蛋白可能起着这样的作用（Cannon et al.，2008）。

初生壁的干重组成大约是：25%的纤维素、30%的半纤维素、40%的果胶和2%~5%的结构蛋白。然而，在很多物种中发现初生壁组分与上述数值有很大偏离（Harris and store，2008），如禾本科植物胚芽鞘细胞壁含有60%~70%的半纤维素，20%~25%的纤维素，仅有10%的果胶。谷类植物胚乳细胞壁可能只含有2%的纤维素，构成胚乳细胞壁的大部分是阿糖基木聚糖。甜菜和西芹的薄壁组织的细胞壁主要含纤维素和果胶，仅4%的半纤维素（Thimm et al.，2002）。花粉管顶部的壁似乎是大部分果胶和少量的加强顶部结构的纤维素。仙人掌（*Opuntia*）的棘状突起，其细胞壁中包含50%的纤维素和50%的半乳聚糖（一种被归类为果胶的中性多糖）。

纤维化的次生壁是另一个极端，纤维素含量很高（在棉纤维中>90%），而果胶质的量少到可以忽略不计。细胞壁的组成成分和多糖结构并不是一成不变，而是在发育过程中不断变化的，这种变化是由于壁的合成模式和酶的活性发生改变的结果，从而能够修剪侧枝并且消化壁果胶和半纤维素（Gibeaut et al.，2005）。

在活的植物组织中，初生壁中含有大量的水分，这些水分大部分位于基质中，占基质的70%~80%。基质的水合状态对于细胞壁的物理特性有很重要的决定作用。例如，除去细胞壁中的水分会使其变得坚硬而缺乏延展性——这是水分缺乏时植物生长受到抑制的一个影响因素。细胞壁脱水对于在木质化的过程中强化细胞壁也很重要，此过程中细胞壁脱水形成了很坚硬的细胞壁从而防止了酶的攻击。

在接下来的部分我们将详细介绍细胞壁中每种主要多聚物的结构。我们给出初生壁的一个基本模型，但需要强调的是：在不同的物种和细胞类型中会有一些不同的特异性基质多糖，并且不同类型细胞壁多聚物（纤维素、半纤维素、果胶和一些次生壁中的木质素）的相对比例也相差很大。细胞壁组成成分的宽泛性清楚地表明，植物细胞的细胞壁可以根据不同需求形成相应的细胞壁。

 15.1.3 纤维素微纤丝是在质膜中合成的

纤维素是由无数（1→4）-β-D葡聚糖组成，也就是β-葡萄糖残基通过（1→4）糖苷键连接线性链状分子（糖结构图15.5和Web Topic 15.2）。由于每个葡萄糖是由相邻的葡萄糖残基旋转180°，纤维素的重复结构单元可以看成为纤维二糖，即（1→4）-β-D葡萄糖二糖（图15.5E）。

在纤维素中，许多单个的葡聚糖主链紧密相连形成纤维丝，葡聚糖通过氢键和范德华力的作用形成一个高度有序的带（**晶体状，crystalline**），它是疏水的且不易受酶的降解。因此，纤维素具有不易溶解、坚硬、化学性质稳定和抵抗酶解的性质。纤维素酶解的最大障碍是从这种晶体微纤维上分解出单个葡聚糖分子需要消耗大量的能量，这是酶解糖残基之间相连的糖苷键必要的步骤（Skopec et al.，2003）。在纤维素微纤丝内部，高度有序的葡聚糖排列和相邻的葡聚糖之间大量的非共价键使得纤维素具有更高的刚性抗拉强度。其化学性质稳定、不溶性、抗酶解特性使得纤维素成为形成坚固细胞壁的极为理想的材料。

纤维素微纤丝的长度是不确定的，其直径大小和有序程度也根据来源不同有很大的差别。例如，陆生植物的纤维素微纤丝直径为2~5 nm，而藻类植物的则接近20 nm，且排列也比陆生植物规则的多（更加晶格化）（Kennedy et al.，2007；Sturcova et al.，2004）。微纤丝的直径取决于其横断面上平行排列的葡聚糖链的数目，在最细的晶状核心只有6条链，而较大的则可达30~50条。单个微纤丝也可以紧密结合在一起形成大的纤丝，如木材组织中的细胞壁。

在纤维素微纤丝中，根据生物来源不同，单个葡聚糖链由2000甚至超过25 000个葡萄糖残基组成（Brown，

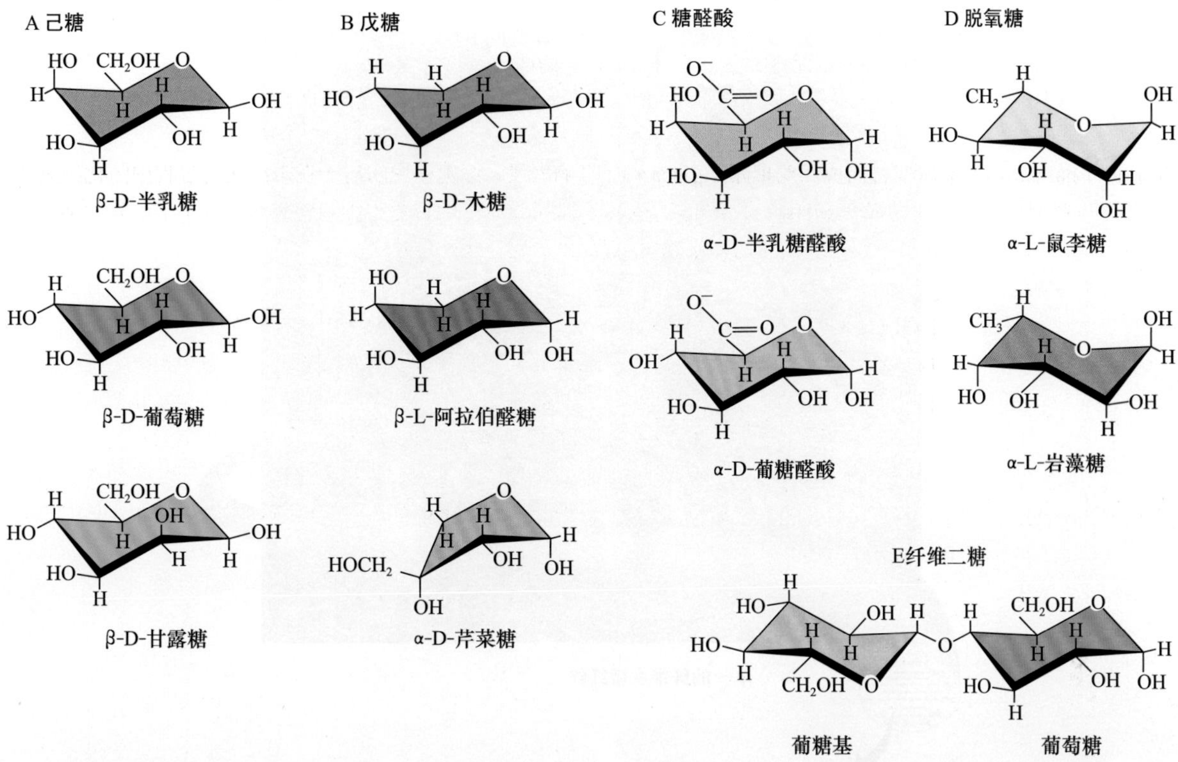

图15.5　植物细胞壁中糖类的常见构象。A. 己糖（六碳糖）。B. 戊糖（五碳糖）。C. 糖醛酸（酸性糖）。D. 脱氧糖。E. 纤维二糖，显示两个反向的葡糖残基间的（1→4）-β-D链。除芹菜糖外所有的蔗糖都是吡喃糖形式，芹菜糖只存在呋喃糖形式。然而在胞壁多糖中，L-果胶糖多以呋喃糖形式存在。

Jr.et al.，1996）。由于微纤丝中葡聚糖分子的重叠和交错，使得微纤丝要比单个葡聚糖分子长（1~12 μm）。

有关纤维素微纤丝精确的分子结构是不确定的。有些微纤丝组织结构模型显示它有一个亚结构，亚结构中高度有序的区域被无序的非定型区域连接在一起，而其他的模型则显示固态晶状核心被相对无序的结构包围（图15.6）。在高度有序的晶状区域中，邻近的葡聚糖以氢键、范德华力、疏水相互作用等所有非共价键连接在一起。植物中的纤维素晶状结构以两种形式存在，称为同质Ⅰα和Ⅰβ，二者的区别在于组成它们的平行的葡聚糖链在结合成束时的方式略有不同。在体外用化学和物理方法处理时这两种形式可以相互转变。形成这两种晶状结构的意义目前还不清楚。

电子显微证据表明，藻类和陆地植物微纤丝的合成是由一些巨大的蛋白质复合体催化的，这些蛋白复合体又称为莲座状粒子（particle rosette）或终端复合物（terminal complexe），它们镶嵌在质膜中（图15.7）（Kimura et al.，1999），由6个亚基组成，每个亚基又包括多个**纤维素合酶（cellulose synthase）**。纤维素合酶能够合成形成微纤丝的单个（1→4）-β-D葡聚糖分子（参见Web Topic 15.3）。纤维素合酶复合酶可能包含额外的蛋白，但是这些蛋白没有被确认。

高等植物纤维素合酶由一个被称为***CesA*（纤维素合酶A，cellulose synthase A）**的基因家族编码，这是一个多基因家族，在所有陆地植物中都有发现（Yin et al.，2009）。*CesA*家族是一个大的超家族的一部分，这个超家族也包括一些*Csl*家族基因（cellulose synthase-like，纤维素合酶类似物）的一些家族。*CslA*基因编码的酶负责（1→4）-β-D甘露聚糖的合成；*CslF*和*CslH*基因编码的酶负责一种混合糖苷键链接的多糖，即（1→3；1→4）-β-D-葡聚糖的合成，*CslC*基因编码的酶可能负责木葡聚糖主链上的（1→4）-β-D-葡聚糖的合成。

*Csl*家族其他成员可能编码其他酶用来合成其他多糖主链。然而，木聚糖主链的合成可能是一类截然不同的酶，被命名为GT43（糖基轻移酶家族43，glycosyl transferase family 43）（Fincner，2009）。这些合成酶是**糖-核苷酸多糖糖基转移酶（sugar-nucleotide polysaccharide glycosyltransferases）**，它们能把单糖从糖核苷酸转移到正在延伸的多糖链末端。

纤维素合酶穿越了膜，其催化位点位于质膜的胞质侧，纤维素合酶能将供体糖-核苷酸上的糖残基转移到正在延伸的葡聚糖链上。糖供体是尿苷二磷酸葡糖（UDPG）。有一些证据表明，用于合成纤维素的UDPG中的葡糖来自于蔗糖（Amor et al.，1995；

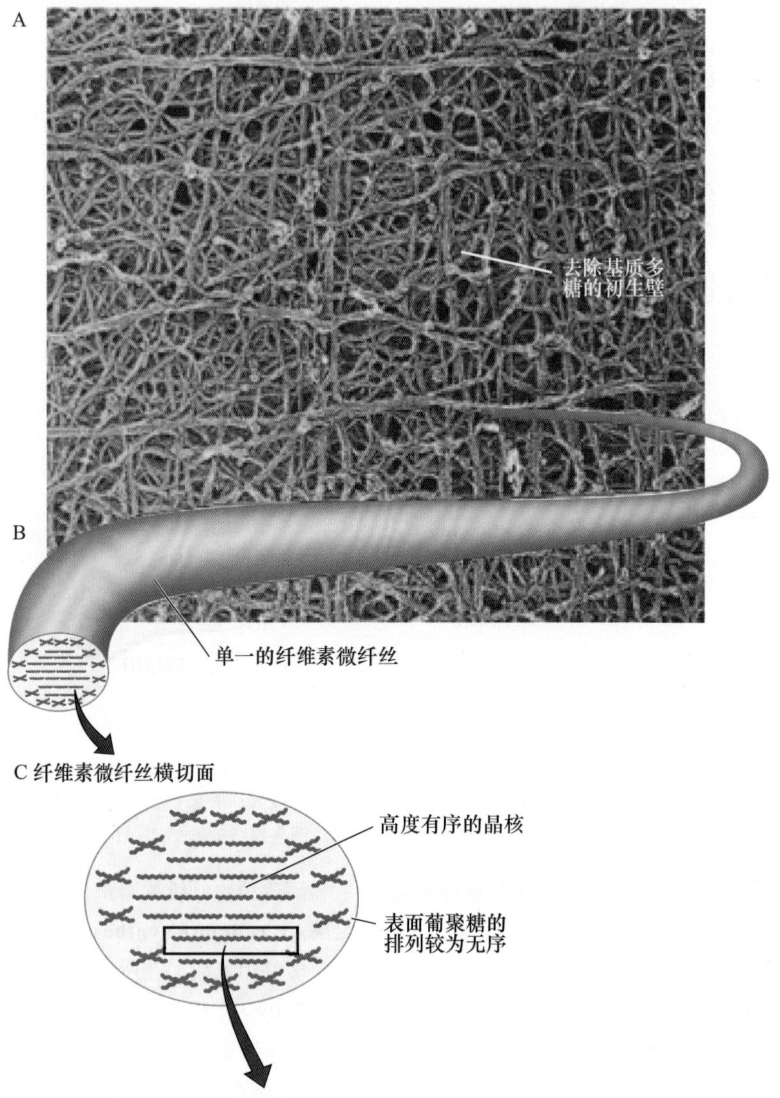

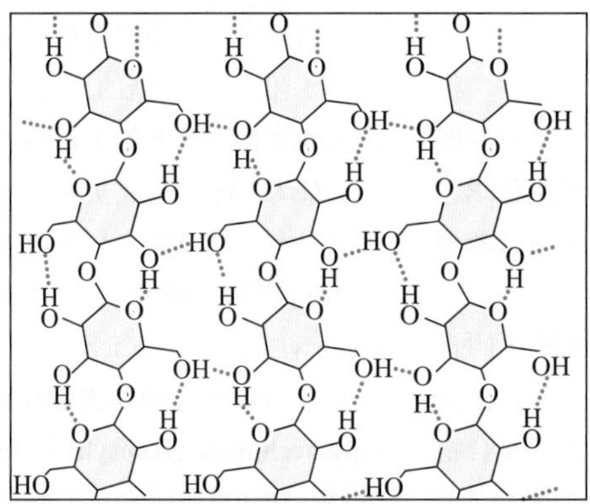

图15.6　纤维素微纤丝的结构模型。微纤丝中高度有序的晶状结构区与相对无序的区域相结合，一些半纤维素也可能被微纤丝捕获而结合在其表面。A. 除去基质多糖后，洋葱薄壁组织初生壁扫描电镜图。显示的是由纤维素微纤丝形成的纤维结构。B. 单个纤维素微纤丝。由24~48个（1→4）-β-D-葡聚糖链紧密结合在一起形成的晶状结构。C. 纤维素微纤丝的横切面图。纤维素结构模型由高度有序的（1→4）-β-D-葡聚糖构成晶状核心和相对无序的外层结构组成。D. 纤维素的晶状区由精细排列的葡聚糖组成，（1→4）-β-D-葡聚糖内部以氢键连接，而相互之间无氢键连接（引自McCann et al.，1990；Matthews et al.，2006）。

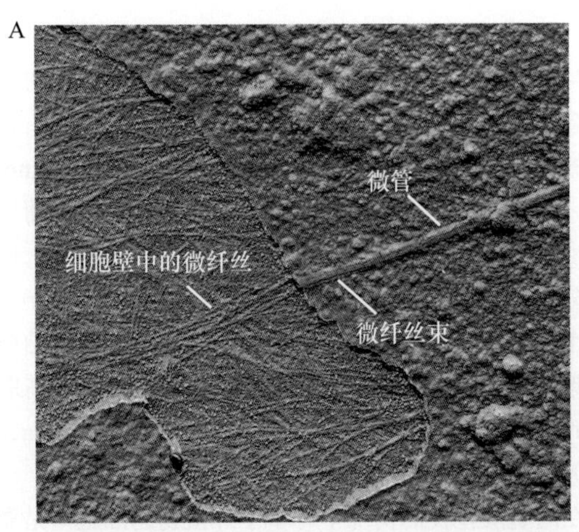

图15.7 细胞纤维素的合成。A. 电子显微镜下显示新合成的纤维素微纤丝立即被分泌到质膜外。B. 冷冻断裂标记复合体显示纤维素合酶与抗体的反应，7个清晰的带标记的莲座区和一个不带标记的区域构成的标记区（箭头）。B图的内插图为挑选的两个放大的用免疫金标记的CesA颗粒（顶端复合物）。这些金纳米颗粒是箭头指示的暗环。C. 颗粒区（最右边）与单个CesA蛋白（最左边）关系模型。6个CesA蛋白（3个不同的基因编码）组成一个颗粒，在显微镜下可观察到其装配成一个六聚体，该六聚体负责合成36条葡聚糖链，进而形成有序的微纤丝（A图引自Gunning and Steer，1996；B图引自Kimura et al.，1999；C图引自Doblin et al.，2002）。

Salnikov et al.，2001）。该观点认为，**蔗糖合酶（sucrose synthase）**通过UDPG从蔗糖转运葡糖到正在延伸的纤维素链上，此过程中蔗糖合酶起到代谢通道的作用（图15.8）。遗传学的证据表明了3个不同的CesA

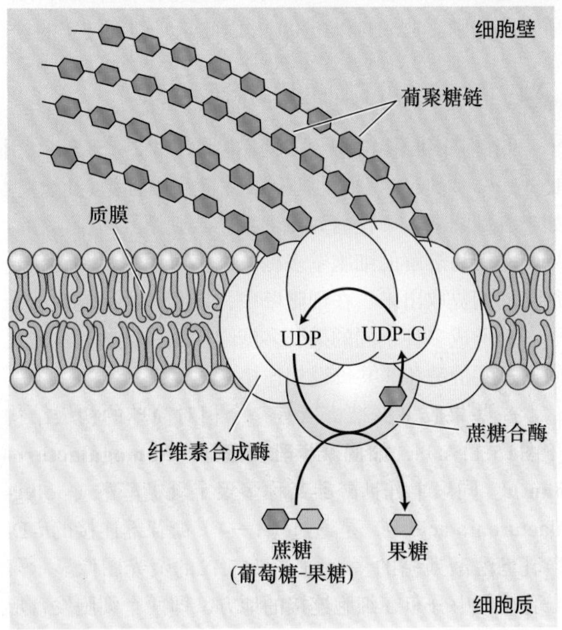

图15.8 含纤维素合成酶的多亚基复合物合成纤维素的模型。葡萄糖残基从UDPG供体转移到正在伸长的葡聚糖链上，蔗糖合酶起到代谢通道的作用将葡萄糖从蔗糖转运到UDPG上，UDPG也可以直接从质膜上获得（引自Amor et al.，1995）。

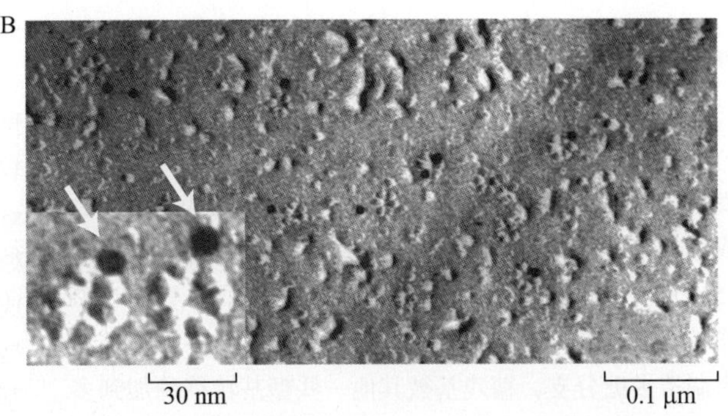

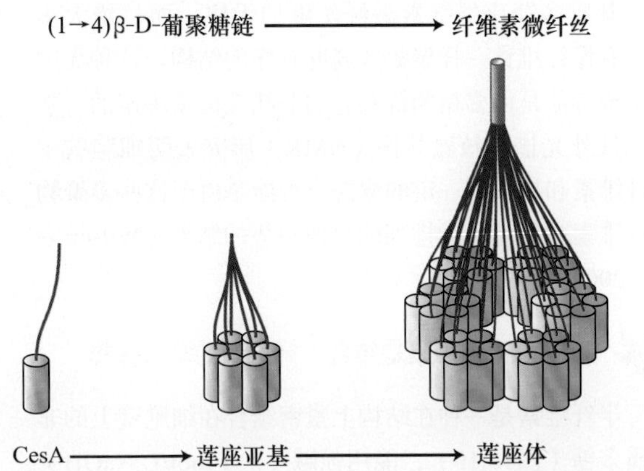

蛋白（由3个不同的*CesA*基因编码）对于形成一个功能性纤维素合酶复合体是必需的。

固醇-葡萄糖苷（固醇与一个或多个葡萄糖残基链链接）（图15.9）被认为是一个引发体或起始受体，即接受新的葡萄糖残基从而使葡聚糖链延伸（Peng et al.，2002）。当葡聚糖链延伸到足够长时，固醇可被葡聚糖内切酶从葡聚糖链上剪切下来，进而使正在伸长的葡聚糖链通过细胞膜伸出细胞外，在胞外与其他的葡聚糖链形成一个晶状带并和半纤维素结合在一起，形成一个坚固而富有弹性的网状结构（图15.4）。一些半纤维素在形成时可能被包入微纤丝中（Hayasi，1989），这可能增加了晶状微纤丝的无序性，并使其锚定在基质中。

CH_2OH O OH OH OH O

β-谷甾醇葡糖苷

图15.9 纤维素合成作用中最初的引发体（如葡聚糖链延伸受体）固醇糖苷的结构。图为β-谷甾醇葡糖苷由一个固醇（右边）连接一个葡萄糖残基（左边）构成，外加的葡萄糖残基与β-谷甾醇葡糖苷中的葡萄糖基结合，形成葡聚糖，进而形成纤维素微纤丝。

 15.1.4 基质多糖在高尔基体中合成并通过囊泡分泌到细胞壁上

在纤维素微纤丝晶状体之间，初生壁的基质是高度水合相。基质多糖是由高尔基体膜上的糖基转移酶合成的，然后通过囊泡的胞吐作用转运到细胞壁上（图15.4）（Web Topic 15.4）。由前面描述可知，*Csl*超家族基因编码的糖基转移酶可以合成一些基质多糖主链。为制造多糖分支，糖残基被其他一些糖基转移酶加到多糖主链上（Ccheible and Pauly，2004）。

基质多糖比纤维素微纤丝更加无序，而且绝大多数没有像纤维素一样聚集成高度有序的结构。这种无序的结构特征是由多糖侧链和它的非线性构象决定的。然而，红外光谱和核磁共振（NMR）研究表明细胞壁中半纤维素和果胶有一定的取向，可能是由于这些多聚物沿纤维素微纤丝长轴排列的物理趋势的结果（Wilson et al.，2000）。

 15.1.5 半纤维素是结合于纤维素的基质多糖

半纤维素是一种在结构上紧密结合在细胞壁上的非均质多糖（图15.10），能用强碱（2~4 mol/L NaOH）将它们从除去果胶的细胞壁上洗脱下来，强碱会破坏氢键，导致纤维素膨胀、水化而无序。植物能合成不同种类的半纤维素，因细胞类型、发育状态和植物种类而不同。

许多陆生植物的初生壁中（双子叶植物、除草之外的大多数单子叶植物及其近缘种），数量最多的半纤维素是**木葡聚糖（xyloglucan）**（图15.10A），在细胞壁中含量高达20%。和纤维素一样，木葡聚糖有一个由（1→4）-β-D葡萄糖残基连接的主链。然而和纤维素不同的是木葡聚糖有一些短的侧链，含木糖和末端前的半乳糖，末端为岩藻糖。

在木葡聚糖的主链上几乎每四个葡萄糖残基就有一个不存在取代（不带糖侧链），但是这个分数会由于β-木糖苷酶的作用而增大，β-木糖苷酶能除去木糖侧链。在取代度低的情况下，木葡聚糖将更密切地与纤维素结合（Chambat et al.，2005）。木葡聚糖分支有相当大的分类变化，例如，茄属植物含阿拉伯糖，但是没有海藻糖，有时在分支上不含半乳糖。

在木葡聚糖中，由于侧链干扰了葡聚糖主链的线性排列，从而阻止了木葡聚糖组装成一条有序的微纤丝。木葡聚糖的长度（50~500 nm）超过了两个微纤丝之间的空间距离（20~40 nm），它们可以将邻近的几个纤维素微纤丝连接在一起。在它们形成时，木葡聚糖将很可能被纤维素微纤丝捕获：在这种情况下，纤维素的结晶度将被破坏，并且木葡聚糖也将紧紧地锚定在纤维丝上。

与双子叶植物的细胞壁相比，单子叶植物的初生壁包含少量的木葡聚糖和果胶（分别为10%左右）、较多的**葡萄糖酸阿拉伯糖基木聚糖（glucuronoarabinoxylan）**（图15.10B）及混接（1→3；1→4）-β-D-葡聚糖。混接的葡聚糖被认为紧紧结合在纤维素表面，形成非黏性表层，葡萄糖酸阿拉伯糖基木聚糖起交互连接的作用（Carpita et al.，2001）。葡萄糖酸阿拉伯糖基木聚糖的取代度差别很大，与低取代度相比，高取代度的混接形式结合到纤维素的能力会更弱（Carpita，1983）。

在阿魏酸存在的情况下，单子叶植物的细胞壁是靠**阿魏酸（ferulic acid）**，羟基苯丙烯酸而交联在一起，它们通过酯键与葡萄糖酸阿拉伯糖基木聚糖的阿拉伯糖侧链相连（图15.10B）。邻近分子的阿魏酸盐残基能在氧化酶的作用下发生氧化交联反应，从而在两个葡萄糖酸阿拉伯糖基木聚糖链之间形成共价连接（Burr and Fry，2009）。阿魏酸的酯化同样发生在某些植物家族中果胶域RG1的阿拉伯聚糖和半乳糖侧链上，如苋科（Amaranthaceae）（包括甜菜和菠菜）。这些阿拉伯聚糖和半乳聚糖也能结合在纤维素表面（Zykwinska et al.，2007a）；因此，与纤维素表面的结合并不是半纤维素独有的特性。

木质组织的次生壁（次生木质部）含有很少的木聚糖或果胶；基质多糖多是没有支链的木聚糖和葡苷露聚糖，它们紧紧结合在纤维素上。这些壁富含纤维素和木质素（分别高达50%和30%），因此是坚硬而结实的。

 15.1.6 果胶是基质的凝胶组分

与半纤维素相似，果胶也是非均一多糖（图15.11），果胶的特征是含有酸性糖和中性糖，酸性糖如半乳糖醛酸，中性糖如鼠李糖、半乳糖及阿拉伯糖。果胶是最易溶解的细胞壁多糖，大多可用热水和钙螯合剂将它们提取出来。在细胞壁中，果胶是大而复杂的分子，且形成多种不同的果胶多糖结构域，这些结构域之间通过共价键和非共价键相连接。

一些果胶多糖结构域有一个相对简单的初级结构（图15.11A），如**同聚半乳糖醛酸（homogalacturonan）**。同聚半乳糖醛酸又称多聚半乳糖醛酸（polygalacturonic acid），是通过（1→4）糖苷键连接的α-D-半乳糖醛酸残基的多聚物。图15.12的荧光图像显示聚半乳糖集中分布在细胞连接的地方，即两个细胞发育形成的空间。

细胞壁中含量较多的另一个果胶多糖是**聚鼠李糖半乳糖醛酸Ⅰ（rhamnogalacturonan Ⅰ，RGⅠ）**，其长长的主链是由鼠李糖和半乳糖醛酸残基交替形成（图

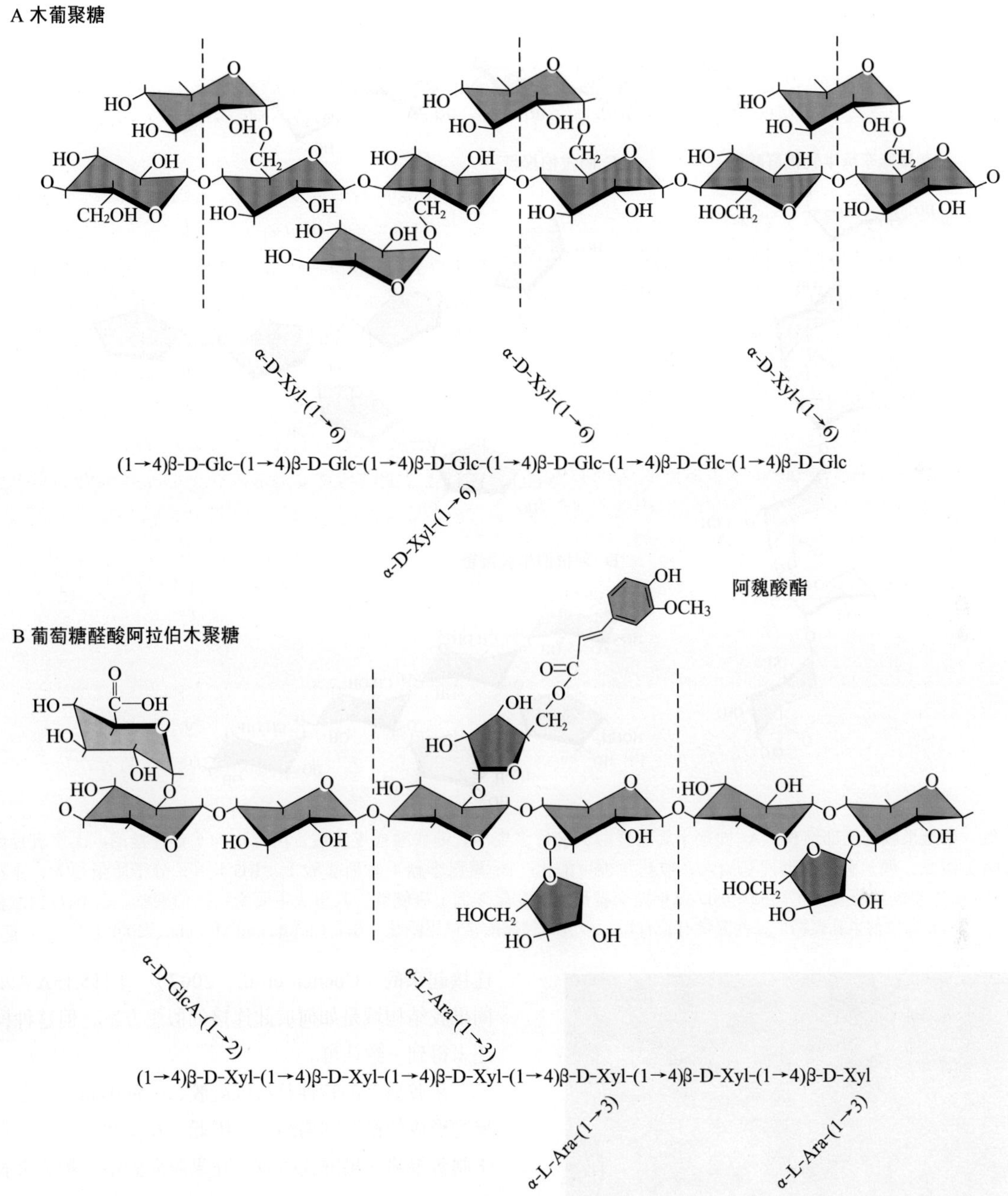

A 木葡聚糖

α-D-Xyl-(1→6)　α-D-Xyl-(1→6)　α-D-Xyl-(1→6)

(1→4)β-D-Glc-(1→4)β-D-Glc-(1→4)β-D-Glc-(1→4)β-D-Glc-(1→4)β-D-Glc-(1→4)β-D-Glc

α-D-Xyl-(1→6)

B 葡萄糖醛酸阿拉伯木聚糖

阿魏酸酯

α-D-GlcA-(1→2)　α-L-Ara-(1→3)

(1→4)β-D-Xyl-(1→4)β-D-Xyl-(1→4)β-D-Xyl-(1→4)β-D-Xyl-(1→4)β-D-Xyl-(1→4)β-D-Xyl

α-L-Ara-(1→3)　α-L-Ara-(1→3)

图15.10　普通半纤维素的部分结构（详细的碳水化合物命名法，参见Web Topic 15.1）。A. 木葡聚糖有一个由（1→4）-β-D葡萄糖残基组成的主链，并通过（1→6）糖苷键与α-D-木糖结合而形成侧链，在某些情况下，木糖侧链上还结合有半乳糖和岩藻糖。B. 葡萄糖醛酸阿拉伯木聚糖有一个由（1→4）连接的β-D-木糖主链，它们有时也会含有包括阿拉伯糖，4-*O*-甲基葡萄糖醛酸或者其他糖的侧链（引自Carpita and McCann，2000）。

15.11B）。RGⅠ的分子质量很大，同时带有长短不一的阿拉伯聚糖和半乳聚糖的侧链，以及链接在某些鼠李糖残基上的Ⅰ型阿拉伯半乳聚糖。

分子结构更复杂的果胶多糖是具有很多分支侧链的**聚鼠李糖半乳糖醛酸Ⅱ（rhamnogalacturonan Ⅱ，RGⅡ）**，它含有一个多聚半乳糖醛酸主链，主链上覆盖有4种不同的复杂的侧链，而这些侧链至少由10种不同的单糖通过多种方式相连接。尽管RGⅠ和RGⅡ的名称相似，但它们的结构不同。在细胞壁中RGⅡ单元之间通过硼酸二酯相互交联（Ishii et al.，1999），这种交联对于细胞壁的结构和机械强度是非常重要的。如拟南芥RGⅡ合成改变的突变体表现明显的生长异常，很明显是由硼酸酯键交联不稳定引起的。RGⅡ的硼酸交联缺失导致细胞壁过度膨胀，增加了细胞壁的孔隙度，使细胞壁的机械强度下降（O’Neill et al.，2004）。

细胞壁中的果胶多糖是通过共价键以线性方式相互

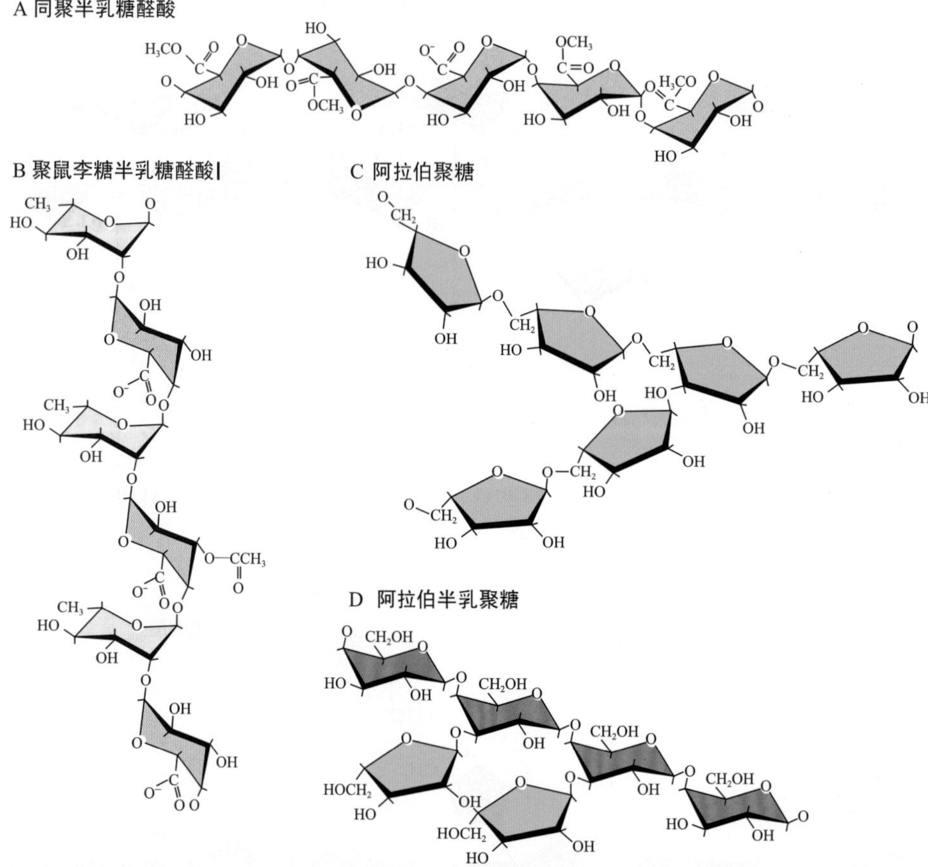

图15.11　典型果胶的局部结构。A. 同聚半乳糖醛酸，又称多聚半乳糖醛酸或果胶酸，由（1→4）键连接的α-D-半乳糖醛酸（GalA）组成，偶尔有鼠李糖残基插入，羧基常被甲酯化。B. 聚鼠李糖半乳糖醛酸Ⅰ（RGⅠ），分子质量很大，主链由（1→4）α-D-半乳糖醛酸和（1→2）α-D-鼠李糖交替形成。在鼠李糖上有侧链，其组成主要为阿拉伯聚糖。C. 阿拉伯聚糖。D. 阿拉伯半乳聚糖。这些侧链有长有短，半乳聚糖醛酸常被甲酯化（引自Carpita and McCann，2000）。

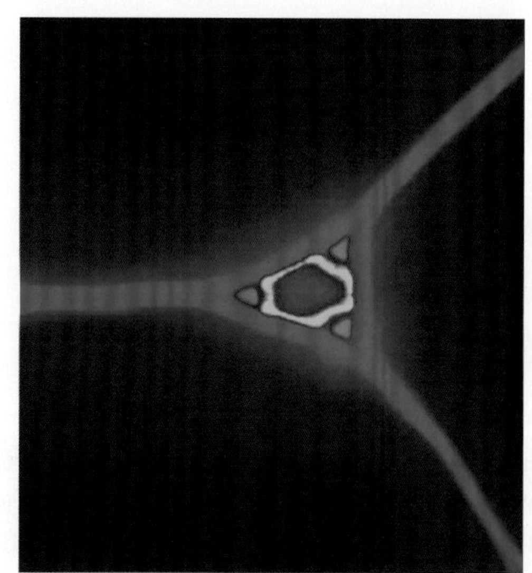

图15.12　烟草茎秆三重荧光标记显示的三个相邻薄壁组织细胞的初生壁，它们的边界处所形成的细胞间空隙。蓝色部分是荧光增白剂卡尔科弗卢尔（calcofluor）（表示纤维素），红色和绿色部分是和两个单克隆抗体结合的果胶同聚半乳糖醛酸不同的抗原决定簇（免疫特定区域）（W. Willats惠赠）。

连接起来的（Coenen et al.，2007）。图15.13A展示不同果胶结构域是如何彼此连接的假想方案，但这种模型还未得到一致认可。

果胶典型的特性是形成凝胶，一种由高度水合的多聚物形成的松散网络结构，因此，在实践中，果胶常用于制备果酱、果冻或凝胶。在果胶凝胶中，相邻果胶链上带电荷的羧基（COO^-）基团通过Ca^{2+}连接在一起，Ca^{2+}可与果胶酸钙结合形成复合物。如图15.13B所示，Ca^{2+}与果胶形成的庞大的Ca^{2+}桥网络。

果胶的修饰会改变它们在细胞壁中的构型和连接方式。果胶在高尔基体中合成时，许多酸性残基被甲基、乙酰基和其他未知基团酯化。甲酯化作用掩盖了羧基基团上的电荷，阻止了两个果胶链上钙桥的形成，从而减弱了果胶形成凝胶的能力。

果胶一旦被分泌到细胞壁中，酯基就会被细胞壁中的果胶酯酶去除，这样羧基上的电荷就暴露出来，增强了果胶形成一个刚性凝胶态的能力并降低细胞壁的可扩展性（Derbyshire et al.，2007b）。随着自由羧基的

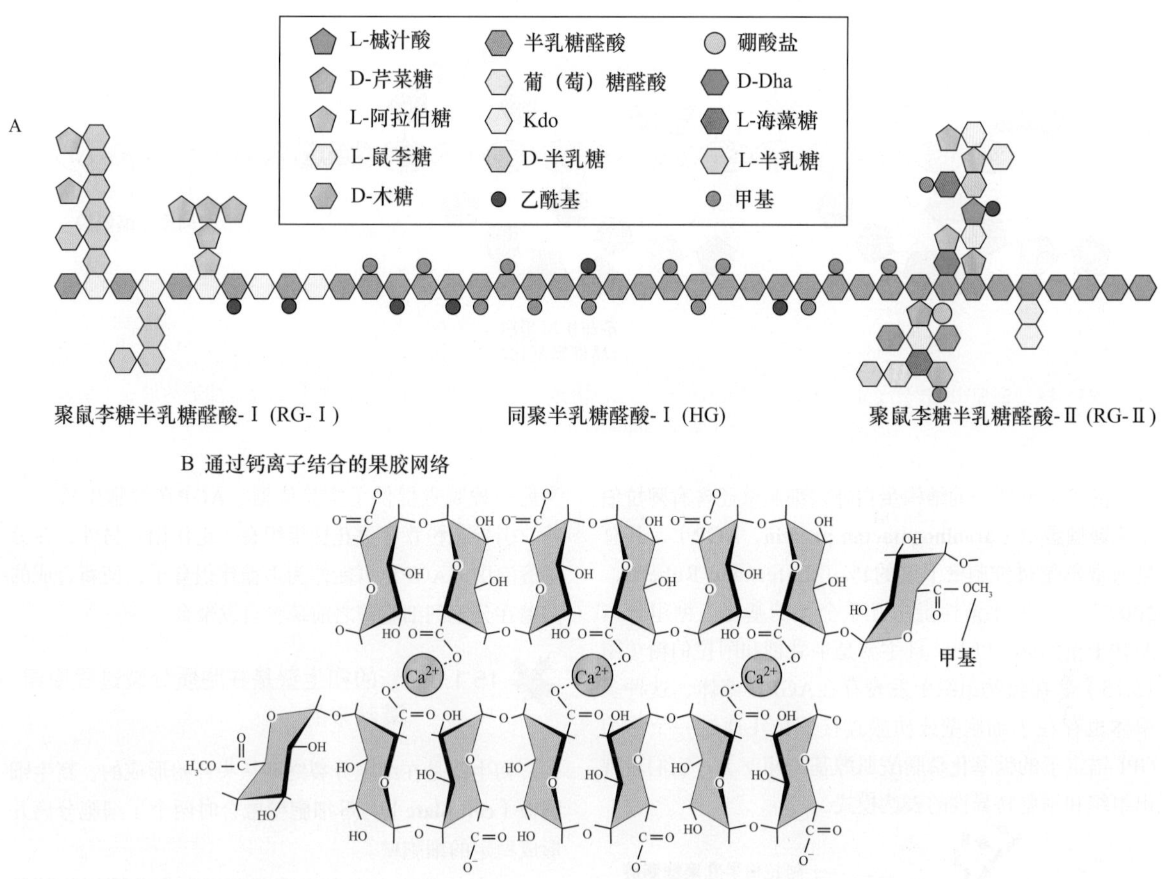

图15.13　A. 不同果胶结构域彼此之间以线性方式排列，包括聚鼠李糖半乳糖醛酸Ⅰ（RGⅠ）、多聚半乳糖醛酸（HG）聚鼠李糖半乳糖醛酸Ⅱ（RG Ⅱ）。这个结构不是精确量化的；多聚半乳糖醛酸（HG）应扩大10倍以上，聚鼠李糖半乳糖醛酸Ⅰ（RGⅠ）应扩大2倍以上。Kdo为2-脱氧-3-辛酮糖酸；Dha为二羟丙酮。B. 钙离子与非酯化的羧基离子之间结合形成果胶网络。当被甲酯化基团阻碍时，羧基基团不能参与这种相互交织的网状结构的形成，同样的，主链上的侧链也干涉网状结构的形成（A图引自Mohnen，2003；B图引自Carpita and McCann，2000）。

形成，去酯化作用也增加了细胞壁中的电荷，这可能进一步影响了细胞壁中的离子浓度和细胞壁酶的活性。果胶除了通过钙桥连接外，也可能通过多种共价键彼此连接，包括如上所述的阿魏酸二聚体（仅在一些植物中被发现）。

 15.1.7　结构蛋白在细胞壁中交互连接

前面讲述的多糖为细胞壁的主要成分，此外，细胞壁还含有一些结构蛋白。这些蛋白质通常根据它们所含的优势氨基酸进行分类——如富羟脯氨酸糖蛋白（hydroxyproline-rich glycoprotein，HRGP）、富甘氨酸蛋白（glycine-rich protein，GRP）、富脯氨酸蛋白（proline-rich protein，PRP）等（表15.2）。一些细胞壁蛋白质一级结构可能会具有多种特征，很多细胞壁结构蛋白具有高度重复的一级结构，其中有的形成简单的螺旋杆状，而有的则被高度糖基化（图15.14）。

体外研究表明，新分泌的细胞壁结构蛋白是相对可溶性的，但随着细胞的成熟或对伤害的应激反应，这些蛋白质变得越来越不可溶，但这种不可溶的变化过程的生化本质可能涉及蛋白质中酪氨酸残基的氧化交联。

表15.2　细胞壁的结构蛋白

细胞壁结构蛋白的种类	碳水化合物百分比/%	代表性组织定位
富羟脯氨酸糖蛋白	约55	形成层、维管薄壁组织
富脯氨酸蛋白	0~20	木质部、纤维、皮层
富甘氨酸蛋白	0	初生木质部和韧皮部

细胞壁结构蛋白的组分随着细胞类型、成熟阶段和刺激作用的不同有很大的变化。伤害、病原体入侵，以及能激活植物防御反应的分子处理（诱导子），都能增加编码这些蛋白质的基因的表达（见第13章）。组织学研究表明，细胞壁结构蛋白通常位于特异的细胞或组织中，如HRGR大多位于形成层、韧皮部薄壁组织和多种类型的厚壁组织中；GRP和PRP则通常位于木质部导管和纤维中，因而是这些带有次生壁细胞的一种特性。

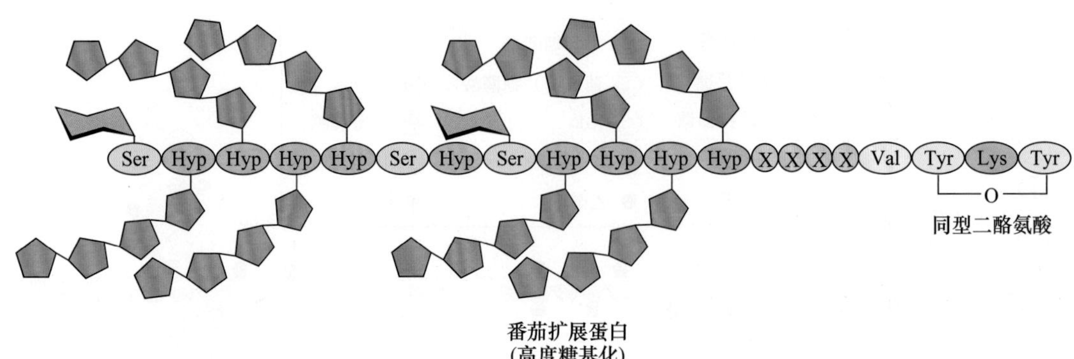

图15.14 番茄HRGP分子中重复的羟脯氨酸结构单元。图示为高度糖基化和分子内同型二酪氨酸键的形成（引自Carpita and McCann，2000）。

除了上面所列的结构蛋白外，细胞壁还含有**阿拉伯半乳聚糖蛋白（arabinogalactan protein，AGP）**，其总量通常不超过细胞壁干重的1%（Seifert and Roberts，2007）。这些水溶性蛋白几乎全被糖基化。糖组分占AGP干重的90%以上，且主要是半乳糖和阿拉伯糖（图15.15）。在植物组织中发现存在AGP多聚体，这种多聚体也存在于细胞壁或质膜连接部位（通过一个称为GPI 锚定子的糖基化磷脂酰肌醇基团相连），它们表现出组织和细胞特异性的表达模式。

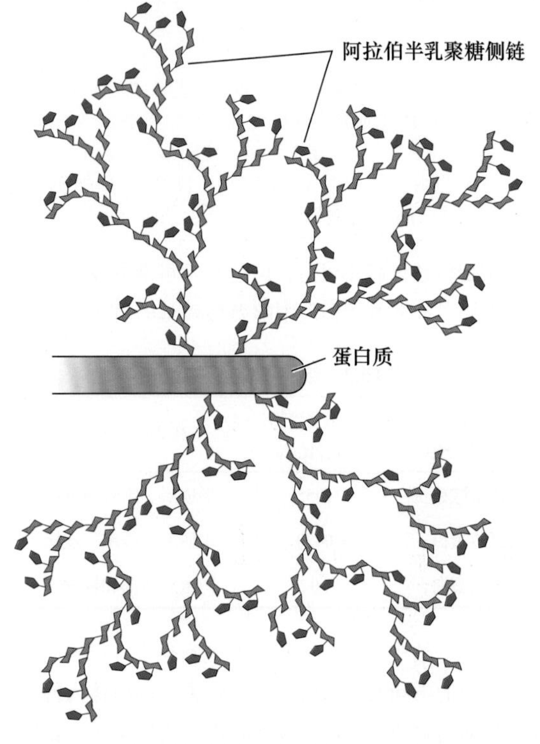

图15.15 高度分支的阿拉伯半乳聚糖分子（引自Carpita and McCann，2000）。

AGP可能在细胞分化过程中起细胞粘连和细胞信号的作用。用外源AGP或AGP特异性结合剂处理悬浮培养细胞时，发现细胞的增殖和胚的发育受到影响，因而，为后一种观点提供了实验依据。AGP在细胞生长、营养、引导花粉管穿过花柱组织有一定作用。另外，在分泌囊泡中，AGP也可能作为多糖伴侣分子，使新合成的多糖在分泌到细胞壁之前减少自发聚合。

 15.1.8 新的初生壁是在胞质分裂过程中组装起来的

初生壁是在细胞分裂终期从头开始形成的，新生**细胞板（cell plate）**与母细胞壁融合时两个子细胞分离并形成稳定的细胞壁。

当高尔基体小泡和内质网腔聚集在分裂细胞的纺锤体中心区时，细胞板形成。这种聚集作用由**成膜体（phragmoplast）**来组织，成膜体是在细胞分裂后期晚些时候或末期开始时由微管、膜和囊泡相互聚集在一起形成的一种复合体（见第1章）。囊泡膜彼此融合，并与后来形成的质膜融合组成新的质膜，从而将子代细胞分开。囊泡内容物是形成新的胞间层和初生壁的前体。

单个聚合物的"生命"过程可以如下列出：

合成→沉积→组装→
修饰（有时会影响细胞壁的延展性）

无论何时，壁聚合物存在于任何或所有的生命阶段。主要胞壁多聚物的合成与沉积在前面已经讲述过了。在这里我们将介绍它们组装成凝聚性网络的过程和这些多聚物的修饰及细胞扩张的影响。

细胞壁多聚物分泌到细胞外之后，必定会装配成一个相互粘连的结构，也就是说单个的多聚物会按照一定的规律排列和相互连接，这是初生细胞壁的特性，并且同时赋予其抗扩张强度和延展性。尽管细胞壁装配的详细机制还不完全清楚，但对于这个过程有两种假说：自装配和酶介导的装配。

自装配（self-assembly）自装配模型其机制简单而极具吸引力。细胞壁多糖具有显著的自发凝聚成有序结

构的趋势。例如，用强溶剂将纯化的纤维素溶解，经挤出即可自发形成稳定的纤维即人造丝。

同样的，半纤维素也能被强碱溶解，当强碱去除后，这些多糖就会聚集成像细胞壁超微水平的有序的网络结构，这种聚集使得半纤维素分离成组分多聚物。相反，果胶比较容易溶解并且往往形成分散的各向同性（自由分布）的网络（凝胶）。

这种现象表明，胞壁多聚物有聚集成一些有序结构的内在趋势。但这并不能解释所有的过程，因为在体外当半纤维素结合到纤维素上时，这种结合比在真正的细胞壁中的结合弱得多。这种差别暗示，维持胞壁中稳固的网络还需要一些其他的过程。

酶介导的装配（enzyme-mediated assembly）除自装配外，细胞壁中的酶类也可能参与细胞壁的组装。介导细胞壁装配的主要酶类是**木葡聚糖内糖基转移酶（xyloglucan endotransglucosylase，XET）**，该酶属于**木葡聚糖内糖基转移酶/水解酶（xyloglucan endotransglucosylase /hydrolase，XHT）**家族，能够剪切木葡聚糖主链，并使剪切开的一端连接在一个受体木葡聚糖的自由端（图15.16）。新合成的木葡聚糖通过这样的转移反应整合到细胞壁上（Thompson and Fry，2001；Rose et al.，2002）可能使细胞壁更坚硬。

其他在细胞壁装配过程中起辅助作用的细胞壁酶有糖苷酶、果胶甲基酯酶和多种氧化酶。一些糖苷酶能转移半纤维素侧链。这种去分支作用增加了半纤维素粘连到纤维素微纤丝表面的趋势。果胶甲基酯酶水解甲酯从而形成游离的羧基，增加了果胶中酸性基团的浓度，增强了果胶形成Ca^{2+}桥凝胶网络的能力。氧化酶如过氧化物酶可催化壁蛋白、果胶和其他壁聚合物中酚类基团（酪氨酸、苯丙氨酸、阿魏酸）之间的交联。这种氧化交联以复杂的途径把木质素亚基连接在一起（图15.17），它们也同样能把其他细胞壁成分连在一起如阿魏酰木聚糖。

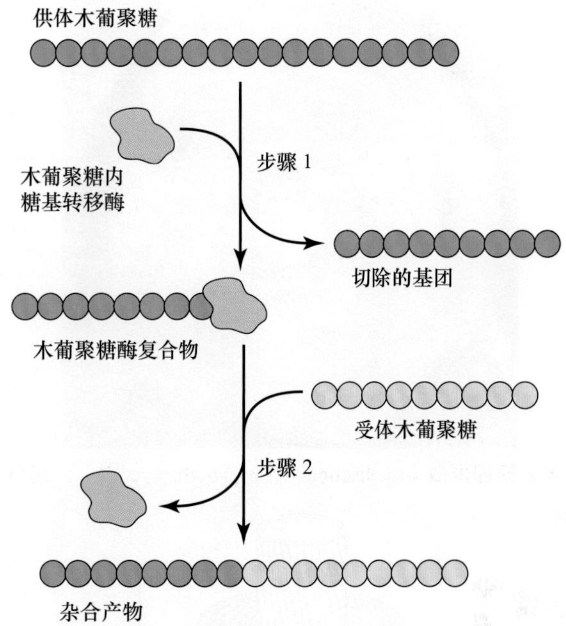

图15.16　木葡聚糖内糖基转移酶（XET）剪接木葡聚糖多聚物形成新的构象示意图。第1步：酶切木葡聚糖分子（供体木葡聚糖）形成一个长的有活性的复合体，木葡聚糖共价结合到酶分子上。第2步：之后酶分子转移木葡聚糖链到第二个木葡聚糖（受体木葡聚糖）的非还原端，从而形成一个杂合产物（引自Fry，2004）。

15.1.9　细胞壁扩张停止后次生壁的形成

细胞壁停止扩张后，细胞有时会继续合成一个**次生壁（secondary wall）**。管胞、纤维和其他对植物起支持作用的次生壁可能相当厚（图15.18）。在蒸腾过程中由于剧烈的蒸腾作用产生的巨大水张力极可能导致导水细胞的崩溃，而木质部的刚性次生壁对防止细胞崩溃起着重要作用。正如上文提到的，木质次生壁包含木聚糖而不是木葡聚糖，而且还有很高比例的纤维素。与初

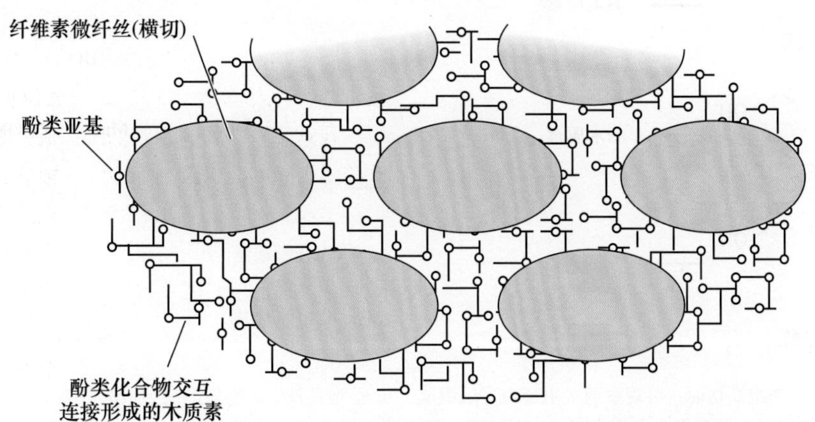

图15.17　图示木质素酚类亚基如何渗透到纤维素微纤丝之间的空间，形成网状连接。（图中忽略了基质的其他组分）。

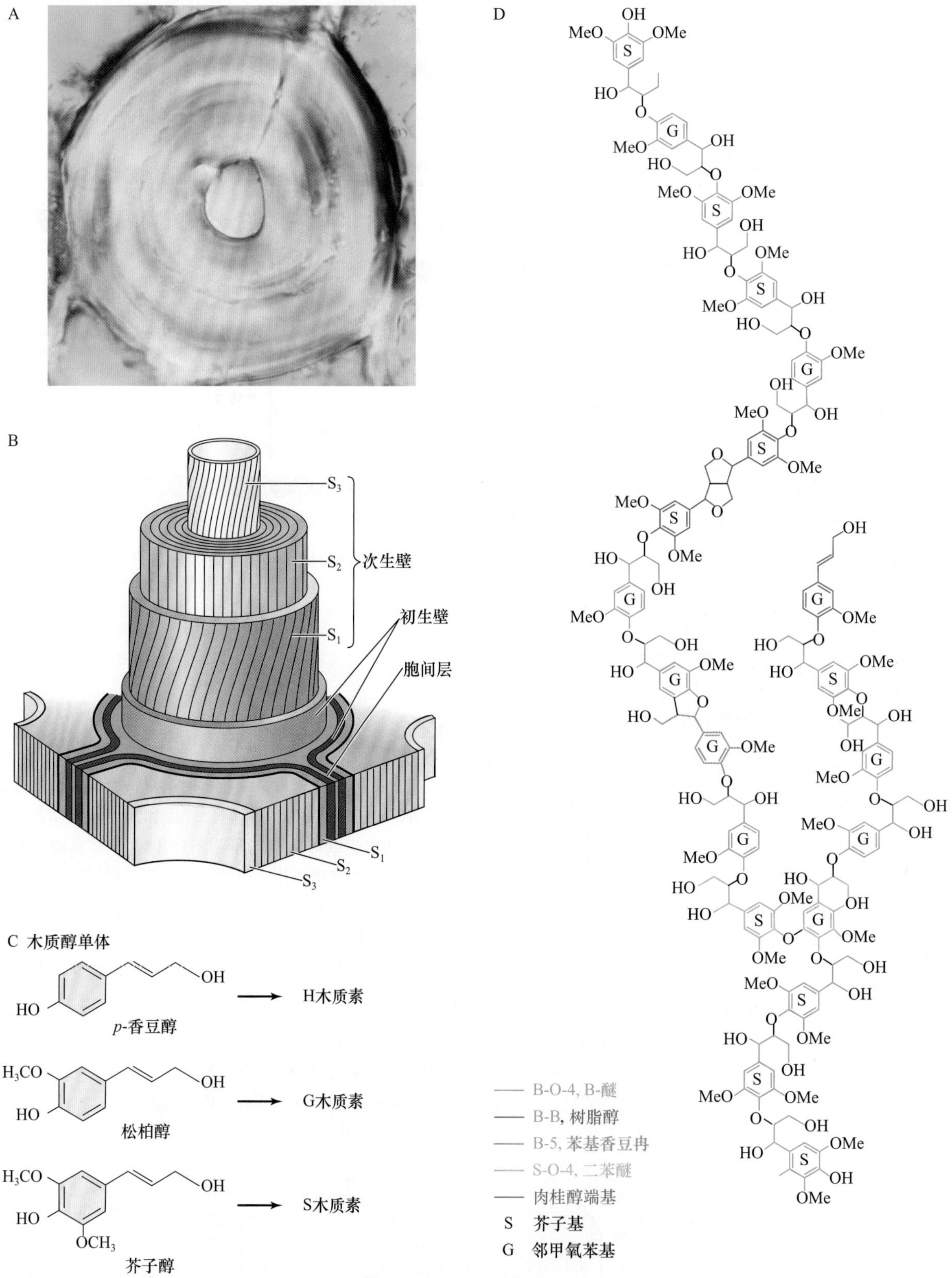

A

B

S_3

S_2 次生壁

S_1

初生壁

胞间层

S_1

S_2

S_3

C 木质醇单体

HO OH → H木质素

p-香豆醇

H_3CO HO OH → G木质素

松柏醇

H_3CO HO OCH_3 OH → S木质素

芥子醇

D

—— B-O-4, B-醚

—— B-B, 树脂醇

—— B-5, 苯基香豆冉

—— S-O-4, 二苯醚

—— 肉桂醇端基

S 芥子基

G 邻甲氧苯基

图15.18 A. 罗汉松石细胞横切面，可观察到次生壁由多层组成。B. 管胞和其他具有较厚次生壁的细胞中的胞壁组成示意图。三个明显的层（S1、S2和S3）在初生壁内部形成。C. 组成H、G和S型木质素的木质素单体在数目上不同于酚环中的甲氧基。D. 目前认可的木质素结构模型，由S和G木质素单体亚基组成，彼此之间由过氧化物酶和漆酶产生的自由基交错连接。表明这是成千上万种可能的异构体之一（A图引自David Webb；D图引自Ralph et al.，2007）。

生壁相比，次生壁中纤维素微纤丝的取向更加有序，彼此平行排列，并且有明显的层次。在木质组织中，次生壁常常充满了木质素，从而加固了细胞壁并具有排水作用。

木质素（lignin）是一种复杂的由苯丙烷亚基组成的酚类聚合物，称为**单体木素醇（monolignol）**，源于苯丙氨酸（见第13章），并且包含苯丙环上的0~2个甲氧基（图15.18C）。由松柏醇组成的木质素称为G型木质素（G lignin），而由芥子松柏醇组成的木质素为S型（S lignin），H型木质素（H lignin）由*p*-香豆醇组成。这三种类型木质素的比例在不同类型的植物和细胞中是不一样的，并且这种比例影响木质组织的坚韧性和制浆性能（Vannolme et al.，2008）。

人们认为细胞分泌木质素单体葡糖苷到细胞壁从而形成木质素，此时葡萄糖残基被葡萄糖苷酶酶解。随后的多聚化过程细节还没有被完全掌握，但可能是从木质素单体氧化耦合阿魏酸或其他酚类残基开始的，而后共价结合到细胞壁的木聚糖上。多数人认为单体木素醇是通过形成自由基随机氧化和耦合，并在壁中被过氧化物酶和漆酶氧化，形成一个可变的大分子结构（图15.18D）。第二个假说（Davin and Leuis，2005）认为细胞壁蛋白控制多聚化过程，形成非常规则的结构。

在细胞壁中形成的木质素，可驱除基质中的水分，并与基质中的多聚糖相互交联，通过共价键连接形成一个疏水网络，这种共价结合主要是通过阿魏酸或其他的酚类残基结合到木聚糖上。木质素也可结合或包裹在纤维素上，从而加固了整个细胞壁（图15.17）。

木质素通过加固细胞壁和疏水作用，从而降低了细胞壁对来自病原菌水解酶攻击的敏感性。木质素还降低了动物对植物材料的消化能力，并干扰了制浆工艺（把木材转变为分散的纤维）。目前通过木质素含量和结构的遗传改良，使得植物的可消化性和营养成分得到改善，并提高了细胞壁作为造纸原料和生物燃料（用于汽车燃料的乙醇）的价值。

15.2　细胞的扩张方式

在植物细胞扩张过程中，新生细胞壁多聚物不断被合成与分泌，从而使原始细胞壁不断增大。细胞壁扩张可能高度区域化[如**顶端生长（tip growth）**]，也可能均匀分布于细胞壁表面[**扩散生长（diffuse growth）**]（图15.19）。最典型的顶端生长是根毛和花粉管，它与细胞骨架形成过程特别是微丝紧密相连（参见Web Essay15.1）。植物体内其他细胞大多是扩散生长，与微丝骨架和微管的动态变化相联系（Szymaski and Cosgrove，2009）。还有一些如纤维细胞、部分石细胞和香毛簇细胞是介于扩散生长和顶端生长之间。

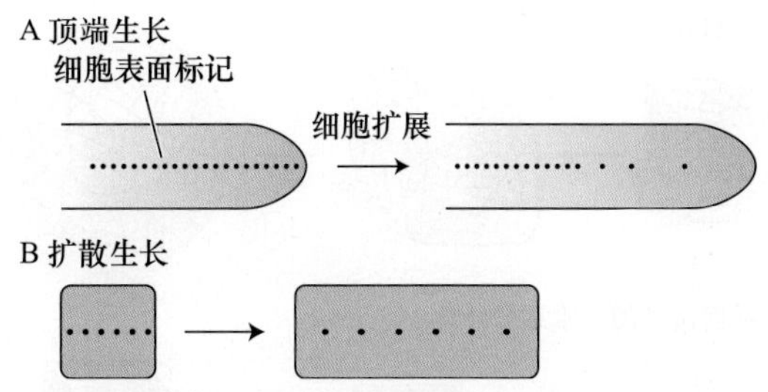

图15.19　顶端生长和扩散生长中细胞表面的不同扩张方式。A. 顶端生长的细胞延伸被限制在细胞一端的半圆顶上。如果在细胞表面标记而且允许细胞继续生长，越靠细胞顶端标记的距离拉得越远。根毛和花粉管是表现顶端生长的典型的植物细胞。B. 如果标记在扩散生长的细胞表面，当细胞生长时，所有标记之间的距离都增加。多细胞植物中多数细胞都以扩散生长的方式生长。

即使在扩散生长的细胞中，不同部位细胞壁的生长速率和生长方向也有所不同。如在树干的皮层薄壁细胞中，末端壁扩散生长就比侧壁生长慢得多。这种差异生长可能是由于特殊细胞壁的结构或酶类变化引起的，也可能是由于对不同细胞壁产生应力变化引起的。细胞壁不均匀扩张使得植物细胞具有不同的形态。

15.2.1　微纤丝方向影响细胞扩散生长的方向

在生长过程中初生壁的生化结构是疏松的，允许细胞壁由于受到来自细胞膨压产生的机械力而弯曲。膨压在细胞各个方向上都产生相等的外向力。因此细胞极性生长很大程度上决定于细胞壁的结构，尤其是纤维素微纤丝的排列方向。

当细胞开始在分生组织中形成时，它们是等径的，即它们在各个方向都有相同的直径。如果初生壁纤维素微纤丝的方向是随机排列或**各向同性（isotropic）**，细胞将在各个方向上同等生长，迅速扩张成一个圆球（图15.20A）。增大的苹果中细胞即以这种方式进行生长。然而，在绝大多数植物细胞壁中，纤维素微纤丝以特定的方向即**各向异性（anisotropic）**方式排列，或者在某一个方向优先排列。纤维素的排列加固了细胞壁，以至于细胞壁在垂直于纤维素的排列的方向上更加具有扩展性。

在侧生细胞壁扩散生长时，如茎和根的皮层薄壁细胞和维管细胞，以及丝状绿藻（*Nitella*）巨大的节间细胞，纤维素微纤丝沿细胞长轴以合适的角度在细胞周缘（横向地）聚积。细胞周缘排列的纤维素微纤丝好像箍在桶上的绳子，限制细胞的围长扩张，而有利于细胞伸长生长（图15.20B）。然而单个的纤维素微纤丝实际上并不能形成围绕细胞的封闭的环状结构而形成浅螺旋，且在细胞壁扩展过程中彼此分开。

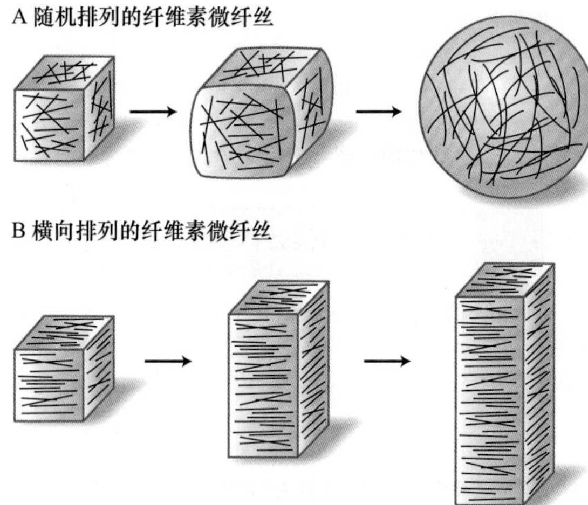

图15.20 新聚积的纤维素微纤丝的方向决定细胞扩展的方向。A. 如果加固细胞壁的纤维素微纤丝无定向排列，细胞将在各个方向上都相等扩展，形成一个圆球。B. 当多数加固细胞壁的纤维素微纤丝有相同的方向时，细胞的扩展方向与微纤丝的排列方向成一定的角度，而微纤丝加固方向的扩张就受到限制。图示的微纤丝的方向是横向的，所以细胞的扩展是纵向的。

细胞增大时，细胞壁沉积作用仍在继续。根据**多网络生长假说（multinet growth hypothesis）**，细胞增大时，每个连续的胞壁层被拉伸和薄化，所以微纤丝被迫纵向即沿着生长的方向重新定位。与多网络生长假说相一致，细胞壁电子显微照片显示，最新沉积的内层细胞壁有横向定位的纤维素微纤丝，而老的外层胞壁的微纤丝则较无序地排列。同样的在拟南芥根伸长荧光成像时发现细胞伸长过程中纤维素束由横向生长转变为纵向伸长（Anderson et al.，2009）。

然而其他观察结果如浮游生物多网络生长的普遍性使人产生质疑。一些细胞有多层细胞壁，它们纵横交错的纤维素排列横式不可能是简单的被动重排。在研究细胞壁微纤丝应答胞壁张力而被动重新定向的实验中，以模拟正常生长的条件下，从正在生长的子叶下胚轴分离到被机械拉伸的细胞壁碎片，并对这种拉伸作用对胞壁纤维素微纤丝方向的影响进行了检测。令人惊奇的是，细胞壁纵向伸长20%~30%却并未改变内壁表面微纤丝的横向角度，表明微纤丝在细胞表面以一种协调的方式相互分离，这与多网络生长假说相反（Marga et al.，

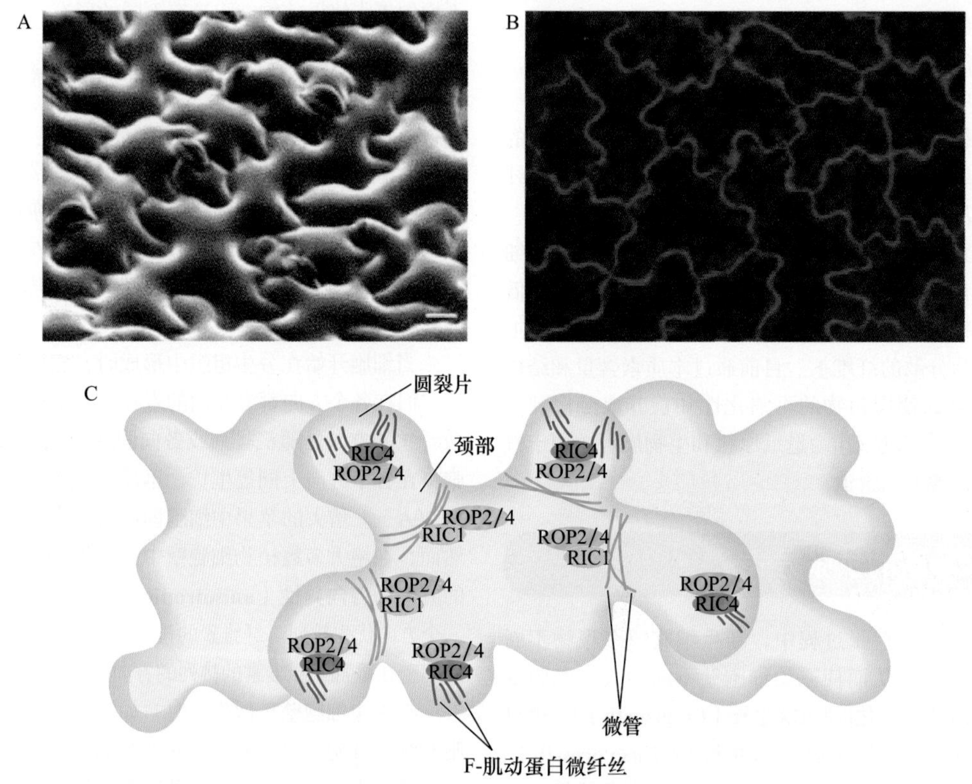

图15.21 叶扁平细胞的镶嵌生长受ROP GTP酶的调控。A. 拟南芥叶铺板细胞的扫描电镜图，具拼图玩具式的外观。B. 铺板细胞的免疫荧光图象显示了更为清晰的细胞镶嵌生长形成的凸起和凹进。C. ROP GTP酶和它们的效应器（RIC）在叶形态建成中的作用模型。当被RIC4活化时，ROP2/4 GTP酶启动肌动蛋白微丝在细胞生长的凸起区形成。然而，当ROP2/4 GTP酶被RIC1活化，则使微管结合在凸起区的颈部。这些细胞骨架的改变可能在定位细胞壁生长方向时起信号作用（A图由Dan Szymanski惠赠；B图自Settleman，2005，由 J Settleman惠赠；C图引自Fu et al.，2005）。

2005）。

因此，新的胞壁层沉积（内壁）行为与老的胞壁（外壁）可能是不同的。这种差异可能是由于老的细胞壁在胞壁伸展过程中变薄及碎片化引起的，结果外壁层对细胞扩展方向的影响比新沉积的内壁层小得多。所以，占细胞壁1/4的内壁层几乎承受了所有由于膨压而产生的张力，并决定着细胞伸长的方向（参见Web Topic 15.5）。

到目前为止我们仅考虑了一个扩散生长的简单模型。然而许多双子叶植物表皮的所谓铺板细胞（pavement cell）表现出更为复杂的情况。这些细胞的边缘是多凸起的，如拼图玩具似的形成相互镶嵌的模式（图15.21A、B）。这种镶嵌细胞壁的扩展方式结合了扩散生长和顶端生长两个方面，并且需要一类称为ROP（来自植物的Rho相关GTP酶）GTP酶的GTP-结合蛋白的参与，这些蛋白质的活化是由一类称为RIC（ROP-interacting CRIB motif-containing protein）的蛋白质来完成（图15.21C）。这些蛋白质参与细胞骨架（微丝和微管）的组织，为控制细胞壁的局部生长提供材料和催化剂（Szymanski and Cosgrove，2009）。细胞骨架是怎样影响细胞生长的呢？这个问题将在下节讨论。

15.2.2　周质微管影响新沉积的微纤丝的取向

新沉积的纤维素微纤丝通常与细胞质中靠近质膜的微管束的排列相一致（图15.22）（Baskin，2001；Baskin et al.，2004）。一个典型的例子是，在木质部导管元件中，结合周质微管的部位既是次生壁加厚的位点也是纤维素合酶A（CeaA）定位的位点（Gardiner et al.，2003）。而且通过药物处理或遗传缺陷破坏微管组织常会导致胞壁结构的紊乱和无序生长。例如，一些药物结合到微管蛋白亚基上会使它们解聚，一些药物可以结合微管的亚基微管蛋白使微管发生解聚。用微管解聚药物如黄草消（oryzalin）处理正在生长的根，细胞的扩展就表现出侧面膨胀，形成鳞茎状和肿瘤状（图15.23A、B）。

黄草消阻断生长是由于细胞扩展的各向同性引起的，即它们呈球状扩展而不是伸长生长。在生长的细胞中药物诱导的微管破坏作用干扰了纤维素的横向沉积。纤维素微纤丝在微管缺失情况下可以继续合成，但是它们随意沉积，导致细胞在各个方向上的扩张都是均等的。

这些相关现象说明微管在微纤丝合成时起轨道作用，引导或指导复合物的运动（参见Web Essay 15.2）。最近研究表明，通过重组DNA的方法融合表达CesA与 YFP荧光蛋白，可以在活细胞中观察到CesA的运动（Gutieerez at al.，2009；Paredez at al.，2006）。已经观察到在质膜中CesA单元随着微管轨道移动（图15.23C），也有观察发现它们插入到与微管相连的高尔基体质膜中。通过共聚焦显微镜获得的结果可以详细阐

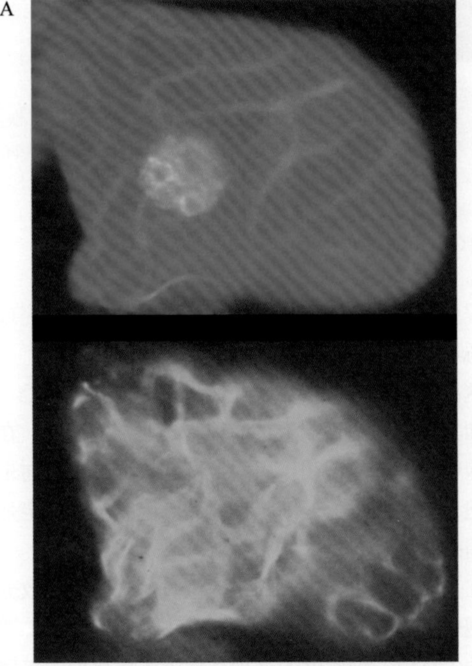

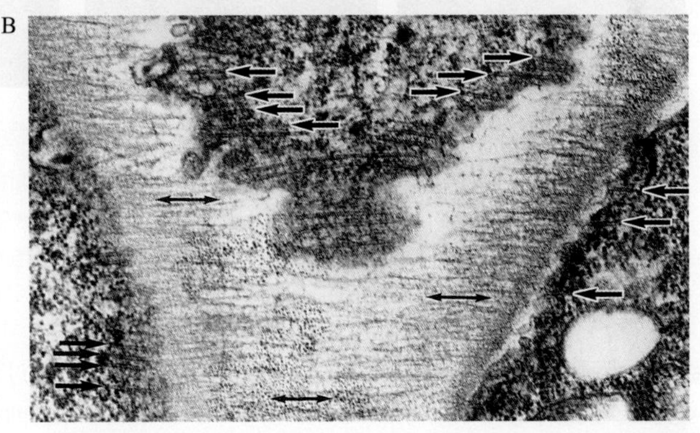

图15.22　细胞周质中微管的方向反映了扩展细胞的胞壁中新沉积的纤维素微纤丝的方向。A. 微管的排列能被微管蛋白的荧光标记抗体显示，而calcofuor可使细胞壁中的纤维素微纤丝染色。将悬浮培养的鱼尾菊细胞进行不同的染色，结果显示细胞质中微管（绿色）的排列模式与细胞壁中纤维素微纤丝（蓝色）的排列方向相一致。B. 细胞壁中纤维素微纤丝的排列能在电子显微镜下观察到，图示一种水蕨的根部正在伸长的筛管分子显微照片，根的长轴和筛管分子相垂直，细胞壁微纤丝（双箭头）和周质微管（单箭头）是横向排列的（图15.7）（A图由Robert W Seagul惠赠；B图由A Hardbam惠赠）。

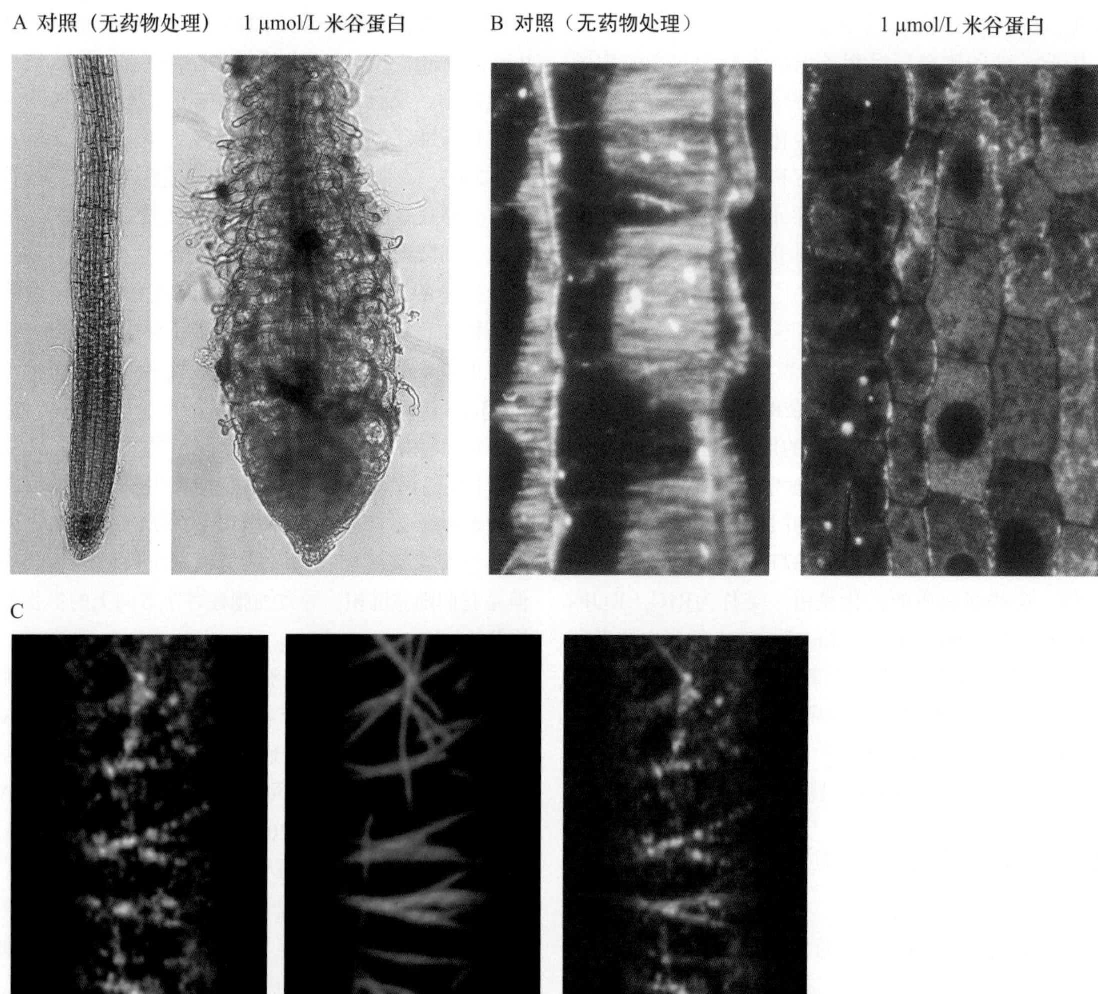

图15.23 破坏周质微管导致细胞径向扩张的增加而细胞伸长减少。A. 微管解聚物黄草消（1 μmol/L）处理拟南芥幼苗根部2天，药物改变了细胞的极性生长。B. 通过间接免疫荧光技术和微管蛋白抗体显示的微管。在对照中，周质微管和细胞扩展成一定的角度，用1 μmol/L 米谷蛋白处理根部后，很少有微管存在。C. CesA蛋白（左图）和微管（中图）荧光标记图像显示在质膜中CesA在微管引导下的运动轨迹，从而引导纤维素微纤丝的方向。右图为两图的重叠图（A、B图引自Baskin et al.，1994，T Baskin惠赠；C图引自Gutierrez et al.，2009）。

明细胞骨架是如何指导细胞壁组织的（Szymanski and Cosgrove，2009）。

15.3 细胞的扩张速率

植物细胞在达到成熟之前体积一般能扩大10~100倍。在极端情况下，与分生组织中的原初细胞相比，其体积能扩大10 000倍以上（如木质部导管元件）。细胞壁承受如此巨大的扩张但并没有丧失其完整性，也没有变薄。由此可见，新合成的多聚物不断地整合到细胞壁上并未改变其既有结构的稳定性。尽管如前所述自装配和木葡聚糖内糖基转移酶（XET）在多聚物整合到细胞壁过程中起重要作用，但是这种整合是如何精确完成的目前还不清楚

这种整合过程可能对于快速生长的细胞如根毛、花粉管和其他特殊的顶端生长的细胞是非常关键的。在这些细胞中，细胞壁沉积作用的范围和表面扩展趋向于管状细胞顶端半圆顶上，细胞扩展和细胞壁沉积一定是紧密协调的。

在具有顶端生长方式的快速生长的细胞中，数分钟内细胞壁表面就就能扩大2倍，并且使细胞壁不扩展的部分发生移位。细胞壁的这种扩展方式比典型的扩散生长方式的细胞扩展速率快得多，以每小时1%~10%的速率增长。由于扩展速率很快，顶端生长的细胞因此对细

胞壁薄化和膨胀高度敏感。尽管顶端生长和扩散生长表现出不同的生长机制，但两种类型中胞壁扩张方式非常相似，如多聚物的整合过程、壁应力松弛及胞壁多聚物移动过程等。

细胞壁扩张的速率受很多因素影响，其中细胞类型和所处的发育时期是重要的影响因子。激素如赤霉素和生长素的活动也影响下游的结果。环境条件如光照和水分也能调节细胞的扩张。虽然这些内外环境因子都可调控细胞的扩张，但其导致细胞壁松弛的方式可能不同，因而，结果（不可逆伸张）就可能不同。从这个意义上来讲，我们称其为细胞壁的**柔化特性（yielding property）**。

在这部分我们首先分析细胞壁屈服特性的生物化学和生物物理参数。仅就使细胞能够伸张而言，具一定机械强度的细胞壁必须以某种方式变得疏松。植物细胞扩张过程中细胞壁的疏松形式称为**应力松弛（stress relaxation）**，在下一节会进一步解释。

根据生长素作用的酸生长假说（见第19章），引起细胞壁应力松弛和柔化的机制之一是细胞壁的酸化作用，这是由于质膜上质子泵的激活导致细胞壁酸性增加。稍后我们将探讨酸诱导细胞壁疏松和应力松弛的生化基础，包括一种特殊的称为**扩展蛋白（expansin）**的细胞壁松弛蛋白的作用。

当细胞扩张到最大时，生长速率减小直至最后完全停止。本节最后我们将讨论导致细胞生长终止的细胞壁刚化作用的过程。

 15.3.1 细胞壁应力松弛作用促进水分吸收和细胞伸长

由于细胞壁是限制细胞扩张的主要机械性限制因素，因此其物理特性备受关注（Cosgrove，1993）。作为一种水合多聚物，细胞壁具有介于固体和液体之间的物理特性，我们称之为**黏弹性（viscoelatic property）**或**流变学特性（rheological property）**。正在生长的细胞的细胞壁一般没有非生长细胞的细胞壁硬，在合适的条件下，生长细胞的细胞壁显示出长期不可逆拉伸或**柔化（yielding）**特性，这在非生长细胞中几乎没有。

应力松弛（stress relaxation）是理解细胞壁如何增大的一个重要概念（Cosgrove，1997）。名词应力（stress）用在这儿表示机械紧张，即每单位面积上的力。细胞壁所经受的应力来自于细胞膨压。典型的正在生长的植物细胞膨压在0.3~1.0 MPa。膨压挤压着细胞壁并在细胞壁中产生一个均衡的物理张力。由于细胞几何学（一个薄的细胞壁控制着高压下的细胞体积）的原因，细胞壁张力有10~100 MPa的压强——实际上是一个非常大的压力。

这个简单的事实对于细胞扩大机制有重要的意义。由于动物细胞能通过改变形状来应答细胞骨架产生的压力，这种压力与植物细胞壁抵制产生的膨压相比是微不足道的。植物细胞必须控制细胞壁扩展的方向和速率来改变形状，这通过偏向性沉积纤维素（这决定细胞壁扩张的方向）和选择性疏松胞壁多聚物之间的连接来实现。这种生化疏松能使纤维素微纤丝和它们连接的基质多糖相互滑动。因此增加了细胞壁的表面积，同时减少了细胞壁的物理压力。

细胞壁的应力松弛是非常重要的，因为它使生长的植物细胞膨胀和水势降低，从而能够吸收水分和扩张。没有应力松弛作用，细胞壁合成作用只能增厚细胞壁而不能使其扩张；事实上胞壁的沉积与扩张在多数情况下并没有密切的联系（Derbyshire et al.，2007a）。例如，在非生长细胞次生壁沉积过程中，没有应力松弛作用的产生，结果多糖沉积导致细胞壁增厚。

细胞主要靠吸水来扩大其体积，这些水分主要以液泡的形式存在，并在扩大的细胞中占据越来越大的体积，这里我们主要讲述生长的细胞是如何调节水分吸收，以及这种吸收是如何和细胞壁的柔化协调一致的。

在所有的植物细胞中，水分吸收是个被动过程。此过程没有启动水泵，而是生长的细胞利用应力松弛来降低细胞内水势，所以水分被自发地吸收来应答水势的变化，并没有直接消耗能量。

用物理术语来说，我们定义水势差$\Delta\Psi_w$（用MPa表示）为细胞外水势（$\Delta\Psi_0$）减去细胞内水势的水势（Ψ_i）（见第3章和第4章）。吸水速率等于水势差$\Delta\Psi_w$乘以细胞表面积（A，单位m^2）乘以质膜对水分的渗透性（Lp，单位m/s·MPa）。

膜Lp是用来衡量水分通过膜的难易程度，它是膜的物理结构和水孔蛋白活性的函数（见第3章）。水分吸收速率定义为$\Delta V/\Delta t$，单位是m^3/s。假设一个正在生长的细胞和纯水（水势为0）接触，则：

$$\begin{aligned}\text{水分吸收速率} &= \Delta V/\Delta t \\ &= A\times Lp\,(\Psi_0-\Psi_i) \\ &= A\times Lp\,(0-\Psi_i) \\ &= -A\times Lp\,(\Psi_p+\Psi_s) \end{aligned} \qquad (15.1)$$

这个公式表明水分吸收速率只依赖于细胞面积、膜对水分的渗透性、细胞膨压Ψ_p和渗透势Ψ_s。

式(15.1)对于纯水中生长细胞和非生长细胞都是有效的。但是我们如何解释生长的细胞能持续吸水一段时间而非生长的细胞很快终止水分吸收的呢?

在非生长细胞中，水分吸收将增加细胞体积，引起原生质体挤压细胞壁，因此增加细胞膨压Ψ_p，Ψ_p增加将增加细胞水势Ψ_w，使$\Delta\Psi_w$很快达到零，在短短几秒内，水分吸收停止。

在生长细胞中，因为细胞壁是“疏松的”，因而$\Delta\Psi_w$就不会为零：膨压产生的压力使细胞壁不可逆地膨胀，细胞体积的增大不仅减小了细胞壁所承受的压力，同时也降低了细胞的膨压，这个过程被称为**应力松弛（stress relaxation）**，它是生长细胞和非生长细胞物理特性的最根本差别。

应力松弛可以理解如下：在膨胀的细胞中，细胞内容物挤压着细胞壁，引起细胞有弹性（如可逆的）延伸并产生反作用力，即细胞应力。在生长的细胞中，生化疏松能引起细胞壁通过非弹性（不可逆的）变形来应答细胞壁应力。因为水分几乎是不可压缩的，减小细胞膨压和细胞应力只需要细胞壁极小的扩展即可满足。因此，应力松弛就是在基本上不改变细胞壁体积的情况下使得细胞壁压力减小。

细胞壁应力松弛的结果是细胞水势减小、水分流入细胞、引起细胞壁扩展并增加细胞表面积和体积。植物细胞的持续生长同时伴随着细胞壁的应力松弛（往往减小细胞膨压）和水分吸收（增大细胞膨压）。

许多实验证据表明，细胞壁松弛和扩展依赖于膨压。当膨压减小时，细胞壁松弛，细胞生长减慢。细胞生长常常在膨压达到零之前停止。细胞生长停止时的膨压值称为**屈服阈值（yield threshold）**（常用字母Y表示）。依赖于膨压的细胞壁的扩展可用下面公式表示：

$$GR=\Delta V/\Delta t=m(\Psi_p-Y) \qquad (15.2)$$

这里GR是细胞生长速率，m是与生长速率相关的超过屈服阈值的膨压系数。系数m通常称为**胞壁伸展性（wall extensibility）**，用数学术语来说，它被定义为生长速率和膨压函数曲线的斜率。

在稳定生长期，式（15.2）中的GR和式（15.1）中的水分吸收速率相等。即细胞增大的体积等于吸收水分的体积。这两个公式被绘制成图15.24。此图表明细胞扩展和水分吸收这两个过程的膨压变化恰好相反。例如，膨压的增加增大胞壁的扩展但减少水分的吸收。正常情况下，在一个生长的细胞中膨压是动态平衡的，平衡点正好在两条线相交的地方。在这个点上，两个公式都适用，并且水分吸收正好和壁腔的增大相对应。

图15.24中两直线的交点是稳态的条件，偏离这个点的任何情况都将会引起吸水过程和胞壁扩展之间瞬时的不平衡。这种不平衡会使膨胀重新回到这个交叉点，也就是细胞生长所需的动态稳定点。

典型的细胞生长调节（如激素或光调节）是通过调节胞壁疏松和应力松弛的生化过程来完成的，这样的变化可以用m或Y的变化来衡量。

如前所述，胞壁应力松弛引起的水分吸收使细胞变大，并且驱使胞壁应力和膨压恢复到它们的平衡值。然而，如果通过物理方法阻断生长细胞吸收水分，胞壁的松弛会逐渐减小细胞膨压，这种状况是可以检测到的。如通过压力探测仪（pressure probe）测定细胞膨压、用干湿计（psychrometer）或压力腔（pressure chamber）

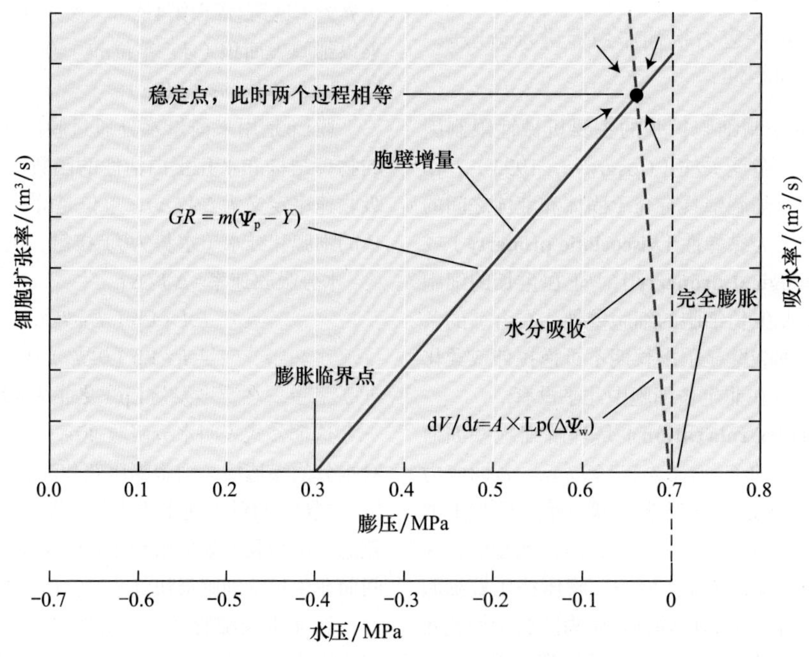

图15.24　图示水分吸收和细胞膨大与细胞膨压和水势变化的两个等式关系。细胞扩展和水分吸收速率的数值是对应的。两个等式交叉点表示生长稳定期。水分吸收和细胞壁扩展的任何不平衡状态都将引起细胞膨压的改变，从而使细胞重新回到两个等式交叉点表示的稳定状态。

测定细胞水势（参见Web Topic 3.6）。图15.25显示了这样的实验结果。

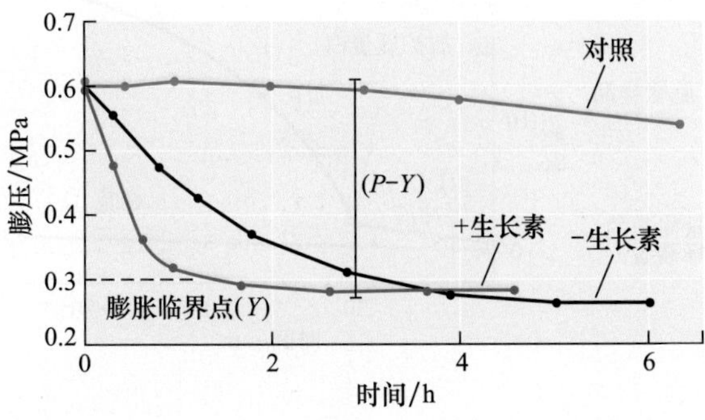

图15.25　应力松弛引起细胞膨压（水势）减小。在这个实验中，离体豌豆幼苗茎段在有生长素和无生长素的溶液中孵育之后，吸干表面水分并密封到一个潮湿的空间内，在不同的时间测量细胞的膨压。用生长素处理的茎段膨压迅速减小到屈服阈值（Y），这是胞壁快速松弛引起的。未加生长素处理的茎段松弛速率较慢。对照茎段除了始终通过与一水滴保持接触来防止胞壁的松弛外，其余处理与用生长素处理的一组进行同样的处理（引自Cosgrove，1985）。

15.3.2　酸诱导的生长是由扩展蛋白（expansin）介导的

细胞壁生长的一个共同特征是它们在酸性pH条件下比在中性pH时扩展要快得多（Cosgrove，1989；Rayle and Cleland，1992），这种现象称为**酸生长（acid growth）**。在活细胞中，当用酸性缓冲液或药物克梭孢素处理生长的细胞时，酸生长表现非常明显。克梭孢素通过激活质膜上的H^+-ATP（H^+泵）酶来诱导细胞壁酸化。

根毛的发生就是一个酸诱导生长的例子。当表皮细胞开始向外鼓起时，此处细胞壁的pH降到了4.5（Bibikova et al.，1998）。细胞壁的酸化与生长素诱导生长有关，但是这并不能解释生长素诱导的所有的生长机制（见第19章）。而且，这种pH依赖的胞壁扩展机制似乎对所有陆生植物都是一个进化上保守的过程（Cosgrove，2005），并且参与了各种各样的生长过程。

酸生长现象也可以在缺乏正常细胞、代谢、合成过程的独立的细胞壁中观察到。进行这样的观察需要用一个伸长计，把壁放在张力下测量pH依赖的壁延展（图15.26）。

延展（creep）指依赖时间的不可逆的扩展，尤其指由胞壁多聚体之间相对滑动而产生的扩展。当生长的细胞在中性缓冲液中（pH 7）培养时，用一个伸长计夹住，当施加压力时，壁有短暂的延伸，但很快就停止了；当把壁转移到酸性缓冲液（pH 5或更小）中时，壁开始快速扩展，有时会持续数小时。

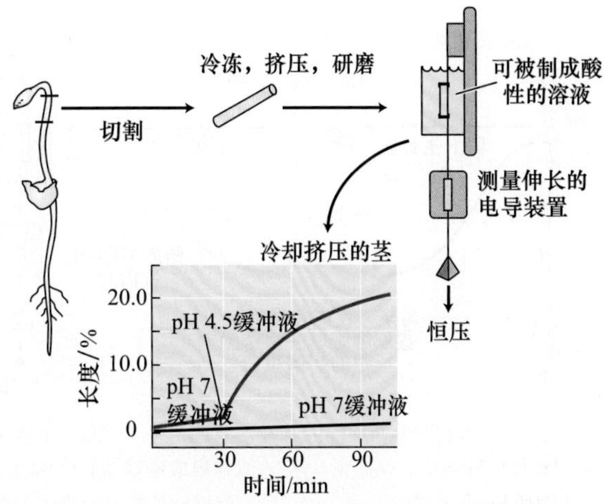

图15.26　用伸长计测量酸诱导的离体细胞壁的伸展。从杀死的细胞获得的胞壁样品被夹放在伸长计的张力下，伸长计用一个电导和一个夹子连在一起用来测量长度。当壁周围的溶液用酸性缓冲液取代时（如pH 4.5），随时间的推移，壁可持续进行不可逆的伸展。

酸诱导的延展是正在生长的细胞壁的特性，但在成熟的（非生长的）细胞壁中却观察不到。当胞壁用蛋白水解酶或其他能使蛋白质变性的化学物质处理时，它就失去了对酸化响应的能力。这个结果表明酸生长特性不仅是由胞壁的理化特性决定的（如果胶凝胶特性的减弱），还被一种或多种壁蛋白所催化。

酸生长需要蛋白质的催化，这个观点已被一些补充实验所证实。在这些实验中，通过加入正在生长的壁的蛋白提取物，使加热失活的壁几乎完全恢复了酸生长反应（图15.27）。这种激活物被证明是一组**扩展蛋白（expansin）**（McQueen-Mason and Cosgrove，1995）。这些蛋白质催化pH依赖的胞壁扩展和应力松弛，它们有明显的催化剂量效应（大约5000份壁需 1 份蛋白质，干重）。

关于胞壁流变中延展行为的分子基础还不很清楚，但大量的证据表明扩展蛋白引起胞壁延展是通过削弱壁多糖之间的非共价键来实现的。蛋白结构和结合实验表明扩展蛋白在纤维素与一种或多种半纤维素之间的接触面起作用（Yennawar et al.，2006）。

随着一些植物基因组测序的完成，已知扩展蛋白基因属于一个很大的超基因家族，可以分成两个主要的扩展蛋白家族，**α-扩展蛋白（EXPA，α-expansin）**和**β-扩展蛋白（EXPB，β-expansin）**，以及两个未知功能的小家族（Sampedro and Cosgrove，2005）。这两种类型的扩展蛋白在细胞壁的不同多聚体中起作用，并且在细胞生长、果实成熟和其他一些壁松弛的情况下协同起作用（见Web Topic 15.6、15.7）。

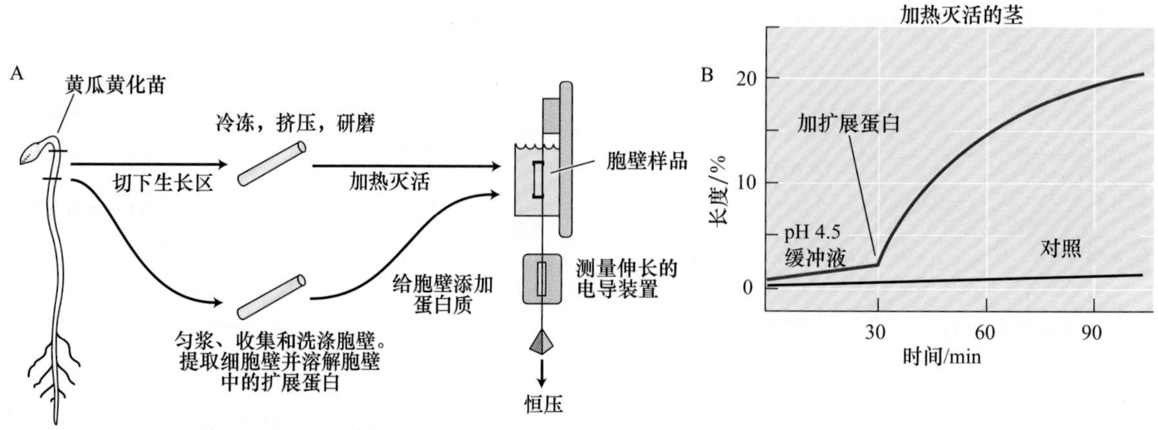

图15.27 分离细胞壁伸展性的补充示意图。A. 与图15.26相同方式准备的胞壁样品经过简单的热处理使内源酸扩展反应失活。为了恢复这种反应，从正常生长的细胞提取胞壁蛋白，并加到含细胞壁样品的溶液中。B. 加入的含扩展蛋白的蛋白质混合物后，胞壁样品的延展能力得到恢复（引自Cosgrove，1997）。

除扩展蛋白外，一些实验表明**吲哚-（1→4）-β-D-葡聚糖酶（endo-（1→4）-β-D-glucanases）**在胞壁疏松中起作用，尤其是生长素诱导细胞伸长的时候（见 Web Topic 15.8）。

15.3.3 许多结构变化是与壁扩展停止相伴随的

细胞成熟过程中发生的生长停止一般是不可逆的，并且伴随着壁扩展性的减弱，这已为多种生物物理方法测定的结果所证实。胞壁的这些物理特性的改变可能是由下面这些变化引起的：①壁松弛过程减弱，②壁交联增加，③壁的组成发生变化，从而更具刚性的结构或更不易解聚的壁结构形成。这些观点都获得一些证据的支持（Cosgrove，1997）。

成熟细胞壁的一些修饰作用可以促进胞壁的硬化：

（1）新分泌的基质多糖在结构上可以变化，以便和纤维素或其他壁多聚体形成更紧密的复合物，或者它们可以阻止壁的解聚能力。

（2）除去禾本科植物细胞壁的（1→3，1→4）β-D-葡聚糖时这些壁的生长也就停止，而且可以导致壁的硬化。

（3）在禾本科（仅含少量的果胶）和真双子叶植物中，果胶的去酯化导致形成更刚性的凝胶，这似乎与生长停止是相联系的。

（4）壁中酚基的交联（如HRGP中的酪氨酸残基、阿魏酸残基与基质多糖或木质素交联）一般与壁成熟同时发生，并且可能是过氧化酶介导的，推断这个酶是一个壁僵化酶。

因此，壁中许多结构改变发生在生长过程中或生长停止后，目前，还无法确定其中哪种变化对胞壁停止扩展起显著作用。

小结

细胞壁的结构对植物的构架、机械强度和功能至关重要。细胞分化时，胞壁被分泌并组装成一个形态和构成各异的复杂结构。

植物细胞壁的结构与合成

细胞壁的造型和组成因细胞种类和物种的不同会有很大的差异（图15.1~图15.3）。

· 初生壁在生长活跃的细胞中合成，在特定细胞中次生细胞壁在细胞停止扩展后会沉积下来。

· 初生壁的基本模式是网状的纤维素微纤丝包埋于由半纤维素、果胶和结构蛋白形成的基质中（图15.4、图15.6和表15.1）。

· 纤维素微纤丝是在细胞表面合成的高度有序的葡聚糖链阵列，通过包含多个纤维素合成酶（CesA）蛋白的颗粒合成的（图15.7和图15.8）。

· 基质多糖在高尔基体中合成后通过囊泡分泌（图15.4）。

· 半纤维素结合在纤维素微纤丝表面，果胶形成亲水凝胶并通过钙离子交联在一起（图15.13）。

· 壁的组装过程部分是物理过程，部分有酶的介导作用如木葡聚糖内糖基转移酶（XET）（图15.16）。

· 木质素是由苯丙素亚基在细胞壁中氧化交联在一起形成的复杂的聚合体，从而将基质和纤维素固定为疏水难溶的物质（图15.17和图15.18）。

· 木本植物组织中的次生壁比初生壁含有更高比例的纤维素和木聚糖，其中充满木质素（图15.18）。

细胞的扩张模式

· 细胞扩张可能高度位置化（顶端生长）或者均匀分布在细胞表面（扩散生长）（图15.19）。

·在扩散生长的细胞中，细胞生长的方向是由纤维素微纤丝的方向决定的，纤维素微纤丝的方向又是由细胞质中微管的方向决定的（图15.20）。

·复杂的细胞生长模式，如在许多植物叶表皮发现的“交错”（jigsaw）模式，涉及G蛋白信号指导的细胞骨架的组织，从而指导胞壁局部范围的合成和生长（图15.21）。

细胞扩张速率

·胞壁生化成分的缺失会导致壁产生应力松弛，从而使得生长的细胞中水分的吸收与胞壁的扩张相偶联（图15.24）。

·激素（如生长素）的作用和环境条件（光和有效水分）通过改变壁的伸展性和曲张度来调节细胞的扩大（图15.25）。

·酸诱导胞壁的扩张是初生壁的特性，这种作用是通过扩展素蛋白疏松微纤丝之间的交联来介导的（图15.26和图15.27）。

·细胞成熟时停止生长涉及胞壁交联和硬化等多种机制。

（王道杰 译）

WEB MATERIAL

Web Topics

15.1 Plant Cell Wall Plays a Major Role in Carbon Flow Through Ecosystems.

Much of the carbon of ecosystems is tied up in plant cell walls.

15.2 Terminology for Polysaccharide Chemistry

A brief review of terms used to describe the structures, bonds, and polymers in polysaccharide chemistry is provided.

15.3 Molecular Model for the Synthesis of Cellulose and Other Wall Polysaccharides That Consist of a Disaccharide Repeat

A model is presented for the polymerization of cellobiose units into glucan chains by the enzyme cellulose synthase.

15.4 Matrix Components of the Cell Wall

The secretion of xyloglucan and glycosylated proteins by the Golgi can be demonstrated at the ultrastructural level.

15.5 The Mechanical Properties of Cell Walls: Studies with Nitella

Experiments have demonstrated that the inner 25% of the cell wall determines the directionality of cell expansion.

15.6 Wall degradation and plant defense

Cell wall degradatio occurs during senscence, fruit ripening, and pathogen attack.

15.7 Structure of Biologically Active Oligosaccharins

Some cell wall fragments have been demonstrated to have biological activity.

15.8 Glucanases and other Hydrolytic en Zymes may Modify the Matrix.

Some evidence suggests that endo(1→4)-β-D-glucanases(EGases)may play a role in auxin-induced cell elongation.

Web Essays

15.1 Calcium Gradients and Oscillations in Growing Pollen Tube

Calcium plays a role in regulating pollen tube tip growth.

15.2 Microtubules, Microfibrils, and Growth Anisotropy

The orientations of microtubules and/or microfibrils are not always correlated with the directionality of growth.

第 16 章

生长与发育

和动物相比，植物有着一套更为有趣的发育模式，除了它们所具有的多样化发育进程外，人们对这些发育形式是如何形成的也非常好奇。例如，红杉树经历上千年时间的生长后，会形成大到可以允许汽车通过的树干。而拟南芥则可以在一个多月的时间内完成其生活周期，并且只产生很少的一些叶片（图16.1）。尽管这两种植物在上述方面存在差异，但它们与所有的多细胞植物一样，有着相似的胚胎发育机制，而其差异很大程度上是由不同的胚胎后发育过程逐步积累产生的。与此形成对比的是，动物的发育模式则相对较为明晰，其基本的躯体结构在胚胎形成时期就已经定型。

植物和动物间的区别可以理解为生存策略的不同。由于具有光合能力，植物主要依赖于灵活的生长方式来赋予其在位置固定的情况下适应较为不利生长环境的能力，这种灵活性在植物的向光性方面体现的尤为明显，因为光环境会随着时间不停地发生变化。而动物作为异养生物，则进化出更多的运动能力来适应环境。在本章中，我们将会讨论植物发育的本质特征及其规范植物可塑性生长模式的详细机制，来解释植物是如何进行灵活的生长方式。

研究植物生长发育的生物学家面临两个主要问题：首要问题是需要明确并贴切的描述植物的实时变化。随着植物的生长，其复杂程度也会相应增加，倘若如此，如何用最简单的方式来描述其复杂的生物现象？细胞分裂和膨大以及特异性分化过程是与什么发育阶段偶联？环境因素如何影响植物的生长过程？

当发育机制已经获得较为详尽的阐述后，生物学家就开始着手处理涉及发育机制本质的第二个问题。如何用基因决定模式来解释生长的特殊形式？这些内在机制是如何与外界因素[如营养水平、能量输入（energy input）及环境胁迫（stress）]相偶联的？介导这些偶联的机制有哪些？涉及哪些组分，这些组分在细胞、组织水平上是如何有规律地组织在一起？在时间和空间的动态调控又是如何实现的？

为了解决上述问题，本章将先对植物组织和生活史的基本特点及它们与基本生长过程之间的联系进行一个简要的总览。作为本章的背景知识，在附录二中提供了可用来对生长发育进行详细定量描述的不同方法。在此基础上，我们将讨论生理、分子及遗传学方法是如何用于研究并阐述植物生长发育过程的调控机制。

16.1 植物生长发育总览

几乎所有的陆地植物都有一个重要生命特征是不可移动性。通过自身光合作用的能力，位于有利位置的植物能够轻而易举地获得生长和生存所需要的能量和营养。由于不能够移动，植物无需像动物那样进化出用于运动的复杂解剖结构。对植物来说，它需要一套相对刚性的结构以利于捕捉光能和吸收营养。因此，与动物细胞不同的是植物细胞中相邻细胞紧紧地结合在一起，相对不易变形且具有木质化和紧密排列的特点，这种刚性结构强烈限制了植物如何生长。植物中细胞的逐渐增加是通过位于特定部位的分生组织中细胞的分裂活性来完成的。相比之下，动物发育的很多方面，包括初生组织层的形成，都是通过细胞迁移到新的位置而完成的。

植物固定附着的习性使它具有相对简单的组织，同时也面临着巨大挑战。因为植物不能重新迁移到有利的环境，而必须去适应所处的生存环境。尽管这种适应是

图16.1　从无限生长过程形成的两个对比鲜明的植物范例。A. 吊灯树，一株著名的北美红杉树，历经了约2400年的沧桑。B. 拟南芥小巧的外形及其较短的生命周期，使之成为研究植物生长与发育机制的模式植物（A© David L.Moore/Alamy；B 由David McIntyre拍摄）。

在生理水平产生的，但植物需要通过营养发育程序精心设计的可塑性发育来达到适应环境的目的。这一适应性生长的关键因素是一群命运尚不确定的分生组织细胞，通过调控这些细胞的增殖和分化，植物可以产生复杂多样的形态特征来适应所处的环境。

孢子体发育的三个主要阶段

种子植物孢子体发育需要经历三个主要阶段（图16.2）：胚胎发生、营养发育和生殖发育。

胚胎发生　胚胎发生是指由单细胞向具有典型基本组织的多细胞生物体发展的过程。在大多数种子植物中，胚胎发生位于花的心皮内一个特化结构——胚珠。整个胚胎发育的先后顺序具有高度可预测性，这可能反映了胚胎被母体形成的珠被有效包裹是种子形成所需的过程。胚胎发生为植物基本形态建成提供了一个清晰模式。这些发育过程是通过建立了极性，使得细胞的行为根据它们在胚胎中的位置有所区分。

在这个空间框架内，细胞群功能特化形成表皮、皮层和维管组织。被称为顶端分生组织的细胞群形成茎和根的生长点，从而可以在随后的营养生长过程中产生更多的组织和器官。在植物胚胎形成末期，一系列生理变化使得胚胎能够经历长期的休眠和承受恶劣的环境（参见 Web Topic 16.1）。

营养发育　伴随着种子的萌发，胚胎休眠状态被打破，通过利用自身储存的营养物质，种子进入植物的营养生长期。不同物种的种子萌发和许多因素有关，包括湿度、持续的低温、热和光照（参见 Web Topic 16.1）。植物最初吸收子叶（如豌豆）或胚乳（如单子叶的草本类）中储存的营养物质，通过根和茎的顶端分生组织形成植物的基本形态（Weigel and Jürgens，2002）。通过光形态建成（见第17章）和芽的进一步发育，使幼苗具有光合自主性，从而保证植物可以继续进行营养生长。

与动物不同的是，植物这种生长方式常常是无限的，这种生长不是预先设计好的，而是属于没有明确终点的可变生长。无限生长赋予侧生器官发育重复进行，使得植物能形成最适应当地生存环境的形态结构。

生殖发育　经历一段时间的营养生长后，植物在受到诸如个体大小、温度和光周期等多种内外因子的综合诱导下转变为生殖发育。在显花植物中，由营养生长到生殖生长的转变涉及特化的花分生组织（能够形成花器官）的形成，然后按照固定模式顺序发育产生一系列

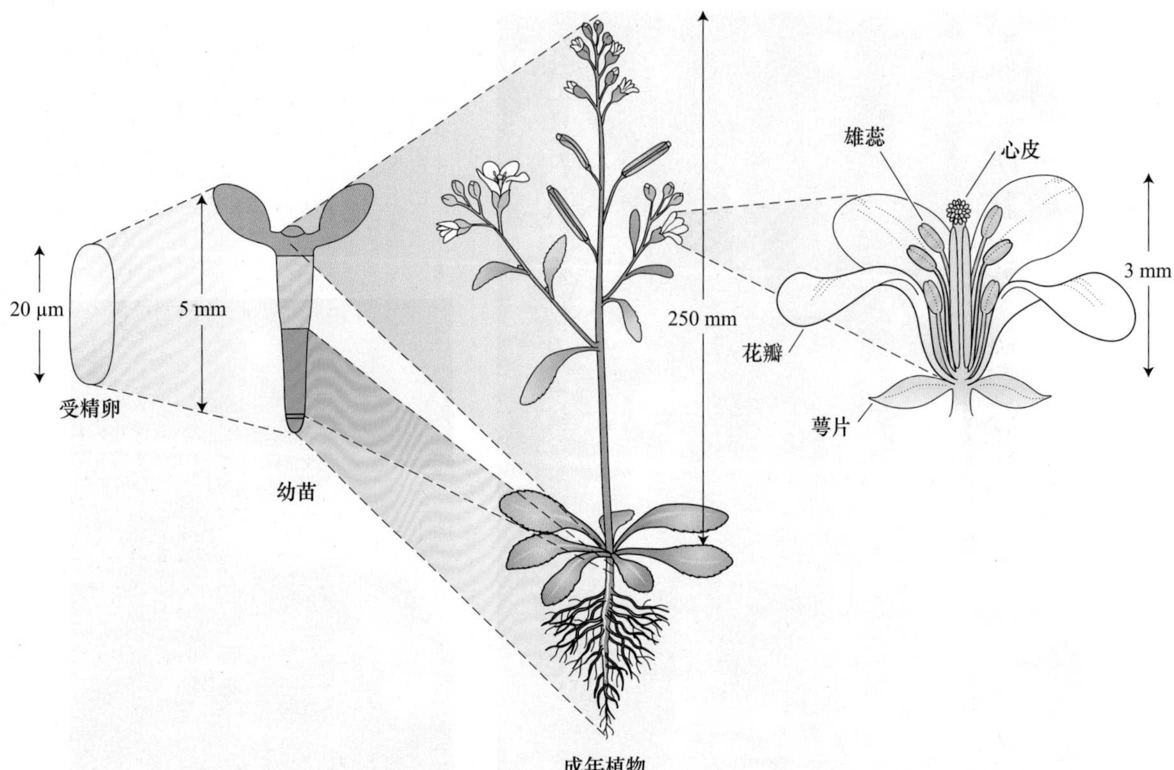

图16.2　孢子体发育的主要时期。在胚胎发生时期，单细胞的受精卵细胞产生基本的但是有极性的组织，其特征是一些未决定命运细胞群，其中包括初生根和茎尖分生组织。在营养生长期，受内在程序和环境因素的影响，植物的生长模式表现出无限生长的状态，从而产生多种形态的根茎。在生殖生长期，植物的茎尖分生组织（SAM）重编程产生一系列典型的花器官，包括心皮和雄蕊，并在这些花器官内部是单倍体配子体世代的开始。

器官，这已经成为研究植物发育的典型范例，这将在第25章详细叙述。

在接下来的部分里，我们将通过讨论几种基本的植物发育的例子，分析如何利用分子及遗传学方法来更好的解释植物生长过程中的位置特异性问题。

16.2　胚胎发生：极性的起源

在种子植物中，胚胎发生是使一个单细胞的受精卵转变成含有成熟种子的极其复杂个体的过程。因此，胚胎发生包括了植物基本结构建立的一系列发育过程，包括基本形态的构成（**形态建成**）、功能组织结构的形成（**器官建成**）和细胞分化（**differentiation**）形成不同的组织（**组织发生**）。这种植物基本结构的重要特征是在茎尖和根轴存在有顶端分生组织（图16.2），它是保持植物以**无限生长模式**（**indeterminate patterns**）进行营养生长的关键。最终胚胎在发育过程中生理上的复杂变化使其具有经受长期的失活状态（**休眠**）的能力，以及感知和响应环境信号，使植物具有重新生长（**发芽**）的能力。

在下面的章节中，我们从几个角度来了解胚胎发生的复杂性。首先我们通过解剖学方法比较单子叶和双子叶植物的胚胎发生过程，来凸显种子植物之间胚胎发育的异同。随后，我们探究引起胚胎生长和分化的复杂模式的信号及其本质，并通过一些例子来证明位置依赖信号的重要性。最后，将通过讨论实例来说明如何利用分子和遗传学方法研究将信号转化成植物有序生长的组织模式及这种模式的内在机制。

 16.2.1　单子叶和双子叶植物的胚胎发生类型不同，但胚胎发育的基本特征是相同的

解剖学比较表明，不同种子植物间胚胎发生的类型不同，如单子叶植物和双子叶植物。以拟南芥（双子叶植物）和水稻（单子叶植物）为例，它们在胚胎发育过程中的细节不同，但具有建立主要生长轴等共同的基本胚胎发育特征。以下是拟南芥胚胎发生过程（水稻胚胎发生的介绍详见Web Topic 16.2）。

拟南芥的胚胎发生　由于拟南芥胚胎较小，其胚形成过程中细胞分裂的模式相对简单且易于跟踪观察（Mansfield and Briarty，1991）。拟南芥胚胎发生中被认同的五个发育阶段都直接和胚胎的形状特点联系在一起。

（1）**合子期**（**zygotic stage**）它是二倍体植物生活周

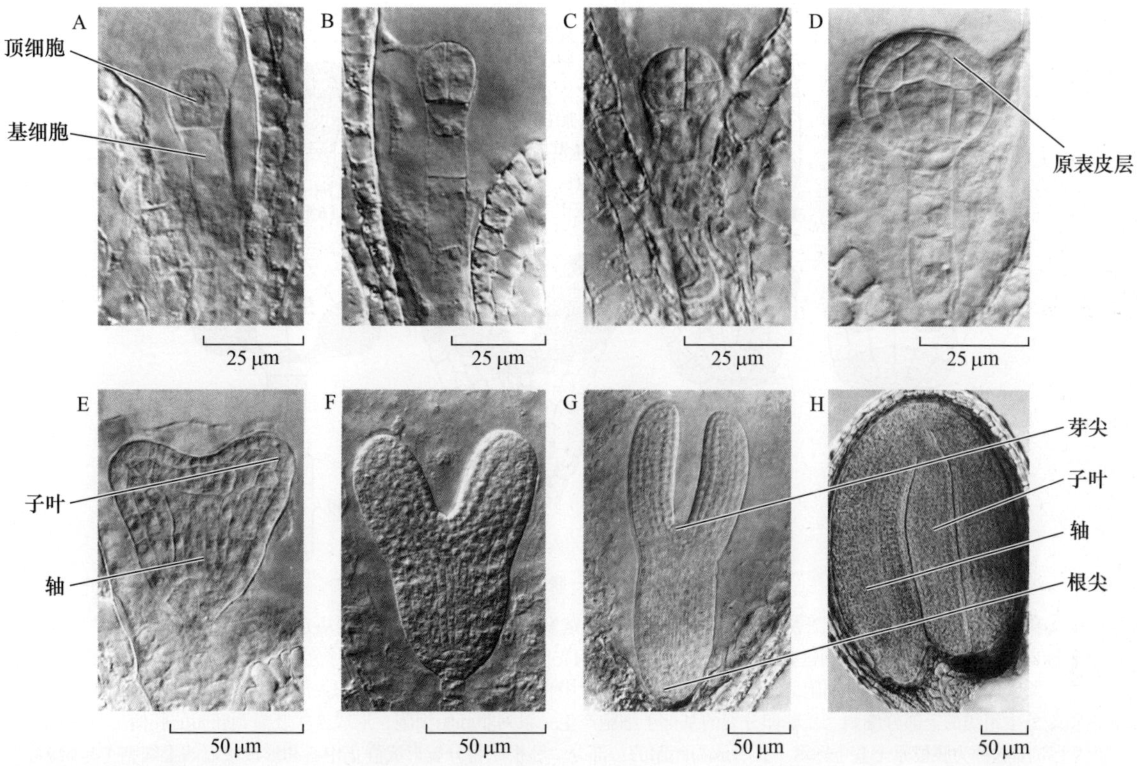

图16.3　通过精确的细胞分裂模式阐述拟南芥胚胎的发生过程。A. 第一次受精卵裂后的单细胞胚，形成顶细胞和基细胞。B. 2细胞胚。C. 8细胞胚。D. 中期球形胚，发育成了独特的原表皮层（表面层）。E. 早期心形期。F. 晚期心形期。G. 鱼雷胚期。H. 成熟胚（引自Wes tand Harada，1933；图片由K. MatsudsiraYee拍摄，由John Harada提供，得到美国植物生物学家协会许可）。

期中的第一个时期，开始于精卵结合后形成受精卵的单细胞阶段。细胞在不对称横向分裂后进行极性生长，产生一个小的顶细胞和一个细长的基细胞（图16.3A）。

（2）**球形胚期（globular stage）**顶细胞经过一系列分裂（图16.3B~D）产生具有辐射对称性（图16.3C）的8细胞（八分体）球形胚。细胞分裂增加了球形胚内细胞的数量（图16.3D），从而形成位于外层的可发育为表皮的原表皮层。

（3）**心形胚期（heart stage）**通过未来茎尖分生组织两侧区域细胞的快速分裂形成胚胎两侧对称的子叶原基（图16.3E、F）。

（4）**鱼雷胚期（torpedo stage）**这一时期是通过细胞沿胚轴延长和子叶进一步发育形成的（图16.3G）。

（5）**成熟胚期（mature stage）**在胚胎形成的末期，胚胎和种子丧失了水分及代谢活性，进入休眠期（将在第23章中进行讨论）。这一时期贮存物质在细胞中大量积累（图16.3H）。

拟南芥和水稻作为双子叶和单子叶植物的代表，通过比较它们的胚胎发生过程可知，它们在胚胎的大小、形状、细胞数目和分裂模式等方面存在着差异。尽管如此，但所有种子植物胚胎形成还是会有许多共性。最基本的共性可能就是关于**极性（polarity）**方面的。从单细胞的合子期开始，胚胎在整个发育过程中沿两条轴线表现出越来越大的极性：**顶部-基部轴（apical-basal axis）**，处于胚胎的芽顶端和根尖之间，而**辐射轴（radial axis）**，垂直于顶部-基部轴，从植物中心向外延伸。

在接下来的章节中，我们将研究这些轴极性是如何建立起来的，这些特定的分子过程是如何调控这种极性发育过程的。我们主要以拟南芥为讨论对象，这不仅因为拟南芥是作为分子生物学和遗传学研究的模式植物，还因为它在胚胎发育早期具有简单和高度模式化的细胞分裂。通过观察这个简单模式的变化，就可以比较容易地识别影响胚胎发育的生理及遗传因子。图16.4中所描述的拟南芥早期细胞的分裂有助于对下面讨论的理解（关于在简单藻类合子中极性建立的讨论，见Web Topic 16.3）。

16.2.2　顶部–基部极性在胚胎发生早期建立

极性是种子植物的基本特征，植物的组织和器官按照从茎尖分生组织到根尖分生组织这条线性轴，以类似于铅印模板式地有序地排列。极性轴最早在合子中就已出现，合子细胞在初次分裂前会伸长3倍左右，而其细胞内的组分也呈极性分布。合子的顶端有浓厚的细胞

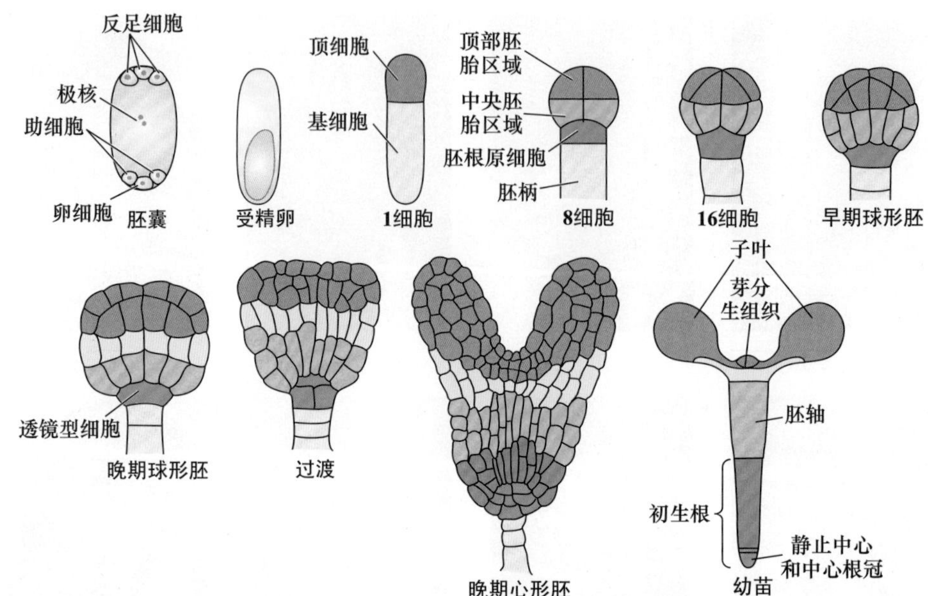

图16.4 拟南芥胚胎形成的模式。上图表明幼胚发育的一系列连续发育阶段的特定细胞如何决定幼苗形成的特定解剖结构特征。不同的颜色标出相关的同源细胞群，即这些细胞可以追溯到共同祖先。随着受精卵进行不对称分裂，较小的顶端子细胞分裂形成8细胞的原胚，原胚分为2层，每层4个细胞。上层发育成顶端分生组织和侧翼与子叶原基相连的大部分，下层产生胚轴和部分子叶、胚根和根顶端分生组织的上部分细胞。受精卵分裂的基部子细胞产生一系列非胚胎细胞，形成连接胚囊到胚胎的胚柄。与原胚相邻的胚柄上部细胞称为胚根原（蓝色标示），将成为胚胎的一部分。胚根原将分裂形成静止中心和形成根冠的干细胞（起始）。

质，而基部则含有一个中央大液泡。当合子进行非对称分裂成为短的、胞质浓的**顶细胞（apical cell）**和稍长、有液泡的**基细胞（basal cell）**时，细胞质浓度的差异就可以被捕捉到（图16.3A和图 16.4）。

合子分裂成的两个细胞也可以通过它们随后不同的发展命运来区分。几乎整个胚胎及以后形成的成熟植株都是来源于较小的顶细胞，它的两次垂周分裂及随后的一次水平分裂产生了8细胞（八分体）的球形胚（图16.3C和图16.4）。

基细胞的发育潜力相对有限。一系列的横向分裂（在与顶部-基部轴垂直的角度上产生新的细胞壁）产生了纤维状的**胚柄（suspensor）**，将胚胎固定在亲本的维管系统上。仅有最上部基细胞的分裂产物参与成熟胚的形成，被称为**胚根原细胞（hypophysis）**。经过这些细胞的进一步分裂，它们发育为根冠柱、相应的根冠组织和静止中心，都是根顶端分生组织的重要组成部分，本章后面的部分将进一步讨论（图16.4）。

在八细胞球形胚期，除了位置的差异外，上下层的细胞在形态上没有太多的差异。所有的八细胞进一步进行**平周分裂（periclinally）**（新形成的细胞壁平行于表面）形成一个新的被称为**原表皮层（protoderm）**的细胞层。原表皮层的细胞随后进行垂周分裂**（anticlinally）**（新细胞壁垂直于组织表面）从而使一个细胞厚度的表皮面积增加。在球形胚早期，上下端细胞的命运就开始显现出明显不同：

（1）**顶端区（apical region）**源于细胞的顶部区域，产生子叶和茎尖分生组织。

（2）**中部区（middle region）**源于细胞的基部区域，产生胚轴（胚性干细胞）、根和根分生组织顶部区域。

（3）**胚根原细胞（hypophysis）**源于胚柄的最上部细胞，产生余下的根分生组织。

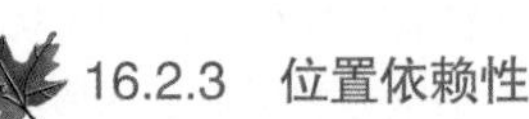

16.2.3 位置依赖性信号转导调控胚胎的形成

拟南芥早期胚胎发生过程中这种重复分裂模式，表明细胞保持一种固定的分裂顺序是这个发育阶段所必需的。如果胚胎形成过程中单个细胞的命运很早就固定或决定下来，则可以解释这种分裂模式的一致性；一旦这些细胞的命运被确定了，这些细胞就会按固定的程序进行发育。起源性依赖（*lineage-dependent*）机制恰恰可比作细胞胚胎按照自我包含的指令进行一系列标准部件结构的组装。

尽管这种起源性依赖机制已经在动物发育中被证实，但用这一机制来解释植物的胚胎发育还存在一些难点。首先，这一起源性依赖机制很难解释其他植物（在水稻甚至是与拟南芥亲缘关系相近的植物）中存在的更为多变的细胞分裂方式。其次，即便在拟南芥中，当通过灵敏的命运作图技术预测单个细胞命运时，也可发现在正常胚胎形成过程中细胞分裂行为会出现一些有限的变化（图16.5）。最后，以一种拟南芥的突变体作为极

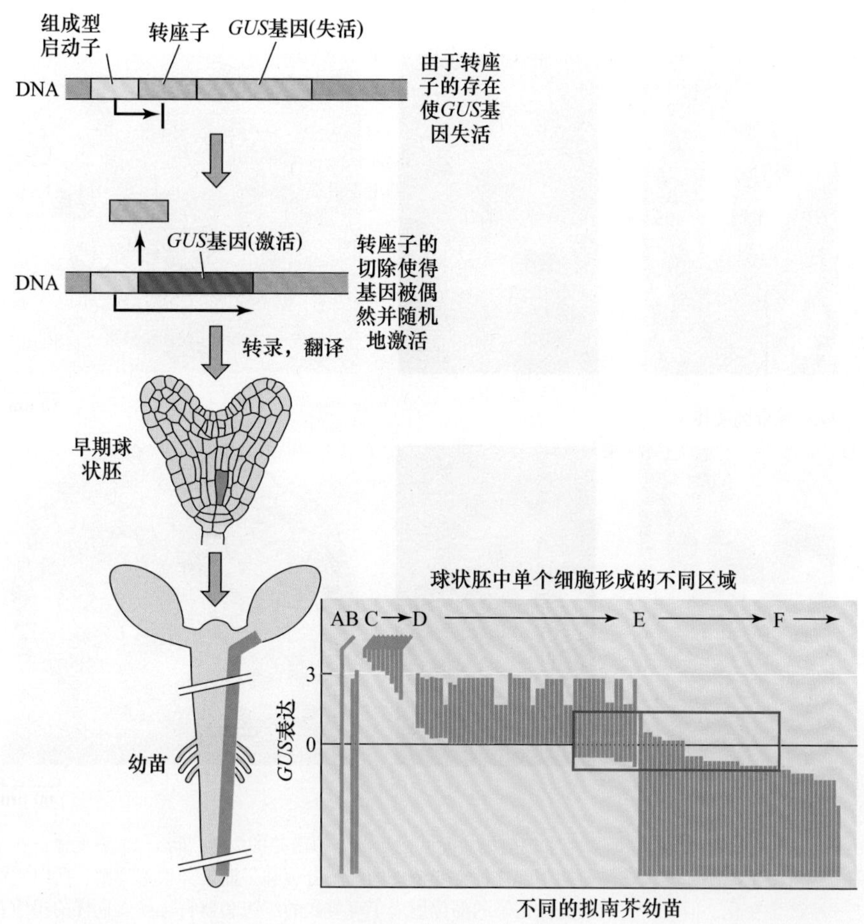

图16.5 特定胚胎细胞的命运不是固定不变的。研究追踪了幼胚中单个细胞的命运。顶部图表示随机切除转座子激活了单个细胞中*GUS*基因的表达，提供了可遗传标志，因此*GUS*基因可以标记这个细胞及其后代细胞。胚胎中转座子的切除过程导致幼苗中*GUS*表达。在底部图中，该实验中的幼苗可以根据*GUS*表达区域的强度和位置加以分类（标记为A~F）。左边幼苗模式图显示线性排列的区域，每一个区域来源于幼胚。一些相似区域，如E和F，很可能源于胚胎中相似位置的细胞，只是终点有异，但是不同分区间的表达量仍有较大的重叠。例如，类型D的底部区域和类型E顶端部分重叠，却不与类型F重叠。另外，幼苗中区段D和E的细胞也是有重叠的（子叶和根的交界处），说明细胞分化按它的位置而非来源。这个例子为细胞的位置是其命运的主要决定因子提供了直接证据（引自Scheres et al.，1994）。

端特例来分析，虽然该突变体与野生型相比有显著不同的分裂模式，但在该突变体中仍有构建出基本胚胎特征的能力（Torres-Ruiz and Jürgens，1994；图16.6）。从这个角度看来，拟南芥中相对可预测的细胞分裂模式可能简单反映了其胚胎的体积小，而使胚胎细胞的早期分裂在极性和物理位置方面受到限制。因此，除了按固定的顺序进行细胞分裂外，一定还有其他程序指导着胚胎的进一步的发育。

鉴于胚胎形成中细胞分裂的可变性，**位置依赖性（position-dependent）**的信号机制可能比起源依赖性机制发挥了更大的作用。这个机制通过依赖于细胞在发育胚胎中的位置来调整细胞行为。这种机制可以解释不同的细胞分裂模式如何最终成为一个统一完整的胚胎个体。这种位置依赖的信号模式一般认为具有三类通常的功能组成。

（1）在发育结构中必定存在独特的位置信息。

（2）单个细胞必定存在关于自身位置相对于应用位置信息的评价途径。

（3）细胞必须具备应对本来应有位置信息的恰当的反应能力。

接下来我们将讨论调控植物胚胎轴模式建成机制的本质，首先鉴定该过程的关键因子，然后研究它们之间如何互作。我们首先讨论生长素如何将位置信息提供给发育中的胚胎，并且又是如何通过调控下游生长素依赖的进程来参与胚胎发育。

16.2.4 在胚胎形成中生长素可能以一个可移动的化学信号起作用

在动物的一些特定的位置依赖性的发育过程中，一种被称为**形态发生素（morphogen）**的物质对位置信息

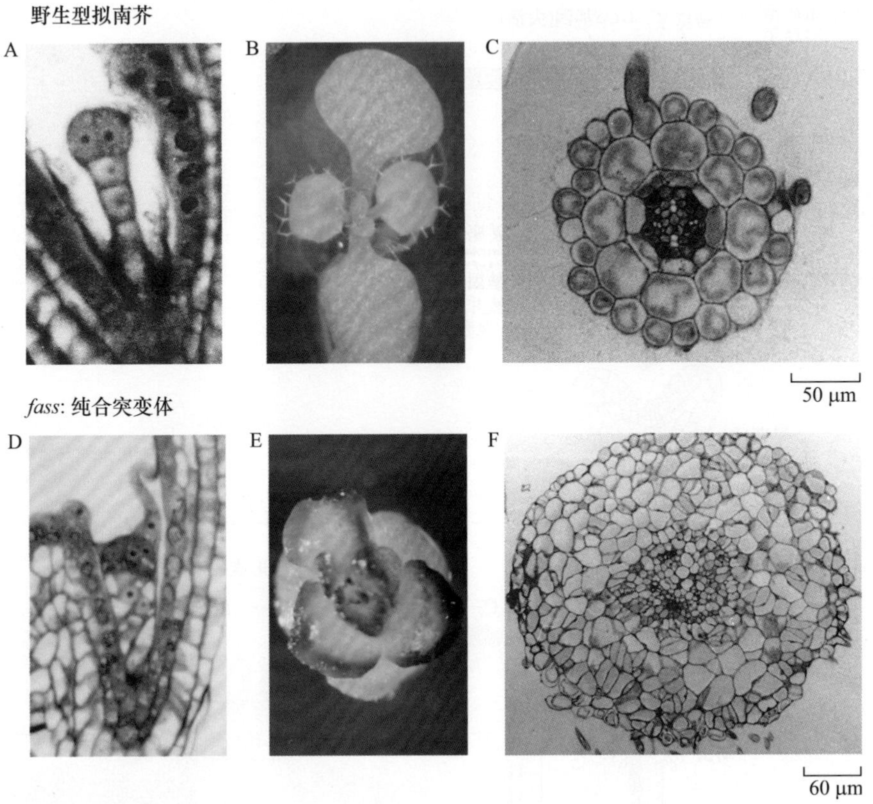

野生型拟南芥

A B C

50 μm

fass: 纯合突变体

D E F

60 μm

图16.6　过度的细胞分裂没有阻碍基本辐射模式元素的形成。拟南芥的*fass*（即*ton2*）突变体，在细胞任何分裂阶段都不能形成微管早前期带。这种突变植株的细胞分裂和平面延伸很不规则，所以它们的形态发生严重变化。但是，它们还是在正确的部位形成了可辨认的组织和器官。虽然这样的组织和器官极不正常，但是没有影响到辐射组织模式。上图为野生型拟南芥：A. 早期球形胚阶段；B. 从顶部观察到的幼苗；C. 根的横切面。下图对应各阶段的纯合突变体*fass*：D. 早期胚胎的形成；E. 从顶部观察到的突变体幼苗；F.突变体根的横切面表明细胞随机定向排列，但是仍然是一个近似野生型组织排列顺序：外部表皮层覆盖了一个多细胞组成的皮层，它围绕着维管柱（引自Traas et al.，1995）。

的提供起着关键作用。通过合成、运输和转换的综合作用，在发育的动物体内形成了形态发生素分子的浓度梯度分布，继而引发了一系列的浓度依赖反应。考虑到植物胚胎的发育也存在有位置依赖性，那么在植物中是否也存在有一种类似的形态发生素依赖机制呢？

某些激素的浓度变化、可移动性及它们能引起的一系列生理反应表明，这些分子有成为形态发生素的可能，生长素就是一个典型的例子。对于许多植物来说，生长素（吲哚-3-乙酸，IAA）或者合成的类似物，都能诱导体细胞形成胚胎（见第19章）。这种现象不仅表明生长素在胚胎形成中的潜在影响，也说明在缺失母体提供的信息时，胚胎形成程序也能进行的内在本质特征。

生长素及其抑制剂在不成熟胚胎上的体外实验还证明，胚胎发生的后期阶段也对生长素浓度敏感（图16.7A和B）（Liu et al.，1993）。人工干扰生长素水平导致的杯状顶端的表型与生长素转运体*PIN1*基因缺失的突变体表型非常类似（图16.7C），表明生长素在胚胎正常发育中起到非常重要的作用。但如果生长素要起到形态发生素的作用，不仅要能引起所影响组织的特异浓度依赖反应，也要能在整个发育的胚胎内形成浓度梯度分布。通过外施不同浓度的生长素（表16.1），建立的模式图显示了生长素的直接运输是如何参与建立发育过程中的胚胎内生长素模式化分布的（图16.8）。

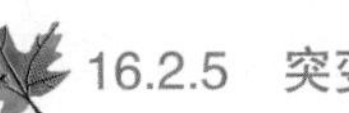 16.2.5　突变体分析有助于鉴定在胚胎组织发育过程中的重要基因

通过对各种类型突变体的分析，可以得到胚胎的基本极性是如何建立的，以及随后的模式是如何发生的相关信息（Laux et al.，2004）。阻碍胚胎早期形成的突变体被称为胚胎致死突变，如果这些突变体是隐性的，那么通过观察杂合体植株经自交后生长出的不饱满的种子或者果荚就可以识别出来。虽然这些突变体阻止发育的现象可以与相应基因在胚胎形成中的作用对应，但还

A 添加了反式肉桂酸的野生型芥菜

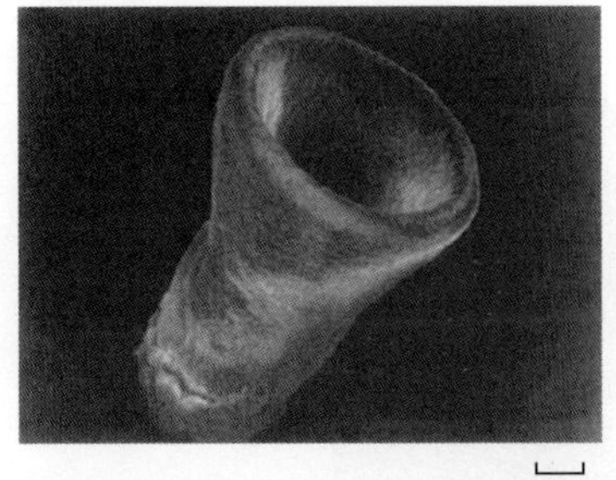

B 野生型拟南芥

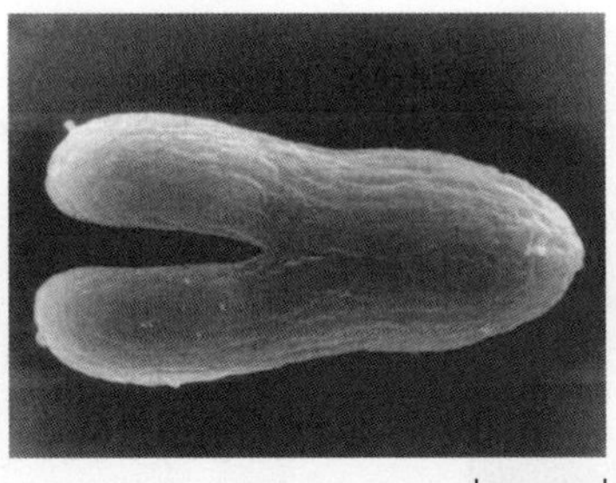

C *pinl1-1*突变体

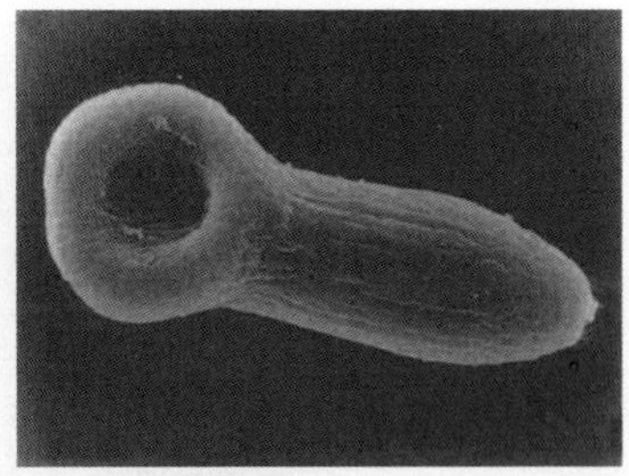

图 16.7　生长素在胚胎发育过程中作用的证据。A. 反式肉桂酸（一种能减弱生长素水平，抑制其运输的类黄酮）处理芥菜胚胎10天，可改变芥菜胚胎形态。B. 野生型拟南芥胚胎。C. 拟南芥*pin1-1*突变体的胚胎。值得注意的是，体外施用生长素抑制剂和由*PIN*基因突变导致的生长素运输紊乱均引起了相似的子叶不能正常分离的表型（引自 Liu et al.，1993）。

表16.1　评价植物体内生长素水平的通用方法的总结

方法	敏感性	特异性	分辨率	注释
质谱分析	中等	高	组织或器官水平	可以区分生长素的不同形态
通过质量和电荷确定某些分子身份				
免疫印迹检测法	高	中等	细胞水平	依赖于生长素和抗体结合的亲和度以及抗体的特异性
利用抗体识别特异性的分子构象				
报告基因	高	高	细胞水平	指示生长素依赖响应的位置，但在某种程度上报告基因的活性可能会受其他因素的限制
利用生长素激活的启动子启动基因表达，该基因表达产物可以被检测				
PIN蛋白的定位	中等	中等	细胞水平	用于评价主要生长素运输系统中生长素可能的极性运输方向，但该方法不能直接用于检测其他类型的生长素
生长素转运体的极性分布来指示生长素的水平				

是很难断定该基因是特异地在胚胎形成中起作用还是具有更广泛的代谢功能。

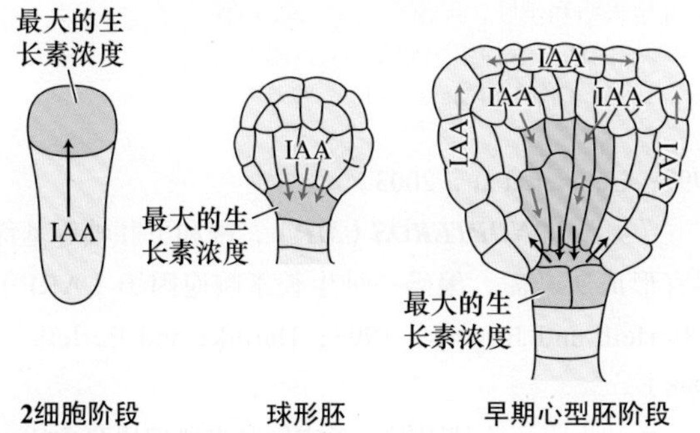

图16.8　胚胎发育早期依赖于PIN的生长素移动。箭头指示生长素的移动方向。这是根据PIN蛋白的不对称分布和*DR5*生长素反应报告基因的活性推断出来的（参考第19章）。蓝色标记区域为生长素浓度最大的细胞。

在分离特异影响胚胎形成的突变体中，筛选得到一些幼苗缺陷突变体，它们可以发育形成成熟的种子，但这些种子萌发形成的幼苗均不正常（Mayer et al.，1991）。在这些突变体中，正常的顶-基形态被打乱，结果造成缺失茎尖分生组织或根尖分生组织，或者两者都缺失。这些突变体缺陷的特征表明正常的顶-基模式的形成需要相关基因的参与（图16.9）。通过图位克隆技术克隆相关基因，可以深入了解这些基因的功能作用。

（1）***GURKE***（***GK***），因突变体的外形类似黄瓜而得名，它简化了或没有了子叶和茎尖分生组织，编码一种乙酰辅酶A羧化酶（Baud et al.，2004）。因为乙酰辅酶A羧化酶对于极长链脂肪酸（VLCFA）及鞘脂类的正确合成是必需的，所以这些分子或其衍生物可能对形

A 野生型和***gnom***突变体

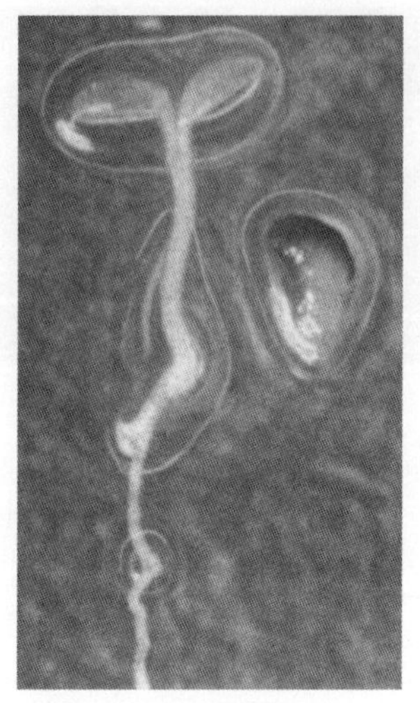

B 野生型和***monopteros***突变体

*GNOM*基因控制顶-极性

*MONOPTEROS*基因控制初生根的形成

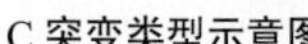

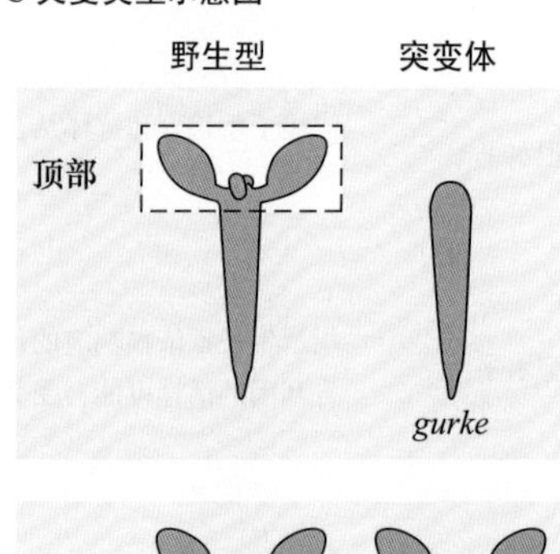

野生型　突变体

中心

fackel

基部

monopteris

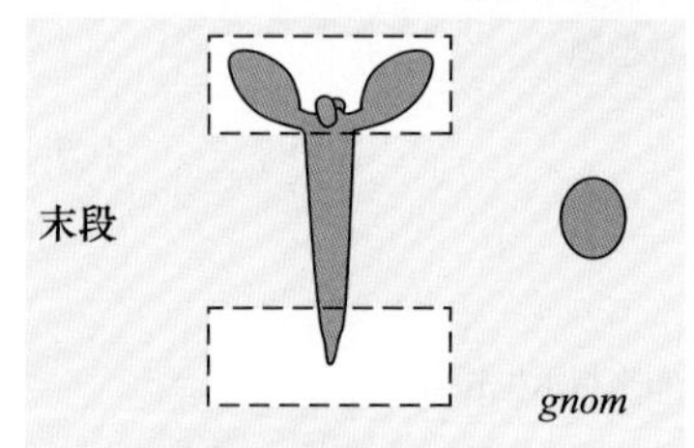

图16.9　通过突变体筛选分离拟南芥胚胎发生过程中必须的基因。图中显示的是相同发育阶段的突变体与野生型之间的类型比较：A. *GNOM*基因帮助建立顶-基极性，右边为纯合突变体*gnom*。B. *MONOPTEROS* 基因在基部模式化和主根形成过程中是必需的。纯合突变体*monopteros*植株（右侧）有下胚轴、正常的茎尖分生组织和子叶，但没有主根。C. 四种类型缺失突变体。右边的突变体缺少左边野生型的虚线区域所示的组织和器官（A图引自Willemsen et al.，1998；B图引自Berleth and Jurgens，1993；C图引自Mayer et al.，1991）。

成胚胎顶部的正确模式也必不可少的。

（2）***FACKEL***（***FK***），以前认为它是形成下胚轴所必需的。突变体显示了复杂的模式形成缺陷，包括畸形的子叶、下胚轴及根部变短等，并常常形成丛生芽和重生根的分生组织。FK编码一种固醇C-14还原酶，表明固醇在胚胎形成模式中起到非常重要的作用。

（3）***GNOM***（***GN***），编码一种鸟嘌呤核苷交换因子（GEF），通过建立PIN生长素输出载体的极性分布，从而使生长素形成极性分布（Steinmann et al.，1999；Geldner et al.，2003）。

（4）***MONOPTEROS***（***MP***），根和下胚轴等基部器官形成所必需，编码一种生长素响应因子（ARF）（Berleth and Jurgens，1993；Hardtke and Berleth，1998）。

虽然克隆这些基因揭示了它们各自所编码蛋白质可能具有的生理功能，但仍需进一步分析揭示这些功能是如何帮助建立正常的胚胎顶-基轴的。接下来的章节我们通过关注*GN*和*MP*的功能来了解生长素作为形态发生

素的一系列的模型。

16.2.6 GNOM蛋白决定了生长素输出蛋白的极性分布

就*GN*基因本身来说，它的功能是作为一个鸟核苷交换因子（GEF）起作用，这并没有直接说明它如何有利于胚胎的顶-基区域的形成。但值得注意的是，外施生长素转运体的抑制剂可模拟或者是得到很多与*gn*突变体类似的表型，表明GN活性是生长素正常转运所必需的。实验证明GN蛋白的GEF的活性是生长素输出蛋白PIN极性定位所必需的，PIN蛋白又是生长素输出蛋白系统的重要的组成部分。通过该实验，进一步解释了GN如何影响生长素的输出（Galweiler et al., 1998；见第19章）。

GN，像其他的GEF类相关蛋白一样，能促使囊泡在胞内运输将其所携带的特定蛋白（包括PIN类蛋白）转运至胞内靶点。*GN*的突变能破坏PIN蛋白正常的极性分布。进一步的研究表明GN的GEF活性对PIN的定位起有重要作用。当用GEF活性的抑制剂BFA处理细胞后，可以看到PIN的极性分布受到了破坏。但对于细胞含有结构改变的GN，因而不能结合BFA时，BFA处理后则观察不到PIN分布的异常。而编码PIN蛋白的基因缺失导致细胞分裂显示出与*gn*突变体相似的异常表型，进一步证实了PIN蛋白活性缺失是引起*gn*突变体中胚胎发育模式的改变的原因。

上述的这些结果表明，胚胎的顶-基模式依赖于胚胎中生长素浓度的差异分布，这种差异至少部分是由PIN所介导的生长素运输而产生的。为了支持这个模型，通过观察生长素报告基因在胚胎发育的各个阶段的表达分布来推测生长素的分布情况后发现，其分布与由PIN蛋白的极性分布而影响的生长素的分布情况是一致的。在2细胞阶段，基细胞的顶端细胞壁中PIN蛋白的优先积累与顶端细胞中高水平的生长素是相关联的。在胚胎的发育后期，PIN蛋白的分布发生逆转，随着PIN蛋白在顶端细胞基面高水平表达，使基部生长素的水平也随之提高（图16.8，球形胚时期）。在过渡阶段，PIN蛋白的分布变得更加复杂，内部细胞倾向于形成向下的生长素流动，同时这种流动可以通过表面细胞层向上的生长素流动来进行平衡（图16.8，早期心型胚阶段）（Friml et al., 2003；Blilou et al., 2005）。

16.2.7 *MONOPTEROS*编码一个生长素激活的转录因子

*MP*基因的克隆揭示了它是**编码生长素响应因子[auxin response factor**（ARF）]蛋白家族成员的基因，暗示其参与生长素依赖的过程。在生长素存在的情况下，ARF调节参与生长素应答的特定基因的转录。在没有生长素的情况下，MP则能通过与特定抑制子IAA/AUX蛋白相互作用使活性受到抑制。而生长素又可以通过诱导这些抑制子蛋白的降解，释放MP蛋白，使ARF能够激活它们的靶基因进而引发对生长素的响应（见第19章）。

许多证据表明，*MP*至少调控一部分生长素反应。除了导致胚胎的基部缺失（图16.9B、C），*mp*突变体还表现出维管系统的缺陷，这一点和人为阻抑生长素水平或运输后得到的表型相似，表明MP可能是参与生长素依赖的维管发育的调控基因。

不同的研究小组已经证明了由生长素调节MP活性的模型。这些研究均关注一个称为*bodenlos*（*bdl*）的突变体，在*bdl*突变体中，胚胎基部的缺失表型与*mp*突变体的表型一致，表明了这两个基因在功能上是有关联的（Hamamm et al., 2002）。对*BDL*基因的分子克隆结果表明它编码众多IAA/AUX阻遏蛋白中的一个成员。正常形态的GDL可以抑制MP的活性，但这种抑制可以被生长素所促发的BDL的降解而解除。生物化学研究表明突变后的BDL可以不被生长素诱导降解，因此能持续与MP结合，抑制它的活性从而表现出与*mp*类似的表型。综上所述，GN和MP共同组成了由生长素调控的基本极性生长轴建立的部分机制。

16.2.8 辐射模式引导组织层的形成

胚胎发育中除了顶-基轴上细胞和组织的差别外，从胚胎内部到表皮延伸出的辐射轴上也有差别。在拟南芥中，沿辐射轴的组织分化最初在球形胚中出现（图16.10），平周分裂将胚胎分成三个放射状的区域。最外层的细胞形成单细胞厚度的表皮层称为**原表皮层（protoderm）**，原表皮层最终分化为表皮。**基本分生组织（ground meristem）**的细胞在原表皮层下，随后基本分生组织形成皮层（介于维管组织和表皮间的基本组织），而在根和胚轴中，产生内皮层（栓化细胞层，阻止水和离子通过质外体进出中柱；见第4章）。位于中心区域的则为**原形成层（procambium）**，最终产生维管组织，包括在根中产生中柱鞘。

在胚胎的轴模式中可以看到，不同物种间细胞分裂模式类型显著不同，同时在细胞分裂模式被破坏的突变体中，基本辐射模式依然能建立，因此，精确严格的细胞分裂次序并不是建立基本辐射模式所必需的。生长素的运输在胚胎顶-基轴模式的建立中起到重要的作用，与该模式不同，辐射模式的分子基础并不清楚。尽管如此，对胚胎的详细解剖和分子分析提供了一些胚胎辐射模式建立过程中关键线索（见Web Essay 16.1及第1章中讨论细胞分裂界面如何形成的）。

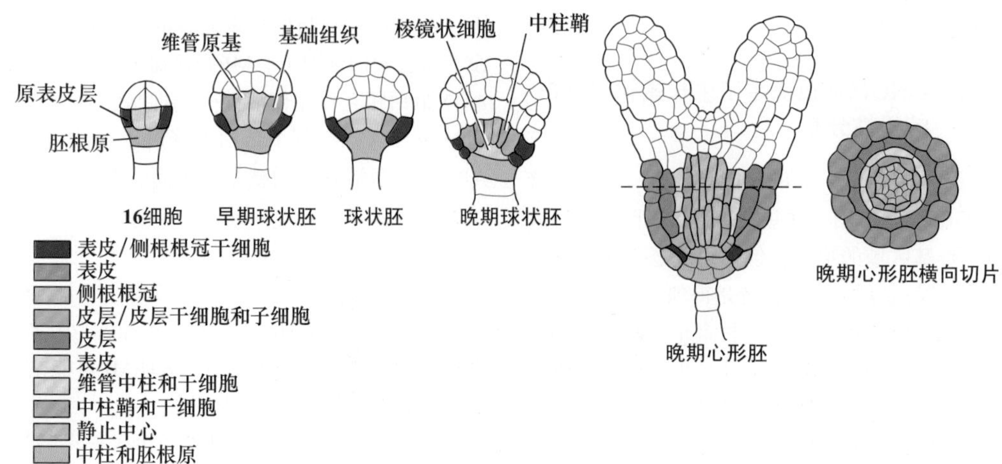

图16.10　拟南芥胚胎形成过程中辐射模式形成的顺序简图。用5个连续胚胎发育阶段的纵切面说明不同组织的来源。从原表皮层（左）到最终维管组织的形成（右）。注意观察干细胞是如何增加组织数量的。最右边图显示的是晚期心形胚基部的横切面（其临近的左图所示横线是横切的具体位置）。

胚胎的原表皮层呈现出了辐射轴的一个明显、特别的特征，由于位于最表面的一层因此原表皮层组织可以很容易根据其位置而确认。从胚胎发育的早期开始，原表皮层就具有了一套暴露在外界的细胞壁，因此理论上它可以更方便地和外界环境交流信息，此外，这些表皮细胞还是胚胎内信号从一个细胞进入另一个细胞移动的边界。以上两点说明，原表皮具有区别于内部细胞层的独特性质。例如，对于柑橘的研究表明，胚胎表面的表皮层从最早的合子期就开始出现，并一直持续到了成熟期，表明原表皮层细胞的细胞壁构成了一个与外界交流的边界（Bruck and Walker，1985）。

这些结果表明与表皮相关的因子可能为辐射模式建立提供重要线索。在胚后发育期，由原表皮层生成的表皮作为植物与周围环境的互作界面有着非常重要的作用。最近研究表明表皮本身制约了更多的内层的生长（见第24章）。

通过遗传学研究发现了两个基因，拟南芥 *MERISTEM LAYER1*（*ATML1*）和*PROTODERMAL FACTOR2*（*PDF2*），它们在最表层表皮细胞形成表皮特征中发挥了重要的作用（Lu et al.，1996；Abe et al.，2003）。两者编码同源的转录调节因子，都在胚胎形成早期的胚胎外部细胞中表达。这种表达是形成正常表皮所必需的，因为它们发生突变时植株的表皮会出现异常，表现出叶肉细胞的特征（图16.11A和B）。

两个基因的蛋白产物通过识别表皮特定基因启动子所共有的8碱基对识别序列而调节它们的表达。ATML1和PDF2与这些启动子序列的结合促进了基因的转录，而这些基因产物导致了表皮的分化。*ATML1*和*PDF2*基

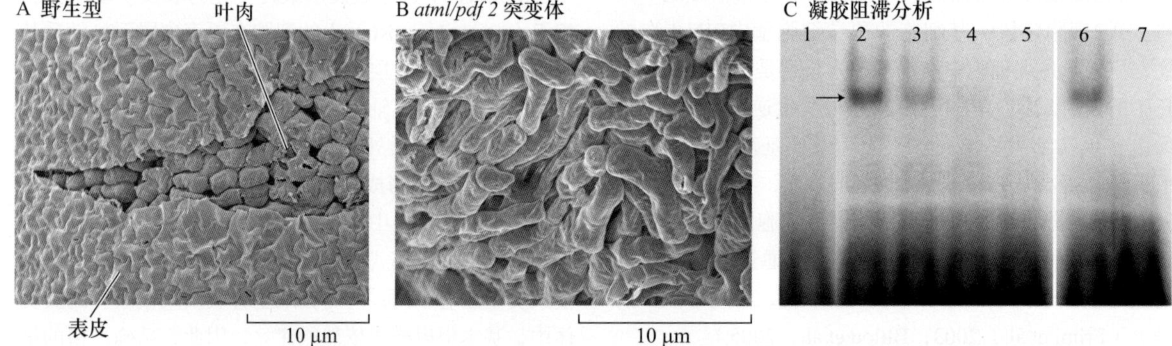

图16.11　*ATML1*和*PDF2*是形成正常表皮所必需的。比较野生型（A）和双突变体*atml1/pdf 2*（B）显示突变表皮与野生型（在A中剥去部分表皮）中的叶肉相似。C凝胶阻滞实验显示PDF2蛋白可以专一的结合到特定的序列上，这个序列存在于受PDF2蛋白调控的基因启动子中。与PDF1启动子的L1盒子有相同序列的标有21个核苷酸序列的探针L1与融合有PDF2的麦芽糖结合蛋白（MBP-PDF2）混合。结合有蛋白质的DNA探针，形成带有标签的复合物，它可以在凝胶中以一个条带的形式被看到（第2列，箭头）。如果L1仅与麦芽糖结合蛋白混合则没有复合物出现（第1列），如果MBP-PDF2与突变的L1探针混合，也没有混合物出现（第7列）。当逐渐增加没有带标签的L1探针（竞争者）的量（100~300或1000倍的量；第3、4和5列）时，复合物标签逐渐消失（引自Abe et al.，2003）。

因自身的启动子含有这种识别序列，表明有一种正反馈循环来维持它们的表达。然而，控制这些基因在表皮表达的信号的本质仍然不清楚。

进一步的遗传分析发现了一些参与了更多内部组织形成的基因的特性，包括维管系统和皮层。拟南芥*WOODENLEG*（*WOL*）基因的缺失突变体，会引起产生木质部和韧皮部前体的一轮重要细胞分裂的缺失（图16.12）。这种缺失导致维管系统只有木质部而没有韧皮部。*WOL*[也称细胞分裂素受体1（*CRE1*）]基因编码细胞分裂素的受体之一，表明这种激素可以作为辐射模式建立的组分（Mähönen et al.，2000；Inoue et al.，2001）（见第21章）。但是，因为*fass*突变能促进细胞的额外分裂，并且通过构建*wol fass*的双突变体发现*fass*能阻遏*wol*的表型，因此*wol*突变体中韧皮部的缺失是由于在相应位置前体细胞层的缺失，而不是由特定韧皮部细胞的失活所引起的。

激素信号和转录因子共同在调控顶-基模式和辐射轴模式的建立过程中有重要的作用。接下来的部分我们用一个已经研究透彻的例子来说明特定转录因子在细胞层移动的特性如何有助于这种模式的建立。

16.2.9　转录因子在胞间的转运参与了皮层和内皮层细胞的分化

皮层和内皮层组织的发育，为相邻两个细胞层间基因表达活性通信是如何影响辐射模式的建立提供了典型的例子。拟南芥的两个基因，*SCARECROW*（*SCR*）和*SHORTROOT*（*SHR*）是形成正常皮层和内皮细胞所必需的（Di Laurenzio et al.，1996；Helariutta et al.，2000）。两者编码的蛋白序列相近，均为GEAS转录因子家族成员。GRAS名称来源于该家族首先被发现的几个成员，包括*GIBBERELLIN-INSENSITIVE*（*GAI*）、*REPRESSOR OF GAI1-3*（*RGA*）和*SCR*。

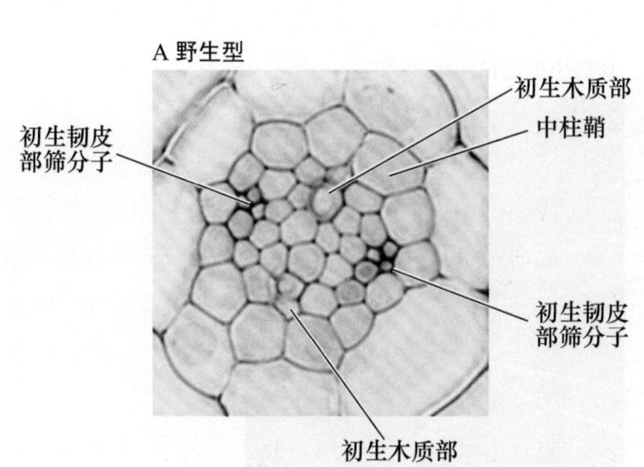

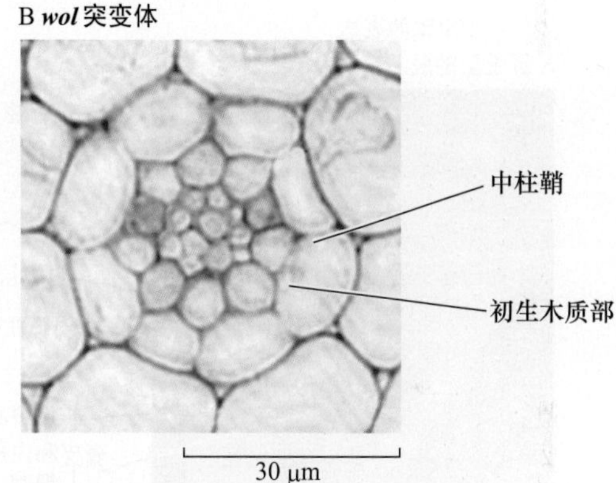

图16.12　拟南芥细胞分裂素受体（*WOL*）基因编码的细胞分裂素受体是正常韧皮部发育所必需的。野生型（A）和*wol*突变体（B）根部的比较表明*wol*突变体缺少韧皮部组成成分并且细胞层数明显减少（引自Mahonen et al.，2000）。

在SCR或SHR活性减少的突变体中，形成独立皮层和内皮层的细胞分裂过程无法正常进行。任一基因的突变都会阻碍细胞分裂分化成独立的细胞层（图16.13）。在*scr*突变体中，虽然只有单层细胞但其同时表现出内皮层和皮层二者的特征，这表明突变体仍能表达每层的特征，但是不能将它们分开形成不同的细胞层。*fass*突变后能使突变体恢复至较为正常的生长类型支持了这种解释，和恢复*wol*的能力相似，*fass*能补偿*scr*的分裂缺陷，从而使具有皮层和内皮特征的细胞层分开形成各自的细胞层。

相比之下，*shr*突变体不仅有和*scr*相类似的细胞分裂缺陷，而且还不能形成具有特异内皮层性状的细胞。在*shr*缺失突变体中，单一的未分裂层丧失了内皮层的特征，如缺乏凯氏带，并且激活了一些正常条件下在皮层中被抑制的基因。由于*SHR*的mRNA表达位置通常局限在更内部的原生维管组织中，因此这种需要*SHR*基因活性来特化内皮特征的现象有些令人费解。

这种现象通过更详尽的研究得到了解释（Nakajima et al.，2001），尽管*SHR*的mRNA仅限于在维管中表达，但是翻译的产物却不是这样，SHR蛋白被转运到相邻外层细胞内，在那里它通过调控一些特定基因的转录来诱导内皮层特征的形成（图16.14）。SHR蛋白在皮层与内皮层的分化上的作用方式，为解释特定转录因子如何依赖它们在细胞层间的运动来发挥作用提供了清晰的例子。

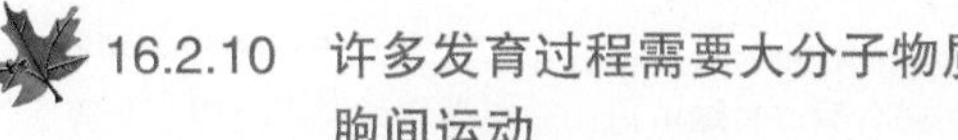

16.2.10　许多发育过程需要大分子物质的胞间运动

相邻组织相互作用引发的特定的发育过程，这种现象称为**诱导效应（induction）**，是许多多细胞生物体

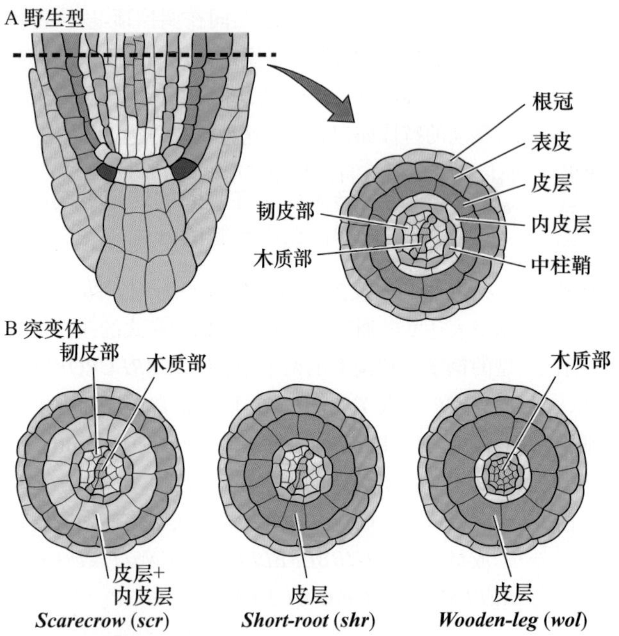

A 野生型

根冠
表皮
皮层
韧皮部
内皮层
木质部
中柱鞘

B 突变体

韧皮部
木质部
木质部

皮层+
内皮层
皮层
皮层

***Scarecrow* (*scr*)** ***Short-root* (*shr*)** ***Wooden-leg* (*wol*)**

图16.13　正常和突变体根辐射模式的比较，表明特定基因在空间上的特定功能。A. 野生型的根部。不同颜色代表不同细胞类型。B. 三个缺失根辐射发育模式的拟南芥突变体*scr*、*shr*、*wol*（引自Nakajima and Benfey，2002）。

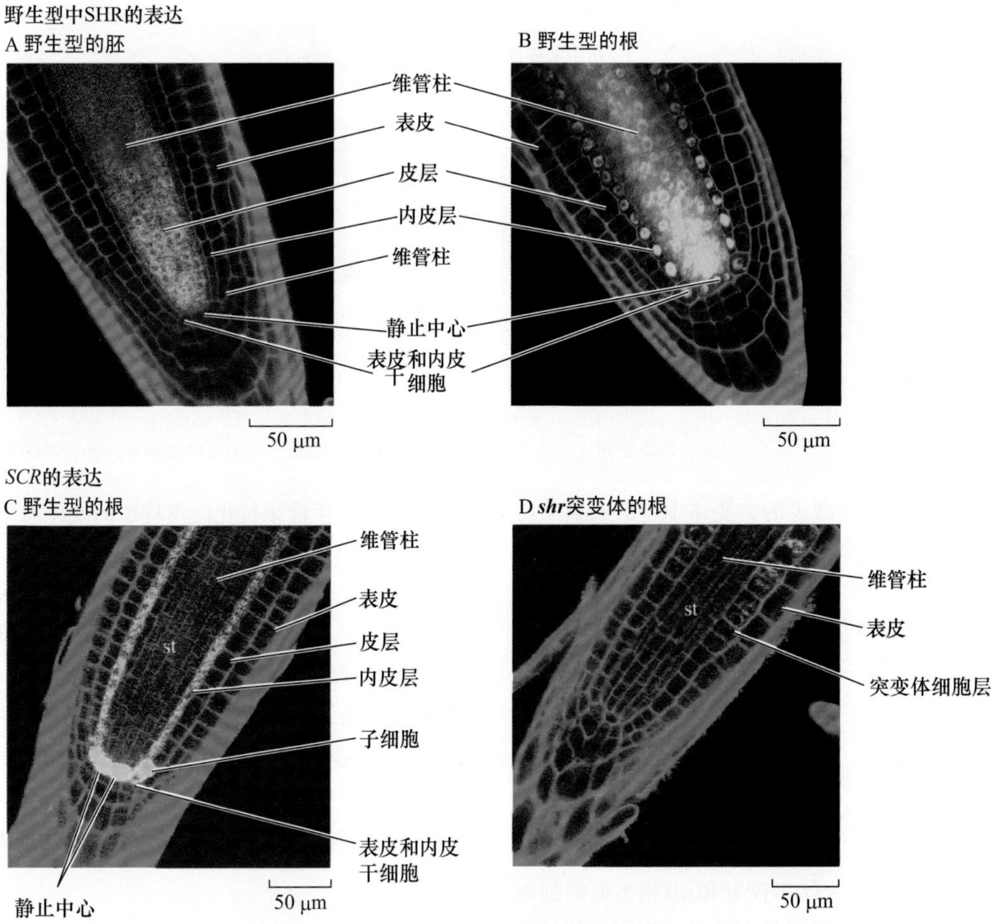

野生型中SHR的表达

A 野生型的胚　　B 野生型的根

维管柱
表皮
皮层
内皮层
维管柱
静止中心
表皮和内皮干细胞

50 μm　　50 μm

*SCR*的表达

C 野生型的根　　D *shr*突变体的根

维管柱
表皮
皮层
内皮层
子细胞
表皮和内皮干细胞
静止中心

维管柱
表皮
突变体细胞层

50 μm　　50 μm

图16.14　拟南芥根发育过程中*SHR*和*SCR*基因控制组织发育模式形成过程。在这里，SHR和SCR蛋白通过与绿色荧光蛋白（GFP）融合后（呈绿黄色）利用激光共聚焦扫描显微镜成像技术观察基因表达的定位模式。（A和B）SHR蛋白的定位。A. 在野生型拟南芥的胚胎发育过程中，SHR蛋白定位于原生维管组织中。B. 在初生根继续生长的过程中，SHR蛋白仍定位于圆柱状的维管柱中，但同时也会移动到相邻近的内皮层中。（C和D）SCR蛋白的定位。C. 在野生型的根中，SCR蛋白位于静止中心（QC）、内皮层以及表皮和内皮干细胞（CEI）中。而皮层、维管柱和表皮中没有SCR蛋白。D. 在*shr*突变体的根中，*SCR*的表达水平显著降低，并且仅在同时具有皮层和内皮特征的突变体细胞层出现（引自Helariutta et al.，2000）。

采用的生存战略。诱导效应本质上依赖于各种类型的胞间通信。就像动物一样，在植物中很多类型的胞间通信是由一些激素分子介导完成的，这些激素分子的运动有时是被动的，有时则是通过激素所特有的运输系统来完成的（如PIN蛋白）。除了激素之外，植物还有运输更大分子的能力，如通过胞间连丝运输转录因子。这些膜内衬的管道，穿过细胞壁把相邻细胞的胞质连接在一起（见第1章），这些胞间连丝是动态的结构，能够根据分子的大小和组成，选择性的让它们通过（Haywood et al.，2002；Maule，2008）。

大分子通过胞间连丝的胞间运动，受很多复杂因素控制。尽管超过1 kDa的大分子的运动通常会受到限制，但是通过调整胞间连丝可以让更大分子或特定的蛋白通过，如转录因子SHR。跟踪染料分子或者带有GFP标签的不同大小的蛋白运动的研究显示胞间连丝状态的变化与胚胎的发育过程相偶联。在胚胎发育早期，较大分子的运输相对比较容易，而在发育后期组织轮廓清晰后分子的运输就受到很大的限制（图16.15）（Kim et al.，2005）。这种区域化胞间通信模式，可以部分的解释为什么植物的很多发育过程在组织结构轮廓成熟的区域比单个细胞水平内存在有更多的调控方式（Rinne and van der Schoot，1998）。

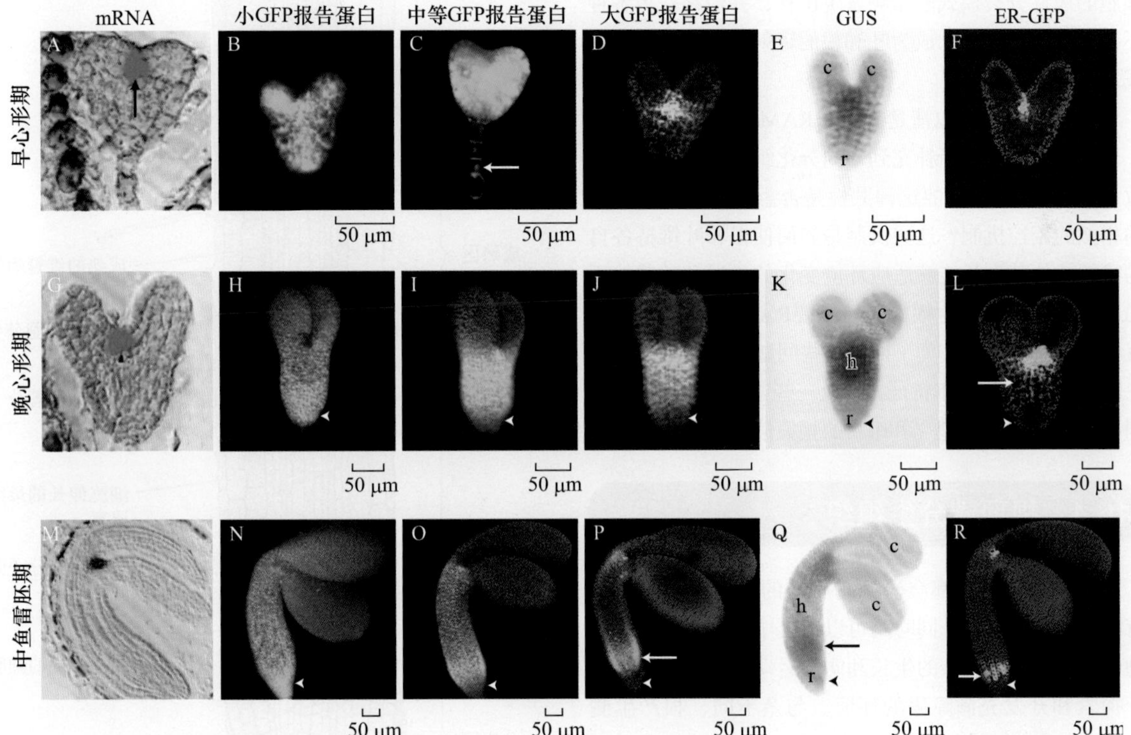

图16.15　发育过程中胞间蛋白移动能力的变化。图示小（B、H、N）、中（C、I、O）、大（D、J、P）型GFP报告蛋白在不同年龄（早心形期，A~F；晚心形期，G~L；中鱼雷胚期，M~R）胚胎中的分布。所有构建的载体用一个仅能在胚胎较小区域内转录的STM启动子来控制，这可由原位杂交（A、G和M）与非扩散性GUS的融合（E、K、Q）及ER-GFP报告蛋白（F、L、R）的表达来显示。小蛋白质在各个阶段（B、H和N）都更易移动，而大蛋白质的移动性弱些，并在较老的胚胎中具有更多的限制（C和D、I和J，O和P）。箭头表明胚柄细胞（C）的细胞核和STM启动子在下胚轴中的异位表达（L和P~R）。箭头处指根。缩写：c. 子叶；h. 下胚轴；r. 根（引自Kim et al.，2005）。

16.3　分生组织：无限生长型的基础

植物的发育过程具有很大的可塑性，这很大程度上归功于一个被称为**分生组织（meristem）**的特化组织的存在（Esau，1965；Gifford and Foster，1987）。广义上的分生组织的定义是保持繁殖能力的细胞群，它们的命运是不确定的。许多在植物营养生长中发挥作用的分生组织是根据它们在植物体的位置而命名的。

根顶端分生组织[root apical meristem（RAM）]和**茎尖分生组织[shoot apical meristem（SAM）]**分别处于根和茎的顶端。**居间分生组织（intercalary meristem）**，正如它们的名字一样是指镶嵌在分化过的组织区域内的具有增殖能力的组织。而**侧生分生组织（marginal meristem）**处于发育器官的边缘部分，功能和居间分生组织类似。小型的表层细胞簇被称为**拟分生组织（meristemoid）**，其可生成诸如表皮毛或者气孔等组织（参见Web Essay 16.2 植物分生组织的历史回顾）。在下节中我们将概述SAM和RAM的基本特征，并通过提出一个有用的模型来理解调控这些细胞的分裂和最后去向的机制。

 16.3.1 RAM和SAM利用相似的无限生长策略使之保持无限生长模式

尽管在一棵植株上很难想象存在有比根和茎差异更大的两个部位，但是RAM和SAM的某些特征及它们在植物无限生长模式中起的作用却是相似的。它们空间结构特征都是一簇细胞，称作**起始细胞（initials）**。这些细胞分裂速度慢且分化方向不定。这些细胞的后代由于细胞的极性分裂模式的影响发生位移，并最终获得各种不同的分化命运，如成为叶和根的辐射性和纵向的组织或发育为侧生器官等。

从这个角度可以清楚地看出RAM和SAM都必须有一套机制来平衡不断补充到不同分化组织中的新细胞的数量。RAM和SAM的这种共性是否意味着它们采用了的相似的调控机制？这些机制是如何使根和叶维持各自的特征并使其生长能够适应环境变化的？根和叶截然不同的生长及器官发生模式是否需要RAM和SAM也存在有不同的特殊功能？为了回答这些问题，我们将接着讨论RAM和SAM的基本特征，以及一些通过遗传学方法找到参与RAM和SAM建立和维持的相关信号途径的例子。

16.4 根顶端分生组织

根的很多形态都会受到它所处的环境影响。根具有固定植物的作用，同时又可以在土壤中吸收水分和矿物营养，根具有复杂的生长和向性运动模式，使得其便于探索和开发充满障碍的环境。与茎不同，根产生侧生器官，使得它能更好地适应环境。根顶端分生组织（RAM）经过分裂产生细胞、进一步分化和伸长直至远离顶部的过程和茎尖的情况类似。但是，根毛或侧生器官次生生长是在远离根尖的位置进行的，只有在细胞伸长完成后，侧生器官才会形成。通过这种方式可以避免由于距根末梢太近而受到剪切伤害。根和枝条的另外一个不同点是RAM覆盖有根冠。

在以下部分，我们将详细介绍根器官组成，探讨不同区域根的细胞行为是如何引起其生长和功能的特化。然后，我们综合分析依赖于生长素和依赖于细胞分裂素基因表达模式的实验证据，揭示其如何共同调控根的生长。

 16.4.1 根尖有四个发育区

根据不同的细胞行为将根分为不同的区域能够很好地描述根部发育的基本特性。尽管这些区域的边界划分不可能绝对准确，但将根划分为以下几个区域后，能够提供一个非常有用的空间框架，有利于我们对根发育的具体机制进行探讨（图16.16）。

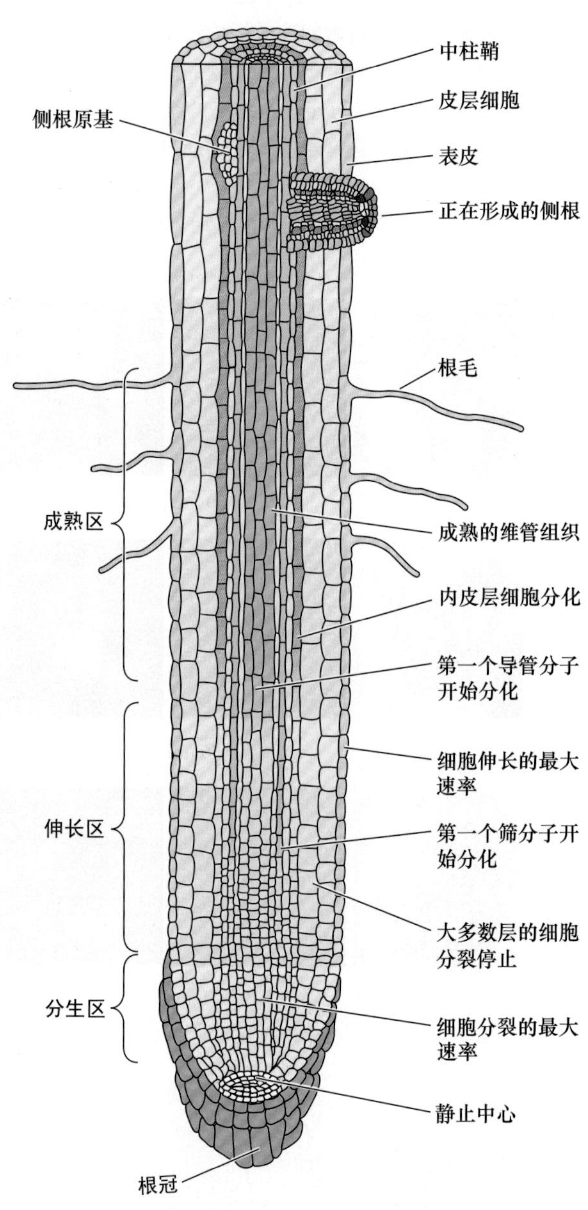

图16.16 初生根的简图，表明根冠、分生区、伸长区和成熟区。

（1）**根冠（root cap）**位于根的末端。它是唯一一个位于比分生组织区域更为末端的位置的初始衍生物。它覆盖在顶端分生区上，保护根尖在穿越土壤时免受机械损伤，此外，根冠还可以感知重力，使根具有向重力性，并可分泌一些物质帮助根系穿越土壤和活化无机养分。

（2）**分生区（meristematic zone）**位于根冠下方，它包含一簇起有原分生组织作用的细胞，这些细胞以极性分裂模式进行分裂，产生的细胞进一步分裂和分化成

根的各种成熟组织。分生区的细胞有小的液泡，具有非常强的伸展及分裂能力。

（3）**伸长区（elongation zone）**，细胞快速和显著伸长的区域。尽管伸长区内的一些细胞在伸长过程中仍可继续分裂，但其分裂速度会随着与分生组织距离的逐渐增加而逐渐减慢，直至停止分裂。

（4）**成熟区（maturation zone）**是细胞获得分化特性的区域。细胞在分裂和伸长停止后进入成熟区，在这个区域侧生器官（如侧根和根毛）开始形成。虽然细胞分化可能在早些时候就已开始，但是细胞在进入这个区域后才达到成熟状态。

在拟南芥中这四个区域仅占据着根尖的前几毫米。尽管在许多其他物种中这些区域会更长些，但生长依旧仅局限在根的末端区域。

16.4.2　不同根组织的起源可以追溯到特异的起始细胞

由于根的各组织的发育过程是渐进和线性的，因此可以较为容易地从近顶端区域找到这些组织各自的特化的起始细胞。我们通过观察大多数植物根系的纵切图可以发现，根的长的纵列细胞在近顶端的区域汇合（图16.17A）。位于这个汇合区域中心的细胞比周围细胞的分裂速度都要慢，因此该区域被称为**静止中心[quiescent center（QC）]**。

能分化成各种不同组织的起始细胞和由邻近QC细胞组成的区域之间的物理联系很紧密，暗示了这些类型的细胞在功能上可能是相互依赖的。有人认为把静止中心和相邻分生组织细胞区分开来多少有些牵强，因为在很多高等植物的根中QC细胞有时在分裂后会取代相邻的起始细胞。基于同样的道理，其他物种的QC与分生组织细胞的关系也不同。在一些高等植物中，QC包含数十至数百个细胞，而且这个数量在植物的生命周期中会发生变化。但在低等维管植物，如水蕨（*Azolla*）中，位于中心的单个顶端细胞在整个营养生长期都保持着低的且持续稳定的有丝分裂活性，其同时执行了QC和起始细胞的功能（对于此问题的讨论参见Web Topic 16.4）。

与胚胎发生时的细胞分裂模式相似，在不同物种中，QC及其周围起始细胞的特性也各不相同。表明位置依赖机制对指定这些细胞类型起到很重要的作用。与研究胚胎发生过程相似，许多对根发育机制的了解也来自于对模式植物如拟南芥的研究，这是因为在拟南芥中单个细胞的行为可以被监视，拟南芥的根很小，比较透明，而且根细胞数目也较少，易于观察，很适合作为研究根发育过程的材料。

拟南芥的QC仅包含4~7个细胞，因为拟南芥的QC细胞在胚后发育阶段极少发生分裂，因此很容易识别扰乱QC及其周围起始细胞活性的因素。在拟南芥中有四种不同的起始细胞和QC相邻，可以根据它们的位置和所产生的组织对其分别进行定义（图16.17B）：

（1）**根冠柱起始细胞（columella initials）**。定位在QC的正下方，这些起始细胞产生根冠的中心部分（根冠柱）。

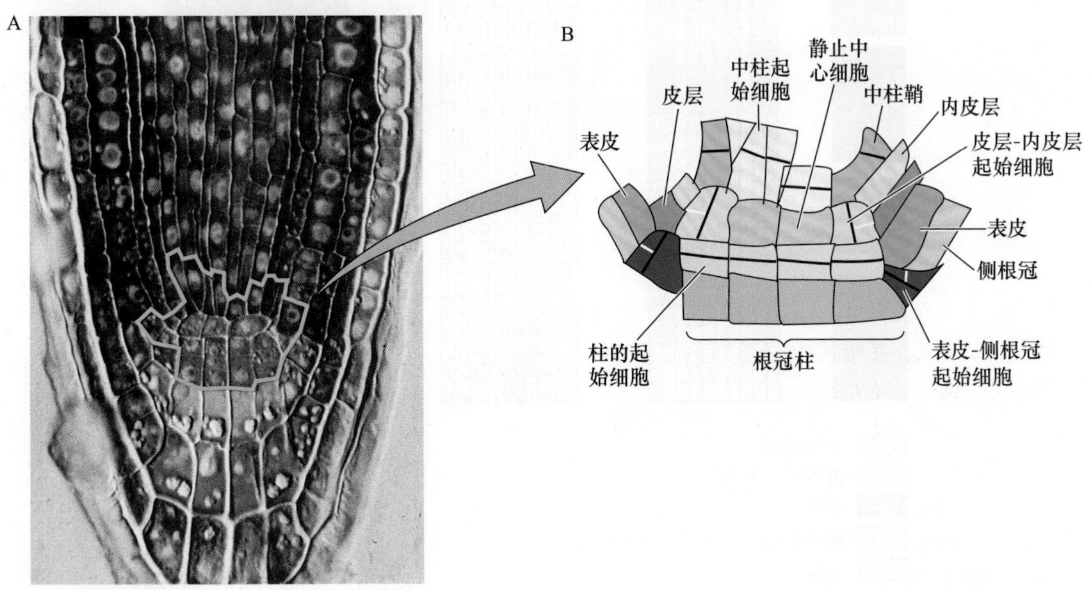

图16.17　拟南芥根的所有组织是由根部顶端分生组织的一小部分起始细胞发育而成的。A. 跨根中心的纵切图。绿色区域是含干细胞的原分生组织，是所有根组织的起源。B. A图的原分生区的图解。在这个纵切面上仅可看到四个静止中心细胞中的两个。粗黑线条所标示的是干细胞发生细胞分裂时的分裂面。白线条表示发生在皮层-内皮层和表皮-侧根冠干细胞中的第二次细胞分裂（引自 Schiefelbein et al.，1997，由 J.Schiefelbein提供，美国植物生物学家协会授权再版）。

（2）**表皮-侧根冠起始细胞（epidermal-lateral root cap initials）**。与QC相邻，这些起始细胞首先垂周分裂，产生子细胞，子细胞经一次平周分裂成为两列细胞，细胞成熟后转变为侧生根冠和表皮。

（3）**皮层-内皮层起始细胞（cortical-endodermal initials）**。位于表皮-侧根冠起始细胞的内侧或附近，皮层-内皮层起始细胞先垂周分裂为子细胞，然后再平周分裂形成皮层和内皮层细胞层。

（4）**中柱起始细胞（stele initials）**。位于QC的正上方（近侧），产生维管系统，包括中柱鞘。

16.4.3 细胞切除实验可解释决定细胞身份的定向信号转导过程

为了检验和完善这样一个假说：QC和周围的起始细胞的行为受到位置依赖性信号机制的影响。一系列的实验被用来证实特定的细胞会促使其进入特定的发育过程。通过将正常拟南芥RAM细胞的分裂模式与利用显微聚焦激光束破坏（或切除）一个或更多的特定细胞的植株RAM细胞的分裂模式作比较（van Berg et al.，1995），就可以评估位置信息对细胞命运的影响。

当QC被切除掉时，相邻起始细胞不能正常分裂并且提早分化（图16.17B），表明QC可以产生一种能够维持相邻的起始细胞不发生分化，而且保证它们可以正常分裂的可移动信号。如果切除邻近起始细胞的分化细胞，则会引起起始细胞呈现异常的特性，产生异常的细胞类型。这些实验表明，特定起始细胞的特性依赖于分化程度较高的邻近组织所发出的信号。

16.4.4 生长素有助于根顶端分生组织的形成和维持

正像胚胎发育过程中生长素对顶端和基部极性的建立有很大作用一样，令人信服的例证表明其也参与了RAM的定位并调控了RAM的复杂行为。在正常的根中，QC是生长素浓度最高的区域。如果用化学方法改变生长素浓度最高区域的位置，QC的位置也会随之发生改变。相反，如果生长素浓度最高区域消失，植物QC也会缺失（Sabatini et al.，1999；Jiang et al.，2003）。

和胚胎中的情况相似，根中生长素的相对水平在很大程度上是由PIN蛋白的极性分布所决定的。通过观察根不同部位PIN蛋白的分布差异可以预测生长素在根中的流动方向和相对水平。通过建立这些模型发现，根中的生长素源于地上部分和较浅的表层细胞，经过幼苗的中心区域向下运输，最终汇集在QC和根冠柱组织（图16.18）。然后生长素从这些末端区域运送到表层，再

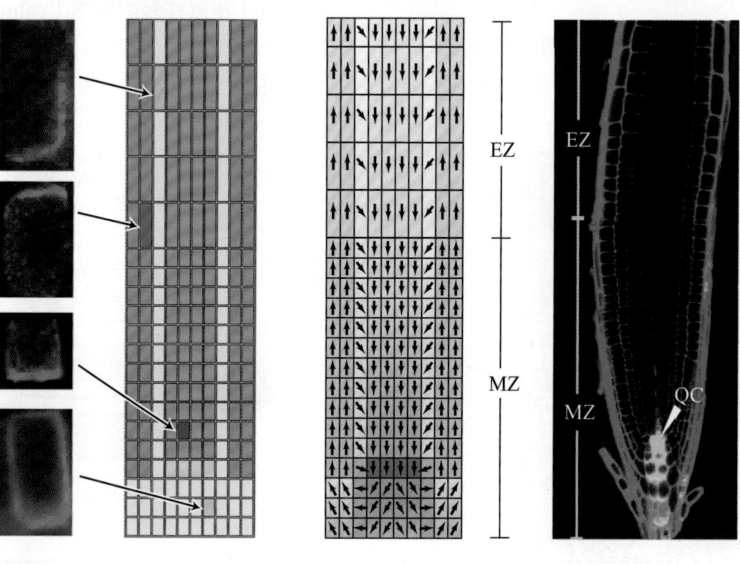

图16.18 PIN蛋白在根中的分布反映出生长素的流动模式。A. 不同根组织的PIN蛋白（红色区域）的非对称定位。B. PIN蛋白定位模式预测了生长素浓度较高的区域是QC的位置（颜色越深表示生长素浓度相对越高）。C. 通过检测DR5::GFP报告基因的活性来预测生长素浓度分布高低和上述预测是一致的。缩略词：EZ. 伸长区；MZ. 分生区；QC. 静止中心（引自Grieneisen et al.，2007）。

向上运输至地上部分。这种流动模式被比拟为一个倒置的喷泉。

不论是以正常根，还是利用经过物理化学或基因方法扰乱生长素或PIN表达水平的根为材料，通过这种模式来预测生长素水平已经得到普遍的认可（Grieneisen et al.，2007）。总之，这些结果表明在根中生长素极性流动的稳定模式是维持RAM活性的重要因素。

 16.4.5 根对生长素的响应依赖特异的转录因子

现在已经了解了生长素在根中的梯度分布情况，但还需要进一步解释浓度差异是如何引起下游反应的，包括局部区域细胞的分裂、伸长和分化（图16.19）。至少部分的下游反应与生长素响应因子有关（其受生长素调节的具体机制参见第19章）。当生长素超过临界浓度时，会降解IAA/AUX的阻遏蛋白，IAA/AUX的阻遏蛋白可以和像MONOPTEROS这样的ARF结合，抑制ARF的转录调节活性。与在胚胎发育时期根的形成一样，在植物营养生长阶段MP和其他ARF依旧通过生长素依赖的方式参与维持根的正常生长。

遗传学研究表明，另外一些种类作用于ARF下游的转录因子也参与调节根的生长。其中有两个属于AP2家族的转录因子*PLETHORA1*（*PLT1*）和*PLETHORA2*（*PLT2*）（Aida et al.，2004），这两个*PLT*基因在生长素浓度高的QC区域的表达很活跃。*PLT*基因的突变体则不能形成QC或维持正常的QC功能，表明这些基因正常的转录调节是形成这些部位所必需的。反之，人为增加根近侧区域的*PLT*表达量则会导致QC的异位（出现错误定位）（Galinha et al.，2007）。这些实验结果共同证明了这样一个模型，生长素作为位置信号诱导特异的转录调控程序，进而介导了形成和维持RAM所需的特有的细胞行为。

*WOX*基因编码了第三类参与调控RAM的转录因子家族成员，该家族不仅在RAM中有重要作用，而且在整个植株中都起到很重要的作用。这些基因与*WUSCHEL*（*WUS*）基因具有序列同源性，*WUS*基因是形成SAM所必需的，它们都拥有一个同源的DNA结合基序[*WOX*的命名是由*WUSCHEL*和同源域（homeobox）而来]。与*PLT*基因一样，*WOX*基因表达也对生长素活性敏感，表现为在*mp*和*bdl*突变体（缺少生长素活性）中，*WOX*基因转录产物的分布会发生变化（Haecker et al.，2004）。在叶芽中，*WUS*在近顶端区域的表达对于维持未分化的起始细胞具有重要的作用（本章稍后会讨论）。而在根中，*WOX5*有类似的作用，其参与维持QC周围起始细胞的稳定性（Sarker et al.，2007）。

 16.4.6 RAM中细胞分裂素的活性是根发育所必需的

尽管我们对于根的生长和发育的讨论集中在生长素方面，但是近期的研究表明细胞分裂素以与生长素相反的功能也参与调节根的生长发育。这两种激素截然相反的功能最早在生理实验中被发现，生长素在地上部合成，由上向下的运输到根部，相反，细胞分裂素在根中合成，向顶端运输到地上部。同样，在组织培养和活体内生长素都能促进根的发育，而细胞分裂素则抑制根的生长，促进叶的生长发育。

尽管已知的细胞分裂素和生长素信号转导通路中所包含的组分有着很大的区别，但可以利用类似的研究方法来有效地研究两种激素的信号通路。已知将DR5与报告基因融合后可检测生长素的活性（详见第19章），而细胞分裂素也可采用相似方法，通过将

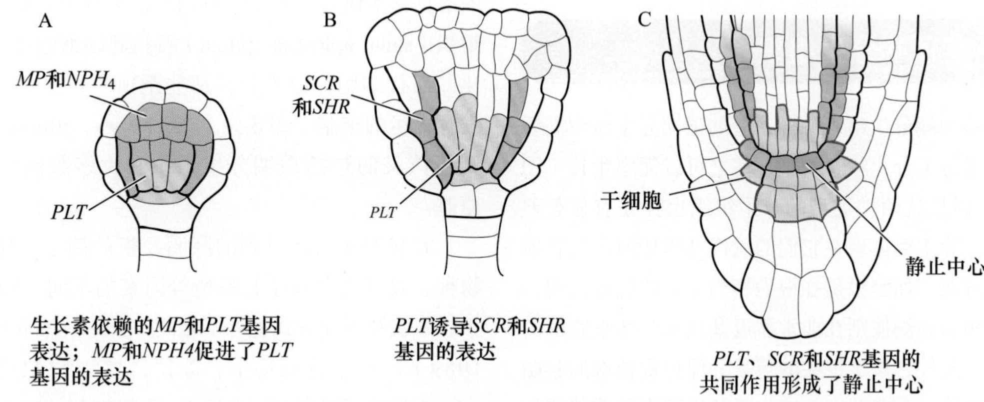

图16.19　根中细胞类型特化的模型。A. 早期依赖于生长素的*MP*和*NPH4*基因的表达。*MP*和*NPH4*的表达促进了*PLT*在基部区域的表达。B. *PLT*的表达促进了*SCR*和*SHR*的表达。C. *PLT*、*SCR*和*SHR*基因的表达使位于中心的细胞成为静止中心，它们能影响周围细胞维持其分生细胞活性（引自Aida et al.，2004）。

能被细胞分裂素激活的启动子序列与报告因子GUS和GFP融合来检测CK的活性（Müller and Sheen，2008）。

这种通过报告基因的方法了解激素活性的实验结果表明，细胞分裂素的信号最早出现在根发育的球形胚时期的胚根原细胞中。胚根源细胞发生分裂后，基部细胞中的细胞分裂素消失，但仍存在于根尖细胞中，根尖细胞进一步分裂形成QC。同时，对连有DR5报告基因的研究表明生长素具有相反的表达模式，表明生长素和细胞分裂素具有相反的活性（图16.20）。

更多的分子和遗传学分析表明基部细胞的细胞分裂素活性的缺失是由于高的生长素活性直接导致的。*ARR7*和*ARR15*两基因抑制了细胞分裂素的作用。这两个基因的启动子中具有生长素的响应元件（AuxRE），它们和DR5报告基因一样，受到生长素的调控。如果人为去掉这些序列，*ARR7*和*ARR15*在基细胞中的表达则会降低，进而导致细胞分裂素活动异常。扰乱*ARR7*和*ARR15*的表达会导致植物出现异常表型，表明基部细胞中细胞分裂素信号的抑制对正常的发育十分重要。同时发现顶端细胞中存在细胞分裂素活性是必要的，因为细胞分裂素活性的丧失会导致根的结构发生很大变化。

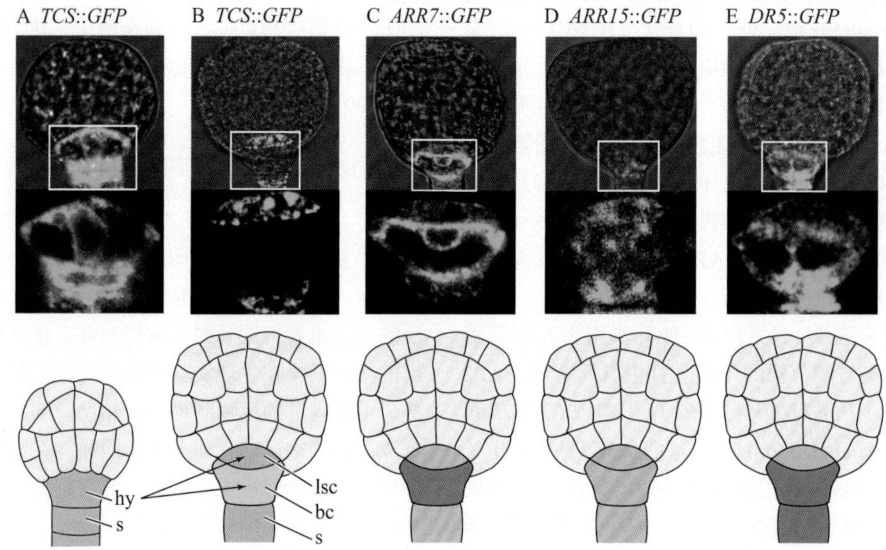

图16.20　胚胎中生长素的信号和细胞分裂素的信号作用正好相反。A. *TCS*∷*GFP*（细胞分裂素的报告基因）在球状体形成早期的胚根原细胞中表达。B. 球状体形成后期基部细胞的*TCS*∷*GFP*表达下调。C. *ARR7*∷*GFP*在基部细胞的表达量最高。D. *ARR15*∷*GFP*的表达模式（*ARR7* 和*ARR15*能够抑制细胞分裂素的响应）。E. *DR5*∷*GFP*（生长素的报告基因）在基部表达量最高。中间一列图是顶部图方框所示区域的放大图；底部一列图是相应于顶部一列的模式图注释（引自Müller and Sheen，2008）。缩写：hy.胚根原细胞；bc. 基部细胞；lsc.镜型细胞；s.胚柄。

16.5　茎顶端分生组织

和根的顶端分生组织一样，茎的顶端分生组织需要有一系列维持未分化状态细胞，使之可以无限生长（图16.21）。但是这两种类型的分生组织也存在有显著差异，这种差异主要体现在它们的后代细胞如何参与新器官的形成方面。如侧根是在根尖相当靠后的位置出现，而叶片和相邻的侧枝则在非常靠近茎顶端起始细胞群的位置形成。此外，位于根尖的包裹并保护根顶端的起始细胞群是根冠，而在茎中相应位置的组织则是覆盖并包裹了茎尖幼嫩的叶原基。

对于描述在茎尖专一发生的一系列活动来讲，特殊的解剖学术语被证明非常有用。在本章中，**茎顶端分生组织（shoot apical meristem）**特指起始细胞及它们未分化的后代细胞，但不包括那些距顶端较近且已有特定发育命运的细胞。而**茎尖（shoot apex，plural apices）**则更广义的包括顶端分生组织和大多数刚形成的叶原基。

和我们前面所讲到的胚胎及根的例子一样，随着物种、发育阶段和生长环境等因素的不同，SAM的大小、形状和组成方式也各不相同（Steeves and Sussex，1989）。在维管植物中，苏铁科植物SAM的个头最大，它的直径可以超过3 mm，而拟南芥的SAM则是另外一种极端，它的直径只有不到50 μm，并且只包含有几十个细胞。然而即使对于特定的植物，SAM的大小

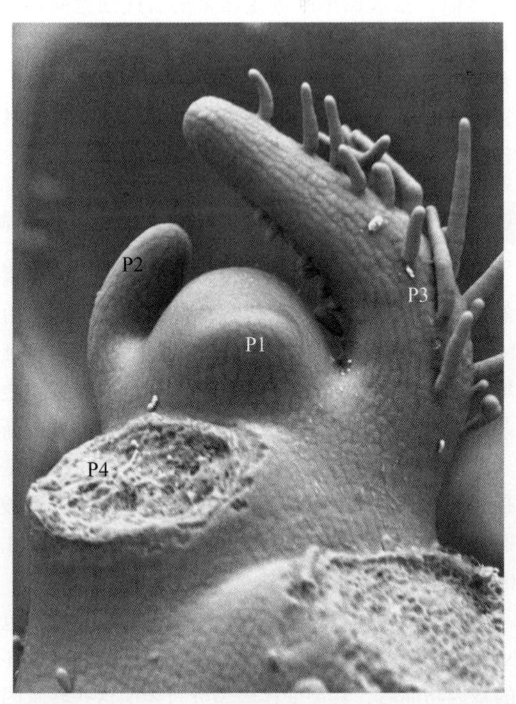

图16.21　番茄的茎尖。这张SEM扫描电镜照片显示了茎尖的基本结构，包括位于中央的圆拱状端区域，其中含有未分化的起始细胞，以及一系列的叶原基（P1、P2、P3），这些叶原基一般位于茎尖的侧面。P4是为了能看到较幼嫩的叶原基而将较老叶片移除后其起始细胞的基部（引自Kuhlemeier and Reinhardt，2001。由D. Reinhardt惠赠）。

也会随着时间而变化，并且它的形状可以在平坦与突起之间转换。这种转换有时是由叶片连续的起始引起的，在这个过程中，位于侧翼的SAM中的细胞已经开始特异的分化。其他的转换原因则是由于生长过程中的季节差异引起的，如休眠及开花的起始。

下面我们将首先探讨SAM的基本结构，分析与其功能相符的细胞活动在区域上的差别。接下来提供证据来证实，和RAM一样，SAM的维持同样受到激素和转录因子活性的调控。

 16.5.1　茎顶端分生组织有明显的分区和分层

探讨茎顶端分生组织的细胞组成能为详细描述SAM的生长发育提供有用的框架。茎尖的结构组成可以利用显微技术来进行很好的描述（Bowman and Eshed，2000）。茎尖的纵切面显示其SAM呈**带状分区（zonation）**，带状分区最早用来描述裸子植物SAM组织中存在区域性细胞学差异（Gifford and Foster，1987），后来被扩展到其他种子植物中用来描述细胞分裂时存在的区域差异（图16.22）。

和根中形成QC的细胞类似，在茎顶端分生组织的**中央区（CZ）**，也有一簇很少发生分裂的细胞。外周区域也被称为**周缘区（peripheral zone）**，由胞质密度较高的细胞组成，并且这些细胞分裂活动比较活跃，可以形成后代细胞并最终分化成为侧生器官例如叶片等。处于中央位置且临近CZ的**肋状区（rib zone）**也含有分裂细胞，并可以形成茎的内部组织（图16.22 A）。

这些区域差异除了在分裂频率上具有区别外，在细胞分裂的极性模式上也存在差异。在大多数裸子植物中，这些差异反映出了表皮细胞的分层排列方式，这些细胞层有时被统称为**原套（tunica）**（图16.22B）。原套是由相邻的一层或多层细胞叠加在一起形成的，其中包括了大多数的原表皮层，每一个原表皮层细胞都源于特定的茎顶端起始细胞，而且每一层的厚度是由占主导地位的细胞垂周分裂所决定（参见下文的讨论）。与此不同的是，原套所包裹的细胞也就是**原体（corpus）**，

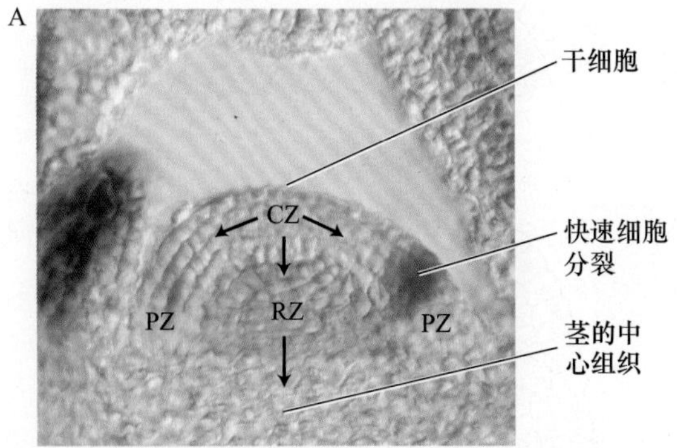

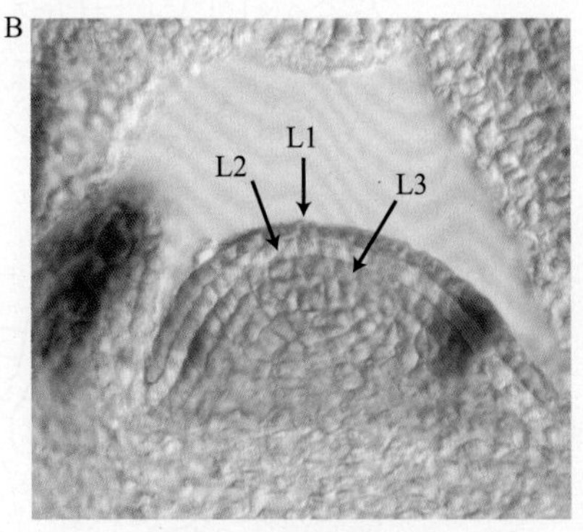

图16.22　拟南芥茎尖分生组织可以通过细胞学分区或者细胞层来进行分析。A. 茎尖分生组织拥有多个具有不同特征和功能的细胞学分区。中心区（CZ）包含了干细胞，分裂缓慢，但却是形成植物体组织的来源。周缘区（PZ）的细胞分裂速度快，环绕着中心区并能够产生叶原基。肋状区（RZ）位于中心区下面，产生茎的中心组织。B. 茎顶端分生组织具有能够形成特定茎尖组织的细胞层。L1和L2位于外层，多数细胞分裂是垂周方向，而L3层的细胞分裂的平面则更为随机。L1产生茎的表皮，L2和L3层产生内部组织（引自Bowman and Eshed，2000）。

虽然也是由特定的茎顶端起始细胞分化而来，但是它们可以进行各个方向的分裂。

 16.5.2 茎组织起源于不同的顶端起始细胞

研究表明，和根组织类似，茎组织也是起源于少数的顶端起始细胞（Poethig，1987）。在经典研究中，在茎的顶端施加秋水仙素，可以诱导多倍体细胞形成。这些细胞尽管生长相对正常，但是从其日益庞大的核体积及细胞大小上很容易被辨认出来。通过对秋水仙素处理并生长一段时间的植物的茎尖切片进行观察，可以发现在特定的细胞层出现了大量的多倍体细胞并能延伸到顶端区域。这种现象可以通过每个多倍体细胞层起源于顶端起始细胞簇中的一个细胞的设想来解释。

通过对大量被标记的区域如表皮层和更深层的组织进行研究，证实了在SAM中存在有一系列具有不同功能的起始细胞。茎尖最顶端的起始细胞可以独立繁殖并形成表皮层（L1），相邻的位于内侧的起始细胞形成亚表皮层L2，更为内层的则形成L3层（图16.23）。许多情况下标记细胞仅包围茎周围的某一部分，暗示每层均来源于起始细胞中相对应的一小部分。

在对这些细胞系进行研究后发现，这些起始细胞的特征是由位置依赖的机制来决定的。出现在茎顶端区域的标记细胞有时会出现随着时间的变化在宽度及厚度方面会有急剧变化。这些变化可能是由于随机分裂使得标记的起始细胞被其他细胞取代或者被相邻的起始细胞所取代。这种动力学行为暗示了顶端起始细胞的特征，包括它们的分裂模式，它更多地反映了其在茎尖顶端区域上的相应位置，而不是严格的程序性形成。与此类似，由起始细胞进化而来的后代细胞同样受到位置依赖特异性的调控。如出现一次比较罕见的平周分裂导致起源于L2的细胞占据表皮层位置的情况，那么这些细胞就会改为采取表皮细胞的特征以适应其新的位置。

 16.5.3 PIN蛋白的定位影响了SAM的形成

和RAM一样，SAM的形成同样是与胞间生长素运输的复杂多变相关的。在胚胎发育的早期阶段，由于PIN蛋白的极性分布，特别是PIN1，导致生长素在顶端区域聚集，但是在过渡阶段由于PIN蛋白的位置发生了复杂的变化，进而导致生长素发生完全且定向的重新分布。尽管目前对于决定这些变化的因子并不十分清楚，但是已知激酶PINOID和磷酸酶PP2可以改变PIN磷酸化状态，进而影响PIN蛋白的定位（Michniewicz et al.，2007）（见第19章）。

另外，一些编码不同的转录因子家族的基因包括PINOID、DORNROSCHEN和ClassⅢ HD-ZIP，破坏它们的基因功能后，其突变体表型分析表明这些转录因子可以间接的影响PIN蛋白的定位（Izhaki and Bowman，2007；Chandler et al.，2007）。通过解析这些突变体的胚胎发育模式，发现在细胞发育和分裂之前，PIN蛋白均存在不正常分布。

在处于中央位置的顶端区域中，生长素的含量相对较低，这是胚发育过程中生长素运输复杂性的一个方面的体现（图16.24）。离开中央区的生长素与顺着胚的表层向上运输的生长素交汇于正在发育子叶的顶部，从而使此处生长素的浓度最高。这部分生长素继续向下运输进而在子叶汇集，再次形成一处生长素浓度较高的区

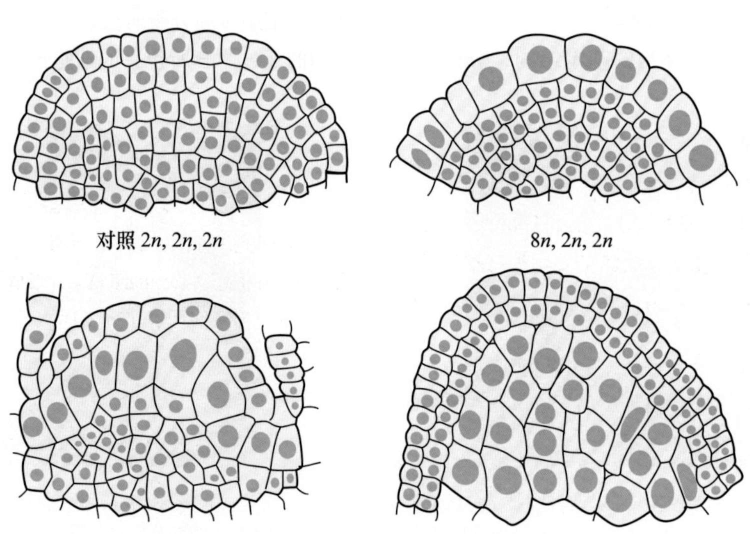

图16.23 秋水仙素处理后的茎尖，其中一些细胞层包含有体积增大和多倍体细胞核，证明茎尖分生组织中存在特异繁殖系形成的细胞层（引自Steeves and Sussex，1989）。

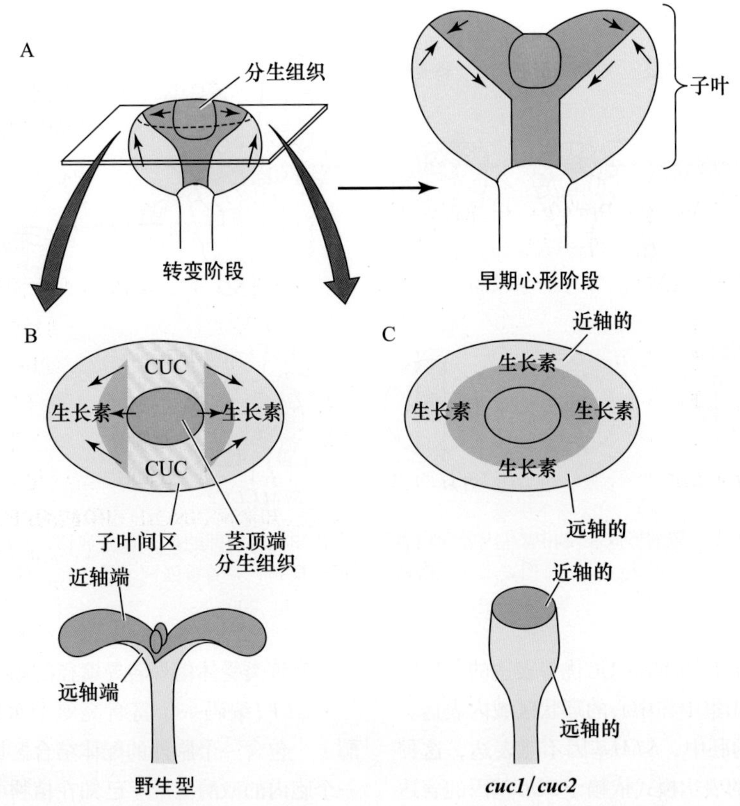

图16.24　依赖于生长素的茎顶端分生组织模式图。A. 转变期和心形期早期的拟南芥胚胎的生长素运输方向（箭头）。B和C. 野生型（B）或*CUP-SHAPED COTYLEDON*双突变体（cuc1/cuc2）（C）像A图中所示的顶端区域横切面，表明胚胎中的这部分区域将要发展为顶端分生组织、子叶间区、子叶的近轴和远轴区、基轴区。在野生型的胚中，SAM和子叶间区由于生长素水平较低，因此*CUC*的表达量比较高；而在子叶原基的旁侧区域则正好相反。在*cuc1cuc2*双突变体中，子叶间不能正常分离，因而阻碍了茎尖分生组织的形成（引自Jenik and Barton，2005）。

域，即前面所述的静止中心。ARF的一种如MP，可以促进维管发育，进而可以最大限度地加强这种直接运输模式。

MP的缺失突变体及和它关系较近的ARF NON-PHOTOTROPIC HYPOCLTYL 4（NPH4）的突变体，不但在一些基础结构例如根上都存在缺陷，而且它们也不能正常的形成子叶（Jenik and Barton，2005）。这两种突变体的表型类似，都能影响PIN蛋白介导的生长素运输，这些结果与生长素反应依赖需要MP、NPH4行使功能的模型一致。

 16.5.4　胚胎发育阶段SAM的形成需要转录因子的协同表达

尽管已经分离获得在SAM形成及维持过程中起作用的许多类型的重要基因，但是通过筛选不能形成SAM或者不稳定SAM突变体，凸显出三种另外类型的转录因子重要性。其中，编码同源异构型的转录因子*WUS*（Mayer et al.，1998），在胚胎发育阶段的16细胞期，在接近顶端的区域表达。之后在过渡阶段，编码NAC家族转录因子的*CUP-SHAPED COTYLEDON*（*CUC*）*1*、*2*、*3*基因，在正在发育的子叶顶端之间的带状区域表达（Aida et al.，1997）。之前基因相继的活化最终导致*SHOOT MERISTEMLESS*（*STM*）编码的另一类转录因子在晚期心形胚中表达，表达位置在*CUC*表达位置内部的一个圆形区域（Long et al.，1996）。因此，*WUS*和*STM*可以帮助细胞维持正常繁殖的状态，并进而确保茎组织生长和分化与形成新的未分化细胞之间处于平衡状态（Lenhard et al.，2002）。

*CUC*和随后的STM表达，表明在中央区有活性的生长素处于比较低的水平（图16.25和图16.24）。例如，在*MP*和*NPH4*的突变体中，由于子叶侧翼位置的生长素信号被阻断，导致*CUC*在这些区域不能正常表达。对正常发育的胚用生长素抑制剂（图16.6）处理后，同样会显示出与*cuc*突变体表型相类似的缺陷生长表型（杯状子叶），这就更加证实了生长素在胚胎发育过程中的作用。*CUC*类似基因在胚中央区的表达，为进一步的程序性发育过程提供了一个有利环境，包括*STM*基因

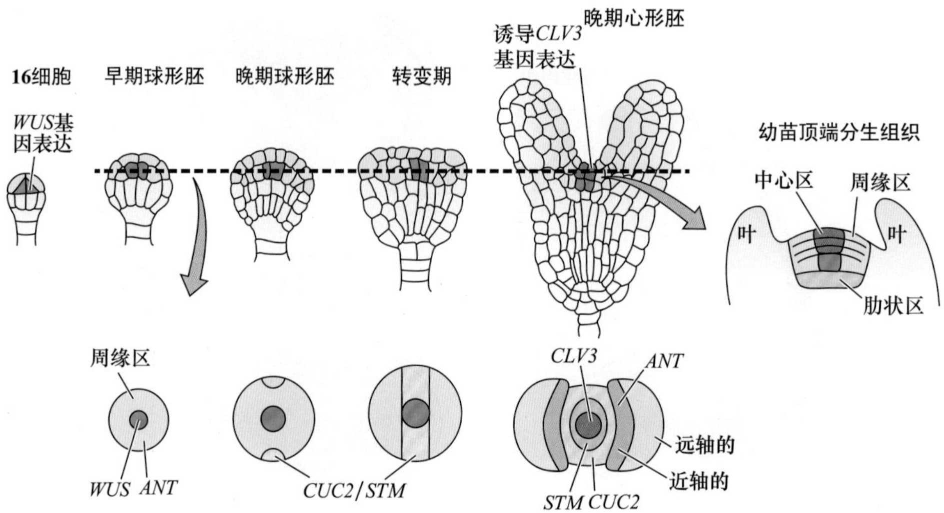

图16.25　顶端区域的形成涉及相应基因的顺序表达。上排图表明内部的*WUS*最先表达，进而诱导临近的外部细胞中*CLV3*的表达。下排图表示在虚线所示平面的横切，并着重强调了子叶和茎顶端不同区域基因的表达模式（引自Laux et al.，2004）。

的位置特异性表达，起初*STM*在CUC优势表达的条形区域中表达，但随后*STM*集中在中心的环状区域内表达。此外，在*cuc*突变体的胚中，*STM*基因不能表达，这种情况同样是由于*STM*的表达模式依赖于*CUC*基因的表达活性所引起的。

生长素对WUS早期建立过程的调控作用仍不是很清楚，但是通过对生长素信号被干扰的胚进行研究后发现，有一些WOX相关基因的表达水平发生了改变，表明这些基因的表达模式同样是受生长素调控的（Haecker et al.，2004）。

 16.5.5　负反馈调控限制了顶端分生组织的大小

在起始的后代细胞开始转变成茎的不同组织和器官这一特定过程中，我们希望能够发现一些新的未分化细胞的产生和由它们分化形成不同类型的组织和器官之间平衡的未知机制。通过对*CLAVATA*（*CLV*）*1*、*2*、*3*基因进行分析，至少部分揭示了这种机制，并且正反馈和负反馈调控结合参与了该过程。

上述三种*CLV*基因的功能研究是首先通过研究它们相对应的拟南芥突变体而实现的，突变体中SAM总体积变大，导致所形成的侧生器官尤其是花器官的数量明显增加，因此很容易被辨别出来（Sharma et al.，2003）。这三个基因的功能缺失性突变体的表型类似，暗示这些蛋白在限制分生组织大小方面的功能存在相互依赖，通过生物化学及分子生物学的分析进一步证实了上述推测。分子克隆结果显示这三种基因分别编码了一个跨膜受体激酶信号复合物的不同组分（图16.26；第14章有该类受体信号转导途径的相关介绍）。

*CLV1*编码一个富含亮氨酸重复的激酶（LRR激酶），包含一个胞外的配体结合区域、一个跨膜区域、一个胞内的激酶区域。已知在植物中有上百种编码此类蛋白的基因，而这种基因的多样性使得细胞可以对不同的胞外信号作出胞内反应。*CLV2*编码一个类似的蛋白质，但是缺少相应的激酶区。这两个蛋白质的富含亮氨酸区域可以在CLV1和CLV2之间相互作用形成异源二聚体，而这对CLV1酶的活性是必需的（图16.26）。

此外，CLV1/CLV2复合体的激酶活性需要有*CLV3*基因编码的一个小的分泌蛋白的存在，其可能作为CLV1/CLV2复合物的配体进而行使功能（Rojo et al.，2002）。生物化学分析已经证实，一旦合成开始，水溶性的CLV3蛋白就被分泌到质外体中。由于它的蛋白分子质量比较小（11 kDa）并且具有亲水性，因此CLV3蛋白可以很容易的从质外体中自由扩散，并激活结合在附近细胞表面的受体，进而抑制可能导致分生组织异常增大的一系列进程。

那么有活性的CLV复合体是如何抑制分生组织生长的呢？根据目前大家公认的模型，CLV的活性通过一系列信号级联反应，最终抑制*WUS*基因的表达，而*WUS*则是SAM中细胞分裂的关键基因（图16.27）（Schoof et al.，2000）。和这个模型一致的是，在*clv*突变体中，*WUS*的表达量增强，进而导致SAM的体积增大。相反如果超表达*CLV3*则会造成*WUS*的基因转录完全被抑制，进而导致植物出现*wus*突变体的表型即分生组织缺失。因此，即使到目前为止，这个信号级联途径的中间成分并不清楚，但是已有证据证实了CLV可以抑制

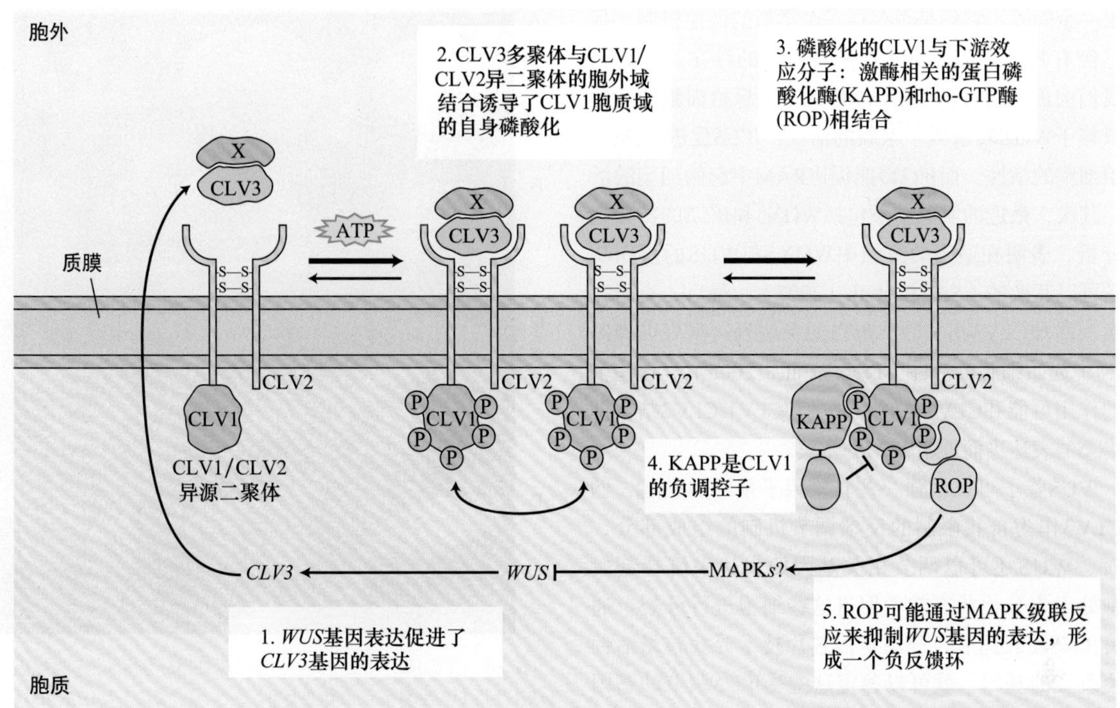

图16.26 CLAVATA1/ CLAVATA2（CLV1/CLV2）受体激酶信号转导级联模型，并与*WUS*基因形成负反馈循环调节（见第14章的网站资料上关于受体激酶信号途径的更多信息）（引自Clark，2001）。

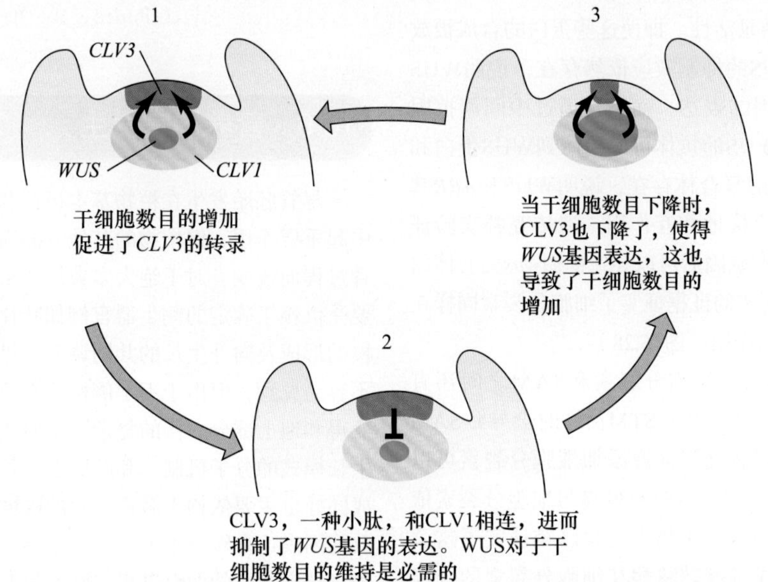

图16.27 茎顶端分生组织维持起始细胞活性反馈调节环模型

*WUS*的转录。

前面的研究结果表明了控制分生组织大小的机制，但是这里又出现了一个新的问题：CLV本身限制分生组织的活性是否也受到调节呢？分子生物学研究发现，WUS可以促进*CLV3*的转录活性，因此*WUS*的表达不但可以激活顶端起始细胞的活性、促进分生组织生长，而且可以诱导CLV的活性增加，进而通过反馈调节机制限制*WUS*的转录活性。这个反馈调节机制告诉我们一个简单但又非常重要的事实：未分化细胞的产生与形成特定组织和器官的细胞之间存在一个动态平衡。

 16.5.6 RAM和SAM以类似的机制维持起始细胞的活性

在对SAM和RAM中起始细胞分析比较后，科学家

提出一个问题：它们是否存在一个类似的调控机制。目前已经有几个证据证实了这种可能性的存在。首先，如我们前面所讨论的，SAM和RAM中起始细胞的活性均依赖于WOX转录因子家族的活性：*WUS*促进SAM中起始细胞的活性，而*WOX5*能促进RAM中起始细胞的活性。其次，最近的实验结果包括WOX5和*WUS*的特异表达分析，表明在适当的组织中WOX5和WUS的蛋白功能是可以互换的（Sarker et al.，2007）。最后，有研究证实一些和CLV3相关的小蛋白如果超表达则可以抑制RAM中起始细胞的活性（Fiers et al.，2005）。这些多肽的作用可能和CLV3类似，通过和CLV1/CLV2结合抑制*WUS*的表达进而抑制SAM的生长。

WUS除了可以增强一些转录因子基因的表达，例如CLV3作为自我限制的反馈调节机制的组成部分，同时，WUS还可以调节相关基因的表达来维持起始细胞处于未分化状态或者促进这些细胞进行分裂。通过将*WUS*超表达后，利用基因芯片技术寻找转录活性发生改变的基因，就可以鉴定这些受*WUS*调节的基因（Leibfried et al.，2005）。研究发现，一些可以抑制细胞分裂素应答反应的A型ARR细胞分裂素应答调控因子的转录水平在4 h内发生了急剧降低，暗示WUS可以直接抑制这些基因的转录活性。即使这些蛋白的合成被放线菌酮抑制后，WUS的抑制效应依然存在，说明WUS是直接抑制*ARR*基因的表达，而不是通过中间调控因子来实现的。利用WUS的抗体可以检测到WUS蛋白和*ARR7*启动子区形成的复合体存在，说明WUS和*ARR*基因的启动子区可以直接地相互作用。遗传互补实验证实，人为超表达*ARR7*基因后可以导致类似*wus*突变体的表型出现，提供了更多的证据证实了细胞分裂素同样在SAM的维持过程中起作用（图16.28）。

通过分析STM发现细胞分裂素和SAM之间还有更多的联系。植物在部分缺失STM活性时会导致SAM不能很好地维持，但是通过外源添加细胞分裂素可以使SAM恢复稳定状态，表明STM也参与细胞分裂素依赖的信号途径。利用分子生物学实验已经证实了这个假说的正确性，异戊烯基转移酶在细胞分裂素的合成过程中起重要作用，而STM可以促进编码异戊烯基转移酶的基因表达（Jasinski et al.，2005；Yanai et al.，2005）。

总之，多个证据证实在SAM和RAM中细胞分裂素依赖的信号传导途径在维持SAM和RAM二者中未决定起始细胞活性中起重要作用。像中*WUS*和*WOX5*这类基因在调控SAM和RAM过程中所显现的明显可以相互变换角色特征，说明根和茎是由一个共同的未知结构进化而来。

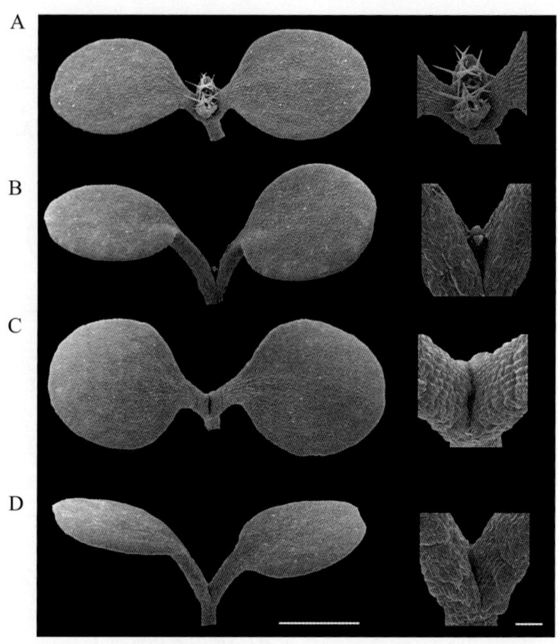

图16.28　在拟南芥中超表达A型ARR细胞分裂素反应调控因子*ARR7*可以导致类似*wus*突变体的表型。A. 弱表达*ARR7*植株表型和野生型类似；B. 较高表达*ARR7*的植株出现了野生型和*wus*突变体的过渡表型；C. 强表达*ARR7*的植株表型和*wus*突变体类似；D. *wus*突变体表型。幼苗刻度为1 mm，分生组织为100 μm（引自Leibfried et al.，2005）。

16.6　营养器官发生

尽管胚胎发生在植物基本极性和生长轴的建立过程中起重要作用，但植物的其他方面则随着营养器官的发育过程而改变。对于绝大多数植物来说，茎形态建成主要受依赖于确定的侧生器官例如叶片等的产生，不定侧枝的形成及向外生长的共同调节。尽管植物的根系通常不容易见到，但由于不定侧根的受控生长和自然生长，变得和地上部分一样的复杂。下面我们将讨论支撑这些生长模式的分子机制。和胚胎发生类似，营养器官的形成同样也主要依赖于激素活性的区域性差异，它能够导致基因表达在转录水平上发生复杂变化并最终引发营养器官特定形式的发育进程。

 16.6.1　生长素聚集的区域可以促进叶原基的形成

植物学领域存在的一个长期问题是茎上叶片的排列方式或者**叶序（phyllotaxy）**是如何形成的，现在已经得到了解决。植物有三种基本叶序排列方式：互生、交替对生（对生）和螺旋状叶序，并且它们都与叶原基在茎尖分生组织出现的类型直接相关（图16.29）。这些生长模式依赖于一些因素的作用，包括不同种中决定

叶序特性的固有因素。导致分生组织大小或形状发生变化的突变（如*abphyll*和*clv*）或者环境因子也能影响叶序类型，这说明位置特异性机制在其中起重要作用。通过一些经典实验例如在茎尖用手术刀切口后，附近的叶序排列就会处于混乱状态也说明位置依赖的重要性（Steeves and Sussex，1989）。

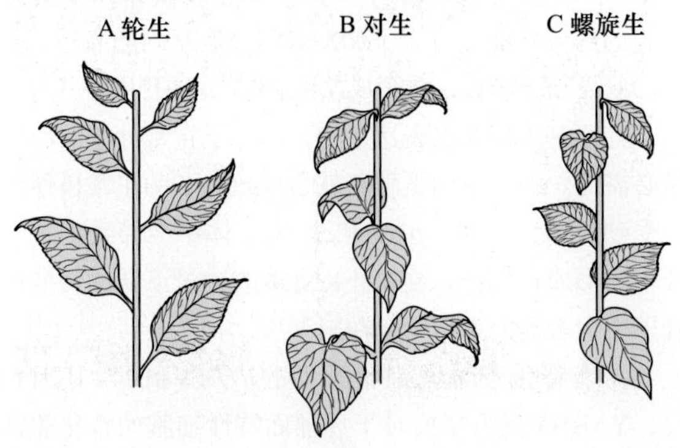

图16.29　叶沿枝轴方向的三种排列方式（叶序类型）。花序和花也可使用相同的术语进行描述

拟南芥和番茄茎尖实验说明，生长素能影响叶片的起始位置。例如，通过直接向茎尖分生组织施加少量生长素能诱导叶在茎尖不正常的位置形成，这说明生长素是决定叶片起始位置的关键因子（图16.30）。通过施加生长素运输抑制剂也能改变叶片的生长位置模式进一步证明了上面所述的观点。

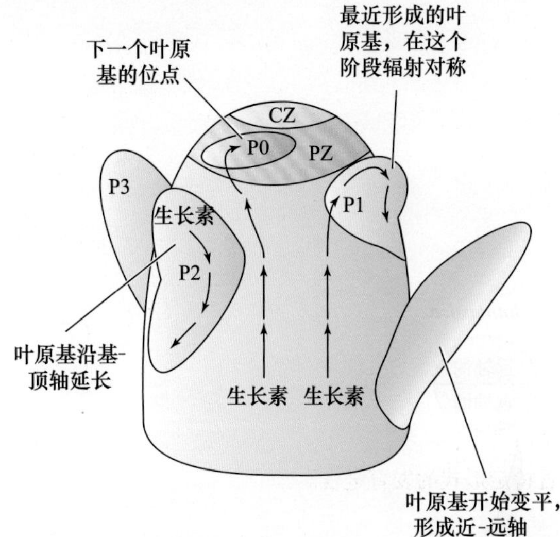

图16.30　叶片形成的位点和生长素的极性运输有关。图中箭头所示生长素运输模式，这个模式是由PIN蛋白的不对称分布而推断的。P0、P1、P2和P3为叶原基的年龄，P0是叶开始明显发育的阶段，而P1、P2和P3代表不断变老的叶。叶原基起始于生长素富集的区域。生长素的向顶运动在中心（CZ）和周边区域（PZ）的边界处被阻断，使得这个位置的生长素浓度升高，进而启动叶发育（P0）。新形成的叶原基（P1）作为一个生长素的库，阻止其正上方新叶的形成。远离PZ的成熟老叶被取代，使得向顶的生长素运输恢复，从而使得另一个叶起始发生（引自Friml et al.，2003）。

目前已经有一些回补实验证实叶原基的位置和生长素聚集的位置相关。尽管在如此小的区域内很难直接检测生长素的水平，但是利用DR5报告基因系统能够确定生长素的最大浓度所在的位置，DR5报告基因的活性与叶原基位置紧密相关。这些高浓度位置的形成可以通过细胞中PIN蛋白的不对称分布来解释，PIN蛋白的不对称分布介导了来自于茎基部的生长素沿表面向下运输和从茎尖侧面运输的生长素在上述高浓度位置的汇合（图16.30）（Reinhardt et al.，2003）。

 16.6.2　基因表达空间调控决定了叶平面的形式

SAM的侧面开始出现一系列细胞就代表着叶式开始形成的早期步骤。和维管组织的形成类似，对于大多数叶片来说都会形成特有的平面形式，这样能有利于它们最有效地接受光照及促进气体交换，并能够高效地调节蒸腾模式。叶平面结构是如何建立的是一个有趣的问题，通过一系列的实验，科学家逐渐有了答案。

最明显的问题是，叶的平面结构和组织结构有何关系？与茎相似，叶也能用基-顶轴描述，也就是从叶基部指向顶部。但是和茎不同的是，茎的纵切面上只有一个放射状的轴，而叶上有两个：第一个侧轴，指跨越叶片宽度从边缘到另一个边缘；第二个轴称为近-远轴（和动物的背腹轴形成对比），从叶的上表面到下表面。

发育生物学研究揭示了伴随叶平面形成的复杂的细胞分裂模式。最先可以观察到的叶起始标志是SAM亚表皮层细胞的平周分裂，形成了一个决定将来叶片基-顶轴的凸起。接着在整个叶原基上都可以发现细胞分裂，但是随着叶的成熟，细胞分裂逐渐局限于一个更靠近基部的区域。尽管在叶发育过程中可以预测细胞分裂的大致分布，但是在最终成为叶的叶原基中个体细胞的作用存在明显的差异。细胞起源关系能明显区分的植物叶片中可以清晰地看到这种差异的存在（图16.31）。但是这些细胞之间的形状及大小上的差别很难用固定的细胞分裂模式来解释。相反，叶发育的过程必需是由位置差异所决定的，包括大小和形状，稳定的细胞分裂和扩张最终形成特定的方式。

尽管我们已经知道生长素在特定位置的聚集开启了叶子的形成，但是随后的极性生长是如何调控的依然存在许多问题。通过分析叶发育特定方面异常的相关突变体已经给了我们一些启示。其中的一个例子，金鱼草突变体*phantastica*（*phan*），起初的叶片发育完全正常，但是在随后的过程中叶片的侧轴无法正常建立，导致出现圆柱形的叶片出现。这种不正常的侧轴生长方式也相应地存在异常的近远轴，并且这些改变的叶片只显示出近端轴的特性（Waites et al.，1998）（图16.32）。

图16.31 英国常春藤（*Hedear helix*）的平周嵌合体叶肉组织源于一种以上的无性系细胞。花斑色叶为不同组织的无性系起源提供了线索。分生组织的一些起始细胞中影响叶绿体发育的重要基因发生了突变，从这些突变的干细胞衍生而来的细胞缺少叶绿体，呈白色。而其他干细胞发育而来的细胞有正常的叶绿体，呈绿色（S. Poethig惠赠）。

通过对果蝇中控制翅膀生长机制的研究，人们提出一个假设：正常的叶片（叶面）的侧向生长是被近端和远端组织类型协同诱导的。根据这个模型，*PHAN*的主要功能是促进具有近轴组织的形成。而分子生物学研究发现，*PHAN*和拟南芥的*ASYMMETRIC LEAVES 1*（*AS1*）基因类似，编码一个MYB家族转录因子。至少它的部分功能是可以下调KNOX家族基因的表达，而KNOX已经证实在SAM的形成过程中具有重要作用。

叶原基中KNOX表达量的下调对于正常叶子的形成是必需的。一旦下调被阻断就会导致叶子的正常极性生长受到障碍，例如，*phan*和*as1*突变体中会导致不正常叶子的形成，同样，在阻止KNOX表达量下调的突变体叶子中也有类似表型的存在。

与能特化近轴面细胞类型的*PHAN*和*AS1*基因相反，YABBY基因家族对于远轴面特性细胞的特化非常重要（Bowman and Eshed，2000）。YABBY基因家族成员编码很可能起转录因子作用的锌指蛋白。该基因家族第一个被鉴定出来的成员*CRABS CLAW*（*CRC*），是通过它的拟南芥功能缺失突变体的表型鉴定出来的，该突变体的心皮组成发生了混乱（图16.33）。

综合对多个拟南芥YABBY基因家族成员突变体的

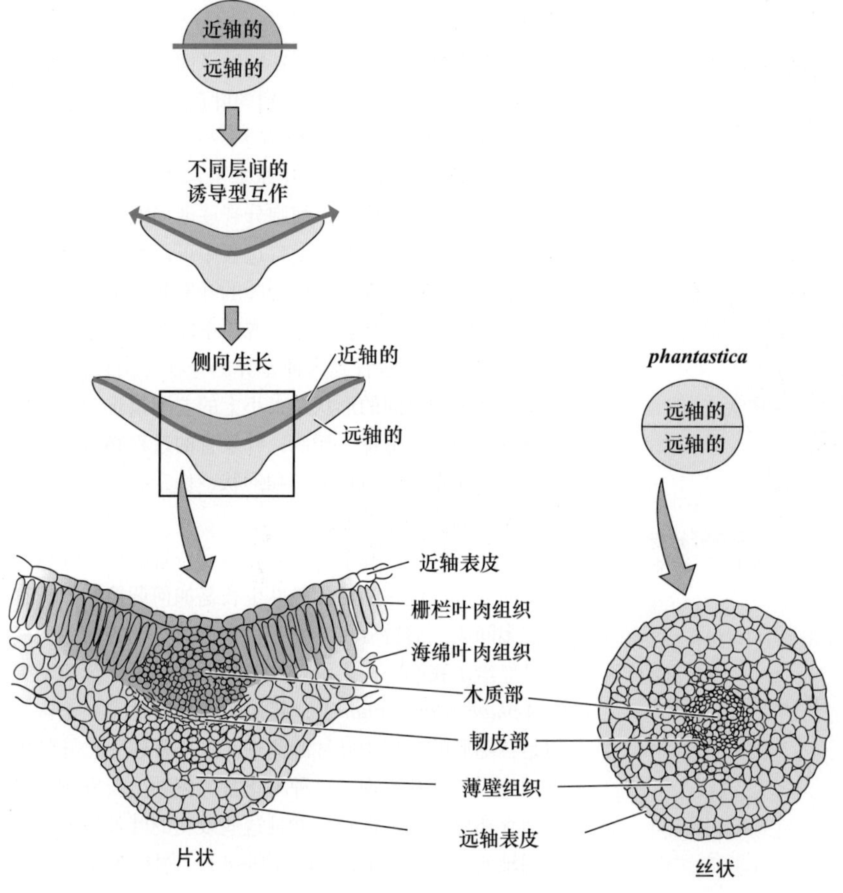

图16.32 依赖近轴和远轴组织毗邻位置解释叶片侧生生长的模型。根据这个模型，需要这两个组织层的互作来使得侧生生长发生。在*phan*突变体中，不能形成正常的近轴组织，不同组织类型间缺少毗邻位点，使叶片的侧生生长失败，进而产生突变表型。

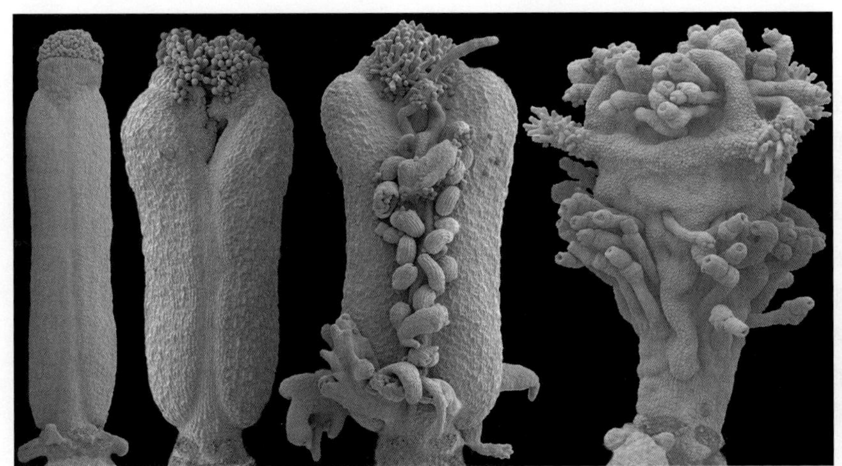

图16.33　正常近远轴极性的建立需要*YABBY*和*KANADI*基因。野生型和这两个基因家族成员的单、双突变体的果荚比较解释了正常组织的极性建立是如何依赖于这些基因活性。其极性建成需要这些基因的参与。突变体*crabs claw*（*crc*）为*YABBY*基因缺陷型突变体。在突变体中，远轴面组织（种皮或者荚果）被胎座组织不同程度的替代，包括胚珠通常应在形成荚果的心皮内表皮找到（引自Bowman et al.，2002）。

研究可以得出更多关于该家族基因的功能特征。这些多突变体均表现出远轴特征被近轴代替，引起花和营养器官表现出似叶缺陷，表明YABBY家族的成员在功能上存在冗余。过表达YABBY基因会导致突变体植物的远轴组织的异常形成，进一步说明远轴端促进YABBY基因的活性。

远轴细胞特化所需要的第二类基因以KANADI基因家族为代表（Eshed et al.，2004）。与YABBY家族相类似，KANADI基因间也存在功能冗余。当观察这些基因的多重缺失突变体时，发现远轴特征明显消失（图16.33）。过量表达KANADI时也可以观察到远轴组织异常形成的表型。

第三类参与近远轴形成的转录因子基因编码Class Ⅲ HD-Zip蛋白（参见网络章节 16.5）。

16.6.3　根和茎起始的不同机制

我们已经知道，侧根从离根尖分生组织一定距离的地方才能开始发育（Malamy and Benfey，1997）。只有当来自RAM的细胞停止伸长时，侧根起始组织才开始出现。根起始的第一个组织学标记是中柱鞘中一小簇细胞的平周分裂（见第1章），导致了更多的分裂及在与主根轴垂直平面上的生长，至新根尖突破表皮和主根皮层而长出。同时，一个新的RAM在侧根根尖形成，使自己保持持续性生长（图16.34）。侧根的形成和生

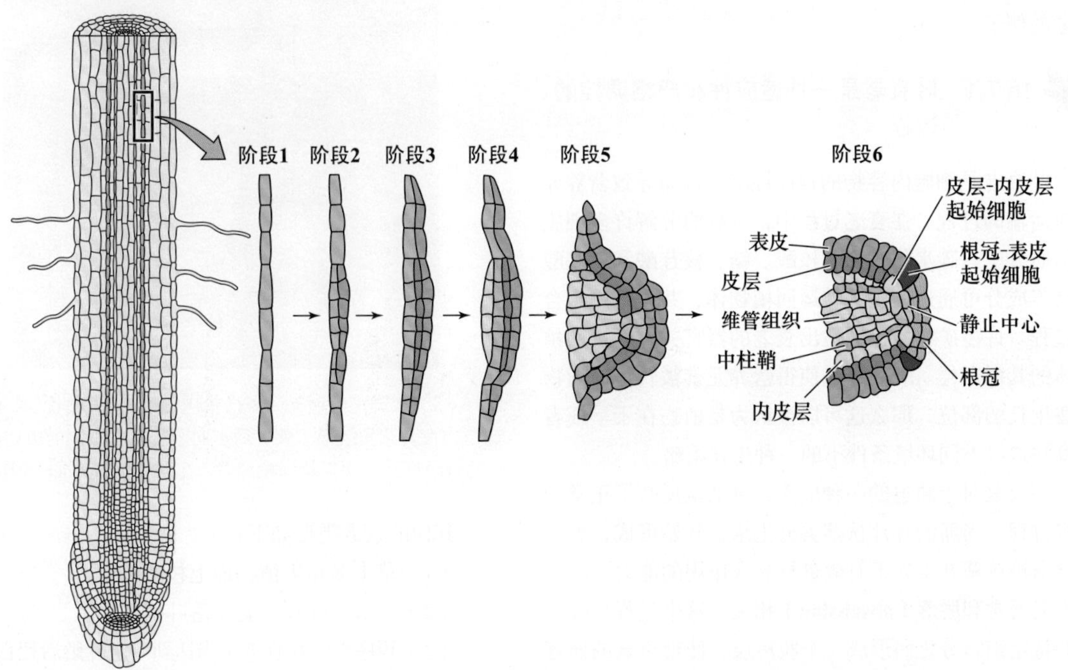

图16.34　拟南芥侧根形成的模型。表明原基发育的6个主要阶段。不同组织用不同的颜色标示。到了阶段6，主根所有的组织都能在典型的侧根辐射模型中找到。

长的类型受多种内源因子影响，如生长素浓度及土壤可用性营养等环境因子的影响。

茎侧生器官起始的方式则完全不同。茎的侧生器官通过整合几层不同来源的细胞系而生成，而不是只来自于内层的一层细胞。在大多数物种里，侧枝形成的主要方式是通过腋生分生组织而实现。这些分生组织在叶原基的叶腋处发育，这样分枝形成的类型直接与调控叶序的SAM活性相关。和根一样，侧枝的生长受激素及环境因子（如光）的调控。顶端优势的现象，也就是顶芽抑制腋芽的生长，主要是由顶芽的生长素和一个第二信使类胡萝卜素裂解物的独角金内酯调控，我们将在第19章深入讨论激素控制的侧枝形成。

16.7 衰老和细胞程序性死亡

每个秋季，居住在温度适宜的地区的人们都可以欣赏到落叶的五颜六色。甚至从航天飞行器上也可以欣赏到壮观的森林颜色的变化。日照长短的变化和气候的变冷，引发了叶衰老，进而使得叶子改变了颜色。**衰老（senescence）**和**坏死（necrosis）**不同，尽管它们都能导致死亡。坏死是由于机械性损伤、毒害或者其他外伤引起的死亡。但是，衰老却是一种能量依赖的发育过程，由环境因子和植物自身的遗传程序所控制。

在本章的最后一个小节里，我们讨论不同类型衰老的细节，而且我们将提供更多的证据来证实衰老是程序性和适应性的发育模式。我们将从分子和遗传水平讨论衰老的例子。

 16.7.1 叶衰老是一种适应性和严格调控的过程

叶衰老是细胞内容物的程序性降解进而导致营养元素再运输的过程。在衰老过程中，水解酶分解许多细胞蛋白质分子、碳水化合物和核酸。糖、核苷酸和氨基酸等营养成分可通过韧皮部转运回植物体，并重新用于合成过程。许多矿物质也被运出衰老的器官并重新运回植物体的其他部位。既然衰老使得营养元素被转运回植物正在生长的部位，那么这可以被认为是植物在干旱或者温度胁迫等不同环境条件下的一种生存策略。

不仅是对于胁迫的一种应答，衰老也反映了正常的发育过程。当新的叶片从茎尖分生组织开始形成，老叶就逐渐被遮蔽并丧失了有效进行光合作用的能力。叶子的衰老通常和**脱落（abscission）**相关，这个过程是叶柄中的特定细胞分化而形成一个脱离层，使得衰老的器官从植物体脱落。在第22章我们将讨论乙烯对于脱落的控制。总之，程序性衰老（无论是胁迫或者激素引起）代表着有用资源在新叶的形成过程中的再利用。

营养元素的再运输在衰老的早期过程是可逆的，而在后期则是不可逆的。尽管衰老器官的营养元素可以在植物的其他部位被重新利用，但是衰老意味着潜在能量的流逝。因此，我们可以推测衰老的起始是受环境因素和生长发育因素复杂调控的。本节我们将揭示衰老在植物生长发育过程中的重要作用。我们将会看到许多种类型的衰老，并且它们各自都有自己所独特的遗传程序。在第21章和第22章，将描述细胞分裂素和乙烯如何作为信号分子来调控植物的衰老。

 16.7.2 衰老的不同类型

不同的器官均能出现衰老症状，并能对多种不同的信号作出响应。许多一年生的植物，包括小麦、玉米和大豆等主要的农作物，在结实后都会迅速变黄并死亡，即使在最优的生长环境中也是如此。一次繁殖后整株植物的衰老称为**一次结实性衰老（monocarpic senescence）**（图16.35）。

图16.35 大豆（*Glycine max*）的单次结实性衰老。左侧的整株植物在开花和结果（荚）后走向了衰老。右侧的植物由于花的持续摘除，而保持绿色和营养生长（L. Nooden惠赠）。

其他的衰老类型如下：

（1）草本多年生植物地上枝的衰老。

（2）季节性叶片衰老（落叶植物）。

（3）程序性叶片衰老（当达到一定叶龄后死亡）。

（4）肉质果实的衰老，干果的衰老。

（5）储存性子叶和花器官的衰老。

（6）特定细胞类型的衰老（如毛状体、管胞和导管分子）。

不同类型衰老的触发原因是不同的。可能有内源因素，如引发一次结实性衰老的繁殖过程，也有可能有外部因素如落叶植物在秋天叶片衰老的原因是日照长短和温度。但不论是哪种起始刺激因子，不同类型的衰老之间可能有着共同的内在程序，使某种可受调控的衰老基因起始了一个级联的次级基因表达，最终导致衰老和死亡。

由于衰老在农业生产和农作物果实的储存方面有着重要的意义，因此在过去的年代里如何调控衰老吸引了大家的注意力。这里我们将模式植物拟南芥作为一个重要的模式物种。利用两种互补的方法研究了衰老调节的遗传因素：①研究在衰老过程中表达量上调的基因；②研究那些突变或者异位表达后能改变衰老表型的基因。

在衰老起始后许多基因的表达都发生了急剧的改变。光合作用相关基因的表达被减弱是意料之中的结果，但在同一时间有上千个基因的表达量却获得了增加。这些基因被命名为衰老相关基因（SAGs），包括那些涉及降解过程的转录因子及基因。SAGs包括编码水解酶的基因，如蛋白酶、核糖核酸酶和脂酶等，以及涉及乙烯生物合成的酶类如ACC合成酶和ACC氧化酶（见第12章）。其他的SAGs在衰老的过程中扮演着其他的作用。这些基因编码了涉及分解产物的转化和重新运输的酶，如谷氨酸合成酶，它能催化从铵到谷氨酸的转化，并负责衰老组织中的氮的再循环。果胶酶对叶子的脱落和果实成熟过程中细胞壁的降解非常重要。

一些重要的发现阐述了衰老调节的复杂性：

（1）**环境因素**。例如，随着季节变化，日照长短和温度的变化能够影响落叶植物的衰老，而胁迫包括病原菌和温度胁迫能诱导许多植物种类叶片的衰老。

（2）**激素**控制的衰老过程。乙烯长久以来被认为可以诱导衰老，而细胞分裂素则抑制衰老。乙烯感受缺陷的突变体其衰老明显延迟，同样，增强细胞分裂素感受突变体同样其衰老延迟。另外其他的一些植物激素同样可以对衰老过程进行调控。

（3）**氧化胁迫**能够破坏蛋白质和细胞结构。许多植物细胞的胞内损害积累会诱导衰老的发生。但是植物具有解除活性氧毒害的能力。因此氧化胁迫更多的是作为一种信号分子而不是直接引发脱落和随后的衰老过程。

（4）**新陈代谢状态**调控了叶片衰老。衰老过程中糖类的聚集，其中糖的受体已糖激酶起了主要作用。

（5）**大分子的降解**可以通过多种方式影响衰老过程。拟南芥泛素依赖的蛋白降解突变体的衰老会出现延迟。这个结果暗示衰老综合征抑制蛋白被特定蛋白酶体降解后会诱导衰老发生。而当衰老起始后衰老过程本身就包括了大量大分子物质的降解。

（6）**固有的发育因素**在生长发育早期衰老被抑制，而在后期则诱导衰老起始。因此衰老是依赖于年龄变化的。即使在处于比较恶劣的环境或者外源施加能够诱导衰老的植物激素乙烯，幼嫩的叶子也不会发生衰老。然而到目前为止并没有发现能够一直呈现绿色叶子的突变体或者环境因素。

图16.36总结和揭示了调控叶衰老的大致框架。

环境因素、胁迫和新陈代谢及激素水平能影响衰老的起始，但是它们的缺陷在于不能单独诱导衰老的起始。只有结合存在一些其他因素或者某种信号达到足够高的水平时衰老的起始才能被诱导。因此植物必需有一套机制能够整合相关的信号并将诱导衰老信号传入下一个步骤，如通过检测植物固有的发育因素和年龄变化（如叶片是否到达一定的年龄）来决定衰老是否发生。类似的是，到达一定年龄后或者对于一次结实性衰老一旦开始结出果实，就能够诱导衰老的发生。

图16.36的模型揭示了植物如何整合多种因素，并最终决定采用何种方式更有益：是组织自我牺牲进而将营养元素再运输，还是继续具有光合活性并通过产生同他产物来促使植物生长。最需要解决的问题在于固有的发育因素和年龄相关的变化有哪些，以及叶片如何整合这些不同的环境因素和发育因子进而来调控衰老过程。

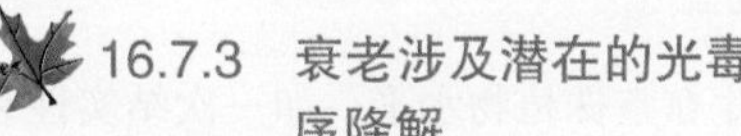

16.7.3 衰老涉及潜在的光毒性叶绿素的有序降解

衰老通常伴随着细胞内容物发生变化。在细胞学水平上，一些细胞器受到损伤而另外一些则保持有生物活性。在叶衰老过程中叶绿体是第一个衰老的细胞器，它的类囊体蛋白成分及基质的酶类会被破坏。叶绿体的这种程序性降解需要有功能的细胞或细胞核保持完整结构和功能，直到叶衰老的后期阶段。叶绿体的降解对于营养元素的再运输非常重要，因为叶绿素结合蛋白可以提供整个细胞20%的氮元素，但是叶绿体的降解能够释放潜在的光毒性叶绿素。因此需要一种精细机制使叶绿素排列在膜上。

通过研究所谓的常绿突变体解释了叶绿素的降解途径。现在已经鉴定出两种不同类型的绿色维持的突变体：功能型绿色维持的突变体维持有光合作用的能力，而且相对野生型来说绿色的时间维持得更长。但其细胞内容物的降解过程与野生型一样。后一种则为非功能型绿色维持的突变体虽然也比野生型绿色维持的时间更长，但其在叶绿素的降解方面是不正常的。玉米突变体*lls1*（for lethal leaf spot 1）和拟南芥突变体*acd1*（for accelerated cell death 1）最初被认为在抵御病原菌入侵方面存在缺陷，因为其仅在遇到病原菌后会出现致死表型。但是当处于暗处理的情况下，突变体的叶子却能维

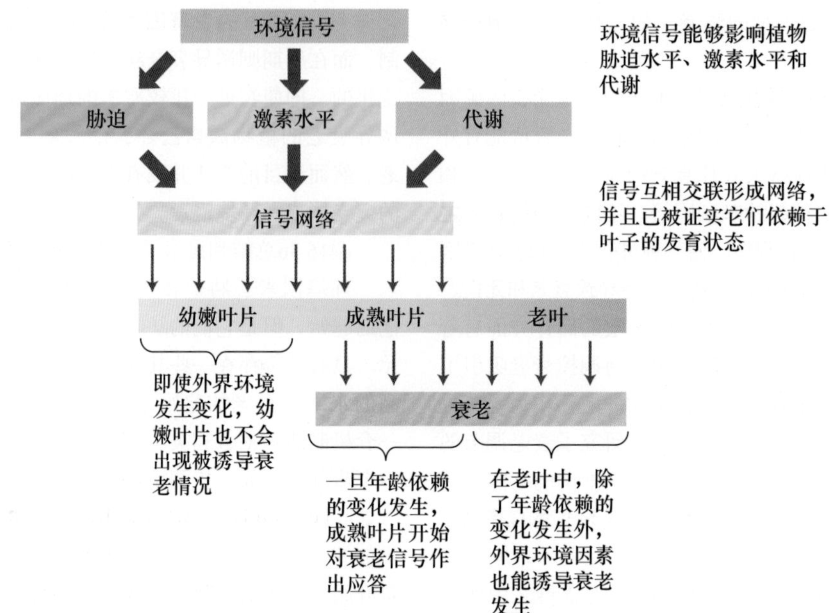

图16.36　在整个生长发育期，外界环境因子调控叶衰老的模式图。

持绿色。分子克隆技术揭示了这两个基因编码参与叶绿素降解的酶。

 16.7.4　程序性细胞死亡是一种特化的衰老类型

衰老可以发生在整株植物水平，如一次结实性衰老，也可以发生在器官水平或者细胞水平，如维管分子的衰老。细胞个体激活其内在的衰老过程叫做**程序性细胞死亡（programmed cell death，PCD）**。PCD在动物发育中起着重要的作用，其分子机制已被广泛研究。PCD能被特定的发育信号或潜在的致死事件诱导，如病原体攻击或细胞分裂时DNA复制的错误。它包含一组特定基因的表达，协调细胞成分的分解，最终导致细胞死亡。动物中PCD通常伴随着一系列形态学和生物化学方面的改变，也就是**细胞凋亡（apoptosis）**（apoptosis一词来自于希腊词汇，意味着脱落，像秋天的叶子一样）。在细胞凋亡过程中，细胞核凝聚，由于核小体间DNA的降解导致核DNA片段化。

对植物中PCD的了解远少于动物（Pennell and Lamb，1997）。一些植物细胞，特别是位于衰老组织部位的细胞，显示出和动物细胞中PCD类似的形态学变化。木质部导管分子衰老时，细胞核和染色质降解，胞质消失。这些变化是由于编码核酸酶和蛋白酶基因被激活而引起的。

植物中PCD的另一个重要功能是对抗病原体生物。当一个病原生物感染植物后，来自病原体的信号使被感染部位细胞迅速积聚高浓度的有毒的酚类物质而死亡。死亡的细胞形成了一个小的细胞死亡环形岛，称为枯斑，它能够隔离感染部位并阻止其扩散到周围正常的组织。这种基于病原体攻击的快速定位的细胞死亡称为超敏反应（见第13章）。拟南芥突变体甚至在没有病原体存在时，能模仿感染效果，并触发整个级联反应，导致枯斑形成，证明超敏反应是一个可遗传的程序化过程，而不是简单的枯死。

位置依赖性机制能够直接影响植物的发育，例如胚发育过程中极性的建成，根和茎分生组织的维持及叶片的形成。

小　结

通常位置依赖性机制决定了植物生长发育的进程，例如，正在发育的胚其极性的建立、根和茎分生组织的维持和叶片的形成。

植物生长和发育总览

·分生组织细胞处于未分化状态，并且在植物生长和发育过程中起核心作用（图16.1）。

·植物发育过程含有三个重要阶段：胚胎发生、营养生长和生殖生长（图16.2）。

胚胎发生：极性的起源

·在种子植物中，顶部-基部极性在胚胎发生早期就已经建立（图16.3和图16.4）。

·位置依赖性信号引导胚胎发生（图16.5）。通过对拟南芥突变体进行研究已经证实一些进程不单单是细胞分裂按照固定顺序进行，还必须指导辐射模式形成

（图16.6）。

·生长素（indole-3-acetic acid）作为一种可移动的化学信号可能在胚胎发生过程中起作用（图16.7、图16.8和表16.1）。

·通过筛选幼苗缺陷型突变体已经揭示了对于正常顶部-基部模式建立所需要的基因及其功能（图16.9）。

·辐射模式引导了层状组织的形成（图16.10）。两个拟南芥基因是形成正常表皮所必需的（图16.11）。内部组织包括维管组织和皮层的形成需要不同基因的参与（图16.12~图16.14）。

·分生组织：无限生长型的基础。

·根和茎分生组织利用相似的机制使得植物可以无限生长。

·顶端分生组织的形成和维持与受调控的激素活性模式有关。

根顶端分生组织

·不同的根组织起源于4种不同类型的起始细胞（图16.17）。

·在PIN蛋白作用下，生长素向下运输到达根部，并且在QC和中柱组织中进行集中（图16.18）。

·在QC中生长素高度集中，并激活一系列转录因子（图16.19）。

·细胞分裂素在来源于胚根原的两个细胞的顶-基轴建立的过程中起着与生长素相反的作用（图16.20）。

茎顶端分生组织

·茎顶端分生组织和根顶端分生组织在结构上存在差异（图16.16、图16.21和图16.22）。

·茎组织是由不同的顶端起始细胞分化而来（图16.23）

·PIN蛋白的定位决定了SAM中生长素的含量，它能够引导生长素从起始处运离和触发叶原基形成（图16.24）。胚胎发生阶段SAM的形成需要转录因子的协同调控和负反馈调控，以便于促进细胞增殖（图16.25）。

·CLV蛋白激酶通过抑制*WUS*基因的表达进而限制细胞增殖（图16.26和图16.27）。

·在SAM和RAM中，细胞分裂素帮助未分化细胞群体数量保持稳定（图16.28）。

营养器官形成

·叶序类型是和叶子形成模式直接相关的（图16.29和图16.30）。

·特异基因表达在时空上的调控决定了叶平面的形式（图16.32）。

·YABBY和KANADI基因家族成员对正常远轴形成是必需的（图16.33）。

·根和茎起始的机制不同（图16.34）。

衰老和细胞程序性死亡

·衰老和细胞程序性死亡是可控并且有序的过程，在这个过程中发生了细胞和生物化学上的变化，并为营养元素的再循环做准备，以便有益于未来的发育进程。

·植物显示出不同类型的衰老现象（图16.35）。

·多种信号包括内部和外部信号，整合在一起共同调控衰老（图16.36）。

（刘　浩　王　伟　艾鹏慧　译）

WEB MATERIAL

Web Topics

16.1 Embryonic Dormancy
The ability of seeds to lie dormant for long periods and then germinate under favorable conditions reflects the activity of complex physiological programs.

16.2 Rice Embryogenesis
Embryogenesis in rice is typical of that found in most monocots, and is distinct from that of Arabidopsis.

16.3 Polarity of *Fucus* Zygotes
A wide variety of external gradients can polarize the growth of cells that are initially apolar.

16.4 *Azolla* Root Development
Anatomical studies of the root of the aquatic fern *Azolla* have provided insights into cell fate during root development.

16.5 Class III HD-Zip Transcription Factors Promote Adaxial Development through a microRNA-Sensitive Mechanism
Molecular genetic analyses of an important family of transcription factors have clarified their role in establishing adaxial identity.

16.6 During Senescence Photoactive Chlorophyllide Is Converted into a Colorless Chlorophyll Catabolite
The biochemistry of chlorophyll breakdown is described.

Web Essays

16.1 Division Plane Determination in Plant Cells
Plant cells appear to utilize mechanisms different from those used by other eukaryotes to control their division planes.

16.2 Plant Meristems: A Historical Overview
Scientists have used many approaches to unraveling the secrets of plant meristems.

第17章 光敏色素和光调控的植物发育

大家曾仔细观察过所食用的三明治吗？是否想知道其中的豆芽为什么会长成那个样子吗？大多数食用的苗芽（如紫色苜蓿和绿豆芽）是在黑暗中萌发和生长的，在暗处它们经历了一种被称作**暗形态建成**（**skotomorphogenesis**，skoto在希腊语中表示“黑暗”）的特殊生长发育过程，由此形成了茎细长、子叶卷曲、不能积累叶绿素的**黄化苗**（**etiolated seedling**）（图17.1）。现在，假设这些三明治中的幼苗生长在土壤中，你可以想象，这些幼苗延伸的茎推动幼嫩的子叶破土而出，呈现出钩状顶端（图17.1D）。幼苗出土后，其子叶（双子叶植物）或其胚乳（单子叶植物）中所贮存的有限能量几乎消耗殆尽，幼苗必须开始制造自己所需的食物。

从暗形态建成到**光形态建成**（**photomorphogen-esis**）的转化是一个迅速而复杂的过程。暗中生长的豆芽经一束较弱的闪光照射，数小时内即可发生若干发育改变，如茎的伸长速率下降、钩状弯曲开始伸直及绿色植物特有的色素开始合成等。因此，光作为信号可诱导幼苗的形态变化，即由适应地下生长，到适应地面生长（有效捕获光能，并把光能转化成植物生长、人类及植食性动物生活所必需的糖类、蛋白质和脂类）。

在促进植物光形态建成的各种色素中，最重要的是那些负责吸收红光和蓝光的相关色素。与保卫细胞和向光弯曲相关的蓝光受体将在第18章专门阐述。本章论述的重点是**光敏色素**（**phytochrome**），该色素是一种以吸收红光和远红光为主，同时对蓝光也有一定吸收的色素蛋白。从本章和第25章我们可得知，光敏色素在光调控的植物营养生长和生殖生长中起关键作用。

我们首先从光敏色素的发现和红光\远红光可逆现象谈起，接着我们从引起生理反应所需不同光量和波长对光敏色素进行分类，然后论述光敏色素的结构特性，以及光诱导的光敏色素构象的变化。光敏色素多基因家族所编码的色素蛋白可调控植物的不同反应过程。近年来，人们在光敏色素反应的分子研究方面已取得了巨大进展，鉴定了几个相互作用的成员。最后将探讨光敏色素在确保植物适应多变环境过程中的生态功能。

17.1 光敏色素的光化学和生物化学特性

光敏色素是一种分子质量约为125 kDa的蓝色色素蛋白，由于蛋白分离和纯化技术的限制，直到1959年才确定了它独特的化学组分。然而，人们在更早时间就已在整株水平上研究过光敏色素的诸多生物学特性。

有关光敏色素在植物发育过程中作用的研究，最早开始于19世纪30年代关于红光诱导的形态建成反应，尤其是在种子萌发方面。这些反应目前在植物发育过程中广泛存在，许多不同种类绿色植物整个生活史的各个时期，几乎都存在其中的一种或多种光形态建成反应（表17.1）。

光敏色素研究史上一个关键性的突破是发现红光（650~680 nm），对形态建成的效应可被接下来照射的（710~740 nm）远红光所逆转。这种现象首先是在种子萌发过程中得到证实，后来又在茎、叶的生长及开花的诱导等过程中发现（见第25章）。1935年，人们最早发现了红光能促进莴苣种子的萌发，而远红光能抑制其萌发

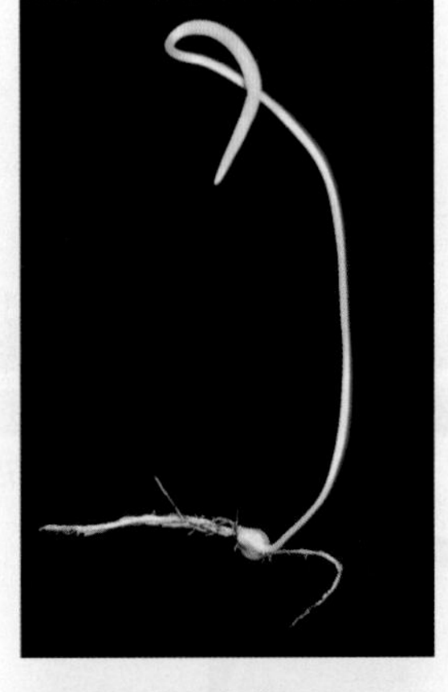

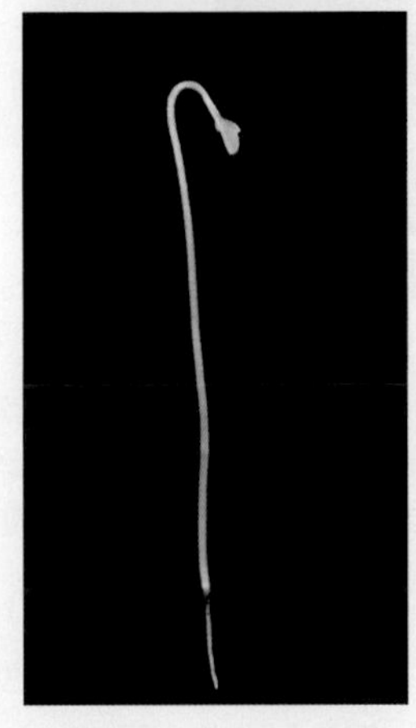

图17.1　玉米（*Zea mays*）（A和B）和芥菜（Mustard，*Eruca* sp）（C和D）幼苗在光下（A和C）或暗中（B和D）的生长。单子叶植物玉米的黄化特征包括缺绿、叶变窄、叶卷曲、胚芽鞘和中胚轴细长等。双子叶植物芥菜的黄化特征包括缺绿、叶小、下胚轴伸长，顶端呈钩状弯曲（图片A、B由Patrice Dubois提供；图片C、D由David Mclntyre提供）。

表17.1　不同高等植物和低等植物的光敏色素所诱导的典型的光可逆反应

分类	属	发育阶段	红光的效应
被子植物	莴苣（*Lactuca*）	种子	促进萌发
	燕麦（*Avena*）	幼苗（黄化的）	促进去黄化（如叶子的展开）
	芥菜（*Sinapis*）	幼苗	促进叶原基的形成、原叶发育、花色素苷的生成
	豌豆（*Pisum*）	成体	抑制节间伸长
	苍耳（*Xanthium*）	成体	抑制开花（光周期反应）
裸子植物	松树（*Pinus*）	幼苗	增强叶绿素积累率
蕨类植物	敏感蕨（*Onoclea*）	幼年配子体	促进生长
苔藓植物	苔藓（*Polytrichum*）	出芽	促进质体复制
绿藻门	藻类（*Mougeotia*）	成熟配子体	促进叶绿体向弱光处移动

（Flint and Mcalister，1935）。但实质性的突破是在多年后的1952年，当莴苣种子暴露在交替变化的红光\远红光下，最后一次用红光处理的种子萌发率接近100%，而最后一次用远红光处理的种子萌发受到严重抑制（图17.2）（Borthwick et al.，1952）。这一重要实验说明，红光和远红光诱导的反应不仅仅是相反的，而且也是相互拮抗的。

对上述结果存在两种可能的解释，一种是认为植物中存在两种色素，吸收红光的色素和吸收远红光的色素，这两种色素以相互拮抗的方式调控种子萌发；另一种认为植物中存在两种形式可相互转化的单一色素：红光吸收型和远红光吸收型（Borthwick et al.，1952）。人们选择了单一色素模式，这也是二者中更为激进的一个想法，因为当时人们还没有发现过这种光可逆的色素。几年后，人们首次在植物中提取到了光敏色素，并在体外实验中，验证了它独特的光可逆特性，从而证实了该假设（Butler et al.，1959）。

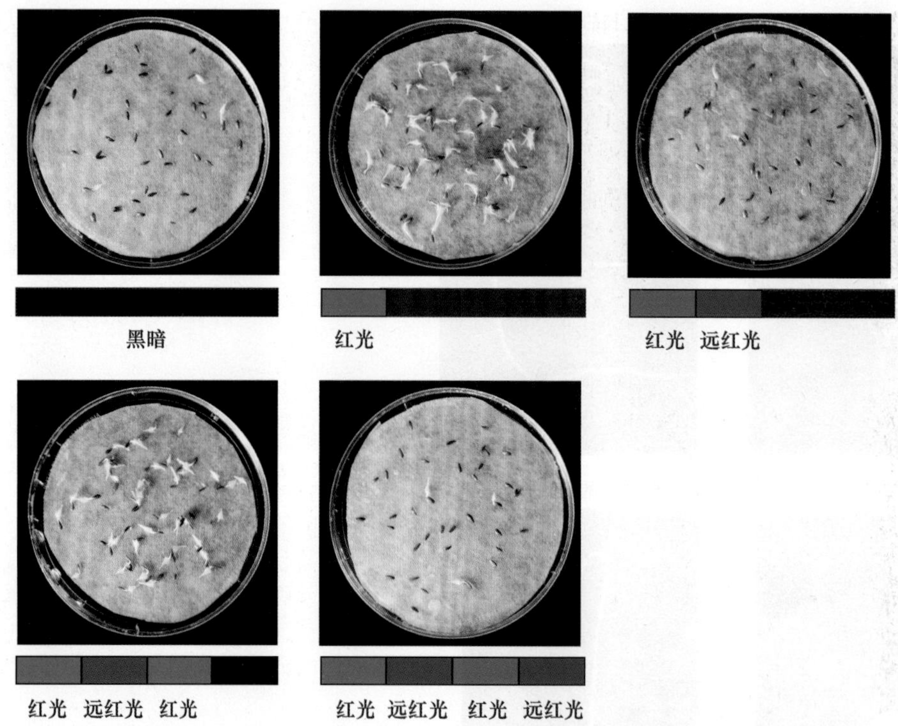

图17.2 莴苣种子萌发是光敏色素调控的典型光可逆反应。红光促进了莴苣种子的萌发，但这种作用可被远红光所逆转。吸涨（水浸泡）的种子经红光/远红光交替处理，光处理的效应依赖于最后一次照光处理。最后一次远红光处理后只有极少数种子萌发（图片由David McIntyre提供）。

 17.1.1 光敏色素的红光吸收型（Pr）和远红光吸收型（Pfr）之间的相互转化

在暗中生长或黄化的植物中，光敏色素以**红光吸收型（Pr）**存在，这种蓝色的非激活型可被红光转化为蓝绿色的**远红光吸收型（Pfr）**。反过来，远红光照射后，Pfr可转化成Pr，这就称之为**光逆转性（photoreversibility）**，这种转变或逆转是光敏色素的最显著的特性，可以概括为

$$\mathrm{Pr} \underset{\text{远红光}}{\overset{\text{红光}}{\rightleftharpoons}} \mathrm{Pfr}$$

Pr和Pfr这两种形式的相互转变在体内和体外实验中均可被检测到。实质上，体外实验所纯化的光敏色素的大多数光谱性质（如吸收光谱和光可逆性）与体内实验所检测到的光敏色素的光谱性质相同。

值得注意的是，并不是所有光敏色素在受到红光或远红光照射后全部转化成Pfr或Pr型，这是因为Pfr和Pr型的吸收光谱有重叠。因此，当Pr分子暴露在红光下时，它们中的大多数吸收光子转变成Pfr，但是由此产生的Pfr中的一部分吸收红光又转化成Pr（图17.3）。饱和红光照射后，Pfr型在整个光敏色素中约占88%。与此相似，Pr也能吸收极少量的远红光，因此并不能通过宽波谱远红光使所有Pfr转化成Pr，而是达到98%Pr和2%Pfr的平衡，这个平衡被称之为**光稳态（photostationary state）**。

两种形式的光敏色素除吸收红光外，还吸收蓝光光谱中的光（图17.3）。因此，蓝光也具有激活光敏色素的效应，它能使Pr和Pfr相互转变。蓝光反应可由一种或多种专一蓝光受体所介导（见第18章）。光敏色素是否参与蓝光反应，通常利用远红光能否逆转该反应来判断，因为远红光只能逆转光敏色素所诱导的反应。

 17.1.2 Pfr是光敏色素的生理激活型

光敏色素的反应可被红光诱导，理论上讲这些反应的发生是由于Pfr的出现或Pr的消失所致。在大多数情况下，光诱导的生理反应的幅度与产生Pfr的数量存在定量关系，而生理反应与Pr的消失不存在这样的关系。这些证据表明，Pfr是光敏色素的生理激活型。

窄波段红光和远红光的应用是发现和最终分离光敏色素的关键。自然环境下生长的植物，不可能像实验室内那样，在严格控制的红光或远红光条件下生长，自然界中的植物生长在一个较宽波谱的光下，在这种情况下，光敏色素必须发挥其功能来调节植物的生长发育以适应外界光环境的变化。正如图17.3所示，植物树冠本身能对到达具体植物及其叶片的相关光的光质和光量产生很大的影响。

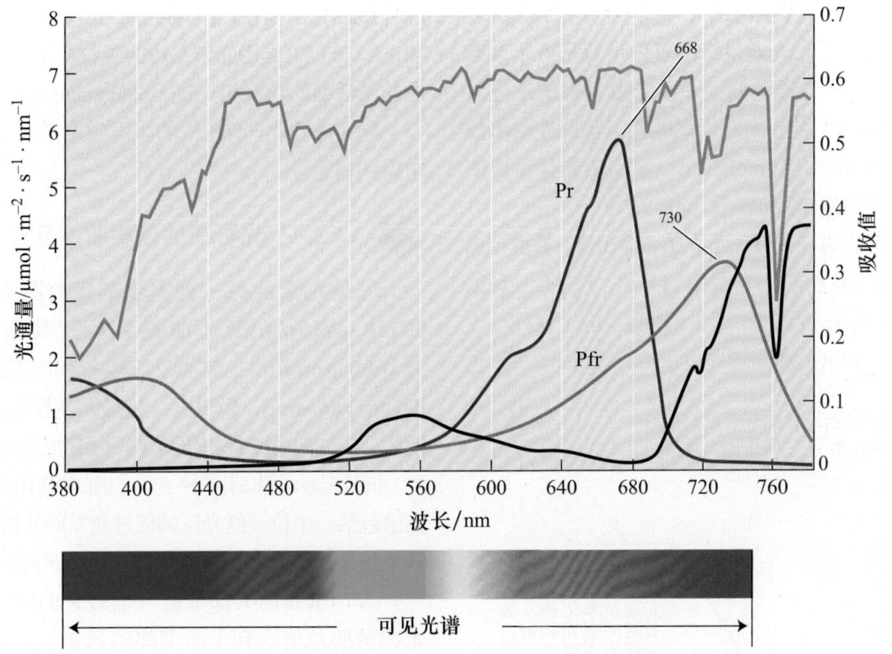

图17.3 纯化的燕麦光敏色素Pr（红线）和Pfr（绿线）型吸收光谱相互重叠。在树冠的顶端，可见光（蓝线）分布相对均匀，但是在树冠的下层，光敏色素吸收了大部分的红光，使大部分的远红光透射进来。黑线表示了光照射通过叶片后的吸收光谱。因此Pr型和Pfr型的相对比例由植物受到遮阳的程度来决定（引自Kelly and Lagarias 1985，感谢Patrice Dubois）。

17.2 光敏色素诱导反应的特点

从反应种类（表17.1）和诱导反应所需要的光强来看，整个植物界中广泛存在着多种不同的光敏色素反应类型。通过对这些反应类型差异性的研究，人们可更清楚地了解到光敏色素Pr的光吸收，以及这一贯穿植物整个生长发育过程中的单个光反应事件作用的多样性。为研究方便起见，光敏色素诱导的反应被人为分成两类：① 快速的生化事件；②缓慢的形态变化，包括运动和生长。

一些早期的生化反应会影响随后的生长发育。由这些早期的生化事件所形成的信号转导途径的本质在本章的后半部分将会详细论述。这里我们重点讨论光敏色素对整株植物反应的影响。正如我们所知道的那样，这些反应可依据所需光的强度、持续时间及作用光谱被划分为不同的反应类型。

17.2.1 光敏色素的反应在延迟时间和逃逸时间的差异性

光敏色素光激活产生的形态反应在延迟时间（开始刺激与呈现反应之间的时间）后才能显现出来，这一延迟时间可能短至几分钟或长至几个星期。其中，更快速的反应一般是细胞器的可逆运动（参见Web Topic 17.1）或细胞体积的可逆改变（膨胀，收缩），但也有一些快速的生长反应。

红光抑制光下生长的猪尾草（*Chenopodium album*）茎的伸长，这种现象在茎中Pfr相对水平增加后的几分钟内即可看到。拟南芥的动力学研究已证实了这一发现，而且在红光处理后8 min内，光敏色素就可起作用（Parks and Spalding，1999），但在开花诱导反应中，其延迟时间则需长达数周之久（见第25章）。

光敏色素反应延迟时间的长短等信息可有助于研究人员判断那些导致某一特定反应的生化事件的类型。延迟时间越短，所涉及的生化事件的范围越有限。

光敏色素反应的多样性也可从**光逆转性的逃逸**（**escape from photoreversibility**）现象中反映出来。远红光只能在一定时间内逆转红光诱导的反应，超出这段时间，该反应就从光控的逆转中“逃逸”。

上述这种“逃逸”现象可用如下假设模型加以解释。即光敏色素调控的形态反应是细胞内诸多相关联的系列生化反应的最终体现。在该系列反应的早期阶段除去Pfr，反应可被完全逆转；但在该系列反应的某个点（不能逆转的点）除去Pfr，此反应就不可逆转了。因此逃逸时间代表所有在系列反应成为不可逆转之前的时间，实质上是Pfr完成它的初级反应所需的时间。不同反应的逃逸时间不同，从不到一分钟到数小时之久。

17.2.2 光敏色素的反应可按它们对光量的需求进行区分

光敏色素的反应可根据诱导该反应所需的光量加以

区分。光量指**光通量（fluence）**，它定义为一个单位表面积接收光子的数量。光通量标准单位是每平方米微摩尔（μmol/m²）。除光通量外，一些光敏色素的反应对**辐照度（irradiance）**① 或光通量率敏感。辐照度的单位是每平方米每秒微摩尔[μmol/（m²·s）]（光计量所使用的术语的定义见第9章和Web Topic 9.1）。

每个光敏色素的反应都有特定的光通量范围，在此范围内，反应幅度与光通量成比例。图17.4显示，这些反应根据所需要的光量可分为三个类型：极低辐照度反应（VLFR）、低辐照度反应（LFR）和高辐照度反应（HIR）。

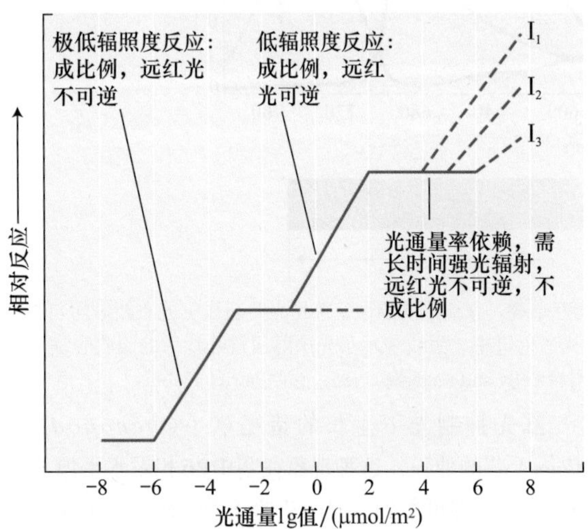

图17.4　根据对光通量的敏感性所划分的三种类型的光敏色素反应。代表性反应的相对大小与增加的红光通量作图。短时光脉冲激活VLFR和LFR。由于HIR与辐照度和光通量成正比，上述三种不同辐照度的光反应在图中一并连续列出（$I_1>I_2>I_3$）（引自Briggs et al.，1984）。

 17.2.3　光不可逆转的极低辐照度反应

一些光敏色素的反应可被光通量低至0.0001 μmol/m²的光（一只萤火虫一次闪光所发出光亮的1/10）所启动，该类型反应的饱和光（即需要的最大光量）约为0.05 μmol/m²。例如，光通量在0.001~0.1 μmol/m²的红光能诱导拟南芥种子的萌发。极低辐照度的红光可刺激暗中生长的燕麦胚芽鞘伸长，抑制其中胚轴（位于胚芽鞘和根之间的伸长的中轴）生长。这种由极低水平的弱光所引起的显著效应，我们称之为**极低辐照度反应（very low-fluence responses，VLFR）**。

诱导VLFR反应所需要的微弱光量可使低于0.02%的光敏色素转化为Pfr，由于远红光只能使98%的Pfr转化为Pr（见前文），仍保留2%的Pfr，大大超过诱导VLFR反应所需要的0.02%（Mandoli and Briggs，1984）。换句话说，远红光不能使Pfr的浓度低于0.02%，也就不能抑制VLFR。VLFR作用光谱是Pr的吸收光谱，这与Pfr是该反应的激活型的观点相一致（Shinomura et al.，1996）。

VLFR在种子萌发中的生态学意义在Web Essay 17.1中得到讨论。

 17.2.4　光可逆的低辐照度反应

光敏色素的另一种类型的反应只有当光通量达到1.0 μmol/m²时才能被启动，其饱和光通量约为1000 μmol/m²。这类反应称之为**低辐照度反应（low-fluence responses，LFR）**，包括大多数的红光\远红光可逆的反应，如表17.1列出的莴苣种子需光萌发和叶运动的调控。图17.5显示了拟南芥种子萌发的LFR作用光谱。LFR作用光谱包括一个位于红光区的促进萌发的峰值（660 nm）和一个位于远红光区的主要抑制萌发的峰值（720 nm）。

VLFR和LFR都可被一个短暂的闪光诱导，说明光能量的总值达到了所需要的通量。总的光通量决定于两个因素的作用：光通量率[μmol/（m²·s）]和光照时间。因此一个短暂的红闪光可诱导某个反应，只需此处理的光有足够的亮度就能满足；反之，如果光照时间足够长，极弱的光也可起到相同的作用。光通量率与光照时间之间的反比关系称之为**反比定律（law of reciprocity）**，它是由R. W. Bunsen和H. E. Roscoe于1850年首先提出的。VLFR和LFR都是遵从反比定律的。也就是说反应的程度（如它可表示为萌发率或下胚轴伸长抑制的程度）与光通量率和光照时间的乘积成正比。

17.2.5　光照强度和光照时间成正比的高辐照度反应

第三种类型的光敏色素反应称之为**高辐照度反应（high-irradiance responses，HIR）**，表17.2列出了其中的几种反应。HIR需要长时间或持续的高光照辐射。在反应饱和之前，光照越强反应程度越大，反应饱和之后，光强增加对反应不再起作用（参见Web Topic 17.2）。

此反应之所以称之为高光辐照度反应而不是高通量反应，原因在于此类反应与光的辐照度（粗略说，光的亮度）而非光通量成正比。HIR的饱和光照比LFR强100倍以上，而且反应不能被光所逆转。持续弱光或瞬时强光都不能诱导HIR的发生，因此，该反应不遵守反比定律。然而，Shinomura及其同事研究发现，用短脉冲远红光处理时，FR对胚轴伸长的抑制是遵循反比定律的，这表明光敏色素对光的感受是光照率限制（Shinomura et al.，2000）。

① 辐照度有时粗略认为与光密度相同，然而光密度定义为光源发射的光，而辐照度定义为物体接收的光

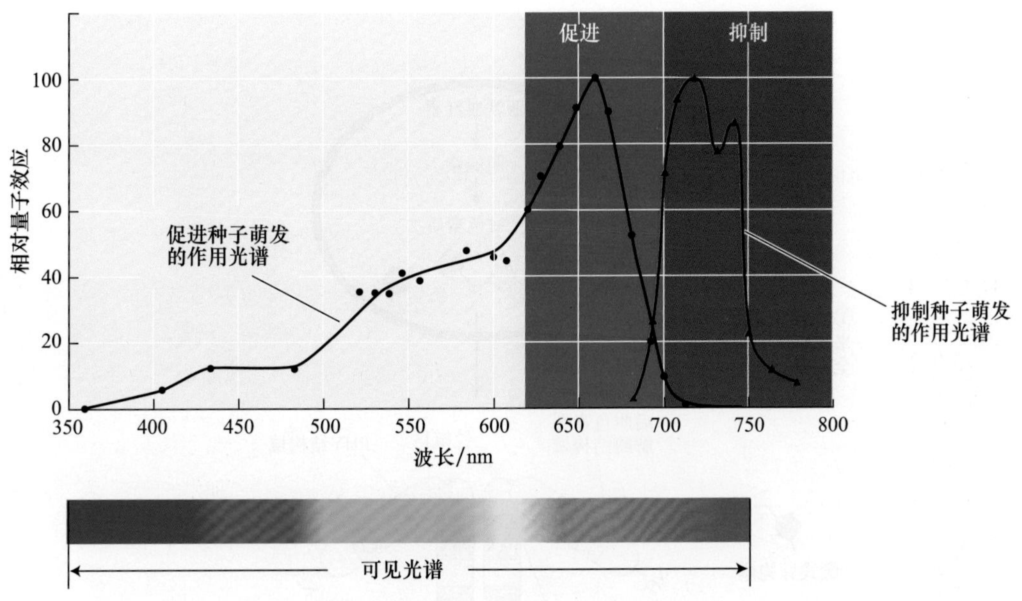

图17.5　光可逆促进和抑制拟南芥种子萌发的LFR作用光谱（引自Shropshire et al.，1961）。

表17.2　高光辐照度诱导的一些植物形态建成反应

在各种双子叶植物幼苗和苹果皮层部的花色素苷合成
荠菜、莴苣和矮牵牛幼苗下胚轴伸长的抑制
天仙子（*Hyoscyamus*）开花的诱导
莴苣胚芽弯钩的张开
荠菜子叶的长大
高粱中乙烯的生成

表17.1列出了许多光可逆的LFR反应，其中的去黄化反应也属于HIR反应类型。例如，白色芥菜（*Sinapis alba*）幼苗花色素苷合成的低通量的作用光谱在红光波谱中有一个峰，此作用可被远红光逆转，且遵守反比定律；而当暗中生长的幼苗暴露于高光照下数小时后，花色素苷合成的作用光谱的峰值处于远红光和蓝光区，且不可被远红光逆转，其反应程度与光辐照度成正比。因此，同一作用到底由LFR还是HIR完成主要依赖于光照处理情况。

在本章后半部分我们将了解到，各种不同类型光敏色素反应（VLFR、LFR和HIR）是由不同光敏色素分子来调控的。

17.3　光敏色素蛋白的结构和功能

天然光敏色素是一种极易溶于水的、相对分子质量为250的色蛋白质（色素-蛋白复合体），它是由两个亚基组成的二聚体，每个亚基有两个组成部分：吸收光的色素分子，即**生色团（chromophore）**和一个称为**脱辅基蛋白（apoprotein）**的多肽链（图17.6）。脱辅基蛋白单体相对分子质量为125，由被子植物中的一个小基因家族编码。脱辅基蛋白和生色团共同组成**全蛋白（holoprotein）**。

高等植物中光敏色素的生色团由排列成直链的四个吡咯环组成，被称为**光敏色素质（phytochromobilin）**。植物光敏色素脱辅基蛋白单独不能吸收红光或远红光。只有多肽链与生色团共价连接形成全蛋白后才能吸收光。生色团在质体中合成，是由血红素通过叶绿素合成的分支途径合成。光敏色素质被转运到胞质，通过硫醚键与胞质中脱辅基蛋白的半胱氨酸残基相接（图17.6）。光敏色素脱辅基蛋白与它的生色团组装是个**自**

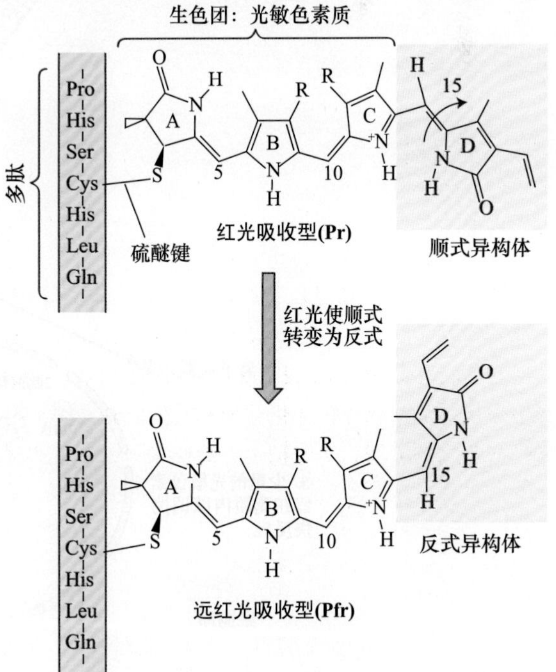

图17.6　生色团（光敏色素质）的Pr和Pfr型的结构及通过硫醚键与生色团结合的肽键区。红光和远红光可使生色团的C15发生顺反异构化作用（引自Andel et al.，1997）。

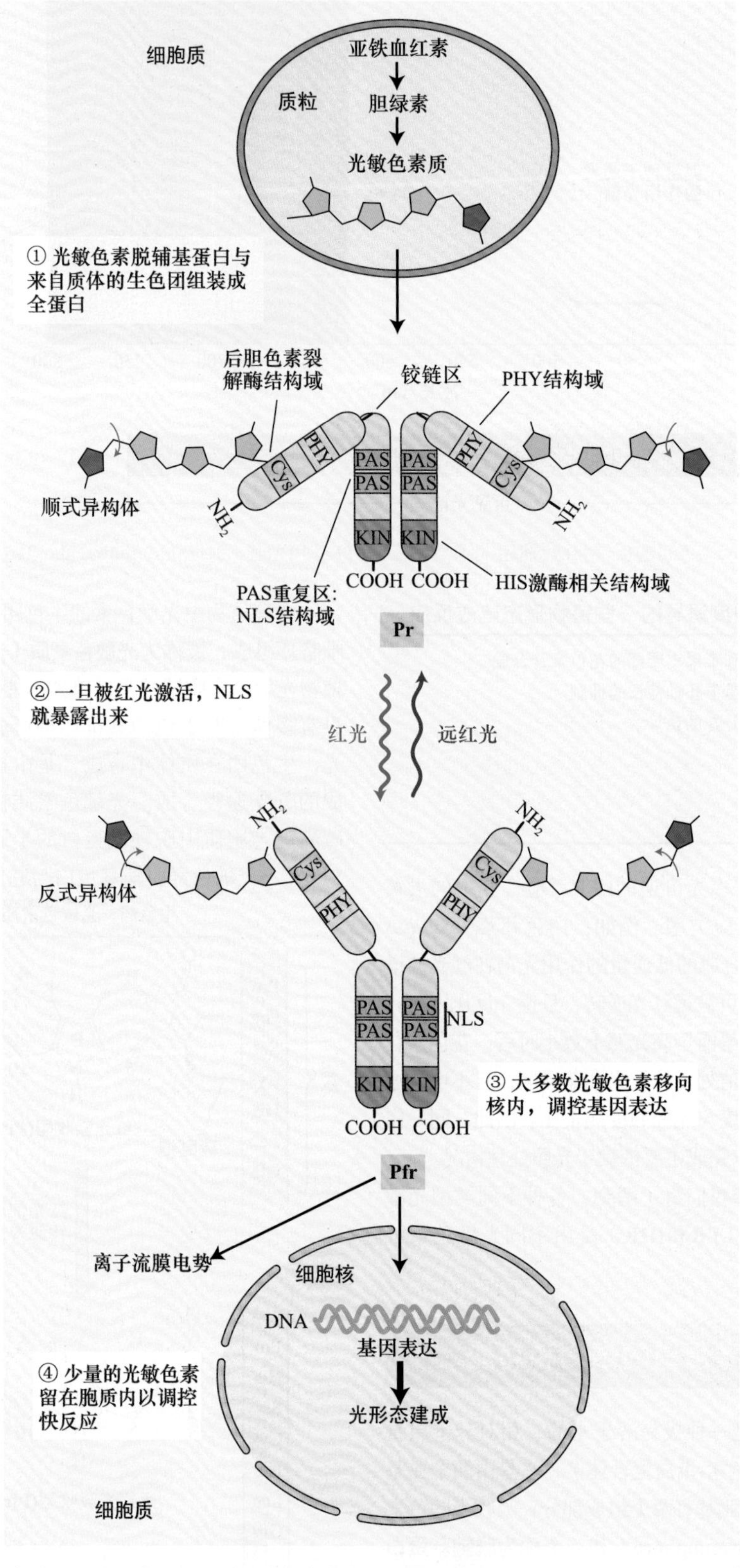

细胞质

质粒

亚铁血红素

胆绿素

光敏色素质

① 光敏色素脱辅基蛋白与来自质体的生色团组装成全蛋白

后胆色素裂解酶结构域

铰链区

PHY结构域

顺式异构体

PHY Cys PAS PAS KIN

NH_2

COOH COOH

HIS激酶相关结构域

PAS重复区:
NLS结构域

Pr

② 一旦被红光激活，NLS就暴露出来

红光

远红光

反式异构体

NLS

③ 大多数光敏色素移向核内，调控基因表达

Pfr

离子流膜电势

细胞核

DNA

基因表达

光形态建成

④ 少量的光敏色素留在胞质内以调控快反应

细胞质

图17.7　合成和组装后①，红光诱导光敏色素发生可逆的结构变化，从而激活光敏色素②，进而启动光敏色素移向核内以调节基因表达③，胞质中少量的光敏色素可调控快速生化变化④（引自Montgomery and lagarias，2002）。

我催化（autocatalytic）的过程，即在不需要添加其他蛋白或辅因子的情况下，把纯化的光敏色素多肽链与纯化的生色团在试剂管中混合后，二者即可结合（Li and Lagarias，1992）。

本章节我们将探讨光敏色素脱辅基蛋白的功能结构域、蛋白激酶的活性及在细胞内的定位。但由于存在多种不同的光敏色素，而每一种都由各自的基因编码，在生长发育中都具有各自独特的作用，从而使光敏色素的研究更加复杂化。

 17.3.1 光敏色素的几个重要功能结构域

图17.7突出显示了几个已鉴定的光敏色素的结构域和光敏色素所介导的多种细胞光反应情况。通过对从植物和其他物种分离出的各种光敏色素的序列比对，发现了几个保守的结构域（Montgomeru and Lagaria，2002）。光敏色素N端部包括一个PAS结构域[①]，与生色团结合的**胆色素裂解酶结构域（GAF）**和维持光敏色素Pfr型稳定的**PHY结构域（PHY domain）**。光敏色素分子N端和C端之间的铰链区在非活性Pr型和活性Pfr型相互转化中起关键作用。

铰链区下游有两个**PAS相关结构域（PAS related domain，PRD）**重复片段，可调控光敏色素的二聚化。在PRD结构域内有两个**核定位序列（nuclear localization sequence，NLS）**，一旦暴露即可使活性Pfr型定向转移至核内。C端组氨酸激酶相关的结构域（Histidine Kinase-related domai，HKRD）是自我磷酸化必需的，如果光敏色素分子能够被允许二聚化且其仍然保持生物活性，则该结构可以被删除（Matsushita et al.，2003）。这似乎有些出人意料，因为一般情况下激酶结构域会在信号传递中发挥功能，而这一结构域却在光敏色素反应信号的衰减过程中发挥作用（Matsushita et al.，2003）。

研究者从抗辐射、嗜极端细菌（*Deinococcus radiodurans*）中已得到一种与生色团胆绿素结合的细菌光敏色素N端区的三维结构（Wangner et al.，2005）。这是光敏色素研究领域的一个重大突破。与植物光敏色素不同，细菌光敏色素可利用多种四吡咯生色团并且可能调节不同的下游反应。然而，它们与生色团结合的口袋结构可能是高度保守的。如图17.8所示，生色团与GAF结构域中的活性部位结合，反映出光调节蛋白结构改变的可能机制，即生色团末端的D环的异构化（旋转），改变了它与GAF结构域氨基酸的结合，进而引起蛋白构象变化（有关光敏色素生色团性质的详细内容参见Web Essay 17.2）。

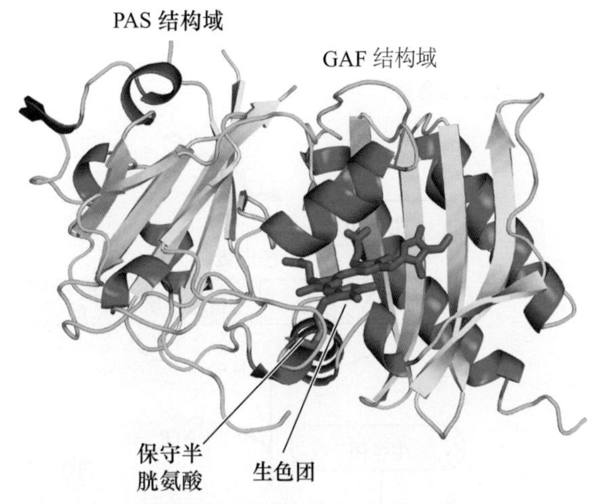

图17.8 嗜极端细菌（*Deinococcus radiodurans*）光敏色素N端部分的三维晶体结构。胆绿素生色团（紫色）与保守的胱氨酸位点共价连接（红色），并与蛋白骨架紧密结合（引自Wagner et al.，2005）。

 17.3.2 光敏色素是一种光调控的蛋白激酶

磷酸化在光敏色素发挥功能过程中具有重要的作用，最早的研究证据表明，红光可调控蛋白质的磷酸化，促进磷酸化依赖的转录因子与光敏色素调控基因启动子的结合。一些高纯度的光敏色素也具有激酶活性。**蛋白激酶（protein kinase）**是一类催化ATP上的磷酸基团转移到自身或其他蛋白的氨基酸如丝氨酸或酪氨酸上的酶。激酶在信号转导途径中通过添加或移去磷酸来调节一些酶的活性（见第14章）。**蛋白磷酸酶（protein phosphatase）**是从蛋白质上移去磷酸基团的酶，可通过拮抗蛋白激酶而调节蛋白活性。因此，蛋白激酶和蛋白磷酸酶在信号转导中起相反作用。

目前，已知光敏色素是具有自我磷酸化能力的蛋白激酶（Yeh and Lagarias，1998）。光敏色素的进化是很古老的，可追溯到真核生物的出现时期。细菌光敏色素是光依赖的组氨酸蛋白激酶，作为**感应蛋白（sensor protein）**，可使相应的**反应调节子（response regulator）**蛋白磷酸化而发挥作用（图17.9A）（见第14章和Web Topic 17.3）。然而，尽管高等植物的光敏色素与组氨酸激酶存在一些同源序列，但并不具有组氨酸激酶活性。相反，它们是丝氨酸/苏氨酸激酶（图17.9B），可能磷酸化其他蛋白。因此，虽然植物与细菌的光敏色素磷酸化位点不同，但其基本功能类似。

 17.3.3 Pfr在胞质和核的区域化

在细胞质中，光敏色素全蛋白以非活性Pr的二聚体

① PAS术语来自于已发现的蛋白家族的三个成员PER，ARNT和SIM的第一个字母，高等真核生物中PAS结构域在二聚化和蛋白质-蛋白质相互作用中起作用

A 细菌光敏色素

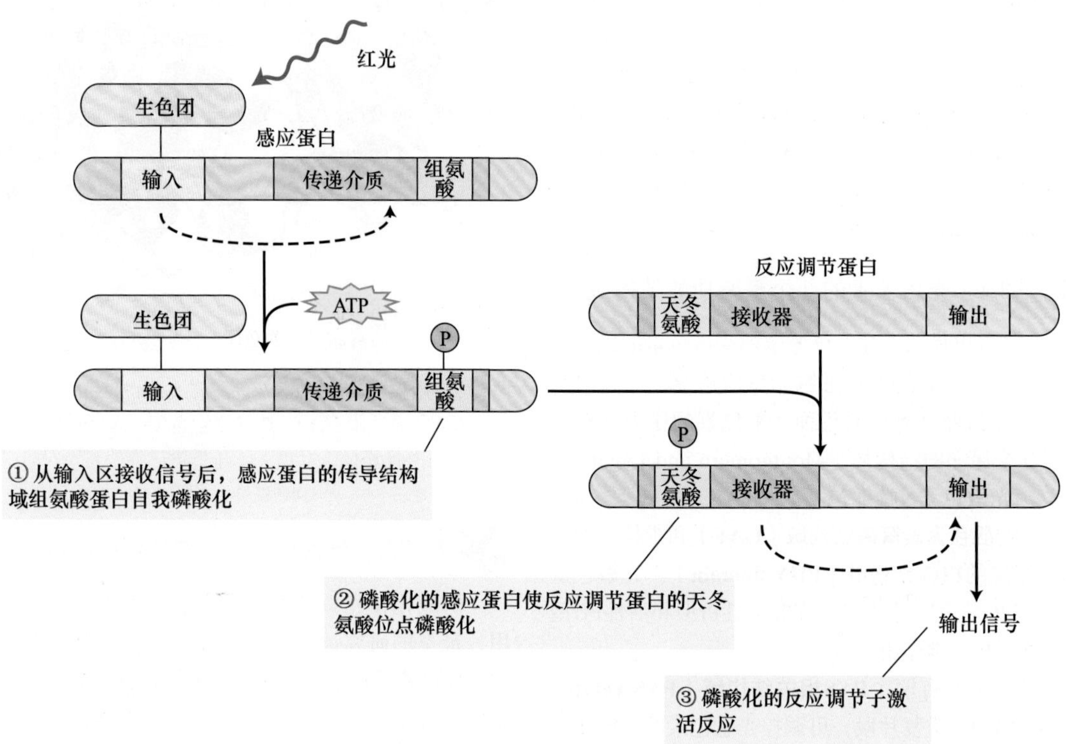

B 植物光敏色素

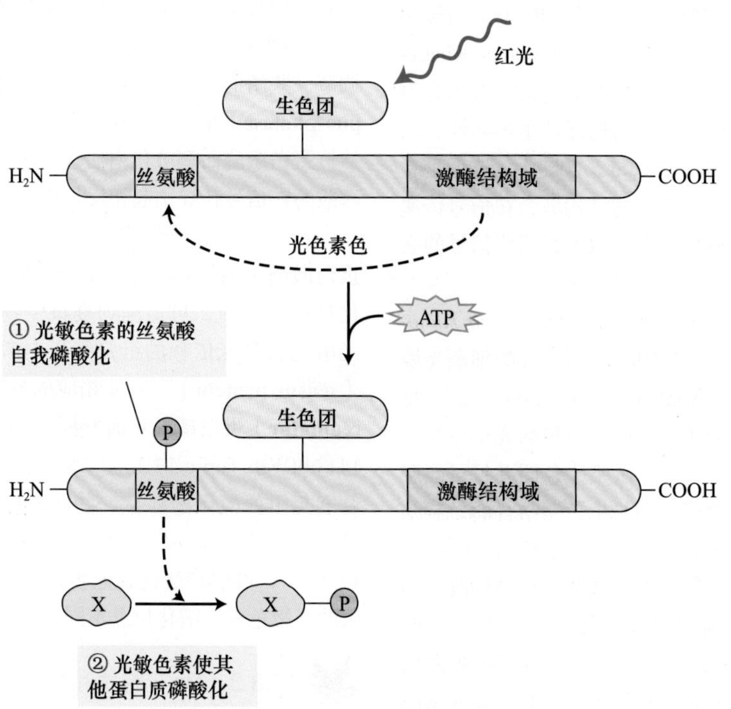

图17.9　光敏色素是一种自我磷酸化的蛋白激酶。A. 细菌光敏色素是一种双组分系统，光敏色素作为一种能使反应调节子磷酸化的感应蛋白而起作用（见第14章）。B. 植物光敏色素是一种自我磷酸化的丝氨酸/苏氨酸激酶，能使其他蛋白质磷酸化（形成包含 x 的蛋白结构）。

状态存在。当生色团吸光后，其C15和C16间的双键发生顺反异构化，C14-C15单键旋转等（图17.6）。在Pr转化为Pfr过程中，光敏色素全蛋白基序在铰链区也进行着构象变化，使光敏色素C端的核定位序列（NLS）暴露出来，导致光敏色素分子由胞质移向核内（图17.7，Chen et al.，2005）。光敏色素从胞质移向核内是一个光质依赖的过程。因为光敏色素的Pfr型可被选择性地转移至核内（图17.10）。

一旦进入核内，光敏色素即与转录因子相互作用，调节基因转录的变化。因此，光敏色素的一个重要功能是作为光激活的开关，引起基因转录的整体变化。然而，如前所述，一些光敏色素调节的反应（如茎伸长的抑制）非常迅速，在红光或远红光处理后几分钟甚至几秒内即可发生。因此，光敏色素在胞质内也很可能起重要作用，通过调节膜电势和离子流从而对红光和远红光作出相应反应（图17.8）。确实，最近研究表明无需转移至核内，光敏色素仍然能调节多种生长反应（Rosler et al.，2007）。

A

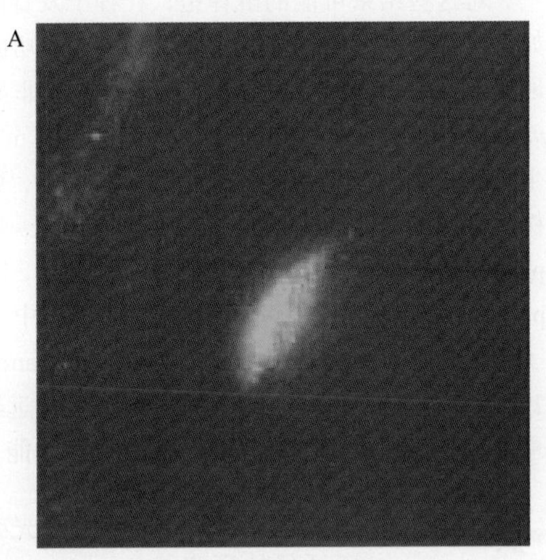

B

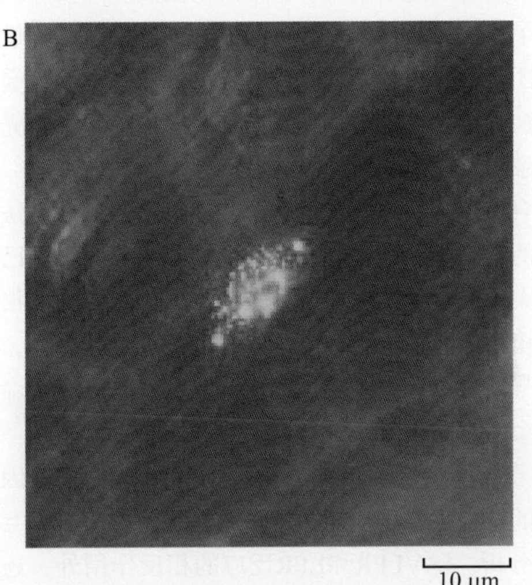

图17.10 拟南芥下胚轴表皮细胞phy-GFP融合蛋白的核定位。荧光显微镜下转基因拟南芥中phyA-GFP（A）或phyB-GFP（B）的表达情况。只有细胞核清晰可见。持续远红光（A）或白光（B）处理植物，可诱导核内蛋白的积累。B图中核内绿色小亮点称为“小斑”，小斑的作用还不清楚（引自Yamaguchi et al.，1999，A. Nagatani惠赠）。

17.3.4 光敏色素蛋白受多基因家族编码

光敏色素反应的生理过程非常复杂，很难用仅有一种类型的光敏色素这样的理论来加以解释。早期的生物化学研究表明，细胞中可能存在不同类型的光敏色素。例如，光敏色素在黄化幼苗中最为丰富。因此，大多数早期的生物化学研究都是借助于从非绿色组织中纯化的光敏色素来进行的，因为从绿色组织中仅能提取少量的光敏色素。

不久，人们就证实植物中存在两种类型光敏色素，分别命名为类型Ⅰ和类型Ⅱ光敏色素。在暗中生长的大豆幼苗中，类型Ⅰ的光敏色素的含量比类型Ⅱ的光敏色素约高9倍之多；而在光下生长的幼苗中，这两种类型的光敏色素的含量几乎相当，表明光可使类型Ⅰ的光敏色素发生降解。因此，光敏色素可分为两种类型：光不稳定型（类型Ⅰ）和光稳定型（类型Ⅱ）。事实上，类型Ⅰ光敏色素的Pfr型是不稳定的。

光敏色素研究的一个重大突破使人们认识到，光敏色素蛋白是由一个具有不同生化特性的多基因家族编码。在拟南芥中，该家族有5个结构相关的成员：*PHYA*、*PHYB*、*PHYC*、*PHYD*和*PHYE*（Sharrock and Quail，1989）。在单子叶植物水稻中，仅存在3种光敏色素的编码基因：*PHYA*、*PHYB*和*PHYC*（Mathews and Sharrock，1997）。脱辅基蛋白（不含生色团）被表示为PHY；全蛋白（含生色团）被表示为phy。通常，其他高等植物的光敏色素序列则按它们与拟南芥*PHY*基因的同源序列来命名。在双子叶和单子叶植物中，光不稳定（Ⅰ型）光敏色素是由PHYA编码。在拟南芥中，含量最多的光稳定（Ⅱ型）光敏色素是由PHYB编码。通过下文我们将知道，遗传学研究已表明，PHYA和PHYB在生长发育中起相反的作用。

17.4 光敏色素功能的遗传分析

遗传筛选在拟南芥光信号转导途径研究方面具有重要作用。在目前经典的研究中，Marteen Koornnneef最早用遗传学方法鉴定光信号转导途径的中间成分（Koornnneef et al.，1980）。他将拟南芥种子浸泡在能使DNA发生点突变的乙酰甲基磺酸（EMS）溶液中以产生突变种子，然后这些突变种子所长出的植株通过自花授粉，进而得到了基因突变的种子库。这一突变“家族”一旦在白光下生长，那些对光感受或光反应缺陷的突变体可根据其伸长的下胚轴（与暗中生长的植株形态相似）这一特征被鉴定出来，最后所有鉴定的突变体可通过单个隐性等位基因来加以区分。

通过已鉴定的突变体植株间的杂交试验研究，已确定了5个突变位点或互补组（HY1-HY5），为拟南芥信号转导的研究奠定了基础。5个HY基因的克隆及序列分析促进了光信号转导的一些中间成分的确定，即光敏色素生色团生物合成的必需基因（HY1和HY2）、光受体PHYB（HY3）、蓝光光受体隐花色素（HY4）和光诱导的转录因子（HY5）。

结合遗传分析、分子生物学和生理学研究等方法，在过去的十多年里，人们在光反应的机制研究方面已取得了巨大进展。这也许并不令人惊讶，这些研究已揭示出光与植物信号转导组分之间存在复杂的互作关系，而这些信号转导组分可调控植物从萌发到开花整个生命周期的多个发育阶段。

本节我们将对经遗传分析鉴定的光敏色素基因家族成员的不同生物学功能，以及它们之间的复杂相互作用进行分析。除VLFR和LFR反应的相反作用外，还鉴定出两种不同类型的高辐照度反应，该反应依赖不同的光敏色素，一类是典型的黄化幼苗远红光HIR，该反应由phyA所介导，另一类是阳生植物的红光（或白光）HIR，该反应由phyB所介导。

17.4.1 光敏色素A可介导持续远红光所诱导的反应

在最初建立的*hy*基因库中，仅发现光敏色素*phyB*基因突变体。因此，要鉴定*phyA*突变体，则需要在筛选方法上取得新的突破。正如前文所讨论，由于远红光HIR需要光不稳定（类型Ⅰ）光敏色素，由此推测，phyA作为光受体可感受持续的远红光。如果真是这样的话，*phyA*突变体将不能对远红光发生反应，并且在这种光下生长的突变体长得高而细长。然而，缺少生色团的突变体也能表现出类似的表型，因为只有与生色团组装成全蛋白质的phyA才能够感受远红光。

为了筛选*phyA*突变体，人们把在持续远红光照射下长得较高的幼苗移到持续红光照射下生长，*phyA*缺失的突变体在这种光谱下能正常地生长，而生色团缺失的突变体由于缺少有功能的phyB，无法对持续红光发生反应。通过这种方法筛选的*phyA*突变体幼苗在白光下能正常生长，表明phyA在感应白光方面没有作用（Whitelam et al.，1993）。这也解释了为什么Koornneef在最初以长的下胚轴为筛选指标实验中，没能检测到*phyA*突变体。因此，phyA主要是在远红光去黄化过程中起作用。从这个突变体的特点可知，phyA之外的其他光敏色素并不能感受持续的远红光。光敏色素A也参与了广谱光诱导的拟南芥种子萌发的VLFR反应。因此，缺乏phyA的突变体在微秒闪光下无法萌发，但对低通量范围的红光处理可发生正常的反应（Shinomura et al.，1996）。该结果证明，phyA作为VLFR反应的光受体起重要作用。

对这些结果可能的解释是，在种子发育的早期，如种子萌发和幼苗去黄化阶段，phyA的功能被极大地限制了。然而，最近研究表明事实远非如此。当*phyAphyB*双突变体在强红光[≥100 μmol/（m^2·s）]下生长时，比*phyB*单突变体长得更长。另外，野生型植株从黑暗转移到强光照条件后，在相当长一段时间内phyA蛋白都可以被检测到（Franklin et al.，2007）。phyA在拟南芥和水稻开花的光周期调控中同样扮演了重要角色（Valcerde et al.，2004；Takano et al.，2005）。因此，PhyA可能同时介导红光和远红光的生理反应，并且在植物整个生命周期中发挥功能。

17.4.2 光敏色素B可介导持续红光或白光所诱导的反应

*hy3*突变体幼苗在持续白光下生长，其下胚轴伸长，这一特点说明phyB在去黄化中有重要作用。*hy3*突变导致叶绿素和一些编码叶绿体蛋白质的mRNA缺失，不能应答植物激素反应。

光敏色素B除参与白光和红光调控的HIR反应外，也能调节LFR，如光可逆的种子萌发，这也是导致光敏色素发现的最早实验证据。野生型拟南芥种子的萌发需要光，这种反应在低通量光范围内时表现出红光/远红光可逆特性。phyA缺失的突变体对红光反应是正常的，而phyB缺失的突变体却不能对低通量的红光发生反应（Shinomura et al.，1996）。这个实验证据足以说明phyB可调控光可逆的种子萌发。

在本章后面的论述中，光敏色素PhyB在调节植物对暗处理的反应中发挥重要作用。在被茂密植物树干所覆盖的地表，phyB缺失的突变体生长表型和野生型植株类似。事实上，光敏色素所介导的植物对遮阴的反应如促进开花和快速伸长生长，可能是光敏色素在生态学意义上最重要的功能之一（Smith，1982）。

17.4.3 光敏色素C、D和E功能的发现

虽然phyA和phyB是拟南芥中光敏色素的两种主要存在形式，但phyC、phyD和phyE在调控红光和远红光

反应中也发挥独特的作用。双突变体和三突变体的构建使评价特定反应中每个光敏色素的相对功能成为可能。phyD和phyE的结构与phyB相似，但并不存在功能冗余。phyD和phyE调节的反应包括叶柄和节间的延长及开花时间控制（见第25 章）。拟南芥*phy*C突变体的特点揭示出phyC、phyA和phyB反应通路间存在复杂的相互作用（Franklin et al.，2003；Monte et al.，2003）。*PHY*基因的主要功能可能在于其对光敏色素的精确调控，以适应昼夜和季节改变所引起的光环境变化。事实上，在一项对跨纬度渐变生态群的自然变化的研究中已经证实了phyC在调节植物生长和开花时间方面的作用（Balasubramanian et al.，2006）。

17.4.4　*Phy*基因家族间复杂的相互作用

显然，遗传分析已成为分析拟南芥基因功能强有力的工具，但这种方法也有一些局限性。其一，*phy*突变体表型通常是在假定家族中其他成员活性没有变化的基础上鉴定的。然而，详尽的分子机制研究表明，phyC和部分phyD的积累依赖于活化PhyB及PHYA的转录水平，而且编码PHYB的基因过表达可增加转基因拟南芥体中的phyA、phyC和phyD水平（Hirschfeld et al.，1998）。

最近的研究发现，光稳定phy蛋白能形成同源或异源二聚体（如phyB-phyC）（Clack et al.，2009），这就使遗传数据的解释更加复杂化。因此，功能缺失的*phyB*突变体或PHYB脱辅基蛋白质过表达的植株可能表现出特定的表型，该表型是一个由多种光敏色素相互作用而改变的动力学结果。考虑到每一个物种在自然种群中每一种光敏色素可能有多个等位基因（Maloof et al.，2001），我们可以想象存在着一个多么令人难以置信的复杂的分子网络。因此，揭示光敏色素基因相互作用的复杂性成为未来研究中具挑战性的课题。

17.4.5　*PHY*基因在进化过程中的多样化

虽然通过拟南芥的研究我们对光敏色素反应中的许多分子事件有了较深的了解，但在被子植物中，*PHY*基因家族进化迅速（Mathews and Sharrock，1997），大多数双子叶植物有四个光敏色素亚家族（*PHYA*、*PHYB/D*、*PHYC/F*和*PHYE*），单子叶植物只有三个（*PHYA*、*PHYB*和*PHYC*）。通过基因复制/缺失、遗传漂变和*PHY*基因功能的快速的多样化等，光敏色素信号转导网络可随之发生改变，构建新的模式以确保植物适应不同生活环境和不同选择压力。只有具体到某个特定的物种来进行遗传分析研究，我们才能鉴定光敏色素调控途径的相似性和差异性。

例如，phyA缺失对白光下生长的拟南芥和水稻表型影响不大，而phyA功能缺失的豌豆则有高度多效性的表型，包括缩短的节间、衰老的延缓及长日照下产量的增加等。在番茄中，phyA缺失和重复phyB拷贝数可阻止番茄中叶绿素的积累，使结果的花簇或花束长度大大增加（图17.11）。叶绿素在上述这些植物叶片中的

A

野生型豌豆　　(*phyA*缺失突变体)

B

野生型番茄　　(*phyA*缺失和*phyB*双拷贝突变体)

图17.11　光敏色素缺失改变了豌豆和番茄的生长发育。A. phyA发生突变的豌豆苗表现出开花延迟和节间缩短。B. phyA缺失和phyB双拷贝番茄突变阻止了番茄果中叶绿素的积累和番茄果簇的伸长（引自Weller et al.，1997；2000）。

积累，表明phyA和phyB在叶绿素积累中的作用是番茄特有的。

不同杂交品种相比较的图片表明，虽然phy家族成员作用模式可能是高度保守的（如phyA介导了VLFR和远红光HIR反应），但其受光受体调控的下游效应子及最终的生理反应等在分类单元中具有明显的差异（图17.12）。

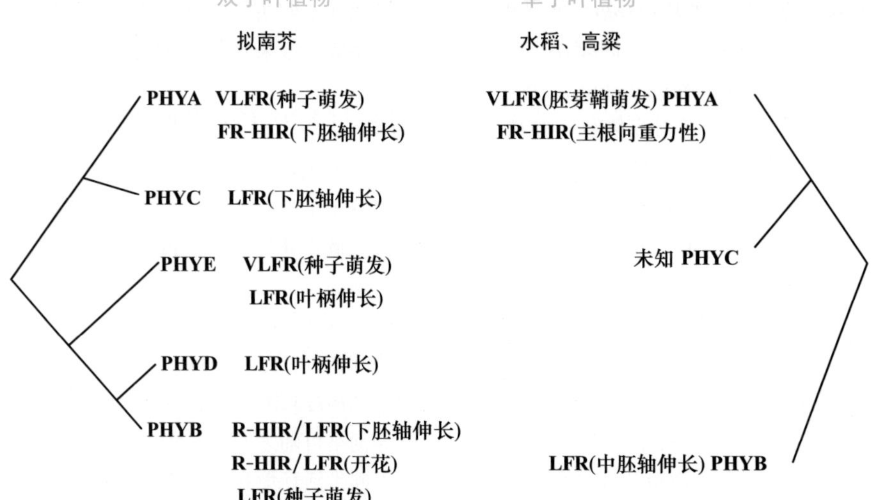

图17.12 双子叶植物拟南芥（*Arabidopsis thaliana*）和单子叶植物水稻（*Oryza sativa*）和高粱（*Sorghum bicolor*）的光敏色素基因家族结构和功能的差异比较。单子叶植物和双子叶植物*PHY*基因可能在VLFR、LFR和HIR（如FR-HIR中需phyA）等反应中利用相同的基因家族成员，但其调控的发育现象可能完全不同（如phy所介导VLFR的种子萌发与胚芽鞘的延长）。图中也标明了单子叶植物中没有*PHYD*和*PHYE*。

17.5 光敏色素信号途径

植物中所有光敏色素调控的变化都是从色素对光的吸收开始。光敏色素一旦吸收光，其分子性质就发生改变，这可能影响到光敏色素与细胞内其他蛋白元件的相互作用，最终引起生长、发育的变化或器官位置的改变（表17.1）。

分子和生物化学技术可有助于揭示光敏色素的早期作用，以及导致一些生理学或发育反应的信号转导途径。这些反应一般可分为两种类型：①离子流动，导致相对迅速的膨压反应；②基因表达的改变，引起较慢的、长期的反应过程。

本节我们将检测光敏色素在膜渗透性和基因表达方面的作用，以及导致这些作用的信号转导途径中可能涉及的级联反应。

17.5.1 光敏色素调控的膜电势和离子流

光敏色素能在一次闪光后的数秒内快速改变膜的性质，这种快速的调节现象在单细胞中已检测到，并且在红光和远红光对根及燕麦（*Avena*）胚芽鞘的表面电势的影响的实验中也提及。在根和燕麦胚芽鞘中，从Pfr产生到能检测到电势开始变化（超极化）之间的延迟时间是4.5 s。细胞生物电势的变化与通过质膜的离子流的改变是一致的。这表明与光敏色素有关的一些胞质应答起始于细胞膜或质膜附近。

藻类（*Mougeotia*）如何利用红光刺激进行快速的叶绿体运动是长期以来困扰我们的科学难题（见Web Topic 17.1）。在包括拟南芥在内的许多物种中，叶绿体运动是蓝光通过向光素所介导的。在藻类（*Mougeotia*）中，叶绿体运动的光感受器是一个融合的红光和蓝光受体（Suetsugu et al.，2005）。因此，Mougeotia似乎已经进化到能够利用红光信号通过一个较为典型的蓝光受体来传递叶绿体运动的反应（见第18章）。有趣的是，拟南芥phyA在胞质中的许多功能都可以由蓝光受体介导，这表明也许不久以后，这些信号途径可能会跟高等植物的信号感知一样，合二为一或者开始协同作用。

17.5.2 光敏色素调控的基因表达

光形态建成的定义指出，植物的生长发育受光的影响很大。黄化特征包括纺锤形茎、小叶（双子叶植物）和缺绿等。这些黄化特征可通过光照完全逆转，其中涉及一些仅通过基因表达的变化所导致代谢的长期改变。总之，植物启动子的光调节与其他真核生物的基因调节相似，即模块元件的聚集，模块元件的数量、定位、侧

翼序列和能引起各种不同的转录模式的结合性能。没有任何一个单一的DNA序列或结合蛋白能与所有受光敏色素调节的基因都发生相互作用。

首先，光调控的基因有如此多的元件，任何元件的组合都能引起光调控基因的表达，这似乎是不可思议的。然而，这些调控序列可通过多种光受体的作用，以确保许多基因的光及组织特异性差异表达。

转录的光激活和抑制过程非常快速，它的延迟时间短至5 min。利用**DNA微阵列分析技术（DNA microarray analysis）**，人们可检测到光变化条件下，植物所有的基因表达模式。（转录的分析方法参见Web Topic 17.4）这些研究显示，核输入启动了包括上千种基因参与的转录级联反应，进而引发了光形态建成的生长发育。通过分析植物从暗处转到光下这一段时间内基因表达谱，人们对*PHY*基因作用的早期和晚期的靶元件已进行了鉴定（Tepperman et al.，2001；Tepperman et al.，2004）。

PhyA和PhyB的核输入与激发它们活性的光质是密切相关的，也就是说，PhyA的核输入是由远红光和低通量的广谱光所调节的。PhyB的核输入由红光所调节并且可以被远红光逆转（Kircher et al.，1999；Yamaguchi et al.，1999）。因此，在光敏色素信号途径中，Phy蛋白的核输入可能代表了一个主要的控制点。PhyB似乎是利用一个普通的核转入途径，而PhyA的核导入依赖FHY1（Genoud et al.，2008）

在植物暗-光转变过程中那些快速上调的早期基因产物实际上是转录因子本身，这些转录因子可激活其他基因的表达。编码快速上调蛋白的基因称之为**初级反应基因（primary response gene）**。初级反应基因的表达依赖于信号转导途径（见下文），不依赖于蛋白的合成。与此相对应的晚期基因或**次级反应基因（secondary response gene）**的表达需要新蛋白的合成。DNA微阵列分析揭示，伴随着从暗形态建成到光形态建成的转变，植物中所有基因的表达谱也随之发生改变。

17.5.3 光敏色素相互作用因子（PIF）在phy信号转导的早期起作用

近年来，酵母双杂交文库筛选和免疫共沉淀这两种技术已被广泛应用于植物蛋白间相互作用的研究（参见Web Topic 17.5）。利用这两种方法，人们在拟南芥中已鉴定了几种**光敏色素相互作用因子（phytochrome-interacting factor，PIF）**（Castillon et al.，2007）。与phyA或phyB相互作用的蛋白作为phy信号网络的分支点，而与phyA和phyB共同作用的蛋白质可能代表汇聚点。

在已鉴定的这些因子中，研究最多的是**PIF3**，一个基本的螺旋-环-螺旋（bHLH）转录因子，可与phyA和phyB发生相互作用（Ni et al.，1998）。PIF和几个相关PIF或类**PIF蛋白（PIF-like protein，PIL）**尤其备受关注，因为这个基因家族中至少有5个成员可选择性地与具有活性Pfr构象的光敏色素相互作用。这些蛋白定位于核内并能与DNA结合，说明光敏色素与基因的转录具有紧密的联系。

对PIF家族成员的最近研究表明，PIF主要作为光敏色素信号的负调节子（Shin et al.，2009；Stephenson et al.，2009）。一个PIF家族成员缺失的四突变体在黑暗中生长表现出了组成型光形态建成发育。光敏色素似乎通过磷酸化引发了PIF蛋白的降解，继而被蛋白酶体所降解（Al-Sady et al.，2006）。光敏色素诱导的作为phy反应负调节子的PIF蛋白的快速降解，有利于阐明与phy蛋白活性紧密耦合的光发育反应调节的可能机制。

17.5.4 光敏色素与蛋白激酶和磷酸酶的结合

除定位于细胞核的转录因子外，细胞质中与phy蛋白结合的激酶已通过双杂交筛选技术得到鉴定。**光敏色素激酶底物1（phytochrome kinase substrate1，PSK1）**可与具有活性的Pfr型和非活性的Pr型的phyA和phyB作用（Frankhauser et al.，1999）。该蛋白可从phyA处接受一个磷酸根离子，表明磷酸化是信号转导途径中的一个重要部分。体外（试管中）和体内（植物中）的光敏色素可调节PSK1的磷酸化，并且具有Pfr型光敏色素的反应活性是具有Pr型的光敏色素的两倍。PSK1及其密切相关的PSK2的超表达和功能缺失突变研究表明，这两种分子通过一个负反馈环维持平衡水平。分子生物学与遗传学分析表明，这些蛋白可选择性作用以促进phyA介导的VLFR反应。最近研究结果表明，这些分子参与了PhyA和向光素信号通路的交叉机制（Lariguet et al.，2006）。

光敏色素相关蛋白磷酸酶5（phytochrome-associated protein phosphatase 5，PAPP5）是另外一个与光敏色素互作的因子，它可能通过脱磷酸化有活性的光敏色素来增强被光敏调节的相关生理反应（Ryu et al.，2005）。如图17.13所示，显示了磷酸化调节phy活性的可能模型。暗中，Pr型光敏色素是无活性的，在它的N端的丝氨酸位点可能被磷酸化。红光的吸收可诱导phy构象的改变，激活了铰链区丝氨酸位点的自我磷酸化及接下来细胞核的定向输入。红光也可以作用于phy的降解（见下文）。

铰链区丝氨酸的脱磷酸化增强了phy与下游效应子相互作用，增加了蛋白在光下的稳定性。一个未知的激

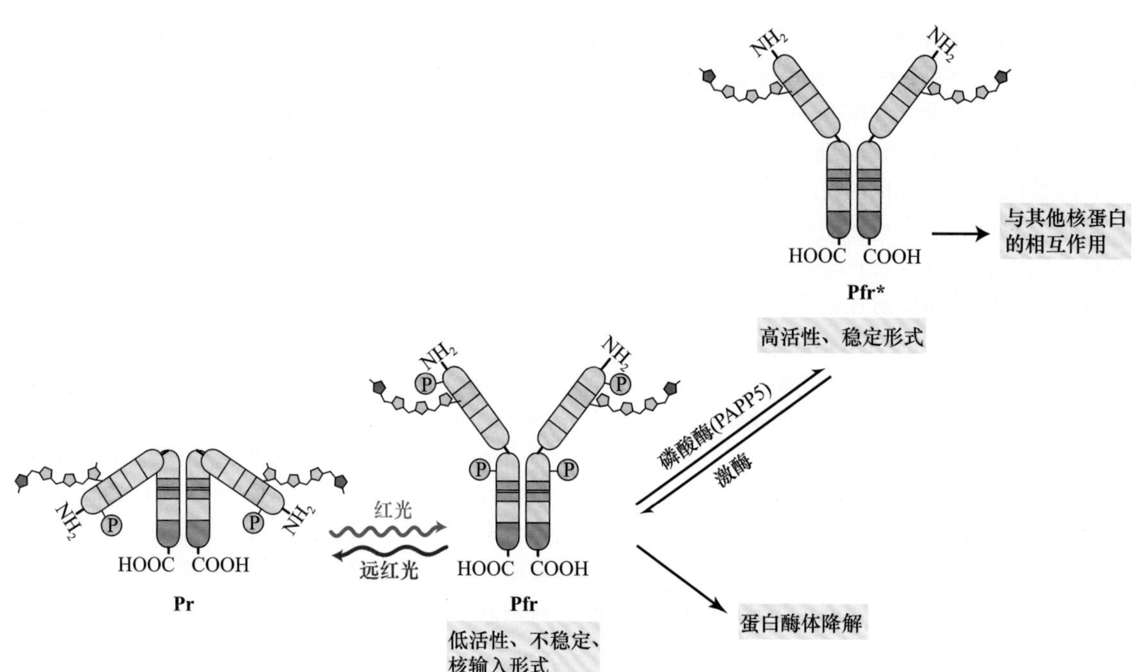

图17.13 光敏色素的活性受磷酸化状态调控。在红光激活后，与phy相关的磷酸酶PAPP5和目前还未得到鉴定的激酶，调节不同光强或光质下phy的反应活性（引自Ryu et al.，2005）。

酶和可能的自我磷酸化可驱动phy向低活性磷酸化状态变化，磷酸化phy不能有效地与它的效应蛋白结合。

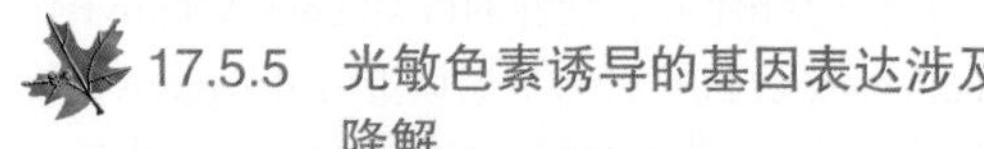

17.5.5 光敏色素诱导的基因表达涉及蛋白降解

我们常把信号转导级联的启动比作按动一个开关，来激活一个过程，就如同当电话打进时，话机会响一样。然而，如果话机一直响下去会出现什么结果呢？在第一声响后，它就失去了作为信号机制的作用。与此相同，终止或重设一个途径与该事件的启动同样重要。如上所述，蛋白降解作为许多细胞代谢过程调节的普遍机制而存在，其中包括光和激素信号转导、昼夜节律和开花时间控制（见第19章和第25章）。

几个独立的研究组通过遗传筛选已鉴定出相关突变体，该突变体在暗中生长时却表现出光下生长的表型，如子叶张开、叶片伸展及下胚轴缩短等。这些筛选中所鉴定的基因称为组成型光形态建成（constitutive photomorphogenesis，COP），去黄化（de-etiolated，DET）和*FUS*（光下生长的幼苗体内积累花色素苷，呈现出花色素苷的红色）。克隆和遗传互补显示，这些基因中的大多都是等位的或是相同复合体的一部分。因此，它们总称为*COP/DET/FUS*。

几个*COP/DET/FUS*基因的克隆已揭示蛋白降解在光调节反应中的基本作用。***COP1***编码一个E3泛素蛋白连接酶（Yi and Deng.，2005），它可把一个称为泛素的小多肽尾巴连接到蛋白上（见第1章和第14章）。一旦被泛素蛋白标记，该蛋白将被转移到26S蛋白酶体，蛋白酶体类似一个细胞内的垃圾处理站，可把蛋白质消化成组成它们的氨基酸。COP9和一些其他COP组成**COP9信号体（COP9 signalosome，CSN）**，形成了这个垃圾处理站的盖子，以决定哪些蛋白质可进入这个复合体。

如图17.14显示，COP1能与几种参与光反应的蛋白质（包括转录因子HFR1、HY5和LAF1）相互作用，使其成为暗中降解的靶因子。COP1也可能与phyA-1的抑制子（SUPPRESSOR OF phyA-1，SPA1）蛋白及其家族成员相互作用形成蛋白复合体（Zhu et al.，2008），调节这些转录因子的泛素化（Vierstra，1994）。光下，COP1从细胞核内转移到胞质（图17.14），排除了它与许多核定位转录因子的相互作用，这些转录因子将与启动子结合，调控光形态建成的发育。

如前所述，phyA蛋白在光下极不稳定，它的降解是由于多拷贝小蛋白泛素与靶蛋白的特异位点结合。COP1使phyA泛素化，促使靶蛋白降解，这一发现促使人们将COP1的功能与光下phyA信号转导的受阻合理地联系在一起（Seo et al.，2004）。在第25章的论述中，COP1同样负责对开花调节因子CO和GI，以及生长素和赤霉素应答相关蛋白的降解。因此，在植物中，蛋白质降解是由光和植物激素所触发的植物生长发育信号通路中的重要组成部分。

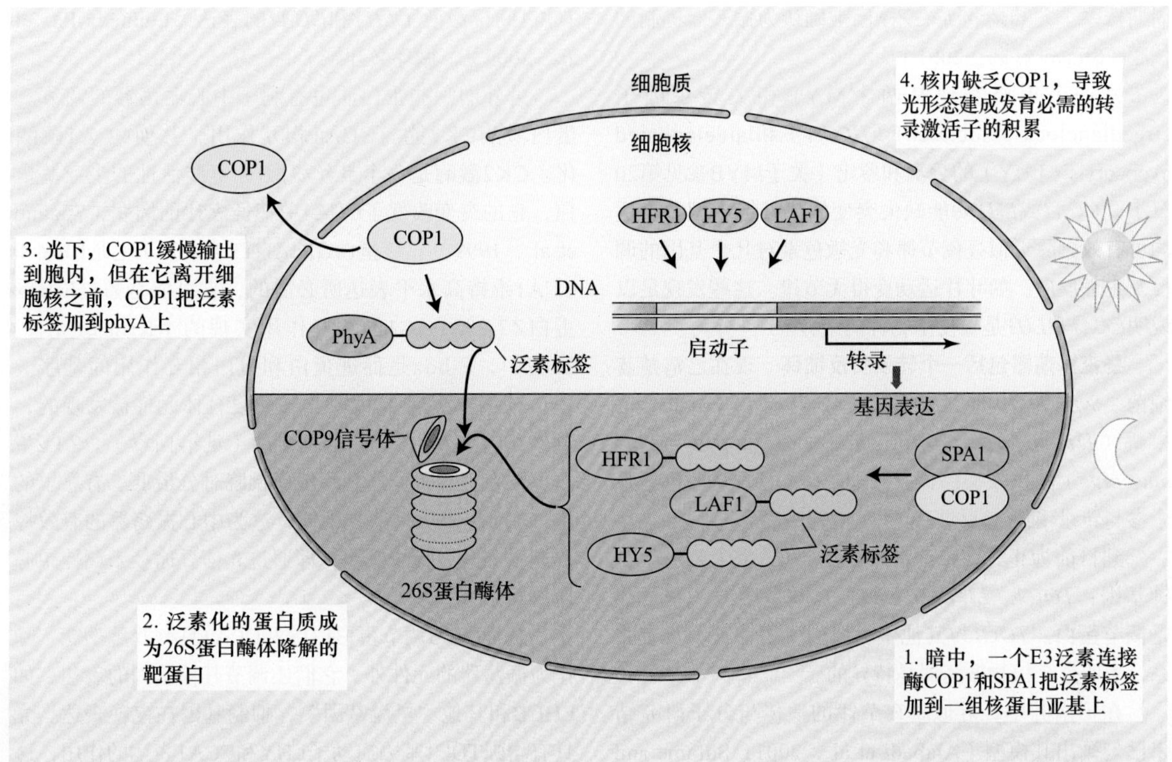

图17.14　COP蛋白对光形态建成发育相关的蛋白质周转的调节。夜里，COP1进入核内，COP1/SPA1复合体把泛素标签加到一组转录激活子上，转录因子随之被COP9信号体–蛋白酶体复合体降解；白天，COP1离开核，允许转录激活子的积累。蓝色尾巴代表定向转移到COP9信号体复合体（CSN）中的蛋白质上的泛素标签，CSN作为26S蛋白酶体的控制门户。

17.6　昼夜节律

植物中许多代谢，如氧的释放和呼吸，都具有约24 h的一个高活性和低活性阶段交替性循环的调控周期性。这些节律性的变化称为**近似昼夜节律（circadian rhythm）**（自拉丁语*circa diem*，意思是“大约一天”）。一个节律的**周期（period）**是一个循环内连续的峰或谷间所经历的时间。由于节律存在于没有外源因子的情况下，因此它被认为是**内源的（endogenous）**（关于近似昼夜节律的描述，见第25章）。

昼夜节律内源的本质说明它受一个内在的近似昼夜节拍器控制，这种机制称**振荡器（oscillator）**。内源振荡器与各种生理过程相伴。振荡器的一个重要特点是不受温度影响。它作为生物钟，在各种不同季节和天气条件下，能正常地发挥功能。此生物钟可表现为**温度补偿（temperature compensation）**。

光是植物和动物中一个重要的调节子。虽然在实验室控制的条件下，昼夜节律经常比24 h长或短一小时或几小时，但由于拂晓时光的同步效果，实质上它们的周期都趋向接近24 h，故称之为**导引作用（entrainment**，即环境因素促使生物节律与环境节律同步的作用）。

生物钟的另一个重要作用是门控作用（gating），既在近似昼夜节律的某个阶段内，当生理或分子反应将要发生时所起到的调节作用。如第25章（植物开花的调控）所述，门控作用严格控制着植物由营养生长向生殖生长的转变。另外门控作用在调节植物的遮阴反应方面也有重要作用（Salter et al.，2003；Nozue et al.，2007）。

昼夜节律的分子基础已引起动植物学家的广泛关注。生物钟突变体的分离是鉴定其他生物体内生物钟基因的一个重要工具。在植物中要分离生物钟突变体，则需要一种能便利监控成千上万植物体的近似昼夜节律的检测方法，以发现稀有的不正常表型。

为了筛选拟南芥生物钟突变体，人们将*LHCB*[也称*CHLOROPHYLL a/b BINDING*（*CAB*）]基因的启动子区与编码荧光素酶的基因相融合。荧光素酶是一种在它的底物荧光素存在下能发光的酶。以农杆菌的Ti质粒为载体构建的含有报告基因的质粒载体被转化到拟南芥中，研究人员通过一个视频照相机能实时监测单株幼苗中生物荧光的时空调节的变化（Millar et al.，1995）。目前，用这个方法总共分离了21个独立*toc*[timing of *CAB*（*LHCB*）expression]突变体株，包括短周期和长

周期株系。尤其是*toc1*突变体已被确认为振荡器机制的核心（Strayer et al.，2001）

另一个重要发现是两个MYB相关转录因子circadianclock-associated1（CCA1）和lateelongated hypocotyls（LHY）的分离和鉴定（关于MYB参见第20章）。*CCA1*或*LHY*功能缺失突变体或其组成型超表达均可有效剔除近似昼夜节律和光敏色素对几个基因的调控及生理反应，如叶片运动变得无节律。这些发现足以说明*CCA1*和*LHY*是昼夜生物钟的组分。

昼夜振荡器包括一个转录负反馈环　现在已清楚蓝细菌（*Synechococcus*）、真菌（*Neurospora crassa*）、果蝇（*Drosophila melanogaster*）和小鼠（*Mus musculus*）的昼夜振荡器，这4种生物的振荡器包括几个参与转录-翻译负反馈环的“生物钟基因”。

到目前为止，在拟南芥中已鉴定了3个主要的生物钟基因：*TOC1*、*LHY*和*CCA1*。这些基因的产物全部是调节蛋白。*TOC1*与其他生物体的生物钟基因没有关系，表明这个植物振荡器是特异的。

在拟南芥中，近似昼夜节律的遗传与分子研究结果已勾画出其模型（Alabadi et al.，2001；Salome and McClung，2004）。图17.15是拟南芥的一个简化生物钟模型，然而对该模型的计算表明维持强大的生物钟功能需要多个调节环路的共同作用（Locke et al.，2006）。

按照这些模型，在拂晓时分，光和TOC1调节蛋白激活了*LHY*和*CCA1*的表达。LHY和CCA1的增加抑制了*TOC1*基因的表达。因为*TOC1*是*LHY*和*CCA1*基因的正调节子，*TOC1*表达的抑制引起*LHY*和*CCA1*的水平逐渐降低，在白天结束时达到最低水平。随着LHY和CCA1水平的降低，*TOC1*基因表达解除抑制。TOC1在白天结束时达到最大值，此时LHY和CCA1水平最低。接着TOC1间接激活了*LHY*和*CCA1*的表达（Pouneda-Paz et al.，2009），循环又开始了。

另外的一些蛋白质也有利于中心振荡器的调节。蛋白激酶CK2能与CCA1相互作用，并使CCA1磷酸化。CK2激酶是一个具丝氨酸/苏氨酸活性的多亚基蛋白，它的突变改变了CCA1节律性表达的周期（Sugano et al.，1999）。核蛋白GIGANTEA（GI）也是LHY和CCA1维持高水平表达所必需的，它可能是通过F-Box蛋白ZTL和TOC1的相互作用实现的（Kim et al.，2007），F-box是促进蛋白和蛋白相互作用的基序。F-box是作为泛素蛋白E3连接酶复合体元件被发现的，它是26S蛋白酶体降解的靶蛋白（见第14章）。ZTL蛋白水平在黄昏时分达到高峰，拂晓时分最低。有意思的是，ZTL也是一个蓝光受体，这为中心振荡器的有效控制提供了一种新的机制，即通过光信号途径来调控中心振荡器。

两种MYB调节蛋白LHY和CCA1具有双重功能。除作为振荡器的元件外，它们还调节其他基因的表达，如LHCB和其他“早晨基因”，抑制基因在夜晚表达。光具有增强TOC1基因启动子LHY和CCA1表达的作用，这种增强代表生物钟导引的基本机制。

昼夜生物钟的光调控　为了正常发挥其功能，振荡器必须由其外界环境每天的光/暗循环来驱动。为鉴定此过程光受体的作用，试验中将光敏色素缺失突变体与上文提到的带有荧光素酶报告基因的株系杂交（Somers et al.，1998）。当*phyA*突变体生长在微弱红光，而不是高通量的红光下时，振荡器的振荡步幅减慢（即周期长度增加），而*phyB*突变体在高通量的红光下表现出计时缺陷。蓝光受体（blue-light photoreceptors）CRY1和CRY2参与了蓝光介导的昼夜生物钟的导引过程。

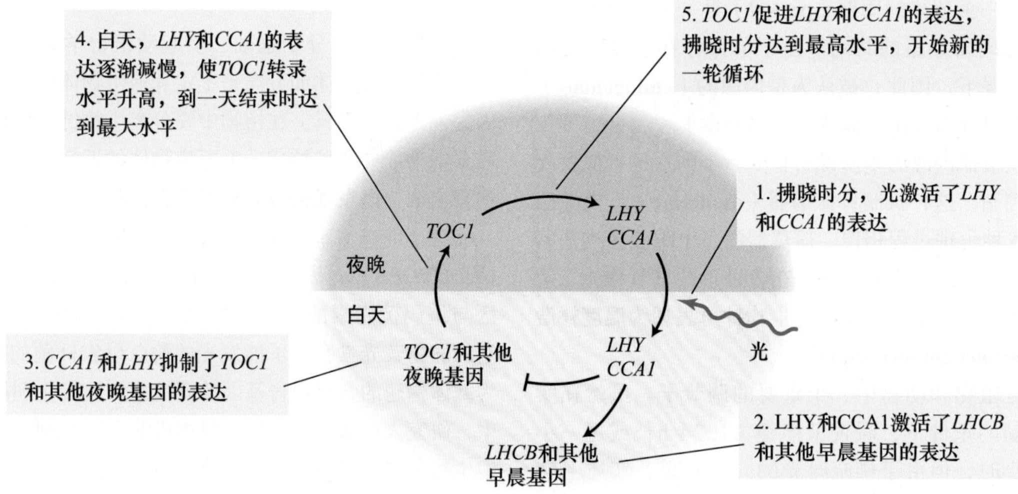

图17.15　昼夜节律振荡器模型展示了在拟南芥中*TOC1*与*MYB*基因*LHY*和*CCA1*可能的相互作用。早晨，光增加了*LHY*和*CCA1*的表达，*LHY*和*CCA1*调控其他白天和夜晚基因。

这些发现表明，拟南芥中的光敏色素和隐花色素都能驱动昼夜生物钟。光的输入显然是由early flowering3（*ELF3*）和time for coffee（*TIC*）来调控的。*ELF3*突变使黄昏时生物钟的振荡终止，而*TIC*突变使拂晓时的生物钟终止。*elf3/tic*双突变体完全无节律性，说明*TIC*和*ELF*在生理节律的不同阶段与不同的生物钟元件相互作用（Hall et al.，2003）。

基因表达与昼夜节律　光敏色素也可在基因表达水平上与昼夜节律相互作用。在转录水平，昼夜节律和光敏色素可调节编码光系统Ⅱ的捕光色素叶绿素a/b结合蛋白的*LHCB*基因家族的表达。

在豌豆和小麦叶片中，发现*LHCB* mRNA水平随每天光-暗循环发生振荡变化，早晨升高，夜晚下降。即使在持续黑暗情况下，也有节律性存在，它显然是一种昼夜节律。但光敏色素可干扰这种表达的循环模式。

当小麦幼苗从一个12 h黑暗/12 h光的循环转移到持续黑暗环境时，节律性可保持一段时间，但慢慢消减（如幅度减小，直至没有峰和谷）。然而，如果植物在移到暗处前照射了一次红闪光，节律性将不会消减（即*LHCB* mRNA水平与它们在光-暗循环中的一样，持续发生振荡变化）。

与此相反，在白天结束时的一次远红光照射可阻止持续黑暗下*LHCB*的表达，并且这种远红光效应可被红光所逆转。我们监控的不是恒定条件下慢慢消减的振荡器，而是与振荡器相伴随的生理事件。红光可恢复振荡器与生理过程之间的耦合。

微阵列分析显示，拟南芥中超过30%的基因表达受昼夜节律控制（Michael and Mcclung，2003）。有意思的是，许多参与类似细胞活动的基因表现出相似的节律（Hamer et al.，2000）。例如，许多光合必需基因的转录峰都接近主观日[①]的中心；而细胞壁合成必需基因的转录峰接近主观夜的中心。通过对这些基因的启动子序列进行仔细检测，人们发现了一个称为**夜晚元件（evening element）**（AAAATATCT）的9核苷酸基序，它可调控许多基因在主观日结束时的表达达到峰值。

昼夜节律与适应　人们很早就知道昼夜节律在植物开花的光周期中起着重要的作用（见第25章），而直到最近人们才得到它们在最优化营养生长下的实验证据（Dodd et al.，2005）。过长或过短周期生物钟的拟南芥突变体生长在模拟白天-夜晚循环下，这些人工的白天-黑夜循环有的与振荡器周期一致，有的不一致。昼夜节律与环境中的光-暗循环一致[**昼夜节律同步（circadian resonance）**]的植物比脱离环境节律的植物含有更多叶绿素和生物量。进而，当它们共同生长在竞争实验条件下，与脱离环境节律的植物相比，昼夜节律与环境昼夜节律钟相一致的植物则有更强的竞争力，并最终在竞争中胜出。因此，昼夜节律同步促进植物在最适时间内进行营养生长（光合作用和生物量）和生殖发育，以增强植物进化的适应性。

此外，生物钟在促进多倍体植物的苗壮生长方面也发挥着重要作用。在合成拟南芥多倍体植物中，生物钟功能的改变与光合作用，以及淀粉生物合成需要的一些基因的表达量上调是相关联的。这种关联性表明昼夜节律在调节生物量方面扮演了重要角色（Ni et al.，2009）。

17.7　生态学功能

我们已讨论了实验室研究过程中光敏色素所调控的反应。然而，光敏色素在自然环境下植物的生长过程中也起着重要的生态学作用。下面我们将要学习光敏色素是如何参与并调节各种各样日常节律性，以及植物是如何感知周围其他植物的遮蔽并作出相应的反应。另外，我们还将探讨在这些过程中不同光敏色素基因家族成员的特异功能（Web Topic 17.6）。

 17.7.1　光敏色素能使植物适应光质的变化

所有高等植物从藻类到双子叶植物，都有一个红光/远红光可逆的色素，说明这些波段的光可使植物适应它们生存的环境。在自然光照下，什么环境条件能引起这两种波段光的相对水平的变化呢?

不同环境下，红光（R）和远红光（FR）的比例变化很大，这个比例可被表示为

$$\frac{\text{R}}{\text{FR}}=\frac{\text{以660 nm为中心的10 nm波段宽的光子通量率}}{\text{以730 nm为中心的10 nm波段宽的光子通量率}}$$

表17.3比较了8种自然环境下光子（400~800 nm）的总光密度和R：FR值。不同环境下这两个参数变化很大。

与直接的太阳光照相比，日落时分土中5 mm处或其他植物树冠下（如森林地表）有更多的远红光。树冠现象是由于绿色叶片含有大量的叶绿素，吸收红光，而远红光相对可透过叶片。

① 根据标准昼夜时间（CT），CT中主观日开始于24 h白天-夜晚循环的0时，而CT中的主观夜开始于12时，因此按照CT，主观日的中心指6时，主观夜的中心指18时

表17.3　重要生态学光参数

	光子流密度/[μmol/（m^2·s）]	F：FR[a]
白天日光	1900	1.19
夕阳	26.5	0.96
月光	0.005	0 .94
橡树冠层	17.7	0.13
湖中1m深处		
黑海湾	680	17.20
利文湖湾	300	3.10
Loch Borralie	1200	1.20
土中深5 mm处	8.6	0.88

资料来源：Smith，1982

注：光密度因素（400~800 nm）以光子流密度给出，光敏色素活性光以R：FR表示

a绝对值来自分光辐射度计的检测；这些值表示各种自然条件的关系，并不是真实的环境值

 17.7.2　R：FR下降导致阳生植物的伸长

光敏色素的一个重要功能是使植物能感知其他植物的遮阴。植物受到周围植物遮阴时，茎伸长速度加快，这就是**避阴反应（shade avoidance response）**。随着遮阴程度的增加，R：FR变小（表17.3），远红光的比例越大，Pfr转化成Pr越多，Pfr与总光敏色素的比值（Pfr/P_{total}）下降。

自然光刺激植物，体内远红光吸收型光敏色素的含量发生变化，此时，发现在遮阴系统即R：FR可以调控的环境中种植所谓的阳生植物（在开阔地带的生境下能正常生长的植物），当光敏色素的红光吸收型Pr含量较高（即低的Pfr：P_{total}）时，植物的茎伸长加快（图17.16）。换句话说，模拟冠层遮阴（高水平远红光；低Pfr：P_{total}）可诱导阳生植物获得更多的光使其生长得更快，而对于正常生长在遮阴环境下的“阴生植物”来说，这种关联性就不那么强。当暴露于高R：FR的光下时，阴生植物茎伸长的减慢程度比阳生植物小（图17.16）。因此，光敏色素调控的植物生长和植物物种的生境之间显然存在系统的相关性。这些结果说明光敏色素参与了植物对遮阴的感受。

“阳生植物”或“避阴植物”有一个明显的适应值，当它受到周围植物的遮阴时，可将营养分配到伸长生长更快部位，以获得更多的光照。通过这种方式，阳生植物增强了生长以超过株冠，从而得到更多没有经过过滤的、光合有效光的机会。避阴运动中，植株趋向于节间伸长，结果经常造成叶面积变小，分枝减少，但至少在阳光稀少的情况下，这种对株冠遮阴的适应性还是有作用的。

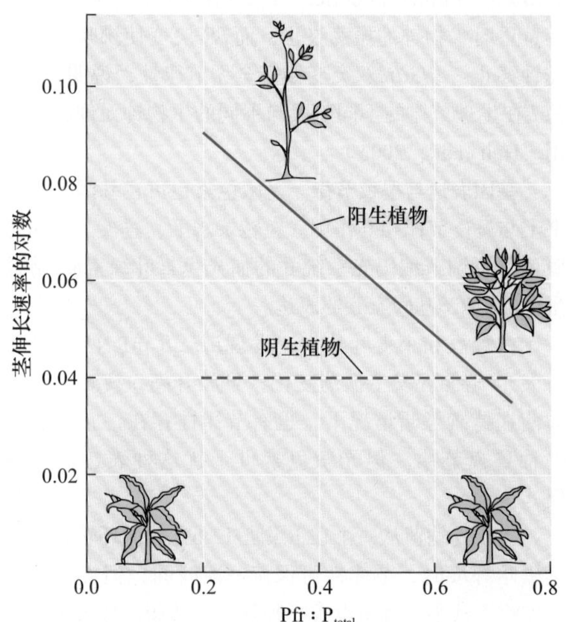

图17.16　阳生植物（实线）和阴生植物（虚线）光敏色素在遮阴感受中的作用（引自Morgan and Smith，1979）。

拟南芥遗传分析显示，phyB在调节许多植物避阴反应中起着重要的作用，但phyD和phyE也有作用，尤其对叶柄的伸长。PhyA在拮抗phyB、phyD、phyE介导的反应方面起作用（参见本章部分后续内容）。遮阴和未遮阴植物的微阵列分析已证明并扩展了遗传学研究（参见Web Topic 17.7）。关于植物如何利用反射光感知它们周围的植物等，请参见Web Essays 17.3。

研究证据表明，生长素、赤霉素和乙烯等多种激素信号转导途径的整合也参与调控植物发育可塑性的过程。最近几份研究报告显示，PIF蛋白在调节植物避阴反应中发挥着重要作用，并且这些反应中至少有一部分是通过GA信号通路来调节的（图17.17、图14.12和图20.20）。如前文所述，PIF蛋白一般作为植物光形态建成的负调节子发挥功能，而且受光敏色素的负调控。这种PIF蛋白和PHY蛋白功能间的拮抗作用使得植物实现了对光环境变化反应的微调节。

当植物生长在高R：FR条件下时，如在植物树冠处，PHY蛋白在核内聚集，PIF蛋白此时是没有活性的。而当植物在黑暗中或低R：FR条件下时，一部分光敏色素从核内运出，促使有活性的PIF蛋白增加，进而促进伸长反应（Lorrain et al.，2008）。除PIF-PHY互作外，PIF蛋白也受DELLA蛋白的负调节作用。DELLA蛋白是GA信号途径中的一个重要组分（de Lucas et al.，2008；Feng et al.，2008）。因此，PIF蛋白似乎汇合了

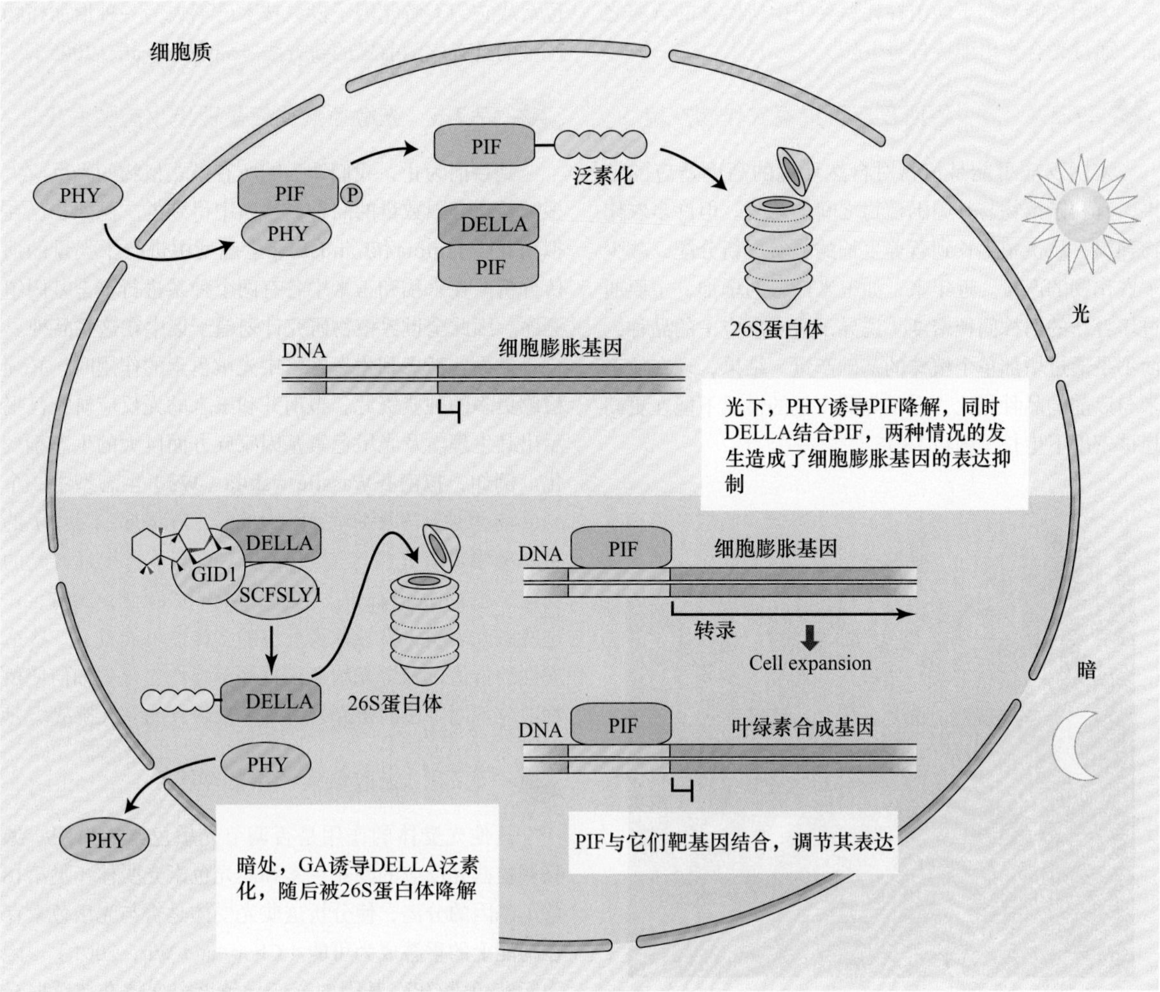

图17.17　光信号和植物激素信号途径交叉。暗处，赤霉素促进植物生长，依赖于其与受体结合调节DELLA蛋白的泛素化（参考第14章和第20章）。随后，泛素化的DELLA蛋白被26S蛋白酶体降解。缺少DELLA蛋白时，PIF蛋白对基因的表达可能起正向调控作用，也可能起负向调控作用，这些作用的发挥主要是通过与不同的搭档，即目标基因上游的不同顺式作用元件的互作来实现的。光下，DELLA蛋白与PIF蛋白结合，抑制PIF蛋白与基因互作。同时，PIF蛋白也是PHY蛋白的靶目标，通过磷酸化导致PIF蛋白的泛素化和降解。PIF蛋白缺失后，细胞扩增所需基因不表达，最终导致植物生长缓慢。

由暗形态建成向光形态建成转变（如叶绿素的生物合成）中的各种光信号，并参与了植物对光质变化的微调节反应（如避阴反应）。由于PIF蛋白是转录因子，这更证实了现有的观点，即至少有一部分光敏色素的信号转导通路是相对较短的。

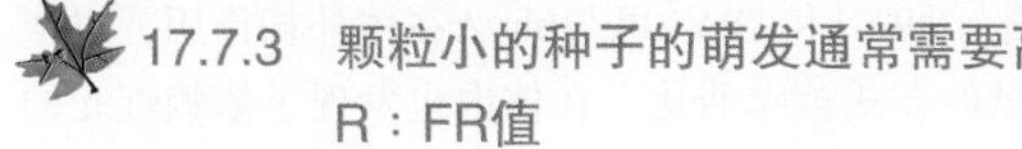

17.7.3　颗粒小的种子的萌发通常需要高R：FR值

光质在调控一些种子的萌发中也起重要作用。如前所述，光敏色素是在光依赖的莴苣种子萌发研究中被发现的。

一般来说，颗粒大的种子含有丰富的营养，能维持延伸的幼苗在暗中（如地下）的生长，它们的萌发不需要光。然而，许多草本和草原物种的小颗粒种子的萌发需要光，如果这些种子被埋在光穿透不到的土壤深处，它们大多将一直处于休眠状态，甚至被水合。即使这些种子处于地表或接近地表处时，植物株冠的遮阴水平（即它们接受的R：FR）也可能影响它们的萌发。例如，已有的报道表明，冠层的远红光聚集可抑制许多种类的小颗粒种子的萌发。

对于那些处于森林深处地面的热带物种喇叭树（*Cecropia obtusifolia*）和韦拉克鲁斯胡椒（*Piper auritum*）的小颗粒种子而言，如果及时地将一个滤光片（仅冠层遮阴光中的红光成分透过，而阻止远红光成分透过）置于种子上时，这种种子萌发的抑制就会被逆转。虽然株冠透过很少的红光，但足以刺激种子的萌发。大多数远红光抑制作用的解除可能是通过这种光过滤作用和较高的R：FR的存在而实现。通过株冠缝隙接受太阳光的种子比处于稠密遮阴地带的种子更有可能萌发。太阳光能有利于幼苗在耗尽种子中所储存的营养之前，通过光合作用维持自身生长。

 17.7.4 减少避阴反应可提高农作物产量

避阴反应可能是植物对自然环境的高度适应的结果，有利于植物与其周围植物之间的竞争。但许多农作物种类，从生殖生长到营养生长的能量重新分配，减少了农作物的产量。近年来，如玉米产量的增加，主要通过培育新的耐株间稠密度（诱导了避阴反应）的品种，而不是通过增加单个植株的基础产量。结果，现在的玉米与以前的品种相比，在不降低产量的情况下能在更高植株密度下生长（图17.18）。

图17.18 高密度种植的玉米新品种。传统上，美国本土人把玉米种在小山或小丘上，小丘间有几英尺（1英尺 = 0.3048 m）的间隔，植株矮小，经常结出许多小谷穗。相比较，现代的杂交种是由机器成行种植的，株与株的间距很小[典型的为30 000~38 000株/英亩（1英亩 = 0.4047 hm^2）]。虽然多年来商品杂交品种的单株产量已不再持续提高，但总产量一直在增加，主要是在高种植密度下优化植株的性能。图中显示的是一个纽约州的典型玉米地。新品种直立的叶，有利于密植条件下植株捕获光能（T. Brutnell惠赠）。

由于人们对避阴反应的机制有了更深的了解，因此，为通过基因工程手段研究低避阴农作物开辟了广阔的前景。例如，Robson和他的同事构建了超表达phyA的转基因烟草植株（Robson et al.，1996）。这些植株在高密度下生长时，并不表现出典型的避阴反应，在高密度下比在低密度下长得更矮。phyA的超表达使处于富含远红光的遮光处植物体内持续保持phyA，而此时正常幼苗（非phyA的超表达），phyB已开始占主导作用。phyA的存在可引起FR-HIR反应的增加（见前文），并与phyB调控的避阴反应相拮抗。

虽然还有许多机制有待阐述，但研究已显示，光敏色素或它们下游靶因子操纵技术已不失为一种增加作物产量的具有广阔前景的新方法（Sawers et al.，2005）。

 17.7.5 光敏色素反应呈现出生态型变化

到目前为止，我们知道的所有模式植物的光反应大多数是在有限数量的品种或检索中得到的。例如，已在拟南芥Columbia和Landsberg生态型中进行了大量的遗传分析。在水稻和玉米中各有两个种系进行了全基因组测序。因此全世界植物研究计划趋于集中在这些品种。

然而，考虑到生态网络中光敏色素的作用时，必须检测更多的种质资源。拟南芥和玉米的光反应研究已揭示出其生理学及光敏色素基因家族方面巨大的生态型变化。例如，拟南芥Wassile wskija（Ws）生态型中一个*phyD*基因被自发删除，而Le Mans，France（Lm-2）的生态型中带有光稳定型phyA，不能调节持续远红光的反应（Aukerman et al.，1997；Maloof et al.，2001）。这些研究表明，光敏色素反应的多样性可能具有一些适应性的价值。确定光敏色素这些多样性变化是如何使植物适应不同生境的研究，将是未来研究的一大挑战。

 17.7.6 光敏色素作用的调控

其他光受体的作用是否调节光敏色素的作用？编码调控蓝光反应的隐花色素和向光色素光受体（见第18章）基因的分离，使分析这些光受体是否与光敏色素存在功能上的重叠成为可能（Chory and Wu，2001）。因为隐花色素*CRY2*基因的突变导致该突变体在持续白光下开花延迟，而已知开花延迟受光敏色素控制。

持续蓝光或远红光处理可促进拟南芥开花，而红光抑制其开花。远红光是通过phyA起作用，红光拮抗效应是通过phyB来调节。既然蓝光促进开花，人们有可能推测*cry2*突变体开花会延迟。然而，*cry2*突变体在持续蓝光或红光下的开花时间与野生型是一样的。只有在蓝光和红光共同照射下，才能看到开花延迟。因此，*cry2*极有可能以直接互作的方式抑制phyB的功能（Mas et al.，2000），促进蓝光下植物开花。

另外的实验已证实隐花色素CRY1也与光敏色素相作用。CRY1和CRY2可与phyA在体外相作用，以依赖phyA的方式被磷酸化。在体内也发现了依赖红光的CRY1的磷酸化。

小 结

光照调节植物的光形态建成，光敏色素参与调节光形态建成中营养生长和生殖生长的诸多方面（图17.1，表17.1）。

光敏色素的光化学和生物化学特性

·红光在光形态建成中的作用可以被远红光逆转，相似的，远红光的作用也可以被红光逆转（图17.2）。

·光敏色素存在Pr 和 Pfr两种形式，Pfr为其活性形式，这两种形式可以相互转变，形成光稳态（图17.3）。

光敏色素诱导的反应的特性

·光化学反应具有不受时间和光通量影响的特点（图17.4）。

·光可逆的反应需要极少量的光（LFR）（图17.5）。

·短暂的光脉冲就能够诱导极低辐照度反应和低辐照度反应，但是对于其他的反应来说，这些反应与辐照度成比例关系（表17.2）。

光敏色素蛋白的结构和功能

·光敏色素是由两个亚基构成的二聚体。每个亚基由吸收光的发色团和与其共价结合的脱辅基蛋白多肽链组成（图17.6和图17.8）。光敏色素只能以二聚体形式吸收红光和远红光。

·光敏色素折叠形成完整蛋白后，可以被红光激活，随后以生理激活型状态Pfr形式移动到核内调节基因表达（图17.7和图17.10）。

·光敏色素是一种能够自磷酸化的蛋白激酶（图17.9）。在进化上，其起源早于真核生物。细胞溶质中，光敏色素接受红光和远红光信号后，能在几分钟甚至几秒内改变膜电势和离子流向，光敏色素在细胞核内功能在于调控基因表达。

·不同性质的光敏色素由同一家族的不同成员编码，拟南芥中该家族成员包括*PHYA*、*PHYB*、*PHYC*、*PHYD*和*PHYE*。

光敏色素功能的遗传分析

·光敏色素A介导持续性的远红光反应和红光反应。在拟南芥和水稻中，光敏色素A调控开花。

·光敏色素B介导持续性的红光和白光反应，并且调节避光反应比如加速开花和促进下胚轴伸长。

·光敏色素C、D和E也参与发育调节，但是这些功能可能与光敏色素A和B的功能有部分冗余。

·不同信号通路途径中，光敏色素下游的信号分子各不相同，因此，能在不同物种甚至不同器官中产生不同的反应（图17.11和图17.12）。

光敏色素信号途径

·光敏色素诱导的早期基因产物是能够激活其他基因的转录因子。

·对于初级反应的基因来说，信号转导途径与蛋白合成是相互独立的；而次级反应的基因需要新蛋白的合成。

·PIF家族成员是光敏色素反应的负调节子，在这个信号通路的早期发挥作用。

·一种蛋白如果只能与光敏色素A或者光敏色素B发生互作，光敏色素信号通路将在该点出现分支，而与光敏色素A和光敏色素B同时互作，信号通路将在该点汇集。

·光敏色素可以与其他的激酶和磷酸酶相互作用（图17.13）。

·光敏色素诱导基因表达产生的酶，可以使被蛋白酶体降解的蛋白泛素化（图17.14）。

昼夜节律

·大多数的生物都表现出内源性的生物节律，而这些生物节律受到一种不受温度影响的内部振荡器或者是生物钟的控制。

·在拟南芥中，转录水平上和翻译水平上的控制是生物钟功能调节这一复杂反馈环路上的重要调节单元（图17.15）。

·在拟南芥中，光敏色素和隐花色素都参与生物钟调节。

·光合系统Ⅱ（PSⅡ）中捕光色素蛋白的基因转录受昼夜节律和光敏色素的共同调节。

·昼夜节律能够优化营养生长。

生态功能

·在自然环境中，光敏色素使植物具有响应遮阴的功能。

·遮阴行为（高水平的远红光或者低的Pfr：P_{total}）诱导喜光植物长得更高（图17.16）。

·拟南芥中光敏色素B在遮阴回避反应中发挥着主要的作用，在这个过程中光敏色素D和E在叶柄的伸长中也同样发挥着作用。

·PIF蛋白和赤霉素信号通路相互作用调节植物的遮阴反应（图17.17）。

·遮阴行为形成的高远红光环境抑制一系列小颗粒种子的物种的萌发。

·合理密植可以减少遮阴回避行为，提高作物产量（图17.18）。

·蓝光反应在功能上可能与光敏色素的信号相重叠。

（赵　翔　张　骁　译）

WEB MATERIAL

Web Topics

17.1 *Mougeotia*: A Choroplast with a Twist

Microbean irradiation experiments have been used to

localize filmentous green alga.

17.2 Phytochrome and High-Irradiance Responses
Dual-wavelength experiments helped demonstrate the role of phytochrome in HIRs.

17.3 The Origins of Phytochrome as a Bacterial Two-Component Receptor
The discovery of bacterial phytochrome led to the identification of phytochrome as a protein kinase.

17.4 Profiling Gene Expression in Plants
Progress in bioinformatic tool development and new sequencing technologies are changing the way we look at transcriptional networks.

17.5 Two-Hybrid Screens and Co-immunoprecipitation
Protein-protein interactions can be studied using both molecular-genetic and immunological techniques.

17.6 Phytochrome Effects on Ion Fluxes
Phytochrome regulates ion fluxes across membranes by altering the activities of ion channels and the plasma membrane proton pump.

17.7 Microarray Studies on Shade Avoidance
DNA microarray analyses have helped to characterize both global and specific effects of variations in the R：FR ratio on gene expression.

Web Essays

17.1 Awakened By a Flash of Sunlight
When placed in the proper soil environment, seeds acquire extraordinary sensitivity to light, such that germination can be stimulated by less than 1 second of exposure to sunlight during soil cultivation.

17.2 Diversity of Phytochrome Chromophores
Bacterial and higher plant chromophores vary in their structure, attachment chemistries, and spectral properties. By replacing plant chromophores with bacterial chromophores, plants can be engineered to "see" different wavelengths of light.

17.3 Know Thy Neighbor Through Phytochrome
Plants can detect the proximity of neighbors through phytochrome perception of the R：FR of reflected light and produce adaptive morphological changes before being shaded by potential competitors.

第18章

蓝光反应：形态建成和气孔运动

人们都熟悉这样一种现象：放在室内窗边的植物枝条会向着光源的方向生长。这种现象称为向光性，这也是植物如何对单侧光作出反应以改变其生长模式的一个例子。这种植物对光的反应与光合作用的光捕获有着本质的区别。在光合作用中，植物利用光能并把它转化为化学能（见第7章和第8章）。与光合作用相比，向光性是利用光作为信号的一个例子。目前，有两种主要的光信号反应：一种是光敏色素介导的红光反应，这已在第17章中讲过；另一种是**蓝光反应（blue-light response）**。

有些蓝光反应在第9章中介绍过，例如，光下叶绿体在细胞中的运动及叶片向光转动。与光敏色素反应一样，植物也存在许多蓝光反应。在高等植物、藻类、蕨类、真菌和原核生物中已经有过关于蓝光应答反应的相关报道。除了向光性外，还包括藻类的离子吸收、幼苗下胚轴生长的抑制、叶绿体和类胡萝卜素合成的诱导、基因表达的激活、气孔运动和呼吸的增强。在能运动的单细胞生物中，如藻类和细菌，蓝光调节单细胞生物体接近或远离蓝光的趋光性反应（Sengar，1984）。蓝光也介导如布鲁氏等细菌的感染过程（Swartz et al.，2007）。

一些发生在细胞膜上的电反应可在蓝光照射后数秒内检测到。其他的代谢或形态建成反应，如蓝光刺激链孢霉菌（*Neurospora*）中色素的合成或藻类（*Vaucheria*）分枝的形成可能需要数分钟、数小时甚至数天的时间（Horwitz，1994）。

叶绿素和光敏色素吸收可见光中波长为400~500 nm的蓝光，而其他发色团和一些氨基酸（如色氨酸）吸收紫外光中波长为250~ 400 nm的光。那么，人们如何从功能上区分蓝光特异的反应呢？从使用红光的光合作用可以区分蓝光的特异反应，红光可以促进光合作用而对蓝光反应没有作用。通过测定红光/远红光的可逆反应可区分蓝光反应和光敏色素反应，红光/远红光之间可逆反应是光敏色素反应的特性，而蓝光则没有此类反应。

另一重要特征是，许多高等植物的蓝光反应都具有独特的作用光谱。在第7章已讲过，作用光谱是描述可见光在产生生物响应中相对效力的光谱图（关于光谱学和作用光谱的详细介绍参见Web Topic 7.1）。通过比较发现，蓝光反应的作用光谱与可能的光受体的吸收光谱之间密切相关，这就表明所研究的调节光反应的色素可能就是介导特异光反应的光受体（图7.8）。

作为蓝光调节的向光性、气孔运动、下胚轴生长的抑制及其他一些重要反应的作用光谱，它们在400~500 nm区域内有一独特的“三指” 精细结构（图18.1），而在光合作用、光敏色素或其他光受

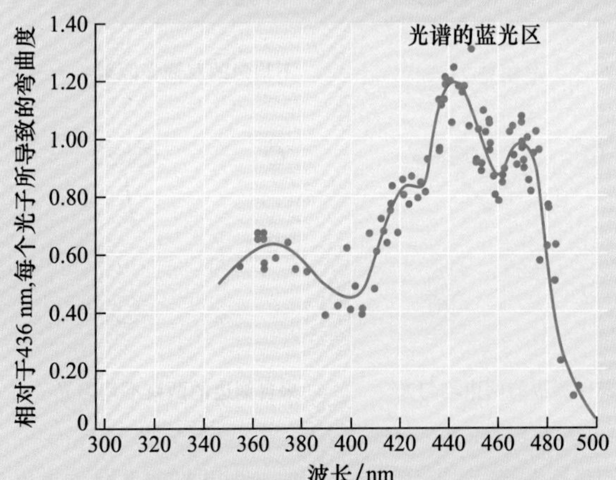

图18.1 燕麦胚芽鞘中蓝光调节的向光性的作用光谱。作用光谱显示一个生物反应和吸收光谱之间的关系。在400~500 nm区域内的“三指”结构是一些蓝光反应的特征（引自Thimann and Curry，1960）。

体所介导的光谱中却不具备这种结构（Cosgrove，1994）。

在本章中，我们将介绍植物中一些有代表性的蓝光反应，如向光性、茎生长的抑制和气孔运动等。其中气孔运动将详细论述，因为气孔在叶片气体交换和植物对环境的适应性反应过程中具有重要作用（见第9章）。同时，我们将探讨蓝光受体以及连接机体对光的感知与最终的蓝光应答之间的信号转导通路。

18.1 蓝光反应的光生理学

蓝光信号调控植物的诸多生理反应，以使植物感知光的存在及光的方向。本节主要论述典型蓝光反应的形态学、生理学及生物化学变化。

 18.1.1 蓝光诱导的不对称生长和弯曲

向着光（或特殊情况下背离光）的方向生长叫**向光性（phototropism）**。真菌、蕨类和高等植物中都存在向光性。向光性是一种**光形态建成（photomorphogenetic）**反应，黑暗中生长的单子叶和双子叶幼苗尤为显著。在实验研究中通常用单侧光，但是在自然条件下，当幼苗暴露在不同方向的两个光亮度不同的光源下，仍可发生向光性（图18.2）。向光器官内的光梯度，可能对植物感知光信号有着重要的意义（见 Web Topic 18.1）。

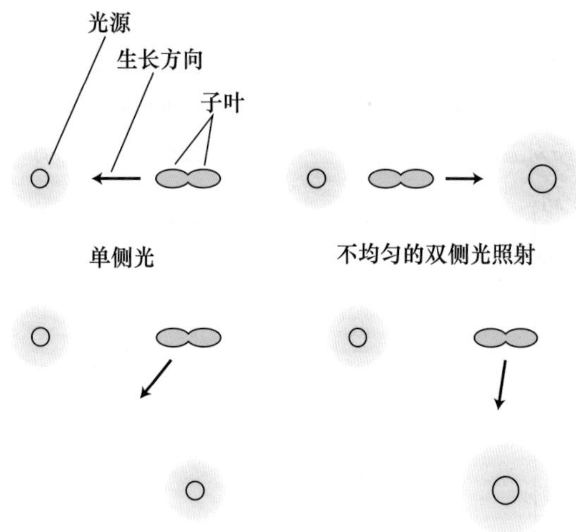

图18.2 生长方向和不对称入射光照射之间的关系。显示的子叶图片是从幼苗上面观察得到的。箭头指示向光弯曲的方向。图像展示的是生长方向如何随着光源的位置和强度的改变而变化，是生长一直是向着光源的（引自Firm1，994）。

当一株小草破土而出时，其幼芽被一个称为**胚芽鞘（coleoptile）**（变形的叶片）的结构覆盖而保护（图18.3和图19.1）。正如第19章所述，胚芽鞘向光侧和背光侧不同的光强度，导致两侧生长素浓度不均等，进而造成了胚芽鞘不均等的生长和弯曲。

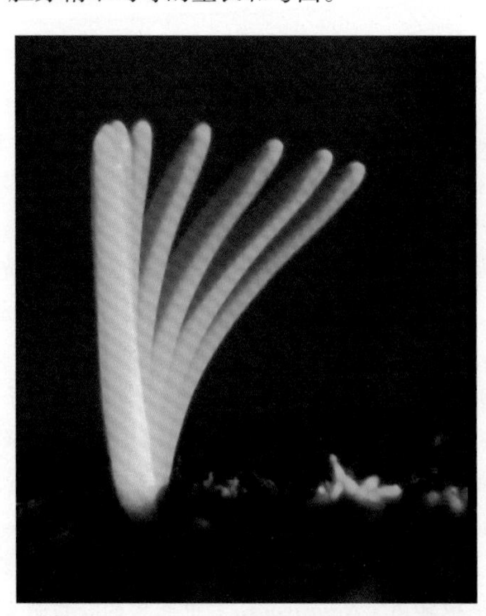

图18.3 玉米胚芽鞘朝着右边单侧蓝光生长的慢速拍摄照片。左边第一个图像上，胚芽鞘大约3 cm长。连续曝光30 min。注意胚芽鞘弯曲角度随其生长而增加（M.A.Quinones惠赠）。

值得注意的是，向光弯曲只发生在正在生长的器官中，那些停止生长的胚芽鞘和胚芽即使在单侧光照射下，也不再发生向光弯曲。光下生长的草本植物，当其胚芽破土而出，第一片真叶从胚芽鞘尖端伸出时，胚芽鞘就停止生长。黑暗中生长的黄化胚芽鞘可以持续快速生长几天，高达几厘米，但这种情况要视植株种类而定。这些黄化胚芽鞘具有显著的向光反应（图18.3），因此是研究向光性的经典模型（Firn，1991）。

图18.1所显示的作用光谱是通过测量不同波长的光照射下燕麦胚芽鞘的弯曲角度获得的。光谱显示，在大约370 nm处有一峰值，并且正如前面提及的在400~500 nm区域内有“三指”模型。双子叶植物苜蓿（*Medicago sativa*）的向光性作用光谱与燕麦胚芽鞘的很相似，表明这两种植物的向光性反应由相同的光受体介导。

在过去的30多年，由于先进的分子技术在拟南芥突变体中的便捷应用，使得这种小双子叶植物茎的向光性研究备受关注（图18.4）。有关拟南芥向光性的遗传与

分子生物学知识将在本章后面介绍。

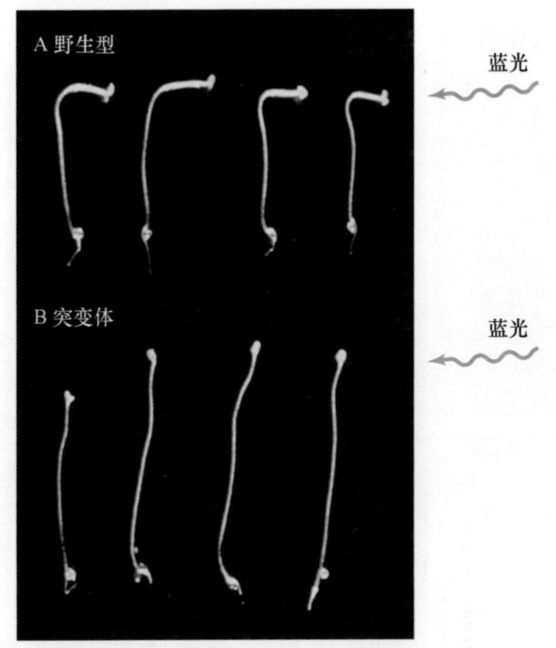

图18.4　野生型（A）和突变体（B）拟南芥幼苗的向光性。单侧光从右边照射（Dr. Era Huala惠赠）。

18.1.2　蓝光快速抑制茎的伸长

实际上，生长在暗处的幼苗茎伸长得很快，当幼苗破土而出时，光抑制茎伸长，这一现象是一个重要的光形态建成反应（见第17章）。照光后黄化幼苗中Pr与Pfr（分别代表光敏色素的红光和远红光吸收形式）之间的转变导致光敏色素依赖的茎伸长速率的急剧下降（图17.1）。

然而，值得注意的是，导致生长速率下降的作用光谱在蓝光区域内具有很强活性，这不能用光敏色素的吸收特性来解释（参考Web Topic 17.2）。实际上，在400~450 nm蓝光区域内，抑制茎伸长的作用光谱与向光性反应的作用光谱极为相似（比较Web Topic 17.2与图18.1的作用光谱）。

从实验中，人们可以区分生长速率的下降是由光敏色素介导的还是由蓝光特异反应所调节的。如果莴苣幼苗在强黄光背景下，施加低通量的蓝光，其下胚轴生长速率就下降一半多。黄光背景提供了精确的Pr：Pfr比率（见第17章），增加低通量的蓝光并不能显著的改变的这一比率，从而排除了在施加蓝光情况下光敏色素对生长速率下降的影响。上述结果显示，蓝光调节的特异的下胚轴伸长反应与光敏色素介导的反应相互独立。

从时间进程上也可以把蓝光介导的特异的下胚轴反应与光敏色素所介导的下胚轴反应相区分开。由于物种不同，光敏色素介导的生长速率的改变在8~90 min可检测到变化；然而蓝光反应却很迅速，在15~30 s即可检测到（图18.5 A）。本章下面部分将讲到光敏色素与蓝光依赖的信号途径在生长速率调控方面的互作。

蓝光诱导的另一个快速反应，就是下胚轴生长速率受到抑制之前所发生的细胞去极化反应（图18.5 B）。阴离子通道激活可以导致阴离子（如氯离子）流出细胞，从而引发膜的去极化（见第6章）。阴离子通道的阻断剂NPPB（5-nitro-2-14-phenylbutylamino-benzoate），可抑制依赖蓝光的膜的去极化，减弱蓝光对下胚轴的抑制效应（Spalding，2000）。

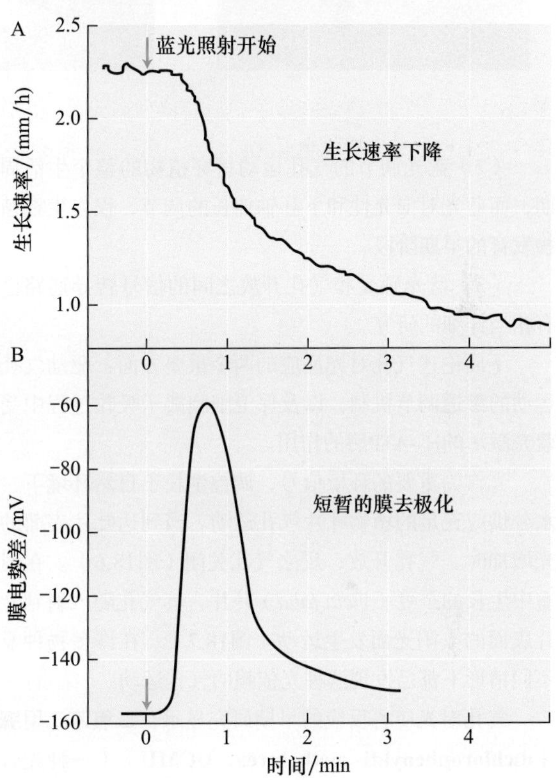

图18.5　蓝光诱导的黄瓜幼苗生长速率的变化（A）和下胚轴细胞膜的短暂去极化（B）。当膜去极化（用细胞内电极测得）达到最大值时，生长速率（用位置传感器测量）则迅速下降。比较这两种曲线可看出，膜去极化发生在生长速率下降之前。这暗示了这两种现象之间的因果关系（引自Spalding and Cosgrove，1989）。

18.1.3　蓝光促进气孔开放

现在讨论气孔对蓝光的反应。气孔在叶片的气体交换中起着重要的作用（见第9章），这种调节的有效性可影响到农作物的产量（见Web Topic 26.1）。依赖蓝光的气孔运动的几个独特特征使保卫细胞成为研究蓝光反应的一个有价值的实验体系。

（1）蓝光调节的气孔反应，反应迅速并且可逆，此反应仅在保卫细胞中存在（图18.6）。

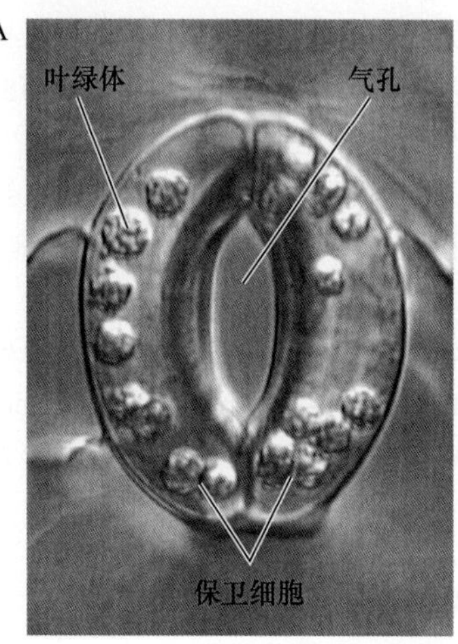

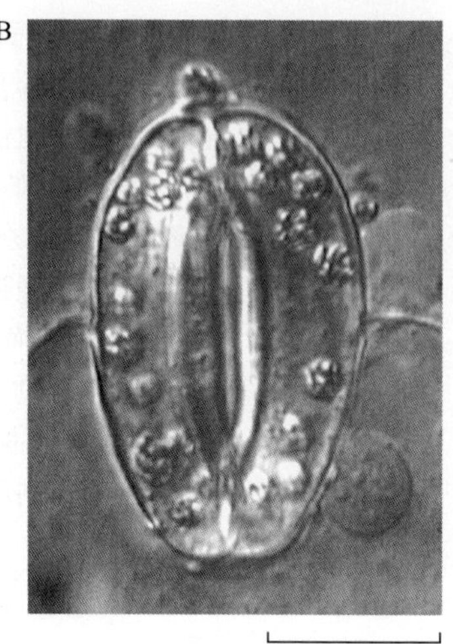

图18.6 光刺激蚕豆离体表皮的气孔开放。光处理开放的气孔（A），暗处理关闭的气孔（B）。气孔开度的大小以显微镜测得的气孔宽度表示（E. Raveh惠赠）。

（2）蓝光调节的气孔运动贯穿植物的整个生活周期，而蓝光对向光性和下胚轴伸长的调节，仅发生在植物发育的早期阶段。

（3）蓝光感受和气孔开放之间的信号转导通路已有相当详细的研究。

下面论述气孔对光反应的两个重要方面：驱动气孔运动的渗透调节机制，以及保卫细胞离子吸收过程中受蓝光激活的H^+-ATP酶的作用。

光作为重要的环境信号，调控生长于自然环境下、水分供应充足的植物叶片气孔运动。当到达叶片表面的光增加时，气孔开放；反之气孔关闭（图18.6）。在温室中生长的蚕豆（*Vicia faba*）叶片，其气孔随入射到叶片表面的太阳光而发生运动（图18.7）。在许多物种及不同情形下都已发现这种光依赖的气孔运动。

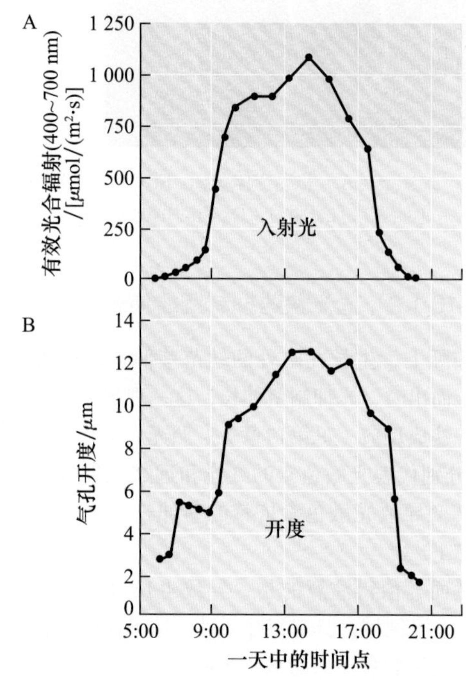

图18.7 叶片表面的气孔开放与有效光合辐射的曲线。生长于温室中的蚕豆（*V. faba*）叶片下表皮的气孔开度以测得的气孔宽度表示（A），紧随着照射至叶片的有效光合辐射水平（400~700 nm）（B），这些都揭示气孔对光的反应是调节气孔开放的主要反应（引自Srivastava and Ieiger，1995a）。

气孔对光应答反应的早期研究显示，**二氯苯二甲脲（dichlorophenyldi- methylurea，DCMU）**（一种光合电子传递系统的抑制剂）可部分抑制由光引起的气孔开放。这些结果表明，保卫细胞叶绿体的光合作用在光依赖的气孔开放过程中起作用。但是，对二氯苯二甲脲部分应答暗示一种涉及二氯苯二甲脲不敏感的机制，这说明非光合作用成分在气孔对光的应答反应中也有作用。有关气孔在可见光照射下对光反应的详细研究表明，光可激活保卫细胞中两种不同的反应：保卫细胞中叶绿体的光合作用（参见Lawson，2009，Web Essay 18.1）和蓝光特异的反应。

既然蓝光除了刺激其特异的气孔反应外，还调节保卫细胞的光合作用（参见图7.8中光合作用的作用光谱），那么仅用蓝光来研究气孔对蓝光的特异反应就显得不合适。为了比较清晰的区分这两种光反应，研究人员使用了双光束实验。首先，用高通量的红光使光合反应达到饱和状态，这样的状态阻止了随后再增强红光或蓝光时光合作用对气孔开启的调节。然后在饱和红光的基础上再附加低通量的蓝光（图18.8）。附加的蓝光可使气孔进一步显著开放，这并不是保卫细胞中光合作用所引起的，因为此时的光合作用已被红光所饱和。

饱和红光背景下，气孔对蓝光反应的作用光谱呈现前面已提及的“三指”模型（图18.9）。这种作用光谱是典型的蓝光反应光谱，与光合作用的作用光谱是有显著区别的。这暗示保卫细胞除进行光合作用外，还对蓝光有特异反应。

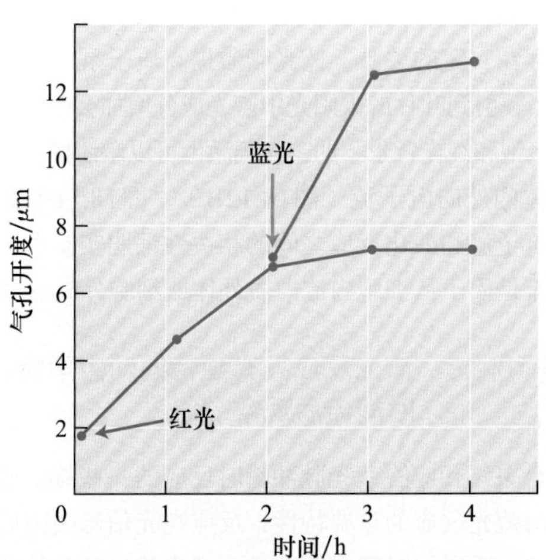

图18.8　红光背景下气孔对蓝光的反应。鸭跖草（*Commelina communis*）的离体表皮上的气孔用饱和红光处理（红色轨迹）。在平行实验中，气孔同时用红光和蓝光照射，如箭头所示（蓝色轨迹）。气孔开度比达到饱和红光时还要大，这表明一种受蓝光刺激的不同的光受体系统介导了气孔的额外增大（引自Schwartz and Ieiger，1984）。

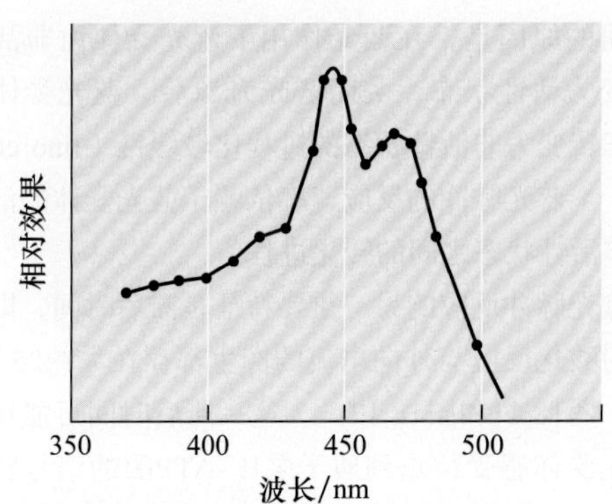

图18.9　蓝光刺激的气孔开放的作用光谱图（红光为背景）（引自Karisson，1986）。

用纤维素酶等分解植物细胞壁的相关酶类分解保卫细胞的细胞壁后，可得到用来进行实验的**保卫细胞原生质体（guard cell protoplasts）**。当照射蓝光时，保卫细胞原生质体就会膨胀（图18.10），表明蓝光可被保卫细胞感知。保卫细胞原生质体的膨胀可显示完整的保卫细胞是如何发挥作用的。由光刺激引起的离子吸收和保卫细胞原生质体有机溶质的积累降低了细胞的水势（增大了渗透压）。因此，水分进入细胞，保卫细胞原生质体膨胀。在具有完整的细胞壁的保卫细胞中，这样的细胞膨胀导致了细胞壁的变形并且导致了气孔开度的增加（见第4章）。

 18.1.4　蓝光激活保卫细胞质膜上的质子泵

当蚕豆保卫细胞原生质体在背景红光下照射蓝光时，悬浮介质的pH会变得更酸（图18.11）。蓝光诱

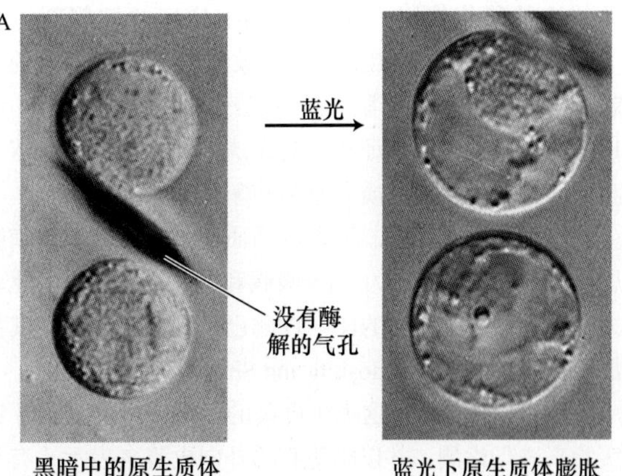

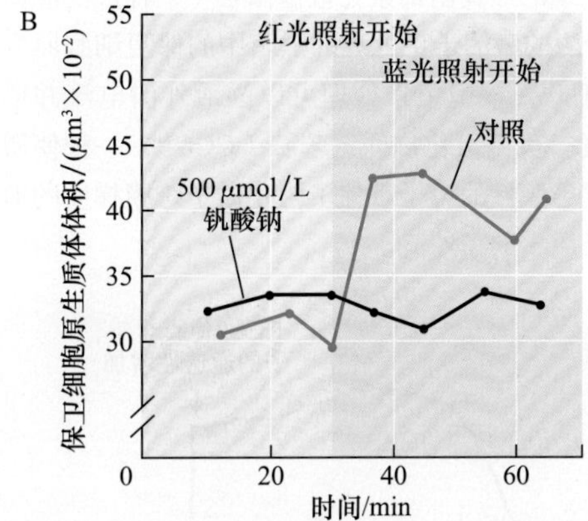

图18.10　蓝光刺激的保卫细胞原生质体膨胀。A. 无坚硬的细胞壁时，洋葱（*Allium cepa*）的保卫细胞原生质体膨胀；B. 蓝光刺激的蚕豆（*V. faba*）保卫细胞原生质体的膨胀，且钒酸盐（一种H^+-ATP酶的抑制剂）能阻止这种膨胀反应。蓝光促使保卫细胞原生质体对离子和水分的吸收，为完整保卫细胞的气孔开度的增加提供了机械动力（A图引自Ieiger and Hepler，1977；B图 引自Amodeo et al.，1992）。

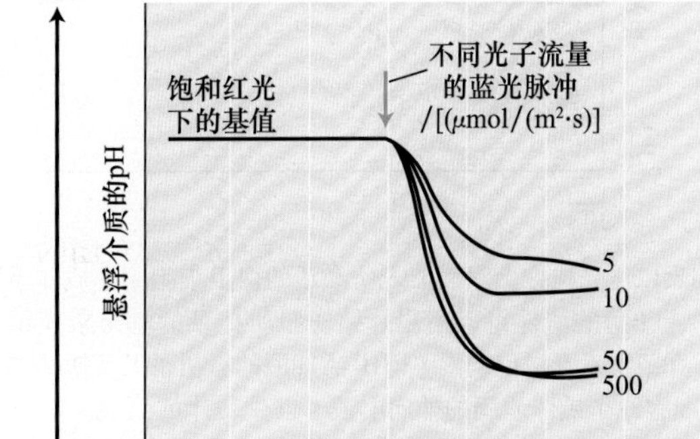

图18.11　蚕豆（*V. faba*）保卫细胞原生质体悬浮介质在蓝光刺激30 s后的酸化作用。这种酸化是由于蓝光对质膜H^+-ATP酶的激活作用，并且与原生质体的膨胀相联系（图18.12）（引自Shimazaki et al.，1986）。

导的这种酸化作用可被能驱散pH梯度的抑制剂（如CCCP，见下文）所阻断，也可被质子泵H^+-ATP酶的抑制剂（如钒酸盐）抑制，这些已经在第6章介绍过（图18.10B）。上述结果证实，蓝光诱导的酸化作用是蓝光激活保卫细胞膜上的质子泵ATP酶所导致的。

在完整的叶片中，蓝光激活质子泵可降低保卫细胞质外体空间的pH，产生离子吸收和气孔开放所需的驱动力。保卫细胞质膜上的H^+-ATP酶已得到分离，并且其特征已被广泛研究（Kinoshita and Shimazaki，2001）。

像质子泵ATP酶这类生电泵的活性，可借助膜片钳实验来进行检测，并以细胞膜的外向电流来表示（有关膜片钳的描述参见Web Topic 6.2）。图18.12 A显示的是用膜片钳记录的经真菌毒素壳梭孢菌素（一种广泛应用的质膜ATP酶的激活子）处理的黑暗中的保卫细胞原生质体的电流。壳梭孢菌素处理可以激活外向电流并形成质子梯度。羰基氰化物间氯苯腙（CCCP，一种使质子具有高度透膜性的离子载体）阻止质子跨膜梯度的形成，抑制了质子的净外流。

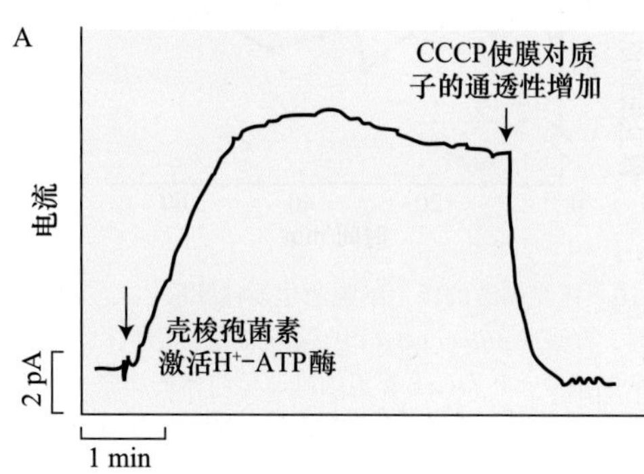

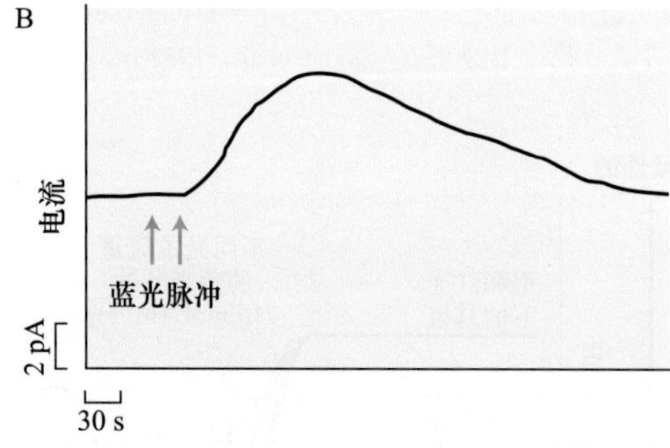

图18.12 壳梭孢菌素和蓝光所激活的保卫细胞原生质体质膜H^+-ATP酶的活性可以用膜片钳实验所记录的电流来表示。A. 真菌毒素壳梭孢菌素（即H^+-ATP酶的激活子）所激活的保卫细胞原生质体质膜的外向电流（以皮安计量，pA），该电流可被离子载体羰基氰化物间氯苯腙（CCCP）所抑制。B. 由蓝光脉冲刺激的保卫细胞原生质体质膜的外向电流。这些结果表明蓝光激活了H^+-ATP酶（A引自Serano et al.，1988；B 引自Assmann et al.，1985）。

壳梭孢菌素刺激保卫细胞原生质体质子的泵出和气孔的开放，CCCP抑制壳梭孢菌素刺激的气孔开放，上述这些发现表明，保卫细胞质膜上的质子泵和气孔开放之间存在一定的关系。蓝光刺激提高质子泵出的速率，表明当辐射到叶片的太阳光中蓝光成分增加会使气孔开度增加，饱和红光背景下的蓝光刺激也可以激活保卫细胞原生质体的外向电子流（图18.12B），图18.11中蓝光刺激的电子流和酸化反应之间的相关性证明实验中所测得的电流是质子从细胞内流向质外体或细胞外时形成的。

 18.1.5 蓝光反应具有独特的动力学特征和时间滞后现象

有关气孔应答蓝光脉冲瞬时反应的一些特征进一步揭示出蓝光反应的重要特性：反应在光信号关闭后仍存在，这一重要的时间滞后现象可把光信号的开始与反应的开始加以区分开。与典型的光合作用反应不同，光合作用在光信号的刺激下很快激活并且随着光信号的终止而停止反应（图7.13），而蓝光反应在光脉冲照射几分钟后才达到峰值（图18.11和图18.12B）。

生理学上认为，光信号停止后蓝光反应可持续一段时间的原因是，在蓝光作用下蓝光受体由非活性状态转变为活性状态，关闭蓝光光源后，蓝光受体由活性状态转变为非活性状态的过程比较缓慢（Iino et al.，1985）。蓝光脉冲的反应速率依赖于蓝光受体的活性状态与非活性状态之间的转化进程。

蓝光脉冲反应的另一重要特征是滞后时间，即蓝光激活的酸化反应与外向电流的产生都存在大约25 s的滞后性（图18.11和图18.12）。这一滞后时间可能用于完成从光受体感受位点到质子泵H^+-ATP酶的信号转导和质子梯度的形成。与之类似，前面已经讨论过的蓝光依赖下胚轴生长抑制的反应也有滞后时间。

 18.1.6 蓝光调节保卫细胞的渗透平衡

蓝光通过激活质子泵和促进有机溶质的合成来调节保卫细胞的水势。在我们讨论蓝光的这些反应之前，先简要论述一下保卫细胞的渗透活性物质。

1856年，植物学家Hugovon Mohl提出，保卫细胞的膨压变化为气孔开度的变化提供了机械动力（见第4章）。1908年，植物生理学家F.E.Lloyd提出气孔运动的“淀粉-糖”相互转化假说，认为保卫细胞的膨压变化是由淀粉-糖的转变所引起的渗透变化来调节。20世纪40年代，日本学者发现了保卫细胞的钾离子流动，20世纪60年代西方国家再次证明该发现，建立了目前的K^+和其平衡离子Cl^-与苹果酸盐调控保卫细胞渗透平衡的理论，取代了气孔运动的“淀粉-糖”假说。

气孔开放时，保卫细胞内的K^+浓度可成倍的增加，从关闭状态的100 mmol/L到开放状态下的400~800 mmol/L，

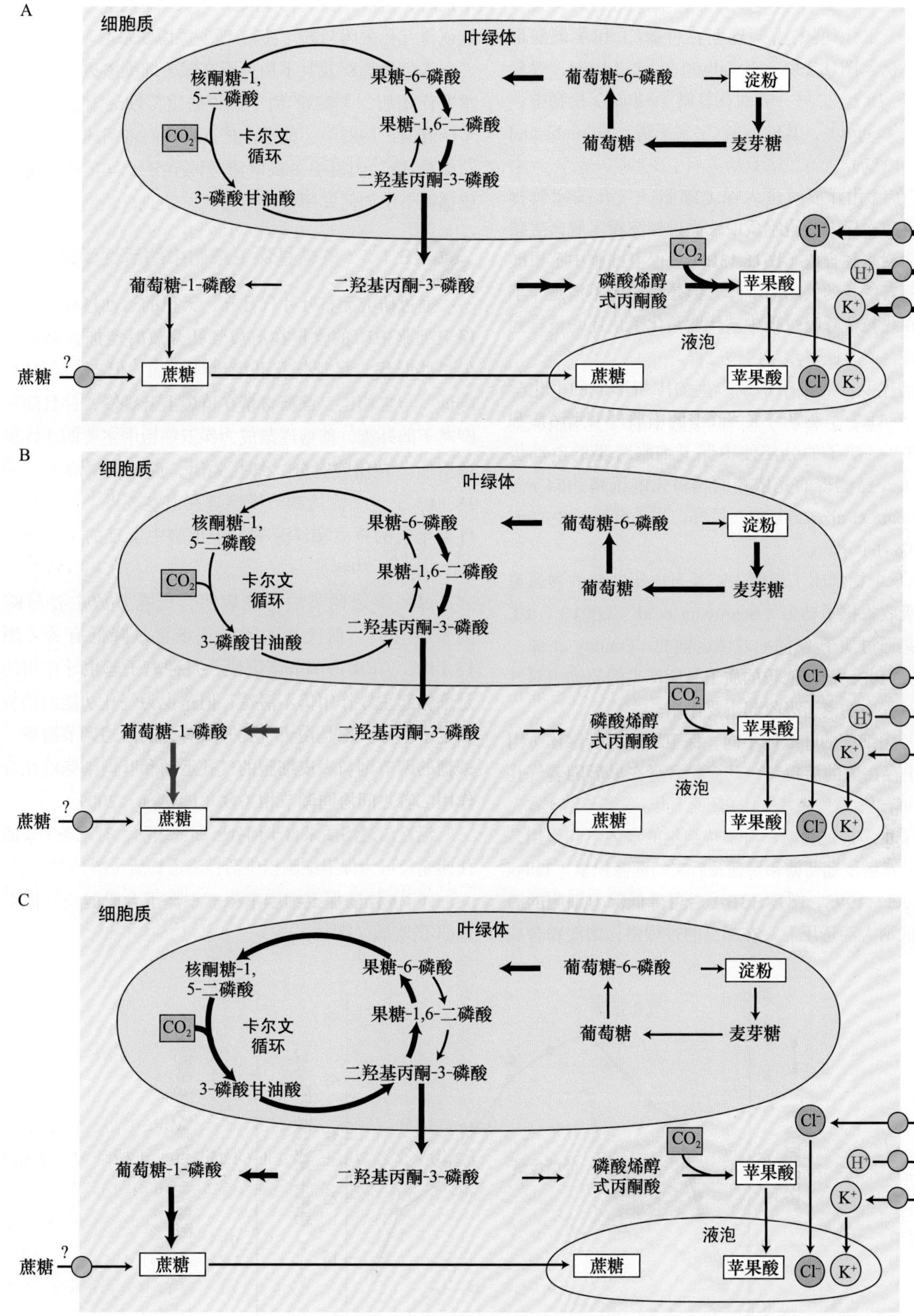

图18.13　保卫细胞中三条显著不同的渗透调节途径。黑色箭头表示在保卫细胞的每一条渗透调节途径中导致活性渗透溶质积累的主要代谢步骤。A. K^+离子及其平衡离子，K^+和Cl^-的吸收来自于质子梯度驱使的次级转导过程以及由淀粉水解产生的苹果酸。B. 蔗糖的积累来自于淀粉的水解。C. 来自于光合碳固定过程的蔗糖的积累。同时显示出来自质外体的蔗糖的吸收（引自Talbott and Ieiger，1998）。

具体增加值要视物种和具体的实验条件而定。在大多数物种中，K^+浓度的大幅度变化可被Cl^-和苹果酸根离子来平衡（图18.13A）（Talbott et al.，1996，参见Web Topic 18.2）。另一方面在葱属（*Alliun*）植物中，如洋葱（*A.cepa*），其K^+仅被Cl^-来平衡（Schnabl and Ziegler，1977）。

Cl^-在气孔开放时进入保卫细胞，气孔关闭时排出。苹果酸在保卫细胞胞质中，通过经淀粉水解产生碳骨架的代谢途径合成（图18.13B）。保卫细胞中苹果酸的含量随着气孔的关闭而下降，但是目前还不清楚，苹果酸是在线粒体呼吸过程中被代谢消化了，还是被排到细胞质外，或者同时参与两种过程。

前已述及，通过质子泵产生的H^+所形成的电化学势梯度（$\Delta\mu_{H^+}$）驱动了K^+和Cl^-的吸收（见第6章和图18.13）。质子的分泌使得保卫细胞跨膜的电动势负值更大。已测得的光依赖的超极化电压高达64 mV（Roelfsema et al.，2001）。另外，质子泵所产生的pH梯度为0.5~1个单位。

第6章中提到质子梯度为K^+通过电压调节的钾通道的被动吸收提供了动力（Schroeder et al.，2001）。Cl^-被认为是通过质子-氯同向载体运输的（Pandey et al.，2007）。因此，蓝光依赖的质子泵所产生的驱动力对气孔开放过程中的离子吸收起重要作用。

与叶肉细胞的叶绿体不同，保卫细胞的叶绿体（图18.6）中存在大的淀粉粒，其淀粉含量在早晨随着气孔的开放而降低，傍晚随着气孔关闭而上升。淀粉不溶于水，是高分子量多聚葡萄糖，对维持细胞的水势不起作用，但是当其水解成葡萄糖和果糖及后来的蔗糖积累（Talbot and Zeiger，1998，图18.13B）后可降低保卫细胞的渗透势（或增大渗透压）。在相反的过程中，当淀粉合成增加时，可溶性糖的含量减少，导致细胞渗透势增加，这就将气孔关闭与的“淀粉-糖”假说联系起来。

人们发现K^+及其平衡离子在保卫细胞渗透调节中起重要作用后，“淀粉-糖”假说的重要性逐渐被忽略了（Outlaw，1983）。但是，接下来我们将阐述蔗糖作为“淀粉-糖”假说中主要的渗透调节分子，在保卫细胞渗透调节中如何发挥重要作用。

 18.1.7 蔗糖是保卫细胞中的活性渗透溶质

通过研究完整叶片气孔在一天里的运动过程发现，保卫细胞中K^+的含量在清晨气孔开放时增加，而在下午早些时候，尽管气孔开度继续增加，但K^+的含量却降低。与之相比，蔗糖含量在清晨上升缓慢，并且随着钾离子的外流，蔗糖逐渐成为保卫细胞中主要的活性渗透溶质。在傍晚时分，气孔关闭，蔗糖含量降低（图18.14）。这些渗透调节模型是在温室或人工培养箱条件下生长的蚕豆和洋葱的保卫细胞中发现的（Talbott and Zeiger，1998）。

这些渗透调节的特征表明，气孔开放主要与K^+的吸收有关，而气孔关闭与蔗糖含量降低有关（图18.14）。在渗透调节诸阶段，是钾离子起主导作用还是蔗糖起主导作用仍不清楚，但这也为气孔功能的调节奠定了基础。K^+是白天气孔开放首先的渗透调节溶质。蔗糖的调节则与表皮细胞的气孔运动和叶肉细胞的光合作用二者之间协同调节相关联（Lawson，2009）。

活性渗透溶质来自于何处？研究表明，有三条主要的代谢途径可为保卫细胞提供活性渗透物质（图18.13）。

（1）伴随保卫细胞苹果酸根离子合成的质外体K^+和Cl^-的吸收（图18.13A）。

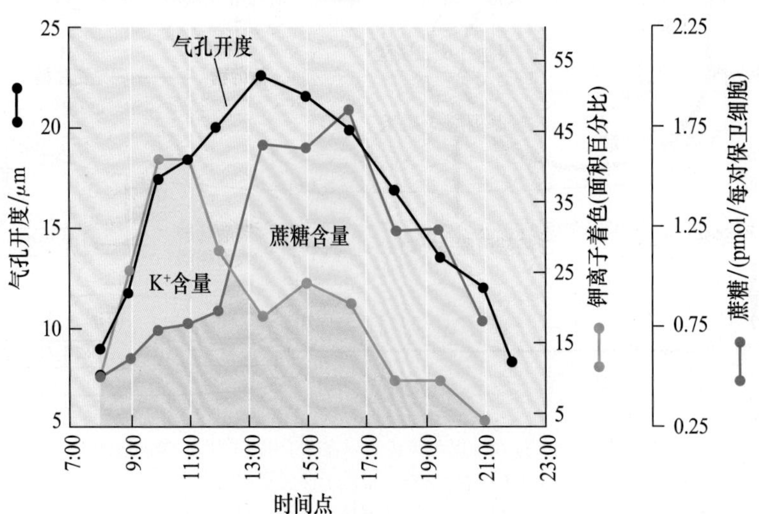

图18.14　蚕豆完整叶片保卫细胞气孔开度、K^+和蔗糖浓度在一天中的变化情况。结果表明，早上气孔开放所需的渗透势由K^+及其平衡离子所调节，而在午后则由蔗糖来调节（引自Talbott and Ieiger，1998）。

（2）保卫细胞叶绿体中淀粉的水解产生蔗糖（图18.13B）。

（3）保卫细胞叶绿体中光合碳固定过程产生蔗糖（图18.13C）。

不同的环境条件可能激活一条或几条途径。例如，置于CO_2中的离体蚕豆表皮的气孔受红光刺激而开放，该过程仅依赖于保卫细胞原生质体中叶绿体光合碳固定所产生的蔗糖，并没有检测到K^+的吸收或淀粉水解（图18.13C）。另外，在不含CO_2的空气中，碳的固定是被抑制，而红光刺激气孔开放与K^+钾离子的积累相耦联（图18.13A，Olsenet et al.，2002；另见Web Topic 18.2）。

自然界中也存在一些不寻常的渗透调节途径。兰花保卫细胞的叶绿体缺乏叶绿素。兰花的气孔在蓝光下开启，但在典型的红光刺激下并不张开（Talbott et al.，2002）。相反，最近研究结果表明，铁线蕨的气孔缺乏对蓝光的应答而在红光下开启（Doi et al.，2008）。铁线蕨的保卫细胞具有异常多的叶绿体，红光依赖的气孔开放可以被光合作用电子传递的抑制剂DCMU抑制，这表明保卫细胞的光合作用是红光诱导气孔开放驱动力。另外，铁线蕨在CO_2环境中累积钾离子，但是无论黑暗或红光下都对CO_2不敏感。有趣的是，这些特异的渗透调节都与保卫细胞中存在异常多的叶绿体相关。此外，铁线蕨的气孔缺乏对蓝光的敏感性。相反，蚕豆气孔对CO_2和蓝光的敏感性与气孔开放呈现出线性关系（Zhu et al.，1998）。这些结果表明铁线蕨对蓝光和CO_2不敏感可能是与其缺乏蓝光传递系统有关（参考Web Essay 18.2）。

上述兰花和铁线蕨保卫细胞渗透调节的显著差异，表明保卫细胞具有很强的可塑性。在对完整的叶片的研究中也能发现保卫细胞的可塑性特征（Roelfsema et al.，2002；outlaw，2003；Fan et al.，2004；Tallman，2004）。这些可塑性特征包括保卫细胞对蓝光和CO_2反应的适应，以及保卫细胞光合速率的日变化（Zeiger et al.，2002）。

18.2　蓝光反应的调节

目前，蓝光诱导气孔开放的信号转导过程中的几个关键步骤已被证明。质子泵H^+-ATP酶是气孔运动调节的中心环节。H^+-ATP酶的C端有一个调节酶活性的自我抑制结构域（图6.17）。如果这个自我抑制结构域被蛋白酶消除，H^+-ATP酶将会被不可逆转地激活。酶活性的降低是通过抑制该区域的催化基团实现的。相反，壳梭胞菌素似乎是通过将这一结构域置换到远离催化基团的部位来激活酶的活性（Kinoshita and Shimazaki，2001）。

蓝光刺激H^+-ATP酶表现对ATP较低的K_m值，较高的V_{max}值，暗示蓝光可激活H^+-ATP酶（见第6章）。H^+-ATP酶的激活，依赖于其C端丝氨酸和组氨酶的磷酸化。蛋白激酶抑制剂，能抑制H^+-ATP磷酸化，抑制蓝光激活的质子泵和气孔开放。壳梭胞菌素，像H^+-ATP酶磷化一样，解除H^+-ATP酸C端自我抑制区域对H^+-ATP酶催化位点的抑制。

14-3-3蛋白是真核生物中普遍存在的调控蛋白，研究发现14-3-3蛋白可以与磷酸化的保卫细胞H^+-ATP酶结合，但是不能和未磷酸化的结合（图18.15）。植物中，14-3-3蛋白通过与细胞核内激活因子的结合调控转录过程，也可以调节如硝酸还原酶等代谢酶的活性。

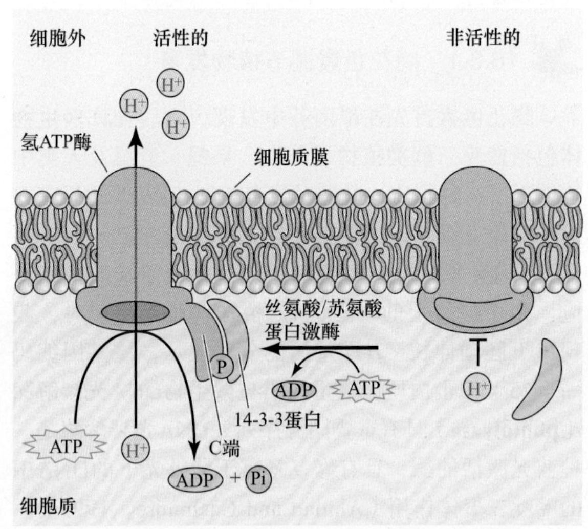

图18.15　H^+-ATP酶在调节气孔运动中的作用。蓝光激活H^+-ATP酶。该作用主要是通过磷酸化该酶C端的Ser或Thr残基，随后保卫细胞中的分子伴侣14-3-3蛋白与H^+-ATP酶磷酸化的C端结合。

目前研究发现保卫细胞中仅1/4的14-3-3蛋白能与H^+-ATP酶特异结合。蓝光或壳梭胞菌素刺激可促使这种类型的14-3-3蛋白与保卫细胞中H^+-ATP磷结合，而H^+-ATP酶C端功能域的去磷酸化作用，则使14-3-3蛋白与H^+-ATP酶分离（图18.15）。最近研究表明，保卫细胞中的向光素是一种蓝光受体，蓝光可诱导其发生磷酸化，并与14-3-3蛋白结合，详述请参看后面章节（Kinoshita et al.，2003）。

保卫细胞的质子泵运输质子的效率随着蓝光强度的增加而增加（图18.12），质子泵所产生的电化学梯度驱动保卫细胞吸收离子，使保卫细胞不断的膨胀并引起气孔开启。这一过程是蓝光激活丝氨酸/苏氨酸蛋白激酶与蓝光刺激引起的气孔开放这两个过程的重要重要中间步骤（图18.15）。

18.3　蓝光受体

Charles Darwin和他的儿子Francis在19世纪进行的

向光性反应中证明，植物通过其胚芽鞘尖端感应蓝光。早期的理论假设认为，蓝光受体可能是位于胚芽鞘顶端的类胡萝卜素和黄素这两种色素。虽然人们一直不懈的努力，但是直到20世纪90年代早期，蓝光受体的鉴定才取得突破性进展。关于向光性和抑制茎生长方面的研究成果都归功于一些重要蓝光响应突变体的鉴定和相关基因的分离。

随后我们主要介绍参与蓝光反应的三种受体：隐花色素，主要参与调节抑制茎伸长和开花；向光素，主要参与向光性反应；以及玉米黄质，主要参与蓝光诱导的气孔开放。

 18.3.1 隐花色素调节植物发育

隐花色素首先在拟南芥中发现，之后在许多生物体包括蓝藻、蕨类植物、藻类、果蝇、老鼠及人类中均发现了这种物质，通过对拟南芥*hy4*突变体的研究完成了对隐花色素的功能鉴定。在本章前面已提及，拟南芥*hy4*突变体缺失蓝光调节的下胚轴伸长的抑制反应。由于遗传上的缺陷，*hy4*植株在蓝光照射时，表现出下胚轴伸长。*HY4*基因的分离显示，该基因编码一个75 kDa蛋白质，该蛋白质与微生物DNA**光裂解酶（photolyase）**具有重要同源序列。DNA光裂解酶是一种蓝光激活的酶，具有修复暴露于紫外光下的DNA中的嘧啶二聚体作用（Ahmad and Cashmore，1993）。鉴于其序列的相似性，HY4蛋白质后来被称为**隐花色素1（crytochrome 1，CRY1）**，是抑制茎伸长的蓝光受体。然而植物中的隐花色素并无光裂解酶活性。

与光裂解酶一样，隐花色素由一个黄素腺嘌呤单核苷酸（flavin adenine dinucleotide，FAD）（图11.2B）和一个**蝶呤（pterins）**构成。蝶呤是吸收光的物质，其衍生物蝶啶通常存在于昆虫、鱼类及鸟类的色素细胞里（蝶呤结构见第12章）。在光裂解酶中，蓝光被蝶呤色素吸收，产生的激发能被传递给黄素腺嘌呤单核苷酸。然而，还不清楚隐花色素的作用机制是否相似，或者是蓝光直接被黄素腺嘌呤单核苷酸吸收。

隐花色素调节多种蓝光应答反应，包括抑制下胚轴伸长、促进子叶伸展、细胞膜去极化、叶柄生长、花青素的产生和生物钟的调控。CRY1超表达的转基因烟草和拟南芥中，强蓝光刺激的下胚轴伸长的抑制明显增强，花青素苷的合成明显增加（图18.16）。

从拟南芥中还分离得到CRY1的同源物CRY2（Lin，2000）。CRY1和CRY2广泛存在植物界。它们之间的区别在于CRY2在蓝光下快速降解，而CRY1表现地更为稳定。

野生型背景下超表达*CRY2*，得到的转基因植物在下胚轴伸长抑制效应方面作用很小。这表明与CRY1不同，CRY2在抑制下胚轴伸长的反应中并不起作用。但是，CRY2超表达的转基因植物可明显增强蓝光刺激的子叶扩展。除此之外，CRY1参与拟南芥生物钟调节（见第17章），CRY1和CRY2在诱导开花过程中都起作用（见第25章）。隐花色素类似物可调节果蝇、老鼠和人类的生物钟。

光照后CRY1和CRY2都可在细胞核检测到，并且它们都与泛素连接酶COP1（其在体内及体外的实验第17章中已经论述过）相互作用。隐花色素的活性受其磷酸化状态的影响。CRY1和CRY2在体外即可被光敏色素A磷酸化，但是它们与光敏色素A的互作主要发生在体内（见第17章和Web Essay 18.2）。研究表明，磷酸化和蛋白降解在隐花色素介导的蓝光信号转导过程中均起重要作用（Spalding and Folta，2005）。

关于细胞核与细胞质中CRY蛋白质的区别已经在拟南芥中鉴定过了（Wu and Spalding，2007）。与预想不同，CRY1分子存在于细胞核中而不是细胞质中。CRY1可以在几秒的时间内调控细胞膜的去极化，这也是CRY1响应蓝光信号调控最为快速的方式之一。但目前还不清楚该机制是否与依赖蓝光的阴离子通道的激活有关。

 18.3.2 向光素调节依赖蓝光的向光弯曲和叶绿体运动

已知植物在单向光源照射下会弯向光源生长，以最大限度吸收光，这种向光性反应受蓝光调控（图18.4）。缺乏依赖蓝光的下胚轴向光弯曲的拟南芥

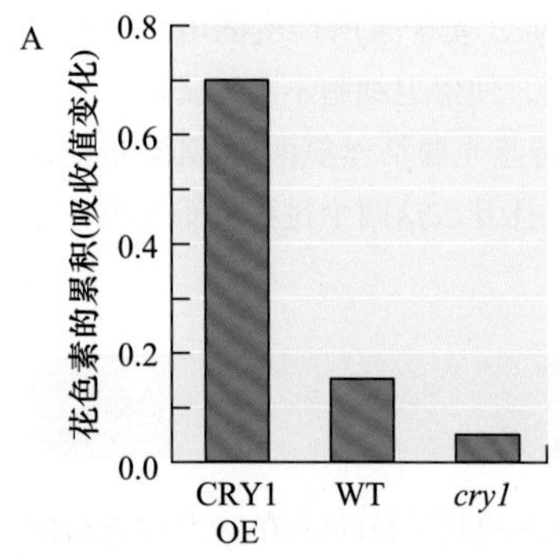

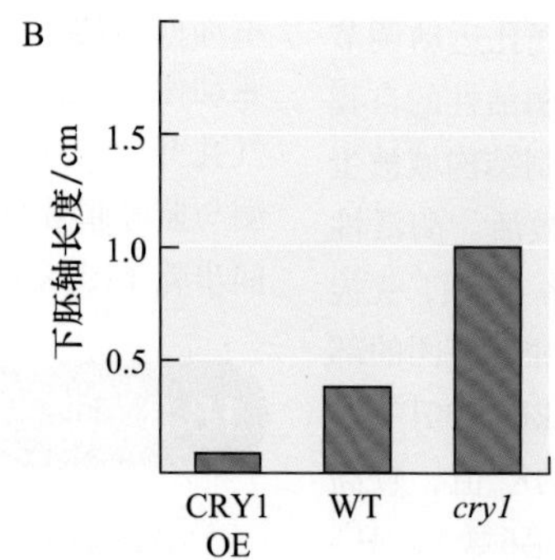

图18.16 蓝光诱导拟南芥转基因和突变体植株中花色素的累积（A）和茎伸长的抑制反应（B）。柱状图分别代表编码CRY1基因的超表达植株（CRY1 OE）、野生型（WT）和*cry1*突变体植株。编码CRY1基因的超表达转基因植株对蓝光反应增强，表明该基因在刺激花色素的合成和抑制茎伸长反应中具重要的作用（引自Ahmad et al.，1998）。

突变体分离和鉴定，为研究向光弯曲早期的细胞事件提供了有价值的信息。其中的一个突变体，*nph1*（nonphototropic hypocotyl），其在遗传上不同于早先提及的*hy4*（*cry1*）突变体。*nph1*突变体缺失下胚轴的向光反应，但具有正常的蓝光刺激的下胚轴伸长的抑制反应，而*hy4*的表型却与之相反。*nph1*基因后来被重新命名为*phot1*，其所编码的蛋白质被命名为**向光素（phototropin）**（Briggs and Christie，2007）。向光素（Phot1和Phot2）调节植物的向光性、叶绿体的运动、快速抑制黄化苗的生长和叶片的伸展。

向光素C端含有一个Ser/Thr的蛋白激酶区域，N端含有两个相似的LOV（光、氧气和电压）区域，每一区域大约有100个氨基酸。LOV区域与黄素结合，其序列与细菌和哺乳动物体内信号蛋白相类似。这些蛋白质在大肠杆菌（*E.coli*）和固氮细菌（*Azotobacter*）中是氧气的感受子，在果蝇（*Drosophila*）与脊椎动物中则是钾离子通道的电压感受器。

向光素的N端与黄素单核苷酸（flavin mononucleotide，FMN）相结合（图11.2B），并且发生依赖蓝光的自我磷酸化反应。此反应与黄化幼苗生长区域的一个120 kDa膜蛋白的依赖蓝光的自我磷酸化反应很相似。尽管多个研究组分别进行大量的实验但是向光素自我磷酸化之后细胞内所发生变化及其与蓝光反应的关系还不清楚（Inoue et al.，2008）。

最近的光谱学研究表明，黑暗处，一个FMN分子非共价地与一LOV区域结合。经蓝光照射，FMN分子共价地结合在向光素分子的半胱氨酸残基上，形成半胱氨酸-黄素共价加合物（图18.17）（Swartz et al.，2004），这一反应可被黑暗处理所逆转。

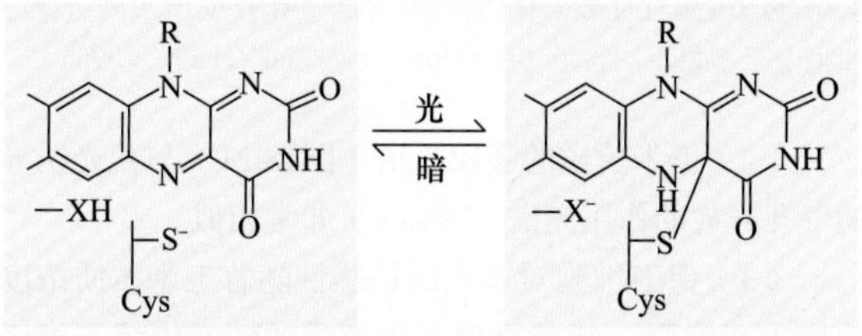

图18.17 蓝光照射下，FMN与向光素的半胱氨酸残基形成加合物。XH和X⁻分别代表未鉴定的质子供体和质子受体（引自Briggs and Christie，2002）。

在拟南芥基因组中还有与*phot1*相联系的另一个基因——*phot2*。*phot1*突变体在低强度蓝光[0.01~1 μmol/（m^2・s）]照射下，其下胚轴缺失向光弯曲反应，但是在高强度蓝光[1~10 μmol/（m^2・s）]照射下仍能保持向光反应。*phot2*突变体具有正常的向光反应，而*phot1*/ *phot2*双突变体无论在低强度蓝光还是在高强度蓝光下都严重缺失向光反应。这说明phot1和phot2都参与向光反应，phot2仅在高光强或者通过长时间光照下才起作用。

光受体在茎伸长抑制反应中的相互作用 通过对蓝光抑制下胚轴的伸长反应过程中生长速率变化的精细分析，为研究向光素、CRY1、CRY2与 PHYA（Parks et al.，2001）之间的相互作用提供了有价值的信息。在蓝光处理30 s后，野生型拟南芥幼苗在开始的30 min内伸长速率快速下降，随后几天内缓慢生长（图18.18）。

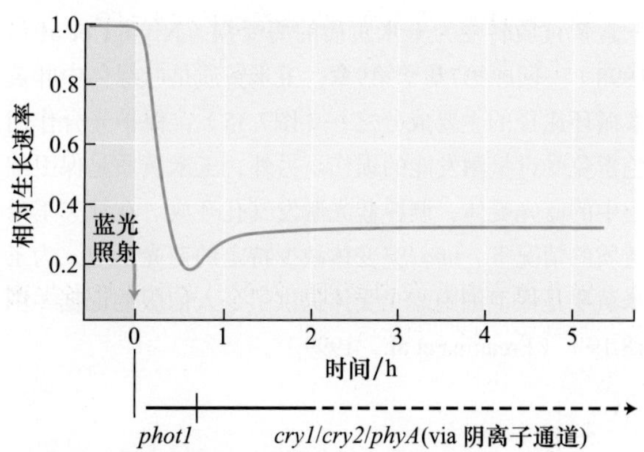

图18.18 蓝光刺激的拟南芥茎伸长抑制反应中的信号感受与转导通路。在暗处（0.25 mm/h）的伸长速率定为1。蓝光照射30 s，30 min内生长速率下降到接近于零，随后几天内生长速率持续在一个很低水平。当用蓝光处理*phot1*突变体后，在第一个30 min暗处生长速率保持不变，这表明在第一个30 min内生长的抑制是受向光素控制的。用*cry1*、*cry2*和*phyA*突变体所做的类似实验表明，这三个基因产物在后期控制茎的伸长速率（引自Parks et al.，2001）。

对*phot1*、*cry1*、*cry2*和*phyA*突变体的同一反应分析发现，在幼苗去黄化过程中，蓝光对茎伸长的抑制反应首先由phot1启动，而CRY1和一定量的CRY2则在30 min后调节反应。经蓝光处理的幼苗，其茎生长速率缓慢主要是由于CRY1的持续作用，这也是拟南芥*cry1*突变体的下胚轴比野生型长的原因。*phyA*突变体中并没有发现生长抑制现象，表明光敏色素A至少在蓝光调节的生长反应的早期阶段起作用。

蓝光诱导的叶绿体运动 叶片在不同的光照条件下可改变细胞内叶绿体的分布，叶绿体的重新分布可以调整光吸收和避免光伤害（图9.13）。弱光下，叶绿体在叶肉细胞的上下表面聚集（即“聚集”反应；图9.13 B），从而最大限度地增强植物对光的吸收。

强光下，叶绿体移向细胞表面与入射光平行（即“避光”反应；图9.13C），从而尽可能减少植物对光的吸收和避免光伤害。诱导叶绿体重新分配的作用光谱具有典型的蓝光反应特征——精确的“三指”结构。最近的研究表明，*phot1*突变体的叶肉细胞具有正常的避光反应和微弱聚光反应，而*phot2*突变体的细胞具有微弱聚光反应，然而缺乏避光反应。在*phot1*/*phot2*双突变体中，完全缺失避光和聚光反应（Kadota et al.，

2009）。该结果表明，*phot2*在避光反应中起着重要作用，而且*phot1*和*phot2*在聚集反应中表现功能冗余。

18.3.3 玉米黄质对保卫细胞蓝光感受的调节

拟南芥突变体*npq1*（nonphotochemical quenching）的气孔缺少特异的蓝光反应，该突变体中催化类胡萝卜素紫黄质转变为玉米黄质的酶受损（Niyogi et al., 1998）。回顾第7章和第9章，玉米黄质是叶绿体中叶黄素循环途径的主要成分之一（图7.35），保护光合作用色素免受过量激发能的损伤。另外，玉米黄质是保卫细胞中的蓝光受体，调控蓝光激发气孔开放。在缺失玉米黄质的情况下，*npq1*突变体缺少特定的蓝光反应，为玉米黄质是保卫细胞蓝光受体提供了令人信服的证据（图18.19）（Freanina et al., 1999）。

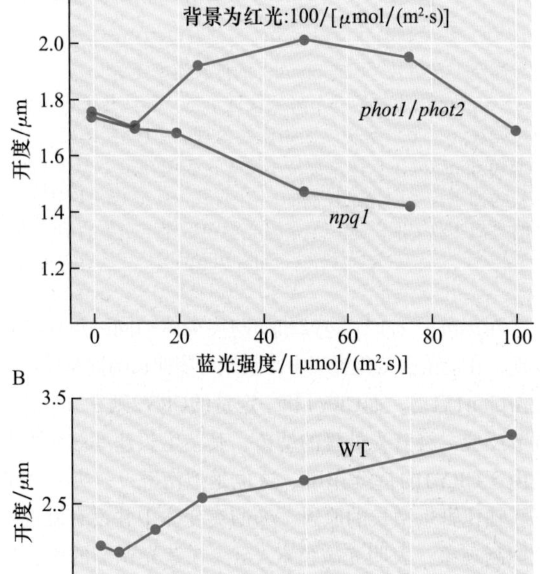

图18.19 A.玉米黄质缺失的突变株*nph1*及向光素缺失的双突变株*phot1/phot2*对蓝光的敏感度。在100 μmol/（m^2·s）的红光背景下分析蓝光反应，这样可以避免由于蓝光刺激的光合作用所导致的气孔开放。通过蓝光刺激光合作用，检测到抑制气孔开放的蓝光反应。黑暗条件下光通量为0。在10 μmol/（m^2·s）的蓝光照射下，两种突变体的气孔都没有开放。*phot1/phot2*双突变株在较高蓝光强度照射下气孔开放。事实上，*npq1*突变体气孔关闭，最有可能是因为，附加的蓝光对光合作用驱动的气孔开放产生了抑制作用。B.蓝光激活野生型植株的气孔开放。Y轴显示气孔开度的变化，与野生型相比，*phot1/phot2*气孔的开度明显减小（Talbott et al., 2002.）。

另外有证据进一步指出，在保卫细胞中玉米黄质作为蓝光受体发挥功能。

（1）生长于温室里完整叶片的气孔开放、有效辐射和保卫细胞中玉米黄质的含量日变化之间紧密相关（图18.20）。

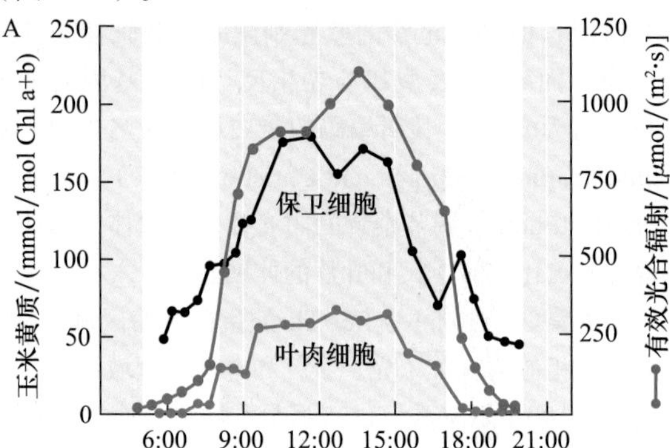

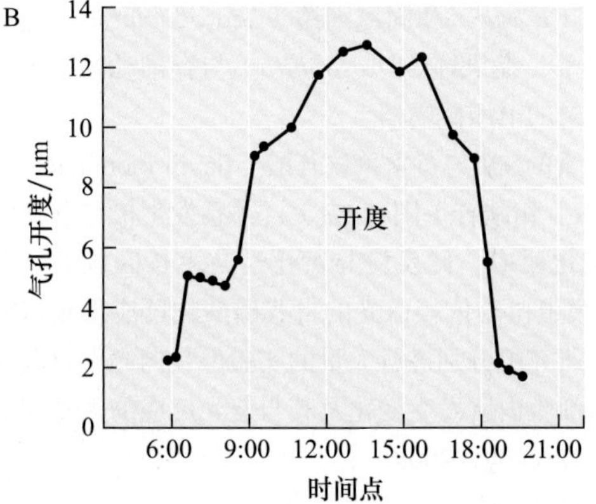

图18.20 保卫细胞中玉米黄质的含量与有效光合辐射、气孔开度之间的密切关系。A. 叶片表面有效光合辐射和温室生长的蚕豆叶片保卫细胞（黑色线条）及叶肉细胞（绿色线条）中玉米黄质含量的日变化。图中白色区域凸显叶肉细胞和保卫细胞中的叶绿体在低辐射（常常发生在清晨和黄昏）下，对叶黄素循环的敏感性比较。B. 同一叶片的气孔开度用来测定保卫细胞中玉米黄质的含量（引自Srivastava and Zeiger, 1995a）。

（2）玉米黄质的吸收光谱（图18.21）与蓝光诱导的气孔开放的作用光谱（图18.9）非常相似。

（3）保卫细胞对蓝光的敏感性随着玉米黄质浓度的增大而增强。紫黄质到玉米黄质的转变依赖于类囊体腔的pH。光驱动的类囊体膜质子泵可酸化类囊体内腔，增加玉米黄质的浓度（图18.22）。由于叶黄素循环的特征，红光照射的保卫细胞积累玉米黄质。离体的表皮上的保卫细胞先被施加不断增加的红光影响比率，然后用很短的蓝光脉冲照射，结果显示蓝光刺激气孔开放与红光预处理的影响比率及在蓝光脉冲照射时保卫细胞内玉米黄质的含量呈线性相关（Srivqtava and Zeiger, 1995b）。

（4）蓝光诱导的气孔开放可被3 mmol/L的二硫苏糖醇（DTT）抑制，且这种抑制具有浓度依赖性。DTT

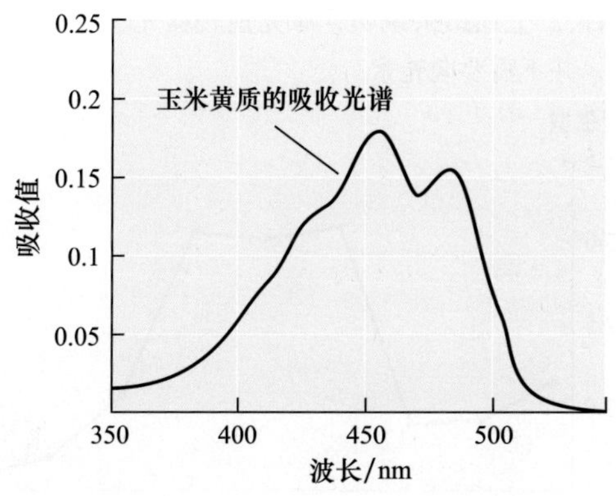

图18.21 玉米黄质在乙醇中的吸收光谱。

可阻断玉米黄质的合成。作为一种还原剂，DTT可把S—S键还原为—SH基，并有效抑制使紫黄质转变为玉米黄质的酶的活性。DTT并不阻断红光激发的气孔开放（Strivastava and Zeiger，1995b）。

（5）兼性CAM植物冰叶日中花（*Mesembryanthemum crystallinum*），盐胁迫使其碳代谢从C3模式变为CAM 模式（见第8章和第26章）。在C3模式中，气孔积累玉米黄质并且受蓝光刺激张开。CAM 效应则抑制了玉米黄质的积累和响应蓝光刺激的气孔开放（Tallman et al.，1997）。

（6）在玉米胚芽鞘向蓝光弯曲的反应中，玉米黄质含量和向光性反应线性相关（Web Topic 18.3）。

18.3.4 绿光逆转蓝光刺激的气孔开放

蓝光刺激的气孔开放可被绿光（500~600 nm）所逆转。当保卫细胞同时接收蓝光和绿光照射时，气孔的

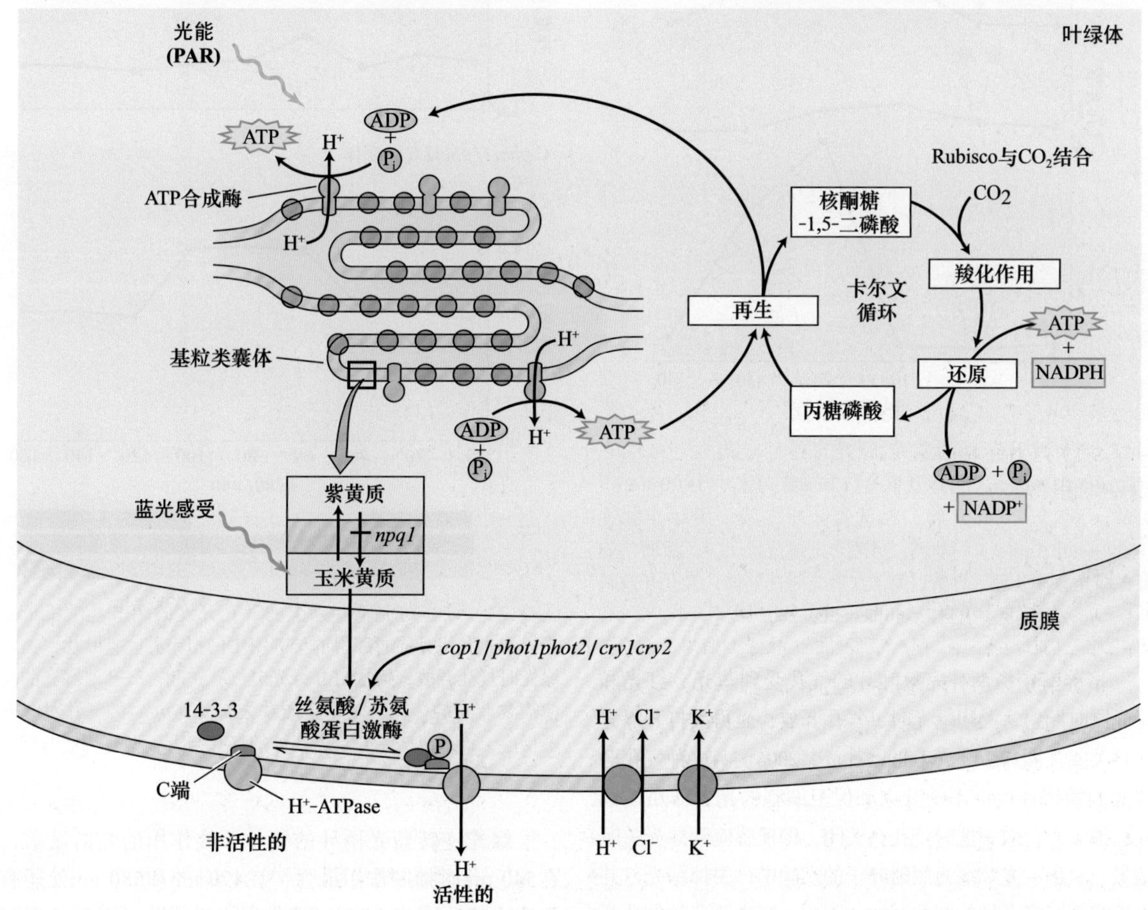

图18.22 玉米黄质在保卫细胞的蓝光感应中的作用。保卫细胞中玉米黄质的浓度随着叶黄素循环的活性而发生改变。将紫黄质转变为玉米黄质的酶是一种类囊体膜蛋白，该酶作用的最佳pH为5.2（Yamamoto，1979）。管腔酸化刺激玉米黄质和碱性紫黄质的形成。腔内的pH取决于入射光的有效辐射水平（蓝光和红光波长作用最有效，参见第7章）及ATP的合成速率，而ATP的形成有赖于能量消耗和跨类囊体pH梯度的消耗。因此，保卫细胞中叶绿体光合作用的活性、管腔pH、玉米黄质含量及蓝光灵敏度在调节气孔开度上相互作用。与叶肉细胞中相应的成分相比，保卫细胞叶绿体中含有丰富的光系统Ⅱ，因此，它们具有较高的光合电子传递速率及较低的碳固定率（Zeiger et al.，2002）。这些特性在低光子通量条件下有利于管腔酸化，同时也解释了保卫细胞叶绿体中玉米黄质的形成（图18.20），管腔pH调控的玉米黄质含量，以及管腔pH与保卫细胞叶绿体中卡尔文-本森循环的紧密结合，进一步表明保卫细胞叶绿体的二氧化碳固定率调节了玉米黄质的含量并整合了保卫细胞对光和二氧化碳的灵敏度（Web Essay 18.2）（Zeiger et al.，2002）。

蓝光反应将被抑制（见 Web Essay 18.4）。在脉冲实验中，绿光同样能逆转蓝光反应（图18.23）。离体表皮实验中，30 s 的蓝光脉冲可以诱导气孔开放，但若是蓝光脉冲过后给予绿光脉冲，则蓝光诱导的气孔开放被抑制。如果绿光处理后再第二次照射蓝光，气孔开放将得到恢复，这与光敏色素红光和远红光的可逆反应类似（Frechilla et al., 2000）。蓝光和绿光之间的可逆反应已经在几种植物离体表皮实验中得到证实，同时在完整的叶片中也被观察到（参见Web Essay 18.4）。

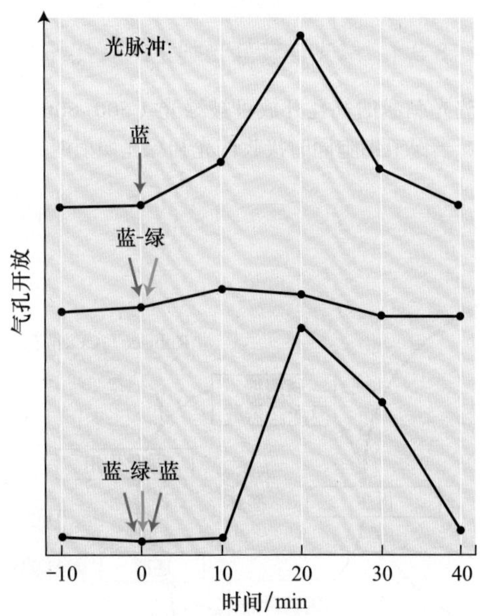

图18.23　气孔运动的蓝光-绿光可逆性。当在连续红光[120 μmol/（m²·s）]背景下给以30 s蓝光脉冲[1800 μmol/（m²·s）]，气孔开放。在蓝光脉冲之后，用绿光脉冲[3600 μmol/（m²·s）]处理，可阻止上述蓝光反应，然而，如果在绿光脉冲处理后再给以第二次蓝光脉冲处理，气孔开放则恢复（引自Frechilla et al., 2002）。

培养室中拟南芥完整叶片的气孔受到蓝光、红光和绿光同时照射，关闭绿光时，气孔开放，而再次打开绿光气孔关闭（图18.24）（Talbott et al., 2006）。这种气孔对绿光的敏感性反应不受叶肉和保卫细胞的光合作用的调控，因为光合效率低时气孔会关闭，即使感应到绿光关闭信号。只用红光和绿光照射叶子的实验中，关掉绿光，并未观察到绿光介导的气孔开放。因此，绿光调节的气孔开放反应只有在蓝光存在的情况下才能被观察到，就像在离体的表皮条实验中观察到的那样。在完整叶片的气孔对绿光反应的有重要的生理生态意义，即来自太阳光照射时的绿光子在自然条件下下调蓝光照射下的气孔反应。

向光素缺失双突变体*phot1/phot2*的气孔，受蓝光刺激后会开放，绿光关闭后，气孔开度进一步增加，但是玉米黄质缺失突变体*npq1*的气孔则无此现象（图18.24）。上述结果说明，绿光逆转蓝光反应需要玉米黄质，并不需要向光素。

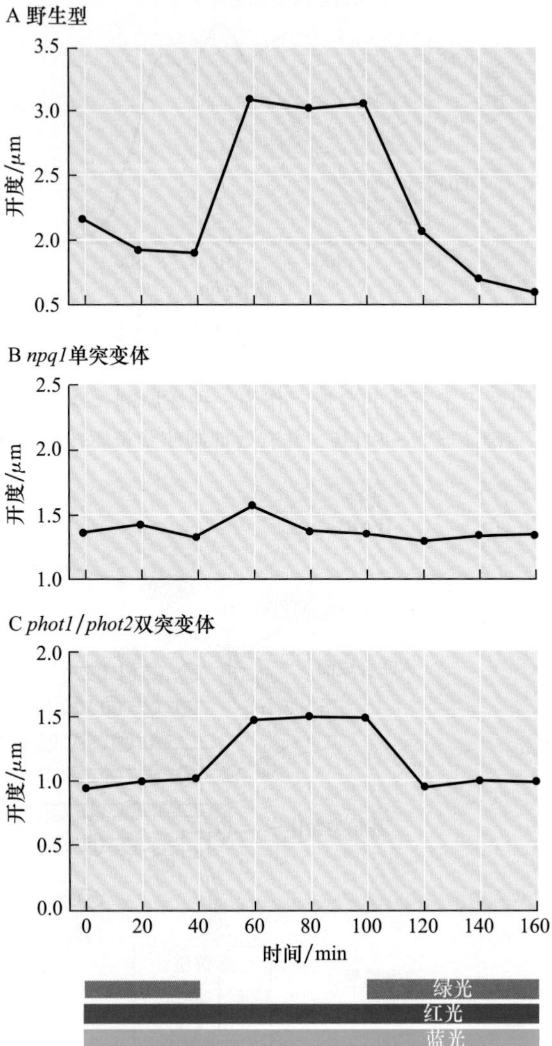

图18.24　绿光对完整叶片上的气孔开度的调节。生长于蓝光、红光和绿光同时照射的培养室中的拟南芥完整叶片，关闭绿光时气孔开放，再次打开绿光时气孔关闭。气孔对绿光的反应需要蓝光的存在。玉米黄质缺失突变体*npq1*的气孔对绿光不反应，而*phot1/phot2*双突变体的气孔与野生型有相似的反应（引自Talbott et al., 2006）。

绿光逆转蓝光诱导的气孔开放作用的光谱显示，在540 nm时抑制作用最强，在490 nm和580 nm处还有两个小峰（图18.25）。该作用光谱排除了光敏色素和叶绿素参与的可能性。该作用光谱与蓝光刺激的气孔开放的作用光谱极其相似，但是发生了大约90 nm的红移（移向更长的红光波段）。在蛋白环境中，胡萝卜素的异构化也观察到相似的红移现象。正如前面讨论的，蓝光激发气孔开放的活跃光谱与玉米黄质的吸收光谱是一致的（图18.21）。最近的光谱学研究表明，绿光对玉米黄质的异构化非常有效（Milanowska and Gruszecki,

2005）。玉米黄质的异构化改变了膜上分子的位置取向，这种转变是一个非常有效的信号转导过程。

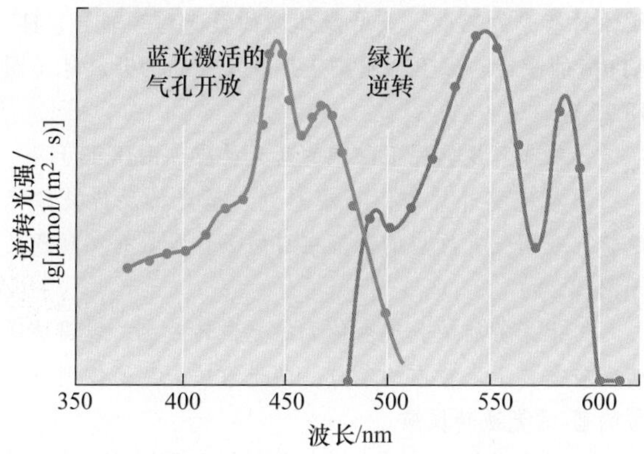

图18.25 蓝光诱导气孔开放（左曲线，源自于Karlsson，1986）及其被绿光所逆转（Frechilla et al.，2000）的作用光谱。蓝光诱导气孔开度的作用光谱，是在红光背景下，通过引起测量小麦叶片蒸腾作用的波长得到的。绿光逆转蓝光诱导气孔开放的作用光谱是在照射恒定的蓝光强度及不同波长的绿光条件下，通过测量蚕豆离体表皮气孔的开度变化得到的。注意这两个光谱是相似的，绿光逆转光谱大约红移90 nm。在蛋白质的环境中，类胡萝卜素异构化之后，观察到相似的光谱红移。

类胡萝卜素蛋白质复合体对光强的感应 一种类胡萝卜素蛋白复合体作为光强感受器为保卫细胞中（Wilson et al.，2008）蓝光-绿光之间的光循环提供了模型（Wilson et al.，2008）。在蓝藻中，橙色的类胡萝卜素蛋白（OCP）是一种与光合作用光系统Ⅱ中的藻胆体天线相关的可溶性蛋白。在第7章中介绍蓝藻是常见的淡水和海洋环境的光合细菌，OCP是一个35 kDa的蛋白质，含有1个非共价结合的类胡萝卜素，3′-海胆酮。玉米黄质和3′-海胆酮在化学结构上有密切关系，它们都是由β-胡萝卜素衍生的（Punginplli et al.，2009）。

蓝光会导致类胡萝卜素和OCP蛋白质结构的变化，将它们在黑暗中的形式转换成在光照下起作用的形式，即被激活的形式（图18.26）。绿光可逆转这一过程，

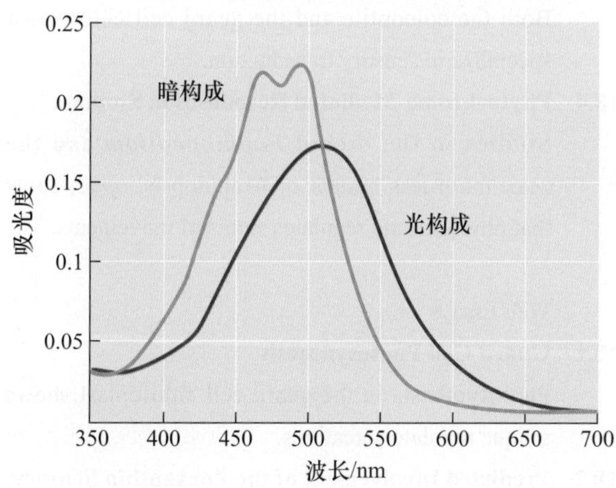

图18.26 橙色类胡萝卜素蛋白蓝-绿光逆转吸收光谱

在光合蓝藻中，OCP的这种激活形式在光保护的介入过程中起着不可缺少的作用。此外，OCP的蓝光吸收型与绿光吸收型之间的相互转换所形成的光循环可作为一种有效的光强度感受器发挥重要作用。

这些发现强烈表明，连续蓝/绿光脉冲对气孔开放的可逆调节是受光循环调控的。该过程可能涉及与蛋白相结合的玉米黄质吸收蓝光后转变为具有生理活性的绿光吸收形式，该绿光吸收形式吸收绿光后又重新转变为非活性的蓝光吸收形式。有趣的是，人们在高等植物保卫细胞、胚芽鞘叶绿体及蓝藻的OCP中，发现蓝光刺激的荧光猝灭现象（Web Essay 18.5），该现象可能与植物的光保护相关。

在20世纪40年代的胚芽鞘尖端感知蓝光的实验中，提出类胡萝卜素有可能作为蓝光受体，但此假设因为激活的类胡萝卜素具有非常短的半衰期而被排除。OCP代表一类首次文献报导蛋白与类胡萝卜素结合，作为蓝光受体感受光强的事例。这两个系统在保卫细胞叶绿体玉米黄质感知蓝光与蓝藻OCP的一些光学特征之间有惊人的相似之处，这也值得我们对这两个系统进行更深一步的研究。

光敏色素介导的气孔反应 许多研究试图界定光敏色素在气孔运动中的作用，一直没有得到突破。然而，最近研究发现在兰科莸兰及拟南芥玉米黄质缺失突变体*npq1*中，光敏色素可调节气孔运动（Web Topic 18.4）。

因此，很明显保卫细胞对蓝光的反应可以通过三种不同的信号转导通路，即特异的蓝光受体、保卫细胞中叶绿体的光合作用，以及光敏色素介导的信号转导途径。它在气孔反应的研究中对于确定参与的信号转导通路是有用的，并且确定这些不同反应的试验方法是可行的。这一特定的蓝光反应可由绿光逆转，光合作用的蓝光成分可被饱和的红光阻挡，并且光敏色素反应是远红光的可逆反应。这些方法的应用在前面已有阐述。例如，在拟南芥突变体*npq1*中观察到的蓝光刺激的气孔开放不能被绿光逆转，但却可被远红光逆转，表明在此过程中参与的光受体是光敏色素（图18.19）。相反，在*phot1*/*phot2*中蓝光刺激的气孔开放可被绿光逆转，表明存在一个特殊的蓝光受体调控此反应（Tallbott et al.，2003）。

小结

植物利用太阳光，一是作为能量来源；二是作为感受外部环境信息的信号。蓝光信号的反应与光敏色素反应不同。

蓝光反应的光生理特性

· 特异的蓝光反应在波长为400~500 nm有一个“三

指”特性的作用光谱（图18.1）。

・这些蓝光信号被转导成为电的、代谢的和遗传的过程，从而改变植物生长、发育及其功能（图18.2）。

・蓝光反应包括向光性、气孔运动、茎伸长的抑制、基因的激活、色素合成、叶的向光运动和细胞内叶绿体的运动等（图18.3~图18.9）。

・蓝光诱导的基因的转录、翻译，合成的蛋白质参与植物的光形态建成。

・蓝光诱导的气孔运动受保卫细胞渗透势的改变驱动（图18.10）。

・蓝光激活保卫细胞质膜H^+-ATP酶，跨膜泵出的质子所产生的电化学势梯度为离子的吸收提供驱动力（图18.11和图18.12）。

・蓝光也激活淀粉的降解和苹果酸的生物合成，蔗糖或钾离子和其对应共价离子在保卫细胞的积累导致气孔开放（图18.13）。

・光质可以改变调节气孔运动的不同渗透调节途径的活性（图18.14）。

蓝光反应的调节

・在植物中，14-3-3蛋白调节转录和代谢酶类。

・仅当H^+-ATP酶被磷酸化后，14-3-3蛋白可与其结合。

・蓝光调节气孔运动，依赖于其对H^+-ATP酶的激活（图18.15）。

蓝光受体

・拟南芥中，基因*cry1*和*cry2*参与调节了蓝光依赖的茎伸长的抑制、叶片的扩展、花青素的生物合成、开花及生物节律的控制等（图18.16）

・CRY1蛋白及少量的CRY2在核中积累，并与泛素连接酶COP1在体内体外相互作用。

・隐花色素的活性受其磷酸化程度的影响。CRY1蛋白也调节质膜阴离子通道活性。

・向光素蛋白主要作用在于调节植物向光性。蓝光处理后，向光素与黄素FMN结合，发生自我磷酸化（图18.17）。

・向光素缺失突变体，缺失向光性和叶绿体运动。

・蓝光抑制下胚轴伸长由*phot1*和*cry1*启动，限制*cry2*积累来调节（图18.18）。

・叶绿体中类胡萝卜素和玉米黄质参与了保卫细胞对蓝光的感受（图18.19）。

・白天气孔开放，光的照射，保卫细胞中玉米黄质的含量和气孔的开度密切相关（图18.20）。

・玉米黄质的吸收光谱与蓝光激活的气孔开度的活性光谱是一致的（图18.9和图18.21）。

・用化学或者遗传方法阻止玉米黄质在保卫细胞中积累，则蓝光引起的气孔开放也被阻断。操控保卫细胞中玉米黄质的含量有可能调节气孔对蓝光的反应。

・保卫细胞蓝光反应信号转导级联包括保卫细胞叶绿体对蓝光的感受、跨叶绿体膜的蓝光信号转导、H^+-ATP酶的激活、保卫细胞膨压形成及气孔的开放等（图18.22）。

・绿光可逆转保卫细胞的蓝光反应（图18.23）。

・在完整叶片中，可观察到对蓝光的反应被绿光逆转，表明气孔反应的调节在自然条件下具有实际意义（图18.24）。

・玉米黄质缺失突变体无绿光逆转效应，表明该逆转反应需要玉米黄质的参与，向光素缺失突变体则有正常的蓝-绿光逆转反应。

・绿光逆转的活动光谱与蓝光刺激下的气孔的活动光谱及玉米黄质的吸收光谱是相似的（图18.25）。

・蓝藻类胡萝卜素蛋白复合物，叶黄素蛋白可显示蓝绿光之间的可逆性并且它们是作为一个光受体起作用的（图18.26），橙色的类胡萝卜素提供了一个在保卫细胞中由玉米黄质感受蓝光的分子模型。

（赵 翔 张 骁 译）

WEB MATERIAL

Web Topics

18.1 Blue-Light Sensing and Light Gradients
Light gradients within organs might serve as sensing mechanisms.

18.2 Guard Cell Osmoregulation and a Blue Light-Activated Metabolic Switch
Blue light controls major osmoregulatory pathways in guard cells and unicellular algae.

18.3 The Coleoptile Chloroplast
Both the coleoptile and the guard cell chloroplast specialize in sensory transduction.

18.4 Phytochrome-Mediated Responses in Stomata
Studies in the orchid *Paphiopedilum* and the zeaxanthin-less mutant of Arabidopsis, *npq1*, show that phytochrome regulates stomatal movements.

Web Essays

18.1 Guard Cell Photosynthesis
Photosynthesis in the guard cell chloroplast shows unique regulatory features.

18.2 Predicted Involvement of the Zeaxanthin Sensory Transducing System in the Stomatal Response to

CO_2 under Illumination

Under constant light conditions, changes in ambient CO_2 concentrations modulate guard cell zeaxanthin concentrations and stomatal apertures.

18.3 The Sensory Transduction of the Inhibition of Stem Elongation by Blue Light

The regulation of stem elongation rates by blue light has critical importance for plant development.

18.4 The Blue-Green Reversibility of the Blue-Light Response of Stomata

The blue-green reversal of stomatal movements is a remarkable photobiological response.

18.5 Blue-Light Stimulation of Fluorescence Quenching and Photoprotection in Cyanobacteria and Higher Plants

Cyanobacteria and guard cells share some photobiological features involving carotenoids and photoprotection.

第 19 章

生长素——第一种被发现的植物生长激素

没有细胞、组织和器官之间的信息交流，就不可能形成多细胞的、可正常发挥功能的生物。高等植物中，代谢、生长和形态建成的调控与协调通常需要植物体内移动的化学信号。这一假设最早于19世纪由德国植物学家Julis von Sachs（1832~1897）提出。

Sachs提出，这些化学信号对于不同植物器官的形成和生长起着重要作用。同时，他还提出其他一些外界因素（如重力）可能影响这些化学物质在植物体内的分布。尽管Sachs当时并不知道这些化学物质的本性，但他的想法促进了这些信号的最终发现。

激素是产生于某种细胞或组织的化学信号物质，它们通过与特定的蛋白受体相互作用来调节其他细胞的生理过程。像动物中的激素一样，大多数植物激素在一种特定的组织内合成，而以极低的浓度在其他组织中发挥作用。那些在某一部位合成后被运输到其他部位发挥作用的激素称为内分泌激素；而那些在相邻细胞内合成又在相近的细胞处发挥作用的激素称为旁分泌激素。植物的生长发育受六大类激素的调控，它们分别是生长素、赤霉素、细胞分裂素、乙烯、脱落酸和油菜素甾醇。

植物中还鉴定出一系列在抵抗病原菌和防御食草动物侵害中起重要作用的其他信号分子，包括耦合和非耦合形式的茉莉酸、水杨酸和多肽系统素（见第13章）。最近的研究表明独脚金内酯是一种可传送的信号分子，它调控侧芽的生长（Brewer et al.，2009）；因此，独脚金内酯也可能是一种植物激素。其他类型的分子，如类黄酮（见第13章），既可以在细胞内也可以在细胞外作为信号转导途径的调节子发生作用（Peer and Murphy，2007）。实际上，植物激素和与激素类似的信号物质的种类还在不断增加。

我们将要讨论的第一种信号物质是生长素。生长素是植物中第一种被研究的促进生长的激素。大多数早期有关植物细胞伸展机制的生理学研究都与生长素的作用相关。生长素信号调控植物生长发育的每一个方面。而且，生长素和细胞分裂素不同于其他植物激素和信号物质的一个重要方面是：它们是植物胚存活所必需的。尽管其他植物激素可以作为调节植物某些特殊生长发育过程的开关，但是植物自始至终都需要一定量的生长素和细胞分裂素。

我们从简要介绍生长素的发现过程开始，接着讲述它们的化学结构和植物组织中生长素的检测方法。再接着讨论生长素的生物合成途径及生长素的极性运输（更多关于生长素合成的内容请阅读附录3），然后介绍从受体结合到基因表达的生长素的信号转导途径的研究现状。最后，我们将简要讲述生长素调节的多种生长发育过程，如茎伸长、顶端优势、根发生、果实发育、分生组织发育和向性生长。生长素和其他激素共同调控了一些生理过程。生长素在这些过程中的作用将会在相关的章节讨论。

19.1 生长素概念的出现

在19世纪下半叶，Charles Darwin 和他的儿子Francis研究了植物向性生长（tropisms，源于希腊语*tropos*，转动的意思）现象。他们的兴趣点之一就是植物的向光弯曲，这种不对称生长的现象称为向光性。在一些实验中，Darwin父子用金丝雀草（*Phalaris*

canariensis）的幼苗作为实验材料。金丝雀草的幼叶被包裹在一种称为胚芽鞘的保护器官中（图19.1）。

胚芽鞘和幼苗对光非常敏感，特别是蓝光（见第18章）。如果用微弱的蓝光照射胚芽鞘幼苗的一侧，它们将会在1 h之内向着光源弯曲生长。Darwin父子发现胚芽鞘的顶端能感受光。如果用铝箔将胚芽鞘的顶端覆盖，胚芽鞘将不会发生弯曲。控制胚芽鞘弯向光源的那部分区域位于胚芽鞘顶端以下几毫米处，这段区域称为伸长区。

因此，他们推断产生于胚芽鞘顶端的某种信号被运输到伸长区从而引起背光侧比向光侧生长迅速。他们的实验结果于1881年发表在*The Power of Movement in Plants*上。

此后，许多研究者对胚芽鞘中刺激生长的物质展开了长期的实验研究。在那时已经知道去除胚芽鞘的顶端，胚芽鞘的生长将停止。研究者曾经试图通过将胚芽鞘顶端研磨后检测提取物活性的方法分离并鉴定这种促进生长的化学物质。但是，这种方法失败了，这是因为在研磨组织的过程中，那些在正常情况下存在于细胞区室中的抑制性物质也释放到了提取液中。

1926年Frits Went证明了燕麦（*Avena sativa*）胚芽

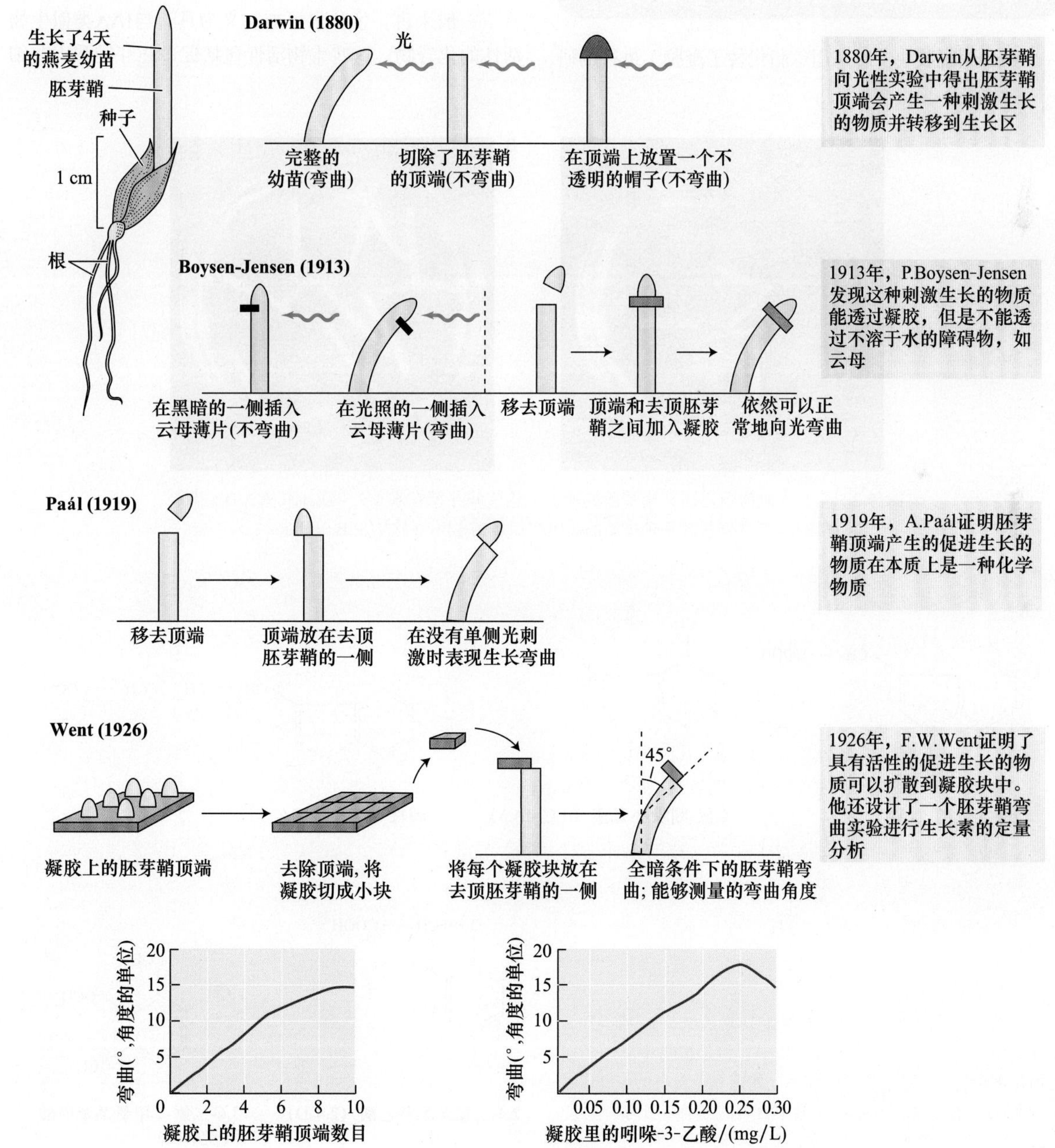

生长了4天的燕麦幼苗
胚芽鞘
种子
1 cm
根

Darwin (1880)
光
完整的幼苗(弯曲)
切除了胚芽鞘的顶端(不弯曲)
在顶端上放置一个不透明的帽子(不弯曲)

1880年，Darwin从胚芽鞘向光性实验中得出胚芽鞘顶端会产生一种刺激生长的物质并转移到生长区

Boysen-Jensen (1913)
在黑暗的一侧插入云母薄片(不弯曲)
在光照的一侧插入云母薄片(弯曲)
移去顶端
顶端和去顶胚芽鞘之间加入凝胶
依然可以正常地向光弯曲

1913年，P.Boysen-Jensen发现这种刺激生长的物质能透过凝胶，但是不能透过不溶于水的障碍物，如云母

Paál (1919)
移去顶端
顶端放在去顶胚芽鞘的一侧
在没有单侧光刺激时表现生长弯曲

1919年，A.Paál证明胚芽鞘顶端产生的促进生长的物质在本质上是一种化学物质

Went (1926)
凝胶上的胚芽鞘顶端
去除顶端，将凝胶切成小块
将每个凝胶块放在去顶胚芽鞘的一侧
45°
全暗条件下的胚芽鞘弯曲；能够测量的弯曲角度

1926年，F.W.Went证明了具有活性的促进生长的物质可以扩散到凝胶块中。他还设计了一个胚芽鞘弯曲实验进行生长素的定量分析

弯曲(°,角度的单位)
20
15
10
5
0　2　4　6　8　10
凝胶上的胚芽鞘顶端数目

弯曲(°,角度的单位)
20
15
10
5
0.05　0.10　0.15　0.20　0.25　0.30
凝胶里的吲哚-3-乙酸/(mg/L)

图19.1　生长素研究的早期实验概述。

鞘顶端存在促进生长的化学物质，使研究达到了顶点。Went最大的突破在于他避免使用研磨的方法，而是将那些化学物质从切割开的胚芽鞘顶端直接扩散到凝胶块中。如果将这些凝胶块不对称地放在去掉顶端的胚芽鞘上面，那么在没有单侧光源的情况下这些凝胶块可被用来检测引起弯曲的能力（图19.1）。因为从胚芽鞘顶端释放到凝胶块中的物质能促进胚芽鞘片段的伸长（图19.2），最终，人们采用希腊词*auxein*将这种物质命名为生长素，意思是“增加”或“生长”。下一步是鉴定这种物质的化学性质，了解它的产生、分布和生理作用。

19.2 主要的生长素：吲哚-3-乙酸

Went用凝胶块（后来用琼脂代替了凝胶）进行的研究有力地证明了从胚芽鞘顶端扩散出的促进生长物质是一种化学物质。它产生于一个位置并快速地运输到它发挥作用的位置。这一事实说明它是一种真正的植物激素。

在20世纪30年代中叶，人们确定主要的生长素是吲哚-3-乙酸（indole-3-acetic acid，IAA）。后来又在高等植物中发现了其他几种生长素（图19.3A），但IAA是到目前为止含量最丰富、生理作用最重要的生长素。因为IAA的结构相对简单，研究所和工厂实验室能够快速合成一系列具有生长素活性的分子。有些被作为除草剂应用于园艺和农业生产上（图19.3B）。同时，建立了在植物组织中评价这些不同化合物的生长素活性和转运的几种不同的标准。

一般来讲，生长素可被定义为具有与IAA类似生物活性的化合物。这些生物活性包括促进胚芽鞘和主茎细

A

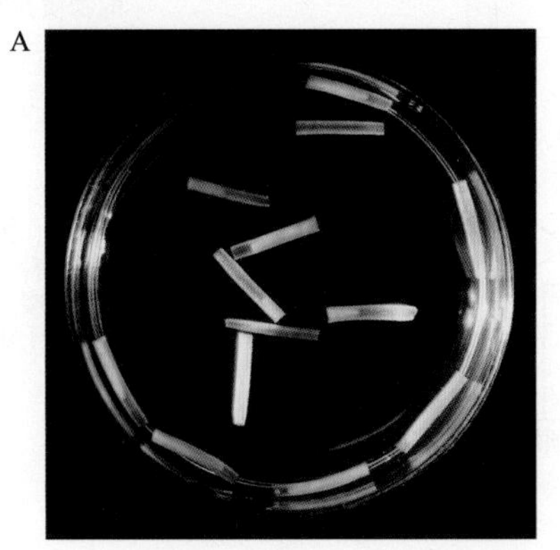

B

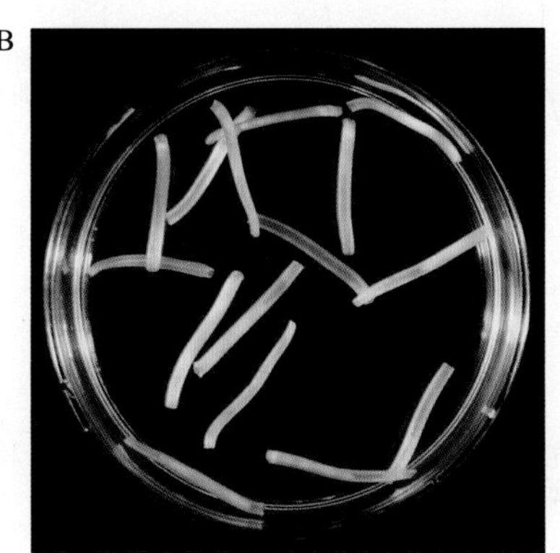

图19.2 生长素刺激燕麦胚芽鞘片段的伸长。这些胚芽鞘在水（A）或生长素（B）中孵育18 h。半透明状胚芽鞘里面的黄色组织是初生叶（引自M. B. Wilkins）。

A

CH_2 — COOH
N
H
吲哚-3-乙酸（IAA）

Cl
CH_2 — COOH
N
H
4-氯-吲哚-3-乙酸（4-Cl-IAA）

CH_2 — CH_2 — CH_2 — COOH
N
H
吲哚-3-丁酸（IBA）

B

O — CH_2 — COOH
Cl
Cl
2,4-二氯苯氧基乙酸（2,4-D）

COOH
Cl
OCH_3
Cl
3,6-二氯-2-甲氧基苯甲酸（麦草畏）

图19.3 生长素的结构。A. 天然生长素的结构。吲哚-3-乙酸（IAA）存在于所有植物中，但是植物中其他相关化合物也具有生长素的活性。如豌豆中含有的4-氯-吲哚-3-乙酸；玉米和豆科植物中含有的吲哚-3-丁酸（IBA）。B. 两种人工合成的生长素的结构。在园艺和农业上，大多数合成的生长素被用作除草剂。

胞的伸长，在细胞分裂素存在的情况下促进愈伤组织细胞的分裂，促进离体的叶片和主茎上形成不定根，以及调控其他一些与IAA作用相关的生长发育。尽管所有具有活性的生长素的化学结构不同，但是它们有一个共同的特征：带正电荷的芳香环和带负电荷的羧基之间的分子距离约为0.5 nm。

我们将从生长素的化学本质开始讨论，继而讲述生长素的生物合成、运输和代谢。最近，越来越多强有力的分析方法和分子生物学方法的应用使科学家能够鉴定出生长素的前体，研究生长素的降解和其在植物体内的分布。根据研究者所需要的信息，生物样品中生长素类物质的含量和鉴定可以通过生物测定、质谱或酶联免疫吸附测定法（ELISA）进行分析。

 19.2.1　IAA在分生组织和幼嫩的分裂组织中合成

IAA的生物合成主要发生在快速分裂和生长的组织，特别是枝干中（Ljung et al.，2005）。尽管几乎所有的植物组织都可能产生IAA，但茎尖分生组织和幼嫩的叶片是合成生长素的主要位点（Ljung et al.，2001）。当根伸长和成熟时，尽管根依赖于很多由枝干产生的生长素，但根端分生组织也是合成生长素的重要位点（Ljung et al.，2005）。幼嫩的果实和种子中含有大量的生长素，但是不清楚这些生长素是新合成的还是在发育过程中从其他组织运输来的。

在拟南芥中，生长素集中在幼嫩初生叶的顶端。在叶发育过程中，人们发现生长素集中在叶的边缘，再慢慢转移到叶的基部，然后又转移到叶片中间，这种生长素产生的向基转变与叶发育和维管束分化的向基成熟顺序紧密相关，不过这也许是巧合（Aloni，2001）。

β-葡萄糖醛酸酶（β-glucuronidase，*GUS*）报告基因是一种很有用的分析工具，用底物处理植物组织时，由于该底物能在β-葡萄糖醛酸酶的作用下水解产生蓝色物质，从而可以观察到组织中GUS的活性和位置（Ulmasov et al.，1997）。通过将*GUS*报告基因连在一个对生长素有反应的DNA启动子序列后面就可以推断细胞中不连续的部分或者整个器官中自由生长素的分布情况（见第2章）。不论这种自由生长素含量是否达到了最小阈值，*GUS*基因都可以表达，而且能够检测出它呈现蓝色。

如图19.4所示，生长素可能在幼嫩叶片边缘的特定部位积累。这些部位将发育为吐水孔——地上部腺体状修饰物和维管组织。特别是在叶片边缘，它可以在根压（见第4章）的作用下使液态水通过表皮孔向外分泌。在拟南芥中，在吐水孔分化的早期阶段，人们发现大量生长素积累在幼嫩的有锯齿形的拟南芥叶片的叶垂（leaf lobe）处，形成深蓝色的*GUS*标记（箭头所示），这个部位很可能是生长素合成的部位（Aloni et al.，2003）。在分化发育的维管束中，可以看到生长素扩散的GUS活性轨迹一直延伸到正在分化的导管中（图19.4）。后面，我们还将讨论生长素在维管分化中的调节作用。

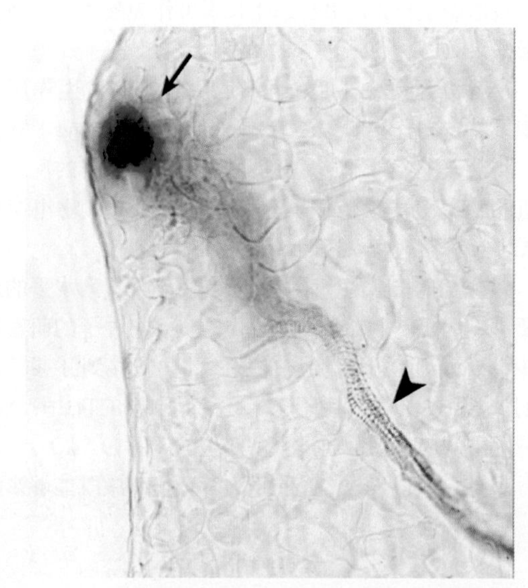

图19.4　用一个合成的生长素响应的*DR5*启动子驱动的*GUS*报告基因检测生长素在拟南芥幼嫩的叶原基中的积累位置。*DR5*启动子是根据天然存在的生长素的反应因子人工构建的，能够表明完整的组织中的生长素信号通路的存在。在吐水孔分化的早期阶段，人们发现生长素合成的中心位于有锯齿形的拟南芥叶片的叶边缘处，此处GUS染色呈集中的深蓝色（箭头所示）。呈梯度减弱的GUS活性从叶片边缘一直延伸到正在分化的维管束（箭标）。这个维管束可能作为接受来自叶边缘处的生长素的贮存库（R. Aloni and C.I.Ullrich惠赠）。

 19.2.2　IAA生物合成的多种途径

结构上，IAA与色氨酸和色氨酸合成的前体吲哚-3-甘油磷酸（indole-3-glycerol phosphate）类似，它们都可以作为IAA生物合成的前体。采用分子遗传学和同位素标记法，发现了参与依赖色氨酸的IAA生物合成途径的酶和中间分子，以及它们催化反应的顺序。在植物中，多种生物合成途径以色氨酸作为前体产生IAA；也鉴定到了一条依赖于色氨酸的细菌IAA生物合成途径。这些途径在附录3中有详细的描述。

 19.2.3　种子和贮藏器官中含有大量共价结合态的生长素

除生物合成外，组织中很大比例的生长素与高分子质量或低分子质量的化合物共价结合形成结合态。在种子和贮藏器官如子叶中尤其如此。在所有高等植物中都

发现了这些“缀合”或“结合”态生长素的存在，人们认为它们没有激素活性。IAA可以与多种不同低分子质量的化合物形成结合态，如氨基酸或糖；IAA也可以与高分子质量的化合物形成结合态，如多肽、复杂的糖苷（多个糖单元）或糖蛋白。在酶反应过程中，很多但不是全部的缀合态生长素将会迅速释放出IAA。那些可以释放自由态生长素的缀合态生长素可作为激素的可逆贮存形式。

IAA缀合物的含量和性质取决于它们发生作用的组织及特定的连接酶。在玉米（corn；*Zea mays*）胚乳中，将IAA连接到葡萄糖上是了解得最为透彻的反应。最近拟南芥分子遗传学研究促进了我们对植物组织中IAA结合/降解过程调控的认识。

缀合态生长素的代谢是调节自由态生长素水平的最主要影响因子。例如，在玉米（*Z.mays*）种子的萌发过程中，IAA-肌醇通过韧皮部从胚乳中转移到胚芽鞘。人们认为，大多数产生于玉米胚芽鞘顶端的自由IAA是由种子中的IAA-肌醇通过水解产生的（图19.5A）。

另外，人们发现，光和重力等环境刺激既能够影响生长素缀合（去除自由生长素）的速度，也能够影响自由态生长素释放（缀合态生长素的水解）的速度。缀合态生长素的形成还具有其他功能，包括储存和抵御氧化降解的保护作用等。

吲哚-3-丁酸（indole-3-butyric acid，IBA）是另一种天然生长素。IBA和IBA缀合物也对IAA贮存库有贡献（图19.5A）。氨基酰IBA和葡糖基IBA缀合物可被水解产生自由IBA，这些自由IBA可以在过氧化物酶体中通过酶促β-氧化作用转变为IAA（图19.5A）。

19.2.4 IAA的降解途径

作为高效的发育信号，激素必须寿命短并且不能长时间积累。生长素的分解代谢保证了当活性激素的浓度超过最适水平或激素反应完成时对活性激素的降解。同IAA生物合成一样，IAA的酶促降解（氧化）包括不止一条途径（图19.5B）。

通过同位素标记和代谢物鉴定，人们发现了另外两种氧化途径更有可能控制IAA的降解。在一条途

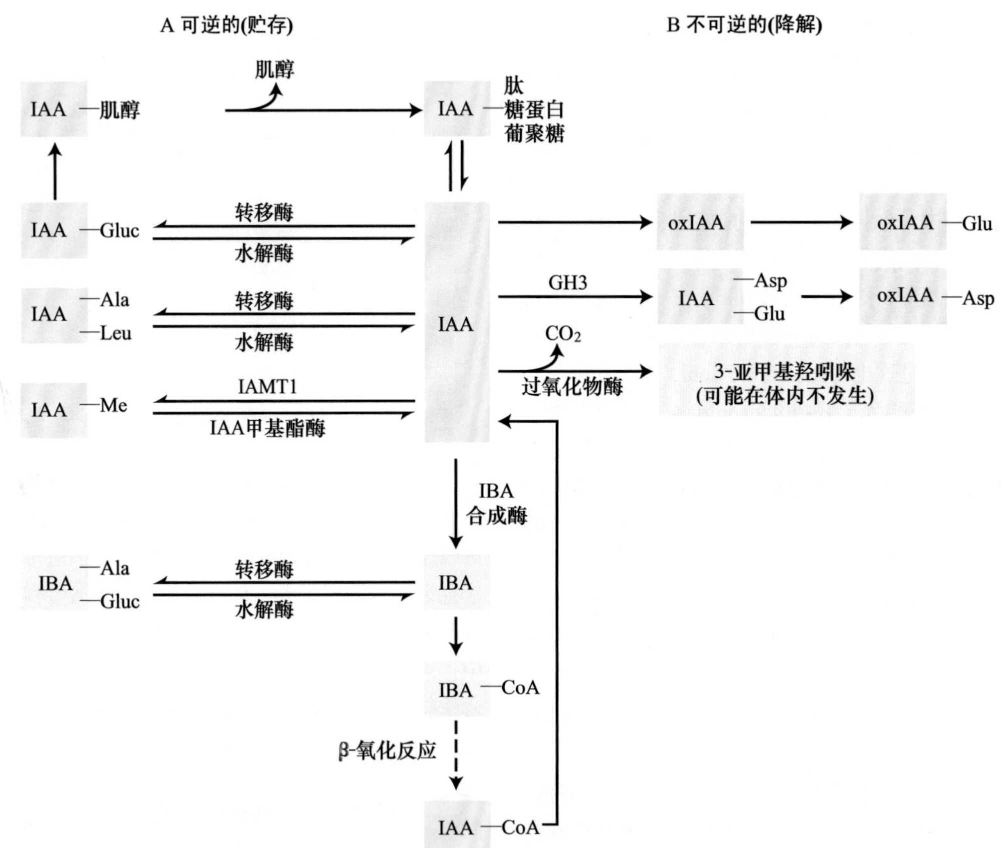

图19.5　IAA的结合和降解。该图表示的是不同的IAA缀合物及它们合成和降解的代谢途径。单箭头表示的是不可逆途径；双箭头表示的是可逆途径。A. 可逆（贮藏）形式的生长素和生长素缀合物。B. 不可逆（降解）形式的生长素和生长素缀合物。吲哚-3-丁酸（IBA）转变为IAA的β-氧化反应发生在过氧化物酶体。在IAA与己糖结合之前，它可以不可逆地被氧化为氧化吲哚-3-乙酸（OxIAA）。IAA与Asp和Glu共价结合后也可以被不可逆地降解为OxIAA缀合物（引自Woodward and Bartel，2005）。

径中，IAA的吲哚部分被氧化，形成氧化吲哚-3-乙酸（OxIAA），随后形成OxIAA-葡萄糖（OxIAA-Gluc）。在另一条途径中，IAA-天冬氨酸缀合物被氧化成OxIAA。

光照下，IAA可以被非酶促氧化。而且，在体外，植物细胞色素如核黄素可以促进IAA光破坏作用。然而，生长素在光氧化中的生理作用仍然不清楚。在体外，也发现了植物过氧化物酶体可以将IAA的3-亚甲基羟吲哚去羧基化，但是这个反应在植物体内是否发生是未知的（Normanly et al.，2005）。

19.3　生长素的运输

枝干和根的主轴及它们的分枝具有顶端—基端的结构极性，而且这种结构极性取决于生长素的极性运输。在Went建立了测定生长素的胚芽鞘弯曲实验后不久，人们发现在离体的燕麦胚芽鞘切段中，IAA主要是从顶部向基部（向基性）运输（图19.6A是“向基”和“向顶”的图示）。这种单方向的运输称为**极性运输（polar transport）**。生长素是唯一被明确地证实是极性运输的植物生长激素，且该激素的运输存在于所有的植物中，包括苔藓和蕨类植物。

生长素的极性运输是古老的，因为解剖学证据表明在具有3亿7500万年历史的木头化石中发现生长素极性运输。在活的木本植物中，生长素的极性运输遇到芽和分枝等时便会被阻断，这时就会产生生长素“漩涡”（Kramer，2006）。结果，在这些区域进行分化的导管元件便会形成环状结构。研究发现，在木材（代表生长素极性运输）中同一个位置产生的环状结构同样也能够在上溯到泥盆纪前期所形成的原始裸子植物的木头化石中检测到（Rothwell and Lev-Yadun，2005）。

植物中的生长素主要来源于茎的顶端，很长时间以来人们一直认为极性运输是造成从茎尖到根尖的生长素浓度梯度的主要原因。生长素从茎到根的纵向浓度梯度影响多种生长发育过程，包括胚胎发育、茎伸长、顶端优势、伤口愈合和叶片衰老。

生长素在茎干、叶和根中极性运输的最主要部位

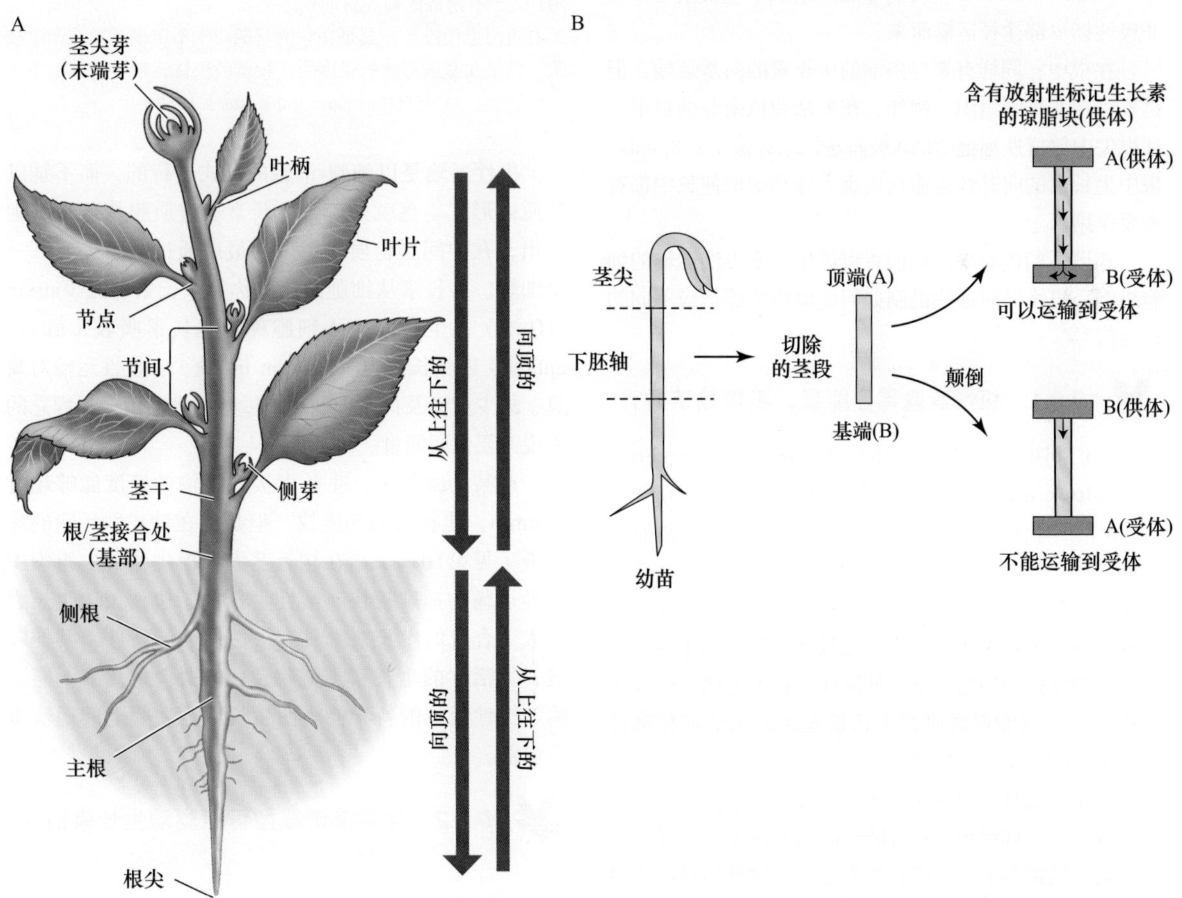

图19.6　放射标记的生长素表明生长素的极性运输。A. 在植物的基部（根、茎的接合处）根据生长素运输的方向描述生长素的极性运输。生长素从茎向下运输（向着基部）直到根、茎的接合处。从这一点开始，向下的运输称为向顶运输（向着顶端）。生长素从根尖向根、茎接合处的运输也称为从上往下的运输（向着基部）。B. 供体-受体琼脂块法测定生长素的极性运输。极性运输不依赖于重力。

是维管束（vascular）的薄壁组织，很可能是木质部。草本的胚芽鞘是一个例外，在其胚芽鞘中，向基性运输主要通过非维管束（nonvascular）的薄壁组织。在维管束的薄壁组织中，生长素运输的总方向在胚胎期就建立了，很快在茎尖可以检测到生长素的累积（见第16章）。因为胚胎没有根，所以最开始胚胎中生长素的极性运输是由上向下运输的。在根的维管柱中，植物的一生都维持这种胚胎维管薄壁组织中生长素的向基运输。但是，在萌发后的根中，这种向基的生长素流变成向顶运输，因为生长素被从根茎的节点运向根尖。

有些生长素运输也发生在韧皮部的筛管中，且依赖于韧皮部的生长素运输由糖的"源-库"分布过程所驱动（见第10章），它对生长素在根中的向顶运输有重要作用。

在韧皮部中，长距离的生长素运输似乎对控制形成层细胞的分化和胼胝质的积累或从筛管的移除起重要的作用。在韧皮部中的生长素的运输也可以转移到木质部的薄壁组织中。通过放射性标记IAA的研究表明，在豌豆（*Pisum satovum*）茎尖的非成熟组织中生长素可以从非极性韧皮部途径运输而来。

在根中，同样有来自顶端的生长素的向基运输，但是发生在非维管组织。例如，在玉米和拟南芥的根中，在根尖中放射性标记的IAA被向基性地运输了2~8 mm。根中生长素的向基性运输在向重力性和侧根伸长中都有重要作用。

在以下的内容中，我们将讨论生长素极性运输的细胞机制，也将探讨这些机制如何使植物能够适应不同的环境信号。

 19.3.1 极性运输需要能量，不依赖于重力

人们利用供体-受体琼脂块法（the donor-receiver agar block method）进行早期的极性运输研究（图19.6B）。将含有放射性同位素标记的生长素的琼脂块（供体块）放在一段组织的一端，受体块放在另一端。生长素通过组织向受体块的转移即可以通过测定受体块中放射活性来确定。这种方法经改进后可以用来测定更小的放射性标记的生长素小液滴在植物不连续表面上的沉积作用。这能提高研究生长素短距离运输的精确性（Peer and Murphy，2007）。

从很多这样的研究中，人们总结出IAA极性运输的一般特性。不同组织中IAA极性运输的程度不一样。在胚芽鞘、植物茎干、叶柄和根表皮中，向基运输占主导地位；然而在根的中柱中，生长素是向顶运输的。极性运输（至少是在短时间内）不受组织的方向影响，所以它是不依赖于重力的。

如图19.7所示，揭示了缺少重力作用对生长素的向基运输的影响。在这个例子中利用的是葡萄的茎梗，将其茎干砍断，放在潮湿的温室中，发现在切割处的基端形成不定根，切割处顶端形成枝干，即使当砍断的位置颠倒也是如此。根在基端形成是因为根的分化受向基运输所积累的生长素的刺激。枝干倾向于在生长素浓度低的顶端形成。

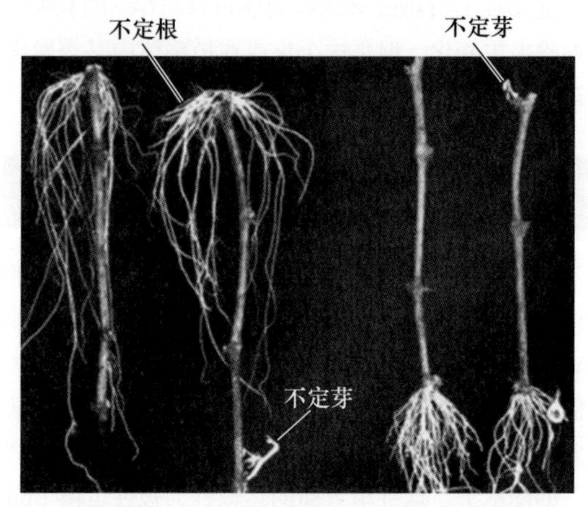

图19.7 不论将葡萄硬材的切段倒置（左边两个切段）或正置（右边两个切段），总是在它的基端产生不定根，顶端产生枝条。总是在基端形成根是因为生长素的极性运输不依赖于重力（引自Hartmann and Kester，1983）。

极性运输是以细胞-细胞的形式进行的，而不是以共质体形式。也就是说，生长素通过质膜从这个细胞流出，在中间层物质中扩散，最后通过质膜进入下一个细胞。生长素从细胞的流出称为生长素外流（auxin efflux）；生长素进入细胞称为生长素吸收（auxin uptake）或生长素内流（auxin influx）。极性运输对缺氧、缺少蔗糖及代谢抑制剂的敏感性表明运输过程总的来说需要代谢能量。

在某些组织中，生长素极性运输的速度能够超过3 mm/h，比扩散的速度快，但是比在韧皮部运输的速度慢（见第10章）。在接近茎尖和根尖的分生组织中极性运输的速度较快。活性生长素，包括天然生长素和人工合成的生长素都具有极性运输的特性，其他弱酸、无活性的生长素类似物及IAA缀合物几乎不能运输。极性运输的特异性表明生长素受质膜上的运输蛋白识别。

 19.3.2 化学渗透模型可能驱动生长素极性运输

在20世纪60年代晚期，由于溶液中化学渗透机制的发现（见第6章），启发人们用该模型来解释生长素的极性运输。生长素极性运输的化学渗透模型认为生长素的吸收受跨膜的质子势（$\Delta E+\Delta pH$）驱动，而生

长素流出又受膜势ΔE驱动（质子动势的详细讲解见第7章）。生长素的极性流动受聚集在传导细胞末端的极性定位的输出载体的调控（图19.8）。该模型已经在整株植物中通过实验得到了验证（Li et al., 2005），并且最近几年得到了延伸，包括生长素极性运输过程中通过共质体质子泵驱动的生长素的流入的其他作用。但是，$\Delta E+\Delta$pH并不是唯一的能量来源，一类生长素转运子也直接利用ATP作为能量。

1. 生长素内流

极性运输的第一步是生长素的内流。生长素可以通过以下两种机制进入植物细胞：来自任一方向的质子型IAAH被动扩散透过磷脂双分子层，或者由2H$^+$-IAA$^-$同向运输蛋白参与的次级主动运输运输IAA$^-$。

非解离型的吲哚-3-乙酸的羧基发生质子化。它是亲脂的，很容易扩散跨过磷脂双分子层。相反，生长素的解离型带负电荷，因此不容易透过膜。因为在通常情况下，质膜H$^+$-ATPase使细胞壁pH维持为5~5.5。质外体中15%~25%的生长素（pK_a=4.75）呈非解离型，能够被动扩散，透过质膜形成浓度梯度。当胞外pH低于正常值呈较酸性值时，发现植物细胞吸收IAA的量增加，这为证明生长素的吸收是依赖于pH的被动过程提供了第一个实验证据。最近的研究表明，在体内，质体的酸化在驱动生长素运输中也有重要作用（Li et al., 2005）。

有证据表明运输蛋白介导的次级主动吸收机制具有饱和性，这种饱和性是活性生长素特有的。一类通透酶型的生长素吸收载体蛋白**AUX1/LAX** 2H$^+$-IAA$^-$是同向运输蛋白，可以共运输2个质子和生长素阴离子（Yang et al., 2006; Swarup et al., 2008）。这种生长素次级主动运输能够比简单扩散积累更多的生长素，因为它的跨膜运输受质子动势的驱动（例如，在质体溶液中有很高的质子浓度）。次级主动运输存在的证据主要是在生长素的沉积加速极性流的移动的细胞中，如侧根的冠细胞中，生长素的吸收是生长素从侧根冠细胞离开的原始动力（Kramer and Bennett, 2005）。

AUX1在根尖和茎尖生长素的吸收中起重要作用。在侧根的冠细胞（图19.9A和B）中，AUX1是生长素离开根尖进入由上往下的生长素运输流所必需的。拟南芥*aux1*突变体无向重力性生长。用人工合成的生长素萘乙

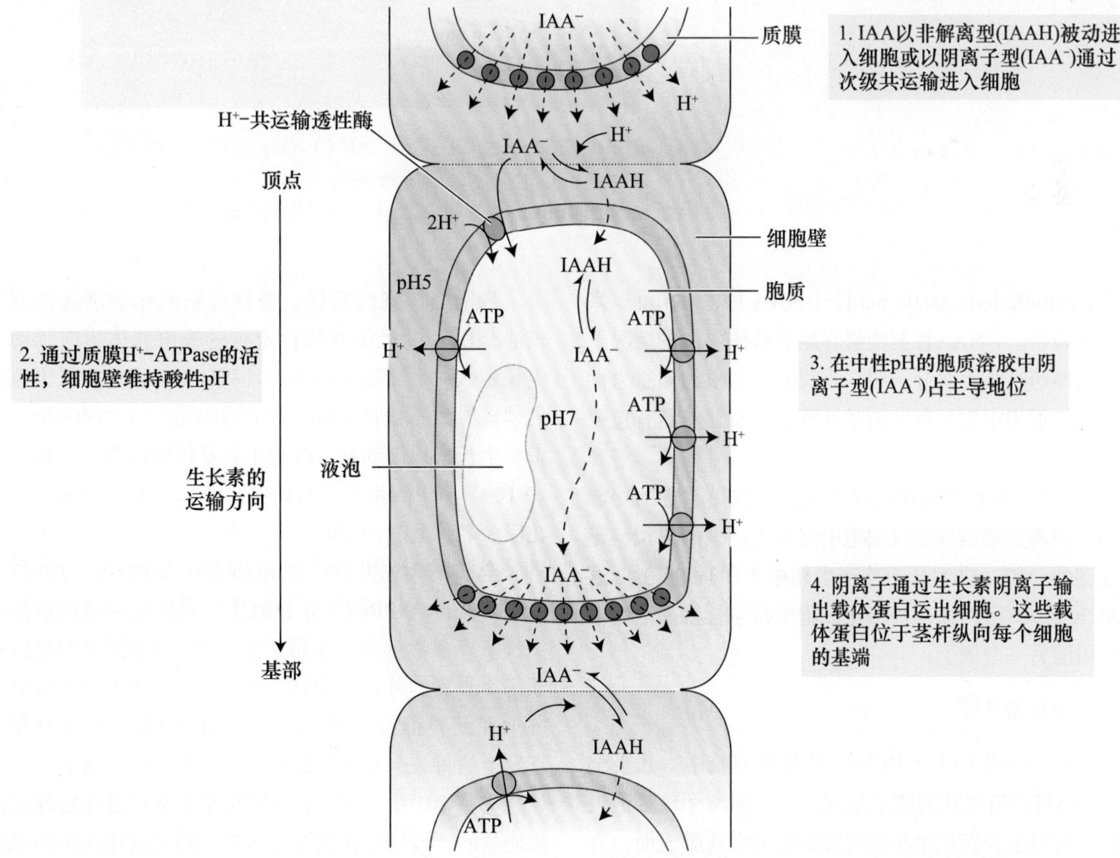

图19.8 简化的生长素极性运输化学渗透模型。这里表示的是在生长素运输中柱状的一个已经伸长的细胞。其他的向外运输的机制通过在运出的位置和邻近细胞中阻止IAA的再吸收来有助于生长素的运输。

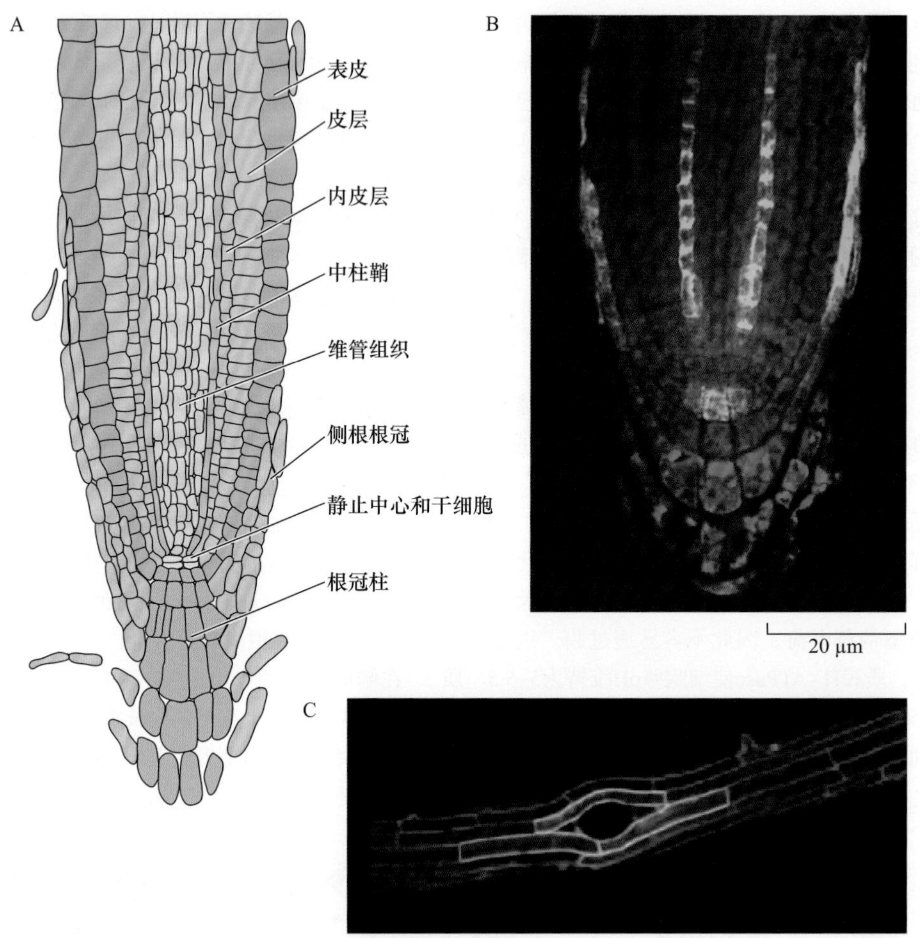

图19.9　生长素通透酶AUX1在一些小柱细胞、侧根根冠和中柱组织中表达。AUX/LAX家族的另一个成员LAX3在根的皮层和表皮细胞中起作用。A. 拟南芥根尖的示意图。B. AUX1在中柱的原生韧皮部细胞、小柱中心细胞簇及侧根的根冠细胞中的免疫定位。C. 在围绕正在产生侧根的表皮细胞中，LAX3介导生长素的吸收，从而诱导细胞的伸长及其他可以促使侧根发生的过程（B图引自Swarup et al.，2001；C图引自Swarup et al.，2008）。

酸（1-naphthylene acetic acid，1-NAA）处理，可以恢复这种表型。1-NAA甚至能够在缺乏载体蛋白的情况下很容易地跨过脂类双分子层。当我们研究根的向重力性机制时，根尖中生长素的向基性重新分布显然具有重要意义。

LAX3是生长素通透酶家族的另一成员，它的功能是在一些表皮细胞和皮层细胞中增强生长素的累积，导致细胞的分裂，进而从中柱产生侧根（图19.9C）。这是AUX1/LAX蛋白在一些特化细胞维持生长素高浓度中起作用的另一个例子。

2. 生长素外流

一旦IAA进入pH大约为7.2的胞质溶胶中，几乎全部的IAA将会解离成阴离子形式。因为阴离子较难透过质膜，所以生长素积累在胞质溶胶中或者质膜表面，直到位于细胞膜上的转运蛋白将它们运出。根据化学渗透假说，细胞内部负的质膜电势驱动IAA^-运出细胞。

像前面提到的那样，极性运输的化学渗透模型的核心是IAA^-的外流受极性定位的输出载体蛋白驱动。生长素从一个细胞末端的吸收和从每个细胞相反极选择的外流导致了极性运输。定位在细胞膜上的PIN蛋白负责将生长素运出细胞，这与生长素运输的方向一致（图19.10A）（PIN蛋白以拟南芥*pin1*突变体所形成的针形花序命名，见图19.10B）。

全长的PIN蛋白（在拟南芥中是PIN1、PIN2、PIN3、PIN4和PIN7）介导的生长素外流对植物正常的生长发育非常重要。在每个组织中，不同的PIN蛋白介导了生长素的外流（图19.11A）。在这些PIN蛋白中，PIN1是研究得最为深入的，因为PIN1对极性发育和器官发生的每一个方面都起着重要作用（见第16章）。

完整组织中的生长素运输模型表明此运输过程是依赖能量的，特别是在顶端分生组织附近的比较小的细胞中。生长素有方向地从这些细胞中的一个细胞运出，很可能再回到同一个细胞，除非位于细胞膜上的外流转运

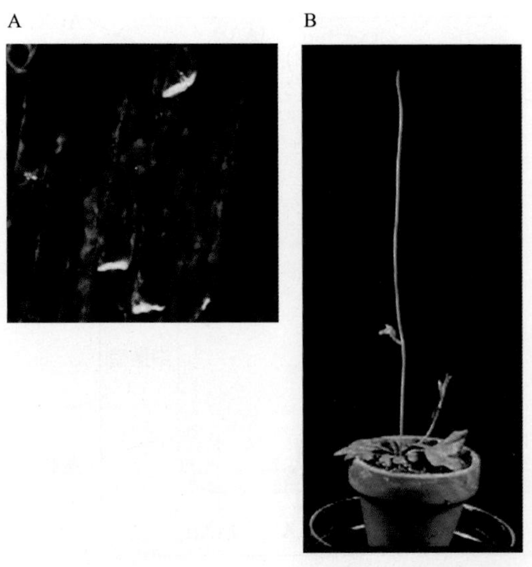

图19.10　拟南芥中的PIN1。A. 拟南芥花序中PIN1蛋白在发挥功能的细胞末端的定位。所见的荧光是用免疫荧光显微镜观察的。B. 拟南芥中的*pin1*突变体，正常的野生拟南芥如图16.1所示（L. Galweiler和K. Palme惠赠）。

蛋白将生长素主动排斥在外（图19.12）。突变体分析也表明应该存在其他的外流机制，这种机制对于阻止在长距离运输流中的生长素扩散进入邻近的组织是必要的。

植物细胞中含有的依赖ATP的转运蛋白属于植物ATP结合盒（ATP binding cassette，ABC）膜内在转运蛋白超家族中的P-糖蛋白或者“B”亚家族。这些PGP/ABCB转运蛋白中的一个亚类是膜内在蛋白，功能是作为细胞生长素外流过程中依赖ATP的两性阴离子载体（图19.12）。如果*ABCB*基因在拟南芥、玉米和高粱中缺失，这些植物将呈现不同程度的矮小，以及向重力性改变和生长素外流减少（图19.13）。

ABCB蛋白家族在拟南芥中有21个成员，水稻中有17个。ABCB家族中的三个成员广泛地参与组织特异性的生长素运输（图19.11B）。但是还不清楚有多少ABCB家族成员在生长素运输中起作用。至少有一些已被表明可以转运苹果酸盐或者其他小分子，而不是生长素。在哺乳动物中，ABCB蛋白家族的功能是多抗药性

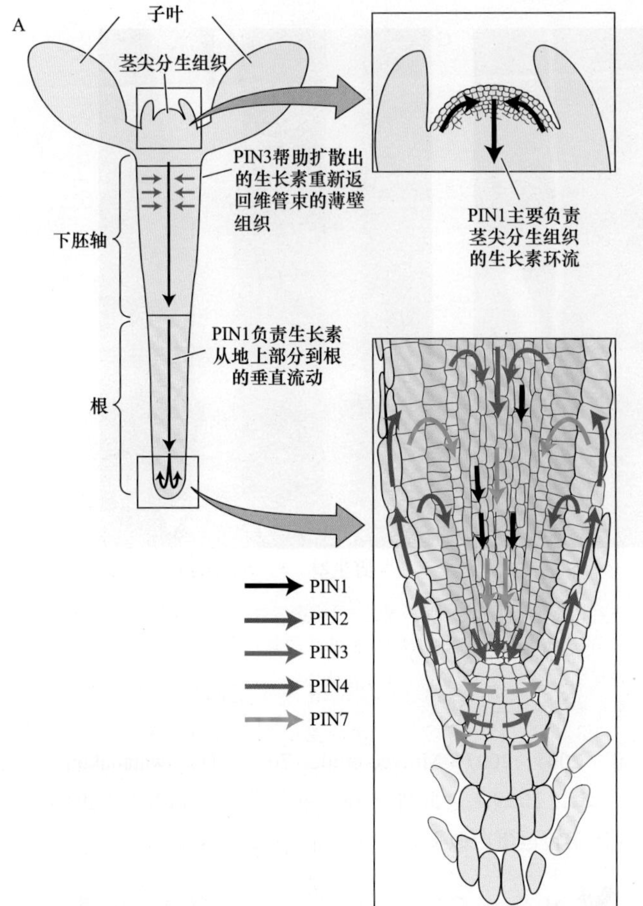

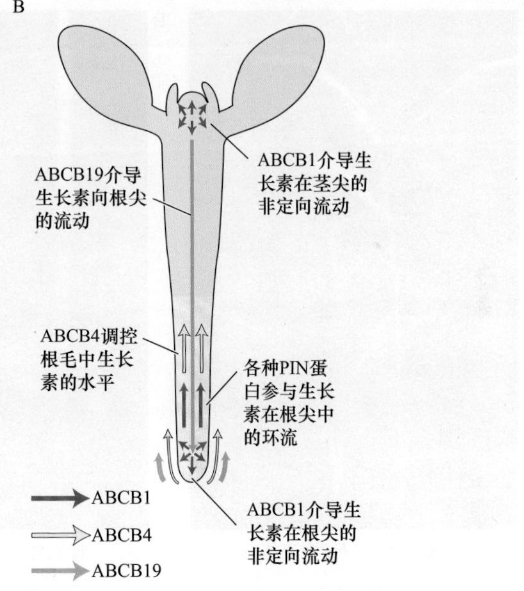

图19.11　在拟南芥中，转运蛋白PIN和ABCB介导整株植物中生长素极性运输的外流。A. PIN蛋白决定生长素的向基运输。生长素的定向运输与PIN输出辅助蛋白的组织特异性分布有关。PIN1调节IAA沿着胚胎发生的顶端到基部的方向从地上部分到根的垂直运输（见第16章）。AUX1（图19.9）创造了一个生长素的库来驱动向基部的生长素通过PIN2流出载体从根尖向上运输。既然有些生长素的侧向扩散可能会发生，PIN2和PIN3被认为能帮助扩散的生长素重新返回维管束的薄壁组织。维管束的薄壁组织是进行极性运输的地方。两个插图表示在茎尖分生组织中PIN1调节的生长素流动（上图），以及在根尖中PIN调节的生长素环流（下图）。B. 生长素的流动与依赖ATP的ABCB转运蛋白有关。在枝干和根尖的多向箭头表示非方向性的生长素环流。然而，一旦与极性定位的PIN蛋白结合后，便发生定向运输。ABCB4在正在伸长的根毛中调控生长素的水平（A图中的根模型引自Blilou et al.，2005）。

1. 质膜上H⁺-ATPase(紫色)将质子泵入质外体。质外体的酸性环境通过改变质外体中IAAH和IAA⁻的比例影响生长素的运输速度

2. IAAH可以通过诸如AUX1(蓝色)的质子共运输蛋白或扩散(带破折号的箭号)进入细胞。一旦进入胞质溶胶，IAA即变为阴离子,并且可能只有通过主动运输从细胞中运出

3. P-糖蛋白非极性地定位在质膜上，可以驱动生长素主动运输(依赖ATP)

4. 当极性定位的PIN蛋白(黄色)和PGP蛋白相互作用时,会克服回流扩散效应而协同增强主动极性运输

生长素梯度

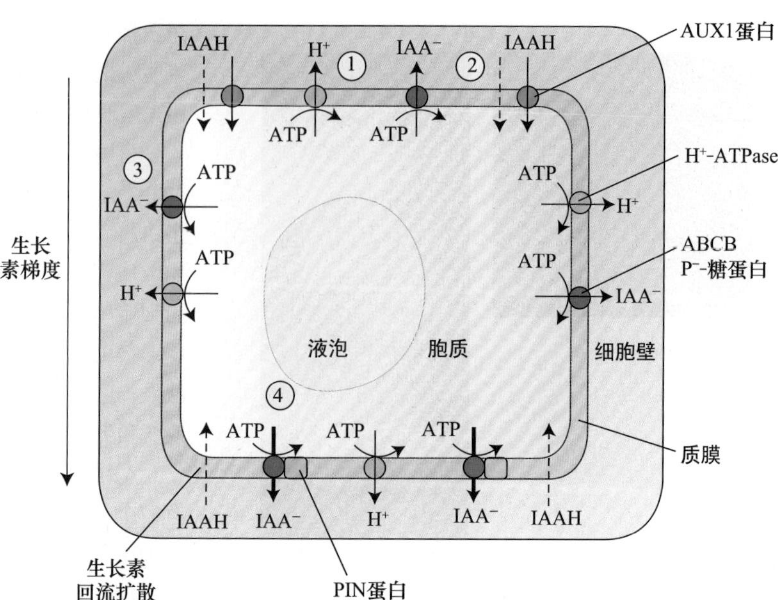

图19.12　在较小细胞中生长素的极性运输模型。由于小细胞具有高的表面积/体积，因此生长素的回流扩散明显。ABCB蛋白被认为通过阻止在载体位置输出的生长素的重新吸收而维持生长素流。在较大的细胞中，ABCB转运蛋白的功能可能是将生长素排出极性流，使其进入邻近细胞。

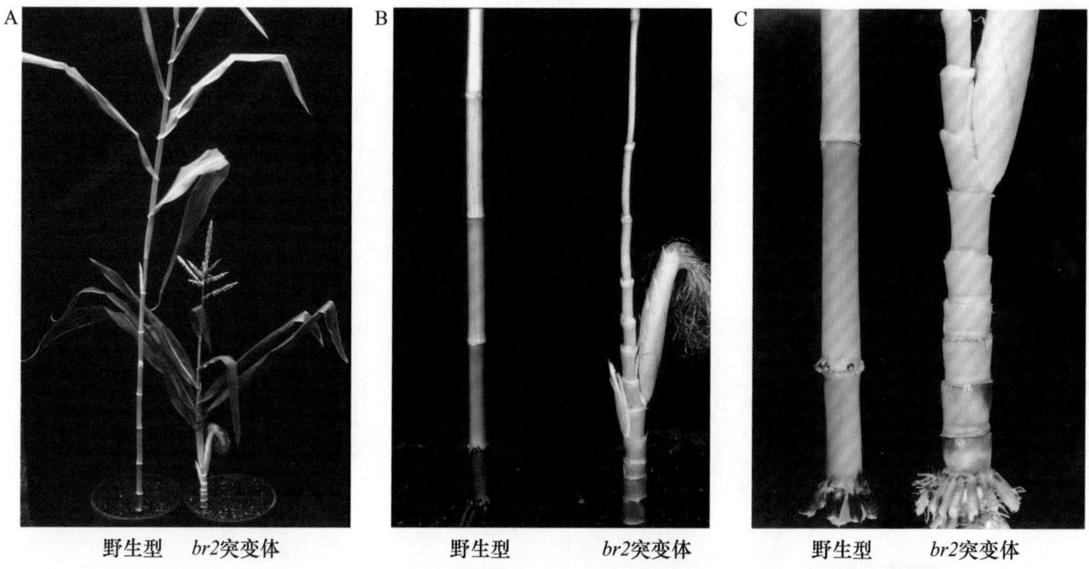

图19.13　在玉米中*BR2*（*Brachytic 2*）基因编码一个糖蛋白，是生长素的正常运输所必需的。*br2*突变体有短的节间。突变体是用*mutator*转座子通过插入突变的方法获得的。研究者并不知道*Mu8*转座子含有*BR2*基因的片段。这个*BR2*基因片段的表达产生干扰RNA（interfering RNA，RNAi），使BR2的表达发生沉默（见第2章）。*br2*突变体的茎秆紧缩低矮（B和C），但是有正常的雄花花穗和玉米穗（A和B）。

转运蛋白，并表现出较差的底物特异性。与哺乳动物中的ABCB家族不同，植物中运输生长素的ABCB对底物有相对严格的特异性。

总的来说，ABCB蛋白是均匀地而不是极性地分布在茎尖和根尖细胞的质膜上。但是，当特异性的ABCB蛋白与PIN蛋白在同一个细胞的同一个位置碰到一起时，生长素运输的特异性增强了，PIN蛋白与ABCB蛋白相互协同以使生长素的运输具有方向性（Blakeslee et al.，2005，2007；Mravec et al.，2008；Titapiwatanakun et al.，2009）。此外，在一些细胞中，极性定位的ABCB转运蛋白似乎对有方向的生长素运输更有贡献。

 19.3.3　PIN和ABCB转运蛋白调控细胞中生长素的平衡

关于IAA的亚细胞分布和代谢的研究很少。但是，人们认为IAA在细胞质和其他的亚细胞组分中都有分

布。IAA是一个两性分子（既有疏水区域也有亲水区域），因此人们认为细胞中的IAA可能通过它的疏水区域与内膜区域或者蛋白质结合。进一步的生长素的耦合和代谢机制可能在生长素增加后快速地作用于游离的IAA。PIN5、PIN6和PIN8等短的PIN蛋白定位在内质网上。至少PIN5可能通过将IAA转运到内质网从而调控IAA的代谢（Mravec et al., 2009）。

ABCB4是一个PGP型转运蛋白。在根毛中，ABCB4可能调控了生长素的水平。在生长素浓度低时，ABCB4可能在细胞中生长素的吸收中起作用。但是，当生长素浓度达到一个阈值时，ABCB4的功能迅速转变为将生长素泵出细胞（Yang and Murphy, 2009）。这些结果表明，游离的生长素能够被位于细胞内膜或者细胞质膜上的转运蛋白调控（图19.14）。并不令人奇怪的是，所有已知的生长素转运蛋白的丰度在一定程度上受生长素的水平所调节。

 19.3.4　化学物质抑制生长素的内流和外流

几种人工合成化合物可以作为生长素运输的抑制剂，包括NPA（1-*N* -naphthylphthalamic acid）、CPD（2-carboxyphenyl-3-phenylpropane-1，3-dione或“cyclopropyl propane dione”）、TIBA（2，3，5-triiodobenzoic acid）、NOA（1-napthoxyacetic acid）、2-[4-（diethylamino）-2-hydroxy-benzoyl] benzoic acid和gravacin等（图19.15）。NPA、TIBA、CPD和gravacin是生长素输出的抑制剂（auxin efflux inhibitor，AEI），NOA是生长素输入的抑制剂。

有些AEI，如TIBA，具有弱的生长素活性。它能够与生长素竞争外流转运蛋白以部分地抑制极性运输。其他AEI，如CPD、NPA和gravacin，它们通过与转运蛋白的调节位点结合干扰生长素的运输。一些抑制剂，如gravacin，特异性地干扰一类转运蛋白对生长素的运输（Rojaspierce et al., 2007）。而其他的抑制剂，如NPA，则与多种蛋白质结合并干扰其活性，其中的一些抑制剂只是方向性地参与生长素的运输。

一些天然的化合物也作为生长素输出抑制剂。最开始被发现有此功能的天然化合物是黄酮类（图19.15B）。黄酮类是ROS清除剂，也是一些金属酶、激酶和磷酸酶的抑制剂（Peer and Murphy, 2007）。黄酮类对生长素运输的影响主要是导致这些物质活性的改变。

和一些药理学试剂的例子一样，使用高浓度的抑制剂导致特异性反应降低（Peer et al., 2009）。当使用高浓度的抑制剂时，AEI也可以通过改变蛋白质与蛋白质间的互作以干扰与它们结合的质膜蛋白的运输。稍后将在本节讨论蛋白运输在调节生长素极性运输中的作用。

 19.3.5　生长素运输的多种调控机制

生长素运输受基因的转录和翻译后修饰机制的调节。编码生长素转运蛋白的基因表达具有组织特异性，

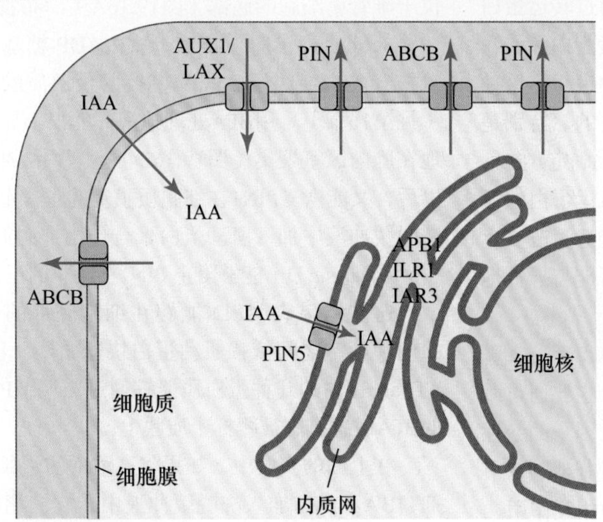

图19.14　转运蛋白调控的生长素动态平衡的模型。细胞间的生长素极性运输由细胞膜定位的PIN1类似蛋白和ABCB等生长素流出运输蛋白及生长素流入运输蛋白AUX/LAX调控。细胞内的生长素被分成细胞质和内质网两个区间。PIN5和PIN5类似（PIN6和PIN8）运输蛋白调控内质网中生长素的滞留。大部分生长素结合蛋白（ABP1）与生长素高度结合，定位在内质网中。ILR1和IAR3编码IAA-氨基酸水解酶，能够释放内质网中的自由生长素（引自Mravec et al., 2009）。

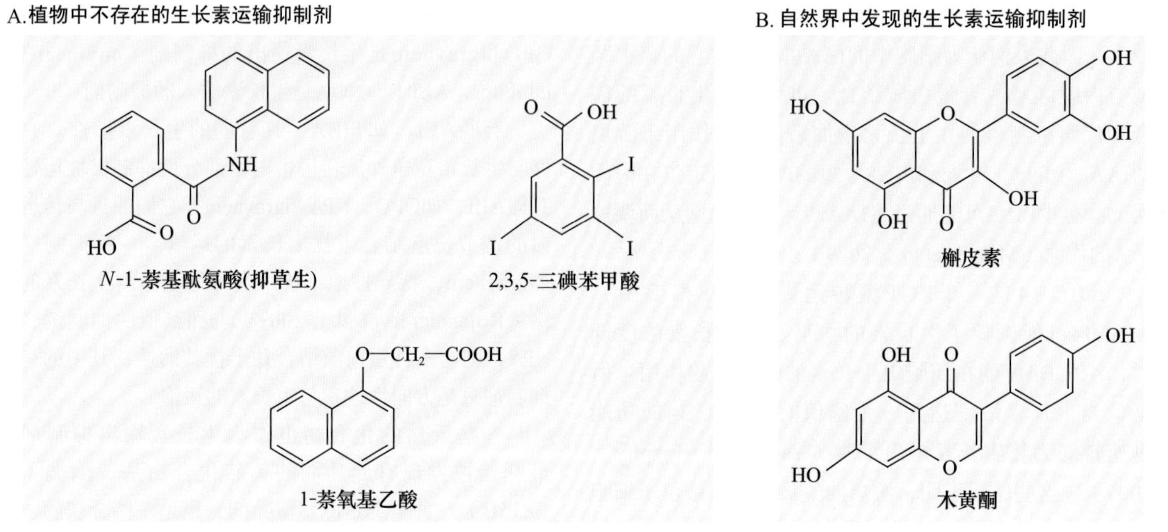
A.植物中不存在的生长素运输抑制剂
NH
O
HO
O
N-1-萘基酞氨酸(抑草生)
O
OH
I
I
I
2,3,5-三碘苯甲酸
O—CH₂—COOH
1-萘氧基乙酸
B. 自然界中发现的生长素运输抑制剂
OH
HO
O
OH
OH
OH
O
槲皮素
OH
OH
O
HO
O
木黄酮

图19.15　几种人工合成（A）和天然（B）生长素运输抑制剂的结构。

而且组织特异性表达受生长发育和环境因素的影响。其他的因素如蛋白质的磷酸化状态、与其他调控蛋白的相互作用、蛋白水解过程和膜组分等也决定了生长素运输的速度和方向。在这里，我们将讨论调控生长素运输的一些重要因素：激素、蛋白运输和黄酮类。

1. 与其他激素的相互作用

几乎已知的所有植物信号组分对生长素运输或者依赖于生长素的基因表达都有影响。生长素本身调控编码生长素转运蛋白基因的表达，从而增加或者减少这些基因的丰度来调控生长素的水平。生长素似乎也影响细胞中很多极性事件，从而为其自身的有方向性的运输流提供一个通道。换句话说，小的生长素流通过转运蛋白和维管组织的建立被扩大并稳定，这些转运蛋白和维管组织又维持了生长素有方向地流向生长中的组织。这种效应在胚胎的极性生长和器官发生中是显著的。特别是PIN1已被表明为这些发育中的重要的生长素流动确定方向。

乙烯通过改变AUX1吸收和PIN1外流转运蛋白的活性和丰度影响生长素运输流。虽然乙烯可能通过改变生长素的合成影响根中生长素运输，但乙烯可能特异性地调控了侧根的发育（Swarup et al.，2007）。

油菜素甾醇、细胞分裂素、茉莉酸、赤霉素、独脚金内酯和一些黄酮也能调控生长素的运输，主要通过改变编码生长素转运蛋白的基因的表达、调控因子的活性或者细胞运输的机制等。我们将在本章或者其他的章节讨论它们在其所调控的生理和发育过程中的相互作用。

2. 蛋白质运输的功能

生长素转运蛋白的细胞膜定位包括新合成的蛋白质通过内体次级运输的转运（蛋白质运输）。对于ABCB转运蛋白来说，正确折叠和糖基化的蛋白质可以通过次级囊泡运输到细胞膜。在细胞膜上，其中的一些ABCB转运蛋白如ABCB19能形成非常稳定的复合物，其中在膜上富含甾醇的复合物中包括PIN1蛋白（Titapwatanakun et al.，2009）。然而，全长的PIN流出转运蛋白和AUX1流入载体的细胞膜定位都受小泡运输的调控。这种运输机制包括细胞膜和内体区室间的胞吞循环（Geldner et al.，2001，2003；Swarup et al.，2001；Swarp and Bennett，2003）。这种机制可能也调控了极性定位的PIN转运蛋白如何从质膜上均匀分布变成细胞末端质膜上特定分布。

首先用PIN1阐明胞吞循环。拟南芥根尖中PIN1定位于维管束细胞的底部（图19.16A）。布雷非尔德菌素（brefeldin A，BFA）能够干扰由ADP-糖基化作用/鸟嘌呤核苷酸交换因子GNOM调控的蛋白质的内吞和分泌（见第16章）。用BFA处理拟南芥的根，导致PIN1异常地在胞内区室聚集（图19.16B）。当用缓冲液洗脱BFA以后，又能恢复PIN1在细胞质膜上的正常定位。但是在洗脱缓冲液中加入肌动蛋白聚合作用抑制剂松胞菌素D（cytochalasin D）能够阻止 PIN1在质膜的正常再定位。

这些结果表明PIN能够在细胞底部的质膜和未知的内膜区室之间依赖肌动蛋白快速循环。包括质膜H^+-ATPase在内的几种蛋白质能够通过与调节PIN循环相同的BFA敏感机制被靶标于质膜上。

在上面的实验中，如果将高浓度的生长素输出抑制剂TIBA和NPA加入洗脱缓冲液中，它们能够阻止PIN1在质膜上正常的再定位。在黄酮类化合物缺失突变体中，用天然的黄酮醇生长素抑制剂取代洗脱缓冲液中合成的AEI也能够阻止PIN1在质膜的再定位（Peer et al.，2004）。TIBA和NPA也能改变质膜H^+-ATPase和其他蛋

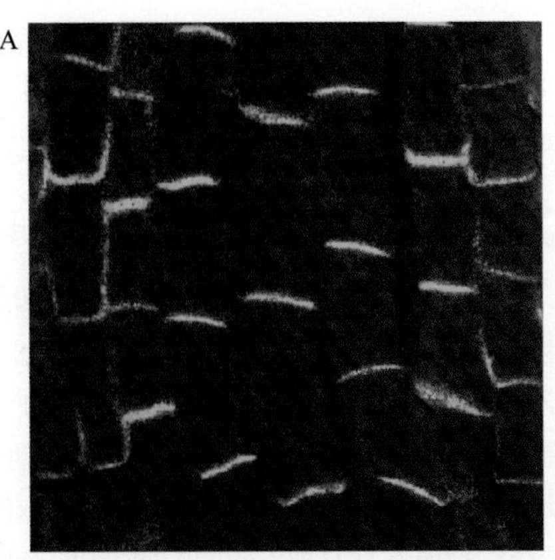

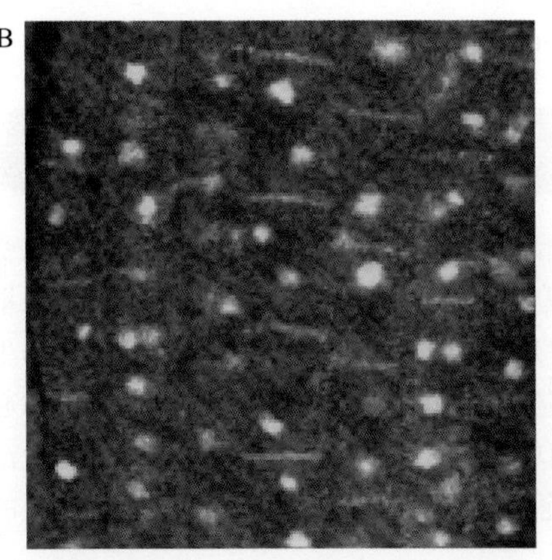

图19.16　生长素运输抑制剂阻断生长素输出载体PIN1向质膜的分泌。A. 对照，表示根尖中PIN1的不对称定位。B. 布雷菲尔德菌素（BFA）处理后的PIN1的定位。随后用缓冲液洗脱BFA后，PIN1的定位又重新恢复到A中所示。当用生长素运输抑制剂TIBA洗脱BFA时，PIN1如B中所示仍停留在内膜区域（图片由Klaus Palme惠赠）。

白质在胞内的循环，但是，与PIN蛋白一样，不受AEI的影响，除非一大类称为BIG的支架蛋白缺失。这些结果表明，有些AEI在高浓度时是膜循环抑制剂，同时也表明NPA和TIBA也一定直接抑制质膜上输出载体复合物的转运活性。类似的实验表明其他的全长PIN蛋白，如拟南芥中的PIN2和PIN3，被动态的细胞运输机制所调控，只是不同的蛋白质之间有轻微的差别。图19.17表示的是TIBA和NPA对PIN1循环和生长素外流影响的简化示意图。详细的模型请参见Web Essay 19.1。

图19.17　PIN复合体的循环依赖于机动蛋白驱动的质膜和内膜区室间的囊泡运输。用布雷菲尔德菌素洗脱后，生长素运输抑制剂TIBA和NPA干扰PIN1蛋白在细胞基面质膜的重新定位（图19.16），表明生长素运输抑制剂可能通过干扰PIN1蛋白的循环而起作用。

在细胞膜上高浓度的生长素可以调控全长PIN蛋白的运输和稳定（Paciorek et al.，2005）。这与生长素渠（auxin canalization）的概念一致，并为这种现象的解释提供了一种机制。然而，生长素是如何调控PIN的运输的是不清楚的，因为这种现象似乎不依赖于已知的生长素信号转导机制。

PIN蛋白的极性运输被蛋白激酶PINOID（根据*pinoid*突变体与*pin1*突变体的表型类似而命名）调控。PINOID的功能可能是调控PIN极性发育的开关。磷酸酶PP2A复合物，尤其是RCN1（根据在*NPA*突变体中根卷曲的表型而命名）亚基在调控PIN的定位上与PINOID活性可能是拮抗的。但是，PINOID和其他的激酶也可以直接调控PIN和/或ABCB的蛋白活性。

3. 黄酮类的作用

黄酮类含量过多或过少的拟南芥突变体都表现出生长素运输和生长的改变。一些黄酮类，如flavonols quercetin（图19.15B）和kaempferol，可以取代细胞膜上的AEI（Myrphy et al.，2000）。这些天然产生的植物化合物也抑制特定激酶和磷酸酶的活性（见第14章）。PINOID、RCN1和可以修饰生长素转运蛋白的活性和定位的磷酸转移酶蛋白可能是黄酮类的靶标。但是，我们还不知道在体内直接合成的黄酮类是否可以调控这些蛋白质的活性。

黄酮类也是ABCB转运活性的抑制剂，它们直接抑制为这些转运蛋白提供能量的ATP的水解。黄酮类并没有像预期的那样参与抑制转运蛋白，没有检测到黄酮类对PIN转运活性的直接抑制。因为生长素转运系统的广泛参与，在体内对这些化合物的效应的研究受到了限制

（Peer and Murphy，2007）。

19.4 生长素信号转导途径

研究植物激素作用分子机制的最终目的是建立从受体结合到生理反应的信号转导途径的每一步。就生长素而言，这也许是一项特别令人望而生畏的工作，因为生长素影响许多生理和发育过程。然而，生长素信号的起始步骤非常简单，包括与受体的结合，受体能够通过泛素蛋白酶体途径（见第2章和第14章）调节蛋白质的降解。

一旦受体被激活，受体-酶复合体水解特定的转录抑制因子，从而激活和脱抑制生长素反应基因。虽然大多数的生长素反应可能通过这种机制起作用，但是，不同类型的生长素受体蛋白可能在非转录激活和稳定质膜H^+-ATPase中起作用以引起细胞壁快速酸化和细胞伸长。在本章最后一节，我们将探讨两种生长素反应的信号转导途径。

 19.4.1 主要的生长素受体是可溶性蛋白异源二聚体

可溶性蛋白质复合体是主要的生长素受体，它属于TIR1/AFB蛋白家族和AUX/IAA转录抑制蛋白家族成员（图19.18）（Dharmasiri et al.，2005a，2005b；Kepinski et al.，2005）。植物TIR1/AFB蛋白家族是根据第一个发现的成员命名的，分别是TRANSPORT INHIBITOR RESPONSE 1和Auxin F-box Binding protein的缩写。它们是一类SCF E3泛素结合酶复合体的F-box蛋白组分。SCF复合体的功能是催化共价结合在泛素分子上的蛋白质发生依赖ATP的降解（关于此信号通路的描述见第14章）。

拟南芥突变体分析鉴定到TIR1（transport inhibitor response 1）。TIR1对生长素依赖的下胚轴伸长和侧根形成具有重要作用。TIR1是一个特定的E3泛素连接酶复合体（称为SCF^{TIR1}）的组成部分。SCF^{TIR1}是细胞中生长素信号转导所必需的（Dharmasiri et al.，2005a；Kepinski and Leyser，2005）。接下来的研究鉴定到了AFB（auxin signaling F-box binding）蛋白。AFB蛋白在结构和功能上都与TIR1类似。

生长素的作用像一个分子胶水，将一个TIR1/AFB和一个AUX/IAA蛋白拉到一起形成异源二聚体。生长素使TIR1/AFB-AUX/IAA异源二聚体稳定，并提高SCF^{TIR1}复合体与AUX/IAA蛋白的结合。这种“组合的”受体允许生长素作为一个信号。这个信号可以在不同的环境条件下在不连续的组织中有差别地调控多种生长和发育过程。拟南芥有100多个可能的AUX/IAA和TIR1/AFB的组合，这为贯穿整个植物生长发育的广泛而多样的生长素信号反应提供了基础。

 19.4.2 AUX/IAA蛋白负调控生长素诱导基因

参与TIR1生长素信号转导途径的转录调节因子有两个家族：生长素反应因子和AUX/IAA蛋白。生长素反应因子（auxin response factor，ARF）是短寿命蛋白，并特异地与生长素早期反应基因启动子上的生长素反应元件（auxin response element，AuxRE）TGTCTC结合。拟南芥有23种不同的ARF蛋白，ARF与AuxRE的结合导致基因转录的激活或抑制。激活或抑制取决于特定的ARF。不论组织中生长素的状态如何，ARF极可能结合在生长素早期反应基因的启动子区。

AUX/IAA蛋白是生长素诱导基因表达的重要调节因子。在拟南芥中，这种小的短寿命核蛋白有29个家族成员。AUX/IAA通过与结合DNA的ARF蛋白结合间接地调节基因表达。如果ARF作为转录激活子，AUX/IAA蛋白将抑制转录。

 19.4.3 生长素与TIR1/AFB-AUX/IAA异源二聚体的结合促进AUX/IAA的降解

生长素诱导基因表达的短信号转导途径是从生长素与一个AUX/IAA蛋白和一个SCF^{TIR1}泛素连接酶复合体的TIR1/AFB组分的相互作用开始的（图19.18A）。和其他SCF复合体不同，生长素激活SCF^{TIR1}没有共价修饰。结果，AUX/IAA蛋白迅速地泛素化，随后通过蛋白酶体降解（图19.18B）。在没有负调节因子（AUX/IAA）的情况下，不同的ARF蛋白起到激活或抑制基因表达的作用。

 19.4.4 生长素诱导的基因分为两类：早期反应基因和晚期反应基因

直接被AUX/IAA-TIR/AFB信号激活的生长素反应基因称为初级反应基因或早期基因（primary response genes or early gene）。它们与在生长素诱导的发育的晚期起作用的基因不同。早期基因的表达需要的时间很短，在几分钟到几个小时之内。在生长素反应中所用的早期基因都在SCF^{TIR1}信号转导途径中受到诱导。早期反应基因包括：*AUX/IAA*基因、*SAUR*基因和*GH3*基因。

总之，初级反应基因具有以下三种主要功能。

（1）转录 有些早期基因编码调节次级反应基因（或晚期基因）转录的蛋白质。晚期基因是对激素长期反应所必需的。因为晚期基因需要从头合成，它们的表

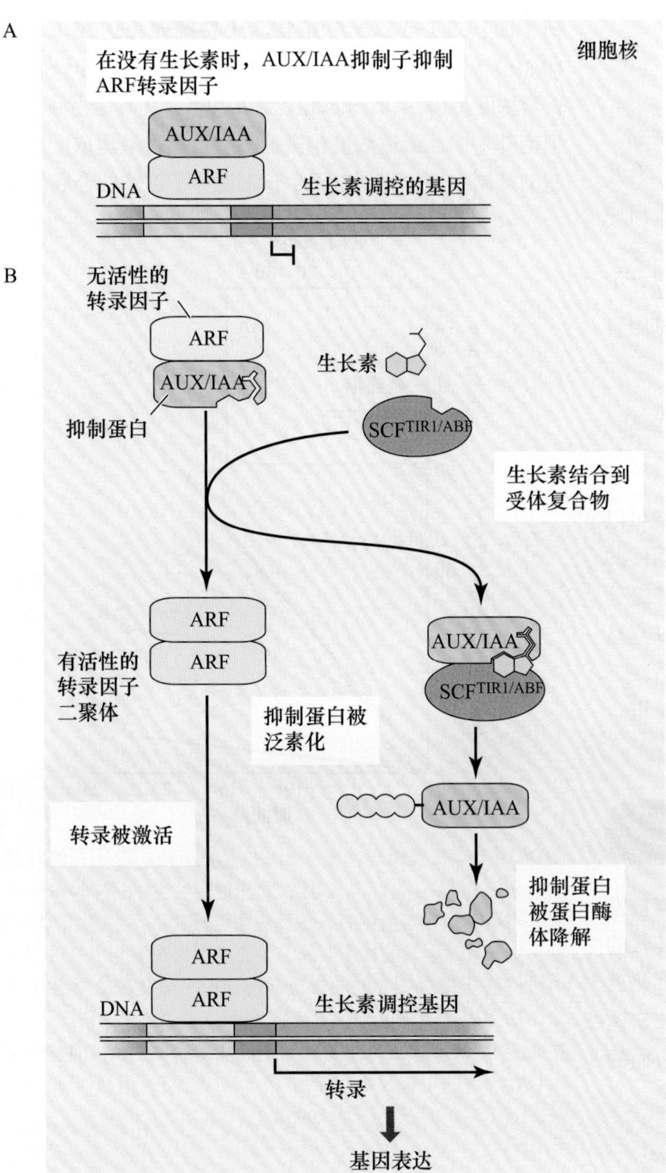

图19.18 生长素结合到TIR1/ABF-AUX/IAA生长素受体复合体和接下来的生长素反应基因的转录激活的模型。A. 在没有生长素时，AUX/IAA抑制子通过与ARF转录激活子结合使其形成无活性形式来抑制生长素诱导基因的转录。生长素的功能像一个分子胶水，起始AUX/IAA和SCF$^{TIR1/ABF}$复合体中的TIR1/ABF组分的相互作用。B. 生长素激活的SCF$^{TIR1/ABF}$复合体使泛素分子连接到AUX/IAA蛋白上，促进AUX/IAA蛋白被26S蛋白酶体降解。AUX/IAA蛋白的去除和降解使ARF转录激活子形成活性形式。ARF转录激活子与生长素反应元件（AuxRE）结合，激活生长素诱导基因的转录。

达可以被蛋白质合成抑制剂抑制。

（2）信号分子 其他早期基因参与细胞内联系或细胞与细胞间的信号传递。

（3）生长素缀合或代谢 一些快速诱导的基因编码的蛋白质通过使活性生长素缀合或降解参与活性生长素的清除。这些基因的表达阻止过量的可能限制生长素反应特异性的生长素的累积。

1. 生长和发育所需的早期基因

在加入生长素5~60 min内，可以刺激大多数*AUX/IAA*基因的表达。AUX/IAA蛋白具有较短的半衰期（大约7 min），这表明它们能迅速降解。

生长素处理2~5 min内，能够刺激*SAUR*基因的表达，而且该反应对蛋白质合成抑制剂放线菌酮不敏感，表明它们的表达不需要新的转录因子的合成。大豆的5个*SAUR*基因聚集在一起，它们没有内含子，编码未知功能的多肽，这些多肽相似度很高。由于这种反应非常迅速，*SAUR*基因的表达已经被作为一种方便的探针用于证明生长素在向光性和向重力性反应中的侧向运输。*SAUR*基因的功能还远远未知。

从大豆和拟南芥中鉴定出的*GH3*早期基因家族成员在生长素处理5 min之内受到诱导。GH3蛋白在IAA结合中发挥功能（Staswick et al.，2005）（图19.5）。拟南芥中*GH3*类似基因的突变导致植株矮小（Nakazawa et al.，2001）。这类基因在光调节的生长素反应中起作用（Hsieh et al.，2000）。因为*GH3*的表达有力地反映了内源生长素的存在，一种合成的基于*GH3*的报告基因广泛应用于生长素生物测定中，这种报告基因称为*DR5*

（图19.5）。

2. 胁迫适应的晚期基因

已经鉴定到了在生长素诱导后2~4 h表达量增加，并参与生长素诱导的生长发育过程的基因。例如，有几个基因编码谷胱苷肽-S-转移酶（GST）。这类蛋白质受多种胁迫条件的刺激，而且受高浓度生长素的诱导。同样，受胁迫诱导的ACC合成酶是乙烯生物合成途径中的限速步骤（见第22章）。没有晚期生长素反应基因直接调控初级生长素反应的报道。

 19.4.5 不同的受体蛋白可能参与生长素的快速、非转录水平的反应

像本章前文中讨论的，在15 min之内生长素就可以诱导细胞伸长，而生长素诱导的质膜H^+-ATPase活性的增加更快。这些快速的改变还发生在生长素信号组分缺失的突变体中。近期的证据表明，生长素可以直接作用于细胞小泡的运输，进而影响H^+-ATPase的活性。这种对小泡运输的影响或者发生在次级运输系统里，或者发生在细胞膜上。

19.5 生长素的作用：细胞伸长

生长素是作为一种参与胚芽鞘向光弯曲的激素被发现的。胚芽鞘弯曲的原因是背光侧和向光侧细胞伸长的速度不同（图19.1）。很长时间以来，植物学家都热衷于细胞分裂速度的调控研究。在本节，将综述生长素诱导细胞伸长的生理学。有些生长素诱导细胞伸长方面的研究在第15章中讨论研究过。

 19.5.1 生长素促进茎干和胚芽鞘的生长，抑制根的生长

我们已经知道，在茎尖合成的生长素通过向基性运输到茎尖以下的组织，茎干的近尖端区域和胚芽鞘细胞的持续伸长需要不断地获得生长素。因为在正常的健康植株中，伸长区的内源生长素含量最适合生长需要，而外源喷洒生长素只对植物生长起中度和短暂的促进作用。黑暗中生长的幼苗比在光下生长的幼苗对过量的生长素更加敏感，对黑暗中生长的幼苗喷洒生长素甚至可能抑制生长。

然而，将含有伸长区的区段切除以后，将失去内源生长素的来源，植物的生长速度会快速地减弱到基底水平。通常，这段被切除的区域对外源生长素的反应剧烈，并且外源生长素能使它们的生长速率恢复到正常植株的水平。

在长期处理实验中，生长素处理能使截取的胚芽鞘（图19.2）或双子叶植物茎干持续伸长达20 h（图19.19）。在豌豆茎干和燕麦胚芽鞘中，适合伸长的生长素浓度是10^{-6}~10^{-5} mol/L（图19.20）。在其他物种（如拟南芥）中，最适浓度稍微低一些。超过最适浓度所引起的抑制作用主要是由于生长素诱导了乙烯的合成。我

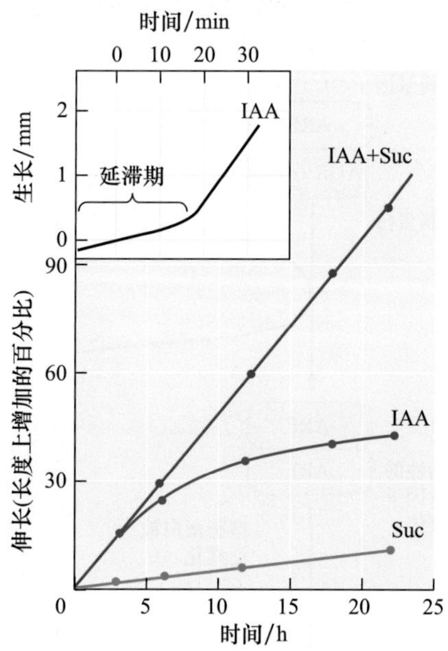

图19.19 生长素诱导燕麦（*Avena*）胚芽鞘切段生长的时程图。用长度增加的百分比表示生长速度。生长素在0 h被加入。当培养基含有蔗糖时，该反应能持续20 h。蔗糖之所以能延长生长素对生长的作用时间，主要是因为在细胞生长过程中为维持膨压提供了必要的渗透活性物质。氯化钾能够替代蔗糖。插图表示通过电子位置-感受转导子作图的短期时程图。在此图中，通过长度对时间的绝对长度来表示生长。曲线表示生长素诱导的生长起始有大约 15 min的延滞（引自Cleland，1995）。

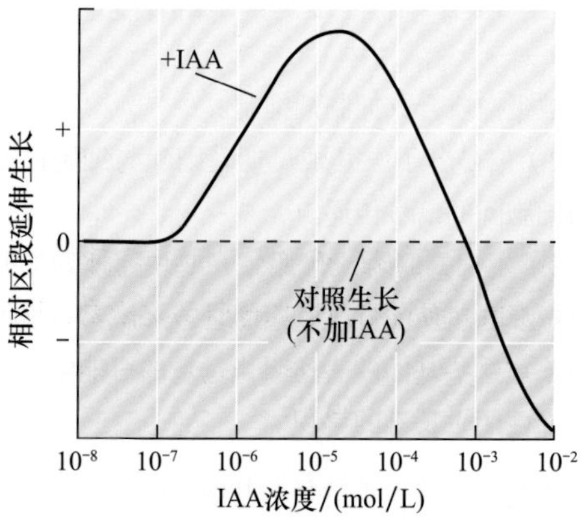

图19.20 在豌豆茎或者燕麦胚芽鞘切段中，IAA诱导生长的典型剂量反应曲线。图中所示为随着生长素浓度的增加，胚芽鞘或幼小茎切段伸长生长的相对趋势。在高浓度（10^{-5} mol/L以上），IAA的作用越来越弱；在10^{-4} mol/L以上，IAA具有抑制作用，如图中曲线下降到虚线下方。虚线表示在不加IAA的情况下的生长曲线。

们将在第22章了解气体激素乙烯抑制多种植物茎干的伸长。

生长素控制根的伸长一直较难被证明，这或许是因为生长素诱导产生的乙烯也抑制根的伸长。近期的证据表明这两种激素在根组织中有差异地相互作用，进而调控根的生长。但是，即使乙烯生物合成途径被阻断，低浓度（10^{-10}~10^{-9} mol/L）的生长素能促进根的生长，而高浓度（10^{-6} mol/L）的生长素则仍然抑制根的生长。因此，根的生长可能需要极低浓度的生长素，然而能促进茎胚芽鞘伸长的生长素浓度则强烈地抑制根的生长。

19.5.2　双子叶植物茎干的外部组织是生长素的作用靶点

双子叶植物的茎由多种组织和细胞组成。其中只有一部分细胞和组织可能限制生长速度。这点可以通过一个简单的实验证明。将黄化的双子叶植物，如豌豆的茎纵向切开，并将它们放在没有生长素的缓冲液中孵育，结果两片茎向外弯曲。该结果表明在没有生长素的情况下，中心组织（包括髓、维管组织和内皮层）比外部组织（包括外皮层和表皮）伸长速度更快。因此，在没有生长素的情况下，外部组织限制茎的伸展。

然而，当用含有生长素的缓冲液孵育劈开的区段时，结果两片茎向内弯曲，表明在细胞伸长过程中，双子叶植物的外部组织是生长素的主要作用靶点。在拟南芥根中对生长素运动及生长素反应的研究表明，根的伸长区表皮细胞也是生长素作用的主要靶点。

生长素为了达到双子叶植物枝叶的伸长区作用位点，来自茎端的生长素在维管薄壁组织细胞的极性运输流中分布到茎的外部组织。相反，胚芽鞘的非维管组织既能够运输生长素也能够响应生长素。

双子叶植物中生长素的侧向运输过程可能受维管薄壁组织中侧向定位的PIN蛋白和围绕着细胞层均匀分布的ABCB转运蛋白的介导（Friml et al.，2002；Blakeslee et al.，2007）。图19.21中显示了这些蛋白质的定位。在这一章的最后将讨论与植物弯曲反应相关的侧向运输机制。

19.5.3　生长素诱导生长的最短延滞期是10 min

当茎或胚芽鞘切段插入到一个灵敏的生长测量装置中时，可以以很高的分辨率检测生长素对生长的作用。在无生长素的培养基中，生长速率迅速下降；加入生长素后，能够在10~12 min的时间内，显著促进茎或胚芽鞘生长（图19.19中左上角的插图）。如图19.20所示，生长素必须达到一定浓度阈值才能引起这种反应。在最适浓度范围之外，生长素起抑制作用。燕麦（*Avena sativa*）胚芽鞘和大豆（*Glycine max*）下胚轴在生长素处理30~60 min后生长速度最快（图19.22）。其最大速度比本底速度快了5~10倍。在具有渗透活性的溶质如蔗糖或KCl的溶液中，燕麦胚芽鞘切段可维持最大生长速度长达18 h。

生长素刺激的生长需要能量，代谢抑制剂可以在几分钟内抑制该过程。生长素诱导的生长也对蛋白抑制剂如放线菌酮敏感。表明该反应需要蛋白质的合成。RNA抑制剂能在稍微长一些的延滞之后抑制生长素诱导的生长。

虽然生长素诱导生长的延滞期可以通过降低温度或使用低浓度的生长素（使生长素扩散到组织中的时间增长）而加长，但是提高温度、使用高浓度的生长素和刮除茎或胚芽鞘切段表面的蜡质角质层使生长素更快地穿过组织并不能缩短延滞期。因此，最低10 min的延滞时间不是由生长素到达作用位点所需的时间所决定的，而是取决于细胞生化机制引起生长速率增加所需的时间。

19.5.4　生长素迅速增加细胞壁的延展性

生长素是怎样在只有10 min的时间内使生长速度增加5~10倍的？为了解它的机制，我们需首先回顾一下植物细胞增大的过程（见第15章）。植物细胞的伸展分为以下三步。

（1）水跨过质膜的渗透吸收由水势（$\Delta\psi_w$）梯度决定。

（2）细胞壁的限制作用产生细胞的膨压。

（3）细胞壁发生生化松弛，细胞在膨压的作用下扩展。

下面的生长方程概括了这些参数对生长速度的影响：

$$GR=m(\psi_p-Y)$$

式中，GR表示生长速度，ψ_p表示膨压，Y表示阈值，m是一个系数（细胞壁的伸展性，见第15章），代表了生长速度和ψ_p和Y之间差值的关系。

原则上，生长素可以通过增加m、ψ_p或降低Y值增加生长速度。虽然进一步的实验证实生长素在刺激生长时没有增加膨压，但是与之相矛盾的结果是生长素降低了阈值Y。然而，人们普遍相信生长素引起细胞壁伸展参数m的增加，m的增加受质子的调节。

19.5.5　生长素诱导的质子外排促进细胞的伸展

根据大家公认的**酸生长假设（acid growth hypothesis）**，氢离子介导生长素对细胞壁松弛的作用。氢离

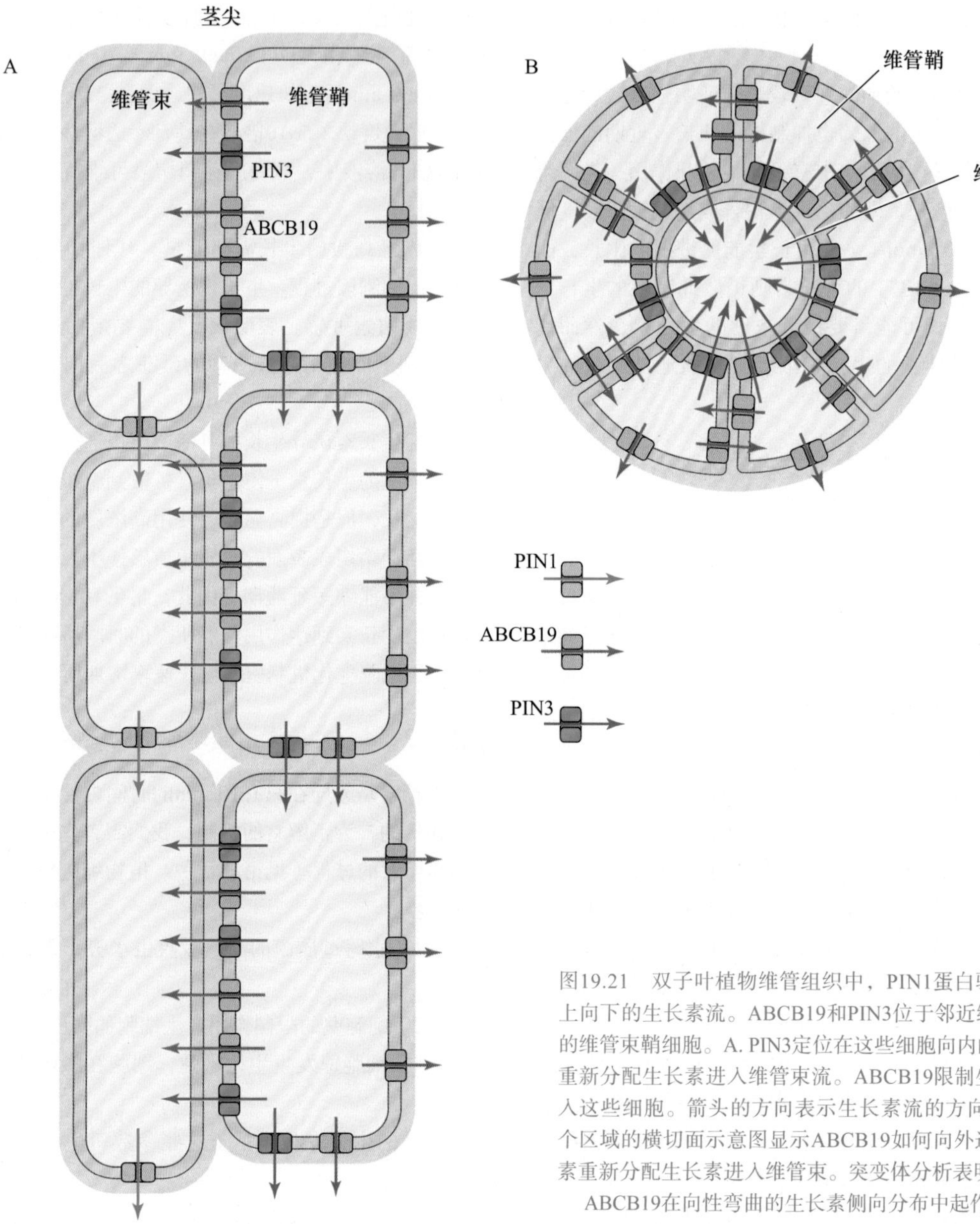

图19.21　双子叶植物维管组织中，PIN1蛋白驱动的由上向下的生长素流。ABCB19和PIN3位于邻近维管组织的维管束鞘细胞。A. PIN3定位在这些细胞向内的侧面，重新分配生长素进入维管束流。ABCB19限制生长素进入这些细胞。箭头的方向表示生长素流的方向。B. 这个区域的横切面示意图显示ABCB19如何向外运输生长素重新分配生长素进入维管束。突变体分析表明PIN3和ABCB19在向性弯曲的生长素侧向分布中起作用。

子来源于质膜H^+-ATPase，人们认为生长素促进质膜H^+-ATPase的活性。酸生长假设有下面5个主要预测。

（1）如果磨损表皮使氢离子接近细胞壁，则酸缓冲液能够单独促进细胞短期生长。

（2）生长素应该能增加质子外排的速度（细胞壁酸化），并且质子外排的动力学与生长素诱导的生长十分一致。

（3）中性缓冲液应该能抑制生长素诱导的生长。

（4）能促进质子外排的复合物（除了生长素），应该能促进生长。

（5）细胞壁应该含有适合酸性pH的“细胞壁松弛因子”。

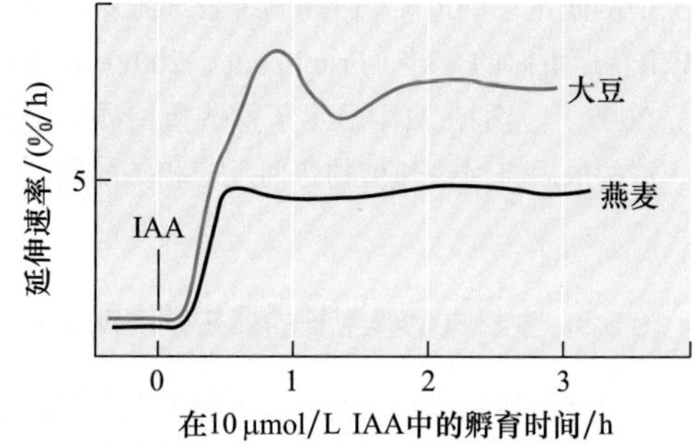

图19.22　燕麦胚芽鞘和大豆下胚轴切段在10μmol/L IAA和2%蔗糖孵育下的生长动力学曲线。图示每个时间点的生长速度（而不是绝对长度）。大豆下胚轴的生长速度在1 h后发生波动，而燕麦胚芽鞘的生长速度稳定（引自Cleland，1995）。

这5种假设都已经得到证实。如果表皮磨损，酸性缓冲液能引起生长速度的迅速增加。在10~15 min的延滞期后，生长素刺激质子外排进入细胞壁，这与生长动力学一致（图19.23）。

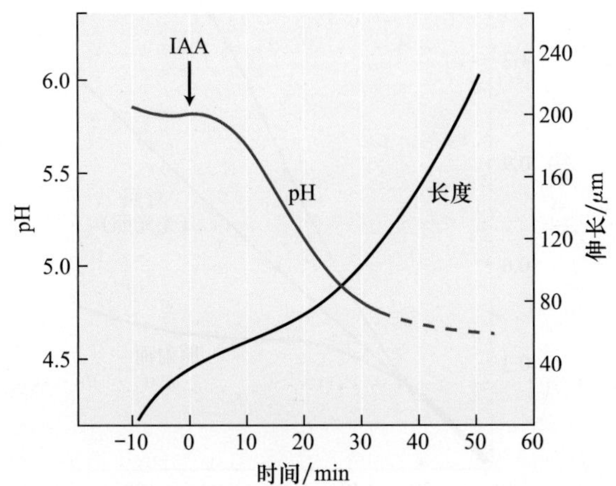

图19.23 玉米胚芽鞘中生长素诱导的伸长和细胞壁酸化的动力学曲线。细胞壁的pH是用pH微电极测量的。注意细胞壁酸化和伸长速率增加的延滞时间一致（10~15 min）（引自Jacobs and Ray，1976）。

已经证明，一旦表皮磨损，生长素诱导的生长可以被中性缓冲液抑制。壳梭孢菌素（fusicoccin）是真菌类植物毒素，它既能刺激质子迅速外排，也能刺激茎干和胚芽鞘切段的短暂生长。最后，在酸性pH条件时，细胞壁松弛蛋白扩展素（expansin）通过减弱细胞壁多糖组分间的氢键使细胞壁松弛（见第15章）。

19.5.6 生长素诱导的质子外排包括激活和蛋白移动两个过程

拟南芥质膜H^+-ATPase介导的质子外排通过与抑制蛋白的相互作用来调控，而不是被质膜上H^+-ATPase的丰度调节（见第6章）。细胞生物学研究表明，生长素直接影响PIN转运蛋白和其他细胞膜蛋白的延滞或者胞吞，但其机制未知，虽然我们已经了解生长素激活的转录反应并不参与这个过程（Dhonukshe et al.，2005）。这些结果表明生长素最开始直接作用于质膜去激活质子外排。

在生长素存在时，一个定位在内质网上的生长素结合蛋白ABP1（auxin-binding protein）直接激活H^+-ATPase，但是其具体机制是未知的。最近的证据显示PIN（PIN5、PIN6和PIN8）定位在内质网膜上，表明通过内膜系统的蛋白分泌可能在酸化中起作用。不管酸化是怎样被激活的，像本章前面的章节所叙述的那样，生长素诱导的生长事件依赖于已知生长素受体，以及其激活的基因表达。

19.6 生长素的作用：植物的向性

虽然很多环境因素影响植物生长，但是由三个主要导引系统控制植物轴的方向。

（1）**向光性（phototropism）**，或与光有关的生长，所有茎和某些根有这种特性。它保证叶可以吸收适量的光进行光合作用。

（2）**向重力性（gravitropism）**，是生长对重力的反应。它使根向下生长进入土壤中，使茎向上生长远离土壤，这一点在萌发的早期阶段尤其重要。

（3）**向触性（thigmotropism）**，或与触摸有关的生长，它使根绕开阻碍物生长，并且使攀援植物的茎缠绕在其他支撑物上生长。

在这一节中，我们将讨论向光或向重力弯曲反应中生长素的侧向分布；也将研究在弯曲生长中产生侧向生长素梯度的细胞机制。尽管向触性也可能产生生长素梯度，但人们对向触性的机制了解甚少。

19.6.1 生长素的侧向再分布介导向光性

像前面看到的那样，Charles Darwin和Francis Darwin通过证实感受光的位点和差异生长（弯曲）是相互独立的（顶端感受光而较下部分发生弯曲），提供了有关向光机制的第一条线索。Darwin父子提出某种“影响子”从顶端运输到生长区而导致可见的不对称生长。后来人们证明这种“影响子”就是吲哚-3-乙酸，即生长素。

当枝干垂直生长时，生长素由生长着的顶端极性运输到伸长区。从顶端到基端的生长素运输是发育过程决定的，而不依赖于重力。然而，生长素也可以侧向运输，而且生长素的侧向运动是20世纪20年代俄国的Nicolai Cholodny 和荷兰的Frits Went 最先提出的向性模型的核心。

根据Cholodny-Went的向光性模型，草类胚芽鞘顶端有高浓度的生长素，并且它有以下另外两种特殊的功能。

（1）感受单侧光的刺激。

（2）向光刺激导致IAA的向基运输减少而转向侧向运输。

因此，为响应方向性的光刺激，生长素在顶端产生，向背光侧运输，而不是向基部运输。

虽然在各种植物中向光性机制高度相似，但是生长素的合成、光感受及侧向运输的确切位置还很难确定。在玉米胚芽鞘中，生长素在离顶端1~2 mm处积累，光感受和侧向运输的区域延伸得较远，在距顶端5 mm之内。这种反应也强烈地依赖光照（每单位区域内光子的数量）。到目前为止，在观察的全部单子叶和双子叶植物茎叶中生长素的合成/积累、光感受和侧向运输的区域相似。

两个黄素蛋白——向光素1（phototropins1）和向光素2（phototropins2）是蓝光信号转导途径中的光受体。该途径诱导拟南芥下胚轴和燕麦胚芽鞘在高光照和低光照下的向光弯曲。向光素是可以自磷酸化的蛋白激酶，它的活性受蓝光诱导。蓝光激活该激酶的作用光谱和向光性的作用光谱（包括在蓝光区的多个峰值）十分吻合。在低照度单侧蓝光下，向光素1在磷酸化作用中呈现侧向浓度梯度。

向光素磷酸化导致它从细胞膜上解离，解离后的向光素与生长素转运蛋白或者调控生长素转运蛋白的蛋白质相互作用。在胚芽鞘中，向光素磷酸化的梯度可能诱导生长素向胚芽鞘背光侧运动，并刺激此区域细胞伸长。背光侧的加速生长和向光侧的慢速生长（称为差异生长）导致向光弯曲（图19.24）。

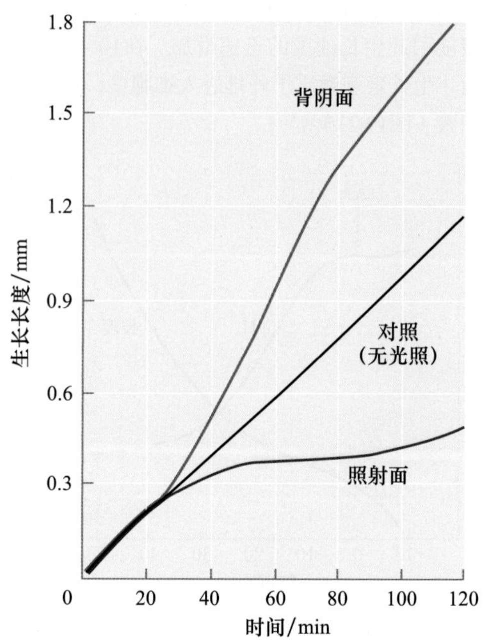

图19.24　胚芽鞘向光侧和背光侧对30 s脉冲单侧蓝光反应的生长时程图。对照中没有光处理（引自Iino and Briggs，1984）。

用琼脂块/胚芽鞘弯曲生物测定法对Cholodny-Went模型进行的直接测试支持该模型：在单侧光下，胚芽鞘顶端的生长素侧向运输（图19.25）。从顶端扩散出的生长素总量（这里表示为弯曲角度）在单侧光照射下与在黑暗中的相同（图19.25A、B）。这一结果与有些研究者提出的一样，在胚芽鞘中，光不引起向光侧生长素的破坏。

质外体的酸化似乎在向光生长中起作用。向光弯曲的茎或胚芽鞘背光侧的质外体pH比向光侧较低。pH降低促进生长素的运输。这是通过增加IAA进入细胞的速度及受外流机制驱动的渗透质子势实现的。根据酸生长假设，人们期望这种酸化作用可以促进细胞伸长。这两种过程——生长素吸收的增强和背光侧细胞伸长的促进可能决定了向光弯曲。

在拟南芥进行的实验表明，侧向定位的生长素外流包含了ABCB19的抑制、PIN的去极化和侧向定位的PIN3蛋白的抑制或者重新定位（Noh et al.，2003；Friml et al.，2003；Titapiwatanakun et al.，2009）。生长素分布的变化可以通过生长素响应的报告基因载体*DR5* :: *GUS*观察到。*DR5* :: *GUS*是将生长素敏感的启动子*DR5*连接在*GUS*报告基因上获得的（图19.26）。

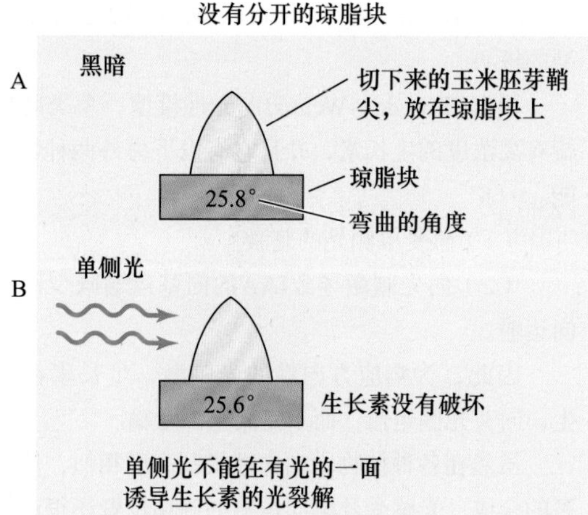

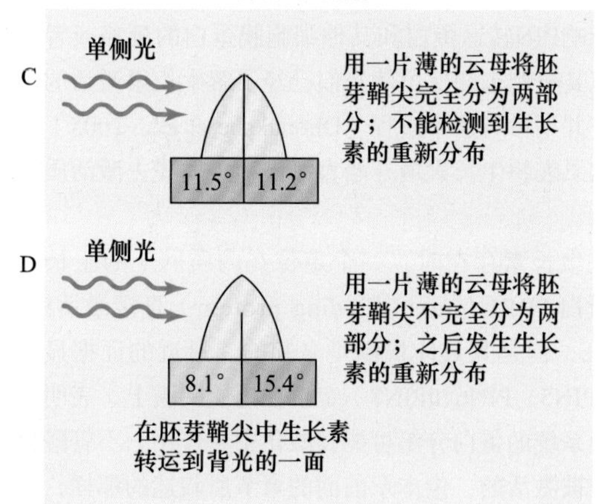

图19.25　玉米胚芽鞘中单侧光可以刺激生长素侧向中心分布的证据。琼脂块中生长素的量用图19.1中的胚芽鞘弯曲实验中琼脂块被诱导后弯曲的角度表示。

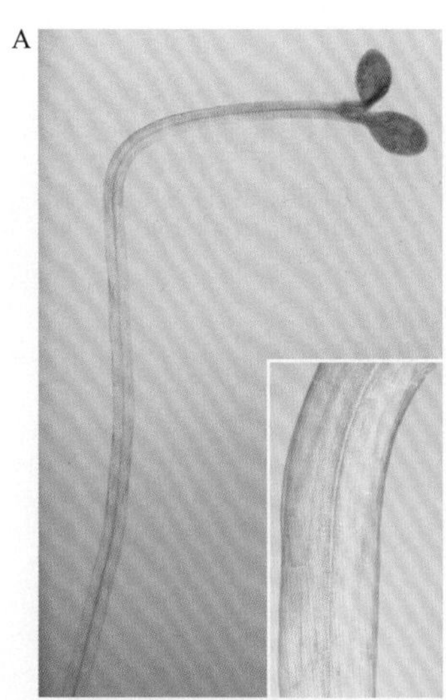

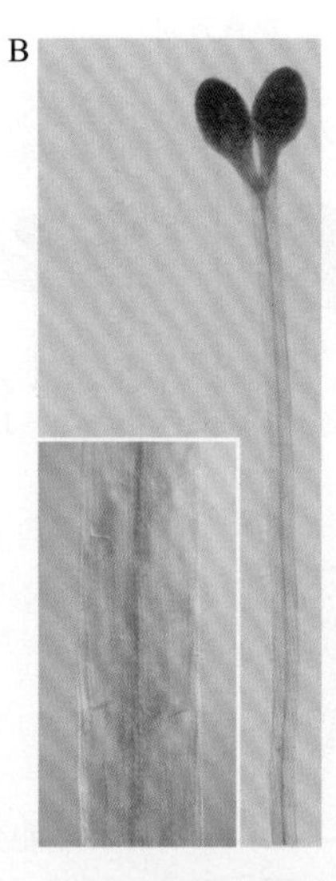

图19.26　在向光性实验中，用*DR5*::*GUS*报告基因载体转化植株观察生长素的侧向再分布。A. 拟南芥下胚轴中，在单侧光弯曲反应中形成侧向生长素梯度。蓝色表示下胚轴背光侧积累的生长素（插图）。B. 生长素输出抑制剂NPA处理可以阻断向光弯曲和生长素再分布。在向重力性中发生类似的生长素再分布（图片由Klaus Palme惠赠）。

19.6.2　生长素侧向再分配参与的向重性

当在暗处生长的燕麦幼苗水平放置时，胚芽鞘对重力反应而向上弯曲。根据Cholodny-Went模型，水平放置的胚芽鞘顶端的生长素侧向地运输到低侧，引起胚芽鞘低侧比高侧生长得快。早期的实验结果表明，胚芽鞘顶端可以感受重力，并且使生长素在低侧重新分布。例如，如果胚芽鞘顶端水平放置时，扩散到琼脂块低侧的生长素比高侧的量多（图19.27）。

顶端下面的组织也能响应重力。例如，把垂直生长的玉米胚芽鞘顶端上方2 mm处的帽状部分去除后，再水平放置，即使没有顶端，也会在几个小时内发生向重力弯曲。在切割面处施加IAA会使弯曲速度恢复到正常水平。这个发现表明尽管生长素的产生需要顶端，在顶端下面的组织也可以感受重力刺激和进行生长素的侧向重新分布。

由于生长素再循环（喷泉效应，fountain effect）的存在，生长素在茎端分生组织的侧向分布比在胚芽鞘中的分布更难证明。这种现象与根尖、正在发育的叶片和茎尖原基中的相似（Benkova et al.，2003）。然而，茎的向重力弯曲机制与向光弯曲的机制相似。

19.6.3　致密质体是重力的感受子

不同于单侧光，重力在植物器官上部和下部不形成梯度。植物的每一部分感受相同的重力刺激。植物细胞是如何感受重力的呢？可感受重力的唯一途径是通过降落小体和沉淀小体的运动。

很明显，植物中细胞内重力感受子可能是出现在重力感受细胞中的大而致密的淀粉体。这些大的淀粉体（starch-containing plastid）相对于细胞溶胶具有足够高的密度，可以轻易地沉淀在细胞底部（图19.28）。作为重力感受子的淀粉体称为**平衡石（statolith）**。产生它们的特化的重力感受细胞被称为平衡细胞或平衡囊（statocyte）。究竟是当平衡石通过细胞骨架时，平衡细胞才能检测到平衡石的向下运动，还是只有当平衡石到细胞底部停止时才感受刺激，这个问题还不清楚。

1. 茎叶和胚芽鞘中的重力感受

在茎叶和胚芽鞘中，淀粉鞘（starch sheath）感受重力。淀粉鞘是在茎叶维管组织周围的一层细胞。淀粉鞘与根的内皮层相连，与内皮层的不同之处在于淀粉鞘含淀粉体。淀粉鞘中缺乏淀粉体的拟南芥突变体表现出茎干生长失去重力性，但是根的向重力性生长正常。

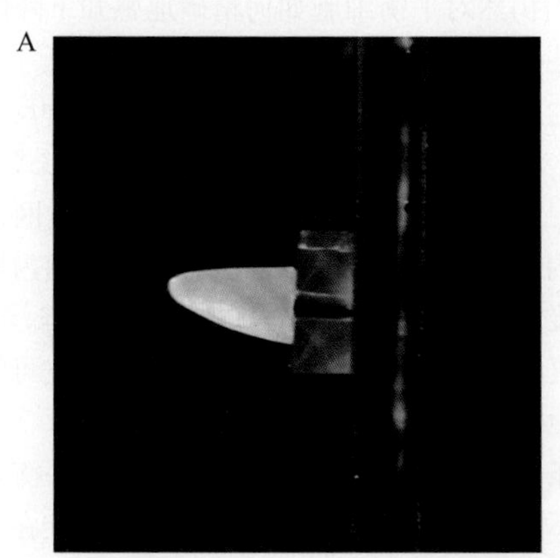

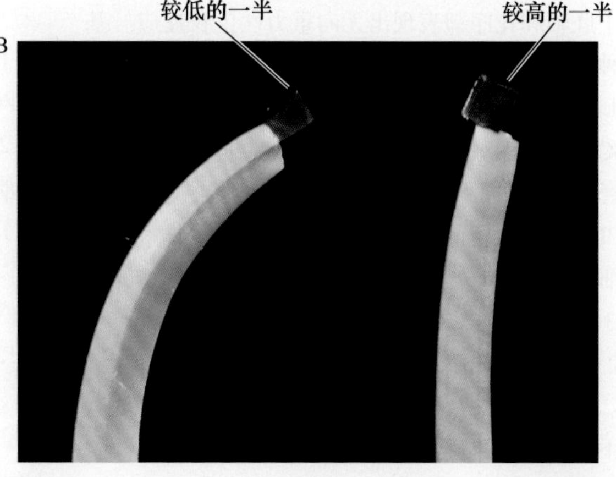

图19.27　生长素被运输到水平放置的燕麦胚芽鞘顶端靠下的一侧。A. 来自胚芽鞘顶端上半部分和下半部分的生长素扩散到两个琼脂块中。B. 下半部分（左）的琼脂块比上半部分（右）的琼脂块能够使去掉顶端的胚芽鞘弯曲更大（图片由W. B. Wilkins提供）。

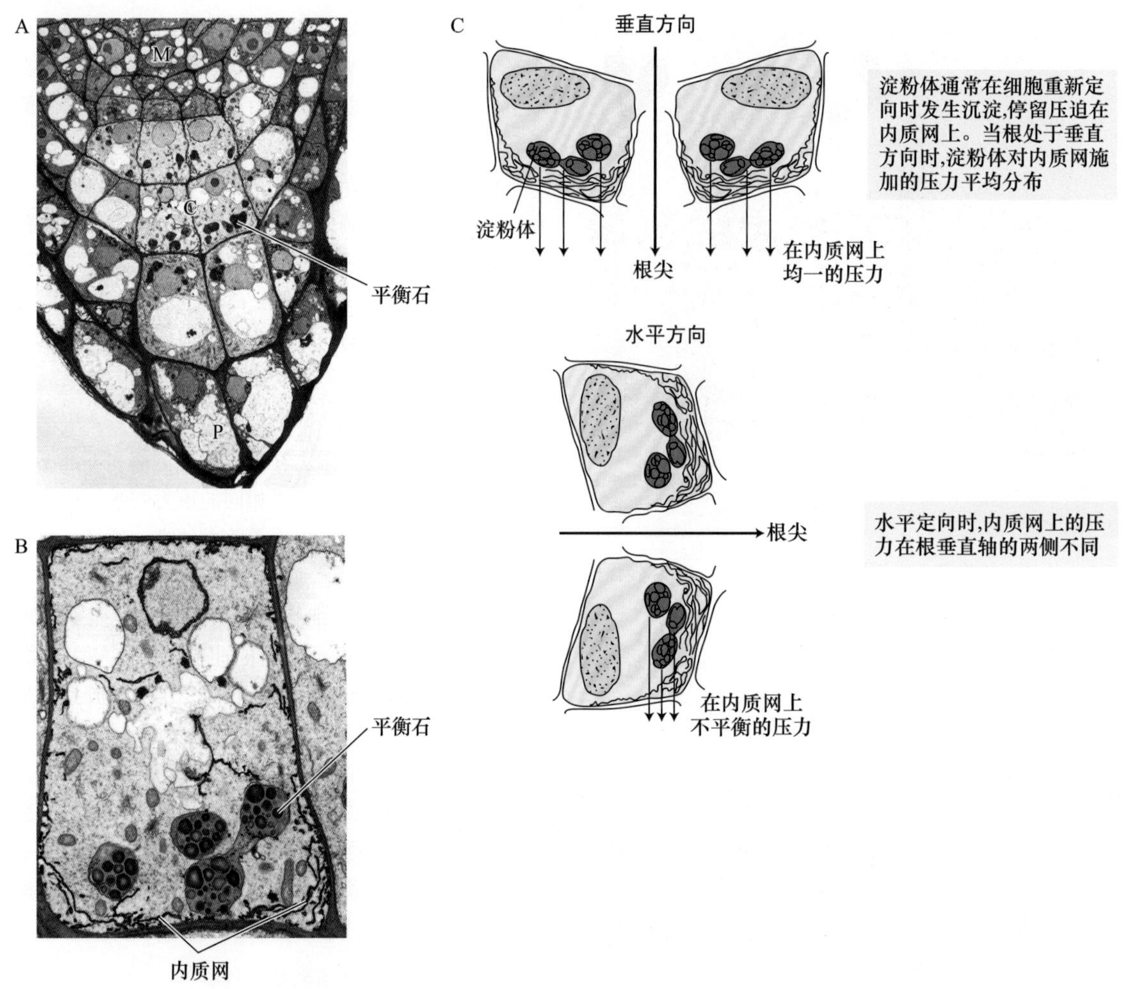

图19.28　拟南芥通过平衡细胞感受重力。A. 根尖的电镜图，显示顶端分生组织（M）、小柱（C）和外周（P）细胞。B. 小柱细胞的放大图，显示细胞底部停留在内质网顶端的淀粉体。C. 从垂直到水平重新定向过程中发生变化的示意图（A和B图由Dr. John Kiss惠赠；C图基于Sievers et al.，1996，Volkmann and Sievers，1979）。

正如第16章提到过的，在拟南芥*scarecrow*（*scr*）突变体中，产生内皮层和淀粉鞘的细胞层仍然没有分化。结果，虽然*scr*突变体的根具有正常的向重力反应，其下胚轴和花序却表现出无向重力性生长反应。基于这两种突变体的表型，我们得出以下结论。

（1）淀粉鞘是茎叶中向重力性所必需的。淀粉鞘中含有ABCB19和PIN3蛋白。在束鞘中它们共同限制生长素流到维管柱。这种向下的生长素流的选择性调控是由维管柱中的PIN1蛋白执行的，选择性地限制侧向生长素流进淀粉鞘细胞可能对向光弯曲起到了奠基性的作用（Noh et al.，2003；Friml et al.，2003；Blakeslee et al.，2007）。

（2）不含有平衡石的根内皮层不是根向重力性所必需的。根中的向性弯曲包括根尖处生长素变成向基运输，而不是从中柱的直接侧向运输。

2. 根中的重力感受

初生根中感受重力的位点是根冠。响应重力的大造粉体位于根冠中柱或小柱（columella）的平衡细胞中（图19.29A）。完好的根如果去除根冠，能在不抑制生长的情况下使根的向重性消失。

人们仍然对平衡细胞如何精确地感知下降的平衡石了解甚少。一种假设就是由停留在细胞较低一侧的内质网上的造粉体所产生的接触和压力引发这种反应（图19.28C）。小柱细胞中占主导地位的内质网形式是管状内质网。但是也出现一种不常见形式的内质网，称为“节状内质网”。节状内质网中有5~7个粗面内质网片层以涡旋方式连接在一个中心接杆上，像花瓣。节状内质网与更典型的管状皮层内质网潴泡不同，它可能在重力反应中起作用。

几条证据支持根中感受重力的“淀粉-平衡石”假说。在不同种类的植物中，造粉体是一直沉淀在小柱细胞中的唯一细胞器。而且沉淀的速度与感受重力性刺激所需要的时间密切相关。一般来说，淀粉缺失突变体的向重力性反应比野生型慢。虽然如此，无淀粉突变体还

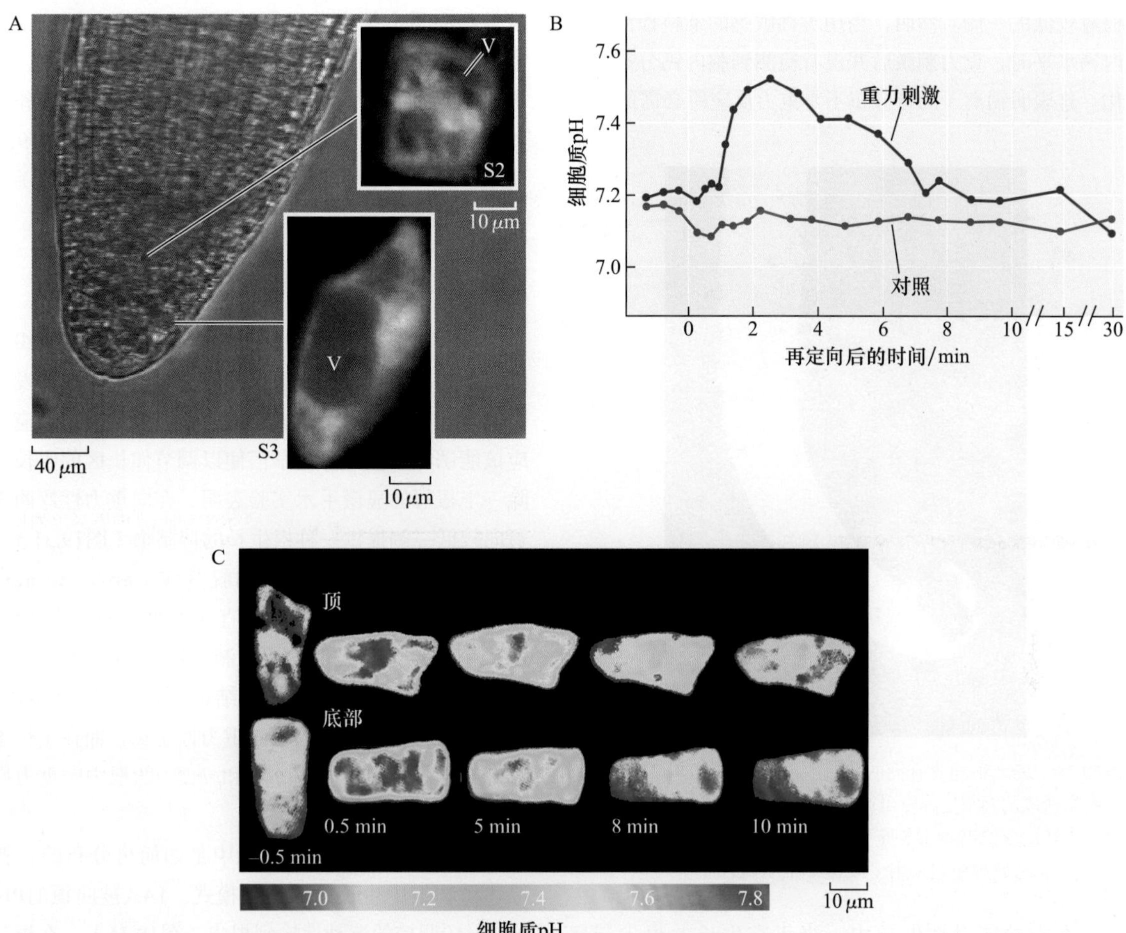

图19.29　用pH敏感染料进行的实验表明，向重力的信号转导过程中，根冠中柱细胞的pH变化明显。A. 显微照片表示根尖的放大图和根冠不同层面上的两个小柱细胞，分别标以S2（story 2）和S3（story 3）（插图）。两个小柱细胞呈现荧光是因为已经将一个pH敏感的荧光染料显微注射进入这些细胞。因为液泡（V）不含染料，所以是黑的。B. 重力刺激后不超过1 min，胞内pH增加。C. 在A中的两个小柱细胞对向重力刺激反应的pH敏感染料成像图。下方的颜色标尺被用来为B图产生数据（引自Fasano et al.，2001）。

有部分向重力性。这表明，虽然淀粉是正常的向重力性反应所必需的，但是也可能存在不依赖淀粉的重力感受机制。

其他细胞器，如细胞核也非常致密，可能作为平衡石起作用。平衡石甚至没有必要落到细胞底部，因为其与内膜或者细胞骨架相互作用也可传递重力信号，但是具体机制还未知。

 19.6.4　pH和钙离子可能作为第二信使参与重力感受

当重力感受机制检测到根或茎叶的重力载体不一致时，由第二信使参与的信号转导途径传递此信息去纠正这种差异生长。该过程称为重力刺激（gravistimulation）。很多实验表明pH的局部变化和钙浓度梯度参与了该信号转导途径。

在根冠柱细胞对重力产生反应的早期可以检测到胞内pH的变化，用pH敏感的染料检测拟南芥根尖中胞内和胞外的pH，当根被转向水平方向后可以观察到pH的快速变化（Fasano et al.，2001）。在重力刺激2 min后，根冠小柱细胞的胞内pH从7.2增加到7.6，而质外体pH从5.5下降到4.5（图19.29 B和C）。这些变化发生在所有可检测到的向性弯曲的大约10 min之前。

胞质碱化和质外体酸化表明，质膜H^+-ATPase的活化发生在根感受重力或信号转导之前。生长素运输的化学渗透模型推测质外体酸化和胞质碱化可能改变受影响细胞对IAA的定向吸收和流出。

早期生理研究表明从贮存库中释放的钙可能参与根向重力性的信号转导过程。例如，用EGTA [ethylene glycol-bis（β-aminoethyl ether）-*N*，*N*，*N*′，*N*′-tetraacetic acid]（一种可以螯合钙离子的化合物）处理玉米根能够阻止细胞吸收钙，抑制根的向重力性生长。将含有钙离子的琼脂块放在垂直放置的根冠一侧，能够诱导根向有琼脂块的一侧生长（图19.30）。与[^{3}H]-IAA的情况一样，由于受重力刺激，$^{45}Ca^{2+}$被极性地运输到

根冠较低的一侧。然而，当用对钙敏感的染料检测细胞内钙水平时，重力刺激后并没有检测到胞内钙分布的变化。这表明钙离子的再分布不是重力反应所必需的。

图19.30 玉米根向含有钙的琼脂块的根冠侧弯曲。该结果表明人为造成的钙浓度梯度可以超越正常的向重力反应。虽然在向重力性反应中钙离子本身不起作用，但它可能在向重力性的信号转导中起作用（Michael L. Evans惠赠）。

在根的向触性生长中，当正在生长的根尖与坚硬的表面接触时，便超越向重力性引起暂时的弯曲反应。与向重力性弯曲不同的是，在根的向触性反应中能检测到胞内钙库的局部性变化。在拟南芥中，钙离子水平的快速变化的起始不依赖活性氧的增加和质膜pH梯度的降低（Monshausen et al.，2009）。图19.30中所示的对钙的弯曲反应在更大程度上与向触性有关，而非向重力性。

 19.6.5 生长素在根冠中的侧向再分配

根冠除了在根尖透过土壤时保护顶端分生组织的敏感细胞外，它也是感受重力的地方。因为根冠与发生弯曲的生长区之间有一定的距离，在根冠的重力响应信号应该能诱导产生一种化学信使以调节伸长区的生长。去除一半根冠的显微手术实验表明，在向重力性弯曲中根冠向较低一侧提供一种根生长的抑制物（图19.31）。

根冠含有少量的IAA和脱落酸（abscisic acid，ABA）（见第23章）。当直接给伸长区施用IAA和ABA时，IAA对根生长的抑制作用比ABA强。这表明IAA是根冠抑制因子。与此结论一致，拟南芥ABA的缺失突变体具有正常的根向重力性生长，而在生长素运输有缺陷的突变体（如*aux1*和*pin2*）的根中向重力性反应有缺陷。

为了理解生长素在根冠中是如何再分布的，首先综述植物根中生长素的运动模式。IAA被向顶的PIN1/ABCB19调控的流动运输到根尖（图19.11）。在根分生组织中也合成IAA。然而，PIN3、PIN4和ABCB1共同

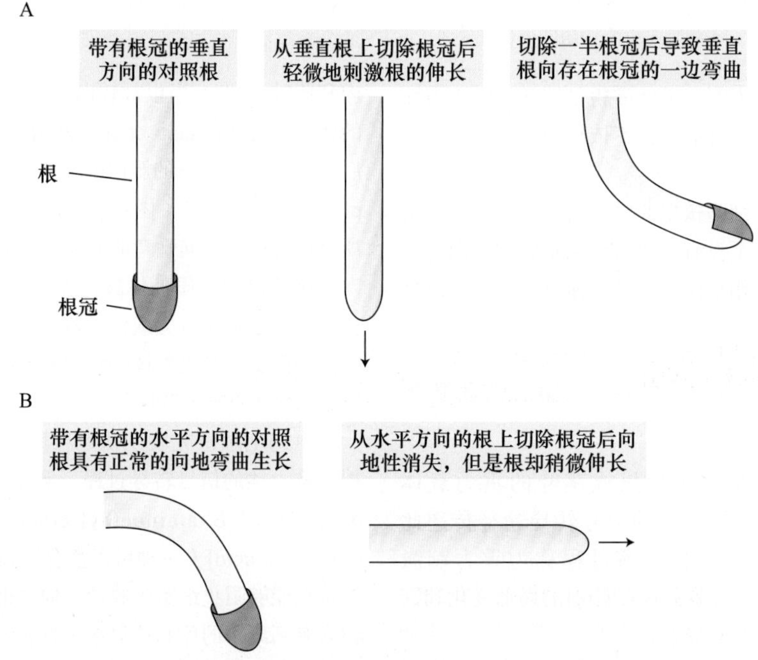

图19.31 显微手术实验表明根冠对生长素的重新分布和接下来根向重力弯曲中的伸长的不同的抑制是必需的。分子遗传实验已经表明拟南芥中AUX1是根冠中生长素流向外的主要动力（引自Shaw and Wilkins，1973）。

作用将生长素排除在根冠细胞之外，同时，侧根冠细胞中AUX1介导的生长素吸收驱使向基的生长素流离开根尖（Swarup et al.，2003）。PIN2定位在根表皮细胞的基部（顶部）末端，负责将生长素从侧根冠运输到伸长区。在这个部位，PIN2的功能是以一种浓度依赖的方式激活或抑制生长（图19.11）。

有人认为，在根皮层细胞中受PIN2蛋白介导的生长素回流环（auxin reflux loop）能使生长素返回到伸长区边缘的向顶中柱运输流中（图19.11）。正在生长的根尖中的生长素环流可能在不依赖茎的生长素情况下，使根的生长维持一段时间（Blilou et al.，2005）。

根据向重力性模型，在垂直的根中向基运输的生长素在每个方向是均等的（图19.32A）。然而，当根水平放置时，根冠使大多数生长素流向低侧，而抑制低侧生长（图19.32B）。与该模型一致，[^{3}H]IAA通过水平定向的根冠时是极性运输的，倾向于向下运动。利用报告基因载体*DR5*∷*GFP*已经证实生长素通过水平放置的根冠而向下运动。该载体含有绿色荧光蛋白（green fluorescent protein，GFP），它在生长素敏感的*DR5*启动子控制下表达（见第2章）（图19.33）。在*GR5*∷*GFP*过量表达的植株中，可以通过绿色荧光观测任何可能的细胞中生长素水平的升高。在根的低侧的绿色信号表明了生长素的累积（Peer and Murphy，2007）。

PIN3是PIN蛋白家族的成员之一，它可能参与从垂直到不同方向放置的根中生长素的再分配。在垂直放置的根中，PIN3均一地分布在小柱细胞的周围；当根水平放置时，PIN3倾向于位于低侧的细胞中。有人认为PIN3的再定向能加速生长素向根冠较低一侧的运输。像前面提到的那样，有些PIN蛋白在质膜的胞内分泌区室中快速循环，PIN3可能通过这种机制定位。然而，*pin3*突变体不是完全没有向重力性的，因此，PIN3可能与其他的非对称事件共同改变生长素流。最可能的非对称事件可能是非质体酸化中的非对称性改变，非质体酸化产生的非对称的化学渗透势改变生长素流的方向。这可能使PIN3重新分布，并在新的方向放大生长素流（渠化）。

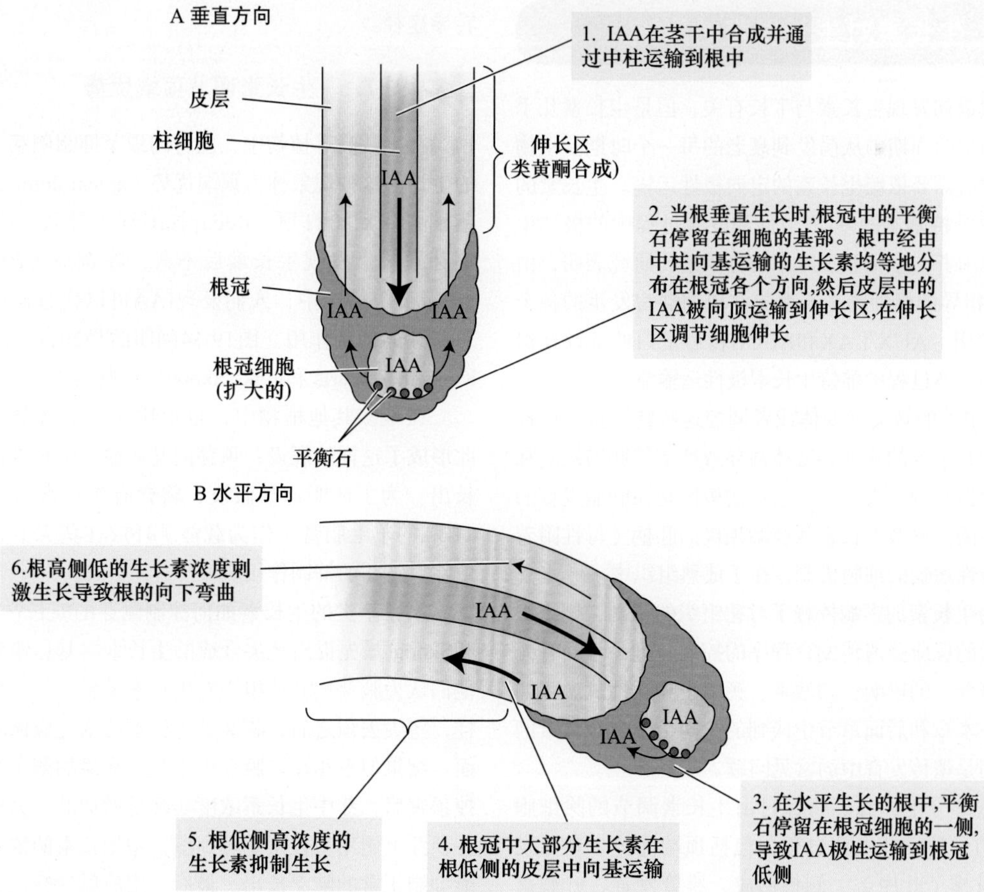

图19.32　玉米根向重力生长时生长素的再分布模型（引自Hasenstein and Evans，1988）。

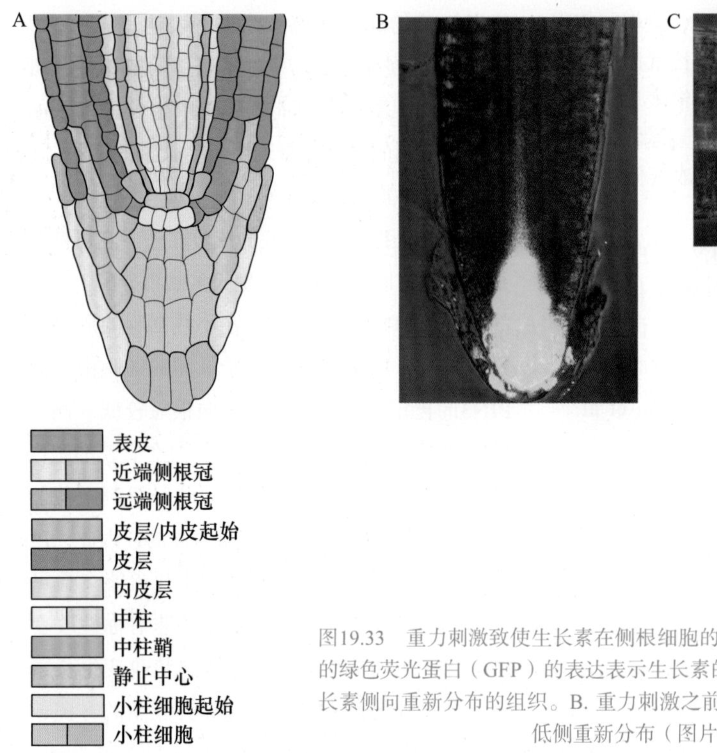

图19.33 重力刺激致使生长素在侧根细胞的非伸长侧的不对称积累。*DR5*启动子驱动下的绿色荧光蛋白（GFP）的表达表示生长素的积累。A. 拟南芥根尖示意图，表示参与生长素侧向重新分布的组织。B. 重力刺激之前。C. 重力刺激后3 h，生长素已经在根冠较低侧重新分布（图片由Jiri Friml惠赠）。

19.7 生长素对生长发育的影响

虽然最初发现生长素与生长有关，但是生长素几乎影响植物生命周期中从萌发到衰老的每一个时期。植物的形态建成需要依赖生长素的定向极性运输。生长素的极性运输维持基本的茎-根极性和发育过程中的极性生长。在拟南芥、水稻和玉米中的分子遗传研究表明，由PIN蛋白指导的极性的生长素流在植物器官发生的各个方面起作用。AUX/LAX和ABCB转运蛋白的活性在组织伸长和成熟过程中维持生长素极性运输流。

多个PIN的缺失突变体或者调控这些转运蛋白极性定位的细胞组分的缺失突变体都导致严重的胚胎缺陷和多个植物器官的缺失。生长素运输极性是在胚胎发育的早期建立的。调节生长素从胚胎顶极向胚柄（母性附着点）的极性运输的细胞机制存在于成熟组织中。

因为生长素的影响依赖于对靶组织的识别，靶组织对生长素的反应受遗传发育程序的控制，进一步受有无其他信号分子的影响，如激素、钙离子和活性氧。正如我们将在本章和后面章节中谈到的，两个或多个激素的相互作用是遗传发育中的常见问题。

在这部分中，我们将探讨由生长素调节的除细胞伸长外的另外一些发育过程，包括顶端优势、花芽发育、叶重排（叶序）、侧根形成、维管发育、叶脱落和果实形成。通过这些讨论，我们推测生长素的作用机制在所有情况下是类似的，包括相似的受体和信号转导途径。

 19.7.1 生长素调节顶端优势

在多数高等植物中，发育的顶芽抑制侧芽（腋芽）的生长，这种现象称为顶端优势（apical dominance）。茎端去除后（打顶，decapitation）导致一个或多个侧芽暴长。发现生长素后不久，在蚕豆（*Phaselous vulgaris*）植株中，人们发现IAA可以代替顶芽以维持对侧芽的抑制作用。图19.34阐明的是20世纪20年代，Kenneth Thigaris 和Folke Skoog的经典实验。

在很多其他植物中，也很快证实了这个结果。因此形成了这样的假设：顶芽向基运输的生长素抑制腋芽长出。为了证明这种假设，将含有生长素运输抑制剂TIBA的羊毛脂膏（作为载体）环放在茎尖下方，能够解除对腋芽的抑制作用。

来自茎尖的生长素如何控制侧芽的疯长？Thimann和Skoog 最先提出茎尖合成的生长素向基运输到腋芽，他们认为腋芽比其他组织对生长素敏感。如果事实是这样，茎尖去顶之后，腋芽处生长素的浓度应该降低。然而，结果似乎相反。腋芽中生长素含量的测定表明，去掉顶端后，芽中生长素浓度实际是增加的。另外，直接在顶芽上施用生长素能提高茎干中生长素的浓度，但不能抑制正常的腋芽长出。最后，用放射性标记的生长素进行的实验表明生长素并不进入芽中。

图19.34　生长素抑制蚕豆（*Phaseolus vulgaris*）腋芽生长。A. 在完好的植株中，由于顶端优势腋芽被抑制。B. 去除顶芽使腋芽解除顶端优势（箭头所示为侧芽）。C. 向切割面添加含有IAA的羊毛脂膏（含在明胶胶囊中）阻止腋芽的生长（图片由David McIntyre提供）。

如果生长素不进入芽中，那么它必须在远处作用以抑制芽的暴长。但是生长素在哪里作用呢？对拟南芥*axr1*突变体（Booker et al., 2003）的分子研究提供了答案。AXR1蛋白是初始生长素识别机制的组分。拟南芥*axr1*突变体对生长素不敏感，导致突变体的表型包括侧枝增多。但是，在*axr1*突变体的木质部和茎干的维管束（束间厚壁组织）之间的厚壁组织特异表达野生型AXR1蛋白，可以完全恢复正常突变体的顶端优势，表明AXR1作用于这些组织。而且，*axr1*突变体和野生型之间的嫁接研究证实生长素通过在木质部和茎的维管束间的厚壁组织作用来控制腋芽生长。但是，在这些组织中生长素信号下游的组分是如何调控芽的生长的机制还是不清楚的。生长素在侧枝发育中的功能在Web Essay 19.2中有进一步的叙述。

其他分枝信号：由于AXR1还调控了多种SCF泛素E3连接酶复合体（见第2章和第14章），其他激素也可能参与了控制腋芽生长的过程。细胞分裂素最初被认为与生长素相互作用调控腋芽的生长（见第21章）。在多种植物中，直接向腋芽施用细胞分裂素能够覆盖茎端的抑制效应以刺激芽的生长。但是，在腋芽处生长素的水平调控了细胞分裂素的产生（Tanaka et al., 2006）。同样，细胞分裂素不可能是激活分支的主要的或唯一的信号物质。

对一系列分枝增多的豌豆、水稻和拟南芥突变体的分析中发现了顶端优势中作为信号物质的独脚金内酯（Hayward et al., 2009）。独脚金内酯是一种来源于类胡萝卜素的萜类内酯，最初是作为寄生杂草独脚金的寄主植物的根产生的一种化学物质而鉴定到的，可以刺激独脚金种子的萌发。后来发现独脚金内酯可以促进有益的菌根真菌的菌丝结构的形成。突变体植株和野生型植株的嫁接研究表明，独脚金内酯在根和茎中都能够产生，可能通过木质部运输到茎干。在调控顶端优势中，独脚金内酯如何与生长素相互作用需要进一步研究。

19.7.2　生长素运输调节花芽发育和叶序

花分生组织的发育依赖于从近顶端组织运输的生长素。从这些组织运输的生长素也调节叶发生和叶序（phyllotaxy），即从茎端产生的叶的模式。在没有PIN1的情况下，生长素向分生组织的运动受到损害，而且叶和花器官原基的发生被破坏。这是*pin1*突变体“针状”表型的基础。然而，毫不奇怪的是，通过向顶端分生组织的侧翼涂抹微量含有生长素的羊毛脂膏可以诱导*pin1*突变体分生组织形成叶原基（图19.35）。

在茎顶端分生组织的叶原基中，*PIN1-GFP*转基因植株的显微镜观察表明PIN1的分布与生长素流的方向相关。在这些组织的细胞中，PIN1的定位和生长素流的方向是高度动态的。假设生长素的运输是通过AUX1、PIN1和ABCB19的共同作用，生长素运输方向的计算机模型可以精确地预测叶序的模式，模拟出的向基的生长素运输池是存在的（Smith，2008）。

19.7.3 生长素促进侧根和不定根的形成

虽然生长素的浓度超过10^{-8} mol/L时，初生根的伸长被抑制，但是高浓度生长素刺激侧根和不定根的发生。侧根出现在伸长区和根毛区。它起源于中柱鞘中的小细胞群（见第16章）。通过对根分枝模式异常的拟南芥突变体分析表明以下几点。

（1）中柱鞘细胞分裂的发生需要根维管薄壁细胞中IAA的向顶运输。生长素吸收进入根中是由PIN2、AUX1、ABCB19和ABCB1共同作用调控的。

（2）LAX3调控生长素进入皮层和表皮细胞，进而促进细胞扩展和细胞壁修饰。细胞壁的修饰有利于侧根发生。

（3）来自于根中向基流动的IAA有助于侧根伸长，并和来源于茎的生长素共同维持细胞分裂和细胞生长。

生长素水平升高或者外施生长素能够促进不定根（产生于非生根组织的根）的形成。不定根起源于分化细胞。分化细胞开始分裂，并以一种类似于侧根原基形成的方式发育成根顶端分生组织。在园艺学中，生长素对不定根形成的刺激效应对通过剪切进行的营养繁殖具有重要的利用价值。

 19.7.4 生长素诱导维管分化

新维管组织直接在发育的芽和生长的幼嫩叶片下方分化（图19.4）。而且去除幼叶以后阻止维管分化。用组织培养的方法可以证明顶芽具有刺激维管分化的能力。当把顶芽嫁接到一簇未分化的细胞或胼胝体以后，在嫁接处木质部和韧皮部便开始分化。

在拟南芥中，通过研究编码转运蛋白、转运蛋白的调控蛋白和生长素信号组分的基因的突变体，以及启动子-报告基因的实验，表明由PIN1调节的生长素运输是叶中维管束分化和模式的主要决定因素。ABCB19在将生长素运输到子叶中起重要作用（Lewis et al.，2009），也被认为有助于叶中生长素的提供。有些组织中的维管分化似乎有与乙烯和其他激素的相互作用。

在所有的植物器官中，维管束的分化都具有极性。在多年生木本植物中，发育的春芽产生的生长素向基刺激维管形成层的活化。新一轮的次生生长从最小的嫩枝开始向根尖方向进行。

受伤害的维管组织的再生也受位于受伤部位幼叶产生的生长素的控制（图19.36）。去除幼叶可阻止维管

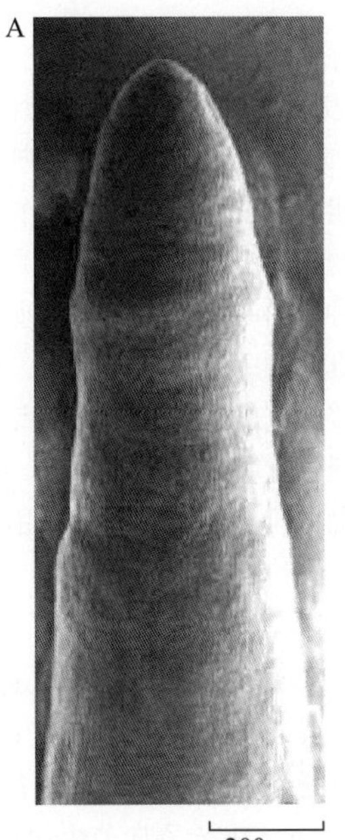

图19.35 *pin1*突变体营养性茎尖分生组织上的叶原基的扫描电镜显微图片。A. 未经处理的*pin1*花序分生组织不能产生叶原基。B. 将一微滴含有IAA的羊毛脂膏放在分生组织的一侧，诱导*pin1*突变体的花序分生组织产生叶原基（A引自Vernoux et al.，2000；B引自Reinhart et al.，2003）。

组织的再生，施加生长素可代替幼叶刺激再生。

 19.7.5　生长素延迟叶片脱落

叶、花和果实从活的植株分离的现象称为**脱落**（**abscission**）。发生脱落的区域称为**离区**（**abscission zone**）。对于叶来说，离区位于叶柄基部附近。在大多数植物中，离区中脱落层细胞的分化致使叶脱落。在叶片衰老过程中，脱落层细胞的壁被消化掉，使这层细胞变软而且脆弱。对脆弱的细胞壁的胁迫最终导致叶从脱落层脱离。

生长素水平在幼嫩叶片中较高，成熟叶片中次之，当脱落开始时在衰老叶片中最低。除去叶片只剩下主干上完整叶柄的实验可以很容易地证明叶脱落过程中生长素的重要性。去除叶片后加速了叶柄脱落层的形成，而向叶柄表面切割处涂抹含有IAA的羊毛脂膏状物却阻止脱落层的形成（羊毛脂膏本身不能阻止脱落）。

这些结果表明以下两点。

（1）从叶片运输的生长素阻止脱落。

（2）在叶衰老的过程中，当不再产生生长素时，就引发脱落。

然而，正如将在第22章讨论的那样，乙烯作为正调控因子也在脱落中发挥关键作用。

 19.7.6　生长素促进果实发育

很多证据表明生长素参与调节果实发育。生长素在花粉管中合成和代谢。而且果实生长的最初刺激可能来自授粉。

授粉引发胚珠生长称为**座果**（**fruit set**）。受精后果实的生长可能依赖于正在发育的种子中的生长素。胚乳可能在果实发育的起始阶段提供生长素；在后期阶段，正在发育的胚取而代之成为主要的生长素来源。

图19.37表示的是草莓瘦果（真正的种子，每个瘦果含有一粒种子）产生的生长素对草莓花托生长的影响。

 19.7.7　合成生长素具有多种商业用途

生长素在农业和园艺学中商业化地应用已有50多年的历史。商业用途包括预防果实和叶脱落、促进菠萝开花、诱导单性结实、疏果（thinning of fruit）和嫁接生根以促进植物繁殖等。如果将离体叶子或茎切段浸入生长素溶液中，会促进生根。生长素还能增强切段末端不定根的发生，它是商用生根复合物的理论基础。生根复合物的主要成分是与滑石粉混合在一起的人工合成生长素。

在有些植物中，无种子的果实可能是天然长成的，或者是生长素处理未授粉的花诱导形成的。这些无种子果实的产生称为单性结实（parthenocarpy）。为刺激单性结实，生长素可能主要诱发座果。反过来，座果可能诱发一定的果实组织产生内源生长素以完成生长发育过程。

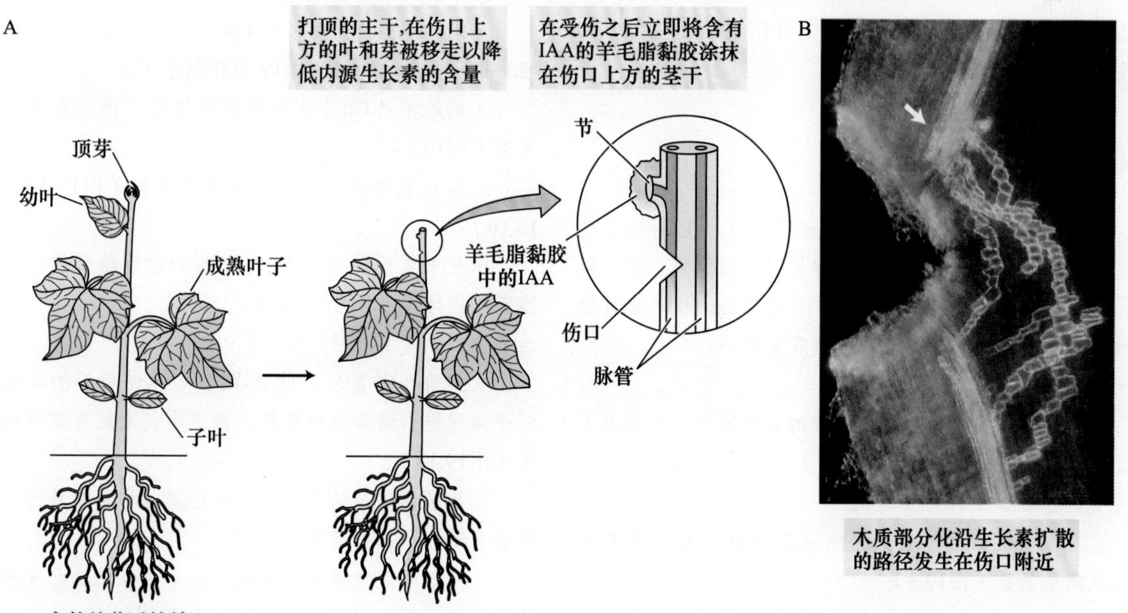

图19.36　黄瓜（*Cucumis sativus*）茎组织中，IAA诱导木质部在伤口周围再生。A. 伤口再生的实验方法。B. 荧光显微照片表示在伤口周围正在再生的维管组织。箭头表示伤口位置，即生长素积累的地方和木质部开始分化的地方（B图由R. Aloni惠赠）。

图19.37 草莓的果实实际上是一个膨大的花托。花托的生长受“种子”（实际上是瘦果，真正的果实）所产生的生长素的调节。A. 当有瘦果存在时，花托膨大，并形成特有的风味、甜度和红颜色。B. 当去除瘦果时，花托不能正常发育。C. 把IAA喷洒在去除瘦果的花托上能恢复正常的生长和发育（引自Galston，1994）。

乙烯也参与调控果实发育，而且生长素对果实发育的影响可能通过促进乙烯的合成起作用。在商业上用乙烯处理果实的作用将在第22章中讨论。

除了这些应用，合成的生长素，如2，4-D和麦草畏（图19.3B）被广泛地作为除草剂。除草剂可以诱导细胞过度伸展最后导致植株死亡。人工合成的生长素非常有效，是因为它们不像IAA那样能够迅速地被植株代谢。而有些生长素，如2，4-D的运输速度比IAA慢得多，因此能促进它在枝叶的停留。农民用合成的生长素来控制禾谷类作物田里的双子叶杂草（也称为宽叶杂草）（broad-leaved weed）；园丁用它来控制草坪上诸如蒲公英和雏菊之类的杂草。单子叶植物，如玉米和禾本科的草类对人工合成的生长素不太敏感，因为单子叶植物能够通过缀合作用迅速使合成的生长素失活。

小结

生长素是植物中发现的第一种激素。它调控了植物发育的各个方面，包括茎的伸长、顶端优势、根的起始、果实发育、分生组织发育和向性生长。生长素可能和其他激素相互作用共同调控这些发育。

生长素概念的出现

·燕麦胚芽鞘尖端的可扩散的化学物质（生长素）促进细胞伸长（图19.1）。

主要的生长素是吲哚-3-乙酸

·主要的天然生长素是吲哚-3-乙酸，也鉴定到了其他的生长素（图19.3）。

·IAA在分生组织和幼嫩的正在分裂的组织合成，随着叶和维管束的成熟向基运输（图19.4）。

·IAA可以被贮存或者降解。当与不同的物质缀合时，它是无活性的。但是酶的作用可以释放自由的（有活性的）IAA。IAA能够被包括不可逆的氧化作用在内的多种途径降解（图19.5）。

生长素的运输

·IAA表现出从茎的顶端到基部区域的极性运输（图19.6）。IAA的极性运输需要能量，不依赖重力（图19.7）。

·极性的生长素流被化学渗透势驱动。生长素流的方向由极性分布的输出蛋白调控，生长素池由生长素吸收蛋白和排斥邻近细胞生长素流的无方向性的输出蛋白产生（图19.8和图19.10）。

·质子化的生长素通过沿着细胞膜的扩散和AUX1/LAX质子协同蛋白进入细胞（图19.9）。

·PIN和ATP依赖的（ABCB）转运蛋白指导整株植物中生长素的外流（图19.11和图19.12）。

·细胞质和ER中生长素的区室化有助于生长素的平衡（图19.14）。

·生长素的流入和流出可以被抑制（图19.15和图19.16）。

·生长素运输被激素和PIN蛋白的运输调控，在细胞膜和内体中循环（图19.17）。

生长素信号转导途径

·结合生长素后，受体-酶复合体使特异的转录抑制子通过蛋白酶体途径降解，激活生长素反应基因的转录（图19.18）。

·生长素诱导的基因分为早期基因和晚期基因。

生长素的作用：细胞伸长

·生长素促进双子叶植物茎和单子叶植物胚芽鞘的伸长，但是抑制根的生长（图19.19和图19.22）。

·生长素促进的生长需要能量，能被代谢抑制剂快速地抑制。蛋白质和RNA合成抑制剂也可以抑制生长

素促进的生长。

· 双子叶植物中侧向的生长素运输由维管束细胞中侧向定位的PIN蛋白和周围细胞中的ABCB转运蛋白调控（图19.21）。

· 与酸生长假说一致，生长素促进质子挤压进入细胞壁（图19.23）。

· 生长素影响PIN蛋白和其他细胞膜蛋白的滞留或内吞作用，表明生长素可能直接作用在细胞膜，从而促进质子外排。

生长素的作用：植物的向性

· 向光素是自我磷酸化的蛋白激酶，能够吸收蓝光，诱导向光弯曲。

· 向光素的磷酸化诱导生长素向胚芽鞘的背光面侧向运输，并激活细胞伸长和弯曲（图19.24），这与Cholodny-Went模型一致（图19.25）。

· 向光的生长素运输包含导致生长素侧向再分布的生长素外流蛋白的抑制或者再分布（图19.26）。

· 胚芽鞘尖端感受重力，使生长素向低端再分布，诱导胚芽鞘弯曲（图19.27）。

· 大的、高浓度的平衡石在特化的根细胞的底部给特化的内质网信号压力，进而感受重力（图19.28）。

· 在根冠小柱细胞，细胞质中pH增加与质外体的酸化共同激活质膜H^+-ATPase，是向重力性信号转导的最初事件（图19.29）。

· 在向重力性弯曲的根中，根冠向更低一侧提供生长抑制子（IAA）（图19.31~图19.33）。

生长素对生长发育的影响

· 生长素影响植物从萌发到衰老的生活周期的多个阶段。在这个过程中，生长素的影响依赖于特异组织中由发育激活的基因网络。生长素可能与其他激素、钙离子和活性氧共同调控植物的生长发育。

· 生长素作用在木质部和相关的细胞，抑制侧芽的发育，维持顶端优势（图19.34）。独脚金内酯与生长素相互作用调控侧枝的发育。

· 为了正常的发育，花分生组织和叶原基需要PIN调控的从位于亚顶点的组织的生长素运输（图19.35）。

· PIN调控的生长素运输控制叶中维管束分化和模式。维管束的再生也受生长素调控（图19.36）。

· 生长素参与果实发育的调控（图19.37）。

（王海娇　王学路　译）

WEB MATERIAL

Web Essays

19.1 Exploring the Cellular Basis of Polar Auxin Transport

Experimental evidence indicates that the polar transport of the plant hormone auxin is regulated at the cellular level. This implies that proteins involved in auxin transport must be asymmetrically distributed on the plasma membrane. How those transport proteins get to their destination is the focus of ongoing research.

19.2 Strigolactones: The Unmasking of a New Branching Hormone

A brief review of the discovery of a new plant hormone, strigolactone, how it is regulated and how it is integrated into the network of genes and signals controlling shoot branching.

第 20 章

赤霉素：植物高度和种子萌发的调节因子

1927年，人们发现了生长素，其后，在其结构被阐明为吲哚-3-乙酸后的20多年里，植物学家试图用生长素解释激素调节植物生长发育的所有现象。然而，正如本章和以后的一些章节所阐述的，植物的生长和发育是由许多激素单独或者协同调节的。

第二种被鉴定的植物激素是赤霉素（GA）。现在至少已经发现136种天然的赤霉素（MacMillan, 2002），在http://www.plant-hormones.info/galinfo.htm 上面可以查阅这些赤霉素的结构特征，该网址内容会根据天然赤霉素的特点和命名的最新变化而及时更新。生长素是一类结构差异很大却具有相似生物活性的化学物质，而赤霉素不同于生长素，它们有相似的化学结构，但生物活性却很不相同。一些没有活性的赤霉素是活性赤霉素的代谢前体或者是活性赤霉素的失活产物。在植物体中通常只有几种有活性的赤霉素存在，它们的活性水平一般与植物茎的高度相关。赤霉素还在其他的生理过程中起重要作用，如种子的萌发、开花和花粉的发育。

赤霉素的生物合成受到遗传、发育和环境因素的严格调控。赤霉素最显著的作用是促进植物茎的伸长。目前已经筛选得到由于赤霉素缺乏而导致植株矮化的突变体。孟德尔遗传定律中控制豌豆植株高矮的一对等位基因就是著名的例子，该单个基因位点能控制活性赤霉素的水平，进而调节植株茎的高度。人们利用这些突变体来阐明赤霉素生物合成的复杂途径和鉴定植物中哪些赤霉素具有内源生物活性。

本章首先说明赤霉素在水稻（*Oryza sativa*）真菌病原体赤霉菌（*Gibberella fujikuroi*）中的发现过程，并讨论其化学结构。然后综合阐述赤霉素调节的植物生长发育过程——种子萌发，茎的生长，花的发育，果实的形成和种子的发育。其后讨论赤霉素的生物合成，在不同发育阶段、不同组织和器官中调节活性赤霉素水平的因素及这些因素所起的作用。2005年，人们从水稻中分离鉴定了赤霉素的受体，这为我们近年来发现赤霉素受体的结构奠定基础。有生物活性的赤霉素结合到受体后，启动一系列的信号转导过程，最终导致植物表型的变化。

20.1 赤霉素的发现及其化学结构

本部分将简要介绍赤霉素的发现这一突破性的工作，并对本章出现的赤霉素相关的专业术语进行解释，阐述赤霉素的化学结构和命名系统。最后，探讨赤霉素特殊的化学结构和生物活性之间的关系。

 20.1.1 赤霉素是通过研究一种水稻病害而发现的

赤霉素首次引起西方科学家的关注是在20世纪50年代，然而它们在更早之前就已经在日本被发现了。日本稻农很早就知道一种真菌病害（“bakanae disease”或恶苗病）会导致水稻生长过高并降低产量。植物病理学家发现这种症状是由病原真菌***Gibberella fujikuroi***感染水稻后引起的。20世纪30年代，日本科学家在实验室培养这种真菌，分析过滤后的培养液，获得了这种具有促进植物生长活性的化合物的不纯晶体，并将其命名为赤霉素A（gibberellin A）。

20.1.2　赤霉酸最初是从培养赤霉菌的过滤液中纯化得到的

20世纪50年代，英国和美国的两个研究组从赤霉菌的培养滤液中纯化了一种化合物，并阐明了其化学结构，将其命名为赤霉酸。同时，日本的科学家从最初的赤霉素A样品中分离和鉴定了三种不同的赤霉素，并分别命名为赤霉素A_1（GA_1）、赤霉素A_2（GA_2）和赤霉素A_3（GA_3）。赤霉素的编号系统的建立由此而来。随后发现日本科学家所分离的GA_3与美国和英国科学家所发现的赤霉酸相同，因此，GA_3就是指赤霉酸，而赤霉素是对这类激素的总称。

不久之后又发现，虽然GA_3是赤霉菌培养物中的主要化合物，但其中还有很多不同的赤霉素类化合物（GA_3通常由工业规模发酵赤霉菌产生，用于农业、园艺和其他的一些科学研究）。由于GA_3很容易获得，科学家将它广泛地用于不同的植物。赤霉素在矮生和具莲座叶的植物中有促进茎伸长的特殊效应，尤其在矮生豌豆（*Pisum sativum*）、矮生玉米（corn；*Zea mays*）（图20.1）和一些莲座叶植物（图20.2）中效果更加明显。

图20.1　外源的GA_1处理野生型和矮生型玉米（*d1*）植株。赤霉素能显著地促进矮生突变体茎的生长，但是对于野生型植株作用不明显（B. Phinney惠赠）。

图20. 2　甘蓝，一种长日照植物，在短日照条件下保持莲座叶生长，经GA_3处理后能出现花芽而开花，并形成巨大的花茎（©SylvanWittwer/Visuals Unlimited）。

由于真菌来源的天然GA_3能使矮生的突变体增高，因此很自然地使人们想到在野生型的植株中是否含有内源赤霉素。对不同植物的提取液进行生物分析发现，在植物体内确实存在一些与赤霉素生物活性相似的物质。在未成熟种子中，这类物质的含量大约为$1/10^6$，远高于营养组织（约$1/10^9$）。因此未成熟的种子常被用作提取GA的原料。但是化学鉴定GA往往需要几十千克的种子。1958年，人们第一次从植物红花菜豆（*Phaseolus coccineus*）的未成熟种子中提纯并鉴定了GA_1。现在，利用灵敏度较高的光谱技术已使人们能用较少的植物材料去鉴定和定量GA。

由于在赤霉菌和不同的植物中发现了越来越多的GA，科学家按赤霉素发现的年代先后顺序调整了赤霉素的编号系统（GA_1~GA_n）。规定只有天然存在的，化学结构已被阐明的GA用A数字编号系统（http：//www.plant-hormones.info/gibberellin_nomenclature.htm）。赤霉素命名中的编码仅仅是为了记录方便，邻近编码的赤霉素没有代谢关系上的暗示。

 20.1.3 所有的赤霉素都是以*ent*-赤霉烷为基本骨架

赤霉素是一类二萜类化合物，由4个含有5个碳原子的类异戊二烯形成。GA都有一个四环的*ent*-赤霉烷骨架（包含20个碳原子），或20-nor-*ent*赤霉烷骨架（第20个碳原子缺失，仅含有19个碳原子）。含有20个碳原子的二萜类结构的赤霉素被认为是C_{20}-GA（如GA_{12}）。

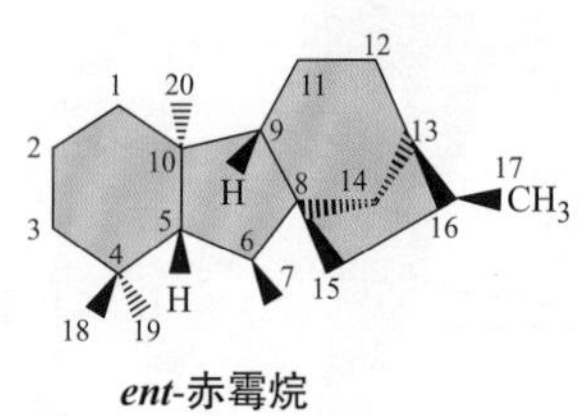

ent-赤霉烷

其他的赤霉素由于在代谢中缺失了第20个碳原子（结构图中蓝色部分）被称为C_{19}-GA（如GA_9）。几乎所有的C_{19}-GA中，C_4上的羧基与C_{10}上的碳原子形成内酯（结构图中红色标记部分）。其他的结构修饰还包括额外功能基团如羟基（—OH）或者双键的插入，这些基团插入的位置和立体化学结构影响赤霉素的生物活性。最具生物活性的GA均在最先发现的赤霉素GA_1、GA_2、GA_3、GA_4和GA_7中。这些赤霉素都是一些C_{19}-GA。它们都有C_4和C_{10}位上形成的内酯（显示为红色），C_6位上的羧基（◀COOH，结构图中显示为绿色）和C_3位上的β-羟基结构（◀OH，结构图中显示为蓝色）。GA受体三级结构的阐明揭示了活性GA上的这些功能基团如何与GA受体的氨基酸残基相互作用，使活性GA锚定在受体的中央口袋中，然后关闭的“盖子”完全将GA包埋在受体中（Murase et al.，2008；Shimada et al.，2008）。这种活性GA与受体结合后引起受体构象的变化能促进受体与其他蛋白质的相互作用。

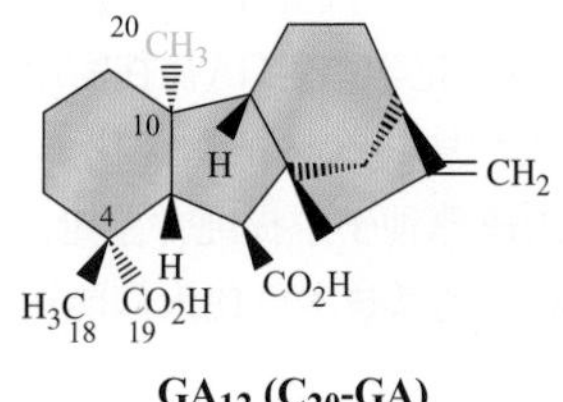

GA_{12} (C_{20}-GA)

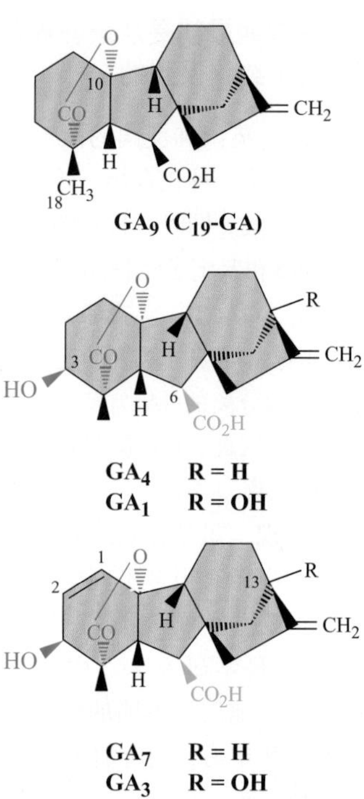

GA_9 (C_{19}-GA)

GA_4 R = H
GA_1 R = OH

GA_7 R = H
GA_3 R = OH

在分子水平上赤霉素的生物活性可能会因功能键位置的不同而不同，如在GA_7和GA_3中C_1和C_2间的双键，在GA_1和GA_3中C_{13}上的羟基。这些功能基团或是促进或是抑制GA与受体的结合。另外，2β-OH能阻止其于受体中央口袋“盖子”的疏水作用，使“盖子”不能关闭，进而导致GA的失活（赤霉素结构的深入讨论参见Web Topic 20. 1）。

20.2 赤霉素对生长和发育的影响

尽管赤霉素最初是从水稻节间病（水稻恶苗病，又称徒长病）中发现的，但除了茎的伸长，内源赤霉素还能影响植物很多的发育过程。赤霉素的这些特性已在农业中应用了几十年，在农作物中改变赤霉素的含量能够影响其植株的大小、果实的形成和发育。

 20.2.1 赤霉素能促进种子的萌芽

许多种子，尤其是野生种类，当刚和母体分离后，会经历一段时间的休眠，不能立即萌发。休眠的种子即使施水也不能够萌发。脱落酸（ABA）和赤霉素（GA）在种子休眠过程中的作用是相互拮抗的，在很多植物中，这两种激素的相对含量决定了它们休眠的程度。光和低温处理休眠的种子，都能够降低ABA的含量和提高活性GA的含量，使种子结束休眠促进其萌发（Piskurewicz et al.，2008；Seo et al.，2006）。这些种子萌发所需的光和低温的作用能被赤霉素处理所替代。

在种子萌发过程中，GA能够诱导水解酶的合成，

如淀粉酶和蛋白酶。这些酶能够降解成熟种子中积累在胚和胚乳里的营养物质。这种对糖类和蛋白质的降解能为种子萌芽提供营养和能量。在谷物萌发过程中GA诱导α-淀粉酶的合成已经被深入地研究，将在后面的章节里详细讨论。

20.2.2　赤霉素能促进茎和根的生长

对于已经很高的植物施加赤霉素并不能很明显地促进其茎的伸长，这是由于其植物体内，有活性的赤霉素含量已经很高。然而，在莲座叶植物和禾本科类植物中，赤霉素仍能显著地促进矮化突变体节间的伸长。外源赤霉素能促进矮化玉米茎的伸长，使它们的茎高达到同品种中最高的植株高度（图20.1）。

莲座叶植物最初形成的节间部位在一般生长条件下是不会伸长的。在十字花科（如卷心菜）植物中有致密丛生的莲座叶。长日照植物生长在短日照条件下通常会形成莲座叶。当将其放在长日照条件或用外源赤霉素处理植株时可促进茎的生长和开花（图20.2）。

赤霉素在根的生长上也有重要作用。在赤霉素的生物合成被阻断的矮生豌豆和拟南芥突变体中，与野生型相比，其根较短，用赤霉素处理地上部分能促进地上部和根的生长（Yaxley et al.，2001；Fu and Harberd，2003）。

20.2.3　赤霉素能促进植物从幼年期到成熟期的生长

许多多年生木本植物只有到一定的成熟期才能开花和结果，在此之前它们处于幼年期（见第25章）。赤霉素能促进植物由幼年期向成熟期转变，尽管影响效果的本质因植物的不同而异。许多松科植物，幼年期能持续20年，而用GA_3或者GA_4和GA_7的混合物处理后，非常年幼的植株就能进入生殖期（图20.3）。

20.2.4　赤霉素能诱导花的形成和性别决定

正如已经阐明的，赤霉素能替代长日照条件促使一些植物开花，尤其是一些莲座叶植物。光周期和赤霉素在开花上的作用关系是很复杂的，这些将在第25章进行

A 白云杉

B 白云杉

C 美洲杉幼苗

图20.3　赤霉素能促进幼年期松科植物球果的形成。A和B.用白云杉（*Picea glauca*）的繁殖体嫁接，在夏季前于茎内注射水和乙醇混合的GA_4/GA_7，树苗形成雌性球果（经传粉）。C.用GA_3溶液喷洒生长6周的美洲杉（*Sequoiadendron giganteum*），8周后，植株形成雌果（S. D. Ross和R. P. Pharis惠赠）。

讨论。

在植物中，相对于雌雄同体的花，单性花的性别决定更容易受遗传调控。然而，它也能被环境因子，如光周期和营养状态所调节，这些环境因素又能为赤霉素所介导。植株在幼年期向成熟期的转变中，赤霉素引起的性别决定因不同的物种而不同。在双子叶植物如黄瓜（*Cucumis sativus*）、大麻（*Cannabis sativa*）和菠菜中，赤霉素促进雄花形成，而赤霉素生物合成的抑制因子则促进雌花的形成。而在玉米中，赤霉素抑制雄蕊的发育，促进雌蕊的形成。

 20.2.5 赤霉素能促进花粉发育和花粉管生长

在赤霉素缺失的矮生型突变体中（如水稻和拟南芥中），花粉囊的发育和花粉的形成受到阻碍，导致雄性不育。经赤霉素处理后，能挽回这种转变。在赤霉素信号应答受阻的突变体中，花粉囊和花粉的发育障碍不能通过外源施用赤霉素逆转，因此这些突变体是雄性不育的（Aya et al.，2009）。此外，通过基因过表达可致GA失活的酶使植物体内有活性的赤霉素含量降低，能严重抑制花粉管的生长（Swain and Singh，2005）。因此，赤霉素参与花粉的发育和花粉管的形成。GA调控水稻花粉囊的发育将在后面的章节详细讨论。

 20.2.6 赤霉素能促进果实形成和单性结实

施用赤霉素也能促进座果（授粉后果实形成）和一些果实的生长。例如，施用赤霉素能刺激梨（*Pyrus communis*）果实形成。在不授粉的情况下，赤霉素能诱导植物单性结实（有果实无种子）。在葡萄（*Vitis vinifera*）中，应用GA_3处理能使汤普森无核葡萄果实增大（图20.4）。这种处理能够促进果柄的生长，同时降低了真菌对葡萄的感染率，赤霉素对紧密丛生类型的葡萄是否有此效果还有待证明。赤霉素对无核葡萄的这些效应在商业上已广泛应用。

图20. 4 赤霉素诱导汤普森无籽葡萄的生长。左边的一串是未经赤霉素处理的；右边的一串是在果实发育时用GA_3处理过的（©Sylvan Wittwer/Visuals Unlimited）。

 20.2.7 赤霉素能促进早期种子发育

在赤霉素缺失的突变体和赤霉素失活的转基因植株中，植株种子的败育概率大大增加。种子不能正常发育是因为幼嫩种子产生活性赤霉素的水平降低了。用赤霉素处理并不能使正常的种子发育，因为外源赤霉素不能进入新的种子中。然而，如果在败育种子中赤霉素合成基因组成型表达，赤霉素缺失的效应就能得到弥补（Swain and Singh，2005）。总之，这些结果表明了赤霉素在种子的早期发育中起重要作用。

 20.2.8 赤霉素及其生物合成抑制剂在商业上的应用

赤霉素（典型的是GA_3）在商业上的用途主要是促进果实生长，在酿酒时促进大麦发芽，增加甘蔗中糖的含量。关于大麦发芽方面内容参见Web Topic 20. 2。

赤霉素生物合成抑制剂在农业上主要用于降低农作物高度。例如，在欧洲凉爽潮湿的气候下，禾谷类作物植株生长过高，结果造成严重的**倒伏（lodging）**（倒伏是指在作物成熟的顶部由于吸收水分过多，茎向地面弯曲使收割机收割困难）。减小节间长度以降低作物株高，可以增加作物的产量。在欧洲，即使栽种矮生小麦，也要喷施GA的生物合成抑制剂——矮壮素来进一步降低植株高度。

在田间或温室中，过高的植物通常不易管理。在开花的园艺作物中需要矮的、健壮的植物，如百合、菊花和猩猩木都需要利用赤霉素生物合成抑制剂严格控制其植株高度。在苗圃、温室和阴棚中这些化合物通常被用来控制观赏植物的大小和体积。

目前有商业应用的赤霉素生物合成抑制剂的化学结构可以参见Web Topic 20.1。关于这一内容的深入讨论参见Web Topic 20.2。

20.3 赤霉素的生物合成与失活

赤霉素是一类由四环双萜类化合物组成的大家族。赤霉素合成途径的前半部分已经在第13章阐述过。在这里，讨论赤霉素合成途径的后一阶段过程，详细内容参见Web Topic 20.3和相关文献（Yamaguchi，2008）。我们将探讨赤霉素合成途径中的一些关键酶及其编码基因。了解赤霉素生物合成和失活的重要内容，有助于掌握赤霉素的代谢平衡。通过赤霉素的代谢平衡，可以使植物在其整个生命周期中维持其细胞和组织中适宜的活性GA的水平。这种代谢平衡可以通过调节赤霉素的合成、失活和运输来实现。

人们对赤霉素如何调控植物生长和发育的认识是通过研究受试植物材料中的赤霉素来获得的。由于能从少量的组织中准确地分离和定量各种不同的赤霉素，高灵敏度的物理技术如质谱技术被广泛应用。对植物提取物中GA的鉴定和定量参见Web Topic 20.4。

通过分离鉴定一些株高发生变化的突变体，可以了解在植物体内哪些GA是具有生物活性的。利用这些突变体有助于我们克隆编码GA合成通路中的酶的相关基因。拟南芥和水稻的基因组测序工作进一步发展和完善了数据信息，对快速分离鉴定出参与GA合成和调节的新基因和蛋白质有着重要作用。

20.3.1　赤霉素是通过萜类化合物途径合成的

萜类化合物是由五碳的**类异戊二烯（isoprenoid）**组成的。赤霉素是由4个类异戊二烯形成的双萜类化合物（见第13章）。赤霉素的生物合成分为三个阶段，每一阶段所处的细胞部位不同：包括质体、内质网和细胞质。对合成途径的简单描述见图20.5。对整个合成途径的描述见附录3。

第一阶段，在质体中，4个类异戊二烯形成一个20碳的线性分子牻牛儿牻牛儿焦磷酸（**geranylgeranyl diphosphate, GGPP**）。GGPP通过两步环化成为四环化合物内根-贝壳杉烯（***ent*-kaurene**），这两步分别被**内根-古巴焦磷酸合成酶**（*ent*-copalyl-diphosphate synthase，**CPS**）和**内根-贝壳杉烯合成酶**（*ent*-kaurene synthase，**KS**）催化完成。

第二阶段，在质体折叠区和内质网中，内根-贝壳杉烯逐步转变为第一种形式的GA—GA_{12}。两个重要的酶参与了这一过程：**内根-贝壳杉烯氧化酶**（*ent*-kaurene oxidase，**KO**）和**内根-贝壳杉烯酸氧化酶**（*ent*-kaurenoic acid oxidase，**KAO**）。迄今研究发现，在所有植物中形成GA_{12}的步骤都是一样的。

第三阶段，在细胞质基质中，GA_{12}先转变为C_{20}-GA，然后转变为C_{19}-GA（包括有活性的赤霉素）。在第三阶段里有两个主要的合成途径被鉴定到。它们都由同一系列的氧化反应构成，唯一不同的是其中一条通路的所有中间产物的C_{13}碳位都带有一个羟基（所以又称为C-13羟基化通路），而另一条通路的所有中间产物的C13碳位都不带有一个羟基（所以又称为非C-13羟基化通路）。在第三阶段，所有的氧化反应都发生在A环。在许多植物中，C-13羟基化途径是主要的途径，尽管在拟南芥和一些葫芦科作物（南瓜）中非C-13羟基化通路是主要途径。在后面的讨论中，产生活性GA的途径（GA_4产生于非C-13羟基化途径；GA_1产生于C-13羟基化途径）被称为生物合成途径。而活性GA的代谢称为失活。GA的合成和失活在Web Topic 20.3中有描述。

20.3.2　赤霉素合成途径中主要的调节酶

通过对拟南芥、豌豆和玉米赤霉素生物合成途径（图20.6和图20.7）突变体的研究，有助于克隆赤霉素生物合成和降解途径中的编码酶的基因。途径中值得注意的调节点是第三阶段的三个酶，它们是形成有生物活性GA催化反应最后几步的GA_{20}氧化酶（GA_{20}ox）和GA_3氧化酶（GA_3ox），以及使GA失活的GA_2氧化酶（GA_2ox）。这三种酶都是**双加氧酶（dioxygenase）**，催化反应需要α-酮戊二酸（2-oxoglutarate）和亚铁离子（Fe^{2+}）作为辅助因子。因此，它们被称为酮戊二酸依赖的双加氧酶（2ODD）。在说明它们的调节作用之前，先分别讨论这些酶。

（1）**GA_{20}氧化酶**　在拟南芥中，GA_{20}氧化酶是一类包含有5个成员的小家族，命名从AtGA20ox1到AtGA20ox5。这些同源基因（它们起源于单个基因，彼此有相似的序列）在不同的组织、器官和不同的发育阶段表达，尽管它们的表达谱会有些重叠。主要在茎中表达的GA_{20}氧化酶（AtGA20ox1）是由*GA5*基因编码的（Phillips et al.，1995；Xu et al.，1995）。*GA5*基因突变体（*ga5*）呈现半矮化而不是完全矮化的表型（图20.6），这是由于基因的冗余造成的。与此相反，*ga1*、*ga2*和*ga3*突变体特别矮，是因为这几个酶在合成途径的上游第一、第二阶段，分别是古巴焦磷酸合成酶（CPS）、内根-贝壳烯合成酶（KS）和内根-贝壳杉烯氧化酶（KO），由单拷贝基因所编码（图20.6）。

（2）**GA_3氧化酶**　拟南芥的茎中主要表达的GA_3氧化酶（AtGA3ox1）是由*GA4*基因编码的（Chiang et al.，1995）。它也属于小基因家族，*ga4*突变体与*ga5*一样，是半矮化而不是完全矮化的突变体（图20.6）。在豌豆中，这个酶是由*LE*基因所编码（图20.7，将在以后讨论）。在玉米中，这个酶是由*D1*编码的，这个基因的隐性突变体植株都呈现矮化的表型（图20.1）。

（3）**GA_2氧化酶**　在拟南芥中，使GA失活的酶GA_2氧化酶的突变体并没有明显的表型。在豌豆中，这个基因突变的幼苗比野生型高而命名为*SLENDER*（*SLN*）基因，编码GA_2氧化酶。在*sln*突变体里，突变体的种子在成熟过程中GA合成与失活的比例和野生型不一致，因而在成熟的种子里仍存在一些有潜在活性的赤霉素，在种子萌发过程中它们能够转变为有生物活性的GA_1，从而使幼苗的节间增长，呈现一种“苗条”的表型（Reid et al.，1992）。

20.3.3　赤霉素调节自身的代谢

与第19章中所阐述的生长素一样，有许多因子对

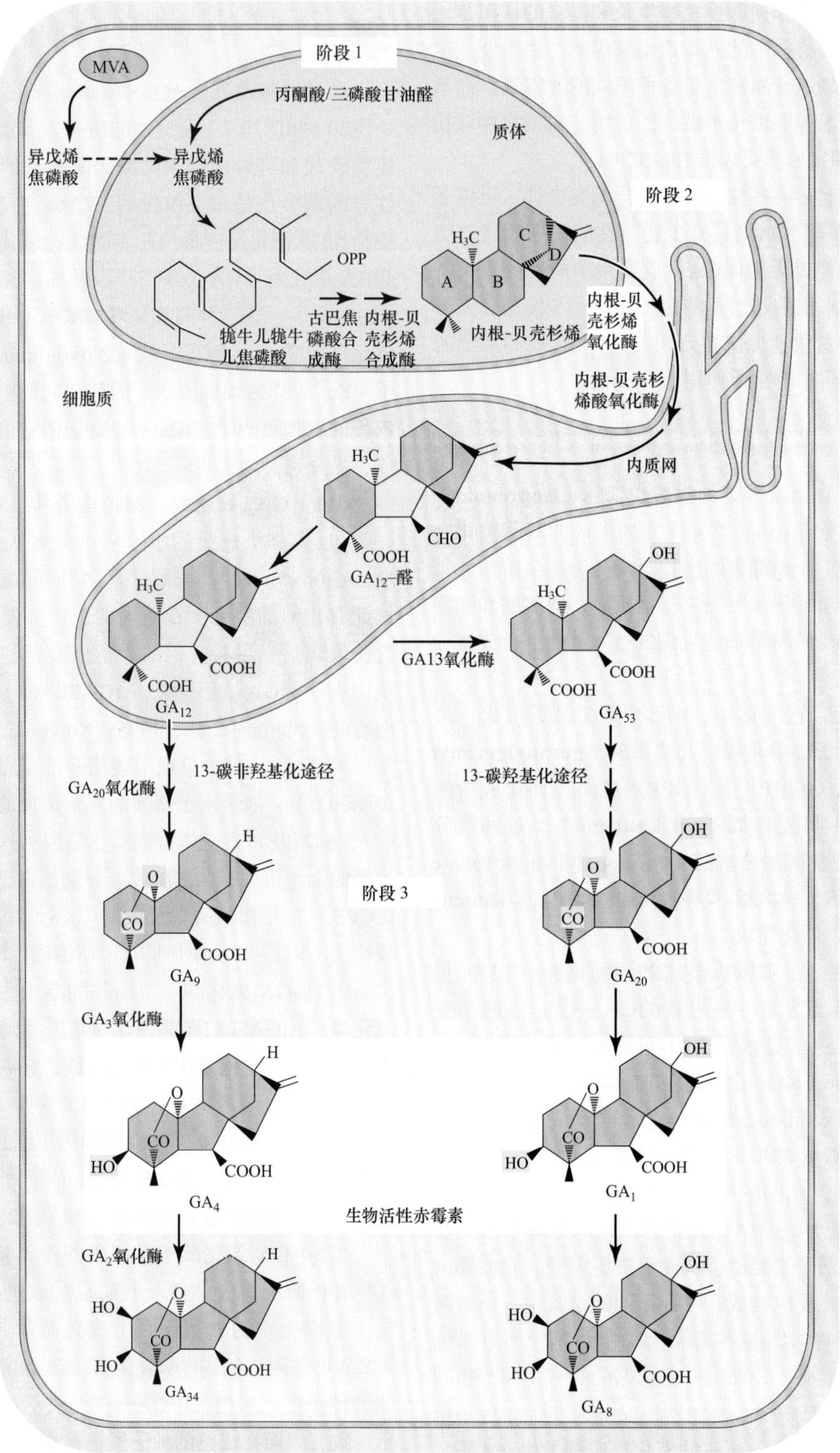

图20.5　赤霉素生物合成的三个阶段。在第一阶段，由牻牛儿牻牛儿焦磷酸（GGPP）转变为内根-贝壳杉烯。第二阶段是在内质网中发生的，内根-贝壳杉烯酸转变为GA_{12}。GA_{12}通过在C_{13}碳位上的羟基化作用转变为GA_{53}。第三阶段发生在胞质中，GA_{12}或GA_{53}通过两条平行途径转变为其他的GA。这种转变包括C_{20}碳位上的一系列氧化及最终失去C_{20}碳位形成C_{19}的GA。通过3 β 位上的羟基化作用被氧化为有生物活性的GA_1和GA_4。GA_4和 GA_1的2碳位羟基化形成无活性的GA_{34}和GA_8。在拟南芥和其他一些植物中主要是非C_{13}碳位羟基化作用，在大多数植物中，C_{13}碳位上的羟基化作用占优势。CPS为古巴焦磷酸合成酶；KS为内根-贝壳杉烯合成酶；KO为内根-贝壳杉烯氧化酶；KAO为内根-贝壳杉烯酸氧化酶；GA_{20}ox为GA_{20}氧化酶；GA_3ox为GA_3氧化酶；GA_2ox为GA_2氧化酶；GA_{13}ox为GA_{13}氧化酶；MVA为甲羟戊醛。

图20.6　拟南芥中野生型和赤霉素缺失突变体的表型，显示了在每一种突变体中赤霉素合成途径被阻断的位置。所有突变体的等位基因都是纯合的，用野生型中小写字母的等位基因符号表示。培养条件：持续光照下生长7周。ga_1、ga_2、ga_3植株是雄性不育的，不能结长角果（荚果）。缩略图见图20.5（V. Sponsel惠赠）。

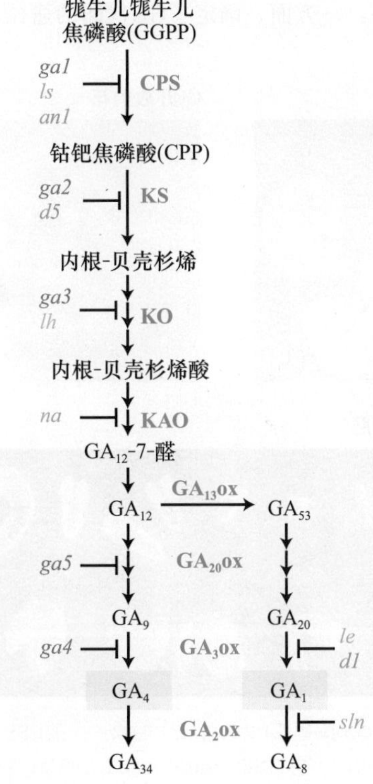

图20. 7　GA生物合成途径中被突变体阻断的代谢位点（拟南芥用绿色表示，豌豆是蓝色，玉米为橘黄色）。缩略图见图20.5。拟南芥中GA_1~GA_5 5个非等位基因是编码赤霉素生物合成途径的酶，由于命名时间较早（尚未了解酶的性质与基因）（Koornneef and van der Veen，1980），遗传分析根据它们进入代谢途径的顺序，将其定位在途径中的不同位置。

激素的平衡包括合成与失活间的相对平衡有重要的调节作用。植物对活性赤霉素的应答反应之一是抑制赤霉素的生物合成和促进其分解代谢（即失活），从而防止植物茎的过度生长。在有活性的赤霉素生物合成过程中，$GA_{20}ox$和$GA_{3}ox$基因编码代谢途径的最后两个酶，抑制赤霉素的生物合成可通过下调这两个基因的表达（抑制表达）完成。赤霉素对自身生物合成的调节属于**负反馈调节（negative feedback regulation）**。加强赤霉素的失活也是维持植物体内赤霉素平衡的重要手段。可通过上调编码使GA失活的酶$GA_{2}ox$基因的表达来实现。赤霉素启动使自身失活的基因表达过程是**正反馈调节（positive feedforward regulation）**。

每个基因对这一过程的相对重要性，随物种及组织的不同而不同（Hedden and Phillips，2000）。有时这些基因的表达并不完全受这种反馈过程调节，也许是对环境信号的响应。这种动态平衡机制中赤霉素含量的改变，也可能提供一种机制，使赤霉素的浓度重新恢复到正常的水平。

20.3.4 赤霉素的生物合成发生在多个植物器官和细胞位点

研究发现，在体外无细胞体系中加入种子或不完整种子的组分，能完成从GGPP到C_{19}-GA生物合成的所有反应过程，说明正在发育的种子是GA生物合成的场所之一。在豌豆的种子中，受精后不久就有大量的GA产生，说明赤霉素是早期种子发育和果实生长所必需的。在许多植物种子成熟的后期，GA的积累可达到很高水平。

使用报告基因技术研究显示，编码CPS酶（赤霉素生物合成中的第一个酶）的基因*GA1*在拟南芥的未成熟种子、芽的顶端、根尖和花粉囊中表达（图20.8）（Silverstone et al.，1997a）。毋庸置疑，在*ga1*突变体中，与种子休眠、矮生和雄性不育相关的器官受到了突变影响。这项研究表明早期的赤霉素生物合成和功能表达可以发生在相同的器官中。Yamaguchi等（2001）和Ogawa等（2003）通过比较GA_3氧化酶（催化没有活性的GA_9转变为有生物活性的GA_4）和受活性赤霉素GA_4上调的基因产物的定位分析，发现一些不能够产生GA_4的细胞却能够获得GA_4的响应。因此，研究发现在拟南芥胚萌发过程中GA_4在同一细胞的合成部位和不同细胞中都起作用，这暗示GA_4或者GA_4信号转导途径的下游组分必须从一个细胞转移到另一个细胞。

20.3.5 环境条件影响赤霉素的生物合成

赤霉素在介导环境因子对植物发育的影响上起重要作用。光和温度对赤霉素的代谢和信号响应都有影响，更多讨论参见Web Topic 20. 5。在大多情况下，环境能够改变除了赤霉素以外很多激素的代谢和响应。活性GA和ABA的比例对不同的组织响应这两种激素是十分重要的。

20.3.6 GA_1和GA_4能促进茎的生长

20世纪80年代，人们用GA生物合成突变体（也称为GA缺失的突变体）进行研究得到了两个重要的结果。一方面，确定了GA代谢的途径；另一方面，发现

A 生长5天的苗

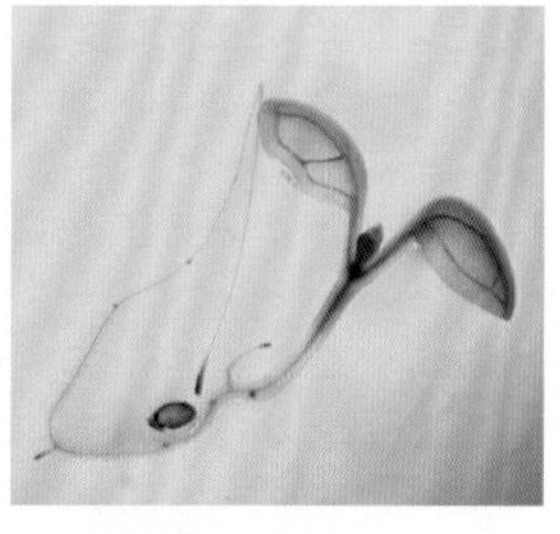

B 生长3天的苗

C 开放的花

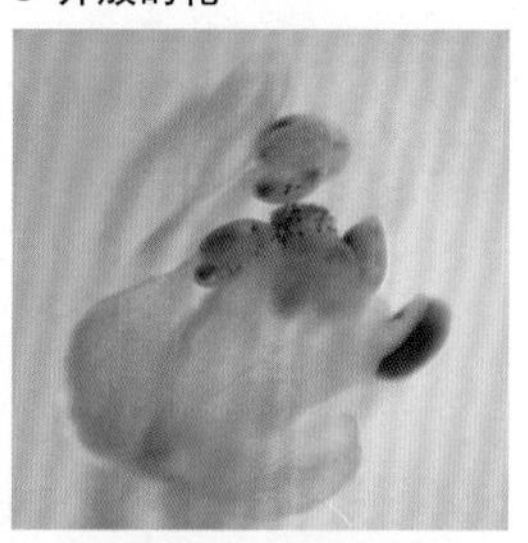

D 带种子的成熟角果

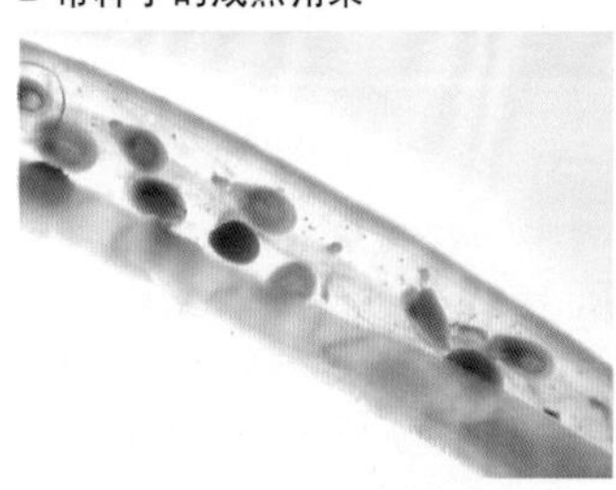

E 发育中的胚

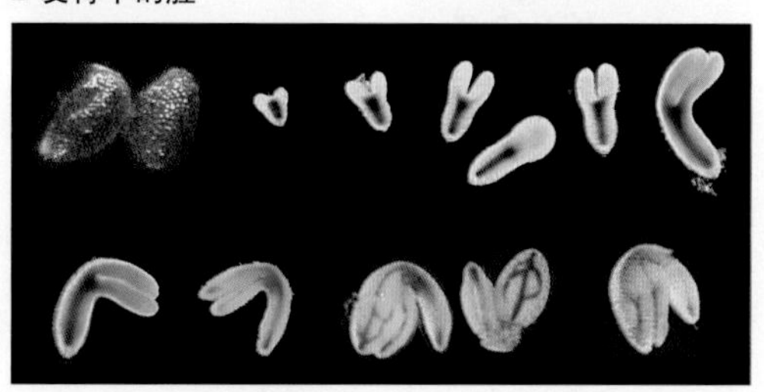

图20.8　拟南芥GA_1启动子与*GUS*基因融合表达的组织化学分析。GA_1编码GA生物合成中的第一个酶CPS。GA_1启动子活性（染蓝色），表明GA可能的合成位点，在整个生活周期中是可见的（引自Silverstone et al.，1997a；T-p. Sun惠赠）。

在豌豆和玉米中GA_1是主要的促进茎生长的有活性的赤霉素，并且其前体无内在的生物活性。

在豌豆中*LE*和*le*是调节高度的两个等位基因，这个遗传特征最初是由孟德尔（Gregor Mendel）于1866年发现的。用GA_{20}处理豌豆的*le*突变体对植株表型没有任何影响，而用GA_1处理后能恢复突变体的表型（植株的高度）。GA_8对突变体也没有影响。由此从豌豆中赤霉素的代谢途径（$GA_{20} \rightarrow GA_1 \rightarrow GA_8$），推测在植株中除非转变为$GA_1$，赤霉素$GA_{20}$是无活性的，因而$GA_1$是植物内源的有生物活性的赤霉素（Ingram et al.，1984）。

用同位素标记的赤霉素进行代谢研究表明，*LE*基因编码在3β位羟基化GA_{20}产生GA_1的酶。同时证实相对于矮生植株，高茎植株中GA_1含量更多（Reid and Howell，1995）。Mendel的*LE*基因已被克隆出来，其隐性等位基因*le*有一个碱基发生突变，导致编码功能缺失的酶（Lester et al.，1997；Martin et al.，1997）。与野生型相比，隐性纯合突变体*le*中GA_1合成减少。由于*le*突变体仍能产生部分有活性的GA_3氧化酶，其合成的GA_1能使*le*幼苗植株高度达到野生型的30%。

对豌豆其他突变体的研究表明，豌豆的植株高度是与其内源GA_1的含量紧密相关的（Ross et al.，1989）。例如，*na*突变体中，由于体内赤霉素合成酶KAO活性缺失（图20.7），突变体植株中基本没有GA_1，其成熟植株高度仅1 cm（图20.9）。相反，*sln*突变体中，由于GA降解途径受阻，幼苗中的GA_1的含量比野生型的多，其植株也较野生型的高（图20.9）。有关豌豆茎生长的其他研究者的数据可以在Web Essay 20.1上查阅。

对其他植物中矮化突变体的研究也证实3β位羟基化C_{19}-GA是有生物活性能够促进茎的生长的。在玉米中，对GA缺失突变体的研究表明，GA_1是谷物类单子叶植物中调节茎生长的活性GA（Phinney，1984）。在水稻中，情况也是类似的，GA_4（非C-13羟基化的GA_1）和GA受体的亲和度在体外比GA_1高，因此GA_4在水稻的生长发育中发挥着重要的作用。在拟南芥和葫芦科的一些植物（如南瓜和黄瓜）中，外施GA_1的生物活性比GA_4低，因此，在这些种类中，推测GA_4是主要的有生物活性的赤霉素。

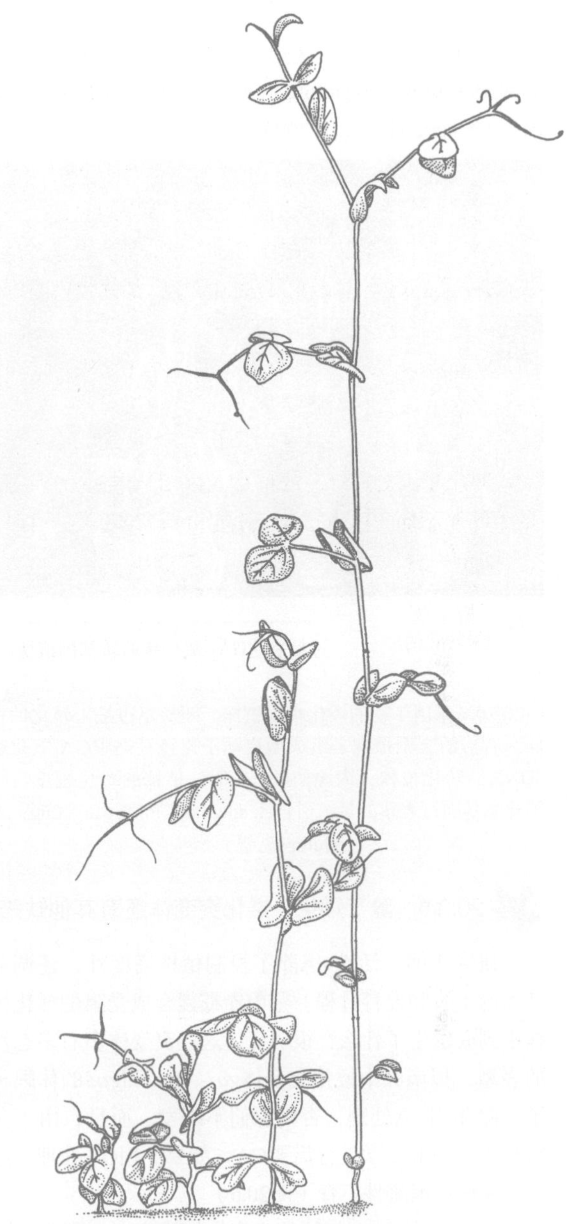

表型	极端矮化：	矮化：	高：	细长：
基因型	*na/LE/SLN*	*NA/le/SLN*	*NA/LE/SLN*	*NA/LE/sln*
GA_1的含量	无	GA含量低于野生型	GA含量是野生型水平	GA含量高于野生型水平

图20.9　不同基因型和表型的豌豆植株、营养器官中GA含量（所有等位基因都是纯合的）（引自Davies，1995）。

20.3.7　基因工程调节植株的高度

鉴定谷物类植物中有生物活性的赤霉素，通过分析其生物合成和代谢过程中关键的酶，使得利用基因工程手段改变谷物类植物中GA的水平进而影响植株的高度成为可能（Hedden and Phillips，2000）。在很多物种中，GA_{20}ox、GA_3ox和GA_2ox在功能上具有保守性，易于操作。Phillips（2004）列举了一些这方面的例子。例如，编码一个拟南芥GA_{20}氧化酶可以引入白杨（*Populus tremuloides* × *P. tremula hybrid*，山杨杂种）组成型表达（即在整个植株高水平表达）。使用来自花椰菜花叶病毒启动子（CaMV 35S）实现GA_{20}氧化酶的组成型表达。幼苗中超表达编码拟南芥GA_{20}氧化酶基因，能提高白杨幼苗中GA_1的含量，使其长得更高，提高了在造纸业中所需要的木质纤维的长度和质量（Eriksson et al.，2000）。

在其他的农作物中，一般生产上的需要是减少生长。通过转化编码GA_1生物合成酶的$GA_{20}ox$和GA_3ox的反义组件，或者超表达和GA_1失活有关的*GA2ox*基因，都能降低GA_1的水平。这些方法多用于改造小麦，产生极端矮化表型（Appleford et al.，2007）（图20.10）和水稻（Sakamoto et al.，2003）。

图20.10　基因工程的矮化小麦植株。图最左边是未转化的植株。右边的三个植株是组成型启动子连接豆类中GA_2氧化酶cDNA的转化植株，内源的GA_1失活。植株的矮化程度反映了外源基因过表达的量（引自Hedden and Phillips，2000；A. Phillips惠赠）。

 20.3.8　除了矮化，矮化突变体还有其他缺陷

研究表明，活性GA除了控制植株高度外，还调节其他的生长和发育过程。茎中赤霉素合成受阻的矮化植株中到底发生了什么？很明显，这些突变体多有多态性的表型。拟南芥中矮化突变体*ga1*、*ga2*和*ga3*的休眠种子，除非用GA处理，否则它们不萌发。而且，由于花粉囊和花粉的正常发育需要GA，如果不用GA处理，这些突变体一般雄性不育（图20.6）。

在豌豆中，GA的缺失突变体植株变小，减少种子的发育，这是因为有活性的GA对于茎的伸长和种子的发育是必需的。然而，三个合成基因的纯合突变体都表现为植株矮小，但是种子发育正常，这是基因的冗余性造成的。例如，豌豆的*na*突变体，尽管合成在KAO位置被阻断（图20.7），植株特别矮小，但能产生可育的种子。这是由于豌豆中另一个*NA*基因在种子中表达，但在茎和根中不表达（Davidson et al.，2003）。另外，编码KO的*LH*基因的突变体*lh-2*（图20.7）降低了茎和种子中GA_1的水平（Davidson and Reid，2004）。因此*lh-2*植株矮小，种子明显败育（图20.11）。

 20.3.9　生长素调节GA的生物合成

有相当多的证据显示生长素能够调节GA的生物合成，在不同的物种中，甚至在同一物种中不同的器官和组织中被生长素上调或下调的GA合成相关的靶基因是不同的。对于这些研究的讨论参见Web Topic 20.6。

图20. 11　豌豆野生型（左）和*lh-2*（右）豆荚，表明在GA缺失突变体中种子败育（J. B. Reid惠赠）。

20.4　赤霉素信号途径：响应突变体的重要性

GA信号响应减弱的单基因突变体是鉴定编码GA受体或信号转导中间组分基因的重要工具。一般来说，影响信号转导途径的因子可能是**正调控**的或者**负调控**的。突变体可以区分为以下三大类。

（1）GA信号**正调控因子（positive regulator）**的功能缺失突变。这种突变将产生矮化表型，并且是隐性的。突变体由于缺少GA信号转导途径中的必需元件而对外源GA无应答。

（2）GA信号**负调控因子（negative regulator）**的功能缺失突变。这种突变将产生高的表型，并且也是隐性的。

（3）负调控因子组成型激活的突变。这种突变将产生矮化、对外源GA无应答的表型。这些突变是“功能获得型”、半显性遗传的。

那么这些GA响应突变体与生物合成途径中酶受阻的突变体有什么不同呢？不同点在于GA响应突变体的高度与内源的活性GA浓度不成比例。这是因为GA不敏感的矮化突变体在用活性GA处理以后并不会长高；而组成型超高的突变体[这种表型称之为“细长”（slender）]在GA生物合成抑制剂环境下也不会变矮。

自从20世纪80年代中期分离到GA不敏感突变体

*gai-1*以来（Koornneef et al.，1985），人们大量研究了拟南芥中的GA响应突变体。拟南芥中正调控和负调控因子的测序工作为鉴定一些重要作物（包括水稻、大麦、小麦、玉米和豌豆）中的GA信号调控因子奠定了基础。下面章节对GA信号转导途径的讨论不是按研究历史展开的，但参考文献暗示了研究工作的时间顺序。

20.4.1　GID1编码一个可溶性受体

理解GA信号转导途径的一个重大突破来自一个水稻矮化的隐性突变体***GA-insensitive dwarf1***（***gid1***）的鉴定（Ueguchi-Tannka et al.，2005）（*gid1*属于之前描述过的第1类突变体）。*GID1*编码一个球形蛋白，即**GA受体**（**GA receptor**）GID1。虽然过去20多年一直在进行GA受体的鉴定工作，并也研究了一些可能的GA结合蛋白，然而到目前为止只有GID1符合作为GA受体的所有标准（科学家是使用GST-GID1融合蛋白来进行研究的。GST标签使得GID1更容易纯化，且GST-GID1和GID1具有相似的GA结合性质。为了简化，接下来将GST-GID1简称为GID1。类似地，将放射性标记16，17-二氢-GA_4简称为放射性标记GA_4）。

一个蛋白质要被鉴定为受体，必须满足以下标准。

（1）配体（这里的GA）与蛋白质的结合必须**特异**。这意味着可以预测生物活性的GA与GID1结合的亲和力将比低活性的GA更高。而实际在测试10种不同的GA（各自具有不同的生物活性）与GID1的结合时，生物活性GA具有更高的亲和力。这样，GID1能够辨别生物活性GA和其他低活性GA。

（2）配体结合应该能够**饱和**。当所有的受体分子都已经结合GA以后，其他的放射性标记GA将不能结合受体，这样曲线将变平。实验证明GID1确实这样（图

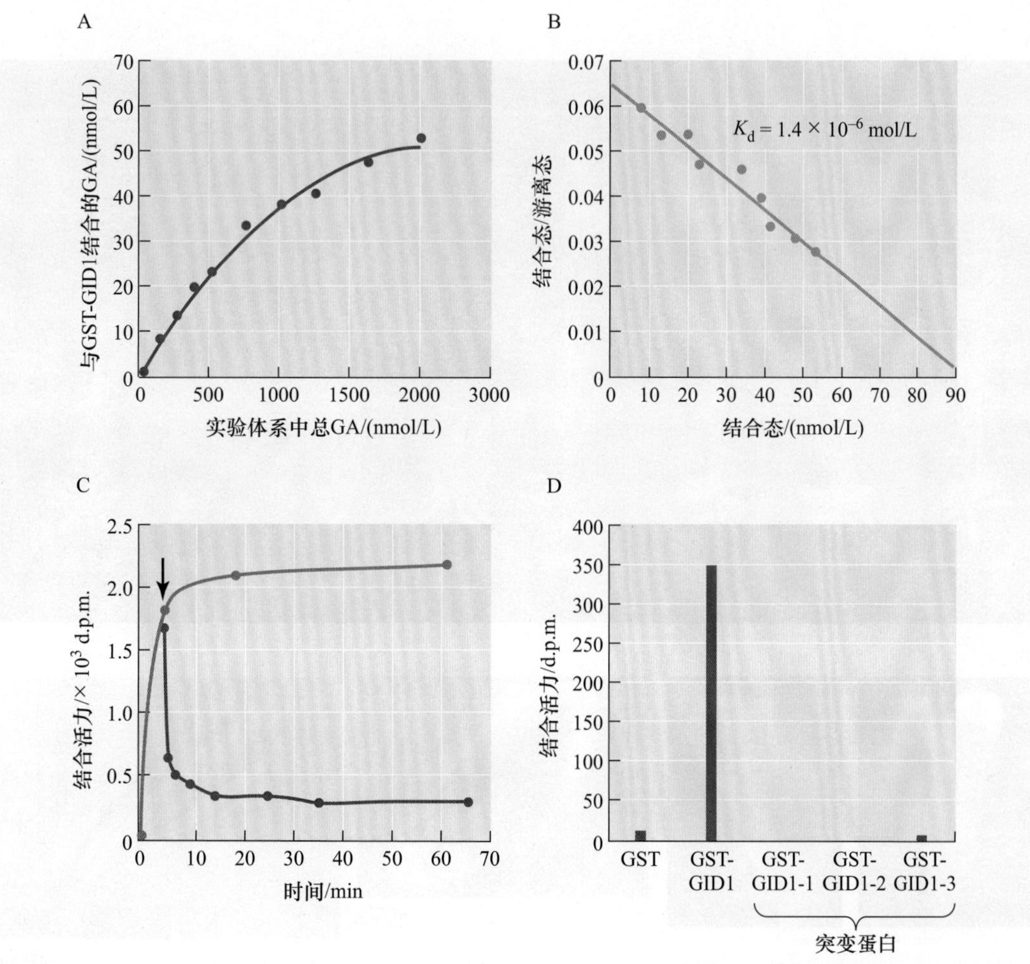

图20.12　GID1的GA结合特征。A. 一定浓度的放射性标记GA_4与GID1蛋白（GST-GID1融合蛋白）孵育，当增加非标记GA_4浓度时，GA_4与GID1蛋白的结合具有饱和性。B. 根据A图数据作的Scatchard图，由斜率计算出了解离常数K_d。C. 放射性标记GA_4与GID1的结合/解离速率。放射性标记GA_4与GID1的结合在5 min内就达到最大值的一半（浅绿线）。加入过量的非标记GA_4（箭头）后5 min内，结合的放射性标记GA_4就降到了最大值的10%以下（深绿色）。D. 三种不同突变的GID1蛋白（GST-GID1-1，GST-GID1-2和GST-GID1-3）不结合放射性标记GA_4，证明GA_4与野生型蛋白的结合是特异性的（引自Ueguchi-Tanaka et al.，2005）。d.p.m.为每分钟衰变数。

20.12A）。

（3）配体结合应该具有**高亲和力**。GA与蛋白质结合的亲和力越高，它们就结合得越紧密，也就越不容易解离。通过Scatchard分析可以测出解离常数K_d。Scatchard分析是将结合的放射性标记GA（*x*轴）对结合的除以未结合的放射性标记GA（*y*轴）作图（图20.12B），斜率为$-1/K_d$。这里的K_d值比较低（1.4×10^{-6} mol/L），暗示GA与这个蛋白质的结合很紧密。

（4）配体的结合应该是**快速的**和**可逆的**。图20.12C显示只需5 min放射性标记GA与GID1的结合就能达到最大值的一半。并且在加入未标记的GA_4后，放射性标记GA与蛋白质的解离也是非常迅速的。受体蛋白的这些特征使得它能够适应细胞内配体浓度的快速变化。

除了给出这些具有说服力的证明GID1是GA受体的证据之外，Ueguchi-Tanaka等（2005）也证明*gid1-1*、*gid1-2*中的单核苷酸突变和*gid1-3*的单核苷酸丢失都能产生GA不敏感的矮化表型并导致蛋白质不结合放射性标记GA_4（图20.12D）。

鉴定出水稻的GID1后，三个拟南芥里的直系同源基因*GID1a*、*GID1b*和*GID1c*很快就被发现了（Griffiths et al.，2006；Nakajima et al.，2006）（直系同源基因是指不同物种中因来自同一个祖先基因而具有相似序列的基因）。一旦测出一个物种某个基因的序列（如*GID1*），通过搜索其他物种（如拟南芥）的基因组数据库就能相对容易地找到它的直系同源基因。然而，最初的*GID1*基因在拟南芥中已经发展成为三个基因，即*GID1a*、*GID1b*和*GID1c*，并且其中的每一个都编码具有功能的GA受体。这三个拟南芥基因中的某一个突变以后，并不会产生可以观察到的表型（茎长度）差异，但如果把这三个基因都突变以后，得到的“三缺突变体”就非常矮（图20.13）。此外，强烈的花药缺陷使得三缺突变体雄性不育。

图20.13　拟南芥突变体*gid1a*、*gid1b*和*gid1c*的表型。A. 37天龄野生型（Col-0）和单突变纯合体的地上部分没有明显的茎长度差异表型。*gid1a*/*gid1c*双突变体矮化，而其他双突变体比较高，展现出了基因冗余性。三突变体*gid1a*/*gid1b*/*gid1c*极度矮化。GA缺失突变体*ga1-3*作为对照。B. 野生型拟南芥花的特写。C. *gid1a*/*gid1b*双突变体花药缺陷。D和E. *gid1a*/*gid1b*/*gid1c*三突变体（D）和野生型（E）花的扫描电子显微镜照片。为了清晰，两张图中的萼片和花瓣都去掉了（引自Griffiths et al.，2006；S. Thomas惠赠）。

近期也得到了水稻中GID1和拟南芥中GID1a蛋白的三维结构，阐明了为什么生物活性GA必须具有某些特定的官能团（Murase et al.，2008；Shimada et al.，2008）。高分辨率分析集中在结合GA_3或GA_4的拟南芥蛋白和结合GA_4的水稻蛋白。拟南芥蛋白也和DELLA蛋白GAI的N端部分共结晶。之后我们会看到，DELLA蛋白是GA响应的负调控因子。在水稻和拟南芥中，生物活性GA通过C-6位羧基与受体蛋白的中央口袋底部的2个丝氨酸残基和1个水分子形成氢键而锚定在受体的中央口袋中。此外，GA的3β-羟基也与1个酪氨酸残基和桥接水分子形成氢键。GA分子上的一些修饰可以降低结合能力：C-6羧基甲基化和缺少3β-OH的GA与GID1结合的亲和力比生物活性GA低几个数量级。另外，很久以前就知道2β-OH能降低GA活性，它的引入会导致空间干扰和减弱与受体蛋白的结合，即使GA分子具有C-6羧基和3β-羟基。

一个生物活性GA分子的“顶”是疏水的，能够与GID1蛋白的N端螺旋延伸开关区相互作用。N端延伸在GA顶部上方折叠，就像一个关闭的盖子完全将GA包埋在受体中（Murase et al.，2008；Shimada et al.，2008）。一旦GID1的这个“盖子”关闭，其外表面的残基就能够和下一节即将学习到的DELLA蛋白GAI的N端中一些特定氨基酸相互作用（图20.14）。虽然GA和DELLA蛋白间并没有直接相互作用（GA包埋在GID1中），但生物活性GA是GID1的**变构激活剂（allosteric activator）**，使得GID1构象产生变化从而促进其与DELLA蛋白的结合（图20.15）。紧接着，GA-GID1复合体似乎诱导了DELLA蛋白的DELLA结构域发生从卷曲到螺旋（coil-to-helix）的构象变化，这可能进一步导致了DELLA蛋白其他结构域（所谓的GRAS结构域）的构象变化。

20.4.2　DELLA结构域蛋白是赤霉素响应的负调控因子

DELLA结构域蛋白属于GRAS家族转录调节因子中的一个亚家族。所有GRAS蛋白的碳端（GRAS）结构域都有同源性。参与GA响应的蛋白质的氮端具有一个结构域，它含有5个氨基酸：天冬氨酸（D）、谷氨酸（E）、亮氨酸（L）、亮氨酸（L）和丙氨酸（A），因此被称为“DELLA结构域”（图20.16）。现在已经知道，水稻和大麦都只有1个DELLA结构域蛋白而拟南芥有5个。从谷类作物和拟南芥的研究可以总结出DELLA是GA响应的负调控因子。当它们被蛋白质水解而降解时就能产生GA响应。Web Topic 20.7讲述了分离DELLA蛋白和阐述它们功能的历史，在此作简要概括。

20.4.3　GA负调控因子突变可能导致过高或矮化表型

抑制GA响应负调控因子功能的突变将使植物变高。这就是我们看到的水稻[*slender rice 1*（*slr1*）]和大麦[*slender 1*（*sln1*）]“细长”突变体。这些突变体长得极高，看起来像被高剂量生物活性GA处理过（Ikeda et

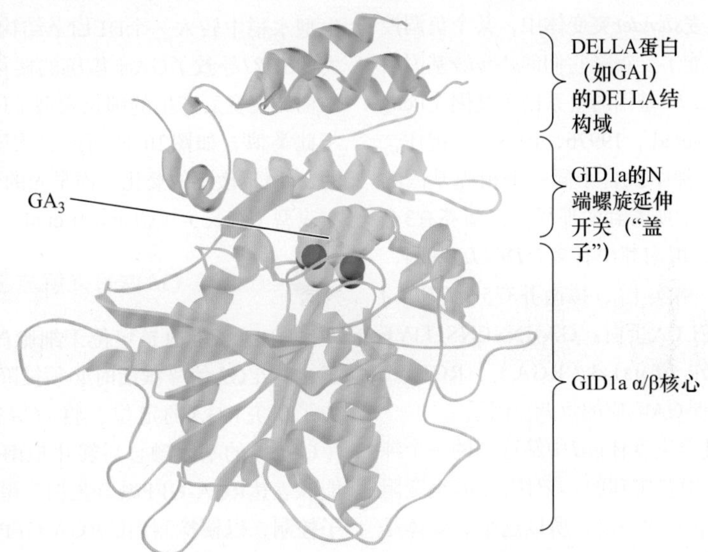

图20.14　GA_3-GID1a-DELLA复合体的晶体结构。GA_3分子显示为空间填充模型，米色为碳原子，红色为氧原子。生物活性GA（如GA_3）结合到GID1a受体的中央口袋后，延伸开关区就像一个“盖子”一样将GA封闭起来。盖子盖在GA疏水部分（没有暴露的氧原子）的顶上。一旦延伸开关关闭，DELLA蛋白（如GAI）的DELLA结构域就能结合到开关的上部外表面（引自Murase et al.，2008）。

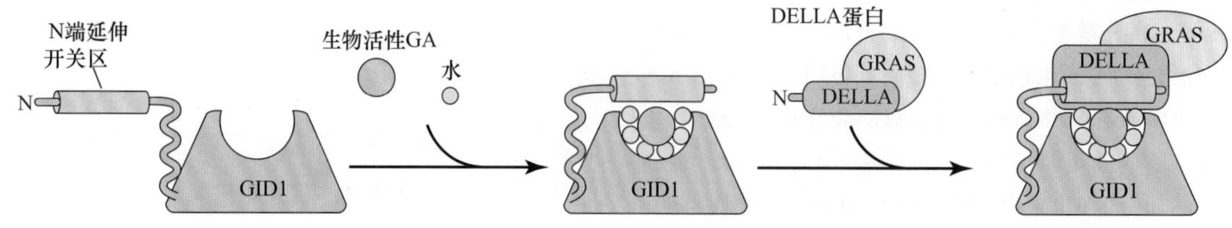

图20.15　GA诱导GID1构象变化及GA-GID1复合体诱导DELLA构象变化的模型（引自Murase et al.，2008）。

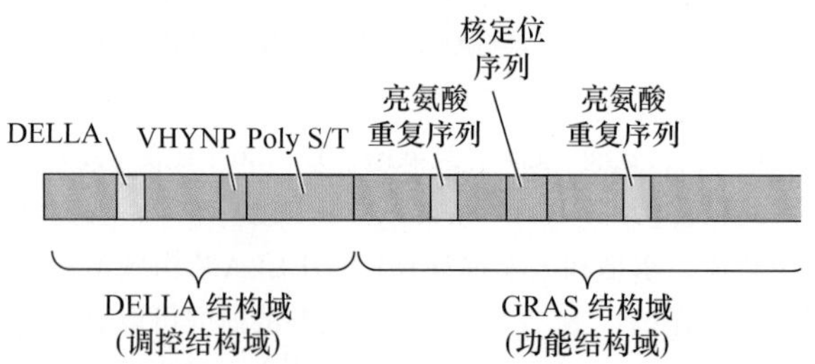

图20.16　RGA和GAI抑制蛋白的结构域组成。图中标示了调控结构域DELLA和功能结构域GRAS。

al.，2001；Chandler et al.，2002）。但是这些植物并不含有高浓度内源GA，甚至当它们长在能降低生物活性GA含量的GA生物合成抑制剂中时，这些突变体仍然很高。所以它们的高不是由生物活性GA的含量高引起的，而是由GA响应的组成型开启引起的（这里的水稻和大麦的*slender*突变体与早先讨论的豌豆中抑制GA失活的*slender*突变体不同，豌豆的*slender*突变体的高是由高含量内源GA引起的）。

人们推测水稻和大麦*slender*突变体中，某个负调控因子丢失了或者失去功能了。克隆它们的*slender*基因后发现它们是拟南芥中*DELLA*基因的直系同源基因（Peng et al.，1997；Silverstone et al.，1997b，1998）。记住，直系同源基因是不同物种中源自于同一个祖先基因的基因。正如我们在GID1中所看到的那样（拟南芥有3个基因而水稻只有1个），拟南芥中有多个*DELLA*基因，但谷类植物中却没有。事实上，拟南芥有5个*DELLA*基因，分别编码5个DELLA蛋白：GA-INSENSITIVE（GAI）、REPRESSOR of ga1-3（RGA）、RGL1、RGL2和RGL3，它们都是GA响应的负调控因子。

RGA是从拟南芥纯合突变体*ga1*中筛选到的一个纯合隐性突变体（*rga1*）中鉴定到的。记住，*ga1*突变阻断了GA生物合成途径早期的一步，所以这个突变体是缺乏GA的。*rga*突变使得茎足够长以至于部分恢复了*ga1*因GA缺乏而产生的极度矮化表型，这也是这个突变名为*repressor of ga1*的原因。如果一个隐性突变导致了生长，可以推断这个突变一定使某个负调控因子失去了功能（前文描述的第2类突变体）。但是现在知道Koornneef等（1985）分离出的原始突变体*GAI*（*gai-1*）也是编码一个DELLA蛋白，却是一个半显性、功能获得型GA不敏感矮化突变体（即符合第3类突变体的特征）。进一步工作证明RGA和GAI都编码GA响应信号途径的负调控因子，但这些负调控因子的不同突变能产生相反的表型，或高或矮，取决于在基因内部的哪个部位发生了突变。发生在这些基因中的不同突变可以分为以下两类。

（1）如果突变发生在碳端GRAS结构域，突变常常是变得更高。

（2）如果突变发生在氮端含DELLA结构域的那部分，突变的蛋白质是一个不可逆的抑制子，因而产生*gai-1*的GA不敏感矮化表型。

由于拟南芥含有5个同源基因，需要多个同源基因都发生功能丧失突变之后才能显现出GA组成型激活的表型（高）。

谷物中*slender*突变产生了不同的表型。例如，在野生型水稻中转入一个DELLA结构域中第17个氨基酸缺失的*SLR1*导致了GA不敏感的矮化表型，而不是GRAS结构域突变后产生的细长表型（Ikeda et al.，2001）。与此类似，如图20.17所示，大麦的*sln1d*突变是显性的、GA不敏感的矮化，而早先的*sln1c*却是组成型GA响应表型（细长）（Chandler et al.，2002）。

20.4.4　GA信号降解赤霉素响应负调控因子

DELLA蛋白是定位于细胞核的GA激活负调控因子，其在GA信号激活时必须被降解以产生信号响应。为了研究RGA的定位，将*RGA*和绿色荧光蛋白蛋白（GFP）的基因融合后转化拟南芥，以便转基因植物能够表达RGA-GFP融合蛋白。融合基因由*RGA*的启动子控制，以便检测到的RGA-GFP能够模拟天然的RGA（Silverstone et al.，2001）。通过免疫共沉淀和荧光显微技术研究确定了生物活性GA对融合蛋白的数量和定位的影响。研究使用了根来观测，因为茎中的叶绿体自发荧光会使GFP分析更加困难。

图20.17　SLN1抑制子基因的两个不同突变体具有相反的表型。图为3个两周龄的大麦幼苗的茎。中间是野生型（WT）。左：*sln1c*突变体由于在GRAS抑制子区域发生突变，抑制功能丧失，因此具有GA组成型响应的细长表型。右：*sln1d*突变体中由于DELLA结构域突变导致抑制蛋白难于被降解，因此是功能获得型的显性突变，表现出矮化表型（引自Chandler et al.，2002，P. M. Chandler惠赠）。

在拟南芥根尖中，RGA-GFP定位于细胞核中，当用活性GA处理植物时，GFP的荧光消失了。相反，如果用GA生物合成抑制剂多效唑（paclobutrazol）处理降低GA浓度，细胞核内保持着强的绿色荧光（图20. 18）。由于GFP反映了RGA的情况，我们可以从这些实验中知道，出现生物活性GA后，细胞核里面的RGA降解了，而在GA浓度非常低时其不被降解。

我们已经在第479页了解到，生物活性GA是其受体GID1的变构激活剂。在GA缺失的植物中，没有足够的GA结合GID1而使其构象改变关闭“盖子”。没有这个构象变化，DELLA蛋白就不能结合GID1。所以现在我们将看到，DELLA蛋白需要结合GID1来降解。现在我们也可以理解为什么DELLA蛋白的一个N端DELLA结构域突变使得蛋白成为了不可逆抑制子，因为这部分与GA-GID1受体复合体结合。

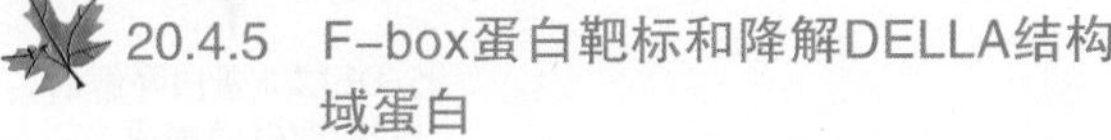

20.4.5　F-box蛋白靶标和降解DELLA结构域蛋白

在水稻和拟南芥中鉴定到了一些矮化的、不能在生物活性GA刺激下降解野生型DELLA蛋白的突变体。隐性突变体水稻*GA-insensitive dwarf 2*（*gid2*）和拟南芥*sleepy 1*（*sly1*）都具有GA不敏感的矮化表型，并且它们编码直系同源蛋白（Sasaki et al.，2003；McGinnis et al.，2003）。这些表型表明*GID2*和*SLY1*基因编码GA信号转导途径中的正调控因子（即第1类突变体）。事实上，这两个基因都编码具有保守F-box结构域的**E3泛素连接酶复合体（ubiquitin E3 ligase complex）**（又称SCF复合体）元件（Dill et al.，2004；Itoh et al.，2003）（可参见第14章）。一个蛋白质（如DELLA）如果要被26S蛋白酶体降解，那么它必须被一连串泛素蛋白“标记”。F-box蛋白招募蛋白质到SCF复合体上启动标记过程，结果添加了许多泛素分子到这些蛋白质上，接着它们就被26S蛋白酶体降解（关于这一主题的更多信息可参考Web Essay 20.2和第2章、第14章）。

直系同源蛋白GID2（拟南芥）和SLY1（水稻）将DELLA蛋白靶标和降解，并且这种靶标在DELLA蛋白结合到生物活性GA-GID1复合体后增强（图20.19）。正如结合生物活性GA引起GID1构象改变而促使其结合DELLA，DELLA结构域的N端结合到GA-GID1后引起DELLA结构域的构象变化（卷曲到螺旋）。人们推测这接着会诱导GRAS结构域的构象变化，使得其能更容易与F-box蛋白结合。由于促进了SCF复合体对其抑制的靶蛋白的识别，GA-GID1复合体也被称为“泛素化分子伴侣”（ubiquitinylation chaperone）（Murase et al.，2008）。

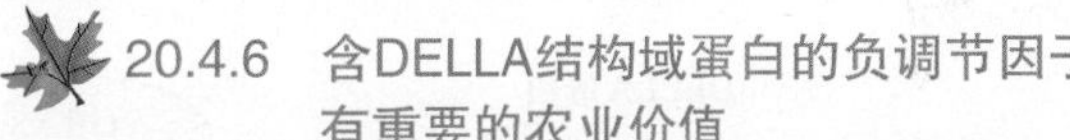

20.4.6　含DELLA结构域蛋白的负调节因子有重要的农业价值

上面的实验说明了在单子叶和双子叶植物中，DELLA结构域蛋白是重要的GA应答负调控因子。另外，*GAI*的直系同源基因小麦半显性突变*Reduced height*（*Rht-Bla*和*Rht-Dla*）和玉米的*d8*都在DELLA结构域发生了突变，产生了GA不敏感矮化表型（Peng et al.，1999）。

20世纪早期，小麦和水稻的经典育种方法推动了60年代的“绿色革命”——在拉丁美洲和东南亚，高产、矮生品种的小麦和水稻引种适应了该地区人口的大量增长（Redden，2003）。一般谷类作物在大田中密植时易过高生长，尤其是在肥力充足的情况下，结果造成作物容易倒伏（因风吹、雨淋而塌掉）而使产量大为降低。GA响应降低、短茎的突变小麦栽培品种*Rht*的传播是“绿色革命”成功的关键（详见Web Essay 20.3中Norman Borlaug博士的诺贝尔奖工作）。如Web Essay 20.4所述，大麦中的绿色革命基因的直系同源基因的突变也具有开发有益农业性状的潜能。

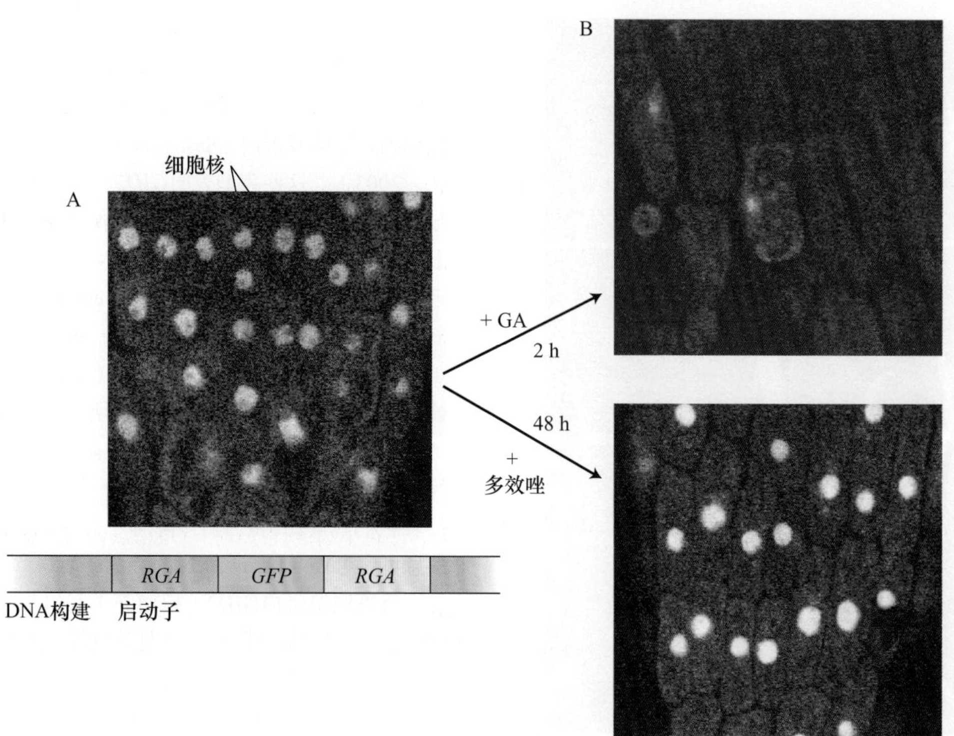

图20.18 作为转录调节因子，RGA蛋白定位于细胞核，其数量受GA水平调节。A. 植物细胞中转化了编码RGA和绿色荧光蛋白（GFP）融合蛋白的载体，使得通过荧光显微镜就能观测细胞核中的RGA。B. 用GA预处理细胞2 h时导致细胞核中RGA消失（上）。用GA合成抑制剂多效唑（paclobutrazol）处理48 h后，细胞核中RGA的含量增加（下）。这些照片证明RGA在有GA时降解，无GA时不降解（自Silverstone et al.，2001）。

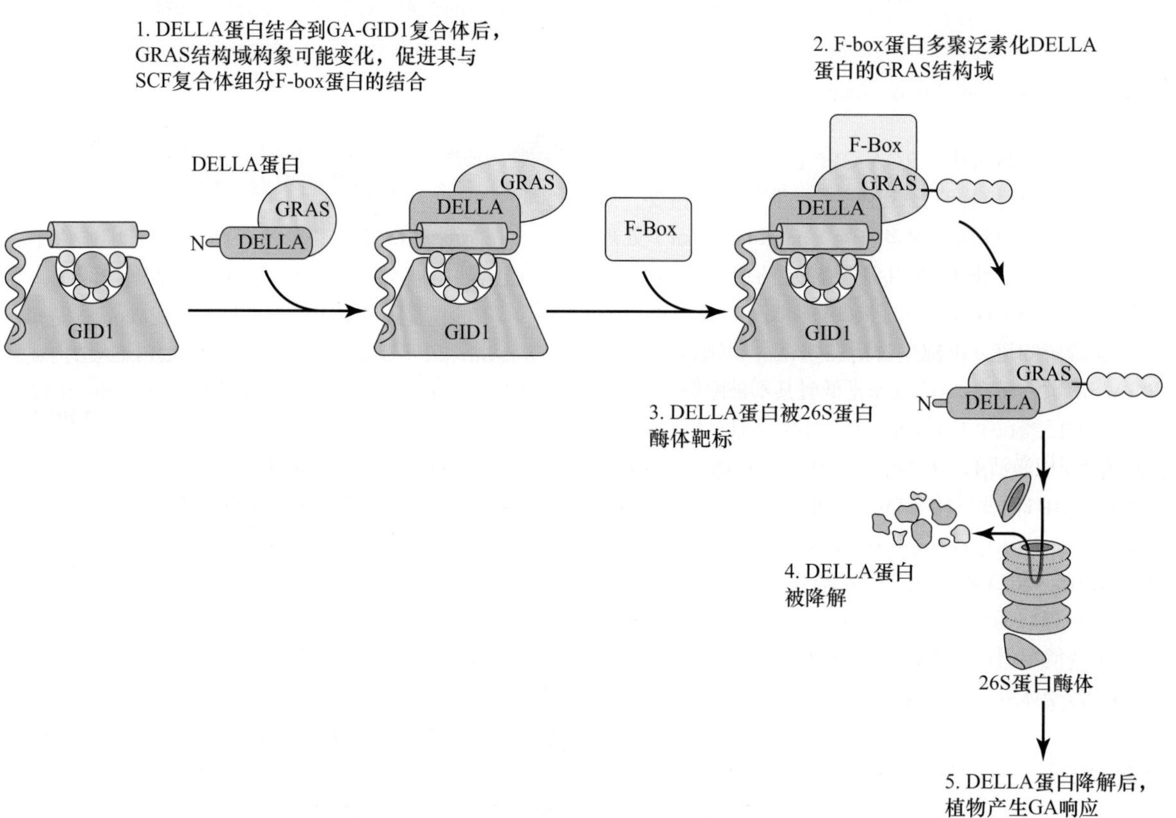

图20.19 DELLA蛋白通过26S蛋白酶体降解，进而引发转录重编程，导致生长和其他GA响应。

20.5　赤霉素响应：DELLA蛋白的早期靶标

从本章的前面部分知道，GA能够影响从种子萌发到开花和果实发育的植物生长发育的多个方面。最近的挑战在于从分子水平上将我们对于GA信号感知的新发现和下游导致生长发育的事件联系起来。拟南芥中大量的基因表达芯片研究对了解“早期GA响应”具有作用，因为这些基因的表达是被DELLA蛋白开启或关闭的（第2章介绍了芯片技术）。几项最近的研究采用了可在特定时间诱导*DELLA*基因表达的实验体系，这样就可以鉴定出那些表达快速变化的基因。诱导*DELLA*表达后1~2 h内表达发生变化的基因很可能就是GA的早期响应基因。

20.5.1　DELLA蛋白能激活或抑制基因表达

已经鉴定到了拟南芥的幼苗和花序中DELLA蛋白下游的GA早期响应基因。在幼苗和花序中，几个DELLA的直接靶标就是GA合成酶和受体的基因，暗示了强的稳态调控使GA水平和响应维持在生理极限以内。其他的DELLA直接靶标包括编码转录因子和转录调节因子的基因。有趣的是，幼苗和花序中DELLA蛋白的靶基因很少有重叠，尽管有一小部分属于同一类转录调节因子（如MYB和bHLH类）（Zentella et al.，2007；Hou et al.，2008）。这些发现有助于解释GA激活的特异性及一个激素如何在不同的发育时期和组织产生多种不同的响应。

20.5.2　DELLA蛋白通过和其他蛋白质如PIF相互作用来调节转录

由于DELLA蛋白并不含有可识别的DNA结合结构域，那么它们是如何激活和抑制基因转录的呢？可能其他的因子对于DELLA结合DNA是必需的，或者DELLA蛋白通过和其他转录因子相互作用来调节转录，而非自己结合DNA。有最新的证据支持后一种可能。DELLA能够和一类bHLH转录因子光敏色素互作因子（PIF）相互作用。当一个DELLA分子结合到一个PIF分子上时，抑制了PIF激活下游转录。这样，PIF的靶基因就间接被DELLA蛋白下调了。

拟南芥至少有5个PIF蛋白，它们具有各自不同和某些重叠的功能。有些PIF影响幼苗生长，参与暗形态建成（黑暗下的生长发育）到光形态建成（光下的生长发育）的转换。在黑暗下，拟南芥幼苗是黄化的，下胚轴伸长，子叶不能打开和扩展。这种效应至少部分是PIF激活了促进下胚轴伸长基因的结果（图20.20A）。例如，PIF3和PIF4的靶基因之一是膨胀素（expansin）基因，它编码一个松弛细胞壁的蛋白质，PIF3和PIF4的bHLH结构域结合到靶基因启动子中的G-box元件上。在光下，光激活的光敏色素转移到细胞核中，结合并进而降解PIF，结果就是靶基因（如膨胀素）表达下调和抑制下胚轴伸长（图20.20B）。

最近PIF3和PIF4都被证明能够与DELLA蛋白结合，这种相互作用至少部分是通过PIF蛋白的bHLH DNA结合结构域进行的（de Lucas et al.，2008；Feng et al.，2008）。当PIF蛋白不再结合DNA，PIF的靶基因就不被转录（图20.20B），下胚轴也不伸长。PIF和DELLA的相互作用只在DELLA蛋白数量丰富的时候发生。存在生物活性GA时，DELLA蛋白降解而不能结合PIF，PIF就可以激活转录，幼苗的下胚轴也就长长（图20.20A）。这样DELLA蛋白就被证明是通过直接和bHLH转录因子结合来调节基因转录，而不是通过自身结合DNA实现；GA的效应（下胚轴长）就是PIF调控基因的结果。

20.6　赤霉素响应：谷类植物糊粉层

本节和以下两节将探讨在植物生命周期的三个不同时期中GA激活的例子。首先讨论一个经典模式系统，即谷类植物种子萌发时的糊粉层。然后讨论谷类植物的花药发育。糊粉层和花药中，MYB转录因子上调编码参与GA响应的酶的基因。最后，讨论深水稻中的节间伸长和抑制。

谷类植物种子分为三部分：胚、胚乳和种皮果皮融合（种皮-果壳）（图20.21）。胚将发育成为幼苗，并具有一个特化的吸收器官盾片。胚乳由两部分组织构成：中央的淀粉胚乳和糊粉层（图20.21）。非活力的淀粉胚乳是由充满淀粉粒的薄壁细胞组成。糊粉层包围着胚乳，其中的活细胞在萌发时合成并释放水解酶到胚乳中。结果造成胚乳中贮存的营养物质被降解，产生的可溶性糖分、氨基酸和其他物质转运到生长的胚中。分离出来的糊粉层细胞由均一的赤霉素靶细胞构成，不含有GA不响应细胞，为研究GA激活的分子机制提供了独特的研究手段。

α-淀粉酶和β-淀粉酶是负责降解淀粉的酶。α-淀粉酶（存在许多异构体）内切水解淀粉链，生成由α-1,4-糖苷键连接的寡糖。β-淀粉酶则从末端将这些寡糖水解成麦芽糖（二糖）。麦芽糖酶又将麦芽糖分解为葡萄糖。

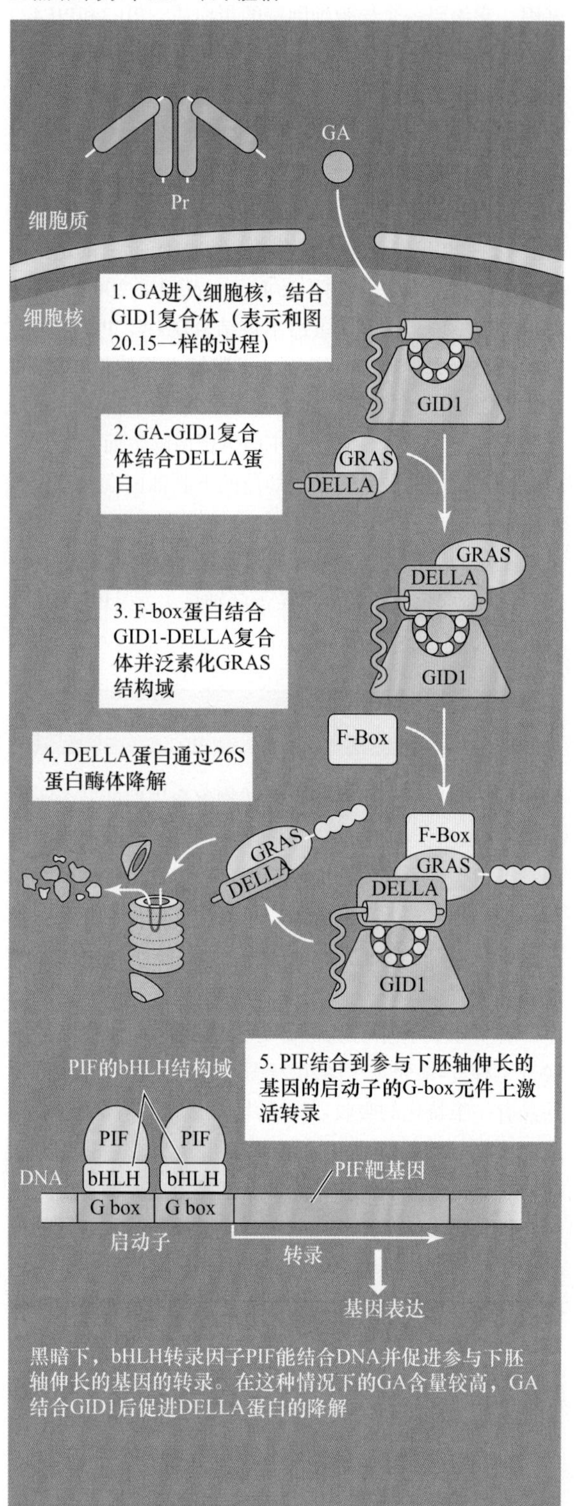

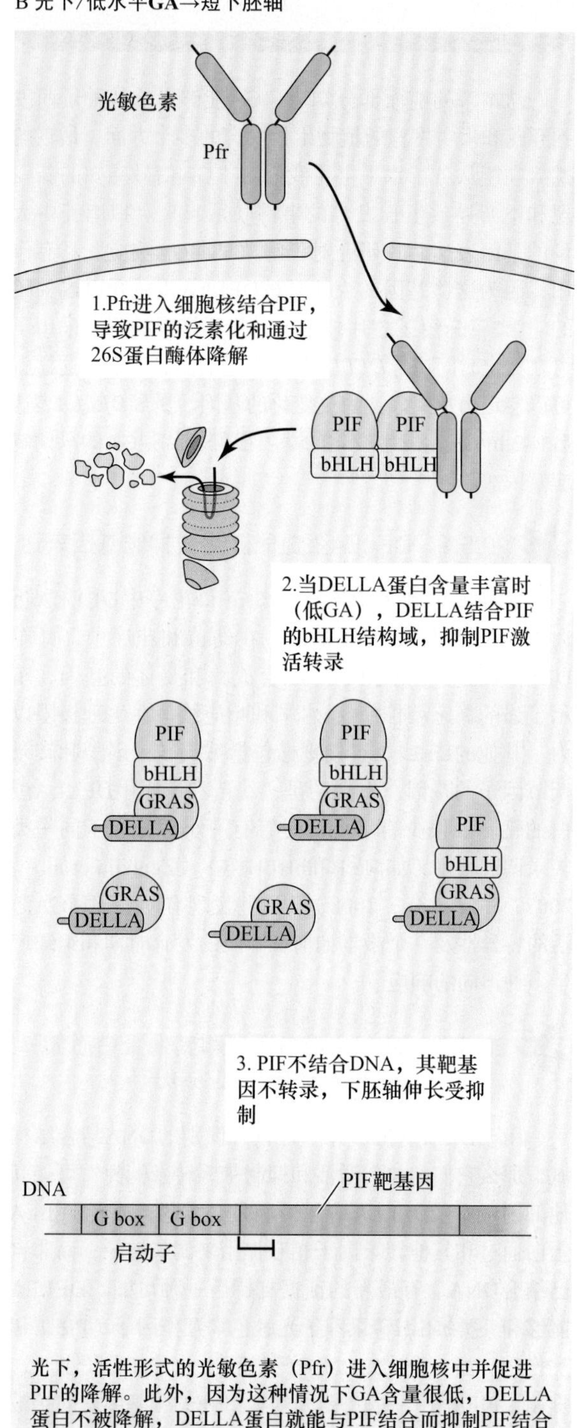

图20.20　拟南芥幼苗中，光信号和GA信号整合调控下胚轴长度。

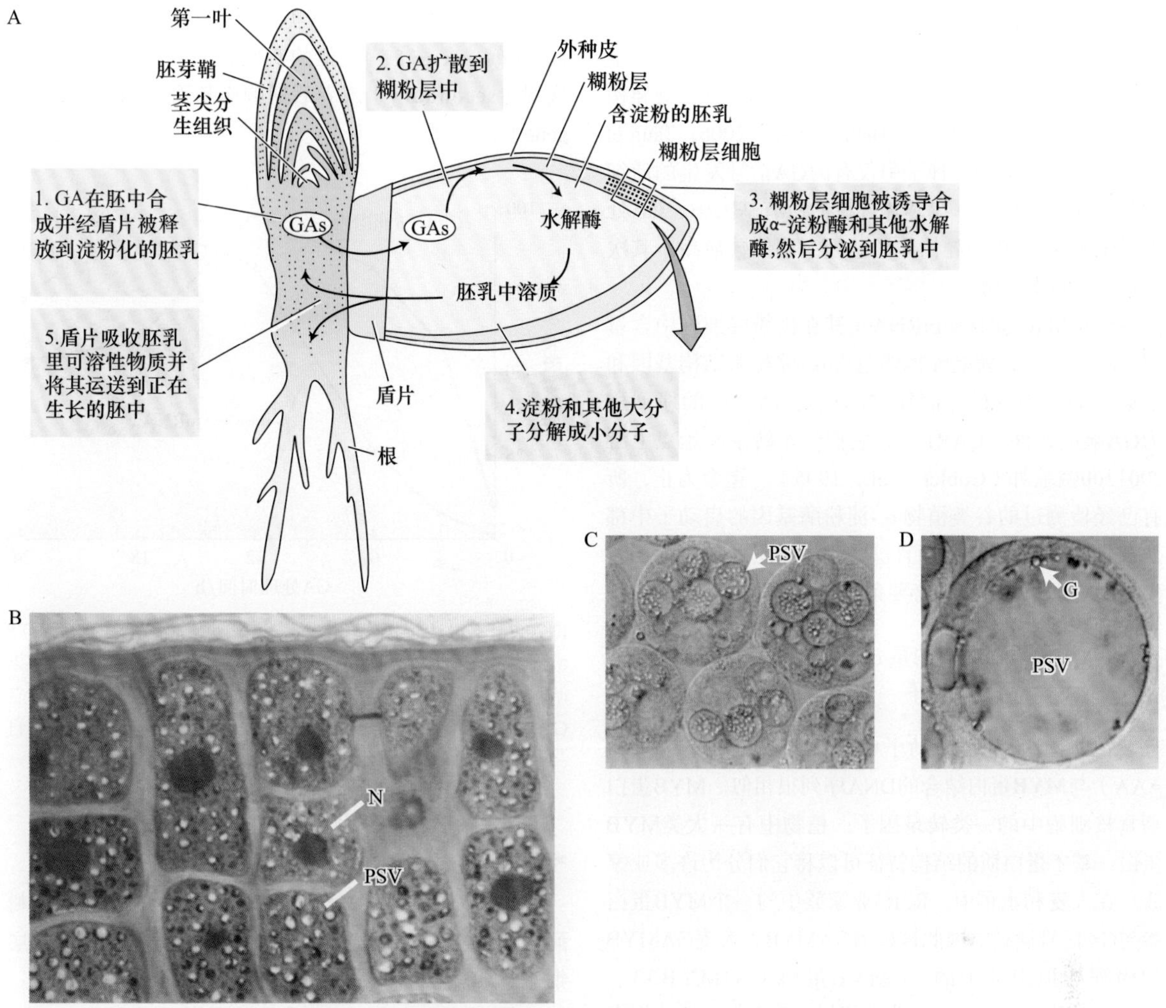

A
第一叶
胚芽鞘
茎尖分生组织
1. GA在胚中合成并经盾片被释放到淀粉化的胚乳
GAs
GAs
2. GA扩散到糊粉层中
外种皮
糊粉层
含淀粉的胚乳
糊粉层细胞
水解酶
3. 糊粉层细胞被诱导合成α-淀粉酶和其他水解酶，然后分泌到胚乳中
胚乳中溶质
5.盾片吸收胚乳里可溶性物质并将其运送到正在生长的胚中
盾片
4.淀粉和其他大分子分解成小分子
根

B
N
PSV

C
PSV

D
G
PSV

图20.21　大麦种子的结构和不同组织在萌发中的功能。A. 萌发诱导的相互作用图示。B~D. 大麦糊粉层（B），淀粉酶产生的早期（C）和晚期（D）的糊粉层细胞原生质体的显微照片。（C）中的多个蛋白储存小泡（PSV）融合形成（D）中的大泡，为α-淀粉酶的合成提供氨基酸。G为封闭矿物质的植酸钙球状体；N为细胞核（B~D引自Bethke et al.，1997，P. Bethke惠赠）。

20.6.1　GA是在胚中合成的

20世纪60年代进行的实验证实了Gottlieb Haberlandt在1890年最初的发现：大麦糊粉层中淀粉降解酶的分泌依赖于胚的存在。随后发现GA_3能替代胚促进淀粉降解的作用。在发现萌发过程中胚合成并释放GA进入胚乳后，GA的重要性就显而易见了。

20.6.2　糊粉层细胞可能有两种类型的GA受体

水稻受体缺陷突变体*gid1*不能合成α-淀粉酶，这清晰地揭示可溶性受体GID1参与这个经典GA响应过程。在GID1被鉴定之前，其他证据暗示在糊粉层细胞质GA可能与一个膜定位蛋白结合。其他的植物激素，包括生长素（第19章）和脱落酸（第23章）也有证据表明其具有两种类型的受体。虽然目前还没有明确鉴定到细胞膜定位的GA受体，但考虑到GA响应的多样性，存在多个GA受体也就不足为奇了。在糊粉层细胞中，存在Ca^{2+}不依赖和Ca^{2+}依赖两种GA信号途径，前者引发α-淀粉酶的生成，后者调控α-淀粉酶的分泌。

20.6.3　赤霉素增强α-淀粉酶mRNA的转录

在分子生物学方法验证之前，已经有生理学和生物化学证据显示GA能够提高α-淀粉酶的基因转录水平（Jacobsen et al.，2005）。两个主要证据如下。

（1）GA_3刺激α-淀粉酶的产生受到转录和翻译抑制剂的阻断。

（2）放射性同位素标记实验证明生物活性GA对α-淀粉酶活性的增强依赖于酶的从头合成途径，而不是激活已存在的酶。

谷类植物种子可以切成两部分，缺少胚的那一半是研究外源GA激活的理想实验材料（胚是整个种子中生物活性GA的来源）。芯片分析证明缺少胚的那一半水稻种子在被GA_3处理8 h后，编码几个α-淀粉酶异构体的基因就被表达上调了（Bethke et al.，2006；Tsuji et al.，2006）。这些半种子中仅有的GA信号发生的活细胞分布在糊粉层中。在芯片分析的所有基因中，GA处理后编码α-淀粉酶异构体的基因上调倍数最高，其次是水解酶和蛋白酶。

纯化出α-淀粉酶mRNA（其在糊粉层细胞中含量相对较高）后，就能够构建包含α-淀粉酶结构基因和上游启动子序列的基因序列。负责GA响应的序列称为GA响应元件（GARE），它们位于转录起始点上游200~300碱基对（Gubler et al.，1995）。迄今为止，所有已经检测过的谷类植物α-淀粉酶基因的启动子中都发现有这样的GARE，而且这些元件被证明是对α-淀粉酶基因转录诱导的充分必要条件。

 20.6.4 GAMYB是α-淀粉酶基因转录的正调控因子

α-淀粉酶基因启动子中的GARE序列（TAAC-AAA）与**MYB**蛋白结合的DNA序列很相似。MYB蛋白是真核细胞中的一类转录因子。植物中有一大类MYB蛋白，基于蛋白质的结构特征可以将它们分为许多亚家族。在大麦和水稻中，R2R3亚家族中的一个MYB蛋白参与GA信号途径，因此被称为GAMYB。大麦GAMYB的序列与拟南芥中的3个MYB蛋白（AtMYB33、AtMYB65和AtMYB101）非常相似。事实上，这些拟南芥AtMYB与谷类GAMYB的结构如此相似，以至于它们任意一个都能"挽救"缺乏GAMYB的大麦突变体的表型（Gocal et al.，2001）。水稻中还鉴定到了两个类似于GAMYB的蛋白，但它们不在糊粉层细胞的GA信号途径中起作用。

GAMYB开启α-淀粉酶基因转录的假说（即GAMYB是α-淀粉酶的正调控因子）有以下证据支持。

（1）*GAMYB* mRNA的合成在GA处理后仅1 h就开始增加了，这种增加能持续数小时（图20.22）。

（2）突变GARE序列使其不能与MYB结合后，α-淀粉酶的诱导表达终止。

（3）没有GA时，在糊粉层细胞中组成型表达GAMYB能产生与GA处理相同的响应，说明GAMYB是α-淀粉酶基因表达增强的充分必要条件。

蛋白质翻译抑制剂放线菌酮（cycloheximide）对*GAMYB* mRNA的产生没有作用，说明蛋白质合成对*GAMYB*的表达是非必需的。这样，*GAMYB*可以定义为**初级（primary）**或者**早期响应基因（early response gene）**。类似的实验证明α-淀粉酶基因是**次级（secondary）**或者**后期响应基因（late response gene）**。

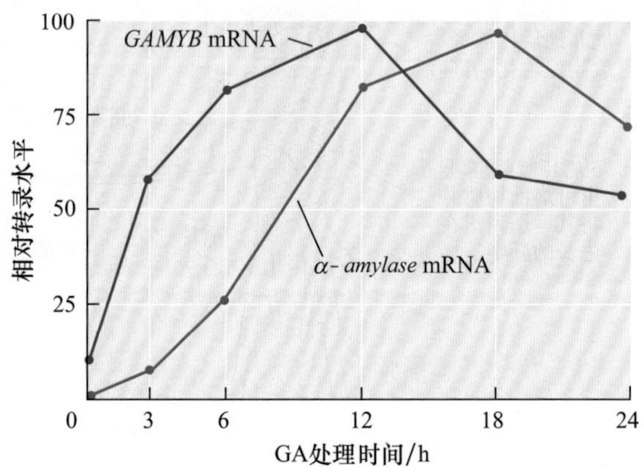

图20.22 GA_3诱导*GAMYB*和*α-amylase*的时间过程。*GAMYB* mRNA的产生比*α-amylase*的早大约3 h。这个结果与其他结果暗示*GAMYB*是调节*α-amylase*转录的GA早期响应基因。在没有GA时，*GAMYB*和*α-amylase* mRNA的水平都是非常低的（引自Gubler et al.，1995）。

 20.6.5 DELLA蛋白被快速降解

GA是如何通过GAMYB转录因子来激活α-淀粉酶转录的呢？现在已经知道，用GA处理大麦糊粉层细胞5 min内，就对DELLA蛋白SLN1产生了效应：细胞核中的GFP-SLN1融合蛋白的数量降低了；处理10 min后，融合蛋白几乎完全消失（Gubler et al.，2002）。然而，GAMYB的数量在GA处理1~2 h后都没有增高，表明*GAMYB*虽然是GA的早期响应基因，但它可能不是DELLA蛋白的直接靶基因。我们认为在SLN1降解和*GAMYB*转录之间还有一个或多个未知步骤。

总结我们从谷类植物糊粉层中学到的内容（图20.23）可知，生物活性GA结合到GID1后，导致DELLA蛋白的降解，再通过某些未知的中间步骤，*GAMYB*的表达上调，最后GAMYB蛋白结合到α-淀粉酶基因启动子中高度保守的GARE元件上，进而激活转录。α-淀粉酶从糊粉层细胞中通过依赖Ca^{2+}积累的途径分泌出来，胚乳细胞中淀粉在α-淀粉酶和其他水解酶作用下降解成小分子糖类，然后转运到生长的胚中。

一些GA促进的其他水解酶类基因的启动子中也有GAMYB结合元件，暗示这是糊粉层细胞中GA响应的一个共同途径。

1. GA_1从胚进入糊粉层细胞

2. GA_1进入细胞后可能开启一条α-淀粉酶分泌必需的Ca^{2+}-钙调蛋白依赖的途径

3. GA_1在细胞核中结合可溶性受体GID1

4. 结合GA_1后，受体GID1产生构象变化促进与DELLA蛋白的结合

5. DELLA蛋白与GA-GID1复合体结合后，SCF复合体组分F-box蛋白就能多聚泛素化DELLA蛋白的GRAS结构域

6. 多聚泛素化的DELLA蛋白通过26S蛋白酶体降解

7. DELLA蛋白降解后，早期响应基因转录启动（图中以*GAMYB*作为早期响应基因的代表，但有证据显示可能其他的早期基因将比GAMYB更早转录调控）。*GAMYB*的mRNA在细胞质中翻译

8. 新合成的GAMYB转录因子进入细胞核，结合到编码α-淀粉酶和其他水解酶类基因的启动子上

9. 这些基因的转录激活

10. α-淀粉酶和其他水解酶类在粗面内质网上合成、加工并由高尔基体进入分泌小泡

11. 蛋白质通过胞吐作用分泌

12. 分泌途径依赖一条GA诱导的Ca^{2+}-钙调蛋白依赖的途径

GA_1
细胞膜
糊粉层细胞
F-Box
钙调蛋白和蛋白激酶参与的依赖Ca^{2+}的信号转导途径
GA_1
GID1
GRAS
DELLA
DNA
启动子
GAMYB 基因
降解
转录及加工
GAMYB mRNA
细胞核
GAMYB
转录因子
DNA
GARE
α-淀粉酶基因
转录及加工
α-淀粉酶 mRNA
核糖体
粗面内质网
高尔基体
含有α-淀粉酶的分泌囊泡
α-淀粉酶
胚乳中淀粉降解

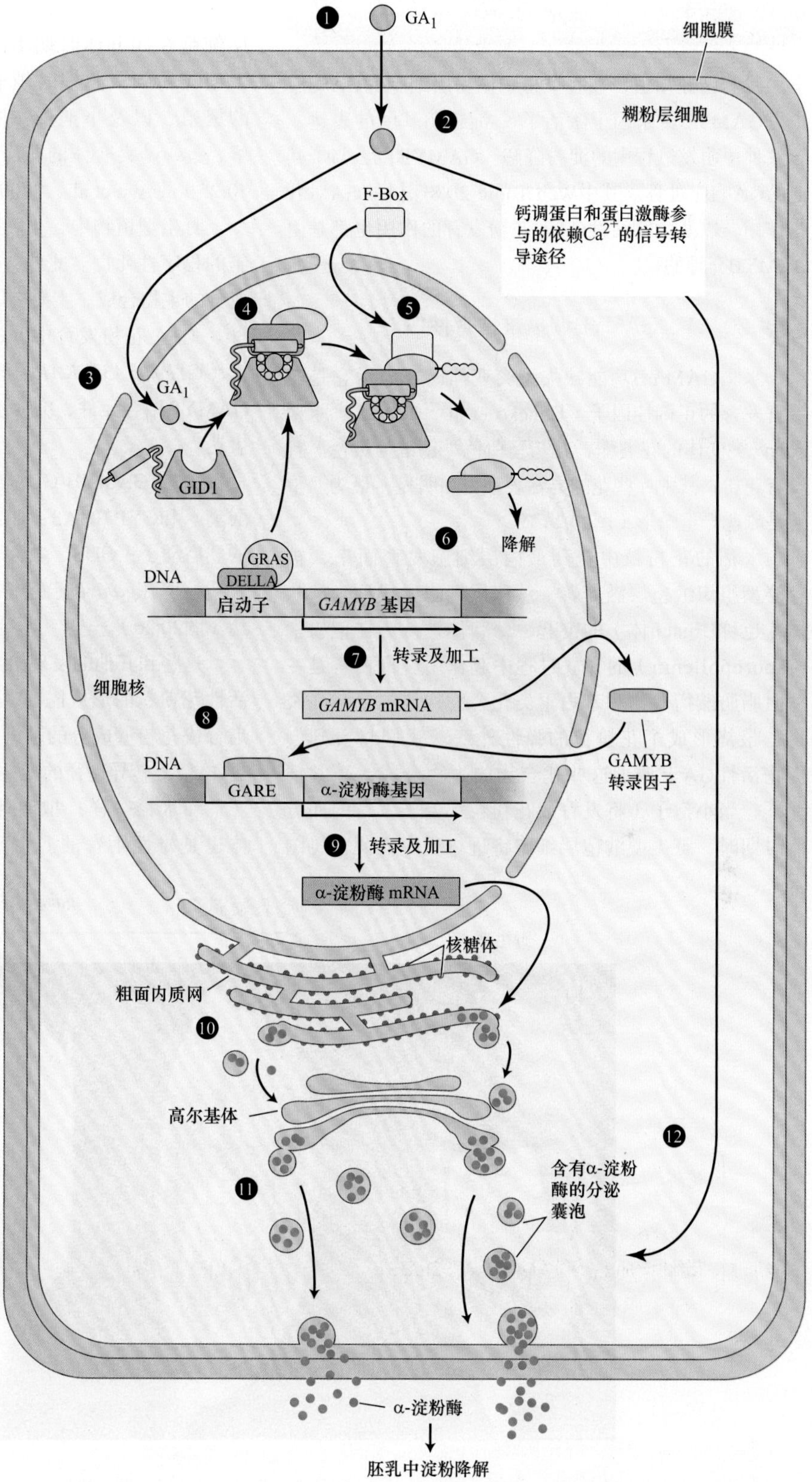

图20.23　大麦糊粉层中GA诱导α-淀粉酶合成的综合模型。钙调素不依赖的途径诱导了*α-amylase*的转录，钙调素依赖的途径参与了α-淀粉酶的分泌。

20.7 赤霉素响应：花药发育和雄性育性

我们已经知道，在谷类植物糊粉层细胞的GA响应中，GAMYB转录因子激活了α-淀粉酶基因的表达，导致种子萌发过程中的淀粉降解。GAMYB也参与了其他的GA响应过程。其中Web Topic 20.8探讨的GA对开花作用，以及生物活性GA对花粉发育的作用也都是由GAMYB介导的。

 20.7.1 GAMYB调控雄性育性

水稻GAMYB功能缺失型突变体已经显示它是花器官发育的正调控因子（Kaneko et al.，2004）。水稻*gamyb*突变体的花萎缩，花药呈白色（正常为黄色）且没有花粉；其中一些花的异常表型更加明显，最为严重的是雌蕊严重畸形（图20.24）。

水稻的花粉粒由花药最内层细胞发育而来，被分泌型组织绒毡层滋养着。绒毡层细胞形成称为球状体（也称Ubisch体）的突起，球状体被认为在孢粉素（sporopollenin）的释放过程中起作用。孢粉素是一种由脂肪酸衍生物和苯丙素类化合物构成的复杂高聚物，最终形成了花粉粒的弹性外壁。我们将看到，生物活性GA上调了这些化合物的生物合成。正常情况下，当小孢子（将发育成花粉粒）处于发育的四分体时期时，野生型绒毡层细胞将进行程序性死亡（图20.25）。如果绒毡层细胞死亡太快或者是不死，那么就可能不能形成正常的花粉。*gamyb*突变体的绒毡层细胞在四分体时期不降解，反而继续长大直至野生型花粉到成熟期时填满花药室。由于绒毡层细胞的繁殖，以及小孢子在四分体时期和空泡期之间瓦解，*gamyb*突变体的花药中就没有成熟的花粉粒（图20.25）（Aya et al.，2009）。

野生型植物中，生物活性GA参与调控了绒毡层细胞的程序性死亡。此外，GA调控包被花粉粒的孢粉素成分的生物合成。主要有以下证据。

（1）花粉发育中，GA上调了两个脂质代谢酶基因（*CYP703A3*和*KAR*）的表达。它们的启动子中都有GAMYB结合元件，突变这些结合元件都能抑制它们的表达。

（2）GAMYB-GUS融合蛋白（GUS即β-葡萄糖苷酸酶）和CYP703A3：GUS（监测*CYP703A3*基因转录的“启动子：GUS”融合表达系统）在野生型花药中共表达，但在*gamyb*突变体中CYP703A3：GUS却没有表达（图20.26）。

这些和其他的发现给出了令人信服的证据证明水稻活性花粉粒的形成需要GA诱导GAMYB表达，进而开启合成花粉壁成分的基因转录。缺失生物活性GA或者是GA信号转导途径的元件缺陷将导致水稻雄性不育。

和水稻一样，拟南芥的GA缺失和信号缺陷突变体也是雄性不育的。由于功能冗余性，*AtMYB33*和

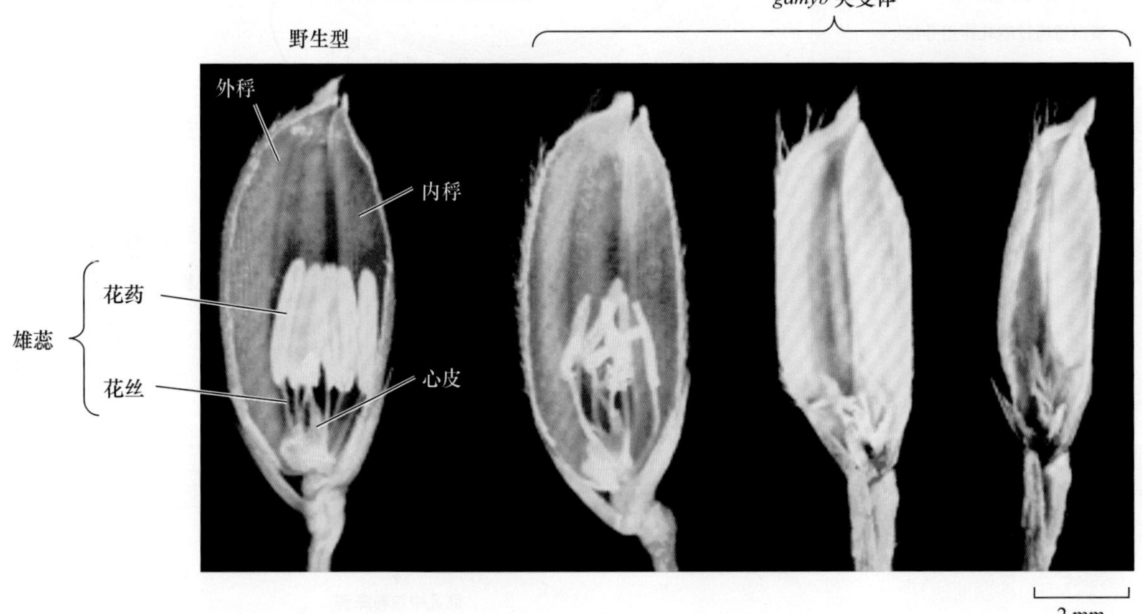

图20.24 水稻*gamyb*突变体花器官的表型证明花粉的正常发育需要GAMYB转录因子。最左是一朵野生型的花，右边是*gamyb*突变体中逐渐增强的表型。缺失*GAMYB*后，花药呈白色而非正常的黄色，没有花粉。更加严重的表型是白色萎缩的花苞（外稃和内稃）包围在花和畸形的心皮四周（引自Kaneko et al.，2004；M. Matsuoka惠赠）。

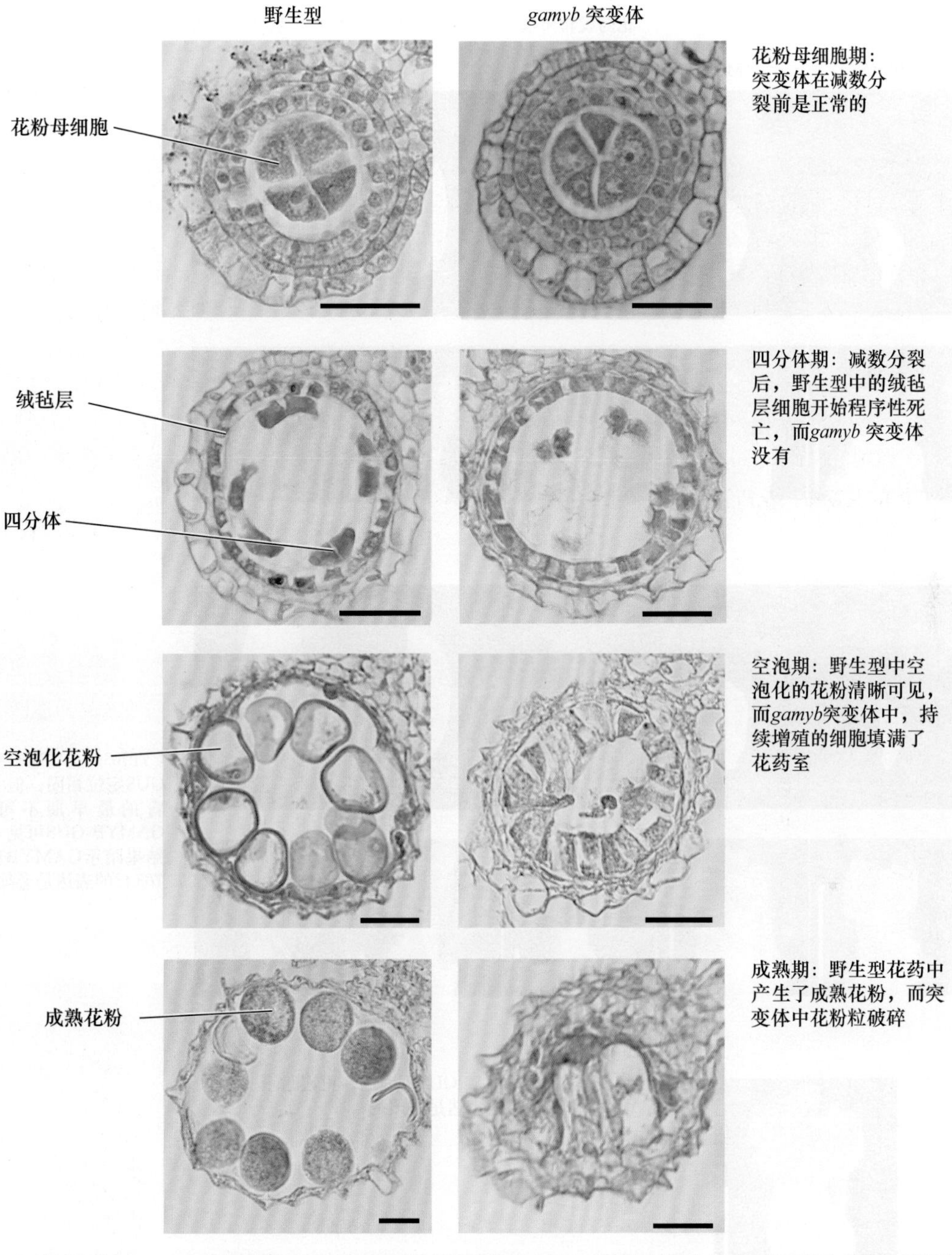

野生型　　*gamyb* 突变体

花粉母细胞

花粉母细胞期：突变体在减数分裂前是正常的

绒毡层

四分体

四分体期：减数分裂后，野生型中的绒毡层细胞开始程序性死亡，而*gamyb* 突变体没有

空泡化花粉

空泡期：野生型中空泡化的花粉清晰可见，而*gamyb*突变体中，持续增殖的细胞填满了花药室

成熟花粉

成熟期：野生型花药中产生了成熟花粉，而突变体中花粉粒破碎

图20.25　水稻野生型和*gamyb*突变体花药发育4个不同时期的组织化学分析。花药横切照片显示，突变体中的绒毡层细胞在四分体时期不进行程序性死亡。此外，突变体的花粉粒不能发育出弹性外壁，最后花粉粒破碎。标尺25 μm（引自Aya et al.，2009，M. Matsuoka惠赠）。

*AtMYB65*必须双缺以后才有雄性不育的表型（Millar and Gubler，2005）。*CYP703A3*的拟南芥直系同源基因的启动子中也有一个MYB结合基序，暗示拟南芥中和水稻一样，GA调控了花粉壁成分的合成。

20.7.2　水稻糊粉层和花药中的GAMYB下游事件差异巨大

比较水稻的无胚半粒种子和花药的基因芯片结果中GAMYB诱导的基因表达情况，就会发现一些令人惊讶的结果：虽然GAMYB在糊粉层和花药中都调控了许多基因，但它在这两个系统中所调控的基因差异相当巨大（Tsuji et al.，2006）。虽然花药中的许多GAMYB依赖基因并不含有在糊粉层中鉴定到的保守的GARE，但似乎这种GARE不能引起花药中的GAMYB诱导表达，可能其他的因子参与了这个过程。事实上，花药中GAMYB调控基因的启动子并没有糊粉层细胞中的那种

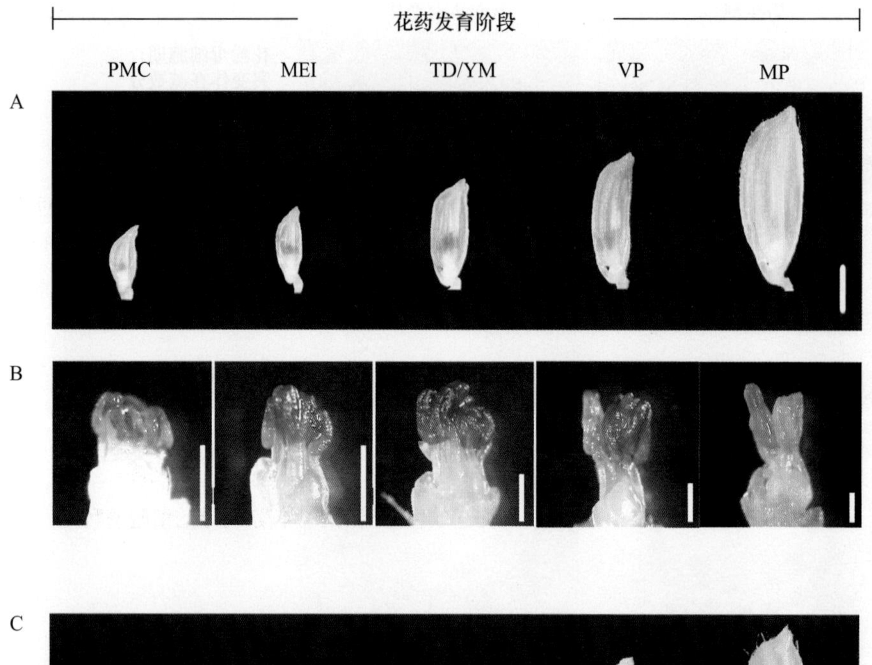

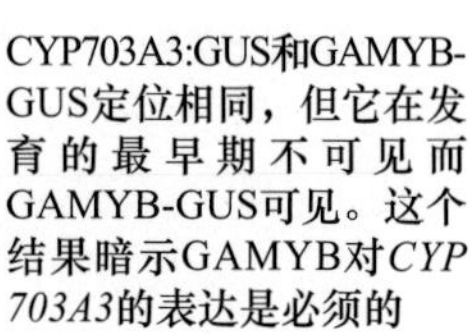

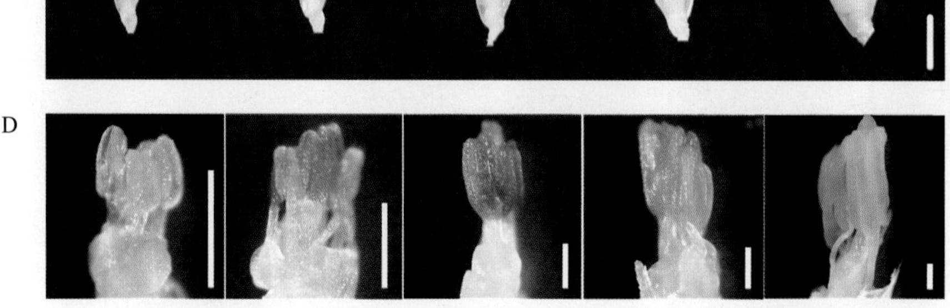

图20.26 水稻花药中GA诱导型启动子控制的GUS表达情况。A和B. 野生型中GAMYB-GUS的表达情况。染色后，GAMYB-GUS位于花药中（B）。C和D. 野生型中CYP703A3：GUS的表达情况。染色后CYP703A3：GUS也位于花药中。E. *gamyb*突变体MEI期的CYP703A3：GUS染色情况。A和C. 每个发育时期的整花（标尺1 mm）。B，D和E. 雄蕊特写。PMC. 花粉母细胞期；MEI. 减数分裂期；TD/YM. 四分体期/小孢子期；VP. 空泡期；MP. 成熟期（引自Aya et al.，2009，M. Matsuoka惠赠）。

顺式作用元件。有可能花药中有不同于糊粉层的其他元件在GA诱导特异性和GAMYB调控表达过程中起作用。

 20.7.3 小RNA在花药而非糊粉层中转录后调控MYB

小RNA（miRNA）是一类由小基因编码、转录后调控其他基因表达的20~25个核苷酸的RNA。miRNA结合到核糖核酸酶复合物上指导其作用于特定的mRNA分子。与这些miRNA杂交的mRNA很快就被核糖核酸酶复合物降解，因此能有效地使它们的目的基因沉默（关于miRNA的详细讨论详见第2章）。

在拟南芥中已发现有3个miRNA能与类*GAMYB*基

因编码区中的一个保守序列互补（Park et al.，2002；Rhoades et al.，2002）。*miR159a*作为其中之一，能使拟南芥茎中的*AtMYB33*沉默，过表达或突变*miR159a*能导致植株严重缺陷。如前所述，拟南芥中*AtMYB33*参与花器官发育和开花调控。因此，在*miR159a*的过表达株系中，*AtMYB33*是沉默的，植株表现为雄性不育和开花时间延迟（Achard et al.，2004）。在水稻花药中，miRNA也能改变*GAMYB*的表达，但糊粉层中却没有这种现象（Tsuji et al.，2006）。这是GA诱导和GAMYB调控的基因在糊粉层和花药中的另一个不同点。

综上所述，GA诱导α-淀粉酶产生和GA诱导的花器官发育都说明MYB转录因子在谷类植物和拟南芥的GA信号转导中起重要作用。可以预期，它们在除了拟南芥的其他双子叶植物中也非常重要。有趣的是，不同的组织和器官中，GAMYB下游的信号途径不同，这可能是引起GA这种激素能在不同的组织中诱导产生多种不同的反应的原因。

20.8　赤霉素响应：茎的生长

GA促进茎生长的效应非常显著，使人们一直认为研究它的作用模式应该比较简单（图20.1和图20.2）。但事实并非如此。正如在生长素中所见到的，我们对植物细胞的生长所知甚少。然而，科学家的确已经掌握了GA诱导的茎伸长的基本特性。在本章的最后部分，我们将回顾水稻中旨在阐明GA促进细胞生长和细胞分裂生理生化机制的研究。

当洪水暴发水位快速上涨时，水稻的茎会迅速伸长。然而这很容易耗尽体内储藏的碳水化合物，降低水稻在洪水退去后的存活率。有趣的是，一种在水下伸长减缓的水稻耐淹株系在洪水消退后具有更高的存活率。这种耐淹株系直接与降低GA敏感性的DELLA蛋白稳定有关。

 20.8.1　赤霉素促进细胞伸长和细胞分裂

外源生物活性GA处理后，细胞长度和细胞数量都增加了，说明GA既能促进细胞伸长又能促进细胞分裂。一些具有GA诱导生长表型的植物或植物器官比相应的对照具有更多的细胞数目。

（1）高秆豌豆的节间较矮秆的细胞数目更多，而且细胞长度更长。

（2）短日照下生长的长日照植物在活性GA处理后，中柱和莲座叶基本分生组织中的有丝分裂明显加快。

（3）当深水稻浸在水中或用GA处理时，节间伸长的快速增加部分是由于居间分生组织（某些单子叶植物中）细胞分裂的增加。

由于GA诱导的细胞伸长似乎先于细胞分裂，我们首先探讨GA在调控细胞伸长方面的作用。

从第15章已经知道，细胞伸长的速率受细胞壁可扩展性和水分吸收（渗透驱动）影响。GA对渗透参数并无影响，但在活体细胞中GA能使细胞壁扩张，并松弛细胞壁的张力。不同GA_1含量和不同敏感性的豌豆突变体分析表明，GA降低了细胞壁的**壁压阈值**（wall yield threshold，即伸展所需的最小压力）。因此，GA和生长素似乎都有改变细胞壁特性的功能。

对于生长素来说，细胞壁的松弛似乎部分是由细胞壁酸化引起的（见第19章），而这似乎不是GA作用的机制，因为至今还没有观察到GA促进了质子泵出。另外，在完全缺失生长素的组织中也不存在GA，GA对生长的促进效应可能依赖生长素诱导的细胞壁酸化。

GA处理与生长开始之间的滞后时间比生长素的长，在深水稻中大约为40 min，在豌豆中为2~3 h（Yang et al.，1996）。较长的滞后时间表明GA促进生长的机制与生长素不同。与存在一个独立的GA特异的细胞壁松弛机制一致，施加生长素和GA对生长具有叠加效应。

科学家提出了多种解释GA刺激茎生长机制的假说，它们都有一些实验证据支持，但没有一种有确切的答案。例如，有证据表明**木葡聚糖内糖苷酶/水解酶（xyloglucan endotransglucosylase/hydrolase，XTH）**参与GA促进的细胞壁扩张（Xu et al.，1996）。XTH的功能可能是促使膨胀素（expansin）渗入细胞壁。膨胀素是一种细胞壁蛋白，它能在酸性条件下通过减弱细胞壁多糖间的氢键使细胞壁松弛（见第15章）。深水稻的一种膨胀素OsEXP4在GA处理30 min内或浸入水下时，其转录水平都将增加。而表达*OsEXP4*反义RNA的植株矮小，在水下不伸长；过表达*OsEXP4*的植株生长过高（图20.27）（Choi et al.，2003）。综上所述，GA诱导的细胞伸长至少部分是受膨胀素介导的。

 20.8.2　GA调节细胞周期激酶的转录

在水下深水稻节间生长速率的显著增加，部分是由居间分生组织细胞分裂加快引起的。为了研究GA在细胞周期中的效应，研究者们从深水稻的居间分生组织分离出细胞核并计量每个细胞核中DNA含量（Sauter and Kende，1992）。当植物在深水中时，GA激活从G_1到S期转换，导致有丝分裂增加。GA对细胞分裂的促进是由于其诱导了一些**细胞周期蛋白依赖性蛋白激酶（cyclin-dependent protein kinases，CDK）**基因的表达（见第1章）。居间分生组织中调控G_1到S期的转换和调控G_2到M期的转换的*CDK*基因的转录受GA诱导（Fabian et al.，2000）。

图20.27 *OsEXP4*正义链和反义链转基因水稻表型。A为反义链株系。B为对照（非转基因）。C为正义链株系。植物的高度与*EXP4*的量相关。虽然反义链转基因株系中的*EXP4*基因转录了，但它不能被翻译出蛋白质来，EXP4蛋白质相对于对照减少了。正义链转基因株系中，*OsEXP4*被过表达而产生了更多的EXP4蛋白（引自Choi et al.，2003；H. Kende惠赠）。

 20.8.3 降低GA敏感性可以防止作物损失

水位缓慢上涨时，深水稻加速节间伸长，以保持茎的（一部分）气生部分位于水面之上。相反，急速暴发的洪水能诱发快速生长，引起营养物质的过度消耗并常常带来植物的死亡。耐淹的水稻栽培种在洪水暴发时不响应，茎不会极度生长，这样它们就能够更好地保存营养物质，一旦洪水消退后就能更好地恢复。这些耐淹栽培稻拥有*Sub1A-1*基因。*Sub1A-1*在被水淹时高度诱导表达，将其转入不耐淹栽培水稻后赋予其耐淹性。*Sub1A-1*与*SLR1*及与其类似的*SLRL1*的表达量增加相关，其表达增加将导致DELLA蛋白积累。组成型过表达*Sub1A*的转基因植物和水淹时叶中*Sub1A*高度诱导的植物对GA的敏感性都降低了，并且都在被水急速淹没时不经历自杀性快速生长（Fukao and Bailey-Serres，2008）（图20.28）。

在老挝、印度、孟加拉国等容易遭受洪水的地区引种表达*Sub1A*的水稻栽培品种将有望降低毁灭性洪水带来的损失。这些抗洪水淹没的水稻品种也依赖DELLA蛋白来调节茎的生长，与“绿色革命”中培育的抗倒伏小麦栽培品种一样。

通过过去这些年的研究，DELLA蛋白显然在整合植物对包括GA在内的多种激素和特定的环境因素产生响应的过程中非常重要。乙烯、生长素、脱落酸、光和温度都参与DELLA信号途径，其中一些在DELLA蛋白的上游作用，一些则在下游。Web Topic 20.9将深入讨论这方面的激素相互作用。

图20.28 组成型和水淹诱导表达*Sub1A*均能提高水稻在快速淹水后的存活率。照片中显示了组成型过表达系（*Sub1A*-OE#1和*Sub1A*-OE#2）、水淹诱导[M202（*Sub1A*）]和不耐水淹株系（非转基因对照和M202）在淹水之前（上）、淹水后16天（中）和淹水结束后7天（下）的表型。实验开始前的所有植物都处于相同的发育时期。不耐水淹株系在淹水过程中叶片和节间明显伸长（中间照片的第1和第4），这消耗了资源，削弱了淹水结束后的恢复能力（下）。其他植物显示出更低的GA敏感性和淹水后更高的存活率（引自Fukao and Bailey-Serres，2008；J. Bailey-Serres惠赠）。

小结

赤霉素在植物的生长和发育的许多方面具有重要的

调节作用，包括调节种子的萌发、植株的生长、诱导开花、雄蕊的发育、花粉管的生长、花的发育、果实的形成和生长、种子的发育等。所有的GA都有相似的化学结构，然而仅有少数有生物活性。

赤霉素的发现和化学结构

·众所周知，赤霉素能极大地促进禾本科植物和矮生莲座叶植物节间的伸长（图20.1和图20.2）。

·赤霉素是由4个5碳的类异戊二烯单位组成的四环双萜类化合物。在大多数植物里，GA_1和GA_4是具有最高生物活性的GA。

赤霉素在植物生长发育中的作用

·GA在植物的整个生命周期里是必不可少的，它能够促进种子的萌发、诱导开花、花的性别决定、花粉的发育及花粉管的伸长、果实的形成和生长（图20.3）。

·在商业生产中，从真菌（*Gibberella fujikuroi*）中获得的GA_3（赤霉酸）被用于多种农作物上和酿造工业中（图20.4）。

·在谷类作物生产中，GA生物合成抑制剂被用作重要的矮化剂。

·GA的合成和信号突变体都呈现出矮化的植株表型。

GA的生物合成与失活

·GA的合成发生在植物的多个器官和细胞内的多个位点。

·GA是可以移动的，它既可以在合成的部位发挥作用，也可以从合成部位转移到其他部位发挥作用，包括萌发的胚、幼苗、茎尖和发育中的种子。

·GA的合成首先发生在质体里，由牻牛儿牻牛儿焦磷酸环化为内根-贝壳杉烯，然后，在内质网中转变为GA_{12}，最后在细胞质中合成有生物活性的GA_1和GA_4（图20.5）。

·在研究中，利用GA缺失突变体建立了合成通路（图20.6和图20.7）。

·内源的有生物活性GA通过提高或抑制GA生物合成或失活酶的转录来调节其自身合成。

·光周期、温度等环境因素能通过调节GA生物合成途径中的酶基因的转录来调节GA生物合成。

·通过对豌豆GA缺失突变体的研究进一步证实植物的高度与内源GA_1的含量相关（图20.9）。

通过遗传工程减少GA_1的合成或者提高它的降解都能够使植株矮化，进而增加农作物产量（图20.10）。然而，一些GA缺失突变体表现为果实或种子发育缺陷（图20.11）。

赤霉素信号途径：响应突变体的重要性

·一些突变体的GA响应与内源生物活性GA含量不成比例，暗示这些突变的基因可能编码GA受体或信号转导途径中的其他元件。

·水稻中的GID1编码一个符合GA受体标准的可溶性蛋白（图20.12）。

·拟南芥中有3个基因各自编码GA受体，3个基因均突变的“三突变体”才显现出极度矮化表型（图20.13）。

·活性GA是受体蛋白GID1的变构激活剂，诱导GID1构象变化，促进GID1与负调节因子DELLA蛋白的结合（图20.14~图20.16）。

·DELLA蛋白与GA-受体蛋白复合体结合后被泛素化修饰和降解。

·GA的负调控因子的突变能产生细长或者矮化表型。大麦DELLA蛋白（SLN）的*sln1c*突变产生组成型GA响应表型（高）；相反，*sln1d*突变阻断GA响应（矮）（图20.17）。

·GA促进DELLA蛋白在细胞核中的降解。拟南芥的DELLA蛋白RGA在GA出现后降解，导致生长响应（图20.18和图20.19）。

赤霉素响应：DELLA蛋白的早期靶标

·DELLA蛋白和其他蛋白质相互作用间接调节转录。

·光敏色素互作蛋白（PIF）是幼苗在黑暗下和GA出现后上调基因导致下胚轴伸长的转录因子。光信号使PIF降解，不产生GA响应（图20.20）。

赤霉素响应：谷类植物糊粉层

·萌发过程中，胚中产生的GA促进糊粉层细胞中水解酶的合成和释放进入胚乳（图20.21）。

·活性GA结合到GID1蛋白后，导致DELLA蛋白的降解，进而上调*GAMYB*基因（编码转录因子）。GAMYB结合到α-淀粉酶基因启动子的GARE序列而增强转录（图20.22和图20.23）。

赤霉素响应：花药发育和雄性育性

·GA激活对花粉发育和雄性育性的影响是由GAMYB转录因子介导的（图20.24）。

·GAMYB转录因子对于参与花粉正常发育的基因表达是必需的，它们在花药中受microRNA调控（图20.25和图20.26）。

·不同组织中GAMYB信号的不同可能是不同组织中GA诱导不同生物学响应的原因。

赤霉素响应：茎的生长

·GA促进细胞伸长和细胞分裂，一个例子是促进水稻在胁迫环境（洪水淹没）下茎的快速但不可持续伸长。

·GA诱导的细胞伸长部分由一类称为膨胀素的蛋白介导。其中一个膨胀素基因*OsEXP4*的转录在GA处理后或在快速水淹后增加。表达*OsEXP4*反义链的幼苗在水淹下不生长；过表达*OsEXP4*导致水稻长高（图20.27）。

· 在水稻中，*SUB1A-1*基因上调DELLA蛋白，减弱茎对GA的敏感性，阻止不可持续的茎部伸长（图20.28）。

· DELLA蛋白对整合GA、几种其他激素和环境因子的效应非常重要。

（孙世勇　蒋建军　译）

WEB MATERIAL

Web Topics

20.1 Structures of Some Important Gibberellins and Their Precursors, Derivatives, and Biosynthetic Inhibitors
The chemical structures of various gibberellins and the inhibitors of their biosynthesis are presented.

20.2 Commercial Uses of Gibberellins
Gibberellins have roles in agronomy, horticulture, and the brewing industry.

20.3 Gibberellin Biosynthesis
The GA biosynthetic pathways and GA conjugates in plants are described.

20.4 Gas Chromatography-Mass Spectrometry of Gibberellins
Identification and quantitation of individual GAs are accomplished by gas chromatography-mass spectrometry.

20.5 Environmental Control of Gibberellin Biosynthesis
The antagonistic relationship between gibberellins and abscisic acid is often mediated by environmental factors.

20.6 Auxin Can Regulate Gibberellin Biosynthesis
Studies in both monocot and dicot species have shown that auxin can up-regulate gibberellin biosynthesis and down-regulate gibberellin inactivation.

20.7 Negative Regulators of GA Response
The DELLA proteins are important regulators of GA response.

20. 8 Effects of GA on Flowering
Bioactive GAs are involved in the transition to flowering, and interact with the floral meristem identity gene *Leafy*.

20. 9 DELLA Proteins as Integrators of Multiple Signals
These proteins are involved in integrating signals from several hormones and multiple environmental factors.

Web Essays

20.1 Gibberellins in Pea: From Mendel to Molecular Physiology
A personal description of GA research using pea, that most recently focuses on the interaction of environmental factors and other hormones on the regulation of GA biosynthesis in this plant.

20.2 Ubiquitin Becomes Ubiquitous in GA Signaling
Homologs of SLY1/GID2 and DELLAs have been found in just about every plant species that has an EST sequence database.

20.3 Green Revolution Genes
High yielding dwarf varieties of wheat and rice introduced in the mid-1960s have altered GA biosynthesis or response.

20.4 Overgrowth Mutants of Barley-from Model System to Potential Crops
Self-fertile barley mutants with enhanced GA signaling have potentially useful agronomic traits.

第 21 章

细胞分裂素：细胞分裂的调节因子

人们在探寻植物细胞分裂（即胞质分裂）因子的过程中发现了细胞分裂素，并逐渐认识到它具有广泛的生理功能。除了能促进细胞分裂外，其还参与调控许多其他生理和发育过程，包括叶片衰老、养分运输、顶端优势、茎尖分生组织的形成及活性、维管发育、芽休眠的解除及与其他组织间的相互作用等。此外，细胞分裂素还参与许多光调控的发育过程，如叶绿体分化、自养代谢、子叶和叶片伸展等过程。

尽管细胞分裂素调节许多细胞过程，但调控植物生长和发育过程中的细胞分裂是其最基本的功能，也是这类植物生长调节物质的核心功能。因此，我们先简要介绍细胞分裂素在植物正常发育、伤害、菌瘿形成和组织培养过程中对细胞分裂的调控作用。

随后我们将讨论细胞分裂素是如何被合成和修饰，又是如何被感知和进行信号转导的分子机制。最后讨论细胞分裂素的生物学功能、生物合成、代谢及信号转导途径如何影响诸多的生长和发育过程。

21.1 细胞分裂和植物发育

初生分生组织或次生分生组织的细胞分裂形成了植物细胞。新形成的植物细胞通常会不断增大及分化，一旦其承担了某种功能——如运输、光合作用、支撑、贮藏或保护等——这些细胞在植物生活周期中将不再进行分裂。这种现象与动物细胞类似，被称为终极分化（terminally differentiated）。

然而这种动植物细胞行为的相似性仅仅是表面现象。几乎每一种成熟时具有细胞核的植物细胞都具有潜在的分生能力，这种特性在植物伤口愈合和叶片脱落等过程中发挥作用。

21.1.1 分化的植物细胞具有恢复分裂的能力

植株体内分化的成熟细胞在某些情况下能够恢复分裂能力。多种植物的皮层和韧皮部的成熟细胞能恢复分裂能力形成次生分生组织——维管形成层或木栓形成层。叶片脱落一般发生在叶柄基部的离层，离层是由已停止有丝分裂的成熟薄壁组织细胞再次恢复分裂形成细胞壁较薄弱的细胞层（见第22章）。

植物组织受伤能诱导受伤部位的细胞进行分裂，即使是韧皮部纤维细胞和保卫细胞这样高度特化的细胞在受到伤害诱导时也可能会再次进行分裂。由受伤诱导产生的细胞有丝分裂活性通常具有自限性，分裂数次后衍生的细胞就会停止分裂并进行再分化。但当植物伤口被一种名为根癌农杆菌（*Agrobacterium tumefaciens*）的土壤细菌侵染时则可以导致肿瘤的形成，这种病害被称为**冠瘿病（crown gall）**。这种现象也是成熟植物细胞具有有丝分裂潜力的强有力的证据。

如果没有根癌农杆菌的侵染，受伤诱导的细胞分裂会在数天后衰退，一些新产生的细胞会分化成木栓细胞保护层或维管组织。而农杆菌的侵染则会改变伤害诱导的细胞分裂特性，使其在植物的整个生活周期进行无限分裂，从而产生一种类似肿瘤由未分化细胞团构成的组织，这种组织被称为**瘿瘤（gall）**（图21.1）。我们将在后面对这种重要的病害加以详细讨论。

21.1.2 细胞分裂受到可扩散因子的调控

前文所讨论的一些现象表明植物成熟细胞停止分裂是由于没有再接收到引发细胞分裂的特定信号，而这个信号很可能是细胞启动分裂所必需的一种激素物质。奥

图21.1 冠瘿病菌（根癌农杆菌）感染番茄茎后形成的瘤状物。上图是冠瘿病菌有毒菌株感染番茄受伤茎两个月后拍摄的照片（引自Aloni et al.，1998，R. Aloni惠赠）。

地利植物生理学家G. Haberlandt在1913年发现马铃薯维管组织中含有一种或多种水溶性物质，这些水溶性物质能刺激受伤的块茎组织进行细胞分裂，因此其最先提出细胞分裂可能是由一种可扩散因子所引发的观点。随后人们为确定这种（这些）可扩散因子是什么进行了不懈的努力，并最终在20世纪50年代发现了细胞分裂素。

 21.1.3 植物组织和器官可离体培养

长期以来，生物学家对植物器官、组织和细胞具有在简单营养培养基上生长的潜能十分好奇，这种培养方法与在试管和培养皿中体外培养微生物相同。在20世纪30年代，Philip White发现番茄的根能在仅含有蔗糖、无机盐和少量维生素而没加入任何激素的简单营养培养基中无限培养（White，1934）。

然而离体的茎部组织在不含激素的培养基中几乎不能生长。即使在培养基中加入生长素，也只可能出现短暂的有限生长。因为生长素所引起的生长通常仅是细胞体积增大而产生的。大多数植物的茎尖即使具有顶端分生组织和侧生分生组织，在不定根形成之前也不能在缺乏激素的培养基上生长，然而一旦茎部组织生根后就能以完整植株的形式恢复正常生长。

以上这些现象表明在根和地上部的分生组织中，调控细胞分裂的机制是不同的，同时也暗示一些根源性因子可能调控了地上部的生长。

茎部组织的冠瘿瘤则与上述情况不同。在冠瘿瘤形成后将植物加热到42℃会把诱导冠瘿瘤形成的细菌杀死，而热处理后的植物能够继续存活并且冠瘿组织可以在没有细菌诱导的情况下继续生长（Braun，1958）。

从上述无菌瘤中取出的组织可以在正常茎部组织无法进行增殖的简单营养培养基上生长。但这些由茎部转化而来的组织不能形成正常的植物器官，只能生长成一团无组织结构、未分化的被称为**愈伤组织（callus tissue）**的细胞团。

愈伤组织有时会在植物伤口处或两种不同植物茎嫁接的部位自然形成，而无论在植株或培养基上生长的冠瘿瘤，都是一种特殊类型的愈伤组织。冠瘿愈伤组织能够离体培养证明了源于茎部组织的细胞具有在培养基中增殖的潜能，而相关的细菌可以诱导茎细胞产生促进细胞分裂的因子。

21.2 细胞分裂素的发现、鉴定和特性

为了寻找这种因子，人们尝试着把各种不同的物质加入培养基中来检测其诱导及维持正常茎组织增殖的能力。结果发现从酵母提取物到番茄汁液等多种物质都对茎组织或至少某些组织的增殖具有促进作用，但椰子胚乳液（又称椰乳）的促进作用最为明显。

如果将生长素和10%~20%的椰乳添加到Philip White培养基中，则能促使不同种类植物已经分化的成熟细胞持续分裂形成愈伤组织（Caplin and Steward，1948）。这一发现表明椰乳中含有一种或多种能够刺激成熟细胞进入细胞分裂周期并维持下去的因子。

后来得知椰乳中含有的能促进细胞分裂的物质是玉米素（zeatin）（Letham，1974），但这却是在细胞分裂素被发现的数年之后才知道的。人们发现的首个细胞分裂素是人工合成的类似物——激动素（kinetin）。

 21.2.1 激动素是作为DNA降解产物被发现的

20世纪四五十年代，Wisconsin大学的Folke Skoog和他的合作者在检测多种物质引发和维持培养的烟草髓部组织细胞分裂能力（详见Web Essay 21.1）的实验中发现，核酸的碱基腺嘌呤具有微弱的促进作用。在进一步检测核苷酸能否在这种组织中促进细胞分裂的过程中，却意外发现久置或经高压灭菌处理的鲱鱼精细胞DNA可以强烈地促进细胞分裂。

此后，经过大量工作，人们从高压灭菌过的DNA降解物中分离到一种具有促进细胞分裂作用的小分子物质并将其命名为**激动素（kinetin）**，它是一种腺嘌呤（6-腺嘌呤）衍生物——N^6呋喃甲基腺嘌呤（Miller et al.，1955）。激动素只有在培养基中同时含有生长素时才能促进烟草髓部薄壁细胞进行分裂增殖（详见Web Topic 21.1）。

腺嘌呤

激动素

激动素并不是天然存在的植物生长调节因子，而且也不是任何物种中DNA分子的碱基。它只是DNA分子高温诱导降解时形成的副产物，此时腺嘌呤核苷的脱氧核糖从吡喃环转化成呋喃环并从腺嘌呤环的第9位原子转移到第6位上。

激动素发现的重要意义在于证明了细胞分裂能够被一种简单的化学物质所诱导，更重要的是，这一发现预示着植物中如果存在某种与激动素结构相似的天然化学分子，也同样能够调控植物细胞的分裂。最终这个假说被证明是正确的。

21.2.2　第一个被发现的天然细胞分裂素——玉米素

激动素被发现几年后，人们从玉米（corn；*Zea mays*）未成熟的胚乳提取物中发现一种具有类似激动素生物活性的物质，将这种物质与生长素一起添加到培养基中能够促进成熟的植物细胞进行分裂。Letham在1973年分离并鉴定出该活性物质为6-反式-（4-羟基-3-甲基-丁-2-烯基氨基）嘌呤，并将其命名为**玉米素（zeatin）**。

反式玉米素　　**顺式玉米素**

6-(4-羟基-3-甲基-丁-2-烯基氨基)嘌呤

玉米素分子结构与激动素类似，都是腺嘌呤（氨基嘌呤）的衍生物。虽然它们侧链不同，但侧链都与和腺嘌呤C^6相连的氮原子（$=N^6$）结合。由于玉米素侧链含有一个双键，因此具有顺反异构体。

高等植物中玉米素同时存在顺式和反式两种异构体，在玉米素异构酶（zeatin isomerase）作用下可以相互转换，但这种酶并非在所有植物中都存在。尽管生物学实验发现玉米素反式异构体具有更强活性，但顺式异构体在一些种类的植物中也可能起重要作用。例如，拟南芥中玉米素主要是反式构型，但玉米和水稻中多数玉米素是以顺式构型存在的。此外，拟南芥和玉米细胞分裂素受体都可以与反式玉米素结合并被其活化，但在玉米中顺式玉米素对细胞分裂素受体具有更高的活性。

除了未成熟玉米的胚乳，人们还在许多其他植物和一些细菌中发现了玉米素的存在。虽然玉米素是高等植物中普遍存在最具有生物活性的细胞分裂素，但人们也从植物和细菌中分离出一些其他具有细胞分裂素活性的腺嘌呤类物质，它们与玉米素的区别在于与腺嘌呤N^6相连的侧链不同（图21.2）。

植物中这些细胞分裂素可以以**核苷（riboside）**（核糖基团与嘌呤环第9位氮原子相连）、**磷酸核糖（ribotide）**（核糖环连有磷酸基团）、**配糖体（glycoside）**（糖基与嘌呤环的第3、7或9位氮原子结合，或与玉米素或二氢玉米素侧链的氧原子相连）或其他形式存在（参见附录3和Web Topic 21.2）。

21.2.3　一些合成化合物具有类似细胞分裂素的活性

细胞分裂素被定义为与反式玉米素具有相似生物活性的物质，这些生物活性包括以下几类。

（1）在生长素存在条件下诱导愈伤组织的细胞分裂。

（2）在具有适当比例生长素的培养基中促进愈伤组织形成根或芽。

（3）延缓叶片的衰老。

（4）促进双子叶植物子叶的展开。

人们通过合成多种化合物并检测其是否具有细胞分裂素活性来寻找细胞分裂素活性所必需的结构，发现几乎所有具有细胞分裂素活性的合成化合物都是第6位N原子被腺嘌呤取代，如苄基腺嘌呤（BA）等。而所有天然存在的细胞分裂素也都是腺嘌呤的衍生物。

苄基腺嘌呤
（苄氨基嘌呤）(BA)

很多合成的细胞分裂素类化合物并未在植物中发现。最著名的是二苯脲类细胞分裂素，其中一种称为噻苯隆（thidiazuron）的化合物在商业上被用作脱叶剂和除草剂。

N^6-(Δ^2-异戊烯基)-腺嘌呤 (iP)

玉米素核苷

二氢玉米素(DHZ)

N^6-(Δ^2-异戊烯基)-腺苷
([9R]iP)

图21.2　一些具有细胞分裂素活性的腺嘌呤类物质结构。

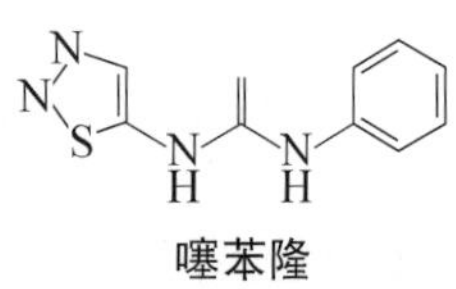

噻苯隆

天然存在具有细胞分裂素活性的分子主要通过物理学方法进行检测和鉴定（参见Web Topic 21.3）。

21.2.4　细胞分裂素以游离态和结合态两种形式存在

在植物和某些细菌中具有生物学活性的细胞分裂素是以游离状态存在的（不与任何大分子共价结合），游离态的细胞分裂素在被子植物中广泛存在，此外在藻类、藓类、蕨类和针叶类植物中也有发现。

细胞分裂素在被子植物、针叶类植物、藓类植物中的调节作用已得到证实，但它们在所有植物的生长发育和代谢中都可能发挥调控作用。通常玉米素是高等植物和细菌中最丰富的天然游离态细胞分裂素，但二氢玉米素（dihydrozeatin，DHZ）和异戊烯基腺嘌呤（isopentenyl adenine，iP）在高等植物和细菌中也普遍存在，这三类细胞分裂素的多个衍生物已经在植物提取物中被鉴定出来（图21.2和Web Topic 21.2）。大多数细胞分裂素的生物活性形式是游离的碱基（参见Web Topic 21.4）。

转运RNA（tRNA）不仅含有组成其他RNA的4种核苷酸，还含有一些碱基被修饰的稀有核苷酸。在细胞分裂素生物活性测定实验中发现，tRNA水解后一些被修饰的碱基具有细胞分裂素的功能。一些植物中存在有以顺式玉米素作为超修饰碱基的tRNA，但细胞分裂素并不仅仅存在于植物的tRNA中，它参与组成了从细菌到人类所有生物某些特定tRNA的一部分（参见 Web Topic 21.5）。

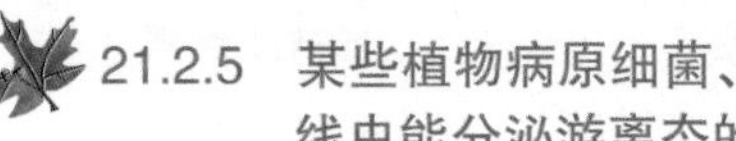

21.2.5　某些植物病原细菌、真菌、昆虫和线虫能分泌游离态的细胞分裂素

一些细菌和真菌与高等植物有着密切的相互作用。许多微生物都能产生和分泌大量的细胞分裂素，有些还可以诱导植物细胞合成包括细胞分裂素在内的植物激素（Akiyoshi et al.，1987）。微生物产生的细胞分裂素有顺式玉米素、iP、反式玉米素和它们的核苷形式（图21.2），如玉米素的2-甲硫基衍生物（参见附录3）。这些微生物感染植物组织后可以诱导植物组织发生分裂，

有时这种分裂会使植物形成特殊结构，如微生物与植物组织形成互惠共生关系的结构——丛枝菌根。

除了根癌农杆菌（*A. tumefaciens*），其他一些病原菌也能刺激植物细胞进行分裂。这些与植物相互作用的细菌、真菌、病毒和昆虫会导致细胞分裂素含量增加，造成顶端分生组织增殖或侧芽生长，而这些部位在正常情况下应该是处于休眠状态（Hamilton and Lowe，1972）。由于这种增殖会使植物簇生形成笤帚的形态，因而被命名为**丛枝病**（**witches' broom**）（图 21.3）。了解最清楚的引起丛枝病的病原体是*Rhodococcus fascians*（Hamilton and Lowe，1972）。*R. fascians*能够产生顺式玉米素、反式玉米素及它们的二甲硫基衍生物等多种不同的细胞分裂素（Pertry et al.，2009）。这些多种细胞分裂素混合物通过宿主体内正常的细胞分裂素信号途径（参见下文）可以将其作用加强，从而改变宿主的发育过程。*R. fascians*还能够分泌促使宿主植株生长发生改变的生长素IAA。植物的簇生现象也可因自身突变而产生，园艺学上常利用这种现象来培育矮化针叶树。

某些昆虫（insect）分泌的细胞分裂素也可以引发被这些昆虫啃食的植物部位形成虫瘿。根结节线虫（root-knot nematode）也能产生细胞分裂素，通过改变寄主发育过程，产生巨大细胞团作为线虫的食物来源（Elzen，1983）。

21.3 细胞分裂素的生物合成、代谢和运输

天然存在的细胞分裂素侧链在化学结构上与橡胶、类胡萝卜素、植物激素赤霉素和脱落酸及一些植物抗毒素类防御物质类似，这些化合物全部或至少部分含有异戊二烯单位（见第13章）。

由于玉米素和iP的侧链都是由异戊二烯衍生物合成，因此这些细胞分裂素的侧链与异戊二烯结构相似（参见图21.2和图21.5所示结构）。橡胶和类胡萝卜素这些大分子物质是由多个异戊二烯单位聚合而成，而细胞分裂素只含一个异戊二烯单位。二甲基烯丙基二磷酸（DMAPP）则是形成这些细胞分裂素异戊二烯结构的前体，它可以通过甲羟戊酸途径（主要生成顺式玉米素）或甲基赤藻糖醇磷酸（MEP）途径（主要生成DHZ、iP和反式玉米素）合成（见第13章）。

图21.3 冷杉（*Abies* sp.）丛枝病。由杉类丛枝锈病真菌——石竹状小栅锈菌（*Melampsorella caryophyllacearum*）引起的丛枝病（Bob Erickson惠赠，Natural Resources Canada，Canadian Forest Service）。

21.3.1 冠瘿瘤细胞具有细胞分裂素合成基因

除去细菌的冠瘿瘤组织在不添加任何激素的培养基中就可以进行细胞增殖，表明冠瘿瘤组织能够合成足够量的生长素和游离的细胞分裂素。当*A. tumefaciens*侵染植株后，植物细胞将细菌DNA整合到自身染色体中（侵染的详细过程参见第2章）。有毒性的农杆菌体内存在一种大的**Ti质粒（Ti plasmid）**，该质粒是一个独立于染色体DNA之外且不是细菌生存所必需的环状DNA。但Ti质粒通常含有一些能增强细菌在特殊环境下存活能力的基因。

T-DNA是Ti质粒上能整合到宿主植物细胞染色体上的一小部分DNA（图21.4）（Chilton et al.，1977），其携带有合成细胞分裂素、生长素和冠瘿碱（opine）必需的基因。冠瘿碱是一种稀有氨基酸的衍生物（图21.5），没有被根癌农杆菌侵染的正常植物自身不能合成冠瘿碱。

T-DNA基因含有参与细胞分裂素合成的*ipt*基因（按照惯例细菌中的基因用小写斜体表示），其编码**异戊烯基转移酶（IPT）**，这个酶能将异戊烯基从1-羟基-2-甲基-2-（E）-丁烯4-二磷酸[1-hydroxy-2-methyl-2-（E）-butenyl 4-diphosphate，HMBDP]转移到腺苷一磷酸（AMP）上形成反式玉米素核苷5′-一磷酸（trans-zeatin riboside 5′ -monophosphate，tZRMP）（图21.5）（Akiyoshi et al.，1984；Barry et al.，1984；Sakakibara et al.，2005）。当*ipt*基因突变失活（inactivated）时会使植物形成“多根状”瘤（tumor），因此又称为*tmr*基因座。细菌中的这种转换途径与之前推断的正常组织中细胞分裂素合成途径有些相似。

T-DNA中还含有两个编码将色氨酸转变成生长素吲哚-3-乙酸（IAA）酶的基因，这种生长素生物合成途径与未被转染的正常细胞中的合成途径不同，前者含有中间产物吲哚乙酰胺（参见附录3）。T-DNA中的*ipt*基因和这两个生长素合成酶基因能诱导植物体瘤的产生，因此它们也被称为**植物癌基因（phyto-onco-gene）**（参见Web Topic 21.7）。

由于T-DNA基因的启动子为植物体内所具有的真核生物启动子，因此这些基因在细菌中不能表达，只有当它们插入到植物基因组中才能被转录并翻译成相应的酶，进而诱导玉米素、生长素和冠瘿碱产生。细菌能利用植物细胞所不能利用的冠瘿碱作为碳源和氮源，通过转染植物细胞，使寄主细胞为其提供只有细菌自己才能利用的营养物质——冠瘿碱，从而获得了更大的生存环境（冠瘿瘤组织）（Bomhoff et al.，

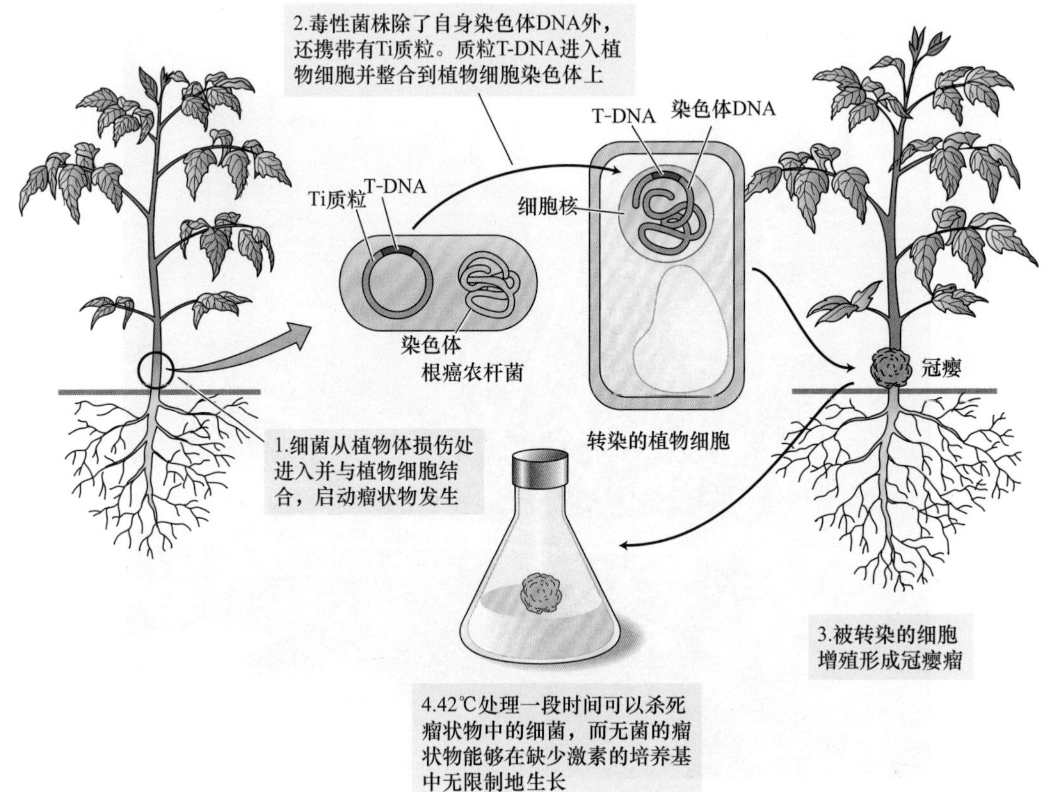

图21.4　根癌农杆菌可诱导植物瘤状物产生（引自Chilton，1983）。

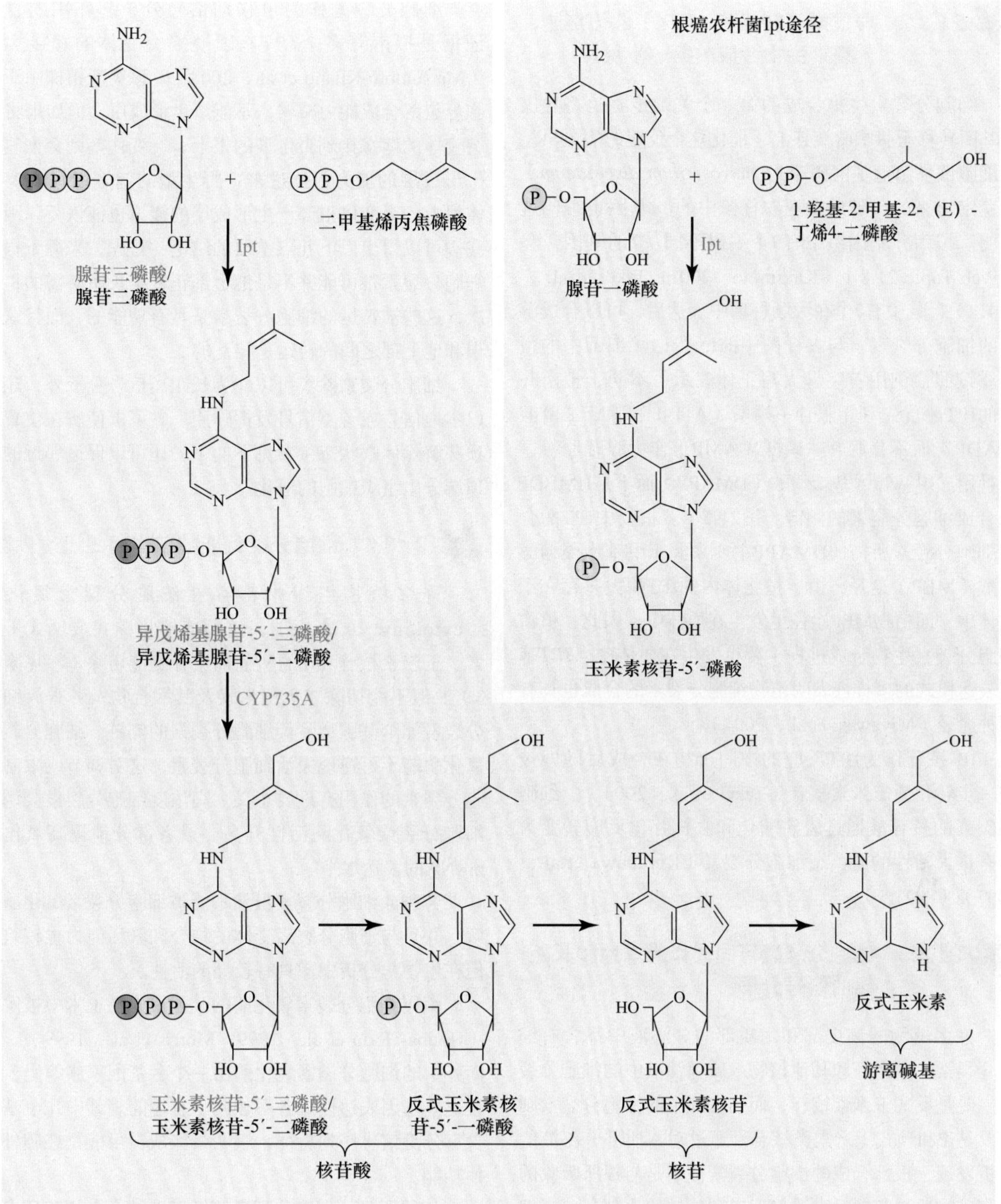

根癌农杆菌Ipt途径

腺苷三磷酸/腺苷二磷酸 + 二甲基烯丙焦磷酸 → (Ipt) 异戊烯基腺苷-5′-三磷酸/异戊烯基腺苷-5′-二磷酸 → (CYP735A) 玉米素核苷-5′-三磷酸/玉米素核苷-5′-二磷酸 → 反式玉米素核苷-5′-一磷酸 → 反式玉米素核苷 → 反式玉米素

腺苷一磷酸 + 1-羟基-2-甲基-2-（E）-丁烯4-二磷酸 → (Ipt) 玉米素核苷-5′-磷酸

核苷酸　核苷　游离碱基

图21.5　细胞分裂素生物合成途径。细胞分裂素生物合成途径的第一个关键步骤是将二甲基烯丙焦磷酸（DMAPP）提供的异戊二烯侧链加到腺苷（ATP或ADP）上，这些反应产物（iPMP、iPDP或iPTP）可以被细胞色素P450单加氧酶（CPY735A）转化成玉米素（ZTP或ZDP）。反式玉米素能够被一种未知的酶催化为二氢玉米素（DHZ）细胞分裂素（图中未显示）。核苷酸和核苷形式的反式玉米素可以相互转化，游离的反式玉米素可以由普通的嘌呤代谢途径中的酶从核苷催化产生。插图：插图显示的是经由根癌农杆菌Ipt的细胞分裂素生物合成途径。植物和细菌Ipt酶的腺嘌呤核苷底物和侧链供体不同；植物利用ADP和ATP与二甲基烯丙基二磷酸（DMPP）结合，而细菌则利用AMP与1-羟基-2-甲基-2-（E）-丁烯-4-二磷酸（HMBDP）结合。值得注意的是根癌农杆菌Ipt途径的产物是核苷酸形式的玉米素。

1976）。

冠瘿瘤组织与正常植物组织中细胞分裂素合成途径调控的一个重要差别就是在冠瘿瘤中细胞分裂素合成所依赖的T-DNA基因可以在所有被感染的植物细胞中表达，甚至在那些植物自身激素合成基因被抑制的细胞中也可以表达。

21.3.2 异戊烯基转移酶（IPT）催化细胞分裂素生物合成的第一步反应

细胞分裂素生物合成的第一个关键步骤是将异戊烯基团转移至腺嘌呤核苷上，催化这个反应的酶最早是在细胞性黏菌盘基网柄菌（*Dicivosieiium discoideum*）中鉴定出来的，随后发现农杆菌中的*ipt*基因也编码这种酶。拟南芥基因组中有9个编码不同*IPT*的基因（参见Web Topic 21.8）（Kakimoto，2001；Takei et al.，2001a），其中有7个在大肠杆菌中表达后，可以合成游离的细胞分裂素。与农杆菌中的Ipt蛋白（细菌中的蛋白质按照惯例用首字母大写正体表示）不同，拟南芥中的IPT酶优先利用腺苷三磷酸（ATP）和腺苷二磷酸（ADP）而不是腺苷一磷酸（AMP）作为腺苷原料，并且用二甲基烯丙基二磷酸（DMAPP）而不是HMBDP来合成细胞分裂素的侧链（图21.5）。植物中IPT酶合成细胞分裂素所需的DMAPP主要来源于甲基赤藻糖醇磷酸（MEP）途径，由于植物体内的IPT酶大多存在于质体中，而植物MEP途径也发生在质体中，因此，植物细胞分裂素生物合成过程主要也发生在质体中。*IPT*基因表达模式的多样性表明植物细胞分裂素的合成也具有多种途径（Miyawaki et al.，2004）。

iP-核苷作为IPT反应的中间产物在合成后随即被进一步转化为玉米素核苷（Takei et al.，2004）。细胞分裂素的核苷酸通过脱磷酸化和去核苷化反应转变为具有最大活性的游离态细胞分裂素（Kurakawa et al.，2007）（图21.5）。

21.3.3 细胞分裂素可同时作为本地和长距离的信号分子

许多植物的韧皮部和木质部的分泌液中都含有细胞分裂素。拟南芥和其他植物木质部汁液中的细胞分裂素主要是反式玉米素核苷，而韧皮部中的细胞分裂素则主要是iP和顺式玉米素类核苷。通过对木质部分泌液的分析发现，根部合成的细胞分裂素似乎是与根所吸收的水和矿物质一起通过木质部运送到植株地上部分。当把植株地上部分从靠近地面的位置切断后，木质部的汁液会持续流出一段时间，这种汁液中就含有细胞分裂素。如果根部土壤保持湿润，木质部汁液的流出将会持续数天，而且这期间细胞分裂素的含量不会明显减少，由此可推断汁液中的细胞分裂素是由根部合成。此外，影响根部功能的外界环境变化也能影响木质部汁液中细胞分裂素含量。例如，在玉米根生长的缺氮土壤中添加硝酸盐，能够引起木质部汁液中细胞分裂素含量增加，这与在土壤中添加硝酸盐可以诱导地上部植株中细胞分裂素调节基因表达的表型相一致（Takei et al.，2001b）。

细胞分裂素作为可移动信号分子起作用的直接证据是拟南芥多个*IPT*基因缺陷突变体的嫁接实验（Matsumoto-Kitano et al.，2008）。该突变植株由于细胞分裂素合成能力减弱，不能产生形成层。但如果将*ipt*突变体的茎嫁接到野生型的根上，突变体茎则会恢复产生形成层的能力；反过来，野生型的茎嫁接到*ipt*突变体根上，突变体根部产生形成层的能力也能恢复。因此我们可以得出以下几点重要的结论：首先，来源于根的细胞分裂素很可能并不是地上部正常生长所必需的；其次，这些被转运的细胞分裂素是具有功能的，而且这种根和地上部之间的转运是相互的。

细胞分裂素除了可以作为长距离信号分子外，还能以本地信号或旁路信号发挥作用。它可以使所在位置的顶芽解除休眠状态（参见下文），还可以促进邻近的根顶端分生组织细胞的退化。

21.3.4 细胞分裂素能被植物组织迅速代谢

许多植物组织中都存在**细胞分裂素氧化酶**（cytokinin oxidase），该酶能够将顺式或反式玉米素、玉米素核苷和iP的*N*-葡萄糖苷侧链切除（参见附录3）。但不能切除二氢玉米素及其缀合物及芳香族细胞分裂素如苄基腺嘌呤等细胞分裂素的侧链。细胞分裂素氧化酶能不可逆地失活细胞分裂素，这对调节或限制细胞分裂素的作用有重要意义。高浓度细胞分裂素会诱导细胞分裂素氧化酶活性升高，或者部分地提高氧化酶mRNA的表达水平。

芳香族细胞分裂素虽然不能被细胞分裂素氧化酶降解，并且与细胞分裂素受体的结合和激活能力也较差，但在生物学分析中却具有较高的活性。

编码细胞分裂素氧化酶的基因最先在玉米中被发现（Houba-Herin et al.，1999；Morris et al.，1999）。拟南芥中的细胞分裂素氧化酶由一个多基因家族编码，并且这些基因表达模式各不相同。有趣的是其中几个基因含有分泌信号序列特征，表明某些成员可能是在胞外行使功能。

如前所述，细胞分裂素侧链可以结合在嘌呤环多个位置（参见附录3）。细胞分裂素腺嘌呤环的第3、7和9位的氮原子能够与葡萄糖残基结合。第9位的氮原子还可以与丙氨酸结合形成羽扇豆酸。细胞分裂素羟基侧链也能够与葡萄糖残基结合，或者与木糖残基结合，分别形成*O*-葡萄糖苷和*O*-木糖苷细胞分裂素。

催化葡萄糖残基或木糖残基与玉米素结合的酶已经纯化，其代表性基因也已被克隆（如Martin et al.，1999）。如上所述，无论是通过*N*-糖苷键还是*O*-糖苷键与细胞分裂素相连，都只有在配基被移除后细胞分裂素才具有活性。通过*N*-糖苷键与配基的结合通常是不可逆

的，因此通过该方式结合形成的细胞分裂素在生物学分析中通常没有活性，而与*O*-糖苷键结合的侧链则能够被葡萄糖苷酶水解掉而形成游离的细胞分裂素。含有葡萄糖苷的细胞分裂素很可能作为细胞分裂素的贮存形式存在。玉米中克隆出一个编码葡萄糖苷酶的基因，该酶能将与细胞分裂素相连的糖基切除而释放出游离细胞分裂素（Brzobohaty et al.，1993），在转基因烟草中过表达该基因，则会引起玉米素代谢的紊乱（Kiran et al.，2006）。

休眠的种子常常含有高水平的葡萄糖苷型细胞分裂素和低水平有活性的游离态细胞分裂素，种子萌发时，伴随着游离态细胞分裂素含量的快速增加，葡萄糖苷型细胞分裂素含量迅速降低。

特定细胞中活性细胞分裂素的水平是由从头合成、早期解离、转运入细胞、移除配基、降解及从细胞中运出等多因素综合决定的。

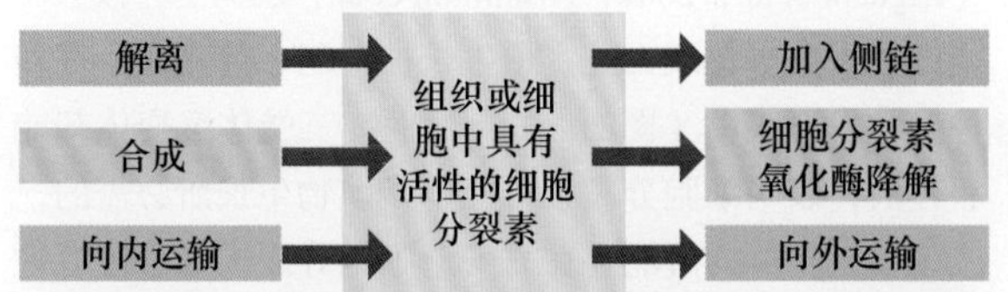

21.4　细胞分裂素在细胞和分子水平上的作用模式

细胞分裂素在植物生长发育中的功能多样性与其信号转导途径的多分支性相一致，对于每个分支途径植物都会作出相应的应答。细胞分裂素的感知和信号转导过程是由一个双组分系统所介导的，这种应答模式与细菌感知和应答外界环境变化的方式非常相似。

21.4.1　一个与细菌双组分受体相关的细胞分裂素受体已被鉴定

对细胞分裂素受体的了解最初来自于拟南芥*CKI1*基因的发现。当*CKI1*基因超表达时，培养的拟南芥细胞能以不依赖细胞分裂素的方式生长（Kakimoto，1996）。前已述及，植物细胞的分裂通常依赖于细胞分裂素调控，然而，超表达*CKI1*基因的细胞系却能在没有外源细胞分裂素的培养基上正常生长。

*CKI1*编码的蛋白质在序列上与细菌组氨酸激酶双组分感受器具有相似性，后者是原核细胞中普遍存在的受体（见第14章和第17章）。细菌的双组分调控系统介导了多种对环境刺激的反应，如渗透调节和趋化性等。该系统通常由两个功能元件组成：感受信号的**组氨酸激酶感受器**（*sensor histidine kinase*）和下游的**反应调节子**（*response regulator*）（其活性受到组氨酸激酶感受器磷酸化调控）。组氨酸激酶感受器通常是膜结合蛋白，含有两个不同的结构域：信号感受结构域（输入结构域）和组氨酸激酶结构域（传递结构域）（图21.6）。

输入结构域在接受激素信号后引起传递结构域中组氨酸激酶活性改变并形成二聚体，随后激酶域中一个保守的组氨酸残基发生自磷酸化反应，之后该磷酸基团转移至同源反应调节子接受域中一个保守的天冬氨酸残基上（图21.6），使反应调节子活化。反应调节子可分为接受域和信号输出域两个结构域，而信号输出域通常具有转录因子的功能。

对*CKI1*基因超表达植株表型的研究及其蛋白质与

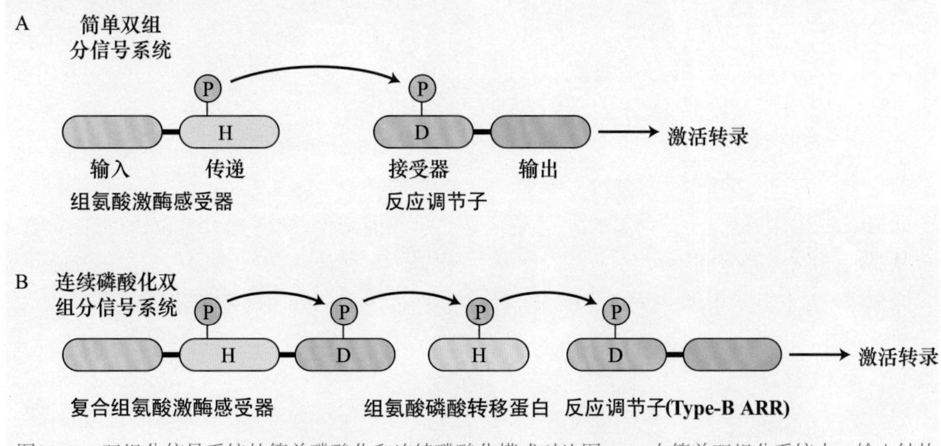

图21.6　双组分信号系统的简单磷酸化和连续磷酸化模式对比图。A. 在简单双组分系统中，输入结构域是信号感知结构域，该结构域调节组氨酸激酶结构域活性，结构域中一个保守的组氨酸残基发生自身磷酸化而激活。随后该磷酸基团被转移至反应调节子接受结构域的一个天冬氨酸残基上。磷酸化的天冬氨酸残基能够调节反应调节子输出结构域的活性。反应调节子通常为转录因子。B. 在多步骤磷酸化的双组分信号系统中，一种组氨酸磷酸转移蛋白（Hpt）参与了额外的磷酸基团的转移。拟南芥的组氨酸磷酸转移蛋白被称为AHP，而其反应调节子被称为ARR。图中H代表组氨酸；D代表天冬氨酸。

细菌受体的相似性都表明CKI1及与其相似的组蛋白激酶是细胞分裂素受体。对*CRE1*基因的功能鉴定进一步支持了这个假设（Inoue et al.，2001；Yamada et al.，2001）。

*CK1*基因是从功能获得性突变体（在无细胞分裂素时细胞可以分裂）中被鉴定出来的，采用与筛选*CKI1*基因相反的方法，从施加细胞分裂素未分化组织细胞不能分化为芽的突变体中筛选得到了*cre1*功能缺失突变体，*cre1*突变体还对细胞分裂素引起的根伸长抑制表型具有抗性。与*CKI1*类似，*CRE1*也编码一个类似于细菌组氨酸激酶的蛋白质。

通过在酵母和大肠杆菌中表达*CRE1*并对其功能进行分析，确认*CRE1*编码一种细胞分裂素受体。酵母细胞中有一个编码组氨酸激酶感受器的基因*SLN1*，此基因的敲除会使酵母致死。当在*SLN1*功能缺陷酵母中表达*CRE1*基因时，酵母可以在培养基中有细胞分裂素存在的情况下恢复存活能力。在大肠杆菌中进行类似的实验，也发现CRE1能以细胞分裂素依赖的方式恢复组氨酸激酶突变体的表型。由以上实验结果可知，CRE1蛋白的生理活性（指替代*SLN1*）是细胞分裂素依赖的。此外，拟南芥*cre1*突变体表现出细胞分裂素不敏感表型，以及纯化的CRE1蛋白与细胞分裂素具有高亲和力等结论共同证实CRE1是一个细胞分裂素受体。

拟南芥基因组中*AHK2*（***A****RABIDOPSIS* ***H****ISTIDINE* ***K****INASE2*）和*AHK3*基因与*CRE1*非常相似，表明细胞分裂素受体与乙烯受体（见第22章）类似，也是由一个多基因家族编码。这些跨膜的杂合型激酶（包括CRE1）都包含有一个相似的胞外CHASE（cyclase/histidine kinase-associated sensing extracellular）结构域。已经证实细胞分裂素以高亲和力与CRE1、AHK2和AHK3的CHASE结构域结合。而拟南芥中其他的不具有CHASE结构域的组氨酸激酶家族成员（包括CKI1）则很可能不是细胞分裂素的受体。此外，AHK2和AHK3的功能与CRE1类似，在酵母和大肠杆菌系统中也都有细胞分裂素依赖的表型，因此，它们也是细胞分裂素受体。这些受体对不同的细胞分裂素有着不同的亲和力，暗示不同的细胞分裂素可能有着各自的信号输出，从而在植物中行使不同的功能。通过构建缺失*CRE1*、*AHK2*和*AHK3*的三突变体（Higuchi et al.，2004；Nishimura et al.，2004），该三突变体表现出少花或无花、根生长被抑制、莲座变小等多种异常发育表型（图21.7）。然而，三受体突变体却能够存活，表明细胞分裂素可能不是植物生长所必需的，或者在植物体内可能存在另一条细胞分裂素信号应答途径，这些都还需进一步深入地研究。

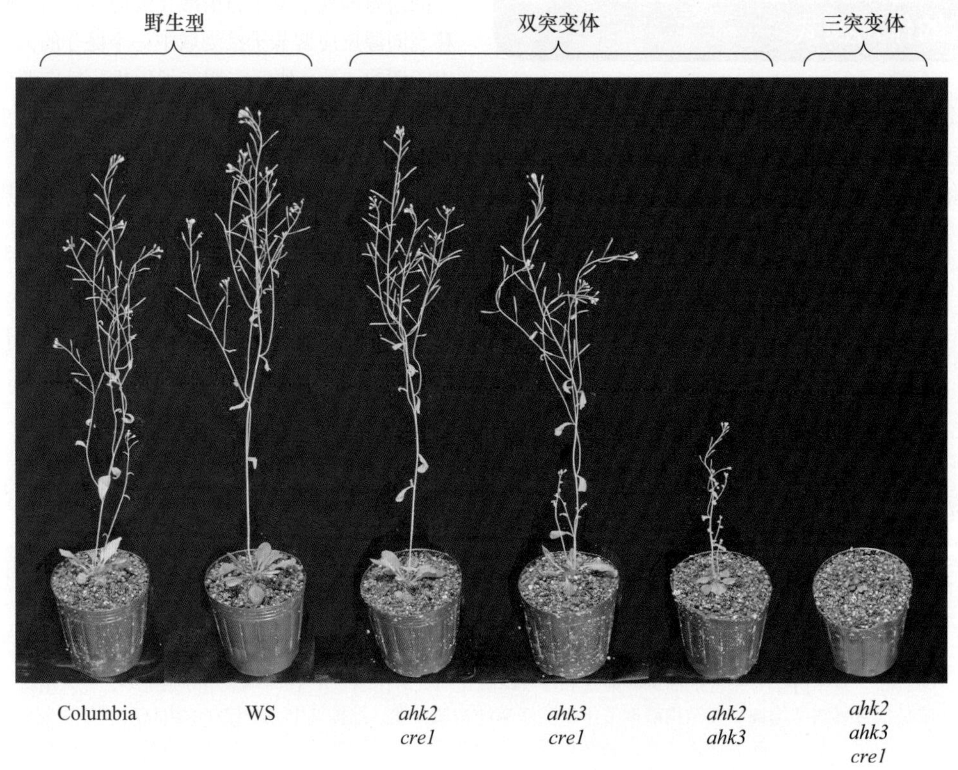

图21.7　拟南芥细胞分裂素受体双突变体及三突变体（*cre1*、*ahk2*和*ahk3*）的表型。左边分别是亲本野生型Columbia和WS生态型（引自Nishimura et al.，2004）。

21.4.2　细胞分裂素通过激活B型*ARR*基因来增强A型*ARR*基因的表达

细胞分裂素的主要效应之一是改变多种基因的表达，最先被细胞分裂素上调表达的是**拟南芥反应调节子*ARR***（*ARABIDOPSIS **R**ESPONSE **R**EGULATOR*）基因，这些基因与细菌双组分反应调节子的接受域具有同源性，是组氨酸激酶感受器的下游靶蛋白。

拟南芥中，反应调节子由多基因家族编码，分为仅编码接受域的**A型*ARR***（**type-A *ARR***）基因和同时编码接受域和转录因子域的**B型*ARR***（**type-B *ARR***）基因（图21.8）。施加细胞分裂素可以使A型*ARR*基因而不是B型*ARR*基因的转录效率快速提高（D' Agostino et al.，2000），这种快速诱导对细胞分裂素是特异性的，也不需要合成新的蛋白质，表明这些基因是初级应答基因（见第17章和第19章）。在对细胞分裂素响应过程中，一部分A型ARR蛋白的稳定性也会随之增强（To et al.，2007），它们能够协调转录反应来增加A型ARR蛋白的水平。

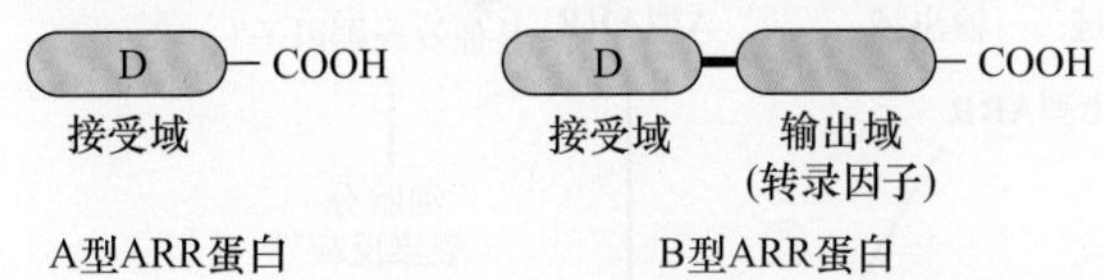

图21.8　A型ARR和B型ARR蛋白结构比较。A型ARR仅由一个含有天冬氨酸的接受域组成，而B型ARR蛋白除了具有含有天冬氨酸的接受域外，在其羧基端还含有一个输出域（转录因子）。

由于A型基因受细胞分裂素诱导而快速表达，且它们与组氨酸激酶感受器下游信号元件具有相似性，表明A型基因的表达产物作为位于CRE1细胞分裂素受体下游的信号转导元件参与细胞分裂素的初级应答过程。通过对A型*ARR*类基因的单基因和多基因功能缺失突变体的表型分析，确认这些元件参与细胞分裂素信号转导途径且有部分功能冗余（To *et al.*，2004）。A型ARR蛋白以其自身磷酸化状态依赖的方式与其他蛋白质相互作用，参与细胞分裂素信号的负调控（To et al.，2007）。

此外，还有很多基因的表达也受细胞分裂素影响，包括硝酸还原酶基因、*LHCB*和*SSU*等光调控基因、*PR1*等防御相关基因，以及编码rRNA、细胞色素P450、过氧化物酶、伸展蛋白（一种富含羟脯氨酸的细胞壁蛋白）及多种转录因子的基因。细胞分裂素能够提高这些基因的转录效率（如细胞分裂素对A型*ARR*基因表达的调节）或者增强转录产物RNA的稳定性，从而提高这些基因的表达水平。

B型*ARR*的表达产物除了具有信号接受域外，还具有DNA结合域和转录激活域（输出域），现已证明B型*ARR*是细胞分裂素信号途径中A型*ARR*基因转录的直接上游激活子。增强B型*ARR*的表达可以增强A型*ARR*基因转录，而敲除多个B型*ARR*则会阻遏细胞分裂素对A型*ARR*的诱导作用（Hwang and Sheen，2001；Sakai et al.，2001）。B型*ARR*也存在部分功能冗余，但与A型*ARR*不同的是，B型*ARR*功能缺失突变体对细胞分裂素不敏感。目前的证据表明B型*ARR*接受域的磷酸化可以增强包括A型*ARR*基因在内的一系列基因的转录。

21.4.3　组氨酸磷酸转移蛋白参与细胞分裂素信号途径

综上所述，细胞分裂素首先与细胞表面的CRE1/AHK类受体结合，进而启动磷酸基团的转移，最终导致细胞核中B型ARR蛋白磷酸化。那么磷酸基团是如何从质膜上的受体转移到细胞核内B-ARR蛋白的呢？这其中拟南芥组氨酸磷酸基团转移蛋白（AHP）发挥了重要的作用，AHP从被激活的受体上获得磷酸基团后，将其转移到核内B-ARR上。

在由激酶感受器和融合接受域组成的双组分系统中（这是大多数真核生物的组氨酸激酶感受器的结构特征，也包括CRE1家族），受体的信号转导涉及一组**组氨酸磷酸基团转移蛋白（histidine phosphotransfer protein，Hpt）**参与磷酸基团的转移。磷酸基团首先从ATP转移到组氨酸激酶域的组氨酸上，然后转移到接受域的天冬氨酸残基，随后磷酸基团被转移到Hpt蛋白的组氨酸，最终转移至反应调节子接受域的天冬氨酸残基上（图21.6）。使反应调节子接受域被磷酸化并改变其自身活性。因此HPt蛋白被认为是激酶感受器与反应调节子之间磷酸基团传递中间体。

拟南芥中共有5个*Hpt*基因，总称为*AHP*。*AHP*蛋白既可与组氨酸激酶受体上的接受域直接结合，也可与反应调节子的接受结构域相互作用（Dortay et al.，2006），这也进一步证实了其介导这些信号元件间的磷酸转移作用。在体外实验中，AHP可以接受来自细胞分裂素受体的磷酸基团，并将其转移给反应调节子（Imamura et al.，1999）。如果将拟南芥中多个*AHP*基因功能阻断，将最终导致对细胞分裂素的不敏感（Hutchison et al.，2006）。总之，前面的发现表明AHP是细胞分裂素受体活化后的下游底物，并将细胞分裂素信号传递至细胞核内，最终在核内磷酸化和活化B型及A型ARR。

图21.9显示了细胞分裂素的信号转导模式。细胞分裂素与受体CRE1、AHK2和AHK3相结合并引起它们的磷酸化，最终导致B型ARR蛋白被磷酸化和活化，B型ARR（转录因子）的激活导致多个介导细胞功能改变

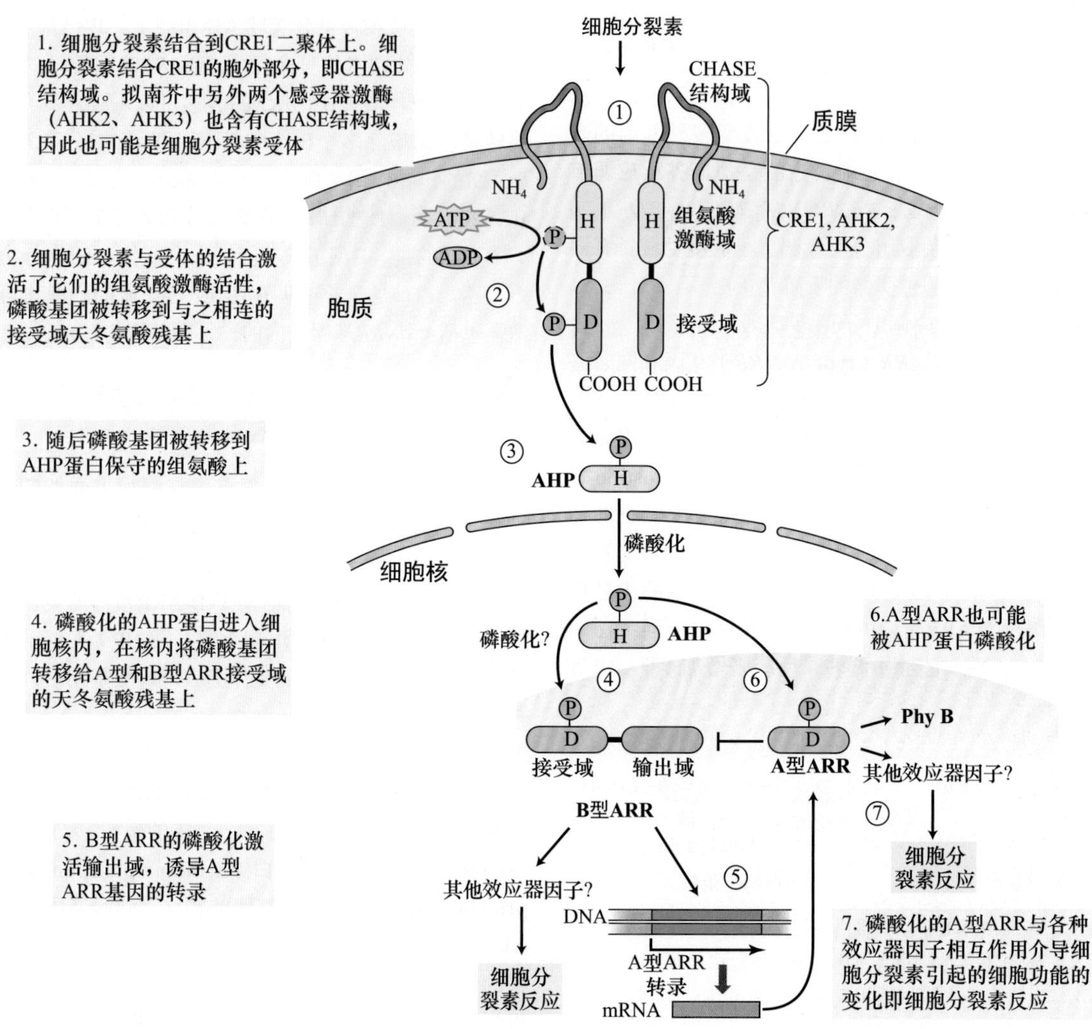

图21.9　细胞分裂素信号模式图。这个模式图是根据拟南芥相关研究结果建立的，但在其他高等植物中可能也具有类似的细胞分裂素信号途径。

的靶基因转录水平发生变化，如激活细胞周期等。磷酸化的A型ARR蛋白通过与一种未知的底物相互作用来负反馈调节对细胞分裂素的响应（图21.9）。除拟南芥外，在单子叶植物（水稻和玉米）及一种叫小立碗藓（*Physcomitrella patens*）的苔藓中也发现了细胞分裂素的双组分信号元件，因此，可能所有植物都通过双组分信号元件来感知和传递细胞分裂素信号。

21.5　细胞分裂素的生物学功能

尽管细胞分裂素最初是作为细胞分裂因子被发现的，但人们越来越深入地认识到在整株植物中内源细胞分裂素对其生命活动过程有着重要调控作用，因为其不仅参与了调控细胞增殖，也影响着维管发育、顶端优势、营养的获得及叶片衰老等许多其他生理和发育过程，而这些过程能够促进或抑制高等植物一系列生理、代谢、生化和发育过程。

本节我们将论述细胞分裂素在调节细胞分裂及其在植物其他生长发育过程中所起的多种不同作用。在Web Essay 21.2中还讨论了细胞分裂素在苔藓植物原丝体形成过程中所起的作用。这些调控功能已经得到了实验的证明，即采用对不同种类植物外施细胞分裂素及表达土壤根癌农杆菌（*A. tumefaciens*）*ipt*基因等细胞分裂素功能的研究方法。近年来，通过寻找细胞分裂素功能增强或减弱的突变体，如内源细胞分裂素水平或细胞分裂素信号途径发生改变的突变体并对其进行表型分析，进一步阐释了细胞分裂素在植物体的作用。

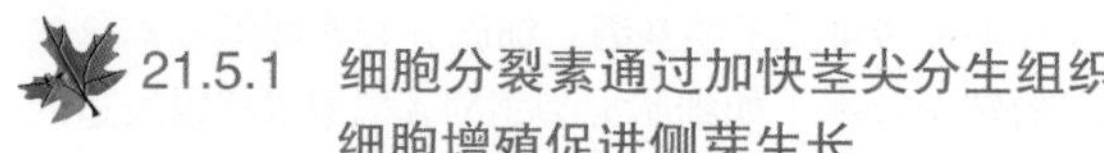

21.5.1　细胞分裂素通过加快茎尖分生组织细胞增殖促进侧芽生长

如前所述，细胞分裂素是离体植物细胞进行分裂的必需因子。同时一系列证据也表明，细胞分裂素对植物

体内的细胞分裂也起着重要的调控作用。

在成熟植物个体中细胞分裂活动大多发生在分生组织（见第16章）。细胞分裂素在植物茎尖分生组织的细胞增殖中起正调控作用。丛枝病就是由于细胞分裂素水平增高引起茎尖分生组织细胞过量增殖，最终导致丛生侧枝的形成（图21.3）。过表达细胞分裂素氧化酶或突变*IPT*基因则会使内源细胞分裂素水平降低，从而削弱细胞分裂素的功能，使茎尖分生组织体积缩小（图21.11），进而导致地上部分发育明显延迟（图21.10）（Werner et al.，2001）。细胞分裂素感受受阻（如构建细胞分裂素受体的三突变体）会引起茎尖分生组织的减少，导致地上部分矮小及无花或少花表型（图21.12）（Higuchi et al.，2004；Nishimura et al.，2004）。

图21.10　超表达细胞分裂素氧化酶基因的烟草植株。左边是野生型，右边分别是超表达拟南芥细胞分裂素氧化酶基因*AtCKX1*和*AtCKX2*的转基因植株。可以看出转基因植物地上部的生长被严重抑制（引自Werner et al.，2001）。

与上述情况相反，阻断细胞分裂素信号途径中某些负调控因子（如前文所述的A型ARR）则会引起玉米茎尖分生组织体积变大（Giulini et al.，2004）。负调控因子作用的削弱会正向调控细胞分裂素信号转导。以上这些结果强烈支持了植物体内源细胞分裂素正向调控茎尖分生组织细胞分裂的观点。与之相似，细胞分裂素也能促进次生分生组织的增殖，类似于细胞分裂素对维管形成层的调节（详见下节）。

A

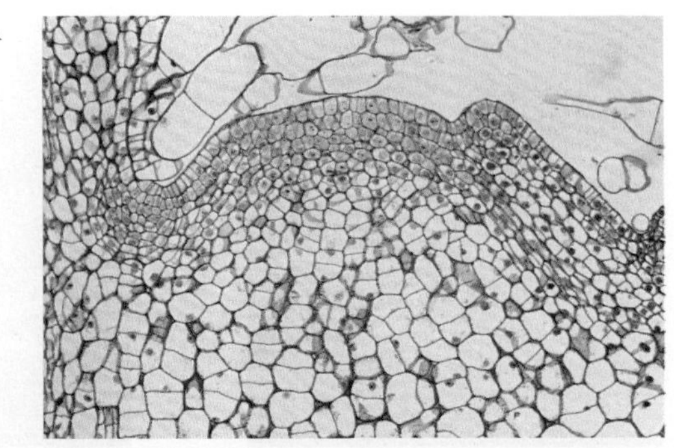

B

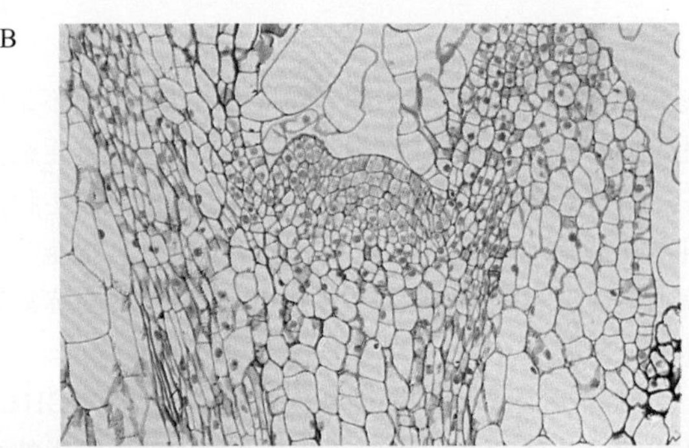

图21.11　茎尖分生组织的正常生长需要细胞分裂素。A. 野生型烟草茎尖分生组织纵切面。B. 超表达编码细胞分裂素氧化酶*AtCKX1*基因的转基因烟草茎尖分生组织纵切面。可看到缺乏细胞分裂素植株的茎尖分生组织体积变小（引自Werner et al.，2001）。

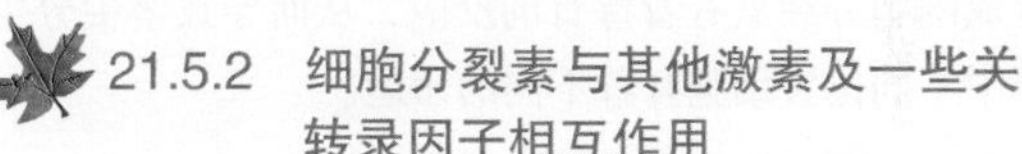

21.5.2　细胞分裂素与其他激素及一些关键转录因子相互作用

第16章曾讨论过，人们在阐述茎尖分生组织功能的调节机制过程中发现细胞分裂素通过与其他激素及一些关键转录因子相互作用行使功能。细胞分裂素含量增加导致KNOTTED1（KNOX）同源转录因子*KNAT1*和*STM*基因表达上调，而这些基因在调节分生组织功能中起重要作用（见第16章）（Rupp et al.，1999）；与此相似，在拟南芥和水稻中，*KNOX*基因也可通过诱导一系列*IPT*基因的表达正向调节细胞分裂素的水平，表明KNOX转录因子及细胞分裂素水平的反馈调控功能。此外，利用*STM*的启动子表达*IPT*基因，可使细胞分裂水平上升，并部分恢复*stm*突变体的表型（Yanai et al.，2005；Jasinski et al.，2005），表明*KNOX*基因的主要功能是促进茎尖分生组织中细胞分裂素的生物合成。

赤霉素也参与茎尖分生组织的生长调节（见第20章）。KNOX蛋白能够下调*GA20*氧化酶基因表达，而该酶参与赤霉素的生物合成。因此，KNOX蛋白可以在茎尖分生组织建立一个高细胞分裂素和赤霉素比值的平

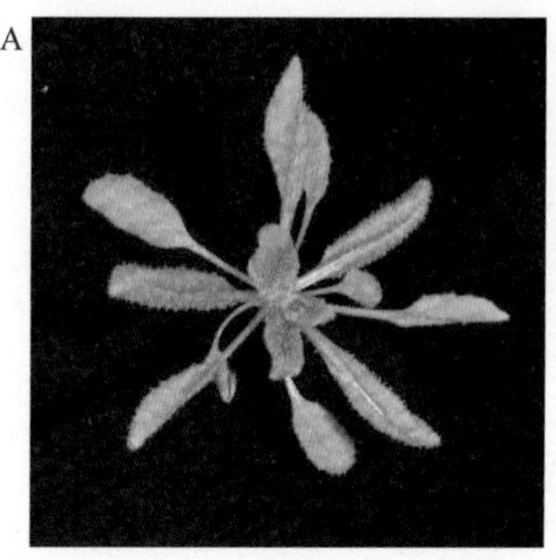

图21.12　拟南芥野生型和细胞分裂素受体敲除三突变体*ahk2 ahk3 cre1*莲座叶的比较（引自Nishimura et al.，2004）。

衡状态，从而使分生组织细胞保持增殖状态，而不是分化形成叶原基。此外，细胞分裂素能诱导茎尖分生组织中*GA2*氧化酶基因的表达，而该酶可以降解具有生物活性的赤霉素（Jasinski et al.，2005）。因此，细胞分裂素通过促进赤霉素降解进一步强化KNOX蛋白对赤霉素水平的影响。

细胞分裂素信号途径和同源域蛋白WUSCHEL（WUS）有着直接的联系。WUS在茎尖分生组织的组织中心表达并诱导干细胞分化为覆盖层细胞（见第16章）。WUS通过结合到A型*ARR*基因启动子上抑制这些基因的表达（Leibfried et al.，2005）。A型*ARR*基因的下调表达使茎尖分生组织中特定区域的细胞对细胞分裂素极其敏感，因此茎尖分生组织中这些表达*WUS*的细胞对合成细胞分裂素有着特有的反应，从而导致茎尖分生组织中不同位置细胞有着不同的命运。

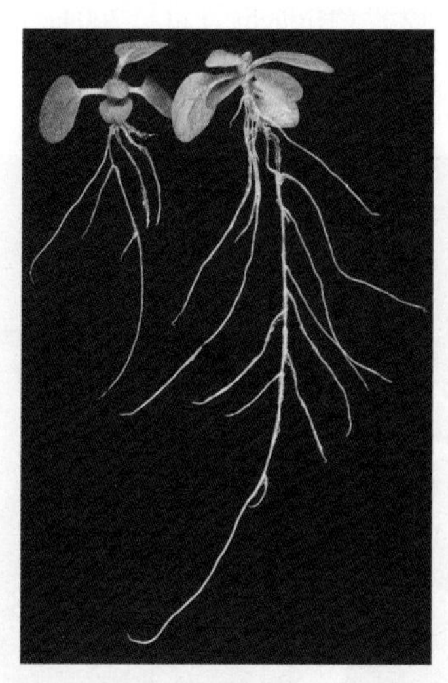

图21.13　细胞分裂素抑制了根的生长。细胞分裂素缺乏的、超表达*AtCKX1*基因的转基因烟草的根系（右边）明显大于野生型的根系（左边）（引自Werner et al.，2001）。

 21.5.3　细胞分裂素通过促进根尖分生组织细胞脱分化抑制根生长

细胞分裂素在根尖分生组织中所起的作用与在茎尖分生组织中的作用相反。烟草根中细胞分裂素氧化酶的过表达会导致根伸长的增加（图21.13），这种伸长的增加主要是由根尖分生组织体积增大引起（图21.14）。与此类似，一些细胞分裂素感知缺陷突变体也表现出根生长的增加。但当拟南芥中细胞分裂素三个受体同时被突变后，根和茎尖分生组织细胞分裂程度均减弱，而且这些三突变体根生长在持续数天后就会停止，这可能是由于三突变体中维管组织的形成被破坏，尤其是韧皮部发育缺陷导致根尖分生组织功能障碍（参见下文）。

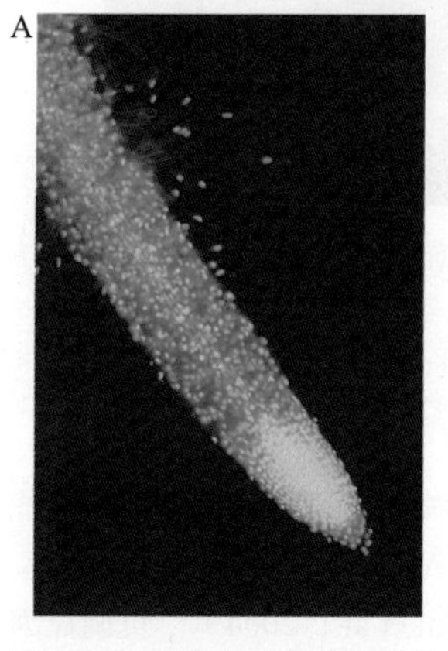

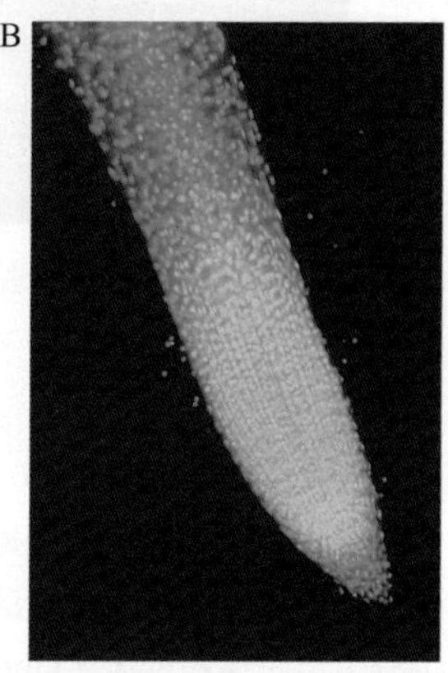

图21.14　细胞分裂素抑制根的大小和根细胞分裂活性。A. 野生型。B. *AtCKX1*超表达转基因型。用荧光染料4′, 6-二脒-2-苯基吲哚（DAPI）对根进行染色，该染料能够将细胞核中的DNA染色（引自Werner et al.，2001）。

最近对细胞分裂素负调控根尖分生组织机制的研究发现，分生组织大小是由细胞分裂速度及细胞生长和分化退出分生组织的速度共同决定。细胞分裂素能够加速根尖维管的分化（Dello Ioio et al.，2008），从而间接引起根尖分生组织体积的减小。具体来说，细胞分裂素

的增加提高了细胞分化为维管组织的速率，从而使分生组织细胞变少，引起根生长的减慢。反之，当细胞分裂素减少时，维管分化速率下降，顶端分生组织细胞数目增多，继而导致根生长的加速（Werner et al.，2003）。

此外，根尖分生组织中生长素也作为细胞分裂正向调节物起作用。但其与细胞分裂素有着不同的功能，前者促进细胞分裂，后者则促进细胞的分化。

Dello Ioio等提出了一个描述生长素和细胞分裂素在根尖分生组织中相互作用的模型（Dello Ioio et al.，2008）。他们认为细胞分裂素通过作用于ARR1（一种B型ARR；图21.8），促进编码Aux/IAA抑制蛋白（*SHY2*）基因的表达，而生长素则能引起该基因表达产物的降解，其结果是生长素和细胞分裂素以相反方式调节根中Aux/IAA蛋白SHY2的含量。SHY2反过来正向调节细胞分裂素合成相关基因*IPT5*的表达，并负向调节一系列编码生长素极性运输相关蛋白*PIN*基因的表达（见第19章）。SHY2在细胞分裂素生物合成和生长素运输中的作用增强了细胞分裂和分化的调控及反馈机制。

21.5.4 细胞分裂素调控细胞周期特定组分的活性

细胞分裂素通过影响细胞分裂周期的转变调控细胞分裂。在同步化培养的烟草细胞中，玉米素水平峰值分别出现在S期末期、G_2/M期过渡期和G_1期晚期。细胞分裂素生物合成受抑制时细胞分裂也被抑制，而外源细胞分裂素的施加则能使细胞分裂继续进行。

前面已经讨论过，最适浓度生长素存在时，细胞分裂素具有刺激植物组织细胞分裂的功能。有证据表明，细胞分裂素和生长素通过控制周期蛋白依赖性蛋白激酶活性共同参与调控细胞周期。如第1章所述，周期蛋白依赖性蛋白激酶（CDK）与其调节亚基细胞周期蛋白（cyclin）组成了调节真核细胞周期的主要酶类。

Cdc2（cell division cycle 2）是CDK中的主要成员，*Cdc2*基因表达受生长素调节。生长素处理豌豆根10 min后，*CDC2* mRNA就会被诱导表达，烟草髓心在含生长素的培养基中生长时能够诱导产生高水平CDK（John et al.，1993），但生长素诱导产生的CDK是没有酶活性的，且仅仅高浓度的CDK不足以促使细胞进行分裂。

细胞分裂素也与类Cdc25磷酸酶的激活相关，该磷酸酶能够去除Cdc2激酶上的磷酸基团（Zhang et al.，1996），而该磷酸基团可抑制Cdc2激酶的活性。细胞分裂素的这一功能使我们认识到，细胞分裂素和生长素在调节细胞从G_2期进入M期的过程中存在着潜在的联系。

此外，细胞分裂素还能上调*CYCD3*基因的表达，该基因编码一个D型细胞周期蛋白（Soni et al.，1995；Riou-Khamlichi et al.，1999），*CYCD3*在拟南芥茎分生组织和幼叶原基等分生组织中表达，其超表达植株不需要细胞分裂素就可在培养基上进行细胞增殖（图21.15）（Riou-Khamlichi et al.，1999）。这些结果表明，细胞分裂素促进细胞分裂的主要机制是通过增强*CYCD3*功能实现的，这使我们联想到动物细胞周期的调控，动物细胞D型细胞周期蛋白（D-type cyclin）被多种生长因子调控，并在细胞周期的G_1期限制点起关键作用。

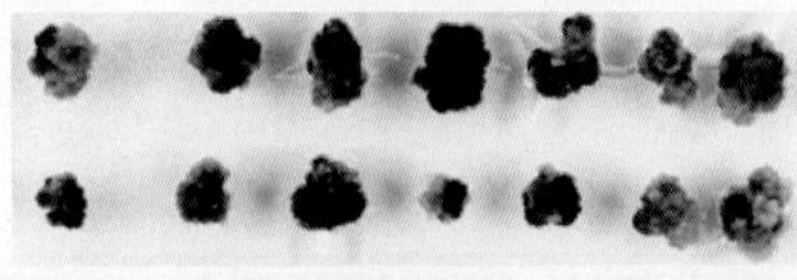

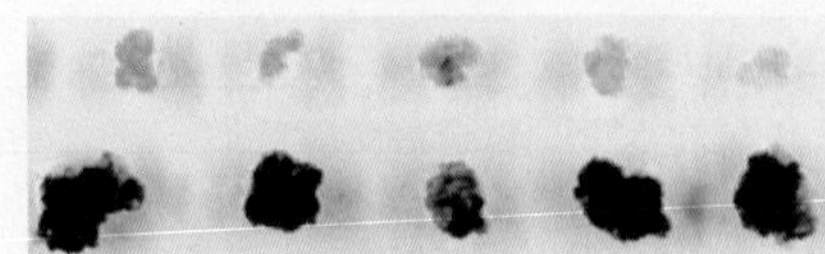

图21.15　表达*CYCD3*的愈伤组织能够在无细胞分裂素条件下进行细胞分裂。利用花椰菜病毒35S启动子驱动表达*CYCD3*的拟南芥转基因株系获得的叶外植体，将其置入生长素加细胞分裂素的培养基或只有生长素的培养基中均能诱导形成愈伤组织。野生型对照愈伤组织需加入细胞分裂素才能生长，而超表达*CYCD3*的愈伤组织在仅含生长素的培养基中就能生长得很好。图示为生长29天后拍照（引自Riou-Khamlichi et al.，1999）。

21.5.5 生长素与细胞分裂素比例决定培养组织的形态建成

在激动素发现不久，人们又发现烟草髓部愈伤组织分化为根还是芽取决于培养基中生长素与细胞分裂素浓度的比例。生长素与细胞分裂素比例高时诱导根形成，比例低时则芽形成，而二者浓度基本相近时可以形成不分化的愈伤组织（图21.16）（Skoog and Miller，1965）。

生长素与细胞分裂素比例决定植物形态建成的效应在冠瘿瘤形成中也存在类似的表现（Garfinkel et al.，1981）。把农杆菌Ti质粒中的*ipt*基因（*tmr*位点）突变后，被转染细胞中玉米素的合成受到抑制，导致生长素与细胞分裂素的比例在冠瘿瘤细胞中升高，从而形成根器官而不是未分化的愈伤组织；相反，把合成生长素的基因（*tms*位点）突变后，会使生长素与细胞分裂素的比例降低从而诱导芽形成（图21.17）（Akiyoshi et al.，

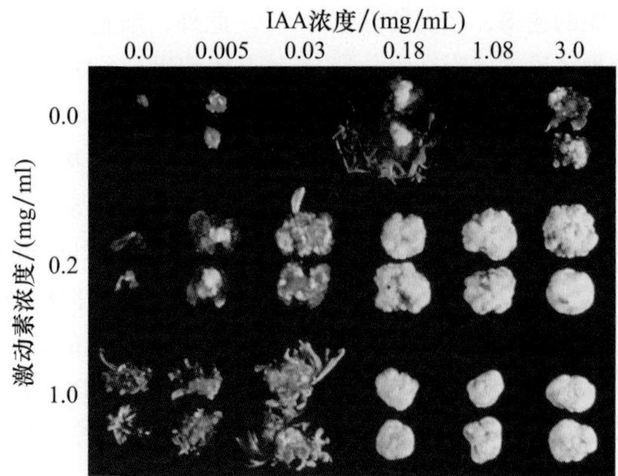

图21.16 不同浓度生长素和激动素对烟草愈伤组织的生长和器官形成的调节。在低浓度生长素和高浓度激动素条件下（左下）生成芽，高浓度生长素和低浓度激动素条件下（右上）生成根。两种激素的浓度处于中间或都高时（中间及右下）形成不分化的愈伤组织（Donald Armstrong惠赠）。

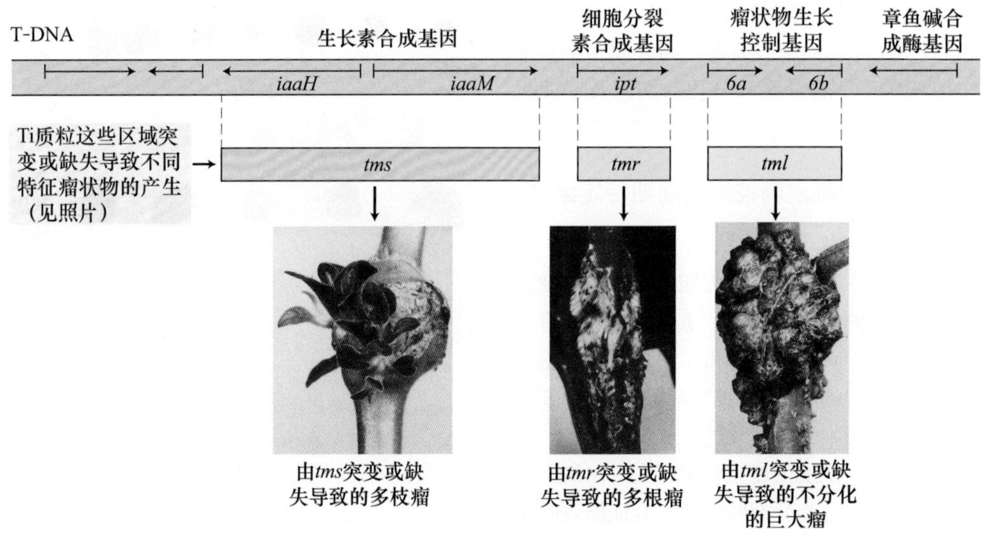

图21.17 农杆菌Ti质粒图谱，图示T-DNA不同基因突变导致不同形态冠瘿瘤的形成。*iaaH*和*iaaM*基因编码参与生长素生物合成的两个酶，*ipt*编码细胞分裂素合成酶，*6b*编码一个调控瘤状物生长的转录调节子。这些基因突变导致了图示表型的产生（引自Morris，1986，R. Morris惠赠）。

1983），这些部分分化的冠瘿瘤被称为畸胎瘤。

21.5.6 细胞分裂素能解除顶端优势促进侧芽生长

顶端优势的强弱是决定植物形态建成的主要因素之一（见第19章）。玉米等顶端优势强的植物只有一个主轴，侧枝很少或没有侧枝；相反，一些灌木则会生成很多侧芽。植物分枝模式通常由光、养分和基因型决定。如第19章所述，分枝也可通过去除顶芽使初生生长得以继续而触发。

从生理学角度分析，分枝受到多种植物激素间复杂相互作用的调节，这些激素包括生长素、细胞分裂素及最近鉴定出的一种根源性信号。生长素由顶芽向下极性运输抑制侧芽的生长（参见第16章和第19章）。在多种植物中，直接向侧芽施加细胞分裂素会促进侧芽细胞的分裂活性和分枝形成，并且细胞分裂素超表达突变体会形成灌木状丛生分枝。在豌豆茎节区，生长素抑制一系列*IPT*基因的表达，这些基因编码的酶在细胞分裂素生物合成途径中起着关键的限速作用。另外生长素还可引起细胞分裂素氧化酶的积累，导致细胞分裂素降解（图21.18）。生长素对这些基因表达的调节使顶芽部位的细胞分裂素维持在一个低水平，顶芽移除后生长素量会减少，从而引起*IPT*水平升高，以及细胞分裂素氧化酶含量的降低（图21.18）。顶芽移除导致茎节部位细胞分裂素浓度增加。茎节部位高浓度的细胞分裂素还会移动至相邻的侧芽，使其打破休眠恢复生长（Tanaka et

al.，2006）。

侧芽生长所需的细胞分裂素是由相邻节间组织合成的发现取代了之前认为所需细胞分裂素来自于根的模式。但最近对具有高度分支表型突变体嫁接研究表明，一种新的被称为独脚金内酯（strigolactone）的根源性植物激素可以抑制侧芽的生长（见第19章和Web Topic 21.9）。因此，侧芽的休眠可能同时受到源自茎尖和根尖的两种长距离信号分子的负调控。

 21.5.7　细胞分裂素延缓叶片衰老

叶片从植物体上脱落后，即使保持叶片潮湿和供应充足营养，叶绿素、RNA、脂类和蛋白质也会逐渐降解，这种程序性老化导致死亡的现象称为**衰老（senescence）**（见第16章和第23章）。叶片在暗处比在光下衰老得更快，但用细胞分裂素处理后许多植物的离体叶片都能延迟衰老。

尽管施加细胞分裂素不能完全阻止叶片衰老，但当细胞分裂素喷洒到整株植物上时，会明显地延缓衰老。如果仅对单个叶片进行处理，当其他相同发育阶段的叶片发黄脱落时这个叶片仍然保持着绿色；如果用细胞分裂素处理叶片上的一个小点，则该叶片小点周围其他组织开始衰老时，该处理点仍然保持绿色。当植物叶片被一些真菌感染时也会出现这种“绿岛”现象，如木虱（*Pachypsylla celtidis-mamma*）侵染朴木（*Celtis occidentalis* L.）产生虫瘿后，会使被感染组织中细胞分裂素含量升高，从而在衰老变黄的叶片上产生绿岛。

与幼叶不同，成熟叶片几乎不产生细胞分裂素，它们可能靠根部合成的细胞分裂素来延缓衰老。大豆叶片的衰老是由种子成熟而诱发的，即**单性结实衰老（monocarpic senescence）**，当去除种子时就会延缓叶片衰老。尽管种子（seedpod）能调控衰老的起始，但它们是通过控制根源性细胞分裂素到叶片的运输来进行调节。

细胞分裂素中参与延迟衰老的主要物质是玉米素核苷和二氢玉米素核苷，它们随着蒸腾流通过木质部从根部运输到叶片（Noodén et al.，1990）。

为验证细胞分裂素对叶片衰老启动过程的调控作用，将一个与叶片衰老相关基因的启动子和农杆菌的*ipt*

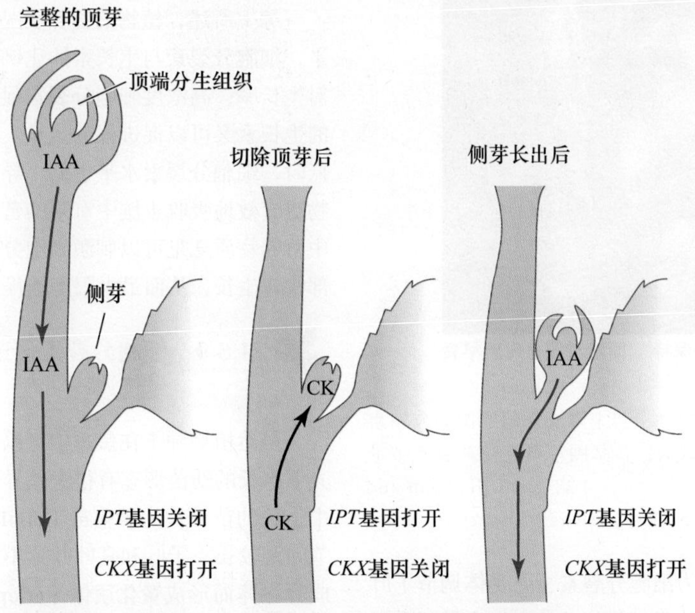

图21.18　生长素和细胞分裂素在调控侧芽分枝过程中的相互作用。在具有完整顶芽的植株中（左图），来源于茎尖分生组织的生长素（IAA）通过抑制*IPT*基因（细胞分裂素合成基因）表达和促进细胞分裂素氧化酶（CKX，参与细胞分裂素降解）的表达抑制了侧芽细胞分裂素的水平，从而最终抑制了芽的向外生长。顶芽移除后（中图）生长素分布减少，引起*IPT*表达的增加及*CKX*表达的下降，进而导致侧芽中细胞分裂素水平的增高，使侧芽生长。当侧芽生长一段时间后（右图），就能够自行产生和输出生长素，*IPT*基因重新被抑制而*CKX*重新被激活，从而使细胞分裂素重新恢复到较低的水平（引自Shimizu-Sato et al.，2008）。

基因（编码异戊烯基转移酶基因）进行重组，并导入烟草植株，使*ipt*基因在叶片发生衰老时被诱导表达（Gan and Amasino，1995）。结果显示在叶片开始衰老时，转基因植株的细胞分裂素水平与野生型的一样高。

一旦叶片开始衰老，衰老特异的启动子被激活使*ipt*基因表达，细胞分裂素含量升高，叶片衰老得以延迟；此外高浓度细胞分裂素还可抑制*ipt*基因进一步表达，避免细胞分裂素过量产生（图21.19）。以上结果表明细胞分裂素是叶片衰老的天然调节物质。

图21.19 将诱导衰老的启动子与来自农杆菌的细胞分裂素合成基因*ipt*融合并转入烟草，转基因烟草的叶片衰老被推迟。该*ipt*基因在衰老信号诱导下，才能表达（引自Gan and Amasino，1995，R. Amasino惠赠）。

拟南芥中AHK3作为细胞分裂素主要受体调节了叶片的衰老。当AHK3功能增加时，叶片衰老会被明显延迟。相反，如果AHK3的功能被破坏，即使其他细胞分裂素受体的功能仍正常，也会导致叶片在成熟前衰老（Kim et al.，2006）。

 21.5.8 细胞分裂素促进营养物质的运输

细胞分裂素调节营养物质从植物其他器官向叶片的运输，这种现象称为**细胞分裂素诱导的养分运输**（cytokinin-induced nutrient mobilization）。用细胞分裂素处理叶片后，向植物叶片或一片的某一部分施加^{14}C或^{3}H标记的营养物质（糖类、氨基酸等），然后将整株植物进行放射自显影来观察标记的营养物质运输模式和积累位点。结果表明，营养物质优先运输并积累于细胞分裂素处理过的组织。在第10章讲到，营养物质是由产生或储存部位（源）向利用营养物质的部位（库）转运，植物激素可以使植物重新建立营养物质的源-库关系从而影响营养物质的运输。激素可能促进了被处理部位的新陈代谢，导致营养物质运向这个部位。然而也可能并非完全是由于库细胞中营养物质自身的代谢引起，因为细胞分裂素也可以促进非代谢底物类似物的运输（图21.20）。

细胞分裂素水平的改变是植物对所处环境中营养物质含量作出的相应反应。例如，向缺氮的玉米幼苗施加硝酸盐可以引起根部细胞分裂素水平快速升高，并通过木质部把细胞分裂素运向地上部（Takei et al.，2001b）。细胞分裂素水平的升高部分原因是*IPT*基因家族成员*IPT3*被诱导表达，环境中磷酸盐含量也可以影响细胞分裂素水平，而且细胞分裂素也可改变磷酸盐和硫酸盐响应基因的表达水平，表明这些响应途径中存在有相互关联的作用网络（Argueso et al.，2009）。

综上所述，植物的营养状况能调节细胞分裂素的水平，细胞分裂素与生长素的比例则又决定了根和芽的相对生长率，高浓度细胞分裂素促进芽的生长，而高浓度的生长素又可以促进根的生长。因此，当营养物质水平低时，细胞分裂素水平也低，导致根的生长加快，使植物更有效地吸收土壤中有限的营养物质；反过来，土壤中营养物质充足可以刺激细胞分裂素的合成，促使地上部快速生长，从而最大限度地提高植物光合能力。

 21.5.9 细胞分裂素通过光敏色素影响光信号传递

虽然植物种子在黑暗中可以萌发，但在黑暗中与在光下生长的幼苗形态有很大差异（见第17章）。在黑暗中生长的苗被称为**黄化苗（etiolated）**，其下胚轴和茎节间距较长，子叶和真叶叶片不伸展，前质体不能发育成叶绿体而形成**黄化质体（etioplast）**，黄化质体不能合成叶绿素，也不能合成在类囊体系统及光合作用中所需要的酶和结构蛋白；种子在光下萌发时，叶绿体可以在胚中直接由前质体形成。黄化苗经光照后其黄化质体也可以形成叶绿体。

如果黄化苗叶片在光照前用细胞分裂素处理，将形成具有更多基粒的叶绿体，在光下叶绿素和光合作用酶类的合成也会更快（图21.21）。这些结果表明，细胞分裂素与光、营养、发育等其他因素一起共同调节光合色素及相关蛋白质的合成（有关细胞分裂素促进光介导

苗A左侧子叶喷洒清水作为对照，苗B的左侧子叶和苗C的右侧子叶分别用50 mmol/L的激动素溶液喷洒

黑点表示放射自显影下放射性氨基酸的分布

结果表明用细胞分裂素处理过的子叶变成了一个营养库。但当标记的子叶用激动素处理时，在施加氨基酸的子叶上留有放射活性（苗C）

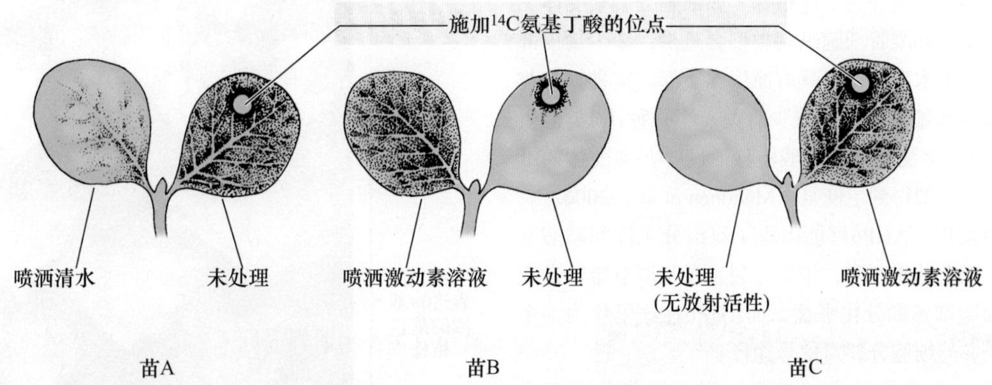

图21.20　黄瓜幼苗中细胞分裂素诱导氨基酸迁移的实验。放射性标记的氨基酸如氨基丁酸不会被代谢掉。在每株幼苗右边的子叶滴加^{14}C-氨基丁酸（由K. Mothes观察到的数据绘得）。

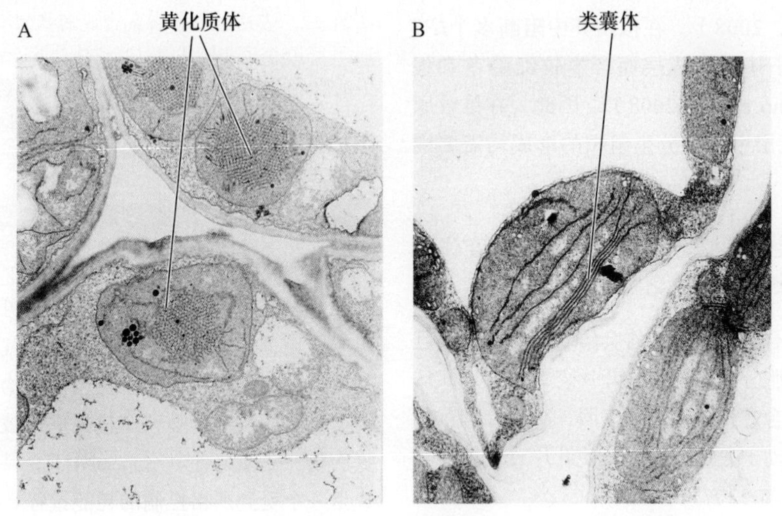

图21.21　细胞分裂素影响暗培养下拟南芥野生型幼苗叶绿体的发育。A. 无细胞分裂素处理暗培养条件下的对照，质体发育成黄化质体。B. 细胞分裂素处理的暗培养条件下，质体中形成类囊体（引自Chory et al.，1994，J. Chory惠赠）。

的发育过程更多内容参见Web Topic 21.10）。

许多光反应的关键调节子都是红光受体光敏色素（见第17章）。而细胞分裂素途径中的A型反应调节子ARR4（图21.8）可以通过降低光敏色素PhyB的暗转化速率来使其稳定在Pfr生理活化型，因此，ARR4作为PhyB正调节子参与光反应调节过程（Sweere et al.，2001）。另一个光信号和细胞分裂素信号途径节点是bZIP转录因子HY5蛋白。它作为光形态建成的正向调节子，在光敏色素和隐花色素等多种光受体家族的下游起作用。而细胞分裂素可能通过增加HY5蛋白的稳定性而上调其在植物体内的含量（Vandenbussche et al.，2007）。

拟南芥中细胞分裂素氧化酶对细胞分裂素降解的调节与遮阴反应有关。在树荫下生长的植物所接收红光与远红光的比值（R/FR）要比光下生长的植物低，从而会诱导一系列发育过程的改变，包括下胚轴伸长增强及叶原基快速生长的停止（第17章；Carabelli et al.，2007）。此外，将拟南芥植株暴露在低的R/FR环境中还会引起叶原基中的生长素信号快速增加，进而导致细胞分裂素氧化酶基因表达的积累（Carabelli et al.，2007）。而后者使叶原基中细胞分裂素水平降低，从而降低细胞增殖速度。细胞分裂素还可促进萝卜等一些双子叶植物子叶伸展和变绿（参见Web Topic 21.11）。

此外，细胞分裂素双组分反应途径元件还被发现与植物昼夜节律有关，后者调节了植物生理节奏与每日昼夜循环相一致（参见Web Topic 21.12）。

21.5.10 细胞分裂素参与维管发育的调节

细胞分裂素参与了维管组织的发育。对细胞分裂素极度不敏感的拟南芥突变体植株（如细胞分裂素受体三突变体等）根部维管细胞纵列类型会减少，缺少韧皮部和成熟的后生木质部，仅具有原生木质部。这种缺陷与胚根维管原始细胞数量的减少有关。当一种Hpt类似蛋白AHP6发生突变丧失其磷酸转移活性时，突变体的维管发育异常表型得到了恢复（Mähönen et al.，2006）。体外实验发现，AHP6可能阻碍了双组分元件间磷酸基团转移。以上结果表明，细胞分裂素参与调节维管发育过程中细胞增殖和分化平衡，而AHP6在这里作为一个负调节子参与细胞分裂素信号途径。

此外，在维管形成层发育过程中细胞分裂素也是必需的。在转基因杨树形成层细胞中表达细胞分裂素氧化酶会使形成层功能降低进而导致树干变细（Nieminen et al.，2008）。在拟南芥中阻断多个*IPT*基因功能也会由于缺少形成层而产生较细的茎和根（Matsumoto-Kitano et al.，2008）。因此，在维管原始细胞起始和形成层中次生分生组织的形成均需要细胞分裂素的参与。

21.5.11 控制细胞分裂素水平可以改变作物的重要农艺性状

对细胞分裂素合成进行调控将会给农业生产带来巨大效益。超表达细胞分裂素的植株叶片衰老被延迟，从而可以提高植株光合产量。有结果表明，莴苣和烟草中利用衰老诱导的启动子表达*ipt*基因能使叶片衰老被强烈推迟（图21.19和图21.22）。

此外，细胞分裂素含量还与植物被啃食引起的损伤相关。利用昆虫啃食时产生损伤所诱导的蛋白酶抑制子Ⅱ基因的启动子来诱导表达*ipt*基因，可以使烟草对昆虫的啃食产生更强抗性，这种烟草叶片被天蛾幼虫啃食的面积减少70%（Smigocki et al.，1993）。

对细胞分裂素含量进行操控还具有增加水稻穗粒产量的潜力。人们在培育不同水稻品种幼苗过程中已经无意中利用细胞分裂素能促进茎尖分生组织生长的特性。粳稻（*japonica*）和籼稻（*indica*）两个水稻品种在产量上有着巨大差距，后者可在其圆锥花序上产生更多的穗粒并最终具有更高产量（图21.23）。最近研究发现，籼稻品种能产生更多的穗粒与其细胞分裂素氧化酶活性降低有关（Ashikari et al.，2005），这些酶活性的降低导致花序组织中细胞分裂素含量增加，促进生殖器官发育产生更多种子，最终使产量提升。

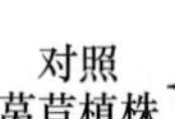

图21.22 表达细胞分裂素合成酶基因*ipt*的莴苣叶片衰老延迟。上边5个为非转基因对照植株；下边5个为利用衰老相关基因的启动子（*SAG12*）驱动*ipt*基因在衰老时表达的*SAG12-IPT*转基因植株（引自McCabe et al.，2001）。

21.5.12 细胞分裂素参与豆科植物固氮根瘤的形成

固氮类根际细菌在调节土壤中可利用氮含量方面起重要作用，它们通过固氮作用将空气中的氮气转变为植物可以利用的有机氮。固氮菌从植物体获得能量，而作为交换，固氮菌为豆科植物提供可被植物直接利用的固氮产物——氨来使其受益。对于豆科植物而言，氨的合成是一个受到严格控制的耗能过程。

固氮过程主要是在共生体植物根部特化的结构——根瘤（nodule）中进行的。在根瘤形成过程中，根瘤菌诱导豆科植物宿主的根部形态发生改变，这个过程需要根部表皮发生的改变从而使根瘤菌可以侵染宿主，随后激活细胞分化导致根瘤的形成。

已有许多证据表明细胞分裂素与根瘤的形成有关，一些固氮细菌如*Rhizobium leguminosarum*和*Bradyrhizobium japonicum*能够产生具有类似细胞分裂素活性的物质。而且施加外源细胞分裂素可以诱导皮层细胞分裂并上调早期根瘤形成相关基因。此外，在豆科植物蒺藜苜蓿（*Medicago truncatula*）中干扰*MtCRE1*（拟南芥*CRE1*的同源物）的表达会导致根瘤形成的关键环节皮层细胞分裂不能起始（Gonzalez-Rizzo et al.，2006；Murray et al.，2007），而相同受体的功能获得型突变体则会在没有根瘤菌的情况下自发形成根瘤

图21.23　细胞分裂素调控水稻穗粒产量。细胞分裂素氧化酶被干扰时，印度水稻品种的穗粒数高于日本品种。A. Koshihikari（一个日本水稻品系）和Habataki（一个印度品系）的整株植物对比。B. 每个品系的花序特写。自然突变造成印度品系细胞分裂素氧化酶水平下降并导致该品系植株发育中的幼穗细胞分裂素水平升高。这使得植株有更多的花，最终形成更高的穗粒产量。

（Tirichine et al.，2007）。综上所述，细胞分裂素在根瘤形成过程中起着充分必要的作用。

小结

细胞分裂素参与调节植物多种生理过程，如细胞增殖、根和侧芽的形态建成、养分获取、维管组织发育、光反应及衰老等。

细胞分裂和植物发育

· 对于完整的植株，细胞分裂可以由损伤、感染及包括细胞分裂素在内的植物激素所激发（图21.1）。

· 细胞分裂素是在腺嘌呤的第6位N原子上具有取代基团的一类衍生物的统称，在生长素存在的条件下，其可以引发多种植物细胞增殖的起始。

细胞分裂素的发现、鉴定和性质

· 玉米素是自然界中存在的丰度最高的游离态的细胞分裂素，此外还有二氢玉米素（DHZ）和异戊烯基腺嘌呤（iP）（图21.2）。

· 一些植物病原菌、真菌、昆虫及线虫可以分泌具有生物活性的细胞分裂素，有时会引起植物的异常生长（图21.3）。

细胞分裂素的生物合成、代谢和运输

· 细胞分裂素可以在植物的根部、发育中的胚、幼叶、果实和冠瘿瘤组织合成，同时也可由与植物结合的细菌、真菌、昆虫及线虫合成。

· 被Ti质粒转染后，冠瘿瘤细胞就得到了携带有合成细胞分裂素、生长素和冠瘿碱所需基因的T-DNA（图21.4）。

· *IPT*基因催化的反应是细胞分裂素合成途径中的第一个关键步骤（图21.5）。

· 细胞分裂素主要以被动运输的方式在木质部和韧皮部中进行运输。

· 细胞分裂素氧化酶通过将细胞分裂素不可逆地失活对其调控。

· 对细胞分裂素合成、结合和运输的正向和反向调节共同决定了活性细胞分裂素的含量。

细胞分裂素在细胞和分子水平的作用机制

· 细胞分裂素是由一类组氨酸激酶受体家族蛋白负责感知的植物激素。

· 细胞分裂素的响应途径包含了一个多步磷酸化过程，该过程通过改变信号元件中组氨酸和天冬氨酸的磷酸化状态使细胞分裂素信号由细胞质膜传递到细胞核中（图21.6和图21.9）。

· 将拟南芥中编码细胞分裂素受体的三个基因敲除后会导致多种细胞分裂素缺陷相关表型（图21.7）。

· 细胞分裂素与膜受体结合后可以活化位于细胞核中的一系列被称为B型ARR的转录因子，这类转录因子介导了对细胞分裂素在转录水平上的反应。

· 对细胞分裂素最先响应的A型ARR的基因对细胞分裂素的响应具有负调控作用。

细胞分裂素的生物学功能

· 通过超表达细胞分裂素氧化酶或将*IPT*基因突变使内源细胞分裂素减少后，侧芽的生长会受到严重的抑制，只能产生较小的侧芽顶端分生组织（图21.10和图21.11）。

· 将拟南芥的三个细胞分裂素受体全部突变后植株会失去对细胞分裂素的感知能力，并导致多种发育缺陷，如减小的侧枝顶端分生组织、矮小的侧枝和开花能

力的剧烈降低（图21.12）。

・细胞分裂素与其他激素及关键的转录因子相互作用来调节侧枝顶端分生组织的功能。

・与其在侧枝中所起的促进作用相反，细胞分裂素抑制根的生长（图21.13和图21.14）。

・在根顶端分生组织中，生长素促进细胞分裂，而细胞分裂素促进细胞的分化。

・细胞分裂素和生长素都参与植物细胞的周期调控，并且都是细胞分裂所必需的（图21.15和图21.16）。

・生长素与细胞分裂素含量的比值决定了培养的植物组织分化为根还是茎（图21.17）。

・生长素通过抑制侧芽中的细胞分裂素合成及促进细胞分裂素氧化酶的合成来维持顶芽的休眠（图21.18）。

・细胞分裂素可以延缓叶片的衰老（图21.19），促进养分的利用（图21.20），参与调节光合色素和蛋白质的合成（图21.21），并调节维管的发育。

・通过增加的细胞分裂素超表达植株有望筛选获得光合产率增加，且延缓衰老或产量更高的作物品种（图21.22和图21.23）。

（王　伟　刘凌云　译）

WEB MATERIAL

Web Topics

21.1 Cultured Cells Can Acquire the Ability to Synthesize Cytokinins
The phenomenon of habituation is described, whereby callus tissues become cytokinin independent.

21.2 Structures of Some Naturally Occurring Cytokinins
The structures of various naturally occurring cytokinins are presented.

21.3 Various Methods Are Used to Detect and Identify Cytokinins
Cytokinins can be qualified using immunological and sensitive physical methods.

21.4 The Biologically Active Form of Cytokinin Is the Free Base
The recent identification of the cytokinin receptors has allowed the question of the active form of cytokinin to be addressed directly.

21.5 Cytokinins Are Also Present in Some tRNAs in Animal and Plant Cells
Modified adenosines near the 3′ end of the anticodons of some tRNAs have cytokinin activity.

21.6 The Structures of Opines
Opines are amino acids that serve as substrates for *Agrobacterium* during crown gall formation.

21.7 The Ti Plasmid and Plant Genetic Engineering
Applications of the Ti plasmid of *Agrobacterium* in bioengineering are described.

21.8 Phylogenetic Tree of *IPT* Genes
Arabidopsis contains nine different *IPT* genes, several of which form a distinct clade with other plant sequences.

21.9 A Root-Derived Hormone, Strigolactone, Is Involved in the Suppression of Branching in Shoots
Evidence for a root-derived signaling molecule that acts as a suppressor of branching in shoots comes from grafting studies in mutants with highly branched phenotypes.

21.10 Cytokinin Can Promote Light-Mediated Development
Cytokinins can mimic the effect of the *det* mutation on chloroplast development and de-etiolation.

21.11 Cytokinins Promote Cell Expansion and Greening in Cotyledons
Cytokinins increase the entensibilities of the cotyledon cell walls of several dicot species.

21.12 Cytokinins Interact with Elements of the Circadian Clock
An interdependent regulatory loop between the clock genes and cytokinin response genes is discussed.

Web Essays

21.1 1955: The Discovery of Kinetin
An interesting description of the history of the discovery of cytokinins.

21.2 Cytokinin-Induced Form and Structure in MOSS
The effects of cytokinins on the development of moss protonema are described.

第22章

乙烯：气体激素

19世纪煤气应用于街道照明以后，人们观察到生长于路灯附近的树木比其他树木的叶片更容易脱落。最终发现煤气和空气污染物影响了植物的生长和发育，并鉴定出乙烯是煤气中的活性成分（参见Web Topic 22.1）。

1901年，俄罗斯圣彼得堡植物学院的研究生Dimitry Neljubov在实验室观察到，生长在黑暗条件下的豌豆幼苗表现出三重反应（triple response）的特征：茎伸长减少、横向生长增加（膨大）及不正常的水平生长（图22.1），当这些植物生长在通风透光的环境中时，它们重新恢复了正常的形态和生长速度，Neljubov从实验室空气中鉴定出了煤气中的乙烯，并认定是该分子导致了上述反应。

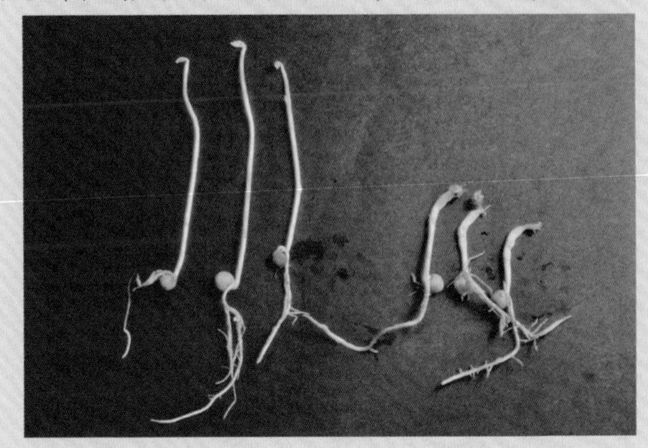

图22.1　豌豆黄化苗的“三重反应”。与对照（左）相比，用10 ppm乙烯处理6天的豌豆幼苗（右）表现为上胚轴膨大、上胚轴伸长和水平生长（失去负向地性生长）受抑制（S. Gepstein惠赠）。

1910年，H. H. Cousins首先报道了乙烯是植物组织的天然产物，指出如果将贮藏室中柑橘所散发出的气体转移到香蕉贮藏室中会引起香蕉提早成熟。然而，与其他水果（如苹果）相比，柑橘仅能合成少量乙烯，Cousins实验时所用的柑橘很可能感染了青霉菌（*Penicillium*），而这些真菌可以产生大量乙烯。1934年，R. Gane等用化学方法鉴定出乙烯是一种植物新陈代谢的自然产物，并且由于它对植物影响巨大，把乙烯确定为一种植物激素。

在长达25年的时间里，人们并没有认识到乙烯是一种重要的植物激素，主要原因是许多生理学家认为乙烯是通过第一个被发现的植物激素——生长素起作用的（见第19章）。人们认为生长素是主要的植物激素，而乙烯仅起着无关紧要的间接生理作用。另外，缺乏定量乙烯的化学技术也阻碍了人们对乙烯的研究。直到1959年气相色谱技术应用于乙烯研究以后，乙烯的重要性被重新发现，人们认识到乙烯作为一种生长调节物质具有重要的生理作用（Burg and Thimann，1959）。

本章将介绍乙烯生物合成途径及乙烯如何在细胞和分子水平发挥作用。最后，我们将对乙烯影响植物生长发育的重要作用进行阐述。

22.1　乙烯的结构、生物合成及测定

乙烯是最简单的烯烃（它的相对分子质量为28）：在生理条件下，它比空气更轻，很容易被氧化（参见**Web Topic 22.2**）。

$$\mathrm{H_2C{=}CH_2}$$

乙烯

高等植物几乎所有的器官都能产生乙烯，植物组

织类型和发育阶段不同，乙烯的合成速率也不相同。乙烯通常可以通过气相色谱来测定（参见**Web Topic 22.3**）。在叶片脱落、花器官衰老及果实成熟过程中，乙烯的合成量增加。植物受到伤害和生理胁迫如涝害、病害及高温或干旱时都能诱导乙烯的生物合成。除此之外，病菌感染也能促进乙烯的合成。

甲硫氨酸是乙烯的前体，1-氨基环丙烷-1-羧酸（ACC）是甲硫氨酸转化为乙烯的中间产物。下面我们将看到，乙烯生物合成的完整过程是一个循环，并且与植物细胞的许多代谢循环相交叉。

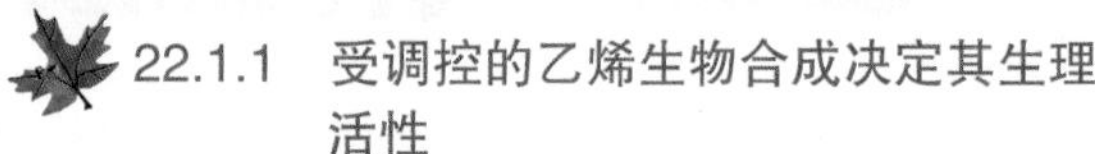

22.1.1 受调控的乙烯生物合成决定其生理活性

体内实验表明，植物组织能将标记的甲硫氨酸[^{14}C]转变为乙烯[^{14}C]，乙烯中的碳来自甲硫氨酸的3位和4位碳原子。甲硫氨酸中的甲硫基（CH_3—S）通过杨氏循环不断再生利用（图22.2）。合成乙烯的直接前体是1-氨基环丙烷-1-羧酸（**1-aminocyclopropane-1-carboxylic acid, ACC**）。总的说来，用外源ACC处理植物组织，则植物中乙烯的生成量大量增加，说明ACC的合成是植物组织内乙烯生物合成的限速步骤。

ACC合酶（ACC synthase，ACS）催化*S*-腺苷甲硫氨酸转变为ACC（图22.2）。它受到外界环境及内部因素如伤害、干旱胁迫、涝害和生长素等的调节。ACS由多个不同的多基因家族编码，各种乙烯生物合成诱导物以不同方式调控这些基因，如在番茄中，至少有10个*ACS*基因，分别受到生长素、伤害和（或）果实成熟不同程度的诱导（详情参见**Web Topic 22.4**）。

ACC氧化酶（ACC oxidase）催化ACC转变为乙烯，这是乙烯生物合成的最后一步（图22.2）。在乙烯快速产生的植物组织如成熟果实中，ACC氧化酶的活性是乙烯生物合成的限速步骤。与ACC合酶类似，ACC氧化酶由多基因家族编码，受不同机制调控（参见**Web Topic 22.5**）。例如，在成熟番茄的果实和衰老的矮牵

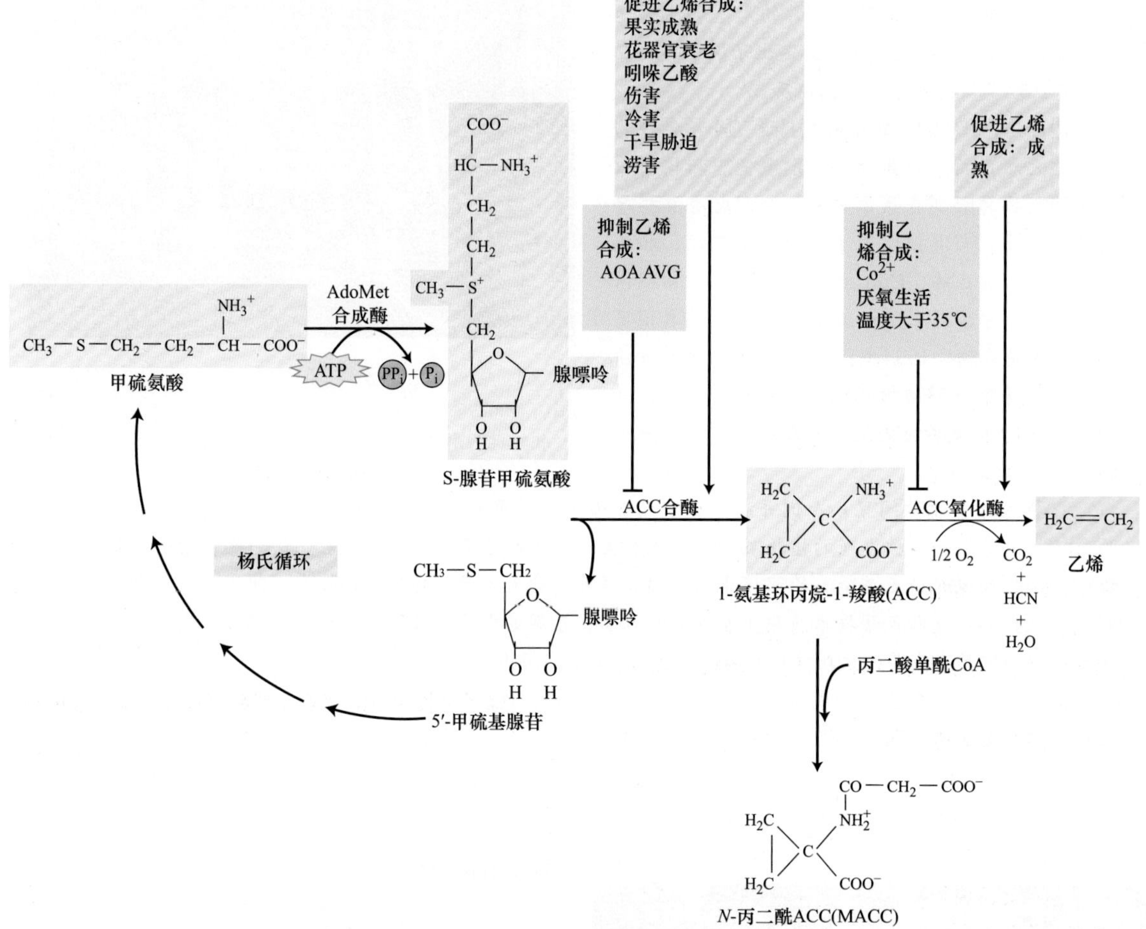

图22.2 乙烯生物合成途径及杨氏循环。甲硫氨酸是乙烯的前体。乙烯合成途径的限速步骤是由ACC合酶催化*S*-腺苷甲硫氨酸转变为ACC，最后一步是ACC转变为乙烯，这一步需要氧，由ACC氧化酶催化。甲硫氨酸中的甲硫基（CH_3—S）通过杨氏循环重新形成，继续参与合成过程。ACC除了转变为乙烯外，还可转化为缀合物*N*-丙二酰基ACC。AOA为氨基氧乙酸；AVG为氨基乙氧基乙烯基甘氨酸（引自Mckeon et al.，1995）。

牛花中，一些ACC氧化酶基因的mRNA水平显著增加。

分解代谢　研究者利用$^{14}C_2H_4$培养植物组织，通过放射性示踪技术研究了乙烯的分解代谢。二氧化碳、环氧乙烷、乙二醇和结合了乙二醇的葡萄糖都被鉴定为乙烯分解作用的代谢产物。然而，由于某些环烯烃类化合物（如1，4-环己二烯）在不抑制乙烯作用的情况下能阻断乙烯分解，因此乙烯分解代谢在调控该激素水平方面并没有显著作用（Raskin and Beyer，1989）。

结论　人们发现植物组织中并非所有ACC都能转变为乙烯。ACC也能形成结合态物质——*N*-丙二酰ACC（*N*-malonyl ACC）（图22.2），后者不会被分解，主要积累在液泡等植物组织中。人们也鉴定出了第二种少量的ACC结合物形式[1-（γ-L-谷氨酸）-环丙烷-1-羧酸[1-（γ-L-glutamylamino）cyclopropane-1-carboxylic acid，GACC]。ACC与其他物质的结合可能在控制乙烯生物合成方面起重要作用，其结合方式与生长素和细胞分裂素类似。

ACC脱氨基酶　在很多土壤细菌中都表达一种酶——ACC脱氨基酶，它将ACC水解成氨和α-丁酸香叶酯（Glick，2005）。这些细菌能够通过清除植物合成和释放的ACC，降低植物产生的乙烯水平，从而促进植物的生长。在转基因植物中表达ACC脱氨基酶能够降低乙烯水平。近来，在拟南芥中发现了编码ACC脱氨基酶的基因，说明内源ACC脱氨基酶在调控乙烯生物合成过程中发挥作用。

22.1.2　促进乙烯生物合成的几个因子

乙烯生物合成受一些因素所调控，这些因素包括植物发育阶段、环境条件、其他植物激素及物理和化学伤害。乙烯生物合成也有昼夜节律变化，白天合成量出现峰值，夜间达到最低值。

果实成熟　果实成熟时，ACC和乙烯的合成速率增加，ACC氧化酶（图22.3）和ACC合酶的活性都增强，编码这些酶的基因的mRNA水平也相应提高。然而，给未成熟果实外施ACC仅能轻微增加乙烯产量，表明ACC氧化酶活性增加是果实成熟的限速步骤（McKeon et al.，1995）。

胁迫诱导乙烯生成　胁迫条件如干旱、涝害、冷害、臭氧及机械伤害等都可增加乙烯的生物合成。在这些情况下，乙烯由正常的生物合成途径产生，并且乙烯产量的增加至少部分是由于ACC合酶mRNA转录水平提高所致。这种“胁迫诱导乙烯”参与了胁迫应答的启动，如器官脱落、衰老、伤口愈合和植物抗病性的增强（见第26章）。

昼夜节律调控乙烯生成　在很多植物物种中昼夜节律生物钟调控乙烯的生物生成。通常乙烯水平在中午达到顶峰，在午夜达到低谷。这种调节可能源于部分ACC合酶的转录调控，这一过程在拟南芥中被TOC1/CCA1生物钟介导（Thain et al.，2004）。

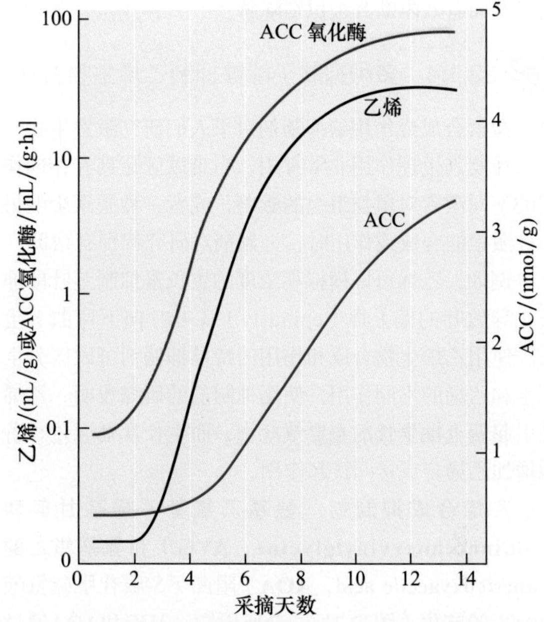

图22.3　金冠苹果成熟期ACC浓度、ACC氧化酶活性和乙烯的变化。图中数据显示了它们随收获后天数变化的情况。乙烯和ACC浓度的增加及ACC氧化酶活性的增强与果实成熟密切相关（改编自Yang，1987）。

生长素诱导乙烯生成　某些情况下，生长素和乙烯可以引起植物相似的反应，例如，二者都可诱导菠萝开花和抑制茎叶的伸长。引起这些反应可能是由于生长素能够通过增加ACC合酶的活性从而促进乙烯的合成。这些结果表明，先前归因于生长素（吲哚-3-乙酸，IAA）的反应事实上是由植物应答生长素反应产生的乙烯介导的。

外源施加IAA，多个ACC合酶基因的转录水平被提高，乙烯产量升高（Nakagawa et al.，1991；Liang et al.，1992；Tsuchisaka and Theologis，2004）。蛋白质合成抑制剂阻断IAA诱导的乙烯合成，表明由生长素导致的ACC合酶的合成显著促进了乙烯的产生。

22.1.3　ACC合酶的稳定促进乙烯的生物合成

除了生长素，油菜素甾醇和细胞分裂素也能够促进乙烯合成。与生长素类似，这些激素通过增加ACC合酶活性来促进乙烯合成。但是，与生长素相比较，它们不能提高ACC合酶基因的转录水平，而是增加了ACC合酶蛋白的稳定性（Chae and Kieber，2005）。

例如，病菌侵袭、细胞分裂素和油菜素甾醇都能增加乙烯的合成量，部分是由于ACS蛋白的稳定性提高，降解速度减慢导致的。ACS的C端区域在控制其稳定性方面发挥了重要作用（Vogel et al.，1998）。这个区域作为该蛋白质的标志，被26S蛋白酶体识别并被快速降解（见第2章）。促分裂原蛋白（MAP）激酶（受病原菌激活）或钙依赖蛋白激酶都可以磷酸化ACS的C端区域，从而有效阻断其被识别降解。

 22.1.4 多种抑制子能够抑制乙烯生物合成

激素合成或作用的抑制剂对于人们研究激素生物合成途径及其生理作用非常有用。当难以区分具有相同作用的不同激素对植物组织的影响，或者一种激素影响另一种激素的合成或作用时，抑制剂对研究特别有帮助。

例如，乙烯可以模拟高浓度的生长素抑制茎叶的伸长，导致叶的偏上性（epinasty）（叶片向下弯曲）生长。使用乙烯生物合成和作用的特异抑制剂可以区分生长素和乙烯的不同作用。使用抑制剂的研究表明，乙烯是引起偏上性生长的主要效应物，而生长素则通过显著地增加乙烯合成量间接起作用。

乙烯合成抑制剂 氨基乙氧基乙烯基甘氨酸（**aminoethoxyvinylglycine，AVG**）和**氨基氧乙酸**（**aminooxyacetic acid，AOA**）阻断了*S*-腺苷甲硫氨酸向ACC的转化（图22.2）。众所周知，AVG和AOA通过辅因子吡哆醛磷酸盐抑制包括ACC合酶在内的酶的活性。α-氨基异丁酸（α-aminoisobutyricacid，AIBA）和钴离子（Co^{2+}）也是乙烯合成途径的一种抑制剂，阻断乙烯生物合成的最后一步反应，即由ACC氧化酶催化ACC转变为乙烯的反应。

乙烯作用的抑制剂 乙烯的许多效应都可被其特异的抑制剂所拮抗，硝酸银（$AgNO_3$）或硫代硫酸银[$Ag(S_2O_3)^{3-}$]中的银离子（Ag^+）是乙烯作用的有效抑制物。银的作用非常特异，其他任何金属离子都不会增强Ag^+的阻抑作用。

高浓度CO_2（5%~10%）虽然抑制效率低于Ag^+，但也能抑制乙烯的许多作用，如诱导果实成熟。CO_2的这种作用被充分运用于果实贮藏，高浓度的CO_2可以使果实延期成熟。因为只有高浓度的CO_2才有抑制乙烯的作用，所以自然条件下的CO_2不可能是乙烯的拮抗物质。易挥发的化合物反式环辛烷（而非其异构体顺式环辛烷）是一种乙烯结合作用的强竞争性抑制剂（Sisler et al.，1990），反式环辛烷与乙烯竞争结合乙烯受体。1-甲基环丙烯（MCP）与乙烯受体结合几乎是不可逆的（图22.4），可有效阻断多种乙烯反应（Sister and Serek，1997）。这种几乎无味的化合物，已经被注册商标，其商品名为EthylBloc®，且被用于花卉培养上以提高切花和一些水果（如苹果）的货架保鲜期。

乙烯吸收 为避免乙烯气体从原组织中挥发，影响其他的组织器官，在水果、蔬菜和花的储藏过程中适用乙烯捕获系统。高锰酸钾（$KMnO_4$）能够有效吸收乙烯，将苹果储藏区的乙烯浓度从250 μL/L减少到10 μL/L，显著延长水果的贮藏寿命。

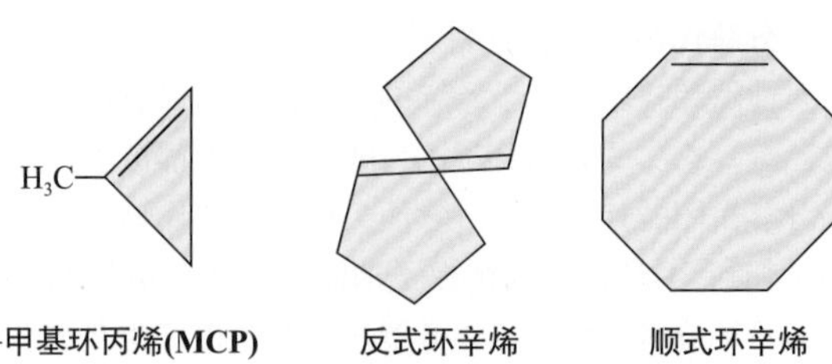

图22.4 阻断乙烯与受体结合的两种抑制剂。顺式环辛烯不是一个有效的抑制剂。

22.2 乙烯信号转导途径

尽管乙烯在植物整个生长发育过程中作用范围很广，但人们认为这些情况下乙烯发挥作用的主要步骤是相似的：都涉及与受体结合，随后激活一个或更多个信号转导途径，使细胞产生反应（见第14章）。乙烯最终是通过改变基因的表达模式发挥作用的。对拟南芥突变体的分子遗传学研究为乙烯信号通路组分的发现作出巨大贡献。

在筛选和分离乙烯响应突变体的过程中使用拟南芥黄化苗的三重反应表型（triple-response morphology）（图22.5）（Guzman and Ecker，1990）。利用这样的实验即诱变剂处理后的拟南芥种子，放在含有或不含乙烯的琼脂培养基上黑暗条件下生长3天，鉴定出了以下两类拟南芥突变体。

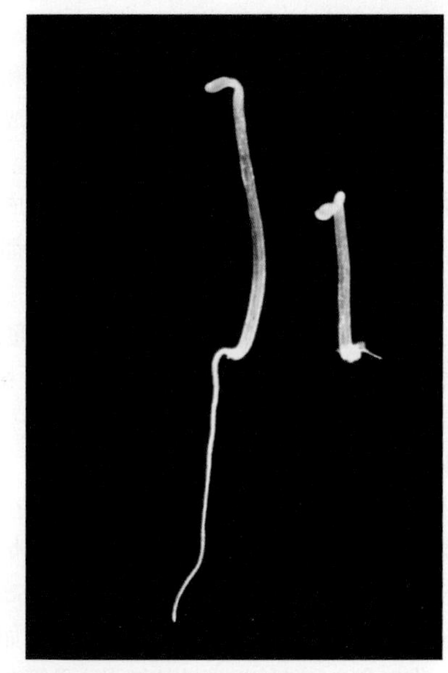

图22.5 拟南芥的三重反应。在有乙烯（10 ppm，右）和没有乙烯（左）情况下生长3天的拟南芥黄化苗。注意：乙烯的存在导致幼苗子叶下胚轴变短，根伸长受到抑制，顶端弯钩过度弯曲（J. Kieber惠赠）。

（1）不能对外源乙烯作出应答的突变体（抗乙烯突变体或乙烯不敏感突变体）。

（2）即使没有乙烯的情况下，幼苗也能表现“三重反应”（组成型突变体）。

乙烯存在时，绝大多数生长的幼苗都表现出“三重反应”，长得较矮，有些幼苗显著高于“三重反应”幼苗，这些高的、没有“三重反应”的幼苗就是乙烯不敏感突变体（图22.5）。相反，在没有外源乙烯的情况下表现“三重反应”的幼苗称为组成型“三重反应”突变体（图22.9）。

 22.2.1　乙烯受体与细菌双组分系统组氨酸激酶有关

第一个被鉴定出来的乙烯不敏感突变体是*etr1*（*ethylene-response1*）（图22.6），它是通过筛选阻断乙烯反应的拟南芥突变体得到的。ETR1的C端有一半氨基酸序列与细菌的双组分系统组氨酸激酶类似，在细菌中，双组分系统组氨酸激酶作为受体感受各种环境信号，如化学刺激、可利用的磷酸盐含量和渗透压等。

图22.6　拟南芥*etr1*突变体的筛选。拟南芥幼苗在乙烯存在的条件下避光生长3天。注意：所有幼苗除一棵外都出现了“三重反应”，即在顶端弯钩的弯曲处膨大，下胚轴受到抑制并显著膨胀，出现水平生长。*etr1*突变体对乙烯完全不敏感，其生长与未用激素处理的幼苗类似（图片引自MSU/DOE植物研究实验室的K. Stepnitz）。

如第14章讨论结果，细菌双组分系统由组氨酸激酶传感蛋白和反应调节因子组成。ETR1是在真核生物中发现的第一个组氨酸激酶，此后在酵母、哺乳动物和植物中发现了其他组氨酸激酶。植物光敏素（见第17章）与细胞分裂素受体（见第21章）的序列与细菌双组分组氨酸激酶的序列相似。*etr1*突变体与细菌受体的相似性和对乙烯的不敏感性表明，ETR1可能是乙烯受体。结合实验证实了这一假说（参见**Web Topic 22. 6**）。

拟南芥基因组还编码另外4个与ETR1类似的蛋白质，它们也具有乙烯受体的功能，分别为ETR2、ERS1（ETHYLENE-RESPONSE SENSOR 1）、ERS2和EIN4（图22.7）。与ETR1相同，这些受体可以与乙烯结合，这些基因的错义突变的表型与最初发现的*etr1*突变体类似，受体不能与乙烯结合，但在没有乙烯的情况下，它通常能作为乙烯应答途径的调节成分而发挥作用。

所有这5个受体蛋白质至少共享以下两个结构域。

（1）N端结构域至少跨膜三次，含有乙烯结合位点，由于乙烯具有疏水性，因此它很容易到达该结合位点。

（2）乙烯受体的C端（其长度占该蛋白质的一半）形成了一个与组氨酸激酶同源的催化结构域。

乙烯受体的一个亚类的C端也含有与细菌双组分接受器结构域相似的结构域。在其他双组分系统中，受体与配体的结合调节组氨酸激酶结构域活性，并使自身的一个保守的组氨酸残基磷酸化，接着磷酸基团从组氨酸转移到接受器结构域的天冬氨酸残基上，组氨酸激酶结构域和接受器结构域常融合为一个蛋白质（图14.4）。组氨酸激酶活性已在乙烯受体之一的ETR1上得到了证明。然而遗传研究表明，与细菌双组分系统不同，ETR1的组氨酸激酶活性并非仅仅起乙烯受体的作用（Wang et al.，2003），这种酶活性似乎对乙烯的信号转导具有更多的细微影响，从而调节乙烯应答（Qu and Schaller，2004；Binder et al.，2004a）。其他几种乙烯受体缺乏一些关键性氨基酸（图22.7亚家族2），因而不具有组氨酸激酶活性。

在植物中5个拟南芥受体彼此相互作用，形成大的多亚基复合物（Gao et al.，2008）。此外，乙烯结合可能诱导受体通过26S蛋白酶体降解（Kevany et al.，2007）。

与很多细胞膜相关的受体不同，拟南芥ETR1和其他4个乙烯受体定位于内质网。但是，ETR1至少在根里也可能定位于高尔基体细胞器。不论哪种情况，乙烯受体的细胞内定位与乙烯疏水特性相一致，这使它能够自由通过质膜进入细胞。这方面，乙烯类似于动物的某些疏水信号分子，如类固醇和一氧化氮气体，这些信号分子也是与细胞内受体结合的。

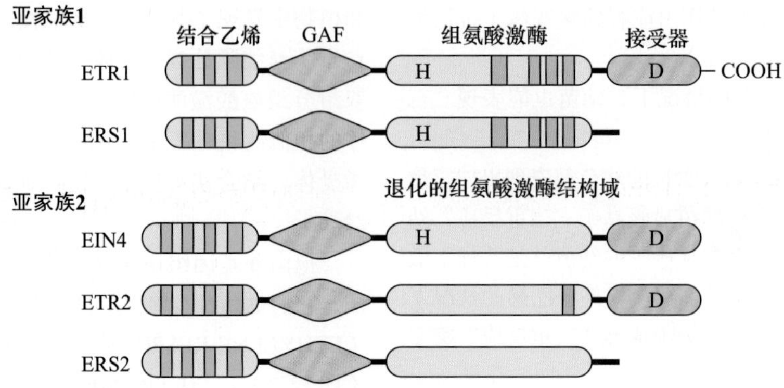

图22.7　5个乙烯受体蛋白质及其功能结构域示意图。GAF结构域是一个保守的cGMP结合结构域，存在于不同类型的蛋白质中，一般作为小分子结合调节结构域起作用。H和D是参与磷酸化的组氨酸和天冬氨酸残基。注意：EIN4、ETR2和ERS2的组氨酸激酶结构域退化，意味着它们失去了组氨酸激酶催化活性必需的和高度保守的氨基酸。

22.2.2　乙烯与其受体高亲和性结合需要辅助因子铜

早在乙烯受体被鉴定之前，科学家们已经预测到，乙烯与受体结合需要一种过渡金属作为辅助因子，很可能是铜或锌。这种预测是基于像乙烯这样的烯烃与过渡金属有很高的亲和力作出的。最近，遗传和生物化学研究已经证实了这些预测。

在酵母中表达ETR1乙烯受体的基因，对其结构和功能的分析表明，铜离子与受体蛋白协同作用，且铜是乙烯与受体高亲和性结合所必需的（Rodriguez et al.，1999）。银离子可以代替铜离子介导乙烯与受体的高亲和性结合，由此表明银离子不是靠干扰乙烯与受体结合，而是靠阻止受体与乙烯结合后蛋白质发生结构改变而抑制乙烯的作用。

乙烯受体发挥作用需要铜离子的体内试验证据来自对拟南芥***RAN1***（*RESPONSIVE-TO-ANTAGONIST1*）基因的研究（Hirayama et al.，1999）。*ran1*的强突变导致不能形成有功能的乙烯受体（Woeste and Kieber，2000）。克隆*RAN1*基因后证明，它编码的蛋白质类似于一种酵母蛋白，能帮助辅助因子铜离子转移到铁转运蛋白，RAN1很可能以类似的方式参与和辅助因子铜离子的结合，而这种结合是乙烯受体发挥功能所需的。

22.2.3　未结合乙烯的受体在反应中起负调控作用

在拟南芥、番茄和其他大多数植物中，乙烯受体由多基因家族编码。拟南芥5个乙烯受体（ETR1、ETR2、ERS1、ERS2和EIN4）的定点突变（完全失活）研究表明，这些受体的功能是冗余的（Hua and Meyerowitz，1998）。也就是说，失活其中任何一个基因编码的蛋白质并不会有什么效果，但是如果植物的多个受体基因同时被破坏，植物就会表现组成型乙烯反应的表型（图22.8D）。

乙烯受体破坏后，可看到乙烯反应如三重反应组成型表现出来，表明在没有（absence）乙烯的情况下受体是“开”的状态（处于活化状态），即不结合配体（乙烯）时，受体的功能是关闭（shut off）乙烯信号转导途径（图22.8B）。乙烯的结合“关闭”（失活）了受体，从而使信号转导过程得以进行（图22.8A）。

如第14章讨论，乙烯受体作为负调节因子调控信号途径的模式有点违背常理，这与绝大多数动物受体机制不同。动物受体在结合配体后，作为正调节因子在各自的信号转导途径中发挥作用。也就是说，动物受体典型地激活原来非活性的信号通路，引发反应。此外，在没有激素时乙烯受体抑制激素反应。

与失活的受体不同，乙烯受体结合位点的错义突变（最初发现在*etr1*突变体中）不能结合乙烯，但是仍然可以作为乙烯应答途径的负调控因子起作用。这种错义突变导致植物能够表达一类不被乙烯关闭的一组受体蛋白，并且表现出乙烯显性不敏感表型（dominant ethylene-insensitive phenotype）（图22.8C）。即使乙烯关闭所有正常的受体，但无论乙烯是否存在，突变体的受体都可以将信号传递到细胞，抑制乙烯的反应。番茄中受体的显性乙烯不敏感突变体是无法成熟突变体，它名副其实，果实完全不能成熟。

这种负信号的结果是乙烯受体水平降低增加组织对乙烯的敏感性。因此，功能性乙烯受体是一个重要的机制，通过这一机制植物调节对激素的敏感性。例如，在番茄果实中，两个乙烯受体响应乙烯后能被26S蛋白酶体快速降解，导致乙烯敏感性增加（Kevany et al.，2007）。这对于协调番茄果实的整体成熟时间非常重要。

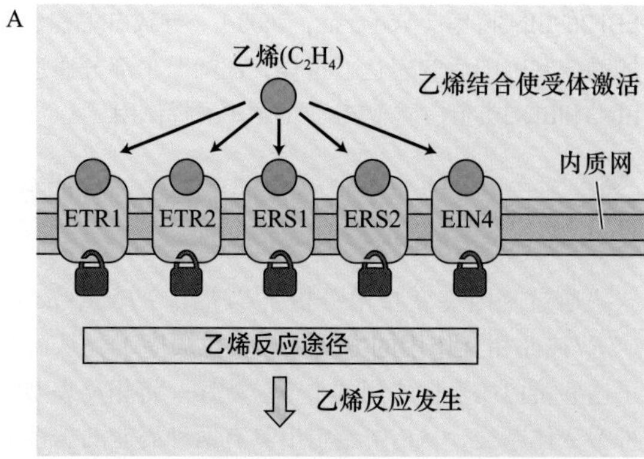

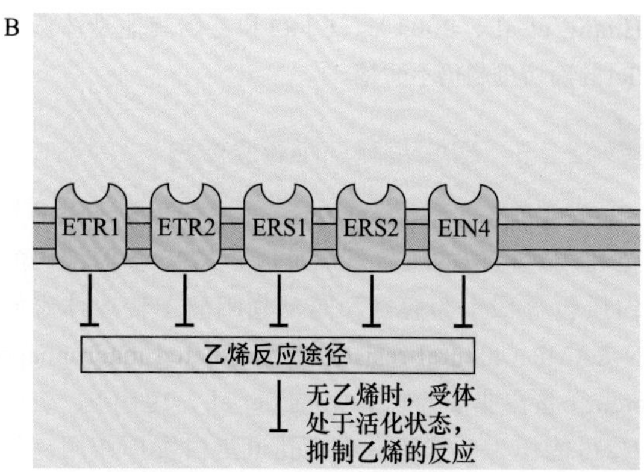

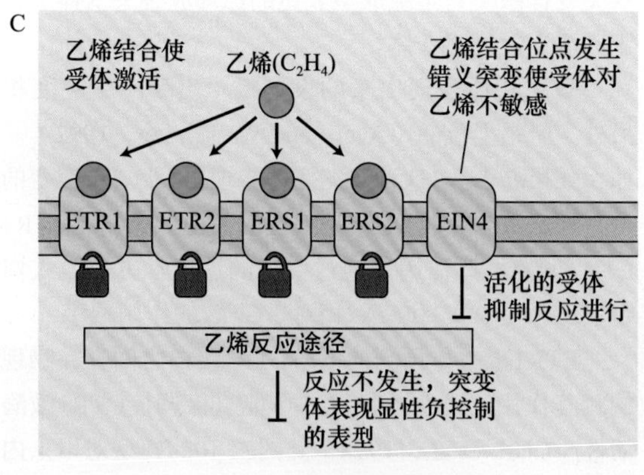

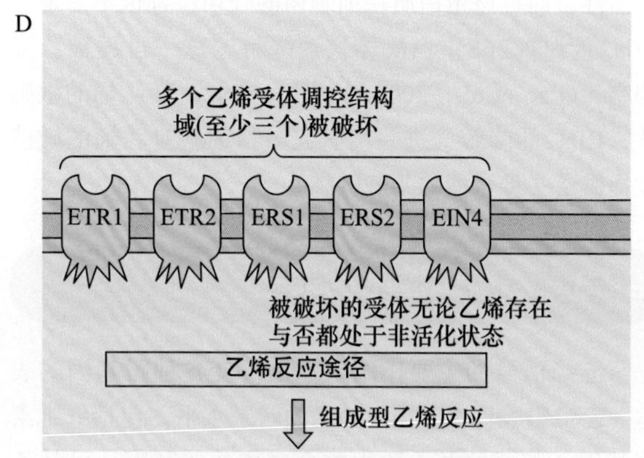

图22.8 基于受体突变体表型所做的乙烯受体作用模型。A. 野生型植株中乙烯与受体结合后使受体失活，出现乙烯反应。B. 无乙烯时，受体作为反应的负调控因子发挥作用。C. 错义突变干扰乙烯与受体结合，但是调控位点处于活化状态，突变体出现显性负控制表型。D. 突变破坏调节位点，出现组成型的乙烯反应。

22.2.4 丝氨酸、苏氨酸蛋白激酶也参与乙烯信号转导

通过筛选得到了隐性*ctr1*（*constitutive triple response 1*，即没有乙烯存在时组成型表现三重反应）突变体，它能组成型激活乙烯反应（图22.9）。隐性突变体激活（activation）乙烯反应的事实说明野生型植物中CTR1蛋白与乙烯受体类似，也作为负调控因子（negative regulator）在反应途径中起作用（Kieber et al.，1993）。

CTR1似乎与Raf相关，Raf是一种促分裂原活化蛋白激酶（mitogen-activated protein kinase kinase kinase，MAPKKK），在从酵母到人的所有生物中，它是参与多种外部调控信号和发育信号传递的丝氨酸/苏氨酸蛋白激酶（见第14章）。动物细胞中，MAP激酶级联的最终产物是磷酸化的转录因子，后者调控核基因表达。有证据表明，在乙烯信号通路MAP激酶级联反应处于CTR1的下游（Yoo et al.，2008），但是在这方面还没有达成共识。

各种证据表明，CTR1蛋白直接与乙烯受体相互作

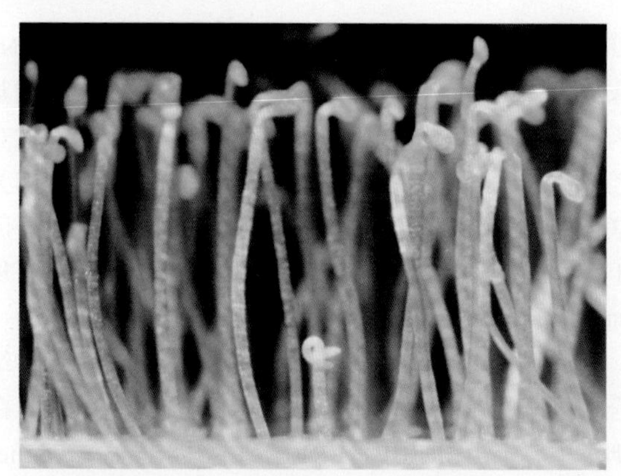

图22.9 筛选拟南芥组成型“三重反应”突变体。拟南芥幼苗在通气和黑暗条件下生长3天（未施加乙烯）。在众多较高的野生型幼苗中*ctr1*突变体幼苗非常明显（J. Kieber惠赠）。

用，形成乙烯感受蛋白质复合物的一部分。遗传学分析显示，CTR1与乙烯受体相互作用为CTR1的功能所必需，因为CTR1突变阻断了这种相互作用；但此外，突变不影响受体蛋白质，只是使植物中的CTR1失活

（Huang et al.，2003）。ETR1和乙烯其他受体调控CTR1的确切机制仍不清楚。

22.2.5　*EIN2*编码一种跨膜蛋白

ein2（*ethylene-insensitive 2*）突变阻断了拟南芥幼苗和成熟植株的所有乙烯反应。*EIN2*基因编码的蛋白质包含12个跨膜区，与动物阳离子转运体家族的N-RAMP（natural resistance-associated macrophage protein）蛋白非常类似（Alonso et al.，1999），表明EIN2可能作为一种通道或者孔道蛋白发挥作用。然而，到目前为止，研究者们没有证明这种蛋白质具有转运活性，而且该蛋白质在细胞内的确切位置也不清楚。EIN2蛋白被26S蛋白酶体快速降解，这一过程被乙烯抑制（Qiao et al.，2009）。因为EIN2改变乙烯的敏感性，EIN2的降解为进一步研究植物细胞对乙烯的敏感性提供了一种可能的调节机制。

22.3　乙烯调控基因表达

乙烯信号的主要作用之一是改变各种靶基因的表达。乙烯影响许多基因mRNA的转录水平，包括纤维素酶基因，与成熟及乙烯生物合成相关的基因。已从乙烯调控基因中鉴定出乙烯反应元件（ethylene response element）或ERE的调控序列。

22.3.1　特异转录因子调控乙烯信号途径相关基因表达

乙烯对基因表达起作用的关键成分是转录因子EIN3家族（Chao et al.，1997）。拟南芥中至少有4类*EIN3*基因，在番茄和烟草中也鉴定出了它们的同源基因。在对乙烯信号作出应答时，EIN3的同源二聚体或其密切关联蛋白结合到被乙烯快速诱导表达的靶基因的启动子区上，如*ERF1*（*ETHYLENE RESPONSE FACTOR 1*），从而激活了这些基因的转录（Solano et al.，1998）。

*ERF1*编码一种转录因子，它属于乙烯反应元件结合蛋白（ERE-binding protein，EREBP）家族。最早在烟草中鉴定出EREBP是ERE序列的结合蛋白（Ohme-Takagi and Shinshi，1995），应答乙烯时一些EREBP的表达被快速上调。拟南芥中*EREBP*是一个非常庞大的基因家族，但只有少数几个基因受乙烯诱导。

EIN3蛋白稳定性的调节在乙烯信号转导和调控乙烯生物合成途径中发挥重要作用。两个冗余F-box蛋白EBF1和EBF2（EIN3-binding F-box 1和2）能促进泛素化作用，EIN3被标记后就被26S蛋白酶体降解（见第14章）。乙烯可能通过MAP激酶对EIN3的磷酸化来抑制依赖于EBF1/EBF2的EIN3降解（Yoo et al.，2008），导致EIN3积累及乙烯调控基因随后的表达，这样，乙烯至少部分通过调控EIN3和EIN3类蛋白质（EIL）的水平发挥作用。

22.3.2　遗传上位性表明了乙烯信号成分的转导顺序

通过基因突变技术分析了*ETR1*、*EIN2*、*EIN3*和*CTR1*彼此相互作用的方式（如上位顺序），从而确定了这些蛋白质发挥作用的上下位顺序。将相反表型的两种突变体杂交，从F_2中鉴定出具有两种突变的株系（双突变体），研究者从乙烯应答突变体中得到了一个*ctr1*双突变株系（它是组成型表达的乙烯应答突变体），属于乙烯不敏感突变体。

双突变体表现出来的表型揭示出哪一个突变相对另外一个是上位的（Avery and Wasserman，1992）。例如，如果*etr1 ctr1*这种双突变体表现出了*ctr1*单突变的表型，那么*ctr1*相对于*etr1*是上位的。由此推出，CTR1在ETR1下游发挥作用。通过类似的遗传学方法，人们确定了*ETR1*、*EIN2*和*EIN3*相对于*CTR1*的作用顺序。

ETR1蛋白与预测的下游CTR1蛋白之间存在物理上的相互作用，表明乙烯受体可能直接调控CTR1激酶的活性（Clark et al.，1998）。图22.10的模型对以上内容和其他实验数据作了总结。已经发现在其他植物中存在与这类拟南芥的信号转导相关基因的类似基因（参见Web Topic 22.7）。

这个模型仍然不完全，在这个途径中尚有其他一些乙烯应答组分有待鉴定。此外，了解这些蛋白质的生物化学特性及如何发生相互作用的工作才刚刚开始；且更多的研究将聚焦在系统地揭示乙烯信号感受和转导的分子基础。

22.4　乙烯在植物发育和生理反应中的作用

众所周知，乙烯是因为其对植物幼苗生长和果实成熟的效应而被发现的。乙烯调节了植物的许多反应，包括种子萌发、细胞伸长、细胞分化、开花、衰老和脱落。我们将在这一小节详细讨论乙烯的表型效应。

22.4.1　乙烯促进某些果实成熟

日常生活中，果实成熟（fruit ripening）指果实达到了可以食用的程度。果实成熟要经过许多转变，如细胞壁被酶解后果实变软、淀粉水解、糖分积累和包括单宁等某些有机酸及苯酚类化合物的消失。

从植物角度看，果实成熟意味着植物种子做好了

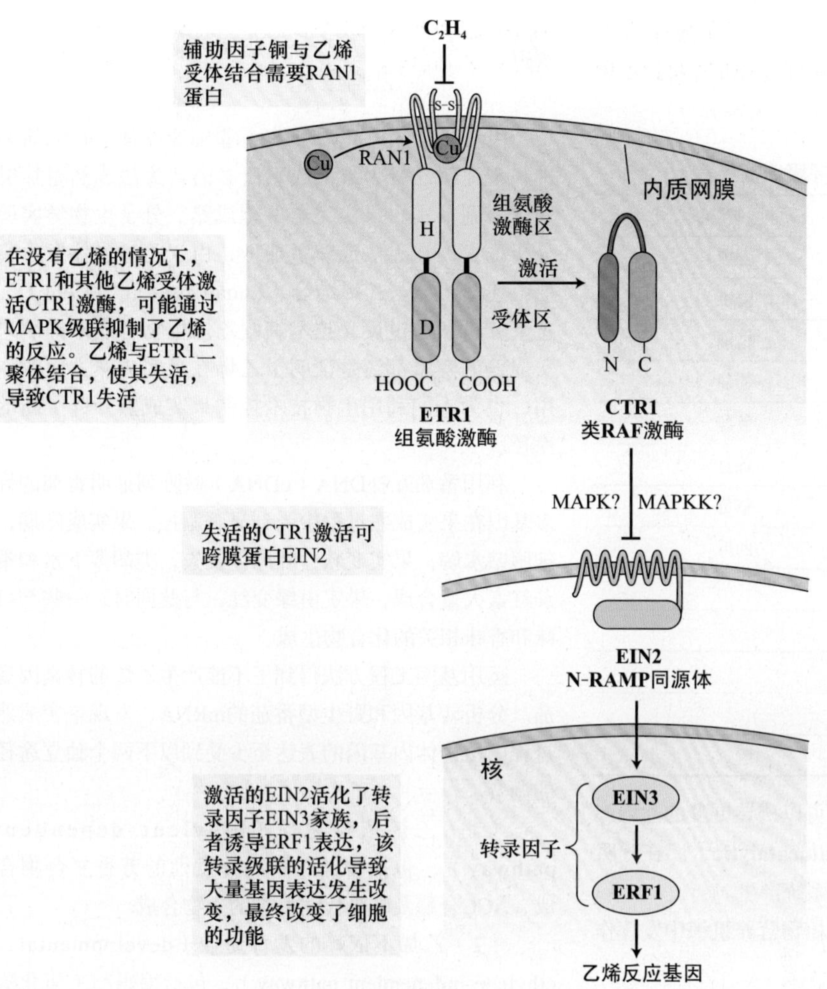

图22.10 拟南芥中乙烯信号转导模型。乙烯结合到ETR1受体上，该受体是内质网上的内在膜蛋白。细胞中存在乙烯受体的多个异构蛋白体，这里仅用ETR1简单表示。受体通过二硫键形成二聚体。乙烯通过辅助因子铜与受体跨膜结构域结合，RAN1则使辅助因子铜进入乙烯受体与其结合。

散播的准备。种子的散播依赖于动物的摄食，此时成熟（ripeness）与可食性（edibility）成了很好的同义词。色彩亮丽的花色素和类胡萝卜素通常积累在这些果实的表面，使果实格外醒目。然而，对于依赖机械或其他方式散播的种子，果实成熟意味着这种果实成熟后干燥裂开。

由于果实成熟在农业上很重要，因此有关果实成熟的研究大多集中在可食性果实上。长期以来，人们认为乙烯是促进可食性果实成熟的植物激素，这些果实暴露在乙烯中能加快成熟进程，伴随着果实成熟，乙烯的产量显著增加。然而，大量研究表明，并不是所有果实都对乙烯有反应。

22.4.2 响应乙烯的果实表现为跃变型

乙烯催熟的果实，在成熟前具有呼吸作用上升的特征，这个过程称为**跃变（climacteric）**。呼吸作用上升前这些水果的乙烯含量迅速出现一个峰值（图22.11）。出现呼吸跃变的代表性水果有苹果、香蕉、鳄梨和番茄等。

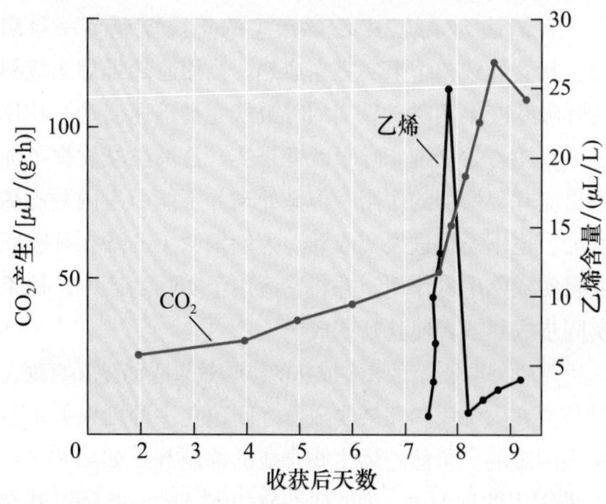

图22.11 乙烯产生和呼吸作用。香蕉成熟期呼吸速率出现典型跃变，证据是CO_2显著增加。乙烯生成量的骤然上升先于CO_2量的增加，表明乙烯是导致成熟的激素（引自Burg and Burg，1965）。

相比之下，柑橘和葡萄等果实并未表现出

呼吸作用增强和乙烯产量增加，它们称为**非跃变（nonclimacteric）**果实。其他呼吸跃变和非呼吸跃变果实见表22.1。

表22.1　呼吸跃变和非呼吸跃变果实

呼吸跃变	非呼吸跃变
苹果	青椒
鳄梨	樱桃
香蕉	柑橘
甜瓜	葡萄
荔枝	菠萝
无花果	豌豆
芒果	草莓
橄榄	西瓜
桃	
梨	
柿子	
李子	
番茄	

外施乙烯处理呼吸跃变果实可以诱导更多的乙烯产生，这种作用称为**自我催化（autocatalytic）**。在呼吸跃变植物中，乙烯通过以下两个系统产生。

系统1（system 1）：乙烯在植物营养组织中发挥作用，并且抑制自身的生物合成。

系统2（system 2）：乙烯在呼吸跃变果实成熟及某些植物花瓣衰老过程中发挥作用，并刺激自身生物合成，即可以自我催化。

人们认为系统2中乙烯产生的正反馈调节一旦启动，就会导致整个果实完全成熟。当用乙烯处理未成熟的呼吸跃变果实时，果实的呼吸跃变被迅速启动。相比之下，用乙烯处理非呼吸跃变果实，乙烯虽然发挥了促进果实呼吸增强的作用，但是处理并不能引发内源乙烯增加，也不能促进果实成熟。人们阐明了乙烯在呼吸跃变果实成熟中的作用，并将它运用于实际生产中，使果实同步成熟或者使其延期成熟。

尽管外源乙烯对果实成熟的影响效果既清楚又直观，但是要在内源乙烯和果实成熟之间建立一种因果关系是相当困难的。虽然乙烯生物合成的抑制剂（如AVG）或乙烯作用的抑制剂（如CO_2、MCP或Ag^+）能延迟甚至阻止果实成熟，但确切证明乙烯为果实成熟所必需的证据来自转基因实验，在反义表达ACC合酶或ACC氧化酶的转基因番茄中（参见**Web Topic 22.8**），乙烯的生物合成受到抑制，果实成熟完全受阻，外施乙烯则能够使果实成熟的特性得以恢复（Oeller et al.，1991）。

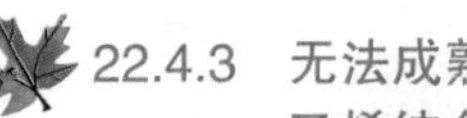

22.4.3　无法成熟番茄突变体的受体不能与乙烯结合

用无法成熟（never-ripe）番茄突变体进行的研究进一步证明乙烯为果实成熟所必需。无法成熟番茄突变体名副其实，果实完全不能成熟。分子生物学实验分析证实，在无法成熟番茄中，由于乙烯受体发生突变，使其不能与乙烯结合（Lanahan et al.，1994）。这个分析和通过反义技术抑制乙烯生物合成来抑制果实成熟的实验都清楚证明了乙烯在果实成熟方面的作用，也为人们利用生物技术控制果实成熟开辟了新的途径。

利用番茄互补DNA（cDNA）微阵列证明番茄的许多基因在果实成熟过程中受到显著调控。果实成熟期，细胞壁水解，果实变软，叶绿体丧失，类胡萝卜素和番茄红素大量合成，果实由绿变红，与此同时，一些与口味和香味相关的化合物生成。

运用基因工程方法得到了不能产生乙烯的转基因番茄。分析转基因和野生型番茄的mRNA，发现果实成熟过程中植物体内基因的表达至少受到以下两个独立途径的调节。

（1）乙烯依赖途径（ethylene-dependent pathway），包括番茄红素和挥发性的芳香复合物合成、ACC合酶及呼吸代谢酶类的生物合成。

（2）乙烯不依赖的发育途径（developmental, ethylene-independent pathway），包括编码ACC氧化酶和叶绿素酶的一些基因。

因此不是所有与番茄果实成熟有关的发育过程都依赖于乙烯。

22.4.4　根中产生的ACC运输到茎叶造成叶的偏上性生长

叶柄上面一侧（近轴面）生长速度快于叶柄下面一侧（远轴面）导致叶子卷曲向下生长的现象称为偏上性（epinasty）（图22.12）。乙烯和高浓度生长素诱导偏上性生长，而且已经证实，生长素诱导乙烯的产生，起间接作用。正像我们在本章后面讨论的那样，各种胁迫条件如盐胁迫或病原菌侵染都能增加乙烯的生成量并诱导偏上性生长。

番茄及其他双子叶植物受到水淹（涝害）或根部置于无氧条件下时茎叶中的乙烯合成都会增加，导致偏上性生长。由于根部感受环境胁迫，茎叶对胁迫作出反应，因此信号必须从根部传递到茎叶，这个信号就是乙烯的直接前体ACC。对番茄根进行1~2天水淹处理，其木质部汁液中ACC水平显著增高（图22.13）（Bradford and Yang，1980）。

图22.12　乙烯处理导致番茄发生偏上性生长或叶片向下弯曲（右），原因是叶柄上侧细胞生长快于下侧细胞（S. Gepstein惠赠）。

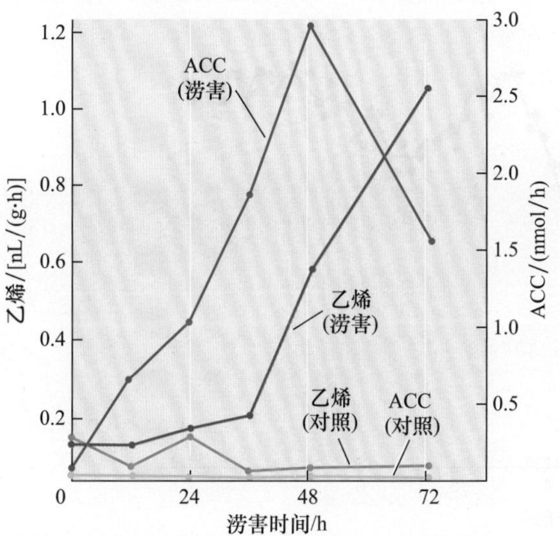

图22.13　番茄遭受涝害时木质部汁液中ACC和叶柄乙烯产生量的变化。ACC在根中合成，但发生涝害时缺乏氧气，它转变为乙烯的速度很慢。ACC通过木质部运输到茎叶，在茎叶中转变为乙烯。气态乙烯不能运输，因此它通常影响紧靠其合成部位的植物组织。而乙烯的前体物质ACC能够运输，可以在远离ACC合成的部位产生乙烯（引自Bradford and Yang，1980）。

涝害发生时，土壤中的空气间隙充满水，氧在水中扩散的速度很慢，所以被水淹的根部周围，氧的浓度骤减。无氧根部积累的ACC通过蒸腾流被运输到地上部，在地上部有氧的情况下ACC很容易转变为乙烯（图22.2）。

22.4.5　乙烯诱导细胞横向扩张

超过0.1 μL/L的乙烯能够抑制幼苗纵向生长，促进横向伸长，从而改变其生长特性，导致下胚轴或上胚轴膨大。对于双子叶植物来说，乙烯的这些效应很普遍，导致了部分**三重反应（triple response）**。在拟南芥中，三重反应指的是下胚轴的抑制和膨胀、根伸长的抑制和幼苗顶端弯钩的过分弯曲（图22.5）。

正如在第15章所讨论的那样，植物细胞伸展的方向由细胞壁中纤维素微丝的方向决定，横向微丝强化了横向的细胞壁，因而膨压促进细胞纵向伸长。微丝的方向由皮层细胞质中皮层微管排列的方向决定。在典型的伸长细胞中，皮层微管横向排列，导致了纤维素微丝的横向排列。

幼苗期植物发生三重反应时，下胚轴微管的横向排列方式被破坏，微管转为纵向排列，微管蛋白这种90°大转向，直接导致了纤维素微丝沉积发生类似的转变。新形成细胞壁沉积作用纵向增强而横向没有增强，因而促进了横向扩张而不是纵向伸长。

微管是如何由一个方向转变为另一个方向的呢？为了研究该现象，人们向豌豆（*Pisum sativum*）表皮细胞中注射了共价结合荧光染料的微管蛋白，荧光“标签”并不干扰微管的组装。运用这种方法，研究人员能够在聚焦细胞许多层面的激光共聚焦显微镜下检测活体细胞微管的组装。

人们发现，微管由横向转变为纵向并不是通过横向微管完全解聚、新的纵向微管再聚合形成的，而是由于特定部位一些非横向排列微管数量增加导致的（图22.14）。其邻近微管则采用了新的排列方式，于是，在微管采用一致的纵向排列方式之前的某个阶段，不同排列方式出现了共存现象（Yuan et al.，1994）。虽然这些有关微管重新定向的研究结果来自植物的伤害反应而不是乙烯诱导反应，但是可以推测，乙烯通过相似的机制诱导了微管的重排。

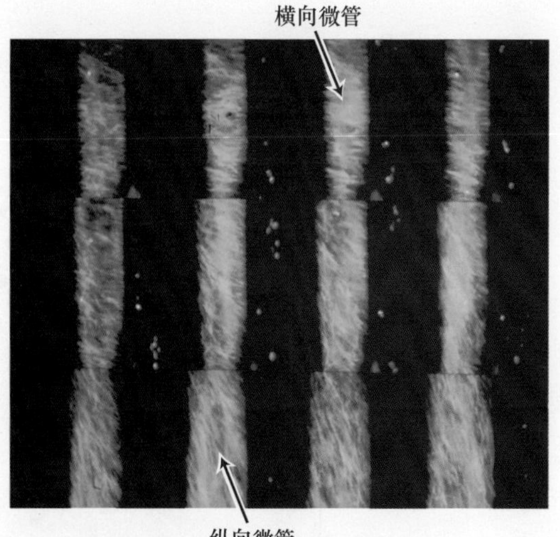

图22.14　豌豆茎表皮细胞对伤害发生反应，微管发生再定位，由横向排列转为纵向排列。将能够进入微管的微管蛋白与若丹明结合物微注射到活的表皮细胞中，大约在间隔6 min的时间内皮层微管经历由完全的横向转变为倾斜直到纵向的过程。重新定向时，伴随原方向上微管的消失，在新方向上出现新的不同微管片段（引自Yuan et al.，1994，图片由C. Lloyd惠赠）。

 22.4.6 乙烯抑制生长的两个不同阶段

如上所述，乙烯对黑暗成长的幼苗下胚轴伸长有抑制作用。对该反应细致的动力学分析表明抑制作用发生在两个不同的阶段（图 22.15A）（Binder et al.，2004a）。

首先，快速抑制阶段发生在接触乙烯的15 min里，大约维持30 min。

第二次生长抑制接着发生，下胚轴伸长达到一个新的稳定的生长水平，这要比没处理的幼苗生长慢。

这两阶段的生长显著不同：第一阶段较第二阶段对乙烯的敏感性更强；EIN2在两个阶段都发挥作用。但是EIN3/EIL1转录因子只在第二阶段起作用（图22.15B）（Binder et al.，2004b）。

接着去除乙烯，在90 min内幼苗能完全恢复到未处理的生长水平（Binder et al.，2004a）。这个现象如何与乙烯结合受体的半衰期是11 h这一事实相一致呢？我们知道，一些乙烯受体的更新受到乙烯结合所促进。因此，当乙烯从幼苗中去除，结合了乙烯的受体被快速降解并被新合成的未结合乙烯的受体所取代。这些新合成的受体是乙烯信号通路的负调节因子（图22.8）。因此，即使一些受体仍然与乙烯相连，这些未结合乙烯的受体也能迅速地关闭乙烯反应（如抑制下胚轴伸长）。亚家族1受体的组氨酸激酶活性在乙烯去除后的恢复阶段可能发挥了重要作用。

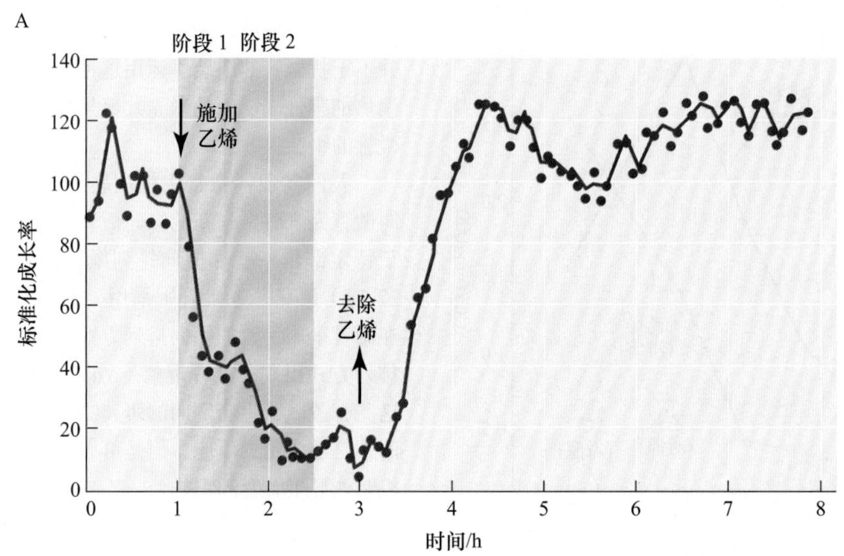

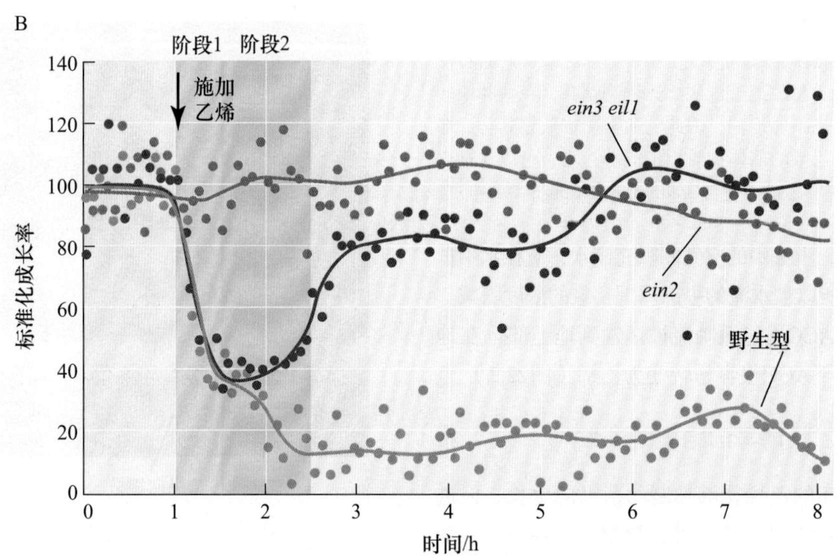

图22.15 施加和去除乙烯对黑暗培养的拟南芥幼苗下胚轴伸长影响的动力学分析。A. 首先进行乙烯处理继而去除乙烯条件下拟南芥野生型黄化苗的生长率，施加和去除乙烯的时间点用箭头表示。注意：乙烯处理过程中生长率下降分为两个不同的阶段。B. 进行乙烯处理继而去除乙烯条件下拟南芥野生型、*ein2*和*ein3eil1*黄化苗的生长率，施加和去除乙烯的时间点用箭头表示。注意：在*ein3eil1*拟南芥突变体中第一阶段反应与野生型一致，但是无第二阶段反应（改编自Binder et al.，2004a，2004b）。

22.4.7　乙烯导致避光生长幼苗顶端形成弯钩

通常双子叶植物黄化幼苗的特征是，在紧临其茎端后面的部位形成一个弯钩（图22.1和图22.5）。这个弯钩有利于幼苗穿透土壤，保护幼嫩的顶端分生组织。

像偏上性生长一样，弯钩的形成和维持均依赖于乙烯诱导的不对称生长。弯钩的闭合形状是由于茎外侧生长速度远快于内侧生长速度导致的。当弯钩暴露在白光下时，由于茎内侧生长速度加快，弯钩打开，内、外侧的生长速度相等（参见附录2）。红光诱导弯钩打开，而远红光可以逆转红光的效应，说明光敏色素是参与该反应的光受体（见第17章）。光敏色素与乙烯的密切配合控制了弯钩的开放。只要黑暗条件下弯钩组织产生乙烯，弯钩内侧细胞的生长就受到抑制。红光抑制乙烯形成，促进内侧细胞生长，于是弯钩打开。

拟南芥生长素不敏感突变体*axr1*幼苗顶端弯钩无法形成，使用生长素极性运输抑制剂NPA（*N*-1-naphthylphthalamic acid）处理野生型幼苗能阻止顶端弯钩形成，表明生长素在维持弯钩的结构中起作用。与内侧组织相比，外侧组织生长速度快，反映出了一种依赖于乙烯的生长素浓度梯度，这类似于向光弯曲中茎侧向的生长素浓度梯度（参见第19章和**Web Topic 22.9**）。

22.4.8　乙烯可打破某些植物种子和芽的休眠

种子在正常条件下（水分、氧气、温度均适宜生长）不萌发的现象称为休眠（见第23章）。乙烯可打破某些种子如谷类种子的休眠，引起萌发。除打破休眠外，乙烯还可以提高某些植物种子的萌发率。在花生（*Arachis hypogaea*）中，乙烯的产生和种子的萌发密切相关。乙烯同样可以打破芽的休眠，有时人们利用乙烯促使土豆和其他植物块茎发芽。

22.4.9　乙烯促进水生植物伸长生长

虽然乙烯通常抑制茎的伸长，但乙烯能够促进各种水下植物或部分水下植物茎和叶柄的伸长，包括双子叶植物石龙芮（*Ranunculus sceleratus*）、杏菜（*Nymphoides peltata*）、水马齿（*Callitriche platycarpa*）和水毛茛（*Regnellidium diphyllum*）。农业上另一个重要的例子是禾谷类深水稻（*Oryza sativa*）（见第20章）。

水淹可诱导这些植物节间和叶柄快速伸长，使叶片和茎上部留在水面上，乙烯处理的效果与水淹相似。

水下植物快速生长的原因是植物组织产生了乙烯。虽然缺乏氧气，乙烯合成量减少，但是水下乙烯因扩散而丧失的情况受到抑制，植物水下部分依靠通气组织供应充足氧气，保证了植物生长和乙烯的合成（见第26章）。

在深水稻中，乙烯通过提高节间分生组织细胞赤霉素（GA）的合成量和对赤霉素的敏感性刺激节间伸长，这些细胞应答乙烯反应，对赤霉素的敏感性增加，这是由于GA有效拮抗剂脱落酸（ABA）的水平下降所致。

最近在深水稻中分离了参与该反应的SNORKEL1和SNORKEL2，它们编码了乙烯反应中的两个转录因子（Hattori et al.，2009）。在水淹环境中，乙烯积累并诱导SNORKEL1和SNORKEL2表达，从而使节间显著伸长。

22.4.10　乙烯诱导根和根毛形成

乙烯能够诱导植物叶片、茎、花梗，甚至其他根形成不定根。切下番茄和矮牵牛的营养茎叶后，外施生长素可以使其产生许多不定根，但生长素对乙烯不敏感突变体作用很小或者几乎没有作用，说明生长素对不定根的促进作用由乙烯介导（Clark et al.，1999）。乙烯也在冠瘿组织的形态建成中起作用（参见**Web Essay 22.1**），是豆科根瘤形成的负调控因子（参见**Web Topic 22.10**）。

在有些物种中乙烯对根毛的形成起正调控作用（图22.16）。人们在拟南芥中对这种调控进行了深入研究，发现拟南芥根毛通常位于皮层细胞接合处上面的表皮细胞中（Dolan et al.，1994）。用乙烯处理根后，并非位于皮层细胞接合处上面的细胞分化形成根毛细胞，而在异常的位置产生了根毛（Tanimoto et al.，1995）。在乙烯抑制剂（如Ag^+）存在时，幼苗根毛形成减少，乙烯不敏感突变体也表现出同样的表型。这些现象表明，乙烯正调控根毛形成。

22.4.11　乙烯在一些物种中调控开花和性别决定

尽管乙烯抑制许多植物开花，然而乙烯可以诱导菠萝及其亲缘物种开花，在商业上乙烯用来诱导菠萝果实同步成熟。其他植物（如芒果）的花也受乙烯诱导。若同株植物既有雌花又有雄花（雌雄同株），则乙烯可以改变发育中花的性别，如乙烯能促进黄瓜雌花形成。近来，甜瓜里一个与雄性两性同株（开雄花和两性花的植物）有关的基因被认为编码了一个ACC合酶（Boualem et al.，2008）。这个ACC合酶活性降低突变体导致在这个雄性两性同株系上只形成两性花。

图22.16　乙烯促进生菜幼苗根毛发生。拍照前用空气（左）或用10 ppm乙烯（右）处理2天的幼苗24 h。注意：乙烯处理的幼苗根毛多（引自Abeles et al.，1992，F. Abeles惠赠）。

22.4.12　乙烯促进叶片衰老

如第16章所述，衰老是一种可遗传的程序化发育过程，它影响植物的所有组织。植物生理方面的证据表明，乙烯和细胞分裂素在控制叶片衰老中起以下作用。

（1）外施乙烯或ACC（乙烯前体）加速叶片衰老，外施细胞分裂素延迟叶片衰老（见第21章）。

（2）乙烯产生量增加与叶绿素丧失及褪色有关，它们分别是叶与花衰老的特征；而叶中细胞分裂素水平与衰老的起始呈负相关。

（3）乙烯合成的抑制剂（如AVG或Co^{2+}）和乙烯作用的抑制剂（如Ag^+或CO_2）阻碍叶片和花的衰老（图22.17）。

综合上述生理研究表明，衰老受乙烯和细胞分裂素平衡的调节。此外，脱落酸（ABA）在控制叶片衰老方面也发挥一定作用。有关ABA在衰老方面的作用，我们将在第23章中讨论。

乙烯调节叶片衰老的直接证据来自对拟南芥进行的分子遗传学研究。根据乙烯不敏感表型，人们鉴定出了乙烯不敏感突变体，如***etr1***（*ethylene-resistant 1*）和***ein2***（*ethylene-in-sensitive 2*）。与乙烯在叶片衰老中的作用一致，*etr1*和*ein2*突变体的生长不仅在萌发早期受到影响，而且在整个生活周期中包括衰老过程都受到了影响（Zacarias and Reid，1990；Hensel et al.，1993；Grbi and Bleecker，1995）。与野生型相比，乙烯突变体叶绿素和其他叶绿体组分保持的时间更长。但由于突变体的生长时间仅比野生型增加了30%，因此乙烯可能增加了衰老的速度，而不是作为起始衰老的发育开关发挥作用（参见**Web Topic 22. 11**）。

22.4.13　乙烯介导某些防御反应

如果病原菌与寄主植物在遗传上具有相容性，则植物被病原菌侵染后就会感病。然而，植物受到病原菌侵染

图22.17　抑制乙烯作用后花的衰老受到抑制。将康乃馨切花放在含乙烯抑制剂硫代硫酸银（STS）去离子水中（左）14天后与对照（右）相比，其衰老的速度显著延迟。乙烯作用抑制导致花衰老显著抑制（引自Reid，1995，M. Reid惠赠）。

时，无论它们存在相容性（致病的）还是非相容性（非致病的）的相互作用，乙烯的产生量通常都会增加。

乙烯不敏感突变体被发现以后，人们利用其确定乙烯对各种病原菌的作用。研究结果表明，乙烯在致病中的作用很复杂，这依赖于寄主与病原菌特定的相互作用，例如，即使抑制植物对乙烯的应答，也并不影响拟南芥对假单胞（*Pseudomonas*）细菌或烟草对烟草花叶病毒的抗性反应。然而，在这些寄主与病原菌相容的相互作用中，即使病原菌的生长不受影响，消除植物对乙烯的应答也能阻止病症的发展。

此外，乙烯（与茉莉酸一起）（见第13章）为一些植物抗病基因激活所必需。另外，乙烯不敏感的烟草和拟南芥突变体对某些通常不具有致病性的营养坏死（生长在死的寄生组织上）土壤敏感。因此，乙烯与茉莉酸在植物抵御营养坏死病原菌侵染中共同发挥重要作用。另外，乙烯在植物对活体营养（生长在活体组织上）病原菌反应中不起主要作用。

 22.4.14　乙烯在离层细胞中的作用

叶片、果实、花及其他植物器官脱离植物称为**脱落**（**abscission**）（参见**Web Topic 22.12**）。脱落发生在称为**离层**（**abscission layer**）的一些特殊细胞层，在器官发育过程中，离层在形态建成和生物化学方面发生分化。细胞壁降解酶如纤维素酶和多聚半乳糖醛酸酶使离层细胞壁强度变弱（图22.18）。

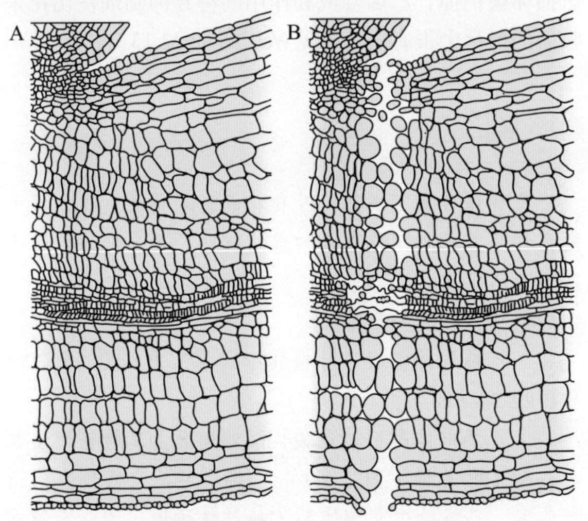

图22.18　凤仙花（*Impatiens*）离层形成。A. 在叶脱落过程中，由于离层区的二或三层细胞的细胞壁水解酶的增加，使得细胞壁降解。B. 原生质体脱离细胞壁的束缚，膨大，促使木质部管状细胞分离，促使叶片从茎部分离（改编自Sexton et al.，1984）。

气体乙烯导致桦树叶子脱落，如图22.19所示，两棵树都已在50 ppm的乙烯中熏3天，左侧野生型桦树大部分叶子已脱落，右侧桦树是转化拟南芥乙烯受体*ETR1*基因的转基因植株，*etr1*为显性突变（前面已讨论），转基因桦树对乙烯处理没有反应，因此乙烯处理后叶片不脱落。

图22.19　乙烯对桦树（*Betula pendula*）叶子脱落的影响。左侧为野生型植物；右侧为转化了拟南芥乙烯受体突变基因*etr1*的转基因植物。基因的表达受到本身启动子的转录控制。突变体桦树的特性之一是用乙烯（50 ppm）熏蒸植株3天后叶子没有脱落（引自Vahala et al.，2003）。

乙烯主要调节脱落过程，而生长素则作为乙烯效应的抑制剂起作用（见第19章）。然而，生长素浓度超过最适浓度后则刺激乙烯生成，因此人们将生长素类似物作为落叶剂使用，例如，“橙剂”的活性组分2，4，5-T在越南战争中作为落叶剂被广泛应用，它的作用是通过增加乙烯的生成量来刺激叶片脱落。

激素控制的叶片脱落过程可分为以下连续的三个不同阶段（图22.20）（Reid，1995）。

（1）叶保持期（leaf maintenance phase）：在植物感受任何启动脱落的信号（内部的或外部的）之前，植物的叶仍然是有功能的健壮的叶。从叶片到茎干存在的生长素浓度梯度使离层对乙烯不敏感。

（2）脱落诱导期（shedding induction phase）：叶片中生长素浓度梯度的减小或消失（通常与叶片衰老相关）导致脱落区对乙烯敏感，通过干扰叶片中生长素的合成和（或）运输加快叶片衰老，从而促进叶片脱落。

（3）脱落期（shedding phase）：脱落区中对低浓度内源乙烯极为敏感的植物细胞不断合成和分泌纤维素酶及其他细胞壁降解有关的酶，导致叶片脱落。

叶保持期的早期，来自叶片的生长素通过使脱落区

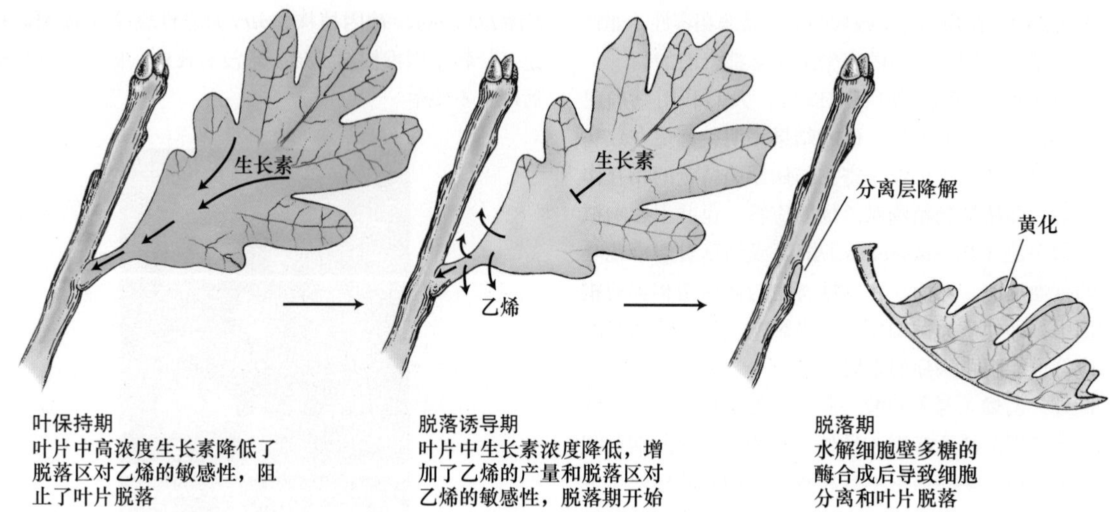

图22.20　叶片脱落时生长素和乙烯作用的示意图。脱落诱导期，生长素水平下降，乙烯水平升高。激素平衡的变化增加了靶细胞对乙烯的敏感性（引自Morgan，1984）。

细胞对乙烯不敏感阻止叶片脱落。人们早就认识到将叶片（生长素产生位点）去掉后会促进叶柄脱落。用外源生长素处理除去叶片的叶柄可以延迟脱落。然而，在脱落区的近轴侧（靠近茎的一侧）施用生长素却能加快脱落。这些结果表明，控制脱落区细胞敏感性的不是生长素的绝对浓度，而是生长素的浓度梯度（gradient）。

在脱落诱导期，叶片中生长素的量减少，乙烯水平升高。乙烯似乎通过减少生长素合成和运输及增加生长素降解降低其活性。自由态生长素浓度的降低增加了特定靶细胞对乙烯的反应。某些编码特异水解细胞壁多糖和蛋白质酶的基因表达受到诱导，这是脱落期的特点。

定位于脱落区的靶细胞合成了纤维素酶和其他降解多糖的酶，并将它们分泌到细胞壁，这些酶的活性导致细胞壁松弛、细胞分离和脱落。

22.4.15　乙烯在商业上具有重要用途

乙烯调控植物许多生理发育过程，是农业上使用最广泛的植物激素之一。生长素和ACC都能导致天然乙烯生物合成，在某些情况下可应用于农业生产。由于乙烯极易扩散，其作为气体很难在田间利用。但是，如果使用释放乙烯的化合物，这种困难就可以被克服。应用最广泛的乙烯化合物——乙烯利，即2-氯乙基磷酸，发现于20世纪60年代，并被冠以各种商业名称，如Ethrel。

以水溶液形式喷洒到植物上的乙烯利很容易被吸收，乙烯利在植物体内也很容易运输，它通过一种化学反应缓慢释放乙烯，发挥作用。

乙烯利能加快苹果、番茄的果实成熟，促进柑橘果实失绿，促使菠萝同步开花和同步结实，并促进花和果实脱落，它可以使棉花、樱桃和胡桃果实变得干瘪或脱落；乙烯利在黄瓜上可以用来提高雌花数量，防止自花授粉，提高产量，也可以用来抑制某些植物末端生长，促进侧向加粗，缩短花梗。

人们通过果实贮藏设施降低贮藏室空气中氧的浓度和温度，从而抑制乙烯产生，延长果实贮藏时间。较高浓度的CO_2（3%~5%）也能够抑制乙烯的催熟作用。利用低压（抽真空）从贮藏室中除去乙烯和氧，可降低果实成熟的速度，阻止果实过度成熟。乙烯连接抑制剂Ethylbloc®用于延长多种跃变型果实的贮藏时间。

据估计，美国所采收切花的15%~35%会因为采收后损坏被扔掉，乙烯合成和作用的特异抑制剂在切花采收后的保存中很有用（参见Web Topic 22.13）。

小　结

乙烯调节果实成熟，叶和花的衰老凋谢过程，根毛发育和结节产生，苗生长和弯钩打开，至少部分依赖于基因表达变化。

乙烯结构、合成和测定

· 乙烯气体在双子叶植物中诱导三重反应（图22.1和图22.5）。

· 乙烯前体是甲硫氨酸，顺次转化为*S*-腺苷甲硫氨酸、ACC和乙烯（图22.2）。乙烯在它的合成位点附近起作用，乙烯的中间前体ACC能够被运输，因此能够在远离它的合成位点产生乙烯。

· 乙烯合成被一些因素所促进，包括发育状态、环境条件、其他植物激素和物理化学刺激因子（图22.3）。

· 乙烯的合成和感知能够被抑制剂拮抗，其中一些抑制剂已经进行商业应用（图22.4）。

乙烯信号转导途径

· 拟南芥黄化苗的三重反应表型有助于分辨功能性

乙烯受体基因和其他信号元件（图22.5~图22.7）。

·乙烯受体定位于内质网和高尔基体细胞器。

·乙烯通过铜辅助因子连接到受体。

·未连接的受体关闭乙烯反应信号通路，受体连接于乙烯去活化受体，启动信号通路（图22.8和图22.9）。

·ETR1激活CTR1，一个关闭乙烯反应的蛋白激酶。

乙烯对基因表达的调控

·乙烯通过特异的转录因子影响许多基因的转录。

·上位相互作用分析揭示*ETR1*、*EIN1*、*EIN3*和*CTR1*基因的活性序列（图22.10）。

乙烯影响的发育和生理效应

·乙烯影响幼苗生长和果实成熟（图22.11，表22.1）、向性发育（图22.12和图22.13）和种子萌发。

·激素影响细胞膨大和细胞壁纤维素微丝的方向（图22.14）。

·乙烯对下胚轴的抑制作用发生在两个不同的阶段（图22.15）。

当一些物种受到水淹时，乙烯促进节间和叶柄迅速伸长。激素调控开花、性别决定和一些物种中的防御反应。

·乙烯促进根毛形成（图22.16）。

·乙烯促进花和叶的衰老和凋零（图22.17~图22.20）。

（苏 伟 朱文姣 郝福顺 译）

WEB MATERIAL

Web Topics

22.1 Ethylene in the Environment Arises Biotically and Abiotically

Ethylene in the environment arises from a variety of sources, including pollution, photochemical reactions in the atmosphere, and production by microbes, algae, and plants.

22.2 Ethylene Readily Undergoes Oxidation

Ethylene can be oxidized to ethylene oxide, which can then be hydrolyzed to ethylene glycol.

22.3 Ethylene Can Be Measured by Gas Chromatography

Historically, bioassays based on the seedling triple response were used to measure ethylene levels, but they have been replaced by gas chromatography.

22.4 Cloning of the Gene That Encodes ACC Synthase

A brief description of the cloning of the gene for ACC synthase using antibodies raised against the partially purified protein.

22.5 Cloning of the Gene That Encodes ACC Oxidase

The ACC oxidase gene was cloned by a circuitous route using antisense DNA.

22.6 Ethylene Binding to ETR1 and Seedling Response to Ethylene

Ethylene binding to its receptor ETR1 was first demonstrated by expressing the gene in yeast.

22.7 Conservation of Ethylene Signaling Components in Other Plant Species

The evidence suggests that ethylene signaling is similar in all plant species.

22.8 ACC Synthase Gene Expression and Biotechnology

A discussion of the use of the ACC synthase gene in biotechnology.

22.9 The *hookless* Mutation Alters the Pattern of Auxin Gene Expression

The *hookless* mutation of Arabidopsis confirms the interaction between auxin and ethylene in hook formation.

22.10 Ethylene Inhibits the Formation of Nitrogen-Fixing Root Nodules in Legumes

Hyper-nodulating mutants are blocked in the ethylene signal transduction pathway.

22.11 Ethylene Biosynthesis Can Be Blocked with Anti-Sense DNA

Mutants expressing anti-sense DNA coding for ethylene biosynthesis enzymes have delayed leaf senescence and fruit ripening.

22.12 Abscission and the Dawn of Agriculture

A short essay on the domestication of modern cereals based on artificial selection for nonshattering rachises.

22.13 Specific Inhibitors of Ethylene Biosynthesis Are Used Commercially to Preserve Cut Flowers

Some inhibitors of ethylene biosynthesis are suitable for commercial use in flower preservation.

Web Essays

22.1 Tumor-Induced Ethylene Controls Crown Gell Morphogenesis

Agrobacterium tumfaciens-induced galls produce very high ethylene concentrations, which reduce vessel diameter in the host stem adjacent to the tumor and enlarge the gall surface giving priority in water supply to the growing tumor over the host shoot.

第23章

脱落酸：种子成熟和胁迫反应激素

植物生长的时期和生长的程度受到正负调节因子的协调控制，最明显的例子是当环境条件不利时，植物通过种子和芽休眠停止生长，直到环境条件有利时再继续生长。多年来，植物生理学家推测种子和芽的休眠现象是由一些起抑制作用的化合物引起的，所以他们尝试从植物不同组织，特别是休眠芽中提取和分离这些化合物。

早期实验用纸层析的方法分离植物提取液，并根据提取液对燕麦胚芽鞘生长的影响进行生物测定，这些实验使得一些抑制生长的物质被鉴定出来，其中包括一种称为休眠素（dormin）的物质，它是从初秋收集的即将进入休眠的悬铃木叶子中纯化出来的。随后发现休眠素的化学成分与一种促进棉铃脱落的物质脱落酸Ⅱ（abscisin Ⅱ）相同，所以将这种化合物重新命名为**脱落酸（abscisic acid，ABA）**（图23.1），反映它参与脱落过程。

ABA现在被认为是一种重要的植物激素，它调节植物的生长和气孔关闭，尤其在植物受到环境胁迫时发挥作用。它的另一个重要功能是调节种子的成熟和休眠。具有讽刺意味的是，ABA是否对脱落起作用仍然存在争议：在很多植物中，ABA促进衰老（即先于脱落的事件），而不是脱落本身。

本章中我们将总结ABA的结构、合成、转运及ABA信号转导机制，最后将介绍生长发育过程中ABA反应的一些典型例子。

23.1 ABA的产生、化学结构和测定

脱落酸是一种维管植物中普遍存在的激素，在藓类植物中能检测到，但在苔类植物中不存在（参见Web Topic 23.1）。在真菌的一些属中，ABA是次生代谢物（Milborrow，2001）。从海绵到人的后生动物中也发现有ABA，有些信号机制好像为不同的生物界所共有（参见Web Topic 23.2）。在植物体内，从根尖到顶芽的每个主要器官或活组织中都有ABA分布。ABA能够在有叶绿体或造粉体的几乎所有细胞中合成。

 23.1.1 ABA的化学结构决定其生理学性质

ABA是含有15个碳原子的化合物，与一些类胡萝卜素分子末端部分类似（图23.1）。这些羧基基团中碳2的取向决定ABA分子的顺（*cis*）式和反（*trans*）式异构体。几乎所有自然界存在的ABA都是顺式构象，通常所说的脱落酸指的就是顺式异构体。

ABA碳环中1′位置有1个不对称碳原子，产生了*S*和*R*（或分别为+和-）对映体。*S*对映体是自然存在的形式，人工合成的ABA是接近等量*R*型和*S*型对映体的混合物。在如种子成熟等对ABA的长时间反应中，两种对映体都有活性，在如气孔关闭等对ABA的其他反应中，*S*对映体是主要的活性形式。

对ABA生物活性所需结构的研究表明，其分子结构的几乎任何改变都会使它失去活性（参见Web Topic 23.3）。

 23.1.2 生物、物理和化学方法检测ABA

人们利用ABA抑制麦芽鞘生长、种子萌发或赤霉

(*S*)-顺式-ABA(自然界存在的活性形式)

(*R*)-顺式-ABA(在气孔关闭中无活性)

(*S*)-2-反式ABA(无活性，但可与有活性的顺式结构相互转化)

图23.1　有活性和无活性ABA的结构。顺式-ABA的*S*（+，或反时针排列）和*R*（-，或顺时针排列）化学结构及（*S*）-2-反式ABA结构。（*S*）-顺式-ABA图中的数字代表碳原子编号。

素（GA）诱导α-淀粉酶合成等多种生物分析方法检测ABA，另外，诸如促进气孔关闭和基因表达等快速诱导反应也与ABA相关，因此也可利用这些特性检测ABA（参见Web Topic 23.4）。

用物理学方法检测ABA比用生物学方法更可靠，因为前者更适宜定量分析，特异性也更强，其中最普遍运用的技术是气相色谱或高效液相色谱（IPLC）。气相色谱可以检测少至10^{-13} g的ABA含量，但它需要用薄层色谱等方法对样品进行初步纯化。免疫测定的灵敏度和特异性也都非常高。

23.2　ABA的生物合成、代谢和运输

与其他激素类似，ABA反应的程度依赖于它在组织中的浓度及组织对它的敏感性。在植物的任何一个发育时期，组织中有活性的ABA浓度取决于ABA的生物合成、代谢、分布和运输。

23.2.1　ABA由类胡萝卜素中间体合成

ABA在叶绿体和其他质体中合成，简化的合成途径如图23.2所示（更完整的合成途径参见附录3），ABA合成是从异戊烯二磷酸（isopentenyl diphosphate，IPP）开始的，IPP是生物中的一个异戊二烯单位，也是细胞分裂素、赤霉素和油菜素内酯生物合成的前体，它合成了C_{40}叶黄素（如氧化类胡萝卜素）**堇菜黄质（violaxanthin）**（图23.2），人们发现拟南芥中堇菜黄质合成由*ABA1*基因编码的酶催化，这提供了确凿的证据，证明ABA通过类胡萝卜素途径合成，而不像在一些植物病原真菌那样通过修饰C_{15}类戊二烯合成。在类胡萝卜素途径其他步骤被阻断的玉米（*Zea mays*）突变体[被命名为*viviparous*（*vp*）]中，ABA水平下降，并表现出**胚萌现象（vivipary）**——果实中种子在与植株相连时的早熟萌发现象（图23.3）。胚萌是许多缺乏ABA种子的特征。

在胁迫条件下，反式堇菜黄质被依赖于拟南芥*ABA4*产物的反应转化为另一个C_{40}化合物——**反式新黄质（*trans*-neoxanthin）**，接着反式新黄质被目前还未鉴定出来的酶异构化形成9-顺式新黄质，后者被简写为**NCED（9′-*cis*-epoxycarotenoid dioxygenase）**（参见附录3）的酶切割形成C15化合物**黄氧素（xanthoxin）**。黄氧素是中性生长抑制剂，特性类似于ABA，这是ABA合成的第一个关键步骤，也是限速的调节步骤。

NCED由一个基因家族编码，在响应胁迫和发育信号时这些基因的表达会发生变化，因此这些基因在胁迫诱导的ABA合成（与器官特异的ABA合成相比）中的重要性也不相同。NCED在底物类胡萝卜素所在的类囊体基质表面起作用，但其一些家族成员以可溶的形式和膜结合的形式存在，表明酶的活性可能受其在细胞中定位的调节。最后，黄氧素进入胞质，通过氧化转变为ABA，这涉及中间产物**ABA醛（ABA-aldehyde）**和（或）黄氧酸（ABA醇）。

黄氧素转化为ABA醛由**短链类脱氢酶/还原酶（short-chair dehydrogenase/reductase-like，SDR）**催化，该酶由拟南芥*ABA2*基因编码。ABA合成的最后一步由**ABA醛氧化酶类（abscisic aldehyde oxidase，AAO）**催化，AAO受不同机制调节并需要钼辅基（图23.2）。单个*AAO*的基因突变的作用有限，因为其他功能冗余家族成员能够补偿其丧失的功能，但如果AAO的突变体（如拟南芥的*aba3*和番茄的*flacca*）缺少有功能的钼辅基，则无法合成ABA。

23.2.2　植物组织中ABA浓度高度可变

植物在发育过程中或在环境条件改变时，特定组织中ABA的含量和浓度会发生显著变化，如在发育的种子中，ABA的水平会在几天内增加100倍，平均浓度可达到毫摩尔级。种子成熟过程中，ABA浓度会降到非常低的水平。在水分胁迫条件下（如脱水胁迫），叶片中ABA的水平会在4~8 h内上升50倍（图23.4）。

ABA增加部分是由于其生物合成酶表达量的增加

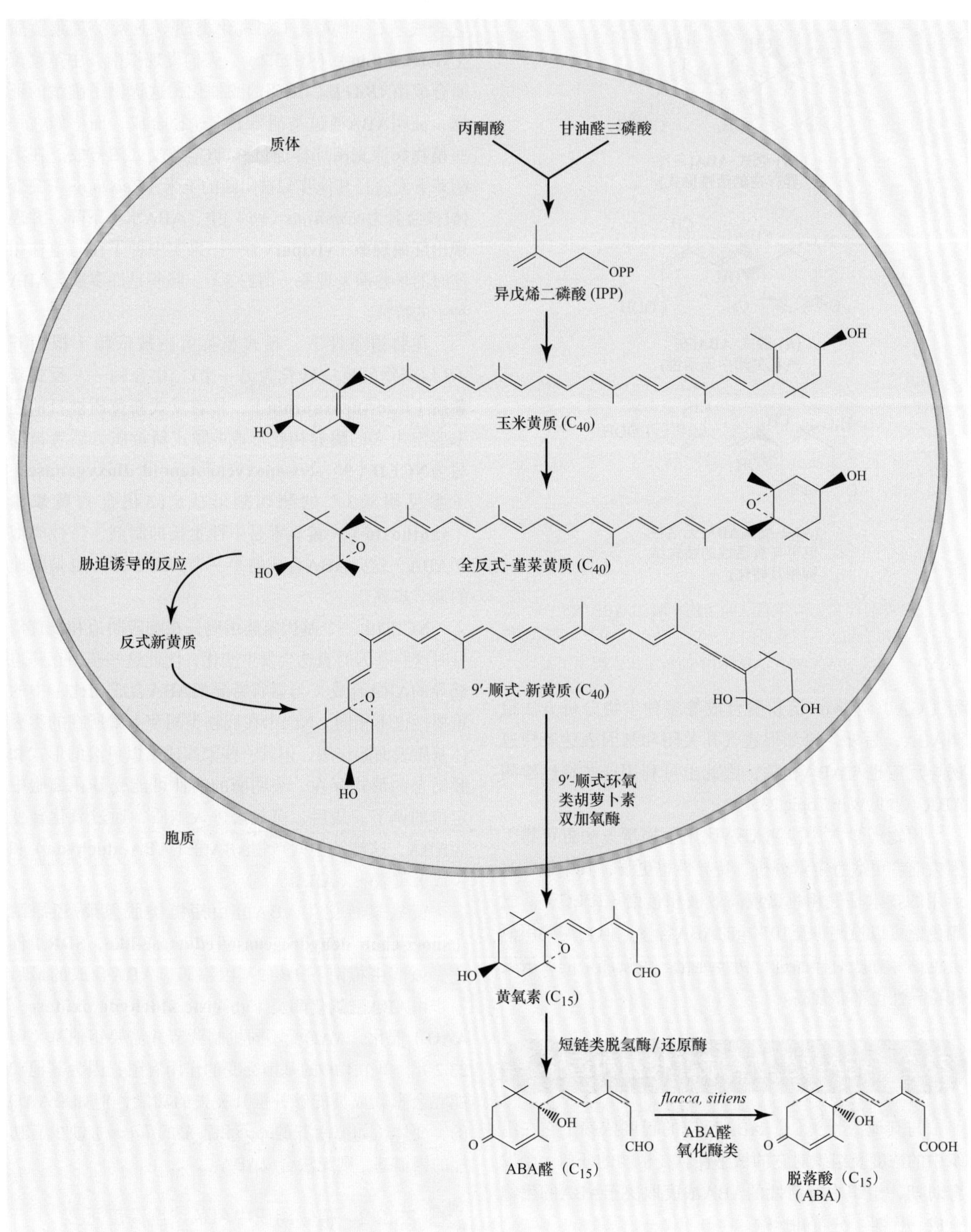

图23.2　类胡萝卜素途径合成ABA简图。ABA起始合成发生在质体中，由异戊烯二磷酸（IPP）转化为C_{40}叶黄素玉米黄质，后者进一步被修饰形成9′-顺式-新黄质，NCED酶裂解9′-顺式-新黄质形成C_{15}黄氧素抑制物，然后，黄氧素在胞质中转化为ABA。有助于阐明该途径的ABA缺失突变体列于附录3中。

所致，但特定酶的表达依赖于特定组织和信号的诱导，例如，ABA合成酶中NCED在所有组织中均被诱导，玉米黄质环氧酶（ZEP）在种子和受水分胁迫的根中被诱导，AAO在受胁迫组织中受到差别诱导，SDR则是被糖而不是被脱水胁迫所诱导。目前细胞感受脱水胁迫的机制仍不清楚，但可能与感受细胞膨胀的受体或渗透胁

迫受体有关，因为细胞重新吸水后，ABA水平在同等时间内又降低到了正常水平。

图23.3　早熟萌发包含果实仍长在植物上时种子的萌发。图中所示的是玉米ABA缺失突变体*vivipary 14*（*vp14*）的早萌。VP14蛋白催化9′-顺式环氧类胡萝卜素断裂形成ABA前体黄氧素（Bao Cai Tan和Don McCarty惠赠）。

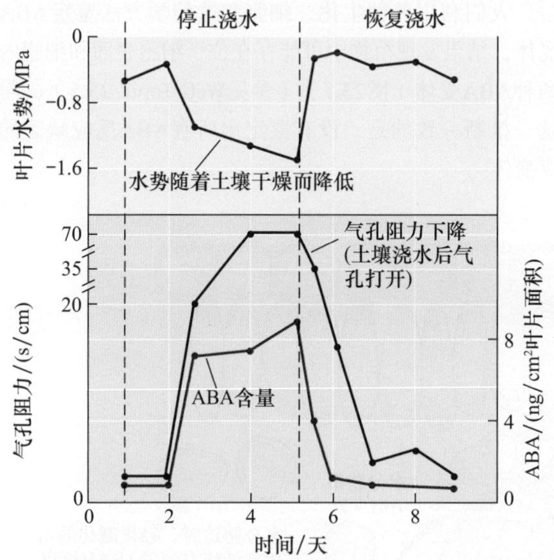

图23.4　水分胁迫下玉米水势、气孔阻力（气孔导度的倒数）及ABA含量的变化。土壤干旱时，叶片水势降低，ABA含量和气孔阻力增加。重新浇水逆转了该过程（引自Beardsell and Cohen，1975）。

生物合成并非组织中ABA浓度调节的唯一因素。与其他植物激素类似，胞质中游离ABA的浓度还受ABA降解、区域化、结合和运输等的调节，例如，水分胁迫下叶片胞质中ABA含量增多是ABA在叶片中合成增多、ABA在叶肉细胞中重新分布、ABA从根部运输到叶及其在叶中重新循环的共同结果。植物重新吸水后ABA浓度的降低是由于ABA降解、ABA从叶片中运走及其合成速率降低所致。类似地，种子中变化的ABA水平反映了ABA合成和失活的动态平衡。ABA要么通过被氧化为**红花菜豆酸（phaseic acid，PA）**和**4-二氢红花菜豆酸（4-dihydrophaseic acid，PA）**而失活，要么通过共价结合到另一个分子如单糖上而失活（参见附录3）。

 23.2.3　ABA通过维管组织转运

ABA靠木质部和韧皮部运输，但通常韧皮部汁液中含量丰富。用放射性标记的ABA处理叶片后发现，ABA既能从根向上运输到茎叶，也可从茎叶向下运输到根，24 h内可在根部发现大量放射性ABA，茎部环剥破坏韧皮部能够阻止ABA在根部积累，表明该激素运输到了韧皮部汁液中。

在根部合成的ABA也可以经过木质部运输到茎叶。当向日葵受到水分胁迫时，ABA浓度可以增加到3000 nmol/L（3.0 μmol/L），而正常浇水的向日葵木质部汁液中ABA的浓度为1.0~15.0 nmol/L（Schurr et al.，1992）。木质部中因胁迫诱导增加的ABA含量变化幅度在不同物种间差异很大。ABA可能也以结合态的形式运输，然后在叶中被水解释放。

利用检测特定部位ABA浓度报告基因的激活实验表明，水分胁迫过程中ABA首先在茎叶维管束中积累，然后出现在根和保卫细胞中（Christmann et al.，2005）（图23.5）。另外，交互利用野生型和ABA缺失突变体根作为砧木和接穗的实验证明，茎叶中合成的ABA对植物响应根部干旱反应至关重要。

当植物受到水分胁迫时，气孔关闭与叶肉细胞膨压的快速降低相关，如用水直接处理叶片的上表面能阻止胁迫导致的气孔关闭，这些研究说明，开始的根冠通信是由根到茎叶水势梯度改变介导的，然而不排除其他从根运输ABA或传递化学信号等长时间信号。

尽管质外体中3.0 μmol/L ABA就足以关闭气孔，但并非木质部汁液中所有ABA都到达了保卫细胞。蒸腾流中许多ABA被叶肉细胞吸收并被代谢掉了。在细胞水平，ABA在植物细胞各部分的分配遵循“阴离子陷阱”机制：这种弱酸解聚（阴离子）形式ABA^-不轻易跨膜，但ABA可以质子化的形式进入细胞，然后积累在碱性区域。ABA也可通过特殊吸收载体转运进入细胞。在植物未受到胁迫时吸收载体有助于质外体保持低的ABA浓度。

在水分胁迫早期阶段，木质部汁液的pH呈碱性，pH大约从6.3增加到了7.2（Wilkinson and Davies，1997）。胁迫诱导质外体碱化有利于ABA解离形

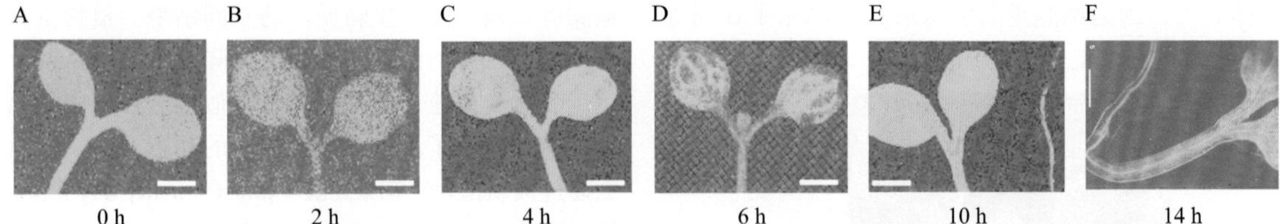

图23.5 根响应水分胁迫时依赖ABA的报告系统动态。转*pAtHB6*::*LUC*报告基因幼苗根部受到水分胁迫后，记录一定时间发出的依赖于荧光素酶的光（浅蓝和绿色部分）。观察到ABA依赖的*LUC*表达2 h在下胚轴中出现、4 h在叶脉中出现、6 h则分布于整个子叶，但10 h前根中未出现。刻度为1 mm（引自Christmann et al.，2005）。

式——ABA^-的形成。同时，脱水也能使胞质酸化，从而使ABA从它的合成部位释放，并且ABA被叶肉细胞吸收的量也减少了。这些pH变化增加了ABA通过蒸腾流到达保卫细胞的量（图23.6）。这样叶片中ABA再分配时ABA的总水平并没有增加。因此，木质部汁液中pH增加可能作为另外一种根部信号使气孔在早期关闭。

23.3 ABA信号转导途径

ABA在植物短期生理过程（如气孔关闭）及长期发育过程（如种子成熟）中发挥作用。

（1）短期生理反应往往与离子跨膜流动的改变有关，通常也涉及某些基因的调节，证据来自ABA诱导在保卫细胞中表达的各种转录因子调控气孔的开度。

（2）相比之下，长期反应过程不可避免地涉及基因表达方式的重大变化。

比较所有转录产物发现，在拟南芥和水稻中至少有10%的基因受ABA调节。

ABA与其受体结合后，产生初级信号，初级信号通过信号转导途径放大，信号转导为ABA短期和长期效应所必需（见第14章）。通过遗传学研究已鉴定了100多个参与ABA信号转导的基因位点（Wasilewska et al.，2008）。尽管许多基因只影响ABA反应的一部分，但一些保守的信号组分既调节短期反应也调节长期反应，表明这些反应具有共同的信号转导机制。我们将重点介绍调节气孔开度和基因表达的机制，这是研究最清楚的两种ABA效应。

 23.3.1 受体成员包含不同类型的蛋白质

人们利用各种生化、细胞和遗传学方法鉴定ABA受体，结果发现植物中可能存在位于细胞表面和细胞内两种ABA受体（图23.7）（参见Web Topic 23.5），与这一推断一致的是，没有鉴定出所有ABA反应缺乏的突变体。

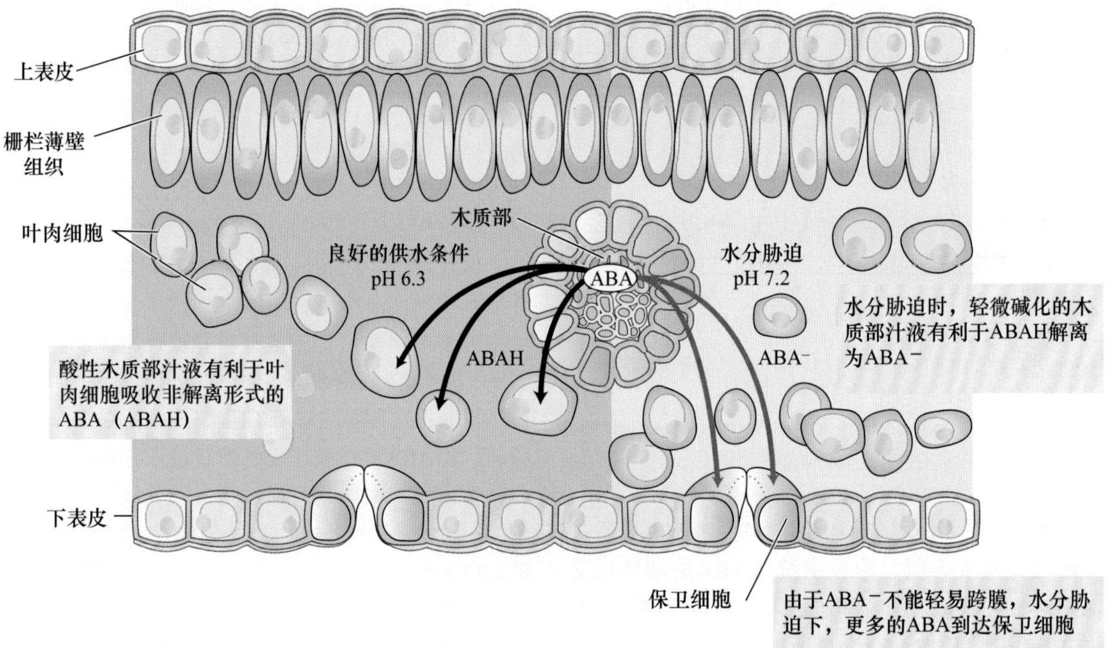

图23.6 水分胁迫时木质部汁液的碱化导致叶片中ABA再分配。

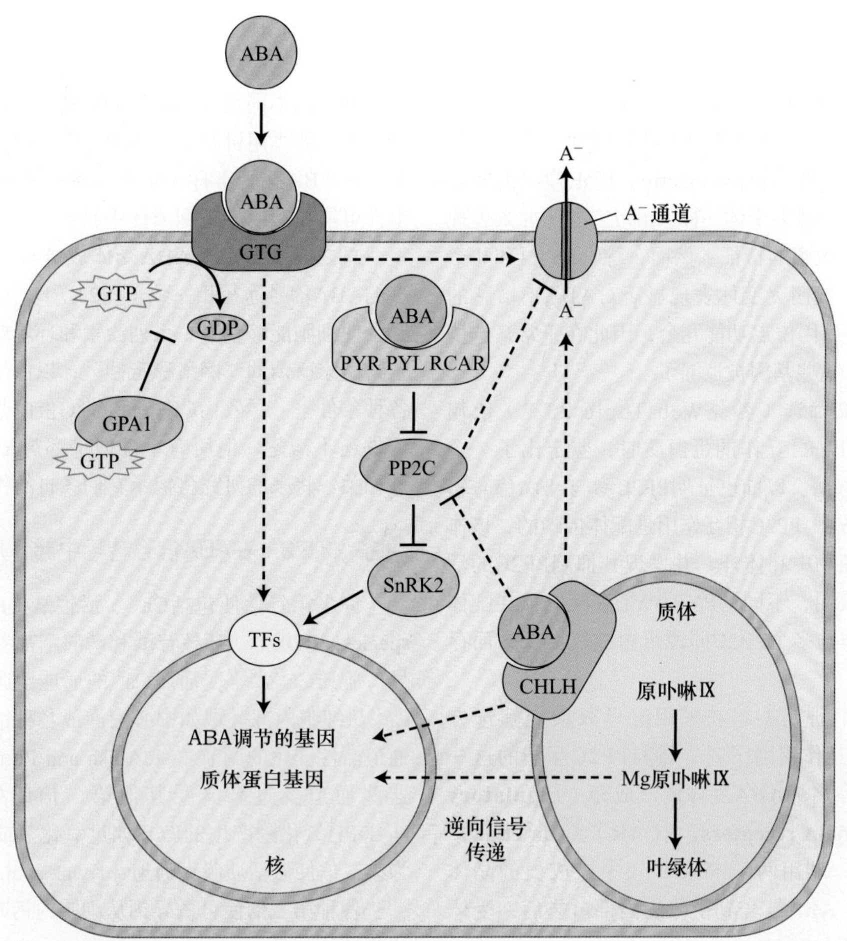

图23.7　ABA与三类ABA受体成员相互作用模型。目前鉴定的ABA受体定位在质体（CHLH）、质膜（GTG1和GTG2）、胞质和核（PYR/PYL/RCAR）。所有成员都介导电ABA调节气孔运动时对基因表达和离子电流的效应（简单地用通道A^-代表），但不清楚与下游哪些信号事件发生交叉。PP2C，蛋白磷酸酶ABI 分支；SnRK2，SNF相关激酶；TF，包括ABRE结合转录因子在内的转导因子。实线，直接相互作用；虚线，未知的相互作用；箭头，正调控；丁字形线，抑制作用。

近年来，人们提出了几类可能的ABA受体，但其大多数仍存在争议（McCourt and Creelman，2008；Risk et al.，2009；Müller and Hansson，2009）。最好的成员包括以下三类。

（1）PYR/PYL/RCAR，存在于胞质和核中的配体结合蛋白STARR超家族成员（Park et al.，2009；Ma et al.，2009）。

（2）CHLH，参与叶绿体合成和信号传递，进而协调质体和核基因表达，定位于质体中的镁离子螯合酶亚基（Shen et al.，2006）。

（3）GPCR类G蛋白（GTG1和GTG2），是一对质膜蛋白，具有内在G蛋白活性，与G蛋白偶联受体（GPCR）同源（Pandey et al.，2009）。尽管GPCR似乎参与ABA信号，但存在与其作为受体矛盾的证据。

下面我们详细讨论PYR/PYL/RCAR蛋白和CHLH，有关GPCR的详细信息请参见Web Topic 23.6。

推断的ABA受体**PYR/PYL/RCAR家族（PYR/PYL/RCAR FAMILY）**是通过化学遗传筛选具有ABA类似效应的小分子物质鉴定出来的。利用拟南芥种子，通过筛选鉴定出了可作为ABA**激动剂（agonist）**的pyrabactin（pyridyl-containing ABA activator），即它可模拟植物中ABA的效应（Park et al.，2009）。

Br
O
S—NH
O
N
Pyrabactin

通过筛选抗pyrabactin拟南芥突变体鉴定出了PYR1遗传位点，它编码**START（steroidogenic acute regulatory protein-related lipid-transfer，a predicted hydrophobic ligand-binding pocket）**结构域蛋白超家族

成员。随后的核磁共振实验证明ABA和PYR1可直接结合，提示PYR1可能是一个ABA受体。

生物信息学研究鉴定出了多个命名为**PYL（PYR1-like）**的家族成员，该家族从双子叶植物到苔藓都是保守的，尽管*pyr1*突变体抗pyrabactin，但正像以前鉴定出的几个ABA不敏感突变体一样，*pyr1*突变体并未表现出对ABA显著不敏感的特征。然而，综合PYR1和几个同源蛋白缺失三或四突变体表现显著对ABA不敏感的结果，表明这些基因位点功能冗余，因此在正常筛选抗ABA突变体时，这些基因被遗漏了。

酵母双杂交筛选（参见Web Topic 23.7）依赖pyrabactin并与PYR1互作的蛋白质时，鉴定出了一个PP2C类蛋白磷酸酶。以前已证明PP2C参与ABA信号转导。在酵母中PYR1-PP2C相互作用是配体依赖的，该作用也可发生在植物中和体外，并发现其抑制PP2C的活性。随后研究表明，不同的PYR/PYL家族成员在配体选择及依赖配体与多个PP2C同源蛋白成员结合方面存在差异。

同时，几个研究小组在采用酵母双杂交筛选方法研究PP2C相互作用因子时，将与PP2C互作的这一相同家族蛋白命名为**ABA受体调节成分（regulatory components of ABA receptors，RCAR）**（Ma et al.，2009）。最近，利用两个PYR/PYL家族成员的晶体结构研究表明，ABA结合到受体的内部口袋后，受体构型改变，适合与PP2C相互作用（Miyazono et al.，2009；Nishimura et al.，2009）。以前的研究显示，这些PP2C可与包括转录因子和蛋白激酶在内的其他多个ABA信号成分特异地相互作用。因此，PYR/PYL/RCAR似乎是一类可溶性受体，它们直接与许多通过遗传学方法鉴定出来的下游信号成分联系，有效地形成一个网络。

CHLH蛋白（CHLH protein）是作为拟南芥ABA结合蛋白（ABAR）的同源蛋白从蚕豆叶表皮中纯化得到的（Shen et al.，2006）。CHLH在ABA信号中作用的证据来自CHLH敲减（功能部分丧失）突变体。该突变体对萌发、休眠、气孔调节和ABA诱导的基因表达表现出降低的ABA敏感性，与这些结果一致，CHLH超表达植株对ABA超敏感。CHLH敲除（功能完全缺失）突变体胚不能成熟，产生缺乏存储物质和脱水保护物质的无活力种子。一些ABA信号成分严重缺失的突变体或种子中ABA水平显著降低的突变体表现出相同的表型效应。然而，由于未知的原因，传统的ABA不敏感遗传筛选却未能鉴定出功能降低的*CHLH*等位突变体。

尽管CHLH也在叶绿体合成和质体到核信号传递中起作用，但这些功能好像由其不同的结构域发挥作用，因为基因的不同突变影响不同的功能。CHLH在ABA信号转导中的作用机制还不清楚，但它定位在质体中，说明一些ABA感受事件一定发生在这些细胞器中，感受事件可能在ABA转运回质体中时发生。

总之，存在多个ABA受体成员与目前已知的非常多的ABA信号途径相一致（图23.7）。信号转导途径的冗余使细胞能够整合一系列激素和环境刺激信号，产生生物学家所谓的“网络稳定性”，以保证反应可发生在各种条件下。尽管由CHLH和GTG蛋白起始的快速细胞事件还不清楚，但所有事件似乎都与ABA信号转导事件相关，将来的研究将揭示它们各自的作用。

 23.3.2 在ABA信号转导中起作用的第二信使

许多第二信使包括Ca^{2+}、**活性氧（reactive oxygen species，ROS）**、环核苷酸和磷酸酯都参与ABA信号转导。胞质Ca^{2+}水平受质膜Ca^{2+}的通透性通道活性变化和Ca^{2+}从细胞内部区域如中心液泡或各种细胞器进入胞质通道活性变化的调节（McAinsh and Pittman，2009），这些通道反过来又受其他第二信使如ROS调控。NADPH氧化酶产生的ROS如过氧化氢或超氧阴离子作为第二信使激活质膜钙通道（Kwak et al.，2003）。

各种第二信使可诱导钙从细胞内钙库中释放出来，这些信使包括1，4，5-三磷酸肌醇（IP3）、环ADP-核糖（cADPR）及自我放大（钙诱导的）释放的Ca^{2+}。ABA在15 min内可刺激ADPR环化酶活性，导致cADPR增加。此外，ABA在保卫细胞中通过硝酸还原酶促进**一氧化氮（nitric oxide，NO）**合成，NO以cADPR依赖的方式诱导气孔关闭，表明NO在cADPR的上游起作用（Desikan et al.，2002）。

接下来的章节中将介绍与这些第二信使有关的信号转导机制。

 23.3.3 钙依赖和钙不依赖两条信号转导途径介导ABA信号

人们利用显微注射钙敏感荧光染料①如fura-2或indo-1测定胞内游离钙。另一种方法是利用表达钙指示蛋白如水母发光蛋白或**yellow cameleon**蛋白基因的转基因植物，不需要显微注射就可平行检测多个荧光细胞（Allen et al.，1999）（参见Web Topic 23.8）。利用yellow cameleon已经证明保卫细胞中胞质Ca^{2+}浓度会发生振荡，细胞收到的信号不同，Ca^{2+}的振荡也不相同

① 能够计算比值的荧光染料与钙结合后，可将激发光转换为发射光谱。根据这种特性，人们可以利用两种适当波长的光激发两种荧光染料（结合钙和不结合钙）来检测其在胞内的浓度。利用两种发射光的比值测定钙浓度，这种测定方法不依赖于染料浓度

（图23.8）。

Ca^{2+}振荡直接成像的结果支持胞质Ca^{2+}增加（部分来源于胞内钙库）诱导了气孔关闭的假设。Ca^{2+}增加被解释为“构象偶联”，即Ca^{2+}与一些蛋白质如钙调素（CaM）或**类钙调磷酸酶B蛋白（calcineurin B-like protein，CBL）**结合改变了它们的构象，构象变化使这些蛋白质相互作用，并改变了各种细胞蛋白的功能。哺乳动物的钙调磷酸酶是催化A亚基和Ca^{2+}结合调节B亚基的异源二聚体，它们可能通过与钙调素相互作用被激活。尽管植物中未发现类钙调磷酸酶A亚基，但植物CBL家族已被鉴定出来。CBL被环境胁迫和ABA差别调控，并且预计其具有不同器官和亚细胞定位（Luan et al.，2002）。

另外，Ca^{2+}可直接或间接调节蛋白激酶或磷酸酶，改变各种蛋白质的磷酸化状态及活性，因此，在对ABA的整个反应中既可反映Ca^{2+}增高的亚细胞分布、频率、幅度和持续时间，也反映在某一细胞中特异Ca^{2+}结合蛋白及其目标蛋白的可利用性，这些效应中有的被基因表达改变介导，而其他的则直接影响离子通道活性。

尽管ABA诱导的钙反应是目前ABA诱导气孔关闭模型的主要特征，但ABA在保卫细胞胞质钙不增加的情况下也能诱导气孔关闭（Allan et al.，1994），换句话说，ABA似乎可以通过钙依赖和钙不依赖两条途径起作用。例如，ABA能引起胞质碱化，pH从7.7增加到7.9，导致质膜外向K^+通道被激活和气孔关闭。

对明显的钙不依赖信号传递的另一个解释是，ABA增加了细胞内钙敏感性的气孔关闭机制，包括阴离子和K^+通道的调节（Siegel et al.，2009）。ABA诱导的这种超敏感性使细胞不存在胞内钙增加的情况下能应答静息钙水平反应，激活钙依赖的信号。改变钙反应阈值的机制称为“钙敏感性启动”假说，这也可解释为什么在不存在ABA情况下有时保卫细胞自发发生细胞内钙增加却不能诱导气孔关闭（Young et al.，2006）。

23.3.4 ABA诱导脂类代谢产生第二信使

在动物细胞经典的G蛋白信号转导模式中，激活的Gα亚基激活**磷脂酶C（phospholipase C）**，释放三**磷酸肌醇（inositol triphosphate，InsP3）**和**二酰基甘油（diacylglycerol，DAG）**。利用蚕豆保卫细胞的研究表明，ABA刺激磷脂酰肌醇代谢，产生InsP3和**六磷酸肌醇**（myo-inositol-hexaphosphate，InsP6）。在施用ABA 10 s内即可检测到InP3的水平增加了90%（Lee et al.，1996）。在拟南芥和烟草中用反义DNA抑制ABA诱导磷脂酶C表达的研究证明，ABA对萌发、生长和基因表达的作用需要这种酶（Sanchez and Chua，2001）。与以上观察到的结果一致，InsP3水平增加的突变体表现对ABA超敏感（Xiong et al.，2001；Wilson et al.，2009）。

ABA可激活**鞘氨醇激酶（sphingosine kinase）**，产生另一类磷脂——**鞘氨醇-1-磷酸（sphingosine-1-phosphate，S1P）**（图23.9）。鞘氨醇-1-磷酸可促进鸭跖草保卫细胞Ca^{2+}增加和气孔关闭。此外，S1P信号抑制剂可抑制植物对ABA的响应。尽管S1P能促进野生型拟南芥关闭气孔，但不能引起Gα亚基缺失突变体的气孔关闭，表明鞘氨醇-1-磷酸通过G蛋白起作用，并且G蛋白介导的事件位于S1P信号的下游（Coursol et al.，2003）。

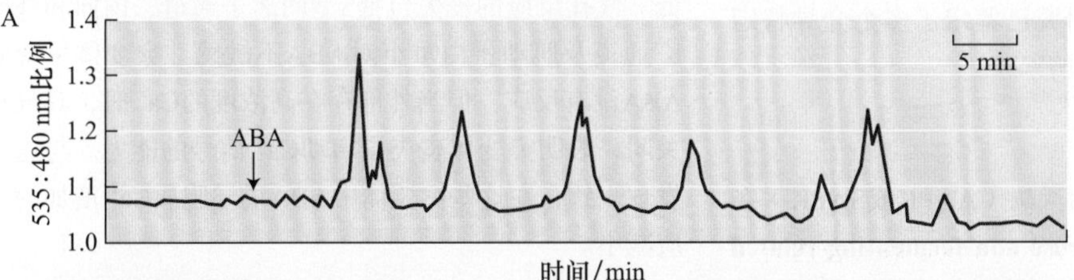

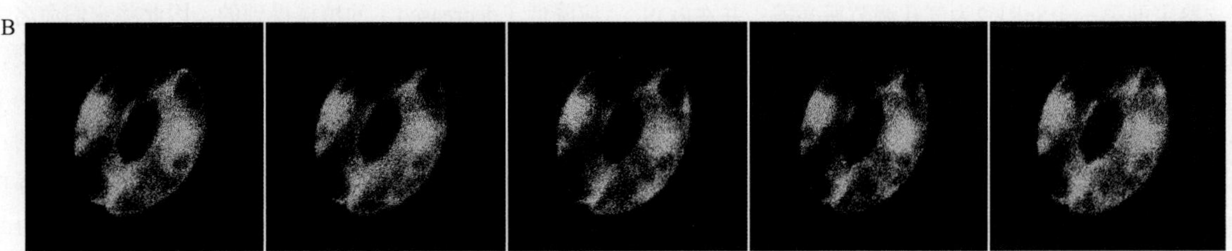

图23.8 转基因表达钙荧光指示蛋白yellow cameleon检测的拟南芥保卫细胞中ABA诱导的钙振荡。A. 535 nm和480 nm激发荧光比例的增加表示ABA诱导的重复钙振荡。B. 拟南芥保卫细胞荧光的色彩图像：蓝色、绿色、黄色和红色代表胞质钙浓度的增加（引自Schroeder et al.，2001）。

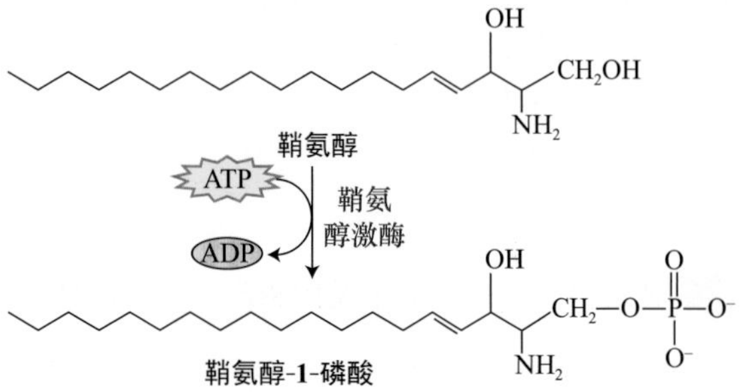

图23.9　被ABA激活后，鞘氨醇激酶催化鞘氨醇的磷酸化反应，产生鞘氨醇-1-磷酸。

另一种可能介导ABA反应的第二信使是**磷脂酸（phosphatidic acid，PA）**，它通过**磷脂酶D（phospholipase D，PLD）**由磷脂酰胆碱产生。研究表明，含量最多的PLD异型体可以被ABA激活，并且由PLD介导产生的磷脂酸可通过多种机制促进ABA诱导的气孔关闭、基因表达及其他胁迫反应（Zhang et al.，2005）。PLD的活性产物PA可以与各种靶酶包括蛋白磷酸酶、蛋白激酶及代谢酶结合，这中间至少有一种蛋白磷酸酶是ABI1（在下一节中讨论），它与PA结合后活性和定位改变，对ABA信号的抑制作用消失，导致气孔关闭（见Web Topic 23.9）。

这样，多个脂类产生的第二信使（磷脂酰肌醇、DAG、S1P、磷脂酸）及产生和降解这些第二信使的酶参与了增加ABA信号转导的多个反馈回路和途径。

23.3.5　蛋白激酶和磷酸酶调节ABA信号途径中的重要步骤

几乎所有生物的信号转导途径中，总有某些步骤与蛋白质的磷酸化和脱磷酸化反应有关，ABA信号途径也不例外。生化与遗传研究已鉴定了多个介导特定ABA信号的蛋白激酶和磷酸酶家族。

1. ABA激活的蛋白激酶

ABA或胁迫激活的蛋白激酶（AAPK或SAPK）在**蔗糖非发酵相关激酶2（sucrose non-fermenting related kinase2，SnRK2）**家族的许多种类和成员中得到了鉴定。鉴定的第一个SnRK2为气孔调节所必需，并在ROS和Ca^{2+}信号的上游发挥作用。拟南芥SnRK2家族许多成员受ABA诱导，其他成员则受胁迫诱导，这些激酶诱导的一个重要方面是翻译后激活，但有一些则是转录激活的。遗传研究表明，一些SnRK2在调节幼苗ABA反应时功能是冗余的（Fujii et al.，2007）。

所有测定的ABA或胁迫诱导的SnRK在体外能磷酸化一类名为**ABA响应成分结合因子（ABA-response element binding factor，AREB或ABF）**的转录因子，使转录因子保守结构域磷酸化，该磷酸化与这些转录活性增加相关。AAPK也能改变RNA结合蛋白的活性，后者可能介导ABA对基因表达的作用（Assmann，2004）。胁迫调控的SnRK2的其他目标包括各种代谢酶及几个14-3-3家族调节蛋白，后者预计与其他信号蛋白相互作用并改变这些信号蛋白的活性。

这些激酶的翻译后控制使植物能对胁迫进行快速反应，并具有调节包括多个调节因子在内的多个目标的能力，进而快速放大胁迫反应。

除了SnRK2激酶外，钙调节激酶和有丝分裂原蛋白激酶（MAPK）也参与调节ABA信号途径的关键过程（参见Web Topic 23.10）。

2. 蛋白磷酸酶

用**蛋白磷酸酶（protein phosphatases，PP）**抑制剂进行的药理学研究表明，几种丝氨酸/苏氨酸磷酸酶（PP1A，PP2A，calcineurin-like PP2B和PP2C）和酪氨酸磷酸酶都调节保卫细胞信号转导，但是其效应可能是正的也可能是负的，而且受许多因素影响。遗传学研究使我们能够对单个蛋白磷酸酶进行分析，现已鉴定出一个特异的PP2A和一些PP2C是ABA信号成分，它们对植物发育具有多种（多重）作用。

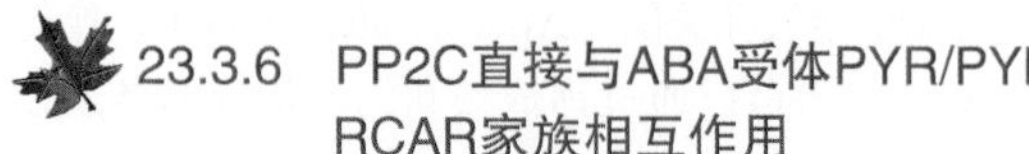

23.3.6　PP2C直接与ABA受体PYR/PYL/RCAR家族相互作用

对ABA反应最具戏剧性的现象发生在拟南芥编码PP2C的*ABI1*和*ABI2*基因（编码PP2C蛋白）突变体上，拟南芥*abi1-1*和*abi2-1*突变体的表型与ABA信号缺失突变体一致，包括种子休眠减弱、有萎蔫倾向（由于气孔开度调节存在缺陷）及各种ABA诱导基因表达的降低。气孔反应的丧失包括S型阴离子通道、内向和外向K^+通道及肌动蛋白重组对ABA不敏感。突变体尽管对ABA没有反应，但当外部存在高浓度的Ca^{2+}时，其气孔关闭，表明突变体丧失了启动Ca^{2+}信号的能力。与这个发现一致，在这些突变体中ABA诱导胞质Ca^{2+}增加的效应减小。

拟南芥*abi1-1*和*abi2-1*突变体是通过筛选对ABA反应降低（decreased）的植株得到的，因此将它们命名为ABA不敏感突变体。基于它们对ABA不敏感的表型，最初人们认为野生型*ABI1*基因一定促进（promote）ABA反应。然而遗传研究表明，原始突变是显性的：一个基因拷贝的缺失足以通过抑制另一个野生型等位基因的功能基因产物破坏ABA反应。随后，人们得到了*ABI1*活性丧失的*ABI1*隐性突变体。与显性*ABI1*突变体相反，这些隐性*ABI1*突变体对ABA的敏感性增强（increased）（Gosti et al.，1999）。这样，与开始的

设想相反，野生型植物中这些蛋白磷酸酶的功能是抑制ABA反应。

目前遗传学分析显示，*ABI1*和*ABI2*是9个密切相关基因形成的亚家族的一部分，该亚家族属于拟南芥更大的PP2C基因家族（Schweighofer et al.，2004）。许多*ABI*类*PP2C*基因功能的缺失导致植物对ABA的敏感性增加（increased）。将强启动子控制的这些基因转入植物后导致其对ABA的敏感性降低，证实这些基因的作用是抑制ABA反应。这些家族的许多成员在植物应答ABA反应时表达增加（ABA信号的其他负调节因子在Web Topic 23.11中讨论）。

ABI类蛋白磷酸酶（ABI-class protein phosphatase）似乎与细胞内包括蛋白激酶、Ca^{2+}结合蛋白和转录因子在内的许多其他蛋白质相互作用，可能通过使特定丝氨酸或苏氨酸残基脱磷酸调节它们的活性。ABI1的磷酸酶活性对pH和H_2O_2高度敏感，ABA诱导的碱化可增加其活性，但H_2O_2则降低其活性。ABI1的作用也受亚细胞定位的调控，即野生型ABI1蛋白与保持在质膜上的磷脂酸相互作用（Mushra et al.，2006），但显性负调控突变体*abi1-1*抗ABA的表型依赖于突变体蛋白的核定位（Moes et al.，2008）。

正如在第14章和本章539~540页中讨论的，这些PP2C直接与受体PYR/PYL/RCAR家族蛋白相互作用（Park et al.，2009；Ma et al.，2009），这一依赖ABA的相互作用抑制了PP2C磷酸酶活性，导致正常被PP2C抑制的包括SnRK激活在内的事件解除抑制。显性负调控突变体*abi1-1*蛋白不与受体相互作用，因此保持抑制状态。从信号转导方面看，这些PP2C可被看作"枢纽"，它整合来自受体和第二信使的信息，进而改变了许多下游途径的功能。

总之，蛋白激酶如SnRK2、Web Topic 23.10讨论的其他激酶（CPK/CDPK/CDK，CIPK和MAPK级联）及至少两类蛋白磷酸酶（ABI相关的PP2C和PP2A）调节丝氨酸/苏氨酸的磷酸化，因而调节ABA信号许多下游调节因子的活性，这些酶中许多酶的活性在翻译前和翻译后受到调控，而有的则受反馈调节减弱其反应。

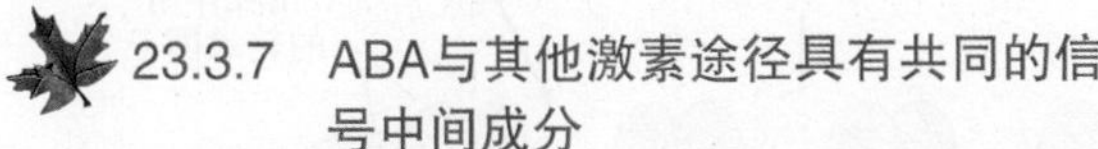

23.3.7　ABA与其他激素途径具有共同的信号中间成分

人们发现增加ABA反应（*enhanced response to ABA*，*ERA3*）基因是以前鉴定的乙烯信号基因座位——乙烯不敏感（*ETHYLENE-INSENSITIVE 2*，*EIN2*）基因的等位基因（Ghassemian et al.，2000）（见第22章）。ERA3基因突变除了表现ABA缺失和乙烯反应外，还导致对生长素、茉莉酸和胁迫反应的缺失。该基因编码一个膜结合蛋白，后者似乎代表了许多不同信号的共同信号中间成分。正如将从14章中想到的，这种相互作用是不同信号途径交叉调节（primary cross-regulation）的一个例子。

23.4　ABA调节基因表达

上面已经讨论过，早期ABA信号转导下游，ABA引起基因表达变化。ABA调节种子萌发及植物适应干旱、低温和盐等胁迫过程中许多基因的表达（Rock，2000）。拟南芥和水稻的转录表达研究显示，基因组中5%~10%的基因受ABA和各种胁迫（如干旱、盐和冷）调节，这些变化中有一半以上为ABA、干旱和盐胁迫反应所共有，但这些胁迫调节基因中有10%也受冷的调节（Shinozaki et al.，2003）。推测ABA诱导的基因和胁迫诱导的基因使植物产生了诱导抗性（见第26章）。

23.4.1　ABA介导转录因子对基因表达的激活

人们鉴定出主要有4类可诱导ABA的调节序列，与这些序列结合的蛋白质已得到了鉴定，这些蛋白质包括碱性亮氨酸拉链（bZIP）、B3、MYB和MYC家族成员（参见Web Topic 23.12）。胁迫条件下，基因的表达可以是ABA依赖或ABA不依赖的，其他一些介导植物对冷、干旱或盐胁迫反应的特异转录因子也得到了鉴定（见第26章）。

人们已鉴定出一些参与由ABA导致转录抑制的DNA元件，这些元件中研究得最清楚的是赤霉素反应元件（GARE），它们介导受赤霉素诱导、被ABA抑制的大麦α-淀粉酶基因的表达（见第20章）。

利用遗传学方法已从成熟种子中鉴定了ABA诱导基因激活的4种转录因子：玉米VIVIPAROUS 1（VP1）和拟南芥ABA-INSENSITIVE（ABI）3、4和5，这4种转录因子编码基因中任何一种发生突变都会降低种子对ABA的反应。玉米*VP1*和拟南芥*ABI3*基因编码的蛋白质高度类似，而*ABI4*和*ABI5*基因编码了另外两个转录因子家族成员（Finkelstein et al.，2002）。

ABA反应成分结合因子是另外一些bZIP转录因子ABI5亚家族成员，这些转录因子与ABA、胚形成、干旱或盐胁迫诱导的基因表达相关。

对*vp1*、*abi3*、*abi4*和*abi5*突变体的鉴定表明，这些基因中每一个基因都可激活或抑制靶基因的转录，具体效应取决于靶基因，但是这些作用中有些可能是间接的。由于任何基因的启动子都包含有多种调节因子的结合位点，因此很可能这些转录因子通过与不同调节因子形成复合体来起作用，复合体的组成取决于调节因子与结合位点的结合。

以上转录因子的可用性和活性受到许多因素控制，这些因素包括发育和环境调节的基因表达、它们自己或类似因子表达的调节、翻译后修饰，如被特异的SnRK2和钙依赖蛋白激酶（CPK）磷酸化及某些情况下转录因子避免被蛋白酶体降解的稳定作用（Finkelstein et al., 2002）。如图23.10所示，这些调节机制中许多都需要转录因子间、转录因子与激酶、磷酸酶或降解机器组分间的相互作用。其他调节因子的情况参见Web Topic 23.13。

总之，这些研究证明许多转录因子存在于各种调节复合体中，其在ABA诱导的基因表达中起不同作用，这依赖于一个细胞中各个启动子中顺式作用位点与可利用的转录因子的组合情况。

除了转录因子，ABA调节的基因表达也依赖于适当的RNA加工和稳定性（见Web Topic 23.14）。

23.5 ABA在发育中的作用和生理效应

脱落酸在种子和芽休眠的起始和维持及植物对胁迫尤其是水分胁迫的反应中起主要作用。此外，ABA通常作为拮抗剂，通过与生长素、细胞分裂素、赤霉素、乙烯和油菜素内酯相互作用，影响植物发育的其他方面。在这一节，我们将探讨ABA的各种生理作用包括ABA在种子发育、种子和芽休眠、萌发、营养生长、衰老和气孔调节中的作用。关于ABA与病菌反应的讨论参见Web Topic 23.15。

23.5.1 ABA调节种子成熟

种子发育过程可分为持续时间大致相同的以下3个时期。

（1）第一个时期的特点是细胞分裂和组织分化，受精卵经历胚形成和胚乳组织增殖两个阶段。

（2）第二个时期，细胞分裂停止并积累储藏物质。

（3）最后一个时期，正常种子的胚对脱水产生耐性，种子脱水失去90%的水分。脱水的结果是代谢停止，种子进入**静止（quiescent）**（休息）状态。在有些情况下，种子也开始休眠。与吸水后萌发的静止期种子不同，休眠种子的萌发需要额外处理或萌发信号出现。与正常种子不同，一些特殊的种子不能经过这一时期，因此成熟时具有很高的含水量，对脱水没有耐性。

后两个时期产生了有活性的种子，种子中含有足够的物质维持萌发，使种子能够在重新生长前等待数周甚至数年时间。典型的情况是，种子中ABA含量在胚形成早期很低，中期达到最大，种子成熟时又降到很低的水平。这样，与胚胎发生中期和末期相对应，种子中ABA积累出现一个较宽的峰值。

由于并非所有组织都有相同的基因型，因此种子

1. 植物对发育或环境信号作出反应时，产生ABA和各种转录因子
2. 磷脂酶D（PLD）依赖的信号转导、小RNA（miRNA）的调节及许多激酶的激活都与ABA激活的转录因子有关。ABA调节基因的启动子存在不同识别位点的组合（MYBR、MYCR等），多种相应转录因子家族成员都可以结合到这些位点上。每类转录因子中都有多个家族成员参与ABA信号转导
3. 这些转录因子除了在家族内形成同源或异源二聚体外，有些彼此相互作用，有些则与转录中的其他成分相互作用。特异结合决定了该基因是被活化还是被抑制
4. 一些转录因子基因相互调节或自我调节，有些情况下受正反馈调节使ABA反应增强
5. 没有ABA时，这些ABA不敏感（ABI）转录因子被蛋白酶体降解

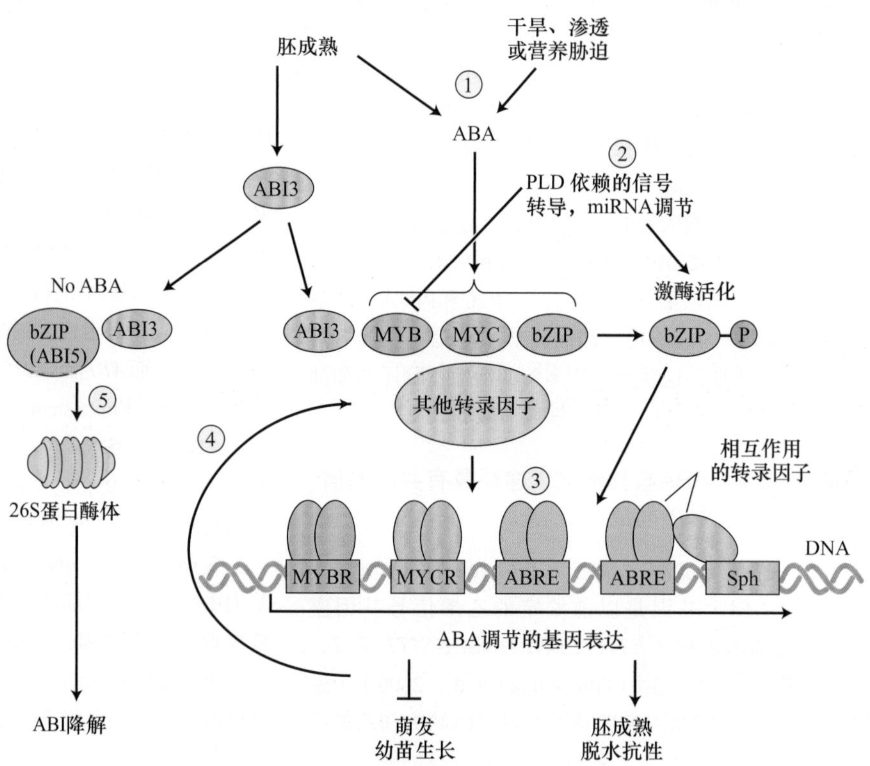

图23.10 介导ABA调节基因表达的机制及转录因子。

中激素的平衡十分复杂。种皮来自母系组织（参见Web Topic 1.3）；合子和胚乳来自父母双方。利用拟南芥ABA缺失突变体进行的遗传学研究表明，合子的基因型控制胚和胚乳中ABA合成，对诱导休眠至关重要；大部分ABA早期峰值的产生由母系基因控制，这有助于抑制胚胎发生中期的胚萌（Raz et al.，2001）。

23.5.2　ABA抑制早萌和胚萌

将未成熟胚从种子中移到培养基中培养时，它们会在休眠开始前的发育中期过早发芽——即没有通过正常发育的静止和（或）休眠阶段。将ABA加入培养基可以抑制早萌，这个结果结合种子发育中晚期内源ABA含量高的事实，说明ABA在胚胎发生阶段具有控制胚发育的作用。

进一步证明ABA具有阻止早萌作用的证据来自胚萌现象的遗传研究结果。与胚萌类似的收获前发芽（preharvest sprouting）是一些谷类作物在潮湿气候成熟时的品种特征。人们已从玉米中筛选出了一些胚萌（viviparous）的突变体，它们种子的胚能够直接在与植株相连的穗上萌发，其中有一些是ABA缺失突变体（*vp2*，*vp5*，*vp7*，*vp9*和*vp14*）（图23.3），有一个是ABA不敏感突变（*vp1*）体。用外源ABA处理可以部分阻止ABA缺失突变体的胚萌。玉米的胚萌也需要在胚形成早期合成GA，后者作为正调节信号发挥作用。GA和ABA的双重缺失突变体并不表现出胚萌现象（White et al.，2000）。

与玉米突变体相比，ABA缺失或不敏感拟南芥单基因突变体种子虽然不休眠，但也不发生胚萌，没有胚萌可能是湿度不够，因为在相对湿度高的条件下这样的种子在果实中都能萌发。然而，其他具有正常ABA反应但ABA水平中度下降的拟南芥突变体，即使在低湿度条件下也会出现胚萌，这样的突变体有一个是*fusca3*①，其属于胚胎发生向萌发转变时调节功能丧失的突变体。此外，ABA生物合成或ABA反应缺失突变体与*fusca3*的双突变体存在高频率的胚萌，表明在拟南芥中存在抑制胚萌的功能冗余控制机制（Finkelstein et at.，2002）。

23.5.3　ABA促进种子贮藏物质积累和脱水抗性提高

在胚胎发生中晚期，种子中ABA水平达到最高，这时种子中积累贮藏物质以保证种子萌发后幼苗的生长。在发育的种子中，ABA的另一个重要作用是促使种子获得**脱水抗性（desiccation tolerance）**。脱水能够严重损害膜和其他细胞成分（见第26章）。当正在成熟的种子开始失水时，胚积累糖和所谓的**胚胎发育后期丰富（late-embryogenesis-abundant，LEA）**蛋白，人们认为这些分子相互作用，形成类似玻璃的状态（高度黏性的液体，扩散能力非常低，因此限制了化学反应），参与对脱水的抵抗（Buitink and Leprince，2008）。

生理和遗传学研究表明，ABA影响贮藏蛋白、脂类及LEA的合成。例如，外源ABA促进许多植物培养胚中贮藏蛋白和LEA的积累，而一些ABA合成缺陷或不敏感突变体中这些蛋白质的积累变少，甚至用ABA处理植物营养组织也能诱导一些LEA或相关家族成员蛋白质的合成。这些结果说明，大多数LEA蛋白的合成受到ABA控制（参见Web Topic 23.16）。然而，在具有正常ABA水平和ABA反应的其他种子发育突变体中，贮藏蛋白和LEA蛋白的合成水平也降低了，说明ABA仅是胚胎发生过程中控制这些基因表达的信号之一。

胚胎发生时，ABA不仅调节贮藏蛋白和脱水保护物质的积累，还维持成熟胚处于休眠状态直至环境条件适于生长。种子的休眠是植物能够适应不利环境的重要因素。正如我们将在下面几节中讨论的那样，植物已经进化出一系列维持种子休眠的机制，其中有些与ABA有关。

23.5.4　ABA和环境因子调控种子休眠

在种子成熟过程中，胚脱水，进入一个静止期。种子萌发可被定义为成熟种子的胚恢复生长，其依赖的环境条件与植物营养生长时相同，必须有充足的水和氧气、适宜的温度，而且必须没有抑制物质存在。

许多情况下，一粒有活性的（活的）种子即使所有生长必需的环境条件都满足后也不萌发，这种现象称为**种子休眠（seed dormancy）**。种子休眠暂时延迟了种子萌发，使种子有足够的时间散播到地理位置更远的地方，也防止种子在不适宜的环境下发芽，从而最大限度地提高幼苗的存活率。

种子休眠可能来自于种皮强制性休眠、胚休眠或两者兼而有之。种皮和其他包被组织如胚乳、果皮或花以外的器官导致的胚休眠，称为**种皮强制性休眠（coat-imposed dormancy）**。在水和氧气存在的情况下，这些种子的种皮和周围包被组织一旦被去掉或破坏，胚就很容易萌发。要了解更多种皮强制性休眠的基本机制，请参见相关文献（Bewley and Black，1994）和Web Topic 23.17。

① 胚突变体因拉丁名“红褐色胚胎”而得名

种子休眠本质上是胚的休眠而不是由于种皮或其他包被组织的影响导致的，这种休眠称为**胚休眠（embryo dormancy）**。在有些情况下，切断子叶可解除胚的休眠。子叶发挥抑制作用的植物如欧洲榛子（*Corylus avellana*）和欧洲白蜡木（*Fraxinus excelsior*）。

证明子叶具有抑制生长作用的一个令人感兴趣的证据来自一些植物（如桃树），从这些植物中分离出来的休眠胚可以萌发，但生长异常缓慢，形成矮化植株，然而如果在发育早期去掉子叶，植株的生长很快转变为正常生长。

人们认为抑制物质尤其是ABA的存在及生长促进物质如GA的缺乏导致了胚的休眠。吸胀的种子维持休眠需要重新合成ABA，而胚休眠的丧失往往伴随ABA与GA比值的急剧下降。ABA和GA的水平受到它们合成和代谢的调控，代谢和合成由特异的同工酶催化，同工酶的表达则由发育或环境因子控制。

各种外部因子都可以解除种子胚的休眠，休眠种子对下列三种因素中一种以上的因素具有明显反应。

（1）后熟（after-ripening）。许多种子当它们的水分含量通过脱水降低到特定值时停止休眠的现象称为后熟。

（2）冷（chilling）。低温或冷可使种子丧失休眠。许多种子需要在充分吸水（吸涨）时经历一段寒冷（0~10℃）时期才能萌发。

（3）光（light）。许多种子在萌发时需要光照，像莴苣，可能短暂的光照即可，或萌发需要间歇光照射，或者只需要长日照或短日照的特定光周期。

关于环境因子影响种子休眠的更多信息参见Web Topic 23.18。关于种子寿命的讨论参见Web Topic 23.19。

 23.5.5 ABA与GA比例调控种子休眠

阐明ABA在种子初生休眠中的作用时ABA突变体非常有用。拟南芥种子的休眠能够通过后熟和/或冷冻处理解除。已经证明拟南芥ABA缺失突变体（*aba*）成熟后不休眠。将*aba*与野生型植株回交，产生的种子在成熟过程和随后吸水时只有胚本身产生ABA时才出现休眠，无论来自母本的ABA还是外源使用ABA都不能有效诱导*aba*胚的休眠。

此外，发育种子中出现的ABA主要来自母本，并且母本ABA为种子发育的其他方面所需，如ABA有助于抑制胚胎发生中期的胚萌，因此这两种来源的ABA在不同发育途径中均发挥作用。ABA不敏感突变体1（*ABA-insensitive 1*，*abi1*）、*abi2*和*abi3*种子在发育过程中ABA浓度尽管比野生型高，但种子的休眠显著降低，可能反映了ABA代谢的反馈调节。

ABA缺失番茄突变体似乎也具有相同的功能，表明这种现象可能普遍存在。然而，其他休眠降低突变体中ABA水平正常，突变体对ABA的敏感性也正常，说明休眠还受到其他因子的调节，包括作用于染色质结构的转录调节或转录延伸（Finkelstein et al.，2008），另外一些调节因子已通过研究自然变异的遗传规律得到了鉴定（参见Web Topic 23.20）。

一个可选择的方法是比较种子在不同休眠状态下整个转录组或蛋白质组（存在于给定组织中的所有转录物或蛋白质），从而鉴定表达与休眠相关的基因，这些是另外的休眠调节子，但也可以是休眠效应子（如胁迫诱导基因）或因子，这些因子最终有助于种子避免休眠，这些比较表明干种子转录和转录后过程中存在令人惊讶的活性。

不仅ABA在种子休眠的起始和保持中起作用，其他激素对整个休眠过程也有作用，如大多数植物中，种子中ABA产生的峰值与吲哚-3-乙酸（IAA，也称为生长素，参见第19章）及GA水平降低相一致。

种子中ABA与GA比值非常重要，通过遗传筛选分离得到的第一个ABA缺失突变体（Koornneef et al.，1982）极好地证明了这一点。GA缺失突变体种子在缺少外源GA时不能萌发，把该突变体种子诱变后在温室中种植，用这些诱变植株的种子筛选**回复突变体（revertant）**——也就是重新获得萌发能力的种子。

回复突变体筛选出来后，被证明是ABA合成突变体，这些突变体能够萌发是因为它们的休眠没有被诱导，因而不需要随后合成GA来打破休眠。相反，从ABA不敏感突变体（*abi1-1*）中筛选萌发抗ABA抑制子鉴定出了GA缺失和抗GA的突变体（Steber et al.，1998），这些研究很好地说明了一个普遍原理，即在调节植物发育时，激素的平衡及对激素反应的能力往往比它们的绝对浓度更关键。

ABA与GA平衡均由转录因子的作用调节和实现。GA促进萌发需要DELLA家族蛋白质的破坏，从而通过促进ABA合成蛋白的表达部分抑制萌发，增加的ABA水平进一步促进ABI转录因子和抑制萌发DELLA蛋白的表达，产生一个正反馈循环（Piskurewicz et al.，2008）。

最近通过遗传筛选ABA种子萌发不敏感突变体抑制子，证明ABA与乙烯、油菜素内酯及生长素之间存在其他相互拮抗的作用。此外，通过筛选蔗糖或盐敏感性不同的突变体，鉴定出了许多新的ABA缺失（或*abi4*）等位基因突变体，这些研究表明，激素、营养和胁迫信号形成了一个复杂的调节网络，调控下一代的生长。

23.5.6　ABA抑制GA诱导酶产生

除了ABA-GA拮抗效应影响种子休眠外，ABA还抑制GA诱导的水解酶合成，这些水解酶对萌发种子中贮藏物质的降解至关重要，例如，GA刺激谷物种子发芽时糊粉层产生α淀粉酶和其他水解酶，分解胚乳中贮藏的有机物（见第20章）。ABA通过抑制α淀粉酶mRNA的转录从而抑制依赖GA的酶合成，ABA至少通过直接和间接两种机制发挥这种抑制效应。

（1）最初被鉴定为ABA诱导基因表达的激活蛋白VP1作为一些GA调节基因的转录抑制子发挥作用（Hoecker et al.，1995）。

（2）ABA抑制GA诱导的GAMYB表达，后者是介导GA诱导α淀粉酶表达的转录因子（Gomez-Cadenas et al.，2001）。

23.5.7　水势低时ABA促进根的生长并抑制茎叶的生长

ABA在根和茎叶生长中的作用不同，这些作用强烈地依赖于植物的水分状况。图23.11比较了生长在水分充足（高水势，Ψ_W）和缺水条件（低Ψ_W）下玉米幼苗茎叶和根的生长。实验中使用了两种幼苗：①ABA水平正常的野生型幼苗和②ABA缺陷突变体即胚萌（*viviparous*）突变体。

水分供应充足时（高Ψ_W），内源ABA水平正常的野生型植株茎叶的生长比ABA缺陷突变体快（图23.11A）。突变体生长缓慢，部分原因可能是叶片中水分过量丧失，但水分充足时玉米和番茄ABA缺失突变体茎叶生长仍然受阻，这可能主要是由于乙烯过量产生导致的，因为正常情况下，乙烯受内源ABA抑制，这些结果表明，在充分浇水的情况下，植株中内源ABA通过抑制乙烯产生促进茎叶的生长。与此类似，浇水良好的条件下，野生型植株（内源ABA水平正常）根的生长比ABA缺失突变体快。因此，在水势高时（总ABA水平低），内源ABA轻微促进了根和茎叶的生长。

相比而言，缺水（如低水势，低Ψ_W）抑制根和茎叶的生长。与水分充足时相比，缺水条件下两种基因型植株的生长均受到抑制。然而，ABA缺失突变体茎叶的生长比野生型快，而野生型根的生长快于突变体（图23.11B）。水分胁迫时内源ABA似乎通过抑制乙烯合成促进根的生长。

ABA也影响植物应答生长素、营养供应和胁迫时根系分枝程度的变化，已经证明生长素主要促进根系分枝，但一些对ABA发生反应的突变体在侧根起始时对生长素的敏感性降低，表明ABA信号是该反应的一部分。与生长素相反，高浓度硝酸盐抑制根系的分枝，但该效应在ABA缺乏和反应突变体中也降低，ABA在控制植物营养平衡中进一步的特化作用可在豆科植物中观察到，在豆科植物中，ABA协调植物对微生物信号的反应调控根系结瘤（Ding et al.，2008）。

植物另一个抑制反应可在持续干旱条件下观察到。

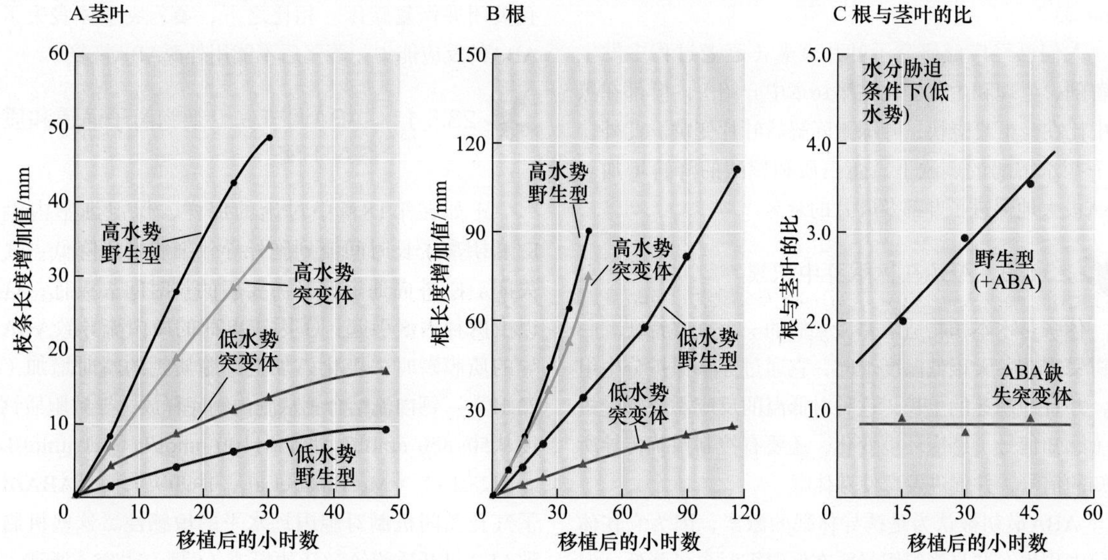

图23.11　生长在蛭石中的玉米正常植株和ABA缺失突变体[*civiparous*（*vp*）]植株在高水势（Ψ_W= −0.03 MPa）和低水势（A中Ψ_W= −0.3 MPa，B中Ψ_W= −2.6 MPa）条件下茎叶（A）和根（B）生长的比较。与对照相比，水分胁迫（低Ψ_W）抑制了茎叶和根的生长。C. 水分胁迫下（低Ψ_W，与茎叶和根水势的条件稍微有些差别），ABA存在时（如野生型中）根和茎叶生长的速率比没有ABA时（突变体中）高很多（引自Saab et al.，1990）。

在有些植物中，根部会长出许多额外的侧根，但这些侧根的生长一直受到抑制，直到干旱缓解后抑制才解除，这种现象称为**干旱生根现象（drought rhizogenesis）**（Vartanian et al.，1994）。这些胁迫和营养不平衡的抑制效应至少部分依赖于ABA，因为ABA缺乏突变体和一些ABA反应突变体没有表现出这一抑制作用。

总之，尽管传统观点认为ABA是一种生长抑制剂，但内源ABA只有在水分胁迫下才限制茎叶的生长。而且在这些条件下，若ABA水平高，则内源ABA通过抑制乙烯合成显著促进根的生长。低水势时ABA的总体效应就是显著增加根长与株高的比值（图23.11 C），该效应与ABA对气孔关闭的效应一起，帮助植物抵抗水分胁迫（Sharp，2002）。而且，侧根生长的暂时抑制促进了新土壤的利用，导致重新获取水分后新根很快取代了脱水的侧根。但不清楚不同ABA水平如何导致了对生长的相反效应，这些效应可能反映信号是通过根与茎叶中具有不同功能敏感区域或不同下游信号成分的受体传递的。

ABA在干旱反应中作用的另一个例子见Web Essay 23.1。

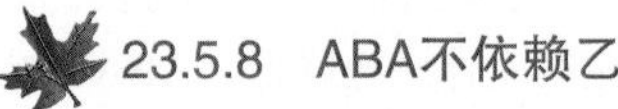

23.5.8 ABA不依赖乙烯促进叶片衰老

脱落酸最初作为脱落诱导因子被分离出来，然而，此后证明ABA仅在几种植物中促进器官脱落，导致器官脱落的主要激素是乙烯。此外，ABA明显参与叶片衰老过程，ABA可能通过促进衰老，间接增加乙烯的合成促进脱落（更多关于ABA和乙烯关系的讨论见Web Topic 23.21）。

人们已经广泛研究了叶片衰老（衰老过程中发生的解剖、生理和生化变化在第16章中介绍）。叶部在黑暗中比在光下衰老快，叶绿素降解后叶片变黄。此外，在一些水解酶的刺激下，蛋白质和核酸的降解增加。ABA极大地促进了叶部及叶片的衰老。

23.5.9 ABA在休眠芽中积累

休眠是木本植物适应寒冷气候的一个重要特征。一棵树暴露在冬天很低温度下时，它通过芽鳞保护分生组织，并且抑制芽的生长，这种对低温的反应需要感受机制（感知信号）感应环境变化，还要有控制系统传导所感知的信号，并促进发育使芽休眠。

ABA最初被认为是诱导休眠的激素，因为它在休眠芽中积累，并且当组织暴露在低温下时含量降低。但后来的研究表明，芽中ABA含量并不总是与休眠程度相关。正如我们在种子休眠中看到的那样，这种明显的差异可能反映ABA与其他激素之间存在相互作用，可能芽的休眠和植物的生长受到芽中生长抑制物质与生长诱导物质之间平衡的调节，抑制物质如ABA，诱导物质如细胞分裂素和赤霉素。

尽管人们利用ABA缺失突变体在阐明ABA的作用方面取得了许多进展，但由于缺乏便于研究的遗传系统，ABA在芽休眠中作用的研究进展缓慢，而且研究主要集中在多年生木本植物上。该差别说明遗传学和分子生物学对植物生理学的巨大贡献，表明将这些方法应用到木本植物中非常有必要。

休眠等性状分析起来很复杂，因为它们往往由许多基因共同调控，导致表型退化，这种性状称为数量性状（quantitative trait）。最近的遗传作图研究表明，杨树中磷酸酶ABI1同源蛋白可能调节芽的休眠。有关这方面研究的描述见Web Topic 23.20。

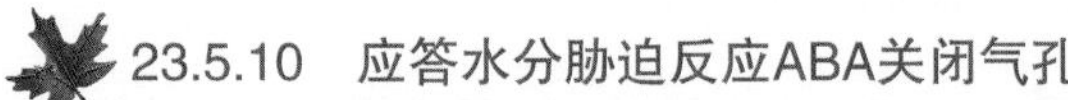

23.5.10 应答水分胁迫反应ABA关闭气孔

ABA在冷、盐和水分胁迫中作用的研究结果，证明ABA是一个胁迫激素（见第26章）。如前所述，干旱条件下叶片中ABA浓度可以增加到50倍——这是所有报道中植物对环境信号作出反应时激素浓度变化最剧烈的例子。ABA的重新分布或生物合成在引起气孔关闭时非常有效。水分胁迫下，叶片中ABA的积累在植物减少蒸腾失水中起非常重要的作用（图23.4）。湿度增加后通过增加微管组织和保卫细胞代谢降低了ABA水平，因而导致气孔重新打开。

永久萎蔫突变体可能由于ABA合成和反应缺失不能关闭气孔，在ABA缺失突变体中外施ABA可以使气孔关闭并恢复膨压。相比之下，萎蔫突变体丧失了对ABA的反应能力，萎蔫后不能用外源ABA恢复。

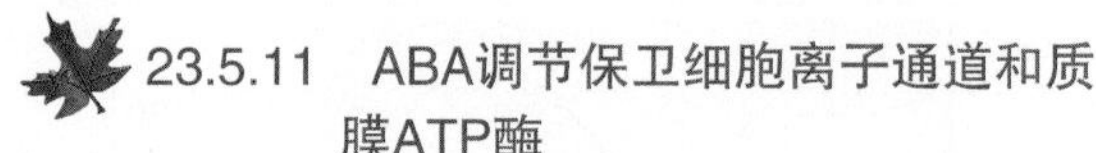

23.5.11 ABA调节保卫细胞离子通道和质膜ATP酶

正如在第18章中讨论的那样，保卫细胞内大量K^+和阴离子长时间流到胞外导致细胞膨压降低，气孔关闭。K^+外向通道打开需要膜的长时间去极化，这可以由两种因素引起：①因正电荷的净内流导致ABA诱导的质膜瞬时去极化，加上②胞质钙的瞬时增加（图23.12）。钙内流结合钙从胞内钙库释放，导致胞质钙浓度从50~350 nmol/L增高到1100 nmol/L（1.1 μmol/L）（图23.13）（McAinsh et al.，1990）。而且ABA增加了气孔关闭机制对胞内钙水平的敏感性。这些机制导致ABA打开质膜钙激活的慢速（S型）阴离子通道（见第6章）。已证明ABA激活保卫细胞慢速阴离子通道（Schroeder et al.，2001）。ABA也激活保卫细胞另一类阴离子通道——快速激活型（R型）阴离子通道

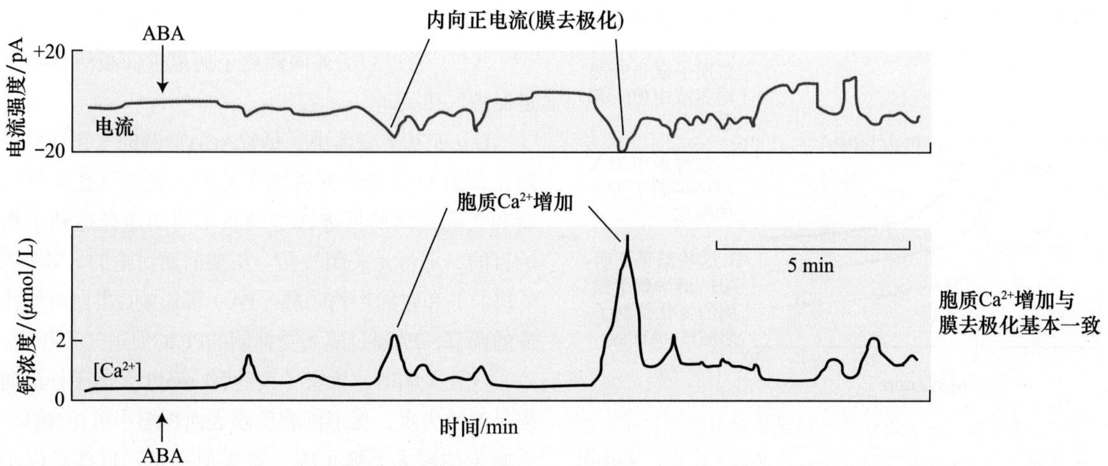

图23.12　同时测定蚕豆保卫细胞中ABA诱导的内向正电流和胞质Ca^{2+}浓度的增加。用膜片钳技术测定电流；用荧光指示染料测定钙。每次实验，ABA在箭头所示处加到系统中（引自 Schroeder and Hagiwara，1990）。

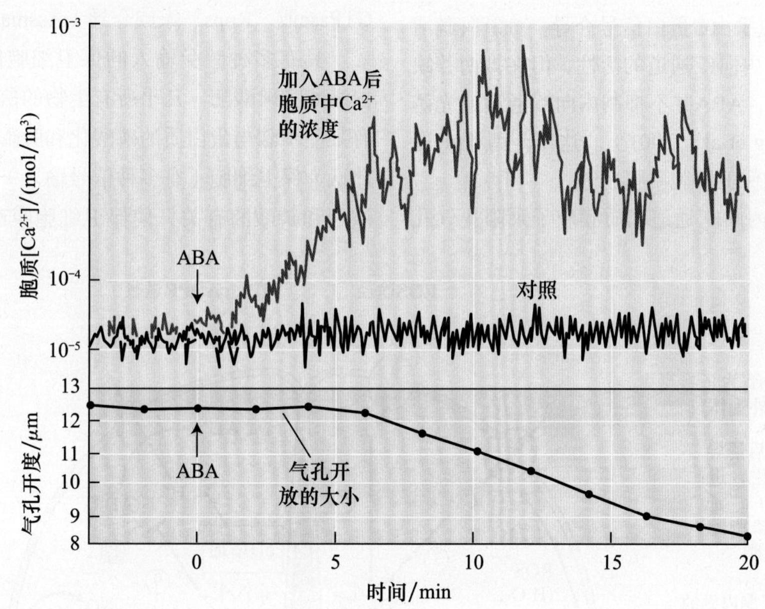

图23.13　ABA诱导保卫细胞胞质Ca^{2+}浓度（上部曲线）及气孔开度（下部曲线）增加的时间过程。Ca^{2+}增加在3 min内开始，在随后5 min内气孔开度降低（引自McAmsh et al.，1990）。

（Raschke et al.，2003）。

这些慢速及快速阴离子通道的长时间开放使大量Cl^-和苹果酸根阴离子从细胞中逸出，细胞的电化学梯度下降（细胞内为负电荷，这样驱使Cl^-和苹果酸根阴离子到达细胞外，细胞外Cl^-和苹果酸根阴离子浓度比细胞内的低）。这样带负电荷的Cl^-和苹果酸根阴离子外流显著使膜去极化，导致电压门控的K^+外流通道打开。

除了增加胞质钙浓度外，ABA还导致胞质碱化，使pH从7.7增加到7.9。已证明胞质pH的增加导致质膜外向K^+通道活性增加，这明显是通过增加了可激活的通道数量实现的（参见第6章）。*abi1*突变的一个效应是使这些K^+通道对pH不敏感。

除了导致气孔关闭外，ABA还抑制光诱导的气孔开放。另一个导致膜去极化的因素是抑制质膜H^+-ATP酶。ABA间接抑制蓝光诱导的保卫细胞原生质体质子泵（图23.14），这与ABA引起质膜去极化部分由质膜H^+-ATP酶活性降低导致的模型一致。

蚕豆中，至少叶质膜H^+-ATP酶的活性被钙显著抑制。0.3 μmol/L钙可抑制50% H^+-ATP酶活性，1 μmol/L钙可完全抑制该酶的活性（Kinoshita et al.，1995）。似乎有两个因素影响ABA对质膜质子泵的抑制：胞质Ca^{2+}浓度增加和胞质碱化。

ABA抑制气孔关闭也与ABA抑制内向K^+通道相关，内向K^+通道由质子泵引起膜超极化后打开（见第6章和第18章）。内向K^+通道的抑制由ABA诱导的胞质钙

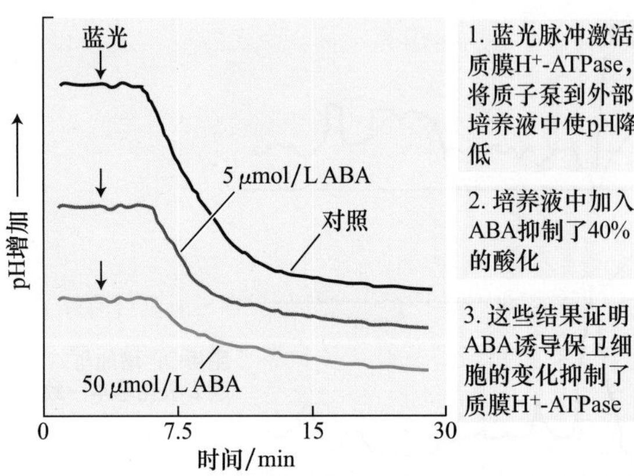

图23.14 ABA抑制原生质体蓝光刺激的保卫细胞质子泵活性。保卫细胞原生质体悬浮细胞在红光照射下培养，用pH电极检测悬浮培养液中的pH。在所有情况下初始的pH相同（曲线通过转化更易看清楚）（引自Shimazaki et al.，1986）。

浓度增加介导，也似乎由G蛋白信号介导。G蛋白激活蛋白如GTPγS能抑制内向K^+通道的活性，但在拟南芥缺乏Gα亚基突变体中，ABA并不抑制内向K^+通道或光诱导的气孔开放（Wang et al.，2001）。这样，钙和pH通过以下两种方式影响保卫细胞质膜通道。

（1）通过抑制内向K^+通道和质膜质子泵阻止气孔开放。

（2）通过激活外向阴离子通道进而激活外向K^+通道促进气孔关闭。

Gα亚基突变体中，尽管ABA抑制的气孔开放受到阻止，但ABA仍然促进气孔关闭，表明气孔开放的抑制和气孔关闭的促进通过两条不同的途径达到了相同的目的，那就是关闭气孔。正如前面讨论的，磷脂酶D（PLD）和它的产物磷酸（PA）都影响G蛋白对气孔开放的调节，PA通过隔离受抑制的PP2C促进气孔开放。

气孔关闭时，大量（大约0.3 mol/L）离子外流的结果是渗透失水，保卫细胞质膜表面积缩小可达50%。那么减少的膜去了哪里呢？答案似乎是：这些膜以小囊泡的形式通过内吞作用被吸收，这个过程也与ABA诱导的肌动蛋白骨架重组有关，肌动蛋白重组由植物Rho GTPase或"Rops"家族介导（Assmann，2004）。

具有多种感受输入的保卫细胞信号转导都涉及蛋白激酶和磷酸酶。几乎所有生物的信号转导途径中，总有某些步骤与蛋白质的磷酸化和脱磷酸化反应有关。因此认为保卫细胞（有多种信号输入）信号转导也与蛋白激酶和磷酸酶有关，使保卫细胞膜产生电势的H^+-ATP

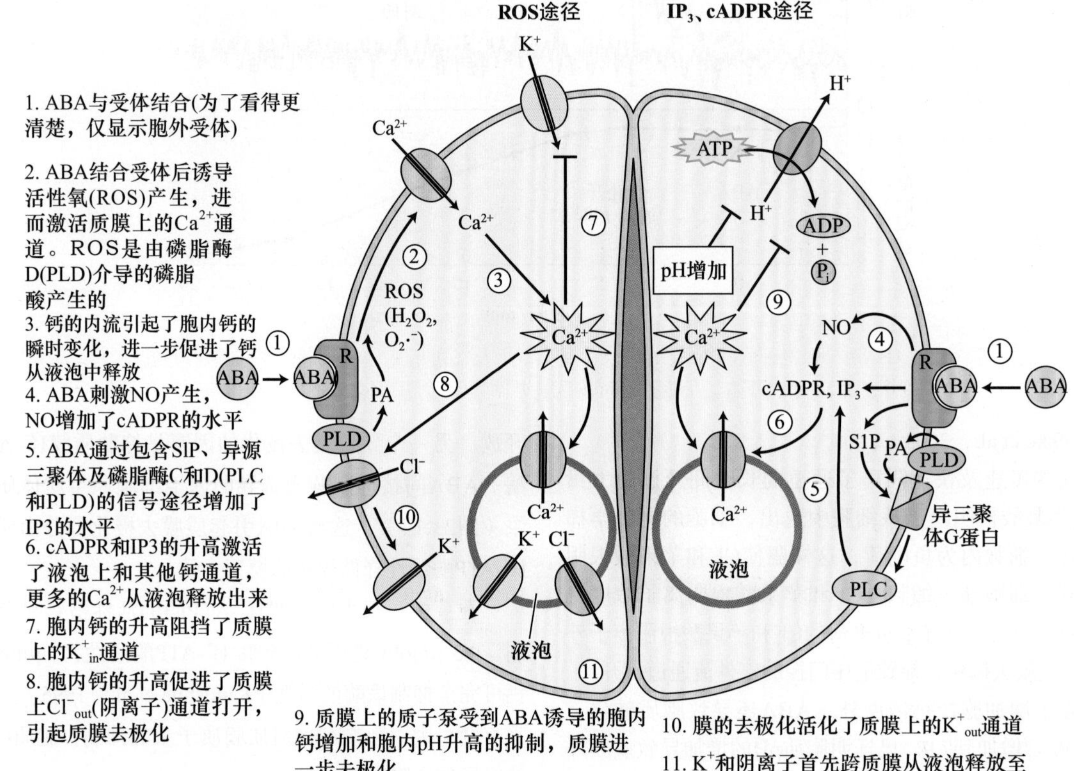

图23.15 气孔保卫细胞中ABA信号模式图。净效应是细胞中钾离子及阴离子（Cl^-或苹果酸根离子）丧失。cADPR，环ADP核糖；IP3，1，4，5三磷酸肌醇；NO，一氧化氮；PA，磷脂酸；PLC，磷脂酶C；PLD，磷脂酶D；R，受体；ROS，活性氧；S1P，鞘氨醇-1-磷酸。

酶活性可被一些激酶SnRK和钙依赖蛋白激酶降低，与这一结果一致，蛋白激酶抑制剂抑制ABA诱导的气孔关闭。PP2C和PP2A类蛋白磷酸酶也都参与改变特异H^+-ATP酶的活性，导致慢速阴离子通道活性的变化。从这些结果看，蛋白磷酸化和脱磷酸化在保卫细胞信号转导途径发挥重要作用。

图23.15所示为ABA在气孔保卫细胞中作用的简化模式图。为了能表示得更加清楚，仅显示出了细胞表面受体。若要了解更详细的模式图，请参见文献Li et al., 2006和Web Essay 23.2。

小 结

脱落酸（ABA）发挥短期（快速和可逆的）和长期（持久的）的效应控制植物的发育，该激素在植物应答水分胁迫、干旱、低温和盐胁迫及种子成熟和芽休眠过程中发挥极其重要的作用。

ABA的产生、化学结构和测定

·ABA与一些类胡萝卜素分子的末端部分类似，以顺式和反式及*S*和*R*型形式存在（图23.1）。

·ABA可由生物测定、气相色谱、高压液相色谱和免疫测定方法检测。

ABA的生物合成、代谢和运输

·ABA由类胡萝卜素前体产生，该前体由质体中的异戊烯二磷酸（IPP）合成，最后在胞质中完成（图23.2）。

·阻断类胡萝卜素合成的突变降低了ABA水平，导致种子过早萌发（图23.3）。

·在发育或响应包括脱水等胁迫反应过程中，ABA水平会发生动态改变（图23.4）。

·ABA由氧化降解或通过结合被失活。

·ABA由木质部和韧皮部运输，正常情况下在韧皮部汁液中更丰富。

·水分胁迫下，ABA首先在茎的微管组织中积累，随后出现在根和保卫细胞中（图23.5）。

·水分胁迫下，质外体和胞质中pH变化增加了ABA含量，ABA进入保卫细胞后促进气孔关闭（图23.6）。

ABA信号转导途径

·ABA短期的反应常常涉及离子流跨膜变化，但也可能包括对某些基因的调控（图23.15）。

·ABA诱导的持续发育过程（如种子成熟）涉及基因表达模式的重大变化。

·在胞质、核及质体和质膜中鉴定出了ABA受体（图23.7）。

·几种第二信使在各种ABA信号反应中都起作用，这些信使包括Ca^{2+}（图23.8）、活性氧、环核苷酸和磷脂（图23.9和图23.15）。

·蛋白激酶和磷酸酶调节ABA信号中重要的步骤（图23.7）。

·ABA与其他激素具有共同的信号中间成分，并在不同信号途径主要交叉调节中发挥作用。

ABA调节基因表达

·ABA介导转录因子激活基因。

·转录因子活性调控发育和环境相关基因的表达。

·转录因子间相互作用，或者转录因子与激酶、磷酸酶或降解机制成分间相互作用调控基因的转录（图23.10）。

ABA在发育中的作用和生理效应

·ABA在调节种子发育、种子和芽休眠、萌发、营养生长、衰老、气孔调节及胁迫反应中发挥作用。

·在发育的种子中，胚和胚乳的基因型控制ABA合成，这对诱导休眠至关重要。种皮的母本基因型在胚发生中期控制ABA积累，后者抑制胚萌。

·种子发育过程中，ABA促进储藏蛋白、脂及参与脱水耐性形成特异蛋白等的合成。

·种子的休眠和萌发由ABA与GA之间的比例控制。

·在萌发的种子中，ABA抑制GA诱导的水解酶合成。

·ABA对根和茎生长的效应依赖于植物的水分状况（图23.11）。

·ABA极大地促进了叶片衰老，因而增加了乙烯形成和刺激脱落。

·ABA在休眠芽中积累，抑制芽的生长，ABA也可与促进生长的激素如细胞分裂素和赤霉素相互作用。

·在应答水分胁迫反应中，ABA通过使正电荷内流进入保卫细胞诱导膜的瞬时去极化关闭气孔（图23.12）。这些瞬时变化导致细胞中大量K^+和阴离子持续外流，从而降低了保卫细胞的膨压（图23.13）。

·保卫细胞ABA诱导的变化能抑制质膜H^+-ATP酶活性，导致膜的去极化（图23.14）。

（郝福顺 译）

WEB MATERIAL

Web Topics

23.1 The Structure of Lunularic Acid from Liverworts
Although inactive in higher plants, lunularic acid appears to have a function similar to ABA in liverworts.

23.2 ABA May Be an Ancient Stress Signal
Recent reports have documented a role for ABA in

regulating stress responses in animals ranging from sea sponges to mammals.

23.3 Structural Requirements for Biological Activity of Abscisic Acid
To be active as a hormone, ABA requires certain functional groups.

23.4 The Bioassay of ABA
Several ABA-responding tissues have been used to detect and measure ABA.

23.5 Evidence for Both Extracellular and Intracellular ABA Receptors
Experiments supporting both types of ABA receptors in different cell types are described.

23.6 The Existence of G Protein-Coupled ABA Receptors Is Still Unresolved
Despite some experimental evidence for the participation of G-proteins in ABA responses, their role as receptors has not yet been demonstrated.

23.7 The Yeast Two-Hybrid System
The GAL4 transcription factor can be used to detect protein–protein interactions in yeast.

23.8 Yellow Cameleon, A Noninvasive Tool for Measuring Intracellular Calcium
The yellow cameleon protein has several features that enable it to act as a reporter for calcium concentration.

23.9 Phosphatidic Acid May Stimulate Sphingosine-1-Phosphate Production
The relationship between phosphatidic acid and the levels of sphingosine-1-phosphate is discussed.

23.10 The ABA Signal Transduction Pathway Includes Several Protein Kinases
Calcium-dependent kinases, calcineurin B-like interacting protein kinases, and MAP kinases have been implicated in the ABA signal transduction pathway.

23.11 The *ERA1* and *ABH* Genes Code for Negative Regulators of the ABA Response
The phenotypes of the *era1* and *abh* mutants are described.

23.12 Promoter Elements That Regulate ABA Induction of Gene Expression
ABA induction of gene expression is regulated by several different cis-acting sequences bound by distinct transcription factors.

23.13 Regulatory Proteins Implicated in ABA-Stimulated Gene Transcription
Techniques such as the yeast two-hybrid system have identified several additional ABA transcriptional regulators.

23.14 ABA Gene Expression Can Also Be Regulated by mRNA Processing and Stability
Some mutations affecting basic aspects of RNA metabolism have surprisingly specific effects on the ABA-mediated stress response.

23.15 ABA May Play a Role in Plant Pathogen Responses
Several studies link ABA with stimulation or inhibition of plant responses to bacterial and fungal pathogens.

23.16 Proteins Required for Desiccation Tolerance
ABA induces the synthesis of proteins that protect cells from damage due to desiccation.

23.17 The Types of Coat-Imposed Seed Dormancy
The seed coat can inhibit germination by five different mechanisms.

23.18 Types of Seed Dormancy and the Roles of Environmental Factors
Many types of seed dormancy exist, some are affected by various environmental factors.

23.19 The Longevity of Seeds
Under certain conditions, seeds can remain dormant for hundreds of years.

23.20 Genetic Mapping of Dormancy, Quantitative Trait Locus, QTL, Scoring of Vegetative Dormancy Combined with a Candidate Gene Approach
QTL analysis is a genetic method for determining the number and chromosomal locations of genes affecting a quantitative trait affected by many unlinked genes.

23.21 ABA-Induced Senescence and Ethylene
Hormone-insensitive mutants have made it possible to distinguish the effects of ethylene from those of ABA on senescence.

Web Essay

23.1 Heterophylly in Aquatic Plants
Abscisic acid induces aerial-type leaf morphology in many aquatic plants.

23.2 Hope for Humpty Dumpty, Systems Biology of Cellular Signaling
ABA regulation of stomatal opening is used to illustrate the use of systems biology approaches for modelling cellular signaling

第24章

油菜素甾醇：细胞扩大和发育的调节子

虽然很久以前就知道动物中存在甾醇类激素，但是在植物中发现这类激素的时间却不长。动物甾醇类激素包括性激素（雌性激素、雄性激素和黄体酮）和肾上腺皮质激素（糖皮质激素和盐皮质激素）。油菜素甾醇（**brassinosteroid，BR**）是一类植物中的甾醇类激素，它们在植物的很多发育过程中起着重要作用，包括茎和根中的细胞分裂和伸长、光形态建成、生殖发育、叶片衰老，以及对胁迫的反应等（Clouse and Sasse，1998）。

植物甾醇类激素是众多科学家经过近30年的努力，在鉴定不同植物花粉中的新型生长促进因子的时候发现的（Steffens，1991）。J. W. Mitchell及其同事的早期研究发现，在成熟油菜花粉的有机溶剂提取物中含有一种具有最高活性促进生长的物质。他们将油菜花粉中这种未鉴定的活性化合物称为油菜素（brassin）（Mitchell et al.，1970）。

很多生理实验验证了油菜素促进生长的特异作用，包括菜豆第二节间的生物测定实验。在测试中，油菜素的作用不同于其他已知植物激素，它可以引起细胞的伸长和分裂，同时引起第二节间的弯曲、膨胀和开裂（Mandava，1988）。

由于在很低浓度就可以强烈诱导生长和分化，Mitchell等于1970年提出，油菜素代表了一类新的植物激素。进一步的研究证明，油菜素不仅诱导茎的伸长，而且可以提高总的生物量和种子产量。据信这类化合物可能有巨大的应用价值，美国农业部为有关实验室提供经费资助，开展对油菜素中活性化合物的纯化和鉴定研究。

研究人员最终从227 kg蜜蜂收集的油菜花粉中纯化到4 mg具有最高生物活性的油菜素化合物，并将其命名为油菜素内酯（brassinolide）（Grove et al.，1979）。对其晶体结构的X射线衍射分析和光谱研究表明油菜素内酯是一种类似于动物甾醇激素的多羟基甾醇。

3年后，日本科学家从栗子树的虫瘿中分离到另一种植物甾醇，称为栗木甾酮（castasterone），被认为是油菜素内酯的前体（Yokota et al.，1982）。不久，同一研究组从长绿阔叶树蚊母树（*Dystilium racemosum*）中鉴定到一种与油菜素内酯生物活性类似的混合物（Abe and Marumo，1991）。

尽管油菜素甾醇类物质被认为是一种内源性化合物，并且在生物测定中对植物生长有重要影响，如菜豆第二节间的生物测定，但由于很多年来人们并不清楚它们在植物正常生长和发育中的作用，因此当时并没有被认作一种植物激素。直到20世纪90年代中期对拟南芥的遗传学研究最终证明了油菜素甾醇是植物激素，与其他植物激素一起参与调控植物发育的很多方面，包括茎的生长、根的生长、微管组织的分化、花粉管生长及种子萌发（Clouse and Sasse，1998）。

我们对油菜素甾醇的讨论，将从简述BR的化学结构及证明BR是植物激素的遗传研究开始。随后，将论述从BR受体到它们调节基因表达的信号转导途径。进而，将综述它们的生物合成、代谢及转运途径，然后介绍这类激素影响的一些重要生理过程。最后，将简单评估油菜素甾醇在农业上的潜在应用价值。

24.1 油菜素甾醇的结构、发生及遗传分析

在油菜素甾醇的纯化过程中，主要用到了两种生物测定法：菜豆第二节间的生物测定（图24.1）和水稻叶片弯曲的生物测定（图24.2）。这些生物测定法将具生物活性的BR和不具活性的中间产物和代谢物区别开，同时能定量测定活性化合物的含量（图24.3）。

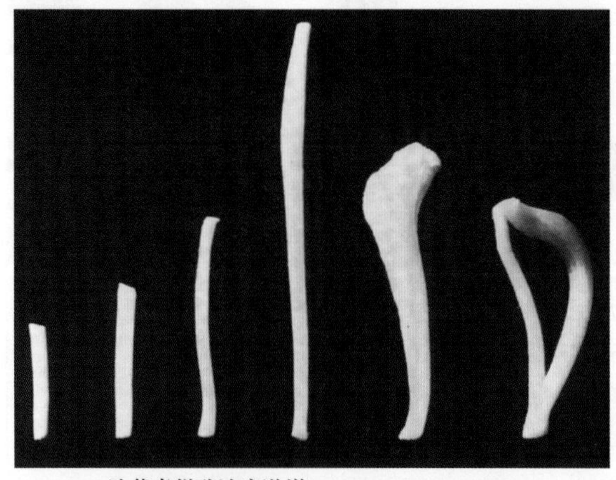

图24.1 油菜素甾醇的菜豆第二节间生物测定。切下的菜豆第二节间在含不同BR浓度的培养液中离体悬浮培养几天。最左边为未处理的对照。低浓度的BR主要诱导伸长性生长，而高浓度则引起茎的增粗、弯曲和开裂（引自Mandava，1988）。

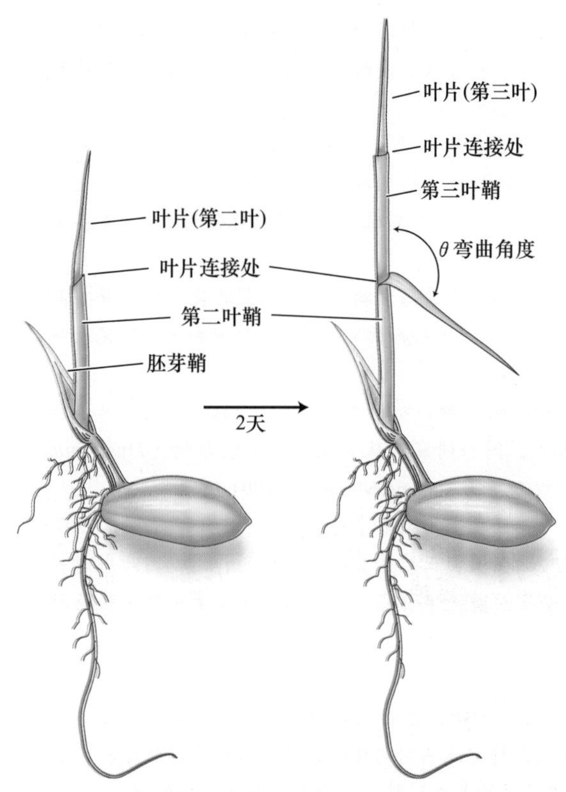

图24.2 油菜素甾醇影响矮秆水稻叶倾角的实验。将一小滴溶于乙醇的BR涂在叶片和叶鞘的连接处。在高湿度的条件下培养2天后，测定叶片和叶鞘的夹角（θ）。角度的大小与溶液中油菜素甾醇的浓度成正相关。

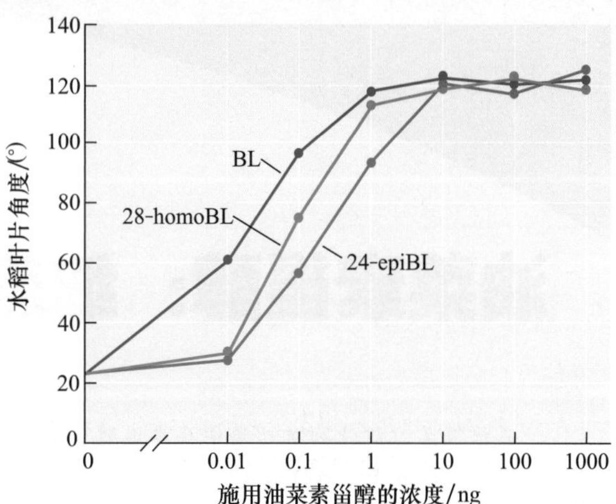

图24.3 三种具不同活性的BR在水稻叶片弯曲实验中的剂量反应曲线。24-epiBL，24-表油菜素内酯；28-homoBL，28-同油菜素内酯；BL，油菜素内酯。

1979年，人们解析了油菜素甾醇的基本化学结构。当时对于纯化的活性物质进行X射线衍射结晶分析确定了它是一种甾醇类内酯（steroidal lactone）（图24.4）（Grove et al.，1979）。这种化合物被命名为**油菜素内酯（brassinolide，BL）**，根据其结构特征最终鉴定到大约60种相关的植物甾醇，统称为油菜素甾醇（Fujioka and Yokota，2003）。BL生物合成的直接前体**栗木甾酮（castaserone，CS）**也有较弱的BR活性。

目前，已经在27个科的种子植物（包括被子植物和裸子植物）、一种羊齿类（问荆，*Equisetum arvense*）、一种苔藓类（地钱，*Marchantia polymorpha*）、一种绿藻（水网藻，*Hydrodictyon reticulatum*）中鉴定到油菜素甾醇。因此，油菜素甾醇显然是一种在陆生植物进化之前，普遍存在于各种植物中的激素。在被子植物的花粉、花药、种子、叶片、茎、根及幼嫩的生长组织中都含有低浓度的油菜素甾醇。

对BL分子结构的了解，使人们能够合成自然界中存在的各类BR和它们的类似物。利用菜豆第二节间或水稻叶片倾角生物测定的方法来测定这些化合物的活性，确定了评价BR活性的以下关键原则（Mandava，1998）。

（1）位于A环上C-2和C-3位置顺式邻双羟基醇的作用。C-2或C-3任一羟基的缺失及它们构象上的任何变化都将导致活性的丧失。

（2）B环内酯7位的作用。尽管B环上有限的修饰不会使活性完全丧失（如栗木甾酮上的B环，图24.10），但是会导致活性显著下降。

（3）甾醇侧链上C-20和C-23羟基的影响。位于

24-表油菜素内酯

28-同油菜素内酯

图24.4　油菜素甾醇的结构。油菜素内酯（BL）是植物中分布最广和活性最高的油菜素甾醇。BL结构中的碳原子用数字编号，环的类型用字母来表示。发生变化的区域用罗马数字Ⅰ和Ⅱ表示。在区域Ⅰ，24-表油菜素内酯和28-同油菜素内酯的侧链存在差异，但并不显著影响它们的活性。侧链C-22和C-23上的羟基是BR活性所必需的。

C-20和C-23上的羟基以α-构象形式存在时比相应的β-羟基的甾醇活性更高。

C-24上的烷基侧链可以发生变化，只是通常情况下发现其活性降低，如**24-表油菜素内酯（24-epiBL）**和**28-同油菜素内酯（28-homoBL）**（图24.3和图24.4）。依据它们的侧链结构，不同的化合物可分为C_{27}、C_{28}或C_{29}油菜素甾醇。因为人工合成24-epiBL比合成BL便宜得多，所以尽管很多生物测定表明24-epiBL的活性只有BL的10%，但是在生理实验中，人们还是经常用24-epiBL来替代BL。

24.1.1　BR缺失突变体的光形态建成发生异常

近10年来对BR合成和感受缺失突变体的分离及其表型分析的遗传学研究，为确定油菜素甾醇是植物激素提供了确凿的证据。这些突变体的异常表型证明BR在植物正常发育中是必需的。

在对完全黑暗条件下生长数天后仍具有光下生长形态（也就是去黄化）的拟南芥幼苗突变体筛选中，最早分离到的BR缺失突变体是*det2*（*de-etiolated 2*，去黄化）和*cpd*（*constitutive photomorphogenesis and dwarfism*，组成型光形态发生和矮化）（图24.5）（Li et al.，1996；Szekeres et al.，1996）。这两个突变体中油菜素甾醇的生物合成受阻。*DET2*编码的蛋白质与哺乳动物的甾醇5α-还原酶在氨基酸序列上很相似（Li et al.，1996）。哺乳动物的甾醇5α-还原酶催化从睾丸激素到二氢睾丸激素的NADPH依赖性转化，这是甾醇代

A

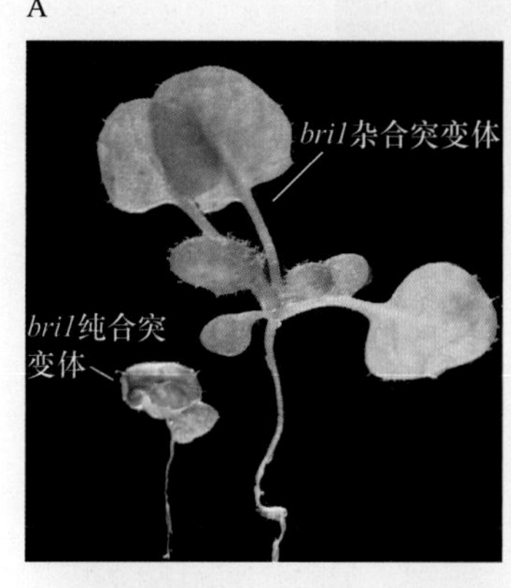

B

C

D

图24.5　拟南芥BR突变体的表型。A. 光照条件下生长3周，与野生型表型相同的*bri1*杂合体（右）相比，纯合的*bri1*突变体（左）明显矮小。B. 光照条件下生长3周，纯合的*cpd*突变体（左）同样表现出矮小的表型；右边所示是呈野生型表型的杂合突变体。C. 光照条件下生长至成熟，与野生型植株（右）相比，*det2*突变体（左）表现为矮小的表型。D. 左边是黑暗条件下生长的*det2*突变体，具有短而粗的下胚轴和伸展的子叶；右边是黑暗条件下生长的野生型（S. Savaldi Goldstein惠赠）。

谢中的一个关键步骤，是正常胚胎中雄性外生殖器和前列腺发育所必需的。同样，*CPD*基因编码的蛋白质与哺乳动物细胞色素P450单氧化物酶，包括甾醇羟化酶同源。

*det2*和*cpd*突变体幼苗对光形态发生的反应受到影响，主要表现为下胚轴短而粗、子叶伸展、有幼嫩的原生叶（在暗生长的野生型幼苗中缺失）及高水平的花青素。以上表型都是野生型在光下而非暗处生长幼苗的表型（图24.5D）。另外，这两个突变体在黑暗条件下生长时，可以检测到受光调节基因的mRNA水平提高。而暗处生长的野生型幼苗表现出典型的黄化表型（下胚轴长、子叶折叠和花青素的缺失）。

除了非典型的暗生长表型外，*det2*和*cpd*在光照条件下的生长也不正常。由于细胞大小和细胞间隙减小，两个突变体植株都呈深绿色并且矮小（图23.5 B和C），顶端优势丧失（见第9章），并且雄性育性下降。另外，*det2*和*cpd*还表现出根短、开花延迟的表型，且即使是在开花后还表现叶片衰老延迟的现象。*cpd*通常比*det2*的表型严重，其原因是*det2*突变体中仍有微量的具有生物活性的BR，而*cpd*突变体中几乎检测不到具有活性的BR（Szekeres et al.，1996）。对这些矮小突变体外源施加油菜素甾醇能够恢复它们的表型，进一步证明DET2和CPD是油菜素甾醇合成和植物正常光形态建成所必要的（图24.6）。

A *cpd*

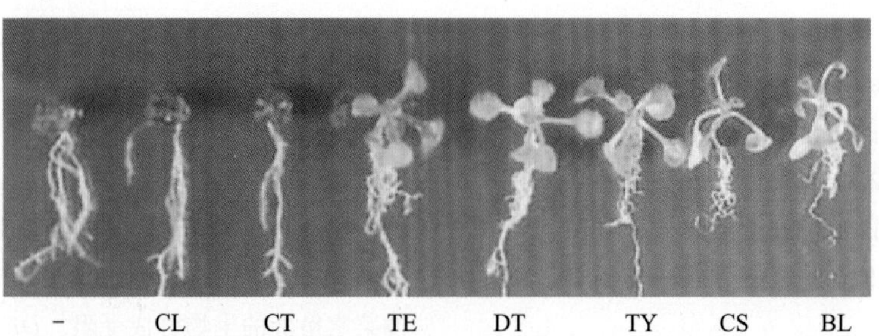

B 野生型

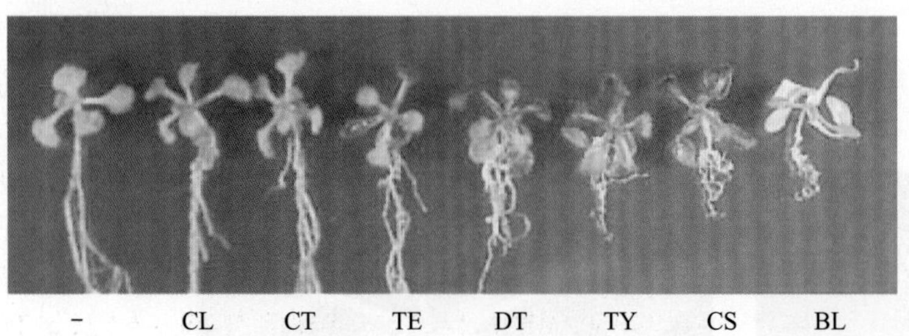

图24.6 BL及其合成（图24.10和附录3）中的中间产物恢复*cpd*突变体的正常生长。野生型和*cpd*突变体幼苗不施用油菜素甾醇（负号表示）或用0.2 μmol/L BR中间产物处理14天。菜油甾醇（campesterol，CL）和卡它甾酮（cathasterone，CT）对*cpd*突变体都没有任何影响，因为这些中间产物的合成在CPD蛋白酶催化的反应之前。相反，茶甾酮（teasterone，TE）、3-脱氢茶甾酮（3-dehydroteasterone，DT）、香蒲甾醇（typhasterol，TY）及栗木甾酮（CS）都能恢复*cpd*的表型，因为它们的合成在CPD酶催化的反应之后。野生型含有适量的中间产物，其生长受到BL及其中间产物的微弱抑制（引自Szekeres et al.，1996）。

24.2 油菜素甾醇的信号转导途径

对BR反应的遗传分析，鉴定到位于细胞膜的BR受体和BR信号转导途径中的很多其他组分。从而使人们对BR作用分子机制的研究已经取得了巨大的进展。这里，我们将重点讨论拟南芥中的BR信号转导通路及其主要组分（关于BR信号途径和其他信号转导的比较请参见第14章）。

 24.2.1 从BR不敏感突变体中鉴定出BR细胞表面受体

为了鉴定拟南芥BR信号转导途径的组分，研究者最初采用遗传筛选的方法，在高浓度BL的条件下分离根正常伸长的突变体，并从中筛选到单一的*bri1*（*brassinosteroid-insensitive 1*）（Clouse et al.，1996）。进一步筛选对BL不敏感的突变体，所有得到的其他突变体都是*BRI1*的等位突变（Li and Chory，1997），证明BRI1是BR信号转导途径中的重要组分。

接下来的结合实验证明BL能以相当高的专一性直接结合到BRI1，证明了BRI1是BR的受体（Kinoshita et al.，2005）。

油菜素内酯可以结合到受体BRI1的胞外域。BRI1是定位于细胞膜上的富亮氨酸重复（leucine-rich repeat，LRR）的受体激酶（图24.7）。BRI1也被发现能定位于早期内体（亚细胞隔室）中并通过其传递信号（Geldner et al.，2007）。有意思的是，虽然到目前为止，大家认为植物蛋白激酶都是丝氨酸/苏氨酸（serine/threonine，S/T）特异的激酶，但是BRI1却是一个双重特异的蛋白激酶。也就是说，丝氨酸/苏氨酸和酪氨酸位点都能被BRI1自磷酸化，同时这两种修饰都是BRI1激活所必需的（Oh et al.，2009）。

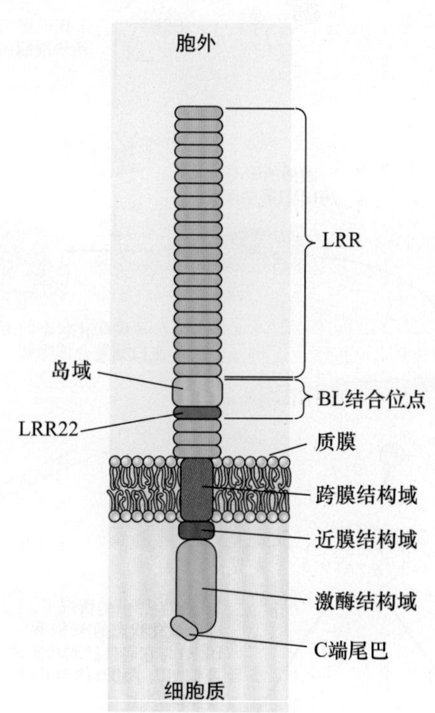

图24.7　BR受体BRI1的结构域组成。受体BRI1定位于细胞膜上。胞外区域由一段富亮氨酸重复序列（LRR）组成，LRR内含一个岛状域，其功能为油菜素内酯（BL）结合区域的一部分。胞内部分包括一个近膜结构域、一个激酶结构域和C端尾巴。

在拟南芥基因组中，LRR受体激酶可能组成了最大的受体基因家族，超过230个。这个家族具有保守的功能结构域，其N端是一个包括具有很多串联（邻近）富亮氨酸重复的胞外功能域，有个单一跨膜区，以及具有酪氨酸、丝氨酸和苏氨酸蛋白激酶活性的胞质激酶域（图24. 7）。以BRI1为例，它含有25个富亮氨酸重复。BRI1还含有一个BR结合必需的，由一系列氨基酸残基形成一个独特“岛”域，它插在第21和第22个富亮氨酸重复之间（Kinoshita et al.，2005）。这个岛域连同其相邻的第22个富亮氨酸重复构成了结合BR所必需的最小区域。

 24.2.2　磷酸化激活BRI1受体

对大量BRI1等位突变的分析表明，受体的胞外域和胞内激酶域都是BR信号传递到下游所必需的（Friedrichsen et al.，2000；Vert et al.，2005）。BL与BRI1上约100个氨基酸残基构成的新的甾醇结合域结合，该区域包括岛域和邻近的LRR序列（图24.7）。BL结合后使受体激活，其特征是提高受体的自磷酸化活性，并增强了与次级LRR受体激酶、BRI1结合受体激酶**BAK1**（**BRI1-association receptor kinase 1**）的结合（图24.8）。

在油菜素内酯存在的情况下，BRI1胞内结构域的很多位点发生体内磷酸化，包括近膜区（juxtamembrane region，JM）、C端尾巴和激酶的催化区域本身。这些磷酸化的位点对受体活性起着调节作用，并控制BRI1的抑制子**BKI1**（**BRI1 -kinase inhibitor 1**）从细胞膜上的解离及BRI1与其他蛋白质的互作，如BKA1和**BSK**（**BR-signaling kinase**）（Wang et al.，2005a，b；Wang and Chory，2006；Tang et al.，2008）。

与动物的蛋白激酶类似，BRI1激酶域的特异磷酸化位点是激酶激活所必需的（图14.2）。另外，BRI1的C端对受体的活性起负调节作用。配体结合后，消除了C端的抑制作用，从而提高了BRI1的激酶活性（Wang et al.，2005b）。然而，在解析了BRI1的高分辨率结构后，才能清楚了解BL诱导激活的准确机制（Wang et al.，2005b）。

动物和植物细胞的受体激酶在体内常以二聚体形式起作用。体外实验已经证明，细胞内BRI1受体通常以同一种单体组成的同源多聚体起作用（Wang et al.，2005a）。

BRI1与其配体结合而被激活后，磷酸化的BRI1与另一种LRR激酶BAK1形成异源多聚体（由两个不同的单体组成）并磷酸化BAK1。接下来，BAK1被激活并与BRI1发生反式磷酸化作用。磷酸化的BRI1/BAK1异源二聚体可能是受体的活化形式，它们通过磷酸化激活BSK蛋白质并抑制负调控因子BIN2的活性而诱导BR反应。

 24.2.3　BIN2是BR诱导基因表达的抑制子

BR存在的情况下，形成活化的BRI1/BAK1异源多聚体开启了BR的信号转导过程，从而调节BR反应基因的转录。BR信号转导途径中下一个步骤由负调节因子**BIN2**（**brassinosteroid insensitive-2**）参与（图

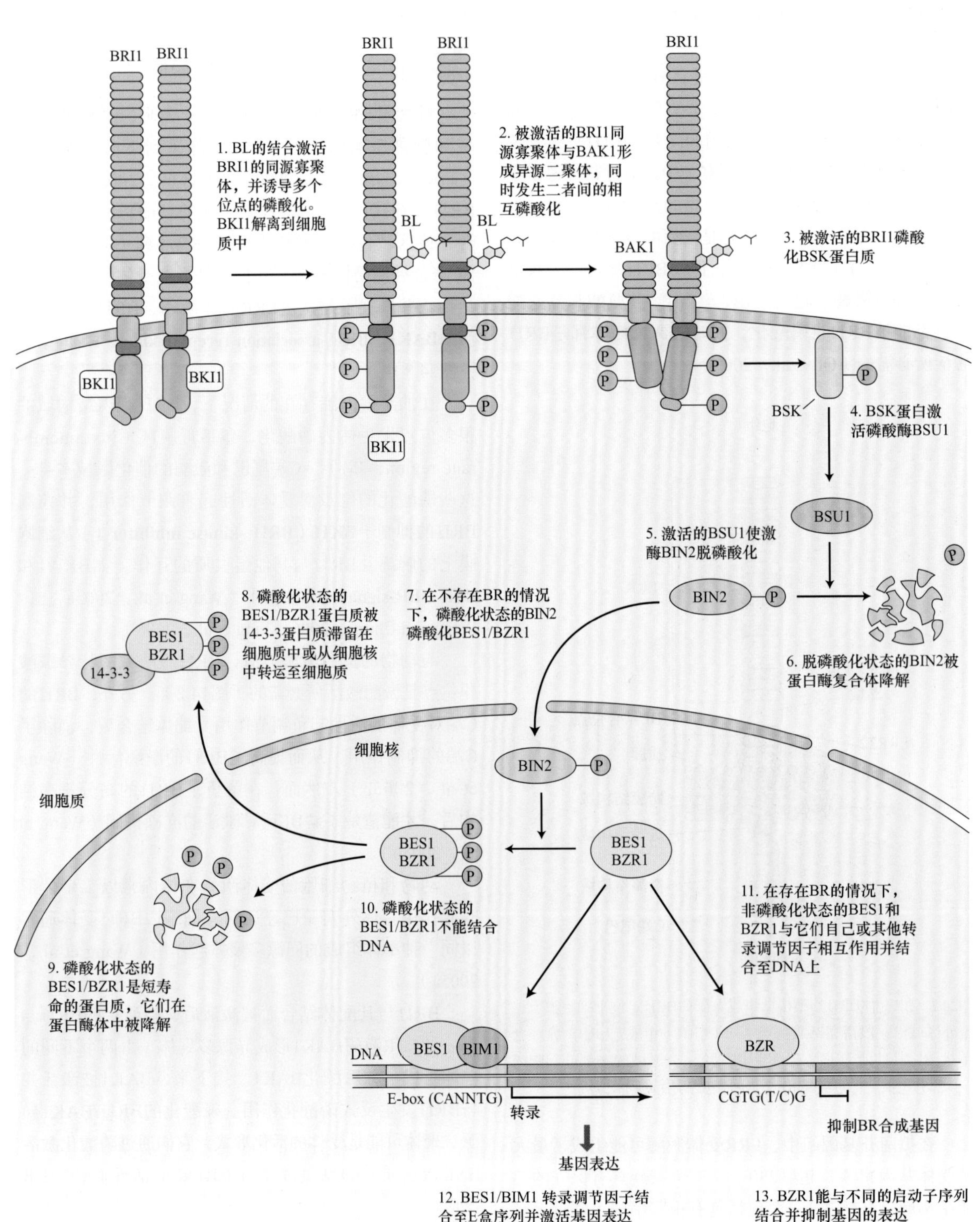

图24.8 BR信号转导模型。信号在细胞表面感知。

24.8）。*BIN2*编码一个与酵母和动物中的糖原合成激酶Ⅲ（GSK3）同源的蛋白激酶（Li and Nam，2002）。GSK3是具有组成型活性的丝氨酸/苏氨酸激酶，它们广泛地参与很多信号转导途径，并常起到抑制基因表达的作用。

在BR不存在的条件下，BIN2可能在很多调控位点磷酸化两个核蛋白质**BES1（bri1-EMS-suppressor 1）**和**BZR1（brassinazole-resistant 1）**的很多调控位点，从而抑制它们的活性。BES1和 BZR1是高度类似的转录调节因子（在氨基酸序列上有90%的同一性identity）。它们是短寿命的蛋白质，可以被26S蛋白酶体降解，这个过程与泛素化相关（图24.8）（泛素途径在第2章、第14章和第19章中也有论述）。

BIN2对BES1和BZR1的磷酸化至少有两方面的调控作用。第一，BES1和BZR1磷酸化状态的改变会影响它们在细胞核和细胞质间的穿梭，这种穿梭运动是由一类称为14-3-3的蛋白质家族介导（Gendron and Wang，2007）。第二，BES1和BZR1的磷酸化会阻止它们结合到目的启动子，因此阻止它们作为转录调节因子的作用（Vert and Chory，2006）。

在BR存在的条件下，活化的BRI1/BAK1异源寡聚体激活BSK蛋白质，从而促进BSK蛋白质与植物特异丝氨酸/苏氨酸磷酸酶**BSU1（bri1 suppressor 1）**结合并将其激活。接下来激活的BSU1将BIN2脱磷酸化，并通过蛋白酶体系统促进其降解（Peng et al.，2008；Kim et al.，2009）（图24.8中的第4个和第5个步骤），于是导致了脱磷酸化并呈活化状态的BES1和BZR1的积累（图24.9）。抵消BIN2激酶作用的磷酸酶目前并不知道。活化的脱磷酸化的BES1和BZR1进而激活或抑制BR调节基因的表达（图24.8）。

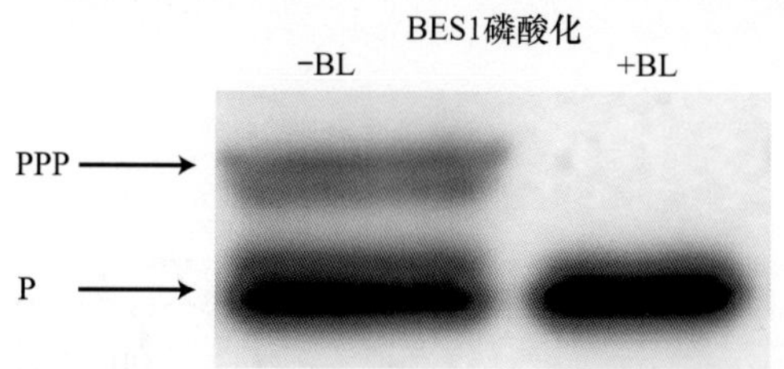

图24.9　BL抑制BES1的磷酸化。A. 用Western印迹法来鉴定两种形式的BES1：高度磷酸化的形式（PPP）和非磷酸化的形式（P）。在未经BL处理（-BL）的拟南芥植株中，很多BES1处于高度磷酸化的形态。在BL处理（+BL）的植株中，所有的BES1都处于非磷酸化的状态（抗体由Y. Yin制作，G. Vert惠赠）。

24.2.4　BES1／BZR1调节基因表达

随着拟南芥基因组测序的完成，也有了同时检测数千个基因表达的技术。应用这些包含DNA芯片分析（见第2章和Web Topic 17.7）在内的技术来研究基因的表达，鉴定到数百个受BR诱导的基因，据推测其中的很多基因在生长过程中起作用。另外，还鉴定出受BR抑制的基因。其中的很多下调基因也受到转录因子BES1／BZR1的调节（图24.21）（Vert et al.，2005）。

BES1和BZR1是通过两个独立的遗传筛选发现的。在光照条件下，*bes1*突变体与过表达*DWF4*和*BRI1*的植株类似，变得比野生型更大。与此相反，光下生长的*bzr1*突变体表现出半矮化的表型。在黑暗条件下，*BES1*和*BZR1*突变位点可以抑制*bri1*弱等位突变的矮小表型并拥有正常长度的下胚轴。这是因为*BES1*和*BZR1*突变位点使它们编码的蛋白质不易降解。用遗传学术语来说，*BES1*和*BZR1*突变位点是由于其所编码蛋白质累积所造成的半显性的一种功能获得型突变。

尽管它们在序列上有很高的相似性，BES1和BZR1看来可能介导拟南芥中不同靶基因的表达。这可能是因为该植物体内这些转录因子本身受到截然不同的时空调控。BES1通过与其他蛋白质相互作用来促进一组BR诱导基因的表达，这些蛋白质包括不同家族的靶标转录调节因子和染色质重塑因子。其中一个例子就是一个称为**BIM1（BES1-interacting Myc-like 1）**的转录调节因子。BES1/BIM1的异源二聚体结合到一段称为E盒的特异DNA序列上，激活转录。其中E盒作为BR所诱导基因启动子上的BR反应元件（Yin et al.，2005）。

BZR1是BR生物合成中的抑制子。BZR1直接与很多不同的BR生物合成基因的启动子区域所含有的CGTG（T/C）G元件相结合，从而抑制转录。这样，BZR1在BR生物合成途径的负反馈调节上起着重要的作用（见后文）（He et al.，2005）。

24.3　油菜素甾醇的生物合成、代谢及运输

与赤霉素和脱落酸类似，油菜素类甾醇的合成途径是萜类途径的一个分支，开始于两个法尼醛二磷酸聚合形成C_{30}三萜三十碳六烯（sequalene）（见第13章）。三十碳六烯接着经过一系列的环闭合，从而形成五环的三萜（甾酮）前体环阿屯醇（cycloartenol）。植物中所有的甾醇类物质都是环阿屯醇一系列的氧化反应和其他修饰的结果。

对BL生物合成途径的了解来自于遗传学和生物化学共同的研究成果（Fujioka and Yokota，2003）。鉴于长春花属的植物（玉黍螺）（*Catharanthus roseus*）能

产生相对高剂量的BRs，因此常用它们的细胞培养进行油菜素甾醇合成途径的生物化学分析。在饲喂试验中利用放射性同位素标记的BR中间产物做示踪，经气相色谱-质谱分析鉴定出它们的代谢衍生物。将这种分析方法与遗传学相结合，来研究拟南芥、番茄及其他植物的BR缺失突变体，从而鉴定出BR生物合成的完整途径。在这一部分我们将列举并讨论这些发现。

 24.3.1 油菜素内酯是由菜油甾醇合成的

由于其C-24取代的烷基不同，油菜素甾醇的合成可来源于菜油甾醇（campesterol）、谷甾醇（sitosterol）及胆固醇（cholesterol）。在植物膜中，菜油甾醇和谷甾醇的含量丰富，而胆固醇相对较少。所有这三种甾醇在植物细胞中都代谢生成大量的中间产物，但只有其中少数几种具有生物活性（Clouse and Sasse，1998；Sakurai，1999）。

我们将从甾醇的最早前体菜油甾醇开始，对BR生物合成途径进行简要描述，而菜油甾醇最终是由环阿屯醇生成的（图24.10）。经过包括DET2参与的步骤，菜油甾醇首先生成菜油甾烷醇（campestanol）。然后通过早期C-6氧化和后期C-6氧化中的任一条途径，转化为栗

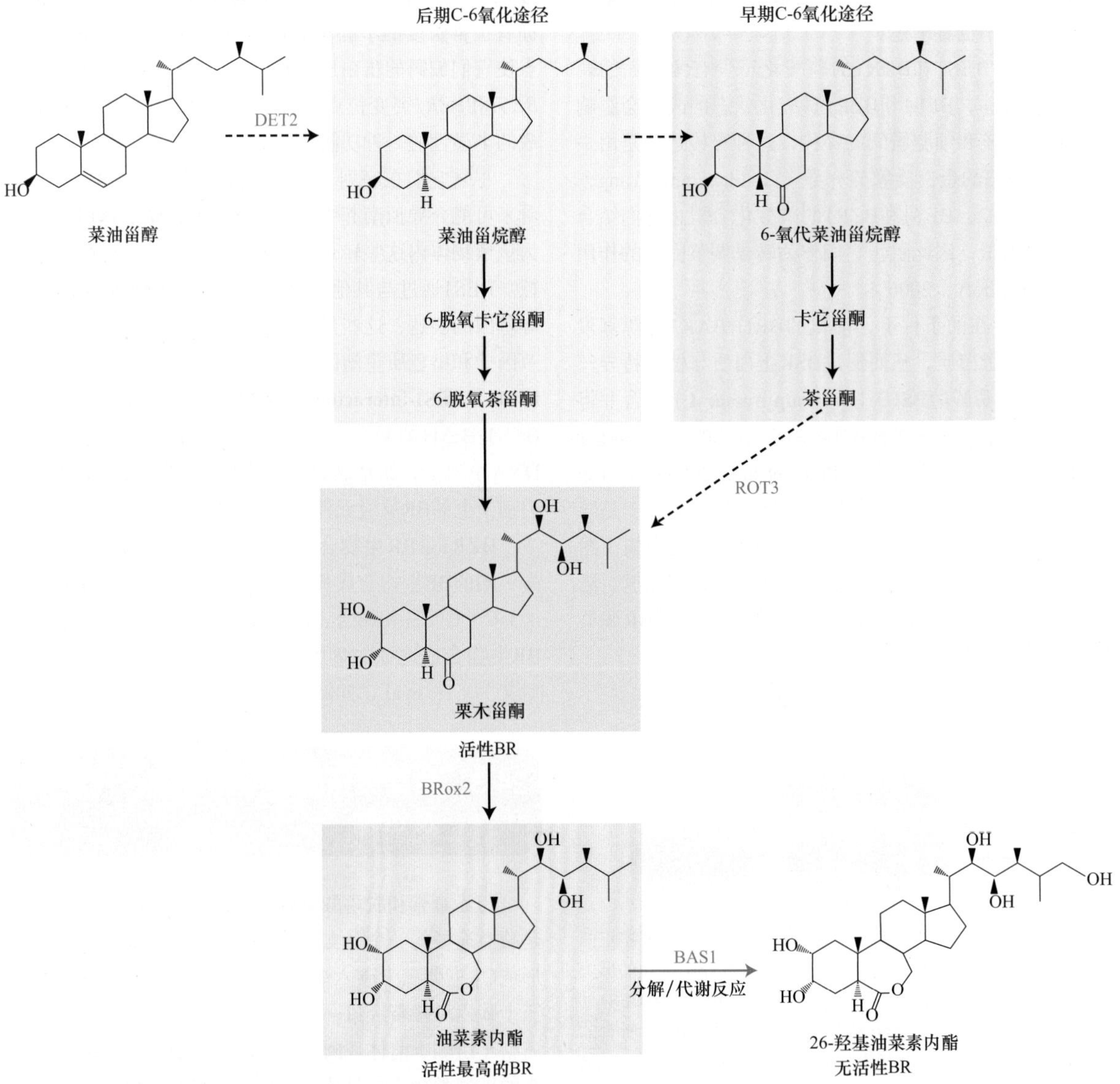

后期C-6氧化途径　早期C-6氧化途径
菜油甾醇　DET2　菜油甾烷醇　6-氧代菜油甾烷醇
6-脱氧卡它甾酮　卡它甾酮
6-脱氧茶甾酮　茶甾酮
ROT3
栗木甾酮
活性BR
BRox2
油菜素内酯
活性最高的BR
BAS1
分解/代谢反应
26-羟基油菜素内酯
无活性BR

图24.10　油菜素内酯（BL）生物合成和代谢途径的简图。BL生物合成的前体是菜油甾醇。黑箭头表示生物合成的次序，实线箭头表示单步反应，虚线表示多步反应。如图所示，BL的中间前体栗木甾酮，可由两条平行的途径合成：早期-氧化和后期-氧化途径。在早期C-6氧化途径中，B环上的C-6氧化反应早于侧链C-22和C-23位置上的相邻羟基化（有关BL的结构见图24.3）。在后期C-6氧化途径中，C-6氧化反应发生在侧链和A环C-2上羟基化之后。这两条途径可能在很多不同的点上相互连接，因此是一个生物合成网络而不是一个线性途径。图中标出了拟南芥催化不同步骤的酶。BL的分解由一个红色箭头表示。

木甾醇（CS）。附录3包括了这两条途径的其他信息。

两条途径在CS上合并，CS继而转化成BL（图24.4和图24.10）。在拟南芥、豌豆及水稻中，早期C-6氧化和后期C-6氧化途径共同存在，且可以在不同点上连接（Fujioka and Yokota，2003）。目前，人们还不清楚植物同时拥有这两条相连途径的生物学意义。事实上，在番茄中并没有发现早期C-6氧化途径。两条相连途径的共存增加了BR生物合成的复杂性，它可能为植物在不同的生理环境，如适应各类胁迫提供了有利条件。

所有从菜油甾醇到BL合成途径的突变体，都是由一些编码**细胞色素P450单氧化物酶（cytochrome P450 monooxygenase，CYP）**的基因突变引起的。拟南芥中*DWARF4*（*DWF4*）和*CPD*基因，编码两个单氧化物酶，CYP90B1和CYP90A1，它们分别使BR合成中间产物中的C-22和C-23位置发生羟基化（Fujioka and Yokota，2003）（图24.4和图24.10）。

参与BR生物合成途径的CYP蛋白质定位在内质网（endoplasmic reticulum，ER）上。这一点与参与赤霉素生物合成（见第20章）的细胞色素P450单氧化物酶类似，因此BL的生物合成很可能也在内质网上。

24.3.2　降解代谢和负反馈在控制BR动态平衡上的作用

活性BR的水平同样受到使BL失活的代谢过程调节。几种类型的反应都能导致BL的失活，包括差向异构、氧化、羟基化、磺化及与葡萄糖或脂类的缀合（Fujioka and Yokota，2003）。对这方面的认识仍非常有限，这些知识只是来源于饲喂实验：给植物施用放射性同位素标记的BR，然后鉴定标记的产物和分析内源代谢产物。然而，在植物中，BR途径与这些产物的相关性仍然不清楚。

分离到的拟南芥基因*BAS1*（phyB activation-tagged suppressor-dominant），编码一个具甾醇26-羟化酶活性的细胞色素P450单氧化物酶（CYP72B1），至少阐明了一个通过代谢酶来调节BL浓度的机制。*BAS1*的过量表达降低了植物体内BL的水平，并导致失去活性的26-羟基化的BL（26-羟基BL的结构，见图24.6）的积累，导致BR缺失植株的矮小表型（Neff et al.，1999）。

具生理活性的BR水平也受负反馈机制调节。也就是说，如果积累过量的BR，它的生物合成将受到削弱，而BR的降解则被促进。实际上，拟南芥对外源施用BL的反应使所有被检测的与BL生物合成相关基因（*DWF4*、*CPD*、*ROT3*及*BR6ox1*）的mRNA水平都降低了，而参与BR降解的*BAS1*的mRNA水平却提高了（图24.11）（Tanaka et al.，2005）。

BR生物合成相关基因的下调由BZR1调控，BZR1可以直接与这些生物合成基因启动子上的一个保守元件结合，从而抑制它们的表达（图24.8）（He et al.，

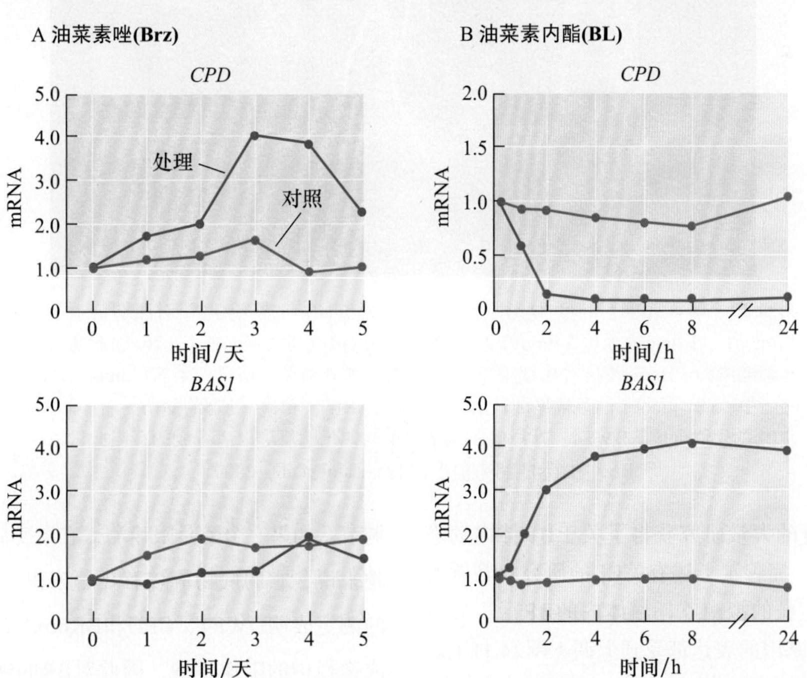

图24.11　油菜素甾醇水平的正、负反馈调节。对拟南芥幼苗进行5 μmol/L油菜素唑（Brz）处理（A），或者先用5 μmol/L Brz（耗尽内源BL）处理后接着用0.1 μmol/L BL处理（B），2天后测定*CPD*（BR合成）和*BAS1*（BR代谢）的mRNA水平。BR生物合成基因*CPD*的表达被Brz（A）促进，而受BL（B）的抑制。因此*CPD*受BL负调控。相反，BL促进BR降解酶基因*BAS1*的表达。所以*BAS1*受BL正调控（引自Tanaka et al.，2005）。

2005）。相应地，对BL反应能力减弱的拟南芥突变体，将会比野生型拟南芥累积更多的具有生物活性的CS和BL（Noguchi et al.，1999）。

BR生物合成的特异抑制剂**油菜素唑（brassinazole，Brz）**，是开展BR的遗传、生理及分子研究的有力工具（图24.12）。Brz含有一个由2个碳和3个氮原子组成的三唑。很多三唑化合物能作为细胞色素P450单氧化酶的抑制剂。三唑Brz特异性地抑制BL生物合成中DWF4（单氧化酶CYP90B1）的活性，而DWF4催化C-22上的羟化反应（Asami et al.，2003）。生长在Brz上的植物表现出BR缺失的表型，这种表型可以通过在它们的生长培养基上添加BL来恢复（图24.13）。在这些实验中，植物中的Brz和BL都由根系来摄取。

OH
N
N
N
Cl

图24.12　抑制油菜素甾醇生物合成的三唑化合物油菜素唑{4-[（4-氯基）-2-苯基-3-（1，2，4）-三唑]-丁-2-醇}的结构。

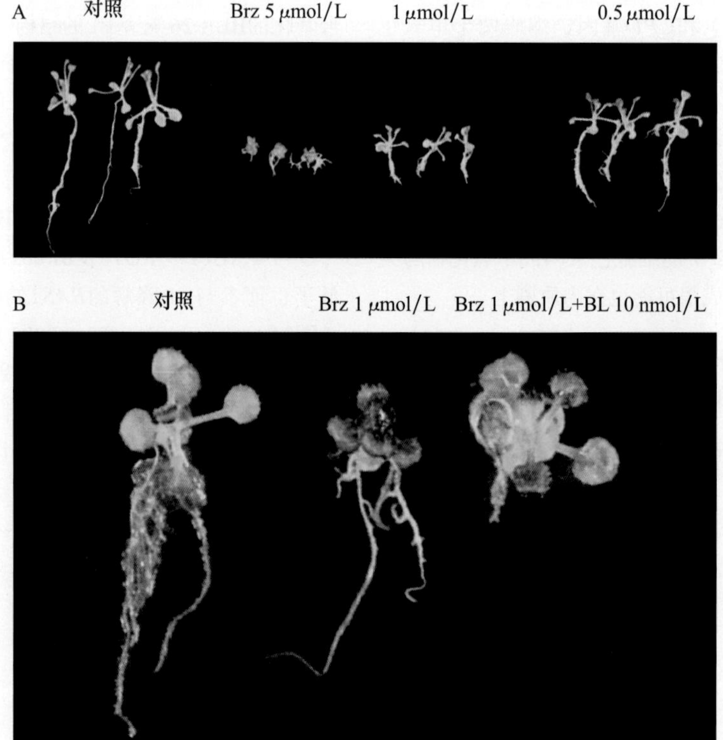

图24.13　油菜素唑（Brz）对光照生长14天拟南芥幼苗的影响。A. 对照幼苗（左）和5 μmol/L、1 μmol/L及0. 5 μmol/L油菜素唑处理的拟南芥幼苗（右）。Brz引起幼苗的矮化程度依赖于Brz的浓度。B. 光照生长14天的拟南芥对照幼苗（左）和1 μmol/L油菜素唑（中）或1 μmol/L油菜素唑加10 nmol/L油菜素内酯（BL）处理的幼苗（右）。Brz抑制BL的生物合成酶DWF4。施用的BL是在DWF4催化的反应以后合成的，因此可以减轻Brz对生长的抑制作用（引自Asami et al.，2000）。

利用Brz进行的大量研究获得了关于BR体内动态平衡的重要信息，完善了上述有关BL的研究。在含有Brz的培养基上生长的拟南芥耗尽体内的BR后，导致多个BR生物合成基因的表达都受到上调（图24.11）。综上所述，研究结果表明BR的体内动态平衡是由若干靶基因共同的反馈调节来维持（Tanaka et al.，2005）。

BR的动态平衡也受BL生物合成途径中的限速步骤调节。如果一个酶是限速酶，它突变后相对它的直接产物来说，它的底物应该有显著累积。对拟南芥内源BR的测定表明DWF4、CPD和BR6ox1/2可能是BR生物合成途径中的限速步骤，因此对BR的体内动态平衡起着重要作用。实际上DWF4和BR6ox2的过量表达促进了植物的营养生长（图24.14）（Choe et al.，2001；Kim et al.，2005）。

图24.14　拟南芥中过量表达BR生物合成的基因*DWF4*可以显著提高植株的大小。植物生长了25天（引自Choe et al.，2001）。

 24.3.3　油菜素甾醇在它们合成部位的附近起作用

通常，激素作用的一个重要决定因素是从合成部位到作用部位转运的程度和速度。外源施用的24-表油菜素内酯（24-epiBL）经历了从根到茎叶的长距离转运。例如，当用^{14}C-24-epiBL处理黄瓜、番茄或者小麦植株的根部，放射性很容易就从根部转移到茎部（Schlagnhaufer and Arteca，1991；Nishikawa et al.，1994）。并且，在含有BL的培养基上，BR缺失的拟南芥突变体矮化的表型能够恢复到野生型的大小。另外，当对根施用BL时，野生型植株的叶柄也会伸长（Clouse and Sasse，1998）。

相反，当^{14}C-24-epiBL施用在黄瓜叶片的上表面时，很容易被吸收，但是从叶片运出很慢。外源施加的^{14}C-24-epiBL只有6%被转运到较幼嫩的叶片中（Nishikawa et al.，1994）。这些结果说明，外源BR很容易从根转移到茎叶，但很少从叶中转移出。我们推测，被根吸收的24-epiBL运输到茎叶是通过木质部的蒸腾流。因为木质部流是单向的，而施用于叶片的24-epiBL只能通过韧皮部从叶中运出。24-epiBL不能向叶片外运出的结果表明它很少在韧皮部中运输。

此外，尽管24-epiBL确实能从根运输到茎叶，但内源BR似乎并不能从根部运输到茎部。例如，豌豆和番茄的嫁接实验表明，野生型和BR缺失突变体之间根/茎叶的相互嫁接不能恢复后者向顶或向地方向的表型（图24.15）（Symons and Reid，2004；Montoya et al.，2005）。进一步对BR中间产物的时空分布进行比较，表明它们在所有植物器官中都存在，尽管不同的中间产物在不同器官中的浓度不同（Shimada et al.，2003）。

图24.15　生长45天的野生型和BR缺失突变体豌豆（*lkb*）的相互嫁接对茎叶表型的影响。利用7天的幼苗做从上胚轴到上胚轴的嫁接。BR缺失突变体矮小的茎叶不能被野生型的根恢复。同样，BR缺失突变体的根也不影响野生型茎叶的生长。两个结果都表明BR不能长距离运输（引自Symons and Reid，2004）。

与BR生物合成途径的广泛分布相对应，BR信号转导途径的组分（见前文）显然也在植株中广泛表达，尤其是幼嫩的生长组织（Friendrichsen et al.，

2000）。表皮中BR的活性对于茎中器官的发育是决定性的：一方面，表皮表达的CPD和BRI1就足以驱动内侧组织的生长；另一方面，表皮表达的BR代谢酶BAS1可以限制器官发育（Savaldi-Goldstein et al., 2007）。总而言之，这些证据表明：①内源BR在其合成部位或附近发挥功能；②每个器官合成和感受自己的活性BR。

24.4 油菜素甾醇对生长和发育的影响

BR作为促进生长的物质，最初是从花粉中分离得到的，在对光形态建成的研究中证明它们有植物激素的作用。自发现以来，BR已被证实参与植物的很多发育过程，包括棉花纤维和侧根的发育、顶端优势的维持、维管的分化及花粉管生长。BR也参与：植物防御、种子发芽及叶片衰亡（关于BR和顶钩维持的讨论见Web Essay 24. 1）。有关BR在发育中的很多生理作用还有待研究。本节将讨论一些理解较为透彻的BR反应，包括茎叶和根的生长、维管的分化、花粉管的伸长及种子萌发。

 24.4.1 BR促进茎叶中细胞扩展和细胞分裂

BR的生长促进作用表现在加速细胞伸长和细胞分裂。如上面讨论过的菜豆第二节间生物测定首次证明了这一点（图24. 1）（Mandava，1988）。

水稻叶片倾角生物测定（图24.2）的依据是BR能够诱导细胞伸展。叶片倾斜类似于乙烯引起的偏上性（见第22章）。叶对BR的反应是，靠近鞘叶连接区的近轴（上）面细胞比远轴（下）面细胞伸展得快，引起叶片垂直方向的向外弯曲。BL诱导的叶片近轴面细胞伸展还依赖于细胞壁松弛度的增加。

在遗传学研究中，BR突变体的矮小表型充分证明BR是植物正常生长所必需的（图24.5）。通过显微镜观察发现，BR缺失突变体的叶片细胞不仅比野生型小，而且细胞数目也少，表明BR是茎叶中重要的促进生长类激素（Nakaya et al., 2002）。因此，不难想象，过量表达BR生物合成基因*DWF4*可以提高内源BR的水平，并相应促进植株伸长（图24.14）（Choe et al., 2001）。实际上，油菜素甾醇最显著的特性之一（首先在菜豆第二节间生物测定中被观察到）是促进细胞伸长和细胞增殖。

BR促进生长最明显的位置是植物幼嫩的和正在生长的茎叶组织。对纳摩尔级浓度BL反应的细胞延伸动力学与对生长素的反应不同。例如，对于大豆上胚轴，BL处理经过45 min滞后期才开始促进伸长，几个小时后达到最高速率。相反，生长素刺激的伸长反应在15 min滞后期后开始，并且在45 min内达到最大速率（图24.16）（Zurek et al., 1994）（见第19章）。这些结果表明对BR的反应包含基因转录在内的较慢途径，而对生长素的快速反应可能不需要基因转录。

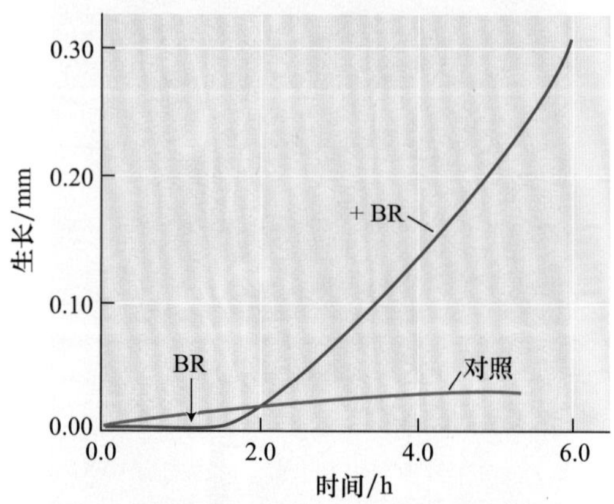

图24.16 BR刺激大豆上胚轴伸长的动力学分析。在灵敏度生长检测系统中，1.5 cm长的大豆上胚轴用0.1 μmol/L BR处理，在45 min的滞后期后，BR诱导生长。需要5 h或者更多的时间，从而达到最大的稳定生长速度（结果未显示）（引自Zurek et al., 1994）。

另一种可能的解释是生长素促进的基因表达比BL诱导的基因表达更加强烈（见第19章）。事实上，研究表明，生长素和BR以相互依赖的方式协同促进茎叶的生长，揭示了每种激素需要另一种激素的存在以达到最优的活性。IAA和BR的协同性在水稻叶片弯曲的生物测定中也得到了验证。生长素和BR的协同作用可以在分子水平持续促进下游共同靶标的表达。

虽然转录增加的精确分子机制在很大程度上是未知的，但是BR和生长素相互作用的不同结点已经被发现。例如，BIN2作为BR信号的负调控元件，可以磷酸化一些同时参与生长素和BR所调控基因表达的转录因子（Vert et al., 2008）。BR也提高生长素的转运，并促进侧根的生长和向地性响应中的不对称生长（见下文）。最后，生长素可以促进一个核蛋白质BRX1的表达，而BRX1可以正调控BR合成基因*CPD*的表达（Hardtke，2007）。因此，这两种激素的相互作用发生在多种水平。

细胞的伸展过程包括：细胞壁的松弛，伴随着渗透运输水分进入细胞、保持膨压，以及细胞壁物质的合成、保持壁的厚度（见第15章）。其中的每一步都可能受到BR的调节。人们认为BR通过调节水通道蛋白来增加水分的吸收（Morillon et al., 2001），增强细胞壁的松弛度（图24.17），并且诱导一些细胞壁修饰酶的表达，如木葡聚糖转移酶/水解酶（xyloglucan

endotransglucosylase/hydrolase，XTH）和膨大素（见第15章）。

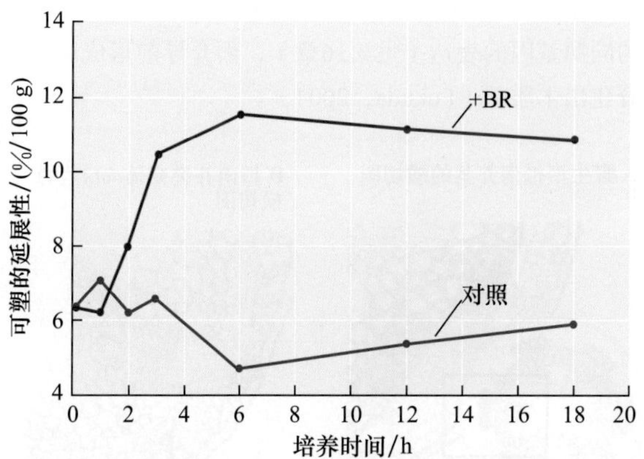

图24.17　BR增加大豆上胚轴可塑性细胞壁的延展性。大豆上胚轴（1.5 cm）用含或不含0.1 μmol/L的BR培养一定的时间，接着用伸展计测定可塑的延展性（见第15章）。处理2 h后，BR显著提高细胞壁的延展性，之后延展性持续升高直到6 h后达到稳定。BR提高了细胞壁的可塑性，说明BR诱导了细胞壁的松弛，这是细胞延展所必需的（引自Zurek et al.，1994）。

控制微管的排列是正常伸长的另一个必要条件。如在第15章中讨论过的，微管的方向有利于纤维素微纤维合成过程中的排列，而细胞壁上微纤维的横向排列是正常细胞伸长所必需的。对拟南芥BR缺失突变体中微管的显微镜观察表明，突变体细胞含极少的微管，同时这些微管的排列缺乏条理。对突变体外源施加BR能够恢复正常的微管丰度和结构（图24.18）。由于BR不会增加细胞微管蛋白的总量，BR必定是通过促进微管晶核形成和排列组织来实现上述功能的（Catterou et al.，2001）。

除了促进细胞伸长之外，BR同时也促进细胞增殖。如我们在第21章看到的，细胞分裂素诱导细胞分裂与D型细胞周期蛋白CYCD3的表达有关。24-epiBL同样也可以增加CYCD3的表达，而且24-epiBL可以替代在拟南芥愈伤组织和细胞悬浮培养中所需的玉米素（Hu et al.，2000）。因此BR和细胞分裂素可能通过相似的机制调节细胞周期。

24.4.2　BR既促进又抑制根的生长

BR缺失突变体的典型表型是根的生长受到抑制，所以BR是根正常伸长所需要的。然而，如生长素一样，外源施用不同浓度的BR对根的生长分别有促进和抑制的作用（Mussig，2005）。对BR缺失突变体外源施用低浓度BR，能促进根的生长，而高浓度则抑制根的生长。开始起抑制作用的阈值浓度由使用的BR类似物活性决定。因此，相对活性较高的类似物24-epiBL比低活性的类似物24-epiCS（epicastasterone）所需的阈值浓度要低。

BR对根生长的作用与生长素和赤霉素的作用无关。一种生长素极性运输的抑制剂，2,3,5-三碘苯甲酸（2,3,5-triiodobenzoic acid，TIBA）（见第19章）不能阻止BR对根伸长的诱导作用（Mussig，2005）。当同时施用BR和生长素，对根生长的促进和抑制作用是加性的。此外，施用赤霉素不能恢复BR缺失突变体根生长减弱的表型。综上所述，表明BR对根生长的抑制作用不需要生长素或赤霉素参与。此外，像生长素一样，高浓度的BR刺激乙烯的生成，因此至少BR对根生长的部分抑制效应可能是由乙烯引起的。

低浓度BR也能诱导侧根的形成（图24.19）（Bao

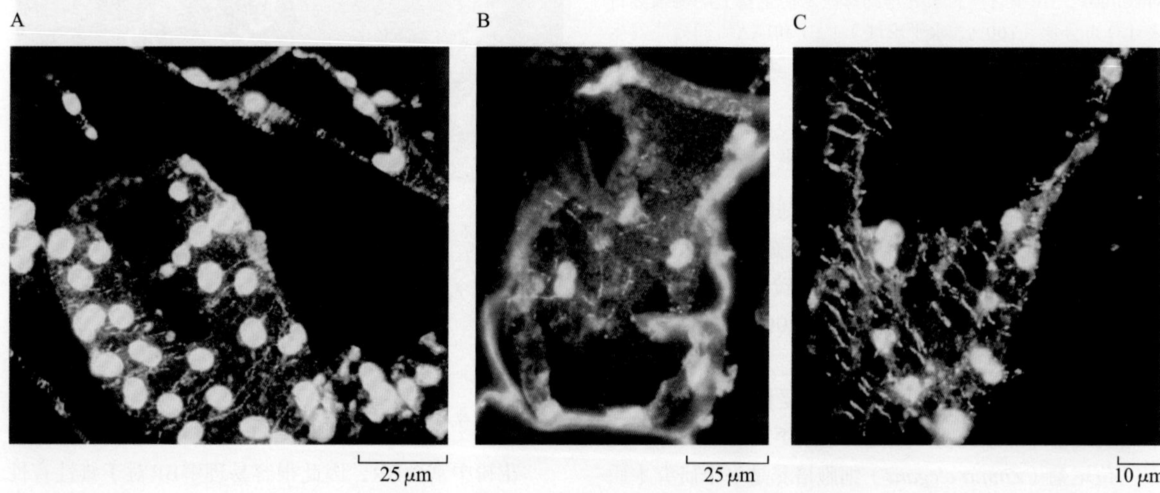

图24.18　BR对拟南芥微管结构的影响。在免疫荧光实验中，微管显示为绿色（“条纹”显示它们的排列）。黄色斑点为叶绿素的自发荧光信号。A. 野生型薄壁组织细胞，表明其正常的横向微管排列。B. BR缺失突变体薄壁组织细胞，含极少的、不规则排列的微管。C. BR处理的BR缺失突变体，恢复了正常的微管结构（引自Catterou et al.，2001）。

et al.，2004）。但是在这些情况下，对于侧根的形成，BR和生长素具有协同作用。目前的模型认为，BR促进侧根的发育，部分是通过影响生长素的极性运输来实现的（见第19章）。BR处理促进顶端生长素运输，是侧根发育所必需的，一种极性生长素运输的抑制剂*N*-1-萘基邻胺甲酚苯甲酸（1-*N*-naphthylphthalamic acid，NPA），能抵消BR对侧根发育的促进作用（Bao et al.，2004）。最后，BR促进向地性响应，而且这种作用与提高生长素向外转运蛋白质PIN2在根伸长区的表达相关（见第19章）（Li et al.，2005）。这样，BR通过影响根的伸长和分枝对整个根的形态建成起着重要的作用。

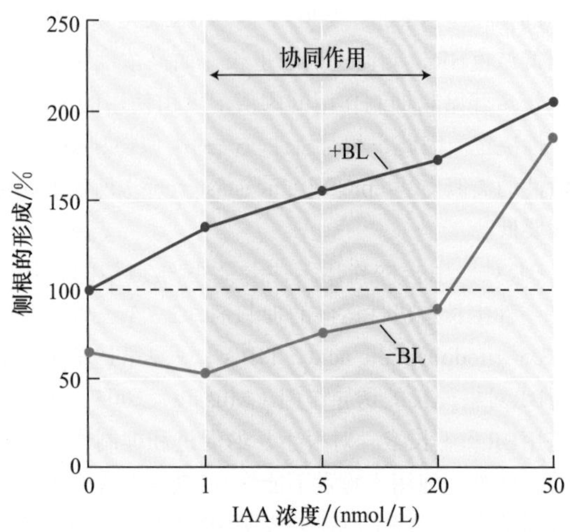

图24.19 BL和IAA协同作用，促进侧根的发育。拟南芥幼苗在含0 nmol/L、1 nmol/L、5 nmol/L、20 nmol/L及50 nmol/L的IAA，并且含有或者不含1 nmol/L BL的琼脂粉培养基上垂直生长8天，计算每厘米初生根上侧根的数目和可见的侧根原基数。在每种处理下每厘米初生根上的侧根数目用图表列出，相对1 nmol/L BL不含生长素处理的每厘米初生根上的侧根数目来计算百分比（100%，水平虚线）。BL和IAA协同效应发生在1~20 nmol/L（引自Bao et al.，2004）。

24.4.3 BR在导管发育中促进木质部的分化

BR通过促进木质部的分化和抑制韧皮部的分化进而在导管发育中起着重要作用。有证据表明BR突变体的导管系统受损，与野生型相比具有较高的韧皮部与木质部比例（图24.20）（见Fukuda，2004的综述）。并且BR缺失突变体的维管束数目下降，且它们之间的空间排列不规则。相反，过量表达BR受体蛋白（在这一节之后讨论）导致植物产生比野生型更多的木质部。

鱼尾菊（*Zinnia elegans*）细胞培养是一个研究木质部分化各个时期极佳的体外系统。从幼叶中机械分离单个细胞，黑暗条件下在液体培养基中培养2~3天，细胞分化成管状分子（tracheary element）（图24.21）。在这个木质部分化系统中，对BR进行测定的结果表明前形成层类似细胞中BR的合成活跃，是其分化成管状分子的基础。BR可能通过调节在发育中起至关重要作用的同源基因的表达（见第16章），而介导前形成层细胞分化出木质部（Fukuda，2004）。

A 野生型拟南芥茎的横切图

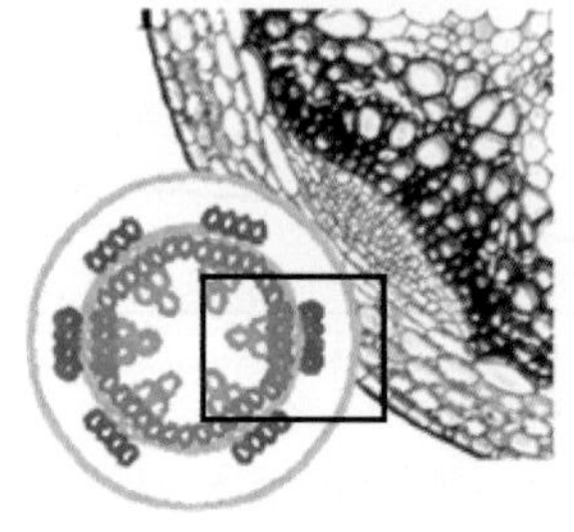

B 拟南芥突变体*det2*茎的横切图

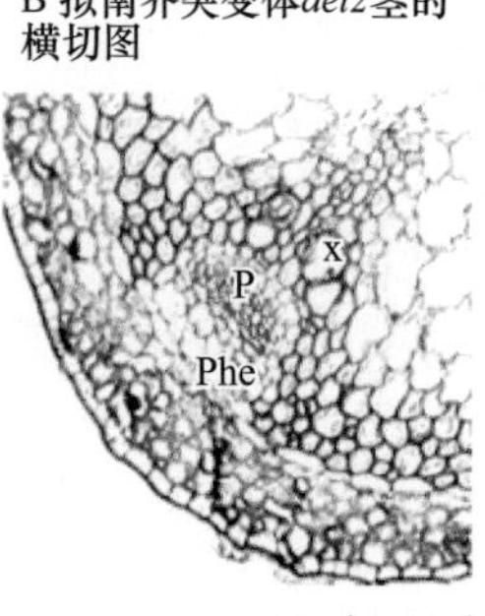

图24.20 BR是维管组织正常发育所必需的。左图所示是拟南芥成熟植株花序茎秆基部的维管系统示意图。前形成层细胞（黄色）产生处于外层的韧皮部组织（红色）及处于内层的木质部组织（蓝色）。黑色三角形框包括一个单一的维管束。与野生型（左）相比，BR缺失突变体*det2*（右）具较低的木质部与韧皮部比例。P，韧皮部（phloem）；Phe，韧皮部冠细胞（phloem cap cell）；X，木质部（xylem）（引自Caño Delgado et al.，2004）。

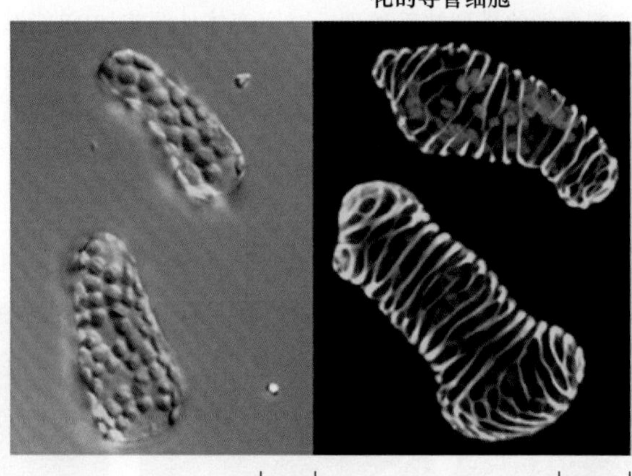

图24.21 体外培养的鱼尾菊叶肉细胞分化成导管的前（左图）、后（右图）对比。油菜素甾醇对于此分化过程是必需的（引自Fukuda，2004）。

24.4.4 BR是花粉管生长所必需的

花粉中富含BR，因此很容易理解BR对于雄性育性起着重要作用。已经证明，BR促进花粉管从柱头经过花柱到胚囊的生长（Mussig，2005）。例如，在拟南芥BR缺失突变体*cpd*中，花粉在柱头萌发后花粉管不

能伸长，并且花粉管的伸长部分依赖于外源施用的BR（Szekeres et al.，1996；Clouse and Sasse，1998）。

相似地，受体基因缺陷的BR不敏感突变体，自交时花粉管不能发育，从而引起种子败育。然而，用野生型花粉对突变体进行人工授粉时，产生的种子可育（Clouse et al.，1996）。因此，花粉管的正常生长，同时需要BR和BR信号转导途径。

雄蕊与雌蕊生长高度的不一致，同样是导致雄性育性下降的原因。拟南芥突变体*dwf4*的BR缺失，细胞不能伸长。*dwf4*突变体花中的雄蕊也比野生型的要短。由于拟南芥是自花授粉植物，*dwf4*雄蕊花丝短造成到达柱头表面的花粉粒少。而花粉粒本身是可育的，所以对突变体进行人工授粉能产生正常的种子。

24.4.5　BR促进种子萌发

像花粉粒一样，种子中也含有很高水平的BR，而BR同样也促进种子的萌发（Mussig，2005）。BR通过与其他植物激素互作而促进种子的萌发，虽然这些相互作用的分子机制还不清楚。目前已经知道，GA和脱落酸（abscisic acid，ABA）在刺激种子萌发的过程中分别起着正调节和负调节的作用。BR能不依赖GA信号而促进烟草种子的萌发（Leubner-Metzger，2001）。此外，BR能够恢复GA缺失和GA感受突变体种子萌发滞后的表型（图24.22），与野生型相比，BR突变体对ABA的抑制作用更敏感（Steber and McCourt，2001）。这样BR可以刺激萌发，同时是克服ABA抑制作用必需的。众所周知，BR刺激细胞伸长和分裂，而BR很可能是通过刺激胚的生长而促进萌发的。

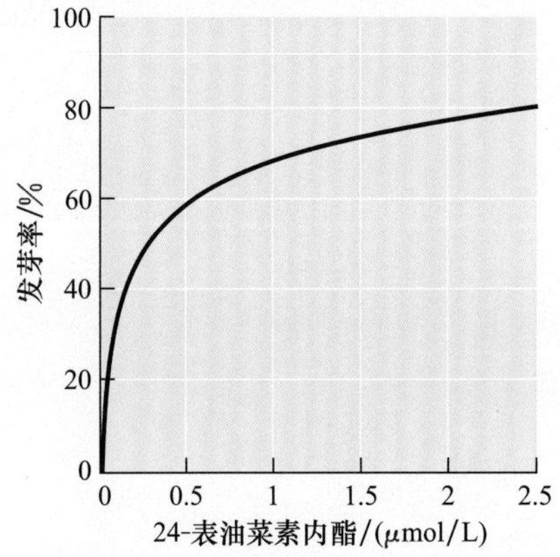

图24.22　BR刺激拟南芥种子的发芽。用递增浓度的24-epiBL，处理赤霉素不敏感的突变体种子，计算发芽的百分率。结果表明，BR促进种子发芽不依赖于赤霉素（引自Steber and McCourt，2001）。

24.5　油菜素甾醇在农业上的应用前景

发现油菜素甾醇是一类促进生长激素后，研究人员很快就意识到它们在农业上的潜在应用价值。在过去20年中，大量小规模的研究检验了BR在增加作物产量上的功效。人们发现，施用BL可以提高菜豆产量（根据每株植物的种子量计算）约45%，多种莴苣品种的叶质量提高25%。在水稻、大麦、小麦及小扁豆上，也观察到类似的增产效果。BL也能够促进马铃薯块茎的生长，提高马铃薯对传染病的抗性。BL还可以提高番茄的座果率。

除了这样的小规模研究之外，日本、中国、韩国及俄罗斯也一直利用油菜素甾醇的衍生物进行大规模的田间试验。但是这些田间试验结果很不稳定，可能是由于作物生长时遭受的胁迫程度不同造成的。在理想条件下生长的作物，施用BR对产量没有什么效果，而BR可以显著提高在胁迫条件下生长的作物产量。因此，BR的应用最适宜于胁迫条件下的生长（Ikekawa and Zhao，1991）。

此外，BR也被证明有利于提高植物的繁殖能力。对如挪威云杉和苹果进行扦插处理的植物进行BR预处理，可以提高它们的生根反应。BR处理也可以促进木薯属植物和菠萝组织培养和微繁。在转基因水稻中表达一个玉米的*DWARF4*（*DWF4*）基因可以提高15%~44%的粮食产量（Wu et al.，2008）。

降低BR的功能也能对农业生产有贡献。例如，在水稻中减弱BR的合成或信号会导致植株变得矮小并使叶片变得直立，而这种改变就允许更高的种植密度，进而提高生物量和最终的产量（Sakamoto et al.，2006）。随着研究者对BR在植物生长发育作用的继续探究，人们将发现油菜素甾醇在农业上更多其他的用途。

小　结

油菜素甾醇（BR）是甾醇类激素，调节植物生长发育的多个过程，包含茎和根中的细胞分裂和细胞伸长、光形态建成、生殖发育，叶片衰老和逆境响应。

油菜素甾醇的结构、发生及遗传分析

· 生物学测定将活性BR同其他中间产物区分开，并允许定量测定（图24.1~图24.3）。

· BR是一类含多羟基的甾醇类激素，其中油菜素内酯（brassinolide，BL）是植物中分布最广且活性最高的BR（图24.4）。

· 在所有植物组织中均已检测到BR存在，同时BR在茎顶端拥有最高的活性。

· BR是一种普遍存在的植物激素，它的出现先于陆生植物的进化。

· BR缺失突变体表现出异常的光形态建成，而这一异常可以被外源施加的BL所抑制（图24.5和图24.6）。

油菜素甾醇的信号转导途径

· BL结合到受体BRI1上，BRI1在细胞膜和内体膜上均被发现（图24.7）。

· BL的结合激活BRI1，激活的BRI1在多个位点上被磷酸化（图24.8）。

· BRI1/BAK1的激活起始了一个级联信号，从而导致BR调控基因的转录。

· 脱磷酸化状态的BES1和BZR1激活或抑制BR的靶基因（图24.9）。

油菜素甾醇的生物合成、代谢及运输

· 油菜素甾醇的合成始于菜油甾醇，而其来源于植物甾酮前体环阿屯醇（图24.10）。

· 所有将菜油甾烷醇转化为BL的酶都属于定位于ER的细胞色素P450单氧化物酶。

· BR的水平可以通过多种机制来控制，包括分解代谢、结合及信号途径的负反馈作用（图24.11~图24.14）。

· BR在其合成部位附近发挥作用，并不经历长距离运输（图24.15）。

油菜素甾醇对生长和发育的影响

· BR不但参与纤维、侧根和维管系统的发育，也参与顶端优势的维持、花粉管生长、种子萌发、叶片衰老和植物防卫。

· BR既促进细胞增殖又促进细胞伸长（图24.16和图24.17）。

· BR维持细胞壁生长所必需的正常的微管丰度和排列组织（图24.18）。

· 低浓度BR促进根的生长，高浓度BR抑制根的生长。

· BR通过改变生长素的极性运输来促进侧根发育。

· BR促进木质部的分化并抑制韧皮部的分化（图24.20和图24.21）。

· BR通过与包括GA和ABA在内的其他激素相互作用来促进种子萌发（图24.22）。

油菜素甾醇在农业上的应用前景

· BR施加在生长于逆境下的作物上最为有效。

· BR在提高植物繁殖能力方面有很大作用。

（张姗姗　杨苍劲　王学路　译）

WEB MATERIAL

Web Topics

24.1 Brassinosteroids and the Apical Hook——An Ongoing Story in Plant Architecture

A model is proposed for the interactions between ethylene, auxin, and brassinosteroids in the formation of the hook of etiolated seedlings.

第25章

开花的控制

人们期待春天，期待春天的姹紫嫣红。许多旅游者都把自己的行程安排在特定植物的开花期：如加利福尼亚州南部连绵不断的柑橘园和荷兰的郁金香。在美国华盛顿和日本，樱花被人们认为是英勇的象征。随着一年中春夏秋冬四季的更替，每种花都在其特定的时间开放。植物在进化过程中形成了复杂的花结构并表现出显著的多样性，以吸引不同的传粉者。植物在一年中的正确时间开花对于有性繁殖是至关重要的。异花授粉的植物二者之间的开花时间及与传粉者必须保持同步，这对于结实是最为理想的。

开花与季节有关已众所周知，本章所要探讨的是开花现象中所蕴藏的以下几个基础问题。

（1）植物如何感知季节变化及昼夜交替?

（2）哪些环境信号影响植物的开花?植物又如何感知这些环境信号?

（3）环境信号又如何诱导花发育过程中的各种变化?

在第16章我们已经讨论了植物根部和茎部的顶端分生组织在营养生长和发育阶段所起的作用。植物在向开花转变的过程中涉及两种主要的变化：顶端分生组织的形态建成及细胞的分化。这些变化最终导致萼片、花瓣、雄蕊和心皮等器官的产生（参见Web Topic 1.3中的图1.2 A）。

花药中特化的细胞进行减数分裂产生4个单倍体的小孢子，这些小孢子最终发育成花粉。同样，胚珠中的特化细胞减数分裂后产生4个单倍体的大孢子，但是只有其中的一个进行三次减数分裂后发育成胚囊（参见Web Topic1.3中的图1.2B）。胚囊的出现意味着雌配子体的成熟。而花粉粒伴随着花粉管的出现，则表示雄配子体世代的成熟。雌雄配子体产生配子（卵子和精子），精卵融合形成二倍体的合子，这是新孢子体世代的开始。

很显然，开花意味着植物体形态和细胞类型在结构和功能上与营养生长阶段有本质的不同。向开花的转变同时也意味着顶端分生组织中细胞的命运发生了根本的变化。在本章的第一部分，我们将主要讨论花发育（floral development）过程中的变化。近些年已经发现了一些基因在花器官的形成过程中起着很重要的作用。这些研究结果表明植物是如何通过数目相对较少的关键调控因子来达到调控复杂的发育目的的。茎顶端发生一系列的生理变化并最终使顶端分生组织发育成花的过程称为**花的发端（floral evocation）**。在本章的第二部分我们将会讨论在花的发端过程中发生的一系列变化。刺激花的发端的发育信号包括一些内在的因素如近似昼夜节律（circadian rhythm）、时相变化（phase change）、激素（hormone）等，以及外在因素如光周期（日长）和温度。在合适的光周期过程中，从叶中产生的可转移的信号称为**成花刺激物（floral stimulus）**，并最终被转运到茎顶端分生组织。植物的顶端必须能够响应这种阳性信号。通常情况下植物要经过一个幼年期，在此期间植物不能开花。开花需要的另一个因素是春化（开花之前较长时间的冷处理）。这些内源信号和外源因子结合使得植物能在特定的时间开花。

25.1 花分生组织和花器官的发育

花分生组织与营养生长阶段的分生组织有明显的区别，主要表现在前者的体积比后者大。在营养生长阶段的分生组织中，中心区细胞完成一次分裂周期比较缓慢。由营养生长到生殖生长转换的明显标志是茎顶端分生组织中心区细胞的分裂次数明显增加（见第

16章）。当生殖生长出现时，茎顶端分生组织的体积明显增大，其原因主要是中心区细胞的分裂速度明显加快（图25.1）。利用遗传学和分子生物学技术，已经从拟南芥（*Arabidopsis*）、金鱼草（*Antirhinum*）及其他物种中鉴定出了一系列基因，它们组成了一个网状结构，共同控制花的形态建成。

在本节，我们主要讨论研究较为清楚的拟南芥花的发端（图25.2）。首先我们将会描述从营养阶段到生殖阶段转变过程中所发生的基本的形态变化。其次，我们将会讨论分生组织中4轮花器官的排列及由哪些基因控制花的发育。根据公认的ABC模型（图25.6），花器官的特异排列是受三类花器官特性基因的重叠表达调控的。

25.1.1 拟南芥茎顶端分生组织随发育而变化

在营养生长阶段，拟南芥的顶端分生组织可以形成节间非常短的叶子，并最终形成基生莲座叶（图25.2A）。一旦生殖发育开始，处于营养阶段的分生组织就会转变成初级花序分生组织。而**初级花序分生组织（primary inflorescence meristem）**可以形成一种伸长的花序轴用来支撑两种侧生器官：茎生（或花序）叶和花（图25.2）。

茎生叶的腋芽可以形成**次级花序分生组织（secondary inflorescence meristem）**，如图25.2A所示，它们的形成与初级花序分生组织形成模式相似。拟南芥花序分生组织具有无限（indeterminate）生长的特性，因此可以持续生长。花是由花序分生组织侧生的**花分生组织（floral meristem）**形成的。相对于花序分生组织，花分生组织是有限的。

25.1.2 4种不同的花器官形成相互独立的轮

花的分生组织形成4种不同的花器官：萼片、花瓣、雄蕊、心皮（Coen and Carpenter，1993）。这些花器官形成同心的环，称之为**轮（whorl）**，围绕在分生组织周围（图25.3）。最内一轮心皮的出现占用了分生组织顶端的所有细胞，只有花芽发育时花器官原基才出现。在野生型拟南芥花中，各轮排列情况如下（位于细胞分裂区）。

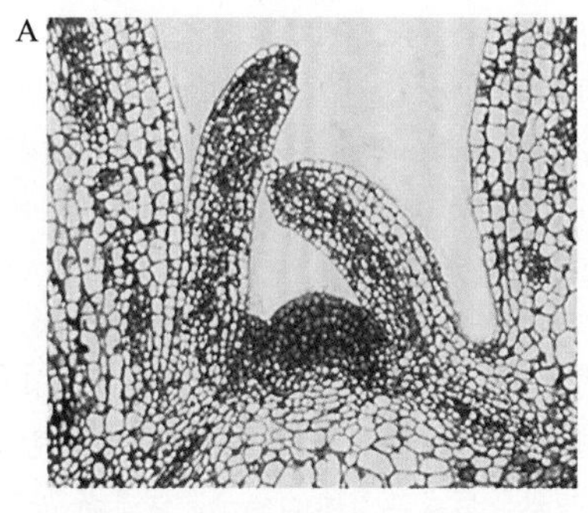

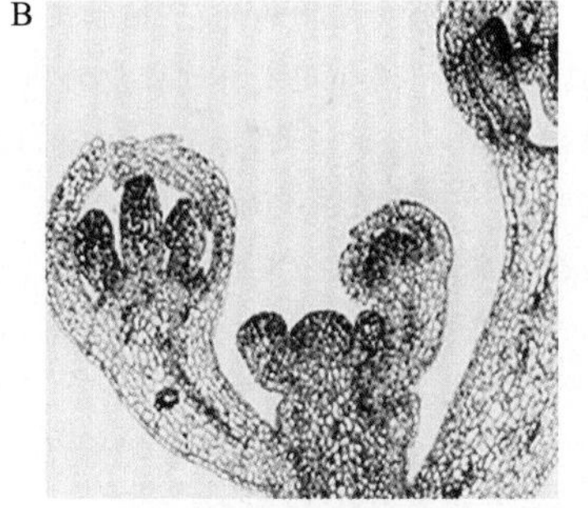

图25.1 拟南芥茎顶端营养区（A）和生殖区（B）的纵切面图（Grbic and Nelson惠赠）。

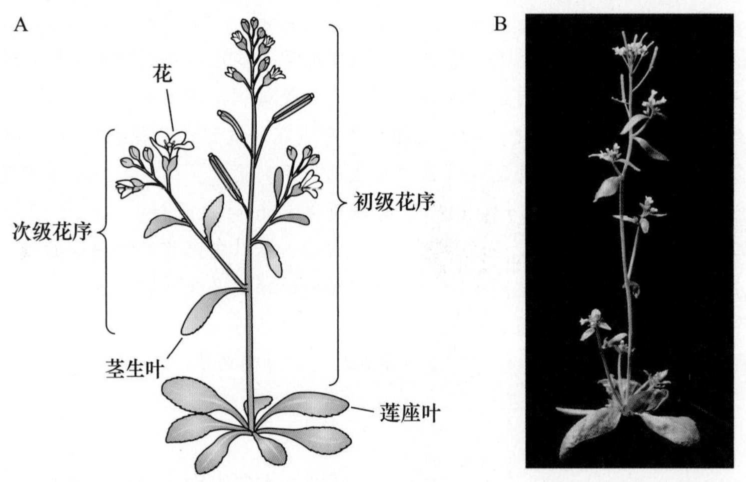

图25.2 A. 拟南芥茎顶端分生组织在不同发育阶段产生不同的器官。在发育初期，茎顶端分生组织形成基生的莲座叶。进入开花转变阶段，茎顶端分生组织形成初级花序分生组织，并最终产生可以支撑花的伸长的茎。叶原基在开花转变之前形成茎生叶。而次级花序形成于茎生叶的叶腋。B. 拟南芥植株图片（Richard Amasino惠赠）。

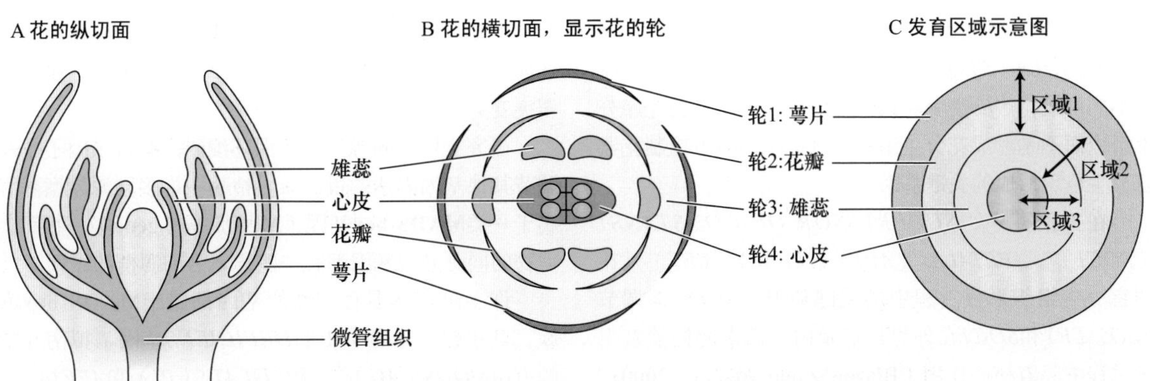

图25.3　在拟南芥中，花器官是由花分生组织按顺序形成的。A和B.花器官作为连续的轮而产生（同心圆），从萼片开始，并从外向内发展。C.根据协变模型，每个轮的功能由三个重叠的发育区域决定。这些区域和花器官特性基因的表达模式相对应（引自Bewley et al.，2000）。

（1）第一轮为4个萼片，成熟时为绿色。

（2）第二轮为4个花瓣，成熟时为白色。

（3）第三轮为6枚雄蕊，四长二短。

（4）第四轮（最内部）为一个复合器官，雌蕊（雌性生殖结构）由子房和两个融合的心皮组成，并且每个心皮包含多个胚珠和一个短的花柱和柱头（图25.4）。

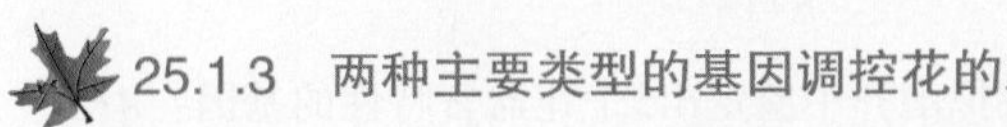

25.1.3　两种主要类型的基因调控花的发育

通过对突变体的研究，目前已鉴定出三种类型的基因调控花的发育：分生组织特性基因、花器官特性基因、级联基因。

（1）**分生组织特性基因（meristem identity gene）**编码一些转录因子，它们对于诱导花器官特性基因的起始表达是必需的，并且在花器官形成过程中对花器官特性基因起正调控作用。

（2）**花器官特性基因（floral organ identity gene）**直接控制花器官的特性，它们编码的蛋白质为转录因子，调控其他基因的表达，后者的表达产物在花器官的形成和功能中起作用。

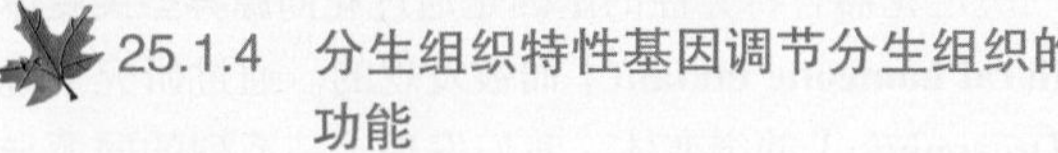

25.1.4　分生组织特性基因调节分生组织的功能

分生组织特性基因在茎顶端的侧面分生组织发育为花原基及花序分生组织发育为花分生组织的过程中起作用（顶端分生组织在其侧面形成花分生组织即花

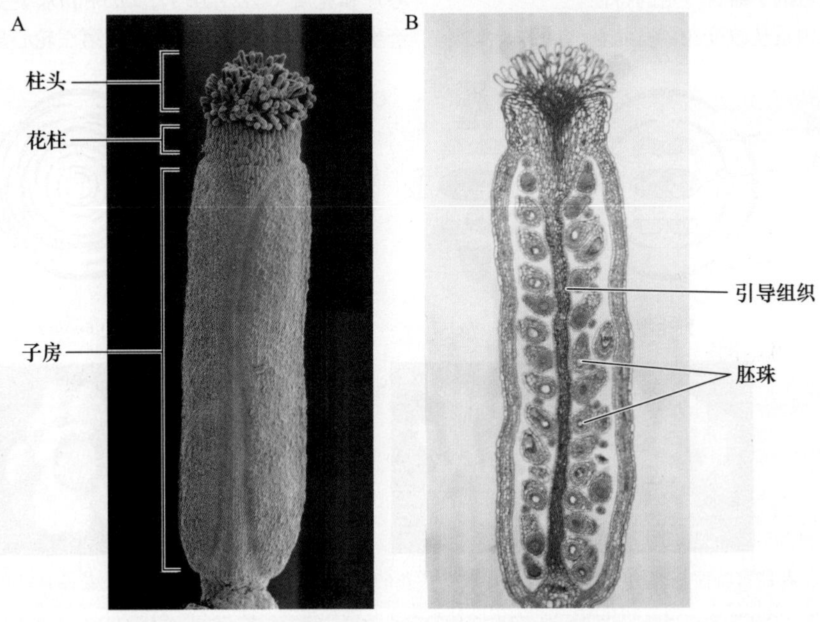

图25.4　拟南芥的雌蕊由两个融合的心皮组成，每个心皮包含多个胚珠。A.雌蕊的扫描电镜图，显示柱头、短的花柱和子房。B.雌蕊的纵切图。图示众多胚珠（引自Gasser and Robinson-Beers，1993，美国植物学会C S Gasser授权同意翻印）。

序分生组织）。例如，在一些金鱼草的突变体中，当*FLORICAULA*（*FLO*）基因发生突变后，它能形成花序而不能形成花。*flo*突变导致叶腋部位出现额外的花序分生组织而不是形成花分生组织。因此，*FLO*为控制花器官分生组织形成的关键基因。

在拟南芥中，*SUPPRESSOR OF CONSTANS1*（*SOC1*）、*APETALA1*（*AP1*）、*LEAFY*（*LFY*）是花器官分生组织形成过程中的关键基因。*LFY*反馈调节*FLO*，*LFY*和*SOC1*在外界环境及内在因素调控器官引发过程中起着核心作用（Blazquez and Weigei，2000；Borner et al.，2000）。因此*LFY*和*SOC1*是花器官发育的关键调节因子。

SOC1一旦被激活即引发*LFY*的表达，接着*LFY*开启*AP1*的表达（Simom et al，1996）。在拟南芥中，*LFY*和*AP1*处于一个正反馈调控环中。也就是说，*AP1*的表达同样可以促进*LFY*的表达。这种正向反馈环一旦起始就不可逆转，分生组织也便转为开花。

 25.1.5　通过同源异型突变体发现花器官特性基因

决定花器官特异性的基因是通过**花同源异型突变体**（**floral homeotic mutant**）而被发现的。通过研究果蝇（*Drosophila*）的突变体，我们发现了一系列的同源异型基因，它们通过编码转录因子来控制相应位点特异结构的发育。同源异型基因作为一个发育的开关，在特定结构的形成中起着激活整个遗传过程的重要作用。因此同源异型基因的表达赋予器官一定的特性。

花器官特性基因是从改变花器官特性的同源异型突变体中鉴定出来的，在这些突变体中花器官异位表达。例如，拟南芥的*AP2*基因突变体，萼片突变为心皮，花瓣突变为雄蕊。

研究表明，同源异型基因还编码一些转录因子——调节其他基因表达的蛋白质。植物中许多同源异型基因属于一类**MADS-box**基因（**MADS-box gene**），然而，动物的同源异型基因都有一些称之为同源框的序列。

许多决定花器官特性的基因都属于MADS-box家族，其中包括金鱼草中的*DEFICIENS*基因、拟南芥中的*AGAMOUS*（*AG*）①、*PISTILATA*（*PI*）和*APETALA3*（*AP3*）基因。MADS-box家族的基因都有特定的比较保守的核苷酸序列，称之为MADS-box，它编码一种蛋白结构，称之为**MADS结构域**（**MADS domain**）。MADS 结构域使得这些转录因子可以与具有特定核苷酸序列的DNA结合。

并不是所有具有MADS 结构域的基因都是同源异型基因。例如，*SOC1*是一个MADS-box家族的基因，但它在功能上却是分生组织特性基因。

 25.1.6　三种类型同源异型基因控制花器官的特性

在拟南芥中鉴定出5个花器官特性的基因：*AP1*、*AP2*、*AP3*、*PI*和*AG*（Bowman et al.，1989；Weigel and Meyerowitz，1994）。通过对那些改变了结构并在两个毗邻的轮中产生同样花器官的突变体进行研究，鉴定出了上述基因（图25.5）。例如，在*ap2*突变体中，缺少萼片和花瓣（图25.5B），*ap3*和*pi*双突变体中，第二轮产生的是萼片而不是花瓣，在第三轮心皮取代雄蕊（图

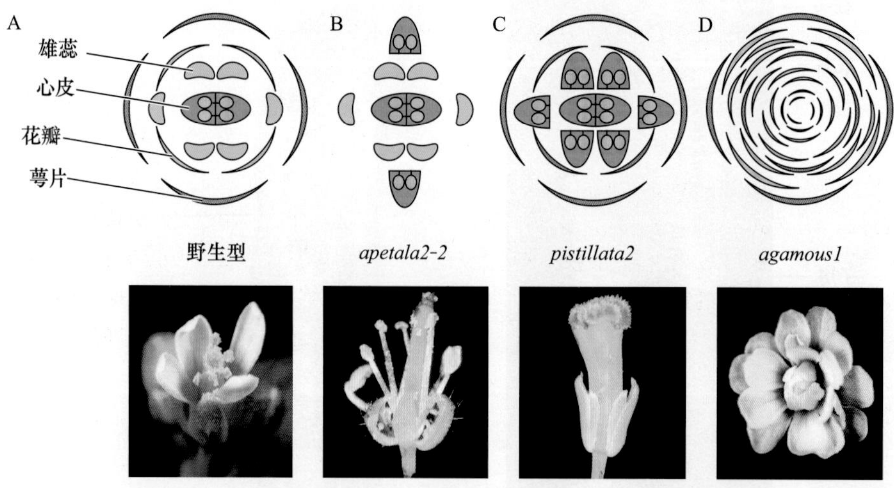

图25.5　花器官特性基因发生突变后极大地改变了花的结构。A. 野生型中正常的4轮花器官结构。B. *ap2-2*突变体缺失了萼片和花瓣。C. *pi2*突变体缺失了花瓣和雄蕊。D. *ag1*突变体缺失了雄蕊和心皮（引自Meyerowitz et al.，2002；L. Riechmann惠赠）。

① 也称为*AGAMOUS-LIKE 20*（*AGL20*）

25.5C）。而纯合的*ag*突变体则缺少雄蕊和心皮（图25.5D）。

虽然这些基因的突变体改变了花器官的特性，但并没有影响花的产生，因此，它们是同源异型基因。一般把它们分为A、B、C三类，分别代表三种不同的功能。由A、B、C三种同源异型基因（ABC模型）所决定的花器官特性将在下一节进行仔细的讲述（图25.6）。

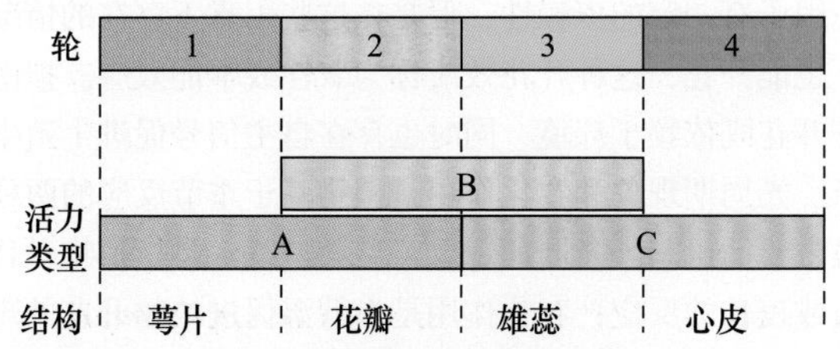

图25. 6　ABC模型认为花器官特性是在三种不同功能A、B和C同源异型基因相互作用的基础上形成的。第一轮，只有A（*AP1*和*AP2*）表达而形成萼片。第二轮，A（*AP1*/*AP2*）和B（*AP3*/*PI*）表达，从而形成花瓣。第三轮，B（*AP3*/*PI*）和C（*AG*）表达，从而形成雄蕊。第四轮，只有C（*AG*）表达而形成心皮。另外，在第一轮和第二轮中A功能（*AP1*和*AP2*）抑制C（*AG*）功能，而在第三轮和第四轮中C功能抑制A功能。

（1）A类型活力由*AP1*和*AP2*基因编码，控制第一和第二轮花器官的特性。A功能的缺失会导致在第一轮产生心皮而不是萼片，在第二轮产生雄蕊而不是花瓣。

（2）B类型活力由*AP3*和*PI*基因编码，控制第二轮和第三轮花器官的特性。B功能的缺失会导致在第二轮产生萼片而不是花瓣，第三轮产生心皮而不是雄蕊。

（3）C类型活力由*AG*基因编码，控制第三轮和第四轮花器官的特性。C功能的缺失导致在第三轮产生花瓣而不是雄蕊，而且会在第四轮出现新的花而不是心皮。因此，在*ag*突变体中，花的第四轮被新的萼片取代。花分生组织不再是有限生长，而是形成花中花，并且从内到外依次为：萼片，花瓣，花瓣；萼片，花瓣，花瓣；如此等等。

通过对失去功能的双突变或者三突变体进行研究，从而可以清楚地了解这些花器官特性基因在花发育过程中的作用。四突变体（*ap1*、*ap2*、*ap3*/*pi*和*ag*）中，花分生组织最终形成了一个假花。尽管也产生了正常花的轮状结构，但是所有的花器官都被类似于绿色叶片的结构所替代（图25.7）。这个实验支持了18世纪德国自然科学家和诗人Johann Wolfgang von Goethe（1749~1832）的观点，他认为花器官是高度特化的叶。

图25.7　拟南芥四突变体（*ap1*，*ap2*，*ap3*/*pi*，*ag*）中类似叶片的结构取代了花器官（John Bowman惠赠）。

随着A、B、C功能基因的发现，另一类型的功能基因D也被发现，D功能由SEPAIIATA（SEP1-3）所特化，它也是MADS-box转录因子。最为注目的是，将D基因与A和B基因组合表达有可能使叶转变为花瓣（Pelazet et al.，2001；Honma and Goto，2001）。

25.1.7　ABC模型解释了花器官特异性的形成

1991年，**ABC模型（ABC model）**被提出并用来解释同源异型基因如何控制花器官的特性（Coen and Meyerowitz，1991）。这个模型最大的贡献在于它很快解释了在两种远缘物种（金鱼草和拟南芥）上观察到的很多现象，而且对于如何理解相对少的关键因子组合就可以产生一个复杂的结果提供了很好的思路。ABC模型认为，每一轮花器官的形成都是三种类型花器官特性基因形成独特的组合决定的（图25.6）。

（1）A类型活力独自决定萼片的特性。

（2）A和B类型活力在花瓣的形成中起作用。

（3）B和C类型活力决定雄蕊的产生。

（4）C类型活力单独决定心皮的特性。

该模型进一步认为A和C的功能相互拮抗（图25.6）。也就是说，A和C基因除了在花器官决定过程中起作用外，二者相互排斥对方在各自区域表达。

ABC模型可以预测和解释野生型和多数突变体的花器官的形成模式（图25.8）。现在问题的关键在于：①这些花器官特性基因的表达模式是如何获得的；②那些编码转录因子的花器官特性基因在花器官形成过程中又如何调节其他基因的表达；③如何通过改变特定基因的表达来形成特定的花器官。

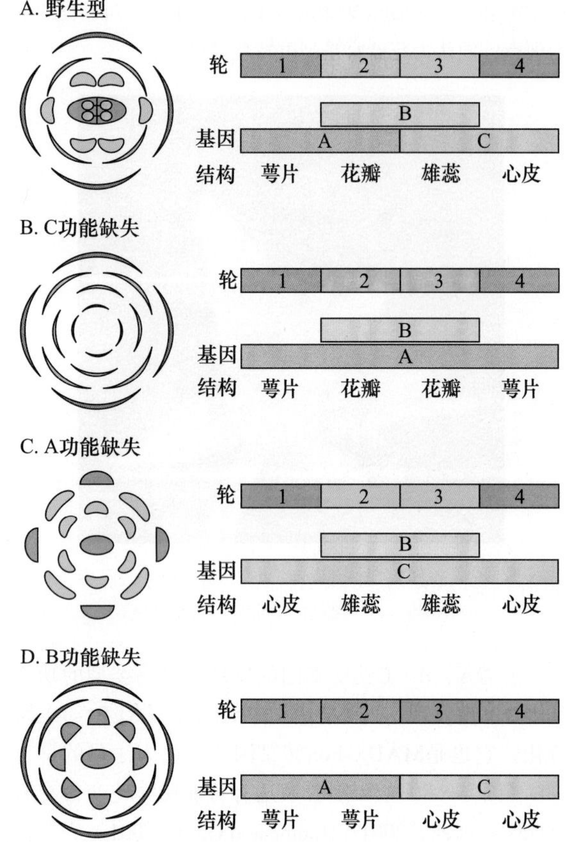

图25.8 ABC模型对花同源异型突变体表型的解释。A. 野生型中三种同源异型基因的功能。B. C功能的丧失导致A在整个花的分生组织中表达。C. A功能的丧失导致在整个分生组织中都有C的表达。D. B功能的丧失导致只有A和C的表达。

25.2 花发端的内在和外在因素

植物是不可移动的生物，因此它们必须不断适应其生长和发育的外部环境。动物的大多数发育在胚胎期已完成，而植物的发育贯穿其整个生命过程。事实上没有任何发育结局是提前确定的，因为植物的发育受到整个发育环境因子的影响，如日长、温度、与其他植物的竞争、营养的可利用性及与动物的交互作用。因此，植物被认为是一个用来理解有机体如何感知信息并整合这些信息，从而调控基因组编码的遗传程序的理想的系统。

植物的生活周期中，开花是一个重要的发育标志。延迟开花将有利于光合作用碳水化合物的积累供更多种子成熟，但也增加了植物被吃掉、受非生物胁迫而死亡，以及与其他植物竞争引起伤害的潜在风险。基于此，植物进化出一系列非凡的生殖适应机制——如一年生的生命周期和多年生的生命周期。一年生植物如千里光（*Senecio vulgaris*）在萌发后几周内就可开花，而一些多年生植物如多数森林树木，可能需要经历20年甚至更长的时间才能开花。在植物界不同物种开花的年龄也各不相同，表明年龄或者个体大小可能是决定生殖发育开始的内在（internal）因素。

由植物内在的发育因子决定开花，而不依赖于任何特殊环境条件的途径，称之为自主调节（autonomous regulation）。一些植物的开花表现出对外界环境的绝对依赖性，这些植物的开花为数量效应。如果植物对环境因子有一定的依赖性，但是在这些因素不存在的情况下也能开花，这种开花效应称为兼性或本能效应。拟南芥开花既依赖于环境，同时也存在自主信号促进生殖生长。光周期现象和春化作用是植物基于季节反应的两种最主要的机制。光周期现象（见第17章）是指植物对日长或夜长的反应；春化作用是指低温促进植物开花的现象。其他的信号，如光质、周围温度和非生物胁迫对植物的发育也是非常重要的因素。

无论是内在（自我）因素还是外界（环境感应）因素对植物开花的引发，都使得植物可以在最佳的时间对开花作出精确的调节，从而完成生殖过程。例如，一些特殊物种的群体可以同步开花，这种开花的同步性使得杂交育种成为可能，同时使得植物在比较适宜的环境（如水分和温度）条件下形成种子。

25.3 茎尖和时相变化

所有的多细胞有机体都要经过一系列的生长发育阶段，每个阶段都有其明显的特征。对于人类而言，幼儿期、童年期、青春期及成年期代表了普遍的4个发育时期，其中青春期为性成熟的分界期。同样高等植物也经历一系列的发育时期，但只发生在特定的区域。这些转变发生的时间通常依赖于环境条件，以使得植物能够适应环境的变化。这可能是因为植物不断从顶端分生组织产生新器官。

原基起始于顶端分生组织侧面很小的隆起部位，具体是由其接收到的来自环境及植物遗传程序等信息的相互作用决定的，这些原基也可产生叶（营养生长期）或花（生殖生长期）。在这种情况下，植物生长可以看成是模块化的过程，植物的形态建成是由原基的持续特化决定的。沿着茎每个原基形成**繁殖器官（phytomer）**，一个基本的重复单元包括营养体部分和分生组织部分。在形成叶的时候营养体部分几乎占据了所有的细胞，而在花中分生组织部分很大而且包含了营养体部分。这种简单重复单元在植物中非常灵活常见，就像雏菊和橡树一样具有多样化。

各种时相的转变是严格受发育调控的，因为植物必须整合环境和内源信号使其最大限度地适宜于植物的繁殖。以下部分描述了调控这些决定的主要途径。

 25.3.1　植物发育的三个阶段

植物的胚后期发育时期，分为以下三个阶段。

（1）幼年期。

（2）成年营养期。

（3）成年生殖期。

从一个时期过渡到另一时期，称之为**时相变化（phase change）**（Poethig，2003）。

幼年期与成年营养期的主要区别在于，后者可以形成生殖结构：被子植物可以形成花，而裸子植物可以形成球果。但是，花的出现，同时又意味着进入成年生殖期，并且往往又依赖于特定的环境和发育信号。因此花的缺失并不能作为幼年期的可靠标志。

从幼年期向成年期的过渡，往往还伴随着一系列其他营养特征的变化，如叶形态、叶序（叶在茎秆上的排列）、棘刺的出现、生根能力，以及在落叶植物如英国常春藤（*Hedera helix*）中叶子的去留等（图25.9；参见Web Topic 25.1）。这些变化在多年生木本植物中最明显，但在很多草本植物中同样也很显著。与营养阶段向生殖阶段的骤变不同，植物从幼年期向成年期的过渡是一个渐进的涉及一些中间形式的过程。

图25.9　常春藤（*Hedera helix*）的幼年期和成年期。幼年的叶子为浅裂掌状，交替排列，具有向上攀爬的能力，没有花。成年期的叶子为卵状，螺旋排列，具有竖直生长的特性，花最终形成果实（L. Rignanese惠赠）。

有时候从一片叶子就可以观察出这种从幼年到成年转变的发生。其中一个典型的例子是18世纪Goethe首先发现豆科的阿拉伯胶树（*Acacia heterophylla*）从幼年期进入成年期时，叶子转变为柄状（叶柄的形态和叶的功能）。阿拉伯胶树幼年期的叶子为羽状复叶，具有叶轴和小叶；而进入成年期后，则只有一个特殊的结构：扁平的叶柄（图25.10）。

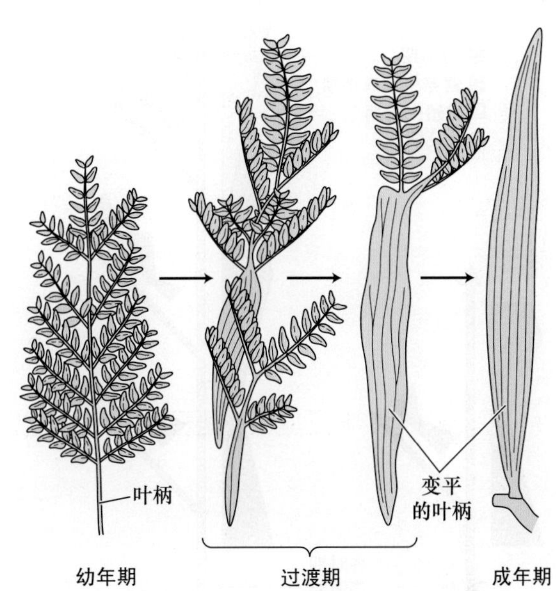

图25.10　阿拉伯胶树的叶子。图示羽状复叶（幼年期），扁平的叶柄（成年期）。注意：在中间阶段，顶部的叶子依然保持着幼年期的叶子形状。

在水生植物中，如松叶藻（*Hippuris vulgaris*），从水生叶到气生叶的形成过程中同样存在这种过渡结构的变化。与阿拉伯胶树一样，这种过渡形式随发育模式的不同有明显的区域性。为了说明玉米（*Zea mays*）从幼年期到成年期这种过渡形式的变化，提出了**组合模型（combinatorial model）**（图25.11，Web Topic 25.2）。根据这个模型，地上部分的发育可以被划分为一系列既彼此独立又相互重叠（overlapping）的过程（幼年期、成年期和繁殖期），进而调节一系列发育过程的表达。

叶片从幼年期到成年期发生的过渡变化表明，同一片叶子的不同部位可以表达不同的发育进程。因此，叶尖细胞仍保持着幼年状态，而叶基部的细胞却向成年期转变。在同一片叶子中，两套细胞各自的发育命运却截然不同。

 25.3.2　位于茎基部幼嫩的组织首先产生

三个发育阶段的依次出现从而使幼嫩组织在茎轴上有序产生。植株的生长高度受控于茎基部首先形成的顶端分生组织、幼嫩组织和器官。在一些能迅速开花的草本植物中，幼年期可能只持续几天，产生少量的幼嫩结构。与此形成对比的是，木本植物有一个相当长的幼年期，有的甚至可能持续30~40年（表25.1）。在这些植物中，幼年结构在一个发育成熟的植物中占相当大的比例。

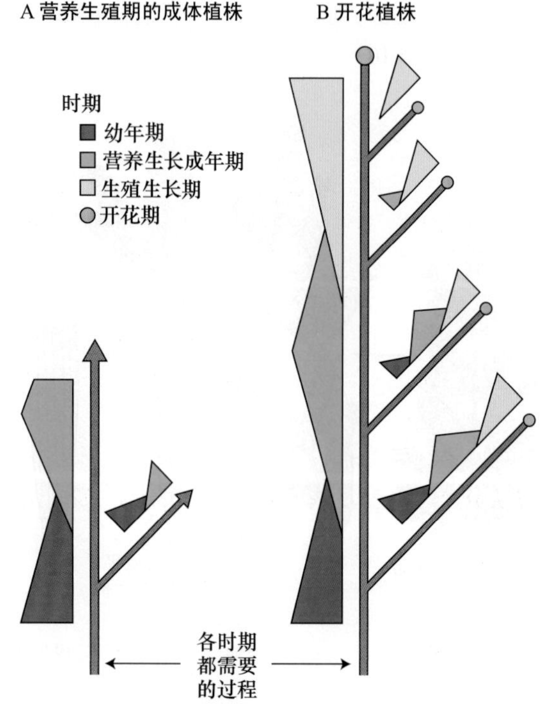

图25.11　玉米地上部分发育的组合模型示意图。沿着茎的主轴和枝条，幼年期、成年营养期和生殖期梯度重叠表达。连续的黑线表示在所有的发育时期都需要。这三个阶段可能会被单独的发育过程所调节，即当发育过程重叠时，产生一种中间发育过程。A.营养期的成年幼苗。B. 开花的植株（引自Poetinf，1990）。

表25.1　一些木本植物的幼年期长度

物种	幼年期长度
玫瑰	20~30天
葡萄	1年
苹果	4~8年
柑橘类植物	5~8年
英国常春藤	5~10年
红杉	5~15年
无花果	15~20年
英国橡树	25~30年
欧洲毛榉树	30~40年

资料来源：Clark，1983

一旦分生组织转向成年期，就只有成年的营养结构产生，而且其顶端分生组织向花器官发育，所以成熟期和生殖期分别位于茎的顶部和外围。

在幼年期向成年期过渡的决定因素中，植株的体积大小比其实际年龄更重要。一些抑制植物生长的因素如矿质营养的欠缺、弱光照、水分胁迫、落叶、低温都有可能延长植物的幼年期，甚至会使成熟的茎**“重返幼年期”（rejuvenation）**。相反，凡是促进植物生长的条件，都可以加速植物向成年期的过渡。当植物生长加速时，如果对它进行正确的开花诱导处理，就会促使植物开花。

尽管对开花而言，植株大小是个比较重要的因素，但是并不清楚具体哪个器官的大小对开花更重要。在一些烟草属（*Nicotiana*）物种中，必须具有一定数量的叶子才能使顶端组织积累足够的成花刺激物。

一旦进入成年期，植物在营养繁殖或嫁接过程中就会保持这种相对的稳定。例如，从常春藤（*Hedera helix*）基部取下来的枝条扦插可以成长为新的幼年植株，而那些从顶端取下来的枝条则发育为成年植株。如果从正在开花的白桦树（*Betula verrucosa*）基部截取枝条并嫁接到幼年砧木上，在最初的两年内，嫁接的植株并不能开花。但是，从成熟的白桦树顶部取的接穗，嫁接后即可开花。

 25.3.3　营养、赤霉素和其他信号影响时相的变化

植株其他部分传递的信号也可影响顶端组织从幼年期向成年期的转变。在许多植物中，弱光照可延长幼年期，或者使之转变为幼年期。弱光照带来的后果是植株顶端的碳水化合物供应不足。因此碳水化合物特别是蔗糖，可能在幼年期向成年期的转变中起着重要的作用。碳水化合物被认为是能量和原材料的供应者，能够影响植株的大小。如菊花（*Chrysanthemum × morifolium*），只有它的顶端达到一定大小后花原基才产生。

除了矿质营养和碳水化合物外，植株顶端还会接受到一些来自其余部位的激素和其他因子。实验证明，对一些松类植物幼苗施以赤霉素（GA），可诱导其产生生殖结构。在松类植物中，加速球果产生的因素（如去根、水胁迫、氮营养饥饿等），可使植物体内积累GA，这些积累的内源（endogenous）赤霉素同样可以调控此类植物的开花。

 25.3.4　开花能力和成花决定是花引发过程的两个时期

对于草本和木本植物来说，幼年期（juvenility）有不同的涵义。草本植物的幼年分生组织嫁接到正在开花的植株上，它可以稳定地开花（参见Web Topic 25.3），而木本植物却不可以，它们之间有何区别呢？

在烟草（*Nicotiana tabacum*）中的大量研究表明，花的发端需要顶芽通过两个发育时期（图25.12）（McDaniel，1992），其中一个是开花能力的获得。当给予适宜的发育信号后，顶芽才有能力开花。

例如，一个处于营养阶段的枝条嫁接到正在开花的茎上，这个嫁接后的枝条可以迅速开花。这就说明它有能力对开花的植物体中的成花刺激物作出反应，也就是说它有开花的能力。不能开花的植物意味着它还没有获

得开花的能力。

已获得开花能力的营养芽需要经过的下一阶段是成花决定。即使顶芽从正常的植物中被移除下来也能过渡到下一个发育阶段（开花），就称为成花决定。因此进入成花决定阶段的顶芽，即使它被嫁接到其他不能产生任何成花刺激物的处于营养阶段的植株上，它同样可以开花。

最典型的例子就是在一个日中性的烟草植株中，植株长出41片叶子或者节就能开花。在一个测量腋芽成花决定的实验中，从一个正在开花的植株的基部第34片叶子处去掉其顶部，顶端优势丧失后，第34片叶子的腋芽长出，接着再长出7片叶子（共计41片叶子）后才开花（图25.13A）（McDaniel，1996）。但是当第34个腋芽被摘除，移栽到土里或者是嫁接到基部没有任何叶片的茎上，它在开花前又产生了一整套的叶子。这些结果显示，第34个腋芽还没有进入成花决定阶段。

在另外一个实验中，供体植株在距基部第37片叶子处截除其顶部，在图示的三种情况下（图25.13B），第37个腋芽都是在只产生4个叶片后就开花。这个结果显示，终端芽进入成花决定阶段是在产生37个叶子后。

用不同类型烟草的茎顶端所做的一系列嫁接实验表明，开花前分生组织的产生归因于以下两种因素：叶子产生的成花刺激物的强度，以及分生组织对信号作出反应的能力（McDaniel，1996）。

在某些情况下，即使植株的顶端已经处于成花决定阶段，但是开花仍然有可能被延迟或者抑制，除非它接受到另一个刺激开花的信号（图25.12）。例如，毒麦（*Lolium temulentum*）在长日照下才能开花。如果毒麦的茎尖分生组织经过一个长达28 h的光照后，置于试管中，结果显示只有在GA存在的情况下，它才可以正常开花。即使在有GA存在的情况下，从一个处于短日照情况下的毒麦上得到的顶端分生组织也不能开花。因此

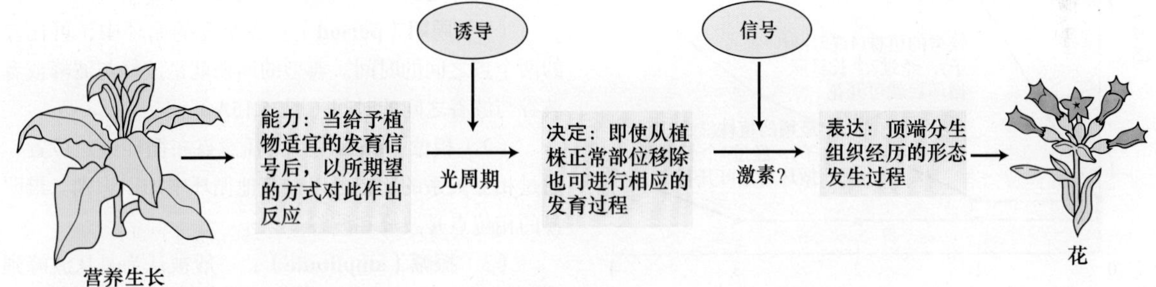

图25.12 茎顶端营养分生组织细胞获得新的发育命运后花引发的简单模式图。在向开花转变的初期，细胞必须具有开花能力。有能力开花的营养分生组织是一种能通过变成花的决定态（产生花）而对成花刺激物（诱导）作出反应的组织。决定态的表达通常可能还需要一些其他的信号（引自McDaniel et al.，1992）。

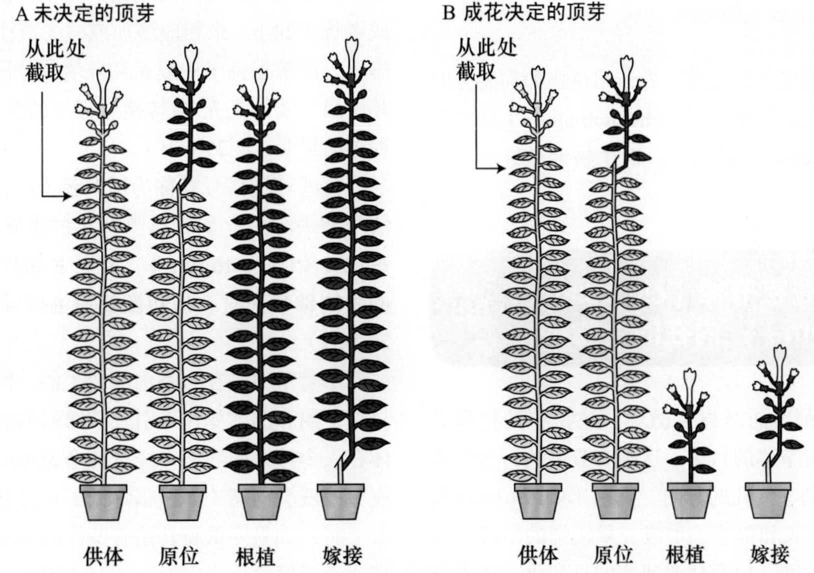

图25.13 烟草腋芽决定状态示意图。来源于正在开花的供体植株的特殊腋芽被原位嫁接、根植或嫁接于植株基部而被迫生长。阴影部分显示由腋芽产生的叶子和花。A. 腋芽未处于成花决定阶段的结果。B. 腋芽处于成花决定阶段的结果（引自McDaniel，1996）。

可以推断，长日照对毒麦的成花决定是必需的，而GA对于毒麦成花决定状态的表达也是必需的。

一般来说，一旦分生组织获得开花的能力，它就显现出随着年龄增长而开花的趋势。例如，日长决定开花的植物，对于开花来说，短日照或者长日照的循环次数在较老的植物中需求量比较少（图25.14）。在本章的后面内容，我们将会讨论，植株随着年龄增长而开花的这种趋势有其生理学基础，那就是叶片产生成花刺激物的能力增强。

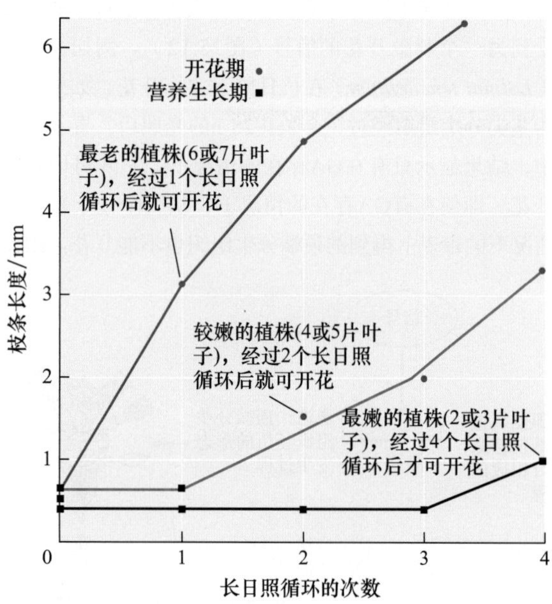

图25.14　在长日植物毒麦中，年龄对诱导开花的长日照循环次数的影响。起诱导作用的长日照循环为：8 h的自然光光照，而后16 h的低强度的白炽灯光照。年龄越大，开花需要的光诱导循环次数越少。

在讨论植物感受日长之前，先介绍植物如何感受时间的机制，也就是**时间生物学（chronobiology）**或者**生物钟（biological clock）**的研究。对生物钟最好的解释是近似昼夜节律。

25.4　近似昼夜节律（circadian rhythm）：内在的生物钟

生物有机体都要面对昼夜循环。植物和动物都对昼夜更替显示出有节律的行为。这种有节律的行为包括叶子和花瓣的运动、气孔的开闭、真菌（如*Pilobolus*和*Neurospora*）的生长和孢子的形成、果蝇蛹的出现、啮齿类动物的活动时间，以及代谢速率的日变化，如光合作用和呼吸作用。

当有机体从昼夜循环进入持续黑暗或者持续光照的环境中时，许多有节律的行为在最初几天内仍能持续存在。一般情况下，一个节律循环大致为24 h，后来近似**昼夜节律（circadian rhythm）**这个词就被广泛认同了（见第17章）。在持续光照和黑暗的环境中，近似昼夜节律并不能直接对光作出反应，它们必须建立在一个内在的起搏器上，也就是内源振荡子。在第17章，已经介绍了内源振荡子的分子模型。

内源振荡子与许多生理过程相偶联，如叶子的运动、光合作用及节律的维持。正因为如此，内源振荡子被认为是生物钟机制及一些生理功能如叶片运动、光合作用的调节者，有时还被认为是生物钟运动的标志。

25.4.1　近似昼夜节律的特征

近似昼夜节律源于有规律的周期现象，由以下三个参数加以界定。

（1）**周期（period）**：在重复的循环中，可比较的两个点之间的时间。典型的周期就是波峰与波峰或者波谷与波谷之间的时间（图25.15A）。

（2）**相位（phase）**①：任意点在循环中的位置，通过相互关系的比较可以在其他循环中加以识别。最明显的相位点是波峰和波谷。

（3）**振幅（amplitude）**：一般被认为是从波峰到波谷的距离。但是即使周期没有变，生物节律的振幅也可能发生变化（图25.15C）。

在持续的光照或者黑暗条件下，节律一般不再是24 h。节律一般随日照时间的变化而变化，根据周期是否短于或者长于24 h，来相应增加或减少节律周期。在自然状态下，内源振荡子一般是和环境信号同步的，为24 h。其中最主要的是光-暗转换过程中的黄昏和暗-光转换过程中的黎明（图25.15B）。

这些环境信号被称为**给时者（zeitgeber）**。当这些信号被去除后，如转移至持续的黑暗中，节律就会**自由运转（free running）**。当外界条件符合特定有机体的生物钟特征时，又会恢复为近似昼夜节律周期（图25.15B）。

尽管节律是在自身内部产生的，但是也需要环境信号如光照和温度变化来引发节律的形成。另外，当有机体在一个持续的环境中经过几个循环后，原有的近似昼夜节律就会消失（如振幅降低）。当其发生在环境给时者上时，如果要重新开始有节律的活动，就需要光暗转变或者温度变化来引发（图25.15C）。需要注意的是，

① 不要将本内容中的术语相位（phase）与先前在分生组织发育中讨论过的术语时相变化（phase change）相混淆

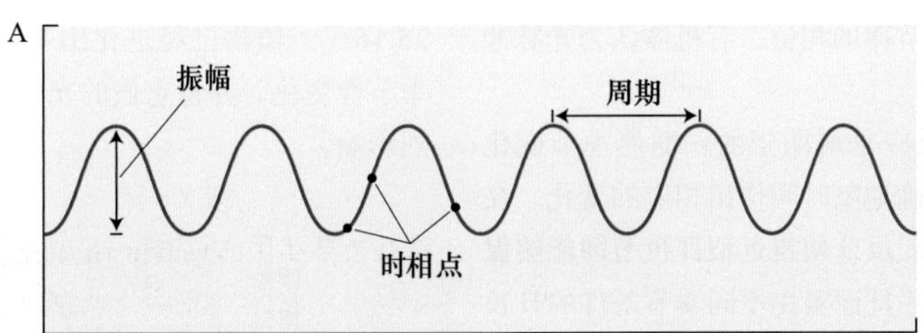

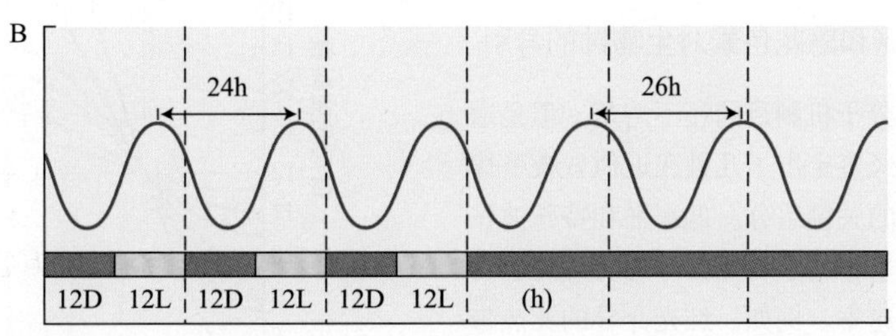

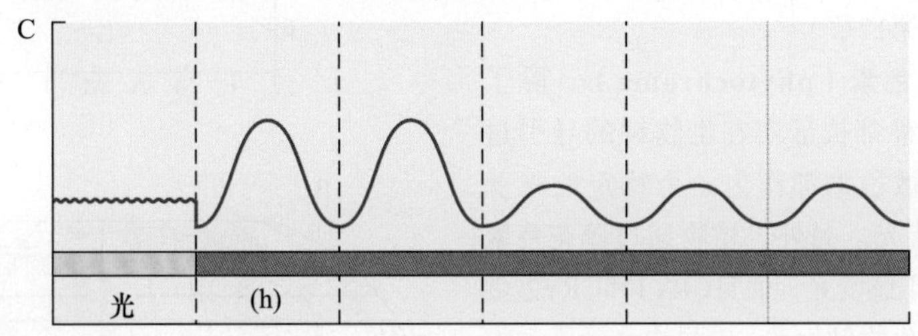

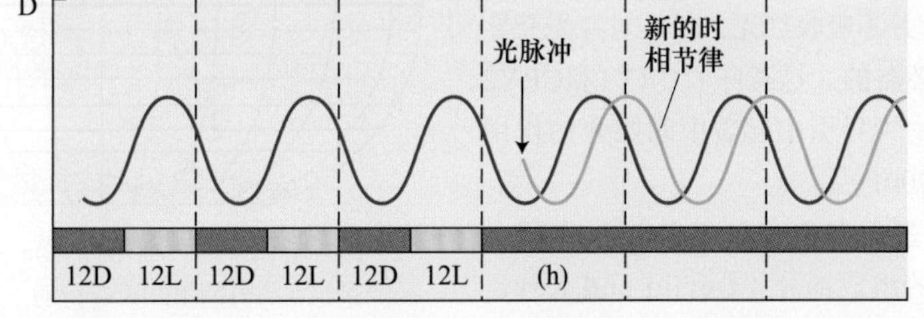

图25.15　近似昼夜节律的一些特征。

生物钟本身并不会消失，只是振荡子和生理功能之间的偶联受到了影响。

在自然条件下，温度存在波动，如果植物不能保持精确的时间，那么近似昼夜节律对它来说就没有意义了。事实上，温度对于自由运转的节律周期来说作用很小甚至于没有作用。在不同的温度条件下，使生物钟遵循时间的作用，称为**温度补偿（temperature compensation）**。尽管在这条途径中，所有的生化步骤都是温度敏感型的，但是它们对温度的反应可能会互相抵消。例如，媒介物合成速率的变化可以被相对应的降解速率所补偿。植物通过这种方式可以在不同的温度下仍然保持稳定的生物钟调节水平。

25.4.2　在不同的昼夜循环中，相位变化调节近似昼夜节律的变化

在近似昼夜节律中，生理过程通常是与内源振荡子相对应的时间点偶联的，特定的时间发生特定的反应。一个振荡子可以与众多的近似昼夜节律相偶联，有时甚至跨阶段偶联。

随着季节的变化，白昼和黑夜也发生变化，那么近似昼夜节律是如何与时间保持一致的呢？研究人员检测了在持续黑暗条件下内源振荡子的反应，以及在自由运转的节律下，内源振荡子对特定的相位点给予短时光脉冲（通常小于1 h）所作出的反应。有机体经过12/12 h的光/暗周期诱导后置于黑暗条件下，使节律自由运转，此时与先前形成的光周期相一致的节律的相位，称为**相对白天（subjective day）**；与先前形成的暗周期相一致的节律的相位，称之为**相对黑夜（subjective night）**。

在相对黑夜的起初几个小时如果给予光脉冲，则节律被延迟，有机体认为光脉冲是上一个阶段已经结束（图25.15D）。与此对应的是，在相对黑夜的结束阶段给予光脉冲，则可提高节律的相位，有机体认为光脉冲是新的一天的开始。

如下这种精确的反应是所期望的：即使季节变化后，近似昼夜节律能准确地随时间作出相应的变化。在不同的昼夜循环中，相变反应使得近似昼夜节律能够保持为大致24 h的循环。并且证实在不同季节条件的日长下，节律也能随之发生变化。

 25.4.3 光敏色素和隐花色素对生物钟的导引

光信号引起相变的分子机制目前还不清楚，但是通过对拟南芥的研究，已经鉴定出了几种在近似昼夜节律及其输入和输出途径中的关键组分。低水平和特殊波长的光可以诱导相变的产生，暗示着光介导的反应需要特异的光受体而不是光合速率。例如，红光介导的亚热带豆科植物雨树（*Bamanea*）叶片的昼夜运动是光敏色素介导的低影响反应（见第17章）。

拟南芥有5种**光敏色素（phytochrome）**，除了光敏色素C外，其他4种都被证实在生物钟的导引过程中起作用。每种光敏色素都作为一个特定的光受体：红光、远红光或蓝光。另外，植物通过**隐花色素（cryptochrome，CRY）**感受光，而且CRY1和CRY2 蛋白也参与了蓝光介导的生物钟运动，在昆虫和哺乳动物中也是如此（Devlid and Kay，2000，见第18章）。有趣的是，CRY蛋白尽管并不吸收红光，但是对红光介导的生物钟导引同样是必需的。这意味着CRY1和CRY2在光敏色素介导的生物钟导引中起着中间媒介的作用（Yanovsky and Kay，2001）。

在果蝇中，CRY蛋白与生物钟组分相互作用，因此也是振荡子机制的组成部分（Devlid and Kay，2000）。然而在拟南芥中却并非如此。*cry1*/*cry2*双突变体在生物钟的导引方面有所减弱，但是在近似昼夜节律方面却是正常的。在植物中已表明，光激活的CRY2直接上调FT的表达而对蓝光作出响应，从而使其开花（Liu et al.，2008）。

25.5 光周期现象：监测日长

我们已经知道，生物钟的存在使得有机体在白天和黑夜的特定时间重复特定的分子和生化事件。**光周期现象（photoperiodism）**或者说有机体感受日长的能力，使得其在每年的特定时间能够对季节的变化作出相应的反应。近似昼夜节律和光周期现象都能对昼夜循环作出相应的反应。

在赤道，日长和夜长相等，全年都是如此。随着向两级的移动，日长在夏天变长而在冬天变短（图25.16）。植物已经进化出了相应的机制来感知日长的季节性变化。并且它们的光周期反应受到所处纬度的强烈影响。

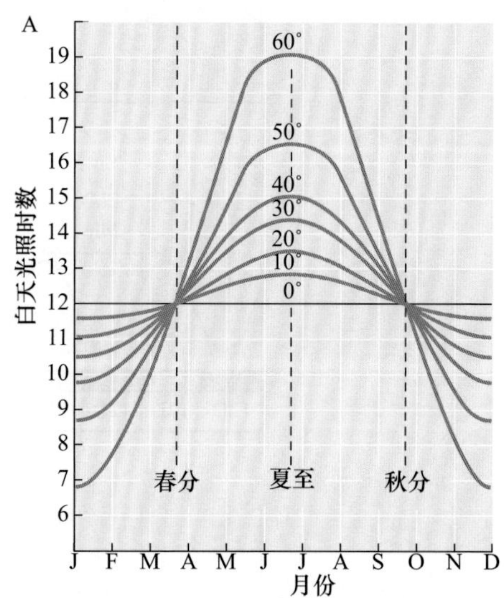

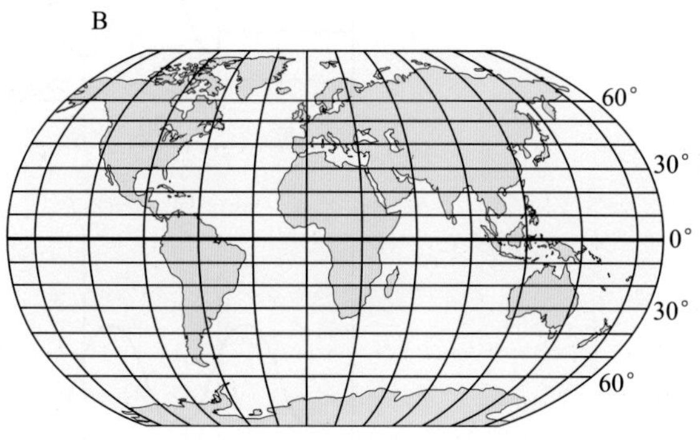

图25.16 A. 北半球一年不同时间中纬度对日长的影响。日长的测量是在每月的第20天进行的。B. 全球的经度和纬度图。

动物和植物中都发现了光周期现象。在动物界，日长控制了以下的季节性活动：冬眠、夏天和冬天皮毛的发育，以及冬眠后的苏醒。植物中受日长控制的活动非常多，包括开花、无性生殖、储藏营养物质的器官的形成，以及休眠的发生。

 25.5.1 根据光周期反应可以对植物进行分类

许多植物在长日照的夏天开花，多年来植物生理学家认为长日照和开花之间的联系在于开花是在长日照下光合产物积累的结果。

20世纪20年代，美国马里兰州贝兹维尔农业研究院的Wightman Garner 和Henry Allard 两位科学家通过实验证明这个假设是错误的。他们发现一个烟草的突变体，即使在盛夏长至高达5 m，却依然不能开花（图25.17）。然而在冬天温室自然光条件下却能开花。

图25.17　马里兰巨大的烟草突变体（右）与野生型烟草（左）。在夏天两种植物都种植在温室里（威斯康星州大学研究生作为标尺）（R. Amasino惠赠）。

这些结果使得Garner 和Allard 进行了如下实验：在夏天的长日照条件下，将其置于不透光的屋子里，从日落前到次日早晨，以人为提供短日照来改变植物的生长，观察其效果。这种人为控制的短日照同样也可以使植株开花。Garner 和Allard得出如下结论：日长在开花中起决定作用，而不是光合积累。这个结论在许多植物及不同条件下都得到了证实。这项工作为以后植物光周期反应的研究奠定了基础。

尽管日长也会影响植物发育的其他方面，但是对开花的影响是研究最多的。根据光周期，有花植物一般分为短日植物和长日植物两大类。

（1）**短日植物（short-day plant，SDP）**：只有在短日照条件下才能开花的植物，或者短日照可以促进开花的植物。

（2）**长日植物（long-day plant，LDP）**：只有在长日照条件下才能开花的植物，或者长日照可以促进开花的植物。

长日植物和短日植物两者最根本的区别在于：在24 h昼夜循环中，长日植物只有在日照长度超过一定时间后才能开花，这个日照长度称之为**临界日长（critical day length）**，而短日植物在其日照长度短于一定时间后才能开花。不同物种，其临界日长也不一样。只有通过对不同日照长度条件下植物的开花情况进行分析，才能准确地进行植物的光周期分类（图25.18）。

长日植物能够有效地衡量春季和夏初日照的延长，直至达到临界日长后才能开花。许多小麦（*Triticum aestivum*）品种就属于此类。短日植物只有在秋天日长短于临界日长才能开花，如许多菊花品种（*Chrysanthemum* × *morifolium*）。然而，日长本身是一个比较模糊的信号，因为它不能区别春秋之间的差异。

植物采用几种方式来避免日长信号的模糊性。一种就是通过幼年期来阻止植物在春天就对日长作出反应。另一种避免日长信号的模糊性的机制是温度与光周期反应的偶联。有些植物如冬小麦，只有经过一个冷周期（春化作用或者越冬）才能对光周期作出反应（我们将在后面的章节中讨论春化作用）。

其他植物通过区别缩短和延长白日来避免日长信号的模糊性，这类植物称为双重日长植物，分为以下两类。

（1）**长短日植物（long-short-day plant，LSDP）**：长日照后给以短日照才能开花。如落地生根属（*Bryophyllum*）、伽蓝菜属（*Kallanchoe*）和夜晚开花的夜香树（*Cestrum nocturnum*），它们在夏末和秋季，当日照变短时开花。

（2）**短长日植物（short-lang-day plant，SLDP）**：短日照后给以长日照才能开花。如白车轴草（*Trifolium repens*）、风铃草（*Campanula medium*）和景天科拟石

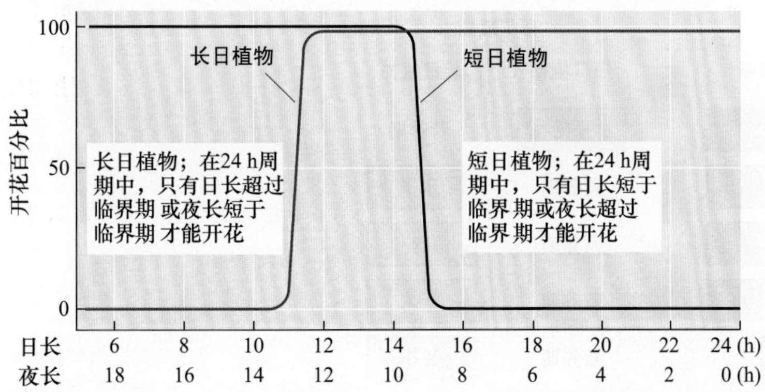

图25.18　长日和短日植物的光周期反应。不同物种的临界期不同。本例中，无论是短日植物还是长日植物，在12~14 h的光照周期下都能开花。

莲花属植物（*Echeveria harmsii*），它们在日照变长后的早春开花。

最后，那些在任何光周期条件下都能开花的植物被称为**日中性植物（day-neutral plant，DNP）**。日中性植物对于日长不敏感，它们主要是通过自主调控途径，也即内在的发育控制途径来控制开花。一些日中性物种，如菜豆（*Phaseolus vulgaris*），主要分布在赤道附近，因为那里的日长常年如一。沙漠中的许多一年生植物，如火焰草（*Castilleja chromosa*）和马鞭草属植物（*Abronia villosa*），经过进化，无论何时给予充足的水分都能萌发、生长和开花，它们也是日中性植物。

 25.5.2 叶片是感受光周期信号的部位

无论是长日植物还是短日植物，感受光周期刺激的部位都是叶片。例如，短日照的苍耳属（*Xanthium*）植物，即使其他部位都处于长日照下，只对其一个叶片进行短日照处理后就足以使其开花。因此，在对光周期作出反应后，叶片就向茎顶端传递了一种开花信号。在叶片上发生的光周期调控过程引发向茎顶端传送成花刺激物的现象，就称为**光周期诱导（photoperiodic induction）**。

即使在离体的叶片上也能发生光周期诱导。例如，在紫苏（*Perilla crispa*）中，离体的叶片经过短日照处理后，嫁接到在长日照下并未经过短日照诱导的植株上，可使后者开花（Zeevaart and Boyer，1987）。这个结果表明，光周期诱导依赖于叶中发生的反应。

25.5.3 植物通过衡量夜长来监测日长

在自然条件下，白天和黑夜的长度形成光暗24 h周期。从根本上讲，植物通过衡量光照或者黑暗的长度来感知临界日长。诸多对光周期的早期研究都致力于决定光暗循环中哪个阶段为开花的决定阶段。结果显示，短日植物的开花时间基本上是由暗期长度决定的（图25.19A）。在短日植物中，如果首先日长超过了临

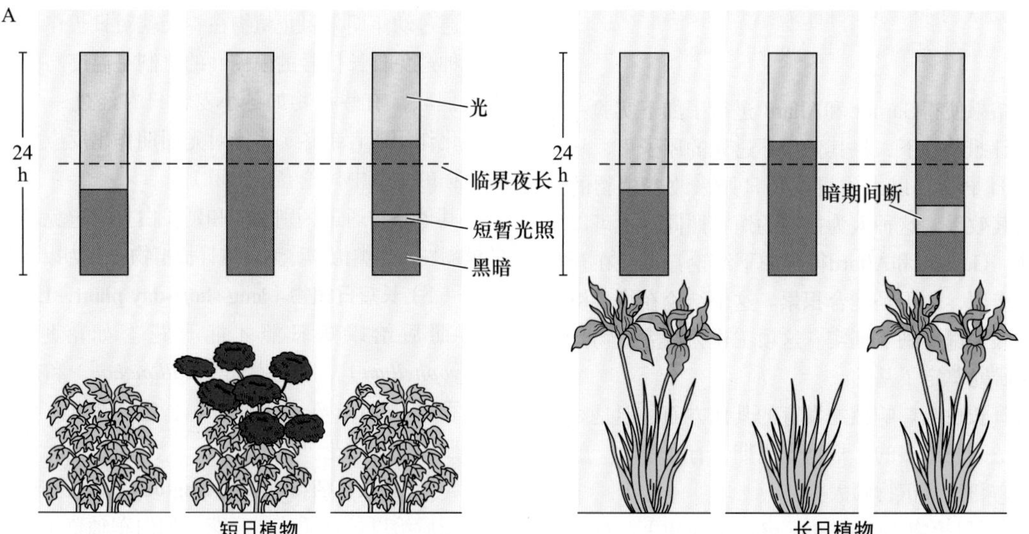

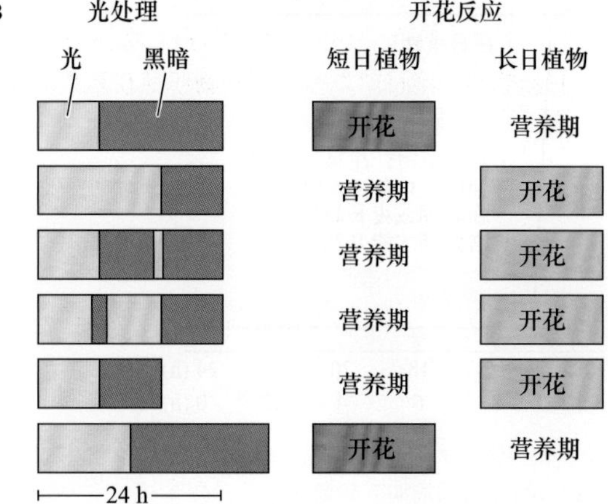

图25.19 开花的光周期调控。A. 对短日植物和长日植物的影响。B. 暗期持续时间对开花的影响。用不同的光周期对长日植物或者短日植物进行处理，表明关键变量是暗期的长度。

界日长，但是接下来黑夜足够长的话，也能开花（图25.19B）。与此形成对比的是，短日植物经短日照后，再给予短夜处理，却不能开花。

更多的实验表明，短日植物对光周期的反应是通过衡量夜长来决定的。例如，苍耳（*Xanthium strumarium*）只有在暗期超过8.5 h才能开花，大豆（*Glycine max*）约为10 h。在长日植物中，黑暗的持续时间也相当重要（图25.19）。这些植物在短日照之后即使在短夜情况下也能开花。但是如果长日照后给予长夜处理，就不能开花。

 25.5.4　暗期间断会消除暗期效应

暗期的重要性可以通过下面实验得到证实：在黑暗条件下，给以短暂的白光处理，暗期效应就失去作用，称为**暗期间断（night break）**（图25.19A）。相反，在日照条件下给以短暂的黑暗处理，并不能消除日照效应的作用（图25.19B）。在许多短日植物中，即使是几分钟的暗期间断，也能阻止其开花，包括苍耳属和牵牛属（*Pharbitis*）植物。在长日植物中，通常要足够长的光照才能开花。

另外，暗期间断效应也会随间断给予的时间有很大变化。对于长日植物和短日植物而言，在16 h的暗期接近中间的时候进行暗期间断最为有效（图25.20）。

暗期间断效应的发现及其对时间的依赖性，有几个重要的作用。首先它确定了暗期的重要性，以及为研究光周期的时效性提供了有价值的探索。因为只需要少量的日照，在不影响光合作用和其他非光合作用条件下，研究光受体的行为和特性成为可能。这样的发现同样使得在园艺植物如伽蓝菜属（*Kalanchoe*）、菊花、一品红（*Euphorbia pulcherrima*）中，建立起商业化的调控花期的方法。

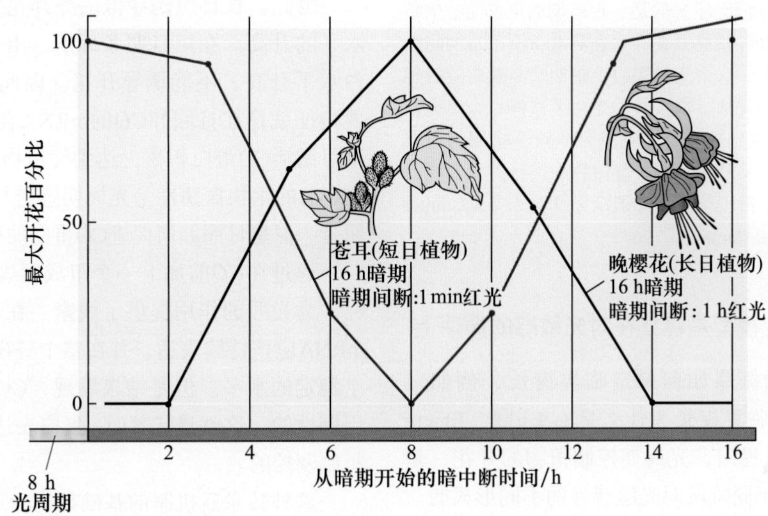

图25.20　暗期间断的时间对于开花的影响。在一个比较长的暗期中，暗期间断可促进长日植物开花，而抑制短日植物开花。在16 h的暗期中，接近暗期中间的时候暗期间断最为有效。长日植物晚樱花，在16 h暗期中给予1 h的红光照射；苍耳在16 h暗期中给予1 min的红光照射（晚樱花数据引自Vince-Prue，1975；苍耳数据引自Salisbury，1963；Papenfuss and Salisbury，1967）。

 25.5.5　生物钟和光周期的守时性

黑夜长度在开花中的重要性提示我们，研究光周期的守时性，测量暗期长度是首要的。建立在近似昼夜节律基础上的机制已经用很多证据证实了这一点（Bunning，1960）。根据**生物钟假说（clock hypothesis）**，光周期的守时性主要依赖于前面所讲过的振荡子（见第17章）。中央振荡子与涉及基因表达的许多生理过程相偶联，包括光周期依赖性物种的开花。

开花的暗期间断效应，可用来研究光周期守时性中近似昼夜节律的作用。例如，短日照的大豆植株，从8 h的光照移到64 h的暗期，暗期间断所引起的开花效应显示近似昼夜节律的形式（图25.21）。

这类实验更加有力地证明了生物钟假说。如果短日植物只是通过暗期特定中间物质的积累来简单地衡量黑夜的长度，那么任何大于临界夜长的暗周期都能导致植物开花。但是暗期间断发生的时间不能与内源振荡子的特定阶段很好地吻合时，就不能诱导植物开花。这些结果显示，短日植物的开花，除了需要足够长的暗周期外，同样也需要在生物钟周期的特定阶段给予一个黎明的信号（图25.15）。

振荡子在光周期衡量中所起作用的进一步证据来自于对光处理能引起光周期反应相变的观察实验（参见Web Topic 25.4）。

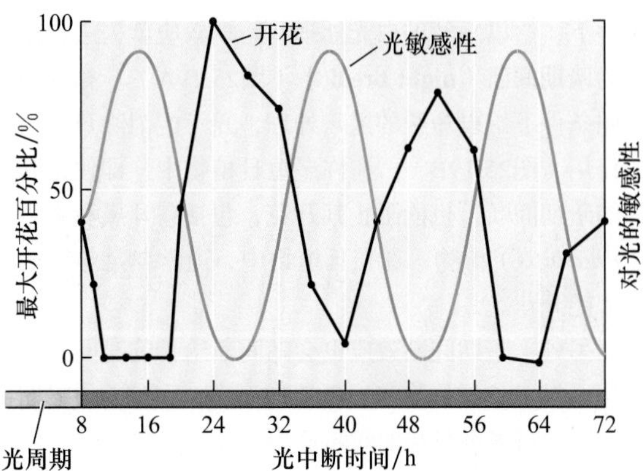

图25.21　暗期间断对节律性开花的影响。在这个实验中，短日植物大豆给予8 h光照和64 h的黑暗周期。在暗期的不同时间给予4 h的暗期间断。开花效应占最大效应的百分比按每个暗期间断处理进行划分。值得注意的是，在暗期的第26 h给予暗期间断能最大程度地诱导植物开花；而在第40 h给予暗期间断则不能诱导开花。而且，这个实验表明，暗期间断效应的敏感性显示近似昼夜节律的规律。这些数据支持了这样一个模型：在短日植物中，只有在光敏感阶段完成后，给予暗期间断或者黎明信号，才能诱导其开花。在长日植物中进行类似实验，暗期间断必须与光敏感阶段一致，才能诱导开花（参见Coulter and Hamner，1964）。

25.5.6　协变模型是建立在对光敏感的振荡上

周期为24 h的振荡如何确定临界夜长，例如，对于短日植物苍耳临界夜长为什么是8~9 h呢？Erwin Bunnning 于1936年提出，光周期控制植物的开花，是通过在生物振荡的不同阶段对光敏感性的不同形成的。这个假说最终演变为**协变模型（coincidence model）**。根据这个模型，生理振荡子控制植物对光的敏感和不敏感的时期。

光促进还是抑制开花主要决定于给光的时期。在近似昼夜节律的光敏感阶段给光，可促进长日植物开花而抑制短日植物开花。如图25.21所示，光敏感和不敏感阶段的振荡在暗期依然存在。在短日植物中，只有在昼夜节律的光敏感阶段完成后给予暗期间断或黎明信号，才能诱导其开花。在长日植物中进行类似实验，只有在在光敏感阶段给予暗期间断，才能诱导开花。也就是说，在与节律的适宜阶段相一致的情况下给予光照才可诱导长日植物和短日植物开花。即使在光暗周期不存在的情况下，振荡子也持续显示出对光的敏感和不敏感，这是生物振荡机制的特征之一。

25.5.7　CONSTANS的表达与光促进长日植物开花的协同性

根据协变模型，植物的开花响应只对昼夜周期特定阶段的光敏感。在长日照条件下促进长日植物拟南芥开花的关键组分为***CONSTANS*（*CO*）**基因。它编码一个调节其他基因表达的锌指结构蛋白。*CO*最初是在拟南芥*co*突变体中鉴定出来的。*co*突变体不能进行光周期反应。*CO*的表达受生物钟的调控，在黄昏后12 h活性最大（图25.22A）。遗传和分子生物学研究表明，在拟南芥中*CO*加速对长日照的响应从而促进开花（图25.22B）。

如图25.22B所示，在长日植物拟南芥中，协变模型最主要的一个特征就是：*CO*在光周期阶段的叶子（光周期刺激物的感受部位）中表达后，才可促进开花。在短日照下，*CO* mRNA 表达量的增加并不能引起CO蛋白水平的升高。然而在长日照条件下，*CO*表达引起CO蛋白水平的迅速升高，因为至少部分*CO*的表达与光周期之间有重叠（图25.22B）（Suarez-Lopez et al.，2001）。

因此，长日照诱导拟南芥开花主要是由于CO蛋白水平的升高。在短日照条件下，由于缺光不能使CO蛋白水平升高，不能诱导开花。因此协变模型的一个主要特征就是在日照和CO的mRNA合成之间有重叠，光照可激活CO蛋白积累，达到使植物开花的水平。CO的mRNA的生物振荡性是光周期感受与生物钟之间的联系纽带。但是日照如何促进CO蛋白的积累呢？

通过在*CO*前加上一个组成型表达的启动子实验研究，为光照的作用提供了线索。在这种情况下，CO的mRNA应该持续表达，并在整个昼夜循环中都维持在一个稳定的水平。但是结果发现，CO表达的强度依然是周期性的。这就意味着CO 蛋白表达丰度是通过转录后机制调控的。

这种转录后机制的基础是光暗条件下，CO 降解速度不一样。在暗期，CO与泛素结合，并很快被26S蛋白体降解（见第2章）。而在光照条件下，可增强CO 蛋白的稳定性（stability），并使之积累。这就解释了只有当CO的mRNA表达与光周期吻合后才能诱导开花的现象（Valverde et al.，2004）。在黑暗条件下，因为CO蛋白迅速降解，所以其不能积累。

然而，情况是非常复杂的，远非光-暗开关调节CO的表达量这么简单。光对CO蛋白稳定性的影响依赖于光受体。不同的光受体不仅在近似昼夜节律的设置上起作用，它们还直接影响CO蛋白的积累和开花。清晨光敏色素B（phyB）信号途径可以加强CO的降解；然而在夜晚（CO蛋白在长日照下积累后），隐花色素和光敏色素A（phyA）拮抗这种降解作用，因此可使CO蛋白积累（图25.22）（Valverde et al.，2004）。

但是在长日植物中，CO蛋白是如何刺激开花的呢？CO作为转录调控因子，通过刺激关键的花信号*FT*和*SOC1*的表达来促进开花。在本章的后面内容中，我们将会讨论到，在刺激分生组织开花时，有证据表明FT蛋白是促进分生组织形成花的韧皮部可移动信号。

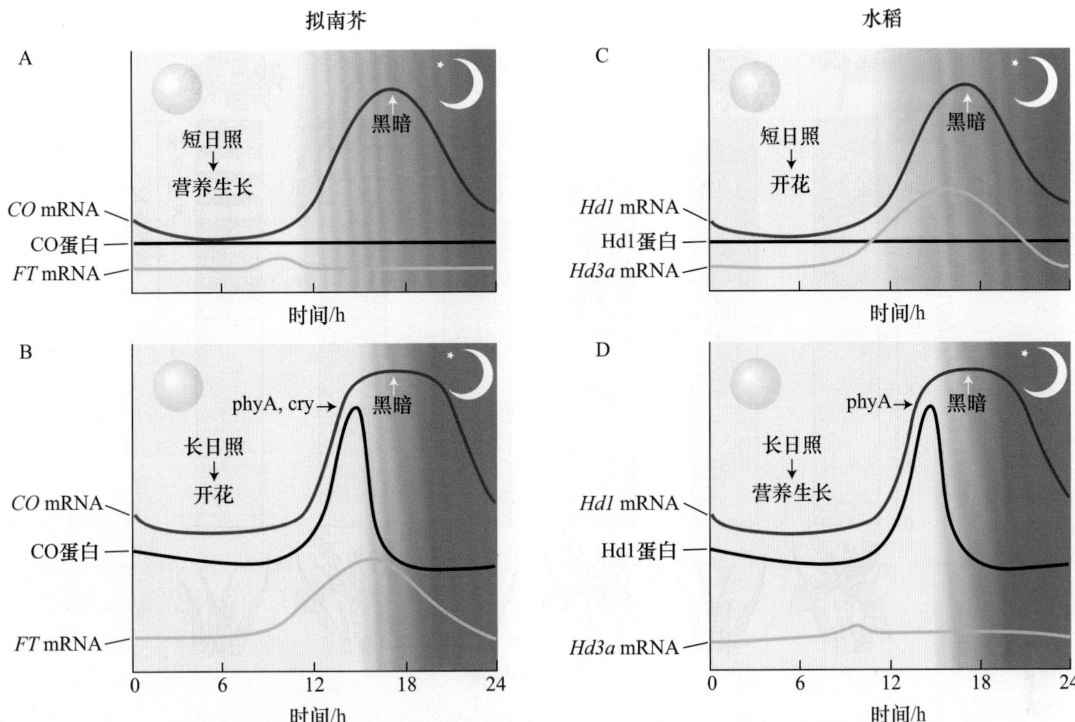

图25.22　拟南芥（A 和B）和水稻（C 和D）协变模型的分子基础。A. 拟南芥在短日照条件下，*CO* mRNA的表达与光照之间的重叠较少。韧皮部CO 蛋白积累不足，因此不能使可转运的成花刺激物FT蛋白表达，从而植物保持营养生长阶段。B. 拟南芥在长日照条件下，*CO* mRNA的丰度（12~16 h）和日照（理解为光敏色素A和隐花色素）的重叠达到了顶峰，因此使CO蛋白积累。CO激活韧皮部中*FT* mRNA表达，当后者转运到顶端分生组织后，诱导植物开花。C. 水稻在短日照下，由于*Hd1* mRNA与光照之间缺乏协同性，因此阻止了Hd1蛋白的积累，Hd1蛋白为编码转运成花刺激物基因*Hd3a*的抑制子。Hd1蛋白抑制子不存在的情况下，*Hd3a* mRNA表达，并被转运到顶端分生组织，因此使得植物开花。D. 水稻在长日照（理解为光敏色素）下，*Hd3a* mRNA的丰度和日照的重叠达到了顶峰，因此引起Hd1a蛋白抑制子的积累。所以*Hd3a* mRNA没有表达，植物依然处于营养阶段（引自Hayama and Coupland，2004）。

在短日照植物中也有同样的促进开花的途径，这将在后面讨论。

25.5.8　短日照植物在长日照下利用协同机制抑制开花

通过对短日植物水稻开花的研究发现，光周期感受的基本协同机制在水稻和拟南芥中是保守的。在水稻育种的过程中，育种学家已经鉴定出了影响开花的几个等位基因。***Heading-date 1***（***Hd1***）和***Heading-date 3a***（***Hd3a***）基因编码与拟南芥CO和FT同源的蛋白质。在转基因的拟南芥中过表达*FT*和在水稻中过表达*Hd3a*，都可促进植物迅速开花，而不受光周期的影响，说明*FT*和*Hd3a*都是开花的强启动子。而且当植物处于诱导的光周期（长日照下的拟南芥和短日照下的水稻）时，内源的*FT*和*Hd3a*基因的表达都增加（图25.22C）。另外，水稻的*Hd3a*和拟南芥*CO*的表达都显示出相似的模式，即mRNA的规律性积累。

水稻和拟南芥的区别在于，在短日植物水稻中，*Hd1*抑制*Hd3a*的表达，也就是说，在水稻中，*Hd1*与光敏色素介导的光信号阻止开花的协同性主要是通过抑制*Hd3a*的表达来实现的（图25.22D）（Izawa et al.，2003；Hayama and Coupland，2004）。相反，在拟南芥中，*CO*激活下游基因*FT*的表达。短日植物和长日植物对光周期反应的不同，部分原因是光周期感受系统中*CO*/*Hd1*的相反效应。

然而，需要特别说明的是，光周期现象是非常复杂的，对其他可能影响短日植物和长日植物对日长作出反应的调节机制还有待进一步研究。

25.5.9　光敏色素为光周期反应中最主要的光受体

暗期间断实验非常适用于研究在光周期反应中接收光信号的受体的特性。在短日植物中，暗期间断抑制短日植物开花是光敏色素控制下的生理过程之一（图25.23）。

在许多短日植物中，暗期间断在Pr（吸收红光的光敏色素）向Pfr（吸收远红光的光敏色素）转换的过程

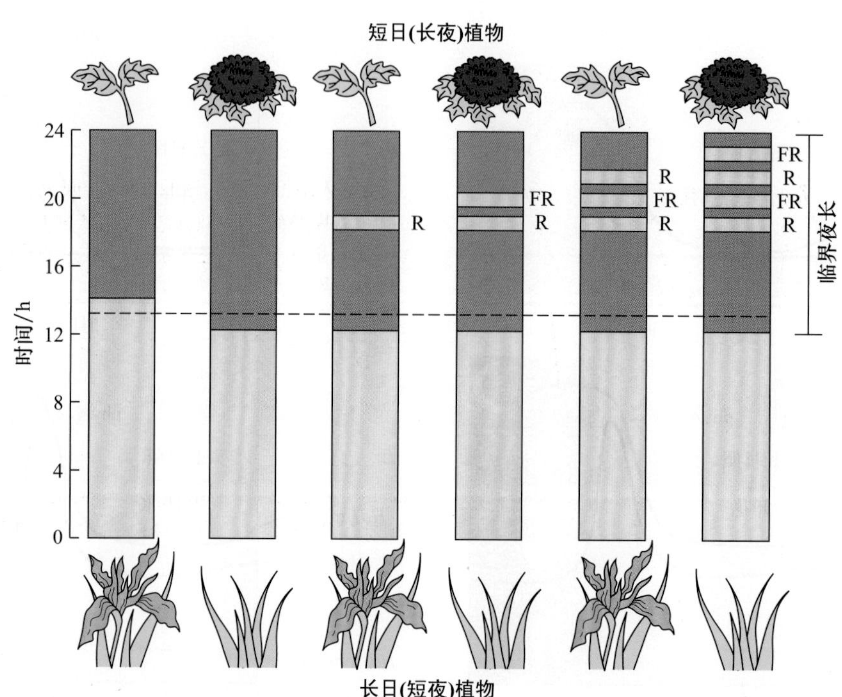

图25.23　光敏色素通过红光和远红光来控制开花。在长日植物中，在暗期给予瞬间的红光照射可以促进其开花，并且这种效应可以被远红光逆转。这种反应表明有光敏色素的参与。在短日植物中，短暂的红光照射可抑制植物开花，并且这种效应可以被短暂的远红光逆转。

中，只有给予足够剂量饱和其转换过程的光才有效（见第17章）。随后用远红光照射，使之重新转变为没有活性的Pr，又恢复开花反应。

图25.24所示为对短日植物开花起抑制和促进作用的特殊波谱。为了避免叶绿素的干扰，利用在暗处生长的牵牛花，发现在660 nm处的A波峰为Pr的最大光吸收；相反，绿色植物苍耳在有叶绿素存在的情况下，激活波谱和Pr的吸收波谱之间存在差异。激活波谱的存在及暗期间断实验中红光-远红光的互相逆转，证实了光敏色素作为光受体参与了短日植物对光周期的感知。

另外的遗传实验证实，光敏色素在短日植物光周期现象中起关键的作用。水稻*PHOTOPERIOD SENSITIVITY 5*（*Se5*）基因编码一个类似于拟南芥HY1的蛋白质。Se5和HY1都是催化光敏色素发色团合成过程中某一步骤的酶。对于*Se5*突变体，无论在多长的日照条件下都能迅速开花（Izawa et al.，2000）。

长日植物暗期间断实验同样有光敏色素的参与。因此在一些长日植物中，用红光使暗期间断可促进开花。而用远红光则抑制开花（图25.23）。

在长日植物大麦、毒麦和拟南芥中发现，近似昼夜节律通过远红光而促进植物开花（图25.25）（Deitzer，1984），并且与远红光的照射强度及持续时间成一定的比例，因此为高光辐照度反应（high-irradiance-response，HIR）。和其他的高光辐照度反应

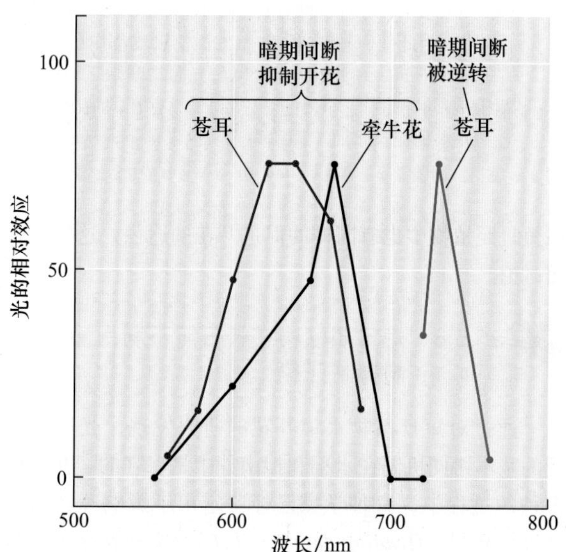

图25.24　暗期间断实验说明特殊的波谱控制了开花反应，并暗示有光敏色素的参与。在另一个诱导周期中，给予暗期间断可以抑制短日植物的开花。对于短日植物苍耳，620~640 nm为其红光吸收波谱。725 nm处的光可逆转红光效应。为了避免叶绿素Ⅱ对光吸收的干扰，利用在暗处生长的牵牛花，发现660 nm的暗期间断最有效。因为660 nm能最大程度被光敏色素吸收（苍耳数据参见Hendricks and Siegelman，1967；牵牛花数据参见Saji et al.，1983）。

一样，光敏色素A也是介导远红光效应的光敏色素。与长日植物中光敏色素A在开花中的效应相一致，拟南芥

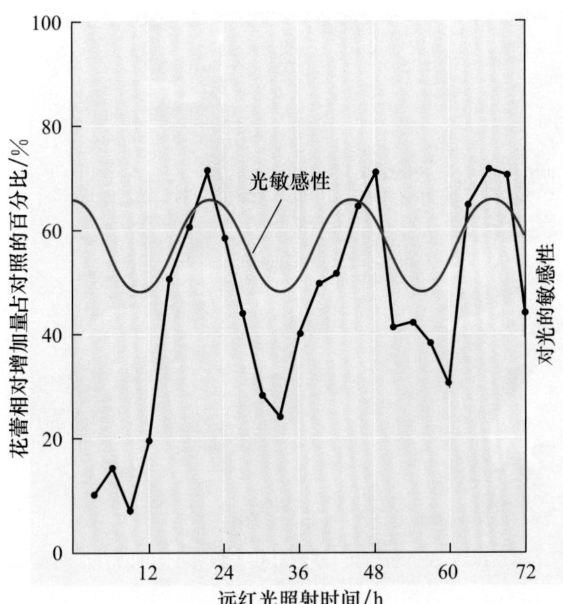

图25.25　远红光对拟南芥开花的影响。在持续的72 h光照过程中，定时给予4 h的远红光照射。图中数据点每6 h采集一次。数据显示近似昼夜节律对远红光促进植物开花也是敏感的。这就支持了在长日植物中，光处理（本例中为远红光）与光敏感性峰一致的话可促进植物开花（引自Deitzer，1984）。

*PHYA*的突变体开花延迟。然而在一些长日植物中，光敏色素的作用远比在短日植物中的作用复杂，因为蓝光受体也参与了这个反应。

25.5.10　蓝光受体参与长日植物的开花调控

一些长日植物如拟南芥，蓝光可以促进其开花，暗示着蓝光受体也可能参与了对开花的调控。在第18章我们已经讲过，*CRY1*和*CRY2*基因编码的隐花色素在拟南芥中为控制幼苗生长的蓝光受体。

正如前面提到的，CRY蛋白也参与了对生物钟振荡子的导引。就像Web Topic 25.5中提到的，通过构建带有荧光色素酶报告基因的载体，发现蓝光在开花中具有一定作用，并与近似昼夜节律存在一定联系。在持续的白光照射中，发光周期为24.7 h；但是在持续的黑暗条件下周期为30~36 h。无论是给予红光还是蓝光，都能使周期缩短为25 h。

为了区别光敏色素与蓝光受体的作用，研究人员对光敏色素突变体*hy1*进行了转化研究，这种突变体在发色团的合成方面存在缺陷，导致所有的光敏色素缺失（见第17章），利用荧光素酶载体来测定突变对周期长度的影响（Millar et al.，1995）。在持续的白光照射下，*hy1*与野生型有相似的周期，说明白光对光周期的影响只需少量或者不需要光敏色素的参与。而且在只有光敏色素B能够感受的红光持续照射下（见第17章），*hy1*的周期显著变长（如它更像持续的暗处理）；然而在持续的蓝光照射下周期没有变长。这些结果显示光敏色素和蓝光受体都参与了对周期的调控。

通过对拟南芥开花突变体*elf3*（*early flowering 3*）（参见Web Topic 25.5和25.6）的研究，同样证实蓝光参与了调节近似昼夜节律和开花的调控。通过对*CRY2*基因的一个突变体的研究（见第18章），更进一步证实了在拟南芥中蓝光受体对光周期诱导是敏感的，这种突变体开花延迟，并且丧失了感受光周期诱导的能力（Guo et al.，1998）。

相反，携带有*CRY2*功能获得型等位基因的植株开花比野生型还要早（El-din El-Assal，2003）。另外*cry1*/*cry2*双突变在长日照条件下比单突变*cry2*开花稍晚。所以在对开花的调控上，*CRY1*和*CRY2*存在功能重叠。

隐花色素除了在生物钟导引上起作用外，光敏色素A还通过直接调节CO蛋白稳定性来调控植物开花。因此综上所述，CO蛋白为调控长日植物开花的启动子。

25.6　春化作用：冷处理可以促进植物开花

吸水的种子或正在生长的植株进行冷处理后可减轻对开花的抑制，这个过程就称为**春化作用（vernalization）**（干燥的种子并不能对冷处理作出反应，因为春化是一个有活性的代谢过程）。不经过冷处理，那些需要春化处理才能开花的植物会延迟开花或一直处于营养生长阶段，而且它也不能对成花信号如光周期诱导作出响应。许多情况下这些植物一直长莲座叶而茎不伸长（图25.26）。

在本节中我们将会讨论一些需要冷处理才能开花的特征，包括温度范围和持续时间、低温感受部位、与光周期的关系，以及可能的分子机制。

25.6.1　植物感受春化作用获得开花能力的部位是茎顶端分生组织

不同年龄的植物对春化作用的敏感性也不一样。冬性的一年生植物，如越冬的禾谷类植物（秋季播种，次年夏季开花），在生命周期的早期就显示出对低温的敏感性。事实上，许多冬性一年生植物的种子在萌发前吸水并且开始代谢活动时就可以进行春化作用。其他植物包括许多二年生植物（播种的第一季度进行莲座叶的生长，次年夏季开花），只有当它们的个体达到一定大小时，才对进行春化作用的低温敏感。

适合春化作用的温度为0~10℃，通常为1~7℃（Lang，1965）。低温处理的效果随持续时间而增加，

图25.26　春化作用可诱导冬性一年生植物拟南芥开花。左图为没有经过冷处理的野生型拟南芥。右图为从幼苗期在稍高于4℃的条件下，经过40天的冷处理，在春化处理结束后三周，长了大约9片叶子后开花（Colleen Bizzell，惠赠）。

直到饱和为止。通常冷处理需要几个星期，但是不同植物不同品种所需的时间变化范围很大。

当处于去春化的条件下时，如遇高温，春化作用会消失（图25.27）。但是低温处理的时间越长，春化作用的效果持续时间越久。

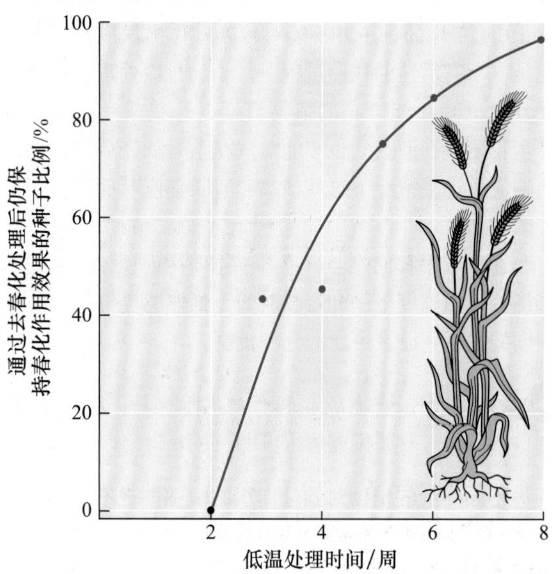

图25.27　低温处理时间越长，春化作用越稳定。冬性黑麦低温处理时间越长，在低温处理后给予去春化作用的条件，仍能保持春化作用效果的植株越多。在这个实验中，黑麦的种子浸泡在水中，用不同时间的低温进行处理，然后迅速给予35℃ 3天的去春化处理（数据引自Purvis and Gregory 1952）。

春化作用主要发生在茎顶端分生组织。只有茎顶端被冷处理后，才能诱导植物开花。这种结果看起来与植物的其他部位是否接受冷处理关系不大。离体的茎尖可以春化，种子也可以，形成胚胎的茎尖一样对低温敏感。

在发育过程中，春化作用可使得分生组织获得向花器官转变的能力。但是，在前面我们已经知道，开花能力的获得并不能保证开花一定会发生。对春化处理的需求一般还与特殊的光周期相关联（Lang，1965）。最普遍的联系是：冷处理后给予长时间的光照，这种联系使处于高纬度的植物在夏初就能开花（参见Web Topic 25.7）。

25.6.2　春化作用涉及基因表达的表观遗传变化

在低温进行春化作用处理时需要保持一定的代谢活性，供能物质（糖类）和氧气是必需的。低于冰点的温度使代谢活性受到抑制，对春化作用也是无效的。同样，细胞分裂和DNA复制也需要一定的代谢活性。在有些植物中春化能引起一些稳定的变化，使得分生组织能够形成花序（Amsasinio，2004）。

春化作用能稳定影响开花能力的一个模型是：冷处理后，分生组织的基因表达模式发生了变化，这种变化一直持续到春天并贯穿整个生命周期。但是这种基因表达的变化并不涉及DNA序列的变化，而且可通过有丝分裂或减数分裂传递给子代细胞，也称为**表观遗传变化**（**epigenetic change**）。而且，在基因水平上的表观遗传变化即使是在信号（如低温）不再存在时也是非常稳定的。从酵母到哺乳动物的许多有机体都可发生基因表达的表观遗传变化，而且通常需要细胞分裂和DNA复

制，这也是春化作用的一个方面。

一个与长日植物拟南芥春化作用相关的、起表观调节作用的特异性靶基因已经被鉴定出来。冬性一年生拟南芥需要春化作用和长日照才能促进开花。已经鉴定出了一个开花抑制基因：***FLOWERING LOCUS C***（***FLC***）。*FLC*基因在没有经过春化作用的茎顶端区域高度表达（Michaels and Amasino，2000）。一旦通过春化作用后，在接下来的生命周期中，这个基因的表达被关闭，从而在长日照下可开花（图25.28）。然而在下一个世代中，*FLC*基因的表达又被开启，需要重新进行冷处理。因此在拟南芥中，*FLC*基因的表达状态代表了分生组织能力决定的一个重要方面（Amasino，2004）。在拟南芥中的研究表明，FLC直接通过对关键成花信号*FT*在叶中的表达及转录因子*SOC1*和*FD*在茎顶端分生组织的表达的响应而起作用（Searle et al.，2006）。

根据**染色质重建模型（chromatin remodeling）**，对*FLC*的表观调节与染色质结构的稳定性改变有关。在第1章我们已经知道，在真核生物中，核DNA存在于转录不活跃、结构比较紧密的异染色质区域，或者转录活跃的常染色质区域。异染色质和常染色质的区别在于核糖体上特定组氨酸的共价修饰方式不同（见第2章）。而且这些修饰被认为与异染色质或常染色质的形成有关。这些共价修饰通常发生在特殊的染色质结构区域，也就是**组蛋白密码（histone code）**（Jenuwein and Allis，2001）。

春化作用使常染色质中*FLC*失去组蛋白修饰功能而获得如异染色质特定赖氨酸残基的甲基化修饰特征（Bastow et al.，2004；Sung and Amasino，2004）。冷处理使得*FLC*从常染色质向异染色质转变，并使得基因沉默。

25.6.3 植物进化出了一系列的春化作用机制

许多需要春化作用的植物在秋季萌发，然后充分地利用凉爽和潮湿的环境进行生长。对于春化作用的需求使得植物在春季才能开花，从而保证冬季持续营养生长（花对霜冻非常敏感）。需要进行春化作用的植物不但需要感受冷信号，同时需要一套感知冷处理持续时间的机制。例如，在早秋进行短时的冷处理，而后在秋末气温回升，这样对于植物来讲，不会误认为早期的低温就是冬天，而后的气温升高就为春季。一般来说，春化作用只有在足够长时间的冷处理后才会发生，这样的持续时间指示完整的冬天已经结束。

生长在温带地区的二年生植物同样也进化出了一套相应的机制感知冷处理的时间从而打破休眠开始萌发。植物进化出的感知冷处理的机制目前还不清楚。但是在

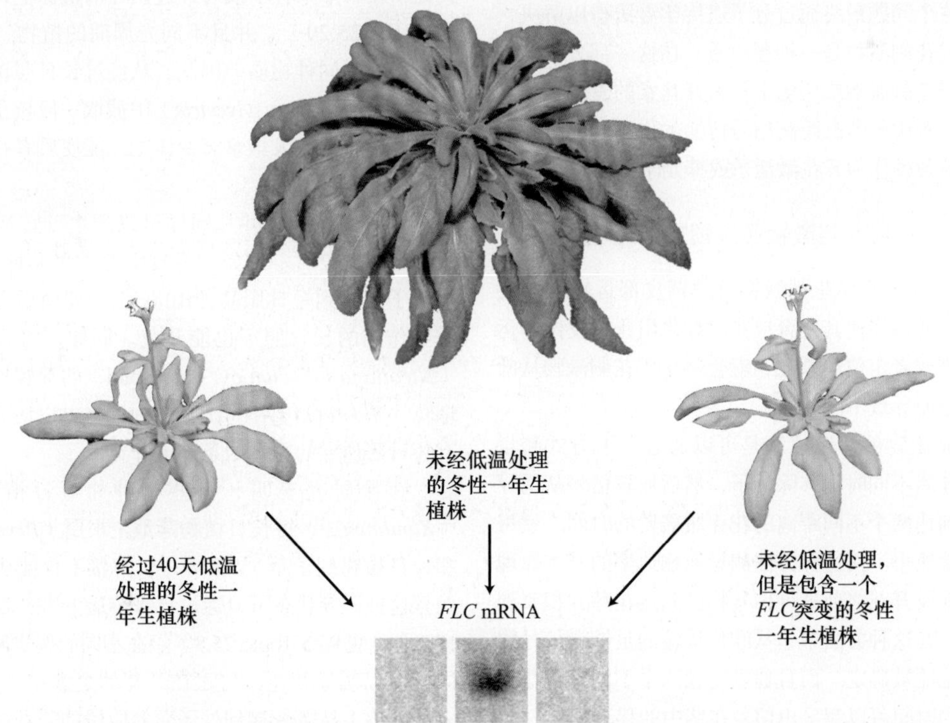

图25.28 要求春化的植物除非经历长时间的低温，否则要么延迟开花要么不能开花。（左）每年冬季低温春化阻止拟南芥*FLC*基因的表达。（右）拟南芥*flc*突变体未低温处理也能快速开花（图片由R. Amasino惠赠）。

拟南芥中，一些基因在长时间的冷处理后才表达，这些基因对于春化作用是非常重要的（Amasino，2004；Sung and Amasino，2004）。

在所有的开花植物中，春化作用途径不尽相同。上面我们讲过，在拟南芥中，*FLC*基因是开花的抑制子，使其需要春化处理才能开花。*FLC*编码一个MADS-box蛋白，与*DEFICIENS*和*AGAMOUS*基因相似，在花的发育中起作用。在禾谷类植物中，有一个基因编码包含锌指结构的不同类型的VRN2（vernalization 2）蛋白，它是开花的抑制子，使得开花也需要春化作用（Greenup et al.，2009；Distelfeld and Dubcovsky，2009）。

有很大一部分有花植物在温暖气候条件下进化，因此没有进化出感知冬季持续时间的机制。随着地质年代的变化，由于大陆漂移和其他因素，地球逐渐形成一些温带气候区。当这些植物适应这种温度条件后，春化作用和芽的休眠反应就可能在各自的种群中进化出了独立的机制。

25.7 与开花有关的长距离信号过程

尽管成花诱导发生在茎顶端分生组织上，但光周期植物感知光周期的部位是叶片。这就表明信号必须从叶片长距离传导到茎顶端，这已经在许多植物的嫁接试验中得到证实。这些信号的生化本质是什么一直困扰着生理学家。这个问题最终通过分子遗传学方法得以解决，而且证实成花刺激物是一种蛋白质。在这一部分我们将综述这一成花刺激物或历史上称为开花素的发现背景。它在开化过程中起着长距离信号传输的作用。同时我们也讨论其他各种作为开花激活子或抑制子的生化信号。

25.7.1 成花刺激物通过韧皮部运输

叶片中形成的成花刺激物通过韧皮部运输到茎尖分生组织，并最终使其发育成花。如果阻止韧皮部的运输，如环割或者定位热杀死，就会阻止成花刺激物从叶部向外运输而导致不能开花。

成花刺激物的运输速率是可以通过如下方式测量的：在诱导后不同时间移除叶子，然后比较信号从诱导后的叶片到达两个不同距离的花芽所需要的时间，就可知道其运输速率。用这种方法测量运输速率的基本原理是叶片移除及开花之前这种信号物已到达花芽并积累到一定的量。在这种方法中，从叶片运输的足够量信号物所需时间也能被确定。而且通过比较两个不同部位花芽诱导开花的时间可以测量出信号在茎中的移动速率。

利用这种方法研究表明，成花信号的移动速率和糖类在韧皮部的运输速率大致相等或稍低（见第10章）。例如，短日照的藜属植物（*Chenopodium*），成熟叶片上的成花刺激物大致是在长夜周期开始后的22.5 h之内输出的。在长日照白芥属植物（*Sinapis*）中，叶子的成花刺激物早在长日照开始后的16 h就输出（Zeevwaart，1976）。

由于成花刺激物是在韧皮部内与糖类一起运输的，因此很容易认为二者是源-库关系。位于茎顶端与茎基部的叶子相比，前者诱导后更能促进植物开花。与此类似的是，当没有诱导的叶子处于诱导的叶子和花芽之间时，它作为首选物阻止从远端运来的成花刺激物到达目的部位，所以能阻止开花。

25.7.2 嫁接实验证实了可转运的成花刺激物的存在

在经过光周期诱导的叶子上可以产生一种生化信号，并转运到一定距离的目的组织（茎顶端）刺激发生一定的反应（开花），这种生化信号具有激素一样的重要效果。20世纪30年代苏联的Mikhail Chailakhyan提出，在植物中存在一种通用的开花刺激物质，他将其命名为**开花素（florigen）**。

开花素存在的证据来自于如下实验：从已经经过光周期诱导后的供体植株上移植一片叶子或者一个枝条到另外一个从未经诱导的受体植株上，能使后者开花。如短日植物紫苏，将其经过短日照诱导后的一个叶片嫁接到处于长日照条件下没有经过诱导的植株上，能使后者开花（图25.29）。并且不同光周期的植物，其成花刺激物好像为同种物质。因此，从经过长日照诱导的长日照烟草（*Nicotiana sylvestris*）中截取一段枝条嫁接到短日照马里兰的巨大烟草突变体上，能使后者在没有诱导的条件下开花。

日中性植物的叶片同样可以产生可转运的成花刺激物（表25.2）。例如，将日中性大豆品种Agate的一片叶子嫁接到短日照品种Bilaxi上，即使后者处于没有诱导作用的长日照下也能开花。同样，将日中性烟草（*Nicotiana tabacum* cv. Trapezond）的芽嫁接到长日照烟草（*Nicotiana sylvestris*）中，同样可以诱导后者在没有长日照诱导的短日照条件下开花。

嫁接研究表明，有些物种如短日植物苍耳属（*Xanthium*）、短长日植物落地生根属（*Bryophyllum*）和长日植物蝇子草（*Silene*），嫁接不仅能诱导开花，而且这种诱导状态可以通过自身传递下去（Zeevwaart，1976）（见Web Topic 25.8）。在不同的属之间进行嫁接同样可以诱导开花。将正在开花的金盏花（*Calendula officinalis*）枝条嫁接到处于营养阶段的苍耳茎上，在长日照条件下，同样可使短日植物苍耳开花。与此类似，将长日植物矮牵牛花枝条嫁接到需要冷处理的两年生天

图25.29　通过嫁接实验证实在短日植物紫苏中存在叶子产生的成花刺激物。左图：将一片经过短日照诱导植株上的叶片嫁接到没有经过诱导的茎上，可使腋芽开花。供体叶片经过修剪便于嫁接，受体茎上部的叶子去除以促进韧皮部从接穗向受体茎转移。右图：嫁接一片从长日条件下的没有经过诱导的植株叶片只会形成处于营养阶段的枝条（A D Zeevaart惠赠）。

图25.30　成花刺激物在不同种属间可以成功地转运。右边的枝条为长日植物矮牵牛的幼苗，砧木为没有春化处理的天仙子。嫁接后保持在长日照条件下（A D Zeevaart惠赠）。

仙子（*Hyoscyamus niger*）上，即使没有经过春化处理，在长日照条件下也可使后者开花（图25.30）。

在紫苏中（图25.29），从供体叶片来的成花刺激物通过韧皮部运输到受体植物的茎上，它与来自供体的^{14}C标记的同化物的运输联系比较紧密，而且这种运输的实现是建立在嫁接处的维管连续分布的基础上（Zeevaart，1976）。这些结果都证实了成花刺激物在韧皮部是与光同化物的转运同时进行的。

25.7.3　开花素的发现

上面介绍的嫁接试验表明，从叶子到顶端分生组织长距离信号对刺激开花是很重要的。自20世纪30年代以来，试图分离开花素和抑花素都失败了。在已知的植物激素结构基础上，这些早期的研究几乎都集中于小分子物质，它们相对容易进行生物分析。分离诱导和没有诱导的叶组织的提取物，然后验证它们对成花或抑花的影响。有这样一个典型的实验，收集许多受诱导的韧皮汁进行测验（见第10章）。尽管有一些正面结果的报道，但是都未能经得起进一步推敲。有一种假设认为在分离物中检测成花素失败的原因是成花素不是单一物质，而是一个多因子的组合体，因此很难通过实验使其复原。另一种假设认为成花素可能不是类似于激素的小分子物质，而是一种大分子物质，如蛋白质或RNA，这些大

表25.2　成花信号可通过嫁接方式进行传递

保持在开花诱导条件下的供体植物	光周期类型	诱导开花的受体植物	光周期类型
向日葵	长日照下日中性植物	向日葵	长日照下短日植物
烟草（Delcrest）	短日照下日中性植物	烟草（*sylvestris*）	短日照下长日植物
烟草（*sylvestris*）	长日照下长日植物	马里兰巨大烟草	长日照下短日植物
马里兰巨大烟草	短日照下短日植物	烟草（*sylvestris*）	短日照下长日植物

分子不是在植物细胞中既定存在的。后一种假设可以解释为什么从分离物中检测成花素活性是如此困难。研究人员已无路可走，必须寻找新的方法来解决这个问题。

一个主要的突破是在拟南芥中通过遗传分析鉴定到*FLOWERING LOCUS T*（*FT*）基因。

25.7.4 拟南芥FLOWERING LOCUS T蛋白是成花素

根据协变模型，长日植物如拟南芥只有*CO*基因在光周期下表达后才能诱导其开花。*CO*基因的表达量在叶子和茎的韧皮部最高（An et al.，2004）。*CO*的下游目的基因*FLOWERING LOCUS T*（*FT*）也在韧皮部特异表达。

与韧皮部的*CO*相对应，光周期反应缺失的*co*突变体可以被特异性伴胞启动子在成熟叶子的次生叶脉中特异表达*CO*基因而得到恢复（An et al.，2004；Ayre and Turgeon，2004）。相反，在*co*突变体的顶端分生组织表达*CO*却不能使光周期反应恢复。因此，*CO*可能在叶子的韧皮部对长日照作出反应后特异表达而刺激开花。另外嫁接叶子韧皮部表达*CO*的转基因植株的芽到*co*突变体，也能使后者开花。这些结果表明，*CO*的表达产生可通过嫁接转移的成花刺激物，从而引发茎顶端分生组织开花（Ayre and Turgeon，2004）。

*CO*活性的信号输出是由*FT*基因的表达介导的。拟南芥在长日照下*CO*的表达使*FT*的mRNA升高。而*FT*不像*CO*，*FT*无论在韧皮部还是在顶端分生组织表达都能刺激植物开花（An et al.，2004；Corbesier and Coupland，2005）。

FT在芽殖酵母菌和脊椎动物中是一种保守的小的球状调控蛋白。*FT*的mRNA或*FT*蛋白是否就是光周期信号通过韧皮部长距离向顶端分生组织转运的成花刺激物（成花素）呢？很多植物中*FT*基因（或其相关基因，如水稻*Hd3a*）在光周期诱导的成花过程中表达。当*FT*基因被转入不受光周期影响成花的植物中时，转基因植物可以不依赖于光周期而开花。现已证实FT蛋白可以从叶片转移到顶端分生组织（Corbesier et al.，2007；Jaeger and Wigge 2007；Mathieu et al.，2007；Lin et al.，2007；Tanak et al.，2007；Zeevaart，2008年总结）。因此，FT蛋白已经显示出可能是成花素的特征。

根据目前的模型，FT蛋白在光周期诱导下从叶片通过韧皮部向分生组织运输（图 25.31）。在分生组织中一旦FT蛋白和FD形成复合物，一个基本的亮氨酸拉链（bZIP）转录因子即在分生组织中表达（Abe et al.，2005；Wigge et al.，2005）。FT和FD复合物激活花特异性基因如*APETACAE1*的表达（图 25.31）。在拟南芥中这种正反馈调节使得分生组织保持成花状态。然而有些植物缺乏这种正反馈调节机制，这些植物在没有持续的光周期存在时分生组织逆转为叶而不是花（Tooke et al.，2005）。

25.7.5 赤霉素和乙烯能诱导一些植物开花

在生长类激素中，赤霉素（GA）（见第20章）对开花有很大的影响（参见Web Topic 25.9）。外源赤霉素喷洒于长日植物如拟南芥的莲座叶，或双重日长植物如落地生根，都可使它们开花（Lang，1965；Zeevaart，1985）。

赤霉素可通过激活*LEAFY*基因的表达来促进拟南芥开花（Blazquez and Weigel，2000）。赤霉素激活*LFY*表达是由转录因子GAMYB介导的，而GAMYB又被DELLA蛋白负调控（见第20章）。另外，GAMYB水平也受促使GAMYB转录降解的microRNA的调控（Achard et al.，2004）（见第20章）。

在一些没有经过诱导的短日植物及需要春化处理而未处理的植物上喷洒外源赤霉素，同样可诱导它们开花。如前所述，施加赤霉素可以促进一些裸子植物球果的形成。因此，在一些植物中，就像日长和温度这些主要的环境因子一样，外源赤霉素可绕过内源赤霉素而促进开花。

第20章谈到，在植物中含有多种类似于赤霉素的化合物。这些化合物多数要么为赤霉素的前体，要么是无活性的赤霉素代谢物。在长日植物毒麦中，有些情况下不同的赤霉素对开花和茎伸长有不同的影响（参见Web Topic 25.9）。

在一些物种中，如长日照的毒麦（*Lolium temuletum*），不同的赤霉素在开花和茎伸长方面具有明显的差异效应（见Web Topic25.10和Web Essay 25.1）。在定量化长日植物拟南芥中，一个赤霉素合成突变体在非诱导的短日照时阻止开花，而在长日照下对开花几乎没有效应，表明在某些特殊情况下内源赤霉素对于开花是必需的（Wilson et al.，1992）。因此在拟南芥中，在光周期刺激很少或缺乏时，赤霉素是一种替代的成花刺激物。在许多物种中，一定量的赤霉素对于开花是必需的。

人们将注意力都集中在长日照对赤霉素代谢的影响上（见第20章）。例如，长日植物菠菜（*Spinacia oleracea*）在短日照条件下赤霉素水平相对较低，植株保持莲座叶状态。一旦被转移到长日照条件下，在13-羟基化途径（GA_{53}→GA_{44}→GA_{19}→GA_{20}→GA_1，见第20章）中所有的赤霉素水平都升高。然而具有生理活性的

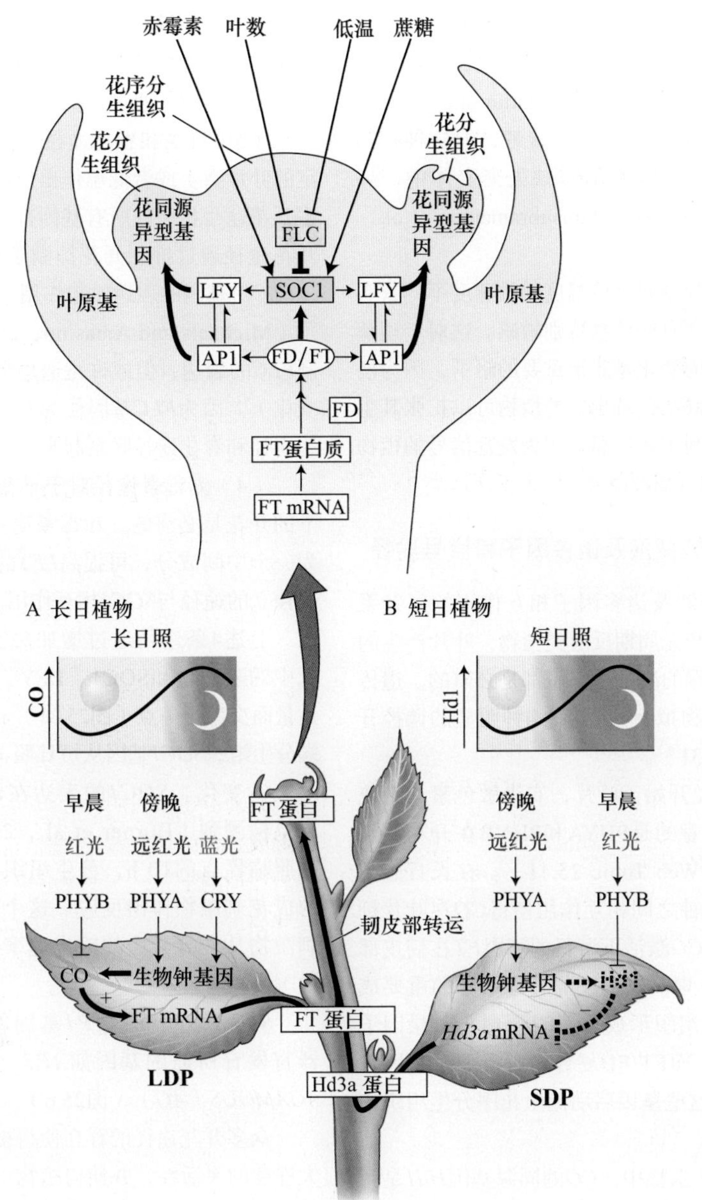

图25.31 拟南芥中众多的开花发育途径：光周期现象、自主途径、春化作用（低温）和赤霉素均会影响开花。光周期途径定位于叶子，并且与可转移的成花刺激物FT蛋白的产生有关。A. 拟南芥在长日照下CO蛋白积累使得在韧皮部产生FT的mRNA，然后FT蛋白通过筛管运输到顶端分生组织。B. 短日植物如水稻，当抑制蛋白Hd1在短日照下不能积累时，可转运的成花刺激物FT 也称为Hd3a表达（虚线表示在短日照下生物钟基因不激活Hd1）。在分生组织中，FT或Hd3a蛋白与FD蛋白相互作用。FT/FD复合物激活*AP1*和*SOC1*基因，进而激活*LFY*基因表达。*LEY*和*AP1*基因接着激活花同源异型基因的表达。自主途径和春化途径负调控FLC，FLC在分生组织中是SOC1的负调控因子，在叶中是FT的负调控因子。

GA_1水平升高5倍，是引起茎伸长并开花的主要原因。

除赤霉素外，其他生长类激素也能促进或抑制植物开花。一个很重要的例子就是乙烯和能释放乙烯的化合物对菠萝（*Ananas comosus*）开花具有显著的促进作用，这种反应仅限于在凤梨家族（Bromeliaceae）中存在。

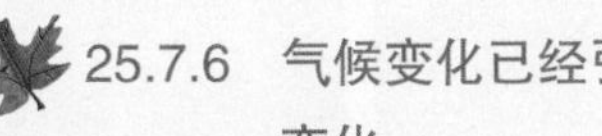

25.7.6 气候变化已经引起开花时间的明显变化

植物对温度高度敏感，而且通过不同方式利用温度信号控制发育。我们知道有些植物需要较长时间的低温（春化）使其开花。此外就是环境温度对生长的影响。

植物可以感知低至1℃的温度变化。在研究过的许多植物中，提高环境温度可以加速开花。很明显，气候变化已经引起植物开花时间的显著变化（Fitter and Fitter，2002）。植物感知温度的途径还不清楚，但这种感知依赖于*FT*基因的表达，因为在*FT*缺失突变体中，环境温度的升高并未加速开花（Baiusubramanian et al.，2006）。

研究表明，不同物种对环境温度的敏感度不同，有些植物非常不敏感，而有些植物特别敏感。这对于理解物种是如何适应气候的变化是非常重要的暗示，因为已有研究表明那些对气候变化有响应的植物可以扩张其生存范围，而那些不能利用环境温度作为发育信号的植物更易灭绝（Willis et al.，2008）。

 25.7.7 开花转变涉及诸多因子和信号途径

开花转变是一个涉及诸多因子相互作用的复杂系统。对自主调节途径和光周期反应类植物，叶片产生的可移动的信号对茎顶端的决定性来说都是必需的。遗传研究表明，在长日植物拟南芥中存在4种明显的调控开花的发育途径（图25.31）。

（1）光周期途径开始于叶片，有光敏色素和隐花色素的参与（需要注意的是PHYA和PHYB在开花调控方面作用相反；参见Web Topic 25.11）。在长日照条件下，光受体和生物钟之间相互作用使得*CO*在叶片韧皮部的伴胞中表达。*CO*激活下游目的基因*FT*在韧皮部表达。FT蛋白（开花素）是韧皮部转运信号的重要成分，并刺激顶端分生组织形成花。FT蛋白与转录因子FD形成一个复合物。而FT/FD复合物激活下游基因如*SOC1*、*AP1*、*LEY*，这些基因启动侧生花序分生组织中同源异型基因的表达。

（2）在短日照的水稻中，*CO*的同源基因*Hd1*是开花的抑制子。然而，在短日照的诱导下Hd1蛋白不能产生。*Hd1*的缺失引起韧皮部伴胞细胞中*Hd3a*的表达（Hd3a是FT的家族蛋白）。Hd3a蛋白经韧皮部运输至顶端分生组织，通过与拟南芥类似的途径来刺激开花。

（3）自主和春化途径：植物通过对内源信号（固定的叶片数）或者低温作出反应而开花。与拟南芥的自主开花途径相关的所有基因都在分生组织中表达。自主开花途径通过抑制开花抑制子*FLOWERING LOCUS C*（*FLC*）基因的表达而起作用，*FLC*是*SOC1*表达的抑制子（Michaels and Amasino，2000）。春化作用同样抑制*FLC*的表达，但或许是通过另外一种机制（表观遗传变化）。因为*FLC*基因作为一个共同的目的基因，把自主途径和春化途径联系起来。

（4）赤霉素途径对于早花和非诱导的短日照条件下的开花是必需的。赤霉素途径涉及GAMYB，它是作为一个中间成分，可提高*LFY*的表达；赤霉素也可能通过独立的途径与*SOC1*相互作用。

上述4条途径通过增加关键成花调节因子FT在维管中的表达量和SOC1、LFY、AP1在分生组织中的表达量而交聚于一点（图25.31）。图25.32显示拟南芥茎顶端分生组织*SOC1*基因从短日照（8 h）到长日照（16 h）的表达变化。*SOC1*的表达在长日照处理后的18 h就可以检测到（Borner et al.，2000）。因此超过8 h短日照临界点的10 h，分生组织就开始对从叶部转移来的成花刺激物作出反应。这个时期与之前测量的成花刺激物从诱导叶中的输出速率相一致（早先已经讨论过）。

SOC1、*LFY*、*AP1*基因的表达依次激活下游花器官发育所需的基因如*AP3*、*PISTLLIATA*（*PI*）和*AGAMOUS*（*AG*）（图25.6）。

众多开花途径的存在使得被子植物生殖发育具有最大程度的灵活性，并使得植物可以在很广泛的环境下产生种子。途径的重叠性，确保最主要的生理功能——生

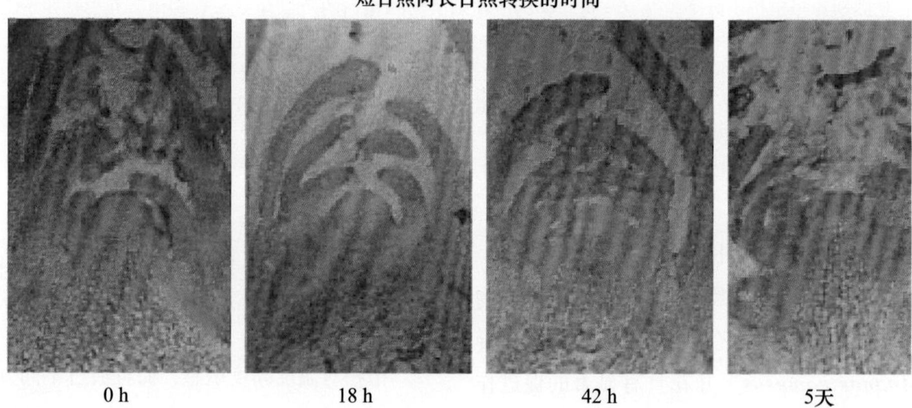

图25.32　在拟南芥的顶端分生组织中，花引发情况下SOC1的表达增强。图示时间为从短日照向长日照转移后的时间（引自Borner et al.，2000）。

殖发育对于某些突变和进化保持相对不太敏感。

毫无疑问，在不同物种中，具体的途径也不一样。例如，玉米与自主调节途径有关的基因中，至少有一个基因在叶片中表达（参见Web Topic 25.12）。多种成花途径的存在是被子植物多样性的根源。

小 结

花器官（花萼、花瓣、雄蕊和心皮）在茎顶端的形成是内源发育过程和环境信号共同作用的结果。控制花形态建成的基因调控网络在一些物种中已建立起来（图25.1和图25.2）。

花分生组织和花器官发育

· 4种不同的花器官依次在相对独立的同心轮中产生（图25.3）。

· 拟南芥花分生组织的形成需要激活分生组织特异性基因，如*SOC1*、*LFY*和*AP1*。

· 花器官特异性基因同源异型突变改变了各轮中花器官的类型（图25.5）。

· ABC模型表明每轮中的器官特异性是由三类型花器官特异性基因共同决定（图25.6~图25.8）。

花发端：环境信号的整合

· 内在的（自发的）和外部的（环境感知）控制系统使得植物能够精确地调控开花而进行生殖生长。

· 花发育可能是对日长变化（光周期）或低温持续时间（春化）作出响应的过程。

· 同步开花使得杂交得以进行，并在适宜的条件下形成种子。

茎顶端和时相的变化

· 植物从幼年到成年的变化通常伴随营养体特征的变化（图25.9和图25.10）。

· 组合模型解释了从幼年到成年过渡形式（图25.11）。

· 花的起源要求顶芽通过两个发育时期：竞争期和决定期（图25.12）。

· 当营养枝（嫁接枝）被嫁接到正在开花的植株上时，使嫁接枝也开花，这就会出现竞争期。

· 只有竞争期的营养芽趋向于开花时，这就是决定期（图25.13）。

· 随着竞争期的出现，分生组织会随着年龄的增长（叶的数目）而出现开花的趋势（图25.14）。

昼夜节律；生物钟

· 昼夜节律是建立在内源振荡子上，而不是光的有无；用三个参数进行定义：周期、时相和振幅（图25.15）。

· 温度补偿过程阻止温度变化对生物钟周期产生影响。

· 光敏色素和隐花色素与生物钟有一定的关系。

光周期现象：监测日长

· 植物在远离赤道的不同纬度地区通过感受日长来感知季节的变化（图25.16）。

· 长日植物的开花要求非常严格的临界日长。短日植物的开花要求日长必须低于临界日长（图25.18）。

· 长日植物和短日植物是通过叶子来感知光周期刺激。

· 通过衡量夜长来监测日长；短日植物的开花主要是由黑暗的持续时间来决定的（图25.19）。

· 对于长日植物和短日植物，黑暗的持续效应会因短时间的光照而变得无效（图25.20）。

· 开花对暗期间断的响应表明昼夜节律的存在，从而支持生物钟假说（图25.21）。

· 在一致性模型中，当光照与振荡子时相相一致时长日植物和短日植物就会被诱导成花。

· CO（拟南芥）和Hd1（水稻）通过控制成花刺激基因的转录而调控开花（图25.22）。

· CO蛋白在光和暗中有不同的降解速率。光提高CO蛋白的稳定性，从而允许它在白天积累，在夜晚很快就降解。

· 红光和远红光暗期间断效应暗示光敏色素控制长日植物和短日植物的开花（图25.23和图25.24）。

· 当光处理诱导与光敏性峰值相一致时促进长日植物开花，昼夜节律紧随其后（图25.25）。

春化：低温促进开花

· 在敏感性植物中，冷处理是使得植物对成花信号如诱导的光周期作出响应所必需的（图25.26和图25.27）。

· 春化发生时冷处理期间的代谢激活是必需的。

· 春化之后，*FIC*基因通过表观遗传而关闭，使得植物接下来的生命周期得以进行，从而使得拟南芥对长日照作出响应而开花（图25.28）。

· *FIC*表观遗传调控涉及染色质结构的稳定性变化。

· 开花植物进化出多种春化途径。

开花涉及的长距离信号

· 在光周期植物中，长距离信号从叶片通过韧皮部转移到茎尖而引起开花（图25.29和图25.30）。

成花素的发现

· FT是一个小的球状蛋白，其特性表明它可能是成花素。

· FT蛋白在光周期诱导下从叶部经由韧皮部移动到茎顶端分生组织。在分生组织，FT与转录因子FD结合成复合体来激活花特异性基因（图25. 31）。

·控制开花的4条明显的途径交汇在一起提高花关键调控因子*FT*在维管束中表达和*SOC1*、*LFY*和*AP1*在分生组织中表达（图25.31）。

（王道杰　译）

WEB MATERIAL

Web Topics

25.1 Contrasting the Characteristics of Juvenile and Adult Phases of English Ivy (*Hedera helix*) and Maize (*Zea mays*)
A table of juvenile vs. adult morphological characteristics is presented.

25.2 Regulation of Juvenility by the TEOPOD (*TP*) Genes in Maize
The genetic control of juvenility in maize is discussed.

25.3 Flowering of Juvenile Meristems Grafted to Adult Plants
The competence of juvenile meristems to flower can be tested in grafting experiments.

25.4 Characteristics of the Phase-Shifting Response in Circadian Rhythms
Petal movements in *Kalanchoe* have been used to study circadian rhythms.

25.5 Support for the Role of Blue-Light Regulation of Circadian Rhythms
ELF3 plays a role in mediating the effects of blue light on flowering time.

25.6 Genes That Control Flowering Time
A discussion of genes that control different aspects of flowering time is presented.

25.7 Regulation of Flowering in *Canterbury bell* by Both Photoperiod and Vernalization
Short days acting on the leaf can substitute for vernalization at the shoot apex in Canterbury bell.

25.8 Examples of Floral Induction by Gibberellins in Plants with Different Environmental Requirements for Flowering
A table of the effects of gibberellins on plants with different photoperiodic requirements is presented.

25.9 The Different Effects of Two Different Gibberellins on Flowering (Spike Length) and Elongation (Stem Length)
GA_1 and GA_{32} have different effects on flowering in *Lolium*.

25.10 The Influence of Cytokinins and Polyamines on Flowering
Other growth regulators in addition to gibberellins may participate in the flowering response.

25.11 The Contrasting Effects of Phytochromes A and B on Flowering
PhyA and phyB affect flowering in Arabidopsis and other species.

25.12 A Gene That Regulates the Floral Stimulus in Maize
The *INDETERMINATE 1* gene of maize reg- ulates the transition to flowering and is expressed in young leaves.

Web Essay

25.1 The Role of Gibberellins in Floral Evocation of the Grass Lolium temulentum
Evidence that GA functions as a leaf-derived floral stimulus in Lolium is presented.

第 26 章

非生物胁迫的应答与适应

植物在复杂环境中生长和繁衍，受多种化学和物理的非生物因子胁迫，且这些胁迫随时间和地理位置而发生变化。这些非生物因素包括空气质量和流量（风）、光强和光质、温度、水分的有效性、矿质营养和微量元素含量、盐分及土壤的化学环境（pH和氧化还原电势）等。

这些超出正常环境因子范围的波动通常会对植物的生理和生化产生负面的影响。本章将对这些影响因子进行评估和讨论，其中包括活性氧（ROS）产生、膜稳定性降低、蛋白质变性增加、离子平衡变化、新陈代谢紊乱及物理损伤等，我们也将提出植物如何适应和应答这些非生物环境因子的综合观点。

本章将从遗传变化的贡献和植物整体生殖适度（reproductive fitness）的表型应答进行讨论，继而阐述非生物环境的成分，这些环境因子对植物潜在的生物学效应，以及如何利用有效的生理、生化和分子反应以避免或减轻由非生物胁迫导致的植物伤害。

26.1 适应性与表型可塑性

植物生活在一个复杂的环境中，它们通过各种各样的机制来保证自我生存和持续的繁茂生长。**环境适应性（adaptation）**是指某物种所有成员经过多代的自然选择之后形成的稳定遗传变化。与之相反，某些植物也可以通过直接改变其自身的生理和形态来应答环境变化，以使其在新环境中更好地生存。如果某个个体因反复暴露于新的环境条件而提高了对该环境的适应性，并且这些应答不需要新的遗传修饰，这种应答就是一种**驯化（acclimation）**。这样的应答通常被称为**表型可塑性（phenotypic plasticity）**（Debat and David，2001），并且这种特性代表了物种生理和形态学上的非持久性变化，如果主流环境条件改变，那么这种变化是可以逆转的。

 26.1.1 涉及遗传修饰的适应性

对极端非生物环境适应性的典型例子是生长在蛇纹岩土（serpentine soil）上的植物（Brady et al.，2005）。蛇纹岩土的水分和微量元素含量较低，而重金属含量高，这导致生长在该环境的大部分植物遭受到严重的胁迫。然而，比较常见的是，经过遗传修饰适应在蛇纹岩土壤生长的植物的生长状态，与其密切相关未经过遗传修饰的植物在正常土壤中生长状态基本一致。利用简单的嫁接实验表明，只有对蛇纹岩土有适应能力的植物种群才能在该土壤繁衍生长，并且通过遗传杂交实验揭示了这种适应性的稳定遗传基础。

植物对一系列极端环境条件适应机制的进化通常涉及诸多过程，以达到对这些条件产生的潜在伤害效应的躲避过程。例如，在英国西南部，有一种约克郡草（*Holcus lanatus*），这种草包含一种很特殊的基因遗传修饰以降低砷酸盐的摄入量，来帮助植物逃避砷盐毒害，从而能够在受污染的采矿地区生存（Meharg and MacNair，1992；Meharg et al.，1992）。相反，生长在没有污染土壤的种群几乎不具有这种基因修饰（Meharg et al.，1993）。

 26.1.2 表型可塑性有助于植物应答环境变化

植物种群除了遗传变化外，某些单独个体还会显现出表型可塑性。它们可通过直接改变自身的形态和生理机能来应对环境变化。表型可塑性相关的变化并不需要新的遗传修饰，且很多变化都是可逆的。

遗传适应性和表型可塑性均有助于植物对极端非生物环境的整体耐性。在前面的例子中，遗传适应性的植物种群只是减少砷的摄入量，而不能阻止对砷盐的吸收。为了降低砷酸盐积累的毒害作用，适应性植物与非适应性植物利用相同的生化机制来应答组织中砷盐积累所带来的毒害作用。这种机制包括低分子质量砷结合分子的合成，称作植物螯合肽（phytochelatin）（后面将详细讨论），它能够减少砷盐的毒性（Cobbett and Goldsbrough，2002）。约克郡绒毛草在砷污染的采矿地区繁茂生长的能力，依赖于其耐性种群（排斥砷）遗传适应的特异性和表型可塑性，这与所有的其他植物通过合成植物螯合肽来应答砷胁迫是有异曲同工之妙（Hartley-Whitaker et al.，2001）。

另一个表型可塑性的例子是一些盐敏感植物的应答反应，这种植物被称为甜土（glycophytic）植物。尽管该植物在遗传上不适合生长在盐环境下，但如果把甜土植物种植在较高盐分的环境中，它们能够激活许多胁迫反应以促使植物应对盐胁迫造成的生理紊乱。例如，SOS信号途径（盐超敏感突变体中发现的一种依赖于丝氨酸/苏氨酸蛋白激酶的信号途径）通过增加Na^+外流以减少盐诱导的毒性（Zhu，2002）。这种反应类型通常称作**胁迫应答（stress response）**。

许多非生物环境因子都会引起胁迫应答，如洪涝、干旱、强紫外线、盐碱、重金属、高温和低温等。我们常用的术语**胁迫抗性（stress resistance）**与**胁迫耐性（stress tolerance）**，是对表型可塑性不同表达方式的最好理解，即同一种基因型的植物如何应答非生物环境的变化。一种植物在任何既定环境中存活与繁茂生长的能力均涉及遗传适应性与表型可塑性二者的平衡。总之，这些适应和应答能提高植物在生态环境下的生殖适应性，并且转化为稳定的农业产量。

在随后的章节中，我们首先将讨论非生物环境对植物伤害的方式，继而讨论植物应对这种伤害或减少对植物损害的机制。

26.2 非生物环境及其对植物的生物学影响

影响植物生长发育的主要非生物因子包括水、土壤溶液中的矿质元素、温度和光。本章节在讨论这些因子的同时，也会考虑到植物在应答恶劣环境时发生的主要和次要的生理生化变化。

 26.2.1 气候和土壤条件对植物生长的影响

气候和土壤因子极大地影响植物健康生长，包括植物的生长、发育、生殖和存活。**气候因子（climatic factor）**影响植物的生理性自身调节，这些因子包括大气、光、温度、湿度、冰雹和风。人类也能够通过多种途径影响气候变化，如通过减少水的利用、提高大气中的温室气体含量、释放空气污染物等（参考Web Essay 26.1）。非生物因素亦能互相影响，例如，强光可以提高空气温度，风可以通过蒸发冷却调节温度，洋流可以调节大气温度和降雨量。在任何既定的生态系统中，气候因子可能随季节或十年或更长时间的范围而变化。这些变化可能是平缓而且可预测的，或者是突然变化并且具有间歇性的。

就全球而言，沙漠里的强光照与温带雨林遮掩下的弱光照是光密度变化的典型例子。在南北极地区，一年的光周期变化从持续光照到持续黑夜状态。相反，赤道全年的昼长（大约12 h）是相对恒定的（见第25章）。温度也可能相对稳定，或可能按每天和季节大幅度变化。例如，在潮湿的热带雨林，季节性温差大约为10℃，而在干旱的草原则为80℃（从夏季的40℃下降到冬季的-40℃）。在热带地区，月平均气温在18℃以上，而极地地区则低于0℃。年降雨量也从沙漠地区的15 mm到季风区的11 500 mm，如印度的Mawsynram村。**土壤因子（edaphic factor）**是影响植物生长、发育及存活的土壤条件，包括空气、湿度和矿质元素成分等。土壤矿物质与有机成分、导水率、离子交换能力、pH、微动物群与微植物群和气候共同决定了植物对土壤中空气、水分和矿质营养的利用率。

土壤按照颗粒的大小进行分类，其范围从最大的沙子到最小的黏土（见第5章）。大颗粒高孔隙度的土壤比小颗粒低孔隙度的土壤保水能力要弱。植物根系必须能够吸收到O_2，而高孔隙度的土壤通气性较好。土壤的有机物来自于动物、植物及土壤微生物的腐烂分解。从生理学角度上来讲，土壤把植物固定在深土层，以影响其根系发育。

 26.2.2 非生物因子失衡影响植物的初级和次级效应

当某非生物因子缺乏或者过量（统称失衡，imbalance）时植物就会遭受到生理胁迫。这种非生物因子的缺乏或者过量，可能是缓慢的，也可能具有周期性。前已述及，原生植物（native plant）已经适应的非生物条件可能会对外来植物产生生理胁迫。例如，多数农作物因为它们的适应性所限而种植在特定的地区。据估计，因为不合适的气候和土壤条件，这些农作物的产量仅是它们遗传潜力产量的22%（Boyer，1982）。

环境中的非生物因子失衡导致植物产生初级和次级效应（表26.1）。初级效应（primary effect），如

水势降低和细胞脱水，可直接改变细胞的生理和生化特性，然后导致次级效应。这些次级效应（secondary effect），如代谢活性改变、离子细胞毒性、活性氧的产生，将启动和加速破坏细胞的完整性，最终可能导致细胞死亡。不同的非生物因子可能引起类似的初级生理效应，因为它们影响了相同的细胞过程。水分亏缺、盐害、冻害等都会导致流体静压（膨压Ψ_p）（见第4章）和细胞脱水性降低。不同非生物因子失衡产生的次级生理效应可能会大量重叠。表26.1表明，许多非生物因子失衡导致细胞增殖、光合作用、膜完整性、蛋白稳定性等方面的降低，进而诱导活性氧产生，发生氧化伤害，最终导致细胞死亡。

表26.1　非生物胁迫引起植物生理生化的变化

环境因素	初级效应	次级效应
水分亏缺	水势（Ψ_p）降低	减少细胞/叶片扩张
	细胞脱水	降低细胞和代谢的活力
	水力阻力	气孔关闭
		光抑制
		叶片脱落
		改变碳分配
		细胞壁崩溃
		气穴现象
		膜和蛋白质不稳定
		产生活性氧
		离子毒性
		细胞坏死
盐度	水势（Ψ_p）降低	与水分亏缺相同（如上）
	细胞脱水	
	离子毒性	
洪水和土壤压实	低氧	降低呼吸作用
	缺氧	发酵代谢
		ATP产量不足
		厌氧微生物产生毒素
		产生活性氧
		气孔关闭
高温	膜和蛋白质不稳定	抑制光合作用和呼吸作用
		产生活性氧
		细胞死亡
冷害	膜稳定性降低	膜功能紊乱
冻害	水势降低	与水分亏缺相同（如上）
	细胞脱水	细胞结构破坏
	细胞内形成冰晶	
微量元素毒害	干扰辅因子结合	新陈代谢紊乱
	产生活性氧	
强光	光抑制	抑制PSⅡ修复
	产生活性氧	减少CO_2的固定量

下一部分我们将对非生物因子如水、矿质元素、温度、光等对植物生理和健康生长的失衡效应展开讨论。

26.3　水分亏缺与洪涝

同多数生物一样，植物中水分占细胞体积的最大部分，也是细胞最受限制性的资源。植物体内大约97%的水分会散失到大气中（大多数通过蒸腾作用）。大约2%用于体积膨胀或细胞扩增，1%用于代谢过程，主要是光合作用过程（查阅第3章、第4章）。水分亏缺（water deficit）和过量都会限制植物生长。水分亏缺（水供应不足）大多发生在自然和农业环境条件下，主要是由间歇性的连续无降水造成的。干旱（drought）是一个长时期无降雨而导致植物缺水的气象术语。过剩的水导致洪涝和土壤板结，取代了土壤中的氧气，从而对植物产生有害影响。

26.3.1　土壤含水量与空气的相对湿度决定了植物体内的水分含量

植物利用的大部分水是根从土壤中吸收的。当土壤中的水分饱和时（即达到了田间持水量），土壤中的水势（Ψ_w）接近于0，但是干燥可以使土壤水势下降到-1.5 MPa以下，这种状况持续下去会导致植物萎蔫（见第4章）。土壤脱水也使土壤溶液中的盐浓度增加，从而进一步降低了土壤水势，导致渗透胁迫（osmotic stress）和特定的离子效应（specific ion effect）（将在随后的章节讨论）。

空气的相对湿度决定了叶片气孔与大气之间的蒸腾压力梯度，而这种气压梯度是蒸腾失水的驱动力。极低相对湿度将产生很大的气压梯度，即使土壤中有充足的水分，也会引起植物的水分亏缺。

当土壤变得干燥，其渗透系数急剧下降，尤其是接近永久萎蔫点（即复水后萎蔫的植物不能恢复生长的土壤水含量）。根内水的重新分配经常发生在叶片蒸发量较低的夜间。但在永久萎蔫点（通常约-1.5 MPa），水输送到根部的速度太慢，以至于白天萎蔫的植物夜间不能够完全复水。因此，植物萎蔫后，土壤导水率的降低阻碍了植物复水（如果想更多了解关于土壤导水率与土壤水势的关系，请参阅Web Topic 4.2）。

萎蔫植物体内的阻力进一步阻碍其复水，这种阻碍要比土壤大面积缺水所造成的阻碍大得多（Blizzard and Boyer，1980）。在干旱期间，植物对缺水的抗性与几种因素有关。当植物细胞失水时，细胞皱缩，这主要是因为细胞壁崩溃破裂[被称作**胞壁坍塌**（**cytorrhysis**）]。当根萎缩时，根表面与含水的土壤颗

粒距离拉远，具有吸水能力的纤细根毛受到伤害。根毛损伤，严重影响了水分吸收。另外，在干燥土壤中，根生长缓慢，根部外皮层被更广泛的木栓质（不透水脂质）所包裹，从而进一步增加了根吸收土壤水分的阻力。

增加植物体内水流阻力的另一个重要因素是气穴现象（cavitation）或木质部水柱张力的破坏。正如第4章讨论中所述，叶面的水分蒸腾作用主要通过在水柱形成张力以拉动植物水分运输。支撑这种巨大张力的黏着力仅仅在依附于壁的狭窄水柱中出现。

在大多数植物中，气穴现象起始于中等水势（-2~-1 MPa），而且从最大的导管开始。如橡树（*Quercus* spp.），在水分充足且可以利用的初春生长季节，形成大直径导管，以行使低阻力通路的功能。在夏季，由于土壤水含量减少，这些大导管停止行使功能，在水分供给减少期间，小直径的导管产生，用以运输蒸腾水流。即使此时有大量的可利用水分，其最初的低阻力通路也不可能再有效发挥其功能。

26.3.2 水分亏缺导致细胞脱水并抑制细胞扩增

当植物细胞水分亏缺时引起**细胞脱水（cellular dehydration）**，该过程将对植物基本的生理过程产生不利的影响（表26.1）。水分亏缺会导致细胞膨压（Ψ_p）降低及细胞体的减少，这与细胞脱水有关，也与质外体水势（Ψ_w）变得比共质体水势低有关。细胞脱水产生的次要影响会引起离子浓缩，并可能对细胞产生毒性。

植物的水分状态（细胞水势，Ψ_w）和相对含水量（RWC），即植物的含水量占其在饱和状态下含水量的百分比——其取决于土壤含水量、根的渗透系数和幼嫩组织。甚至植物根吸水率等于蒸腾作用的失水率，细胞的RWC通常小于100%。只有在夜间蒸汽压差较低时，细胞RWC接近100%，此时叶子的蒸腾速率很低，并且土壤水分接近田间含水量。

细胞的扩展是依赖膨压驱动的过程，而且该现象对水分缺失十分敏感（图3.14）。正如第15章讨论的，细胞扩展可以通过下列公式来表示：

$$GR=m(\Psi_p-\gamma)$$

式中，GR为生长速率；Ψ_p为膨压；γ为起始生长的膨压阈值（抵抗细胞壁变形的最小压力）；m为细胞壁的伸展性（细胞壁对压力的反应）。从上述公式可以看出，膨压降低导致了生长速率下降。值得注意的是，这个公式除了表明胁迫引起了膨压降低继而造成叶片生长缓慢之外，同时也表示了当Ψ_p降至与γ相当，而并非降为零时，即可抑制叶片的伸展。正常条件下，γ通常只有0.1~0.2 MPa，略低于Ψ_p。因此，即使含水量和膨压降低幅度很小，也可导致叶片生长缓慢，甚至完全停止生长。

水分亏缺不仅使膨压降低，而且使m值降低，γ值增加。细胞壁溶液偏酸性时，胞壁的伸展性（m）通常表现最大（见第15章），在水分亏缺过程中，细胞壁的pH会升高，因此胁迫促使了m值降低。目前，关于水分亏缺胁迫对γ的影响还不太清楚，推测其可能参与细胞壁复杂结构的变化，即使胁迫消除后，这些变化也不可能快速被逆转。遭受水分亏缺的植物，趋向于夜晚形成水合物，叶片生长也通常发生在这一时期。由于胁迫下植物的m和γ发生变化，尽管膨压维持正常水平，其生长速率仍低于正常生长的植物（图26.1）。

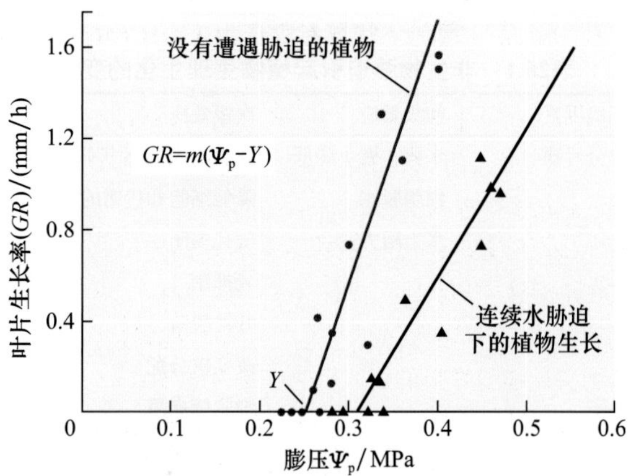

图26.1 叶片的伸展依赖于叶片的膨压。向日葵（*Helianthus annuus*）分别种在含有大量水分和限定水分的土壤中，后者可产生适度的水胁迫。复水后，定期测量两个处理组的植株叶片的生长速率（GR）和叶片膨压（Ψ_p）。叶片伸展性（m）的降低和生长起始膨压阈值（γ）升高，都限制了胁迫下叶片的生长（改编自Matthews et al.，1984）。

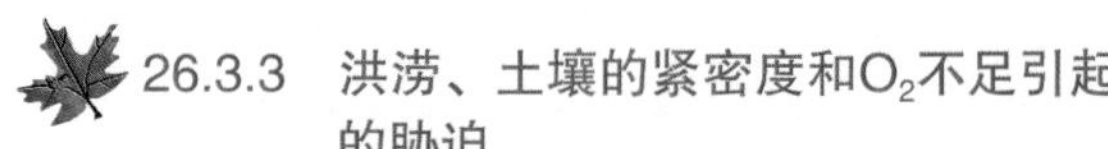

26.3.3 洪涝、土壤的紧密度和O_2不足引起的胁迫

水分亏缺引起胁迫，但是水分过量也可能会对植物产生不利的影响。洪涝（flooding）和土壤的紧密度（soil compaction）都会导致排水减弱，造成细胞对O_2利用率的减少（Bailey-Serres and Voesenek，2008）。如果植物根系处在排水系统良好、土壤结构优良的情况下，它能从土壤的气态空间获得充足的氧气进行有氧呼吸（见第4章）。土壤中的气态空间能使气态氧扩散至几米的深度。因此，O_2在土壤深处与在湿润空气中的浓度相似。

然而，洪涝情况下，水分将填充土壤孔隙，可利用的氧气减少。溶解氧在积水中扩散很慢，以至于仅土壤表面几厘米处有氧存在。当温度低时，植物处于休眠状态，氧的消耗很慢，相对来说不会产生有害的结果。然而，当温度变得较高（高于20℃），在不足24 h植物

的根、土壤中的动物和微生物就能完全消耗尽土壤中的氧。

对洪涝敏感的植物而言，如缺氧长达24 h（没有氧气），就会受到严重伤害。缺氧导致作物的产量大幅度降低，例如，洪涝敏感的豌豆（*Pisum sativum*），若淹水24 h，其产量会减少50%。而其他植物，尤其是农作物，如玉米和一些还没有适应在持续潮湿条件下生长的作物，水淹对其只有轻微的影响，它们有较好的防御能力。这些植物能短时间耐受缺氧，但缺氧时间不能超过几天。短时期的洪涝胁迫可能会导致植物缺氧（hypoxia）（异常低的O_2）反应。

土壤缺氧通过抑制细胞呼吸直接伤害植物的根系（见第11章）。**临界氧气压力（critical oxygen pressure，COP）**是因缺氧而引起呼吸速率开始下降的氧气压力。生长在25℃和充分营养溶液环境条件下的玉米，其根尖的COP值是20 kPa或氧气的体积分数为20%，几乎接近周围空气中的氧气浓度。当O_2浓度低于临界氧气压力时，根的中央开始变得低氧或缺氧。溶解氧在水溶液中的长距离扩散非常缓慢。此外，作为气态氧从根的表面扩散到根中央的细胞里，存在很大阻力。其结果是细胞呼吸的氧气低于COP值，导致ATP生成减少，无法进行生化反应，并最终导致细胞死亡。

在正常的细胞中，液泡（pH 5.4~5.8）比细胞质（pH 7.0~7.2）酸性更强。然而在极端缺氧情况下，由于ATP缺乏而引起由液泡膜H^+-ATP酶泵介导的H^+进入液泡的主动运输减缓，进而不能维持细胞质和液泡之间正常的pH梯度。质子从液泡逐渐渗透到细胞质中，在低氧条件下细胞质由需氧呼吸转换为乳酸发酵，从而增加细胞的酸性（稍后将在本章讨论）。酸中毒破坏了细胞质中不可逆转的新陈代谢活动，并导致细胞死亡。

土壤氧气不足可促进厌氧菌的生长，对植物产生间接影响。一些土壤厌氧微生物能把Fe^{3+}还原为Fe^{2+}。由于Fe^{2+}具有较大的溶解度，在缺氧的土壤中，Fe^{2+}的浓度可能升高，当积累到一定水平就会对植物产生毒性。其他厌氧菌可以减少从硫酸盐（SO_4^{2-}）到呼吸性有毒物质硫化氢（H_2S）的转变。当厌氧菌有丰富的有机物供应时，它们将释放代谢产物如乙酸和丁酸，进入土壤水分中。这些物质在高浓度时也对植物产生毒害作用。

26.4 土壤中矿质元素的失衡

土壤中矿质元素含量的失衡可能间接通过影响植物的营养状况或水分吸收来影响植物健康生长，或者通过对植物细胞的毒性而直接影响植物的适应性。在这一部分我们将讨论高盐和微量元素的毒性水平对植物生长和适应性的影响。

26.4.1 土壤矿物质含量通过各种途径对植物产生胁迫

与土壤元素组成相关能够导致植物胁迫的几种异常现象，其中包括高浓度盐（如Na^+和Cl^-）、毒性离子（如As和Cd）和低浓度必需矿质营养如Ca^{2+}、Mg^{2+}、N和P（Epstein and Bloom，2005）。本章中，**盐化（salinity）**这一术语被用来描述在土壤溶液中盐分的过度积累。盐胁迫包括两个方面：非特异性**渗透胁迫（osmotic stress）**导致的水分损失和有毒离子的不断积累所产生的**特定离子效应（specific ion effect）**，它们将干扰植物的营养吸收和导致植物细胞中毒（Munns and Tester，2008）。耐盐植物可以遗传性地适应盐化，被称为**"盐生植物"（halophyte）**（来源于*halo*，希腊词汇"salty"），不能适应盐化的非盐生植物被称为**"甜土植物"（glycophyte）**（来源于*glyco*，希腊词汇"sweet"）。

26.4.2 土壤盐化是由自然产生或不适当的水管理行为造成

在自然环境中，有很多因素能够产生盐化。生长在海岸或入海口的植物，伴随着潮汐作用下，海水和淡水相互混合或相互取代，经受着高盐度的侵蚀。在强大的潮汐作用下，有大量的海水逆流涌入江河中。在远离海岸的内陆，地质海洋沉淀物中渗流出来的天然盐分被冲刷入邻近地区。蒸发和蒸腾作用能从土壤中带走纯水，这样就会使土壤的盐度升高。同样，当来自海洋中的水滴在陆地中蒸发后也能够增加土壤的盐度。

人类的行为同样能够导致土壤盐化。在集约农业生产中，不适当的水管理行为可引起大量耕地盐渍化。在世界的很多区域，土壤盐度已经威胁到主要粮食作物的产量。在干旱和半干旱地区的灌溉水通常是含盐的。在美国，科罗拉多河源头的水分中盐的浓度为50 mg/L，而在2000 km外下游的科罗拉多南部，水中的盐浓度为900 mg/L。高盐将严重制约盐敏感作物的生长，如谷类、大豆和草莓。在得克萨斯州，一些用来灌溉的井水，其含盐量甚至可达2000~3000 mg/L。每年从这些井中引入的1 m深灌溉水将向土壤中增加20~30 t/hm^{2}的盐分（8~12 t/acre）。只有盐土植物才能忍受如此高浓度的盐分（图26.2）。甜土植物在含盐灌溉过的土壤上无法正常生长。

盐渍土往往与高浓度的NaCl有关，但在某些区域盐渍土中也存在高浓度的Ca^{2+}、Mg^{2+}和SO_4^{2-}（Epstein and Bloom，2005）。在钠质化（sodic）的土壤中较高浓度的Na^+（土壤中的Na^+占据多于10%的阳离子交换量）不仅伤害植物，而且使土壤变得多孔性和渗透性降

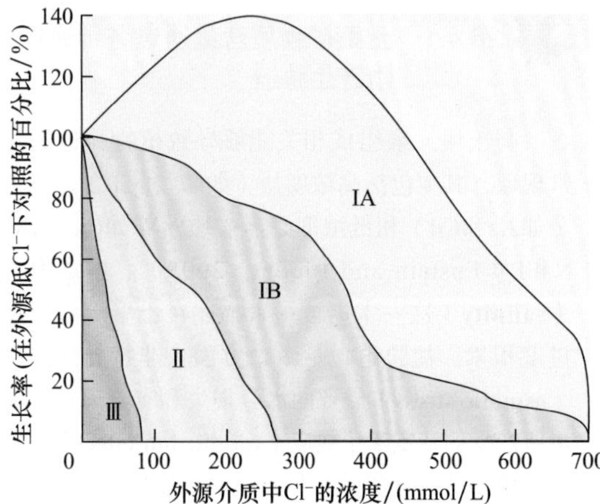

第一组A(盐土植物)包括海滩滨藜(*Suaeda maritima*)和台湾滨藜(*Atriplex nummularia*)。该物种利用低于400 mmol/L浓度的Cl^-刺激生长

第一组B(盐土植物)包括大米草(*Spartina x townsendii*)和糖用甜菜(*Beta vulgaris*)。这些植物耐盐,但是它们生长速度较缓慢

第二组(盐生和非盐生植物)包括缺少盐腺而耐盐的盐生草类,如红牛毛草(*Festuca rubra* subsp. *littoralis*)和碱茅(*Puccinellia peisonis*);非盐生植物,如棉花(*Gossypium* spp.)和大麦(*Hordeum vulgare*)。所有这些植物的生长都被高浓度的盐所抑制。本组实验,番茄(*Lycopersicon esculentum*)处于中性,菜豆(*Phaseolus vulgaris*)和大豆(*Glycine max*)对盐敏感

第三组(对盐极其敏感的非盐土植物)中的物种,在低盐浓度下,其生长就会受到抑制,甚至死亡。包括许多果树,如柑橘类的植物、鳄梨树和核果

图26.2　在盐环境和非盐环境中不同物种的相对生长情况（非盐环境作为对照）。曲线划分的区域表示根据不同物种划分的区域。植物生长时期为1~6个月（引自Greenway and Munns，1980）。

低，导致土壤结构退化。土壤溶液中的盐侵蚀导致植物叶片水分不足及抑制植物生长和新陈代谢。

 26.4.3　细胞质中高浓度Na^+和Cl^-的毒害作用是由特定的离子效应造成的

在细胞外，高盐度能够导致渗透胁迫。一旦位于细胞质中，某些离子无论是以单个离子还是以化合状态存在，均有特定的作用，它们均能干扰植物的营养状况。这种特定的离子效应可能影响整个植物，因为这些离子可以通过蒸腾流进入植物幼嫩组织（Munns and Tester，2008）。

最普遍的一个特定离子效应的例子是盐碱条件下Na^+和Cl^-等细胞毒素的积累。在非盐渍环境下，高等植物细胞质中含有大约100 mmol/L的K^+和小于10 mmol/L的Na^+，只有在这种离子环境下胞质酶具有最佳活性。在盐渍环境中，如果细胞质中的Na^+和Cl^-浓度提高到100 mmol/L以上，这些离子将成为细胞毒素。高浓度盐通过降低大分子的水合作用导致蛋白质变性及质膜的不稳定。因而，与K^+相比，Na^+是更强的变性剂。

在高Na^+浓度下，质外体的Na^+也和高亲和性的K^+吸收转运蛋白竞争结合位点（见第6章），且K^+是一种重要的大量元素（见第5章）。此外，Na^+取代了细胞壁上Ca^{2+}的结合位点，降低了Ca^{2+}在胞质外的活性，并且可能通过非选择性阳离子通道导致大量的钠离子内流（Epstein and Bloom，2005；Apse and Blumwald，2007）。由过量Na^+引起的胞外Ca^{2+}浓度下降也可能限制了胞质中Ca^{2+}的可利用性。由于胞质Ca^{2+}对激活Na^+解毒是必需的，通过质膜的外排作用，胞外Na^+浓度提高，从而阻碍了自身的解毒能力。

潜在的有毒微量元素如铁、锌、铜、镉、镍和砷，在土壤中积累到一定浓度时，对植物均有毒害作用（请参阅Web Essay 5.2）。植物在其基本的生物化学代谢过程中需要一些微量元素（如铁、锌、镍和铜），或者需要这些微量元素的类似物。因此，镉可以代替锌被吸收，砷可以替代磷被吸收。

26.5　温度胁迫

中生植物（mesophytic plant）（适合在既不能过于湿润也不能过于干燥的温和环境中生长的陆生植物）在一个大约10℃相对狭小的温度范围内，最适合其生长发育。若超出该范围，由于巨大的持续的温度波动将对其产生多种伤害。在这一部分，我们将讨论三种不同类型的温度胁迫：高温、冰点以上的低温和冰点以下的低温。

 26.5.1　高温对正在生长的含水量高的组织伤害最为严重

绝大多数高等植物正在生长的活性组织若长期暴露在45℃（113℉）以上高温不能存活，或者甚至短时间暴露在55℃（131℉）或更高温度也不能存活。然而，停止生长的细胞或脱水组织（如种子、花粉）可以在更高的温度下保持活性（表26.2）。有些物种的花粉粒能够在70℃（158℉）下存活，一些干燥种子能够耐受120℃（248℉）以上的高温。

多数获得充足水分的植物，即使在较高的温度环境条件下，叶片温度通过蒸腾冷却能够使自己的叶温保持在45℃以下（请参阅Web Topic 26.1和第9章）。然而，叶表温度较高且蒸腾冷却较弱就会产生热胁迫。在接近中午的阳光明媚时刻，当土壤水分缺失导致部分气孔关闭，或者相对湿度较高而降低了湿度梯度驱动的蒸腾冷却时，叶表温度能够上升4~5℃。在白天，植物经历干

旱和直射太阳光的辐射，叶表温度的升高更加明显。空气流通差通常也会降低植物的蒸腾冷却作用。种植在湿土中的种子可能更容易受到热胁迫，因为湿润和裸露的土壤颜色比干燥的土壤要暗，其更容易吸收热量。

表26.2　几种植物的致死温度

植物种类	热致死温度/℃	暴露时间
黄花烟草（*Nicotiana rustica*）（野生烟草）	49~51	10 min
南瓜（*Cucurbita pepo*）	49~51	10 min
玉米（*Zea mays*）	49~51	10 min
油菜（*Brassica napus*）	49~51	10 min
柑橘（*Citrus aurantium*）	50.5	15~30 min
仙人掌（*Opuntia*）	>65	—
蛛网长生草（*Sempervivum*）	57~61	—
马铃薯叶（Potato leaves）	42.5	1 h
松树和云杉的幼苗（Pine and spruce seedlings）	54~55	5 min
苜蓿种子（*Medicago* seeds）	120	30 min
葡萄（Grape）（成熟果实）	63	—
番茄果实（Tomato fruit）	45	—
赤松花粉（Red pine pollen）	70	1 h
各种苔藓（Various mosses）		
含水组织（Hydrated）	42~51	—
脱水组织（Dehydrated）	85~110	—

资料来源：改编自Levitt（1980）的表11.2

26.5.2　温度胁迫导致细胞膜损伤和酶失活

植物的质膜是由蛋白质和甾醇贯穿的磷脂双分子层组成（见第1章和第11章），任何非生物因素能够通过改变膜的特性而影响细胞的生理功能。脂类的物理性能很大程度影响整合膜蛋白的活动，其中包括氢离子泵有关的ATP三磷酸酶、转运蛋白、通道蛋白及其他蛋白质等（见第6章）。高温能够提高膜脂流动性，降低氢键的强度及膜水相内蛋白质极性基团之间的静电相互作用。因此，高温改变了膜组分和膜结构，并引起离子渗漏（图26.3A）。

高温能够导致酶的校正功能所需要的三维结构或者细胞结构组分丧失，从而引发酶正常结构的改变和活性的缺失。错误组装的蛋白质通常容易聚集或沉淀，严重影响细胞的功能。

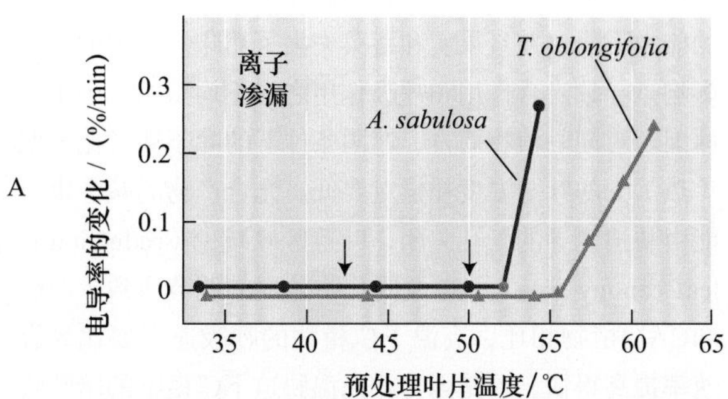

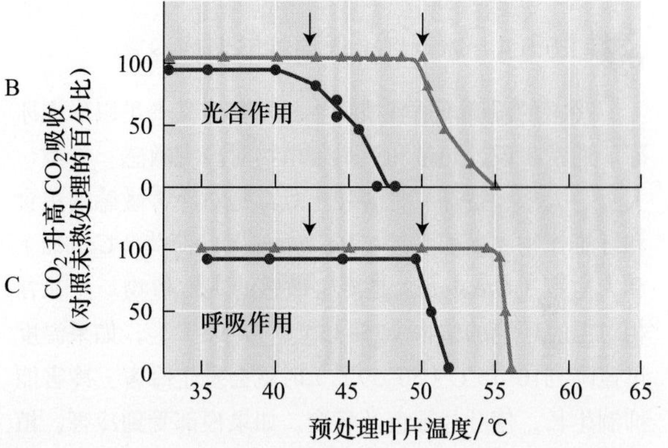

图26.3　*Atriplex sabulosa*和*Tidestromia oblongifolia*对热胁迫的响应。A. 测量浸没于水中的叶片的离子渗出量。B. 测量无性系活体叶片的光合作用。C. 测量无性系活体叶片的呼吸作用。最初温度为30℃且叶片无伤害，此时测量的数据为对照。将叶子转移至设定的温度，15 min转移至记录数据之前，即对照条件下。箭头表示光合作用开始受到抑制时的温度。*A.sabulosa*中膜的通透性受热损伤比*T.oblongifolia*中的更敏感，但在两个物种中对热胁迫的敏感度都低于光合作用。热伤害下，*A.sabulosa*中的光合作用和呼吸作用比*T.oblongifolia*更敏感。对这两种植物实验结果表明，相对于呼吸作用和膜的通透性，光合作用对热胁迫更敏感，完全抑制光合作用的温度对呼吸作用无影响（改编自Björkman et al.，1980）。

26.5.3　温度胁迫抑制光合作用

温度胁迫下光合作用和呼吸作用均受到抑制。比较典型的是，高温对光合速率的抑制作用较其对呼吸速率的抑制作用强（图26.3B和C）。虽然高温下叶绿体酶如Rubisco酶、Rubisco激酶、NADP-G3P脱氢酶及PEP羧化酶稳定性较差，然而，导致这些酶变性和失活所需要的温度，比光合作用开始下降时的温度要高（见第9章）。这些结果说明，高温影响光合作用的早期，主要改变叶绿体的膜特性和能量转移机制的解偶联，并非引起蛋白质变性。

在一定时期，光合作用固定CO_2的量与呼吸作用释放CO_2的量相等时的温度称为**温度补偿点（temperature compensation point）**。当温度高于温度补偿点时，光合作用不能利用呼吸作用底物的碳原子。结果贮藏糖物质的能力下降，并且果实和蔬菜失去了甜味。有害的高温影响是导致光合作用和呼吸作用之间不均衡的一个主要原因。对同一植物而言，遮阴条件下的叶子通常比光照（热）下的叶子温度补偿点要低。光合产物的减少也可能由胁迫诱导的气孔关闭、叶冠区域减少（reduction in leaf canopy area），以及同化物分配的调节所致。与C_4和CAM植物相比，高温下C_3植物的呼吸速率要比光合速率提高得快，这是因为，高温胁迫下C_3植物的暗呼吸和光呼吸速率均升高（见第9章）。

 26.5.4 冰点以上低温能够造成冷害

冷害的温度不适宜植物生长发育但又不足以形成冰冻。通常来说，热带和亚热带植物对冷害敏感。谷类、大豆、大米、番茄、甘薯和土豆都是对冷害敏感的粮食和纤维作物，而西番莲（*Passiflora*）、薄荷（*Coleus*）和大岩桐（*Gloxinia*）是冷害敏感的观赏植物。生长在相对温暖环境的植物（25~35℃，77~95℉），如果温度迅速降到10~15℃（50~59℉）时就会发生冷害。冷害能抑制生长，使叶片褪色及病变。如果根部受到冷害，植物将由于基本生理功能紊乱如吸水功能紊乱而萎蔫。储藏在冰箱冷藏温度（5~10℃）下也会造成冷害。

正如高温情况下，细胞膜也会由于冷害而失去稳定性，在这种境况下，降低了膜的流动性而不是增加了膜的流动性。低温下，膜脂流动性变缓，内部所包含的蛋白质就不能正常地行使功能。其结果抑制了许多生化反应，包括H^+泵ATP酶活性、溶质细胞内外转运、能量传导（请参阅Web Topic 26.2和第7、11章）及酶依赖的代谢反应。

 26.5.5 冰点温度引起冰晶形成和细胞脱水

冰点导致细胞内和细胞外冰晶的形成。在生理上，细胞内冰晶的形成横跨细胞膜和细胞器。胞外形成的冰晶通常是在细胞内含物结冰前形成，不会对细胞立刻产生物理伤害，但是能够引起细胞脱水。这是因为冰晶的形成实质上降低了质外体中水势（Ψ_w），从共质体中高的水势到质外体中低的水势产生一个梯度。因此，水分从共质体渗透到质外体，导致细胞脱水（此过程的详细描述请参阅Web Topic 26.3）。由于冷冻脱水造成细胞不可逆的损伤（Uemura et al.，2006）。像种子和花粉粒中的细胞已经脱水，受到冰晶形成的影响相对较低。

通常冰晶首先在细胞间隙和木质部导管中形成，并且沿着导管迅速漫延。这种冰晶的形成不能使耐寒植物死亡，如果温度回升，植物的组织能完全恢复。然而，当植物长期暴露在冰点温度下，细胞外冰晶的增长导致膜的生理性破坏和细胞过度脱水。

冰晶的形成最初需要数百个分子，这几百个水分子形成一个较为稳定的冰晶，该过程叫做**冰核形成（ice nucleation）**，并且它依赖于被水分子包围的一些表面特性。例如，一些多糖和蛋白质有利于冰晶的形成，因此被称为**冰的成核剂（ice nucleator）**。一些由细菌产生的冰核蛋白，有利于促进冰核的形成，主要通过水分子沿着蛋白质内重复的氨基酸结构域进行排列所致。植物细胞中冰晶的形成，先从内源的冰晶核开始生长，然后再形成相对较大的胞内冰晶，这种胞内形成的大冰晶能对细胞造成极大的伤害，而且通常导致细胞死亡。

26.6 强光胁迫

作为光合自养生物，植物依赖和精巧地利用可见光，通过光合作用维持一种有利的碳平衡。电磁辐射的高能波，特别是在紫外线范围内，通过破坏膜系统、蛋白质、核酸以抑制细胞内发生的生化过程。然而，即使在可见光范围内，远高于光合作用的光饱和点的强光造成了强光胁迫（high light stress），这能够破坏叶绿体的结构，降低光合速率，这一过程被称为光抑制作用（photoinhibition）。

 光抑制产生的活性氧对强光下的植物细胞造成破坏

强光抑制光合作用被称为**光抑制（photoinhibition）**（见第7章和第9章）。在光系统Ⅱ（PSⅡ）反应中心捕获过量激发光能，通过D1蛋白的直接损伤导致PSⅡ的失活（见第7章）。光合色素过量吸收光能产生的电子超过$NADP^+$的可利用量，在PSⅠ作为一种电子库。由PSⅠ产生过量的电子导致活性氧（reactive oxygen species，ROS）尤其是超氧阴离子（$O_2^{\cdot -}$）的产生（见第7章）。$O_2^{\cdot -}$和其他ROS是低分子质量的信号分子，过量产生将导致蛋白质、脂质、RNA和DNA氧化损伤。过多ROS产生引起氧化胁迫，损坏了细胞的代谢功能，并导致细胞死亡。

光抑制程度依赖于对PSⅡ复合物的光损害及其修复二者之间的平衡（Takahashi and Murata，2008）（见第7章和第9章）。光损伤后的PSⅡ的修复对维持光合作用是极其重要的。在氧化、盐或低温的胁迫下，增强的光抑制对PSⅡ的修复能力的增强效应要大于光抑制对PSⅡ造成的光损伤。例如，过量活性氧抑制编码PSⅡ复合物蛋白的mRNA翻译，从而限制了PSⅡ的修复（Takahashi and Murata，2008）。相反，类囊体膜不饱和的脂肪酸，使膜具有流动性，提高了光系统修复能力和PSⅡ活性的

恢复能力（Vijayan and Browse，2002）。

除强光外，植物在许多胁迫过程中都产生大量ROS。ROS是呼吸作用和光合作用的副产物。这些产物的积累来自不同细胞器（主要是叶绿体、线粒体和过氧化物酶体）中的氧代谢，它受植物抗氧化机制调控，从而维持ROS产生和清除二者之间的平衡（Apel and Hirt，2004）。极端的温度、干旱、强光、盐度和离子毒害，均导致活性氧的产生和清除之间的失衡，这造成了大分子的氧化损伤和信号传递功能的紊乱。

26.7　保护植物抵御极端环境的生长发育和生理机制

本节中，我们将描述植物响应逆境胁迫来缓解环境胁迫造成的影响。这些响应范围包括：从暂时的代谢调节到器官形态、植物的结构和生命周期的改变。一些应答反应使植物避免处于胁迫状态；而其他应答反应增强了植物耐受胁迫的能力。

26.7.1　植物调整生命周期以避开非生物胁迫环境

植物适应极端环境的一个方法是调整自己的生命周期。例如，一年生荒漠植物生命周期短：当水分充足的时候，它们完成自己的生命周期，在干旱时期进入休眠（种子）；温带的阔叶树在冬季来临之前树叶脱落，避免敏感的叶组织受低温损伤。

对于不可预测的胁迫环境（如夏季不稳定的降雨量），一些植物长期的生长习性赋予其一定程度的耐受性。例如，对不稳定的环境，生长和开花周期较长（无限生长）的植物能预先调整叶片和花的生长数量，相对于生活周期短的植物（有限生长），它们对不稳定的极端环境有更强的耐受性。

26.7.2　叶片结构的表型变化和形态对植物应答胁迫反应是重要的

叶片是进行光合作用的主要器官，其对植物的生存起着至关重要的作用。为使光合作用正常进行，叶片必须暴露在阳光和空气中，这使它们特别容易受到极端环境的侵害。植物已进化出多种应答非生物环境胁迫的调控机制，以避免或减轻逆境胁迫对叶片的伤害。这些调控机制包括叶面积、叶向值、表皮毛和角质层等的变化。

1. 叶面积（leaf area）

总叶面积是反映生物量积累和产量的主要组成指标之一。较大的叶面积为光合作用的产物生产提供有效的表面，但在胁迫条件下不利于作物生长和生存。单独的大叶片或总叶面积较大，这为水分蒸发提供大的表面，有利于降低叶片温度，但导致土壤水分的快速或过度消耗，阻碍太阳能的吸收。植物可以通过以下方式减少它们的叶面积：①减少叶片细胞分裂和生长；②改变叶片形状；③进入衰老，叶片脱落。

水分亏缺和盐碱的生长条件可抑制植物细胞的分裂和伸长。特定的信号级联放大可以减缓或阻止细胞周期进程，进而减缓DNA复制，从而延缓植物生长（Anami et al.，2009）。

膨压降低是水分亏缺最早的生物物理效应。因此，依赖膨压过程，如叶面积扩张（图26.4）和根伸长对水分亏缺是最敏感的。水分亏缺能够改变植物发育过程，它对植物的生长有多种影响，其中之一是限制叶面生长。正如前面章节所讨论的，植物含水量降低，将导致作用于细胞壁的膨压下降，同时影响细胞伸长。

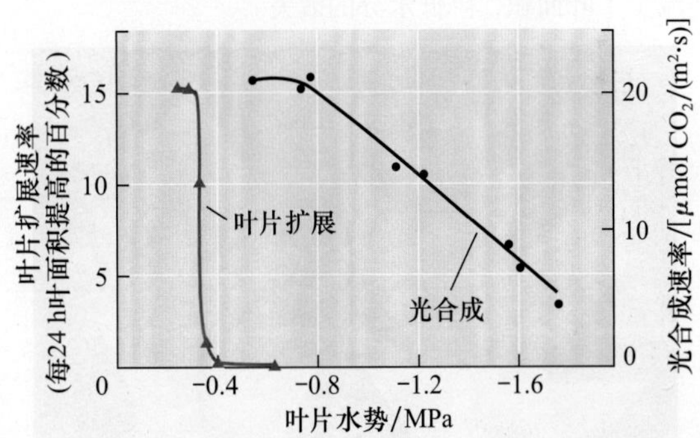

图26.4　水分胁迫对向日葵光合作用和叶片扩张的影响。以向日葵为代表的物种表现出叶片扩张对水分胁迫敏感的现象，即使在轻微的水分胁迫条件下，也可完全抑制叶片的扩张，但对光合作用的速率几乎无影响（改编自Boyer，1970）。

叶面生长主要取决于细胞伸展与增大。缺水早期，抑制细胞伸展增大，减缓了叶面的生长。由此生长出的叶子面积较小，从而降低水分蒸发，这样可以较长时期、有效地保护土壤中有限的水供应。叶面积的减少通常被认为是水分亏缺的生理反应。

许多旱区植物的叶片很小，这会在叶表面（边界层）形成较薄的静止空气。薄的边界层（低边界层阻力）便于热量从叶子上转移到空气中（图9.15）。因为它们的边界层阻力小，即使蒸腾作用大大降低时，小叶片也能够使表面温度维持接近空气的温度，避免过热。相比之下，大叶片有比较高的边界层阻力，并且通过直接的方式将热量转移到空气中，也只是耗散较少的热能（单位叶面积）。

随着植物的不断生长，水分不足不仅限制了叶片的大小，而且影响了叶片的数量。引起这种变化的主要原因在于胁迫降低了枝条的数目和生长速率。目前，关于胁迫对茎的生长影响的研究相比叶而言较少，但胁迫条件下，限制叶片生长的因素，也可能是影响茎生长的主要原因。

值得注意的是，叶片的生长和伸展增大，除受水分流量影响外，还依赖于多种生化代谢和分子特征方面的变化。目前，有许多证据支持以上观点。当植物受到外界环境胁迫时，植物不仅改变其自身的生长速率，而且通过多种重要生理过程进行调节，如细胞壁和质膜的生物合成、细胞分裂和蛋白质合成等（Burssens et al.，2000）。

改变叶片形状是植物减小叶面积的另一种方法。在缺水、高温或极端盐碱生长条件下，发育过程中的叶片变窄或可能发育成更深的裂片（图26.5），使叶面积减少，从而减少了水分的丢失和热负荷（定义为维持叶片温度接近空气温度所需的热损失）（见第9章）。此外，一株植物总叶面积（叶子的数量 × 每片叶子的表面积），即使所有叶子成熟之后，也不是一成不变的。一些植物在轻微水分亏缺时，可能发生落叶现象，这有效地减少了叶面积，降低水分的散失。

图26.5 环境的变化影响树叶的形状。橡树（*Quercus* sp.）左边的树叶来自于树冠的外侧，其气温高于树冠内侧。右边的树叶来自于树冠的内侧。左边的叶子处于树冠外侧，边界层较低，能够更好地通过蒸腾作用降低温度（照片由David McIntyre提供）。

如果植物已经发育形成较为稳定的叶面积，当水分亏缺时，叶子将会开始衰老，最终脱落（图26.6）。事实上，多种干旱落叶的沙漠植物，一旦干旱时，它们将会脱落所有的叶子，而雨后又会很快长出新叶。在水分亏缺期间，叶子的脱落很大程度上是由于植物内源乙烯合成增加和对乙烯的应答（见第22章）引起的。叶子脱落的负面效应是它减少了总的叶冠面积，降低了植物光合作用的总产量。

水分充足的条件下的叶片衰老，叶细胞经过程序性细胞死亡，其涉及叶片细胞内分子结构的降解和重新分配。叶片衰老是植物正常生命周期的一部分，例如，当植物从营养生长到生殖生长转换时，衰老就会发生。相比之下，非生物极端环境会损害叶和根组织，最终导致过早和非正常调控性的衰老；对粮食作物而言，将导致籽粒尺寸和质量的减少，从而大大降低产量。对于许多农作物，在籽粒成熟期间，其干旱的耐受性与作物产量提高、谷物品质及抗倒伏性密切相关。

图26.6 水分胁迫下棉花（*Gossypium hirsutum*）幼苗的叶子脱落情况。实验过程中，左侧的植株正常浇水，中间和右侧的植株分别受到中等和严重的缺水胁迫。右侧严重缺水的植株，茎的顶端只剩一簇叶片（由B. L. McMichael惠赠）。

极端的环境条件下，一些种类农作物在种子成熟期间，具有维持绿色叶片面积的能力，而同种作物的许多其他基因型的叶片此时将开始衰老。饲料作物如玉米和高粱，具有保留进行光合作用的部分叶子的性状被称为永绿色现象（stay-green）（图26.7）。在干旱条件下，常绿品种的作物在灌浆期仍能使茎和上层叶片保持绿

图26.7 某些玉米基因型表现出一种被称为永绿色（stay-green，叶片保持绿色）的现象。左边的玉米自交系B73表现出典型的谷物成熟时期的衰老，而右边的近交系Mo20W表现为永绿色的现象（由M. R. Tuinstra惠赠）。

色，这与季末出现干旱衰老的其他杂种作物相比，在产量上有显著优势。常绿高粱品种的籽粒产量每天可能增加0.35 mg/hm^2，并且叶片的衰老延迟（Borrell et al.，2000）。转基因烟草植物能够延迟叶片的衰老（通过激活细胞分裂素的生物合成），显示了对干旱耐受性的提高（Rivero et al.，2007）（图26.8）。

A 野生型

B P_{SARK}::*IPT*

图26.8　干旱对野生型和转基因烟草的影响。以成熟的、胁迫诱导的启动子P_{SARK}（衰老有关受体激酶的启动子区域），诱导表达异戊烯基转移酶（细胞分裂素合成过程中的酶），将其转入烟草，构建转基因烟草植株。图片为野生型（A）和转基因烟草（P_{SARK}::*IPT*）（B），干旱处理15天，复水7天后的结果（由E. Blumwald惠赠）。

2. 叶向值（leaf orientation）

在过去60年中北美杂交玉米产量持续增加的主要原因之一是叶夹角的增加，从而使植物总的叶面积增加，叶片能吸收更多的光能。然而，在温暖、阳光充足的环境中，蒸腾的叶温可能与它耐受温度的上限接近。如果减少蒸腾作用，叶片温度过高或额外的能量吸收会损害叶子。在强烈太阳光辐射、高温和/或者土壤水分亏缺的环境中，植物可以改变它们的叶片伸展方向，避免叶子过热。

在水分亏缺时，为防止温度过高，有些植物的叶片伸张方向可能会背离太阳，这些叶子的行为被称为侧向日性（paraheliotropic）。通过叶子的位置与阳光垂直获得能量的叶子被称为横向日性（diaheliotropic）（见第9章）。图26.9显示了水分亏缺对大豆叶片伸张方向的影响。另外，其他因素也可以改变叶片的光合面积，包括萎蔫和叶子卷曲。萎蔫改变叶片的角度，叶卷曲使暴露于太阳的组织降到最少。

A 合理供水

B 轻度水胁迫

C 严重水胁迫

图26.9　大豆叶片运动应答渗透胁迫的反应。A. 在正常生长条件下，田间生长的大豆（*Glycine max*）叶片的位置和方向。B. 轻度水分胁迫。C. 严重水分胁迫。轻微胁迫下，大叶片生长状态与萎蔫完全不同；严重水胁迫时，叶片的状态与萎蔫极为相似。轻微水胁迫的显著特征是顶端的叶片竖直，下面的两片叶子下垂；而严重水胁迫的大豆，其叶片几乎不能竖立生长（由D. M. Oosterhuis惠赠）。

在应答低氧胁迫时，叶片伸展方向会发生改变。缺氧促进植物根中乙烯前体ACC（1-氨基环丙烷-1-羧酸）的合成（见第22章）。在番茄中，ACC通过木质部运输到茎，与氧气接触，在ACC氧化酶催化下生成乙烯。番茄和向日葵叶柄的上表面（近轴）有响应乙烯的细胞，当乙烯浓度过高时，细胞扩张得更快。这种扩张导致**偏上性（epinasty）**生长，叶片向下生长以至于出现叶片下垂（图22.12）。与萎蔫不同，叶片偏上性生长过程中细胞膨压没有发生变化。

3. **表皮毛**（trichomes）

许多植物叶片表面有毛发状表皮细胞，称为表皮毛。在叶片表面密集的毛状体（也称为软毛）通过反射辐射过来的光，使叶子保持凉爽。有些植物的叶片表面呈银白色，是由于密集的毛状物反射了大量的光。干燥的非腺状毛状体往往反射较多的光，尤其是当其非常密集时。沙漠灌木白色扁果菊（*Encelia farinosa*）在一年中不同的时期可以生长出两种类型的叶子：冬季是绿色近无毛的叶片，夏季是银白色有软毛的叶片。夏季银白色的叶子要比它们缺乏厚层表皮毛的叶温低几度，这是由于它能反射导致过热的红外射线。然而，有软毛的叶子在凉爽的春天也存在一定的缺陷，因为毛状体也反射光合作用所需的可见光。因此，扁果菊在春季长出没有毛状体的叶子，减少光反射以适应沙漠的环境。

4. **角质层**（cuticle）

角质层是一种多层的蜡状物结构，并且与碳氢化合物相关且附着在叶表皮的外层细胞壁上。角质层与表皮毛类似，可以反射光线，以降低热负荷。角质层能限制水和气体的扩散，以及病原体的进入。在植物长期的进化过程中，一些植物生长出厚厚的角质层，以减少蒸腾作用，防止水分亏缺。目前尚不清楚角质层厚度的改变源自于数量上（更多的蜡状物）还是性质上的（不同蜡成分或改变角质层的内层结构）变化。尽管表皮蒸腾仅占叶蒸腾总量的5%~10%，但在极端环境条件下，表皮的蒸腾作用就显得尤为明显。

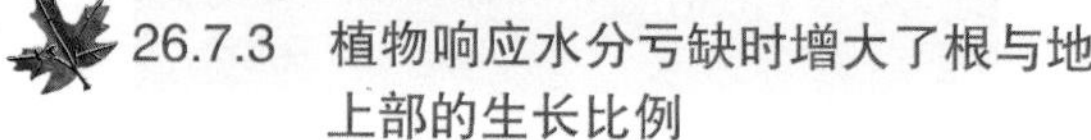

26.7.3 植物响应水分亏缺时增大了根与地上部的生长比例

轻微的水分亏缺影响根系的发育。根部的吸水作用与植物地上部分的光合作用二者之间功能的平衡，控制了根茎的生物量比例。植物的遗传潜力是有极限的，只有植物的根系吸收水分后，地上部分才会生长，因此，根成为限制地上部分进一步生长的主要器官；相反，只有光合作用的产物供应地上部分生长过剩时，才会供给根的生长与伸长。如果水分供应降低，这种平衡将会被打破。

当水分输送到植物地上部分受限时，在光合作用活性受到影响之前，其叶片的伸展能力就受到了很大限制（图26.4）。叶片伸展受到抑制，降低了植物对碳和能源的消耗，大部分的同化产物被运输到根部，促进根进一步生长。同时，根生长对土壤微环境中水分的状态非常敏感；根尖在干燥土壤中将失去膨压，而在湿润的土壤中继续保持生长。

在水分亏缺的进程中，土壤上层一般先失去水分。当土壤水分充足时，植物通常有相对较浅的根系；当湿润土壤的上层水分耗尽时，根系向更深土壤不断伸长和生长（Koike et al.，2003）。根系结构上的这种变化被认为是植物防御干旱的第二道防线。

水分亏缺期间，光合作用的产物被分配到根的生长点，促进根的生长，使根伸长到更深的土壤里。与营养生长相比，处于生殖状态的植物，其来自于根生长水分吸收的增加并不显著，因为水分亏缺时，光合产物往往直接输送到果实，而并非运至根部（见第10章）。根和果实二者之间竞争可利用的光合产物，也在一定程度上说明了处于生殖阶段的植物对水分胁迫更加敏感。

26.7.4 植物通过调节气孔的开度响应干旱胁迫

植物通过调控气孔开度对环境的变化作出快速的应答反应，如通过调控气孔关闭，避免过度失水，或限制吸收液态或气态污染物。保卫细胞可以通过吸收和散失水分来改变膨压，从而调节气孔的开和关（见第4章和第18章）。

保卫细胞通过蒸腾作用失水而失去膨压，从而调节气孔关闭。与失水胁迫有关的气孔关闭几乎总是主动的、耗能的过程，而并非被动的过程（Buckley，2005）。叶片含水量下降，使保卫细胞中溶质含量降低，在此过程中，脱落酸（ABA）扮演了十分重要的角色（见第23章和Web Topic 26.4）。植物不断调节细胞中ABA的浓度和分布，使其对环境变化作出快速应答反应，如水分可利用性的波动。在叶片和根细胞中，ABA的合成受昼夜节律的调控。ABA生物合成调节的一种方式是，植物在其地上部分和地下部分调节ABA新陈代谢以应答于干旱胁迫。

ABA在保卫细胞中的再分配取决于叶片内的pH梯度、ABA分子的弱酸性和细胞膜的透性（图23.6）。当叶片脱水时，ABA以更快的速度合成，并且越来越多的ABA积聚到叶片的质外体内。这种较高浓度ABA的产生与ABA的快速合成有关，它可以增强或延长ABA诱导气孔关闭的效应。这种ABA诱导气孔关闭的机制已在第23章进行了讨论。

在炎热的气候下，水分供给充足时，增加气孔导度可使灌溉植物的耐热性增强（请参阅Web Topic 26.1）。研究表明，对皮玛棉和小麦进行高产强度选择，增加了气孔导度，并且，气孔导度增加与产量增加呈线性关系。较高的气孔导度提高了叶片冷却速率，降低空气与叶片之间的温差，因为空气温度可能会超过40℃，而叶片进行光合作用的最佳温度通常低于30℃。

26.7.5 植物通过积累溶质的渗透调节作用适应干旱的土壤

只有当水势沿着既定路径（详见第3章、第4章）降低时，水分才能够在土壤-植物-大气这个连续体中循环。第3章曾提到：$\Psi_w = \Psi_s + \Psi_p$，其中Ψ_w代表水势，Ψ_s代表渗透势，Ψ_p代表静水压力。当植物根际（根周边微环境）的水势因水分亏缺（请参阅Web Topic 3.7）或盐化而降低时，植物中的水势只有低于土壤中的水势时，植物才能持续吸收水分。静水压力的下降可以降低水势，但是也会导致细胞膨压丧失和生长停滞。此外，细胞的渗透势的调节可以维持细胞间、土壤和植物之间的水势梯度，这种渗透调节并不一定伴随膨压和细胞体积的减小。植物的**渗透调节（osmotic adjustment）**是由细胞失水引起细胞内溶质浓度升高，从而降低水势的过程。该调节过程涉及每个细胞中溶质含量的净增加，它和水分流失所导致的体积变化无关（图26.10）。除了一些植物能适应极端干旱条件外，植物中Ψ_s降低的最大幅度一般为0.2~0.8 MPa。

渗透调节主要有两种形式，植物从土壤中吸收离子，或将离子从其他植物器官转运到根部，从而使根细胞的溶质浓度升高。例如，由于钾离子对细胞内渗透压的影响，对钾离子的吸收和积累将导致渗透势的降低，这种情况经常发生在盐碱地区。钾离子和钙离子都很容易被植物获取。

然而，吸收的离子被用来降低渗透势时却存在一个潜在的问题。一些离子，如钠离子或氯离子，必须处于低浓度下，植物才能正常生长，高离子浓度的环境会对细胞代谢产生有害效应。其他离子，如钾离子，是植物生长大量需求的，但在高浓度下，其能破坏植物的细胞膜或蛋白质，仍会对植物造成不良影响。渗透调节过程中，可以把离子聚集起来并束缚在植物细胞的液泡内，从而使这些离子无法接触到细胞质内的酶类和亚细胞结构。许多盐生植物就是利用将Na^+和Cl^-封闭于液泡，辅助渗透调节，来维持或增强植物在盐碱环境中的生长能力。由于液泡体积的增大，液泡中的高浓度离子将为细胞的膨胀提供驱动力。

A 细胞外部水势为–0.6 MPa

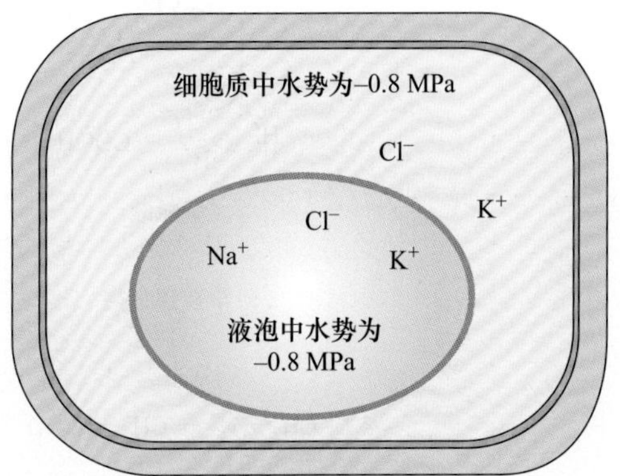

B 细胞外部水势为–0.8 MPa

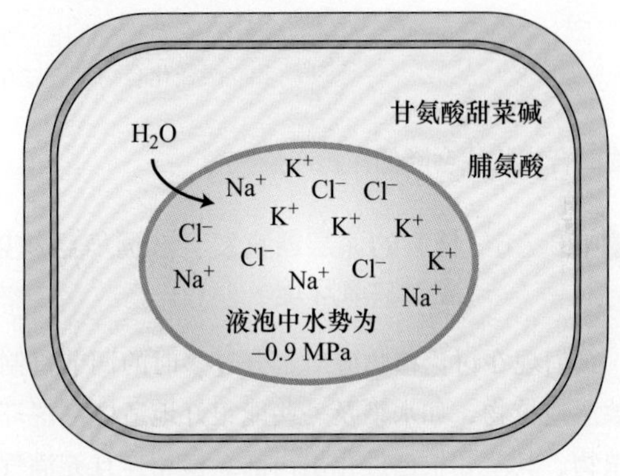

图26.10 渗透胁迫过程中细胞液的变化。为保持水势梯度，细胞质和液泡的水势必须略低于细胞外水势，使得细胞能够吸收水。A. 细胞外部的水势是-0.6 MPa。细胞通过离子在胞液和液泡中的积累来保持水势的平衡。B. 在干旱、盐和脱水胁迫下，细胞外部的水势是-0.8 MPa。细胞可以通过增加胞质和液泡中溶质浓度来调整渗透平衡。细胞可通过存储于液泡中的无机离子来调整渗透平衡，这些离子对细胞溶质的代谢过程无影响。细胞溶质的平衡是通过可溶性溶质来维持的（通常是不带电荷的），如脯氨酸和甘氨酸甜菜碱。

当离子被束缚在液泡中时，其他的溶质必须聚集在细胞质内，以维持细胞水势平衡，这些溶质被称为**相容性溶质**（或相容性渗压剂）（**compatible solute**）。相容性溶质是一类有机化合物，在细胞中具有渗透活性，但对细胞膜结构和酶的活性无影响。植物细胞可以容纳高浓度的该类化合物，且对代谢过程完全没有影响。常见的相容性溶质，包括氨基酸如脯氨酸、糖醇如甘露醇，以及季铵化合物如甘氨酸甜菜碱（图26.11）。其中一些溶质，如脯氨酸，也具备一定的渗透调节功能，它能保护植物在水分缺乏时避免产生有毒的副产品。在生长环境恢复正常时为细胞提供碳源和氮源。每种植物家族往往倾向于使用一个或两个相容性溶质。因为相容性溶质的合成是一个主动的代谢过程，所以是需要能量的。合成这些有机溶质需要相当大的碳量，鉴于此，这些化

氨基酸

脯氨酸（五元环：N—H，C—H（COOH），CH_2，CH_2，C）

糖醇

$$HOCH_2-\underset{H}{\overset{OH}{C}}-\underset{OH}{\overset{H}{C}}-\underset{H}{\overset{OH}{C}}-\underset{H}{\overset{OH}{C}}-CH_2OH$$

山梨醇

季铵化合物

$$CH_3-\underset{CH_3}{\overset{CH_3}{N^+}}-CH_2-COO^-$$

甘氨酸甜菜碱

三级锍化合物

$$CH_3-\underset{+}{\overset{CH_3}{S}}-CH_2-CH_2-COO^-$$

3-二甲基巯基丙酸内盐

图26.11　4种分子通常作为可溶性溶质：氨基酸、糖醇、季铵化合物和三级锍化合物。这些化合物分子质量很小、不带净电荷。

合物的合成往往会降低作物产量。

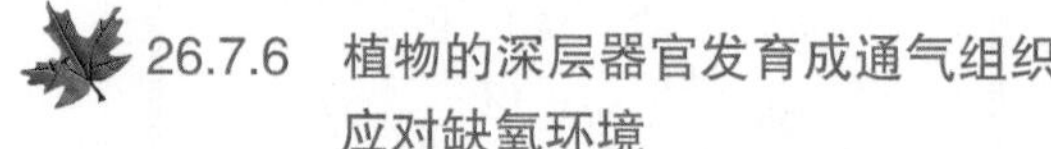

26.7.6　植物的深层器官发育成通气组织以应对缺氧环境

我们现在讨论植物应对水分过多时的调节机制。多数湿地植物，如水稻及一些能很好地适应潮湿环境的植物，其茎和根已进化出内部纵横相连且充满气体的通道，这些通道为氧气和其他气体提供了低阻力的通路。气体（空气）通过气孔或木质化茎和根的**皮孔（lenticel）**进入植物体，并通过小分子扩散进行转移，或者由较小的压力梯度提供运输驱动力。在许多能适应湿地生长的植物中，根细胞被充满气体的胞间空隙所形成的**通气组织（aerenchyma）**明显分隔开。这些湿地植物根部细胞的生长并不依赖于环境的刺激。但一些非湿地的双子叶和单子叶植物，氧亏缺能够诱导植物茎基部和新形成的根系形成通气组织。

其中一个例子是玉米中诱导通气组织的形成（图26.12）。组织缺氧能增强ACC合成酶和ACC氧化酶的活性，进而快速产生ACC和乙烯（见第22章）。乙烯导致根皮层细胞死亡和崩溃，这些死亡和崩溃的细胞预先

A

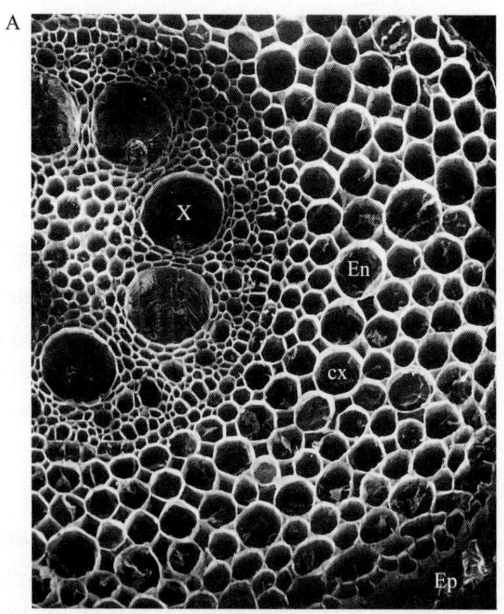

B

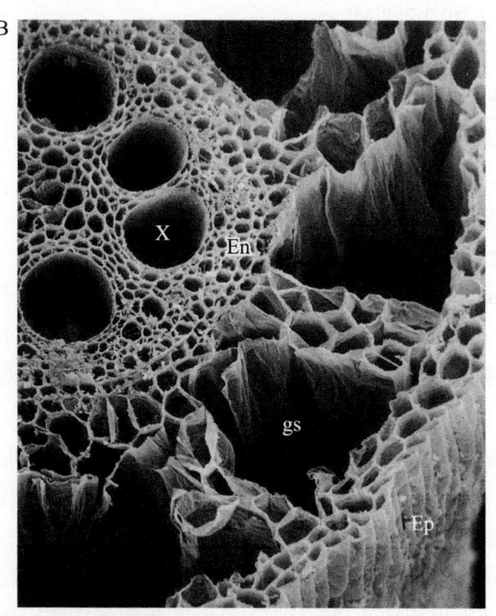

图26.12　玉米根组织横断切面的电子扫描显微图显示了有氧时的结构变化（150×）。A. 对照根组织，正常供给空气，具有完整的皮层细胞，通过成熟的皮层细胞提供氧气。B. 生长在无氧气培养液中的根组织。皮层（cx）中明显有充气的空隙（gs），它是由细胞的降解而形成的结构。中柱（内皮细胞内部的所有细胞，En）和表皮（Ep）仍保持完整。X为木质部（由J. L. Basq和M. C. Drew惠赠）。

占据的空间为气体填充，并为氧气流动提供了一定的空隙。乙烯信号转导导致的细胞死亡具有高度的选择性，只有部分细胞具有启动发育程序的潜力，并形成通气组织（Drew et al.，2000）。

当乙烯诱导细胞形成通气组织起始时，乙烯信号转导引起细胞质内Ca^{2+}浓度的升高，是导致细胞死亡的一个原因。提高胞质内Ca^{2+}浓度，可以在没有缺氧时促进细胞死亡。反之，降低胞质内Ca^{2+}浓度，通常会形成通气组织，并阻止缺氧根系的细胞死亡。

某些植物在形成通气组织之前，能够长时间（数周或数月）忍耐缺氧环境，生长在淹水土壤中。这些植物包括水稻、水稻草（*Echinochloa crus-galli* var. *oryzicola*）的胚芽鞘和胚胎、大香蒲（*Schoenoplectus lacustris*）、盐沼泽香蒲（*Scirpus maritimus*）和窄叶香蒲（*Typha angustifolia*）的根状茎。在缺氧环境下，这些根状茎能生存数月，而且能够促使叶片膨胀。

自然条件下，这些根茎能在湖边厌氧的泥土中越冬。当春天来临，叶子伸出泥土或水表面，氧气通过通气组织往下进行扩散，直到地下部分。此时，根组织从无氧（发酵的）转变成有氧代谢模式，利用氧气开始生长。同样，在水稻（湿地）和大米草种子萌发期间，胚芽鞘长出水面，而成为植物浸水部分获取氧气的通道，其中包括根系。虽然水稻是湿地植物，但是其根和玉米一样，不能耐受缺氧环境。随着根部延伸进入缺氧的土壤，根尖通气组织持续形成，使氧气能在根组织中移动，以保证对根尖顶端区域的氧供给。

水稻和其他典型的湿地植物的根组织中，栓化和木质化细胞形成的结构性屏障阻止氧气扩散到土壤外面。残留的氧气可以保证根顶端分生组织的代谢，促使根继续生长到50 cm，或延伸至更深的缺氧土壤中。与之相比，非湿地植物不能像拥有通气组织的湿地植物那样以相同的方式保存氧，以促使根延伸到同样深度的土壤范围，如玉米的根则容易泄漏氧气。因此，在这些植物中的根顶端组织缺乏足够的氧，影响有氧呼吸，严重限制根的延伸，使之不能进入更深的缺氧土壤中。

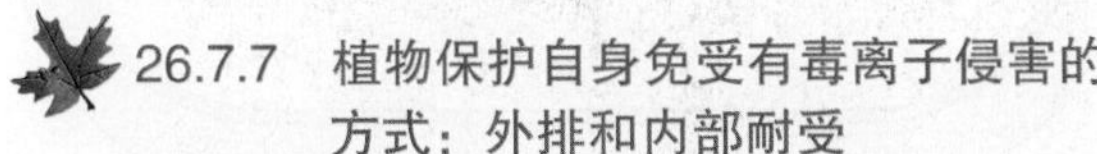

26.7.7　植物保护自身免受有毒离子侵害的方式：外排和内部耐受

为避免生长环境中各种有毒微量元素，包括钠（Na）、砷（As）、镉（Cd）、铜（Cu）、镍（Ni）、锌（Zn）和硒（Se）的毒害，植物长期的进化形成了以下两种自我保护机制：①外排（exclusion），植物通过外排作用将有毒的元素排出体外，使这些有毒元素的浓度低于毒性的阈值；②内部耐受（internal tolerance），通过各种生理与生化适应机制，使植物能够耐受，封闭或者螯合这些有毒元素，防止其浓度的逐步升高（请参阅Web Essay 26.2）。

1. 外排

盐敏感的植物一般能耐受适度的盐分，主要由于根部减少向茎中运输有害的离子。园艺师利用植物离子排斥机制，将盐敏感植物嫁接到耐盐砧木上。钙离子在减少从外部环境吸收Na^+方面起了重要作用，细胞质膜上的电化学势可以促进Na^+在胞浆中积聚，其含量超过胞外浓度的100~1000倍。钠离子作为一种带电离子对质膜具有非常低的渗透能力，但它能同时通过低亲和力与高亲和力的运输系统进行转运，其中许多通常是K^+吸收的转运系统（Epstein and Bloom，2005）（见第6章）。

外部的Ca^{2+}在毫摩尔浓度水平时（钙离子在质外体的典型生理浓度），通过减少钠离子的吸收和促进钠离子运输到质外体的流出的机制，从而增加了钾离子转运的选择性并使钠离子的吸收最小化。Na^+内流是通过非选择性、电压不敏感的门控通道把有毒离子运输进入细胞的。当此通道开放时，钠离子扩散到胞质中，浓度升高。生理水平的钙离子会引起这些渠道封闭，限制钠的摄取（Tracy et al.，2008）。

2. 内部耐受

与甜土植物不同，盐生植物可以在幼苗中积累离子，因为叶细胞具有较大容量的液泡离子区域化能力。此外，盐生植物的叶细胞可能具有较强的限制胞内净Na^+摄取的能力。因此，幼苗细胞中增加液泡的区室化和减少细胞内Na^+的摄取，这些植物可以增强对自蒸腾流导致根部Na^+升高的耐受能力（Apse and Blumwald，2007）。

与盐生植物相比，甜土植物需要减少根的木质部装载Na^+的数量，从而限制Na^+从根到茎的运输。然而，无论是何种情况，盐生植物和甜土植物的耐盐性都依靠离子的转运，以控制跨质膜的净离子摄取和进入液泡的离子区域化（请参阅Web Topic 26.6）。

某些盐生植物，如盐雪松（*Tamarix* spp.）和滨藜（*Atriplex* spp.），其叶表面已进化出能够分泌盐的特化盐腺。盐腺是这些植物独特的结构，在耐盐性方面具有高度专一性。有些植物在老叶中也积聚有毒离子，并使这些叶子衰老、脱落，从而让更年轻、更有光合生产力的叶子生存。

大量证据表明，盐生植物和甜土植物在体内积累许多离子，并利用这些离子进行必需的渗透调节，以用于细胞扩展（Hasegawa et al.，2000）。高浓度的离子对所有植物的胞内代谢都是有毒的，因此盐生植物和甜土植物将有毒的离子隔离到液泡中，或主动把它们由细胞泵出到质外体中（请参阅Web Topic 26.6）。

植物对毒离子内部耐受的一个极端例子，是发生在一些特定的物种中，某种微量元素的**超级积累**（**hyperaccumulation**）现象。超级积累植物可以耐受多种微量元素，包括As、Cd、Ni、Zn和Se，这些微量元素在叶片积累的量，大于茎尖干重的1%（10 000 μg/g）。

超级积累作为一种遗传适应已在400多种植物分类群中得到证实，当植物生长在含有低浓度有毒元素的土壤中，甚至也会发生超级积累现象。超级积累是一个主动过程，它保护植物免受病原体和食草类昆虫的侵害。超级积累植物不仅可以抵御由微量元素积累所带来的细胞毒性，而且是通过有效吸收土壤中潜在的有毒元素，清除有毒元素的途径之一。超级积累参与调控基因转录水平的变化，可促使合成许多离子转运体，以参与从土壤中摄取元素和这些元素的液泡区域化（请参阅Web Topic 26.5）。

 26.7.8 螯合作用和主动转运有助于增强植物耐受力

螯合作用（**chelation**）是一个离子与螯合分子中两个以上的配位原子结合。螯合分子有不同的配位原子，如硫（S）、氮（N）或氧（O），这些原子与它们螯合的离子有不同的亲和力。通过将螯合分子自身处于能结合的离子周围，并形成复合物，使离子的化学活性降低，从而减少其潜在的毒性。该复合体通常易位到植物的其他部分，或贮存在远离细胞质（通常在液泡）的部位。从根到幼芽的长距离运输，也是幼嫩组织形成金属离子超积累的关键方式。研究表明，金属螯合剂烟草香素和自由氨基酸组氨酸常在运输过程中被用于金属的螯合（Ingle et al.，2005）。另外，植物还为离子螯合剂合成其他配体，如植物螯合肽。

植物螯合肽（**phytochelatin**）是由谷氨酸、半胱氨酸和甘氨酸以（*γ*-Glu-Cys）$_n$ Gly的一般形式所组成的低分子质量的硫醇。植物螯合肽是由植物螯合肽合成酶催化合成的（Corbett and Goldsbrough，2002）。硫醇组类化合物一般作为微量元素如Cd和As等离子配体（图26.13）。植物螯合肽一旦合成，即形成植物螯合肽-金属复合物，然后运送到液泡贮存。已被证实植物螯合肽的合成对镉和砷的耐受是必需的。除了螯合作用，主动转运到液泡和运出细胞也有助于提高植物体内金属耐受性。

金属结核巯基配体

γ-谷氨酸盐　半胱氨酸　γ-谷氨酸盐　半胱氨酸　甘氨酸

谷胱甘肽

图26.13　植物螯合肽的分子结构。植物螯合肽利用半胱氨酸中的硫结合金属镉（Cd）、锌（Zn）和砷（As）等。

正如第6章所讨论的，液泡膜上存在两个H^+泵：V型H^+-ATPase和H^+-焦磷酸酶，为离子进入液泡进行的主动和被动次级运输提供了电化学势梯度（详见第6章）。Na^+-H^+反向运输体AtNHX1（图26.14）主要负责Na^+内流进入液泡。在质膜上，P型H^+-ATPase泵为离子的次级主动运输提供驱动力（H^+电化学势）（图26.14），并且在应对盐胁迫反应时，该酶也是胞内驱除多余离子所必需的。Na^+通过SOS1 Na^+-H^+反向转运体穿过质膜而外流。在高NaCl情况下，SOS1被激活，并且通过Ca^{2+}信号转导的SOS途径所介导（参阅Web Topic 26.6）。Ca^{2+}通过与SOS3结合，进一步激活丝氨酸/苏氨酸蛋白激酶SOS2。SOS2使SOS1磷酸化，从而激活SOS1 Na^+-H^+反向转运输体功能。借助这种机制，植物通过Na^+外流和内流的调节，有效控制Na^+穿膜的净流量。再者，过量表达SOS1或AtNHX1的转基因植物，增强了对盐的耐受能力（Apse et al.，1999；Shi et al.，2003）（请参阅Web Topic 26.6）。

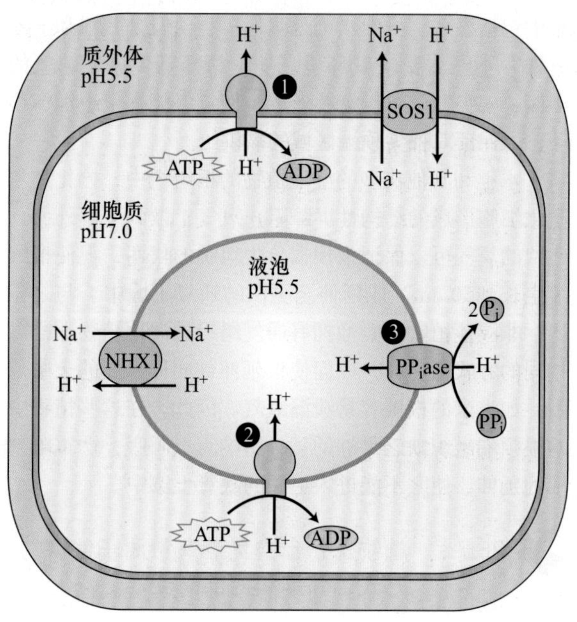

图26.14　初级和次级主动运输。①定位在质膜上的ATPase质子泵（P-ATPase），②定位在液泡膜上的ATPase质子泵（V-ATPase）和③焦磷酸酶（PPiase）分别是质膜和液泡膜的初级主动运输系统。通过偶联ATP和焦磷酸盐水解作用释放的能量，使质膜和液泡膜质子泵能够逆电化学梯度对H^+进行运输。H^+-Na^+泵的逆向转运蛋白SOS1和NHX1是次级主动运输系统，对Na^+的运输是逆电化学梯度进行的，而H^+的运输是顺电化学梯度。SOS1将Na^+输出细胞，而NHX1将Na^+输入液泡。

26.7.9　许多植物具有适应低温的能力

在自然条件下，植物不同组织耐受冻害的能力相差很大。种子、部分脱水组织和真菌孢子能在接近绝对零度（0 K或-273℃）时存活，这也暗示超低温从本质上来说并不一定都对生物组织有害。只要冰晶形成能被限制在细胞内空间及细胞内脱水不是太严重，含水的营养细胞也可以在冷冻温度下保存生存能力。

冷驯化（cold acclimation）是指将温带植物暴露在不致命的低温（通常在零度以上）条件下，以增加其低温生存能力的过程。自然界低温驯化是植物暴露在初秋短日照和冰点以上的低温条件下，同时植物已停止生长的过程。植物激素ABA可能是促进驯化的扩散因子，即从叶片的韧皮部扩散到越冬的茎部。因此，ABA的积累是冷驯化过程所必需的（Survila et al.，2009）。

冷驯化期间，温带木本植物从木质部导管抽回水分，从而防止主干由于发生冰冻导致水膨胀而造成其破裂。冷驯化也能防止冰冻条件下，细胞内由于形成冰晶而造成损伤。气温回暖后，植物很快丧失了耐寒能力，并且在24 h内它们对低温变得敏感。

在冷驯化过程中植物如何感受温度呢？目前的假说认为，低温改变了脂质的物理性质，提高了膜的伸展性，且导致一个冷传感器未知的激活机制，从而起始相关信号转导途径（Survila et al.，2009）。这些途径激活编码信号蛋白、抗冻蛋白和一些酶等相关基因的表达，这些蛋白质介导了脂质及糖代谢、相容性溶质的生物合成及活性氧清除和代谢重编程，并且这些基因的表达受低温调控（Guy，1990；Thomashow，1999；Yamaguchi-Shinozaki and Shinozaki，2006a，2006b；Chinnusamy et al.，2006；Survila et al.，2009）。

冷驯化信号转导途径被整合到一个相互作用的信号转导网络，该网络也包括那些用于其他非生物条件的驯化。因此，一些由低温诱导的基因，也能由水分亏缺和盐渍化所诱导（Shinozaki and Yamaguchi-Shinozaki，2006；Survila et al.，2009）。

最近研究表明，低温信号被钙离子、ABA、特定的钙离子信号转导蛋白、其他激酶和磷酸酶所调节（Survila et al.，2009）。拟南芥ABA不敏感（如*abi1*）突变体或ABA缺失（如*aba*）突变体，不能被冷驯化。然而，依赖ABA信号和转录调控是必要的，但这只是耐寒驯化的一个方面，并非所有低温诱导的基因都依赖ABA信号转导途径（Yamaguchi-Shinozaki and Shinozaki，2006a，2006b；Survila et al.，2009）（请参阅Web Topic 26.7）。

冷驯化涉及Ca^{2+}（由上述假设的冷传感器介导）从质外体、内质网和液泡进入细胞质，导致胞质渗透势瞬时发生变化，从而诱导冷驯化所必需的低温响应基因的表达（Survila et al.，2009）。与冷驯化相关联的Ca^{2+}信号转导蛋白包括钙调素蛋白和类钙调素（CML）蛋白，以及Ca^{2+}依赖的蛋白激酶和钙调磷酸酶B类似蛋白（见第6章和第23章）（想了解冷驯化的其他信号转导途径的讨论，请参阅Web Topic 26.7）。

26.7.10　植物通过限制冰晶的形成以提高抗冻性

在快速冷冻过程中，原生质体也包括液泡，可能出现**过冷现象（supercool）**；即使温度低于热力学冰点温度几度，细胞中的水分仍能保持液态，这主要是因为水溶液中含有一定量的溶质。对于加拿大东南部和美国东部的阔叶林中的物种来说，过冷是很常见的现象（请参阅Web Topic 26.3）。细胞可以耐受的过度冷却极限温度大约为-40℃，这时细胞内会自发形成冰晶。自发冰晶的形成确定了低温限制点（low-temperature limit），只有经过过度冷却的高山植被和亚北极区的物种，在这个限制点才可能存活。这也解释了为什么山脉林木线的范围位于-40℃最低等温线的附近。

几种特异的植物蛋白被命名为**抗冻蛋白（antifreeze protein）**，它们能够通过一个不依赖于降低水冰点的机制来限制冰晶生长。低温能诱导抗冻蛋白的合成。这些蛋白质结合在冰晶的表面，阻止或减慢冰晶的进一步增长。蔗糖、多糖、渗透保护剂和一些低温诱导产生的蛋白质也具有防冷冻的效果（Survila et al.，2009）。

26.7.11　细胞膜脂质组分影响温度对膜的作用

在极端的环境条件下，植物细胞膜经常被破坏。轻微的温度波动或者其他环境胁迫都可以导致膜结构和功能的改变，进而影响正常代谢。

随着温度降低，细胞膜会经过一个从流动性液晶态到固体凝胶态相的转变。这种相变温度随植物种类（热带物种10~12℃；苹果3~10℃）和细胞膜脂质成分不同而不同。抗冷害植物的细胞膜趋向于含有更多的不饱和脂肪酸（表26.3）。与之相反，冷敏感植物细胞膜中含有高比例的饱和脂肪酸链，温度接近0℃时，脂组分易凝固为半晶体状态。一般来说，饱和脂肪酸不含双链，而且含有反式单不饱和脂肪酸的脂类，这种脂类比不饱和脂肪酸脂质的凝固点要高，因为后者的碳氢链间有弯曲，其排列不如饱和脂肪酸紧密（表26.3和Web Topic 26.2）。

植物持续暴露在极端环境温度下，会导致细胞膜的脂质成分发生变化，这是植物适应环境的一种驯化方式。一些跨膜的酶能够引进一个或两个双键到脂肪酸

表26.3　从抗冷性和冷敏感物种的线粒体中的分离的脂肪酸组分

主要脂肪酸[a]	脂肪酸总含量占体重的百分比/%					
	抗冷性物种			冷敏感物种		
	花椰菜芽	甘蓝根	豌豆茎	菜豆茎	甘薯	玉米茎
软脂酸（16:0）	21.3	19.0	17.8	24.0	24.9	28.3
硬脂酸（18:0）	1.9	1.1	2.9	2.2	2.6	1.6
油酸（18:1）	7.0	12.2	3.1	3.8	0.6	4.6
亚油酸（18:2）	16.1	20.6	61.9	43.6	50.8	54.6
亚麻酸（18:3）	49.4	44.9	13.2	24.3	10.6	6.8
不饱和与饱和脂肪酸比例	3.2	3.9	3.8	2.8	1.7	2.1

资料来源：改编自Lyons et al.，1964

a 括弧内的数字代表脂肪酸链中碳原子数和双键数

内，从而改变膜脂质的脂肪酸饱和度。例如，在冷冻驯化过程中，如低温驯化时，脱饱和酶活性会升高，脂质中不饱和脂肪酸比例增加（Williams et al.，1988；Palta et al.，1993）。这种修饰降低了膜脂从流动相渐变到半晶体状态时的温度阈值，使膜在更低的温度下能保持流动性，因此能保护植物免受冷害伤害。反之，膜脂质脂肪酸饱和度越高，细胞膜的流动性越差（Raison et al.，1982）。拟南芥的某些突变体中ω-3脂肪酸脱饱和酶活性降低，突变体对光合作用的耐热性增强，这可能是由于叶绿体脂质中脂肪酸的饱和度增加引起的（Falcone et al.，2004）。

已经通过突变体和转基因植物证实了膜脂对低温耐性的重要性，这些植物特有的酶活性能够导致特异的膜脂组分变化，这种变化不依赖于低温驯化。例如，把一个大肠杆菌的基因转化到拟南芥中，结果能提高高熔点膜脂（饱和的）的比例，该基因的表达极大增加了转基因植物对冷害的敏感性。与此类似，拟南芥*fab1*突变体可以增大饱和脂肪酸的含量，尤其是16:0组成的脂肪酸（表26.3和表11.3）。经历3~4周的低温期，突变体的光合作用和生长逐渐被抑制。如果一直暴露在低温下，其叶绿体甚至被破坏。在非冷害温度下，该突变体的生长情况与野生型一致（Wu et al.，1997）（以转基因植物为材料的补充实验请参阅Web Topic 26.2）。

26.7.12　温度胁迫下，植物细胞通过某种机制维持蛋白质正确的结构

在极端环境下，蛋白质的结构很容易被破坏。植物自身存在可以限制或者避免蛋白结构被破坏的调控机制，这些机制包括渗透调节和伴侣蛋白。渗透调节主要维持蛋白质的水合作用，而伴侣蛋白能与其他蛋白质结合，促进蛋白质的正确折叠，并阻止一些蛋白质的错误折叠和形成蛋白聚合体，以及维持这些蛋白三级结构的稳定性。如果温度突然升高5~10℃，植物将会产生一套特有的伴侣蛋白，即**热激蛋白**（**heat shock protein，HSP**）。被诱导合成热激蛋白的细胞明显提高了耐热性，甚至致死的高温下也能正常存活。

多种不同的环境胁迫和条件均可诱导热激蛋白的产生，包括水分亏缺、ABA、伤害、低温和盐胁迫等。因此，细胞处在一种胁迫条件下，可能获得了对另一种胁迫的交叉防御功能。番茄果实就属于这种情况，38℃下热激48 h，可以促使HSP的合成和积累，并且能在2 ℃环境下保护细胞存活21天。

热激蛋白最初是在果蝇（*Drosophila melanogaster*）中被发现的，认为其是一类普遍存在的因子。后来，在其他动物、人、植物、真菌和微生物中均发现了HSP。在正常、非胁迫的细胞中也发现有一些HSP的存在，并且一些重要的蛋白质是HSP的同源蛋白，但在热胁迫条件下，这些蛋白质含量和活性并不升高（Vierling，1991）。这种热激反应似乎被一种或多种信号转导分子所调节，其中包括一种特殊的转录因子——热激因子（heat shock factor，HSF），该因子在mRNA翻译热激蛋白时起重要作用。

在脱水、极端温度和离子失衡等条件下，从植物中鉴定出其他与热激蛋白类似的蛋白质，它们以相同的方式维持蛋白结构。包括RAB/LEA/DHN（分别是RESPONSIVE TO ABA，LATE EMBRYO ABUNDANT和DEHYDRIN）蛋白家族（见第23章）。一些相容性的溶质也能够影响蛋白质、膜和细胞器的稳定性。

26.7.13　清除活性氧ROS（reactive oxygen species）的解毒机制

活性氧ROS是氧的高活性形式，至少含有一个不成对电子。植物在光合作用和呼吸作用的电子传递过程中能产生ROS。在正常需氧条件下，产生的ROS由细胞的

抗氧化机制所清除，以避免细胞受氧化损伤。在不同的极端环境条件下，尤其是植物暴露在低温高光强度的环境中（这种条件也可以引起光合抑制），光驱动的光合反应中心的激发与碳固定能量消耗的减少之间的不平衡，会产生高水平的ROS。电离辐射、紫外线和环境污染也可以使植物产生高浓度的ROS。例如，臭氧等强氧化剂也可以使植物直接产生ROS。

在植物细胞中，最常见的ROS形式有超氧化物形式（$O_2^{\cdot -}$），单线态氧（$^1O_2$）₇过氧化氢（H_2O_2）和羟基自由基（OH•）（图7.34）。植物体内某些酶或抗氧化剂可以降低和限制ROS对植物细胞的伤害。超氧化物歧化酶（SOD）催化阴离子自由基的歧化反应：$2O_2^{\cdot -} + 2H^+ \longrightarrow O_2 + H_2O_2$。目前在植物中确定的SOD酶有三种形式，根据金属辅助因子的不同分为：Cu/Zn-SOD（细胞质）、Mn-SOD（线粒体）和Fe-SOD（质体）。每种形式的SOD中的金属离子从超氧化物自由基接受电子，并传递电子以产生氧气和过氧化氢。过氧化氢酶是一种亚铁血红素蛋白，能够催化过氧化氢分解来解毒。有两种形式的过氧化氢酶：细胞质中的过氧化氢酶及过氧化物酶体中起主要作用的过氧化物酶。谷胱甘肽过氧化物酶也可以清除过氧化氢，以解除毒性（在下面会更详细地讨论）。

抗氧化剂和抗氧化系统也参与清除植物细胞内的ROS。植物中常见的抗氧化剂包括水溶性抗坏血酸盐（维生素C）、还原型谷胱甘肽（GSH）和脂溶性的α-生育酚（维生素E）及β-胡萝卜素（维生素A）。臭氧是一种环境气体，可以作为氧化剂使植物产生活性氧。植物暴露在臭氧环境下会产生ROS，抗坏血酸盐在解毒的过程中起着重要作用。

许多抗氧化剂形成一个系统一起发挥作用，通过消除自由基上高活性非成对电子以消除自由基毒性。例如，α-生育酚作为一种过氧化脂质清除剂，与抗坏血酸盐和谷胱甘肽结合发挥作用（在下面的方程中，点代表未配对的电子）。

（1）维生素E从ROS（这个例子中的过氧化脂质）处接受一个自由基。

$$\text{Vit E} + \text{LOO}^{\cdot} \longrightarrow \text{Vit E}^{\cdot} + \text{LOOH}$$

（2）维生素C还原维生素E自由基。

$$\text{Vit E}^{\cdot} + \text{Vit C} \longrightarrow \text{Vit C}^{\cdot} + \text{Vit E}$$

（3）还原型谷胱甘肽或维生素C还原酶还原维生素C自由基。

$$\text{Vit C}^{\cdot} + \text{GSH} \longrightarrow \text{Vit C} + \text{GSSG}$$

谷胱甘肽是由甘氨酸、谷氨酸和半胱氨酸缩合形成的三肽，其中半胱氨酸的巯基可以中和活性氧。谷胱甘肽是高度水溶性物质，可以高浓度积累。谷胱甘肽中谷氨酸的γ-羧基和半胱氨酸的α-氨基形成的肽键可以防止水解酶的非特异性破坏。谷胱甘肽还原酶用NADPH维持还原型谷胱甘肽的稳定，还原型谷胱甘肽可以从过氧化物，如过氧化氢中接受一个电子。在植物中，谷胱甘肽抗氧化系统主动地中和活性氧，其中包括H_2O_2、$O_2^{\cdot -}$和$H_2O_2^{\cdot -}$。

（1）还原型谷胱甘肽可以从$O_2^{\cdot -}$和$H_2O_2^{\cdot -}$接受e^-。

$$O_2^{\cdot -} + H^+ + \text{GSH} \longrightarrow \text{GS}^{\cdot} + H_2O_2$$

$$H_2O_2^{\cdot -} + 2\,\text{GSH} \longrightarrow \text{GSSG} + H_2O$$

（2）谷胱甘肽过氧化物酶氧化还原型谷胱甘肽。

$$H_2O_2 + 2\,\text{GSH} \longrightarrow \text{GSSG} + 2\,H_2O$$

（3）还原型谷胱甘肽通过谷胱甘肽还原酶再生。

$$\text{GSSG} + \text{NADPH} \longrightarrow 2\,\text{GSH} + \text{NADP}^+$$

各种有毒微量元素的超富集可能导致广泛的植物组织氧化损伤。为防止这种氧化损伤，菥蓂属（*Thlaspi*）中的镍（Ni）超富集植物可以过度积累抗氧化剂谷胱甘肽清除活性氧（Freeman et al.，2004）。

26.7.14 代谢的变化能使植物应对各种非生物胁迫

环境的变化可能会刺激代谢途径的变化。当植物进行有氧呼吸的氧气供应不足时，根组织首先在乳酸脱氢酶的作用下，把丙酮酸发酵成乳酸，NADH的循环产生NAD^+，通过糖酵解产生ATP（图26.15）（见第11章）。乳酸的产生，降低了细胞内的pH，乳酸脱氢酶活性被抑制，并且激活了丙酮酸脱羧酶。这些酶活性的变化迅速导致代谢从产生乳酸到产生乙醇的转换。每摩尔的己糖发酵产生的ATP的净产量只有2 mol（相比之下，有氧呼吸时每摩尔的己糖可以产生36 mol的ATP）。因此，氧亏缺伤害根组织代谢的部分原因，是缺乏ATP而驱动了一个基础代谢过程，如根对必需营养元素的吸收过程（Drew，1997）。

水分亏缺限制了叶片的扩展，降低了光合作用及同化物的消耗，从而间接减少了叶片输出光合作用产物的量。由于韧皮部的运输依赖于膨压（见第10章），因此在胁迫发生过程中，韧皮部水势的降低也许会抑制同化物质的转运。实验表明，只有在胁迫的后期，同化物的运输才会受到影响，而此时的其他一些过程，如光合作用已经受到强烈抑制（图26.16）。同化物运输对胁迫相当不敏感，即使胁迫已经达到十分严重时，植物仍可以及时动用它的贮藏物，通过运输以满足生长的需求（如种子生长时）。植物同化物质的持续运输能力是抵御干旱的一个关键因素。

有些植物能够更好地适应干旱环境，如具有C_4途径和景天酸光合作用模式的植物（见第8章、第9章）。景天酸代谢途径（CAM），它们通过气孔晚上开放、白天

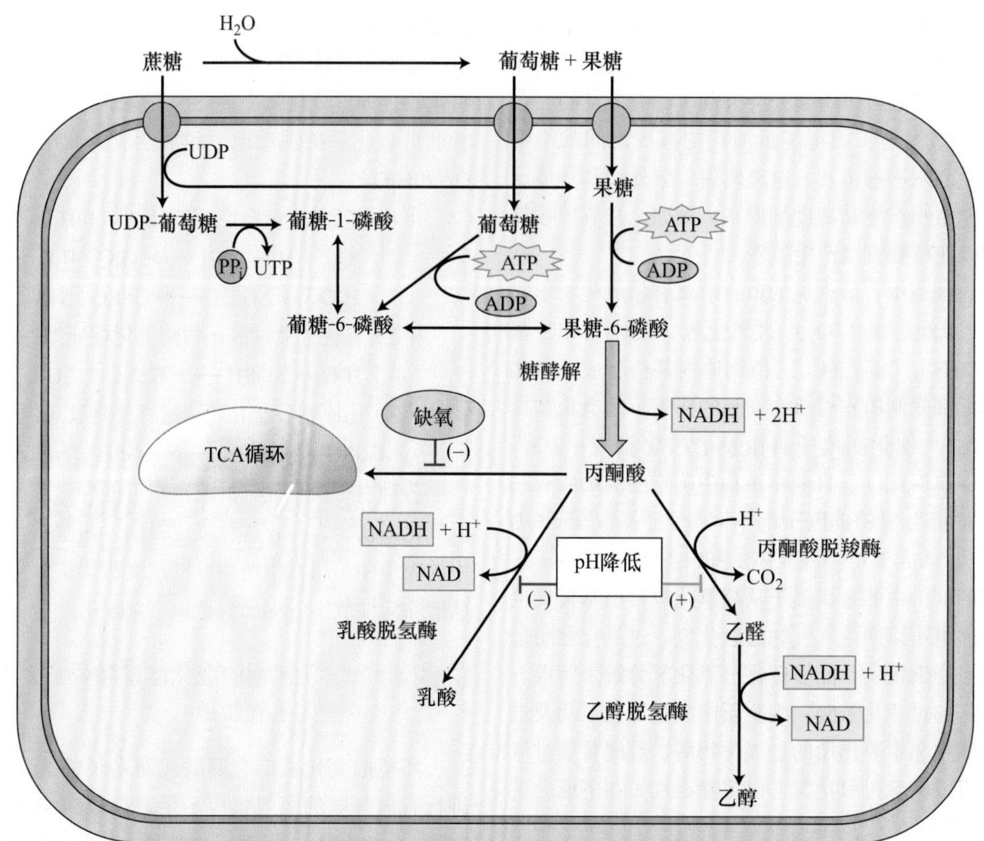

图26.15 缺氧期间，糖酵解产生的丙酮酸最初发酵为乳酸。糖酵解和其他代谢途径产生的质子，通过质膜（运出细胞）和液泡膜（进入液泡）转运出胞质，最终导致了胞质pH的降低。在低pH时，乳酸脱氢酶活性被抑制，丙酮酸脱羧酶被激活。这导致发酵产生的乙醇量增加，而生成的乳酸量减少。乙醇发酵途径要比乳酸发酵途径消耗的质子多。这大大提高了胞质的pH，从而增强植物在缺氧情况下的生存能力。

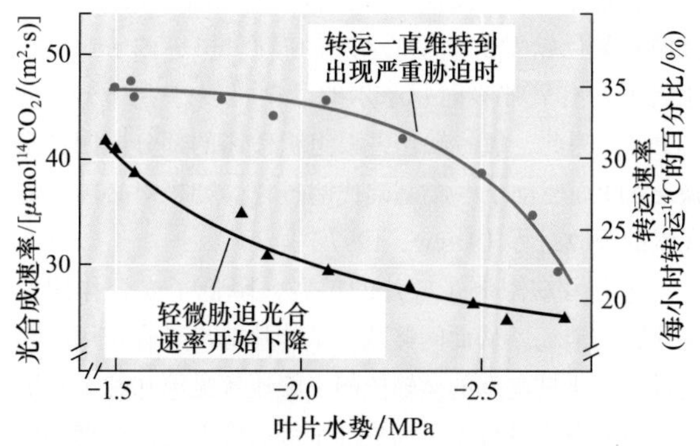

图26.16 水分胁迫对高粱（*Sorghum bicolor*）光合作用及物质运输的相对影响。将植物阶段性暴露在$^{14}CO_2$中，叶片中放射性物质可作为衡量光合作用的一个尺度，因为$^{14}CO_2$的移动而造成放射性减少，可用于衡量同化物运输的速率。轻微的水分胁迫可影响光合作用，而只有在胁迫严重时，同化物的运输才会受到影响（改编自Sung and Krieg，1979）。

关闭的方式适应水分胁迫。由于叶片与空气间存在蒸气压的差异，当叶片和空气的温度都非常低时，夜间驱动蒸腾作用的能力明显降低。因此，CAM植物是水分利用效率最高的植物之一。CAM植物获得1 g干重物质仅消耗125 g水，这个比例是典型的C_3植物的3～5倍。

在肉质多汁植物中，CAM代谢是很普遍的，如仙人掌。有些肉质植物表现出兼性的CAM代谢途径，当水分缺失和盐胁迫时，这些肉质植物启动CAM代谢途径（见第8章）。这种代谢的转变对胁迫适应非常重要，包括磷酸烯醇式丙酮酸（PEP）羧化酶、丙酮酸-正磷酸二激酶和NADP-苹果酸酶等酶的积累。

正如第8章和第9章所讨论的，CAM代谢涉及许多结构、生理和生化特征变化，包括羧化和脱羧化的改变、大量苹果酸盐进出液泡和气孔周期性逆转等。因此，CAM代谢是植物响应水亏缺的一个重要途径。

小 结

植物有合适的调控机制以应对威胁生命的极端环境，以帮助植物抵御胁迫，甚至能在各种栖息地中茁壮成长。

适应性和表型可塑性

- 对各种环境条件的适应涉及基因的表达变化。

・表型可塑性包括生理的或发育的变化，这些变化是暂时的，通常是可逆但不可遗传的。

非生物环境及其对植物生理的影响

・大气气体、光、温度、湿度、降水和风是影响植物体内稳态的气候因素。

・土壤因素，包括土壤组成、渗透系数、离子交换容量和pH，影响空气、水和矿物营养对植物根系的供应。

・非生物因素的失衡对植物有初级效应和次级效应（表26.1）。

水分亏缺和过量

・水分亏缺可能导致植物根毛损伤，削弱对水的吸收，使细胞空化，因而降低了维管组织中的水流量。

・水分亏缺降低细胞膨压（Ψ_p），减小细胞体积。

・水分亏缺降低胞壁伸展性（*m*）和增加起始膨压（*Y*）（图26.1）。

・洪涝和土壤板结降低根细胞对O_2的获取能力。

・O_2浓度低于临界氧分压（COP），可以降低根中呼吸作用速率和ATP的产生。

土壤矿物质失衡

・盐胁迫有两种：导致水分亏缺的非特异性的渗透胁迫；有毒离子引起的特异性离子效应。

・水管理措施不当导致土壤盐度增加（图26.2）。

・细胞内高浓度Na^+和Cl^-使蛋白质变性，破坏细胞膜的稳定性。

温度胁迫

・叶表面温度高和最小量的蒸腾散热能够引起热胁迫（表26.2）。

・高温不仅改变膜的流动性，而且抑制光合作用和呼吸作用（图26.3）。

・在温度补偿点以上，光合作用不能补偿呼吸作用消耗的固定碳。

・冷害降低膜的流动性、H^+泵ATP酶的活性、溶质运输量并阻碍总能量转换通路。

・冰点温度导致冰晶形成，使细胞脱水并破坏细胞膜和细胞器。

强光的胁迫

・超过光合作用的光饱和点，光通过破坏光合系统引起光抑制。

・强光照射下电子的过剩导致产生过量的活性氧，破坏蛋白质、脂质、RNA和DNA。

・过量的光、极端的温度、脱水、盐度和毒性离子都会导致活性氧产生和清除的不平衡。

生长和生理机制保护植物应对极端环境

・植物改变生命周期及叶面积、叶向值、表皮毛密度、角质层厚度和早衰的变化以应答各种环境的变化（图26.4~图24.9）。

・植物根冠生长速率增加来应对水分亏缺。

・植物通过ABA调节气孔开放来应对脱水环境。

・当土壤含水量由于蒸发或含盐量提高而下降时，根部细胞可以通过积累溶质继续吸收水分（图26.10）。

・根部渗透压的调节是通过吸收土壤离子或者从植物其他组织器官转运离子到根部完成的。

・用于渗透压调节的离子积累发生在液泡中，但需要在细胞质中积累相反电性的离子（图26.11）。

・水下器官能发育生长出通气组织，能够维持气体交换（图26.12）。

・植物螯合肽能够螯合特定离子，降低该离子的活性和毒性（图26.13）。

・植物的耐盐性依赖于调控跨脂膜转运到茎和液泡的区隔化的净离子摄入。

・钠氢离子泵可以使得钠离子转移到液泡中（图26.14）。

・一种能促使植物冷驯化的扩散因子通过韧皮部从叶片传导到茎部。

・低温可能会改变膜脂，从而激活基因表达的信号途径（表26.3）。

・钙离子信号转导蛋白可能参与了冷驯化。

・低温能够诱导抗冻蛋白的合成，进而抑制冰晶的生长。

・耐寒植物的细胞膜含有更多的不饱和脂肪酸（表26.3）。

・大量热激蛋白能够被不同的环境因子所诱导。

・正常的光合作用和呼吸作用会产生有害的ROS，通过抗氧化机制防止细胞受损。

・有氧呼吸所需的氧气不足的时，根部把丙酮酸发酵为乳酸，再转化为乙醇（图26.15）。

・中期或短期缺水，会强烈抑制光合作用，而韧皮部的转运不受影响，除非严重缺水（图26.16）。

（李　坤　郭敬功　苗雨晨　译）

WEB MATERIAL

Web Topics

26.1 Stomatal Conductance and Yields of Irrigated Crops

Stomatal conductance predicts yields of irrigated crops grown in hot environments.

26.2 Membrane Lipids and Low Temperatures

Lipid enzymes from mutant and transgenic plants mimic the effects of low-temperature acclimation.

26.3 Ice Formation in Higher-Plant Cells
Heat is released when ice forms in intercellular spaces.

26.4 Water-Deficit-Regulated ABA Signaling and Stomatal Closure
Plant response to drought includes the accumulation of ABA in leaves, which reduces transpiration by inducing stomatal closure.

26.5 Genetic and Physiological Adaptations Required for Zinc Hyperaccumulation
Zinc hyperaccumulation is driven by enhancements in zinc uptake, transport to the shoot, and storage in leaf vacuoles.

26.6 Cellular and Whole Plant Responses to Salinity Stress
Control of sodium efflux from cells, translocation to the shoot, and vacuolar compartmentalization allow plants to regulate whole plant sodium level.

26.7 Signaling during Cold Acclimation Regulates Genes That Are Expressed in Response to Low Temperature and Enhances Freezing Tolerance
Cold acclimation is the process by which temperate plants are able to survive over winter at freezing temperatures.

Web Essays

26.1 The Effect of Air Pollution on Plants
Polluting gases inhibit stomatal conductance, photosynthesis, and growth.

26.2 An Extreme Plant Lifestyle: Metal Hyperaccumulation
Plants can overaccumulate highly toxic metals.

参考文献

附录 1　能量和酶

附录2　植物生长分析

附录 3　激素生物合成途径

索引

本部分内容可登陆科学出版社教学服务网站访问，访问方式如下：

参考文献

附录

索引

更多资源，请持续关注。

第四版译后记

在长期从事植物生理学教学工作中，常为找不到一本完善的植物生理学教学参考书而深感不便。自Lincoln Taiz和Eduardo Zeiger等著的《植物生理学》（第三版，2002）问世后，我们从2004年开始就将其作为本科生和研究生植物生理学教学的主要参考书。该书全面准确地总结和反映所有的植物生理学领域新进展。它不仅具有作为教科书简洁明了的特点，同时也提供了和教学水平相适应的内容。当时我们就萌动了将该书翻译成中文的想法，但由于事务繁多，这个愿望一直没能付诸实施。2006年3月第四版问世时，我在美国遇到王学路博士，当谈及植物生理学教学时，我们不谋而合，而这时又恰逢科学出版社在全国范围内征集国外著名生命科学原著的翻译计划，由此我们才下决心启动这本书的翻译工作，此时距该书第四版的出版已经2年了。

而当翻译工作开始后，我们才知道这是一项非常浩繁的工程，全书共26章750余页，内容之多，翻译难度之大远远超出了我们当初的预想。教材的翻译强调科学性、准确性和简洁易读，有其特殊的难处。从专业名词概念的翻译，到新的专业词汇修订统一，从不同学科内容到语言的表述风格和形式等，分析整理，颇费心力时间。中间我和学路几次懈怠，几度都想放弃。在这里，首先我要感谢河南大学和复旦大学的一批师生，先后有数十人在科研和教学工作之余，参与本书的翻译和校阅工作。尤其是一直坚持在河南大学植物逆境生物学重点实验室和我一起创业的年青同事们，他们的热情和智慧给了我极大地鼓励。更应提及的是我们实验室的周云老师，其在组织翻译、校阅和协调，并对全书的图文编排等工作付出了的辛勤劳动。

其次，我们要感谢本书的主编Lincoln Taiz和Eduardo Zeiger，当他们得知我们在翻译本著作的中文版时，非常支持和鼓励我们的工作，并由他们出面主动说服国外出版商的同意，才使我们获得了翻译该著作的版权。他们一直关心翻译的进度和进展情况，并专门为中文版写序。

另外，我们还要诚挚感谢北京大学许智宏院士的鼓励和支持，他欣然为本书的出版写了序言。感谢华南师大的王小菁教授、西北农林科技大学的张继澍教授以及河南师范大学的刘萍教授，他们在百忙之中专门抽时间对本书的全稿进行了校阅，并提出了宝贵的意见和建议。

如今，*Plant Physiology*（第四版）的中文版终于和读者见面了。由于原著中的内容几乎涉足当今国际上植物生物学研究的所有领域，有不少内容是我们不甚熟悉或未曾涉及的领域，因而许多章节的翻译对我们来说无异于是一次重新学习和更新知识的艰难跋涉。尽管我们埋头苦干，劳心焦思，细察原意，熔铸新名词，模拟原风格，对每个章节内容的翻译反复校对，修改提高，但由于我们的学术水平和中外语言的修养所限，译文中疏忽甚至错误之处在所难免，对此我们恳请有关专家、学者以及学生读者们不吝赐教，批评指正。

为了尊重原著，在中文版中，我们同样没有对网络章节（第2章和第14章）的内容进行翻译，此部分内容可参考该书的网站。

Plant Physiology（第四版）中文版的出版得到了河南大学出版基金和复旦大学出版资金的资助。我们还要真诚地感谢科学出版社各位编辑、校对人员，他们为本书的出版付出了大量心血。

掩卷沉思，面对后基因组学时期植物生理学蓬勃发展的新时代，颇感兴奋。衷心希望我们为此书付出的慷慨时间和劳动，能对国内植物生理学教学和科研有所贡献。

宋纯鹏

2009年夏写于河南大学苹果园